"十三五"国家重点出版物出版规划项目

现代铝电解设计与智能化

Design and Intellectualization of Modern Aluminum Reduction Cell

(上册)

梁学民　著

北　京
冶 金 工 业 出 版 社
2022

内 容 提 要

本书共24章，分为上下两册。上册1~12章，从铝电解的基本工艺原理出发，介绍了现代铝电解技术发展的历史脉络、典型铝冶金技术的研究与演变过程，以及我国现代铝电解技术基础研究与技术发展历程；系统阐述了现代大型铝电解槽设计方法及技术演进的科学逻辑，着重论述了铝电解槽的电、热和结构力学模拟仿真与槽设计。下册13~24章，围绕物理场特性对电化学过程的影响机理，从数学模型建立、电磁场、磁流体动力学（MHD）模拟、母线系统设计与工程化等方面，详细、系统地介绍了现代铝电解槽的核心技术理论与设计原理；论述了铝电解工艺控制、配套装备、辅助系统及电解铝厂的设计方法；以数字化为基础，阐述了铝电解"输入端"与"输出端"节能理论，描述了电解铝智能工厂的概念架构。

本书可供铝生产企业及相关设计院、研究院的技术和管理人员阅读参考，也可作为高等院校轻金属冶金专业本科生和研究生的教学参考书。

图书在版编目（CIP）数据

现代铝电解设计与智能化/梁学民著 . —北京：冶金工业出版社，2020. 12（2022. 6 重印）

ISBN 978-7-5024-8648-8

Ⅰ . ①现… Ⅱ . ①梁… Ⅲ . ①氧化铝电解—研究 Ⅳ . ①TF111. 52

中国版本图书馆 CIP 数据核字（2020）第 242734 号

现代铝电解设计与智能化

出版发行	冶金工业出版社	电　话	（010）64027926
地　址	北京市东城区嵩祝院北巷 39 号	邮　编	100009
网　址	www. mip1953. com	电子信箱	service@ mip1953. com

责任编辑　张熙莹　美术编辑　彭子赫　版式设计　孙跃红　郑小利
责任校对　王永欣　责任印制　李玉山
北京捷迅佳彩印刷有限公司印刷
2020 年 12 月第 1 版，2022 年 6 月第 2 次印刷
710mm×1000mm　1/16；51.75 印张；1005 千字；778 页
定价 339.00 元（上、下册）

投稿电话　（010）64027932　投稿信箱　tougao@cnmip. com. cn
营销中心电话　（010）64044283
冶金工业出版社天猫旗舰店　yjgycbs. tmall. com
（本书如有印装质量问题，本社营销中心负责退换）

序　一

梁学民教授是我国著名的铝冶金专家，也是我的学生，他是伴随改革开放 40 年来铝电解技术发展过程成长起来的我国新一代铝工业科技工作者的杰出代表。不论是在设计院 20 年的科技开发，还是长期在企业和高校从事科研工作，他都能够以严谨务实的科学态度和坚韧执着的探索精神对待每一项技术难题，孜孜不倦、执着探求，一个接着一个不断迎接新的挑战，一项接着一项攻克技术难关，为我国大型铝电解槽开发和现代铝电解技术的发展作出了重要的贡献，我为有这样的学生感到骄傲。

众所周知，现代铝电解技术的发展能够取得今天的巨大进步，主要是基于熔盐电化学领域和铝电解槽物理场特性领域研究的进展，这是构成现代铝电解技术体系的两大基石。随着电解质体系研究和熔盐电化学过程机理研究的不断加深，铝电化学领域的研究逐渐趋于成熟。最近几十年，虽然电解法炼铝的工艺和原理没有本质的改变，但生产工艺技术和炼铝的主体设备——铝电解槽的槽型和结构却发生了很大的变化，铝电解槽的大型化成为现代铝电解技术发展的主要特征。

梁学民教授是最早参加铝电解槽物理场数学模型和计算机仿真技术研究的学者之一，在梅炽教授的指导下，在 20 世纪 80 年代初期开发了我国第一代"铝电解槽电热特性数学模型和仿真程序"，首次完成了对电解槽内电流场、温度场、热流分布及炉帮形状的精确模拟。此后，他将这一成果运用于大型电解槽的热、电特性和内衬结构开发设计中，提出的电解槽"区域热特性"的设计分析方法，是对沈时英先生"区域能量自耗"理论的发展和完善；在不断的研究与实践中，进一步发展和阐释了"可压缩防渗"内衬结构设计原理，为延长电解槽槽寿命起到了重要作用。

磁流体动力学（MHD）稳定性影响问题，是现代铝电解的核心技术问题，关系到大型铝电解槽开发的成败。在世界各国铝电解槽的技术开发过程中，包括美铝、凯撒及苏联在内，失败的教训并不鲜见，其中美铝的铝电解槽大型化的脚步止步于波特兰铝厂的280kA电解槽（Alcoa-817）系列。磁流体动力学问题的关键在于复杂铁磁物质对电磁场仿真精度的影响，梁学民教授在20世纪90年代初开发完成的铝电解槽磁场计算通用模型和软件（LMAG），当时已具备了对不同电流源磁场计算的通用性和强大的数据处理功能，结合分类"综合屏蔽因子"方法，实现了电磁场计算中对铁磁物质影响的精确预测，其应用为我国大型槽的开发成功奠定了基础。

在物理场理论的工程化技术领域，母线系统设计是实现工业电解槽磁流体稳定性的关键技术。梁学民教授创立的多点进电母线系统"当量优化法"模型和计算机程序（LBUS），解决了多点进电母线系统优化的"K值的理论解"问题。以他的上述研究成果设计开发的"贵州铝厂180kA级铝电解试验槽"四点进电母线系统和我国大型铝电解工业试验基地"280kA级特大型铝电解试验槽"五点进电母线系统，均获得了巨大成功，使我国铝电解技术一举成功跨入世界领先水平，成为中国铝电解技术发展的里程碑。

20世纪90年代末期，在参与多项国家大型铝电解试验槽的攻关过程中，通过深入的理论研究和工业试验的实践探索，梁学民教授与姚世焕大师首先提出了铝电解槽大型化的阳极"模数"概念，并经过不断完善，在此后的320kA、400kA及600kA以上的超大容量电解槽的开发中得到了验证，引导了我国铝电解技术发展模式的形成。

21世纪以来，随着我国大型铝电解槽技术的大规模工业化推广应用，梁学民教授敏锐地察觉到，由于我国大型铝电解槽技术开发的时间短，工业化运行的成熟度不够，生产领域的技术问题必然会成为制约电解铝工业规模化生产瓶颈。为此，他投身生产一线，十多年如一日坚持攻关，开发完成了"大型铝电解连续稳定运行工艺技术及装备（赛尔开关）"，彻底破解了长期困扰铝电解生产不得不频繁停电的世界性难题，为大型铝电解系列连续、安全、稳定与高效运行提供了保障。

系统运行的连续性对于作为流程工业的电解铝生产而言尤其重要，这项难题的破解对于电解铝工业的大型化发展具有非常典型的意义，其节能意义、环保意义及经济意义都是十分巨大的。这是40年来我国在现代铝电解技术领域获得的唯——项"国家技术发明奖二等奖"和"中国专利金奖"，也是中国对世界铝电解技术的一项重要贡献。

尽管我国电解铝工业发展已逐步赶超世界先进水平，但高能耗仍然是电解铝生产最突出的特点，未来的铝电解技术向何处去？梁学民教授凭着其38年积累的理论研究基础和丰富的实践经验，再一次洞察行业科技发展前沿，提出了"以电解槽热特性调节为目标、能量流优化为手段"，开展电解槽"输入端节能"和"输出端节能"研究的新概念，结合铝电解槽智能化和电解铝智能工厂的建设，开辟霍尔-埃鲁特铝电解工艺的节能新领域，并全身心地投入其中。而且，这方面的最新理论研究和工作进展，他也在本书中分享给了读者。

多年来，作为亲历者，梁学民教授参与和组织了我国现代铝电解技术从消化吸收、"三场"研究、大型槽开发、工程化和生产领域多项重大项目的攻关工作，其科研实践足迹贯穿了我国现代铝电解技术发展的全过程，并在大型铝电解槽的研究、试验和工程实践中获得了多项重要的理论突破。

本书凝聚了他 38 年来在铝电解技术领域科技创新的成果和学术思想的精华，也是第一部系统阐述大型铝电解槽设计理论和设计方法的著作，涵盖了我国大型铝电解槽技术开发历程，现代铝电解技术体系的核心理论基础、关键技术、设计方法和主要成果，并阐述了未来铝电解智能化发展的理论依据和基本框架。通过本书他能够将自己的所学、所创、所悟无私地分享给大家，也使我感到十分欣慰。

中国工程院院士

2020 年 12 月

序　二

1886 年，自霍尔-埃鲁特熔盐电解法诞生以来，虽经过 130 多年不断发展和改进，但制取铝的工艺和原理没有本质变化，熔盐电解法至今仍是世界上生产铝的唯一方法。

新中国成立后，我国铝工业初步建立了一套独立完整的产业体系，为铝工业发展奠定了基础。改革开放以来，铝工业持续快速发展，形成了以国有企业为主导，多种所有制企业共同发展的格局，建立了规模巨大、结构优化、技术先进、布局合理的现代铝工业产业链、供应链体系。

21 世纪初，我国跃升为世界铝工业第一大国。通过自主创新引领铝产业全面转型升级，"一带一路"建设加快铝企业走向国际化。当前，我国铝工业正在构建以国内大循环为主，国内国际相互协调双循环发展的新格局，迈向高质量发展的新阶段。

20 世纪 70 年代末、80 年代初，贵州铝厂引进了日本 160kA 大型预焙铝电解槽工艺技术。通过引进、消化、吸收、再创新，我国铝电解技术走出了一条中国特色自主创新之路，形成了中国铝电解槽容量最大、电耗最低、绿色低碳、引领世界的铝电解生产技术体系。

梁学民教授从大学毕业参加工作后，就参加了我国铝电解技术研究和开发工作，几乎经历和见证了我国铝电解技术发展全过程。最早加入电解槽数字模型及计算机仿真研究项目，完成的电解槽"三场"仿真技术奠定了大型预焙槽设计理论基础。曾参与我国多个大型铝电解槽的开发研究工作，并担任多项大型工程的总设计师。他主持开发完成的"大型铝电解连续稳定运行工艺技术及装备",解决了大型铝电解系列不停电停/开槽的世界性难题,获得铝电解技术领域国家发明奖,为我国铝电解技术进步作出了贡献。

该书是梁学民教授对多年积累资料的整理,倾注了两年心血完成的,凝聚了梁学民教授 38 年从事铝电解研究、设计和开发的理论成果和学术思想的精华,是一部系统阐述现代铝电解槽物理场特性分析理论与设计方法的专著。

该书是梁学民教授多年从事铝电解设计和科研工作的经验总结,充分体现了我国铝电解的最新技术成果。该书的出版对促进铝电解的技术进步,无疑是一件喜事,相信对从事铝电解生产、管理、设计、科研的广大科技工作者具有很高的业务参考价值,对高等院校和职业技术学院相关专业的广大师生也是一本难得的参考书。

最后,感谢梁学民教授能将自己的智慧经验与广大读者分享。

中国有色金属工业协会原会长 康义

2020 年 12 月

前　　言

　　铝是仅次于钢铁的第二大常用金属，其产量规模与应用居有色金属首位。由于铝的质量轻、导电性好、加工性能优越，且具有特殊的抗氧化性，被广泛应用于电力、交通、建筑、包装、国防、航空航天和人民生活等各个领域。这里我们所说的铝即原铝，由于铝的原始制造一直是以电解法生产为主，因此，通常称之为"电解铝"。

　　电解铝作为一种工业产品，其生产工艺及产业特点还很少为社会大众所了解。随着电解铝技术的发展和电解铝生产规模的扩大，特别是 2005 年以来国家以"钢铁、水泥、电解铝、汽车、房地产"五大行业为主要调控对象的宏观调控政策实施，让更多的铝行业以外的人士进一步认识了电解铝。但一般情况下，人们对电解铝的印象仍仅仅停留在"高耗能"和"高污染"。

　　新中国成立后直到改革开放初期，电解铝一直属于短缺物资，大量依赖进口。自改革开放以来，特别是 1983 年 4 月中国有色金属工业总公司成立，并首先确定有色金属工业"优先发展铝"的方针以后，我国电解铝工业得到了快速发展。从 20 世纪末开始，电解铝工业更是呈爆发式增长，为我国国民经济发展发挥了重要作用。1998 年我国电解铝产能 256 万吨，产量 243 万吨，到 2019 年我国电解铝产能和产量已分别突破 4517 万吨和 3504 万吨，占世界总产量的 56.7%。

　　电解铝工业是我国重要的基础原材料产业，并已走在了世界的前列。作为从事电解铝的设计、研究、技术管理工作近 38 年的一名科技工作者，作者深知电解铝产业的蓬勃发展甚至投资过热，绝不仅仅因为电解铝属于"两高一资"、劳动密集或是"高投入、高产出"的行业。尽管一般认为电解铝存在这样或那样的问题，但其背后更有着极其深远的产业背景和深层次的经济技术原因使这些问题得到化解，才有了今天电解铝工业的蓬勃发展。简单归纳有以下五点：

（1）耗能方面。电解铝属于高耗能产业，这一点毋庸置疑，每生产 1t 电解铝大约耗电能 13000~14000kW·h，加上主要原材料及生产过程耗能，每生产 1t 电解铝要消耗 6~8t 标准煤。然而截至目前，电解法仍然是全世界工业生产原铝的唯一方法。电解铝之所以能够快速发展，一是因为电解铝是整个铝产业链条上的一个耗能环节，在铝产品的后续应用加工过程中，则更多体现的是高科技和精细化加工的产业特点，不但具有其他材料不可替代的作用，而且在很多领域更显示出其显著的节能效果（如电力、航空航天、交通运输等）；二是由于铝极易氧化形成坚固的保护膜使其在使用过程中不再被侵蚀这一自然特性，使应用过程中的铝产品氧化损失极少，且极易回收，回收率可达到95%以上，因而铝可以循环往复地回收应用，有"储能产品"和"能源银行"的美誉，铝的再生和回收使铝在今后的循环使用中的能耗大大降低；三是我国生产铝的技术装备水平世界一流，其能耗达到或已经低于多数发达国家生产铝所消耗的电能，也就是说国内铝企业生产铝的能耗甚至低于美国的铝厂。尽管电解铝耗能已占到全国总发电量的9%以上，但与我国目前已拥有上亿辆的家用汽车耗能相比，整个电解铝工业的耗能甚至还不足其几十分之一。

（2）污染方面。说电解铝是"高污染"行业，准确地讲这种说法并不确切，也有失公允。电解铝生产过程中所排放的主要污染物氟化物同时就是电解铝生产所需要的原材料，而以烟气形式排放出来的氟化氢与电解铝生产的另一种主要原料氧化铝有着天然的亲和力，它们在反应器中相遇后瞬间即可发生反应，反应的效率达到99%以上。以此原理开发的"干法净化"系统被全世界的铝厂广泛采用，在排除管理因素的条件下，电解铝污染的问题早在20世纪80年代初，就已经不是技术上的问题了。更重要的是，现代电解铝厂的生产系统设计中早已把烟气的处理系统和原料的供给系统融为一个整体，全年365天全天候连续运转。对于电解槽大修产生的少量的固体污染物，一直都有严格的环保处理措施。近年来，国家对电解铝的环保提出了更为严格的要求，一方面增加了电解铝烟气中硫含量排放的限制，另一方面电解过程排放的固体废弃物大部分被列为危险污染物。经过长期的技术积累和近两年的研发应用，相应的处理技术已经开始走向工业化，特别是电解铝烟气脱硫技术和电解铝大修废渣的处理与综合利用技术已逐渐成熟，并应用于工业生产。

（3）技术方面。在20世纪70年代以前，我国的电解铝技术主要是以50年代引进的苏联50～60kA自焙阳极电解槽技术为主，其生产工艺落后，能耗高：每生产1t电解铝的综合电能消耗达到17000kW·h以上；生产效率低：人均年生产铝60t；污染严重：由于阳极挥发出来的沥青烟与氟化物混合在烟气中排放，很难进行有效的处理或处理的代价十分高昂。80年代初以来，我国在消化引进技术的基础上，研究开发了"铝电解槽数学模型和仿真软件系统"，掌握了大型铝电解槽开发的基础理论和设计工具，相继自主开发成功165kA、186kA、280kA以上的特大型铝电解槽技术，以"国家大型铝电解试验基地"280kA试验槽的开发为标志，我国在现代铝电解技术领域已跨入世界领先行列，形成了我国自己的现代铝电解技术体系。此后，320kA、400kA、500～600kA超大型预焙阳极铝电解槽技术相继诞生，各项技术指标已达到了国际先进水平。采用中国技术建设电解铝厂的投资仅仅是发达国家的 1/3~1/2，而且，电解铝产品的质量标准是全球化的，美国生产的原铝和中国生产的原铝可以达到同样的质量标准。目前我国自主创新的电解铝技术已实现了大规模的技术出口，并通过工程总承包、工程设计、工程施工等方式带动了国内相关装备制造、材料及劳务等出口，在国际上产生了很大影响。

（4）资源方面。炼铝的原料主要是氧化铝，氧化铝通过铝土矿加工获得，世界铝土矿资源十分丰富，主要分布在澳大利亚、巴西、几内亚等国，中国是铝土矿主要生产国，目前以山西、河南、贵州、广西四省区为主，粗略统计已探明总保有储量达 22.7 亿吨，约占世界铝土矿储量的 4%，居世界第七位（不同的统计口径计算结果略有差异）。随着中国电解铝工业的快速发展，国内铝土矿资源已明显不能满足需要，尽管已探明储量近年来不断增加，陆续有新的铝土矿资源被发现，一些省市，如在云南、重庆等地也已建起了新的氧化铝厂，但总的来说，铝土矿资源的短缺形势已不可避免，这也正是人们普遍担心电解铝发展的资源之忧。然而，正像许多业内人士预计的那样，中国电解铝工业的发展并没有受到氧化铝资源的制约，这是因为：第一，氧化铝是国际化资源，世界范围内的氧化铝贸易十分活跃，世界上一些大的氧化铝生产国并不具备相匹配的电解铝生产能力，这些国家（如澳大利亚）生产的氧化铝主要用于向别国销售；第二，氧化铝是经过非常复杂的化工过程生产的，也是一种宝贵的资源，适当的进口有利于缓解国内资源短缺的矛盾。从另外一个角度来看，正因为我国有良好的电解铝产业基础，通过发展电解铝获取国外的铝资源也不失为我国经济良性发展的一种模式。山东一些大型企业通过直接进口铝土矿生产氧化铝的做法，印证了这一模式。从另一方面看，今天的铝工业走出去也是历史的必然。

（5）市场方面。市场问题一直是国内经济界对电解铝发展过快存在担忧的主要原因之一，然而，尽管这种担忧在十年前就已经存在，但这些年来电解铝的市场问题并没有真正出现过，所有的铝厂都产销两旺，常年零库存，货款回收及时，铝产品供不应求。早在 20 年前，行业主管部门在组织专家研究制定"十五"规划时，提出的电解铝 2005 年的全国产量为 390 万吨，当时的看法认为这个预测太过冒进，然而与后来的实际情况相差何止百分之几十。中国经济处于历史上空前的发展时期，我们对铝的需求从来就没有准确地预测过，尽管我国的电解铝产量已接近发达国家的人均消费量，但电解铝生产建设一直没有减缓的迹象。中国经济的快速发展和大规模的建设是在一定时期内对铝的刚性需求急速增大的主要原因，这也是发展中国家经济发展进入快速上升通道的主要特点之一。然而，一个明显的事实就是，大规模扩张的惯性，导致今天的电解铝存量产能出现了严重的过剩。

由于以上五个方面的原因，使电解铝成为我国材料乃至制造业领域中少有的优势产业，更因为当前我国经济处于历史上千年不遇的发展时期，给原铝的生产提供了广阔的发展空间。然而推动电解铝工业快速增长背后最最重要的因素，是我国开发和掌握了具有国际先进水平的核心技术。电解铝工业由小到大、由弱到强的发展历程，在我国逐步发展为世界制造业大国的过程中具有非常典型的意义。

铝电解技术的进步是改革开放 40 年的辉煌成就之一，更是我国电解铝行业几代科技人员辛勤耕耘和不懈探索结出的累累硕果。特别是在设计领域，大型铝电解槽技术从无到有、从消化吸收到自主创新、从理论领域到试验开发，再到大规模的应用推广，使我国铝电解设计技术日臻完善，形成了自己的设计技术体系。铝电解设计的 40 年，值得回味，值得深思，更值得总结。

回望40年的历程，昔日科技前辈们振聋发聩的攻关号令和破解难题时的谆谆教诲依然回荡在脑海里⋯⋯

40年来铝电解的技术开发、工程设计和工业生产发生了翻天覆地的变化，传统铝电解技术沿着大型化的道路已经发展到近乎完善的水平，前辈们在铝电解技术领域梦寐以求的"自由王国"已经到来。那么，铝电解技术的未来如何发展？完善和成熟意味着发展的停顿，人们期待颠覆式创新成果的诞生，以打破技术发展的瓶颈，期待更低的能源消耗、更小的环境代价和更有效的铝电解生产工艺的诞生。

几十年来，这种探索一刻也没有停步。从目前取得的进展来看，铝冶炼技术有希望在以下三个方面取得突破：

（1）不消耗阳极（惰性阳极）电解槽。一种由金属氧化物陶瓷或者合金制造而成的阳极的应用被认为是最值得期待的新型电解技术。由于这种阳极在整个电解过程中不消耗，可以大大减少炭阳极消耗所增加的成本；同时由于阳极材料基本不参与电化学反应，因而电解过程基本不排放 CO_2，不产生温室气体，绿色环保成为这种工艺最大的技术亮点。然而，由于没有电解过程和传统阳极碳还原组成的电化学反应的综合优点，世界著名铝冶金专家 K. Grjotheim 教授在他的《铝电解厂技术》一书中提出：消耗性阳极不仅可以降低氧化铝的分解电压，而且能够增大氧化物与氟化物之间的分解电压差，消耗性阳极或许恰恰是所有工业生产中化学能转化为电能时效率最高的一种。如果没有这种去极化作用，也就是说惰性阳极电解所需的电压会高出 0.6～1V。从这个角度来说，如何使惰性阳极能够代替传统炭阳极，是一个巨大的挑战。

近年来，美国铝业公司联合苹果公司和力拓公司高调宣布联合开展惰性阳极电解工业试验，并计划在 2024 年实现工业化运行。应该说困难很大，但值得期待。

（2）惰性阴极（可湿润性阴极）电解槽。一种采用阴极可湿润的电解槽技术，采用阴极炭块表面复合 TiB_2 或者 TiB_2 涂层的电解槽。由于 TiB_2 具有高熔点、高硬度、良好的导电性和导热性，特别是与熔融金属间具有良好的湿润性，能够抵挡熔融的金属铝和冰晶石-氧化铝熔盐的腐蚀与渗透。因此，阴极表面被考虑做成斜面，以使阴极上生产出来的铝能够及时导出并导至槽内专门设置的用于积存铝液的沟槽内，这样阴极表面很少或基本没有铝液存在。这样做的最大好处是电磁场对阴极上铝液层造成的影响将得到彻底的消除，对电解过程的干扰大大降低，实现电解槽在最低的极距（槽电压）下运行，从而实现大幅度节能的目的。可湿润性阴极与惰性阳极的组合使用，是实现多极（室）电解的重要条件，将带来铝电解生产技术的革命性进步。但是，由于材料的寿命、制造成本等方面的原因，技术的成熟可靠性对工业应用来说，还有不小的距离。

即使未来可湿润性阴极材料取得进展，这种电解槽的电热特性和电化学反应过程的优化也还有很长的路要走，这也许是这种方法在提出多年以后仍然不能工业化的原因。总之，湿润性阴极的技术难度不像惰性阳极技术那么大。

（3）铝电解智能化（"互联网+"）。随着科学技术的高速发展，如何借助互联网、大数据、云计算等现代技术概念和手段，通过"互联网+"与各领域的结合，实现传统产业的技术革命，成为当今各个领域产业技术发展的共识，工业智能化也必然成为电解铝技术发展的方向。电解铝行业的智能化走向应该是怎样的呢？一部分专家按照"智慧城市"提出了电解铝"智能工厂"的模式，还有人提出了电解铝的"无人作业"的构思。更有一些行业专家迷惑：一切"互联网+"，一"+"

就灵，我们还要不要对传统技术领域进行研究？作者通过 5 年来的研究探索认为，所谓"互联网+传统产业"，对传统产业技术发展一定会带来巨大的影响，但绝对不是不需要进行"传统"领域的研究，而是必须依靠加深传统领域的研究，紧紧围绕行业降低成本、提高效益、改进产品质量开展持续的研究。对电解铝来说，就是节能降耗、提高劳动生产率。经过近 5 年的研究探索，结合已经取得的一些开发成果，作者提出了"输入端与输出端节能"概念，提出以开发智能电解槽技术和装备自动化为基础，以电解槽能量平衡优化和余热回收为突破点，大幅度促进电解铝能量利用率和劳动生产率，在此基础上开发建立以生产操作、过程控制、运营管理、资源调配为一体的电解铝智能工厂，无疑是电解铝工业发展的必然。按照殷瑞钰院士《冶金流程集成理论与方法》中"三流一化"（物质流、能量流、信息流与化学反应）的流程设计概念，构建真正意义上的具有流程工业特点的铝及相关产业智能化体系，将是我们未来的不二选择。

上述三个方面任何一种突破对铝电解的技术进步都具有非同寻常的意义。（1）和（2）涉及电解槽结构、材料方面的重大突破，而且未来惰性阳极电解槽发展为多室结构也需要以解决湿润性阴极为前提。目前来讲，还有许多的工作要做，不作为本书论述的内容。而对于（3）铝电解智能化而言，我们认为铝电解槽能量平衡优化还有不小的潜力，而能量平衡的实质是保持电化学反应过程中电解质热特性的优化。事实上，热特性作为电解槽电化学反应最基本的技术基础，其在实际过程中的动态控制目前还仅仅属于自动化技术领域，还属于我们的传统技术范畴。从这一点来看，我们跟钢铁工业的技术发展有不小的差距，但仅这一点，或许对于推动电解槽智能化和大幅降低电解铝能耗的意义是非凡的。作者试图从这个角度作为阐述铝电解槽智能化的切入点，推动电解工艺过程智能化，进一步为建设智能工厂打下良好的基础。

40年来，铝电解槽的大型化是现代铝电解技术发展的主旋律，而电解槽物理场仿真、电解槽设计发挥了极其重要的核心作用。编写一本现代铝电解设计和智能化开发方向的著作，是作者多年的一个夙愿，对作者来讲也是一个极大的挑战。作者唯愿尽己所能，总结自己30多年粗浅的知识和经验，以图使广大铝业科技工作者对铝电解的技术、设计原理有一个概括了解，探讨电解铝智能化发展思路，唤起大家对科研、工程和生产工艺技术再创新的共鸣，是前辈们的深切希望，也是作者的一个心愿。

在本书的撰写过程中，得到了我国著名冶金科学家、钢铁冶金专家、中国工程院院士殷瑞钰先生的悉心指导，他的关于流程工程科学的理论使我受益匪浅、深受启发，也为本书关于铝电解槽能量流优化理论的形成提供了关键的理论支撑；中国工程院院士何季麟老师在具体工作和本书的撰写过程中给予了全面和精心的指导，使本书中涉及的铝电解新技术概念和相关技术理论得到很大的升华，进一步夯实了本书的理论性和系统性；加拿大STAS公司总裁Louis Bouchard先生热情相助，专程送来有关Alcoa和Pechiney技术发展的珍贵图书资料，使作者能够及时掌握最新的国际铝冶炼技术发展动态。在此致以真诚的谢意！

作者团队中杨文杰、陈昱然、韩道阳、孔亚鹏、王立强等5位博士给予了大力支持，轻冶股份的曹志成、冯冰、李晓春、刘战生、薛国辉、刘培培等协助查阅了大量文献。在大家的帮助下坚持下来并最终完成了本书的撰写工作，没有他们的辛勤付出，完成本书是不可想象的。

特别要感谢我的老师刘业翔院士、梅炽教授在专业研究领域的启蒙教导，感谢姚世焕、武威、杨洪儒教授级高工等贵阳院各位老师和前辈们手把手的指导和帮助，使我在铝电解技术道路上一路走到今天。中国有色金属工业协会原会长康义教授、原副会长钮因键教授、副会长贾明星教授、科技部原主任方瑛教授及胡长平教授等，多年来一如既往的关爱和支持，给了我在铝电解技术领域不懈奋斗的动力。

　　本书可供铝生产企业和相关科研院所的技术人员和管理人员阅读参考，也可作为高等院校轻金属冶金专业本科生和研究生的教学参考书。

　　由于作者理论粗浅、知识有限，撰写本书深感力不从心，本书远不能代表我国铝电解设计技术40年的发展，但作为30多年电解铝技术创新全过程的见证人和参与者，强烈的责任感和使命感使我坚持完成本书。抛砖引玉，以期在行业带动更多的技术人员对电解铝技术、设计和未来前景作深入探讨，为今后电解铝发展指明道路。

梁学民

2020 年 11 月 7 日于郑州

总　目　录

上　　册

第一篇　现代铝电解技术的发展

下　　册

第四篇　电、磁及磁流体动力学（MHD）模拟与母线系统设计

上册目录

第一篇　现代铝电解技术的发展

第二篇　铝电解工艺与原理

第三篇　现代铝电解槽仿真与设计

第一篇

现代铝电解技术的发展

1　铝电解技术发展简史

　　铝是第二大金属材料，是目前产量最大的有色金属，自人类能够生产铝以来，其产量不断增加，伴随着经济的发展和人类生活的需要，全球范围内铝的产量还在持续增长（见图1-1）。铝在地壳中分布极为广泛，其含量约为地壳质量的7.3%，仅次于氧和硅，是地壳中最为丰富的第三大元素，居金属元素首位。由于铝具有十分活泼的化学性质，自然条件下极少以元素状态存在，绝大多数以氧化态化合物形式存在，最常见的是铝酸盐和硅酸盐形态。在这些化合物中，铝以游离氧化物形态出现，结合着水或其他化合物。含铝的矿物有250多种，主要有铝土矿、高岭土、明矾等，铝土矿是目前生产金属铝的主要原料。

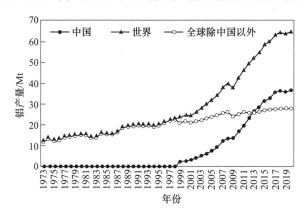

图1-1　1973~2019年中国及世界铝产量增长

1.1　炼铝的历史

1.1.1　炼铝技术早期的发展

　　回顾人类研究开发铝的历史，是为了我们未来能够更好地开发和利用铝。

　　历史上最先提到铝的是1世纪罗马作家Gaius Plinius Secundus的著作 *Natural History*（《自然史》[1]），这本著名的百科全书共有37卷，总结了当时各个领域的知识。书中记载了这样一则故事：有一天，罗马的一个金匠被准许向国王Tiberius展示一只用新金属制成的餐盘。这只盘子很轻，而且几乎像银一样光亮。

金匠告诉国王说，他是从泥土中制造出这种金属的。他还向国王保证，只有他自己和上帝才知道怎样从泥土中制造这种金属。国王对此很感兴趣，但是并没有特别在意，因为当初国王并不知道地壳中含有大约7%（质量分数）的铝，是自然界中最丰富的金属。随后，国王意识到，如果老百姓都能生产这种泥土中的光亮金属，那么他所有的金银珍宝都会贬值。于是，国王不仅没有给金匠颁发奖赏，反而把他杀掉了。我们无法证实这段故事的真实性，因为它发生的时间距人类发明制造铝的方法大约有2000年。

铝的发现首先是对明矾（硫酸铝）的认识，我国很早以前就有从明矾石提取明矾（古称矾石）的记载，供医药及工业使用[2-3]。公元前1世纪汉代《本草经》一书中记载了16种矿物药物，其中包括矾石、铅丹、石灰、朴硝、磁石等。在8~9世纪，明矾第一次在基辅罗斯生产得到并用于染色业和用山羊皮鞣制皮革。1637年明代宋应星所著《天工开物》中记载了矾石的制造和用途。

16世纪，德国医生兼自然科学历史学家帕拉塞斯（P. A. Paracelsus）证实了明矾是"某种矾土盐"，其中一种成分是一种金属氧化物，后来称为氧化铝。

1746年，波特（Pott）从明矾中制取了纯的氧化铝，这种铝的氧化物之所以被命名为alumina（氧化铝），是由于它是从alum（古罗马语"明矾"）中提取出来的。1754年，德国化学家马格拉夫（A. S. Marggraf）分离出"矾土"，这正是帕拉塞斯提到过的那种物质，他认为黏土和明矾中含有同一种金属氧化物。1807年，英国的戴维（Davy）才把隐藏在明矾中的金属分离出来，用电解法发现了钾和钠，却没能够从氧化铝中分解出金属铝。即使如此，瑞典的贝采尼乌斯已为这无法获得的金属取名"铝土"。1808年，戴维又将这种拟想中的金属改称为铝（aluminium），以后被广泛接受，并沿用至今。

从那时起，化学家们开始认识到，氧化铝是一种从未见过的金属化合物，并开始投入精力从氧化铝中分离其中的金属铝。

1808年，丹麦的H. C. Oersted用钾汞还原无水氯化铝，得到了研磨时可呈现金属光泽的粉末，后来证明他得到的是一些不纯净的铝。1824年，Oersted将氯气（Cl_2）通过一个被加热了的氧化铝和炭的混合物，制得了无水氯化铝。1825年他将$AlCl_3$与钾汞齐反应，生成了铝汞齐。

$$Al_2O_3 + 3C + 3Cl_2 \longrightarrow 2AlCl_3 + 3CO \tag{1-1}$$

$$AlCl_3 + 3K(汞齐) \longrightarrow Al(汞齐) + 3KCl \tag{1-2}$$

他将制得的铝汞齐在真空条件下蒸馏分离，制得了金属铝，非常遗憾的是Oersted将其研究发表在丹麦一本非常不出名的杂志上，使他的贡献没有被广泛认识。

1827年，德国化学家Wöhler加热金属钾与无水氯化铝的混合物，制得了少量灰色粉末状金属铝。1845年，Wöhler用与Oersted相类似的方法将$AlCl_3$蒸气透过熔融的金属钾，制取了较多量的金属铝，并测定了金属铝的密度和部分性质。

1854 年，法国的一位小学教师 Deville 研究出低成本的金属钠代替金属钾还原无水氧化铝制取金属铝，其反应产物氯化钠（NaCl）可以与 AlCl₃ 生成低熔点的 NaAlCl₄ 化合物，这种化合物起到熔剂和汇集反应生成铝珠的作用。金属钠还原 AlCl₃ 生成金属铝的反应为：

$$3Na + AlCl_3 \longrightarrow Al + 3NaCl \tag{1-3}$$

$$AlCl_3 + NaCl \longrightarrow NaAlCl_4 \tag{1-4}$$

其总反应为：

$$3Na + 4AlCl_3 = Al + 3NaAlCl_4 \tag{1-5}$$

或者写成：

$$3Na + NaAlCl_4 = Al + 4NaCl \tag{1-6}$$

1854 年，在巴黎附近的 Javel 建立了第一个用这种方法生产金属铝的工厂，并于 1855 年被商业化，当时生产的金属铝纯度还不是很高，铝的纯度一般极少大于 92%，主要杂质为 Fe 和 Si。此后，Deville 在工艺上进行了某些改进，他先后将氟化钙（CaF₂）和冰晶石（Na₃AlF₆）加入 NaAlCl₄ 熔剂中，首次发现加入的冰晶石熔剂具有熔解金属铝表面所形成的氧化膜的功能。后来美国的 Castner 又改进了金属钠和 NaAlCl₄ 的生产方法，使金属钠和 NaAlCl₄ 的生产成本进一步降低。1855 年，法国的 Deville 和德国的 Bunsen 各自独立地使用炭电极在陶瓷容器内用电解 NaAlCl₄ 的方法生产出了少量的金属铝，但当时直流电机尚未发明出来，此后到 1867 年，这些用电解法生产金属铝的方法才得以实现，但当时的生产工艺仍是不经济的。1889 年，在英国伯明翰附近建立了一个用 Deville-Castner 方法生产金属铝的工厂，其生产规模使金属铝的产量达到了每天 500lb（226.8kg）。

1878 年，Edisson 研发出较大型的直流电机，使电解法生产金属铝的方法得到突破性进展。1886 年，美国的霍尔（C. M. Hall）和法国的埃鲁特（P. L. T. Héroult）几乎同时并各自独立地发现了一种新的电解方法来制取金属铝，这就是电解溶解在冰晶石熔体中的 Al₂O₃ 来生产铝的方法。1886 年 7 月 23 日霍尔在美国获得了发明专利；而埃鲁特也用类似的方法生产出了金属铝，并在法国获得专利。实际上，这两位科学家的发明都是受到了 Deville 研究工作的启发。

在不到 3 年的时间里，霍尔和埃鲁特的两个专利都分别得到了应用。1888 年 11 月，在美国匹兹堡的一个工厂第一次用霍尔的专利技术生产出了金属铝。而大约同一时间，在瑞士的纽豪森首次用埃鲁特的专利技术生产出了金属铝。1888 年 8 月，澳大利亚化学家 Bayer 注册了一个德国专利，该专利是改进的从铝土矿中提取氧化铝的方法。同时，低成本的水力发电技术应运而生。这些技术的应用，使人类在制取金属铝方面初步形成了一套完整的工艺技术。

1.1.2 霍尔-埃鲁特电解槽的诞生

霍尔（Charles M. Hall，见图1-2）是电解法炼铝工艺的发明人[4]。在1886年7月的专利申请中，霍尔将他的发明描述为"铝熔盐中氧化铝溶液的电解"。这一概念的独创性在于几个关键要素的结合。氧化铝是铝和氧最便宜的纯化合物，氟化物熔剂和冰晶石的选择是至关重要的。熔剂与氧化铝反应形成的稳定溶液作为电解液，使反应过程得以连续运行：通过电解，铝被分离出来沉淀在坩埚底部，同时释放氧气。由于电解槽中可以连续添加氧化铝，因此冰晶石不会分解。霍尔在大学的时候已经开始这方面的实验研究，而他在奥伯林学习时的化学导师弗兰克·范宁·杰特曾在德国学习过，是他指导霍尔在欧洲和美国从事铝方面的工作，将他引向了正确的方向。之后霍尔在攻读研究生期间的偶然发现使他发明了这种方法。

Charles M. Hall　　　　　Paul L. T. Héroult

图1-2　霍尔（Charles M. Hall）和埃鲁特（Paul L. T. Héroult）

之后霍尔创立了匹兹堡冶金公司（Alcoa的前身，见图1-3）。在公司成立初期，美国化学工业一直持续到第一次世界大战后，都是由小型的、分散和专业化的公司组成。历史证明了霍尔是才华横溢的电化学家，是发明设备的天才。与许

图1-3　匹兹堡冶金公司位于斯莫尔曼街第32号第一大楼的构想图

多其他发明者不同的特点是他对参与企业经营方面的开放态度，将他的工作服从于企业需要，这是霍尔取得惊人成功的原因。即使是在一个以财富暴涨和大量积累为标志的时代，霍尔的故事还是使他成了美国传奇人物，为他赢得了美国专利有史以来最大的财富。霍尔 1914 年去世时持有的美铝股份，价值近 3000 万美元。

　　铝在自然界中并不是以自由状态出现的，直到 19 世纪 80 年代，世界各地的纯铝生产企业，实际上包括当时所有的经营有色金属的企业，规模都很小，大多数每年仅生产几千磅的金属铝。

　　如果霍尔在他还是学生的时候能更多地接触到现实工业中所发生的事情，他就会明白，并非他所想象的那样他在铝还原的初始研究阶段遥遥领先。霍尔在匹兹堡刚找到投资者，就有一封关于他专利申请的信件透露，一个法国人埃鲁特（Paul L. T. Héroult），为了同样的目的，申请了几乎同样的专利。

　　在当时，专利的价值仍是不太容易界定的。霍尔和埃鲁特的专利申请之争最终美国专利局裁定霍尔胜诉，因为埃鲁特没有提交所需的"初步声明"。这一裁决的结果，使霍尔和埃鲁特成为分别在美洲和欧洲同时拥有同一项专利的发明人，后人称为霍尔-埃鲁特（Hall-Héroult）电解工艺。

　　将霍尔专利插图（见图 1-4（a））与取自 *Scientific American*（《科学美国人》）的埃鲁特的装置图（见图 1-5，补编第 753 号，1890 年 6 月 7 日，第 12024-5 页）进行比较，可以看出这两种方法之间的重要区别。霍尔概念图显示了一个熔融槽（A），置于带有保护性炭内衬（A′）熔炉（B）中，电极 C 和 D 传导电流。修改后的版本（见图 1-4（b））中仅显示有一个单独的电极（N），和充当负极的炭内衬（A′），钢架上的固定装置设有外部热源，几乎没有保温材料来保持热量。而埃鲁特的装置显示了分别连接的正负电极和炉子周围的一层厚厚的绝缘层，没有外部热源，如图 1-5 所示。

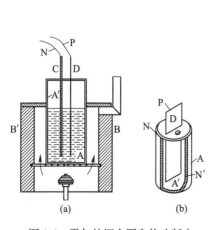

图 1-4　霍尔的概念图和修改版本

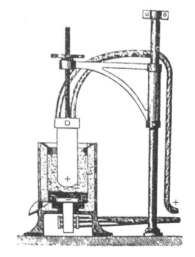

图 1-5　埃鲁特的专利图

从 1888 年 10 月匹兹堡冶金公司成立之日起，直到 1888 年的感恩节，霍尔和他的合伙人戴维斯才开始浇铸第一批铸锭。从那时起，他们就发现电解铝工厂需要持续运行，因为如果停止运行，电解槽会凝固，导致电解槽内的金属无法使用，需要被清理和丢弃。霍尔和戴维斯把一天分成两个 12h 进行轮班，聘请了一名夜班主管，并聘请了两名炉工来负责这些电解槽。匹兹堡建设的第一个电解车间如图 1-6 所示，显示了带阳极的铸铁电解槽，悬挂的导线连接在水平铜母线上。前两个电解槽前面的空铸锭模显示了原始铸锭有多小。

图 1-6 匹兹堡建设的第一个电解车间

不到两年后，工厂面貌发生了很大的变化。每天的产量超过 350lb（158.76kg），这个小型的试验性工厂已经成为一种工业奇迹。1890 年 10 月，匹兹堡举办了一次工业展览会，吸引了许多外国游客。对于在美国东部旅游的一群国际矿业工程师来说，匹兹堡冶金公司是为期两周之旅的亮点之一。

霍尔-埃鲁特冰晶石-氧化铝熔盐电解法的诞生，迅速取代了以往的炼铝方法，并在欧美国家得到了快速发展，从而翻开了人类生产应用金属铝的历史性的一页！

1.2 铝电解槽槽型的演变

从 1886 年霍尔-埃鲁特熔盐电解法诞生以来，经过 130 多年发展和改进，虽然电解炼铝的工艺和方法原理上没有本质的改变，但在生产工艺技术方面以及电解法炼铝的主体设备——铝电解槽槽型和结构上却发生了很大的变化[3]。电解槽的容量比原来增大了数百倍，第一批电解槽的电流是 600A，在工业生产铝的初期电解槽的电流也只有 4~8kA，目前已经增加到了 500~600kA 及以上，电解槽的结构形式也发生了根本的变化，经历了从预焙阳极到侧插自焙阳极，再到上插自焙阳极，又回到预焙阳极的演变，其间也出现过连续预焙阳极试验电解槽，但没有得到规模化推广。铝电解生产的电耗由最初的 40kW·h/kg、电流效率

75%（1889 年埃鲁特槽）和电耗 31kW·h/kg、电流效率 80%（1892 年霍尔槽），降到了现在的直流电耗 12.6kW·h/kg 以下、电流效率达到 96% 以上、综合电耗 13400kW·h/kg 左右。

1.2.1 早期的预焙阳极电解槽

早期的霍尔-埃鲁特铝电解槽，采用的是预制的阳极（即预焙阳极）。1886 年和 1887 年埃鲁特申请的电解槽专利如图 1-7 和图 1-8 所示。

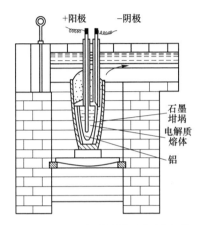

图 1-7　1886 年申请的电解槽专利　　　　图 1-8　1887 年申请的电解槽专利

在这一时期，处于铝工业生产的初期阶段（1888~1900 年），采用的电解槽电流在 4000~8000A 之间，电解槽的结构与当时电极工业的生产状况相适应，之后略有发展。电解槽的电流小、电压高、阳极电流密度也较高，同时电流效率低、电耗也高，如图 1-9 和图 1-10 所示。

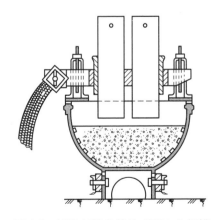

图 1-9　1892 年埃鲁特的 4000A 电解槽
（槽电压 9V，电耗 35000kW·h/t）

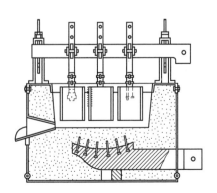

图 1-10　1912 年埃鲁特的 12000A 电解槽
（电耗 25000kW·h/t，阳极电流密度 1.0~1.2A/cm²）

1.2.2　自焙阳极电解槽

自焙阳极电解槽（Soderberg anode），简称为自焙槽，分为上插自焙阳极电解槽和侧插阳极自焙电解槽。在 20 世纪初（1909 年），连续自焙阳极首先在生产铁合金的电弧炉上出现。而自焙槽铝电解槽是由挪威人 Carl Wilhelm Soderberg 在1918 年发明，1923 年以后在生产铁合金电炉的基础上发展起来的。挪威有丰富的水电资源，电价较低，铁合金和铝工业在那一时期就已经有了很大发展。

所谓自焙阳极就是阳极是在电解槽上连续进行焙烧而成型的，而且阳极也是一个单一体。在电解过程中，在阳极底部区域碳参与电解反应，阳极被消耗的同时，要从上部不断添加生阳极糊来补充，当热量从电解质不断通过阳极底部传入，并上升到上部糊料区域时，阳极糊升温并恰好完成了阳极的焙烧成型过程。1927 年，美国开始使用的自焙阳极为圆形（电解槽也为圆形）。侧插阳极棒自焙阳极电解槽（简称侧插自焙槽或 HSS）是最早的自焙槽型，在早期就得到了很大的发展。之后，自焙槽在世界各国得到推广，并逐渐地取代预焙阳极电解槽，到第二次世界大战时，电解槽的电流达到了 60kA。在 20 世纪 60 年代，侧插自焙槽的最大电流达到 100kA。

第二次世界大战后期（20 世纪 40 年代）发展了上插阳极棒连续自焙阳极电解槽（简称上插自焙槽或 VSS）。这种电解槽与侧插自焙槽的区别在于阳极电流和阳极棒不是从侧部导入和插入，而是从上部导入和插入，阳极钢棒的低端分布在几个水平高度上，其上端连接在阳极母线上。阳极棒不仅导电，而且承担着阳极的重量。在 20 世纪 50~70 年代，上插自焙槽在世界范围内得到了很大发展，其电解槽的最大电流一度达到了 170~180kA。自焙槽的广泛应用，是铝电解槽结构发展的第二个阶段的标志。

20 世纪 70 年代末，上插槽得到了突破性改进，日本住友轻金属出售其上插自焙槽技术，采用了低沥青含量的"干阳极糊"和氧化铝点式加料器，降低了多环芳香烃（PAH）的排放，使氧化铝加料更为便捷。国际上流行的自焙电解槽容量主要是 80~100kA 或者更大容量的上插槽（见图 1-11），这种电解槽的自动

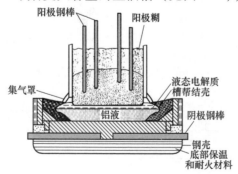

图 1-11　上插阳极棒自焙电解槽

化程度以及在解决电解槽废气污染方面优于侧插自焙槽（见图1-12）。

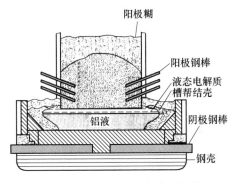

图1-12 侧插阳极棒自焙电解槽

直到最近几年，在挪威和俄罗斯有关上插槽在设计和操作上有价值的改进仍然时有报道。

自焙槽是在早期的预焙阳极电解槽基础上发展起来的，之所以能在很长一段时间内存在，并能在这段时间得到发展，是因为自焙槽本身具有以下明显优点：

（1）自焙槽的阳极使用煅烧后石油焦和沥青组成的糊料，这种糊料加入电解槽上面的阳极箱中，靠电解槽自身的热量使电解槽阳极箱内的阳极糊焙烧成密度较大的炭阳极，使电解槽的上部散热得到了合理的利用。

（2）由于电解槽直接使用糊料（阳极糊），因此节省了预制阳极过程中的成型、焙烧、加工、阳极组装等工艺与工序过程，以及该过程所需的燃料和各种消耗及劳动费用，大大地降低了阳极的制造成本。

但同时自焙槽也存在着很大的缺点：

（1）阳极的焙烧温度低（940～980℃），无法达到预焙阳极的焙烧温度（1100℃以上），导致自焙阳极的电阻高于预焙阳极，因而自焙阳极的电压降（包括阳极Fe/C电压降）远高于预焙阳极的电压降，电耗增高了1000kW·h以上。

（2）由于阳极是整体的，从自焙槽阳极底部中心到边部之间电解质的温差高于预焙阳极电解槽，从而造成自焙槽内由温差引起的电解质的对流较大，再加上过大的阳极底掌面积，导致阳极气体排放不畅，因而总体上电流效率低于预焙槽。

（3）阳极糊在自焙过程中生成大量碳氢化合物等气体，对环境的危害极大，一直没有比较好的治理措施，这也成为自焙槽注定被淘汰的决定性因素。

（4）阳极的电化学选择性氧化程度高，炭渣多。

（5）电解工、阳极工劳动强度大，机械化和自动化程度低。

我国第一个侧插自焙槽系列建设在抚顺铝厂，从苏联全苏铝镁设计研究院（VAMI）引进技术[5]。原设计电流为 45kA，阳极尺寸 3800mm×1600mm，阳极电流密度 0.74A/cm^2，1954 年投产时电流强化到 55kA，1958 年又强化到 60~62kA，阳极电流密度曾经达到 1.02A/cm^2。60kA 侧插自焙槽此后经过不断改进成为我国长达近半个世纪的基本槽型，其具代表性的参数是：系列电流 60kA，阳极尺寸 4000mm×1800mm，阳极电流密度 0.85A/cm^2，阳极小头不钉棒。

20 世纪 60 年代初，我国自主开发了 80kA 上插自焙阳极电解槽以及与其配套的上插槽拔棒机、悬臂打壳机和阳极糊连续混捏机，称为"三机一槽"。1964~1968 年间用于建设贵州铝厂和青铜峡铝厂。

从新中国成立以后，我国先后建设了抚顺铝厂、山东铝厂电解铝分厂、郑州铝厂电解铝分厂及包头铝厂，到 1966 年 9 月和 12 月贵州铝厂一期铝电解工程局部和兰州铝厂南厂房、1970 年 8 月青铜峡铝厂电解一厂房 44 台槽及 1974 年 12 月连城铝厂一车间前 90 台槽相继建成投产，形成了八大电解铝厂的生产格局（见表 1-1）[6]。图 1-13 所示为自焙槽生产车间概貌。

表 1-1　建设投产初期八大电解铝厂的基本情况

铝厂名称	开工时间	设计产能/万吨	自焙槽型	安装槽数/台	投产时间
抚顺铝厂	1952 年 4 月	1.5	45kA 侧插槽	144	1954 年 10 月
兰州铝厂	1958 年 8 月	2.5	60kA 侧插槽	168	1959 年 12 月
山东铝厂	1959 年 5 月	2.5	60kA 侧插槽	172	1959 年 12 月
郑州铝厂	1958 年 8 月	2.5	60kA 侧插槽	172	1960 年 3 月
包头铝厂	1958 年 9 月	2.5	60kA 侧插槽	172	1960 年 5 月
贵州铝厂	1964 年 9 月	3.4	80kA 上插槽	176	1966 年 9 月
青铜峡铝厂	1965 年 4 月	3.5	80kA 上插槽	176	1970 年 8 月
连城铝厂	1971 年 12 月	6.0	75kA 侧插槽	336	1974 年 12 月

图 1-13　自焙阳极电解槽生产车间

由于自焙槽的种种不可克服的缺点，故在 20 世纪 70 年代后逐步被淘汰，取而代之的是现代的预焙阳极电解槽（简称预焙槽）。

1.2.3 现代预焙阳极电解槽

从 20 世纪 60 年代开始，随着电极工业的发展，预焙阳极电解槽由于在节能、环保以及自动化水平等方面的优势逐步发展起来，并迅速向大型化发展。典型预焙槽结构如图 1-14 所示。

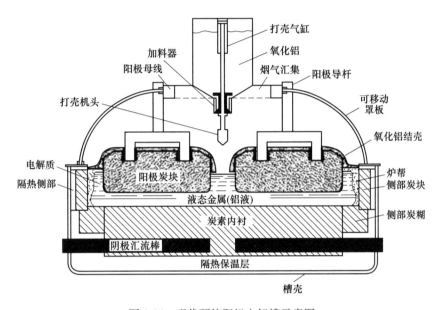

图 1-14　现代预焙阳极电解槽示意图

国际上，以美铝、法铝为代表的国外先进铝业公司自 20 世纪 60 年代以后，相继开发成功现代大型中间下料预焙阳极电解槽技术，并不断实现向工业规模化生产发展。与此同时，工艺技术的改进、辅助技术和装备的开发及计算机控制技术的进步，使电解过程保持在良好的工艺条件下运行，实现了高度的机械化和自动化。20 世纪 90 年代以来，铝生产的电流效率超过 95%，直流电耗降至 13000kW·h/t 以下，接近现有电解法工艺炼铝的极限值。使得现代铝电解工业在现有的电解炼铝方法的前提下，技术发展达到近乎完美的程度。

20 世纪 80 年代，280kA 以上的特大容量铝电解槽开发成功并应用于系列生产，其中包括法国 Pechiny（彼施涅）AP-30（见图 1-15）、Alcoa（美铝）A-817 型 300kA 电解槽和我国在 20 世纪 90 年代开发完成并得到推广的 ZGS-280 型

280kA 电解槽，这种槽型应用于大规模的系列生产显示了其不可替代的优越性。进入 21 世纪以来，这种趋势还在继续延伸，400~600kA 超大型铝电解槽相继诞生，并应用于工业生产。

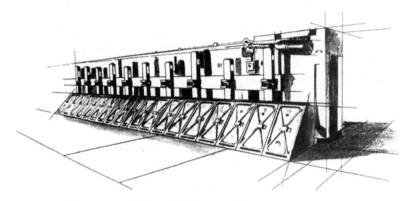

图 1-15　现代大型预焙槽（法国彼施涅 AP-30 设计图）

根据全球炼铝工业的发展状况，炼铝工业的历史大体上可分为以下四个阶段。

第一阶段，1886 年到 20 世纪 40 年代后期。工业生产起步与摸索、铝用途开发创造奇迹阶段。

第二阶段，1948~1960 年。自焙槽炼铝技术逐步成熟，西方国家大规模发展与应用阶段。

第三阶段，1961~1980 年。铝电解槽数学模型和大型电解槽理论研究，现代大型预焙槽炼铝技术开发取得进展、节能降耗起重要作用和全球铝业布局发生变化阶段。

第四阶段，1981 年至今。大型预焙槽炼铝技术逐步开发成熟，超大型电解槽开发成功并且实现工业化推广应用，高度重视环保、发达国家发展至鼎盛，同时第三世界国家进入大力发展阶段。

我国最早的预焙阳极电解槽是 1964 年在郑州铝厂建成的。由于从苏联引进的 75kA 侧插自焙槽阳极过宽（3600mm×2500mm），造成电压过高且针摆严重，必须进行改造。在这种情况下，第一次设计了边部加工无槽罩的 80kA 预焙槽；20 世纪 70 年代末，在抚顺铝厂进行了 135kA 预焙槽的开发试验，此后应用于包头铝厂建设。

直到 20 世纪 80 年代初贵州铝厂引进日本轻金属 160kA 槽开始，伴随改革开放的步伐，开启了我国现代大型铝电解槽技术的研究、开发、试验和工业化应用的历程。

参 考 文 献

［1］ GRJOTHEIM K，WELCH B. Aluminium Smelter Technology ［M］. 2nd. Berlin：Aluminium-Verlag，1988.

［2］ 邱竹贤 . 铝电解原理与应用 ［M］. 北京：中国矿业大学出版社，1997.

［3］ 冯乃祥 . 铝电解 ［M］. 北京：化学工业出版社，2006.

［4］ GRAHAM M B W，PRUITT B H. R&D for Industry—A Century of Technical Innovation at Alcoa ［M］. Cambridge：Cambridge University Press，1990.

［5］ 姚世焕 . 中国铝电解技术 50 年演变与展望 ［J］. 中国有色金属学报，2008，18：1-12.

［6］ 中国有色金属工业协会 . 新中国有色金属工业 60 年 ［M］. 长沙：中南大学出版社，2009.

2 铝电解槽物理场数学模型
与仿真技术发展

尽管霍尔-埃鲁特熔盐电解法生产原铝的工艺一个多世纪以来没有发生太大的变化，但是电解槽的容量却一直在增加；每生产 1kg 铝所需的能耗也在不断下降，从最初的 70kW·h 左右下降到目前的 13kW·h。铝冶炼的生产率和能量利用率取得如此巨大的成就，在很大程度上要归功于人们对制约电化学还原铝的物理和化学过程基本原理的深入研究，特别是对于铝电解过程中的传热、传质以及受到电、磁影响的流体动力学的研究。

20 世纪 60 年代以来，随着世界能源供应的日趋紧张和人类环保意识的不断增强，高效能、低污染和高自动化成为铝工业技术发展的主要方向，预焙槽取代自焙槽成为大势所趋。随着计算机技术的快速发展，能够描述铝电解槽各种物理特性的数学模型研究也取得了较大进展，为电解槽技术的进步发挥了重要的作用。在经历了半个多世纪由自焙槽主导的炼铝工业时代后，预焙槽重新回归到工业生产中，并迅速向大型化、高能效方向发展。近 40 年来，铝冶炼技术和工业生产已经发生了深刻的变革。图 2-1 反映了近一个世纪来的电解槽容量变化趋势。

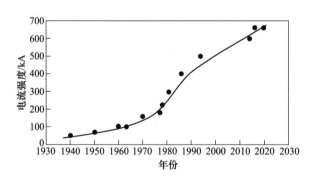

图 2-1　近代铝电解槽电流强度增大趋势

随着预焙槽容量的不断增大，人们发现电磁场的改变与电解槽运行的稳定性和技术指标的关系越来越明显，不断增大的系列电流对电解槽运行效果的影响也越来越突出。同时，铝电解过程中的传热、传质、电磁特性及流体动力学的影响，以及相互之间的耦合关系也越来越复杂。现代铝电解槽技术的不断进步，要求对电解槽内上述各种物理特性做出精确的预测和控制。而现代铝电解技术的发展在传统电化学研究领域趋于完善且停滞不前,因此,对电解槽物理特性优化对电化学过程影响的研究显得越来越重要。研究掌握铝电解槽物理场数学模型和计算机模拟仿真技术成为现代铝电解槽开发的关键技术基础。

铝电解槽数学模型和数值仿真技术涉及槽内衬结构、母线结构及其传热、传质、铝液与电解质熔体的流动以及槽结构力学等诸多方面。因此从理论上需要全面考察"电、热、磁、流、力"场[1]的分布及其耦合关系,导致数值计算过程耗时、耗资源,且工作量巨大。在 20 世纪 70 年代以后,随着电子技术的不断进步,这项研究也迅速取得了进展。世界各大铝业公司都在这一研究领域加大投入,力图建立自己的现代铝电解技术体系。诸多研究学者先后对"电、热、磁"场进行了详细的数值计算与仿真研究,逐步形成了一系列完整的算法,人们从此能够对电解槽中的各种物理场特性做出精确的定量描述,成功地使电解槽的电热特性、电磁特性、熔体流动和力学结构等得到优化和有效的控制,并将其逐步应用于电解槽的设计、技术改造和工艺方案的选择中,使电解槽加料方案、过程控制技术、槽的阴/阳极构造、槽内衬结构与筑炉材料选型等得到大幅度的优化,从而使现代大型铝电解槽的开发取得了成功,并由此带来了铝电解工业的巨大变化。

电解槽的大型化已成为当今国际铝工业发展的突出特点,且一发不可收。

2.1 铝电解槽电热场的仿真研究

铝电解槽的热特性是电化学反应的基础,电流通过而产生热,使得电与热的联系紧密而不可分割。因此,电热特性是人们长期关注的重要物理特性,也是人们最先借助计算机开展研究的对象之一。

2.1.1 电热模型的初期研究

Haupin[2]于 1971 年率先提出一种一维导热模型,用来计算电解槽的槽腔内形。在这以后,随着计算机软硬件技术的飞速发展,电热场和槽腔内形的仿真计算逐步得到工业应用。20 世纪 80 年代以来,国内外诸多研究人员在铝电解槽电、热场仿真方面投入了大量精力,取得了一系列的研究成果。

1980 年 G. Peacy 等人[3]提出将电解槽的横截面切片划分为矩形网格,并假定在同一网格内具有相同的物理性质,但其实际计算的热场和槽腔内形结果与实测结果存在较大误差。K. A. Palsen 等人对模型中的网格进行优化,并将边界条件与中间网格采用分步计算,相比前人,其计算结果有较大的改进[4]。挪威著名专家 Jomar Thonstad 等人[5]通过研究炉帮成分和结壳形成与熔化规律,分析发现炉帮结壳的成分中除了少量钙存在以外，主要为纯冰晶石；还研究了液相线温度与电解温度变化之间的关系，发现两者的变化规律是相似的，这对于确定热解析边界条件很有帮助。

2.1.2 二维模型的建立与软件开发

Bruggeman 等人[6]对原有二维模型进行改进，对模型中熔体与侧部槽帮之间的对流换热系数、带筋板的槽壳与周围环境的换热系数做出更进一步精确处理，从而使槽腔内形的计算值与实测值之间误差更小。而 Ahmedetal 等人[7]则更进一步在模型中考虑到槽帮与熔体界面间的相变，用相变导热来研究槽帮的生长与消融，使计算结果更加符合实际情况。

从 1983 年起，我国的梅炽、武威、梁学民等人率先开始研究并取得了重要突破。通过对三维的铝电解槽阴、阳极结构的合理简化，采用"二维+三维"的混合"切片"（大面+小面）耦合模型[8-9]，考虑了端部传热与侧部传热系数的差异，阳极采用三维 1/4 模型，形成了准三维的整体模型。采用"有限差分法"建立稳态下电热传递的泊松方程与拉普拉斯方程数学模型，考虑了材料电热特性的各向异性，从而求出槽体内的电热分布。特别是通过实验、模拟仿真与实际测试，研究了槽内熔体与侧部的换热边界条件，在给定电解槽的结构参数、材料参数及原始条件的情况下，电解槽内的电压分布、温度分布、电流、热流、炉帮形状及热平衡均可以迅速模拟出来，计算结果较为精确。

该计算仿真软件在当时计算机内存容量仅 640kb 的个人计算机上采用了较先进的内存覆盖、数据缓存等技术，满足了密集的网格划分带来的庞大方程组求解对内存需求，在当时是非常不简单的。并且这些技术在此后国内铝电解槽内衬结构设计（电热场特性模拟和槽腔内形仿真）中发挥了重要作用。梁学民等人[10-12]将电热模型数值分析方法应用于指导电解槽的内衬设计，以能量平衡与炉腔内形为设计目标，取得了很好的效果；针对当时贵州铝厂引进的 160kA 电解槽侧部炉帮形成不好以及早期破损的原因采用仿真程序进行解析，得到了清晰的判定。此后，电热模拟仿真技术进一步应用于我国的 180kA、280kA 大型试验槽的开发，为我国大型铝电解槽开发成功提供了依据。关于这一点，本书在以后第 10 章中还将予以详细叙述。

之后 Comalco 研究中心 Kevin J. Fraser 等人[13]着重研究了电解槽边部区域电解质运动的模拟，并发现由于受到阳极下逸出的二氧化碳气泡的支配而产生的湍流运动，是电解质基本的对流换热过程，这一运动还引起了电解质-金属界面的振荡，而这种振荡正是造成此部位对流换热系数成倍（5 倍）增加的原因；前联邦德国 VAW 公司 H. Pfundt 等人[14]及 Alcoa 研究所 J. N. Bruggeman 等人[15]均研究了二维或局部三维的热解析模型。至此，基于数学模型的研究和对槽内熔体与炉帮之间的传热机理,对炉帮形成的规律以及电解槽的热特性、温度变化已经建立起了比较清楚的认识。

在这一阶段,应用上述模型和自主开发的软件为工具,已经能够对电解槽的热特性及其分布、电解槽的炉帮形状做出比较符合实际的预测,并且被实际应用于指导大型电解槽的开发,对铝电解技术的发展产生了较大的影响。

2.1.3 三维模型以及 ANSYS 通用软件的应用

20 世纪 90 年代以后,ANSYS 等数值计算通用软件的应用使数学模型的建立变得相对容易。加拿大的著名铝电解仿真专家 Marc Dupuis 等人[16-20] 在 ANSYS 有限元计算机软件平台上,建立了三维有限元模型对铝电解槽的电、热场进行仿真计算与优化研究,先后建立了一系列电热场模型,主要包括:三维 1/2 阳极模型、三维阴极侧部切片模型、三维全槽切片模型、阴极拐角模型、1/4 槽模型、三维单阴极模型和 1/2 槽模型。其中,三维 1/4 槽有限元模型和 1/2 槽有限元模型可以避免因为切割和阴极热损失估算带来的误差,故计算结果更加精确,但是需占用大量的计算资源,这也是以计算机技术的发展为前提的。

梁学民等人[21]建立的 160kA 铝电解槽 1/4 槽三维有限元电热模型,不仅可用来对铝电解槽的电、热场进行仿真计算与优化,而且可用于对电解槽的启动过程进行模拟。

总体来讲,上述电热模型基本属于静态模型研究成果,其贡献主要在于:一是侧重于物理模型选取及数学模型的建立,重点在于静态模型向动态模型的发展;二是侧重于模型精确度的研究,即边界条件的研究。

2.1.4 瞬态 (动态) 模型的研究

瞬态 (动态) 模型的研究开发对分析电解槽真实过程的电热特性的动态变化规律意义重大,但模型建立也更为困难。梅炽等人[22-23] 提出以动态仿真为根据,在线检测电解槽当前各种信息 (电流、电压及温度等),用计算机快速模拟电解槽的热平衡,并输出预报结果,以达到在线监测电解槽运行状况的目的;该部分动态仿真可以融入电解槽现场智能控制中,成为电解槽控制系统的有益补充。

Hashimoto 等人[24]于 1980 年首先提出了一维瞬态电热数值模型,该模型对于估算槽内温度分布和槽膛内形的行为有一些作用,但仍存在较大误差。Palsen 等人[25]在其后做了一项具有开拓意义的研究,对电解槽侧部槽帮和槽壳温度的相关性开展了研究,建立一维槽帮、槽侧壁温度和侧部热损失电热瞬态模型。

再往后,Ek 和 Dow 等人[26-27]研究了各种参数与电解质温度及槽内热场分布的关联性,并在此基础上进行了电热场的计算。Marc Dupuis 等人[28-29]建立了三维电热场瞬态有限元模型，对 300kA 电解槽焦粒焙烧时，阴极内衬的温度及其梯度分布随时间的变化进行了研究。由于三维瞬态模型计算量巨大，在铝电解槽实际应用中效果受到限制。

这部分的研究尽管已经开展多年，但在实际电解槽生产过程中，如何从反应动力学原理出发，深入研究热特性对反应过程的影响，并实现对热平衡的优化和控制，仍然是铝电解未来研究的重要工作，也是本书将要探讨的重要内容和目的之一。

总之，铝电解槽电热模型的研究是铝电解各种物理特性中最基础，也是十分复杂的工作。三维模型的好处是能够准确反映电解槽内各个区域的电热特性，同时能够根据电解槽各个部分的结构和材料改变带来的电热特性的变化，从而帮助我们选择合理的槽结构设计方案；瞬态模型则能够通过某一区域、某种特性随时间改变的情况下，观察电解槽不同部位、不同特性的相应改变，更有利于对电解槽的设计方案进行综合评判。当然，要做到精确的动态仿真，并实际应用于动态的工业过程控制，仍然是一项重要的课题，研究工作有可能还需要持续多年。

综上所述，电热模型及其相关研究对电解槽的电热特性的设计起到了重要的作用。

2.2　电磁场仿真研究

随着电解槽容量的增大，电磁场对电解过程影响越来越显著。因此，在现代铝电解设计理念中，世界各大铝业公司和我国各大设计院都将大部分精力集中在准确计算铝电解槽内磁感应强度，进而通过母线配置的优化，将电解槽的电磁特性最优化。

现代预焙铝电解槽中，电流经过阳极、电解质、铝液、阴极、钢棒和阴极母线连接至下一台槽阳极母线进入下一台槽。电流为其提供基本的能量来源，同时也产生各种物理场，影响着铝电解电化学过程的进行。而驱使电解质和铝液发生循环流动、界面波动和隆起变形的作用力，除了来自反应过程产生的气体形成的气泡运动外，更主要是来自电流源在铝电解槽内形成的强大磁场与电解质熔体及铝液中的电流相互作用产生的洛仑兹（Lorentz）力。在实际生产中，一方面这些流动及波动是有益的，电解质的流动对氧化铝的传质（扩散）和能量的传递是必不可少的；另一方面，当流速过快或这种力造成隆起和波动幅度过大时，则会大大减少阴阳极之间的有效距离，同时也增加了铝的溶解损失，导致电流效率下降。准确模拟电解槽的电磁特性及流体动力学（MHD）特性，是考察上述因素对电化学过程影响和改善其反应动力学效果的基础。

对铝电解槽内电磁场特性的研究开始于 20 世纪 60 年代，它是伴随着电解槽向大容量方向发展而发展的，尤其是当电解槽达到 180kA 级以上后，磁场问题越来越凸显。最近四十年来电磁场问题已成为铝电解槽物理场研究的热点和难点之一，而磁场的计算归根结底是对一系列数量庞大的偏微分方程的边值求解问题。

20 世纪 70 年代以来，数值计算方法已经广泛应用于各个领域，该方法的核心概念为采用数值逼近的方法来求解电磁场。但对于具体的研究对象——铝电解槽来说，电磁特性显得更加复杂，主要表现在：

（1）铝电解槽的电磁场无法用一个很准确的数学模型来描述，这是因为电解槽内电流分布不仅在空间上是非线性的，而且是随时间变化而变化的，其相关的工艺与操作（例如炉帮形状、换极、出铝等）对电磁特性都会产生影响，存在的不确定因素很多。

（2）铝电解槽内通入的是强大的直流电，而且电解槽成列排布，槽与槽之间相互影响，且槽内几何形状复杂；其相应的空间内存在大量不同结构、分布复杂的铁磁性物质，由于受到热过程和磁化过程的影响而呈现更为复杂的特性，无法进行精确的计算。

在磁场计算中，绝大部分研究者都将铝电解槽的磁场分为三部分：

（1）由阴、阳极母线及阳极导杆中流经的直流电所产生的磁场；

（2）阴极炭块、阳极炭块及熔体（铝液和电解质）中流经的直流电所产生的磁场；

（3）槽壳及阴极钢棒等铁磁材料被磁化后的磁场。

这三部分磁场矢量的叠加便构成最终铝电解槽的磁场矢量。

目前，在电解槽磁场计算过程中各研究人员对于上述第（1）和第（2）部分磁场已经达成共识，即应用毕奥-萨伐定律的线积分和体积分法[30-39]进行计算：

$$H = \frac{1}{4\pi} \int_L \frac{Id\boldsymbol{l} \times \boldsymbol{r}}{r^3} \tag{2-1}$$

$$H = \frac{1}{4\pi} \iiint_V \frac{\boldsymbol{J} \times \boldsymbol{r}}{r^3} dV \tag{2-2}$$

相对来说，第（3）部分磁场（包括铁磁材料在内的磁场）的计算则复杂得多，而且在不同的计算方法下其计算精度也不尽相同。铁磁材料是产生磁场的二次来源，外界磁场强度对其磁化程度起到直接的影响，但反过来它产生的磁化磁场又会与外部磁场叠加，以此来影响最终磁场的大小。由于其磁导率存在非线性特性，使该类型材料的磁场强度极难精确计算，作者认为还存在特定情况下的磁饱和现象。一直以来，国内外学者们都在努力寻找准确计算该部分磁场的方法。最早有的学者在计算这部分磁场时都忽略了铁磁物质的影响，这样尽管可以较快速地得到磁场计算结果，但是同样存在结果误差大的缺陷。而随着数值计算理论与应用的发展，人们开始用经验模型或数值计算的方法对这部分磁场进行计算研究。综合这些年的研究来看，在铝电解铁磁材料影响方面，有以下几种计算方法。

2.2.1　磁衰减系数法

磁衰减系数法即先计算当量电流所产生的磁场由于电解槽壳的存在而减小的程度，再根据这个系数得到电解槽磁场分布[40-41]。一般而言，磁衰减系数可表达如下：

$$MAF = 4 \times DRP/(DRP + 1)^2 \tag{2-3}$$

式中，MAF 为磁衰减系数；DRP 为相对磁导率的微分。

该系数的计算是在假设铝电解槽壳为无限厚和无限大的前提下得到的，而由于这个假设的存在，在实际情况中，有限面积和有限厚度的槽壳会使得该方法计算铝电解槽的磁场时产生较大的偏差。

首先采用这种方法计算电解槽磁场的学者为 Robl[40]，他在 1978 年采用该方法计算了铝电解槽的磁场分布。其计算过程为：首先计算槽内部某处的磁场强度，其次乘上一个校正系数来计算槽壳对电解槽整体磁场的影响。此外，他还研究了磁衰减系数随磁场变化的内在规律。随着数值计算方法及现代计算机技术的飞速发展，该方法虽很快被其他方法所代替，但这一方法由于其计算过程简单快速，曾被众多学者引用，结合电解槽实际经验模型，具有很强的实用性，在现代电解槽开发的历史上发挥了重要的作用。

2.2.2　微分法

微分法又叫有限元法，是近些年来工程计算中应用最广泛的方法之一。它由 Sief 等人[42]最先提出，Sief 等人应用该方法来求解偏微分方程：

$$\text{div}(\mu \cdot \text{grad}fF) = -\text{div}(\mu \cdot H_c) \tag{2-4}$$

式中，F 为标量磁位；H_c 为外磁场；μ 为磁导率。

应用该方法计算得到的磁场结果与实测磁场结果相差小于 10%，关于精度问题尽管有些分歧，但该方法被后来众多研究人员所接受。

从理论上来说，只要在计算过程中，微分方程的边界条件准确度足够高、计算网格的单元尺寸足够密、计算平台软硬件条件足够的话，该方法同样能获得足够的精度要求。目前，国内外很多学者都在使用该方法来计算铁磁材料的磁场[43-46]，这是因为：首先有限元程序具备通用性，很容易在各种计算平台上实现，省时省力；其次计算机技术飞速发展，软硬件的发展更是呈几何倍数增长；更何况经过这么多年研究，已经有相当多的积累，部分规律已经被人们所获悉。

2.2.3　积分法

磁化强度积分法，顾名思义为通过对铁磁体区域积分求解来计算铁磁体所产生的磁场，该方法可以分为直接计算法和积分方程法。最早应用该方法计算电解槽铁磁材料的学者为 Segatz 等人[47-53]，他们以磁场微分方程 $\nabla(\mu \nabla\varphi) = \nabla\mu H_{\mathrm{p}}$ 为根据，推导得到磁场的积分方程：

$$\boldsymbol{H}_{\varepsilon}(\boldsymbol{r}) = \frac{1}{4\pi}\int_{v}\nabla_{r}\frac{\boldsymbol{M}(\boldsymbol{r'})(\boldsymbol{r} - \boldsymbol{r'})}{(\boldsymbol{r} - \boldsymbol{r'})^{3}}\mathrm{d}^{3}r' \qquad (2\text{-}5)$$

式中，φ 为磁通密度。

从文献报道的计算结果来看，应用该方法计算得到的磁场结果除了某些局部点的误差超过 80% 外，在大部分区域与实测结果吻合较好。Segatz 等人在磁场的计算过程中较早地研究了前后槽铁磁物质对目标槽计算结果的影响，并得到相邻槽铁磁物质的影响会引起 10% 的计算误差的结论。这也说明前后槽无论从哪个角度来看，在磁场计算过程中都不能忽略。

我国尽管在这一领域起步较晚，但邱捷等人也提出了一种积分方程法[49]，基本原理与前文所述方法相似，其得到的积分方程为：

$$\frac{1}{\mu_1 - 1}\boldsymbol{M} = \boldsymbol{H}_s + \frac{1}{4\pi}\left[\int_{v}(-\nabla\boldsymbol{M})\frac{\boldsymbol{r} - \boldsymbol{r'}}{|\boldsymbol{r} - \boldsymbol{r'}|^{3}}\mathrm{d}v_1 + \int_{s}(\boldsymbol{M}_1\boldsymbol{n}_1 + \boldsymbol{M}_2\boldsymbol{n}_2)\frac{\boldsymbol{r} - \boldsymbol{r'}}{|\boldsymbol{r} - \boldsymbol{r'}|^{3}}\mathrm{d}s\right] \quad (2\text{-}6)$$

再利用数值分析的方法，编程得到 $\boldsymbol{M}$ 的解，以此来计算电解槽内的磁场强度。该方法计算结果的验证是在 $10 \sim 15\mathrm{kA}$ 试验槽上开展的，结果同样显示了计算结果有较高的精度，但采用实验槽进行试验，本身就存在一定的缺陷。

对比积分法与微分法可知，积分法针对的求解区域大幅度缩小，且区域并不要求连续，因而在处理空间位置分散分布且形状各异的铝电解槽铁磁材料时具备较大优势。但积分法由于在计算过程中积分方程组的系数矩阵为满秩，当求解网格较密时计算量剧增，计算速度呈几何级数下降；当网格较稀疏时，计算误差又会大幅度增加。

2.2.4 磁标量位法

磁标量位法[58-61]分为简化标量位法和全标量位法。对于铁磁材料以外的区域可采用简化标量位法，而在铁磁材料内部则可使用全标量位法。

李国华等人又提出了一种双标量位法计算电解槽内磁场。该方法也是利用上述两种标量位对不同区域磁场进行计算，即在计算的场区用简化标量位，在铁磁元件区用全标量位。该方法避免了向量计算，其微分方程可描述为：

场铁磁区：

$$\nabla \times \mu \nabla\varphi = 0 \qquad (2\text{-}7)$$

场区：

$$\nabla^{2}\varphi = 0 \qquad (2\text{-}8)$$

场区与铁磁区交界面条件为：

$$-\mu \frac{\partial \varphi}{\partial n} = \mu_0 \left(-\frac{\partial \varphi}{\partial n} + H_m \right) \tag{2-9}$$

再应用数值分析的方法，计算得到电解槽内磁场的分布。由于李国华等人未给出具体算例与计算结果，同时也没有计算结果与实测结果的对比，因此此种方法的准确度有待商榷。

2.2.5 磁偶极子法

磁偶极子法最早于 1973 年由学者 Th. Sele 提出[62-64]，用磁偶极子（由许多微小的分子电流环构成）来计算铁磁材料产生的磁场，其将电解槽壳视作由许多两端呈半球形的磁偶极子相互连接构成的网络，电解槽的总磁场为各电流源产生的磁场及磁偶极子产生的磁场的叠加。

我国姜昌伟等人[65]最早采用磁偶极子计算电解槽磁场，建立了 150kA 预焙槽基于磁偶极子的模型，并将计算结果与测量结果进行对比，结果显示磁场平均值符合的程度较好，但在某些异常点偏差则可达 35%。尽管如此，在考虑钢壳影响时磁场计算值与实测值的符合程度要比不考虑的更好。姜昌伟等人认为：由于电解槽各处电流的分布不一致及随时间的波动，导致计算时采用的电流分布与实际有差距。此后，蔡晖、曾水平等人应用此法对铝电解槽磁场进行了计算，均取得了比较满意的结果。

磁偶极子法以电磁理论作依据，处理问题相对简单，精度较高，从而具有一定的优越性，但同样也存在一定的缺陷，有一些方面难以确定，如电解槽壳和阳极钢爪的磁偶极子等效、被磁化磁偶极子场强的确定、偶极子取向的确定等。由此可知，该方法还需要进一步完善。

2.2.6 表面磁荷法

通过求解表面磁荷来计算空间任一点的磁场强度的方法称为表面磁荷法[66-68]。由电磁场理论可知，在均匀的铁磁材料中，其标量磁位 U_m 可由下式计算：

$$U_m = \frac{1}{4\pi} \iint_s \frac{\sigma_m ds}{r} \tag{2-10}$$

式中，σ_m 为表面磁荷。

在计算时，可将铁磁材料表面划分为 n 个小面单元，对于每一小面单元的中心，其磁场强度 H_i 为：

$$H_i = H_{ci} - \frac{1}{4\pi} \sum_{j=1}^{n} \sigma_{mj} \iint_{\Delta s_j} \nabla\left(\frac{1}{r_i}\right) ds \tag{2-11}$$

式中，H_{ci} 为电流源所产生的磁场强度，可用毕奥-萨伐定律计算。

将式（2-11）两端都同时求面积 S_i 的法向单位向量 n_0 点积，则得法向分量的关系式。

$$\boldsymbol{H}_{in} = \boldsymbol{H}_{cin} - \frac{1}{4\pi} \sum_{j=1}^{n} \sigma_{mj} \iint_{\Delta s_j} n_0 \times \nabla\left(\frac{1}{r}\right) \mathrm{d}s \tag{2-12}$$

由于毕奥-萨伐定律计算的电流源产生的磁场强度和磁偶极子法在第 i 单元产生的法向磁场强度在交界面两侧连续，且第 i 单元自身面磁荷产生的磁场在交界面两侧大小相等、方向相反，由式（2-12）可得：

$$\left(\frac{1}{\chi} + \frac{1}{2}\right) \sigma_{mj} + \frac{1}{4\pi} \sum_{\substack{j=1 \\ j=i}}^{n} \frac{\sigma_{mj}}{4\pi} \iint_{\Delta s_j} n_0 \nabla\left(\frac{1}{r}\right) \mathrm{d}s = \boldsymbol{H}_{cin} \tag{2-13}$$

式中，χ 为电导率。

由式（2-13）可求解得表面磁荷 σ_{mj}，再代入式（2-11），便可计算出空间任一点的磁场强度。但这种方法还没有真正使用过。

以上列出了部分包含铁磁性物质的磁场计算典型处理方法，但这些方法在计算结果的精度上均存在一定的不足。因此，在早期阶段，为了满足技术开发需要，常采用理论计算与实际测量结果验证相结合的方法。

2.2.7 ANSYS 通用软件在磁场仿真中的应用

目前对于磁场的仿真计算，许多学者都采用有限元模型进行相关计算。其中，M. Dupuis[68] 最早于 1993 年便开始在 ANSYS 商业有限元平台上，建立了包括槽外空气、槽壳、相邻槽的电磁场有限元分析模型，如图 2-2 所示，同时也对比分析了有无槽壳的情况下铝液中电磁力的分布情况。

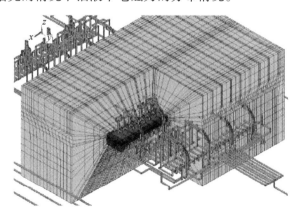

图 2-2 M. Dupuis 等人建立的磁场计算模型图

2005 年，D. S. Severo 等人[69] 同样在 ANSYS 平台上建立了 240kA 电解槽电磁

场有限元模型，如图 2-3 所示。首先对电解槽的电场进行计算，然后应用强耦合方法将电场结果用于磁场的计算，分析了槽壳的磁场分布、铝液中间磁场分布，并更深一步将电磁力耦合到流场分析中。但遗憾的是这两个模型都未考虑相邻厂房对磁场分布的影响。

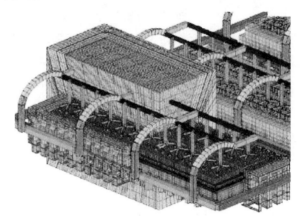

图 2-3 D. S. Severo 等人建立的 240kA 电解槽电场和磁场计算模型图

从各种分析方法来说，采用完全空间磁场源的有限元分析法应当是最为理想的一种分析方法。文献[70]将采用有限元法考虑铁磁物质后的磁场分析结果，与直接使用毕奥-萨伐定律按照等效线电流计算而不考虑铁磁性物质的计算结果进行了对比，认为有限元法显然更接近实际情况。

2.3 流体动力学特性模拟与仿真

在铝电解槽内存在着两种高温熔体（铝液和电解质），两者由于密度不同，使铝液保持在下部，电解质在上部，电解质内含有一定的固体氧化铝。同时，在电解质熔体上部区域存在阳极气体（以二氧化碳为主），在金属铝液底部，部分氧化铝有时会通过电解质-铝液界面下沉形成一定的氧化铝积累。因此严格来讲，电解质区域属于三相流动区域，而金属铝液区域实际上是液体和固体两相流区域[71]。

在电解槽内熔体的流动主要受到两种原动力驱动：一种是化学反应形成的气泡的运动，另一种是电磁场形成的洛仑兹力的作用。还有一种就是热梯度的作用，但这种力的影响不是主要的。在前两种力的驱动下使电解质、铝液熔体流动，这种流动一方面改善了电化学反应的动力学效果：由于对流产生有效传质可加速氧化铝在电解质熔体中的溶解和扩散，减少了熔体中氧化铝的浓度差，有利于加快反应的速率和提高效率；另一方面，熔体的流动过大特别是铝液的流动和波动会带来铝液-电解质界面铝的溶解和二次反应的增加，以及电解槽的不稳定，造成电流效率的降低。

2.3.1　槽内熔体流动的仿真研究

由于铝电解槽内熔体流动和波动的复杂性，其熔体动力学的仿真计算也是十分复杂的，Daniel[71]把电解槽内按照流动特性分为三个区，即金属铝液区、电解质底层区和上层区。

槽内熔体中由于内部存在着较大的直流电通过，与周围电流形成的磁场相互作用，形成水平环流及波动。从流体力学角度出发，熔体流动遵循 Navier-Stokes 方程（简称 N-S 方程），并且属于不可压黏性湍流问题。

K. Mori 等人[88]在 1975 年最早提出：铝液循环由垂直磁场和水平电流相互作用而形成的电磁力引起，而电解质的流动图形和铝液的流动图形是相似的。

目前，学术界公认的流体力学包括理论流体力学、实验流体力学和计算流体力学。自 20 世纪 70 年代以来，随着计算机技术的飞速发展及各类数值算法的出现，计算流体力学得到了越来越广泛的应用。对于流动中雷诺数较高的湍流问题，采用直接模拟法（DNS）和大涡模拟法（LES）求解 N-S 方程需要设计非常密的网格及很小的步长，从而导致这一方法在计算中要占用大量的时间和空间计算资源，无法用于对一般工程问题进行计算。而事实上，对一个具体研究对象，人们更加关注的往往是某些物理量在某时间段或某一区域内的平均值，而基于雷诺时均方程的湍流统观模拟方法是最经济、最有效的。因此，学者们根据雷诺数大小及对时均方程的封闭的处理方式，将上述方法又再细分为：k-ε 双方程模型、低雷诺数 k-ε 模型和 RNG k-ε 模型等[72-73]。国内外学者在这一领域已开展了大量的理论和实践研究，各种模型（解析模型、二维模型与三维模型）都有文献报道。

在早期，由于受计算机发展水平限制，无法对模型进行很复杂的处理，需要把熔体流动视作层流，且在只考虑垂直磁场和水平电流的情况下，求解出 N-S 方程的分析解，结果显示该计算结果与实测值相比大一个数量级，无法用于指导实际研究。

最先开展这方面工作的学者为 Tarapore[74]，他建立了 185kA 电解槽的电-磁-流整合计算模型，该模型包含了熔体内电场、母线磁场、铁磁材料以及熔体湍流流动场。在二维稳态流场计算过程中，该模型在 N-S 方程中引入了电磁力，并结合湍流 k-ε 模型对其进行了计算。其结果表明，在大面的出电侧流场计算结果与测试结果吻合较好，而在进电侧则两者有较大误差。通过分析认为，该现象存在是因为电磁场模型过于简单，无法考虑磁场计算过程中出现的很多误差因素（例如平行于槽大面的水平电流以及磁衰减系数法造成的磁场误差）。

紧随其后，很多学者都开展了相关的研究，其中，Blanc 等人[75]研究了纵向排列电解槽在理想情况下的电磁力分布，找到了影响电解槽熔体流动方向的影响因素，即：$\nabla_z \times F$；进而，定义了电解槽内熔体运动的 4 种基本形态；再通过改变母线配置实现了熔体流场运动形态的改变（即可以由 3 个非对称漩涡转变为 4 个对称漩涡），这些改变最终带来了 0.5kW·h/kg 的能耗降低。

而日本学者 Arita 等人[76]则另辟蹊径，他将铝液视为 Hartmann 流、电解质视为 Poiseille 流，建立了二维有限差分模型，研究了阴极结壳对流速、流动形态及界面形状的影响。其研究结果发现，阴极造成的条件变化，如伸腿形状、阴极表面的沉淀等，都会极大地影响铝液的流速与对流形式，这是由于作用于流体的电磁力很大程度上取决于其中的电流分布。

另外，Arita 等人将界面高度（ξ）用下式计算：

$$\xi = \frac{p_1 - p_2}{g(\rho_1 - \rho_2)} \qquad (2\text{-}14)$$

式中，p 为压强；ρ 为密度；g 为重力加速度；下标则分别代表铝液和电解质。

同样，Robl[77]也研究了在两种极限炉帮形状下铝液的流场分布，其结果表明，槽帮伸腿位于阳极投影以内的边缘处可使平均流速降低至最小，但是由于他的模型在磁场计算时仅仅局限于槽内导体，故其流场在电磁力作用下呈现 4 个对称涡流分布。

Echelini 等人[78]则建立二维流场模型，应用有限差分法，求解了 $k\text{-}\varepsilon$ 湍流模型；并讨论了通过改进母线走向方案来补偿磁场及改进稳态流速和波形，计算结果与实际测试的指标较吻合。

我国最早在这方面研究的有梅炽、陈廷贵等人。黄兆林等人[79]研究了熔体流动的主要驱动力，他认为水平方向的流动主要受到电磁力的驱动影响，并且假定两层铝液电解质两层流体互不掺混，将二维 N-S 方程和 $k\text{-}\varepsilon$ 方程在垂直方向取平均值；设定初始条件为静止，熔体边界为无滑移边界，使用壁函数，采用 SIMPLE 算法对动量方程进行离散和计算，最终确定界面高度 ξ 计算公式为：

$$\xi = \frac{2(p_2 - p_1) - (F_{z_1} - \rho_1 g)H_1 - (F_{z_2} - \rho_2 g)H_2}{(F_{z_1} - \rho_1 g) - (F_{z_2} - \rho_2 g)} \qquad (2\text{-}15)$$

式中，F_z 为垂向电磁力；H 为熔体高度。

该模型计算出的流场结果较为合理，可为电解槽的设计提供理论依据，由于缺少与实测值对比，因此模型仍然缺乏说服力。

此外，东北大学冯乃祥等人[80]同样将熔体区域视作分层介质，在 FLUENT 平台上，建立了 160kA、186kA 和 230kA 电解槽的二维铝液流场模型，应用 SIMPLE 算法，对 N-S 方程和 $k\text{-}\varepsilon$ 方程进行了数值计算，分析了流场分布，但缺乏对铝液电解质界面情况的研究。

随着各种商业计算软件的不断发展，诸多学者开始在各类商业软件开展流场的计算。其中，Wahnsiedler[81]在 ESTER/PHOENICS 软件平台上建立了 155kA 槽3D 流场计算模型，该模型可分析熔体流速、铝液-电解质界面随炉帮形状、工艺操作（换极、出铝及加料等）和时间的变化情况，而且模型能在计算中不断考虑电场与磁场的变化。尽管如此，该模型还是存在一定的不足：电磁场计算中未考虑母线及相邻列电解槽的影响，并且忽略了熔体表面张力对流场的影响。

吴建康等人[82-83]则在 ANSYS 有限元软件平台上，建立了 3D 流场模型，以此来分别求解铝液和电解质的流速场分布，利用熔体界面压强连续条件计算铝液表面变形，其界面高度 ξ 的计算式为：

$$\xi(x,y) = \frac{p_1(x,y) - p_2(x,y)}{g\,\nabla\rho} + c \qquad (2\text{-}16)$$

式中，$\nabla\rho$ 为铝液和电解质的密度差；c 为积分常数。

并以 230kA 电解槽为算例，计算其流场分布，通过与流场测量进行对比，验证了计算模型的合理性。

周萍等人[84-85]在 CFX 4.3 软件平台上，在电场、磁场与热场数值仿真计算的基础上，建立了 82kA、156kA 和 200kA 三种类型铝液流场模型，并采用标准 k-ε 模型、低雷诺数 k-ε 模型及 RNG 模型分别进行了数值计算，其采用的界面高度 ξ 计算式为：

$$\xi = \frac{p_2}{g(\rho_2 - \rho_1)} - h_0 \qquad (2\text{-}17)$$

式中，h_0 为积分常数，可由质量守恒条件确定。

通过对比不同模型的计算结果与现场测试结果，从收敛性与适用性的角度出发，标准 k-ε 模型更适合于铝电解槽铝液流场的计算。

而 Severo 等人[86]是最早在 CFX 平台上使用多相流模型和 VOF 自由面跟踪法进行流场和界面变形研究的，他建立了 240kA 电解槽的流场模型，其流场与磁场模型是分开计算的。计算结果表明，与应用 k-ε、k-w 模型计算得到的结果相比，应用常数湍流黏度模型计算的结果与实测流速更加接近，且两侧电磁力推动熔体向中间汇集使得自由界面向上隆起。但需要注意的是，尽管三种湍流模型计算结果在流速上有差异，但三者在流场形态上分布类似，都为 4 个涡流场。

Potocnik 等人[87]利用稳态磁流体动力学模型评估了自焙槽的三种母线方案对流速、界面形状的影响，计算结果与现场实测结果比较接近，但未对计算方法做详细介绍。

由以上对国内外稳态流场研究的总结与归纳可以看出，学者们在这一问题的研究上具有一定的共性认识：熔体是不可压缩黏性湍流流体；电磁力为驱动熔体流动的主要推动力；采用三维雷诺时均 N-S 方程和 k-ε 湍流模型求解熔体流场是较通用的做法。而考虑到流场计算可能遇到的收敛性问题及实现电-磁-流场耦合计算的方便性，Potocnik 认为，在前人工作的基础上，使用 CFX 软件的 VOF 自由面跟踪法和自定义函数耦合电磁力完成电磁场到稳态流场的计算是非常有效的解决途径。

2.3.2 槽内熔体波动的模拟研究

在铝电解槽内，电解质、铝液两种熔体受到各种力的作用，其流体动力学特性除了表现在熔体的流动特性以外，还会在铝液-电解质界面出现长时间的波动，这种波动有时会波及阳极底面，减小了有效的极距，从而导致电解槽出现不稳定，电流效率下降，甚至对生产过程带来严重的影响，如果阴阳极短路，甚至会造成滚铝事故等。

K. Mori 等人[88]认为铝液表面波动是由于阳极气体的逸出和电磁力共同作用而引起的。经过长期实验分析了振波产生的原因、振波的模式和电解槽之间的相互影响，从理论上探讨了波动的模式和磁力的影响。将铝液波动划分为槽电压引起的小幅波动、由于外部操作引起的波动和电解槽异常时的波动三种类型。把由电磁力和摄动引起的流动推导出铝液波动计算公式，从而用数学分析或摄动法求解该方程式来模拟电解槽的铝液波动。

Th. Sele[89]较早采用计算机模型模拟了电解槽内金属界面的波动，使用稳流和界面计算模型进行了半动态修正。模拟结果清楚地显示，任何波的发生都是由某种干扰引起的，接着转变为沿着槽膛边缘旋转流动，并导致金属面的倾斜运动，从而解释了旋转波的机理。进一步研究证明存在一个稳定性极限，超过该极限旋转波将被放大而不是衰减，这将导致一种不稳定状态，称为"摆动槽"。Sele 给出了简单的稳定性经验公式，反映了电解槽多个参数之间的关系，由此给出了典型电解槽的通用曲线：

$$(D + D_0) \cdot H_M > A \cdot |B_Z| \cdot I_p \tag{2-18}$$

式中，A 为常数；D 为极间距离，m；D_0 为阳极的当量极距（预焙阳极 0.04m，自焙阳极 0.036m）；H_M 为铝液高度，m；B_Z 为阳极下垂直磁场平均值，T；I_p 为系列电流。

N. Urata[90]开发了一种评价金属熔池不稳定的方法，将电解质和金属熔体处理为受到电磁扰动的两层流体。在解出电流分布方程的同时，还解出了包含电磁力项的界面波动方程。研究表明，这种不稳定性是由磁场的垂直分量决定的，而不是由它的绝对强度决定的。

Urata 阐述了短周期波和长周期波的概念。短周期波：当表征槽况的极距在局部区域变得极小时，或者在这个小区域内阳极和铝液出现短路时，可以在连续的电压记录曲线上观察到向下的电压突峰，其周期从几秒到 20s 不等，这种变化的机理与强大的局部电流有关。当电流从电解质层流入高导电的铝液层时，局部集中电流迅速疏散开来，这种集中电流产生环状磁场与电流相互作用，并产生了压迫力。由于铝液界面两侧的电流密度突然变化，使这种压迫力产生了陡峭的变化率，由此给出了这种短周期波的运动方程。长周期波：实际上是一种固有重力波。采用经典流体力学方程计算，认为这种波同时受到电磁力的干扰，并随着边界面的运动而变化，建立了一对联立方程分别描述波动和电位分布。在此基础上，Urata 据此对 Kaser 铝业的 200kA 原型槽母线配置进行了改造，使金属熔池的稳定性得到了提高。

Moreau[91] 提出了铝电解槽不稳定性的新公式，它是根据整个 N-S 方程和与扰动有关的电磁力的精确计算得出的。这种分析按照流体动力学稳定性线性理论的经典方法，除了对每种流体与电极的摩擦是采用一种线性假设外，它是从先前采用平均流模拟中引入，并且通过实验室的实验进行了修正。该理论忽略了非扰动量（磁场、电流、速度）的水平变化以及电解槽的有限尺寸特点。因此该结果仍然有一般的局限性，只有在改进之后才能应用于工业槽。但某些预测与观察到的情况是一致的：如果铝液中水平电流密度足够大，则电磁不稳定性会发展；这种不稳定性会沿着水平电流方向产生大波（波长 1.5~2m）；由界面剪切产生的小波（波长 15~20cm）能被叠加。在这个先行分析的轮廓下，每种不稳定方式与其他方式无关。Moreau 认为，为了及时预测不稳定性发展，采用非线性理论分析不同不稳定方式之间的相互作用是必要的，而做到这一点目前已经变得容易了。同时提出两种熔体中的扰动程度增加或者增加摩擦系数，有可能稳定扰动，这揭示了某种饱和机理的存在，并倾向于发展线性模型，以便能够从无秩序发展的条件中区别出发生饱和的条件。

Chesonis 等人[92] 采用多阳极物理模型研究了在 90kA 槽中气体驱使的循环流动对氧化铝分布和界面波动的影响。离开阳极的气体多半通过相邻阳极的间缝周期性地逸出，频率为 1Hz。氧化铝的分布主要受气体驱使的流动影响，且与加料点位置、电解质水平和相邻阳极间缝的大小有关；气体周期性逸出形成一个低压区，造成界面变形，变形大小（高差）与间缝大小、极距、电解质水平和阳极电流相关。研究揭示了电解槽内气体驱使的流动对局部界面波动和氧化铝分布的重要性。对于较大容量的电解槽，电磁作用对氧化铝的分布可能起主导作用，但气体的驱使仍然是重要的。该物理模型尚不能用于研究电磁作用与气体驱使的流动之间的相关性。

Daniel[71] 指出，电解槽的流体模型体系中有两个自由面，即空气-电解质界面和电解质-铝液界面，当体系受到扰动时，这两个自由界面都会发生振荡。由于扰动的性质不同，在这两个自由表面上发生的波动表现出不同的特点：

（1）当气泡发生运动时，激发空气-电解质界面以自然频率振荡，其主波形与它的基本频率对应，表面运动有规律的周期性是显而易见的。

（2）在电解质-铝液界面也出现了波长较短的波，它们主要是由压力波动造成的张力波。这种扰动引起电解质-铝液界面振动，犹如一片无序的海洋。

（3）在电解质-铝液界面也发现有长波，它们是周期性的重力波，是电解槽内的磁感应和电流密度相互作用引起的。

（4）由于电解质水平、铝液水平与电解槽的水平尺寸相比很小，熔体犹如一滩浅水，其压力为静压，因此它们随着空气-电解质界面的振荡一起波动。压力的变化使电解质-铝液界面受到另一种压力的作用，这在理论上意味着将产生共振。但实际上，大量的共振被来自体系内部的消散力抵消而衰减。

铝电解槽内熔体动力学问题，是一个具有多区域、多相流、多种驱动力共同作用且特性各异的复杂、不稳定流动和波动场。理论上要得到一个流体动力学方面的理想模型和电解槽是不太可能的。但是通过多年的努力，人们已经能够掌握其基本的原理和规律，这些研究成果对工业电解槽的开发发挥了重要的作用。

2.4　铝电解槽结构力学特性的模拟

电解槽在其生产过程中由于受到温度及化学侵蚀作用，槽体内产生复杂的应力场，这种应力场的分布特性不仅影响电解槽的内衬结构膨胀和槽外部结构变形，甚至会造成电解槽早期破损，影响电解槽的寿命。长期以来，在这一领域的研究一直都没有停步，并且取得了令人欣喜的进步。

2.4.1　电解槽槽体内应力场的研究进展

电解槽在其焙烧期间的应力特性对其整个生命周期的影响至关重要，焙烧期间一个最关键的目标就是实现阴极炭块表面的温度均匀分布。在焙烧开始时，炭块表面的温度短时间内能够升高到理想的程度，而其内部则由于传热的速度影响，使炭块表面与内部温度差异较大，此时的热膨胀系数的差异则会产生不同的热应力；当这个应力超过炭块的机械强度时，炭块就会断裂或开裂，导致电解槽早期破损，降低槽寿命甚至出现电解槽焙烧失败[93]。

Larsen 和 Sørlie 等人[94]共同建立了一个二维的阴极炭块切片模型。模型由半块阴极、一根阴极钢棒及周围的捣固糊组成，并使用裂缝单元来研究阴极钢棒和炭块间的位移变化。应用这个模型较为全面地研究了阴极炭块种类、阴极钢棒与燕尾槽形状、捣固糊密度、端部内衬的强度等的应力关系。结果表明：在燕尾槽加上一层 2.5cm 厚的捣固糊能使沟槽的最大张应力减少 60%，从而减少这一部位裂纹的产生；阴极炭块糊的密度对阴极炭块中裂纹的产生无太大影响；阴极钢棒与阴极炭块接触面的摩擦较大时，有可能导致侧部产生裂纹，因此为避免这一情况，阴极钢棒在制作过程中表面应保持一定光滑度。这些相关的结果为电解槽阴极钢棒的制作、阴极炭块的设计与优化提供了方向。

然而，事实上无论在电解槽的焙烧过程中还是在正常生产时，阴极炭块和钢棒的温度分布并非完全的对称与均匀分布。因而这个模型仅仅采用半个阴极炭块和钢棒作为研究对象，并不能真实地反映所有阴极炭块和钢棒的情况。同时，该二维模型无法考察阴极炭块各向异性的材料特性。

M. Dupuis[95]则建立了150kA铝电解槽焦粒焙烧的三维有限元模型，对电解槽内衬的应力分布进行了仿真计算。在该模型中，首次实现了电-热耦合仿真计算，即把热场计算所得的温度场结果作为应力模型中的一个输入，然后进行应力计算，从而计算出阴极内衬的热应力。此外，在计算过程中，不仅考虑了捣固糊在不同温度下所呈现不同物理形态的特性，还考虑了电解槽中不同材料对炭块的作用。基于上述考虑，在计算过程中采用了以下两种模型：（1）仅阴极炭块模型切片；（2）考虑存在捣固糊及周边材料影响的炭块模型。后者考虑到了所有的温度梯度随时间变化的情况，同时研究了捣固糊在不同的材料性质时与炭块边界的作用关系。实际生产结果表明，采用上述两类应力模型，计算出来的高应力区域和实际破损槽中观察的裂纹位置基本一致，因此这两个模型可以用来研究铝电解槽内衬的应力状况和基本变化规律，进而为内衬的设计优化提供手段。

M. Dupuis还提出了采用裂缝单元（gap elements）建立1/4槽三维有限元模型来进行应力分析，但未见相关报道。

Arkhipov和Pingin等人[96]则同样取1/4槽为研究对象，在有限元平台CQSMOSM2.0上对铝电解槽在三种膨胀情况下（内衬与槽壳间的热膨胀、炭块钠膨胀、内衬中渗入熔盐发生的膨胀）的应力场进行了研究。他们在M. Dupuis建立的两种应力模型基础上略有改进，即将计算重点放在对热应力影响的研究上，而非模型本身。计算结果表明：影响阴极炭块破损的最主要因素之一为相关捣固糊的强度、炭块中钠的浓度、阴极钢棒与阴极炭块膨胀性能的匹配性。

我国在这方面的研究主要为中南大学，其中邓星球[97]在ANSYS商业有限元平台上建立了电解槽1/4槽三维有限元模型，对电解槽的稳态应力进行了仿真研究。对不同阴极炭块类型配置下炭块内应力场的分布进行了研究，并以此为基础对炭块的强度进行了评估。结果表明，随着阴极炭块石墨化程度的增强，阴极炭块的位移及其内部各方向应力将显著减小；证明了炭块石墨化程度越高，内衬出现早期破损的概率越低。这一研究对设计低应力内衬结构提供了理论支撑和工具。但这一研究仅仅是对电解槽的稳态进行研究，缺乏对铝电解槽在预热启动初期及生产运行中各种工艺条件下的应力分析。

李劼、张钦菘等人[98-99]针对以上不足，在ANSYS平台上对160kA系列铝电解槽开展了焙烧过程各种应力的时变特性的研究，获得了如下结果：（1）对不同石墨含量阴极炭块来说，采用石墨化炭块后的阴极表面平均温度提高了 50℃左右、阴极表面 900℃ 以上面积所占比例提高 16%~18%；（2）对不同的分流方案（控制升温速度）对热场的影响进行了实验；（3）研究了升温速度随温度变化的规律，根据实际需求设计相应的升温曲线；（4）研究了焙烧过程中各方向应力随时间的变化规律，发现垂直方向的最大正应力大于水平方向的最大正应力和所有面的最大剪切应力。在半石墨质炭块电解槽上，应力集中位于阴极炭块端部燕尾槽的下部，而在石墨化炭块电解槽上，这些应力集中可以大幅度得到缓和，最大拉应力减少 57%，等效应力减小 33%。

在槽体内应力场的研究方面尽管所做的工作有限，但是上述研究逐渐扩展至实际电解槽内衬及阴极结构的设计与优化中，并发挥了一定的指导作用。

2.4.2 电解槽槽壳结构及应力场的研究

作为铝电解过程电化学反应的容器，电解槽的内衬直接与电解质熔体相接触，而其外部的钢结构（槽壳）则是内衬结构获得安全稳定的基本保障。多年来，电解槽槽壳结构经过不断发展，逐步得到完善。在应力与变形控制、结构优化，并且尽可能减少用钢量，以及满足电解槽热平衡与散热需求等方面都获得了令人满意的结果，这一点得益于结构力学模型建立与仿真技术的研究。

槽壳的力学计算模型除了建立可靠的数学模型以外，合理处理槽壳结构体系外施加给槽壳的荷载，即确定合理的边界条件是最重要的。除了上部阳极系统、槽内砌体和熔体、槽壳自身重量形成的重力荷载，槽壳本身受热后的温度荷载，内衬砌体施加给槽壳的水平推力是最难估计的。

Gatto 等人[100]较早研究了槽壳结构的力学计算模型，在处理内衬结构由于电解质渗透和温度应力产生的作用于槽壳侧壁的水平推力上，采用了"静-动"态的受力模型加以模拟。Rolf 等人建立了 100kA 预焙槽的应力计算有限元模型，对电解槽内衬及槽壳摇篮架部分的应力开展仿真研究。

刘烈全、吴有威等人[101]针对摇篮式槽壳采用有限元法建立了槽壳与摇篮架的有限元模型，编制了包括空间梁单元和空间板单元的通用程序（HG001），并通过对电解槽的荷载类型的分析，探讨了不均匀温度场等因素对变形和应力的影响，可以有效地预测变形和应力的分布规律。模型在摇篮架与槽壳、摇篮架角部以及小面加筋板翼缘的处理上做了合理细致的简化，而在内衬结构对槽壳的水平推力上，则采取了常数值（炭块中部位置大面 50t/m，小面 100t/m），仿真结果与实测变形规律一致。

曹国法等人[102]也建立了 160kA 预焙铝电解槽槽壳应力场有限元模型，对应力分布和电解槽形变开展仿真研究，并应用于电解槽壳的优化。

邱崇光等人[103]采用解析法建立了摇篮架的力学模型，运用复合形法搜索最优化设计方案，研制了相应的计算机程序 HG006，优化后的摇篮架用钢量可减少约 40%。

刘烈全等人[104]采用三维位移传感器，建立了一种能够长期检测电解槽变形的机械式测量方法，并对 160kA 摇篮式铝电解槽进行了测量研究。

M. Dupuis 等人[105]则在 ANSYS 平台上建立了 65kA 预焙槽应力场有限元模型，对槽壳应力和形变进行了相关研究，并根据仿真结果对电解槽槽壳结构进行了相关修改，使槽体应力得到大幅度削弱，内衬及槽壳形变也减少。

随着铝电解技术的发展，槽结构力学特性研究逐步成熟，由于槽内衬结构方面的改进，使电解槽槽壳来自槽砌体的水平推力得到改善，并且可控制在一定范围内。相对而言，槽结构方面的数值计算与其他领域的结构问题一样，具有较强的相似性，同时由于确保安全比节省钢材更为重要，适当的结构强化是必要的。这或许是在所有的数学模型仿真中，应力场的仿真存在的分歧相对最少的原因，至于槽壳用钢量的比较也仅局限于各公司内部的设计优化范围。事实上，不同的设计方案，槽壳结构与其钢材的消耗也是有差别的，但有时为了满足散热或者操作方面的需要，钢材用量被放在次要的位置考虑。

参 考 文 献

[1] 刘业翔. 有色金属冶金基础研究的现状及对今后的建议 [J]. 中国有色金属学报，2004，1（14）：21-24.

[2] HAUPIN W E. Calculating Thickness of Containing Walls Frozen from Melt [M]. New York：TMS AIME Annual Meeting Pager，1971（2）：305.

[3] PEACY G，MEDLIN G W. Cell sidewall studies at Noranda aluminum [J]. Light Metals，1979（1）：475-482.

[4] PALSEN K A. Variations of lining temperature anode position and current/voltage load in aluminum reduction cells [J]. Light Metals，1980（1）：325-341.

[5] THONSTAD J，ROLSETH S. Equilibrium between bath and side ledge in aluminium cells, basic principles [J]. Light Metals，1983：415-424.

[6] BRUGGEMAN J N，DANKA D J. Two dimensional thermal modeling of the Hall-Héroult cell [J]. Light Metals，1990（1）：203.

[7] AHMEDETAL H A. Development of a thermal model for prebaked aluminum reduction cells at the aluminium company of Egypt [J]. Light Metals，1993（1）：375-378.

[8] 梅炽，武威，汤洪清，等. 铝电解槽电热解析数学模型及计算机仿真 [J]. 中南矿冶学院学报，1986（6）：11-15.

[9] 梅炽，武威，梁学民，等. 160kA 铝电解槽电热解析及仿真试验 [J]. 华中工学院学报，1987（2）：1-8.

[10] 梁学民，贺志辉. 铝电解槽电热解析与内衬设计的研究 [J]. 贵州有色金属，1988（2）：15-19.

[11] 梁学民. 贵铝 160kA 铝电解槽侧部问题的研究 [J]. 贵州有色金属，1992（1）：23-26.

[12] 梁学民，等. 我国 280kA 特大型铝电解槽工业试验 [J]. 轻金属，1998（增）：7-12.

[13] FRASER K J, TAYLOR M P, JENKIN A M. Electrolyte heat and mass transport processes in Hall-Héroult electrolysis cells [J]. Light Metals, 1990：221-226.

[14] PFUNDT H, VOGELSANG D, Gorling U. Calculation of the crust profile in aluminium reduction cells by thermal computer modeling [J]. Light Metals, 1989：371-377.

[15] BRUGGEMAN J N, DANKA D J. Two-dimensional thermal modeling of the Hall-Héroult cell [J]. Light Metals, 1990：203-209.

[16] DUPUIS M. Thermo-electric Coupled Field Analysis of Aluminum Reduction Cells Using the ANSYS Parametric Design Language [R]. Fifth International Conference and Exhibition, Pittsburgh, Pennsylvania, USA, 1991（2）：12-16.

[17] DUPUIS M. Thermo-electric analysis of aluminum reduction cells [J]. Light Metals, 1994（1）：81-86.

[18] DUPUIS M. Usage of a full 3D transient thermo-electric F. E. Model to study the thermal gradient generated in the lining during a coke preheat [J]. Light Metals, 2001（1）：757-762.

[19] DUPUIS M. Computation of aluminum reduction cell energy balance using ANSYS finite element models [J]. Light Metals, 1998（1）：409.

[20] DUPUIS M. Towards the development of 3D full cell and external bus bars thermo-electric model [J]. CIM, 2002（1）：592-599.

[21] 梁学民. 大型预焙铝电解槽节能与提高槽寿命关键技术研究 [D]. 长沙：中南大学，2012.

[22] 梅炽. 有色冶金炉窑仿真与优化 [M]. 北京：冶金工业出版社，2001：156-170.

[23] 程迎军，李劼，赖延清，等. 铝电解槽的电热模型及其应用 [J]. 有色金属（冶炼部分），2002（6）：23-27.

[24] HASHIMOTO T, IKEUCHI H. Computer simulation of dynamic behavior of an aluminum reduction cell [J]. Light Metals, 1980（1）：273-280.

[25] PALSEN K A. Variations of lining temperature anode position and current/voltage load in aluminum reduction cell [J]. Light Metals, 1980（1）：325-341.

[26] Ek A, FLANKMARK G E. Simulation of thermal electrical and chemical behavior of an aluminum cell on a digital computer [J]. Light Metals, 1973（1）：85-93.

[27] DOW D W, GOODNOW W H. Influence of operating variables on reduction cell bath temperature [J]. Light Metals, 1972（1）：246-251.

[28] DUPUIS M. Usage of a full 3D transient thermo-electric F. E. Model to study the thermal gradient generated in the lining during a coke preheat [J]. Light Metals, 2001（1）：757-762.

[29] DUPUIS M. Valdis bojarevics, weakly coupled thermo-electric and mhd mathematical models of an aluminum electrolysis cell [J]. Light Metals, 2005（1）：449-454.

[30] URATA N, ARITA Y, IKEUCHI H, Magnetic field and flow pattern of liquid aluminum

［J］. Light Metals, 1975（1）：233-250.

［31］ TARAPORE E D. Magnetic fields in aluminum reduction cells and their influence on aetal pad circulation［J］. Light Metals, 1979（1）：541-550.

［32］ EVANS J W, ZUNDELEVICH Y, SHARMA D. A mathematical model for prediction of currents magnetic fields, melt velocities, melt topography and current efficiency in Hall-Héroult cells［J］. Metallurgical Transactions B, 1981, 12B：253-360.

［33］ 武丽阳. 电解槽磁场计算方法及计算程序［J］. 轻金属, 1984（4）：23-30.

［34］ 宋桓温, 干益人. 铝电解槽磁场的计算方法［J］. 有色金属, 1985（3）：63-69.

［35］ SOLINAS G A. Advanced mathematical model for the calculation of magnetic fields in aluminium reduction cells［J］. Light Metals, 1978（1）：15-41.

［36］ 陈世玉, 贺志辉, 等. 提高铝电解槽磁场计算准度的研究［J］. 华中工学院学报, 1987（2）：9-14.

［37］ 邱捷. 用局部坐标法计算大电流母线产生的三维磁场［J］. 有色金属, 1988, 40（1）：48-52.

［38］ FURMAN A. mathematical modeling applied to aluminum reduction cells［J］. Nonferrous Processes, 979（2）：215-234.

［39］ ZYGMUNT K, et al. Electromagnetic field modeling of the Hall-Héroult cell on personal computer［C］：Modeling and Simulation, Proceedings of the Annual Pittsburgh Conference, 1990, 1455-1460.

［40］ ROBL R F. Influence by shell steel on magnetic fields within Hall-Héroult cell［J］. Light Metals, 1978（1）：1-14.

［41］ DEGAN G. Use of iron shields for correcting local disturbances of magnetic fields in the electrolytic pots［J］. Light Metals, 1986：551-554.

［42］ SIEF I, MEREGALLI A. Evaluation of the effect of steel parts on magnetic induction in aluminum reduction cells［J］. Light Metals, 1977（1）：35-47.

［43］ TARAPORE E D. Calculation of the magnetic field distribution in an aluminium electrolyzer［J］. Light Metals, 1981：341-351.

［44］ KALIMOV A. Application of integral methods for computation of 3D magnetic fields in aluminum electrolyzers［C］. The 11th Conference on the Computation of Electromagnetic Fields, Janeiro, 1997：85-86.

［45］ ZEIGLER D P, KOZAREK R L. Hall-Héroult cell magnetic measurements and comparison with calculations［C］. TMS Light Metals Committee, New Orleans, Louisiana, 1991：381-391.

［46］ BANERJEE S K, EVANS J W. Further results from a physical model of a Hall-Héroult cell［J］. Light Metals, 1987：321-326.

［47］ SEGATZ M, VOGELSANG D. Modeling of transient magneto-hydrodynamic phenomena in Hall-Héroult cells［J］. Light Metals, 1993：361-368.

［48］ 冯之鑫. 三维非线性静电场及静磁场问题的积分方程法［J］. 电工技术学报, 1981（1）：101-110.

［49］ 邱捷, 钱秀英. 铝电解槽非线性磁场的计算［J］. 有色金属, 1992（3）：55-58.

［50］ VOGELSANG D, SEGAYZ M. Simulation tools for the development of high-amperage reduction cells ［J］. Light Metals, 1991: 375.

［51］ SEGATZ M, VOGELSANG D. Effect of steel parts on magnetic fields in aluminum reduction cells ［J］. Light Metals, 1991: 393-398.

［52］ SEGATZ M, VOGELSANG D, DROSTE C. Modeling of transient magneto-hydrodynamic phenomena in Hall-Héroult cells ［J］. Light Metals, 1993: 361.

［53］ SEGATZ M, DROSTE C. Analysis of magneto-hydrodynamic instabilities in aluminum reduction cells ［J］. Light Metals, 1994: 313.

［54］ CHIAMPI M, REPETTOL M. Magnetic modeling and magneto-hydro-dynamic simulations of an aluminum production electrolytic cell ［J］. The International Journal for Computation and Mathematics in Electrical and Electronic Engineering, 1999, 18 (3): 528-538.

［55］ KALIMOV A, KRUKOVSKI V, MINEVICH L. Application of the spatial integral equation method for analysis three dimensional magnetic fields of pots ［C］. The 14th International Conference on Magneto-Hydrodynamics, Riga, Latvia, 1996: 124-130.

［56］ BOTTAUSCIO O, CHIAMPI M, REPETTO M. 3D BEM fomulation for shielding problems ［C］. Process of 7th IGYE Symposium, Graz, Austria, 1996: 482-487.

［57］ 张丽燕, 胡青春. 计算铝电解槽内磁场分布的方法研究 ［J］. 青岛大学学报, 1996, 9 (4): 82-88.

［58］ LI G H, LI D X, LI D F. Futher studies on calculation method of magnetic field in aluminum reduction cell ［J］. Light Metals, 1996: 389-396.

［59］ Li G H, LI D X. New method for calculation of magnetic field in aluminum reduction cell ［J］. Light Metals, 1995: 301-303.

［60］ 曾水平. 铝电解槽内磁场的三维数值分析 ［J］. 中南工业大学学报, 1995, 26 (5): 618-622.

［61］ 刘业翔. 80kA 上插式自焙铝电解槽熔体中电磁力场的计算与分析 ［J］. 中国有色金属学报, 1996, 6 (1): 27-31.

［62］ 曾水平. 铝电解槽熔体中电磁力的计算机仿真 ［J］. 北京科技大学学报（冶金反应工程专辑）, 1995 (12): 65-70.

［63］ SELE TH. Computer model for magnetic fields in electrolytic cells including the effect of steel parts ［J］. Metallurgical Transactions, 1974 (5): 145-215.

［64］ 孙阳, 冯乃祥, 崔建忠. 186kA 大型预焙阳极铝电解槽磁场的三维数值计算 ［J］. 金属学报, 2001, 37 (3): 332-336.

［65］ 姜昌伟, 周乃君, 梅炽, 等. 154kA 预焙铝电解槽三维磁场的双标量磁位法计算 ［J］. 有色金属, 2003, 8 (3): 33-35.

［66］ 冯乃祥, 孙阳. 贵州铝厂 160kA 大型预焙阳极铝电解槽磁场测量与计算 ［J］. 轻金属, 2000 (11): 43-47.

［67］ SUN Y. Magnetic field measurement and calculation for 160kA prebake cells in the Guizhou aluminum smelter ［J］. Light Metals, 2001 (1): 433-437.

［68］ DUPUIS M. Using ANSYS to model aluminum reduction cell since 1984 and beyond ［J］. Light

Metals, 2000: 307-313.

[69] SEVERO D S, SCHNEIDER A F, PINTO E C V, et al. Modeling magnetohydrodynamics of aluminum electrolysis cells with ANSYS and CFX [A]. Light Metals, 2005: 360-371.

[70] 贺志辉, 杨溢. 铝电解槽磁场计算方法的比较 [J]. 中国有色金属, 2008 (10): 52-56.

[71] DANIEL K A. Hydrodynamics of the Hall-Héroult cell [J]. Light Metals, 1985: 593-607.

[72] 周萍. 铝电解槽内电磁流动模型及铝液流动数值仿真的研究 [D]. 长沙: 中南大学, 2002.

[73] 陶建华. 水波的数值模拟 [M]. 天津: 天津大学出版社, 2005.

[74] TARAPORE E D. Magnetic fields in aluminum reduction cells and their influence on metal pad circulation [J]. Light Metals, 1979: 541-550.

[75] BLANC J M, ENTNER P. Application of computer calculations to improve electromagnetic behaviour of pots [J]. Light Metals, 1980: 285-295.

[76] ARITA Y, IKEUCHI H. Numerical calculation of bath and metal convection patterns and their interface profile in Al reduction cells [J]. Light Metals, 1981: 357-371.

[77] ROBL R F. Metal flow dependence on ledging in Hall-Héroult cells [J]. Light Metals, 1983: 449-456.

[78] ECHELINI M, COBO O, LACUNZA M, et al. Expansion of a pot line with the aid of mathematical modeling [J]. Light Metals, 1988: 557-566.

[79] 黄兆林, 杨志峰, 吴江航. 铝电解槽内湍流流动与界面波动的数值模拟 [J]. 计算物理, 1994, 11 (2): 179-184.

[80] 冯乃祥, 孙阳, 刘刚. 铝电解槽热场、磁场和流场及其数值计算 [J]. 沈阳: 东北大学出版社, 2001.

[81] WAHNSIEDLER W E. Hydrodynamic modeling of commercial Hall-Héroult cells [J]. Light Metals, 1987: 269-287.

[82] 黄俊, 吴建康, 姚世焕. 铝电解槽磁流体流动的数值计算 [J]. 有色冶炼, 2002 (6): 25-26.

[83] 吴建康, 黄珉, 黄俊, 等. 铝电解槽电解质-铝液流动及铝液表面变形计算 [J]. 中国有色金属学报, 2003, 13 (1): 241-244.

[84] ZHOU P, ZHOU N J, MEI C, et al. Numerical calculation and industrial measurements of metal pad velocities in Hall-Héroult cells [J]. Transactions of the Nonferrous Metals Society of China, 2003, 13 (1): 208-212.

[85] 周萍, 梅炽, 周乃君, 等. 三种湍流模型对 Al 电解槽内 Al 液流场预测的比较及工业测试 [J]. 金属学报, 2004, 40 (1): 77-82.

[86] SEVERO D S, SCHNEIDER A F, PINTO E C V, et al. Modeling magnetohydrodynamics of aluminum electrolysis cells with ANSYS and CFX [C]. Light Metals 2005, San Francisco, CA: TMS (The Minerals, Metals & Materials Society), 2005: 475-480.

[87] LEBLANC R, POTOCNIK V, STOCKMAN G E, et al. Magnetohydrodynamic analysis of VS Soderberg cells [J]. Light Metals, 1988: 575-582.

［88］MORI K, et al. Fluctuation of interface of metal in Al reduction cells ［J］. Light Metals, 1976: 77-87.

［89］SELE TH. Instabilities of the metal surface in electrolytoc aluminum reduction cells ［J］. Metallurgical Transactions B, 1977, 8B: 613-618.

［90］URATA N. Magnetics and metal pad instability ［J］. Light Metals, 1985: 581-591.

［91］MOREAU R J, ZIEGLER D. Stability of aluminum cells—A new approach ［J］. Light Metals, 1986: 359-364.

［92］CHESONIS D C, LACAMERA A F. The influence of gas-driven circulation on alumina distribution and interface motion in a Hall-Héroult cell ［J］. Light Metals, 1990: 211-220.

［93］何建涛. 预焙槽焦粒焙烧期间温度分布不均匀的影响及防范措施 ［J］. 青海科技, 2004（4）: 41-44.

［94］LARSEN B, SØRLIE M. Stress analysis of cathode bottom blocks ［J］. Light Metals, 1989: 641-645.

［95］DUPUIS M. Evaluation of thermal stress due to coke preheat of a Hall-Héroult ［EB/OL］. http://www. genisim. qc. ca/download/pdf. htm.

［96］ARKHIPOV G, PINGIN V. Investigating thermoelectric fields and cathode bottom integrity during cell preheating, start-up and initial operating period ［J］. Light Metals, 2002: 347-354.

［97］邓星球. 160kA预焙阳极铝电解槽阴极内衬电-热-应力计算机仿真研究 ［D］. 长沙: 中南大学, 2004.

［98］LI J, LIU W, ZHANG Q S, et al. Simulation study on the heating-up rate for coke bed preheating of aluminum reduction cell ［J］. Light Metals, 2006（1）: 681-685.

［99］张钦松. 160kA预焙铝电解槽焦粒焙烧过程电-热-应力场计算机仿真研究 ［D］. 长沙: 中南大学, 2005.

［100］GATTO F, et al. Structural analysis and design of aluminum reduction cells ［J］. Alluminio, 1978（47）: 464-473.

［101］刘烈全, 邱崇光, 吴有威. 大型铝电解槽的变形与应力 ［J］. 华中工学院学报, 1987（2）: 39-44.

［102］曹国法. 大型铝电解槽槽壳热应力分析和上部结构设计 ［J］. 铝镁通讯, 1991（1）: 23-30.

［103］邱崇光, 刘烈全. 大型铝电解槽摇篮架的优化设计 ［J］. 华中工学院学报, 1987（2）: 49-54.

［104］刘烈全, 刘敦康. 铝电解槽变形的实测研究 ［J］. 华中工学院学报, 1987（2）: 45-48.

［105］DUPUIS M, ASADI G V, READ C M, et al. Cathode shell stress modeling ［J］. Light Metals, 1991: 427-430.

3 世界先进铝电解槽技术发展过程

应用现代设计手段，借助于数学模型研究的成果，通过计算机仿真，一方面能够精确预测铝电解槽的电热特性、电磁特性和结构力学特性；另一方面大大减少了新型电解槽的开发成本，增加了开发成功的机会，因而使现代电解槽设计越来越完善。然而，一个突出的问题是数学模型的可靠性受到了诸多因素的限制，也就是说每一种物理场的数学模型对实际物理过程模拟的准确性都会受到复杂的边界条件的严重制约，研究和建立可靠的边界条件取决于深入的理论研究和对工业化过程的认识以及经验数据的不断积累。但无论如何，数学模型的仿真不能代替工业化的研究和试验。不断地研究、工业性试验和工业化的实践验证和改进，成为铝电解技术不断进步的通行模式，对现行铝电解槽的运行效果进行全面的分析和改进就成为重要课题和颇具吸引力的工作。国际上各大铝业公司都经过了建立试验工厂不断开发新的电解槽技术，并逐步工业化推广的发展经历。

法铝（Pechiney）在 Saint Jean de Maurienne 的试验基地（LRF）开发了 AP-18、AP-28，美国铝业（Alcoa）在位于马塞纳的冶炼厂试验运行了一台 280kA 试验电解槽。我国 1987 年曾在贵州铝厂建立了试验车间，先后完成了 180kA 和 230kA 铝电解原型槽的试验；1988~1996 年在河南沁阳建立了国家大型铝电解试验基地，开发完成了 280kA 特大型铝电解槽（ZGS-280）的工业试验；1999~2001 年在广西平果铝业公司将电解槽的容量再次放大到 320kA（GY-320），建设了 30 台电解槽；2012~2014 年在连城铝厂等建立并开展 600kA 工业电解槽（12台）的开发试验。

工业性试验的成果为工业化生产应用提供了技术来源。与此同时，新开发的槽型也不断在工业化过程中完善和改进，再形成新的槽型，有些槽型就是直接在工业化的电解系列中开发完成的。这种持续改进，并且理论与工业试验循环提升创新的过程，加快了电解槽设计技术的进步。

从当前国际铝电解技术的发展来看，除了中国以外，美国 Alcoa 公司、法国 Pechiney 公司、加拿大 Alcan 公司、挪威 Hydro 公司、瑞士 Alusuisse 公司、阿联酋 VGA 公司及俄罗斯联合铝业公司（UC RUSAL）都具有自身技术的优势和独特的发展历程，开发和形成了自己的独立技术体系。其中最具代表性的是美国 Alcoa 公司和法国 Pechiney 公司，它们同为铝冶炼技术的发源地，但不同的技术路线导致了完全不同的发展结果。近年来，俄罗斯联合铝业公司随着俄罗斯经济的恢复，电解铝技术也得到快速发展。

3.1 美国铝业公司（Alcoa）

美国铝业公司（Alcoa）是美国最大的铝业公司，也是世界上最著名的铝业公司之一[1-2]。Alcoa 的前身是 1888 年 10 月 1 日在美国宾夕法尼亚州匹兹堡市成立的匹兹堡冶金公司（The Pittsburgh Reduction Company），是年仅 23 岁的霍尔（C. M. Hall）先生创办的，他与法国大学生埃鲁特（Héroult）几乎同时（1886 年）在大洋彼岸各自独立地发明了从溶解于冰晶石熔体中的 Al_2O_3 电解提取铝的方法。2019 年全球生产的 64336kt 原铝仍是用此法生产的，虽然电解槽的结构发生了很大变化，炼铝的电耗也从 1892 年的 31000kW·h/t 下降到 2018 年的 12600kW·h/t（直流电耗），但提取铝的原理仍然是一样的。

20 世纪 90 年代，美国有三大铝业公司：美国铝业公司（Alcoa）、凯撒铝业（Kaiser）公司、雷诺金属公司（Lenox）等。2001 年美国铝业公司合并了雷诺金属公司，因此 Alcoa 目前是美国最大的铝业公司。

1907 年匹兹堡冶金公司改名为美国铝业公司（Aluminum Company of America），1999 年改为 Alcoa。Alcoa 创造了世界铝工业诸多的第一，世界铝工业具有里程碑意义的大事都与 Alcoa 的名字及其业绩紧密相连。霍尔提取的第一块铝仍保存在 Alcoa 大厦顶层的展览室内。

1893 年 Alcoa 在尼亚加拉瀑布建了一座水电站，廉价水电的应用拉动铝价进一步大幅下降，推动着铝的应用迅速扩大到各个产业。Alcoa 当今设在美国华盛顿州、田纳西州的铝厂，以及建在加拿大、巴西、冰岛的铝厂都使用水电。

截至 2017 年 12 月 31 日，美国铝业公司铝厂的总产量为 230 万吨铝。

3.1.1 Alcoa 自焙槽技术的历史

Alcoa 自焙槽技术发展的历史也是世界自焙槽历史的缩影[2]。1924 年 Alcoa 在其所属的 Baden 铝厂进行了第一台自焙槽的试验，开始由于能耗较高，并且铝产品中的杂质含量高而终止试验。1927 年在田纳西州的玛利亚维尔的田纳西铝厂建设了第一个自焙槽系列，电解槽被设计成圆形的，阳极的直径为 2.21m，阴极坩埚直径为 2.9m，槽电流强度为 30kA（见图 3-1），由于这种电解槽的指标不如预焙槽，在运行一段时间后便停产了。之后 Alcoa 自焙槽技术应用一直没有什么进展，由于加拿大铝业公司在其 Arvida 铝厂试验成功两台侧插槽（HSS），美铝才于 1936 年从加拿大引进了第一批侧插槽。直到 1939 年，Alcoa 才在田纳西铝厂建设了一个 40kA 自焙槽系列。

到 20 世纪 40 年代，美国联邦政府开展了一项计划，要在三年内把电解铝产能扩大两倍，以满足军方的需求。在 1941~1945 年间，美国国家国防公司

图 3-1　美铝最早的圆形铝电解槽

（DPC）花了 1.8 亿美元投入 9 个铝厂，其中部分铝厂属于美国铝业公司（Alcoa）。当时，美国自焙槽和预焙槽产能基本相当。1946 年，美国政府将其拥有的自焙槽铝厂出租，之后又出售给了雷诺公司（Reynolds）的 Longview 和 Listerhill 铝厂，以及凯撒铝业公司（Kaiser）的 Tacoma 铝厂，最终合并的 4 个自焙槽铝厂共有 14 个系列 1927 台电解槽。这一时期，美国的电解铝产能达到 218000t/a。当时美国各厂自焙槽的技术指标见表 3-1。

表 3-1　20 世纪 40 年代美国各厂自焙槽的技术指标

铝厂	Alcoa	Alcoa	Reynolds	Reynolds	Kaiser	合计	平均值
厂址	NT，田纳西	NT，田纳西	Longview	Listerhill	Tacoma	—	—
开工年份	1939 年	1946 年	1941 年	1942 年	1947 年	—	—
关闭年份	1946 年	1975 年	2001 年	1985 年	2000 年	—	—
运行年限/年	7	29	60	43	53		
槽型	HSS	VSS	HSS	HSS	HSS	—	—
系列数/个	3	3	3	3	2	14	
电解槽数/台	360	360	372	596	240	1927	
20 世纪 40 年代电流强度/kA	43	43	43	43	50	—	44.4
20 世纪 70 年代电流强度/kA	50	60	70	55	60		
产能/t·a^{-1}	338676	37766	40440	63931	3800	218813	
直流电耗/kW·h·kg^{-1}	19.3	19.0	18.0	18.2	18.0	—	18.5
电流效率/%	85.0	83.0	86.0	85.0	85.5		84.9
槽电压/V	5.50	5.30	5.30	5.19	5.20	5.20	5.28
阳极棒数量/个	18	30	30	20	20	—	22.4

　　最初自焙槽的运行电流为 40kA，到 20 世纪 50 年代加大了阳极，将电流强

度提高到 50kA。到 60 年代，雷诺公司（Reynolds）的 Longview 铝厂将电流提高到 70kA；每个生产系列的平均生产能力为 1.5 万吨/年；平均电流效率 84.9%，直流电耗 18.5kW·h/kg；雷诺公司（Reynolds）的 Listerhill 侧插电解槽系列如图 3-2 所示，该系列运行了 43 年；而 Longview 铝厂自焙槽运行了长达约 60 年，凯撒铝业公司（Kaiser）的 Tacoma 铝厂运行了 53 年。

图 3-2　雷诺 Listerhill 铝厂 40kA 自焙槽（人工打壳）

20 世纪 50 年代，美国在第二次世界大战期间建立的这种铝工业非常规快速发展模式，在朝鲜战争爆发时又得以重现，美国政府鼓励原有的公司增建铝电解设施以满足当时军事用途的需求。大多数电解铝厂选择了自焙槽技术，因为它被认为比预焙槽技术能够节约成本和获得更高的金属纯度。另外，由于自焙槽减少了预焙槽需要阳极焙烧炉和阳极组装设施投资，与预焙槽相比具有更大的优势。当然，当时还没有注意到自焙槽对环境影响的问题。

在这个过程中，所有新建的铝厂均采用了增大电解槽电流的做法，就是将侧插自焙槽和上插自焙槽的阳极加长和增加阳极棒数量，使电流强度达到了 70~153kA，甚至侧插槽的电流超过 150kA，成为有史以来最大的侧插自焙槽，而且还采用了横向配置。这种 150kA 级的侧插自焙槽安装在雷诺公司的 Arkadelphia 和 Corpus Chridti 铝厂，其阳极长度达到 10m。150kA 横向配置的侧插自焙槽如图 3-3 所示。

当时，大多数新建的铝厂均位于美国廉价的水力发电地区，如田纳西河流域管理局（TVA）和博纳维尔电力管理局（BPA）区域内。美铝的 Point Comfort、雷诺的 Corpus Christi 和凯撒的 Chalmette 铝厂使用的是天然气发电，这些铝厂一直运行至 1982 年和 1985 年由于天然气成本上升而关闭。

1951~1959 年，增加的 116 万吨原铝来自美国 6 个新建的自焙槽铝厂，其中有雷诺 Corpus Christi、Arkadelphia 和 Massena 三个厂，还有 Martin Marietta Dales、Anaconda Columbia Falls 以及美铝的 Point Comfort 铝厂。另外，还在已有雷诺的两个厂（Longview 和 Listerhill）中增加了新系列，9 个铝厂总产能为 115.97 万吨，详见表 3-2。

图 3-3 雷诺公司横向配置的 150kA 侧插自焙槽

表 3-2 20 世纪 50 年代美国新自焙槽铝厂一览表

公司	Kaiser	Reynolds	Reynolds	Martin Marietta	Reynolds	Reynolds	Martin	Alcoa	Reynolds
投产年份	1954 年	1952 年	1953 年	1955 年	1957 年	1958 年	1958 年	1959 年	1959 年
关闭年份	1983 年	1982 年	1985 年	2009 年	2001 年	1985 年	2000 年	1978 年	—
运行年限/年	32	30	32	54	44	27	42	19	54
槽型	HSS	HSS	HSS	VSS	HSS	HSS	VSS	VSS	HSS
系列数/个	8	2	1	2	3	3	2	7	3
槽数/台	1120	280	160	240	504	522	300	416	504
电流/kA	76	143	153	108	102	92	108	70	92
年产能/kt	225	226	227	228	229	230	231	232	233
直流电耗/kW·h·kg^{-1}	16.6	16.6	16.6	16.7	16.4	16.6	16	17	16.3
电流效率/%	90	90	90	91	91.5	90	88.5	88	91.5
电压/V	5.01	5.01	5.01	5.01	5.01	5.04	4.75	5.01	5.01
阳极棒数/个	36	64	64	50	40	32	50	32	44

综合美国自焙槽铝厂的产能（39 个电解系列总计 5252 台自焙槽），在 20 世纪 50~60 年代的产能约为 150 万吨/年。20 世纪 60~70 年代，美国自焙槽技术的关键指标见表 3-3，其概要内容如下：主流自焙槽电流是 100kA，两个侧插自焙槽铝厂的运行电流为 143~153kA；单系列平均年产能为 41000t/a；平均直流电耗较高，为 17kW·h/kg；平均电流效率为 90.2%。

表 3-3　20 世纪 60 年代美国新自焙槽铝厂一览表

公司	Anaconda	Kaiser	Anaconda	Kaiser	Martin Marietta
厂　址	Columbia Falls	Chalmette	Columbia Falls	Tacoma	Goldendale
投产年份	1965 年	1967 年	1968 年	1966 年	1971 年
关闭年份	2009 年	1984 年	2009 年	2000 年	2003 年
运行年限/年	44	17	41	32	32
槽型	VSS	HSS	VSS	HSS	VSS
系列数/个	1	1	2	1	3
槽数/台	20	160	240	160	526
电流/kA	108	93	108	93	122
年产能/kt	34.67	39	69.34	39	168.00
直流电耗/kW·h·kg^{-1}	16.7	16.6	16.7	16.6	15.1
电流效率/%	91	90	91	90	89.0
电压/V	5.01	5.01	5.01	5.01	4.50
阳极棒数/个	50	36	50	40	54

　　雷诺公司 Massena 铝厂连续生产了 54 年，但现在已经处于关闭状态。20 世纪 60 年代以后尽管速度有所减慢，但原铝冶炼厂产能仍在继续扩大。Anaconda 公司在哥伦比亚瀑布地区和 Martin Marietta 公司在 Goldendale 新增加了两个自焙槽铝厂，凯撒公司也在 Chalmette 和 Tacoma 铝厂增加了新系列。

　　由于自焙槽的缺点逐渐显现，且预焙槽不断发展，自焙槽逐步被淘汰。1940~2013 年，南北美洲的铝厂大量关闭，关闭产能约 300 万吨/年，如图 3-4 所示。

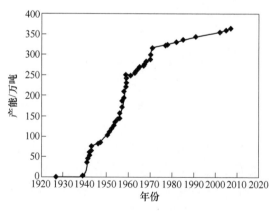

图 3-4　1920 年以来南北美洲关闭的自焙槽产能

美洲原有 108 个自焙槽系列，2014 年尚存的有 22 个（或 24 个）系列，已经宣布要关闭的有 12 个系列，剩下来的 12 个自焙槽系列，加拿大的铝厂也逐渐将电解槽更换为具有生产更高效和环境更清洁的现代化预焙槽技术，在 2015 年左右关闭了全部自焙槽系列。自焙槽由于受到阳极本身的限制，而且采用纵向配置使母线的设计受到限制，致使电磁场补偿困难，限制了继续增加电流的可能性。而预焙槽采用了横向配置，电流可达 200kA 或更高，电流效率优于自焙槽。因此，自焙槽面临着效率低和成本高的困境，而且这种电解槽自动化水平低，最大的挑战是环保问题和工人的健康问题。

20 世纪 70 年代健康研究报告清楚地表明，自焙槽散发的焦油（沥青挥发分）与各种癌症的发病率密切相关，这也是迫使企业用预焙槽替代自焙槽的原因。由于这样的结果，导致目前自焙槽产能大幅度削减，到 2013 年全美洲尚存 5 座自焙槽铝厂在生产，产能不足 100 万吨/年。至此，包括 Alcoa 在内美国的自焙槽即将全部退出历史舞台。

自焙槽在铝电解技术发展过程中曾经发挥了重要的作用，Alcoa 与美国其他铝业公司雷诺、凯撒公司采用自焙槽技术一度满足了美国乃至世界对铝的需求。

3.1.2 Alcoa 的预焙槽技术

Alcoa 在全球首先开发了中间下料密闭式预焙槽[1]，采用酸性电解质成分、低温电解和频繁下料，而后又发展到点式下料。因此可以说，Alcoa 是发展大型点式加料预焙槽的先驱[3-4]。

从 20 世纪 40 年代开始 Alcoa 共开发了 9 种不同类型的预焙铝电解槽，系列电流强度逐步增加。横向排列、母线端部进电的 N-40、T-51、P-75 和 P-88 的槽型，以及横向排列、母线大面进电的 P-100、P-155、A-697、P-225 和 A-817 槽型。

20 世纪 40 年代，Alcoa 采用 N-40(Niagara) 50kA 中心下料预焙阳极电解槽为美国政府建造了 7 座铝冶炼厂。印度斯坦铝公司（Hindalco）于 1974 年在印度雷努库特（Renukoot）使用类似的主流预焙槽技术建造了电解铝生产线，对原有的预焙电解槽进行了重大的现代化改造。

20 世纪 50 年代，Alcoa 采用端部立柱母线进电的 T-51 槽型在罗克代尔（Rockdale）和韦纳奇（Wenatchee）建造了电解铝生产线。而扩大版的 P-75 槽在马塞纳（Massena）安装使用（后来废弃），另一版的 P-88 槽安装在瓦里克。在 20 世纪 60 年代早期，第一个采用四点进电母线设计的 P-100 槽型，安装在罗克代尔、韦纳奇和瓦里克的电解铝生产线上。

20 世纪 60 年代美国炼铝的电价比较低，因此 Alcoa 在 60 年代的大部分工作都集中在提高电解槽生产能力和降低投资方面。这一情况与欧洲特别是法国铝业公司（Pechiney）形成鲜明的对比，以法铝为首的欧洲派由于某些地区电价较高，因此一直积极从事低电流密度和低电耗电解槽的开发。Alcoa 在 60 年代开发的 150kA 以上大型电解槽，大部分阳极电流密度在 $0.80A/cm^2$ 以上甚至达到 $0.90A/cm^2$。

20 世纪 70 年代末，在美国及欧洲出现了两种形式的预焙槽。一种是密闭式、中间下料、环保型、横向配置的预焙槽，采用了高阳极电流密度（$0.90A/cm^2$），电耗也高（15000kW·h/t 以上），以 Alcoa、Kaiser 和加铝（Alcan）为主，后来也应用于巴林、迪拜等地区；第二种是敞开式、边部加料、纵向配置的低能耗预焙槽，如图 3-5 所示，其特点是阳极电流密度低（$0.72A/cm^2$ 左右），能耗也低（12900kW·h/t 以下），以瑞铝（Aluswiss）、德国联合铝业（VAW）和法铝（Pechiney）等为代表，德国、挪威和东欧国家也普遍采用了这种欧洲型预焙槽。日本早期也引进了瑞铝和法铝的边部加工、敞开式的低能耗预焙槽技术。

图 3-5　美铝纵向配置预焙电解槽

之后，在 20 世纪 70 年代中期和 80 年代，Alcoa 逐步开始重视开发低能耗电解槽。1977 年在 P-155 型预焙槽的基础上开发了 A-697，后来又开发了 A-817 槽型，美铝的大型预焙槽技术从此达到了巅峰。

3.1.2.1　Alcoa P-155 型电解槽

P-155 是 Alcoa 有代表性的第一代大型电解槽，最初设计时考虑了加强槽底保温，并在阴极母线系统电流的均匀化和磁场的优化方面取得了一定的效果。另外，在排烟装置上设置了双抽气系统，以保证更换阳极和出铝时（打开密闭罩）能有效地捕集烟气。这种电解槽于 1963 年首先在澳大利亚亨利角（Point Henry）铝厂商业化应用，1964 年美国北卡罗来纳州贝丁（Badin）铝厂也安装了这种槽。由于操作上的改进，电流可以强化到 170kA（加大了阳极尺寸）。

从 20 世纪 50 年代开始，Alcoa 的电解槽开发主要集中在田纳西州一个名为 Potline B 的冶炼开发实验室。在这里，全尺寸的原型电解槽在各种操作技术和电流条件下进行操作、研究和评估，他们收集了大量有关热损耗、电压损耗和磁效应的数据，并利用这些数据进行了原始的人工分析。

由于 Alcoa 的电力基础成本相对较低，20 世纪 60 年代的大部分开发工作集中在高生产率的电解槽和低资本投资方面。对于其他地区的生产商来说，这一推动力是巨大的，因为在这些地区，电力供应和成本问题都迫使其必须依靠降低电流密度减少电力消耗。而在这一时期，Alcoa 的基本做法就是在电解槽设计上增加电流和阳极电流密度，一般在 $0.80A/cm^2$ 以上，最高可达 $0.90A/cm^2$，并在电流超过 150kA 的电解槽上进行了两种基本方案的研究。

第一个方案就是 P-155 型，如图 3-6 所示。这种槽型原设计在电流为 155kA 的情况下运行。提高产量和劳动生产率的压力促使研究机构对阴极隔热和电解质化学成分进行了深入研究，通过这些努力和改进使电流达到了 170kA。该槽型 1978 年的指标见表 3-4。

图 3-6　P-155 槽生产线（Badin）

表 3-4　美铝（Alcoa）P-155 型电解槽的设计及操作参数

项　目	设计参数	实际操作参数
电流强度/A	165000~170000	171200
槽电压/V	4.5~4.6	4.6
阳极电流密度/A·cm^{-2}	0.81~0.83	0.84
铝产量/kg·(槽·日)$^{-1}$	1200~1235	1276
直流电耗/kW·h·kg^{-1}	14.88~14.99	14.85
电流效率/%	90	92.4
阳极毛耗/kg·kg^{-1}	0.600	0.561
阳极净耗/kg·kg^{-1}	0.450	0.441

此后这种槽型共建设了约 10 个系列，指标均超过了 1978 年的水平，当然电耗指标不如新设计的低电流密度的电解槽，但高生产率和低投资的经济效果当时很受重视。

3.1.2.2 P-225 型电解槽

Alcoa 超过 150kA 容量的电解槽发展的第二个方案为 P-225 型电解槽。该电解槽具有自动化程度高、生产效率高、电耗合理等特点。这种电解槽也是在 Potline B 中开发出来的，名义电流强度 225kA，其特点之一是为了补偿这种大电流产生严重的磁效应，设计了一个相当复杂的阴极母线系统，采用大面 4 根立柱母线进点方式；与传统电解槽的另一个显著区别是 16 对由计算机控制的装置可对阳极进行独立调整，每个阳极提升机驱动器带动两个阳极。Alcoa 为这一改进付出了 14 年的努力，在 B 系列和第三代槽上完成设计，这一成就还要归功于高速计算机用来处理大量的数据。

起初根据经验许多操作人员一直怀疑在数据不足的情况下控制阳极会加剧不稳定性，也会加速金属运动，使电解槽电压控制更加困难。最后使用了 6 台 Mod Camp Ⅱ 计算机（3 控制+3 备份）在其马塞纳（Massena）新的大型铝电解系列上，而且能够将 230kA 的磁场处理得跟 170kA 槽一样好，这一在铝电解系列上的开发成就在全世界都是无可比拟的。

Alcoa 认为当时对阳极进行这种独立的控制是有必要的，尽管当时还不能实现，因为还没有开发出这种电流级别的控制模块。在采用大阳极和高电流的情况下，阳极设置、出铝和电解质添加剂冷料的添加所造成的电流分布波动，不可避免地要对电解槽运行造成很大的干扰。例如，当一组新阳极放置在 P-225 上时，大约 15kA 的电流必须重新分配。这种瞬态效应会使生产中使用的"深铝水-炉帮"的设置方法变得不可行。从马塞纳铝厂每台电解槽每天都要对 40 组阳极做调整的做法，可以看出这一问题是明显的。

P-225 还有其他特点，包括双容积通风的密闭系统，自动氧化铝点式下料技术，采用空气输送系统将氧化铝输送到电解槽中。显然，阳极单独调整后阳极横梁的提升自然也就不需要了，电解槽如图 3-7 所示。

图 3-7　P-225 型电解槽生产线

Alcoa 1970~1972 年在田纳西州和 1975 年在马塞纳（Massena）经营的两家

铝厂使用了 P-225 型电解槽。总的来说，这种槽仍然是一种高电流密度的槽型，所以电耗指标并不好。1969 年 Alcoa 在田纳西铝厂建设了第一个系列，随后用这种槽建了三个系列，电流达到 230kA，最大的系列位于马塞纳，系列产能达到 13 万吨/年。该电解槽的性能一直很好，1978 年马塞纳铝厂性能数据见表 3-5。

表 3-5 Alcoa P-225 型电解槽的设计及操作参数

项 目	设计参数	实际操作参数
电流强度/A	225000	231200
槽电压/V	4.5	4.6
阳极电流密度/A·cm^{-2}	0.87	0.89
铝产量/kg·(槽·日)$^{-1}$	1620	1698
直流电耗/kW·h·kg^{-1}	14.9	15.07
电流效率/%	89.4	91.0
阳极毛耗/kg·kg^{-1}	0.595	0.581
阳极净耗/kg·kg^{-1}	0.45	0.453

3.1.2.3 A-697 型电解槽

直到 20 世纪 70 年代初期，由于美国电价上涨，Alcoa 才开始注意设计开发低电耗的电解槽，而长期面临电价高涨的世界上其他铝企业公司早已开始设计低电流密度、低能耗的电解槽了。Alcoa 首次付出极大的努力进行研究，设计出 A-697 型电解槽。这种电解槽与 P-155 型槽的设计相似，不过结构尺寸更大。

A-697 型电解槽的发展和改进不是在实验室完成的，而是在贝丁铝厂的一个生产系列中完成的。在以前 3 台传统的 P-155 电解槽的位置上只安装了 2 台 A-697 试验电解槽。为了使这些试验槽具有灵活性，另外安装了一套整流系统，使它能以大于 200kA 的电流容量进行操作。与以往的设计相比 A-697 的重大改进是：设计了一种密闭罩系统，以保证最大限度地捕集烟气，而且安装有氧化铝自动加料装置和风动氧化铝运输系统。阳极组数为 24 块，阳极尺寸为 690mm×1500mm，在电流强度 183kA 时阳极电流密度为 0.74A/cm^2，如图 3-8 所示。

这种试验电解槽于 1977 年 5 月投入运行。电解槽的成功开发，很大一部分原因是采用了计算机模型确定阳极母线的尺寸、槽内衬隔热层设计和电磁特性的优化模拟。通过对运行的电解槽测定，达到了预测的稳定性，即铝液深度仅 10~12cm 情况下有很好的稳定性，熔体流动速度低于 0.1m/s，铝液面波动在 ±6mm 以内。

1978 年美国新美铝公司（Alumax）决定在 Mt. Holly 建设一个大型铝厂，并采用 A-697 型电解槽。为选择所需的最佳输入电流值和电能消耗量，并能使电解槽稳定生产，对 A-697 电解槽的操作进行了分析，最终确定的电流强度为 180kA。表 3-6 为 A-697 型电解槽输入不同电流值条件下电解槽的操作参数。

图 3-8 A-697 型电解槽

表 3-6 A-697 型电解槽不同运行电流的操作参数

项 目	设计参数	实际参数			
		170kA	180kA	190kA	平均总参数[1]
电流强度/kA	180	170.594	180.192	189.667	181.209
槽电压/V	4.2	4.13	4.17	4.2	4.18
阳极电流密度/A·cm^{-2}	0.72	0.68	0.72	0.76	0.73
铝产量/kg·(槽·日)$^{-1}$	1350	1302	1369	1402	1366
直流电耗/kW·h·kg^{-1}	13.5	12.96	13.20	13.62	13.31
电流效率/%	93	94.6	94.1	91.6	93.5
槽运行天数/d	—	122	296	218	1322
阳极毛耗/kg·kg^{-1}	0.6	—	—	—	—
阳极净耗/kg·kg^{-1}	0.45	—	—	—	—

注：贝丁铝厂的两台试验槽数据。

[1]1975 年 5 月~1977 年 4 月包括过渡期的总平均数据。

A-697 型电解槽在设计上进行了一些改进，并且在工艺上做了一些调整，以评估其对电解槽操作和效率的影响。在低电流密度下运行时，炉帮形成出现了明显的问题，角部阳极更换也遇到了一些问题。为此，对端部内衬保温材料进行了重新研究和修正，以取得更可行的伸腿形状。后来拆除了其中一台原型槽，并在局部采用了陶瓷内衬材料，改进后达到了预期的伸腿形状。重新设计的 P-225 型电解槽也是按照类似低电流密度设计的，这在当时来说是 Alcoa 最大的电解槽，现在马塞纳的 P-225 电解槽生产线上就有两个原型槽。初步的生产运行结果表明，新设计 P-225 电解槽可与 A-697 媲美，而且运行电流超过 230kA。

Alcoa 在生产系列上设计开发新电解槽方面的经验是成功的。先进的设计技术和计算机模型已经使准确地预测电解槽设计和运行结果成为可能。

3.1.2.4 A-817 型电解槽

1978 年，Alcoa 在位于马塞纳的冶炼厂以 280kA 电流运行了一台试验电解槽，命名为 A-817 型预焙电解槽。这种槽型是在 P-225 和 A-697 基础上开发的，采用了侧部 5 个立柱母线进电和点式下料铝电解槽技术。该电解槽后来在澳大利亚波特兰（Portland）冶炼厂投入工业运行，共建设了两个系列，每个系列有 204 台电解槽，运行电流 275kA，分别于 1986 年第四季度和 1988 年第三季度投产，如图 3-9 所示。

图 3-9 澳大利亚波特兰（Portland）铝厂 A-817 型预焙槽系列

波特兰铝厂的 A-817 槽每个系列有两栋厂房，面积为 750m×25m，电解槽槽间距 6.1m，每栋厂房配置两台多功能天车和两台出铝天车。A-817 型电解槽有 32 个阳极，阳极尺寸为 1625mm×720mm。该槽型运行技术指标见表 3-7。

表 3-7 A-817 型电解槽运行参数

项 目	参 数
电流强度/kA	275
平均电压/V	4.32
电流效率/%	93.0
直流电耗/kW·h·kg^{-1}	13.650
阳极电流密度/A·cm^{-2}	0.74

A-817 是美铝开发的最大容量的现代预焙槽，在 20 世纪 80 年代曾经代表了当时世界铝电解的最高水平（与 Pechiney 的 AP30 并驾齐驱）。但据报道，后来在运行中出现了电磁不稳定的问题，导致该公司 2002 年进行了磁改造。此后由

于操作困难，A-817 技术从来没有在其他地方使用过，Alcoa 的电解槽大型化之路也从此止步不前。

3.1.3　Alcoa 铝冶炼新技术的进展

3.1.3.1　氯化物电解试验

1973 年 1 月 12 日，美铝（Alcoa）董事长约翰·D. 哈珀（John D. Harper）宣布，已经开发出一种使用氯的电解铝新工艺[2]；声称该工艺将减少30%的电力消耗，并减少炼铝所需的劳动力。哈珀说，Alcoa 花了 15 年时间和 2500 万美元研究霍尔-埃鲁特工艺的替代方案。铝生产过程消耗的电力约占所有工业用电总量的 10%，能源成本预计还会上升，新方法不使用冰晶石，因此新炼铝工艺将不再为减少氟化物排放而建造昂贵的污染治理设备。氧化铝与氯在反应器中反应生成氯化铝，一个完全密封的还原槽可以将氯化铝转化为金属铝和氯气，氯气会再循环生成更多的氯化铝，使用新工艺的工厂规模也可以做得更小。哈珀说，新工艺已成功地进行了全面测试，Alcoa 将开始建设一座年产 15000t 的商业工厂，于1975 年建成，最终将扩大到每年 30 万吨。

这种工艺要求将氯化铝溶解在由熔融氯化钠、氯化钾或氯化锂组成的电解液中，产生金属铝和氯气。据称，该工艺采用多极石墨电极，使用更少的阳极炭，并在更低的温度（700℃）下运行，因此消耗的热能更少。但 1976 年美铝在得克萨斯州的一个试验工厂用氯气法进行试验，在流化床反应器将氧化铝转化为氯化铝的过程中，新工艺遇到了一些问题。由于再循环氯的腐蚀作用提高了生产无水氯化铝的成本，这个实验装置最终被停用了。

1976 年 7 月研究了另一种用氯从含铝矿物中生产铝的工艺。在制陶过程中，一种含铝矿物（如铝土矿或者高岭土）经过煅烧后在还原剂如焦炭的存在下氯化，然后分离产物，将氯化铝与金属锰反应生成金属铝和氯化锰，而后再对氯化锰进行回收再利用。有人声称，以托特命名的新工艺将使新建铝厂的投资成本减少50%，电力消耗减少90%。据报道，到 1976 年 7 月，托特工艺的研究在取得了进展后停产，没有一家大型铝业公司认为这一过程在商业上是可行的。

1985 年秋季，Alcoa 宣布放弃寻找霍尔-埃鲁特电解槽炼铝的替代工艺，位于得克萨斯州的美国铝业熔炼工艺试验工厂因故关闭。同年 Alcoa 出现了自大萧条以来的首次亏损。根据一些专家的说法，损失的不只是这个实验项目。Alcoa 的高层认为铝的生产在全球经济中处于低迷状态，这一实验曾承诺将减少 1/3 的电力需求，但由于过分保密、基础知识匮乏和时间上的压力，该项目在离开实验室一切过程准备就绪进入试点工厂前被迫终止，但该项目确实让人们对如何改进霍尔-埃罗特电解槽有了深入的了解。到 20 世纪 80 年代中期，Alcoa 的大型预焙电解槽在产量和电力消耗水平等方面的都有了大幅提高。由于炼铝技术在电解槽大型化方面的这一成果，使得其铝电解工业又逐渐回到了采用传统的霍尔-埃鲁特电解槽工艺。

3.1.3.2 Alcoa 可湿润性阴极与惰性阳极电解技术

1994年，凯撒（Kaiser）开始与雷诺公司研发部门合作在华盛顿州斯波坎市的米德冶炼厂试验一种新型阴极，阴极材料由二硼化钛和石墨组成。阴极块是由雷诺、凯撒、SGL Carbon 和美国能源部工业技术办公室联合开发的，用于预焙槽生产。凯撒表示，阴极的润湿性越高，意味着可以使阳极到阴极的距离越小，从而节省20%的电压和10%的总能量。这个过程是预计将每千克铝的能源消耗降低1.5kW·h，每磅产能的改造成本为2.4美分。

二硼化钛作为一种实用的铝电解槽阴极材料，在美国首次得到推广应用，但制造阴极块的高成本带来了重大的经济和实际应用的挑战。还有一些困难来自标准的操作需求，即如何将氧化铝加入电解槽，如何出铝，如何在更换阳极时不使电解槽底部变冷，如何在启动时预热电解槽？由于冶炼过程中的腐蚀和污染，氧化替代材料的研究没有获得进展，没有找到合适的阳极材料。

此后，Alcoa 继续与美国能源部工业技术办公室合作，为铝工业研究和开发新技术，以减少能源消耗和减少环境影响。自第二次世界大战结束以来，生产1lb（0.4536kg）铝所需的平均电力从12kW·h下降到7kW·h。

在1999年12月，世纪铝业宣布已经获得美国能源部的第二笔拨款，用于研究提高铝冶炼厂效率的方法。智能电解槽控制项目是由世纪铝业、应用工业解决方案公司和西弗吉尼亚大学合作完成的，耗资230万美元。该项目涉及使用计算机和先进的软件来控制电解槽的工艺条件。

美国能源部在2000年的目标包括：中期发展目标为研究能耗达到13kW·h/kg 的铝电解机理，长期发展目标瞄准11kW·h/kg 先进铝电解槽，消除二氧化碳排放，提高拜耳法氧化铝生产率20%，开发固废和副产品的新用途。总体目标包括提高25%的能源效率、降低10%的运营成本、减少温室气体排放、全部产品减少800万吨碳排放。中期目标包括使用可湿性陶瓷阴极，长期目标包括开发非碳阳极，如低温惰性金属阳极。美国能源部认为，可湿性陶瓷阴极每年可节约1500MW 的潜在能源，假设美国每年全部使用这种阴极，单槽效率将提高13%~20%。与先进耐火材料商、凯撒、雷诺等合作，开展了可湿性陶瓷阴极的研究；能源部对这些目标的研究预算从1996年的141万美元增加到2000年的1100万美元，并且能源部为此与铝协会进行了密切合作。

到2000年6月，Alcoa 和西北铝业（Northwest Aluminum）认为在开发新的冶炼技术方面取得了重大进展，预计新技术将使每磅原铝的生产成本降低6~11美分，同时还将减少对环境的影响。Alcoa 的开发涉及惰性阳极的使用，而西北铝业公司结合惰性阳极和可湿润性阴极进行开发。炭的消耗使每磅铝的生产成本增加了 6 美分，并使新建铝厂的投资成本增加 25%，惰性阳极电解槽将不再使用炭阳极，从而也消除了对预焙阳极生产设施的需求，而惰性阳极的使用也将消除二氧化碳和全氟碳化合物的产生。

2001 年 4 月，Alcoa 宣布利用这项新技术启动了一个试验槽，并已开始进行最新的测试，按计划在 2002 年第一季度前将拥有一条使用这项新技术的电解槽生产线。

铝电解槽的大型化是对霍尔-埃鲁特工艺的一个成功改进，这一进步使得惰性阳极新型冶炼工艺的研究停滞下来。Alcoa 贝丁工厂在 1963 年达到了 155kA，1969 年在田纳西州的工厂达到了 225kA。

2018 年 5 月 10 日，Alcoa 和力拓宣布成立合资公司，联合苹果公司和魁北克省及加拿大政府成立了 Elysis，投资 1.45 亿美元，开发一种新的方法，在不产生二氧化碳和更少的全氟碳（二氧化碳和全氟碳都是温室气体）的情况下，将氧化铝熔炼成铝，这项新技术将使用惰性阳极。自 2009 年以来，Alcoa 一直在匹兹堡的一家研究基地测试一种未披露成分的惰性阳极。据报道，该公司已使用这项新技术生产了 700 吨阳极。美国铝业（Alcoa）曾多次发表有关由铁氧体金属陶瓷制成阳极的文章，但外界分析认为，该公司研究的材料组成已经超越了这一范畴。在苹果公司对此感兴趣之前，没有明确的经济动机去追求一种不产生二氧化碳的铝冶炼工艺。苹果公司力求做到其全球业务中 100% 没有碳排放，但在其智能手机、平板电脑和电脑中使用的铝占其产品制造碳足迹的 24%。这项新技术将使世界第三大铝生产国加拿大减少相当于 180 万辆轻型汽车的温室气体排放。Elysis 流程还有望将运营成本降低 15%，产量提高 15%，该工艺有望在 2024 年投入商业使用。

美国铝业公司（Alcoa）总裁兼首席执行官罗伊·哈维说："这一发现在铝工业中得到了长期的探索。"如果成功，这项新技术将"把铝的可持续优势提升到一个新的水平，有可能改善从汽车到消费电子产品等一系列产品的碳足迹"。总体而言，铝生产约占全球二氧化碳排放总量的 1%。麻省理工学院（MIT）材料科学家唐纳德·萨多韦（Donald Sadoway）表示，自 1886 年以来使用的霍尔-埃鲁特氧化铝冶炼工艺，生产 1lb（0.4536kg）铝需要 0.5lb（0.2268kg）碳，而 0.5lb（0.2268kg）碳被转化为 1.5lb（0.6804kg）二氧化碳。萨多韦说，用惰性阳极将氧化铝熔炼成铝比用可消耗炭阳极需要更多的能量，但惰性阳极也会排放更少的全氟碳。美国铝业协会会长兼首席执行官 Heidi Brock 表示："Elysis 技术可能改变铝行业的游戏规则。""铝已经是一种可持续的材料，这得益于它的循环利用特性和使用阶段的好处，但通过消除生产前端的大部分碳影响，它可以在应对全球能源挑战方面发挥更大的作用。"

3.2 法国铝业公司 (Pechiney)

法国铝业公司 (Pechiney, 简称 AP)[5-6] 是当今世界铝工业的杰出代表, 其电解铝技术在国际上占据领导地位。欧洲铝工业史上最有影响力的人物都来自法国, 而且集中在 1860 ~ 1917 年间, 如化学家亨利·德维尔 (Henri E. S. C. Deville)、化学工程师亨利·梅尔 (Henri Merle)、冶金学家保罗·埃鲁特 (Paul L. T. Héroult)、铝业公司总经理艾尔弗雷德·彼施涅 (Alfred R. Pechiney) 和阿德里安·巴丁格 (Adrien Badin)。他们对欧洲 20 世纪铝电解技术的早期开发、商业化生产以及随后铝工业在世界上的进一步扩张影响巨大。弗朗格斯工厂 (Froges) 是第一个使用埃鲁特法生产纯铝的冶炼厂。之后大部分早期的工厂集中在水电丰富的罗纳阿尔卑斯和比利牛斯山脉。来源于 Saint. Jean de Maurlenne 工厂的彼施涅 AP 系列电解槽技术是法国典型电解铝生产技术的代表, 推行到世界各国, 成效显著, 引领了世界铝冶炼技术的发展。

3.2.1 Pechiney 及其铝电解技术发展

3.2.1.1 铝生产工艺的发现和改进

金属铝最初是由亨利·梅尔于 1860 年在法国萨兰德尔省的犹赛因 (Usine) 通过化学流程提炼出来的。30 年后, 即 1890 年在瑞士诺伊豪森, 通过埃鲁特电解工艺开始了铝的第一次商业化生产。1855 年, 亨利·梅尔成立 CPC 化工公司。亨利·梅尔的儿子路易斯·梅尔恰巧是保罗·埃鲁特的同学和好朋友, 化工公司 CPC 成立之初的目的是开发法国南部 Salin de Giraud 市的盐沼。当时公司使用勒布朗工艺 (Leblanc) 生产纯碱, 该流程需要有海盐供应, 通过对海盐进行电解, 可以获得氯气和烧碱。随后, 由于氯气和烧碱的需求不断增加, 促使这两种产品产能不断增长。1903 年, 该公司开始在 Alindres 市生产氟化铝、人造冰晶石和氧化铝。亨利·梅尔被认为是法国无机化学工业的创始人, 而他的工厂则是著名的彼施涅公司 (Pechiney) 的前身。

亨利·德维尔在位于巴黎附近的 Javel 和 Nanterre 的化工厂中开发出适用于大规模生产铝的化学工艺——德维尔工艺。该方法涉及 AlCl-NaCl 络合盐在反射炉中与金属钠反应, 生产金属铝和炉渣, 在反应过程中添加一些作为熔剂的冰晶石, 以将氧化铝从铝球表面熔解并凝聚吸收起来。德维尔在亨利·梅尔公司旗下的阿尔勒工厂附近建立了一个小公司名为 Societe Aluminium de Nanterre。1860 年, 德维尔把他的这个铝厂卖给了亨利·梅尔。金属铝首次工业化生产就这样开始了, 在萨兰德尔省的 Usine 地区由亨利·梅尔的 CPC 工厂使用德维尔工艺, 第一年即生产金属铝 505kg, 并获得法国政府授予 30 年的专卖权。在 1880 年, 在

Salindres 工厂年产金属铝约 2400kg，当时使用德维尔工艺每生产 1kg 铝所需成本为 80 法郎。1891 年 Salindres 工厂停止使用以钠还原生产铝的化学工艺。

保罗·埃鲁特曾阅读了德维尔的专著《铝的性质、制造及应用》，这本书使他第一次产生努力寻找经济的方式提高电解铝生产效率的想法，这后来也成为他的毕生追求。1882 年，埃鲁特进入巴黎矿业学校，在那里他与化学教授亨利·路易斯·勒夏特列（Henri Louis Le Chtelier），一个同样对铝着迷的人，成为了好朋友。勒夏特列因其对化学平衡原理——勒夏特列原理和盐在理想溶液中不同溶解度的研究为世人熟知。

1885 年埃鲁特的父亲去世，他继承了家族遗弃的制革厂，包括在巴黎附近 Gentilly 市的蒸汽发动机。他购买了可以提供 400A、30V 电力的齐纳布·格拉姆发电机，该发电机由法国 M. Breguet 公司生产制造，这在当时也许是功率等级最高的发电机。发电机提供的连续电源使得埃鲁特能够进行大规模的电解试验。在 1886 年的一天，埃鲁特通过电解工艺成功地从冰晶石-三氧化二铝熔融体中提取出少量铝合金。随后，在 1886 年 4 月 23 日，埃鲁特申请并被授予了铝电解生产的法国专利（FR175711）。几乎同时，美国冶金学家查尔斯·马丁·霍尔（Charles Martin Hall）发现了与埃鲁特基本相同的铝生产工艺，并于 1886 年 7 月 9 日在美国申请了专利。但埃鲁特在法国提出的专利申请是 1886 年 4 月 23 日，并于同年，在霍尔专利之前，5 月 22 日在美国提出申请。美国专利和商标局由此宣布，介入埃鲁特和霍尔的专利申请案。美国专利和商标局发现，霍尔提供的材料证明其发明和试验的日期都早于埃鲁特对外公布的时间，因此专利商标局决定在此案中倾向于霍尔。1889 年 4 月 2 日，美国专利局颁布第 400766 号专利，即授予霍尔"电解还原铝生产工艺"专利。

两位冶金学家之间的法律纠纷在持续 15 年之后，最终以相互妥协和建立友谊结束。霍尔获得美国和加拿大两国的专利权，而埃鲁特保持着他在法国专利的优先权，在欧洲生效。为此，今天我们称这种铝生产工艺为霍尔-埃鲁特法。因此，埃鲁特和霍尔各自独立地发明了用电解还原法从熔融于冰晶石中的氧化铝中提取纯金属铝，成功进行商业化生产。

1874 年阿尔弗雷德·兰戈·彼施涅（Alfred Rangod Pechiney）进入亨利·梅尔的 CPC 化工公司，并在 1877 年亨利·梅尔去世后担任公司总经理。该公司于 1897 年更名为 PCAC 公司。1886 年，埃鲁特在萨兰德尔省向彼施涅宣传他的铝电解工艺方法。然而，因为当时纯铝的用途非常有限，彼施涅不看好纯铝的应用前景，并且也没有必备的电力资源，因此拒绝购买。

后来埃鲁特还是觉得有必要再次寻找资金支持，将其电解铝工艺方法应用于工业制造，但是他发现想要获得资金支持使其电解铝生产工艺得到商业化应用很困难，因为来自罗斯柴尔德银行的行业专家阿道夫·麦诺特（Aldoph Minot）不欣赏他的工艺。因此埃鲁特首次将其专利先后授权给瑞士冶金公司（SEMF）和英国铝业公司，英国铝业的铝厂设立在苏格兰福耶斯。1872 年，萨尔德尔省生产铝的成本是每千克 80 法郎，每千克的售价是 100 法郎。到 1893 年全球电解铝产量增加至 1000 吨，而 1895 年其价格下跌至每千克 3.95 法郎。1889 年，由于受到采用埃鲁特电解铝工艺工厂的竞争压力，彼施涅被迫停止采用成本较高的基于钠还原铝的化学生产方法。彼施涅很快吸取了他错误的纯铝生产工艺的教训，并于 1897 年收购位于罗纳-阿尔卑斯的 Calypso 铝厂。

1900 年阿德里安·巴丁格（Adrien Badin）加入 Alais et Camargue 公司担任首席工程师，并与彼施涅合作运营该公司，直到彼施涅 1907 年退休。1914 年巴丁格成为董事会成员及总经理。巴丁格促进了法国铝生产同业联盟的成立，并命名为 L'Aluminum Francaise。他主要负责该联盟电解铝厂的大规模扩张，还在1912 年任职位于巴丁格的南方铝业公司总裁。1916 年 8 月美国铝业公司收购和完成法国联合公司的增持后，开始在巴丁格生产铝。

3.2.1.2　欧洲铝工业的诞生

经过不懈的努力，埃鲁特的电解铝生产工艺最终获得了一家瑞士公司J. G. Hener Sohne 先生的支持，该公司有一个工厂（诺伊豪森铝厂）位于瑞士的莱茵瀑布流域。第一家电解铝工厂建设的 4 个主要创始人为：古斯塔夫·纳维尔（Gustave Naville），涡轮领域专家；乔治·罗伯特·内尔（George Robert Neher），其家族企业有莱茵瀑布水电资源的使用权；彼得·埃米尔·胡贝尔（Perter EmilHuber-Werdmuller），能提供发电机；埃鲁特，铝电解技术专利的发明者。1887 年 8 月 26 日，他们一起在瑞士苏黎世创建了瑞士冶金公司，埃鲁特担任技术总监，为其电解铝生产专利测试及研发工业化流程，随后埃鲁特将其专利授权给 SMS 公司。

埃鲁特的铝电解工艺在诺伊豪森取得了显著的成功，引起了几家德国大企业的注意。1888 年 11 月 18 日，SMS 与德国公司 AIAG 公司合并。诺伊豪森被 Oerliken 工程公司和埃舍尔·韦斯有限公司（Escher Wyss. Cie）收购，成立 AIAG-诺伊豪森公司。该公司拥有和经营这家位于诺伊豪森的扩建项目，包括建造铸造厂、轧制厂和合金生产线。

位于沙夫豪森附近的诺伊豪森工厂每天能生产 2t 以上的铝青铜合金。Oerliken 工程公司专门为该工厂建造了两台发电机，用于铝电解生产，当转速为每秒 180 转时，每台发电机可提供 14kA、30V 的电源。1891 年诺伊豪森工厂开始大批量生产纯铝，日均产量为 200~300kg，约为全球产量的 1/5。使用水力发电可以确保经济生产，使铝合金的生产成本在 4.5 法郎/kg。随后，AIAG 又先后在不同的地方建立新的铝厂，1887 在瑞士莱茵菲尔顿（Rheinfelden），1899 年在澳大利亚乐得（Lend），1908 年在瑞士茨比斯（Chippis）。直至 1954 年，莱茵瀑布的诺伊豪森电解铝厂被拆除。

1888年，一些投资人和埃鲁特创立了法兰西电力冶金公司SEMF公司。他们获得埃鲁特的法国专利使用权，并于1889年在法国伊泽尔谷的弗朗格斯建立了一家工厂，建有3台立式水轮机，其中的两台连接到容量为120kW的布朗发电机，用于电解铝生产。该电解铝厂每天可生产3000kg含铜10%的铝合金。

起初，诺伊豪森和弗朗格斯电解铝厂都只生产铝青铜合金。在1889年底发现冰晶石的使用可使氧化铝的熔融温度和电压得到降低之前，这两家电解铝厂都没有生产纯铝。此后，诺伊豪森电解铝厂采用埃鲁特的合金工艺生产铝青铜合金，采用埃鲁特修正工艺生产纯铝。1890年，弗朗格斯电解铝厂也采用埃鲁特工艺，在4000kA电流下生产的铝产量为每天82kg，到了1892年，其铝产量上升到每天100kg。弗朗格斯电解铝厂的6台电解槽的阴极设计成可以旋转的结构，这样可以打碎电解质结壳块，并促进氧化铝在冰晶石中熔解。

1892年，埃鲁特通过将相同电流密度（4000A）的阳极截面面积扩大，将阳极电流密度减小到$1.6A/cm^2$以下。另外，他通过为电解槽加炭层和沥青内衬，并降低电压至5V，使得产品的质量和盈利水平都得到提高。他还发现，在电解质上加入且加热氧化铝之后，在仅将氧化铝倒入熔体而不进行旋转的情况下，电解过程进行得非常好。他还指出，电解槽照明灯泡的亮度取决于熔体中氧化铝的含量。今天我们知道，槽上灯泡能照明是因为当氧化铝的浓度小于2%时发生的阳极效应产生25~30V效应电压。这些重要的创新不仅使电解效率大大提高，还使弗朗格斯电解厂不用再向诺伊豪森购买专利许可权。埃鲁特在弗朗格斯电解厂继续使用阳极数量少但横截面积较大的电解槽，而诺伊豪森电解铝厂则引进了美国霍尔的采用大量小尺寸阳极的预焙阳极系统。弗朗格斯电解铝厂1893年停止生产电解铝。

从19世纪80年代开始，多家冶金公司纷纷在阿尔卑斯电厂附近投资建厂。水力发电直接推动了工业的发展，阿尔卑斯的一些山谷如Maurienne、Tarentaise、Romanchi和一部分Vald'Arly、Chedde盆地，以及Argentiere山谷南部等地区，在水电工业的推动下都逐渐转变成工业山谷。由于高山湖泊地区全年拥有充足的低成本水电资源，因此大量铝冶炼厂先后在Maurienne山谷和比利牛斯山区建立。由于尚无长距离输电技术，当时冶炼厂均就近建在电厂附近。格拉姆（Zenobe Gramme）于1873年发明的发电机首次实现水电的大量生产，可以为电解厂提供大量的电解槽用直流电。建立一个铝冶炼厂需要大量投资，除铝冶炼厂的建设成本外，制造商必须购买瀑布的使用权，并为其配备发电设备[6]。

3.2.1.3 氧化铝生产工艺出现

1822年化学家皮埃尔·波特艾尔（Pierre Berthier）发现了铝土矿并为其命名。罗纳-阿尔卑斯东南部的铝冶炼厂坐落在法国鲍克斯·普罗斯旺铝土矿附近。

这个矿是欧洲在 1914 年之前发现的唯一的铝土矿。法国最后于 1998 年关闭的铝土矿位于洛林地区，名为特尔斯·罗格斯铝土矿（Terres Rouges）。

1889 年，卡尔·约瑟夫·拜耳（Karl Josef Bayer）研发出一种从铝土矿提炼氧化铝的更高效的新工艺方法——拜耳法。SFAP 公司在法国 Aardanne 建立了一座氧化铝精炼厂，并尝试采用拜耳工艺法生产氧化铝。Aardanne 地区有煤炭资源，可以为冶炼炉提供燃料。1894 年，该公司被 SEMF 并购。埃鲁特协助拜耳解决了一些氧化铝精炼厂的技术问题，并使该公司在 1899 年底的氧化铝产量增加至 186t／月。1907 年，Salindres 工厂开始采用拜耳工艺法生产氧化铝，PACA 公司开始从马赛和圣奥邦（St. Auban）附近的 Gardanney 氧化铝厂购买其电解铝厂原料。1960 年，圣奥邦的氧化铝产能为 4 万吨/年。1908 年，拜耳的专利到期，马赛附近的 Usine de la Barass 工厂（1908~1988 年）的普雷蒙特分厂和 Chedde 工厂都开始生产氧化铝。Salindres 工厂直到 1984 年停止生产氧化铝，只保留了 Gardanne 工厂的氧化铝产能。

Maurienne 山谷是高海拔的一个阿尔卑斯山谷，坐落于法国东南部的罗纳-阿尔卑斯山脉，长约 130km，由伊泽尔河支流阿尔克河在上个冰川时期形成，它由许多大型盆地和狭窄的峡谷构成。1914 年前，罗纳-阿尔卑斯就已经有 15 水坝，如今在莫里因山谷有 24 座水力发电站。作为与拿破仑三世签署的给意大利带来统一的政治协议的一部分，1860 年莫里因并入法国。1892~1907 年，莫里因山谷建立了 6 座电解铝厂。1907 年埃鲁特和霍尔的专利到期后，在埃鲁特的成功的刺激下，法国涌现出许多新的竞争者，这些新建的工厂分别位于罗纳-阿尔卑斯山脉、Durance 山脉、Romance 山脉和 L'Arve 山脉，形成了世界上第一个铝谷。

3.2.1.4　法国电解铝企业的合并——彼施涅（Pechiney）公司诞生

1893~1939 年，法国先后建立 16 家电解铝工厂。1913 年，法国罗纳-阿尔卑斯地区有 SEMF、PCAC、SARV、PYR 和 EC 等 5 家电解铝公司。PCAC 公司分别在 1914 年和 1916 年并购 SPEM-比利纽斯公司和 SARV 公司。1921 年，PCAC 公司与其主要竞争对手 SEMF 公司合并，形成 AFC 公司，也就是通常所说的彼施涅公司。此次合并将法国 8 家电解厂中的 7 家联合为一个整体，1928 年，SEC 公司也加入了 AFC 公司。1948 年，AFC 重组为 4 个主要部分：铝部、电热学部、化学产品部和矿用产品部。随后，公司正式更名为彼施涅公司，并开始其国际扩张计划。1971 年，彼施涅公司和 Ugine-Kuhlmann 合并，形成法国工业集团 Pechiney-Ugine-Kuhlmann（PUK）。1983 年公司正式改名为彼施涅公司。

A　Saint Jean de Maurlenne 电解铝厂（1907 年至今）

1907 年，PCAC 在莫里因山谷的弧河建立了 Saint Jean de Maurlenne 电解铝厂，电解车间长 80m，由 4 个区组成，共有 80 台电解槽。起初，该厂采用 Calypso 所用的经典预焙槽，这种预焙槽在 12kA 电流、7V 电压下操作，椭圆形阴极，带有 10 个阳极。1914 年，一个新的 20kA 电解系列建成，该系列有 40 台槽，每台槽有 12 个阳极。1940~1978 年，Saint Jean de Maurlenne 电解铝厂的每一次现代化改造，电解槽的容量都在不断地提升，并推动了技术的不断进步，AP 系列铝电解槽技术如 AP-18、AP-30、AP-50 和 AP-60 电解槽技术原型都是从这里诞生，使之成为著名的现代铝电解新技术的摇篮。

在第一次世界大战开始时，法国的电解铝年产量为 1.5 万吨，处于欧洲领先地位，但盟军对铝的巨大需求，主要由铝年产量 6 万吨的美国铝业公司承担。战争前，德国每年消耗的电解铝为 1.4 万吨，其生产所用原料铝土矿从法国采购，并在瑞士或德国冶炼。战争期间，法国停止了铝土矿的出口，罗纳-阿尔卑斯地区的电解铝厂在第一次世界大战期间未遭破坏。

B Pechiney 自焙槽时代（1940~1960 年）

由于初始成本较预焙电解槽低，自焙电解槽在法国许多早期的电解铝厂中广泛使用。La Praz 电解厂通过采用现在的从最低位置拉螺栓的做法来达到简化设备和材料、减少连接螺栓的目的。1952 年，彼施涅在 Saint Jean de Maurlenne 建立了一个 100kA 自焙电解槽。自 20 世纪 50 年代，电解铝冶炼厂自焙槽的烟气（包括氟和多环芳烃）排放到大气中，影响了山谷中的植物和动物群，并最终导致民众对铝冶炼厂的强烈抗议。1983 年，随着电解 A 系列的关闭，从此自焙槽在 Saint Jean de Maurlenne 厂消失。随着 1991 年 Nogueres Pyrenees Orientales 冶炼厂的关闭，标志着彼施涅公司自焙电解槽时代的结束。

3.2.2 法国 Pechiney 公司 AP 系列铝电解槽技术

在 20 世纪 60 年代与 70 年代初，法国彼施涅公司在电解槽操作的电能效率方面已享有盛名。特别是它的 130kA 边部加工预焙槽，已被许多国家采用，在全世界总数已超过 2500 台。到 70 年代，由于对工作条件与环境保护的严格要求，以及基建费用的飞涨，迫使彼施涅公司研制新的电解槽。LRF 中心和 Saint Jean de Maurlenne 的研究与发展中心设计与建造了一种在高电流强度与高电流密度下工作的中心下料电解槽，即 AP18 型电解槽。

3.2.2.1 Pechiney AP-18 电解槽

AP-18（180kA）预焙电解槽是众所周知的第一代现代化预焙槽，是由彼施涅公司艾瑞克·巴瑞隆（Eric Barrillon）和格拉德·胡道尔 Gerard Hudault 领导开发的[7]。这种槽型广泛应用最先进的磁场和热力学动态模型。1976 年，彼施涅公司 LRF 实验室开始着手启动首批 4 台 175kA 的 AP-18 预焙电解试验槽，并于 1979 年在 Saint Jean de Maurlenne 电解铝厂的 F 系列安装了 60 台 AP-18 电解槽，从设计阶段开始，经过单槽试验到建立工业电解槽系列，历经周折。AP-18 电解槽的首条商业生产线于 1981 年在英国威廉堡建立。

A　AP-18 电解槽设计

通过对点式中心下料电解槽热平衡的计算，同时考虑到控制投资费用，采用 $0.78A/cm^2$ 的电流密度，高于通常的 $0.70A/cm^2$，在拟定的电解槽特殊操作条件下，吨铝电耗约需增加 $800kW\cdot h$。为了控制这一不良影响，必须保持金属的稳定性与提高操作的质量。而选择高电流密度及相应的槽壳尺寸，使达到这些目标增加了困难。为了使设计的电解槽稳定和便于操作，在电、磁、热的设计计算和最新计算机控制技术方面做了很大努力。

（1）AP-18 电磁场模拟结果。从图 3-10（a）可以看出，采用双端进电的 130kA 电解槽，磁场不很对称，角部磁场高，会增加电压的不稳定性。而图 3-10（b）中 AP18 设计中母线采用了四点进电，使磁场得到显著改善。垂直磁场最大值、平均值更小，且变化梯度小，呈对称性分布。

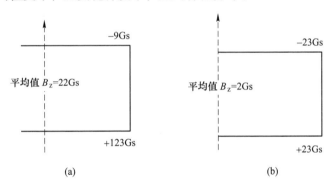

图 3-10　AP-18 磁感应强度与 130kA 槽的对比
（a）130kA 电解槽；（b）180kA AP-18 电解槽

（2）在热场方面。由于 Pechiney 公司具有长期在低电流密度下操作电解槽的经验，并且 LRF 中心用电子计算机进行了精确的热电模拟，采用了侧部槽壳冷却措施，以及在侧部内衬设计方面进行了适当的改进，因而实现了不依靠边部加工而保持良好的侧部结壳。

（3）槽的机械结构方面。采用有限元法由计算机完成机械强度的计算，且发现焊接的摇篮式结构可使槽侧部很好地冷却，且强度/质量比高。AP-18 的槽壳重 26.9t，只比 Pechiney 130kA 电解槽的槽壳重 2t；在电解槽使用期间，其机械强度一直保持在弹性变形范围之内。

（4）电的方面。精心设计了母线系统，以最大限度地节省铝母线导体，并且使电解槽的槽中心距缩短（单槽试验为 6.2m，F 系列为 6m）。F 系列单槽的母线质量（包括阳极横梁）为 21.3t，只比 130kA 电解槽的母线重了 3.5t，母线电流密度略高。

（5）氧化铝加料系统。AP-18 设计的点式中心下料系统，可靠性与精确度均很高（误差达到了设计要求的5%以内）。计算机控制的下料器实现了所有的预期目的，即使在使用溶解性不好、粒度不均匀的氧化铝的情况下，也能达到较好的效果。

（6）烟气的治理。为了保护环境，把电解槽配置在一个具有强制通风的可控制的厂房中，以精确测定一次排烟量及槽罩的集气效率。槽罩由高强度铝合金冲压而成，便于人工操作。干法净化烟气处理系统于1977年开始建设，一年以后投产。

（7）试验槽运行初期出现了不稳定。AP-18试验槽于1976年1~2月投产，最初开槽后即发现电解槽异常，是由于为了改善电流平衡而采取了等电位连接造成的，在不稳定期间会产生显著的共振。为此，重新建立了求解问题的数学模型进行了适当的修正。

经过几年运行试验，电流效率稳定在90%，吨铝直流电耗为13900kW·h。而这些结果是在以往的试验和采用高电流密度的基础上获得的。由于良好的磁场设计，比双端进电的电解槽显著改善，铝液高度可稳定保持在22~23cm。

尽管对磁流体动力学的理解已加深，但Pechiney认为磁场分布仍有进一步改进的空间。1977年在系列槽上完成的母线系统改进取得了更好的效果，电解槽变得非常稳定，槽电压由4.18V降低到4.08V，电流效率还增加了0.5%以上。

（8）样板槽和停电及降负荷试验。1978年1月，Pechiney决定再改进一台电解槽的上部结构与立母线，为将来的工业电解槽系列提出最终设计方案。由于需要停槽，借此机会进行了摸索降低负荷条件的试验，电解槽停止运转6h，而后再顺利启动。其后，降低负荷20%，试运转7.5h，对电解槽工况影响不大，而后完成了停槽。经上述改进后，槽内衬状态良好，试验槽不需更换内衬顺利二次启动。

（9）工艺试验。尽管获得了良好的结果（电耗接近13000kW·h/t），但在1978年5月仍开始对正常电解质成分进行了改进，试探采用更有发展前途的低摩尔比电解质，而这需要溶解性更好的氧化铝。电解质组成逐渐调整到过剩氟化铝在12%~13%，氟化钙含量为5%~6%。试验初期，在调整电解槽热平衡与解决炭素阳极的问题上遇到了困难，直到同年9月末才出现重大的转折。此后，电流效率稳定在93.5%左右，吨铝电耗约为13400kW·h。

1979年下半年，在一台电解槽上加进了辅助整流回路，开始研究进一步提升电流。根据不同槽壳结构形成的通风条件，首先进行散热改进并略微加大阳极尺寸（后推广到全部4台槽），证明是有效的。电流增加5000~6000A，电流效率提高到94%以上。

向1号槽加锂盐进行试验未获得预期的效果，因而停止。进而开始重点研究热平衡，减少经过上部的热损失，在1980年电流效率超过96%，电耗约

13000kW·h/t。1980 年试验槽平均指标达到最佳，电流 181879A，电流效率 95.05%，直流电耗 13196kW·h/t。

经过 5 年的运行，电解槽没有任何损坏，即使在停槽后又重新起动的 4 号槽上阴极的情况依然很好，也未发现铝中含铁或阴极棒的电流分布有异常情况。Pechiney 据此认为，AP-18 的阴极预期寿命平均可达 6~7 年。至此，4 台试验槽完成了它的历史使命。

Saint Jean de Maurlenne 进行的 AP-18 试验堪称现代铝电解技术开发的经典，系统地进行了现代铝电解技术的研究和试验探索，尽管还不是十分完善，但具备了足够的代表性。

B　F 系列

F 系列在 AP 技术发展过程中地位十分重要。在 1977 年中期，根据单槽试验得到的结果，Pechiney 决定建设采用 180kA 电解槽系列——F 系列，作为更新 Saint Jean de Maurlenne 铝厂电解槽的第一阶段。

（1）F 系列的配置。共安装 60 台电解槽，分设在两个厂房内。电解槽采用横向配置，槽中心距为 6m，烟气处理中心位于两栋厂房之间。电解厂房采用特殊设计，可使电解槽得到适当的冷却，获得精确的热平衡与良好的通风，从而保证良好的车间工作条件。两台电解槽之间的空气温度不超过室外温度 10℃ 以上。

每栋厂房安装了 1 台 ECL 多功能天车，用于完成所有操作，操作机组配置为：1 个容量 28t 的氧化铝料箱，4 个可移动向电解槽上料斗加料的加料管，1 套阳极更换机构和伸缩式打壳机，1 个 2.5t 装电解质块的料斗及用于新阳极覆盖的伸缩式加料管；1 个定向出铝副钩，配 1 台秤。天车既可由地面操纵（悬吊控制箱），也可由操作室操纵。

（2）F 系列排烟控制系统。电解槽烟气支管的排烟量为 2.3m³/s，即使在电解槽维护操作期间，也可确保烟气集气良好。屋顶散发烟气的测量是在 1980 年 8 月由 LRF 中心完成的，结果表明，和 LRF 中心预测的相一致：净化效率超过 98%，Pechiney 工业烟气处理系统的净化效率为 99.5%。

（3）生产过程控制采用的电子计算机系统是为 F 系列专门设计的，用以严格监视生产过程，并对电解槽系列的运转发出重要指令。为了达到更合理而可行的过程控制，系统设有：每台槽有 1 个微处理机，它监视调整阳极与加氧化铝（并储存电解槽数据）；系列设置 1 台"中心"微处理机，与电解槽的微处理机交换信息；1 台管理计算机，它是系统的中心存储装置。从电解槽微处理机传来的所有数据，均经过主机进行复算，然后送入 1 台电传打字机，记录所发生的事项；4 台跟踪记录器，可检测任何 1 台电解槽的电阻或电压。管理机通过二级电传打字机记录所有换班日期与周次（整理）；VDU 监控可以目视所有各种瞬时信息及需要调整的参数。

（4）F 系列的操作。虽然是新系列，初期工作分为三个主要阶段安排：启动期、低 AE 操作与高 AlF 含量操作下的良好配合。启动速度非常缓慢，从第一台启动到最后一台槽启动完成用了 4 个月时间。

电解质成分选用 7%~8% 过剩 AlF_3 与 5% 的 CaF_2。技术上的进步，降低了劳动强度，改善了环境。从 1980 年 8 月开始由于采取技术措施又使系列电流效率达到 92.5%，电耗达到 13300kW·h/t。在这一阶段，对如何管理电解槽及参数控制（加料速度，目标电阻等）进一步加深了认识。

之后进行研究把过剩 AlF_3 缓慢地提高到 13%~14%，这是一项更有意义的工作。与此同时，略微增加阳极断面，改善了电解槽的热平衡。经过几次调整达到了很好的热平衡，1981 年 6 月取得明显效果。到 1981 年 8 月下旬，电流效率达到 94.2%，电耗为 13200kW·h/t。

AP-18 的成功开发以及 F 系列的建设，是 Pechiney 铝电解技术发展的重要一步，与同时期的 P-225，A-697 具有同样重要的标志性意义。从 1975 年着手开发到 2000 年为止，AP-18 在全球已经建设运行的槽数达到 3412 台。

3.2.2.2 AP-21 电解槽——AP-18 的新版本

1997 年 Pechiney 在 Sain Jean de Maurlenne 工厂开发的 4 台 AP-21 试验槽投入运行，这种槽型在 AP-18 的基础上加大阳极尺寸、改变内衬保温结构，并加强侧部散热等，试验取得了成功。

A AP-21 的主要改进

AP-21 的主要改进有以下几个方面：

（1）阳极加长。由于加宽阳极必须重新设计阳极大梁，为了在不停槽的情况下完成改造，只能选择加长阳极。由于整个改造工程要等到下一个大修周期才能完成，因此改造期间，两种不同的阳极在同时使用。阳极的长度约增加了 11%（姚世焕推算从 1450mm 增加到了 1600mm），因此可在保持原有热平衡不变的情况下，增加 7kA 电流；进一步的措施是将阳极钢爪尺寸增加了 33%，通过增加上部散热，预计可增加电流 7kA。

（2）内衬结构及槽壳散热改进。第一批 4 台槽选择导热与导电较好的石墨化阴极炭块，接着采用了更好的 100% 石墨骨料的石墨型炭块。改进了电解槽的内衬结构和侧部槽壳的散热，既可生成良好的炉帮又可以增加散热，通过这一改进力图增加电流 19kA。

（3）试验运行。4 台试验槽建立在 F 系列电解厂房的中间，最终电流增加了 35kA。1997 年 9 月投入运行，采用 Pechiney 标准的电阻预热法焙烧，焙烧周期 48h，初期通入电流 209kA，使用分流器进行调整，保证了升温速度平稳，32h 后灌入铝水。由于加长了阳极，电解质容积减小，敏感性较强，因此调整了电解质水平；由于阳极尺寸与电流的增加不成比例，因此换极周期缩短了，计算机系统的氧化铝加料部分的参数也不适应，所取得的技术指标见表3-8。

表3-8　AP-21技术指标

项　目	AP-21	AP-18	F系列[①]
电流强度/kA	211.6	177.3	177.7
电流效率/%	95.3	94.9	94.8
槽电压/V	4.278	4.132	4.127
电能消耗/kW·h·t^{-1}	13710	13246	13246
槽电阻/μΩ	12.46	14.00	13.94
不稳定性/nΩ	124	149	150
阳极效应系数/次·(槽·日)$^{-1}$	0.22	0.06	0.12
跟踪时间/min	11	15	19
阴极电阻/μΩ	1.29	1.71	1.74
铁含量/%	0.1215	1246	1077
硅含量/%	0.0165	193	170

①F系列为3个月的指标（受到罢工影响停产）与AP-21和AP-18 5个月的指标对比。

B　在AP-21的试验中总结的经验

通过AP-21的试验，Pechiney总结了几个有趣的规律：

（1）AP-21的槽电阻整体走势是下降的，这是通过工艺参数设置的调整和改进管理经验取得的，包括氧化铝加料和热制度（氟化铝含量和电解温度即过热度的调整）的调整，如图3-11所示。

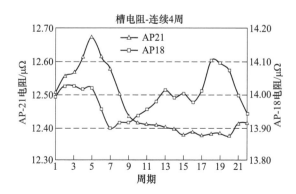

图3-11　AP-21电阻变化趋势（调整摩尔比和过热度）

（2）尽管 AP-21 阳极效应多一些，但主要原因是停槽和启动造成的，认为逐步调整后达到 0.1 以下是不成问题的。

（3）与 AP-18 相比，AP-21 的电流增加了约 20%，但稳定性优于 AP-18，如图 3-12 所示。

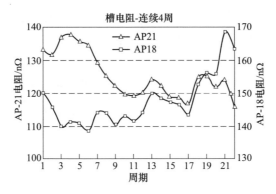

图 3-12　AP-21 与 AP-18 稳定性曲线对比

（4）测量结果表明炉帮形状是良好的，预测槽寿命会高于 AP-18 槽 95 个月的记录。

Pechiney 从 AP-18 到 AP-21 的试验过程，是一次成功的探索。尽管能耗是增加的，但可以看出，其开发目的和出发点并不是单纯地降低单位能耗，而是在尽可能低投资的前提下，增加产量和总的经济效益，尤其是这种技术提升的路径对已有的生产线改造是最有效的，而且也得到了很多技术成果。再往后的 AP-30 发展也是如此，形成了 Pechiney 技术发展路线的显著特点。

3.2.2.3　AP-30 电解槽

1981 年，随着 280kA 电解槽的进一步发展，Pechiney 电解槽进入 AP-30 时代[8]，如图 3-13 所示。1986 年，Saint Jean de Maurienne 工厂 G 示范系列的 120

图 3-13　LRF 试验厂房内的 4 台 280kA 试验电解槽

台 AP-30 槽开始工业化生产，这一技术代表了铝电解技术的一次飞跃。

A 280kA 电解槽的开发

280kA 槽型实际上就是 AP-30 的前身，1979 年 Pechiney 决定研究新一代容量更大的点式加料电解槽。与 AP-18 一样，同样采用两个阶段研究试验，接着实施第三阶段实现系列工业规模的生产。第一阶段，在 LRF 设计建设 4 台试验槽，完成工业化中间试验电解槽的技术设计；第二阶段，在 LRF 进行试验和中间工业改进试验；第三阶段，在 Saint Jean de Maurlenne 厂建设和运行 120 台电解槽的工业生产系列。其主要目的为：提高电解槽的生产能力和自动化程度，将工业电解槽电耗降低到 13000kA/t 以下，建设比 180kA 型电解槽规模还要大的工业生产系列，因而提出了 280kA 电解槽的设想方案。

新一代电解槽的初步设计是以应用数学模型为基础的，使设计越来越精确，电解槽在热、电及磁流体方面更加稳定。Pechiney 技术人员认为设计好的 280kA 试验槽是有把握的，因为其数学模型在 AP-18 电解槽上得到了验证，完全可以用于 280kA 电解槽，并且在 LRF 工业规模试验时得到了一些修正。

B 磁和磁流体动力学模型

磁场计算考虑到周围铁磁物质影响而进行了修正，以获得铝液的最大稳定度。采用磁流体动力学模型的目的在于将水平电流对铝液的干扰减小到最小值，在换阳极时和即使阴极变冷时也能保证电解槽稳定。为了抵消邻排电解槽的不利影响，母线的配置不是完全对称的。

C 热电模型

为了降低电能消耗，决定建造 1 台电解槽，其电流密度低于 180kA 电解槽，而内衬保温稍为增加一些，使之与 0.74A/cm² 的电流密度相适应。通过模拟促使槽帮自然形成并使每种材料的等温线处于最佳位置，对延长电解槽寿命和保持电解槽的热稳定是十分重要的。一台槽用普通的绝缘材料，而另一台槽用隔热性能更好的隔热板。

D 第一阶段的试验槽

第一阶段的任务要求：一是内衬设计的选择，二是研究阳极装置单独动作的合理性。1981 年 Pechiney 就曾研究过在 180kA 电解槽的特殊厂房内建造 4 台试验槽，用一个独立的整流供电和烟气净化系统。为了能连续监测烟气的排放，需控制密闭建筑物排出的气流。氧化铝采用了一种很可靠的压差流态化水平输送系统（超浓相输送）输送到电解槽上，用计算机控制的打壳加料装置加料。

E 阳极装置的单独动作

为了提高生产能力，每次更换一组（两块）阳极。第一台试验槽可以用主梁上的 20 个调整起重装置单独地调整每组阳极的高度，而用主梁使阳极系统做总的移动，进行常规的调整（见图 3-14）。

同时运行了 2 台可以单独调整阳极的电解槽和 2 台只做总体调整的槽。单独调整的优点是可以自动化控制程序取代人工调整不平衡阳极，其缺点是上部结构的投资增加。刚开始人工校正阳极的次数相当大，达到每槽每日 0.7 次；采用阳极更换程序和改进工艺自动控制后，很快降低到 0.3 次，再降到 0.1

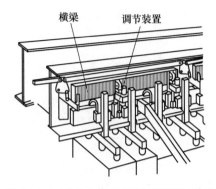

图 3-14　可单独和做常规调整的阳极装置

次。实验证明，经过这种改进可取消阳极单独调整的功能。4 号槽 1983 年 3 月改建，去掉了阳极单独调整装置，大幅度地降低了阳极上部结构的投资，并简化了工艺过程自动控制。

F　内衬设计的选择

对两种内衬设计进行了比较，取得了令人满意的热平衡结果。内衬选择考虑了电解槽内材料在生产过程中性能的变化（老化或被腐蚀）。1983 年两种试验槽停槽。1983 年 4 月和 11 月分别对 4 号槽和 3 号槽采用干刨方式刨炉，炭内衬状态很好，其中 1 台用高性能隔热板的内衬有损坏的痕迹，还有数处受侵蚀，在这以后决定用普通耐火砖和保温砖代替。普通材料在 F 系列 60 台 180kA 电解槽上使用结果证明很好，仅有 1 台槽运行 6 年后由于铝中含铁（破损）而停槽。

G　第二阶段的试验槽

从 1983 年开始进入第二个阶段，目的是尽快进行工业化试验，以完善自动化过程、试验不同电解质的成分和确定在工业电解槽上试验的工作进度表。

H　氧化铝加料的控制

所用的控制方法已在 180kA 电解槽成功地应用，达到 94%～95% 的电流效率，经过改进用于 280kA 试验槽，电流效率从 1984 年开始均达到 95% 以上。氧化铝加料的控制模型是以电解槽电阻变化为基础，电阻的变化与电解质中氧化铝的含量有关。图 3-15 所示是两种不同生产条件下的采样结果，其氧化铝含量目标值分别为 2% 和 3%。

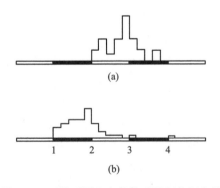

图 3-15　两种不同生产条件下的氧化铝含量
（a）目标值 3%；（b）目标值 2%

I　锂盐电解质试验

在 1984 年这一阶段，对电解质中添加锂盐对技术指标的影响做了探讨。改变其电解质成分用了 9 个月，试验了 3 种不同的成分，改变氟化锂和氟化铝两者的比例。排除其他因素影响，结果表明，加锂盐的电解槽技术指标反而下降了，这与在其他类型电解槽上试验的结果是相矛盾的。

到 1984 年底，电解槽取得了满意的运行效果：电流效率超过 95%，电耗低于 12900kW·h/t。

J　G 系列

1983 年底根据初步实验结果决定在 Saint Jean de Maurlenne 厂建设 120 台 280kA 电解槽。这是自 1978 年建设 F 系列开始的现代化计划的一部分，计划还包括停掉老系列扩建铸造车间和阳极工厂。

G 系列是 F 系列 60 台电解槽后的延伸，两排槽中心线距离为 54m，而槽间距为 6m，使得系列配置很紧凑。共安装 120 台电解槽，年产能 9.4 万吨，采用 ECL 多功能天车，只需要 8 名电解工操作，原计划 1985 年 9 月投产，由于市场形势推迟到了 1986 年（见图 3-16）。

图 3-16　G 系列 120 台电解槽

1991 年，Pechiney 又在法国的敦刻尔克铝厂采用该槽型建设了一个 264 台的电解系列，启动电流为 293kA，据报道，后期电流已超过 350kA。之后命名为 AP-30。

AP-30 就是在这种不断地强化和技术改进的过程中形成的，后来工业运行的电流逐步达到了 325kA。由于这种槽型的优越表现，使之成为世界上现代铝电解技术的杰出代表。到 2011 年，全球共有 14 条生产线约 3858 台 AP-30 电解槽在运营。

3.2.2.4　Pechiney 公司 AP 技术发展的顶峰

AP-30 的开发成功，使 AP 技术取得了国际上的领先地位，在全球范围内得到大规模推广，并不断提高和完善。

A AP-35 到 AP-40——一种性能最为优越的槽型的开发

Pechiney 从 1996 年起用了 5 年的时间,在 AP-30 的基础上,电流逐渐升高,试验和改进成功了 AP-35 槽型。AP-35 的开发过程类似于其姊妹槽 AP-21。跟 AP-21 的开发一样,这种槽型开发的目的,主要是为了最大限度地提高单槽铝产能,充分考虑到在不停产的情况下改造,将现有的 AP-30 槽电流由 325kA 提升到 350kA。

在热设计、磁流体模拟、槽壳力学性能评价和母线电流负荷以及上部结构强度影响的评价方面,同样,AP-35 采用 Pechiney 已经成熟的模拟工具和经验进行分析评价。结合了 AP-21 甚至 AP-50 的经验,先是 1996 年在 G 系列将 6 台槽更换为 AP-35,1998 年又改造了相邻的两台。最初电流 330kA,在完成阳极优化、槽壳通风和控制系统改进后,到 1999 年底才逐渐上升到 350kA。

跟以往一样,电解槽加大了阳极尺寸、改进了内衬结构(包括采用高热导率的石墨化炭块)和侧部散热,槽壳外壁使用了散热筋板、摇篮架与槽壳的接触也进行了改进(焊接在一起),4 台槽采用了 Pechiney 最先进的 ALPSYS 控制系统。采用 Pechiney 标准的电阻预热法焙烧启动,采用分流器,48h 焙烧,焙烧 32h 灌入铝水,启动一个半月后达到正常。与 5 台 AP-30 对比槽半年的运行技术指标对比见表 3-9。

表 3-9 Pechiney AP-35 与 AP-30 运行指标相比

项 目	AP-35	AP-30
电流强度/kA	349.5	300.9
电流效率/%	94.8	93.3
槽电压/V	4.261	4.151
直流电耗/kW·h·t^{-1}	13645	13475
槽电阻/μΩ	7.47	8.31
不稳定性/nΩ	47	61
电解质温度/℃	955	953
AlF$_3$ 过剩量/min	12.2	11.9
阴极电阻/μΩ	0.87	1.04
阳极效应系数/次·(槽·日)$^{-1}$	0.24	0.22

AP-35 电解槽稳定性明显改善,与试验中采用了开槽阳极有关。电流效率提高了 1.5%,但电压也升高了 110mV,直流电耗增加了 170kW·h/t。尽管如此,由于采用这种电解槽可以增加 9% 的产能,而投资增加 1.5%,这也符合 Pechiney 的初衷,18 个月的运行足以证明这一技术的可靠性。

AP-30 建立在三十多年的深入研究和持续不断的技术突破和增强的基础上。连续研发使电流进一步增加,生产线的效率和生产率不断提高,并逐步发展成为

AP-40，先进的 AP-30/AP-40 技术特征包括：（1）设计电流超过 400kA 以上，并使用最新的 ALPSYS 过程控制系统；（2）电解槽系列的技术包括点式进料系统和超浓相系统（HDPS），氟化铝自动进料；（3）电解槽整体技术经历了大规模工业化应用的考验。

　　2011 年，超过 600 万吨的年生产能力配备了 Pechiney 创新的 AP 电解槽技术，见表 3-10 和图 3-17。从 AP-18 到 AP-30（包括 AP-40）运行电流在 180~400kA 范围内工作。

表 3-10　采用 AP-30 槽技术的生产线和技术指标

AP 技术应用	全部 AP-30	平均结构		生产力最高 AP-30		能效最高 AP-30		Kitimat 基础数据（AP-40）
运行时间	1988~2012 年	2011 年	2012 年 11 个月	2011 年	2012 年 11 个月	2011 年	2012 年 11 个月	
生产线数/条	17	17	17	1	1	1	1	1
电解槽数/台	4554	4554	4554	360	336	330	330	384
总产能/kt·a^{-1}	52187	4453	3737	373	315	308	285	420
电流/kA	340	358	362	375	372	368	376	405
电流效率/%	94.3	94.0	93.1	94.2	93.6	92.0	90.5	
电耗/kW·h·t^{-1}	13336	13385	13463	13798	13334	12683	12839	13150
阳极效应/次·(槽·日)$^{-1}$	0.20	0.22	0.24	0.14	0.12	0.18	0.18	
金属含铁/%	0.0913	0.0898	0.1001	0.0882	0.0865	0.0762	0.0759	

图 3-17　典型 AP-30 工业生产线

　　4554 台 AP-30/AP-40 电解槽在全球产铝量约 450 万吨/年，占全球总产量的 10%。其技术先进性体现在：电能消耗低于 12500kW·h/t；阳极效应低于 0.03

次/(槽·日); 生产线设备生产率高, 每条生产线的电解槽数增加到超过 400 台, 操作设备减少; 从研发到工程再到操作管理, 在所有阶段都有经验丰富的支持团队。Pechiney 电解铝技术一体化的特点与我国现行的研发、设计和生产企业各自独立, 专业化、市场化协作发展的技术体系有明显的区别。

在阿劳特 (Alouette) 开发的 AP-40LE 和 Saint Jean de Maurienne 工厂开发 AP-4X LE 能耗达到最低 (低于 12500kW·h/t)。

B AP-40 和 AP-50 电解槽的发展

AP-40 和 AP-50 被命名为 "CNG", 或新一代的电解槽[9]。因为 400kA 的电流强度下电解槽将达到几个临界阈值, 无论是磁场还是上部结构大梁的弯曲变形; 不显著增加电解槽中心距离是不行的, 磁场平衡将会更加困难, Pechiney 认为显然有必要从零开始。新的母线导体设计基于两个概念, 即分离母线系统的两个功能, 使电流传输尽可能简单和直接, 磁场平衡由独立的母线导体 (外补偿母线) 提供, 因而补偿母线变成简单的输电回路。为克服上部结构弯曲变形, 大梁设计增加了两个中间支撑。

1988 年和 1989 年主要用于研究、建造和调试 CNG 电解槽, AP-40 试验电解槽在 1988 年底启动, 第一台槽 CNG 1 于 1989 年启动, 第二台和第三台分别于 1992 年和 1993 年启动。

早期的操作非常困难, 尽管电流强度相对较低, 为 380/400kA, 但槽壳变得炽热, 阴极上有洞, 还有许多操作不一致。从 1992 年年中开始, 3 台电解槽的运行相对稳定, 取得了很好的效果: 电流强度在 400~408kA 之间, 电流效率为 95.3%~95.8%, 耗电量为 13050~13200kW·h/t。至此 AP-40 槽型已经成型, 当时由于 Pechiney 没有建设新厂的计划, 因此没有在工业上应用, 直到 2008 年在 Sohar 成功建设 AP-40 系列 (360 台槽)。

在接下来第二阶段的几年里, 在导电母线、内衬和工艺控制方面做了一些改进, 包括引入了温度、电解质高度和金属液高度控制相结合的 ALPSYS 系统。最终在 2000 年电流达到最高 500kA, 实现了这一目标。这也是 Pechiney 从 AP-18 到最先进技术 AP-50 的诞生之路 (见图 3-18)。不久之后, Pechiney 消失了, 被

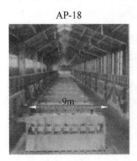
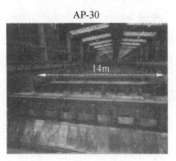
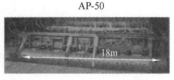

图 3-18 从 AP-18 到 AP-50 的演变进程[9]

竞争对手加拿大铝业（Alcan）收购。

　　C　AP-50 和 AP-60 电解槽——AP 技术的巅峰

　　近年来最具突破的电解技术是 Pechiney 在 Saint Jean de Maurienne 实验室研究和开发的 AP-50（500kA）和 AP-60（600kA）预焙槽。其操作电流高出 AP-30 电解槽 200~300kA。力拓（Rio Tinto）将投资 7.58 亿美元用于旗下加拿大魁北克省萨格奈 AP-60 工厂的第一期建设。该工厂的一期建设结束并投入使用后，Jonquiere Arvida 研发中心开始推出 AP-60 技术的商业化发展活动。

　　按照其技术开发的既有惯例，Pechiney 在 3 台试验槽上，从多方面进行了长达 10 年的漫长试验（见图 3-19）。借助于先进的计算机模型使设计的电解槽具有稳定的磁场和最佳的厂房通风条件与温度，这种电解槽在增加槽壳通风和改进阳极组件的条件下经过逐步提高电流，在电流效率为 95% 的情况下逐步达到500kA。AP-50 电解槽过程控制技术有如下的特点：为了提高电解槽的热稳定性，控制系统中首次集成了自动测量电解质温度和电解质水平的内容，改进的氧化铝下料工艺制度可以做到几乎不发生阳极效应，从而保证了电解槽产生的二氧化碳当量值基本接近阳极消耗产生的 CO_2 值。

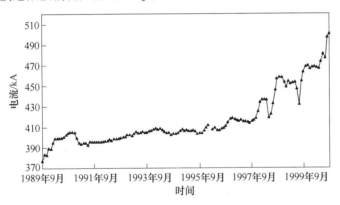

图 3-19　AP-50 电解槽历时 10 年电流缓慢上升

　　采用 AP-50 电解槽技术，按照单系列电解槽数量 336 计算，产能可达460kt/a。与两个 AP-30 系列相比，劳动生产率提高 35%，投资降低 15%，具有明显的优越性。

　　a　电解槽设计

　　依赖于越来越复杂的数学模型和不断改进的计算机模拟技术，形成一种新电解槽的概念设计：（1）利用磁和磁流体动力学模型来计算磁场以获得最佳的铝液表面的稳定性，并使水平电流分布的影响达到最小；（2）用热电模型评价电解质侧部结壳的形状（或伸腿），并使内衬等温线位置达到最优；（3）利用电路模型评价全部母线的电流平衡；（4）用机械力学计算模型计算上部结构和槽壳的强度。

AP-50 得益于 AP-18 和 AP-30 的设计开发经验，以及同时进行设计的 AP-21 和 AP-35 的经验，研究小组具备通过试验校正各种不同容量电解槽的模拟结果的能力，试验结果说明设计工作十分全面，它集成了 Pechiney 过去铝电解技术的全部技术诀窍。但 AP-50 绝不是 AP-30 的超大型翻版，因为新电解槽的设计包括了许多重要的新发明（专利）。

  b 母线设计的创新

众所周知，电解质-铝液界面的变形和熔体的流动速度取决于磁场的垂直分量及其对称性，以及磁场的水平分量。对于大电流的电解槽而言，增强的磁场使金属镜面变形的敏感性变得更强了。为此，在母线系统设计中必须平衡一部分磁场。按传统的设计，一台电解槽上游侧的电流大部分是从电解槽端头直接绕到下一台电解槽的，因此增加了母线系统的长度。

当电流增大到一定程度时，母线截面加大必然导致投资增加。不仅母线的形状复杂，也会使母线规格过多，导致相邻电解槽之间的距离加大，电解厂房的长度也明显加长了。本书作者在 500kA 级的电解槽设计中发现这一点确实比较明显。

Pechiney 为 AP-50 设计的新母线系统（作者分析应该是使用了外补偿，简化了槽周围母线设计）可以获得满意的磁场，如图 3-20 所示；垂直磁场分量较理想，铝液界面稳定。AP-50 母线设计有如下特点：（1）铝母线质量减少 25%；（2）槽与槽之间的距离缩短 350mm；（3）母线规格简化，虽然安装要求高一些，但降低了投资；（4）对相邻一排电解槽的磁补偿变得比较容易。

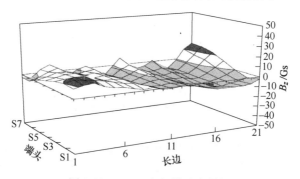

图 3-20 AP-50 电解槽垂直磁场

  c 新上部结构的设计

研究小组在开发 AP-50 电解槽时，遇到一个难题是如何解决 18m 长的上部结构力学性能问题，电解槽的上部结构必须有足够的刚度，以便保证：能支撑整个上部结构的重量；在升降阳极时要克服覆盖阳极的电解质的凝固力；要保证极距沿电解槽长度方向是一致的。

AP-50 运用了上部结构设计的新概念。新设计的阳极卡具在更换阳极时仍能保留在阳极大梁上，这样可以避免操作危险。因此尽管 AP-50 阳极比 AP-30 重了约 50%，新卡具也能保证阳极导杆与阳极母线良好的电气接触，避免阳极导杆（整个阳极）在大梁上出现滑动。

d 优化的内衬结构+槽壳设计

同样 AP-50 通过试验最终在工业阶段使用了石墨化阴极，使用了增加侧部通风散热（有组织的散热通风装置）的槽壳，精确控制侧部散热量，从而保证有一个稳定和适宜的炉帮形状。在几种不同侧壁材料中，选择能满足热导率要求的材料，在保证侧部热平衡时，又能与槽壳的通风能力相匹配。这种设计的另一个优点是降低了槽壳温度（80~100℃），从而消除了槽壳的过热倾向。

e 优化阳极组件

增加阳极表面积，受到阳极中缝和加工面的限制，即对应于阴极面积的最大阳极工作面积，最大限度利用槽面积提高电流的有效措施。另一个是阳极钢爪的尺寸，因为它影响着电解槽顶部的散热。

f 电解槽过程控制

在初期 AP-50 电解槽像 AP-18 和 AP-30 一样，大多数都采用 AP 著名的斜率计算的加料控制系统，AP-50 的开发为 Pechiney 控制系统（ALPSYS）的改进提供了机会。然而，由于电解槽中有效的电解质体积变少了，只能在执行"饥饿"操作的工艺制度下保持氧化铝的溶解。这样，控制阳极效应就变得越来越困难了。Pechiney 获得专利的新控制技术是为了取得高电流效率开发的"饥饿"操作工艺，取得了阳极效应系数低于 0.05 次/（槽·日）的效果，其控制算法称为"抛物线斜率计算法"。这是一种预知阳极效应更精确的方法，并能在阳极效应前及时启动"过加料"程序，避免阳极效应。

在这个阶段，为了提高电解槽操作的稳定性，采用的另一种控制手段是减少电解质温度和过热度的误差。设计了一种新的"半连续和自动测量装置"（简称 CMD），1996 年安装在 AP-50 试验槽上。它可以及时获得电解质水平和电解质温度，同时将测量结果集成到计算机控制系统，即输入到槽控制箱和全系列的监控机中[10]。

为了消除由于正常操作（例如出铝、换阳极）引起的时间误差，电解质平均温度的计算原则是按照最近四个班的平均温度计算的。同时，为了消除由于调整阳极位置与 CMD 测量孔之间的关系而造成的偏差，系统对平均温度再进行一次校正。这个校正过的平均温度值才能用到"调整算法"中，此算法软件计算出一个修正过的外加设定电阻值（正或负）以保证电解槽在设定点的温度下工作。

AP-50 试验槽开发了一套更为灵敏的调整电解质的程序，安装了粉碎电解质的下料装置（CBFD），CMD 每 8h 测量一次电解质水平。改进后的新电解质添加计算程序,将每32h的操作周期改为8h(一个班)添加一次。电解质调整进度表要求电解质水平要有一定的高度。因此,开发了另一种程序确定金属水平,在计算电解质水平与金属水平之差后,计算出电解质高度。

3.2.2.5　AP系列电解槽技术开发的成功经验

A　AP-50试验槽的技术指标

AP-50试验槽能够在500kA条件下稳定运行,3台试验槽在工业化条件下积累了十年的运行经验,而且也获得了许多由于改进设计而不断停槽和启动的实践经验,包括降低电流和停电的经验,有时甚至停电高达3h。在LRF的电解厂房内(如AP-50)还承担了许多需要升级改造项目的任务。图3-21显示了AP-50的电流效率变化。

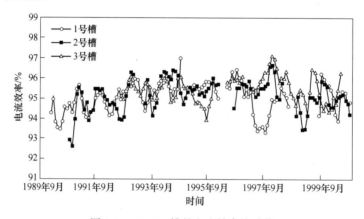

图 3-21　AP-50 槽的电流效率统计值

由于MHD设计的精确性,这种电解槽具有很低的不稳定性(典型值约为$20n\Omega$);另一个引人注意的问题是阳极效应次数。图3-22为1999年两台试验槽

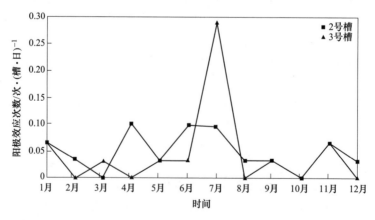

图 3-22　AP-50 试验槽(2 号和 3 号槽)的 1999 年月平均阳极效应次数

月平均的阳极效应系数，年平均值分别达到 0.05 次/（槽·日）（2 号槽）和
0.04 次/（槽·日）（3 号槽）；也就是 AP-50 电解槽吨铝排出的当量二氧化
碳（CO_2）小于 1.6t，即仅比阳极消耗排出的 CO_2 高出 0.1t。

尽管还没有足够的统计数据，但是现有的资料已经可以用于评定其技术趋
势。图 3-23 是 AP-50 试验槽的侧部结壳形状，电解槽阴极断面没有发现隆起现
象，从记录的电解质与铝液界面炉帮厚度来看，侧部内衬得到了良好保护，可以
预测能够获得满意的槽寿命。

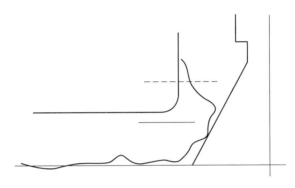

图 3-23　AP-50 试验槽的侧部结壳形状

把首批 AP-50 电解槽各项指标与其他采用 Pechiney 电解技术的铝厂的指标相
比较，其成果是令人鼓舞的。图 3-24 所示为采用相同质量阴极炭块的对比情况，
AP-50 已经达到工业化的要求，而且解决了高阴极电流密度与槽寿命的问题。

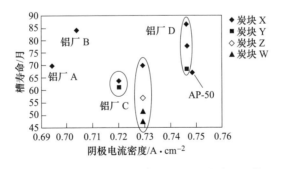

图 3-24　AP-50 槽寿命与其他铝厂槽寿命的比较

按照 1500V 的整流电压，采用 AP-50 技术单个系列安装槽数可达 336 台，单
系列年生产能力约为 46 万吨。AP-50 电解槽技术是在 Pechiney 在全世界超过
5900 台电解槽生产经验基础上开发的，无论电解槽设计还是过程控制技术方面
都有显著的提高，显示了 AP-50 技术的优越性。

B AP-60 槽型

2010 年 LRF 归属力拓（RTA）所有，开始开发其突破性的 APXe 技术，并在 2010 年 12 月启动了 AP-60 冶炼厂的建设，力拓批准了世界上第一次大规模部署 AP-60 电解槽的计划，作为其位于加拿大魁北克 Jonquiere 冶炼厂现代化的一部分。电解槽的数量（38 台）是工业验证 AP-60 技术所必需的数量。然而，由于受到建设场地的限制，在计划建设的第二阶段试验即系列示范线将由 272 台电解槽组成。

AP-60 的开发模式复制了开发 AP-18 和 AP-30 建立电解槽原型的成功模式，并在 LRF 多年的研究和 AP-60 Jonquirere 冶炼厂（38 台槽，60kt/a）基础上开发了 AP-60 电解槽，代表 AP-60 开发的工业验证阶段。

第一个 AP-60 工业冶炼厂项目的主要时间节点是：2011 ~ 2012 年建造 Jonquiere AP-60 冶炼厂，2013 年 Jonquiere AP-60 冶炼厂 38 台电解槽的调试和启动，2014 年 Jonquiere AP-60 冶炼厂的早期运行和电解槽操作调整。

AP-60 技术的性能测试于 2014 年 8 月起在 30 天内完成，并取得了良好的结果，见表 3-11。在这次试验中，进行了强化工艺和生产跟踪，以评估全部技术潜力。性能测试的结果实际上比预期的要好得多。

表 3-11 AP-60 性能测试结果

项　目	测试结果
单槽产铝量/kg · d^{-1}	4407
电流/kA	570. 7
电流效率/%	95. 9
吨铝直流电耗 SEC[①]/kW · h · t^{-1}	13090
阳极效应系数/次 · （槽·日）$^{-1}$	0. 02

①工业运行计算数据。

除电解槽性能外，在氟化物排放和阳极效应方面 AP-60 也显示出优异的环境性能。氟化物排放 0.21kg/t，与以前的电解槽相比，上部结构内电解槽烟气收集系统的创新设计改进了气密性，使电解槽具有非常稳定的操作行为和很高的工作质量。

在阳极效应频率方面，随着工艺和操作的全面适应，经过不断调整改进，经性能测试表明，阳极效应系数降低到 0. 02 次/（槽·日）。为了进行 570kA 电流强度的工艺验证，配备有额外机组的一些电解槽实际运行超过 570kA。

这些按 AP-60 目标设计的电解槽在几个月内将电流提高到 600kA，以开发形成工业条件下的新技术，验证并形成铝工业的新基准，这也是命名为 AP-60 的缘由，从而使 Jonquiere AP-60 冶炼厂（见图 3-25）作为 RTA 的试验平台，其技术发展名副其实达到电解槽容量 600kA 以上，以及配套新的环保和操作自动化技术。

图 3-25　Jonquiere 铝厂的 AP-60 生产线

C　APXe 槽型的开发

针对行业不断发展的需求，RTA 开发了一种低能耗的电解槽 APXe。该槽采用了与 AP-60 相同的技术平台，能够提供一种高性能的电解槽解决方案。

虽然新的 Jonquiere AP-60 冶炼厂进行工业条件下 AP60 技术的验证，但 LRF 把 APXe 的重点集中在主要关注低能耗电解槽的充分验证。

表 3-12 中，这两种技术（AP-60 和 APXe）使用相同的优化框架结构（母线、槽壳和上部结构）和操作设备，但阳极组件、阴极和内衬、通风和烟气流量各不相同，以适应这两种槽型各自的需要。为了降低电解槽能耗，必须降低槽内电阻，同时大幅度减少槽外散热。为了取得较低的电阻，APXe 电解槽必须能够在低极距（ACD）、较长的阳极和有限的熔池体积下稳定运行。

表 3-12　AP-60 与 APXe 参数对比

性　能	AP-60	APXe
母线配置	通用	通用
槽壳	通用	通用
上部结构	通用	通用
加料装置	通用	通用
阳极组件	高生产率	低能耗型
阴极与内衬	高生产率	低能耗型
槽壳通风	高生产率	低能耗型
气流	高生产率	低能耗型

性　能	AP-60	APXe
ALPSYS TM 槽控系统	通用	通用
设备（多功能机组、车辆、抬包）	通用	通用
建筑	通用	通用

　　从 2011 年初开始，APXe 电解槽的几个版本已经在 LRF 上进行了测试。最初的目标是达到直流电耗 12.3kW·h/kg 的水平。图 3-26 中的数据包括所有外部电压降，特别是过道和回路母线中的电压降，这意味着电解槽本身的能耗（使用电解槽电压计算）必将低于 12.0kW·h/kg。APXe 各项指标见表 3-13。

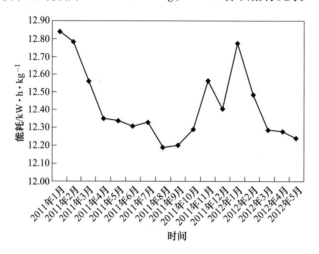

图 3-26　在 LRF 完成的 APXe 试验槽的能耗

表 3-13　APXe 新型电解槽的技术指标

项　目	前三个月平均值	后两个月	
系列电流/kA	507.0	507.4	503.4
电流效率/%	94.4	95.2	94.3
槽电压/V	3.86	3.83	3.79
单槽能耗/kW·h·kg^{-1}	12.200	11.970	11.970
系列能耗/kW·h·kg^{-1}	12.450	12.225	12.225

　　D　AP 系列槽型的成功模式

　　AP-60 和 APXe 是 AP 最新设计的电解槽技术。从 20 世纪 60 年代的 AP-13 开始，接着是 70 年代和 80 年代的 AP-18，以及 80 年代到 2000 年的 AP-30，主要是得益于数值模拟技术的支持，电解槽设计是通过 LRF 自主开发的软件进行优化的。它采用了两种模型，一种是用于电解槽内稳定性计算的磁场模型，另一种是用于母线设计和电解槽热平衡的热电（TE）模型。AP-60 和 APXe 最初是 20世纪 90 年代在 LRF 开发的原型槽，其中在 20 世纪 90 年代初期，电流强度从400kA 上升到 2010 年的 550kA。与其前身 AP-18 和 AP-30 一样，它们都是在 Saint Jean de Maurlenne 的 F 和 G 系列成功工业运行后得到了验证。所以说，AP-18 和 AP-30 真正为 Pechiney AP 系列电解槽技术奠定了核心基础。

随着加拿大新的 Arvida AP-60 冶炼厂成功启动，以及 APXe 能耗达到12.2kW·h/kg 的验证，RTA 展示了其在开发高效电解槽方面的领导作用，以使自己的项目、合作伙伴和客户受益。为了通过技术开发达到高生产率和低能耗的目标，研发与运营团队依靠建模和测量技术来改善热平衡、电和磁流体动力学（MHD）平衡，并不断改进电解槽的设计和性能，以达到新的设计目标。针对高产能的 AP-60 电解槽和低能耗型的 APXe 电解槽的开发，大量使用了几种建模工具。AP-60 将以 600kA 电流运行，能耗约为 13.0kW·h/kg，而 APXe 的电流为 500kA，能耗接近 12kW·h/kg（见图 3-27）[11]。

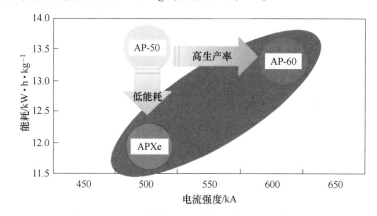

图 3-27 AP 不同铝电解槽技术的运行操作区域

AP-60 已在工业阶段得到验证，Jonquiere 工厂（加拿大）的 38 台电解槽电流为570kA，进一步开发计划达到 600kA 以上。正在运行的 38 台 AP-60 电解槽已经在这一电流水平上建立了新的标杆，不仅生产效率高，而且环境性能优越。

APXe 与 AP-60 共享了许多共同的组件，得益于 AP-60 技术的工业验证。APXe 技术的具体特征也是在 LRF 的测试电解槽上验证的，并按照包括最终建模、详尽风险分析和安全计划实施在内的严格评估方法，最终集成到 APXe 的设计中。

近年来，考虑到工业发展需要，为适应持续、快速地改进电解槽性能具体情况，RTO 开发电解槽的方法已经有了新的发展，特别是为了从 AP-18 或 AP-30开发平台的改造项目获益，在极高的现代计算机建模和计算能力的帮助下，一种基于"技术砖"验证的新方法正开始应用，并且已经获得成功。50 年来 AP 电解槽技术发展如图 3-28 所示。

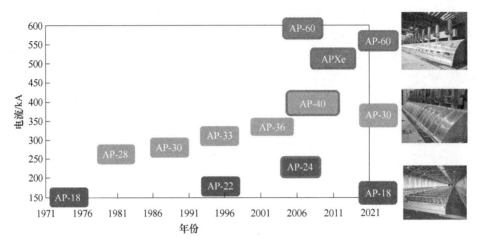

图 3-28 50 年来 AP 电解槽技术发展年表

毫无疑问，无论是从 Pechiney 最初开发铝冶炼技术的历史溯源，还是近代 50 年来在现代铝电解槽技术开发方面的成就，或者归属 Alcan（2001 年）或者力拓 RTA（2007 年）之后，AP 电解槽技术都一直引领了国际铝冶炼技术的发展，并且代表了当今电解铝的最高水平，其发展的历史进程也必然成为现代工业技术的典范。

参 考 文 献

［1］梁学民. 美国铝业公司（Alcoa）铝电解技术的发展 ［J］. 轻金属，2020（1）：1-10.

［2］BARBER M，TABEREAUX A T. Evolution of Soderberg aluminium cell technology in north and south America ［J］. JOM，2014（2）：223-234.

［3］HOLMES G T，FISHER D C，CLARK J F，et al. Development of large prebaked anode cells by Alcoa ［J］. Light Metals，1980：451-456.

［4］TARRY G P，KVANDE H，TABEREAUX A. Advancing the industrial aluminum process—21th century breakthrough inverntion and developments ［J］. JOM，2011，63（8）：101-108.

［5］TABEREAUX A. The discovery，commercialization，and development of the aluminium industry in france ［J］. Light Metal Age，2012（4）：28-33.

［6］尤振平，曾峥，译. 法国铝业公司技术发展 ［J］. 世界有色金属，2013（2）：61.

［7］KEINBORG M et al. 法国彼施涅铝业公司 180 千安预焙阳极电解槽由单槽试验到系列生产 ［J］. 沈时英，裴尚奎，译. Light Metals，1982（2）：449-460.

［8］ LANGON B，VARIN P. Aluminium Pechiney 280 kA pots ［J］. Light Metals，1986：343-347.

［9］ CARBONELL M，GRINBERG I，LAPARRA M. White&black，Fifty years of research on alu-minium production at the LRF ［M］. Institute for the History of Aluminium，2012，6.

［10］ BONNARDEL O P，HOMSI P. The Pechiney semi-continious & automatic measurement device (CMD)，a new tool for automatic measurements ［J］. Light Metals，1999：303-309.

［11］ CHARMIER F，MARTIN O，GARIEPY R. Development of the AP technology through time ［J］. 2015 The Minerals，Metals & Materials Society，JOM，2015，67 (2)：336-341.

4 我国现代铝电解槽的研究开发与大型化过程

我国电解铝工业发展较晚，第一个电解铝厂（抚顺铝厂）于 1954 年建成投产。新中国成立以后乃至改革开放初期，我国电解铝一直都属于短缺产品，更是被列为战略性物资，长期依赖进口。我国早期的电解铝厂和与电解铝配套的氧化铝厂都有自己的番号，比如抚顺铝厂是 301 厂，贵州铝厂是 302 厂。1983 年 4 月中国有色金属工业总公司成立之初，首先就向国家提出并确定了"优先发展铝"的方针，从中也可以看出国家对"铝"的迫切需求和对铝产业的重视。

改革开放 40 年来，特别是从 20 世纪末开始，我国电解铝工业得到快速发展。1998 年我国电解铝产能只有 256 万吨/年，产量 243 万吨/年。2003 年以后，伴随着国家宏观调控政策的出台，电解铝产业不但没有得到遏制，铝产量更是呈爆发式增长。一个不为人所知的"大"行业，从此不断刷新着历史纪录：发电企业、煤炭企业开始投资电解铝，纺织行业、养殖行业也纷纷赶来投资，分享电解铝的盛宴。人们不明白，电解铝究竟有怎样的魔力，能不断吸引众多的企业跨行业投资，而且乐此不疲，掀起一轮接一轮的投资热潮？从 1998 年到 2019 年，我国电解铝产能和产量已分别突破 4517 万吨和 3504 万吨，铝产量增长了近 20 倍，占世界总产量的 56.7%，连续 17 年居世界第一位。

在我国有色金属的家族中，铝的快速增长使"铜、铝、铅、锌、……"的排名改写为"铝、铜、铅、锌、……"，电解铝成功"逆袭"成为当然的老大，成为仅次于钢铁的第二大金属。今天，电解铝工业也成为名副其实的大行业。

创造我国电解铝工业发展奇迹背后的决定性因素，是我国自改革开放以来以现代大型铝电解槽技术开发为核心的自主创新所取得的巨大成就。

4.1 日轻160kA 预焙电解槽技术的引进

20 世纪 80 年代初期，伴随改革开放的春风，国民经济各条战线迎来了一个划时代的变化，我国工业各领域更如阳春三月，百花争艳，同时我们也迎来了科技的春天[1]。从促进国民经济发展的战略出发，国家决定从发达国家引进技术，建设一批重大工程建设项目。最为典型的就是上海宝钢一期工程的建设，从 1977 年酝酿到 1978 年 12 月十一届三中全会结束后次日开工典礼，党中央、国务院决定建设宝钢并从日本新日铁公司引进全套设备，建设了我国第一个具有 80 年代世界水平的现代化钢铁企业，这也是第一个由全国人大表决的大型工程建设项目，宝钢的建设为此后我国钢铁工业的快速发展并达到世界先进水平奠定了基础。

4.1.1 引进技术选择

　　与钢铁工业一样，在铝业前辈包括程宗浩、姚世焕等在内的老一辈专家积极建议和原冶金部领导的努力和支持下，改革开放后的第一年，一批大型铝厂建设列入国家计划，但是采用什么电解槽技术成为决策者面对的难题。程宗浩是一位老干部出身的科学家，是具有战略眼光的科技型领导，在我国历次科技发展的关键阶段都作出过重要的贡献。针对当时国际铝电解技术的发展情况，姚世焕等人把先进的电解槽型分为三种模式并进行了比较。

　　第一种是北美型电解槽。当时美国铝业公司（Alcoa）是世界上最大的跨国铝业公司，美国铝业公司（Alcoa）和加拿大铝业公司（Alcan）在加拿大、巴西等铝厂使用的是150~220kA大型预焙阳极电解槽（简称预焙槽）。该槽型的优点是中间加氧化铝，密闭性好，98%以上的有害烟气经过回收处理后能达到环保要求。但这种槽型走的是高效率、高电压路线，吨铝电耗也相对较高，适用于北美水电丰富和电价便宜的地区。

　　第二种是欧洲型电解槽。这是法国铝业公司（Pechiney）等为代表针对高电价地区而研发的一种低电耗的槽型。由于其180kA预焙槽技术尚处于试验阶段（仅有4台试验槽刚刚投入运行，尽管1977年中期已开始准备筹建F系列），Pechiney向中方推荐了当时已经成熟应用的最大电流只有135kA的预焙槽，采用边部添加氧化铝方式，有30%的有害气体无组织排放，严重污染环境，在有些地区不得不采取天窗洗涤进行处理，费用昂贵，这种技术不符合中国国情。

　　第三种槽型是日本型电解槽。20世纪60~70年代日本铝工业迅速发展，日本各家公司引进了美国、法国和瑞士的各种槽型，经过消化与改进后，由三家公司综合了美国的环保性好和法国的能耗低的优点，开发了一种低电耗和密闭性好的预焙槽，容量达到160~170kA，这种槽型经过改进非常适合中国使用。以日本轻金属株式公社为首的日本几家铝业公司从1976年就开始进入中国，积极推荐其自主研发的大型预焙槽技术，而且当时可以使用日本政府的长期贷款的支持。

　　为此冶金部派出了以党组成员王哲为团长、程宗浩为秘书长的代表团，考察了日本6大铝业公司13个铝厂中的10个电解铝厂、炭素厂和铝加工厂。最终根据考察建议，决定采用日本轻金属株式会社（简称日轻）160kA大型中间加料、密闭型预焙槽技术。

　　1978年2月21日，国家计委批准贵州铝厂8万吨铝电解工程。1979年1月7日贵州铝厂与日轻公司签订8万吨/年铝电解工厂建设引进合同。以日轻公司当时最新试验的4台电解槽为原型，成套引进技术和设备，在贵州铝厂建设了中国第一个低电耗和密闭性好的 160kA 中间下料预焙槽系列——贵州铝厂第二电解铝厂（内部简称贵铝前八万吨工程），由贵阳铝镁设计研究院（简称贵阳院）负责配合引进工程的设计，七冶公司承担建设安装任务。系列共安装电解槽 208台，年产能 8 万吨，包含配套的炭素预焙阳极制造和阳极组装系统。1981 年 12月 18 日，这个当时国内单系列产能最大装备最先进的铝电解工程正式试车投产。

这一重大决策使得电解铝工业与改革开放的步伐保持了同步快速发展，与同时期的宝钢一期工程的建设对钢铁工业的影响一样，贵铝引进工程揭开了我国现代大型铝电解技术发展的序幕。广大铝业科技人员经过对引进工程的消化吸收和不断地创新开发，在成功研究开发铝电解槽数学模型与计算机仿真技术（物理场技术）的基础上，先后自主开发成功改进型 165kA 和我国自主知识产权的186kA、280kA、320kA、400kA 乃至 600kA 以上大型、特大型铝电解槽技术，走出了一条中国特色铝电解技术发展的成功道路，对我国电解铝工业的发展产生了极其深远的影响。今天看来，这是十分英明的。在我们为电解铝今天的发展而骄傲自豪的同时，应当感谢老一辈铝工业科学家们的高瞻远瞩，为电解铝工业作出的这一了不起的历史性贡献。

4.1.2　日轻技术的主要特点

日轻160kA 电解系列的引进和建设，是当时我国建设的第一个大型预焙槽系列，在国际上属于 20 世纪 70 年代先进水平。其设计特点和主要指标参数如下：

（1）设计电流强度160kA，槽工作电压 4.05V，电流效率87.5%，直流电耗13600kW·h/t，阳极效应次数 1 次/（槽·日）。

（2）母线配置设计为两端进电，槽底有中间往端部引出的补偿母线。

（3）采用中间下料方式，两点下料，下料器容量15kg，20min 加料一次，每小时下料量 90kg，采用风动下料器（溜槽控制），每台槽端头设有一台专用风机；控制系统采用效应控制方式来控制氧化铝浓度。

（4）阳极尺寸 1400mm×660mm×540mm，阳极组数 24，阳极电流密度0.72A/cm²。

（5）阳极提升机构采用四点提升，为涡轮蜗杆式机构。

（6）加工面为：大面 525mm，小面 595mm，阳极中缝 250mm。受欧洲技术边部加工的影响，加工面较大。

（7）电解车间安装 160kA 电解槽208 台，配置在 4 栋厂房内，共分 4 个区，每区有26 台槽。厂房采用两层楼式结构，操作平台为+2.4m，全钢结构厂房。厂房跨度为20.5m，两栋厂房之间间距为25m，如图 4-1 和图 4-2 所示。

（8）采用了日本富士公司可控硅整流和干法净化烟气处理技术。整流所和烟气净化系统分别配置在电解车间的两个端头，这样配置的好处是电解槽排与排

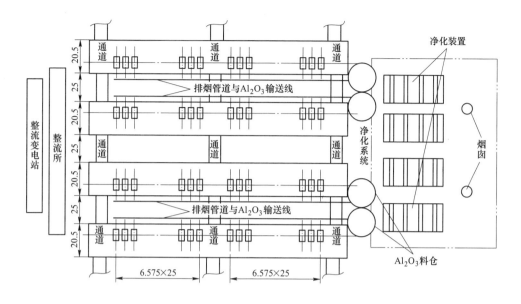

图 4-1　贵州铝厂引进工程 160kA 电解车间平面配置图（单位：m）

图 4-2　贵州铝厂引进的日轻年产 8 万吨 160kA 中间下料预焙电解槽

之间的距离可以小一些，每两栋厂房（两排槽）对应一套净化系统。由于厂房长度比较短，烟气管道的距离也短。烟气净化系统如图 4-3 所示。

（9）氧化铝物料的输送采用了两种形式，来自氧化铝厂的新鲜氧化铝送入8000t 料仓（钢结构圆形料仓），经过气力输送（溜槽）和斗式提升机送入 400t日耗仓。85%的新鲜氧化铝加入净化系统中吸附烟气中的氟化物，从净化回收回来的载氟氧化铝通过溜槽和提升机送入 300t 载氟仓供电解槽加料，自动控制的

图 4-3 贵州铝厂引进的日轻电解车间及净化系统外貌

电动小车定时将载氟氧化铝送至每台电解槽设置的容量为 5t 槽壁料箱内，供电解槽使用；另外 15% 的新鲜氧化铝通过天车加料加入电解槽，作为阳极保温覆盖料。

（10）车间内配备了 8 台法国 ECL 生产的多功能操作机组。

4.1.3　日轻 160kA 槽投产后出现的问题

在贵州铝厂引进日本技术之前，我国在预焙电解槽技术开发方面开展过一些研究工作。根据《新中国有色金属工业 60 年》记载[1]，早在 20 世纪 60 年代，我国就在抚顺铝厂开始试制预焙阳极炭块，并开始进行预焙槽工业试验。

1978 年抚顺铝厂与沈阳铝镁设计院（简称沈阳院）等单位合作，在设计大师杨瑞祥、韩复业等专家主导下将第四系列部分电解槽改建为 23 台 135kA 边部加料预焙槽，进行了预焙槽扩大试验，1979 年 11 月投产，首开先河。该槽型后来在包头铝厂建设中得到应用，并获得 1987 年国家科技进步奖二等奖。

从国家战略的角度看，贵州铝厂的引进工程并不仅仅是为了建设一个铝厂，更是为了改变和提升一个产业。

然而，事物的发展往往出乎人们的预料，由于技术本身和施工质量、操作水平、管理因素等各方面的原因，在投产初期长达三四年的时间里，电解槽生产运行出现了各种各样问题：电解槽沉淀多、炉帮形成不好、伸腿过长、生产效率低、能耗高。尤其突出的是电解槽早期破损严重，大部分槽寿命不足 1000 天（设计槽寿命 1500 天）。作为行业上下关注的重大工程，该项目的建设受到高度重视，产生的问题也引起了很大的反响，从贵阳院调任的首任厂长被免职，甚至引起国家领导人重视。作为全国最大的铝厂，更是贵州企业中的名牌，对于投产后出现的问题，各方面压力都很大，那么造成电解槽早期破损的原因究竟是什么呢？

首先作为引进技术当然应该由出让技术的日轻公司负责，因此有关方面积极与日方交涉，认为对方工艺技术不成熟，从履行合同的法律角度要求对方承担责任。日方虽然很积极配合，但并不认可自身技术存在问题，认为是中方的施工质量、生产管理出了问题。事实上，在项目建设和投产过程中的确也发生过因为对工程监管不严，引起日方不满而导致双方人员发生冲突的事情，甚至引起过外交纠纷。于是，双方展开了长时间拉锯式的研究、分析、查证、谈判。另外，基于当时国内的发展形势，这些问题也引起了行业领导和专家们的重视，也激发了全国各大设计、研究院所研究探讨的热情，取得了许多的研究成果，当然各种观点和看法也不尽相同，也未必都正确。回想起来，由于受到"文化大革命"的影响，国内当时的技术基础相对薄弱，这种探讨和研究本身对于推动行业科技的发展就是非常有意义的。

4.1.4 消化吸收与改进试验

在积极研究探讨消化引进技术问题的同时，国内一批专家也理性地认识到，日本的技术整体上应该说是先进的，出现各种问题在某种程度上说与我们短时间内没有吃透和真正理解有一定关系。因此必须尽快组织力量消化吸收，掌握引进技术的核心，为我国电解铝工业下一步发展做好准备。在国家有关行业领导的组织安排下，由贵阳铝镁设计研究院、贵州铝厂、郑州轻金属研究所、沈阳铝镁设计研究院、青海铝厂（下一个计划建设的大型电解铝厂）、白银铝厂等组织了若干个引进技术的消化吸收研究小组，掀起了全国性的消化吸收引进技术的高潮。

在贵州铝厂引进日轻工程的过程中，许多人都注意到一个这样的事实，就是这项工程中由日方提供的技术资料、图纸非常详细，包括项目可行性研究报告、项目基本设计文件（初步设计）和施工图纸，用技术文件资料成吨来形容一点儿都不过分。除了正常的工程技术图纸资料，日方提供的技术资料还包括整个工厂各个工序选择确定、各种技术方案、各种技术问题计算等，都有详细的计算和翔实的数据，而且还提供了许多计算方法和计算程序。比如电解槽加工面的选择、电解槽炉膛深度的计算确定、电解槽覆盖料厚度的计算确定等，都有专门的资料，而且还包括了一些"三场"计算资料和程序、计算机控制模型和软件资料等。

多年以后，客观评价日本引进技术，大致有以下几点共识：第一，虽然日轻公司提供的电解槽技术在今天来看是落后了，但就当时的铝电解技术发展总体水平而言，日方的设计是比较严谨和优化的；第二，由于日方提供了非常详细的技术资料，对于我们学习掌握现代化电解铝厂的基本设计方法起到了重要作用，对于快速研究开发自己的电解槽技术大有裨益，大大缩短了我们研究开发现代铝电解技术的进程。

至于为什么日方能够如此慷慨？有几种解释：一是基于日本的能源贫乏的大环境，高耗能的电解铝产业在日本已经没有了生存的条件，这些技术对他们已经没有了价值；二是当时中日友好的大的历史背景。根据对钢铁行业的了解，这种情况与当年宝钢的引进情况非常相似，真实原因或许还有其他的解释，但这种情况在此后的多项引进工程中，再也没有出现过。

大量对 160kA 电解槽的研究工作首先是集中在槽寿命问题的研究方面，于宗耀、邱竹贤、姚广春及赵无畏等人[2-4]着重研究了电解槽的破损机理和生产条件下造成内衬破损的原因分析；王立若、孙效增、干益人、宋垣温等人[5-8]的研究则更多关注到影响槽寿命的原因和如何延长电解槽的寿命；梁学民、贺志辉、廖贤安等人[9-11]则在针对造成电解槽早期破损机理研究的基础上，提出了电解槽内衬结构的主要设计原则和设计方法，以延长电解槽的寿命。由于早期我国大型电解槽破损的问题非常突出，这一领域的研究一直受到行业内专家们的高度重视，这一领域的研究不仅广泛，而且一直持续了很多年，取得了许多的研究成果，在此不一一详述。2002 年铝业泰斗韦涵光先生撰文[12]对延长槽寿命的措施和意义给以分析和建议，表达了对此问题的关注；此后，刘海石、任必军等人[13-14]结合生产实践在该领域做了专门的研究。

为了尽快掌握引进技术、发展我国的铝电解技术，杨洪儒先生等人牵头组织国内研究单位和电解铝骨干企业，开展了贵州铝厂 160kA 中间下料预焙槽使用国产中间状氧化铝生产的工业试验，这项研究取得的成果为此后我国建设的青海铝厂、白银铝厂等工程采用设计引进槽型和技术提供了依据。

同时受到关注的还有电磁场问题与电解槽结构设计方面的问题。宋垣温、干益人等人[15]采用 Bell620 三位高斯计对 160kA 电解槽的磁场进行了全面的测试分析；潘阳生、武丽阳等对日方采用的磁场模拟计算方法进行了探讨；杨洪儒等人[16]则进一步将磁场测量结果与槽内炉帮形状的分布规律的对应关系进行了研究分析，并提出了电磁场改进建议。

1985 年青海铝厂新建 10 万吨/年电解铝项目（后建成 20 万吨/年规模）和贵州铝厂 8 万吨/年扩建工程均选择了翻版引进的日轻 160kA 槽型技术。

电解铝技术经过四十年的发展，我们在各个方面的技术都已经远远超过了当年的日本引进水平，吨铝直流电耗大约降低了 1000kW·h。但有一个技术我国一直没有人尝试过，就是在氧化铝输送系统中，从净化系统的载氟氧化铝料仓到电解槽，日方采用了"电动小车"的技术，由电动小车自动接料，然后按顺序每天自动送到每台电解槽设置在厂房柱子之间排烟管上方的 5t 容量料箱（称为槽壁料箱）内，在图 4-2 中可以看到这个槽壁料箱。该系统投产多年，运行非常稳定。多年来在历次大型工程设计中，我们也会将此方案作为备选方案，但一般都首先考虑引进，至今无人尝试自主开发。笔者在此只想介绍在这个项目中有这么一个有趣的技术存在，或许因为相对投资太大的原因，也或许因为担心可靠性的问题，这也从一个角度说明了40年前日本的自动化控制水平。

4.2 开展铝电解槽物理场数学模型基础研究

20世纪70年代以来，随着电子计算机技术的发展，通过建立数学模型进行计算机仿真模拟可以大大减少实验室和工业试验的工作量，缩短工业试验的周期，大大节省试验成本，降低了试验的风险，当时已成为各个领域科学研究、实验的重要手段，大大加快了各领域技术的发展，无论是水利大坝还是卫星上天都发挥着重要的作用。在消化吸收引进技术的同时，行业内专家已经注意到，国际铝电解技术在这个时期正在发生着根本性的变化，铝电解槽数学模型与计算机仿真技术的研究成为铝工业技术研究的热点，各大铝业公司均以此为基础，法铝AP18、美铝P69等一批现代大型铝电解槽相继诞生，并投入工业化运行。以武威、姚世焕、江献宾、宋垣温、干益人等为代表的一部分专家清醒地认识到，要搞清和解决引进技术存在的问题，必须紧跟国际铝电解技术发展的潮流，从基础原理研究开始，简单的消化吸收很难支撑我国电解铝技术的未来发展。也就是说必须系统地研究开发我国自己的现代大型铝电解槽的物理场数学模型和计算机仿真技术（简称为"三场"研究），才能为我国电解铝技术赶超国际先进水平奠定基础。

4.2.1 "三场"研究取得进展

武威先生是一位非常有情怀的工程师、科学家，长期在科研一线从事科研开发工作，特别善于捕捉科技前沿问题并组织攻关。1983年9月，武威等向贵阳院申请成立"三场"研究小组开展研究工作，得到了时任总工程师姚世焕的大力支持。贵阳院老院长程宗浩先生，这位经历过战争年代在实验室受伤的老一辈科学家、老干部，以他特有的对科技前沿的嗅觉和雷厉风行的魄力，果断决策在申请政府立项的同时，由院自筹经费3万元支持先期启动该项目的研究，作为那个时代在没有政府立项启动的科研项目是绝无仅有的。因此，以武威为组长的"三场"研究小组成立，由院领导协调分别抽调电气自动化专业的贺志辉、机械设备专业的吴有威和热能工程专业刚刚毕业的梁学民组成研究小组，分别开展电磁特性、结构力学和电热场的研究工作。

电热场研究联合了与中南矿冶学院（现中南大学）梅炽、汤洪清、时章明、孟伯廷等；电磁场研究联合了华中工学院（现华中科技大学）电力系陈世玉、孙敏等；结构力学研究与华中工学院力学系联合进行，由刘烈全、邱崇光、秦庆华等负责。按照当时计算机发展的水平，由于受内存容量限制，最初工作是在中南矿冶学院计算站和贵州省计委计算中心的小型计算机上完成的。从1983年11月开始电热解析研究，在消化研究日轻公司有关铝电解槽阴极电热解析计算机仿真研究报告的基础上，半年多的时间便完全消化并重现了日轻公司的计算结果。电磁场研究从1984年上半年开始工作，下半年便取得了重要的进展，建立和重现了日方的电磁场仿真计算结果，结构力学的研究工作也相继进入实质性阶段。研究工作的进展在整个项目组产生了很大反响，让贵阳院领导备受鼓舞，也激发了全院上下对开展此项研究工作的热情。

贵州铝厂武丽阳、潘阳生[17]及郑州轻金属研究院宋垣温、干益人等人[18-19]也是国内最早的铝电解槽电磁场研究者，为开启这一领域的研究作出了贡献。

随着研究工作的深入，项目组对"三场"研究的核心技术问题有了清晰的认识。要建立精确可靠的物理场数学模型和计算机软件，必须在合理选择可靠的物理模型基础上，通过数值计算方法求解微分方程建立可靠的数学模型。而仿真技术可靠性主要取决于边界条件的研究，这是一项电解铝领域长期而又重要的工作。为了更加深入开展"三场"的研究，贵阳院向当时刚刚从冶金部分离组建的中国有色金属工业总公司（简称为有色总公司）提出申请立项的报告。1984年3月获得有色总公司批准立项，作为"六五"重点攻关项目，获得国拨经费30万元。郑州轻金属研究院同期也成立了专题研究小组，并分别与有色总公司签订了研究合同任务书，开展研究工作。

4.2.2 与三菱公司合作106kA自焙槽设计

日本三菱轻金属研究所拥有先进的铝电解技术和物理场数学模型及仿真技术，在国际铝电解技术领域有一定的影响力，其开发的106kA上插阳极电解槽技术曾经创造了直流电耗12600kW·h/t的自焙槽极限能耗纪录。在贵阳院院长梅荣淳先生的高度重视、副总工程师江献镔先生积极努力下，借助青铜峡铝厂引进日本三菱公司直江津铝厂106kA上插自焙电解铝生产线的机会，贵阳院提出了与日本三菱公司进行"三场"技术访问交流的要求，时任青铜峡铝厂厂长康义先生从铝工业技术发展大局出发，将这一计划纳入与三菱公司的合作谈判内容，最终成功地达成了该项专门技术合作交流协议。由中方采用自主开发的铝电解槽物理场仿真模型和仿真软件，对青铜峡铝厂引进的三菱公司106kA上插自焙电解槽进行仿真分析，并完成了国产化材料替代设计方案。1984年9月，受中国有色金属工业总公司派遣，梅炽、武威、梁学民和一名翻译等4人组成访问小组，带着自己的研究成果和设计方案，前往日本新泻和横滨进行了为期40天的学习交流（见图4-4）。三菱公司由池内晴彦、池田祯介、有田阳二等知名铝电解专家系统介绍了三菱公司在物理场仿真领域，尤其是三菱公司在二维电热、电磁场模型研究和磁流体力学研究方面取得的处于国际先进水平的研究成果；同时双方交流了 106kA 槽的仿真结果和设计方案。通过这次学习交流，拓展了研究小组的研究视野，学习了三菱公司在该领域的研究成果和经验；同时中方的研究水平和设计方案获得日方专家高度评价，他们对中国在铝电解槽数学模型领域研究进展感到惊叹。

此次交流学习与合作，更进一步使研究小组认识到此项工作的意义和价值，并对未来的研究工作起到了很大推动作用。

图 4-4　物理场访日小组（左起为：梁学民、梅炽、武威、翻译）

之后物理场的研究工作取得了快速进展。在阴极和阳极整体准三维耦合电热模型研究、电磁场和铁磁物质影响研究、磁流体特性模拟、槽结构应力场仿真等方面取得了重要的成果，并编辑形成了《铝电解槽"三场"研究论文专集》（部分论文发表于《华中工学院学报》（专刊）1987 年第 2 期）。

1985 年初，项目组包括各承担单位向有色总公司科技局对研究工作进展和进一步研究计划进行了汇报。这次会议，一方面肯定了项目研究组的工作成绩，另一方面提出加快对研究成果的试验验证，并继续开展更深入研究，为开展我国现代铝电解槽的技术开发做准备。

4.2.3　对日轻电解槽的改造试验（151 号、152 号试验）

对日轻公司引进的 160kA 电解槽的改造试验，简称为"151 号、152 号槽试验"。或许许多人没有听说过这项试验工作，但这个鲜为人知的工作是中国铝电解技术在自我认知上的一个重要转折点。1985 年 6 月，在有色总公司的支持下，贵阳院联合贵州铝厂在贵州铝厂引进的 160kA 系列选择 2 台试验槽，利用我国自

己的"三场"研究成果对引进的电解槽进行改造试验,这就是"151号、152号槽试验"。具体试验内容为:

(1)针对电解槽早期破损原因,利用自主开发的电热解析模拟软件对电解槽模拟,重新设计了槽内衬结构,在两台槽上进行了内衬的改造试验。

(2)对下料机构及工艺制度等进行了改进,缩短了加料时间间隔。

(3)采用自主开发的电磁场计算软件,对152号电解槽进行了"四点进电"母线配置改造试验,在大面中间增加两根立柱母线,电流各为15000A,即进电比为:6.5∶1.5∶1.5∶6.5。

这次试验进行了一年半的时间,尽管受到许多槽结构先天客观条件限制,母线配置方案等尚不能实现理想的设计思想,但仍取得了很大的成功,试验的效果非常明显。试验槽内炉帮形状改善,伸腿明显缩短,尤其是152号槽磁场效果得到了很大的改善。

经有色总公司组织专家鉴定,技术指标为:电流效率91.52%,电流效率提高4%,吨铝直流电耗13112kW·h,下降约500kW·h。同时试验结果还发现,虽然只有152号槽做了四点进电的母线改造,151号槽的磁场也有一定的改善,表明位于大面的两个立柱母线对相邻电解槽的磁场产生了积极的影响。

151号、152号槽试验的成功,使我国自主开发的物理场数学模型和仿真技术得到了试验验证,更重要的意义是打破了日本和现代铝电解技术的神秘感,也大大增加了项目组人员的信心。

1986年1月,有色总公司科技局在北京召开了由全国各研究、设计院所参加的"三场"研究进展汇报座谈会,会议对我国在铝电解"三场"研究领域的科技成果进行了全面的总结,在总结取得的25项工作进展中,22项是以贵阳院为首的研究小组完成的,另外3项工作由郑州轻金属研究院完成。这次总结也让有色总公司领导们对中国开发大型铝电解槽有了初步但全面的认识,成为后续制定大型槽开发计划的重要决策依据。

4.2.4 奠定铝电解槽开发理论基础

1986年11月,"铝电解槽热、电、磁、力数学模型与计算机仿真程序研究"通过了有色总公司组织的科技成果鉴定:

(1)项目开发的铝电解槽电热解析数学模型和计算机程序,采用了阳极三维模型与阴极"二维+三维"切片模型,建立了准三维的铝电解槽电热解析整体耦合数学模型,能够精确模拟铝电解槽内的电流、电压分布,槽内等温线分布与热流分布图[20-21]。

(2)在采用"毕奥-萨伐"定律积分方程对电解槽内磁场分布进行模拟的基础上,采用"磁偶极子法"和"屏蔽因子法"着重研究了铁磁物质对铝电解槽内磁场的影响，取得了重要的研究成果，并采用有限元模型等建立了能够对槽内熔体中的电流场进行精确模拟的数学模型和方法[22-26]。

（3）用 $k\text{-}\varepsilon$ 双方程模型，开发建立了在电磁力作用下的槽内熔体流动和界面隆起仿真计算模型和程序[27]。

（4）建立了槽壳有限元分析模型，并通过对电解槽变形的长期监测，对电解槽受力特点和各种载荷进行了一系列的研究，为电解槽结构优化提供了有效的设计工具[28-30]。

专家鉴定认为，此项研究成果超过了日本技术，达到了国际先进水平。

1992 年，此项研究成果获得了国家科学技术进步奖二等奖，这是我国在该领域首次也是唯一获得国家奖励的科技成果。

4.3 贵州铝厂 186kA 电解槽的开发

20 世纪 80 年代中期，国际上以美铝 A-697 和 Pechiney 在 F 系列采用 AP-18 槽型之后，180~200kA 级容量电解槽成为国际铝电解技术的典型代表，并被其他西方国家效仿（如瑞铝、海德鲁等），而且 280~300kA 级的电解槽也开始了工业化的进程。物理场（"三场"）研究的成果，将中国铝电解技术发展推向了一个重要的转折点，在行业内逐步坚定了走自主开发道路和打造我国现代铝电解技术体系的信心。因此，为了积极追赶国际铝电解技术发展前沿，贵阳院联合贵州铝厂向国家经委、有色总公司申请在贵州铝厂建设试验工厂。当时的厂长孙生军果断决策投资 1800 万元，开发 4 台 180kA 级铝电解试验槽。1987 年 2 月获得批准，"贵铝 180kA 级大型铝电解槽开发试验"（槽容量 186kA）项目列为国家"七五"重点攻关项目。试验厂建设期间第一任厂长为吴伟成，之后试验厂合并至第一电解铝厂，厂长由李鸿鹏担任，贵阳院项目总设计师由杨洪儒担任。杨洪儒是一位兢兢业业的主任工程师，是一位具有强烈责任感和专业情怀的老专家，他为完成这项工作几乎倾注了全部的精力。

4.3.1 贵州铝厂 186kA 试验槽的设计

4.3.1.1 186kA 试验槽方案

作为我国第一个自主开发的大型预焙槽技术，所遇到的技术问题和选择是多方面的。在当时的条件下，这项研究具有很大的挑战性，在电解槽设计和试验方案的确定过程中，多次召开专家论证会，听取多方面的意见。几经反复，最终确定的设计方案如下：

（1）设计电流强度 186kA，安装 4 台试验槽。

（2）母线配置设计为四点进电，为"两端+大面中间两点"，保留 160kA 电解槽槽底有中间往端部引出的补偿母线,增加了中间短路母线。

(3) 阳极尺寸 1450mm×660mm×540mm,阳极组数 28 组,阳极电流密度 0.7A/cm²。

(4) 3 台槽阳极提升机构为涡轮蜗杆式,采用四点提升;1 号槽参考千叶铝厂(白银铝厂引进 155kA)的丝杠外置形式的涡轮蜗杆结构进行试验。

(5) 采用中间下料方式,四点下料,下料器容量 4.5kg。最初的方案采用风动下料器(溜槽控制),设有 5t 壁料箱,采用风动溜槽供料(早期的超浓相机数)。

(6) 加工面为:大面 375mm,小面 450mm,阳极中缝 200mm。

(7) 槽内衬结构在底部保温、侧下部的保温与防渗漏结构上,依据电热模拟仿真的等温线图和热流分布(及炉帮形状),采取了特殊的设计。

(8) 试验厂房采用两层楼式结构,操作平台为+2.6m,厂房跨度为 22.5m。

(9) 整流供电采用了从已投产的第二个 8 万吨引入 160kA,再新建一个 30kA 机组,向试验槽提供 26kA 电流。

(10) 为适应母线"四点进电"后大面立柱母线对操作的影响,多功能机组驾驶室必须采用高位操作。

铝电解工艺负责人有易小兵、梁学民、席灿明等,电解槽电热解析模拟与内衬结构设计方案由梁学民完成。采用了贵阳院研制设计、大连起重机厂生产的首台国产高位操作的多功能操作机组。多功能机组的主任设计师为刘宗俊。

4.3.1.2 车间母线与外部大母线配置

作为一个单独的试验槽系列,由于槽数少,试验槽磁场必然会受到回路大母线磁场的干扰[31]。为了削弱这种影响,根据现场条件,将由老系列(贵铝第三系列)引入的 160kA 电流返回母线布置在试验厂房的一侧,而将另外 26kA 的小机组电流由另一侧返回,如图 4-5 所示。调整距离使其磁场能够最大限度地相互

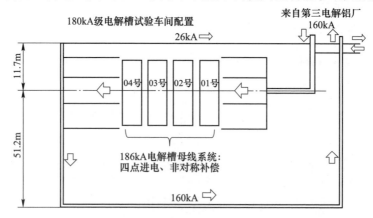

图 4-5 贵州铝厂 180kA 级铝电解试验槽车间大母线配置

抵消，设计结果 160kA 大母线距槽中心 51.2m，26kA 母线距槽中心 11.7m。当然模拟结果显示这样并不能完全消除其对试验槽磁场的不利影响，而且这部分磁场对试验槽是非对称的。为此，电解槽周围母线也设计成非对称形式，进一步改善了试验槽的磁场分布（详见 4.3.1.3 节）。这也是在工业试验中首次尝试大母线非对称补偿设计。

4.3.1.3 186kA 槽周围母线的设计

判断母线设计优劣的标准是其磁流体力学特性，槽内熔体流动的驱动力主要是电流与磁场作用产生的电磁力[22,27]。电流场的设计除了受到槽结构影响外，主要由热场的设计结果决定[9,23]；磁场的计算需要考虑电解槽周围复杂的导体产生磁场的综合效果，如相邻系列的影响、系列大母线的影响及铁磁物质的复杂影响。

186kA 槽开发采用了贵阳院开发的电磁特性及磁流体力学模型和仿真技术（LMAG 和 GY-MHD 仿真软件等），梁学民在原有 1986 年"三场"鉴定成果版本（MAG）的基础上开发的 LMAG（L 是 Liang 的首字母）程序是第二代磁场模拟程序。LMAG 大大增强了母线磁场的计算功能，按照铁磁性物质影响将产生磁场的电流源分为三类，大幅度强化了磁场计算中母线数据的处理功能，在考虑铁磁性物质影响和各类复杂电流源的空间变换中能够灵活运用，因而使模拟的精确度更接近于实际，及时满足了大型铝电解试验槽的开发需要。

实际设计中，有效控制电磁场对电解过程的影响是靠母线系统的优化设计实现的。通过合理的母线配置和电流分配，可以有效地削弱槽内磁场，而母线断面优化选择不仅是实现母线配置电流分配的保障，而且可以获得可观的经济效果。因而，电解槽母线系统设计的优劣，已成为现代大型槽技术的一个重要标志。实现上述目的的基础就是建立可靠的磁场、磁流体力学模型和母线断面优化及电流分布模型，186kA 试验槽的母线设计正是随着上述研究工作不断取得进展而相互推动所取得的。

根据对磁场研究的结果，国内外研究者较统一的标准是：尽量减小垂直磁场分量和横轴方向的水平分量，可以获得满意的磁流体力学效果，采用大面"多点进电"的母线配置是一种行之有效的方法[26]。考虑到各种因素之间的互相影响，依据设计的母线配置及电磁场模拟结果，选择合理的进电方式是获得理想磁场的前提条件。

除了磁场与母线的配置因素外，母线断面的优化问题对于多点进电母线系统而言也是十分重要的。需要考虑的因素有安全因素、电流分布、母线的安装以及规格化等实际问题，由于计算的复杂性，这个问题成为了大型铝电解槽工程技术领域的重大难题。

186kA 试验槽的方案和设计工作一波三折。贵阳院和贵州铝厂项目组的同志，唯恐出现任何问题留下遗憾，设计方案更是反反复复，不断修改完善。值得一提的是，在这个过程中，186kA 试验槽的开发与 280kA 试验槽的开发设计是同步进行、相互交叉的。由于本书作者同时承担 280kA 试验槽的"三场"和母线设计工作，针对多点进电母线系统进行了长达 4 年多的研究工作，并为此研究开发了一种从工程优化角度出发的综合优化模型——"当量优化法"和计算机程序（LBUS）[32-33]，LBUS 与新开发的磁场计算程序 LMAG 一起，在 280kA 试验槽设计中取得了明显的效果。

1990 年 3 月，在 186kA 试验槽土建施工已经结束、母线基础全部完成等待母线安装的情况下，贵阳院领导和总设计师杨洪儒坚持要求吸收 280kA 试验槽项目的最新研究成果，由本书作者重新对 186kA 电解槽母线系统进行设计。不难看出，当时的设计思想受日本技术的影响是很明显的，事实证明这一次修改是非常及时和英明的，它使大型槽母线的设计往前推进了一大步（尽管还带有 160kA 槽端部进电的特征）。其先期（比 280kA 早了 3 年半）投入运行，为后来 280kA 试验槽提供了非常好的借鉴作用，从此也能看出老一辈铝业专家为铝工业发展殚精竭虑、只争朝夕的敬业精神。关于母线系统的设计方法（当量优化法和 LBUS 优化程序）本书将在第 15 章给予详细论述。186kA 试验槽和后来开发的几种试验槽均是采用这个模型和软件设计的[34-37]。

采用以上模型方法，试验槽新的磁场模拟方案将四点进电的进电比由原来的 9∶5∶5∶9 修改设计为 1∶1∶1∶1，即 4 个立母线等电流进电，这便是后来建成的 186kA 试验槽最终采用的设计方案（见图 4-6）。

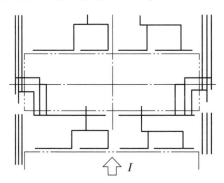

图 4-6　186kA 铝电解试验槽母线配置

LMAG 与 GY-MHD 模拟结果：

（1）槽内垂直磁场最大值 12.72Gs（$1Gs = 10^{-4}T$），平均 4.87Gs。

（2）横向水平磁场最大值 102.5Gs，平均 35.5Gs。

（3）铝液层流速最大值 17.19cm/s，平均 3.96cm/s。

（4）铝液面隆起最大高度 1.51cm。

LBUS 设计的母线系统在满足电流分布误差不大于 5% 的情况下，系统总压降当量值为 175mV，铝母线用量（包括阳极母线）为 27.1t/槽。经过全面的试验测试，在试验槽上的运行效果得到了验证[31]。

1987 年 7 月，有色总公司在贵州铝厂组织了全国专家召开了试验槽设计方案审查会，参加会议的有来自中南矿冶学院、北方工业大学、郑州轻金属研究院、贵阳和沈阳铝镁设计研究院、贵州铝厂、中国有色贵阳分公司的刘业翔、姚世焕、梅荣淳、梅炽、潘学荣、韩培川、干益人、武威、杨洪儒、李润东等业内著名专家（见图 4-7）。除了研究讨论试验槽的配置、阴阳极、内衬结构以外，会议关注的焦点是试验槽的电磁场和母线的设计问题。会议认为，试验车间在设计上对技术问题的考虑是全面的，采用的工艺技术先进，试验槽物理场设计是可靠的。尤其是对外部大母线磁场的非对称补偿，既科学可靠又经济合理，得到与会专家的认可。电解槽力学结构与上部传动系统的设计在当时也得到了高度的重视，刘光声、吴有威等非常成功地完成了这方面的工作[34]。

图 4-7　186kA 试验槽设计方案专题讨论会（1987 年 9 月在贵州铝厂）

4.3.2　试验槽的运行与测试

4.3.2.1　试验槽启动

试验项目得到了有色总公司领导和总公司科技部的高度重视，试验的方案反复修改，终于在 1990 年下半年建成，并具备投产运行条件。在这个时候，贵州铝厂老厂长孙生军退休，新厂长杨光继续推动试验工作。在投产前的启动方案论证会上，部分专家提出了反对意见，担心试验槽启动后会存在三个方面的技术风险：一是因为 160kA 电流来自后 8 万吨系列，试验槽投产后会造成其剩余电压不足给生产带来风险；二是从电力技术上担心两个不同电压等级的机组合并提供 186kA（160kA+26kA）不合理；三是担心试验槽和为试验槽所设的大母线产生的磁场影响后 8 万吨生产的正常运转。在当时大背景下，专家们对风险的判断还没有太大的把握，期望试验项目被所有专家理解也是不可能的。

　　由于存在不同意见，试验槽的启动推迟了将近一年时间。在这个过程中，有色总公司科技部方瑛女士等积极奔走，组织专题讨论会，向各方面领导汇报沟通，展示对试验工作充满信心的科学依据，强调试验工作的重要性。终于在通过专家论证的基础上，获得了各方面的一致支持。回忆这段历史，试验过程出现这样的插曲是非常容易理解的，在我国大多数铝厂还在使用 80kA 以下自焙槽的情况下，对 180kA 大型槽这样的新鲜事物一时不能也不敢接受是很正常的。在1994 年，某大型铝企业考察团在为其扩建工程选择电解槽技术第一次考察试验厂的时候，厂长当着本书作者的面发出感叹：这么大的家伙，我们敢不敢搞？今天看来真是不可同日而语。

　　这是我国依靠自己的研究成果，自主研发成功的第一代现代大型预焙阳极电解槽，达到了当时的国际先进水平。试验槽如图 4-8 所示。

图 4-8　贵州铝厂试验车间的 186kA 试验槽照片

4.3.2.2　试验槽槽内磁场测试

A　测试方案

　　铝电解槽槽内熔体中磁场的测量是一项难度很大的工作，试验采用了美国Bell 公司生产的 Bell-640 型三维高斯计进行测试，其霍尔探头的最高耐热温度仅105℃，要测量电解槽内近 1000℃的高温、具有强腐蚀性的电解质及铝液熔体内的磁场是很困难的，必须采用有效的探头保护装置。

宋垣温和干益人等人[15]设计了一种磁场探头保护装置，在测量过程中温度会超过探头允许范围，因此在测量中必须对探头温度进行监测。为此，梁学民、易小兵等人[31]经多方案比较，试制成用压缩空气冷却的三层套管组成的保护装置，这个装置类似于一个换热器（见图4-9），全部采用防磁不锈钢材料制作，不影响测量精度，并且经温度测试表明可保证在连续测量的情况下探头温度保持在22℃左右，比以往的此类装置有很大的改进，具有更好的效果。

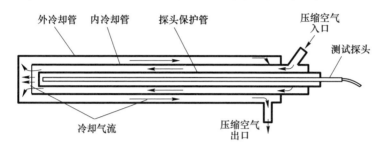

图4-9　试验槽磁场测量用的探头保护装置[31]

测量点的布置如图4-10所示。为了取得更多的测量数据，试验选择了较多的测量点（共22个测点），尤其是首次对槽阳极中缝的4个测点成功地进行了测量。

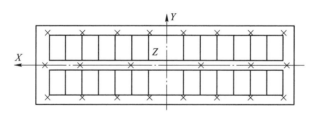

图4-10　试验槽磁场测量点布置

B　测试结果

针对3号槽铝液层部分磁场测量值及计算值变化曲线，如图4-11所示。该曲线图表明，从出铝端（TE）至烟道端（DE）无论 B_x、B_y 或 B_z，计算值与实测值都有较好的一致性。就 B_x、B_y 而言，测量值小于计算值，而 B_z 值略高于计算值，但曲线变化平缓，且为波浪形，符合多点进电的特征。从曲线的对称性而言，B_y 及 B_z 曲线有一定的偏斜，且这种偏斜的规律在其他槽上也得以重现，究其原因分析为：（1）测量误差；（2）复杂的系列母线的影响；（3）计算模型与实际情况存在误差。

试验槽各磁场分量测量值与日轻160kA槽对比见表4-1。可以看出，试验槽垂直磁场 B_z 及水平磁场 B_y 均比160kA槽有明显改善，B_y 平均值减小约40%。

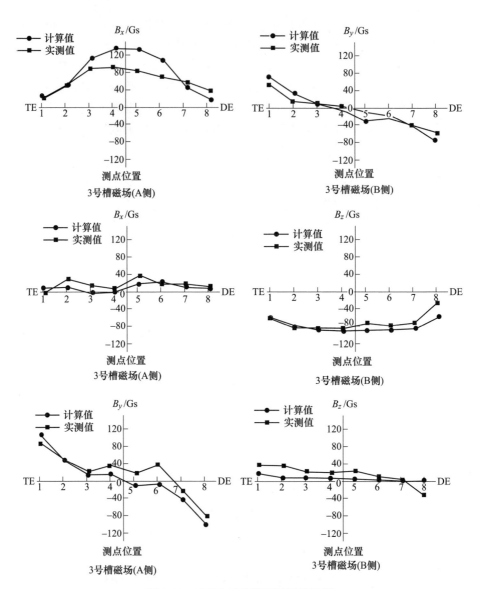

图 4-11　186kA 试验槽磁场测量结果

TE—出铝端　DE—烟道端

表 4-1　186kA 槽与 160kA 槽磁场对比　　　（GS）

参数	$|B_x|_{max}$	$|B_x|_{ave}$	$|B_y|_{max}$	$|B_y|_{ave}$	$|B_z|_{max}$	$|B_z|_{ave}$
186kA 槽	90.0	65.3	80.9	31.7	35.8	19.8
160kA 槽	75.0	62.9	99.0	55.8	52.0	22.7

槽内熔体流速场测量采用"铁棒熔蚀法"[38]，测量结果铝液层流速场分布与计算结果一致，铝液最大流速 21.07cm/s，平均 11.5cm/s，比 160kA 槽（最大 22.2cm/s，平均 16.5cm/s）明显减小。

4.3.2.3　母线系统测试分析

A　阴极和阳极电流分布测试

阴极和阳极电流分布测试按《铝电解槽电压平衡测试与计算方法》（标准 SLB-88-01-4）进行。图 4-12 和图 4-13 为 3 号槽的测量结果，可以看出有些位置的电流偏大，而有些则偏小；但从其他槽的测量结果来看，偏大或偏小的位置与母线连接之间并没有规律性。分析认为，阴极电流分布的不均主要是受到槽况的影响，而阳极电流的分布则基本取决于阳极更换后运行天数以及阳极的工况。

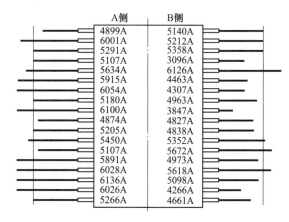

图 4-12　试验槽阴极电流分布

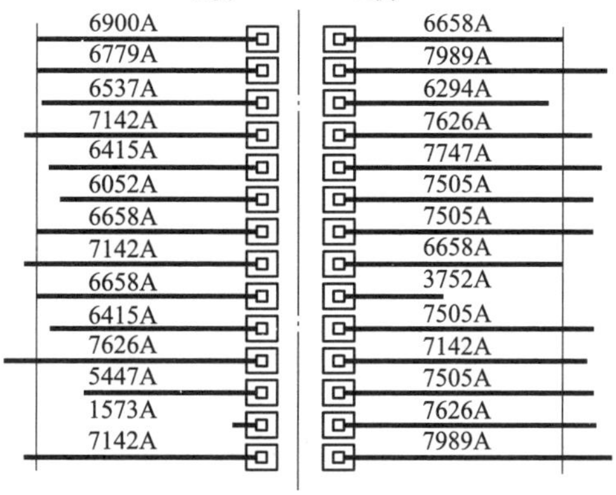

图 4-13　试验槽阳极电流分布

因而剔除测量本身的误差影响，出现的偏差可以认为是工业铝电解槽不可避免的现象，而且不体现某种规律性，即可认为母线的设计能够满足阴极和阳极电流分布要求。

B 立母线进电比及电流走向分析

对试验槽的 4 个立柱母线电流采用等距离压降方法进行了测量，并对阳极母线电流走向进行分析。考虑各部分母线的温度影响，测量各段通过的电流百分比（见图 4-14）。从两台槽的测量结果来看，3 号槽中间两个立柱进电稍大，而 4 号槽则为两端略大，但其与设计值的最大误差均未超过 5%。

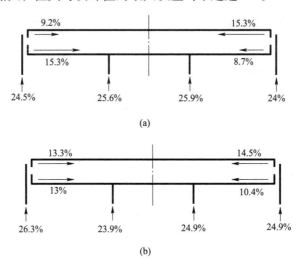

(a)

(b)

图 4-14　186kA 试验槽进电比测量结果

（a）3 号槽进电比；（b）4 号槽进电比

阳极母线电流走向各槽情况各不相同，但均有某种程度的偏转。经对压接口电压测量表明，造成偏转的原因主要是端部某些压接口压接不良，局部电阻过大。因而可以认为，这种情况并非不可避免，可在大修时加以处理。

根据以上测试分析，可得出如下结论：（1）试验槽采用的四点进电母线配置设计是成功的，磁场及流场测量结果与 160kA 槽相比有较大改善，这是试验槽自投产以来电流效率保持较高（>90%）的主要原因之一；（2）试验槽母线四点进电及阴极、阳极电流分配均满足工业生产槽要求，表明采用的母线断面优化方法合理，设计效果良好，从而也说明采用多点进电母线配置在技术上是可行的；（3）试验槽车间配置外部母线对其磁场是不利的，在系列化生产中这种不利影响将大为减弱，也预示工业化推广会取得更好的效果。

4.3.2.4　贵州铝厂 186kA 槽试验成果

经过多方努力，4 台试验槽在推迟一年多以后终于在 1991 年 9 月顺利启动投产。经过一年半的运行，取得了电流效率93.5%、直流电耗13450kW·h/t的运行指标。1993年3月通过国家科技成果鉴定。专家评价认为：达到了当时的国际先进水平。

1994年3月，曾就职于Kaiser铝业的知名专家萨姆·马拉塔那先生等一行考察了贵州铝厂186kA试验槽，并于贵阳院与贵州铝厂进行交流，认为中国开发的这个级别的电解槽取得的稳定性是相当好的，而Kaiser在180~200kA级电解槽的开发中虽进行过大量研究和工业性试验，结果仍不理想。如果采用先进的工艺和高质量的氧化铝，其技术指标将可以达到世界最好水平。

1998年，该项成果获得了国家科技进步奖二等奖，为我国铝电解工业发展提供了重要的核心技术和成套装备，标志着我国电解铝技术发展跨上了一个新台阶，并为此后的280kA、320kA、350kA、400kA级及以上电解槽的开发奠定了基础，具有重要的历史意义，也因为推动中国电解铝技术的发展做出了杰出的贡献而载入史册。

4.4 280kA 特大型铝电解槽（ZGS-280）开发工业试验

1988年，我国大型铝电解试验项目正式启动。此后三十多年的事实证明，这个项目的启动，改变了中国电解铝工业发展的历史。

4.4.1 项目立项背景

关于这个项目的来历，背后有着深厚的背景和许多老一辈专家的不懈努力和追求。我们不得不从老一代铝工业专家们说起。1984年一批老一辈铝工业专家包括程宗浩、杨万志等在辛苦奋斗几十年后，将离开工作岗位，他们怀着对铝工业深厚感情和为铝工业科技进步作贡献的历史责任感，深感我国铝电解技术开发需要急起直追，赶超世界先进水平。在他们的积极建议下，1984年7月，"中国有色金属工业总公司铝冶炼技术开发中心"在郑州成立，中心成立之初，就从贵阳院、沈阳院、北京有色设计总院和郑州轻金属研究所（简称轻研所）抽调了一批专家，办公地点就设在位于郑州上街区的郑州轻研所。后来由于一些原因，中心被撤销，合并给郑州轻研所，郑州轻研所由此改名为郑州轻金属研究院（简称轻研院），原来从贵阳院、沈阳院抽调的一部分人员回原单位，另有一部分留了下来，创办了郑州轻研院设计部，这便是轻研院及其设计部的由来。

中心撤了，但老专家们为铝工业科技创新作贡献的初衷不改。1986年，法国Pechiney公司Saint Jean de Maurlenne工厂G系列的120台AP-30槽开始工业化生产；同一时期，美国Alcoa在澳大利亚Poltland铝厂的A-817也建成投入运行，运行电流均达到275~300kA，国际铝电解技术大型化发展的步伐进一步加快。老专家们从赶超国际先进水平的战略角度出发积极建议，由郑州轻研院牵头，贵阳院、沈阳院联合在河南省内建立"国家铝电解大型试验基地"，开发试验我国自己的280kA特大型铝电解槽，直接瞄准国际最先进技术。项目得到了有色总公司科技局领导的大力支持，并在1988年初得到国家计委批示立项，列为国家计委、有色总公司"七五"和"八五"重大攻关项目，项目总投资预算2800万元，后期追加至5300万元，加上配套建设的140kA生产系统（改善了实验车间磁环境）最终投资达到上亿元。项目的投资规模之大、参与人数之多、规格之高、开发周期之长，空前绝后，当时被人称为"铝电解技术的奥林匹克"。笔者在1995年陪同程宗浩老院长前往广西平果铝参加全国第三届轻金属冶金学术会议路途中，老院长一路上期待着刚刚投入运行的280kA槽试验的成功，并畅谈他对铝工业科技开发工作的设想，希望有一天真正建立中国在世界上有影响力的技术开发中心。作为一个已经离休10余年的老领导，对铝工业科技发展所倾注的关切和情怀，令人感慨万千，至今难忘。没有老一辈开疆拓土的奉献精神和呕心沥血，就不会有铝工业今天的辉煌。

1988年7月，280kA铝电解试验项目工作正式启动。按照有色总公司科技局组织项目参加单位安排的设计分工，贵阳院负责电解车间及4台电解槽设计、净化系统和氧化铝输送等，总设计师为建筑专家于家谋担任、电解专业负责人是武威和梁学民，梁学民具体负责"三场"仿真和电解车间、槽内衬结构、母线系统的设计，1990年武威先生退休，后续工作由笔者负责完成。沈阳院负责供电整流车间设计，总设计师霍庆发、专业负责人王汝良，电气负责人李明贤；郑州轻研院设计部负责其他配套部分的设计（包括总平面、铸造车间、阳极组装等），总设计师为郭振图。

厂址选择最初有两个方案：一个是开封，一个是焦作市下辖的沁阳市。由于开封的电力条件不能满足要求，最后落实在沁阳市，距离刚刚扩建完成又有富余电力负荷的沁阳电厂不到一千米的校尉营村。距离郑州轻研院150千米，坐班车要走四五个小时。在建设规划上，为了使试验厂具备一定的生产规模，投产后能够独立运营，郑州轻研院领导在试验槽建设的同时，原考虑建设一个1万吨规模的60kA自焙槽系列（当时小电解铝厂的起步规模），以能够使试验厂投产后产生一定的经济效益。

为了确保项目万无一失，总公司组织成立了一个由行业内顶尖级专家组成的"常设专家组"，专家组成员有：韦涵光、邱竹贤、程宗浩、杨瑞祥、姚世焕、张大有、徐树田七人，老院长程宗浩任专家组长，郑州轻研院老专家张大有任副组长。第一任项目指挥长由郑州轻研院副院长刘全朴担任、干益人任总工程师。经过可行性研究、初步设计、施工图设计，其间多次组织专家进行方案论证。

4.4.2 试验槽设计方案

20 世纪 80 年代中晚期，法国 Pechiney 开发的 280kA（AP-28 和 AP-30）和美铝 300kA（A-817）刚刚实现工业化生产，而我国 280kA 铝电解试验槽的设计，是在当时贵阳院"三场"研究成果得到初步验证，对 160kA 电解槽技术改造、186kA 试验槽完成设计工作的基础上进行的。但当时 186kA 试验项目尚未启动，直接跨越到当时国际上最大容量级的 280kA 电解槽，设计和试验的风险可想而知。有色总公司安排到国外考察，尽管是考察团，到国外铝厂也只能在几十米开外远远地看上一眼，技术人员是不接待的。涉及核心的技术秘密是严格封锁的，作为刚刚开发成功的最新技术，严格的技术保密是可以理解的。在这种情况下，项目建设单位和设计单位全体参试人员包括专家组，面临的压力是巨大的。电解槽设计和试验方案的确定过程中，多次召开专家论证会，广泛调研，听取多方面的意见。笔者在每次的专家评审会期间，听到前辈专家们说得最多的一句话，就是一句近似安慰的鼓励：小梁，大胆设计，不用怕，总能出铝吧！一方面这么大的槽子，大家心里没底，不敢有太大的期望，也做好了最不利的准备；另一方面，也期待着成功的一天。当时那种责任感、使命感和压力陡然剧增。最终确定的设计方案如下[35]：

（1）设计电流强度 280kA，安装 4 台试验槽。

（2）阳极尺寸 1450mm×660mm×540mm，阳极组数 40 组，阳极电流密度 0.7314A/cm²。

（3）阴极炭块尺寸 515mm×450mm×3150mm，阴极组数 28 组。

（4）母线配置设计为全大面五点进电。

（5）阳极提升机构为涡轮蜗杆式，采用 8 点提升。

（6）采用中间下料方式，6 点下料，下料器容量 1.8kg，采用筒式（机械式）下料器。

（7）计算机控制系统采用氧化铝浓度自适应控制系统。

（8）加工面为：大面 375mm，小面 450mm，阳极中缝 200mm。

（9）试验厂房采用两层楼式结构，操作平台为+2.8m，厂房跨度为 24m。

（10）氧化铝输送采用了超浓相输送。

（11）多功能机组驾驶室采用高位操作，跟 186kA 试验槽一样，采用了大连起重机厂高位操作的多功能操作机组。

设计过程中，重点研究解决了以下问题。

4.4.2.1 车间母线布置

由于试验厂的特殊条件，试验车间只有 4 台试验槽，最初的设计方案是电解车间返回母线为对称布置，每侧各有 140kA 电流，见图 4-15 中的备用母线。但有一个突出的问题是，未来正常的系列运行电压还不足 20V，这给试验厂在大母线设计、整流所电压等级选择和未来电解槽运行过程中系列电流的稳定造成了很大的困难，而且回路母线对试验槽的影响也比较大。针对项目组提出的问题，专家组根据姚世焕先生的建议，经过认真讨论提出：将拟建设的年产 1 万吨自焙槽系列改为仿照日本引进 160kA 型槽设计 26 台 140kA 电解槽，分两列对称布置在 280kA 试验槽的两侧，替代 280kA 试验槽的返回母线，这样既可减弱返回母线对试验槽的磁场影响，又可以增加试验系列的总槽数，提高系列电压。项目组最终接受了这一方案，以此为前提条件，应用 LMAG、GY-MHD 和 LBUS 仿真和模拟程序，完成了此后所有的电磁、磁流体力学（MHD）和大母线配置与槽周围母线的设计。

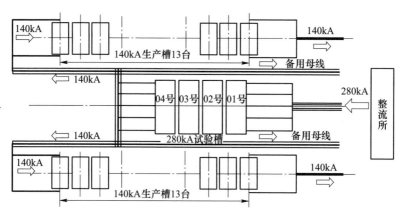

图 4-15　280kA 试验车间与大母线配置

4.4.2.2　五点进电母线配置设计[36]

280kA 试验槽的布置方式不同于任何一种常规电解车间的设计，为电磁场仿真和母线设计带来了很大困难。笔者在承担此项任务期间，针对电磁场计算程序 MAG 存在的问题：数据处理困难、缺乏灵活性，导致数据处理工作量巨大；无法考虑磁场模拟受复杂的母线电流源和铁磁物质的影响结果。同时，对相邻电解槽和邻排电解槽的电流源产生的影响也不能进行全面考察。在对工业电解槽进行了系统地测试研究后，提出了针对三类电流源、不同的铁磁物质影响的"综合屏蔽因子"模型，并通过多维变换实现了电流源物理模型的无限扩展，从而在当时计算机发展水平还不能满足三维大空间数值计算需求的条件下，实现了电解槽电磁场的精确模拟，并自主开发了 LMAG 磁场仿真计算软件，成功设计完成了试验槽五点进电母线配置方案，使试验槽的磁场设计取得了优良的效果，得到了专家组的高度评价和认可。280kA 试验槽槽周母线设计方案如图 4-16 所示。

横向排列和大面多点进电是现代铝电解系列配置的显著特点，其主要目的是

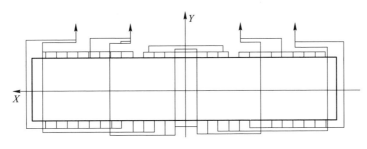

图 4-16　280kA 试验槽五点进电槽周母线配置

有效削弱立柱母线产生的磁场对电解槽的不利影响，笔者在文献[26]中通过磁场模拟着重分析了端部进电与大面进电在磁场特性方面的差异，设计过程中对不同的进电方式（四点或五点）进行了上百个方案的模拟对比，分别取得了最优的磁场效果，见表 4-2。

表 4-2　四点进电与五点进电母线配置模拟的磁场结果　　　　　　　（Gs）

方案	$|B_x|_{ave}$	$|B_x|_{max}$	$|B_y|_{ave}$	$|B_y|_{max}$	$|B_z|_{ave}$	$|B_z|_{max}$
四点进电	76.15	178.20	11.76	31.23	3.76	14.41
五点进电	76.89	178.10	6.54	26.26	3.60	14.03

经过优化设计，从两种母线配置方式的垂直磁场模拟结果来看，都可以达到比较理想的效果，平均值均小于 4Gs。但 Y 向的水平磁场相差较大，五点进电方案 $|B_y|_{ave}$ 减少了约 50%。磁场分布模拟结果如图 4-17 所示。

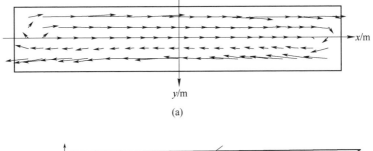

(a)

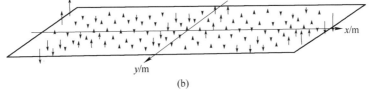

(b)

图 4-17　280kA 试验槽磁场模拟结果
（a）水平磁场分布；（b）垂直磁场分布

根据图 4-17 磁场模拟的结果，同时结合电解槽上部结构的设计特点，五点进电还有一个好处，就是阳极母线中间的过渡横梁恰好可以与提升机构和下料点的位置合理的布置。设计组最终推荐了五点进电的母线配置方案。尽管如此，考虑到电磁场模拟结果的实际误差，设计组在最终的母线设计方案中还设计了几种可能的调整方案，这些调整的方案可以在电解槽投产后根据磁场实际测量的结果，调整补偿母线的电流分配，以满足磁场优化的需要。但由于试验结果电磁场效果良好，电解槽运行稳定，因此这些方案最终并没有实施[35]。

4.4.2.3 母线系统的模拟与设计

母线断面的选择与母线系统的设计，是铝电解槽电磁场及磁流体力学模拟结果工程化的关键内容，也是现代大型铝电解槽的核心技术。一般来说，首先要满足电解槽阴极、阳极电流分布及母线系统电流分布，这是实现电磁模拟预测结果的基础；其次，还应当使母线系统的投资费用与电耗费用的总和最低，由于母线的投资在电解槽投资中占有很高的比例（30%～40%），因此母线的优化直接影响电解铝的投资；再次，母线系统对于施工安装、生产操作、安全性以及母线规格的工程要求，使得母线的设计异常复杂。对以往的单端或双端进电电解槽而言，传统的方法是采用求母线经济电流密度的方法确定母线断面[39]。随着电解槽的大型化，为了削弱槽内磁场的影响，母线配置设计采用了"多点进电"和补偿母线等结构，使母线系统十分复杂，无法用传统的方法计算选择，因而这项研究也成为现代铝电解技术在电磁场理论的工程化领域中的一项难题[40]。笔者在参加并承担国家试验项目过程中，经过不断地研究开发和工业测试检验，在该领域已取得重要进展。文献[32-33]详细阐述了这些研究成果，也反映了优化计算模型、软件的研制和修改完善的过程：提出了母线断面综合优化的概念，其重要的进步首先不仅仅以母线系统本身为物理模型的研究范围，而是将研究的范围扩展到整个电解槽所有的导电区域，即以先进的"铝液-铝液"模型建立的物理模型；更重要的是首次从理论上确定了母线系统各段母线截面之间的优化关系，以母线网络节点遵循的基尔霍夫定律为基础，将复杂的母线系统分解为具有普遍意义的"树形标准网络"，通过当量母线概念确定母线段之间的优化约束条件，建立了以母线系统总费用为目标函数的母线断面"当量优化法"模型，开发了LBUS 优化软件；此外，LBUS 还把规格化、现场安装、操作因素、安全参数等引入作为附加约束条件，同时考虑了温度变化对电阻率的影响，实现了工程条件下"多点进电"母线断面的优化。LBUS 不仅使母线系统设计满足理论上的最优化，而且能够满足各种复杂的实际工程要求，即可以模拟母线系统在电分布特性、工程条件限制和经济性之间寻求最优的平衡。"当量优化法"模型和 LBUS 软件经过了省部级专家鉴定：认为模型和软件均达到了国际先进水平。

LBUS 软件成功应用于 280kA 试验槽，并紧接着对 186kA 试验槽重新进行了计算和设计修改，不但取得了预期的电磁场效果，母线系统的电压、电流分布以及母线的投资费用都得到了最优化的设计结果。同时期 LBUS 还应用于平果铝 258 台 165kA 电解槽的优化设计，结果列于表 4-3。

表 4-3　280kA 试验槽设计结果与其他槽型的对比

项目指标	160kA（152 号）改造试验	186kA 试验槽	165kA 平果铝电解槽	280kA 试验槽
进电方式	4 点	4 点	大面 4 点	大面 5 点
进电比	13：3：3：13	1：1：1：1	3：5：5：3	10：11：10：11：10
$\|B_z\|_{max}$/Gs	13.0	12.62	12.71	14.03
$\|B_z\|_{ave}$/Gs	3.10	4.28	3.89	3.60
$\|B_y\|_{max}$/Gs	124.4	132.3	26.56	26.26
$\|B_y\|_{ave}$/Gs	51.55	36.55	7.081	6.54
用铝量/t·槽$^{-1}$	21.5	26.0	16.4	28.2（37.0[①]）
单位用铝量/t·(kA·槽)$^{-1}$	0.134	0.139	0.099	0.107（0.132）
母线压降[②]/mV·槽$^{-1}$	180	169	174	175

注：母线用量不含阳极大母线。

① 包含了为试验过程调整设计的备用母线的用铝量；

② 电压降包含了全部的母线压降。

从表 4-3 中可以看出，LBUS 可以在母线系统的电压最低（<180mV）的情况下，使用最少的铝母线用量，160kA 和 186kA 槽由于母线配置方案不同，单位用铝量略高；而 165kA 和 280kA 槽的母线铝用量和母线的压降均控制到了最佳值，从已经公布的数字来看，这个经济型指标至今没有被超越。当然，这一经济数据一方面与母线和阴极电流分布之间的平衡有一定的关系，即电流分布误差要求越严格，带来的经济性数字就会变差，但无论如何电流分布的误差应当满足电解槽生产性能的要求。模拟控制的精度目标一般在 2% 以内，实际情况局部误差可能会达到 3%~5%。另一方面，从槽型的变化看，280kA 与 165kA 相比发现，电解槽越大母线的用量会略有增大，这是因为为了补偿磁场，母线系统的总当量长度会有所增加，这一点在后来的 400kA 及更大电解槽的设计中得到了证明。

4.4.2.4　电解槽结构参数选择

A　阳极尺寸、阳极组数和阳极电流密度的选择[35]

阳极尺寸和阳极电流密度是铝电解槽最基本的设计参数，按照当时的发展趋势，国内外大型电解槽的电流密度在 $0.65 \sim 0.84 \text{A/cm}^2$ 之间（今天已经超过了这个数字）。但一个很普遍的观点是我国阳极质量问题是制约阳极电流密度提高的根本原因，所以选择的依据就是参照日轻引进 160kA 槽，但选择同样的阳极如果不提高电流密度,最终的电流强度就不能达到 280kA。因此参照焙烧炉结构尺寸所决定的阳极炭块实际生产能力,选择采用长 1450mm(加大了 50mm)×宽 660mm×高 540mm 阳极尺寸、40 组阳极的方案,受到焙烧炉尺寸限制的最大尺寸,电流密度 0.731A/cm^2。这一点同样也是受益于 186kA 试验槽的试验参照,同样的阳极尺寸下,186kA 槽的阳极电流密度是 0.694A/cm^2。在当时的情况下,对提高电流密度存在着一定的担心。之后,由于受到生产能力和运输距离的影响,280kA 试验槽最终并没有使用贵州铝厂的产品,而是由郑州铝厂解决的。

阳极钢爪数由 3 爪改为 4 爪,通过阳极的三维电热解析,阳极内部电流分布有所改进,而钢爪的压降以及钢爪与炭块的接触压降都有所降低,有利于降低能耗。

B 加工面选择

现代大型预焙槽由于采用了中间点式加料方式,加工面呈不断减小趋势。边部加工面的减小,不仅有利于提高槽单位面积产能、降低投资,而且可以缩小阴极铝液镜面、提高电流效率、改善炉帮形状、减小水平电流的产生。基于电、热解析理论,以炉帮形成为依据,可以通过合理地选择内衬结构和材料实现上述目的。引进的 160kA 槽技术是在边部加工基础上发展而来的,加工面的尺寸沿用了大加工面的模式,加上热平衡保持不理想等原因,实际生产中电解槽经常需要进行频繁的边部加工。280kA 电解槽加工面,在 160kA 槽引进技术基础上,参照国际铝电解技术发展趋势,吸收了 186kA 试验槽的经验,缩小了加工面,阳极中缝的尺寸也由于点式加料技术的采用进一步减小,大面 375mm、小面 450mm、中缝 200mm。我国各种铝电解槽加工面的发展及国外典型槽型的加工面尺寸见表 4-4。

表 4-4 我国各种铝电解槽加工面的发展及国外典型槽型的加工面尺寸

槽 型	大面加工面/mm	小面加工面/mm	阳极中缝/mm	开发年份
贵铝 160kA 槽	525	595	250	1981 年
贵铝 186kA 槽	375	450	200	1991 年
平果铝 165kA 槽	475	595	200	1994 年
280kA 试验槽	375	450	200(250[①])	1995 年
贵铝(云铝)200kA 改进槽	325	450	180	1997 年
法铝 AP-30(300kA)槽	350	—	150	1986 年
瑞铝 EPT-18(180kA)槽	350	400	180	—

①专家组调整后的数字。

4.4.2.5 试验槽设计方案的论证

在试验项目全部设计基本完成,项目建设工作进入开工准备阶段的情况下,为确保项目建设方案的科学合理性和万无一失，1991 年 1 月 19～23 日，有色总公司科技局在北京平谷县亚运村水上运动中心宾馆召开了一次来自全国各大铝企业、大学、科研院所等 35 名专家参加的设计方案论证会，专家成员有中南工业大学、北京大学、贵阳院、沈阳院、轻研院等科研院所的专家和来自贵州、抚顺、青海、包头、兰州、连城等各大铝厂的著名专家，这些专家有从事理论研究工作的学者教授、有电解工艺的老专家，还有从事电解铝装备、筑炉等一线工作的专家（如贵州铝厂的于宗耀、青海铝厂的徐忠良等），会议决定由七位德高望重的"280kA 试验槽项目常设专家组"成员组成"核心专家组"，在听取大专家组意见的基础上，形成最终决议。从参加会议的专家组成和规模足见有关部门对于此次会议的高度重视。说到底主管单位的领导还是对如此重大的试验项目的成功心里没有底，邀请全国的专家们把把脉。参加会议的项目组人员共计 34 人，笔者作为三场仿真和电解槽设计方案的主要汇报人之一，对这次会议的印象非常深刻。这次会议也被行业称为"平谷会议"。

科技局钮因健局长作为项目的总协调和主管领导，自始至终倾注了大量的心血，不辞劳苦，几乎亲自组织、参加了每一次的讨论会。邱竹贤教授说："多年来我们在铝电解电化学领域研究取得了很多的成果，但在物理场研究方面却很薄弱，这是工业电解槽的核心，项目组在这方面的研究开发走在了前边，能够设计出这样的大槽子让我感到很欣慰，第一步总是要迈出去的。"对笔者说："你的立柱母线设计不能太高了，不要影响操作啊!"一位老专家语重心长地告诫："你们的工作很扎实，设计非常好，但是走进去了一定要走出来，才是真正的成功，千万不要掉以轻心，这么大的项目，毕竟是第一次啊!"从会议的氛围，能够感受到项目在总公司领导和项目组同志们心里的压力。

基于当时技术发展历史背景和专家们的经验，专家们一方面对 280kA 试验槽充满期待，又对这些年我们在 160kA 电解槽生产方面的一些问题心有余悸，会议经过了热烈（近乎激烈）地讨论，最后经过核心专家组的研究，做出了以下几点结论：

（1）对项目组在现有条件下所做的试验槽、试验车间工艺设计方案，采用的各项技术与当前国际上的发展水平相比是先进的。

（2）电解槽三场仿真、槽内衬设计方案、五点进电母线配置方案的计算依据是可靠的，设计的电热特性、电磁特性设计方法和各项指标先进、技术方案可行。

（3）阳极中缝设计 200mm，改为 250mm（186kA 试验槽采用 200mm，引进 160kA 为 250mm）。

（4）阴极钢棒由通长钢棒改为中间断开方式，中间断开距离为 250mm。

（5）参考当时国际上一些大型槽技术特点，建议 1～3 号槽结构采用原方案，即直角摇篮式槽壳和涡轮蜗杆提升机构，4 号槽采用船形摇篮式槽壳和三角板滚珠丝杠式的提升机构，由沈阳院负责完成 4 号槽的这两项设计工作。

主要技术方案获得专家一致通过，大大鼓舞了试验组的信心。这次会议是历史性的，它的召开是试验工作的重点转入工程建设和工业试验阶段的一个转折点。

由沈阳院承担 4 号槽在结构上进行不同方案的试验，今天看来是非常正确的，这是此次会议的又一贡献，船型槽壳在后来的大型槽发展应用中充分得到了认可，也成为一种普遍的结构形式；而三角板滚珠丝杠式的提升机构也是后来市场上大家看到的沈阳院与贵阳院设计方案的典型区别，这是沈阳院霍庆发、王汝良等专家的重大贡献。

另外，从以上决议可以看出，阳极中缝由 200mm 加大到 250mm 今天看显然值得商榷，随着点式下料技术的应用，阳极中缝已经不需要那么大了，但是"万一造成下料不畅怎么办？能不冒险还是不要冒险"，这种担心也是受到日本技术的影响；阴极钢棒采用通长还是中间断开，从今天的结果看已经不是什么问题。虽然意见分歧很大，但在当年引进的 160kA 槽大面积破损的阴影笼罩下，相当一部分意见认为，日方采用的通长阴极钢棒有可能会是罪魁祸首之一，专家组们希望结合我国在小型槽上已有的长期生产运行经验，推荐了断开式的阴极钢棒。

从这次会议结果也可以看出老专家们的内心期待和纠结。是啊，"至少能出铝吧"。"不放心也要干！"关键的技术要突破，要大胆试；能试验的尽量试，多一些选择；该保守的还是保守点儿，我们不能输。中国铝电解技术，就是这样一点一滴，循环往复、进进退退中不断进步、不断完善、不断发展壮大的。在整个 280kA 试验槽长达 8 年的开发历程中，几乎每天都面临这样那样的问题和挑战。

多年以后的一次国际交流活动中，一位外国朋友说：中国的大型电解槽是模仿国外某公司的技术设计的。笔者当时就跟他说：你说得不对，你不了解我们的技术开发过程，中国的大型电解槽或许有借鉴国外技术，但我们既没有得到国外的任何帮助，也没有国外提供的资料，甚至连国外的槽子都没有看见过，完全是靠自己一步步研究、试验、开发完成的，怎么能说模仿设计的？我们在引进日本技术的基础上，从物理场研究到引进技术改造、180kA 级电解槽的试验，再到 280kA 试验槽开发，经历了将近 20 年的时间。我们有自己的理论研究和工业试验基础，您觉得仅仅是模仿能够做到的吗？到今天中国不但形成了自己的现代技术体系，而且与国际上各大铝业公司代表性技术相比有自己突出的特点，而且在某些性能指标上超过了国际上最高水平，是值得中国人自豪的。

可以说，当今中国铝电解槽大型化技术在国际上的竞争力一点也不逊色于高铁，21 世纪初就已走出国门而且成套技术和装备实现了完全的国产化，已经使电解铝工业发展成我国的优势产业。

"280kA 特大型铝电解槽工业试验"是国家计委"七五""八五"重点攻关项目，该项目由中国有色金属总公司组织实施，郑州轻研院、贵阳院和沈阳院共同承担了该项目的开发设计、施工建设及工业试验任务。从 1988 年开始筹建大型铝试验基地，经过 8 年的攻关，成功地开发了 4 台 280kA 特大型铝电解试验槽。280kA 电解槽试验车间如图 4-18 所示。

图 4-18　国家大型铝电解试验基地 280kA 电解槽试验车间

经过一年半的运行和半年多的性能测试，试验槽电流效率 93.44%，直流电耗 13114kW·h/t。1996 年 11 月通过了国家鉴定，并获得国家科技进步奖一等奖。

它的开发成功，标志着我国大型铝电解槽技术已进入世界领先行列，实现了机械装备的国产化，具有高效、低耗、运行可靠、投资省等优点。即使用今天的技术标准衡量，280kA 试验槽所完成的各项试验成果，仍然具备现代大型铝电解槽先进性的基本特征，是今天更大容量电解槽的基础，280kA 试验槽的开发也为我国铝电解工业的规模化发展提供了成套先进技术。

4.5　300~600kA 大型铝电解槽技术开发与工业化应用

国家大型铝电解试验基地 280kA 特大型铝电解槽（命名为 ZGS-280）试验的成功，使我国成为世界上继美铝、法铝之后拥有 280kA 以上特大型铝电解槽技术的国家。它的诞生，被称为我国铝电解技术发展的里程碑，为中国铝电解工业的快速发展提供了强大的技术保障。

4.5.1　焦作万方 280kA 槽示范工程

1996 年 280kA 试验槽还在运行试验中，焦作万方铝业股份有限公司董事长金保庆就敏锐地觉察到 280kA 电解槽技术对电解铝行业发展的重大意义，这位敢于第一个吃螃蟹的企业家，几乎在试验槽成功启动时就开始借助天时地利的有利条件，率先与有色总公司达成协议，以技术使用费 500 万元获得第一家技术使用权。这也是唯一一家以试验槽 280kA 电流容量进行工业化生产的电解系列，也是国内唯一一家尊重知识产权提供技术使用费的企业。1998 年"焦作万方 6.8 万吨/年 280kA 铝电解示范工程"列入国家经贸委重点工程，由贵阳院承担工程设计并成功建设投产。"焦作万方"从此成为铝行业的新标杆！

然而，中国电解铝技术的进步，并没有就此止步，"焦作万方"的新纪录在短短几年内不断被刷新……

4.5.2 300~350kA 铝电解槽试验与工业化完善

4.5.2.1 平果铝 320kA 的经验

尽管我国 280kA 试验槽已经取得了成功，并已经推向工业应用，但是当时国际上电解槽大型化的速度还在加快。法铝的 AP-28 已经发展为 AP-30，实际运行电流超过了 300kA。

一定要超越国际水平！这是老一辈铝业专家的一种情结。

20 世纪 80 年代末，时任青铜峡铝厂厂长的康义和贵州铝厂副厂长杨世杰随团去某铝工业大国参加培训学习。其间，康义等提出参观该公司新开发的高新科技项目 300kA 电解试验槽，该厂技术人员指着几百米的远处说："好的，那就是！"感慨之余，康义对杨世杰说："老杨啊，咱们要走自主开发之路，赶超他们！"

1997 年初，平果铝首条四点进电的 165kA 电解系列成功运行，成功实现了两年达产达标的目标，此时，我国 280kA 特大型槽开发已经取得成功。时任平果铝总经理的杨世杰和副经理殷恩生认为开发 300kA 铝电解槽的条件已经成熟。7 月，杨世杰向担任国家有色金属工业局副局长的康义作了专题汇报，得到康义支持。

1998 年 9 月，由康义副局长亲自推动的国家经贸委国家重点技术创新项目"平果铝 320kA 大型铝电解槽技术项目"开始实施，项目由平果铝业公司和贵阳铝镁设计研究院联合开发。母线设计采用六点进电方式，同时槽况诊断、工艺参数调控配有专家决策智能支持系统，氧化铝浓度分布采用模糊控制技术。1999 年 6 月 30 台电解槽全部建成并开始启动，从设计到建成仅仅用了 9 个月[41]。

A 320kA 试验槽磁稳定性问题

尽管 280kA 试验槽的整个开发过程一切顺利，但 320kA 电解槽设计并不是 280kA 电解槽简单的几何放大，最大的难题还是电磁场的仿真模拟和磁流体稳定性的问题。首批投产的 10 台电解槽电压摆动剧烈、铝液波动频繁且幅度大，情况很不稳定。

继续还是中止试验? 在试验组和平果铝高层产生了严重分歧。支持继续试验的人认为,项目必须如期全线投产,否则无法完成项目任务;主张中断试验查找原因的人认为:磁场问题是电解槽的先天技术基因和基础,一旦投产将无法再改变,必须探明原因,彻底解决后再继续试验工作。

设计总负责人,贵阳院原总工程师翁文成积极向院领导建议:请笔者牵头组织攻关组,抓紧拿出解决方案。院领导班子进行了认真研究,当时负责院科研工作的副院长贺志辉传达院领导班子决定:此事关系重大,全力组织攻关。在已经建成的电解槽上解决磁稳定性问题,这是世界难题。

为了确保问题解决,平果铝同时组织了考察组前往美铝(Alcoa)考察,希望能借鉴美铝的经验。五天后,考察组也有了回音:类似情况在美铝也出现过,曾导致大型槽开发中断,但无法得到更多技术细节。后来,正如本书第3章所述,根据公开资料显示,美铝280kA槽在20世纪80年代建成两个系列后,因电磁场问题无法解决,从未再使用过。

B 破解非对称补偿难题

经过攻关组人员对320kA电解槽的模拟数据和设计方案进行仔仔细细的检查,8天后找到了问题的原因:由于试验车间两栋厂房之间距离只有21m,设计时对相邻槽排产生的相互磁影响补偿不足和对铁磁性物质影响处理的偏差,是造成磁流体稳定性不好的主要原因;同时还发现,由于320kA电解槽采用44块阳极方案,导致电磁特性先天不足(存在局部的电流不均衡,关于这一点将在本书9.2节讨论)。

据此提出了非对称的母线改造方案,并对车间端部的电解槽采用了"Z"字形的补偿母线设计,该方案当天就得到贵阳院技术委员会一致通过。在电解槽不停槽的条件下,经过施工人员的努力,仅在两周后就完成了全部改造任务。

事实上,在320kA方案制定的过程中,由于之前的成功,使得设计过程中对电磁场影响的精确性没有得到足够重视,因而不该出现的问题出人意料地出现了。这次工业试验中对磁问题的解决,为以后的大型化提供了重要的经验。

经过改造后的320kA电解槽运行稳定性大大提高。2000年4~8月,分别对其中8台试验槽和全部30台槽进行试验考核,取得的主要技术指标为:(1)8台槽考核,电流强度322.456kA,电流效率95.04%,直流电耗13191kW·h/t;(2)30台槽平均电流效率94.43%,平均电耗13323kW·h/t,整体达到国际先进水平。图4-19为运行中的320kA大型铝电解试验槽。

鉴定会上,专家组组长刘业翔院士说:"320kA特大型铝电解槽技术的成功开发和应用,标志着我国铝电解槽技术已具备完整的科学体系,使我国铝电解技术跃上了一个新台阶。"康义副局长百感交集地说:"320kA电解槽是现代铝电解发展的方向,它的开发成功为我国铝电解工业迎战新世纪抢得先机,振奋人心,

图 4-19 平果铝 320kA 大型铝电解试验槽

大长中国人志气!"

总结 320kA 试验槽成功的经验形成共识:必须要重新认识电解槽阳极模数优化和电磁场模拟问题的重要性。姚世焕先生后来也一再明确强调这一点,这使后来设计的 300~320kA 电解槽结构回到了 280kA 模式,成为我国铝电解工业的主力槽型,并技术输出海外。

4.5.2.2 300~320kA 电解槽工业化应用

从 20 世纪 90 年代中期开始,沈阳铝镁设计研究院率先引进了国际知名的数值分析软件 ANSYS,并在 1996 年完成了河南鑫旺 160kA 四点进电电解槽的仿真设计,取得了很好的效果,引起了全国关注。接着,各大设计院相继购买了 ANSYS。这一强大的仿真计算工具的引进,使得电解槽的物理场仿真手段进一步加强。从本质上讲建模工具的发展固然重要,但针对铝电解槽物理场特性进行深入研究,获得可靠的边界条件才是物理场仿真的关键(国外使用 ANSYS 开发电解槽不成功的先例并不鲜见)。ANSYS 的应用也验证了我国自行开发的仿真软件的可靠性和我国自行开发的大型电解槽的先进性。在此后 320kA、400kA 以及500~600kA 电解槽开发中,通过两种软件在设计工作中的交叉运用、相互验证,加快了大型铝电解槽开发的步伐,不断更新改进的新型电解槽直接应用于系列化生产。

特大型电解槽的开发成功,使得铝电解工业发展的面貌发生了根本的变化。2001 年,伊川电力集团由沈阳院设计的 20 万吨/年 300kA 电解系列仅用一年时间建成,开创了电解铝工程建设达产的历史纪录;2002 年,河南中孚实业股份有限公司启动年产 25 万吨/年工程,由贵阳院改进设计的 320kA 电解系列开工建设;同年,贵阳院 320kA 电解槽技术出口印度,签订了有史以来最大的电解铝技术出口订单,到后来电解铝技术开始大规模输出国际市场,与此同时中国电解铝技术大型化的脚步还在向前迈进。

4.5.2.3 350kA 电解槽工业化

2002 年 4 月，由沈阳院、河南神火集团有限公司等单位在共同考察、调研的基础上，采用 156 台 350kA 特大型铝电解系列新技术，建设年产 14 万吨大型铝电解工程项目获得批准。由杨晓东等领衔设计，首期于 2004 年 8 月 16 日正式通电启动。电解槽运行正常、生产稳定，电流效率达到 94.15%，直流电耗每吨铝13474kW·h，综合技术达到国际先进水平，标志着我国电解铝技术具备了参与世界竞争的实力，对提高我国铝工业整体水平具有重要的示范意义和推广价值，为沈阳院 SY 系列电解槽技术的形成奠定了基础。

与此同时，贵阳院在青铜峡铝厂设计建设了 350kA 铝电解系列。350kA 铝电解槽的工业化应用，使中国电解铝大型化技术提升到了一个新高度。杨晓东、李梦臻等完成的"350kA 特大型预焙阳极铝电解槽研制"项目获得 2007 年国家科技进步奖二等奖。

鉴定委员会指出，350kA 铝电解槽具有如下特点与创新：（1）采用非对称 6点进电母线，进行了磁场优化设计，使电解槽运行平稳；（2）运用电解槽本体热平衡仿真与厂房通风模拟相结合的"系统热平衡"设计新方法，获得了良好的电解槽热平衡和厂房通风设计效果；（3）采用了窄加工面、槽壳增设散热片、大间距摇篮架结构，取得了电解槽材料用量省、结构紧凑、槽壳变形小、热工况稳定的良好效果；（4）开发出 3 段式排烟技术，有利于提高集气效率和改善环境。

4.5.3 400~600kA 超大型电解槽开发与应用

4.5.3.1 电流强度突破 400kA

350kA 槽取得成功之后，沈阳院成功将该技术应用于兰州铝厂新建系列。在 16 台电解槽上进行了强化电流试验，采用 30% 石墨质阴极炭块，在阳极电流密度 $0.82A/cm^2$ 条件下首次将电流提升到 403kA，2007 年 5 月开始启动，经过 10 个月的运行，电流效率达到 94.16%，吨铝直流电耗13263kW·h/t，并于 2008 年 3 月 21 日通过了科技成果鉴定。

从 2007 年 3 月起，中孚实业与东北大学设计研究院（简称东大院）联合成立技术开发攻关组，在对 320kA 电解槽进行改进试验的基础上，开始研究、设计400kA 电解槽开发方案，建设产能 24 万吨/年 400kA 铝电解生产线。经过了 7 个月的技术攻关与设计，成功开发了 400kA 原型电解槽，建成了整条生产线并于2008 年 8 月 18 日顺利启动投产。

新的生产线采用了多项新技术：（1）采用了与 320kA 电解槽相同的阳极尺寸，阳极的数量为 48 组；（2）经过精确的物理场仿真设计，采用了 6 点进电母线配置模式，并首创了"端部强补偿，底部非对称弱补偿"电磁场补偿母线结构，使电解槽获得了优越的磁流体稳定性；（3）内衬结构在精确的电热特性模拟基础上，设计了"可压缩结构"，有效延长了槽寿命；（4）设计了一种全新的槽上部管桁架式承重梁结构，不但满足了大跨度结构的强度与刚度要求，而且钢材用量降低了30%；（5）新的槽上部集气结构，电解槽在更换阳极、打壳或出铝等操作时，设有双排烟收集系统，确保能够最大程度地减少气体泄漏，集气效率提高到99%以上。

中孚400kA电解系列，是采用400kA电解槽建设的世界首条电解铝生产线，在当时是一项非常超前的决策。中孚实业的控股大股东是俄罗斯投资人控制的Vimetco公司（总部位于荷兰阿姆斯特丹，伦敦上市企业），该公司特别聘请了原凯撒铝业公司电解铝专家萨姆·马拉塔纳和原Pechiney技术经理皮尔作为技术顾问和公司CEO。由于当时世界上还没有一条400kA电解槽工业上产线的成功经验，Vimetco聘请的国际专家团队在电解槽选型上产生了严重分歧，一开始不同意中方提出的采用400kA电解槽的技术方案。

攻关组在进行了大量的科学研究和精心设计的基础上，用详实的科学依据和中国已经取得的实践经验论证了技术的可靠性和项目的可行性，最终达成一致意见：由Vimetco聘请美国专家N. Urata先生对项目的物理场仿真进行最后审查。Urata是世界著名的铝电解物理场仿真专家，早在20世纪70年代曾提出著名的铝电解槽电磁稳定性方程——Urata方程，被广泛认可和引用。基于对中国技术的保密，我们只提供了满足物理场仿真所需的原理图，两个月后得到答复：Urata先生没有异议，工程可以按期建设！

400kA电解槽投产后生产运行状况良好，槽工作电压保持在3.93~3.95V，经过技术条件的调整，吨铝直流电耗低于12800kW·h，阳极效应系数低于0.05次/（槽·日），电流效率达到93%以上，环保效果也进一步得到改善[42]，如图4-20所示。

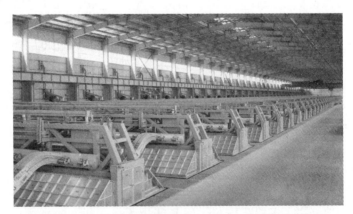

图4-20　中孚实业建成世界第一条400kA生产线（2008年）

2009年，在亚太七国组织实施的电解铝技术和环保项目中，新西兰奥克兰大学轻金属研究中心对该槽稳定性进行测试，作出结论：即使在工作电压3.6V的情况下，仍能保持高度的稳定性，证明了该槽电磁场设计的可靠性超乎想象，为低电压运行创造了条件。

紧接着，2011年初沈阳院与青铜峡铝厂开发成功的400kA电解槽生产线顺利投入运行。此后的几年内，400kA特大型电解槽迅速在行业推广了20余条生产线，成为我国电解铝工业的骨干槽型。

4.5.3.2　500kA级超大型电解槽的开发

2011年9月，由沈阳院设计的世界首条500kA铝电解生产线在中铝连城分公司建成投产。为确保启动工作顺利进行，在二区电解槽启动中，充分应用不停电停开槽技术，大大缩减了短路口拆卸时间；优化生产组织，严格工艺制度，加强技术培训，制定应急预案并组织演练；严格控制启动所需原材物料的消耗，降低启动成本，为保证系列安全平稳运行创造条件。比首批（一区）过程更加顺利。到2011年10月12日，二区500kA 92台电解槽全部顺利启动完成，开槽188台，完成65%。三区按计划于11月中旬通电启动，至年底前完成全系列288台电解槽启动工作。尽管过程复杂曲折，最终取得一次性工业化的成功，从而开启了电解槽的500kA时代，为向600kA迈进奠定了基础。

中大冶金设计院在新疆其亚设计的520kA电解系列，共安装320台电解槽，年产能45万吨，前80台于2012年8月顺利启动。在此期间，设计团队经过持续优化，在后240台电解槽上将该槽型进一步完善，成为当时世界上单系列产能最大的电解系列，如图4-21所示[43]。

图4-21　新疆其亚520kA铝电解系列（2012年）

520kA超大型电解槽主要应用了如下技术：（1）优化母线配置，磁补偿效果进一步改善，并且单槽铝母线用量降低了3.2t；（2）改进完善了阴极多钢棒技术，由每块阴极炭块 4 个阴极棒改为 3 个，进一步改进了阴极结构防渗漏设计；（3）优化了上部横母线和加料点布置，过道大母线设计充分考虑了安全操作的结构布置。投产后，电解槽运行稳定，尤其是改进后的 240 台槽技术指标有明显的改善。

4.5.3.3 600kA 超大容量电解槽诞生

A 电解槽大型化的拐点

随着容量的增大，从 400kA 到 500kA，尽管在设计理论和物理场仿真的方法上没有本质变化，但经济上和技术上的矛盾在这个阶段逐步显现，体现在两个方面：

（1）在母线系统设计上，为了补偿电磁场，电解槽上游侧阴极出来的大部分电流（大约 80% 以上）须从端部绕过，增加了母线的长度和截面积，也增加了投资和母线的电压，而且大量的补偿母线配置在电解槽之间需占用较大的空间，使槽间距也必须增大，导致投资和运行费用有所增加。另一种可以选择的方案是，适当减少电解槽周围母线的补偿量，采用专门设置的小机组用于补偿（专用补偿母线），被称为"外补偿"。相对来讲，外补偿的方式简单、投资和运行费用也略低一些。但无论采用哪一种补偿方式，相对于 400kA 电解槽而言，母线的单位投资和运行费用仍然是增加的。

（2）在电解槽的结构设计上，除了要适当改变长宽比、增加电解槽阳极长度、因而增加了上部的总质量以外，电解槽在长度方向的跨度也更大，上部结构也需要进一步加强；必须增加大梁的高度，加大大梁结构件断面积，以满足电解槽上部结构的强度和刚度需要，但造成的钢材用量、电解槽和厂房结构高度的提升，势必增加投资。解决这一问题有两种做法：一种是将实腹板梁改为管桁架梁，可以大幅节省投资，该结构首先用于中孚 400kA，后用于魏桥 600kA；再有一种就是在实腹板梁基础上在中间部位增加一个支撑柱，首先在连城 500kA 使用，后用于信发 660kA 电解槽。

500kA 以上超大型电解槽的开发，迅速受到行业青睐，众多企业选择用于其扩建工程。但另一方面，大型预焙槽发展出现了第二个拐点，无论 500kA 电解槽有多么优秀，除了技术难度不断增加以外，其优越性却越来越无法体现：一是设计上母线、结构材料的增加不仅失去了自身的投资优势，还会抵消规模化带来的公共设施所节省的投资；二是生产技术指标停滞不前，从目前的运行情况看：电流效率低于 93%、直流电耗 12600kW·h/t 的先进指标即使 500kA 槽也很难超越。

如果说，实现预焙槽从 160kA 到 180kA 以上的跨越归功于磁流体动力学影响等技术理论研究上的突破，那么解决 500kA 以上超大型化电解槽的经济性问题同样需要技术上的第二次突破。

B 600kA 超大型电解槽的成功开发

进入 21 世纪以来，国际铝冶炼巨头并没有停止其在超大型电解槽领域研究开发的步伐。2010 年 LRF 归属国际矿业巨头力拓（RTA）所有，开始开发其突破性的 APXe 技术，并在 2010 年 12 月，开始启动 AP-60（600kA 槽型）冶炼厂的建设和开发。力拓批准了世界上第一次大规模部署 AP-60 电解槽的计划，首先建设的是 38 台 AP-60（工业验证 AP-60 技术必需的数量），作为其位于加拿大魁北克的 Jonquiere 冶炼厂现代化的一部分。计划第二阶段即工业化系列示范线由于受到建设场地的限制，将设计一条由 272 台电解槽组成的生产线。

AP-60 的开发模式复制了其开发 AP-18 和 AP-30 的成功模式。2013 年完成调试和启动，2014 年 9 月完成全部性能测试：电流效率 95.9%，工业试验计算指标也仅仅达到吨铝直流电耗 13090kW·h/t 的水平。从这一指标的结果看，尚未达到其 AP-30 槽取得的工业系列运行的 12900kW·h/t 的水平，与我国 400kA 级电解槽的差距明显。这一结果和 AP-50 迟迟没有工业应用，与其 AP-60 第二阶段工业化计划至今未实施不无关联，也与前述的"第二拐点"相吻合。然而，我国 600kA 超大型电解槽的开发和应用却继续高歌猛进，异军突起。

2009 年起，沈阳院与中铝连城铝厂合作，承担"十一五"国家"863 计划"重点项目、中铝公司重大科技专项——600kA 超大容量铝电解槽技术研发。试验过程中，原设计方案计划采用"底部出电"模式（一种使阴极与阳极结构导电特性形成对称式分布的设计，可以最大限度降低铝液层电流），后由于沈阳院认为底部出电在结构上存在一定的风险，向科技部提出取消该计划。科技部"863 计划"项目专家组为此召开专门会议研究，调整了试验验收目标能耗指标（由 12000kW·h/t 调整为 12200kW·h/t）。

2012 年 8 月，12 台试验槽全部顺利启动。电解槽采用 56 组单阳极，电流密度 0.796A/cm^2，阳极与阴极呈正对应，七点下料、大梁中间支撑结构、分段集气双烟管排气系统、三段提升机构；采用内补偿+外补偿方案简化了槽周围母线设计，以减少槽间距增加；控制垂直磁场均值不大于 5.0Gs，熔体流速减低 40%（接近于 400kA 槽）。试验结果 12 台槽吨铝直流电耗平均为 12136kW·h，电流效率平均为 92.77%（见图 4-22）。

2014 年 4 月 21 日中国有色金属工业协会组织科技成果鉴定，张国成院士担任专家组组长，梁学民、牛庆仁教授级高工任副组长，鉴定意见认为：技术成果达到国际领先水平。

2013 年，东大院的创始人吕定雄和魏桥集团董事局主席张士平达成一致意见，经过论证，全球第一条（186 台）600kA 电解铝生产线（NEUI600）正式启动建设。

NEUI600 采用"数值模拟+经验"的模式：开发了磁流体稳定性"双补偿"

图 4-22　中铝连城 12 台 600kA 试验槽（2014 年）

技术和母线装置，电解槽母线用量与传统的"单补偿"技术相比降低 12%；首创的多阶分体式管桁架梁结构技术提高了 NEUI600kA 级铝电解槽超大跨度上部钢结构的安全性和稳定性，降低电解车间轨顶标高约 1m，降低电解车间土建投资约 5%；研发的高位分区集气结构和相向流烟气干法净化技术等成套环境总量控制技术，系列实现了 99.6% 的集气效率和 99.7% 的净化效率。经过半年多的运行测试：槽平均电压 3.95V，电流效率 94.6%，直流电耗 12443kW·h/t，阳极效应系数 0.01 次/(槽·日)（见图 4-23）。

图 4-23　魏桥 600kA 铝电解系列（2015 年）

　　2015 年 6 月 5 日，中国有色金属工业协会召开"魏桥铝电 NEUI600kA 级铝电解槽技术开发与产业化应用科技成果"评价会。陈全训会长参加评审会，副会长兼理事长贾明星教授担任专家组组长，邱定蕃院士、李劼教授担任副组长，专家评价认为：项目整体技术达到了国际领先水平。

此后，沈阳院在山东信发建立新的系列，将电流强度提高到了 660kA。

4.6　我国现代铝电解技术体系的形成

我国电解铝技术经过近四十多年的发展，从引进工程的消化吸收到自主研究开发，从试验研究到工业性示范，再到大规模工业化应用，使我国电解铝工业从小到大、从弱到强，走过了一条以科技创新引领行业发展的成功之路。以数学模型研究为基础，以工业铝电解槽技术为核心，以干法净化、点式加料与控制技术为保障，并破解了铝电解系列连续运行工艺（不停电技术）和槽内衬寿命等制约电解铝大型化技术难题，形成了我国自己的完整技术体系，如图4-24所示。

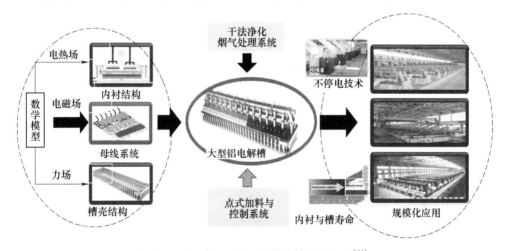

图 4-24　现代铝电解核心技术体系结构图[44]

尽管目前业内对 500kA 以上电解槽的成熟性和先进性时有争论，但毫无疑问，中国电解铝技术已经站在了世界之巅，电解铝技术的发展堪称我国工业的典范。开创美铝和法铝基业的霍尔和埃鲁特恐怕不会想到，他们发明的这种神奇的铝冶炼方法，今天能在中国大地真正开花结果，发扬光大，并造福世界！

参 考 文 献

[1] 中国有色金属工业协会. 新中国有色金属工业 60 年 [M]. 长沙：中南大学出版社，2009.

[2] 于宗跃，等. 大型铝电解槽内衬破损原因分析 [J]. 有色金属，1985（4）：83-87.

［3］赵无畏. 大型铝电解槽早期破损的研究［C］//第三届全国轻金属冶金学术会议论文集，1995：525-536.

［4］姚广春，邱竹贤. 钠对碳阴极的侵蚀［J］. 东北工学院学报，1989（7）：32-38.

［5］王立若. 槽内衬破损的检查、判断与补救措施［J］. 贵铝科技，1987（4）：31-35.

［6］孙效增. 对电解槽工作寿命几个问题的研究［J］. 贵州有色金属，1988（3）：48-53.

［7］GAN Y R, et at. Study on the damage mechanism of the inner lining of 160kA aluminum reduction cell［J］. Light Metals, 1990：342-351.

［8］宋垣温，干益人. 铝电解槽寿命的研究［M］. 沈阳：东北工学院出版社，1991：85.

［9］梁学民，贺志辉. 铝电解槽内衬设计的研究［J］. 贵州有色金属，1988（2）：19-23.

［10］梁学民，易小兵. 大容量铝电解槽技术的综合研究与开发［C］//第三届全国轻金属冶金学术会议论文集，1995：506-514.

［11］廖贤安，谢青松. 铝电解槽内衬设计和破损机理若干问题的综合分析［J］. 轻金属，2002（7）：29-31.

［12］韦涵光. 延长电解槽寿命降低铝锭成本［J］. 世界有色金属，2003（3）：41-43.

［13］刘海石. 延长大型铝电解槽寿命的研究［D］. 沈阳：东北大学，2006.

［14］任必军. 我国大型预焙槽寿命达到2500天以上的研究［J］. 轻金属，2002（8）：32-35.

［15］宋垣温，干益人. 贵州铝厂160kA电解槽实测结果与分析［C］//首届全国轻金属冶金学术会议论文集（下），1985.

［16］杨洪儒. 贵铝160kA铝电解槽电磁场的分析与改进意见［J］. 贵州有色金属，1988（3）：38-47.

［17］武丽阳，潘阳生. 电解槽磁场计算方法及计算程序［J］. 轻金属，1984（4）：23-30.

［18］干益人，宋桓温. 对《电解槽磁场计算方法及计算程序》一文若干问题的商榷［J］. 轻金属，1985（1），48-52.

［19］宋垣温，干益人. 铝电解槽磁场的计算方法［J］. 有色金属，1985（3）：63-69.

［20］梅炽，武威，汤洪青，梁学民，等. 铝电解槽电、热解析数学模型与计算机仿真［J］. 中南矿冶学院学报，1986（6）：10-14.

［21］梅炽，武威，梁学民，等. 160kA铝电解槽电、热解析及仿真实验［J］. 华中工学院学报，1987（2）：1-8.

［22］陈世玉，等. 提高铝电解槽磁场精度的研究［J］. 华中工学院学报，1987（2）：9-14.

［23］陈世玉，孙敏，贺志辉，等. 采用相对电参量法计算电解槽的电流场［J］. 华中工学院学报，1987，（增刊）：21-26.

［24］张文灿. 利用边界元法计算电解槽电流场［J］. 华中工学院学报，1987（2）：27-32.

［25］孙敏，等. 用图论场模型计算铝电解槽阴极电流场［J］. 华中工学院学报，1987（2）：33-38.

［26］梁学民. 论现代铝电解槽的母线设计［J］. 轻金属，1990（1）：21-26.

［27］陈廷贵，梅炽. 工业铝电解槽的数值模拟［J］. 贵州有色金属，1991（3）：27-32.

［28］刘烈全，邱崇光，吴有威，等. 大型铝电解槽的变形与应力［J］. 华中工学院学报，1987（2）：39-44.

［29］刘烈全，刘敦康. 铝电解槽结构变形的实测研究［J］. 华中工学院学报，1987（2）：

45-48.

[30] 邱崇光，刘烈全. 大型铝电解槽摇篮架的优化设计［J］. 华中工学院学报，1987（2）：49-54.

[31] 梁学民.186kA 铝电解槽的母线系统设计与测试分析［J］. 轻金属，1994（8）：25～29.

[32] 梁学民. 铝电解槽母线断面电流分布计算通用程序的研究［J］. 贵州有色金属，1988（3）：54-60.

[33] 梁学民. 多点进电铝电解槽的母线断面优化［J］. 有色金属（冶炼部分），1995（2）：23-27.

[34] 吴有威.186kA 铝电解槽的槽壳及结构分析［J］. 贵州有色金属，1990（2）：12-17.

[35] 于家谋，梁学民，高振玉，等.280kA 特大型铝电解试验槽开发设计［C］∥全国第十次铝电解技术信息交流会论文集，焦作，1996.

[36] 梁学民，姚世焕.280kA 铝电解槽的母线配置及其磁设计［C］∥第二届全国轻金属冶金学术会议论文集，1990.

[37] 梁学民，于家谋，等.280kA 特大型铝电解槽开发工业试验［J］. 轻金属，1998（增刊）：54-58.

[38] 蔡祺风，等. 铁棒法测定铝液流速的标定实验与工业槽实例［J］. 轻金属，1993（9）：29-32.

[39] 邱竹贤. 铝电解［M］. 北京：冶金工业出版社，1982：273-280.

[40] 梁学民，等. 铝电解槽数学模型及计算机仿真［J］. 轻金属，1998（增）：145-150.

[41] YIN E S, LIU Y G, XI C M, et al. Developing the GP-320 cell technology in China［J］. Light Metals, 2001：30-36.

[42] LIANG X M, China-world leader in primary aluminum technology：Zhongfu smelter pioneers energy-saving 400 kA potline［J］. Light Metal Age, 2009（3）：28-33.

[43] LIANG X M. Industrial running of the 530kA potline in north-western China［J］. Light Metals, 2014：803-807.

[44] 梁学民. 我国现代铝电解技术发展历程［C］∥第七届中国铝工业科学技术发展大会论文集，贵阳，2019.

第二篇

铝电解工艺与原理

5 铝电解物理化学过程及工艺原理

5.1 铝电解电化学原理及化学反应

5.1.1 铝电解原理

工业炼铝的方法采用霍尔-埃鲁特铝电解法，此法自霍尔和埃鲁特两人在1886年同时发明并申请了铝电解法的专利以后一直是工业生产铝的唯一方法。Al_2O_3 溶解在一种主要含有冰晶石（Na_3AlF_6）的电解质熔体中进行电解，在直流电作用下在阳极和阴极上发生电化学反应，阳极上产生阳极气体，阴极上析出铝，从而生产出铝。电解质中还添加氟化铝（AlF_3）、氟化钙（CaF_2）等添加物，用来改善电解质的性质[1-2]。

5.1.1.1 基本电化学反应

将固态的 Al_2O_3 加入 Na_3AlF_6 熔体中，生成以 Na^+、$Al_xO_yF_2^{(2+2y-3x)-}$、AlF_6^{3-}、AlF_4^- 以及 F^- 等离子为主要组成的熔融 Na_3AlF_6-Al_2O_3（冰晶石-氧化铝）熔盐；通入直流电，Na_3AlF_6-Al_2O_3 熔体中的阴、阳离子在电场力的作用下，分别向阳极和阴极方向迁移；阴离子到达阳极表面发生电化学反应，失去电子生成气态物质；阳离子到达阴极表面发生电化学反应，获得电子变成铝原子，从而得到液态铝[3]。

在冰晶石-氧化铝熔体中，阳离子有络合的 Al^{3+} 和单质的 Na^+。在电解温度 930~970℃ 的条件（高与电解质熔点）下，钠的平衡析出电位比纯铝的析出电位负 250mV。因此，通上直流电以后，在阴极上络合的 Al^{3+} 放电，发生电化学反应：

$$Al^{3+}_{(络合)} + 3e \Longrightarrow Al \qquad (5-1)$$

阳极采用活性的炭阳极，阳极本身参与反应。在阳极炭块表面，铝氧氟络合离子中的 O^{2-} 放电，发生电化学反应：

$$2O^{2-}_{(络合)} - 4e + C \Longrightarrow CO_2 \qquad (5-2)$$

CO_2 被认为是阳极第一反应产物，铝电解反应的结果只消耗了 Al_2O_3 和 C，因此整个电解过程总反应式为：

$$Al_2O_3 + 1.5C \Longrightarrow 2Al + 1.5CO_2 \uparrow \qquad (5-3)$$

按照以上铝电解的基本反应，需要为反应过程提供大量的直流电能，用以推动反应向生成铝的方向进行。随着电化学反应的不断进行，炭阳极以及溶解于电解质中的氧化铝被不断消耗，需及时补充以使生成铝的反应得以连续。

5.1.1.2　铝电解工艺原理

按照以上电解铝的基本化学反应，实际的工业电解生产铝的工艺在不断发展。在现代的铝冶炼工艺中，多采用预焙阳极电解槽，其工艺原理如图 5-1 所示。

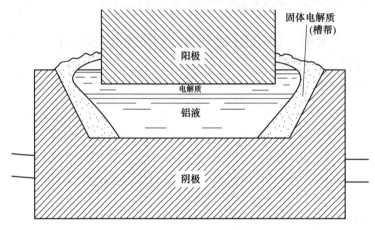

图 5-1　现代铝电解工艺原理

在电解槽内，多块预焙阳极浸入熔融电解质（Na_3AlF_6）中，从溶解的氧化铝（Al_2O_3）中释放出氧离子，在阳极上进行电化学放电，生成中间态的产物。但是，此种中间态的氧与炭阳极起反应，而逐渐消耗炭阳极，生成气态二氧化碳（CO_2）。在电解质之下有一层液态的铝，盛置在预成型的炭素内衬形成的熔池中，并靠由钢壳内砌筑的耐火材料和保温材料进行保温，以维持电化学反应的温度。因此，含铝的阳离子在金属-电解质界面上被还原。虽然"阴极"一词工业上通常被描述为盛置液态金属和电解质的整体容器（即槽体），但真正作为阴极起作用的是铝液层的上表面。

电解质作为氧化铝熔剂，冰晶石是主要的电解质成分。原则上，冰晶石是不消耗的，但是由于包括与杂质反应引起的化学损失、高温下的蒸发和水解、渗透进入炭内衬以及各种机械损失，实际电解过程中需要一定的补充。现代的中等槽型铝电解槽一般含有 4~6t 电解质，大型槽需要电解质则超过 20t，电解质熔体的高度大约为 20cm。电解质温度在正常生产操作中通常是 930~965℃，随着低熔点电解质成分的不断应用，近年来有不断降低的趋势。

自霍尔-埃鲁特铝电解法发明以来，电解质得到很大的改进，常常采用几种添加剂用以改善电解质的物理化学性质。例如：减小铝的溶解度、增加电导率、降低密度和蒸气压。所有的添加剂都会降低电解质的熔点而使电解槽的操作温度下降，但是也使得氧化铝溶解度降低。然而，采用先进的氧化铝下料技术，氧化铝溶解度降低造成的影响不像以前那么严重了，因为现在可以比较方便地控制电解槽中氧化铝的含量。

目前电解槽的极距（从阳极底部到铝液面的垂直距离）一般是 4~5cm，电解质除了作为阳极到阴极的基本导电体和氧化铝的熔剂之外，还作为产铝的阴极和产生二氧化碳气体的阳极之间的物理隔板。当然作为电解过程的主要电阻发热体，电解质发热能够维持电解槽电化学反应的热需求。

操作良好的电解槽处于良好的热平衡状态，此时在其熔池内的侧壁上会形成凝固的电解质凝固层（专业俗称"炉帮"），炉帮不但使电解槽的内衬材料免于直接与电解质接触，从而大大降低内衬被侵蚀的风险，同时还对电解过程的进行产生很大的影响。

5.1.1.3 铝电解生产流程

现代铝工业生产中，电解槽阴极和阳极均采用炭素材料制作，阳极和阴极分别来自专门的生产车间。直流电来自供电整流车间，电流通过直流母线送入电解槽进行电解反应生成铝，在电解槽阴极上产出液态铝；阳极上产生 CO_2 和 CO 气体通过电解槽集气装置排入烟道。

铝液用真空抬包从电解槽中吸出，运至产品铸造车间，经过净化和澄清之后，浇铸成商品铝锭，其质量达到纯度为 99.5%~99.8%，大部分铝厂已能够达到 99.7% 的纯度以上。目前，随着短流程工艺的不断应用，相当一部分铝厂已经开始直接生产各种棒材、线材或者热轧用的大板锭。

阳极气体中含有 70%~80%CO_2 和 20%~30%CO，还含有少量氟化物和 SO_2 气体[1]，经过烟气收集系统送至干法净化系统，净化之后的废气排入大气；来自氧化铝厂新鲜的氧化铝加入干法净化系统，吸收烟气中的氟化物，由于氧化铝对氟化物的反应速度极快，氟化物的吸收效率可达 99.9%，收回的含有氟化物的氧化铝作为主要原料返回电解槽进行电解。

氧化铝是生产电解铝的主要原料，主要通过密闭的输送系统自动送达每台电解槽。加入电解槽的绝大部分氧化铝一般为经过烟气净化系统循环的载氟氧化铝，少量的新鲜氧化铝有时候也通过车间多功能天车直接加入电解槽。

此外，还要补充一部分冰晶石和氟化铝，冰晶石一般在电解槽启动时添加，而氟化铝的消耗随着电解槽技术的进步也已经降低到了每吨铝 15kg 以下。铝电解生产工艺流程简图如图 5-2 所示。

随着铝电解技术的发展，电解槽容量已经发展到 500~600kA，单系列的规模已经达到 50 万吨/年，吨铝直流电消耗也由 20 世纪 80 年代的 13600kW·h 降低到 12800kW·h 以下，阳极的净消耗也降低至 420kg 以下。除了电解槽容量不断增大、系列生产的规模越来越大以外，四十多年来铝电解的工艺基本以预焙阳极电解槽工艺为主，没有改变过。

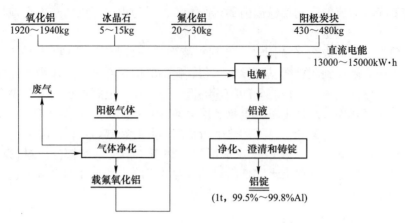

图 5-2　铝电解生产工艺流程简图[1]

现代铝工业正在研制的惰性阳极和惰性阴极一旦成功，铝电解生产工艺流程将会发生重大的变革，阳极不再大量消耗，所产生的气体将主要是 O_2，对于改善铝工业对环境的影响大有裨益。随着技术的成熟，生产成本明显降低，或许在不远的将来，能够取代现有的生产工艺。

5.1.2　铝的电化学当量

5.1.2.1　熔盐电解中的法拉第定律

熔盐电解与水溶液电解和有机溶液电解一样，其电解反应是借助电流的作用而进行的化学反应。法拉第从实验中获得了两条著名的法拉第电解定律，即在电解过程中阳极和阴极反应所获得的产物的数量都遵循法拉第定律[4]。

法拉第第一定律：当电解过程发生时，在电极上析出的物质的质量 m 与通过电解溶液（或熔液）的电量成正比：

$$m = kIt \tag{5-4}$$

式中，I 为电流；t 为时间。

如果电流不恒定时，则：

$$m = k\int_0^t I\mathrm{d}t \tag{5-5}$$

法拉第第二定律：电解过程中，当通过的电量一定时，电极上析出物质的质量与物质的电化学当量成正比。

因此，根据法拉第定律，当冰晶石-氧化铝熔盐电解时，在阴极上从电解质熔体中析出金属铝，是由于每个铝离子（Al^{3+}）从阴极上得到 3 个电子变成金属铝原子 Al。与此同时，有 1.5 个氧离子（O^{2-}）把自己多余的电子给了阳极，而转变成氧原子。如果阳极是惰性阳极，则两个氧原子结合成一个氧分子 O_2，从阳极表面逸出；如果阳极是炭阳极，则氧原子与阳极炭反应，最终产生 CO_2，从阳极表面逸出。这就伴随着发生 1 个铝原子和 1.5 个氧原子的析出，而析出的 Al 原子的数目永远是析出氧原子数目的 2/3。

因此，电解产物量与通过电量之间的关系由法拉第电解定律严格规定。

5.1.2.2　铝的电化学当量的计算

电化学当量是指 1C 的电量所产出的电解产物量。即 1 法拉第电量通过任何电解质体系的任何电解装置时，阳极和阴极上均发生 1mol 物质的变化量，1 法拉第电量就是 1mol 电子的电荷量，等于 1 个电子的电量 1.602 乘以 1mol 电子数 $6.203×10^{23}$，约为 96500C。参加电极反应的物质当量粒子的物质量等于其摩尔质量（g）除以得失电子数。任何元素的电化学当量可根据已知的电极反应求得。

铝的电化学当量按照工程上表达，电量单位采用 A·h，因而，定义为：电流为 1A、电解时间为 1h 时，阴极上所应析出的铝量。它是根据法拉第定律推导出来的。

铝的阴极还原：$Al^{3+}+3e→Al$，已知 1mol 的铝为 26.98154g，电解质熔体中的铝为 Al^{3+}，则电解时在阴极上析出 1mol 铝所需的电荷为：

$$96487 × 3 = 289461C \tag{5-6}$$

又知电流为 1A（1C/s），1h 通过的电量为 $1×3600=3600C$。所以，通入电解槽 1A 的电流，通入时间（电解时间）1h，则在阴极上析出铝的质量 x 有：

$$26.98154 : 289461 = x : 3600 \tag{5-7}$$

因此，可得：

$$x = \frac{26.98154 × 3600}{289461} = 0.3356(g) \tag{5-8}$$

由式（5-7）计算，可得出 Al 的电化学当量为：0.3356g/3600C = 0.3356g/（A·h）。

按照铝的电化学当量计算，电流强度为 320kA 的 1 台电解槽 24h 的理论产铝量为 $0.3356×320×1000×24/1000 = 2577.4$kg。

5.2　熔　盐　结　构

铝电解过程中，氧化铝在熔融冰晶石中以怎样的形态存在，在直流电场作用下它的相关组分又是怎样移动的，在阴极和阳极上析出相关物质之前电解质中究竟存在哪些离子？也就是说，冰晶石-氧化铝熔体的离子结构是什么状况？了解冰晶石-氧化铝熔融盐结构，特别是微观结构是深入理解铝电解质的物理化学性质和正确认识铝电解电极过程的基础。

自 20 世纪 30 年代起，对 Na_3AlF_6-Al_2O_3 体系的熔盐结构就开展了相关的研究工作，初期的研究工作，多以对熔盐结构较为敏感的物理化学性质，如密度、电导率、黏度、凝固点降低、CO_2 溶解等的测定数据为依据。此后，在熔盐结构研究方面逐渐取得进展，通过对熔盐进行离子聚合、分子行为、网络生成、长程有序及微观相互作用等的模型研究，获得了大量熔盐结构方面的间接信息；又通过衍射实验（中子衍射、电子衍射、X 射线衍射）和吸收光谱，CW 激光和喇曼光谱获得了有关结构的直接证明。研究者根据间接的和直接的方法，针对具体对象或其长程有序结构的生成期，确定该熔盐的结构。历经 50 余年，提出了数十种主体离子的结构模式[4-5]。20 世纪 80 年代以后，随着数理统计科学和计算机技术的发展，开始借助计算机模拟与实验结合来研究熔体的结构。冰晶石-氧化铝系熔盐结构的研究从上述工作中获得进一步发展，先后也进行了分子动力学模拟、蒙特卡洛法及核磁共振等研究，使人们对这一熔体的结构有了进一步的了解和认识。但是，由于电解质熔体介质具有高温、强腐蚀性等原因，在物理、化学性质的精细测量上又碰到许多困难，获得的信息多半为间接信息。因此，对冰晶石-氧化铝的熔体结构全面清晰的认识还在进一步研究当中[2]。

5.2.1　Na_3AlF_6 系熔盐结构

5.2.1.1　冰晶石（Na_3AlF_6）的晶格结构

冰晶石（Na_3AlF_6）是一种离子化合物，在 565℃ 以下属于单斜晶系，在其晶格的 8 个结点上和晶格的中心各有一个稍稍歪斜的八面体离子团（AlF_6^{3-}）。此八面体离子团的中心是 Al^{3+}，6 个 F^- 围绕它，形成紧密的结构——AlF_6^{3-} 离子团。Al^{3+} 与 F^- 之间的平均距离为 0.18nm。钠离子占有两种位置：1/3 的 Na^+（Ⅰ）位于晶格棱边的中点，这些钠离子与 6 个 F^- 配位，平均距离为 0.221nm；其余 2/3 的 Na^+（Ⅱ）位于晶格内部，它们与 12 个 F^- 配位，平均距离为 0.268nm。到 565℃ 温度时，冰晶石晶格呈现具有更加对称的立方结构。此时 Na^+（Ⅰ）与 F^- 之间的平均距离缩短到 0.219nm，而 Na^+（Ⅱ）与 F^- 之间的平均距离增加到 0.282nm[1]。

Na_3AlF_6 从固体到液体的电导率在 565℃ 和 880℃ 时各有一个转折点，前者是从单斜晶系转变成立方晶系，后者是从立方晶系转变成六方晶系。当冰晶石熔化时（1013℃），其电导率升高了 10 倍。

电导率随温度的变化关系表示冰晶石结构在升高温度时所发生的改变。在 565℃ 时，α-冰晶石向 β-冰晶石之间转变引起 Na^+（Ⅱ）与 F^- 间平均距离增大，为 Na^+（Ⅱ）从晶格中挣脱出来创造了条件，从而使电导率在该温度下发生突变。由于 Na^+（Ⅱ）的位移而造成的不平衡力场使整个冰晶石晶格发生改变，同时也使络合离子团 AlF_6^{3-} 部分地解体。由于每 1mol 冰晶石有 2mol Na^+（Ⅱ），因而认为熔融冰晶石中的 AlF_6^{3-} 离子团也解离出 2mol F^-，即按下式进行解离：

$$AlF_6^{3-} \rightleftharpoons AlF_4^- + 2F^- \qquad (5-9)$$

邱竹贤用热力学计算了冰晶石熔液在 1300K 时的热分解率为 31.62%，Gilbert[6] 用喇曼光谱研究了冰晶石熔液的结构，求得 AlF_6^{3-} 分解成 AlF_4^- 的分解率在 1015℃时为 25%左右，两者的结果是接近的，这些理论研究论证了熔液中有 AlF_4^- 离子团存在。冰晶石的晶格结构如图 5-3 所示。

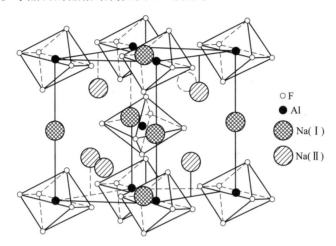

图 5-3　冰晶石晶格结构[1]

上述 AlF_6^{3-} 离子团解离的观点得到了实验与理论的支持。它也和冰晶石晶体结构的研究结果相符合。苏联学者 Я. И. Френкелъ 在研究液体与固体结构的相似性时提出了关于液体结构的远程序与近程序的概念。固体结构向液体转化，不同程度地保持着近程序，而远程序则消失。远程序是延伸到较远距离的质点排列的一种规整性，而近程序则是质点的最近的排列秩序。

亚冰晶石（$5NaF \cdot 3AlF_3$）具有层状结构，此层状结构由八面体铝氟离子团 AlF_6^{3-} 构成，固态时的层状结构决定了它在熔化时的脆弱性，亦即易于分解，Ginsberg 的 X 射线研究指出，亚冰晶石在熔化时完全分解成冰晶石和单冰晶石：

$$5NaF \cdot 3AlF_3 \rightleftharpoons Na_3AlF_6 + 2NaAlF_4 \qquad (5-10)$$

5.2.1.2　基于冰晶石（Na_3AlF_6）热解离的熔体结构模型

当冰晶石熔化时，其晶体结构中由于 Na^+—F^- 离子间的键较长，结合力较弱，将首先断开，原有远程序消失，冰晶石将按下式解离[2]：

$$Na_3AlF_6 \longrightarrow 3Na^+ + AlF_6^{5-} \qquad (5-11)$$

熔体仅保持近程序。在高温下 AlF_6^{3-} 离子团将进一步解离：

$$AlF_6^{3-} \longrightarrow AlF_4^- + 2F^- \qquad (5-12)$$

熔融冰晶石中存在着 $NaAlF_4$ 已是不争的事实，并为早年的研究工作所证实。Dewing 基于 NaF、AlF_3 活度数据提出的热力学模型，认为 AlF_6^{3-} 离子团也可能按下式解离：

$$AlF_6^{3-} \longrightarrow AlF_5^{2-} + F^- \tag{5-13}$$

因此，冰晶石熔体中存在的离子实体（即熔体结构）为 Na^+、AlF_6^{3-}、AlF_5^{2-}、AlF_4^- 及 F^-。

5.2.1.3　核磁共振（NMR）研究的（Na_3AlF_6）结构模型

1998 年，E. Robert 等人[6,7]用 ^{27}Al 高温核磁共振谱（NMR）对 NaF-AlF$_3$ 系熔体进行了研究，并同该熔体的喇曼光谱研究结果和热力学数据做了对比，提出了该熔体新的结构模型，认为冰晶石熔体由三种含 Al 络合离子 AlF_6^{3-}、AlF_5^{2-} 和 AlF_4^- 构成。即由以下反应的平衡产物形成的离子构成：

$$Na_3AlF_6 \longrightarrow 3Na^+ + AlF_6^{3-} \tag{5-14}$$

$$AlF_6^{3-} \longrightarrow AlF_5^{2-} + F^- \tag{5-15}$$

$$AlF_5^{2-} \longrightarrow AlF_4^- + F^- \tag{5-16}$$

熔体中是否存在 AlF_5^{2-}，过去是有争议的，但是几经测试与 Gilbert 等用喇曼光谱研究的结果对比是相符的，因此证明 AlF_5^{2-} 是存在的。

2002 年，V. Lacassagne 和 C. Bessada 等对 NaF-AlF$_3$ 系熔盐结构的高温核磁共振谱（NMR）研究也表明，NaF-AlF$_3$ 系中，^{27}Al、^{19}F 质点的化学改变与存在着 AlF_4^-、AlF_5^{2-} 和 AlF_6^{3-} 络合离子的情况非常吻合。络合离子在冰晶石至亚冰晶石成分间的平均配位数为 5。

因此可以认为，NaF-AlF$_3$ 熔体的结构主要由 Na^+、F^-、AlF_6^{3-}、AlF_5^{2-} 和 AlF_4^- 构成。

5.2.2　Na_3AlF_6-Al_2O_3 系熔盐结构

5.2.2.1　氧化铝（Al_2O_3）晶格结构

氧化铝有多种变体，当加热到 1200℃时都形成 α-Al_2O_3（见图 5-4），六方晶系，不吸水，密度为 3.9~4.0g/cm^2。1925 年，发现了第二种无水氧化铝，即 γ-Al_2O_3，正方晶系，呈八面体，它不存在于自然界中。氢氧化铝在 500~900℃ 之间脱水时产生 γ-Al_2O_3，其密度为 3.77g/cm^2；900℃ 开始转变成 α-Al_2O_3，到 1200℃ 完成转变[1]。

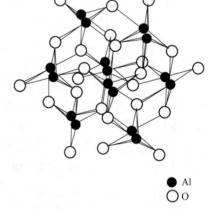

● Al
○ O

图 5-4　α-Al_2O_3（刚玉）晶格结构[1]

5.2.2.2　热力学模型与直接定氧法的结果

Sterten 等人[8]研究了饱和 Al_2O_3 的 NaF-AlF$_3$ 系熔体的热力学模型，指出主要的含氧络合离子为 $Al_2OF_6^{2-}$ 和 $Al_2O_2F_4^{2-}$。

Denek 等人用直接定氧法研究了 NaF-AlF$_3$-Al_2O_3 系熔体的结构，指出在低

Al_2O_3 浓度时，熔体中存在有 $Al_2OF_6^{2-}$ 和 $Al_3O_3F_6^{3-}$ 络合离子；在高 Al_2O_3 浓度时则以 $Al_2O_2F_4^{2-}$ 为主。在酸性熔体中 $Al_2O_2F_4^{2-}$ 增多而 $Al_2OF_6^{2-}$ 减少[9]。

5.2.2.3　分子动力学模拟的 Na_3AlF_6-Al_2O_3 系熔盐结构

D. K. Balashchenko 用分子动力学方法对 Na_3AlF_6-Al_2O_3 熔体结构进行了计算机模拟，所得熔体结构的特点如下[10]：

（1）对 Al—O 对来说，低 Al_2O_3 浓度时，配位数和组成无关。

（2）对冰晶石来讲，Al—F 键在 Na_3AlF_6-Al_2O_3 熔体中很强，配位数约为6，即形成 AlF_6^{3-}，也可能是7个或8个 F^- 围绕 Al^{3+} 的排列。

（3）D. Balashchenko 的研究没有观察到冰晶石熔体中有 AlF_4^- 的存在，尽管 AlF_4^- 在此前很多研究中都认为 AlF_4^- 是存在的。

根据熔体离子聚合化的可能性，熔体中能形成 Al_mO_n 型络合离子团。该离子团也会包含与其相邻的 F^-，因而有可能形成相当大的 $Al_mO_nF_p^{2-}$ 离子团。如果 O^{2-} 能起桥梁作用，那么增加 Al_2O_3 含量应引起络合离子团的尺寸更大，因此这个熔体是一个松散的结构。

（4）模拟计算表明，增加 Al_2O_3 含量将降低熔体的电导率，列出了各类离子的偏摩尔电导率，最大部分的电流为 Na^+ 的迁移所致。研究的各种模型的突出特点是 Al^{3+} 的迁移数为负值，这说明 Al^{3+} 被一群负离子稳定地屏蔽着，而使形成的络合离子带有负电荷。于是在电场中这个络合离子（携带有 Al^{3+} 在内）将移往阳极。对连接在一起的离子团所做分析表明，如果在离子团中 F^- 与 Al^{3+} 牢固地结合在一起，那么所有连接在一起的离子团都带负电荷。

（5）Na_3AlF_6-Al_2O_3 熔体模型中，Al—F 离子对的生存期要比 Na—F 和 Na—O 离子对的生存期高一个数量级。Al—F 的相互作用非常强，使它成为 $Al_mO_nF_p^{2-}$ 中的重要组分。

总的来说，纯冰晶石的结构特征是 F^- 围绕 Al^{3+} 呈四面体排列，结构相当稳定。AlF_6^{3-} 四面体是冰晶石的晶格结构单元。当冰晶石熔化时，该单元的近程有序大部分还保留着，但不是很紧密地结合在一起。因为熔融冰晶石的结构相当松散，当 Al_2O_3 溶解在冰晶石中时，F^- 围绕 Al^{3+} 的排列或被 O^{2-} 替代。O^{2-} 更为牢固的吸引着 Al^{3+}，于是 Al—O 和 Al—F 总配位数降低了。此时四面体的配位状态仍然存在着，只是 Al—F 键力表现得更弱些。

因此，Na_3AlF_6-Al_2O_3 熔体中存在的主要离子和络合离子为：Na^+、AlF_6^{3-}、$Al_2O_2F_4^{2-}$、F^-。

5.2.2.4　核磁共振谱（NMR）对（Na_3AlF_6-Al_2O_3）的测定结果

V. Lacassagne 和 C. Bessada 等人用核磁共振谱（NMR）测定了 NaF-AlF_3-

Al$_2$O$_3$系在1025℃下的熔体结构[11]。

核磁共振谱是一种功能强大的工具，适于用来研究熔盐中某质点（阳离子或阴离子）的局部结构。由于液体的结构是无序性的，可以多次对不同质点进行测量，采用以激光加热的核磁共振测量系统其温度可高达1500℃（见图5-5）。

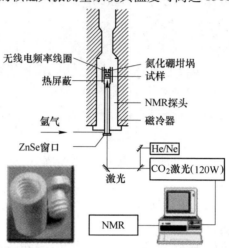

图 5-5　用激光加热的高温核磁共振测量系统（可达1500℃）

为更好地了解 Al$_2$O$_3$ 在熔融冰晶石中的溶解机理，研究者们用 NMR 谱研究了含有^{27}Al、^{23}Na、^{19}F 和^{17}O 质点在该熔体中的化学改变，以确定熔盐的结构。实验是在1010℃下进行的，Al$_2$O$_3$的浓度由很低到接近饱和，结果如图5-6所示。

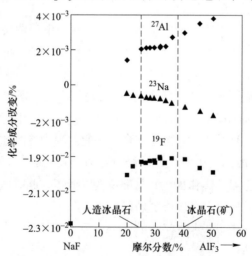

图 5-6　含有^{27}Al、^{23}Na、^{19}F 和^{17}O 质点的熔体
高温（1010℃）下的 NMR 谱研究结果

根据各质点的摩尔分数数据，推导出了熔体中存在的各质点的阴离子分数见图5-7。由图表明，游离的 F^- 离子分数在整个组成范围内略有降低，而在氟-氧-铝质点中总的氟离子分数随 Al_2O_3 浓度的增加仍保持高的主体地位。

根据这些测定得出的结论认为，该熔盐体系由不同的含铝络合离子构成。在纯熔融冰晶石中主要有 Na^+、F^-、AlF_4^-、AlF_5^{2-} 和 AlF_6^{3-} 存在。当熔融冰晶石中加入 Al_2O_3 后，熔体中至少存在着两种含 Al 络合离子（即 $Al_2OF_6^{2-}$ 和 $Al_2O_2F_4^{2-}$），这一结论经过直接实验证明是正确的。

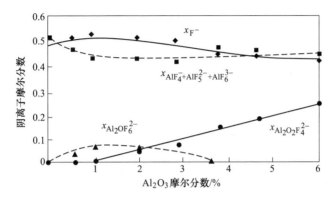

图 5-7　冰晶石-氧化铝熔体中不同阴离子含量

综上所述，在 1000～1025℃ 温度下，在 NaF-AlF₃ 熔体中，存在着的离子实体为 Na^+、F^-、AlF_4^-、AlF_5^{2-} 和 AlF_6^{3-}。加入 Al_2O_3 后，在 Na_3AlF_6-Al_2O_3 熔体中，除上述离子实体外，还出现了含 Al-O-F 络合离子，即 $[Al_2OF_6]^{2-}$、$[Al_2O_2F_4]^{2-}$ 等。这样，在 Na_3AlF_6-Al_2O_3 熔体中，存在着的离子实体为 Na^+、F^-、AlF_4^-、AlF_5^{2-} 和 AlF_6^{3-}、$[Al_2OF_6]^{2-}$ 和 $[Al_2O_2F_4]^{2-}$，这就是现今的冰晶石-氧化铝熔体的结构模型观（见表5-1）。

表 5-1　不同研究者提出的冰晶石-氧化铝熔体结构中的主要离子实体

研 究 者	低 Al_2O_3 浓度	高 Al_2O_3 浓度	酸性电解质
A. Serten[8]		$Al_2OF_6^{2-}$、$Al_2O_2F_4^{2-}$	
V. Danek 等人[10]	$Al_2OF_6^{2-}$	$Al_2O_2F_4^{2-}$	$Al_2O_2F_4^{2-}$、$Al_2O_2F_6^{2-}$
D. K. Belashchenko 等人[9]		$Al_2O_2F_4^{2-}$	
V. Lacassagne，C. Bessada 等人[11]		$Al_2O_2F_4^{2-}$、$Al_2OF_6^{2-}$	

以上各学者采用不同的研究方法和手段，提出的离子结构逐渐趋向一致，这是一大幸事。然而应当指出，高温熔融盐中的离子实体都只能看成是瞬时出现、或出现概率较大、有一定生命周期的，不应看成是一种固定的结构。还需要多种研究方法和手段同时并用，查明在不同情况下形成的主体离子实体，这样才有利

于我们把握对铝电解质的物理化学性质和铝电解电极过程本质的认识。

5.2.3　冰晶石-氧化铝熔盐的离子质点

在稀熔液中生成三个新质点的理论是根据 Rolin 的冰点降低实验结果而建立的。Brynestad 和 Grjotheim 在冰晶石-氧化铝相图研究中也获得同样的结论。Na_3AlF_6-Al_2O_3 熔液在低浓度下生成三个新离子的反应，可能有下列几种：

$$4AlF_6^{3-} + 2Al^{3+} + 3O^{2-} = 3AlOF_5^{4-} + 3AlF_3 \tag{5-17}$$

$$2AlF_6^{3-} + 2Al^{3+} + 3O^{2-} = 3AlOF_3^{2-} + AlF_3 \tag{5-18}$$

$$9F^- + 3AlF_4^- + 2Al^{3+} + 3O^{2-} = 3AlOF_5^{4-} + AlF_3 \tag{5-19}$$

$$3F^- + 3AlF_4^- + 2Al^{3+} + 3O^{2-} = 3AlOF_3^{2-} + 2AlF_3 \tag{5-20}$$

Holm 指出，在冰晶石-氧化铝稀熔液中，生成 $Al_2OF_8^{4-}$ 络合离子的反应也满足生成三个新质点的要求：

$$4AlF_6^{3-} + 2Al^{3+} + 3O^{2-} = 3Al_2OF_8^{4-} \tag{5-21}$$

Forland 根据 Al_2O_3 在冰晶石熔液中的偏摩尔溶解热焓和冰点降低测定结果，认为 Al_2O_3 的溶解反应在低浓度下是：

$$Al_2O_3 + 4AlF_6^{3-} = 3Al_2OF_6^{2-} + 6F^- \tag{5-22}$$

而在高浓度下生成新的络合离子：

$$Al_2O_3 + AlF_6^{3-} = 1.5[Al_2O_2F_4]^{2-} \tag{5-23}$$

1995 年 Gilbert 等人发表了 NaF-AlF_3 系熔液的喇曼光谱图，提出了溶液中 Al-F 离子质点主要是 AlF_5^{2-} 的观点[1]。如果是这样，那么 Al_2O_3 在 Na_3AlF_6 熔液中的溶解反应将是[1]：

$$Al_2O_3 + 4AlF_5^{2-} + 4F^- = 3Al_2OF_8^{4-} \tag{5-24}$$

$$Al_2O_3 + 4AlF_5^{2-} = 3Al_2OF_6^{2-} + 2F^- \tag{5-25}$$

$$Al_2O_3 + AlF_5^{2-} + F^- = 1.5[Al_2O_2F_4]^{2-} \tag{5-26}$$

综合以上可以做如下的判断[1]：含有 1 个氧离子 O^- 的络合物可称为单桥式络合离子；而含有 2 个氧离子 O^{2-} 的络合物可称为双桥式络合离子。上述的各种反应，暗示着氧化铝在冰晶石熔液中溶解的机理，也解释了为何加入氧化铝之后，会降低熔液的密度、电导率、迁移数和蒸气压，这是因为生成的络合离子的体积庞大，而且在熔液中行动不便。

图 5-8 给出了 3 种络合离子 $[Al_2OF_8]^{4-}$、$[Al_2OF_6]^{2-}$、$[Al_2O_2F_4]^{2-}$ 的结构模型。

在冰晶石-氧化铝熔液中，离子之间的距离拉长，桥式离子形成松散的联合，可用图 5-9 来描述。

尽管对 Na_3AlF_6-Al_2O_3 熔液的离子结构形式存在不同的见解，但是从喇曼光谱的研究结果，以及 Al_2O_3 在冰晶石熔液中的偏摩尔溶解热焓和溶解速度测定结

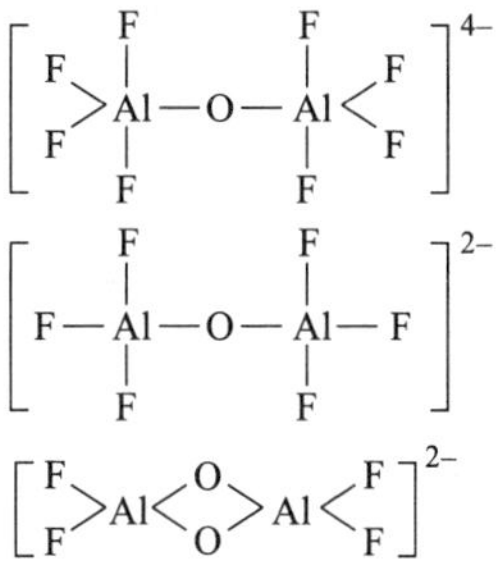

$$\left[\begin{array}{c} F \quad\quad\quad\quad F \\ | \quad\quad\quad\quad\; | \\ F{-}Al{-}O{-}Al{-}F \\ | \quad\quad\quad\quad\; | \\ F \quad\quad\quad\quad F \end{array}\right]^{2-} \quad\quad [Al_2OF_6]^{2-}$$

$$\left[\begin{array}{c} F \\ F \end{array}\!\!>Al<\!\!\begin{array}{c} O \\ O \end{array}\!\!>Al<\!\!\begin{array}{c} F \\ F \end{array}\right]^{2-} \quad\quad [Al_2O_2F_4]^{2-}$$

图 5-8 冰晶石-氧化铝熔液中 3 种络合离子质点的结构模型

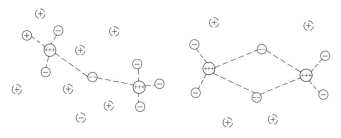

图 5-9 冰晶石-氧化铝稀熔液中桥式离子的形态

果来看，一条明显的分界线是在 5% Al_2O_3 处，这是 $AlOF_5^{4-}$ 向 $AlOF_3^{2-}$ 转变的分界线；另一条分界线是在 2% Al_2O_3 处，在 2% Al_2O_3 以内容易发生阳极效应，这暗示着熔液结构中 F^- 愈加富集而 O^{2-} 愈发减少。为此，我们把 Na_3AlF_6-Al_2O_3 熔液中各种可能的离子形式按 Al_2O_3 浓度大小排列在表 5-2 中。

表 5-2　Na_3AlF_6-Al_2O_3 熔液中的离子质点总括表

Al_2O_3 质量分数/%	离 子 形 式	工业电解过程特点
0	Na^+，AlF_6^{3-}，AlF_5^{2-}，AlF_4^-，F^-	发生阳极效应或临近发生阳极效应
0~2	Na^+，AlF_6^{3-}，AlF_5^{2-}，AlF_4^-，F^-，$[Al_2OF_8]^{4-}$	
2~5	Na^+，AlF_6^{3-}，AlF_5^{2-}，AlF_4^-，F^-，$[Al_2OF_8]^{4-}$，$[Al_2OF_6]^{2-}$	正常电解
5 至电解温度下的溶解度极限	Na^+，AlF_6^{3-}，AlF_5^{2-}，AlF_4^-，F^-，$[Al_2O_2F_4]^{2-}$	正常电解

注：工业电解质中还有添加剂引入的新离子，如 Ca^{2+}、Mg^{2+}、Li^+ 等，以及一些次生的络合离子；还有因副反应而生成的低价离子，如 Al^+ 等，在冰晶石氧化铝熔液中还有少量的单体 Al^{3+} 和 O^{2-}。

5.2.4　离子迁移

5.2.4.1　实体离子迁移

在直流电场的作用下，向阳极移动的离子有：F^-、AlF_4^-、AlF_5^{2-}、AlF_6^{3-}、

$Al_2OF_6^{2-}$、$Al_2O_2F_4^{2-}$。其中 AlF_6^{3-} 和 AlF_4^- 有较高的离子湍度，它们向阳极移动时更优先（跑得更快）；向阴极移动的离子主要有 Na^+ 等[2]。阴极区离子及络合离子迁移的示意图如图5-10所示。

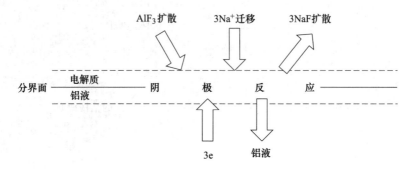

图 5-10 阴极区离子及络合离子迁移示意图

5.2.4.2 Na^+ 的迁移

迁移数是指在组成均一的电解质中，某种离子迁移电流所占的分数，而所有离子的迁移数总和为1。另一种说法是，迁移数表示电荷是如何被迁移穿过电解质层的，而不考虑电极反应。

根据早年对冰晶石-氧化铝熔融电解质中迁移数的研究，各种实验，包括 W. B. Frank 与 L. M. Foster[12] 用放射性同位素进行的著名实验都证明，Na^+ 是电荷的主要迁移者。例如，在中性和碱性电解质（$CR \geqslant 3$）中，Na^+ 的迁移数 t_{Na^+} 接近于1；在酸性电解质（$CR = 2 \sim 3$）中，$t_{Na^+} = 0.96 \sim 0.99$。

这表明，Na^+ 相对于其他所有离子，包括 Al-F、Al-O-F 络合离子总和而言，它是电荷的主要迁移者，它的迁移优先。这样，参与两极反应的情景是：

阴极反应：

$$AlF_6^{3-} + 3e \longrightarrow Al + 6F^- \tag{5-27}$$

$$AlF_4^- + 3e \longrightarrow Al + 4F^- \tag{5-28}$$

阴极液中的 F 离子团多而含铝络合离子 $[AlF_x]^{n-}$ 减少，阳极反应：

$$Al_2O_2F_6^{2-} + 2F^- + C \longrightarrow CO_2 + 2AlF_4^- + 4e \tag{5-29}$$

$$Al_2O_2F_4^{2-} + 4F^- + C \longrightarrow CO_2 + 2AlF_4^- + 4e \tag{5-30}$$

阳极液中的 AlF_4^-、AlF_6^{3-} 增多，它们靠扩散移往阴极。根据上述离子迁移及两极反应结果，将会出现以下情况：

在阴极附近（阴极液中），Na^+ 增多，F^- 增多，含 Al 离子减少（因 Al 的析出）；在阳极附近（阳极液中），AlF_4^-、AlF_6^{3-} 增多。

以上情况被巴依马可夫的实验证实。他用人造刚玉隔板把小电解槽的阳极与阴极隔开，电解时可看到阳极空间的电解质水平降低，而阴极电解质液面升高。

实验结果表明，有隔板时，阳极液中的过剩 AlF_3 含量增加近 25%，无隔板时 AlF_3 只增加 5%；在阴极液中，过剩 NaF 含量增加约 50%，无隔板时只增加 8.5%。

在工业电解槽上也观察到了类似的事实。当铝电解槽的电流强度突然降低，或临时停电时，电解质逐渐冷却，流动性变差（扩散变慢），这时在阴极槽底上析出的沉淀含 NaF 很高，而阳极附近的电解质中含 AlF_3 高[2]。

5.3 铝电解电极过程及电极反应

研究和了解铝电解时阳极和阴极上的电极过程，其意义在于了解两极产物的生成和物质轨迹，它是保证工艺过程持续稳定、高效率、低能耗、长寿命的基础。本节将从铝的析出，即阴极主过程开始，讨论阴极过程、钠的析出、阴极过电压和其他副反应等；接着讨论阳极主过程、副过程：阳极效应、铝的溶解与二次反应等。

5.3.1 阴极过程与阴极反应

5.3.1.1 铝在阴极上的析出

从电解质的结构可知，铝电解质中存在的主要离子实体是 Na^+、AlF_4^-、AlF_6^{3-}、F^- 以及 Al-O-F 络合离子，Na^+ 是以自由离子的形态存在，铝则以络合态存在。

放射性同位素实验证明，电解时 Na^+ 携带了 99% 的电流[2]，这使早期的研究者误认为钠是阴极的一次电解产物，而铝是由金属钠还原出来的。

现在可以确认，在正常的铝电解生产条件下，阴极过电压在 0.1V 以下，而一次产物为铝时的分解电位比电解一次产物为钠时的分解电位低 0.24V 左右，所以铝电解环境下在阴极优先析出的是铝。

从熔盐电化学角度看，在 14 种卤化物熔体中，从 Na^+ 和 Al^{3+} 的电化序比较来看，Al^{3+} 比 Na^+ 的正电性更强，更容易得到电子。因此，电解时 Al^{3+} 首先得到电子变成金属铝析出。

因此，在铝电解环境下，可认定铝应优先放电析出。电解槽内的阴极反应通常可由下式表示：

$$Al^{3+}_{(络合)} + 3e \Longrightarrow Al(1) \tag{5-31}$$

5.3.1.2 阴极反应及钠的析出

尽管在铝电解环境下铝优先放电析出，但钠与铝的析出电位差仅为 250mV，相差不大。当电解条件变化时，钠也会优先析出，或与铝同时析出。这些条件是[2]：电解温度、电解质的摩尔比（NaF/AlF_3 摩尔比）、氧化铝浓度和阴极电流密度。

维邱柯夫（M. M. Vetyukov）研究了工业电解槽内，铝液中钠含量与电解温度、电解质摩尔比及电解质中氧化铝浓度的关系，其结果如图 5-11 所示。由图 5-11（a）可见，温度升高，钠析出的电位差值急剧下降。在工业槽上，当电解槽过热时出现黄火苗，即表明钠的大量析出，钠蒸气与空气作用而燃烧，火焰为亮黄色，这是电解槽过热的标志，从图 5-11（b）可以看出，当摩尔比增加时，钠析出的电位差随即减小；图 5-11（c）表明，在不同温度下氧化铝浓度的减小都容易造成钠的析出。电解质摩尔比的影响从图 5-12 看得更清楚，该图为工业电解槽内铝液中钠含量与摩尔比的关系，当摩尔比增加时，铝液中钠含量显著增加，例如摩尔比为 2.9 时，铝液中钠含量为 0.014%，当摩尔比为 2.4 时，减少到 0.004%，可见减少摩尔比可以减少钠的析出量。因此在工业槽上为防止钠的析出，通常使用低摩尔比和较低的电解温度，以及保持相对高的氧化铝浓度为好。

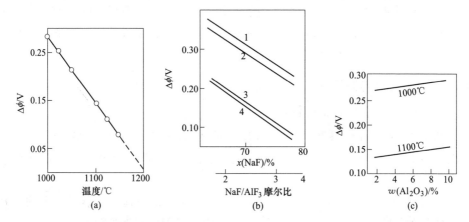

图 5-11 钠和铝的平衡电位差值随温度、摩尔比和氧化铝浓度的变化[1]

（a）温度的影响；（b）摩尔比的影响；（c）氧化铝浓度的影响，冰晶石摩尔比为 2.5

1—工业电解质，1.5% Al_2O_3，1000℃；2—无添加物，1.5% Al_2O_3，1000℃；

3—无添加物，3.5% Al_2O_3，1100℃；4—无添加物，1.5% Al_2O_3，1100℃

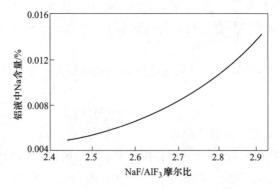

图 5-12 工业电解槽内 Al 液中 Na 含量与 NaF/AlF_3 摩尔比的关系（$t=960$℃，$d_{阴}=0.65$A/cm^2）

　　归纳起来，在电解条件下钠可能优先析出的条件是[2]：（1）电解槽温度升高；（2）电解质的摩尔比增大；（3）阴极电流密度增大；（4）电解槽局部过冷，使该处阴极附近电解质中钠离子向外扩散受阻，此时该阴极区内电解质中 NaF 含量高，Na 有可能优先析出。

5.3.1.3　钠行为的分析

　　阴极上钠的析出可以视为阴极的副过程，对于钠析出以及其析出以后的行为，研究者开展了以下研究[2]：

　　（1）Na 析出的条件。在冰晶石-氧化铝熔体中钠与铝的析出电位相近，在铝电解的正常条件下，铝的析出电位比钠要高出 250mV，只有在温度升高、摩尔比增大，以及阴极电流密度增大的情况下，钠的析出电位可高出铝的析出电位，这时钠便从阴极上析出。

　　（2）析出的钠的去向。研究表明，在高温下，阴极上析出的钠有三个去向：1）成为蒸气在离开电解质时与氧或空气接触燃烧；2）直接进入阴极铝液中；3）进入电解质中。通常人们比较容易测定进入铝液中的钠含量。

　　（3）铝液中钠含量。Tingle 等人[13]研究了摩尔比同铝液中钠含量的关系，获得的结果如图 5-13 所示。铝中钠的平衡含量在摩尔比 2.2~2.7 时为 0.006%~0.013%，而其他人的研究结果与他的相近。但是添加 LiF 后，铝液中钠含量会降低。Tingle 又指出，在工业槽上，铝液中钠含量总是高于平衡数据，其原因是所测定的电解槽内的磁场补偿比较差，槽内铝液流速较高，铝液中钠含量一般为 0.006%~0.008%。后来有人在现代大型槽上又进行了测定，这种槽中的金属流速较低，铝液中钠含量高达 0.01%~0.02%，显然高于平衡数据，认为这是在铝和电解质的界面处有高的钠的浓度梯度存在所致。

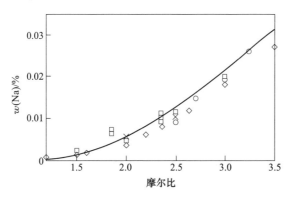

图 5-13　1000℃下 Al 液中 Na 的平衡含量与摩尔比的关系[2]

　　（4）Na 向炭素阴极渗透。铝液中钠的主要去向是向炭素内衬渗透，钠进入炭素阴极和内衬以后，就会引起阴极的体积膨胀和开裂。关于钠进入炭素材料的研究，已有大量的工作。早先 Asher 发现，在 400℃ 时，钠的原子嵌入石墨的层间将会引起石墨的晶格参数发生改变，由原来的 0.035nm 增大到 0.046nm，石墨晶格的膨胀导致炭素内衬的隆起和剥落。Øye 等人的研究指出，铝液中的钠有如下反应：

$$Al(液) + 3NaF(在冰晶石中) \longrightarrow 3Na(在炭素中) + AlF_3(在冰晶石中)$$

$$(5-32)$$

该反应是引起钠往炭素材料中渗透的主要原因。在该反应条件下（1000℃）钠的活度等于 0.034，相对应于此时钠的蒸气压 $p_{Na} = 0.06atm$（6kPa），随着摩尔比的增加，钠的活度也增加，钠进入炭层后可生成嵌入化合物 $C_{64}Na$ 和 $C_{12}Na$。

Øye 等人的另一项研究指出，Na 是渗透的主要物质，随着电解质中摩尔比的增加，Na 的渗入速度和饱和浓度也增加，但是随着炭素材料的石墨化程度的提高而减少，另外还发现钠是一种有利于熔体渗透的湿润剂；电解质向炭素材料的渗透由于炭素材料的通电极化和氮化物生成而得到加强；NaCN 直接由有关元素生成，但是不稳定，在含氮丰富的气氛中，在电解质中能生成 AlN。

关于钠嵌入炭阴极，提出了两个主要机理：其一是蒸气迁移的机理，其二是扩散机理。

Dell 采用了放射性同位素钠进行了研究，他提出的蒸气迁移机理认为，钠的扩散最先发生在炭素材料多孔的部位，由于钠所处的温度远高于其沸点，因此钠是以蒸气的形式进入炭素的。

由 Dewing 等人支持的扩散机理则认为，钠是通过炭素的晶格进行扩散的。后来许多研究者通过多种实验也予以证实，认为这是最为可能的一种机理。许多研究还得出以下的结果，钠渗透最为严重的是发生在无定型的低煅烧的无烟煤上，而钠的最慢的迁移则发生在经预焙的石墨阴极炭块上，钠的渗透率是同摩尔比以及阴极电流密度密切相关的。

5.3.1.4 阴极过电压机理

阴极过电压的产生涉及阴极电极反应过程的动力学问题。几乎近年来所有的对阴极过程动力学的测量和研究都发现，在工业电解槽的阴极电流密度范围内，阴极过电压与阴极电流密度的关系都遵循塔菲尔方程[4]。

$$\eta = a + b\lg I_C \tag{5-33}$$

式中，a，b 为塔菲尔常数；I_C 为阴极电流密度。

在没有搅动的情况下，a 值在 0.15~0.25 之间，b 值在 0.2~0.3 之间，其值大小与电解质的摩尔比有关（见图 5-14），也与电极材料的性质有关。图 5-15 是由 Grjotherim、Kvande 和冯乃祥[5] 在实验室电解槽上测得一组当电解槽阴极使用几种不同组分的 Al-Cu 合金阴极时，其阴极过电压与阴极电流密度和阴极合金组分的关系。由图可以看出，电流密度之间存在着比较好的对数关系。当电解槽阴极为纯铝时，其阴极过电压较比 Al-Cu 合金作为阴极时的过电压要低一些，这可能是在电解槽的阴极为纯铝时可能存在着比较大的 Al+3NaF ══ AlF₃+3Na 副反应所致，关于铝电解槽阴极过电压的机理将在后文加以论述。

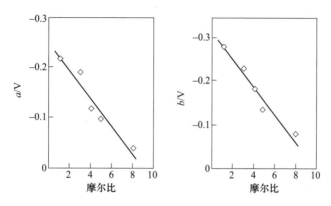

图 5-14　塔菲尔常数 a、b 与电解质摩尔比关系（Thonstad 实验室）

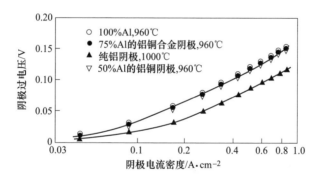

图 5-15　实验电解槽阴极过电压与阴极电流密度和阴极成分的关系图[4]

一般来说，实验室测量的阴极过电压大于工业电解槽的实际过电压。根据 Thonstad 和 Rolseth 及美国铝业公司（Alcoa）的数据，工业电解槽的阴极过电压在 0.1V 左右[6]。当阴极电流密度大于 0.1A/cm² 时，工业铝电解槽的阴极过电压可用以下经验公式计算：

$$\eta_{CC} = \frac{(2.732 - 0.248CR)T}{34590} \ln \frac{i_C}{0.257} \tag{5-34}$$

式中，CR 为电解质摩尔比；T 为绝对温度，K；i_C 为阴极电流密度，A/cm²。

当电解槽中的阴极过电压达到稳定时，阴极铝液中钠的含量是一定的，其金属钠是由式（5-35）所表达的化学反应生成的。

3NaF（溶解的）+ Al（液）══ 3Na（溶解在铝中）+ AlF₃（溶解的）　（5-35）

因此，铝液中钠的活度可用式（5-36）计算：

$$\alpha_{Na} = \left(\frac{\alpha'_{NaF}}{\alpha'^{1/3}_{AlF_3}}\right) e^{\left[-\Delta G^{\ominus}/(3RT)\right]} \tag{5-36}$$

式中，α'_{NaF}，α'_{AlF_3} 为扩散层内与阴极铝液表面相接触的电解质熔体中 NaF 和 AlF_3 的活度；$\Delta G^{\ominus}$ 为化学反应式（5-35）的标准吉布斯自由能变化。

铝电解过程中，当电解槽使用酸性电解质成分时，由于阴极表面电解质成分的变化、摩尔比的升高，会引起该表面层电解质初晶温度的提高，因此不可避免地要在阴极铝液表面有固体的冰晶石出现。Thonstad 和 Rolseth 等人还观察到，颗粒状的氧化铝能够存于冰晶石电解质熔体和阴极铝液表面的界面上[4]。然而，处于阴极铝液表面上的这些冰晶石和氧化铝的固体颗粒由于铝液表面张力的作用并不会通过铝液沉降到槽底部。阴极铝液表面这种电解质膜的存在有助于减少铝的溶解损失，因此有利于电流效率的提高。铝电解生产过程中要尽量避免人为地机械搅动铝液界面，并从设计上、母线配置上要尽量减少磁场力对铝液界面不稳定性的影响。但也有人认为铝电解槽阴极铝液表面电解质摩尔比的升高增加了铝的饱和溶解度，这会使铝的溶解损失增加，电流效率降低。

在实验室电解槽上，其实测的阴极过电压要高于相同工艺技术条件下工业电解槽的阴极过电压，这是因为实验室电解槽中的电解质流动速度非常低，几乎在铝液表面没有流动。一旦对电解质给予搅动，阴极过电压马上降低 40% ~ 50%，这表明铝电解槽阴极表面的过电压属于浓度过电压。也正是如此，在实验室电解槽上测得的阴极过电压在刚开始电解的一段时间内是随着时间的增加而逐渐增加的，经过一段时间后才达到稳定，达到稳定后的阴极过电压才是所定义的电解槽给定阴极电流密度时的过电压。图 5-16 所示为在实验室测得的比较典型的阴极过电压随时间变化的曲线。

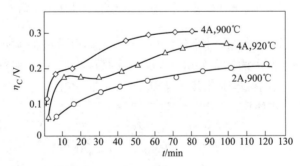

图 5-16 较低温度时阴极过电压 η_C 随时间 t 变化曲线[4]

综上所述，铝电解槽阴极过电压产生的机理是：在电解过程中，其电解电流大部分是由 Na$^+$ 携带的，小部分是由 F$^-$ 携带的。Na$^+$ 在电场的作用下趋向阴极表面，但在阴极表面放电的不是 Na$^+$，而是 AlF$_6^{3-}$ 和 AlF$_4^-$ 络合离子生成金属铝和

F^-，因此在阴极表面富集了 NaF，使阴极表面的电解质摩尔比高于电解质熔体内部的摩尔比，从而形成一种浓差过电压。因此，阴极过电压也可用式（5-37）[4] 表示：

$$\eta_C = \frac{RT}{F} \ln\left[\frac{\alpha_{NaF(II)}}{\alpha_{NaF(I)}} \times \frac{\alpha_{AlF_3(I)}^{1/3}}{\alpha_{AlF_3(II)}^{1/3}} \right] \tag{5-37}$$

式中，$\alpha_{NaF(I)}$，$\alpha_{AlF_3(I)}$ 为电解质熔体中 NaF 和 AlF_3 的活度；$\alpha_{NaF(II)}$，$\alpha_{AlF_3(II)}$ 为阴极表面电解质熔体 NaF 和 AlF_3 的活度。

5.3.1.5 其他副反应

阴极的副过程除了钠的析出外，还生成碳化铝、碳钠化合物和氰化物等[2]。

A 生成碳化铝

碳化铝是一种黄色化合物，遇水立即分解，生成氢氧化铝和甲烷，通常在炭阴极上容易生成，它影响铝的质量和阴极的寿命。阴极上生成碳化铝的反应是与析出铝的主反应同时进行的，生成的碳化铝存在于阴极炭块表面和炭块的缝隙中。关于阴极上生成碳化铝提出了两种反应机理：

（1）铝和碳之间的化学反应。在有冰晶石存在时，反应可以得到催化加速，因而能在较低的温度下生成，冰晶石的催化作用可解释为冰晶石能溶解铝液表面上的氧化膜，使新鲜的金属铝同碳之间更容易进行化学反应而生成碳化铝。

（2）铝和碳之间的电化学反应。这是由于在电解槽内炭阴极内出现微型原电池，其中铝液成为阳极，炭块成为阴极，阳极上发生生成氧化铝的反应，阴极上则发生生成碳化铝的反应。

在阴极炭块和槽侧壁炭砖中生成的碳化铝，可以不断地被溶解在电解质中，这样就会在原先的炭素材料上形成腐蚀坑，腐蚀之后暴露出来的新鲜炭表面还会生成碳化铝。因此久而久之，就会造成阴极炭块的损耗。研究表明，在电解温度下，碳化铝在电解质中的溶解度大约是 2.5%，在铝液中溶解度约为 0.01%，因此碳化铝是造成电解槽炭素内衬破损的原因之一。

B 生成碳钠化合物

由于电解槽启动初期的条件适合钠的析出，钠将优先析出，这时一部分金属钠形成蒸气经电解质表面燃烧逸去，另一部分则渗入新鲜的炭素阴极以及微细的缝隙中，生成嵌入式碳钠化合物 $C_{64}Na$ 和 $C_{12}Na$。这种化合物在温度发生变化时，将产生体积膨胀和收缩，而导致炭块中产生裂纹。

C 生成氰化物[5]

阴极内衬中氰化物是由碳/钠/氮三者反应而生成的。碳即炭块、捣固糊和侧壁炭块，钠是阴极反应的产物，氮的来源主要是空气，由钢槽壳上阴极钢板窗孔处渗透进来，以上三者在阴极棒区发生反应，生成氰化钠（NaCN）。

氰化钠是一种剧毒物质，它遇水分解，产生 HCN 剧毒气体，在电解槽停槽大修时，禁止浇水到废旧内衬上，以防止其中的 NaCN 水解造成中毒事件。

为了防止氰化物的生成，通常的办法是，在阴极炭素底糊中添加 20% 的 B_2O_3。试验证明，底糊中添加 20% 的 B_2O_3 后，氰化物生成量只有 9/106；在无添加剂情况下，氰化物生成量达到 1% ~ 1.5%。B_2O_3 除了能抑制氰化物的生成外，还能抑制碳钠化合物的生成，有利于延长电解槽的寿命。

5.3.2 阳极过程与阳极反应

5.3.2.1 阳极反应

通常把铝电解槽中的阳极反应写成：

$$C + 2O^{2-} - 4e =\!=\!= CO_2 \tag{5-38}$$

但是电解质熔体中不存在这种简单的氧离子。随着对冰晶石-氧化铝熔体结构的深入研究，人们开始认识到电解质熔体中的主要含氧粒子形式为 $Al_2OF_6^{2-}$ 和 $Al_2O_2F_4^{2-}$。根据原子间键能的计算，从 $Al_2O_2F_4^{2-}$ 中移出第一个氧比移出第二个氧或比从 $Al_2OF_6^{2-}$ 中移出氧所需的能量小得多。因此可以判断，正常情况下铝电解的阳极反应可以写成[4]：

$$2Al_2O_2F_4^{2-} + C - 4e =\!=\!= CO_2 + 2Al_2OF_4 \tag{5-39}$$

电解消耗掉的 $Al_2O_2F_4^{2-}$ 可通过电解质中发生的反应补充：

$$Al_2OF_4 + Al_2OF_6^{2-} =\!=\!= Al_2O_2F_4^{2-} + 2AlF_3 \tag{5-40}$$

一般来说，在电极上一次转移 4 个电子而实现式（5-38）的阳极反应是不大可能的。因为该阳极反应实际上是分步实现的，反应所需能量要比热力学计算所需的能量更多才能完成这一总体阳极反应。

5.3.2.2 阳极过电压

由于阳极过电压涉及铝电解的能量消耗，因此受到了众多研究者和行业学者的重视，对阳极过电压的研究成果也较多。阳极过电压与许多因素有关，其中特别是与阳极电流密度关系最为密切。实验室测得的结果，随阳极电流密度升高，阳极过电压呈抛物线上升；在阳极电流密度很小时，阳极过电压很小。因此，比较一致的研究结果是，阳极过电压 η_{CA} 与阳极电流密度 I_a 的关系遵循塔菲尔方程式：

$$\eta_{CA} = a + b\lg I_a \tag{5-41}$$

式中，η_{CA} 为阳极过电压，V；a 为塔菲尔常数；b 为塔菲尔斜率。

尽管众多研究者对阳极过电压研究得出了相似的塔菲尔曲线形式，但是由于测量上的误差和实验条件的不同，测得的塔菲尔常数和斜率有很大的差别[4]。阳极电流密度在 $0.1 ~ 2.0A/cm^2$ 的范围内，常数 a 值在 $0.2 ~ 0.7$ 之间，b 值在

0.13~0.6 之间，但多数测量结果是 a 值等于 0.5、b 值等于 0.25 左右。一般认为，实验困难和材料上的差别以及电流密度计量的不准确是造成常数变化的主要原因。Haupin[4] 的研究认为，对工业电解槽来说，阳极过电压主要随反应过电压而变化，并给出阳极上的反应过电压 η_{RA} 的计算公式（式中负号表示阳极过电压的方向与槽电压方向相反）：

$$\eta_{RA} = -\frac{RT}{anF}\ln\frac{i_A}{i_o} \tag{5-42}$$

式中，T 为绝对温度，K；R 为气体常数；i_A 为阳极电流密度，A/cm^2；F 为法拉第常数；n 为电极反应中转移的电子数，在这里 $n=2$；a 为电荷传递系数，有时也称为电荷传递从初态到活性态到最终产物的位能场对称性的一个参数，其值在 0.4~0.6 之间，这与炭电极的活性和孔隙度有关，在现行的工业电解槽中，a 值一般为 0.52~0.56；i_o 为交换电流密度，其值在 0.0039~0.0085A/cm^2 之间，它随氧化铝浓度（质量分数）变化，可用公式表示：

$$i_o = 0.002367 + 0.000767w(\text{Al}_2\text{O}_3) \tag{5-43}$$

由式（5-42）计算出来的阳极过电压为反应过电压。当电解质中的氧化铝浓度较低时，阳极表面还存在一种扩散过电压 η_{CA}，此时的阳极过电压可用式（5-44）计算（η_{CA}过电压的方向表示与式（5-42）相同）：

$$\eta_{CA} = -\frac{RT}{2F}\ln\frac{i_{cr}}{i_{cr} - i_A} \tag{5-44}$$

$$i_{cr} = -nFDc_b/\delta \tag{5-45}$$

式中，i_A 为阳极电流密度，A/cm^2；i_{cr} 为浓度极限电流密度，A/cm^2；D 为参加电解反应的 Al-O-F 络合离子的扩散系数；c_b 为参加电解反应的 Al-O-F 络合离子的浓度；δ 为扩散层厚度。

i_{cr} 可以用经验公式计算：

$$i_{cr} = [5.5 + 0.018(T - 1323)]A^{-0.1}[w(\text{Al}_2\text{O}_3)^{0.5} - 0.4] \tag{5-46}$$

式中，T 为绝对温度，K；A 为单块阳极面积，cm^2。

阳极过电压还与电解质组成、温度及阳极材料性质等有关。随温度升高，电解质摩尔比增大及 Al$_2$O$_3$ 含量增高，阳极过电压降低。而阳极材质活性差（比如焙烧温度高），则阳极过电压升高。

在铝电解过程中，阳极表面附近的气泡会提高这部分电解质的电阻，并且增加了阳极表面没有被气泡覆盖的那部分区域的阳极电流密度，而使阳极过电压升高。由气泡影响而引起的那部分欧姆电压降的升高有时也称为气泡过电压或欧姆过电压。根据 Haupin 的测量结果，气泡对电解质电阻的影响在 0.09~0.35V 之间，其大小与电解质组成和电解质的流体动力学状态有关。

关于铝电解阳极反应机理的研究，绝大多数研究者都认为铝-氧-氟络离子穿过双电层，按式（5-39）和式（5-40）在阳极表面放电，这个过程几乎不产生过电压，即它不是反应的控制步骤。现在人们通过对大量铝电解阳极反应机理的深入研究，对阳极反应过程和反应机理取得了比较一致的认同[4]：

（1）铝-氧-氟络离子 $Al_2O_2F_6^{2-}$ 穿过双电层并在阳极表面放电，这个过程几乎不产生过电压。

（2）$Al_2O_2F_4^{2-}$ 放电后产生的氧被化学吸附在炭阳极表面：

$$Al_2O_2F_4^{2-} - e + xC(表面) = C_x^*O^-(表面) + Al_2OF_4 \tag{5-47}$$

$$C_x^*O^-(表面) - e = C_x^*O(表面吸附) \tag{5-48}$$

此时，氧被电解后只沉积在阳极表面最有活性的位置上，与被炭化学吸附在一起的氧组成 C_x^*O 形式。该表面化合物是比较稳定的，C—C 之间键不会断裂生成 CO，这一过程也不产生过电压。

（3）已被一个氧占有的炭不太容易再让一个氧在此位置放电，后续的氧的放电只能发生在活性较小的炭的位置上，这需要增加一些能量即过电压。

（4）一旦阳极的有效表面都被 C_x^*O（表面）化合物所覆盖，那么下一步的氧就必须在已经键合了一个氧的炭上放电。

$$C_x^*O(表面) + Al_2O_2F_4^{2-} - e = C_x^*O_2^-(表面) + Al_2OF_4 \tag{5-49}$$

$$C_x^*O_2^-(表面) - e = C_x^*O_2 \tag{5-50}$$

此时需要较高的能量——过电压，这是造成阳极过电压的主要原因，也是阳极电解反应的控速步骤。

（5）$C_x^*O_2$ 表面化合物 C—C 之间的结合很容易分裂，形成解吸的 CO_2 和新的炭表面。

$$C_x^*O_2(表面) = CO_2(气) + (x - 1)C(表面) \tag{5-51}$$

新的阳极表面提供了 $Al_2O_2F_4^{2-}$ 放电的新位置，使反应得以持续。

阳极过电压在铝电解中是很重要的，因为它不仅有助于我们了解阳极反应的机理，而且还在于它是槽电压的一部分。

5.3.2.3 阳极气体

在冰晶石-氧化铝熔盐电解过程中，阳极上的主反应为：

$$1/2Al_2O_3 + 3/4C = Al + 3/4CO_2 \tag{5-52}$$

因此，阳极反应的一次产物是 CO_2 气体。但是，在工业电解槽上对阳极气体的检测结果显示：实际气体成分并不是 100% 的 CO_2 气体，而是成分为（60%~80%）CO_2 和（40%~20%）CO 的混合气体[1]。因此阳极的主要气体组成应为 CO_2 和一定量的 CO。

A CO 的生成

阳极上同时进行的反应还有主反应：

$$1/2 Al_2O_3 + 3/2C = Al + 3/2CO \tag{5-53}$$

1000℃下，反应的可逆电势分别为−1.187V 和−1.065V，在温度升高时，反应式（5-53）强烈地向右进行生成一氧化碳，同时受布多尔反应的影响：

$$C + CO_2 \Longrightarrow 2CO \tag{5-54}$$

根据阳极炭素消耗的仔细研究指出，反应式（5-52）为最主要的过程。在非常低的电流密度下，即 0.05~0.1A/cm^2，布多尔反应就开始发生，无论是试验数据或是热力学计算都支持这一结论。即在正常电流密度下，阳极的主要气体产物是 CO_2。

在阳极极化后，可以不受析出 CO_2 的作用。如果 CO_2 渗透到阳极的孔洞中，或者同浮在电解质表面的炭颗粒相反应，就会发生布多尔反应，使 CO 增多。

此外，CO_2 同溶解在电解质中的 Al 发生作用，也会产生一定量的 CO，即二次反应：

$$2Al + 3CO_2 \Longrightarrow Al_2O_3 + 3CO \tag{5-55}$$

铝和 CO_2 的反应是电解过程中电流效率降低的主要原因。因此，在电解设计和生产中一直尽量控制这类反应的发生。

B　氟离子放电

除了电化学反应生成 CO_2 和布多尔反应生成 CO 外，阳极中的杂质 S、P 和 V 也会同含氧络合离子作用产生相关的气体杂质。

在高电流密度下，还会有含氟离子的放电析出，同阳极碳生成有害的碳氟化物，而这是一种严重的温室气体。当电解质中 Al_2O_3 含量非常低的时候，阳极上会发生氟离子放电。氟离子放电一般有以下两种形式：

$$C + O^{2-} + 2F^- - 4e \Longrightarrow COF_2 \tag{5-56}$$

$$C + 4F^- - 4e \Longrightarrow CF_4 \tag{5-57}$$

氟离子放电发生时，标志着阳极效应即将或者已经发生。因此，控制阳极效应的发生，对减少电解铝生产对环境的污染有很大的意义。

5.3.2.4　阳极效应

阳极效应是熔盐电解过程中一种特殊的现象。铝电解过程中发生阳极效应时，火眼冒出的火苗颜色由淡蓝色变紫色再变黄色，电解质与阳极接触周边有弧光放电，并伴有噼啪响声；阳极周围的电解质停止沸腾，没有大量气泡析出；电解质好像被气体排开，电解槽的工作处于停顿状态；槽电压急剧升到 20~60V，甚至更高，与电解槽并联的信号灯发亮，表示该槽发生阳极效应[3]。

铝电解生产过程中，阳极效应发生的难易程度通常可用"临界电流密度"来判断。临界电流密度是指在一定条件下，电解槽发生阳极效应时的最低阳极电流密度。研究结果表明：临界电流密度随着 Al_2O_3 含量的增加而增大。工业铝电解槽阳极电流密度一定，当电解质中 Al_2O_3 浓度减少到 0.5%~0.1%，它便超过了临界电流密度，于是阳极效应发生。

关于阳极效应发生的机理有以下四种学说[3]：

（1）润湿性理论。这种理论认为，发生阳极效应时，是由于电解液对阳极底掌的润湿性变差所致。正常电解时，电解液内的氧化铝浓度高，电解质对阳极底掌的润湿性良好，如图 5-17（a）所示，气泡很快地从阳极底掌上排挤出来。当氧化铝浓度降低到一定程度时，电解质的润湿性变差，致使阳极气体不能快速排出，气泡逐渐聚集成大面积的气膜，覆盖于阳极底掌上，如图 5-17（b）所示。这样，气膜阻碍电流的畅通，电流被迫以电弧的形式穿透气膜，放出强烈的弧光和振动噪声，这就是阳极效应的发生。

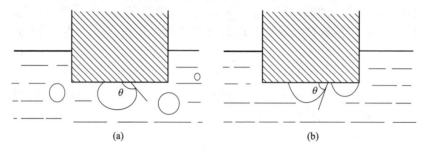

图 5-17 电解质对阳极底掌的润湿性
（a）正常生产；（b）发生效应时

在阳极效应发生时，向电解质中添加氧化铝，电解质的润湿性便又恢复到原来的水平，或者在人为的帮助下，如搅动铝液冲刷阳极底掌、刮底掌等方法，破坏阳极气膜，排出气泡，效应熄灭，恢复正常生产。

（2）氟离子放电理论。这种理论认为，阳极效应是阳极过程改变为氟离子放电所致。人们在阳极效应发生时或正在发生时，发现阳极气体中除了 CO_2 和 CO 外，还有 CF_4，随着阳极效应的发生，碳氟化物的体积分数越来越高。临近效应发生时，阳极气体中 CF_4 含量为 0.4%~2%，而效应发生时，CF_4 气体含量逐渐上升至 14%~30%。电解质中的氧化铝含量高时，氧阴离子相对比例较大，此时阳极上理应是氧离子放电。但是，当氧化铝浓度降低到 1.5% 以下时，电解质中氟离子比例增大，这给氟离子与氧离子同时放电创造了条件。当这两种离子共同在阳极上放电时，阳极过程变得迟滞，阳极从活化状态转向钝化，阳极气体开始大量聚集在阳极气体上，将电解质与阳极隔开，导致发生阳极效应。

在电解之前，将阳极表面进行氟化处理，再进行电解试验。试验结果表明，采用这种阳极，即使冰晶石熔体中含有 12% 的 Al_2O_3，在极低的电流密度下也会发生阳极效应，而且持续时间与阳极表面氟化处理的时间成正比。这也说明阳极效应的发生与 F 是相关的。

（3）静电引力理论。这种理论认为，阳极效应发生是由于阳极气体带电荷性质，与阳极之间存在静电引力所致。在正常情况下，电解质里的气泡带正电，故被阳极排斥，很难聚集；当电解质中氧化铝含量逐渐降低时，气泡带负电而被阳极吸引，聚集成气膜，从而引起阳极效应的发生。

（4）综合理论。这种理论是前两种理论的综合，发生阳极效应一方面是由于电解质对阳极的润湿性变差，另一方面是由于氟离子放电而改变了阳极气体组成，从而使电解质的润湿性骤然变化，于是发生了阳极效应。

邱竹贤教授认为，阳极效应发生的根本原因在于阳极反应机理的改变，而润湿性变差则是起了推波助澜的作用，加强了阳极效应的稳定性。

综上所述，发生阳极效应的共同特点是：阳极气体组成发生变化，有大量碳氟化物存在；电解质中氧化铝含量过低（0.05%~0.1%）；阳极气体在阳极底掌聚集等。当电解质温度过低时，氧化铝含量在2%左右也可能发生阳极效应。

阳极效应的发生造成电解质的过热和挥发损失增加；增加额外的电能消耗；增加铝的损失，降低电流效率；阳极上产生大量的 CF_4 和 C_2F_6 有害气体。此外，阳极效应的发生有利于电解质炭渣的分离；使黏附在阳极表面上的炭渣得到清理；有利于熔化电解槽槽底沉淀。

工业生产中，为了熄灭阳极效应，通常向槽内添加氧化铝，以恢复正常电解的氧化铝浓度，然后是阴、阳两极局部短路，可以使网状气膜遭到破坏，电流得以正常通过，效应便被熄灭。

参 考 文 献

[1] 邱竹贤. 预焙槽炼铝 [M]. 3 版. 北京：冶金工业出版社，2005.

[2] 刘业翔，李劼. 现代铝电解 [M]. 北京：冶金工业出版社，2008.

[3] 梁学民，张松江. 现代铝电解生产技术与管理 [M]. 长沙：中南大学出版社，2011.

[4] 冯乃祥. 铝电解 [M]. 北京：化学工业出版社，2006.

[5] 邱竹贤. 铝电解原理与应用 [M]. 徐州：中国矿业大学出版社，1998：294.

[6] GILBERT B, et al. Structure and thermodynamics of NaF-AlF$_3$ melts with addition of CaF$_2$ and MgF$_2$ [J]. Inorganic Chemistry, 1996, 35 (14)：4198-4210.

[7] LACASSAGNE R V, BESSADA C, MASSIOT D, et al. Study of NaF-AlF$_3$ melts by high temperature ^{27}Al NMR spectroscopy：comparison with results from Ramans pectroscopy [J]. Inorganic Chemistry. 1999, 38 (2)：214-217.

[8] STERTEN A, ROLSETH S, SKYBAKMOEN E, et al. Some aspects of low melting baths in aluminium electrolysis [C]//Boxall L G. Light Metals. Warrendale, Pennsylvania：TMS Light Metals Committee, 1988：663-670.

[9] BELASHCHENKO D K, SAPOZHNIKOVA S Yu. Computer simulation of the structureand thermodynamic properties of cryolite-alumina meltsand the mechanism of ion transfer [J]. Russian J. Phys. Chem. , 1997, 71 (6)：920-931.

［10］ DENEK V, GUSTAVSEN O T, OSTVOLD T. Structure of the MF-AlF$_3$-Al$_2$O$_3$(M = Li, Na, K) melts ［J］. Canadian Metallurgical Quarterly, 2000, 39 (2): 153-162.

［11］ LACASSAGNE V , BESSADA C, FLORIAN P, et al. Structure of high temperature NaF-AlF$_3$-Al$_2$O$_3$ melts: A multinuclear NMR study ［J］. J. Phys. Chem. B, 2002, 106 (8): 1862-1868.

［12］ FRANK W B, FOSTER L M. The constitution of cryolite and NaF-AlF$_3$ melts ［J］. J. Phys. Chem. , 1960, 64 (1): 95-98.

［13］ TINGLE W H, PETIT J, FRANK W B. Sodium content of aluminum in equilibrium with NaF-AlF$_3$ melts ［J］. Aluminium, 1981 (57): 286-288.

6 铝电解质体系

6.1 铝电解质体系及其物理化学性质

电解质是铝电解时溶解氧化铝并把它经电解还原为金属铝的反应介质。它接触炭阳极和铝阴极，并在槽膛空间占有的体积内发生电化学、物理化学、热、电、磁等耦合反应，它是铝电解成功进行必不可少的组成部分之一。

铝电解质决定着电解过程温度的高低及电解过程是否顺利，并在很大程度上影响着铝电解的能耗、产品质量和电解槽寿命，因此其重要性是不言而喻的。

铝电解工业创立 110 多年以来，人们对电解质的研究和了解也日益深入，在这方面已积累了大量的理论和实际知识[1-3]，有利于以后更好地掌握铝电解生产。

6.1.1 铝电解质基础体系

100 多年来，铝电解质一直是以冰晶石为主体，虽然经过许多试验，试图用其他盐类来取代，但都未获得成功。至今，人们尚未找到一种性能更优于冰晶石的电解质主体成分。

众所周知，铝是负电性很强的元素，不能在含氢离子的介质中，例如水溶液中电解沉积出 Al 来，因为按电化序，电解时 H_2 比 Al 优先析出而不能得到 Al，因此只能在不含 H^+ 的介质中进行电解。

在各种可作为铝电解质的介质中，以熔盐较为合适。若以 Al_2O_3 为炼铝的原料，只有熔融冰晶石为电解质才能得到 Al。因为到目前为止的研究表明，只有熔融冰晶石对 Al_2O_3 才有较大的溶解度，而其他熔盐不能溶解 Al_2O_3 或溶解度很小，这是选定冰晶石的最主要原因。实践证明，以冰晶石作 Al 电解质的优点是：对 Al_2O_3 的溶解度大（达 10%）；作为化合物不吸水，不易潮解，易于存放，以及不易于分解、升华等。但其缺点是熔点高（1008℃），其组成中含氟高，因而决定了铝电解必然是在相当高的温度下进行，且是含氟有害物的来源；另外，其价格也较昂贵。

冰晶石-氧化铝熔盐电解法炼铝的基本电解质体系有 AlF_3-NaF 二元系、Na_3AlF_6-Al_2O_3 二元系和 Na_3AlF_6-AlF_3-Al_2O_3 三元系，前者是 Na_3AlF_6 所在的体系，而后两者为工业电解质的基础。此外，在工业上，为了改善铝电解质的物理化学性质和电解生产过程指标，还会在 Na_3AlF_6-AlF_3-Al_2O_3 体系中添加一些化合物，其中最常用的添加剂为 CaF_2、MgF_2、$NaCl$ 和 LiF 或 Li_2CO_3 等，使工业电解质体系更加复杂。

6.1.1.1 AlF₃-NaF 二元系

AlF_3-NaF 二元系中有化合物冰晶石（Na_3AlF_6）和亚冰晶石（$Na_5Al_3F_{14}$）[1]。冰晶石是氟化铝和氟化钠的复盐，即 Na_3AlF_6 或 AlF_3-NaF，它是电解质的主要成分，约占电解质总量的70%（质量分数）以上，而且是溶解氧化铝所必需的。世界上唯一存在的冰晶石天然矿床位于格陵兰岛，但已经被大量开采，远不能满足需求。合成冰晶石有多种方法生产，随氟化物原料来源和含量不同而不同。

AlF_3-NaF 二元系电解质相图如图6-1所示，这也是大部分研究者公认的相图结构。

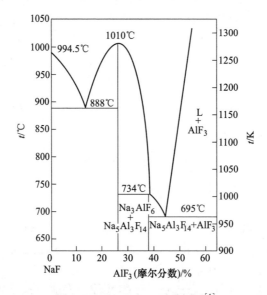

图 6-1 AlF_3-NaF 二元系相图[1]

由图6-1可以得出如下结论[4]：

（1）在 NaF 与 AlF_3 摩尔比为3的地方，生成化合物，就是冰晶石，冰晶石的熔点为1010℃。但生成冰晶石化合物的相图的峰并不是一个尖峰，这表明该化合物在熔化时，会有部分分解发生，其分解反应为：

$$5Na_3AlF_6 \Longrightarrow 9NaF + 4NaAlF_4 + Na_2AlF_5 \tag{6-1}$$

该分解反应在1000℃的分解率为0.33，离解反应的平衡常数为0.045，离解热为64.0kJ/mol。冯乃祥和 H. Kvande[4] 根据理想熔液的理论，对相图进行分析与计算得出，假定冰晶石在熔化时完全不分解，则其熔点应为1573℃。

（2）相图中的另一个化合物在37.5%AlF_3摩尔分数处，此化合物的成分为

$Na_5Al_3F_{14}$，称为亚冰晶石，其熔点为734℃，亚冰晶石是一个在固态稳定，但在液态不稳定，熔化时它完全分解的组分，其分解反应为：

$$Na_5Al_3F_{14} = Na_3AlF_6(1) + 2NaF(1) + 2AlF_3(1) \qquad (6-2)$$

（3）相图中有两个共晶点。一个是在摩尔比大于3.0一侧，即在AlF_3摩尔分数为0.14左右的地方，共晶温度为888℃。这就意味着，在铝电解中，当电解质处于摩尔比大于3.0的碱性成分时，在温度降低到其沉淀物为冰晶石（AlF_3的摩尔分数为0.14~0.25）或NaF（AlF_3的摩尔分数小于0.14）时，在888℃以下为NaF和Na_3AlF_6两种化合物的共晶体。

另外一个共晶点在AlF_3的摩尔分数为0.46左右的地方，共晶温度为695℃。在共晶点的左侧，即当AlF_3的摩尔分数为0.25~0.375和电解质的温度低于液相线温度时，电解质熔体中的沉淀析出产物为冰晶石Na_3AlF_6，继续降低温度到734℃以下时，其凝固产物为冰晶石Na_3AlF_6与亚冰晶石$Na_5Al_3F_{14}$的混合物。当AlF_3的摩尔分数为0.375~0.46和电解质温度降低到液相线温度时，电解质熔体中析出的固相产物为亚冰晶石$Na_5Al_3F_{14}$。当AlF_3的摩尔分数大于0.375时，电解质熔体的温度降低到695℃共晶温度时，其固相产物为亚冰晶石$Na_5Al_3F_{14}$与AlF_3的共晶体。

（4）在AlF_3的摩尔分数为0.25~0.46时，电解质的初晶温度随着AlF_3含量的增加而降低，但是AlF_3的摩尔分数在0.25~0.33，即摩尔比为3.0~2.0时，电解质初晶温度随AlF_3的摩尔分数的变化率（斜率）相对较小，这意味着电解质摩尔比的变化对电解质的初晶温度变化的影响相对较小。而摩尔比在2.0~1.5时，电解质初晶温度随摩尔比变化较大，意味着电解质摩尔比的微小变化将会使电解质初晶温度发生很大的改变，这对铝电解生产是极其不利的，故应努力避免之。

（5）摩尔比在1.5~1.2时，电解质的摩尔比变化对初晶温度变化的影响较小，即电解质初晶温度的稳定性较好，有可能这是低温电解时的最佳电解质成分选择范围。如果能解决氧化铝的溶解速度问题和改进电解质的导电性能，至少低温电解在理论上是可行的。

（6）当AlF_3的摩尔分数大于0.46时，电解质的初晶温度以非常陡峭的速度上升，在这种电解质成分下电解要想维护工艺上的稳定性将是非常困难的。

6.1.1.2　Na_3AlF_6-Al_2O_3二元系

自从1945年以来，Na_3AlF_6-Al_2O_3二元系已被公认为简单共晶系，共晶点在10.0%~11.5%（质量分数）或18.6%~21.1%（质量分数）处，温度为962~960℃。其中不存在固溶体[1]。

Foster[4]用淬冷技术测定了Na_3AlF_6-Al_2O_3二元系相图（Al_2O_3质量分数在0~18.3%范围内），测得共晶点在10.5%Al_2O_3处，温度为961℃。

图 6-2 给出了 Brynestad 和 Grjo-theim[4] 的研究结果。

Na_3AlF_6-Al_2O_3 二元系和 AlF_3-NaF 二元系相比，形式要简单得多。图 6-2 中，CE 和 DE 为初晶线，它们是恒压（1atm，即 101325Pa）下，固-液平衡时的温度组成曲线。

在 CE 和 DE 线以上均为熔液相；在 CE 和 DE 线以下，1 区内固相（Na_3AlF_6）与液相共存，3 区内固相（Al_2O_3）与液相共存；在共晶线以下均为固相（Na_3AlF_6 和 Al_2O_3）。

CE 和 DE 线可看作是固体 Al_2O_3 在熔液中的溶解度曲线，或者是添加 Al_2O_3 而形成的熔液初晶点降低曲线。

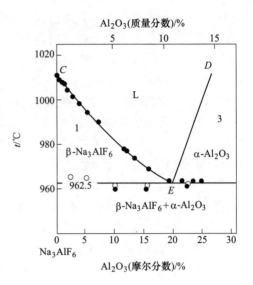

图 6-2　Na_3AlF_6-Al_2O_3 二元系相图

即可以描述为：如果在熔融的冰晶石中逐渐加入 Al_2O_3，在 Al_2O_3 浓度值达到共晶点 E 之前，随着 Al_2O_3 的加入，熔液初晶点逐渐降低，析出冰晶石；当达到共晶点 E 时，熔液初晶点最低，此时冰晶石和 Al_2O_3 同时析出，继续加入 Al_2O_3，熔液初晶点逐渐升高，这个阶段析出的是 Al_2O_3。

6.1.1.3　Na_3AlF_6-AlF_3-Al_2O_3 三元系

冰晶石电解质熔体中添加 AlF_3 对冰晶石-氧化铝二元系初晶温度的影响可从图 6-3 Na_3AlF_6-AlF_3-Al_2O_3 三元系的相图反映出来。

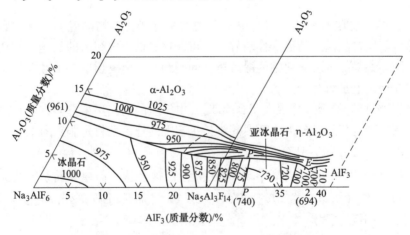

图 6-3　Na_3AlF_6-AlF_3-Al_2O_3 三元系相图

在三元共晶点的液相 L_E 与固相的平衡为：

$$L_E \Longrightarrow Na_5Al_3F_{14}(s) + Al_2O_3(s) + AlF_3(s) \qquad (6-3)$$

由 Na_3AlF_6-AlF_3-Al_2O_3 三元系相图可以看出，电解质熔体中 Na_3AlF_6、AlF_3、Al_2O_3 的三元共晶点在 Al_2O_3 质量分数为 3.2%、AlF_3 质量分数为 37.3%、Na_3AlF_6 质量分数为 59.5%，共晶点温度为 684℃。

在三元包晶点的液相 L_p 与固相的平衡为：

$$L_p + Na_3AlF_6(s) \Longrightarrow Na_5Al_3F_{14}(s) + Al_2O_3(s) \qquad (6-4)$$

三元包晶点是在 Al_2O_3 质量分数为 4.4%、AlF_3 质量分数为 28.3%、Na_3AlF_6 质量分数为 67.3%处，包晶温度为 723℃[1]。

6.1.2 工业铝电解质及其添加剂

在铝电解中，常常需要向电解质中添加添加剂，以达到提高电流效率、降低能耗的目的。添加剂的基本条件为：在铝电解生产中不参与电化学反应，以免电解出其他元素而影响铝的纯度；能够对电解质的性质有所改善；对氧化铝的溶解度不产生太大影响；吸水性和挥发性要小；价格要低廉等。但是目前还未找到能够同时满足上述要求的添加剂，能够部分满足上述要求的添加剂有氟化铝（AlF_3）、氟化钙（CaF_2）、氟化镁（MgF_2）、氟化锂（LiF）（或 Li_2CO_3）、氯化钠（NaCl）等。下面列出常使用的四种添加剂对电解质性质的影响。

6.1.2.1 氟化铝（AlF_3）

氟化铝（AlF_3）是目前工业铝电解最常见的添加剂，对于改善电解质性质有重要的作用，是除了氧化铝和炭素以外消耗最大的原料之一。

AlF_3 为菱形六面体结构，晶格常数为 $a_{rh} = 0.5016nm$，$\alpha = 58°32'$，单周晶系折射指数为 1.3765 和 1.3767。AlF_3 在低温时为 α 型多晶体，在 453℃时发生相变，转变为 β 型多晶体，其相变热很小（0.63kJ/mol）；没有熔化温度，只有升华温度。

在电解质熔体中，随着 AlF_3 含量的增加，电解质熔体的初晶温度降低。比如添加 10%AlF_3 时，熔体的初晶温度约降低 20℃。此外，在电解质熔体中，随着 AlF_3 含量的增加，电解质的密度随之减小；而电解质熔体的电导率及熔体黏度随着 AlF_3 含量的增加而降低。但是在酸性电解质中，AlF_3 和 Al_2O_3 的共同存在对黏度的影响将不会十分明显。

在电解质熔体中，随着 AlF_3 含量的增加，熔体中 Al_2O_3 的溶解度随之降低。此外，AlF_3 的添加，增大了电解质的挥发性，还会减小电解质与铝液的界面张力，减小电解质与阳极气体的表面张力，增大电解质与炭素材料的湿润角。

虽然 AlF_3 仅占电解质的 2%~2.5%（质量分数，按冰晶石成分过量计），但它作为电解质成分在电解槽中的消耗比率最大。这是因为电解槽中最易挥发的盐类是四氟铝酸钠（$NaAlF_4$），它按如下反应水解而被消耗：

$$2Na_3AlF_6 + 3H_2O \longrightarrow Al_2O_3 + 6NaF + 6HF \tag{6-5}$$

通过铝厂的烟气净化效率已经得到很大改进，可以有效地回收这些盐类。然而，它有时被回收生成冰晶石，加上系统的无组织排放损失，因此就需要补充氟化铝。

6.1.2.2 氟化钙（CaF_2）

氟化钙（CaF_2）只存在一种晶型，为面心立方结构。晶格常数为 $a_0 = 0.54626nm$，不含水分且纯度很高的情况下，CaF_2 的熔点为 1423℃，折射指数为 1.434。

氟化钙（CaF_2）能够降低电解质的初晶温度，每添加 1% 氟化钙，熔体的初晶温度降低 3℃。

在电解质熔体中添加氟化钙，能够使电解质的密度增加。就影响程度而言，氟化钙甚于氟化镁。但是添加量在 5% ~ 10% 时，对电解质的密度影响很小；添加氟化钙能够降低熔体的电导率，同时增大熔体的黏度。

此外，添加氟化钙会减小氧化铝的溶解度，加速 $\gamma\text{-}Al_2O_3$ 向 $\alpha\text{-}Al_2O_3$ 的转化，对槽帮的形成有好处；氟化钙还可降低电解质的挥发性，增大电解质与铝液的界面张力，增大电解质与炭素材料的湿润角。

氟化钙（CaF_2）在自然界以"萤石"晶体出现，一直都是氟化物化合物的主要来源。各铝厂内用于电解质中的氟化钙浓度不同，但是典型值是在 4% ~ 8%（质量分数）范围内。可是，氟化钙蒸气压低，并且在电解槽中是电化学惰性的（高浓度除外），因此铝工业所需量很小。

实际上在添加氧化铝时钙总是作为杂质存在，所以在一些铝厂电解质中能保持足够的运行浓度。在此情况下，它在电解质里建立了一个稳定状态的水平，在电解质中依赖共析出和其他方式的损失速率与其添加速率建立平衡。如果使用劣质氧化铝，稳定状态钙的浓度水平能变得非常高，甚至使电解质的密度接近铝液的密度。

假定它在氧化铝中以氧化钙相存在，将按如下互换反应溶解在电解质中：

$$3CaO + 2AlF_3 \longrightarrow 3CaF_2 + Al_2O_3 \tag{6-6}$$

6.1.2.3 氟化镁（MgF_2）

氟化镁（MgF_2）也能够降低电解质的初晶温度，每添加 1% 氟化镁，熔体的初晶温度降低 5℃。与氟化钙一样，氟化镁的添加同样能够使电解质的密度增加，同时能够降低熔体的电导率，就影响程度而言，强于氟化钙；还会增大电解质的黏度，并且氟化镁的影响大于氟化钙。其原因是 Mg^{2+} 在熔体中能构成体积大的阴、阳配离子，如 $MgAlF_7^{2-}$。

氟化镁的添加，同样减小了氧化铝在熔体中的溶解度和溶解速度；可降低电解质的挥发性，增大电解质与铝液的界面张力，并且增大电解质与炭素材料的润湿角。此外，添加氟化镁使电解质的结壳变得疏松，易于打壳操作。

铝电解中使用少量的氟化镁（MgF_2）改变电解质的质量，添加量通常在电解质组成中少于总量的5%（质量分数）。

虽然氟化镁以天然矿物"氟镁石"存在，但这些矿床是有限的，因此不适于作为铝冶炼工业原料的来源。其他镁的来源有氯化镁和菱镁矿，天然菱镁矿以碳酸盐形式存在。由于氯化镁水解引入氯离子而产生许多相关的问题，因此通常不受欢迎。在电解质中要达到一个期望的氟化镁浓度，最简的方法是直接地添加碳酸镁。添加的碳酸镁与过量氟化铝发生下列反应：

$$3MgCO_3 + 2AlF_3 \longrightarrow 3MgF_2 + Al_2O_3 + 3CO_2 \tag{6-7}$$

由于 MgO 溶解缓慢，因此直接添加是不利的。

6.1.2.4　氟化锂（LiF）

就对添加剂的性质要求而言，氟化锂是一种理想的添加剂，可以改善电解质大部分性质，而负作用极少。其影响特点：（1）氟化锂能够明显降低电解质的初晶温度，每添加1%氟化锂，熔体的初晶温度降低8℃；（2）能够减小电解质的密度，而这一点对电解过程是有好处的；（3）能够明显提高电解质的电导率；（4）减小电解质的黏度；（5）明显降低氧化铝在电解质中的溶解度和溶解速度；（6）降低电解质的挥发性，对电解质的表面性质影响不大。

由于氟化锂的价格昂贵，只有特别需要强调提高生产率或降低能量消耗，并且生产过程稳定的铝厂，才会不断增加氟化锂的用量以改善电解质。实质上，锂用作钠的替代物，因此在电解质中以氟化物存在。最便宜适用的锂盐是碳酸锂，并且已经发现与氟化铝一起加入电解槽中是一种适宜的方法。目前国内外通常使用碳酸锂代替氟化锂，因为碳酸锂在高温下分解成氧化锂，而氧化锂与冰晶石发生反应生成氟化锂，从而同样也可以起到氟化锂的作用。

碳酸锂添加到电解槽中，它按如下反应式与过量的氟化铝反应：

$$3Li_2CO_3 + 4AlF_3 \longrightarrow 2Li_2AlF_6 + Al_2O_3 + 3CO_2 \tag{6-8}$$

溶解机理毫无疑问更加复杂，并且碳酸盐的添加速率影响电流效率。因此，有时为使反应适应自身的需要，碳酸盐要不同等级购买，分为粉状、粒度、片状和较大的碎屑，后者是溶解得最慢的。

现代铝电解生产中，为了有效地改善电解质的性质，通常将几种添加剂配合使用，控制其含量，尽量发挥各自的优点，避开其缺点，这已经得到了良好的效果。目前较为普遍的是将 AlF_3、CaF_2、MgF_2 等添加剂同时使用，其总量控制在12%左右，这样可以使电解质的初晶温度降低到930℃以下，其他物理性质也不受到明显的恶化。将电解生产工作温度控制在940~950℃范围内，在提高生产技术经济指标上已取得显著效益。

我国工业生产中主要以添加 AlF_3 为主，北方地区由于受氧化铝原料影响，含有较为过量的锂和钾，成为比较特殊的电解质体系，电解温度常常可达 930℃ 以下。

6.1.3 铝电解质的物理化学性质

铝电解质以 Na_3AlF_6-Al_2O_3 二元系为基础，同时工业上为了改善其性质，一般都加有各种添加剂，形成了比较复杂的电解质体系。

经过理论研究和工业试验，证明确有成效的添加剂有 AlF_3、MgF_2、CaF_2、LiF 等几种。其中，CaF_2 是电解槽启动时加入的，此后以杂质形式由冰晶石和 Al_2O_3 带入。添加剂的加入各有其优缺点，但都会使原电解质对 Al_2O_3 的溶解度减小。

铝电解质的物理化学性质包括熔度、密度、电导率、表面性质、黏度和迁移数等。

6.1.3.1 熔度（初晶温度）

A 熔度（初晶温度）定义

初晶温度是指熔盐以一定的速度降温冷却时，熔体中出现第一粒固相晶粒时的温度[2]。它也叫作液化温度，是指固态盐以一定的速度升温时，首次出现液相时的温度。这两种表达是一致的，因为该温度下熔盐的固-液相处于平衡态。对单一纯盐该温度叫熔点，而对二元及多组分混合盐则该温度称为熔度。电解质的熔度决定电解过程温度的高低（电解温度=电解质熔度+过热度）。温度的变化将影响电解槽的主要技术经济指标，如电流效率（CE，由金属损失决定）等。许多研究表明，电解质温度降低 10℃，CE 增加 1.8%～2%；电解质温度对电能消耗（电解质的电阻率大小与温度有关），以及物料消耗（AlF_3 升华损失等）都有显著影响（以后的章节还会讨论）。

过热度是指高于电解质初晶点（或熔度）的温度。通常电解过程实际温度要高于电解质熔度 5～15℃，这种过热温度有利于电解质较快地溶解氧化铝。过热度也控制着侧部炉帮和底部结壳的生成与熔化，电解槽炭素内衬上凝固的电解质形成的侧部炉帮对内衬有保护作用，电解质通过毛细管作用能爬移到金属铝液的底部去溶解底部沉淀。如果过热度不高，底部的电解质将凝固，生成底部结壳。阳极下方的阴极区内不应生成底部结壳，因为这会增大阴极电压降，并使铝液中产生水平电流，后者与垂直磁场作用导致铝液熔池的运动和不稳定，最终增大了铝的损失（对于过热度以后还会专门讨论）。

B 添加剂对初晶温度的影响

各种添加剂对降低冰晶石熔体初晶温度的影响如图 6-4 所示。但其中以 LiF 最为显著，MgF_2 次之。早先我国许多侧插棒式自焙阳极电解槽曾经采用添加锂盐或 Li-Mg 复合盐的电解质，由于降低电解温度显著，都获得了较高电流效率和较低电能消耗，取得了较好的技术经济指标[2]。

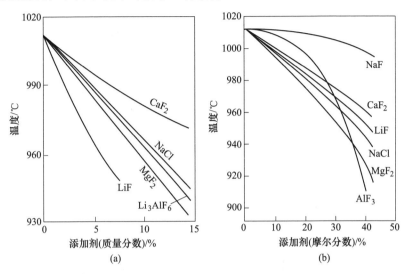

图 6-4　各种添加剂对冰晶石熔体初晶温度的影响

C　低摩尔比电解质

采用低摩尔比的电解质，由于加入较多 AlF_3 后其熔度降低较多，Al_2O_3 溶解度减小，电解质的电阻率增高，此时对下料要求严格，否则易生成沉淀，故适合于人工操作的自焙槽生产。

D　多元电解质的初晶温度

含有 AlF_3、LiF、CaF_2、MgF_2 及氧化铝的冰晶石熔体的熔化温度（初晶温度）可以用下式表示[2]：

$$T = 1.011 - 0.072w(AlF_3)^{2.5} + 0.0051w(AlF_3)^3 + 0.14w(AlF_3) - 10w(LiF) +$$
$$0.736w(LiF)^{1.3} + 0.063[w(LiF) \times w(AlF_3)]^{1.1} - 3.19w(CaF_2) +$$
$$0.03w(CaF_2)^2 + 0.27[w(CaF_2) \times w(AlF_3)]^{0.7} - 12.2w(AlF_3) +$$
$$4.75w(AlF_3)^{1.2} - 5.2w(MgF_2) \tag{6-9}$$

式中，$w(AlF_3)$、$w(LiF)$、$w(CaF_2)$、$w(MgF_2)$ 分别为 AlF_3、LiF、CaF_2、MgF_2 的质量分数。

6.1.3.2　电导率

电导率是电解质最重要的物理化学性质之一，它关系到电解槽极距间电压降的大小，通常极距间电解质的电压降占槽电压的 35%~39%，因此它与电能消耗的大小直接相关[2]。

Na_3AlF_6-Al_2O_3 系电解质的电导率测定非常困难，主要原因是高温熔融铝电解质的腐蚀性极强，导电池材料要用耐高温、耐腐蚀的绝缘材料制成，现时尚未找到较理想的材料，目前的研究测试多采用氮化硼（BN）制成毛细管，基本上能保证测量精度。

若干添加剂对铝电解质电导率的影响研究结果汇集在图6-5上。前人的研究结果指出，LiF、Li_3AlF_6、NaF、NaCl 都能增大电解质的电导率，其中以 LiF 为最优；其余的添加剂则降低电导率。

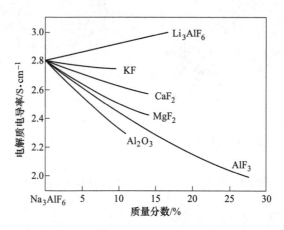

图 6-5 若干添加剂对冰晶石熔体电导率的影响

工业铝电解质的电导率在含有 LiF 和 MgF_2 时可按下式计算[2]：

$$k = \exp[2.0156 - 0.0207w(Al_2O_3) - 0.005w(CaF_2) - 0.0166w(MgF_2) + 0.0178w(LiF) + 0.434R - 2068.4/T] \tag{6-10}$$

式中，k 为电解质电导率，S/cm；R 为 NaF 对 LiF 的质量比；T 为绝对温度，K。

冰晶石熔体中加入 Al_2O_3 后，其电导率下降（电阻率升高）。例如在1010℃下，纯冰晶石的电导率为 2.8S/cm，当加入 10%（质量分数）Al_2O_3 后，电导率下降至 2.25S/cm，即下降 20%，也即电阻率增大 20%。加入的 Al_2O_3 含量越少，电导率减小也越少，因此下料量少的点式下料方式引起的电导率变化很小；但大加工时加入大量 Al_2O_3 则使电解质电导率变差，可见点式下料可以在较高的电解质电导率情况下运行，因而有利于节能。

冰晶石含有 Al_2O_3、AlF_3、CaF_2、KF、MgF_2 的二元系和 Na_3AlF_6-Al_2O_3-CaF_2、Na_3AlF_6-AlF_3-KF 三元系电导率的计算可用如下的经验公式[2]：

$$\ln k = 1.977 - 0.0200w(Al_2O_3) - 0.0131w(AlF_3) - 0.0060w(CaF_2) - 0.0106w(MgF_2) - 0.0019w(KF) + 0.0121w(LiF) - 1204.3/T \tag{6-11}$$

式中，k 为电导率，S/cm；w 为质量分数；T 为绝对温度，K。

当电解质中存在炭渣颗粒时，电解质的电导率会下降。

6.1.3.3 密度

A 密度的定义

密度是物质质量与其体积之比，单位为 g/cm^3。铝电解时，电解质和熔融铝之间的密度差比较小，例如 1000℃时，纯熔融冰晶石的密度为 $2.095g/cm^3$，纯铝的密度为 $2.289g/cm^3$，两者的密度差小容易引起金属的损失，此外还能因小的干扰而引起电解质和铝液界面的明显波动，因此增加两者的密度差是很重要的。

纯熔融冰晶石和纯铝（99.75%）在不同温度（t）下的密度（d，g/cm^3）按下式计算[2]：

$$d_{Na_3AlF_6} = 3.032 - 0.937 \times 10^{-3} t \tag{6-12}$$

$$d_{Al} = 2.382 - 272 \times 10^{-6}(t - 658) \tag{6-13}$$

B NaF-AlF₃ 系的密度

在 NaF-AlF₃ 系中，熔体密度在冰晶石成分附近出现一个高峰，如图 6-6 所示。峰值位于 AlF₃ 摩尔分数为 20%~25%处，由图看出此高峰处呈平稳过渡并不尖锐，说明冰晶石此时在一定程度上发生了热分解；而且温度越高，此高峰的陡度越小，冰晶石的热分解程度越大。

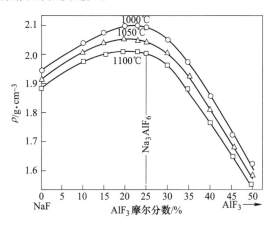

图 6-6 NaF-AlF₃ 系密度变化

C Na₃AlF₆-Al₂O₃ 系的密度

Na₃AlF₆-Al₂O₃ 系的密度图如图 6-7 所示。尽管 Al₂O₃ 的密度很大，但随着 Al₂O₃ 的加入，熔体的密度降低了，这可能与熔体中出现了体积庞大的络合离子有关。

D 工业电解质的密度与温度的关系

根据研究和实测，含有氧化铝和添加剂的电解质，在 1000℃时的等温密度如图 6-8 所示。该系密度与温度的关系可以按下式计算[3]：

$$d_{bath} = 100/\{w(Na_3AlF_6)/(3.305 - 0.000937T) + w(AlF_3)/[1.987 - 0.000319T +$$
$$0.0094w(AlF_3)] + w(CaF_2)/[3.177 - 0.000391T + 0.0005w(CaF_2)^2] +$$
$$w(MgF_2)/[3.392 - 0.000525T - 0.01407w(MgF_2)] +$$
$$w(LiF)/(2.358 - 0.00049T) + w(Al_2O_3)/[1.449 + 0.0128w(Al_2O_3)]\}$$

$$(6-14)$$

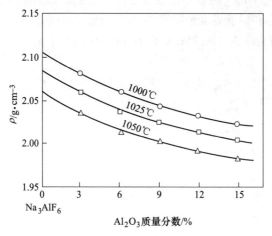

图 6-7 Na_3AlF_6-Al_2O_3 系密度变化

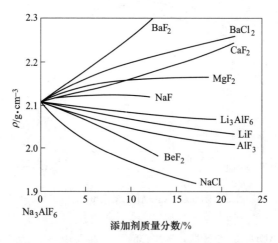

图 6-8   1000℃时 Na_3AlF_6-添加剂系的等温密度

6.1.3.4   黏度

黏度是电解槽中支配流体动力学的重要参数之一。例如，电解质的循环性质，Al_2O_3 颗粒的沉落，铝珠、炭粒的输运及阳极气体的排除等都同电解质的黏度有关。它影响到阳极气体的排出和细微铝珠与电解质的分离，从而关系到金属损失和电流效率。

A Al₂O₃ 含量对黏度的影响

在冰晶石熔体中持续加入 Al₂O₃，黏度会一直增加，当 Al₂O₃ 含量超过 10%（质量分数）后，黏度陡然上升，此时电解质特别黏稠，如不及时解决会引起许多问题。在 1000℃ 下，不同摩尔比的冰晶石熔体中氧化铝含量对黏度的影响如图 6-9 所示[2]。

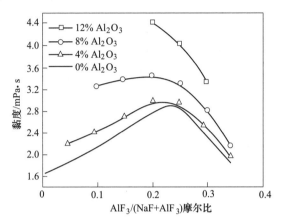

图 6-9 不同摩尔比的冰晶石熔体中氧化铝质量分数对黏度的影响

B 添加剂对电解质黏度的影响

高温下冰晶石熔体的黏度测定比较困难，至今积累的资料与数据不全。若干添加剂对冰晶石熔体黏度的影响如图 6-10 所示。

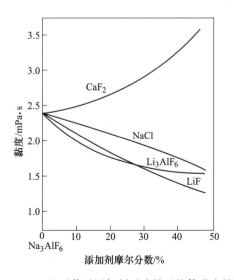

图 6-10 1000℃ 时若干添加剂对冰晶石熔体黏度的影响

6.1.3.5　湿润角 θ

A　界面张力与湿润角

电解质的表面性质对电解过程以及槽内发生的二次反应有重要影响。在电解质–炭素的界面上，界面张力影响着炭素内衬对电解质组分的选择吸收，以及电解质与炭渣的分离；在阴极界面上，铝和电解质之间的界面张力影响着铝的溶解速率，因而影响着电流效率；炭素材料被电解质湿润是三相界面上界面张力的作用，也是一个关系到发生阳极效应的重要因素[2]。

在电解质–炭素界面上的界面张力 $\gamma_{E/C}$，这个界面上的界面张力关系通常用湿润角 θ 来表示，界面张力与湿润角的关系如图 6-11 所示。

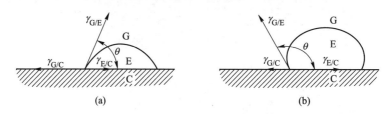

图 6-11　熔盐与炭板之间的接触角示意图
C—炭板；E—电解质液体；G—气相

湿润角的数值是受三个界面张力的影响，即电解质和气体间的界面张力 $\gamma_{G/E}$，固体和气体间的界面张力 $\gamma_{G/C}$，以及电解质和固体间的界面张力 $\gamma_{E/C}$，它们之间的关系可以用下式表示：

$$\cos\theta = (\gamma_{G/C} - \gamma_{E/C})/\gamma_{G/E} \tag{6-15}$$

湿润角 θ 是指熔融电解质与炭板及空气之间的三相界面接触角（见图 6-11），在 1010℃ 下，纯冰晶石熔体在无定型炭板（类似于炭阳极、炭阴极）上的 θ 角约为 125°；当加入 10%Al_2O_3 后，湿润角变小至 110°。

湿润角 θ 的大小影响着阳极气体自阳极底掌的排出、影响阳极效应的发生以及炭渣与电解质的分离。

B　Al_2O_3 含量与湿润角的关系

当电解质中 Al_2O_3 质量分数降至极低时，根据电解温度、电解质组成、电流密度及炭素材料极化情况，一般在 1.5% 左右即会发生阳极效应。此时，电解质因 Al_2O_3 含量低，它与炭素阳极间的 θ 角较大，气泡容易存在于阳极底掌，因而导致阳极效应发生，加入 Al_2O_3 后，θ 角变小，两者湿润性变好，有利于气泡的排除及阳极效应的熄灭。

生产中常利用阳极效应时高温且缺少 Al_2O_3 的情况来分离炭渣，或者可以观察到当槽温高时，效应会推迟发生，这都与 θ 角的变化有关[2]。

C 添加剂对湿润角的影响

电解质的若干添加剂也在不同程度上影响 θ 角的大小。有关实测数据列于表 6-1。

表 6-1　添加剂对电解质和石墨之间湿润角的影响

添加剂的质量分数/%					湿润角 θ	标准偏差
LiF	NaF	CaF$_2$	MgF$_2$	AlF$_3$	/(°)	/(°)
—	—	—	—	—	112.0	3.2
2	—	—	—	—	114.3	1.9
3	—	—	—	—	123.0	1.7
5	—	—	—	—	127.7	1.1
—	3.66	3	—	—	99.4	1.9
—	—	8	—	—	119.3	2.1
—	—	—	3	—	120.8	2.5
—	—	—	8	—	120.0	2.0
—	—	—	—	7.04	129.6	1.1
—	—	—	—	15.84	103.9	3.2
—	—	—	—	—	104.4	6.1
—	3.66	—	—	—	112.7	0.8
—	3.66	8	—	—	113.0	1.2
—	3.66	—	8	—	120.7	1.5
5	—	—	—	15.84	103.8	2.7
—	—	8	—	15.84	125.0	1.2
—	—	—	8	15.84	115.4	0.8

6.1.3.6　Na$_3$AlF$_6$-Al$_2$O$_3$ 熔体物理化学性质的综合分析

Na$_3$AlF$_6$-Al$_2$O$_3$ 体系的物理化学性质同该体系熔体的结构有着密切关系，20 世纪 50 年代别里亚耶夫（Belyaev）[1] 曾试图用熔体结构的变化来解释性质的变化，虽然当时对熔体结构的认识尚不深入，但他的这种探讨是很有意义的，图 6-12 所示为 Na$_3$AlF$_6$-Al$_2$O$_3$ 系熔体的综合性质。结合若干现代熔体结构知识，对图上各性质的变化与熔体结构的关系解释如下[2]：

（1）熔体中存在的络合离子根据溶入 Na$_3$AlF$_6$ 中氧化铝的多少而有所不同，在低 Al$_2$O$_3$ 浓度时，熔体中主要存在有 Al$_2$OF$_6^{2-}$ 络合离子；在高 Al$_2$O$_3$ 浓度时则以 Al$_2$O$_2$F$_4^{2-}$ 为主。下文中统称 Al-O-F 络合离子。

（2）密度和摩尔体积。在往冰晶石中加入氧化铝后，出现了上述这两种离子，随着氧化铝的增加，这两种离子也增加，特别是体积更大的 Al$_2$O$_2$F$_4^{2-}$ 络合离子。如前所述，密度是单位体积内的质量，因此加入更多氧化铝后，体积更大的

Al-O-F 络合离子含量增多，单位体积内的质量减小，同原来相比，密度和摩尔体积不断降低。随着氧化铝的增多，络合离子含量更多，密度变得更小，摩尔体积也是直线下降。如图 6-12 中曲线 d 和 V 的走向。

（3）黏度。随着冰晶石熔体中氧化铝的加入，黏度陡峭地上升，是同熔体中出现体积庞大的 Al-O-F 络合离子以及它们的增多有关。当大量的体积庞大的络合离子存在于熔体中时，熔体的内摩擦力急剧增加，因而表现为黏度陡峭地升高。

（4）电导率。同样，当氧化铝加入后出现体积庞大的 Al-O-F 络合离子时，离子移动的淌度就会降低；随着氧化铝含量的增多，体积庞大的络合离子增多，离子的定向迁移更为困难，因而电导率直线下降（见图 6-12）。

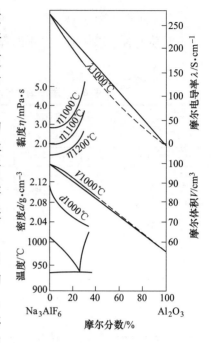

图 6-12　Na_3AlF_6-Al_2O_3 综合性质

熔盐的物理化学性质，特别是密度、黏度和电导率等作为熔体结构的敏感性质在早期曾用于间接地推测熔盐的结构。随着科技的进步，后来有了更新的理论和研究工具，对熔盐的结构实体能做进一步的确定，其成果又反过来促进人们对熔盐性质的变化规律的了解，我们期盼今后能对熔体性质与结构的关系有更加深入的认识。

6.1.4　低温电解质

低温电解质是指熔化温度低于 900℃ 的炼铝电解质，它是铝电解行业长期梦想的目标。由于低温电解能够提高电流效率，减少炭耗，减少槽的热损失，增加槽寿命，降低含氟气体排放以及更适宜于采用惰性电极，因而长期以来进行了很多的研究，如 K. Grjotheim、J. Thonstad 及邱竹贤等人[3-5] 的工作。早期多采用添加剂来降低冰晶石-氧化铝系的熔度，前已述及添加剂中以加入 LiF 改善电解质组成的效果最为明显，然而电解质的熔度仍然在 930℃ 以上。其后采用的低摩尔比电解质一直沿用至今，但大部分电解质的熔化温度仍然不低于 920℃。有关低摩尔比电解质的若干研究结果汇总于表 6-2。所有这些研究过的低熔点电解质，它们的最大缺点就是氧化铝的溶解度降低了；另外，低摩尔比引起的 AlF_3 挥发损失很大，增大了回收处理的难度。

表 6-2 不同组成电解质物性参数表

电解质	电解质组成/%				熔点/℃	电解温度/℃	氧化铝溶解度/%	铝溶解度/%	电导率/S·cm⁻¹	蒸气压/torr	电流效率改变/%	能量效率改变/%
	AlF₃	CaF₂	LiF	MgF₂								
传统电解质	6	6			952	972	6.5	0.026	2.118	3.9	0	0
低摩尔比	13	4			934	954	6.1	0.019	1.922	5.6	2.9	-0.2
成分1	2	4	3	3	929	949	4.0	0.017	2.301	1.9	3.8	6.7
成分2	10	5	2	3	925	945	4.6	0.011	1.997	3.7	6.5	4.6
成分3	23	4			860	900	4~5		(1.65)		(7~8)	
成分4	20	4	3	3	960	900	4~5		(1.70)		(7~8)	

注：1. torr=133.322Pa。2. 括号内数字为经验值。

A. Sterten 等人[6]对熔点在 800℃的一批电解质进行了实验室的电解研究，采用的电解质组成见表 6-3。根据熔点为 800℃时电流效率最高、氧化铝溶解度大及所得金属铝中含 Li 量最小，研究者推荐表中 B7 号电解质，此电解质组成为：冰晶石 Na_3AlF_6 53.7% + Li_3AlF_6 33.8% + CaF_2 5% + Al_2O_3 7.5%，熔化温度为 800℃[2]。

表 6-3 电解质组成与对应电解温度

电解质		B5	B6	B7	B8	B9	B10	B11	B12	B13	B15
成分（质量分数）/%	Na₃AlF₆	84	71	53.7	38.5	64	62	57	54	52.4	68
	Li₃AlF₆			33.8	29.7		4.2	16.6	29.1	41.6	
	K₃AlF₆				23.8						
	AlF₃		6			30	27.8	20.4	10.9		
	LiF		21								26
	CaF₂	5	5	5	5	4	4	4	4	4	4
	Al₂O₃	5	3	7.5	3	2	2	2	2	2	2
温度/℃		980	800、860	800	850	800	800	800	800	800	800

6.2 氧化铝在电解质中的溶解

6.2.1 氧化铝的溶解反应

氧化铝是铝电解的主要原料，它能否有效地溶解（因为形成沉淀）是电解铝厂许多运行问题的原因，关系到铝电解槽生产能否顺利进行，关系到生产过程的平稳性，也关系到是否产生沉淀、病槽等问题，相应地影响到电流效率、电能消耗和物料消耗。冰晶石中氧化铝的浓度影响着氧化铝颗粒的溶解速度。

Phan-Xuan 等人[1]用氧化铝在纯冰晶石的稀熔液研究了氧化铝在冰晶石熔液中的溶解动力学，所得的热谱图如图 6-13 所示。

在低 Al_2O_3 浓度下溶解过程进行得很快，可分两步：首先是高度的吸热反应，然后是放热反应。

放热效应表明：当 Al_2O_3 在冰晶石熔液中溶解时，发生了生成某种络合物（即铝氧氟络合物）的反应。也就是说，Al_2O_3 在冰晶石里的溶解过程可分两步：第一步是 Al_2O_3（晶体）→Al_2O_3（溶质），即 Al_2O_3 晶体受氟离子侵蚀而生成 Al_2O_3 溶质；第二步是 Al_2O_3（溶质）+溶剂→铝氧氟络合离子，即 Al_2O_3 溶质在溶剂作用下生成铝氧氟络合离子。前者是吸热反应，后者是放热反应。

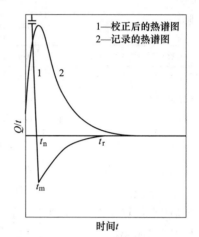

图 6-13　α-Al_2O_3 在纯冰晶石熔液中

溶解的热谱图

t_n—放热效应的开始时间；

t_m—放热效应达到极大值的时间；

t_r—溶解终了时间

在第一步中，Al_2O_3 晶体受侵蚀的反应可能是：

$$Al_2O_3(晶体) + 6F^- \Longrightarrow 3O^{2-}(1) + 2AlF_3(1) \tag{6-16}$$

其中 O^{2-} 或者是游离的，或者与来自 Al_2O_3 的铝离子松弛结合。

在第二步中，生成铝氧氟络合离子的反应也许是：

$$O^{2-}(1) + AlF_3 \Longrightarrow AlOF_3^{2-}(1) \tag{6-17}$$

或

$$O^{2-}(1) + AlF_3 + 2F^- \Longrightarrow AlOF_5^{4-}(1) \tag{6-18}$$

在低氧化铝浓度下，主要的含氧质点是桥式离子 $Al_2OF_6^{2-}$，它在下列反应中生成：

$$\frac{1}{3}Al_2O_3 + \frac{4}{3}AlF_3 + 2NaF \Longrightarrow Al_2OF_6^{2-} + 2Na^+ \tag{6-19}$$

6.2.2　氧化铝的溶解速度

研究 Al_2O_3 的溶解速度，实际上就是研究熔液中已有的 Al_2O_3 含量对继续添加的 Al_2O_3 溶解速度的影响，如图 6-14 所示。

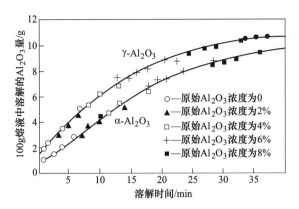

图 6-14 冰晶石熔液中 Al_2O_3 溶解速度曲线

（200r/min，1015℃）

从图 6-14 可以看出，在 5% Al_2O_3 以下的浓度范围内，所有数值排列在一条直线上，而在 5% 以上，所有数值排列在一条曲线上。直线段表示进行着零级反应，即 Al_2O_3 的溶解速度与已溶解在熔液中的 Al_2O_3 浓度无关。在 1015℃ 时，α-Al_2O_3 的直线段的溶解速度常数为 0.11%/（$cm^2 \cdot min$），γ-Al_2O_3 的直线段的溶解速度常数为 0.16%/（$cm^2 \cdot min$）。因此在 5% Al_2O_3 以下，γ-Al_2O_3 的溶解速度大约比 α-Al_2O_3 快。在 5%~11.5% Al_2O_3 范围内，溶解速度曲线表示一级反应，即 Al_2O_3 的溶解速度与已溶解的 Al_2O_3 浓度 c 有关[1]：

$$-\frac{dc}{dt} = Kc \tag{6-20}$$

该线段的溶解速度常数，α-Al_2O_3 为 0.053%/（$cm^2 \cdot min$），γ-Al_2O_3 为 0.066%/（$cm^2 \cdot min$）。

6.2.2.1 温度对氧化铝溶解速度的影响

根据 Arrhenius 公式，即：

$$\ln K = \frac{B}{T} + 常数 \tag{6-21}$$

可求得温度 T 与溶解速度 K 的关系。从图 6-14 可推算得到下列两式，并绘制成 Arrhenius 图（见图 6-15）。

图 6-15 中的直线表明，α-Al_2O_3 和 γ-Al_2O_3 的溶解速度常数均随温度升高而增大。

Gerlach 等人对于氧化铝在冰晶石熔液中的溶解机理做如下解释：由于氧化铝中的氧同冰晶石中的氟交换，生成了铝氧氟络合离子，在冰晶石中每个铝离子与 6 个氟离子配位，故首先生成 $AlOF_5^{4-}$。此时，熔液中氧离子的浓度很小，故易于同氟离子交换，亦即易于溶解。当熔液中 Al_2O_3 浓度增加到 5% 以上时，唯有

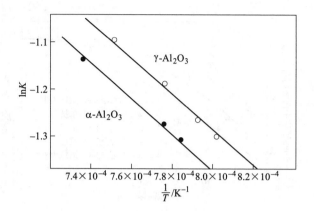

图 6-15　Al_2O_3 在冰晶石熔液中溶解的 Arrhenius 图

在更大程度上从 AlF_6^{3-} 解离成 AlF_4^-，才能接受更多的溶解的氧化铝，亦即此时主要生成 $AlOF_3^-$。所以当加入的 Al_2O_3 超过 5% 时，熔液的结构要重新排列，亦即溶解越来越困难。Gerlach 等人的见解得到 Phan-Xuan 的支持[1]。

6.2.2.2　添加剂对氧化铝溶解速度的影响

Gerlach 等人还补充研究了氧化铝在冰晶石熔液（带有各种添加剂如 CaF_2、MgF_2、LiF）中的溶解动力学。在试验中，他们将电解质试样（熔液中均含有 40% 的氧化铝）110g 盛置在 Pt-5Au 的合金坩埚内用电炉熔化，分别在加氟化锂、氟化钙、氟化镁和氧化铝后使用制作的特殊夹具夹持氧化铝试片在电解质中旋转，得到结果如下：

$$j = a + b\sqrt{\omega} \tag{6-22}$$

式中，j 为质流密度，$kg/(m^2 \cdot s)$；ω 为旋转速度，rad/s；a 为常数；b 为回归系数，$kg/(m^2 \cdot s^{1/2})$。

所得结果如图 6-16 所示。

添加剂中 LiF、CaF_2 和 MgF_2 都能使氧化铝溶解速度减小，AlF_3 是例外。冰晶石熔液中已有的 Al_2O_3 浓度对新溶入的氧化铝的影响特别显著：溶解速度几乎直线下降。

在试验中，氧化铝的溶解速度受制于扩散过程，故 Al_2O_3 晶态不再有明显影响。溶解速度随 Al_2O_3、CaF_2、MgF_2、LiF 的添加量增多而减小，影响溶解速度的主要因素是 Al_2O_3 的饱和浓度与实际浓度之差。此外，温度的影响也很大。

6.2.3　工业电解槽中氧化铝的溶解

氧化铝在工业电解槽中首先是快速溶解，而后是缓慢溶解，图 6-17 给出典型的氧化铝溶解曲线，缓慢溶解是由于电解质冷凝效应所致。从曲线上可以看出，大约在加入氧化铝50s之后，电解质温度达到最低点。此时溶解的氧化铝量还不到一半。所以，减少每次氧化铝的加入量可以改善其溶解状态，并防止电解质温度明显降低。

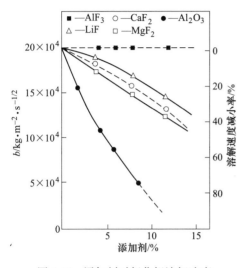

图 6-16 添加剂对氧化铝溶解速度的影响（1010℃）

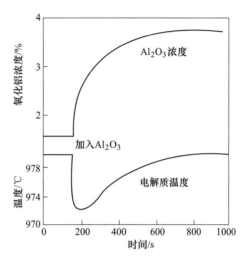

图 6-17 低 α-Al_2O_3 含量的氧化铝的溶解速度及其有关的热效应[1]

（电解质摩尔比为 2.56，添加 4%CaF_2，2%LiF）

现代电解槽都有点式下料系统，它的主要优点是改善氧化铝的溶解性。旧式的边部下料槽每隔2~4h打壳下料一次，装设在中部的打壳棒每隔1h打壳下料一次。在采用这两种旧式的下料方式时，因为受到传质和传热的限制，氧化铝不能立即溶解，形成电解质和氧化铝凝固团，沉到槽底即生成所谓的沉淀物。此种沉淀物的溶解需要很长的时间，甚至在下次加料时还未完全溶解。

一般电解槽有3~5个下料器，每次下料量为1~5kg。下料器的数目与槽的容量大小有关。通常是每50kA电流需要1个下料器。但各厂的实际情况有所不同，例如，法国Pechiney公司的AP-18型和AP-30型电解槽都用4个下料器。

下料器的数目与氧化铝的溶解速度有直接关系。Walker等人研究了在连续下料条件下氧化铝溶解速度和电解质温度的变化关系。所用的实验装置如图6-15所示，采用就地电分析技术，用来测定氧化铝浓度。这是一种改良的线性伏安扫描方法，所用电解质的摩尔比为2.38，石墨搅拌器旋转的线速度达到30cm/s，使熔液达到工业槽中15~30cm/s的流速。在实验中采用两种溶解速度：快速度或慢速度。

典型的快速溶解曲线如图6-18所示[1]，实验中测得的氧化铝浓度增长速度与其供入速度相符。这表明加入的氧化铝粉料在电解液中分散开来，并且快速溶解，因此并不形成氧化铝和电解质团块。

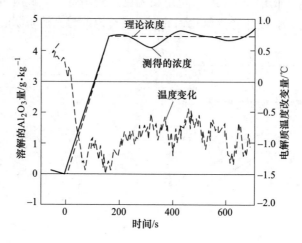

图 6-18 氧化铝快速溶解曲线

另外一种溶解形式，即二段溶解，这是生成氧化铝和电解质团块的一种特征形式。如图 6-19 所示。在第一阶段溶解时，亦即在 0~190s 时间内，溶解速度是恒定的，但是明显低于供料速度。那部分未及时溶解的氧化铝，是由于在电解质表面上生成氧化铝和电解质团块。这部分团块以后继续溶解，但速度很慢，有些沉降到铝液底下，形成沉淀，有些在紊流电解质中随后分散开来，逐渐溶解。

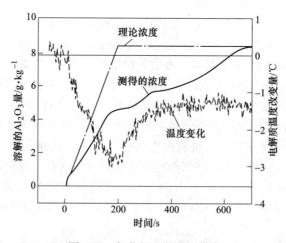

图 6-19 氧化铝二段溶解曲线

当氧化铝快速溶解时，不会产生沉淀。此时测得的溶解速度便是适宜的供料速度。据测定，此溶解速度在 1.4~3.0g/(min·kg) 范围内。所以在采用点式下料器时，最大供料速度不宜超过 3g/(min·kg)，以防止产生沉淀。例如，在 160kA 槽上用 4 个下料器，总的供料速度大约是 1.6g/(min·kg)[1]。

6.2.4 氧化铝在冰晶石熔液中的溶解行为

邱竹贤和[1]从 1985 年起研制石英透明槽观测铝、镁、钾、钠以及氧化铝在冰晶石熔液中的溶解行为，并用照相机和摄像机记录熔液的颜色和溶质的溶解行为。记录表明，存在下列四种溶解形式：

（1）到达冰晶石熔液表面上的少量氧化铝直接进入冰晶石熔液本体中迅速溶解掉。

（2）到达冰晶石熔液表面上的大部分氧化铝则漂浮在其表面上，这是由于固体氧化铝的容积密度约为 $1.0g/cm^3$，而冰晶石熔液的密度约为 $2.1g/cm^3$，两者之间存在密度差。随后因高温的冰晶石熔液对氧化铝湿润，能够渗透进入冷的氧化铝颗粒之间，形成半凝固状态的团块。此种团块漂浮在冰晶石熔液的上部。

（3）当团块的温度恢复时，漂浮着的氧化铝/冰晶石团块渐渐瓦解，就有颗粒状的氧化铝掉入下面的冰晶石熔液本体中，也有团块碎片"雪花"状似的进入熔液本体中，两者在下沉过程中大部分溶解了，一小部分则沉降到槽底上，最终团块完全解体。

（4）沉降在槽底上的那部分氧化铝或者团块慢慢溶解。

团块漂浮的时间随氧化铝品种而异。概括说来，砂状氧化铝的漂浮时间接近于它的完全落解时间，一般漂浮 3~7min，完全溶解需要 8~10min；而中间状态氧化铝的漂浮时间短得多，一般为 3~4min，完全溶解时间则长得多，需要 10~12min。漂浮与完全溶解的时间又因搅拌速度加快而缩短，搅拌器的转速一般为 80~100r/min。

氧化铝加入冰晶石熔液，当少量（<0.1%）加入时，氧化铝快速溶解而不产生沉淀，说明现代电解槽采用点式下料器是成功的。而当一下子加入多量氧化铝（>1%）时，则有 80% 在数分钟内溶解了，其余生成沉淀，这一事实说明边部下料槽用锤式打壳机的问题所在。

6.2.5 氧化铝溶解对电解质温度的影响

利用 Phan-Xuan 等人的偏摩尔溶解热焓数据，可以计算由于添加氧化铝而导致的电解质温度的降低值，得到表 6-4。计算的原则是：假设在加入氧化铝之后，在电解质与铝液之间达到瞬间的温度平衡，但是与周围环境不发生热交换[1]。

表 6-4　氧化铝溶解而导致的温度降低值 Δt [1]

原有电解质量 W_1+W_2/kg	加入的氧化铝量 w/kg	铝液量 w_3/kg	温度降低值 Δt/℃	备　注
8000	95	8000	10.9	160kA 预焙槽，每小时加料一次，每次加入 95kg 氧化铝
8000	95	10000	10.0	
8000	95	12000	9.1	
8000	16	8000	1.85	160kA 预焙槽，每 10min 加料一次，每次加入 16kg 氧化铝
8000	16	10000	1.68	
8000	16	12000	1.54	
6000	150	8000	20.4	130kA 预焙槽，每 2h 加料一次，每次加入 150kg 氧化铝
6000	150	10000	18.3	
6000	150	12000	16.6	
6000	25	8000	3.4	130kA 预焙槽，每 20min 加料一次，每次加入 25kg 氧化铝
6000	25	10000	3.1	
6000	25	12000	2.7	
2500	70	3000	24.0	60kA 预焙槽，每 2h 加料一次，每次加入 70kg 氧化铝
2500	70	4000	21.0	
2500	70	5000	18.6	
2500	12	3000	4.1	60kA 预焙槽，每 20min 加料一次，每次加入 12kg 氧化铝
2500	12	4000	3.6	
2500	12	5000	3.2	

从表 6-4 可以清楚地看到：不同槽型的电解槽，凡是采取"勤加少下"加料方式的，都能减小其温度降低值，亦即保持生产过程的稳定性，Δt 值一般是 3~4℃；反之，如果采取相反的加料方式，亦即减少加料次数而增大加料量，则 Δt 值增大到 18~24℃，这就容易在加料过程中出现许多沉淀，降低生产的稳定性。

图 6-20 给出了大型电解槽添加氧化铝之后的温度变化理论计算曲线[6]。从这里可以看出，槽内电解质量和铝液量越多，一次添加的 Al_2O_3 量越少，则温度降低程度越小，这就说明了点式下料的重要性。

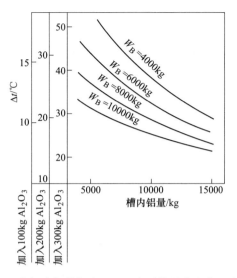

图 6-20 工业铝电解槽加入 Al_2O_3 之后的温度变化理论计算值

W_B—槽内电解质量

参 考 文 献

[1] 邱竹贤. 预焙槽炼铝 [M]. 3 版. 北京：冶金工业出版社，2005.

[2] 刘业翔，李劼. 现代铝电解 [M]. 北京：冶金工业出版社，2008.

[3] 梁学民，张松江. 现代铝电解生产技术与管理 [M]. 长沙：中南大学出版社，2011.

[4] 冯乃祥. 铝电解 [M]. 北京：化学工业出版社，2006.

[5] 邱竹贤. 铝电解原理与应用 [M]. 徐州：中国矿业大学出版社，1998：294.

[6] STERTEN A，ROLSETH S，SKYBAKMOEN E，et al. Some aspects of low melting baths in aluminium electrolysis [C]// Larry G Boxall. Light Metals. Warrendale, Pennsylvania：TMS Light Metals Committee，1988：663-670.

7 铝电解工艺参数与指标体系

铝电解的工艺参数和技术经济指标对于电解铝厂的设计和生产过程的操作管理具有重要的指导意义[1-2]。四十年来，电解铝的工艺技术参数有很大的改进，各种技术经济指标也有了有很大的提高。

铝电解的工艺参数和指标体系的内容大致上可以分为三类：一是基础工艺参数；二是电解槽操作的工艺技术参数；三是按照主要的技术经济指标参数和指标的来源来划分，有设计参数指标和运行参数指标。从设计角度选择的电解槽结构参数和运行参数将在本书第8章专门论述，本章将主要从基础概念出发，重点讨论铝电解工艺参数和指标体系的基本概念和具体定义，分为基础工艺参数、运行操作参数及生产经济指标分别予以讨论。

7.1 铝电解的基础工艺参数

铝电解的工艺参数有很多，一个电解槽型和技术的形成，往往是根据电解槽的设计研发和实际运行进行反复检验而得来的。但对电解铝的工艺技术水平和指标影响最基本的是电流、电压和电流效率。

7.1.1 系列电流

系列电流也叫系列电流强度，是一个电解系列从供电整流系统通入电解系列（每台电解槽）直流电电流强度的习惯称谓。

7.1.1.1 铝电解槽的容量

系列电流强度取决于系列中所采用电解槽的电流强度，也就是通常所说的电解槽容量。每一个电解槽系列都有额定的电流强度，即标称电流强度，一般是在方案设计时就确定的，因而与之相对应，每个电解系列就有额定的铝产量。通常情况下两者大致应该是相等的，但实际运行的系列电流强度值不一定等于其标称电流强度，两者会存在一定的差值。比如400kA电解槽的实际运行电流有可能在405~420kA，这取决于该电解槽在实际的运行条件下是否可以达到运行的效果最优化。经过多年的发展，铝电解槽的容量已经发展到500~600kA。

铝电解槽的电流强度是其最基本的技术参数，一个槽型的开发设计到成功地工业化应用，需要大量的研究试验和工业化实践的不断完善和改进。它决定了电解槽的技术性能、技术水平和系列的生产能力。

在现代铝工业生产上，额定电流强度也不是一成不变的。电解铝厂往往根据电力供应情况，调整电流强度。例如，在电力供应有余的季节，适当增大电流强度，或在电力供应不足的季节，适当减小电流强度。许多电解铝厂还特意采取增大电流强化生产的措施，来增加单位阴极面积的铝产量。

但是，电流强度一经确定，就应在一定时期内尽可能地保持恒定，不可随意变动，并且不受发生阳极效应的干扰，在整流所内采用恒定电流的调节装置可以使其得以实现。在一定的电流强度下，电解槽必须采取与电流强度相适应的其他各种技术条件，以求实现正常生产并获得优异的生产指标。

7.1.1.2 平均电流强度

平均电流强度是指通入铝电解槽的直流电电流强度的平均值，主要用于作为电解系列经济指标计算的依据。

按照报告统计周期的长短，分为日平均电流强度、月（年）平均电流强度，一般在计算电解系列产能效率指标时应用[3]。

（1）日平均电流强度 $\bar{I}_日$（A）。根据企业具备的计量手段不同可以分为两种计算方法：

1）只有电流强度指示仪表，未配置电流小时计、直流电量表和电压小时计的供电机组，按照等距间隔时间（即每次记录的时间间隔必须相等，一般不能超过 1h）抄录的电流强度指示数计算平均电流强度。计算公式为：

$$\bar{I}_日 = \frac{\sum\limits_{i=1}^{N} I_i}{N} \tag{7-1}$$

式中，$\sum\limits_{i=1}^{N} I_i$ 为按"等距离间隔时间"记录的电流之和，A；N 为记录的次数，次。

2）安装配置有电压小时计和直流电量表的供电机组，按下式计算：

$$\bar{I}_日 = \frac{W_{直流} \times 1000}{V_时} \tag{7-2}$$

式中，$W_{直流}$ 为直流电量，是直流电度表上的指示数，kW·h；$V_时$ 为电解系列日平均电压小时值，是供电小时电压的累计值，V。

（2）累计平均电流强度 $\bar{I}_月$（或 $\bar{I}_年$）（A），指月（或年）累计计算的平均电流强度。

1）在能够准确地计算出直流电量的企业，应采用下式：

$$\bar{I}_月(或\ \bar{I}_年) = \frac{W_月(或W_年) \times 1000}{V_月(或V_年)} \tag{7-3}$$

式中，$W_月$（或 $W_年$）为月（或年）直流电总量，kW·h；$V_月$（或 $V_年$）为电解系列月（或年）平均电压小时值，是供电月（或年）电压的累计值，V。

2）在只有电流强度指示仪表时，可采用下式：

$$\bar{I}_月(或\ \bar{I}_年) = \frac{I_月(或I_年) \times D_日}{D_月(或D_年)} \tag{7-4}$$

式中，$I_月$（或 $I_年$）为月（或年）平均电流强度，A；$D_日$ 为每天生产槽的槽日数，d；$D_月$（或 $D_年$）为累计的月（或年）生产槽的槽日数，d。

7.1.2 槽电压

槽电压是阳极母线至阴极母线之间的电压降，是铝电解槽的重要参数，是电解槽电压的统称，也是铝电解工艺中仅次于电流强度的基本参数。与电流效率等指标一样，标志着电解槽的主要技术性能和先进程度。实际工作中，槽电压分别包含以下几种含义：

（1）槽工作电压。在设计上是指铝电解槽能维持正常电解生产的工作电压的标称，但生产中一般指单个电解槽进出电端的电压测量值。

（2）槽平均工作电压。是指实际槽工作电压运行值的平均值。

（3）槽平均电压。包含电解槽阳极效应电压、系列大母线分摊的电解槽电压值。

在铝电解生产过程中，槽电压是一个非常重要的参数，不仅仅是由于它对铝电解的电能消耗有重要影响，更重要的是槽电压的经常改变对电解槽的热平衡以及电解质的热特性也会产生很大影响，从而引起电解质温度、槽帮厚度、摩尔比、铝水平等参数的变化[1]。

7.1.2.1 分解电压

A 概念

电解质组分的分解电压是指该组分进行长时可电解并析出电解产物所需的外加最小电压。当外加电压等于分解电压时，两极的电极电位分别称为各自产物的析出电位[4]。

换言之，如果电解时不存在超电压和去极化作用，则分解电压等于两个平衡电极电位之差，即：

$$E_T^\ominus = \varphi'_{平衡} - \varphi_{平衡} \tag{7-5}$$

也即分解电压在数值上等于这两个电极构成的原电池的电势，因而可从电池电势的测定中求得分解电压。

分解电压也可用热力学教据计算而得。其原理是化合物分解所需的电能在数值上等于它在恒压下生成的自由能改变值，但符号相反，即：

$$\Delta G_T^{\ominus} = - nFE_T^{\ominus} \tag{7-6}$$

式中，$E_T^{\ominus}$ 为分解电压，V；F 为法拉第常数，$F = 96487C$；n 为价数的改变，Al_2O_3 电解时，$n=6$；$\Delta G_T^{\ominus}$ 为恒压下由元素铝和氧生成氧化铝的自由能改变值，J/mol。

对于 $\Delta G_T^{\ominus}$ 为负值的自发反应来说，$E_T^{\ominus}$ 为正值，即：

$$E_T^{\ominus} = \frac{- \Delta G_T^{\ominus} \times 3600}{6 \times 96487 \times 860 \times 4.184} = - \Delta G_T^{\ominus} \times 1.74 \times 10^{-6} \tag{7-7}$$

计算 Al_2O_3 的分解电压要考虑两种不同的情形：

（1）采用惰性阳极（如铂阳极）时，阳极上析出氧气，阳极不参与电化学反应。

（2）采用活性阳极（例如炭阳极）时，阳极上生成 CO_2 和 CO 气体，阳极参与了电化学反应。

在这两种情形下 $\Delta G_T^{\ominus}$ 值均可用 Gibbs-Helmholtz 方程计算：

$$\Delta G_T^{\ominus} = \Delta H_T^{\ominus} - T\Delta S_T^{\ominus} \tag{7-8}$$

B 氧化铝活性阳极上的分解电压

在工业铝电解槽上，一般采用活性阳极即炭阳极。阳极上产生的气体是 CO_2（约 60%~80%）和 CO（约 20%~40%）。所以，Al_2O_3 的分解电压是由下列反应中的自由能改变值决定的[4]。

阳极上生成 CO_2 和 CO，实际上是一种去极化作用。此时，碳在电化学氧化过程中提供能量，故氧化铝分解反应所需的能量有所减少，也即采用活性阳极时的氧化铝分解电压要比采用惰性阳极时小得多。

采用活性阳极电解时的总反应式可以表示为：

$$Al_2O_3 + xC \Longrightarrow 2Al + yCO_2 + zCO \tag{7-9}$$

其中系数 x、y、z 是由下面的一些关系决定的：

按照 C 平衡有：

$$x = y + z \tag{7-10}$$

按照 O 平衡有：

$$3 = 2y + z \tag{7-11}$$

设 N 为阳极气体中 CO_2 的摩尔分数（%），$1-N$ 为 CO 的摩尔分数（%），则：

$$\frac{N}{1 - N} = \frac{y}{z} \tag{7-12}$$

将式(7-10) ~式(7-12) 联立解方程组, 则求得:

$$x = \frac{3}{1+N}, \quad y = \frac{3N}{1+N}, \quad z = \frac{3(1-N)}{1+N}$$

将 x、y、z 代回式 (7-9) 得:

$$Al_2O_3 + \frac{3}{1+N}C = 2Al + \frac{3N}{1+N}CO_2 + \frac{3(1-N)}{1+N}CO \qquad (7-13)$$

在各种 N 之下的 x、y、z 值见表7-1。

表7-1 不同 N 值下的 x、y、z 值

$N/\%$	0	10	20	30	40	50	60	70	80	90	100
x	3.00	2.72	2.50	2.31	2.14	2.00	1.88	1.77	1.66	1.58	1.50
y	0.00	0.27	0.50	0.69	0.86	1.00	1.13	1.24	1.33	1.42	1.50
z	3.00	2.45	2.00	1.62	1.28	1.00	0.75	0.53	0.33	0.16	0.00

表7-2 列出了 Al_2O_3 的各种生成反应的 $\Delta G_T^{\ominus}$ 式。

表7-2 Al_2O_3 的各种生成反应的 $\Delta G_T^{\ominus}$ 式

反应	Al_2O_3 生成反应	$\Delta G_T^{\ominus}$ 式
(1)	$2Al(s)+1.5CO_2 = Al_2O_3(s)+1.5C(s)$	$-259520-3.98TlgT+87.94T$
	$2Al(l)+1.5CO_2 = Al_2O_3(s)+1.5C(s)$	$-264460-3.75TlgT+92.52T$
(2)	$2Al(s)+3CO = Al_2O_3(s)+3C(s)$	$-320710-3.98TlgT+150.49T$
	$2Al(l)+3CO = Al_2O_3(s)+3C(s)$	$-325660-3.75TlgT+155.07T$
(3)	$2Al(s)+1.24CO_2+0.53CO = Al_2O_3(s)+1.77C(s)$	$-369850-3.98TlgT+98.99T$
	$2Al(l)+1.24CO_2+0.53CO = Al_2O_3(s)+1.77C(s)$	$-274801-3.75TlgT+103.57T$

上述各式在各种温度下的自由能改变值以及相应的 Al_2O_3 分解电压值, 详见表7-3。

表7-3 Al_2O_3 生成反应的 $\Delta G_T^{\ominus}$ 值 (用活性炭阳极)

温度/K	$\Delta G_T^{\ominus}$ 值/kJ · mol^{-1}		
	生成 100%CO$_2$ 反应 (1)	生成 100%CO 反应 (2)	生成 70%CO$_2$+30%CO 反应 (3)
固态铝			
20	-1078.8	-1329.7	-1121.2
50	-1068.8	-1311.8	-1109.7

温度/K	$\Delta G_T^{\ominus}$ 值/kJ·mol⁻¹		
	生成 100%CO$_2$ 反应（1）	生成 100%CO 反应（2）	生成 70%CO$_2$+30%CO 反应（3）
固态铝			
100	−1052.3	−1282.2	−1091.0
200	−1019.8	−1223.6	−1053.8
298	−988.4	−1166.5	−1017.8
400	−960.0	−1107.3	−973.0
600	−892.8	−991.3	−908.3
800	−830.1	−876.3	−836.4
900	−799.0	−819.4	−800.6
933	−788.8	−800.7	−787.6
液态铝			
933	−788.9（1.363）	−800.7（1.384）	−787.6（1.361）
1000	−766.4（1.324）	−760.8（1.315）	−763.5（1.319）
1100	−733.1	−701.4	−725.6
1200	−700.0（1.210）	−642.0（1.109）	−687.7（1.188）
1223	−692.3（1.196）	−628.2（1.086）	−679.0（1.173）

注：括号内的数字是 Al$_2$O$_3$ 的合解电压，V。

从上面的计算可知，在采用活性阳极的情况下，氧化铝的分解电压比惰性阳极的小。例如，在工业电解温度 950℃ 时，采用惰性阳极的分解电压是 2.224V，而采用活性阳极时减小到 1.086~1.196V，后者大约小了 1V。

氧化铝的分解电压还随温度和气体成分改变而改变，其规律是：温度升高，则分解电压减小；气体中 CO$_2$ 的含量增加，则分解电压增大。

当产物为液态铝时，$\Delta G_T^{\ominus}$ 通式为：

$$\Delta G_T^{\ominus} = (405760 - 94200y - 26700z) + (92.22 + 0.2y + 20.95z)T \quad (7\text{-}14)$$

当产物为固态铝时，$\Delta G_T^{\ominus}$ 通式为：

$$\Delta G_T^{\ominus} = -(400810 - 94200y - 26700z) - 3.981T + (87.64 + 0.2y + 20.95z)T$$

$$(7\text{-}15)$$

根据上面的 $\Delta G_T^{\ominus}$ 通式，求得 1223K（950℃）时的 $\Delta G_T^{\ominus}$ 值，以及相应的氧化铝分解电压值，列于表 7-4。

表 7-4　各种阳极气体组成下的 Al₂O₃ 分解电压值（1223K）

气体组成/%		y	z	$\Delta G_T^\ominus / kJ \cdot mol^{-1}$	$E_T^\ominus / V$
CO_2	CO				
0	100	0	3.00	-628.3	1.086
10	90	0.27	2.45	-642.0	1.109
20	80	0.50	2.00	-649.5	1.122
30	70	0.69	1.62	-657.6	1.136
40	60	0.86	1.28	-660.6	1.142
50	50	1.00	1.00	-670.8	1.159
60	40	1.13	0.75	-674.1	1.165
70	30	1.24	0.63	-679.0	1.173
80	20	1.33	0.33	-687.0	1.187
90	10	1.42	0.16	-688.6	1.190
100	0	1.50	0	-692.3	1.196

因此，在同一温度（1223K）时，氧化铝的分解电压从 1.086V（100%CO）增大到 1.196V（100%CO₂），随气体组成而改变。

　　C　考虑活度时的分解电压

　　上面的分解电压计算是指固态纯 Al₂O₃ 而言，如果考虑熔融冰晶石中 Al₂O₃ 的活度，则宜采用下式[4]：

$$E_T = E_T^\ominus - \frac{RT}{nF}\ln a \qquad (7\text{-}16)$$

　　当以熔液中的 Al₂O₃ 浓度表示它的活度时，则有：

$$a = \frac{c}{c_{饱和}} \qquad (7\text{-}17)$$

$$E_T = E_T^\ominus - \frac{RT}{nF}\ln\frac{c}{c_{饱和}} \qquad (7\text{-}18)$$

式中，c 为不饱和熔液中的 Al₂O₃ 浓度；$c_{饱和}$ 为饱和熔液中的 Al₂O₃ 浓度。

　　随着熔液中 Al₂O₃ 浓度降低，Al₂O₃ 的分解电压稍稍增大。但是必须注意到，式（7-18）只给出一般的趋势，因为熔液中氧化铝并不以分子形态存在，也不以简单的 Al³⁺ 和 O²⁻ 形态存在，而是同周围的其他离子结合，生成铝氧氟络合阴离子。所以，它的活度显然要小于它的浓度。

　　但是从 Na₃AlF₆-Al₂O₃ 系相图上可以看出，在 0~12% Al₂O₃ 区间，液相线实际上是一条直线。这就是说，在此范围内体系的行为接近理想，离子间相互作用力的变化正比于 Al₂O₃ 浓度的变化，因此用浓度代替活度来计算是接近于实际的。

举例计算如下：当 $\dfrac{c}{c_{饱和}} = 0.5$ 时：

$$\Delta E_T = \frac{1.987 \times 1223 \times 4.184}{6 \times 96485} \times 2.3026\lg0.5 = 0.0403\lg0.5 = -0.012(\text{V})$$

(7-19)

于是在惰性阳极上，有：

$$E_T = E_T^{\ominus} - \Delta E_T = 2.224 - (-0.012) = 2.236(\text{V})(1223\text{K})$$ (7-20)

在活性阳极上，有：

$$E_T = 1.173 - (-0.012) = 1.185(\text{V})(1223\text{K})$$ (7-21)

氧化铝的活度还可以用下式表示：

$$a_{\text{Al}_2\text{O}_3} = \left(\frac{c}{c_{饱和}}\right)^{2.77}$$ (7-22)

其中指数 2.77 是 Rolin 得出的[4]。在表 7-5 中列出各种 Al_2O_3 浓度下的分解电压值。

表 7-5 不同 Al_2O_3 浓度下的分解电压值（1223K）

c /%	A	B	溶液组成/%		$E_T^{\ominus}$/V		ΔE_T/mV		E_T/V（按 A）		E_T/V（按 B）	
			Al_2O_3	Na_3AlF_6	惰性阳极	活性阳极	按 A	按 B	惰性阳极	活性阳极	惰性阳极	活性阳极
12	1	1	12	88	2.224	1.173	0	0	2.224	1.173	2.224	1.173
9	0.75	0.45	9	91	2.224	1.173	-5	-14	2.229	1.178	2.238	1.187
6	0.5	0.147	6	94	2.224	1.173	-12	-34	2.236	1.185	2.258	1.207
3.6	0.3	0.036	3.6	96.4	2.224	1.173	-21	-58	2.245	1.194	2.282	1.231
2.4	0.2	0.012	2.4	97.6	2.224	1.173	-28	-77	2.250	1.201	2.301	1.250
1.2	0.1	0.0017	1.2	98.8	2.224	1.173	-40	-116	2.264	1.213	2.340	1.289
0.6	0.05	0.00034	0.6	99.4	2.224	1.173	-52	-146	2.276	1.225	2.370	1.319

注：A 对应 $\dfrac{c}{c_{饱和}}$，B 对应 $\left(\dfrac{c}{c_{饱和}}\right)^{2.77}$。

从表 7-5 可看出，Al_2O_3 浓度在 0.6%~12% 范围内。活性阳极上的 Al_2O_3 分解电压，按浓度计算为 1.225~1.173V，按活度计算为 1.319~1.173V，平均相差 25mV，在低浓度下，相差达 100mV。

D 铝电解质其他组分的分解电压

工业铝电解质的组分，主要是冰晶石（3NaF·AlF₃）-氧化铝。其中还有少量的其他成分。例如氟化铝、氟化钙、氟化镁、氟化锂或氟化钠。此外，在炼铝新方法中，用氯化铝作电解质。研究这些化合物的分解电压，有助于判断它们在铝电解过程中分解的先后顺序[4]。

表 7-6 列出了由各元素生成对应化合物的自由能改变值 $\Delta G_T^{\ominus}$ 以及相应的分解电压值 $E_T^{\ominus}$。此外，还列出 Al_2O_3 的有关数据，以做比较。从表 7-6 中可清楚地看到，冰晶石-氧化铝熔液各组分的分解电压，以 Al_2O_3 为最低，故它优先进行电解。

以 Al_2O_3 和 $AlCl_3$ 相比，在惰性阳极的情况下，$AlCl_3$ 的分解电压较小，但在活性阳极的情况下则相反。

表 7-6　铝电解质各组分的分解电压

反 应 式	$E_T^{\ominus}/V$			
	1000K	1100K	1200K	1300K
$Al(1) + 1.5F_2 \rightleftharpoons AlF_3(s)$	4.245	4.154	4.064	3.976
$Na(1) + 0.5F_2 \rightleftharpoons NaF(s)$	4.868	4.762	4.633	4.451
$Ca(1) + F_2 \rightleftharpoons CaF_2(s)$	5.454	5.372	5.287	5.202
$Mg(1) + F_2 \rightleftharpoons MgF_2(s)$	4.922	4.831	4.739	4.652
$3Na(1) + Al + 3F_2 \rightleftharpoons Na_3AlF_6(s)$	4.762	4.672	4.571	4.444
$Li(1) + 0.5F_2 \rightleftharpoons LiF(1)$	5.351	5.252	5.175	5.100
$K + 0.5F_2 \rightleftharpoons KF$	4.832			
$Na(1) + 0.5Cl_2 \rightleftharpoons NaCl(s)$	3.266	3.226	3.140	2.995
$Al(1) + 1.5Cl_2 \rightleftharpoons AlCl_3$	1.891			
$2Al(1) + 1.5O_2 \rightleftharpoons Al_2O_3(s)$	2.350	2.294	2.237	2.178

7.1.2.2　阳极电压降与阴极电压降

A　阳极电压降

铝电解槽阳极电压降由以下三部分组成：

(1) 由炭阳极（自焙槽）或阳极炭块（预焙槽）自身的电阻引起的电压降。

(2) 阳极钢棒或阳极钢爪金属导体的电阻引起的电压降。

(3) 阳极钢棒或钢爪（预焙槽）与阳极炭块之间的接触电阻产生的电压降。

阳极钢棒或钢爪组成的电压降在给定的温度下通常是恒定不变的，阳极炭块和钢-炭之间的接触电压降在很大程度上取决于阳极的质量、温度和使两者连接的安装质量。

在上述条件下，铝电解槽的阳极电压降不会有较大改变，比较典型的预焙槽的阳极电压降在 0.25~0.30V。炭质阳极中钢-炭之间的接触电压降是阳极电压降的重要组成，其值在 100~200mV，占整个阳极压降的 1/3~1/2，它们都是很容易测量的。如果阳极电压降高于 0.35V（预焙槽），就应该查找阳极的质量或阳极的工作质量。阳极质量的变坏，如阳极长包、阳极掉角、断层和阳极断裂等。铝电解槽出现热槽也常常是由于阳极质量的变坏引起的[5]。

B 阴极电压降

铝电解槽的阴极电压降是由阴极炭块本身的电阻引起的电压降、阴极钢棒的电压降、阴极炭块与阴极钢棒之间的接触电压降几个部分组成的。

（1）由阴极炭块本身的电阻引起的电压降。由阴极炭块本身的电阻产生的电压降有如下特点：

1）阴极炭块的电压降会随着温度的升高而降低。

2）阴极炭块的电压降与炭块自身的电阻率有关，电阻率越大则电压降就越大；按电压降从大到小的炭块排列顺序为 100%骨料为无烟煤的炭块、骨料中有无烟煤和石墨碎两种组分的炭块、全石墨碎骨料炭块和半石墨化炭块、石墨化炭块。

3）炭块的电压降会随着其在电解槽上服务的时间延长而逐渐降低。

这是由于在电解过程中，阴极碳晶格中渗入了金属钠，并与钠生成了晶间化合物所致。正是由于这种作用，由烟煤制成的阴极炭块的电阻在电解槽工作一年以后，即可达到或接近由 70%无烟煤和 30%石墨粉制成的阴极炭块的电阻率。

（2）阴极钢棒的电压降。阴极钢棒为金属导体，因此其电压降具有如下特点：

1）电压降的大小只取决于阴极钢棒的几何尺寸和温度，温度升高电压降会有所升高，在恒定的温度下，当阴极钢棒的尺寸确定后，阴极钢棒上的电压降大小基本上是不变的。

2）随着在电解槽上服务时间的延长，阴极钢棒被腐蚀而导电面积减小，使得阴极钢棒的电压降会增大。

3）当阴极钢棒被漏入的金属铝腐蚀，生成 Fe-Al 合金后，钢棒本身的电阻会变小。但是当这种合金的熔点低于槽底温度而熔化后，电阻增大，故阴极钢棒的电压降会增加。

除此之外，阴极钢棒内的电流分布是随时间而改变的，因此阴极钢棒内电流分布的变化也可能对阴极钢棒的电压降产生影响。

（3）阴极炭块与阴极钢棒之间的接触电压降。阴极炭块与阴极钢棒之间的接触电压降具有如下特点：

1）在相同的接触压力、安装和使用条件下，钢-炭之间的接触电压降与阴极炭块电阻率的大小，即阴极炭块导电性的好坏有关。导电性好、电阻率低的阴极炭块，如石墨化阴极炭块具有较小的钢-炭接触电压降；而电阻率大、导电性较差的无烟煤炭块，具有较大的钢-炭接触电压降。

2）随着电解槽电解时间的增长，槽底逐渐隆起，阴极钢棒变形，或由于阴极钢棒被腐蚀，炭块与阴极钢棒之间的缝隙会增大，因此它们之间的接触电压降会随着槽龄的增加而增大。电解槽槽底过冷或电解槽开动初期使用酸性较强的电解质，使其在钢棒和阴极炭块之间产生电阻较大的固体电解质也会使阴极 Fe-C 接触电压降升高。

阴极电压降主要与炉底老化程度有关，随槽龄增长而增长。在短期（与槽寿命相比）内随炉底洁净情况而变，若炉底干净，铝液与阴极炭块表面良好接触，则该处压降小；若炉底有沉淀或结壳，阴极压降就会成倍增长；生产过程中可通过 Al_2O_3 浓度控制技术实现按需加料，减少槽内沉淀，保证炉底清洁，从而降低阴极电压降。

此外，阴极炭块选用半石墨化的沥青焦炭块或使用 TiB_2 阴极涂层，可以有效降低阴极电压降[6]。

7.1.2.3　阳极效应与效应分摊电压

阳极效应是熔盐电解过程中一种特殊现象，冰晶石-氧化铝熔体电解时当电解质中 Al_2O_3 浓度降低到 1.0%~1.5% 时，在阳极上发生阳极效应。

当发生阳极效应时，阳极周围与熔体接触的部位电弧光耀眼夺目，并伴有噼噼啪啪的声响，阳极周围电解质却不沸腾，没有气泡大量析出。电解质好像被气体排开，电解槽的工作处于停顿状态。此时与电解槽并联的指示灯发亮，表示该槽发生了阳极效应[7]，槽电压由原来的 4V 猛升至 20~30V，甚至更高。

阳极效应的频次和电压状况是电解工艺及能耗构成的重要参数，通常用阳极效应系数和效应分摊电压来表示。

A　阳极效应系数

随着预焙槽生产技术日益成熟和不断革新，以及节能减排的倡导落实，在氧化铝浓度计算机控制的技术支撑下，"零效应"管理已经被业内人士广泛认同。零效应管理并不是完全不发生阳极效应，目标是将效应系数降到最低，是需要通过技术条件组合和氧化铝浓度控制完成的。目前控制较低的阳极效应系数 0.003 次/（槽·日），基本实现了零效应的控制。阳极效应系数指的是每日分摊在每台电解槽上的效应次数，阳极效应的计算公式为[7]：

$$AE_F = AE_S/(N \times D) \tag{7-23}$$

式中，AE_F 为单台电解槽在每天发生阳极效应的次数，次/（槽·日）；AE_S 为阳极效应次数，次；N 为电解槽数目，台；D 为统计的时间段，日。

例如，某 400kA 铝电解槽生产系列共有生产电解槽 216 台，其中 5 月全月共发生阳极效应 90 次，那么当日该系列的阳极效应系数为 0.013 次/（槽·日）。阳极效应系数作为生产中的一个考核指标，它的高低间接地决定着能耗的多少，同时是检测电解槽运行的一个工具，在一定程度上决定着电解槽热平衡管理是否到位[2]。

B 效应分摊电压

阳极效应分摊电压按下式进行计算：

$$\Delta U_{效应} = k(U_{效应} - U_{槽})t/1440 \tag{7-24}$$

式中，k 为阳极效应系数；$U_{效应}$ 为阳极效应发生时的槽电压；$U_{槽}$ 为正常生产时的槽电压；t 为阳极效应持续时间。

在满足生产的条件下，降低阳极效应系数和效应持续时间可降低效应分摊电压降，降低电能消耗。生产过程中通过 Al_2O_3 浓度控制技术实现按需加料，可以根据需要设定阳极效应，有效降低阳极效应系数，并按照电解槽运行状况控制效应持续时间，实现电解槽的稳定高效生产，同时有效降低阳极效应分摊压降。

7.1.3 电流效率

铝电解的电流效率和电耗是生产中两项重要技术经济指标。如何提高电解槽的电流效率、降低电耗，历来是铝冶炼工作者关心和追求的目标[8]。

7.1.3.1 电流效率的定义

从定义上讲，电流效率是指有效析出物质的电流与供给的总电流之比，即电流效率 CE = 有效析出物质的电流（$I_{有效}$）/实际供给的电流（$I_{总}$）×100%。在实际应用中，通常定义为：输入一定的电量后，实际产量与理论产量之比，即电流效率 = 实际产量（$M_{实}$）/ 理论产量（$M_{理}$）×100%。

应注意：除特别指出外，一般所说的电流效率，总是指阴极析出物质的电流效率。在铝电解过程中，为了生产过程的需要，电解槽内必须保持有一定量的在产铝。为此：

$$M_{实} = M_t - M_0 + \sum_{i=0}^{n} M_i \tag{7-25}$$

式中，M_0 为计算周期前槽内在产铝量；M_t 为计算周期末槽内在产铝量；$\sum_{i=0}^{n} M_i$ 为计算周期内的实际出铝量。

$$M_{理} = KIt \tag{7-26}$$

这样计算出的电流效率为一定时间内的平均电流效率，用 $\overline{CE}$ 表示，即：

$$\overline{CE} = \frac{M_t - M_0 + \sum\limits_{i=1}^{n} M_i}{KIt \times 10^{-3}} \times 100\% \tag{7-27}$$

按照式（7-27）的要求，需准确盘存计算 M_0、M_t 和 $\sum\limits_{i=0}^{n} M_i$。但在生产中，常以一定时间内（如一个月）的实际出铝量 $\sum\limits_{i=0}^{n} M_i$ 代替 $M_{实}$ 计算电流效率，这相当于假定计算周期前后的在产铝量恒定（$M_t - M_0 = 0$），此时，式（7-27）可以简化为：

$$\overline{CE} = \frac{\sum_{i=1}^{n} M_i}{0.3356It \times 10^{-3}} \times 100\% \tag{7-28}$$

实际上，$M_t - M_0 \neq 0$，这样得到的电流效率短期内的误差很大，要达到与实际电流效率误差在±1%的精确度，非要半年以上乃至一年的时间不可。为此，利用式（7-28）在短时间内得到的电流效率只能是一个参考值，得到的电流效率称为出铝电流效率。

除此之外，在生产管理中，还常常通过电解槽消耗氧化铝的多少，来估计电解槽的电流效率（按照每生产1t铝消耗氧化铝的定额），这种电流效率称为"氧化铝消耗电流效率"，这样得出的电流效率也是非常粗糙的，只用于电解槽物料平衡管理。

目前，铝工业上的电解槽电流效率为85%~95%，即有5%~15%的电流损失。例如引进的160kA电解槽电流效率为87.5%，每年每槽损失的铝量达：

$$M_{损} = 0.3356 \times 160000 \times 365 \times 24 \times 12.5\% \times 10^{-6} = 58.8t$$

这是一个相当惊人的数字，所以提高铝电解生产中的电流效率极为重要。

电流效率是铝电解生产过程中各项经济技术指标的综合反映，是铝电解生产过程中的一项重要工艺指标，是衡量铝电解生产质量好坏的重要标志，也是决定铝电解槽产量和电耗的主要因素。

7.1.3.2 影响电流效率的因素

影响铝电解槽电流效率的因素是多方面的，如温度、极距、摩尔比、添加剂、氧化铝浓度、铝水平、电解质水平、阴极电流密度、阳极电流密度、槽龄、槽膛形状等，甚至铝电解槽的炉底压降、电解焙烧和开动质量的好坏也对铝电解槽正常工作时的电流效率有很大影响[9]。

A 电解温度

温度影响铝在电解质中的溶解度，特别是溶解铝的扩散速度，因为扩散到阳极氧化区的速度越快，电流效率的损失就越大。根据费克第一扩散定律：

$$q = DS(c_0 - c_1)/\delta \tag{7-29}$$

式中，q 为单位时间的扩散流量，g/s；D 为扩散系数，cm/s^2；S 为扩散面积，cm^2；c_0 为铝界面上电解质中铝的浓度，g/cm^2；c_1 为扩散层外部电解质中铝的浓度，$c_1 = 0$；δ 为扩散层厚度。

当电解温度升高时，铝在熔体中的溶解度增大，也即 c 增大；熔体的黏度变小，电解质的循环速度将增大，这意味着扩散层的厚度 δ 变小；扩散系数 D 也随着温度的升高而增大。因此，电解温度升高，q 值增大，意味着铝的二次反应加剧，铝的损失增大，电流效率降低。目前，国外对电解温度与电流效率的关系的研究结果表明，在正常条件下，电解温度每降低10℃，则电流效率提高1.5%～2.0%，如图7-1所示。

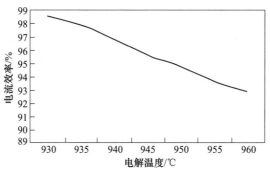

图 7-1 电解温度与电流效率的关系[9]

B 氧化铝浓度对电流效率的影响

氧化铝浓度对电流效率的影响很大。Al_2O_3浓度在4%时的电流效率最低，大于4%时的电流效率虽高，但电解质黏度增大，Al_2O_3溶解度降低，易增加槽内沉淀，出现病槽。实践证明在2%～5%的Al_2O_3浓度下，既可使生产稳定，又可获得较高电流效率。目前国外电解槽趋向于在低Al_2O_3浓度（1.5%～2%）下进行电解，其主要优点是：Al_2O_3很快地溶解，熔体中无悬浮的Al_2O_3固定颗粒，对熔体的黏度、导电及防止在槽底产生氧化铝沉淀都有良好的作用，有利于稳定生产，提高电流效率。氧化铝浓度与电流效率的关系如图7-2所示。

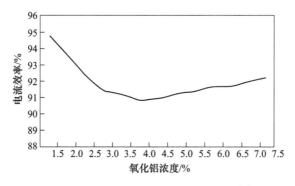

图 7-2 氧化铝浓度与电流效率的关系[9]

C 添加剂对电流效率的影响

添加剂的作用主要是降低电解温度和抑制铝的溶解。添加剂对电流效率的影响实际上是对电解过程的综合影响，一切能降低铝损失量的添加剂都有利于电流效率的提高。与添加剂 CaF_2 相比，MgF_2 具有更大的优点，能在较大程度上降低电解质熔点、减少铝的溶解损失量、增大电解质在炭素材料上的界面张力，从而提高电流效率。合适的添加剂的量为 $3\%\sim5\%$，过多和过少均不利。

D 摩尔比对电流效率的影响

摩尔比是电解质酸碱度的重要标志，同时也是影响电解质温度的主要因素。随着摩尔比的降低，电解质的初晶温度下降，铝液-电解质的界面张力增大，镜面收缩，铝的溶解度下降，熔体中 Na^+ 的活度降低，放电的可能性减少，因而电流效率提高。当代铝电解发展的一个主要方向是采用强酸碱性电解质。国外电解铝厂普遍采用强酸碱性电解质的摩尔比一般控制在 $2.2\sim2.5$。但摩尔比过低，电解质黏度增加，氧化铝溶解度降低，电解质导电性减弱，电阻增大。

E 极距对电流效率的影响

极距是铝电解槽中铝液界面到阳极底掌的距离。极距与电流效率的关系如图 7-3 所示。从曲线的变化趋势看，电流效率随着极距的增加而增大，在低极距下，电流效率趋向于零以至于负值。但也不是说，极距越高，电流效率越高。当极距增大到 7cm 左右时，电流效率随极距的变化率接近于零，意味着此时进一步提高极距，电流效率不再提高。当极距超过一定程度后，电解温度将明显提高（极距大，产生的焦耳热量增加），黏度也明显变小，使对流循环加快，铝的二次返熔增大，故电流效率提高很慢，其变化率接近于零。

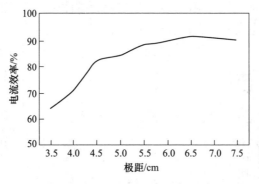

图 7-3 极距与电流效率的关系[9]

应该指出，用提高极距的途径来提高电流效率不一定经济，因为极距增大，槽电压增高，电耗增加，而且随之而来的是热量收入增加，槽子转热而出现病槽等不利因素。

F 铝水平、电解质水平对电流效率的影响

电解槽中的电解质和铝液因密度不同而分层，其相应的水平是针对各液层的厚度而言。

合适的铝水平、电解质水平的保持可以减弱铝离子在阴极炭块上的放电析出，以防止生成大量的碳化铝而增大炉底压降；阳极中央多余热量可通过这层良导体传至阳极四周外，从而使槽内各部分的温度趋于均匀；保护炉底炭块，避免 Na⁺ 直接在炭块上放电析出而破坏炭块；适当厚度的铝液层可以使炉底温度及温度梯度趋于均匀，从而保证炉底温度不因骤热骤冷而早期破损；铝液层可填平炉底上的高低不平处，有利于均匀炉底电流分布；适当厚度的铝液层可削弱磁场和磁场中的水平电流，不至于使铝液滚动和强烈循环；铝水平、电解质水平和伸腿的高度也有密切的关系。

G 电流密度对电流效率的影响

电流密度对电流效率的影响包括两个方面：增大阳极电流密度，电流效率下降；增大阴极电流密度，电流效率升高。但在电解槽稳定运行时，电流密度一般不会改变，通常只在设计阶段予以考虑。

7.1.3.3 电流效率数学模型

从历史的发展看，曾从三个方面对电流效率数学模型进行了研究：一是从理论上研究；二是利用模拟试验得到的数据整理成经验式；三是在工业电解槽上取得数据，建立包括几个因素的数学模型。工业电解槽上取得的数据主要是针对具体电解槽的计算机控制之用[10]。

A 理论公式

按电流效率的一般概念，可以把电流效率（CE）写成如下形式（以 1h 为单位时间）：

$$CE = \frac{D_{阴} S_{阴} - q_i}{D_{阴} S_{阴}} \times 100\% \qquad (7\text{-}30)$$

式中，$D_{阴}$ 为阴极电流密度，A/cm^2；$S_{阴}$ 为阴极面积，cm^2；q_i 为电解过程中的电流损失，A。

在式（7-30）中，$D_{阴}S_{阴}$ 表示通过电解槽的实际电量，而 $D_{阴}S_{阴}-q_i$ 表示理论上所需要的电量。

由式（7-30）又得：

$$CE = \left(1 - \frac{q}{D_{阴}}\right) \times 100\% \qquad (7\text{-}31)$$

式中，q 为每单位阴极面积上的电流损失量，$q = q_i/S_{阴}$，A/cm^2。

当然，也可以对别的面积，比如，对电解质的断面（称为平均断面）而言，则式（7-30）变为：

$$CE = \left(1 - \frac{q}{D_{平均}}\right) \times 100\% \qquad (7\text{-}32)$$

式中，q 为相当于单位平均断面的电流损失，A/cm^2；$D_{平均}$ 为电解槽的平均电流密度（电解质的电流密度），$\mathrm{A/cm^2}$。

如果能找出 q（或 q'）与各种因素的关系，则理论式即可得出。但 q' 值与许多因素有关，不易求出。

根据前边所述，在假定扩散控制的前提下又可得出：

$$q(\text{或 } q') = \frac{kzF(c_0' - c')D}{\delta} \tag{7-33}$$

在这里，主要的困难是求 δ，但是可以肯定 δ 值随电流密度增大而减小。根据研究，$\delta = k_1 D_{\text{平均}}^{-m}$（$m$ 为小数，k_1 为常数），据此可以写出电流效率与电流密度关系的一般式：

$$CE = \left(1 - \frac{k_2}{D_{\text{平均}}^n}\right) \times 100\% \tag{7-34}$$

或

$$CE = \left(1 - \frac{k_3}{D_{\text{阴}}^n}\right) \times 100\% \tag{7-35}$$

式中，$n = 1 - m$，故 $1 > n > 0$。

对于 n 值，阿拉贝舍夫（Алабьннев）与斯米尔诺夫（Смирнов）给出 $n = 1$，德罗斯巴赫（Drossbach）认为 $n = 0.5$，罗林茨（Lorenz）得出 $n = 0.55$，还有给出 $n = 0.667$ 的（塞尔巴科夫）。看来，这个差别主要是由于试验电解槽结构上的不同引起的。

另外，根据研究，当阴极电流密度达到某临界值 $D_{\text{临}}$ 时，$CE = 0$，代入式（7-35）中得：$\dfrac{k_3}{D_{\text{临}}^n} = 1$，于是又得：

$$CE = \left(1 - \frac{D_{\text{临}}^n}{D_{\text{阴}}^n}\right) \times 100\% \tag{7-36}$$

这就是罗齐年（Ротинян）式。

B 经验式

在给出的经验式中，以阿布拉莫夫式最为简明：

$$CE = K^{\frac{1}{DL}} \times 100\% \tag{7-37}$$

式中，K 为常数，它与电解槽槽型、电解温度及电解质成分等有关，对目前工业电解槽来说，在电解温度 940～960℃ 下，$K = 0.7 \sim 0.8$；D 为电解槽平均电流密度，$\mathrm{A/cm^2}$，$D = D_{\text{平均}}$，按 $D = \sqrt{D_{\text{阳}} D_{\text{阴}}}$ 计算；L 为极距，cm。

式（7-37）在一般条件下基本反映了 D 与 L 对电流效率的影响，并且具有形式简单、使用方便的优点，但它在低电流密度时偏差较大。

C 工业电解槽上的数学模型

到目前为止，已有很多工业铝电解槽的电流效率数学模型提出。但都是针对某种（或某些）电解槽的特定情况提出的，不可能有普遍应用价值。下面只举出伯齐等人对 135kA 预焙阳极边部加工电解槽上几个参数对电流效率影响的回归分析所给出的公式[10]，以供参考。

$$CE(\%) = -0.1388t + 0.59X_{AlF_3} + 58.9\sin(3h) - 0.032A + 163.7 \quad (7-38)$$

式中，t 为电解温度，℃；X_{AlF_3} 为电解质过剩 AlF_3 量（质量分数），%；h 为铝液高度，cm；A 为电解槽使用时间，月。

式（7-38）的复相关系数 $r = 0.70$。

7.1.3.4 工业电解槽电流效率的测定与计算

测定铝电解的电流效率通常采用的方法有盘存法、回归法和气体分析法[4]。

A 盘存法

铝电解的电流效率，可根据盘存期间实际产出的铝量和通过的电量按法拉第定律计算：

$$CE(\%) = \frac{\left[\sum m + (M_2 - M_1)\right] \times 10^3}{0.3356\bar{I}t} \times 100 \quad (7-39)$$

式中，$\sum m$ 为盘存期间产出的铝量，kg；M_2 为第二次测得的槽内铝量，kg；M_1 为第一次测得的槽内铝量，kg；$\bar{I}$ 为平均电流强度，A；t 为时间，h。

为测定槽内铝量，可用简易盘存法（即按照槽内铝液高度来估算铝量）或稀释技术（即往铝液中添加某种示踪元素，例如铜、银、金-198）。当盘存期为9 个月以上时，电流效率的误差可在 1% 以内，故简易盘存法适用于测定长期电流效率。

为盘存槽内铝量，采用稀释技术较为精确。稀释技术早已在铝电解中应用。通常采用惰性金属，例如铜和银。稀释技术的原理是往槽内铝液中添加少量示踪元素，待其溶解均匀后，取样分析铝液中该元素的含量，进而计算槽内铝量。

对示踪元素的要求是：在电解温度下，它能够均匀地溶解在铝液内，而完全不溶解在电解液内；它的蒸气压很小，在电解温度下不能蒸发出来；它不应是原料或电极材料的组分；它的纯度要高，一般采用纯度很高的铜和银。

这里以加铜的稀释技术为例。设 Q 为加入的示踪元素量，c_0 为加入示踪元素后该元素在铝液中的总浓度，c_1 为铝液中该元素的本底浓度，则槽内铝量 M 可按下式计算：

$$M = \frac{Q(1 - c_1)}{c_0 - c_1} \quad (7-40)$$

铝液中的本底铜来自原料中所含的微量铜。通常在测定电流效率前 20~30 天内定期检测，以求得稳定值。中国铝厂自焙阳极电解槽的铜本底值为0.001%~0.0012%。

为测定实际的铝产量，需要先后添加两次铜，每次的铜浓度可为 0.04% ~ 0.08%，前后两次相隔的时间为 1~2 个月。根据该期内取出的铝量，加上第二次加铜后盘得的铝量与第一次加铜后盘得的铝量的差值，求得该期内实际生产的铝量，进而推算电流效率，其精确度为±1%。

B　回归法

回归法也采用稀释技术，所用的示踪元素分为两类：惰性金属元素（如铜、银）和放射性同位素（如金-198，钴-60）。

a　加铜回归法

回归法只需要加铜一次，铜浓度是 0.1% ~ 0.2%。根据 10~15 天内铝产量的累计数，采用最小二乘法原理，推算 $y=b+mx$ 线性方程。在该式中，b 和 m 为回归系数，m 即电解槽的生产率（kg/h），从 m 可算出电流效率。m、b 按下列公式计算：

$$m = \frac{\sum x \cdot \sum y - n \sum xy}{\left(\sum x \right)^2 - n \sum y^2} \tag{7-41}$$

$$b = \frac{\sum x \cdot \sum xy - \sum y \cdot \sum x^2}{\left(\sum x \right)^2 - n \sum x^2} \tag{7-42}$$

铝电解生产是连续进行的，槽内铝量不断增多。因此需要定期从槽内取出一部分铝液，而取出的铝量又要几乎等于该期内产出的铝量，使留存于槽内的铝量即所谓"在产铝量"保持不变，由于不断地产出和定期地取出铝，故铝液中的铜浓度连续递减，铜量呈阶梯式递减。

事实上，在稀释技术中加入铝液内的示踪元素有一定的递减规律，研究这一规律是很有意义的，因为它涉及判断示踪元素对铝的污染究竟在何时才能减少到无足轻重的程度的问题。

b　放射性同位素回归法

采用 ^{198}Au 作为示踪元素，按照稀释技术的基本原理，测定工业铝电解槽中的铝量。从电解槽中取出大量的铝试样加以分析。电流效率则根据铝的累计量对时间的关系曲线的斜率确定。用该法可在 2~3 天内测定出电流效率，其精确度接近±1%。

同位素稀释法的原理是：在放射性同位素稀释前后，体系中的总放射性活度不变。而惰性（示踪）金属稀释法的原理是：在同一出铝周期内，此惰性金属在铝液中的总量不变。

设 m_A 为加入槽内的示踪元素质量（g），S_A 为示踪元素的比活度，M 为槽内铝量（g），s 为完全混合后铝的比活度，A 为总活度，于是有：

$$A = m_A S_A = (M + m_A)s \approx M_s \tag{7-43}$$

其中 $m_A \ll M$，即 $M = m_A S_A / s$。

采用[198]Au 作为示踪元素有以下各种优点：半衰期（2.7 天）比较适当，活化截面积大，金有很高的纯度。金是一种贵金属，它在铝液内溶解之后，被氧化的可能性很小。

在实验中用中子照射 Al-Au 合金（0.4%Au），此种合金由精铝（99.99%Al）与高纯金（99.999%Au）配制而成。合金呈圆柱状，质量为 5g。槽内[198]Au 的放射性活度，每 1000kg 铝为 74×10^7 Bq。主要的夹杂物为[24]Na，它是在快速中子反应中产生的，但它的活度不到[198]Au 的五千分之一。

图 7-4 所示为工业铝电解的铝量累计数与时间的关系直线，可从此直线的斜率推求平均电流效率。

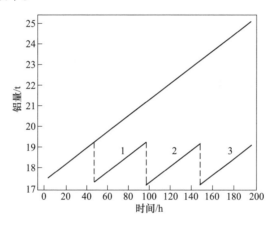

图 7-4 工业铝电解槽的铝量-时间关系曲线[4]

用放射性示踪元素[198]Au 测定电流效率是适宜的，因为它比化学分析法和光谱分析法有较高的灵敏度，而且制定方法简便，节省时间，所用的放射性活度水平对人体也无伤害。

C 气体分析法

气体分析法的原理是利用阳极气体中的 CO_2 浓度与电流效率 CE 之间的关系。此种关系最初是由 Pearson 和 Waddington 在 1947 年发表的，称为 Pearson-Waddington 方程，即：

$$CE(\%) = 1/2 x_{CO_2} + 50\% \tag{7-44}$$

式中，x_{CO_2} 为 CO_2 的体积分数。推导该式时假设：阳极一次气体为 100% CO_2，而二次气体中出现的 CO 是由阴极产物铝跟阳极一次气体 CO_2 所起的再氧化反应而生成的。也就是说，铝电解的电流效率之所以会偏离 100%，完全是由于铝的再氧化所致。

铝电解的一次反应是：

$$Al_2O_3 + 1.5C = 2Al + 1.5CO_2$$

铝电解的二次反应是：

$$2Al + 3CO_2 = Al_2O_3 + 3CO \tag{7-45}$$

如果电流效率为 CE，损失的电流效率为 $1-CE$，则有：

$$2(1 - CE)Al + 3(1 - CE)CO_2 = (1 - CE)Al_2O_3 + 3(1 - CE)CO$$

$$\tag{7-46}$$

二次阳极气体中的 CO_2 分子数等于 $1.5-3(1-CE)$，二次阳极气体中的 CO 分子数等于 $3(1-CE)$。因此，CO_2 在 CO_2+CO 混合物中的体积分数 $x_{CO_2}(\%)$ 是：

$$x_{CO_2} = \frac{1.5 - 3(1 - CE)}{1.5} \tag{7-47}$$

化简得式（7-44）。

Schmidt 在预焙阳极上打洞取气，分析 CO_2 浓度。按式（7-44）计算电流效率，并与采用加铜稀释法测得的电流效率作比较，两者的结果相符。

但是，许多研究者指出，影响电流效率的因素很多，除了铝的再氧化反应之外，还有析出杂质元素、生成碳化铝、离子放电不完全、电子导电和阴阳两极直接短路等。此外，二次气体中的 CO 还可能是由于 CO_2 和槽内炭粒发生反应而产生的。这些因素，式（7-44）未曾计入。

7.2　铝电解槽工艺操作参数

7.2.1　电解质温度与过热度

7.2.1.1　电解质温度

A　电解质温度的作用

前面已经述及，铝电解是高温下的熔盐电解过程。电解质温度不但是维持电解质熔融状态的必要条件，也直接影响熔盐中存在的离子结构，微观上表现为影响电化学反应的反应速率和反应效率，宏观上则呈现为对电解槽的工作指标产生决定性的影响。

电解质温度是影响电流效率的最重要因素。电解质温度越高，电流效率下降得越迅速。Berge 等人对 135kA 预焙槽的测定结果证实了这一点（见图 7-5）[10]，图中虚线为原作者的回归直线，而实线为实际的变化规律。Solli 等人的研究也证实了这个规律（见图7-6）[11]。

根据 Kvanda[7] 对十种大型预焙阳极电解槽电流效率的统计：温度降低 10℃，电流效率平均可提高 1.9%。Alcorn 和 Tabereaux[12] 的研究指出，电解质温度变化10℃，电流效率将变化 2.6%。

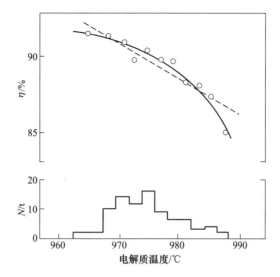

图 7-5 电解质温度对电流效率的影响

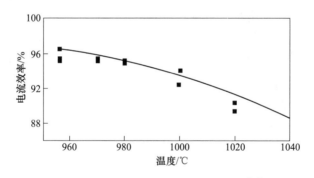

图 7-6 电解质温度对电流效率的影响[11]

（阴极电流密度 0.85A/cm^2，电解质中含 15%AlF$_3$、4%Al$_2$O$_3$ 以及 5%CaF$_2$）

B 电解质温度的测量

电解质温度是如此重要，所以准确掌握电解质温度的变化情况非常必要。在生产实践中电解质温度的测量往往次数频繁，一般每日每槽至少测定一次，许多铝厂甚至每班测定一次。

测量电解质温度时，首先要确定待测量的电解槽编号，将和测温表连接好的热电偶从电解槽的出铝口斜插入（角度 30°~60°）电解质熔体深约 10~15cm（见图 7-7），待测温表上温度读数稳定后记录温度，此温度即为该电解槽的电解质温度。

正常的电解槽电解质温度一般在 900~1000℃之间，出现异常数值、不稳定数值时要排查、更换测量工具后重新测量，确保测量值的准确有效。

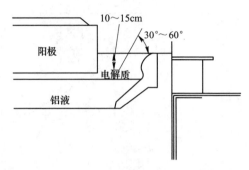

图 7-7　电解质温度测量示意图[12]

　　需要注意的是，在出铝口测量电解质温度是综合了各种因素后选择的可操作性较强的电解质温度测量方案，并不能代表电解槽内各个部位的电解质温度，所以比较同一台电解槽电解质温度随时间的变化或不同电解槽的电解质温度时应选择相同至少是非常相近的测量部位，如均选择出铝口；当测量同一台电解槽同一时刻的电解质温度场分布时则完全不同，需要在不同部位采集电解质温度数据。

　　电解槽的操作（如出铝、阳极效应、换极、扎边等）会对电解质温度造成不同程度的影响。阳极效应对电解质温度的影响尤为明显，在测量时应对测定前3h 内发生的效应进行记录。测量电解质温度场时应避开 2 天内更换阳极的部位。

　　C　电解质温度的调控

　　电解质熔融和保持熔融状态所需的热能绝大部分都直接或间接来自电能。通过对电能输入的调节来调控电解质温度一般在"冷槽"时才适用，这时可以通过调整极距提高槽电压，在较短时间内就可以提高电解质温度。在电解质温度偏高——热槽时则往往通过减少出铝量来逐步提高铝水平，以达到增加散热、降低电解质温度的效果。

7.2.1.2　过热度

　　所谓过热度，就是电解质温度与其初晶温度的差值，表示如下：

$$\Delta T = T_B - T_F \tag{7-48}$$

式中，ΔT 为电解质的过热度；T_B 为电解质温度；T_F 为电解质初晶温度。

　　初晶温度 T_F 的获取需要用专用仪器测量或者通过测量电解质组成查阅相图得到，测量数据获取远不如电解质温度的获取便捷，而工业电解槽中电解质组成的变化往往是缓慢而微小的，所以目前的生产实践中很少通过测量过热度来指导生产。这样最大的弊端就是同一台电解槽短期内的电解质温度尚可用来指示该槽的过热度，但是不同电解槽采用电解质温度横向对比运行状态，由于电解质组成的不同就会带来程度不同的偏差。偏差大小取决于电解质组成之间的差异。

　　现代预焙槽的操作实践发现有时较高的电解温度也能得到较高的电流效率。

于是研究发现电解质温度并不一定对电流效率有决定性的影响，只有当电解质的成分恒定时电解质初晶温度不变，电解质温度与电流效率才有确定的关系。过热度体现了温度与电流效率变化关系的深层原因。

采用过热度作为指导铝电解生产的关键参数意义重大，它和电解质温度、摩尔比、电解质组成都有直接的关系，将在后续章节详细阐述，这里不再赘述。

7.2.2　槽电压和极距

7.2.2.1　槽电压

铝电解槽的工作电压 V 由下列四部分组成[13]：

$$V = V_a + V_c + V_{ex} + V_{ac} \tag{7-49}$$

式中，V_a 为阳极电压降，mV；V_c 为阴极电压降，mV；V_{ex} 为槽外压降（槽周围母线），mV；V_{ac} 为极间压降，mV。

其中阳极电压降、阴极电压降、槽外母线电压降与电解质成分无关，极间压降与电解质成分密切相关，由反电动势 E_0 和电解质电压降 E_e 组成，是动态变化的，即：

$$V_{ac} = E_0 + E_e \tag{7-50}$$

在系列电流和电解质其他成分基本不变的情况下，极间压降受到氧化铝浓度、摩尔比和极距的影响。由于氧化铝浓度和摩尔比是动态变化的，因此为保证电解槽运行的稳定性，工作电压也应该进行跟踪变化。

A　槽工作电压的计算

电解槽工作电压即净电压 V，是指每台电解槽槽控箱上的伏特指示计上所指示的电压值，或指并联地安装在电解槽上的电压表（伏特计）所指示的电压值。工作电压不含公共连接母线应分摊的电压和电解槽阳极效应应分摊的电压，计算公式为：

$$V = \frac{\sum\limits_{i=1}^{N} \overline{V_i}}{N} \tag{7-51}$$

式中，$\overline{V_i}$ 为每日各电解槽伏特指示计的平均工作电压总和，V；N 为各槽生产日数，日。

工作电压的高低，取决于电解槽的设计、工作制度和操作水平等。

B　槽平均电压的计算

槽平均电压是指每个槽每日的工作电压及分摊的电压之和的平均值，它由工作电压、分摊的效应电压、分摊的电解车间联结母线（含过道母线）电压组成，计算公式为：

$$\overline{V}_{均} = \frac{\sum_{i=1}^{N} V_{系列} - \sum_{i=1}^{N} V_{停} - \sum_{i=1}^{N} V_{启} - \sum_{i=1}^{N} V_{新补}}{N_{总}}$$

(7-52)

式中，$\overline{V}_{均}$ 为报告期电解槽平均电压，V；$N_{总}$ 为报告期生产槽运行的总昼夜数；$\sum_{i=1}^{N} V_{系列}$ 为报告期电解系列电压总和，V；$\sum_{i=1}^{N} V_{停}$ 为停产槽的停槽电压总和，V；$\sum_{i=1}^{N} V_{启}$ 为焙烧启动的电压总和，V；$\sum_{i=1}^{N} V_{新补}$ 为新槽补偿电压总和，V。

计算说明：

(1) 报告期电解系列电压总和=报告期总电压（供电电压计时累计值）(V/d)；

(2) 停槽短路口分摊电压按规定（或按实测值）计算；

(3) 焙烧启动电压=焙烧启动电量(kW·h)/平均电流(A)×24(h)；焙烧启动电量一般按设计值（或实际值）计算。

7.2.2.2 极距

极距是指铝电解槽阳极底部（阳极底掌）到阴极铝液镜面（即铝液与电解质的界面）之间的距离，简而言之，就是电解槽阴、阳两极之间的距离[12]。它既是电解过程中的电化学反应区域，又是维持电解温度的热源中心。

铝电解槽只有保持一定的极距才能正常生产，正常生产过程的极距一般在 4~5cm 之间。预焙槽的极距一般比自焙槽稍高，因为预焙槽的阳极块数目多，很难使每块阳极都保持在同一极距。同时也不应有极距过低的炭块，这会引起电流分布不均造成局部过热、电压摆动、阳极掉块，降低电流效率。由于出现这种问题的电解槽会表现出电压摆动，因此检测阳极电流密度分布（即各阳极块的电流分布的大小）可以找出极距过低的炭块。

由于改变极距便改变了阴、阳两极间电解质的电阻，于是便改变了极间电解质的电压降。极距改变 1mm，引起槽电压变化 30~40mV，这是非常显著的。因此，调整极距是调整槽电压的主要手段。生产中所指的槽电压调节是通过调整极距来改变槽电压，这便是生产中常把极距调节与槽电压调节两个概念等同起来的原因。

提高极距一方面能减少铝在电解质中的溶解损失，因而对提高电流效率有利；另一方面因为增大电解质压降而升高槽电压，而对降低能耗指标不利。因此，生产中有一个如何选择最佳极距的问题。研究表明，当极距低于 4.5cm 时，提高极距对电流效率的作用非常明显，并且提高电流效率对降低能耗的作用大于槽电压升高对能耗的不利作用；反之，若极距高于 4.5cm 则极距升高对电流效率的作用逐渐变得不明显，因而提高电流效率带来的好处不能抵消升高槽电压（因而升高槽温）带来的坏处。

基于上述分析可知，极距调节（或槽电压调节）需兼顾两个目的：一是维持足够高的极距；二是维持合适的槽电压，从而维持合适的能量收入（最终维持电解槽的能量平衡）。工业现场一般不检测极距，也不确定极距的基准值，而是通过设定最佳电压值来保证极距足够高。

常规的极距控制方法是将槽电压维持在以人工设定值（目标值）为中心的非调节区内（即目标控制区域内）。如图 7-8 所示，如果槽电压超出上限，则下降阳极，极距变小；反之，若槽电压低于下限，则提升阳极，极距增大。极距的升、降调节一般均是以将槽电压调节到设定值为目标。

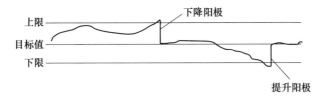

图 7-8　极距调节示意图[12]

7.2.3　电解质水平和铝水平

电解质水平和铝水平是电解槽的重要技术条件，其测定既可以决定出铝量，又是掌握电解槽运行状况的必要手段，对了解电解槽的热平衡状态也非常重要。电解质水平和铝水平的测量同时开展，通常需要每天进行。

7.2.3.1　电解质水平

电解质水平是指和铝液同时在电解槽内经常保留的电解液的高度[3]。统计时，电解质水平按实测值取平均数，即：

$$H_B = \frac{\sum\limits_{i=1}^{n} h_{bi}}{n} \tag{7-53}$$

式中，H_B 为平均电解质水平；h_{bi} 为第 i 次测量的电解质水平。

电解质水平的高低直接影响氧化铝的溶解能力，只有足够的电解质才能保证氧化铝浓度的稳定控制。对大型现代预焙槽，电解质高度一般保持在 18~20cm，过低或者过高都会不同程度的影响生产[2]。

A　电解质水平对生产的影响

如果电解质水平过低，氧化铝在电解质内停留的时间短，生成炉底沉淀的概率增加，造成氧化铝浓度波动，下料状态进入恶性循环，阳极效应系数增加。另外，电解质水平过低阳极接触电解质面积减小，导电面积减小，电阻值增大，造成槽电压升高，能耗增加。

电解质水平过高会使阳极埋入过深，阳极气体不易排出，造成铝的二次反应加剧，电流效率降低；同时会出现阳极消耗不均或者长包现象，并且造成炉膛上口炉帮化空，有发生侧部漏炉或者漏电的隐患。另外，过高的电解质造成阳极钢爪浸泡于电解质内，首先分解炭素保护环造成原铝中硅含量上升，其次是熔化钢爪造成原铝铁含量上升，高电解质对原铝质量的影响是比较明显的。

可见，电解质水平的高低对生产都是有危害的，适宜的电解质高度需根据本厂不同槽型和技术条件匹配。了解了电解质高低的危害，生产中就应寻求电解质高度的稳定。怎样减少电解质高度的波动呢？重要的是找到影响电解质高低变化的因素，以便制定措施控制。

B　影响电解质高度变化的因素

一般来讲，电解质在平衡的状态下能够保持稳定的运行，但是生产中各项技术条件和操作对其都产生一定的影响，引起挥发和机械损失。针对某厂电解质水平年度变化情况，分析出三种主要影响因素分别是生产工艺波动、电流强度变化、机械损失。

（1）工艺波动。工艺波动主要是指技术条件的影响，技术条件的失控是造成电解质高度变化的主要因素。从槽温来讲，过高的槽温使氟化铝优先从电解质中挥发，而摩尔比的降低则造成电解质的挥发；另外是电压的管理，电压的波动与电解质高度的波动成正比关系，抬高设定电压，必然会造成部分炉帮熔化，致使液体电解质升高；还有铝水平的影响，铝水平与电解质高度是相互成反比的关系，铝水平高，槽内热量损失大，电解质不易保持；铝水平低，槽内聚集热量多，炉膛熔化，电解质上升。操作方面体现在工艺管理上，保温料的厚度和槽罩板打开时间等因素都会在一定程度上影响电解质高度。其中最重要的是体现在电解槽稳定运行，保持能量平衡和物料平衡，从相关技术条件和操作结合搭配，减少工艺管理中的变量，避免病槽的发生，是保证电解质水平稳定的关键。

（2）电流波动。电流强度和电压是电解槽的主要能量供给来源，在电压不变的前提下，改变电流强度，对电解槽能量平衡造成影响很大。电流强度波动存在的主要问题是压负荷，压负荷减少了电解槽的能量收入，电解质黏度增大，工作性变差，并且收缩非常快；如果压负荷时间长，大面积的效应不仅不会提升电解质水平，反而会造成电解槽"干热"，电解质水平更低。压负荷现象一般出现在夏季和冬季的高峰用电阶段，为减小对技术条件的影响，应做好充分的应对措施。

（3）机械损失。机械损失主要体现在各项作业带走电解质。首先是换极作业，当氧化铝壳面块落入槽内时，会被一部分电解质包裹，加上一些碎块的落入，使电解质损失达50kg，再加上打捞面壳块的损失，换极可能造成电解质损失约为80kg；其次是打捞炭渣损失，通过此途径的损失是不可小视的，炭渣本应是散沙状的，但是观察渣箱内的炭渣都是结成大块状，其原因就是与电解质的结合，捞炭渣损失电解质在炭渣内占40%左右；最后一个损失途径就是出铝作业，由于出铝失误或者电解质黏度大造成出铝带走部分电解质。

C 电解质高度的控制

在工艺技术方面，不能有过大的操作规程变动，保持技术条件稳定，并不断寻求最佳的技术条件组合。减少电解槽病槽的发生，维持合理的热平衡和物料平衡，稳定炉膛内形。各项作业本着操作质量重点进行，避免操作失误引起的电解质变化。收边作业不能完全使用新鲜粉碎料，要利用捞出的热块覆盖新极，做到循环利用。每班坚持测试电解质液体高度，利用较高电解槽的电解质倒入较低的电解槽，采取添加冰晶石或者电解质块提高液体电解质水平，如果电解质水平偏高，首先取出多余的部分，然后检查电解槽是否为热槽，进行综合处理。

7.2.3.2 铝水平

铝水平是指铝电解槽内经常保留的铝液的高度[3]。铝水平的保持高度视槽型、电流强度以及工艺条件而定，统计时按实测值取平均数，即：

$$H_M = \frac{\sum_{i=1}^{n} h_{mi}}{n} \tag{7-54}$$

式中，H_M 为平均铝水平；h_{mi} 为第 i 次测量的铝水平；n 为测量次数。

铝水平是影响电解槽热平衡的重要因素，保持合适的高度对电解槽的运行有着重要的意义。对大型现代预焙槽，铝水平高度一般控制在 $25 \sim 28$ cm 之间，它不同于电解质高度，根据槽型的差别相差非常大，有的保持在22cm左右，也有保持在30cm的。一定程度上讲，电解槽在前三年之内铝水平不能保持过高，3年之后随着炉底破损和上拱的出现，可以逐步提升铝水平。以现在300kA级电解槽为例，前三年保持26cm左右为宜，进入养护阶段保持28cm左右。铝水平的高低，决定了电解槽热收支的变化，主要体现在炉底上，适宜的铝液高度能更好地传导槽中心区域温度，并能够稳定磁场，减小铝液镜面的波动。可见，选择适宜的铝水平是稳定生产和延长槽寿命的保证。

A 铝水平高低对生产的影响

铝水平过高传导槽内热量多，槽内热量损失过大会使温度下降，甚至炉底发凉产生沉淀，严重时造成炉底恶化。随着侧部散热能力增加，炉帮形成凹状，伸腿发育肥大，形成畸形炉膛。

铝水平过低时，发热区接近炉底，铝液导热量减小，造成炉底温度升高。虽然炉底洁净，但是炉膛过大，铝液表面积增加，导致水平电流密度大，能够加速铝液的运动，出现电压大幅波动，铝水平太低时容易引发滚铝。此外，低铝水平会造成阳极下面电解质温度高，铝的二次反应严重，使电流效率下降。最重要的是长期保持低铝水平，炉底温度高，使阴极内衬中等温线遭到破坏，个别冲蚀坑位置会导致铝液下渗，造成熔化阴极钢棒，严重导致漏炉。

B　铝水平的控制

电解槽生产必须有一部分铝作为阴极，也就是常说的在产铝。因为析出铝的反应是在铝液镜面上完成的，真正的阴极是指铝液，而不是阴极炭块。槽内只有保持足够的铝液高度才能稳定磁场，另外铝水平的控制是调整热平衡的重要手段，可以通过增减铝液高度实现电解槽热收支平衡。铝水平的控制主要是靠调整出铝量来实现的，增加出铝量可降低铝液的高度，当电解槽处于低铝水平状态时，选择压铝提升铝水平，相反撤铝降低铝水平。人为强化电流或改变炉膛（如轧侧部）也会影响铝水平，此外其他途径不能调整铝水平。

调整保持适宜电解槽自身和技术条件匹配的铝水平，是铝水平管理的核心。

综上所述，电解槽的电解质和铝液两水平的管理都对生产指标和稳定运行起着重要的作用。实际生产中也不能单靠高度来衡量，关键是实际液体量的大小，特别是铝量，必须进行定期盘存，以便掌握电解槽实际的电流效率。

7.2.4　摩尔比和氧化铝浓度

7.2.4.1　摩尔比

A　酸性电解质

冰晶石（Na_3AlF_6）是 $NaF\text{-}AlF_3$ 二元系的稳定化合物，也可以写成复合盐的形式 $3NaF \cdot AlF_3$，熔点为 1010℃，是铝电解电解质的主要组成部分。电解质中 NaF 和 AlF_3 的物质的量之比，工业上称为电解质的摩尔比（俗称分子比）。摩尔比等于 3 的电解质称为中性电解质，大于 3 的为碱性电解质，小于 3 的为酸性电解质。

正常生产中摩尔比一般都低于 3，故电解生产采用酸性电解质是适宜的。其主要优点表现在以下几个方面：

（1）电解质的初晶温度低，可降低电解温度。

（2）钠离子在阴极上放电的可能性小。

（3）电解质的密度和黏度有所降低，使电解质的流动性较好，并有利于金属铝从电解质中析出。

（4）电解质同炭素和铝液界面上的表面张力增大，有助于炭粒从电解质中分离和减少铝在电解质中的溶解度。

（5）炉面上的电解质结壳松软，便于加工操作。

氟化铝和碳酸钠是改善摩尔比及调节槽温的主要添加剂。碳酸钠只在电解槽启动初期建立炉帮使用，所以生产过程中主要是添加氟化铝改善电解质成分。其作用是降低初晶温度和摩尔比，随着摩尔比的降低，电解质的初晶温度降低，电解温度也会降低，钠离子放电和铝的二次溶解损失小，电流效率便会提高。但是随着摩尔比的降低，氧化铝的溶解性降低，电解质电导率减弱，在设定电压不变化的情况下，相当于降低极距，反而电流效率下降。另外，摩尔比越低，氟化铝的挥发性越强，造成氟化盐消耗增加，所以摩尔比也不适宜太低。摩尔比的调整要根据管理水平、氧化铝浓度、槽型容量及计算机控制水平等情况选择，通过各项技术管理调整使摩尔比保持在合理的范围，确保电解质工作良好。大型预焙槽选择 2.25~2.45 的摩尔比可以保证电解槽稳定运行，并保持较高的电流效率，但受我国粉状氧化铝质量影响，其在电解质中溶解性较差，故摩尔比应稍微保持较高一些，才能有效保证电解槽的稳定运行。

　　B　摩尔比的调整

　　生产中，电解质成分不断发生变化，摩尔比在高温作用下会严重挥发。为了保证电解质成分的稳定，需每 4 天进行一次电解质成分化验，根据化验结果添加氟化铝或碳酸钠调整摩尔比。一般正常生产中只添加氟化铝降低摩尔比，添加碳酸钠提升摩尔比用作启动初期的调整。无论是降低摩尔比或者提高摩尔比，理论上物质添加量应以槽内电解质量为准，根据公式推导计算。但是实际生产中受到电解槽效应影响、其他原材料影响及一些机械损失，添加量应以实际电解槽情况为准。

7.2.4.2　氧化铝浓度

　　在现代电解槽上，控制氧化铝浓度至关重要。控制的依据是槽电阻-氧化铝浓度曲线[13]。槽电阻是似在的，可从下式算出[4]：

$$R_{似在} = \frac{U - V_{ext}}{I} \qquad (7\text{-}55)$$

式中，$R_{似在}$ 为电解槽的似在电阻，$\mu\Omega$；U 为槽电压，V；I 为系列电流，kA；V_{ext} 为 $U\text{-}I$ 曲线上零电流状态下的截距，Welch 选取 $V_{ext} = 1.65V$。

　　从图 7-9 可以看出，在 3.5%Al_2O_3 处有一最低槽电阻值。工业生产上通常采用此最低值左侧的 Al_2O_3 浓度（2%~3%），此时电解质的电导率较高，Al_2O_3 的溶解性能较好，不易产生沉淀，而且不易发生阳极效应。

　　对电解质中氧化铝浓度进行严格控制的要求是伴随着低温、低摩尔比以及低效应系数的要求而产生的[12]。众所周知，当氧化铝浓度低于效应临界浓度（一般在 1%左右）时会发生阳极效应，导致物料平衡被打破；当氧化铝浓度达到饱和浓度时，继续下料便会造成沉淀，或者氧化铝以固体形式悬浮在电解质中，也导致物料平衡被打破。随着氧化铝浓度向饱和浓度靠近，产生沉淀的机会便会增大，因为一方面氧化铝的溶解速度随之变小；另一方面电解质的"容纳能力"

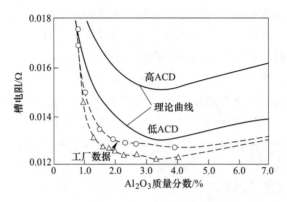

图 7-9　槽电阻与氧化铝浓度曲线[4]

变小，容易出现局部电解质中氧化铝浓度达到饱和。例如，当从某一局部（如下料点）加入的氧化铝原料未及时分散开时，该局部的电解质中氧化铝浓度达到过饱和，导致沉淀产生。考虑到上述原因，氧化铝浓度一般控制在显著低于饱和浓度的区域。摩尔比降低及由此引起的电解质温度降低，都会引起氧化铝饱和浓度降低。例如，当摩尔比为 2.35、电解质温度为 945℃时，氧化铝饱和浓度仅为 7%，在这样的条件下，要实现既不产生阳极效应，又不产生沉淀，一般认为需要将氧化铝浓度控制在 1.5%~3.5% 的区域内。要在如此窄的范围内控制氧化铝浓度，就必须有先进的控制系统，我国从 20 世纪 90 年代以来逐步发展起来的智能控制系统基本满足了低摩尔比操作对氧化铝浓度控制的要求。

　　将氧化铝浓度控制在较低的范围也正好满足了现代各种氧化铝浓度控制技术（或称按需下料控制技术）的要求，因为这些控制技术都需要通过分析下料速率变化（即氧化铝浓度变化所引起的槽电阻变化）来获得氧化铝浓度信息，当在低浓度区时，槽电阻对氧化铝浓度的变化反应敏感，因此将氧化铝浓度控制在较低区间（如 1.5%~3.5%）有利于获得较好的控制效果。本书在第 17 章还会详述。

7.2.5　出铝量

　　电解产出的铝液积存于炉膛底部，需定期抽取出来送往铸造车间铸造成产品。我国中、小型电解槽一般 2~3 天出一次铝，大型预焙槽实行一日一次制。每槽吸出的量原则上应等于在周期内（两次出铝间的时间）所产出铝量，具体由区长（大组长）下达（按每天一点测量决定），或由计算机给出指示量（三点测量平均值加以修正计算后给出）。出铝工根据指示量，使用 5t 容积的喷射式真空抬包，在多功能天车配合下，每包可一次吸出 2~4 台槽的铝液（视槽容量而定），之后用专用运输车送往铸造车间[12]。

7.2.6　阳极覆盖料

阳极覆盖料，或称极上保温料，通常是用氧化铝粉末或电解质细粒覆盖在阳极炭块上。

阳极覆盖料可以维持电解槽热平衡，防止阳极氧化，并对于减少氟化盐挥发损失也有一定作用。适宜的上部热量损失有利于保持电解槽的热平衡并促使边部形成最佳的炉帮，进而有利于稳定操作和增长槽寿命。

由于炭阳极的上部已被氧化铝覆盖，氧化程度减轻，但在电解质结壳以下，温度越高，氧化作用更加强烈。阳极温度越高，这种阳极氧化反应概率就越高，不利于降低阳极消耗，所以阳极覆盖料也不能太厚。

我国预焙槽一般规定标准阳极覆盖料厚度为16cm，对于合适的覆盖料厚度未见太多实践论证，但是通过计算机模拟研究显示：随着覆盖料厚度的增加，槽总体散热不断减小，但幅度有变化。从邱竹贤给出的槽面氧化铝覆盖料层厚度对热损失量的影响也可明显看出，氧化铝覆盖料厚度超过12cm后电解槽热损失变化斜率趋近为零。16cm的氧化铝覆盖料厚度存在向下调整的理论基础，在实际电解槽实验中主要视热平衡变化来决定最终结果[14]。

7.3　铝电解技术经济指标

7.3.1　电流效率与整流效率

7.3.1.1　电流效率

在生产中通常用原铝的实际产量与理论产量的比值表示电流效率，以百分数表示。

$$CE = P_{实}/P_{理} \times 100\% \tag{7-56}$$

式中，$P_{理}$ 为理论产量，$P_{理} = CIt \times 10^{-3}$，kg；$C$ 为铝的电化学当量，$C = 0.3355$g/（A·h）；I 为电解槽系列平均电流，A；t 为电解时间，h。

在铝电解生产过程中，铝不断在阴极析出的同时又以各种原因损失掉，故电流效率总是不能达到百分之百。

7.3.1.2　整流效率

铝电解工艺直接耗用的是直流电，交流电必须先通过整流设备转化为直流电。从理论和实际看，整流过程要损失 3%~10% 的电量，整流设备输出直流电量与输入交流电量之间的比值用百分数表示，即为整流效率，它是电解供电的主要技术参数之一，其大小直接标志着交流电总量的利用率[15]。整流效率的计算公式为：

$$\eta = P_{输出}/P_{输入} \times 100\%$$ (7-57)

式中，$P_{输出}$为整流器输出的直流电量；$P_{输入}$为输入整流器的交流电量。

其中，整流器输出的直流电量（kW·h）=供电电流小时累计值/24h×供电电压小时累计值；输入整流器的交流电量（kW·h）=供给电解各系列的交流电量。整流效率受各种电气元件和线路消耗的影响必然小于100%，目前通常为96.5%~97.5%。

整流效率应该经常测定，按测定值作为相应指标的计算依据。

7.3.2 直流电耗和交流电耗

7.3.2.1 直流电耗

直流电耗是指生产1t铝液消耗的直流电量，理论计算公式为[3]：

$$W_Z = \frac{u}{0.3355 \times r \times 10^{-3}} = 2.98 \times \frac{u}{r \times 10^{-3}}$$ (7-58)

式中，W_Z为报告期内的直流电耗，kW·h/t；u为报告期内平均电压，V；r为报告期内电流效率，%。

生产上统计铝液直流电耗常采用下式：

$$W_Z = \frac{Q_Z}{M_L}$$ (7-59)

式中，Q_Z为报告期内电解铝液消耗的直流电量，kW·h；M_L为报告期内电解铝液产量，t。

直流总电量通常是按照电压数值分配的，系列总电压可以区分为正常生产槽电压、停槽短路口电压和焙烧启动电压，所以直流总电量也应该依电压分解为上述部分。

在计算直流电耗时，可以依据计算正常指标、启动后期指标（非正常期）和综合指标的需要，选用不同的直流电量，计算出不同的单耗指标。

$$Q_Z = Q_{ZZ} - Q_{DZ} - Q_{BZ}$$ (7-60)

式中，Q_Z为报告期内电解铝液消耗的直流电量，kW·h；Q_{ZZ}为报告期内直流总电量，kW·h；Q_{DZ}为报告期内停槽短路口分摊直流电量，kW·h；Q_{BZ}为报告期内焙烧启动用直流电量，kW·h。

在日常统计工作中，铝行业规定采用式（7-59）。理论计算式仅作为审核铝液直流电单耗和分析铝液直流电耗升降原因的一种方法。

铝液直流电耗的倒数称为电能效率，表示每千瓦时电能实际生产铝的克数。

7.3.2.2 交流电耗

铝液交流电耗是指生产每吨铝液消耗的交流电量，既反映电解槽的技术状况和工艺操作水平，又反映整流效率，也称为可比交流电耗[5]。计算公式为：

$$W_J = \frac{Q_J}{M_L} = \frac{W_Z}{\eta_Z} = \frac{Q_Z}{M_L} \cdot \frac{1}{\eta_Z} \tag{7-61}$$

式中，W_J 为报告期内电解铝液交流电耗，$kW \cdot h/t$；Q_J 为报告期内电解系列工艺消耗的交流电量，$kW \cdot h$；M_L 为报告期内电解系列电解铝液产量，t；W_Z 为报告期内电解铝液直流电耗，$kW \cdot h/t$；η_Z 为整流效率，整流效率为报告期内整流机组输出的直流电量与报告期内输入整流机组的交流电量的比值，%；Q_Z 为报告期内电解铝液消耗的直流电量，$kW \cdot h$。

其中：

$$Q_J = Q_{ZJ} - Q_{DJ} - Q_{BJ} \tag{7-62}$$

式中，Q_{ZJ} 为报告期内电解用交流总电量（即输入整流器的交流电总量），$kW \cdot h$；Q_{DJ} 为报告期内停槽短路口分摊交流电量，$kW \cdot h$；Q_{BJ} 为报告期内焙烧启动用交流电量，$kW \cdot h$。

7.3.2.3 综合交流电耗

电解铝综合交流电耗是以单位产量表示的综合交流电消耗量[3]，即用报告期内用于电解铝生产的综合交流电消耗量除以报告期内产出的合格电解铝交库量。计算公式为：

$$W_{ZJ} = \frac{Q_{TJ}}{M_S} \tag{7-63}$$

式中，Q_{TJ} 为报告期内综合消耗交流电量，包含了电解槽生产全部用电量，其中有电解工序用交流电量；电解工序、铸造工序的动力及照明用电，如电解的通风排烟和烟气净化设施、氧化铝输送设施；铸造的混合炉（保持炉）、熔炼炉、扒渣机、堆垛机、天车等设备用电；分摊的辅助、附属部门用电，如为电解服务的供电车间、机修车间、电维车间、计算机室、化验室等及分摊的线路损失等，$kW \cdot h$；M_S 为报告期内交库的电解铝总量，包括销售和自用，t。

7.3.3 氟化盐消耗

7.3.3.1 氟化盐单耗

氟化盐是冰晶石、氟化铝、氟化钠、氟化钙、氟化镁等物料的总称。

铝液-氟化盐单耗和电解铝-氟化盐单耗分别是指报告期内生产每吨铝液或电解铝消耗的氟化盐量。计算公式为：

$$M_{F-L} = \frac{M_F}{M_L} \tag{7-64}$$

$$M_{F-S} = \frac{M_F}{M_S} \tag{7-65}$$

式中，M_{F-L}为生产每吨铝液消耗的氟化盐量，kg/t；M_F为报告期内氟化盐消耗量，kg；M_L为报告期内铝液产量，t；M_{F-S}为生产每吨电解铝消耗的氟化盐量，kg/t；M_S为报告期内电解铝产量，t。

式（7-65）中氟化盐消耗量不包括电解槽焙烧、启动的补偿用料。

7.3.3.2　氟化盐-X 的单耗

氟化盐-X 可以是冰晶石、氟化铝、氟化钠、氟化钙、氟化镁等一种或几种的组合。

氟化盐-X 的单耗是指报告期内生产每吨铝液或电解铝消耗的该氟化盐的量，不包括电解槽启动用料。计算公式为：

$$M_{X-L} = \frac{M_X}{M_L} \tag{7-66}$$

$$M_{X-S} = \frac{M_X}{M_S} \tag{7-67}$$

式中，M_{X-L}为生产每吨铝液消耗的该氟化盐量，kg/t；M_X为报告期内该氟化盐消耗量，kg；M_{X-S}为生产每吨电解铝消耗的该氟化盐量，kg/t。

7.3.4　氧化铝单耗

氧化铝单耗包括报告期内生产每吨铝液消耗的氧化铝量或生产每吨电解铝消耗的氧化铝量。计算公式如下：

$$M_{A-L} = \frac{M_A}{M_L} \tag{7-68}$$

$$M_{A-S} = \frac{M_A}{M_S} \tag{7-69}$$

式中，M_{A-L}为生产每吨铝液消耗的氧化铝量，kg/t；M_A为报告期内氧化铝消耗量，kg；M_{A-S}为生产每吨电解铝消耗的氧化铝量，kg/t。

7.3.5　阳极消耗

阳极和 Al_2O_3 一样，是铝电解工业的基本原材料之一。消耗性炭素阳极随着电解过程进行不断地消耗。当电流效率为 92% 时，理论炭耗为 363kg/t。在实际生产过程中，阳极炭块的实际消耗量远大于其理论炭耗，实际炭耗量在我国达到450kg/t 以上（有的甚至超过了 500kg/t），比理论消耗多出至少 100kg/t[16]。

阳极消耗指报告期内生产每吨铝液或电解铝消耗的阳极块总量。根据是否扣除残极，又分为阳极毛耗和阳极净耗。

7.3.5.1　阳极毛耗

阳极毛耗是未扣除残极计算的阳极消耗。计算公式为：

$$M_{Y-L} = \frac{M_Y}{M_L} \tag{7-70}$$

$$M_{Y-S} = \frac{M_Y}{M_S} \tag{7-71}$$

式中，M_{Y-L}为生产每吨铝液消耗的阳极块总量，kg/t；M_Y为报告期内阳极块消耗量，kg；M_{Y-S}为生产每吨电解铝消耗的阳极块总量，kg/t。

当阳极只有一种规格时，报告期内阳极块消耗量为：

$$M_Y = mC \tag{7-72}$$

式中，m为单块阳极质量，kg；C为报告期生产用阳极块块数（进电解全部阳极块总数-挂极用阳极块数）。

当阳极有两种以上规格时，报告期内阳极块消耗量为：

$$M_Y = \sum_{i=1}^{n} m_i C_i \tag{7-73}$$

式中，m_i为第i种规格阳极块的单块阳极质量，kg；C_i为报告期生产用第i种规格阳极块块数。

7.3.5.2　阳极净耗

阳极净耗是报告期内生产每吨铝液、电解铝消耗的阳极块净耗量，是扣除残极后计算的阳极消耗。计算公式为：

$$M'_{Y-L} = \frac{M'_Y}{M_L} \tag{7-74}$$

$$M'_{Y-S} = \frac{M'_Y}{M_S} \tag{7-75}$$

式中，M'_{Y-L}为生产每吨铝液所消耗的阳极块净耗量，kg/t；M'_Y为报告期内阳极块扣除残极后的质量，kg；M'_{Y-S}为生产每吨电解铝所消耗的阳极块净耗量，kg/t。

7.3.6　槽寿命

电解槽寿命是指一台电解槽从焙烧启动到停槽大修整个生产阶段运行的时间，可用下式计算：

$$\overline{T} = \frac{\sum\limits_{i=1}^{n} T_i}{i} \tag{7-76}$$

式中，$\overline{T}$为电解槽平均寿命，d/台；T_i为第i台电解槽的寿命，d；i为参与统计的电解槽数量。

参 考 文 献

[1] 邱竹贤. 预焙槽炼铝 [M]. 北京：冶金工业出版社，2005.

[2] 梁学民，张松江. 现代铝电解生产技术与管理 [M]. 长沙：中南大学出版社，2011.

[3] 中国有色金属工业协会. 中国有色金属工业指标体系 [M]. 北京：冶金工业出版社，2005.

[4] 邱竹贤. 铝电解原理与应用 [M]. 徐州：中国矿业大学出版社，1998.

[5] 冯乃祥. 铝电解 [M]. 北京：化学工业出版社，2006.

[6] 董仕毅，刘永强，李维波. 浅谈预焙阳极铝电解槽降低电压的途径 [J]. 世界有色金属，2007 (6)：23-24.

[7] 中国铝业股份有限公司郑州研究院等. YS/T 1002—2014 铝电解阳极效应系数和效应持续时间的计算方法 [S]. 北京：中国标准出版社，2014.

[8] 田应甫. 大型预焙铝电解槽生产实践 [M]. 长沙：中南大学出版社，2001.

[9] 李春旺. 基于速度场的铝电解槽电流效率的研究 [D]. 武汉：华中科技大学，2006.

[10] 邱竹贤. 铝电解 [M]. 北京：冶金工业出版社，1995.

[11] THONSTAD J, FELLNER P, HAARBERG G M. 铝电解理论与新技术 [M]. 邱竹贤，刘海石，石忠宁，等译. 北京：冶金工业出版社，2010.

[12] 刘业翔. 现代铝电解 [M]. 北京：冶金工业出版社，2008.

[13] 田庆红. 合理利用铝电解槽工作电压 [J]. 轻金属，2008 (5)：34-36.

[14] 张程浩，何生平，兰周，等，降低预焙铝电解槽阳极覆盖料厚度的实践与分析 [J]. 有色冶金节能，2010 (5)：13-15.

[15] 祝赵伟. 关于铝电解变电整流效率测定的一点见解 [J]. 有色金属设计，1991 (1)：23-24.

[16] 赖延清，刘业翔. 电解铝炭素阳极消耗研究评述 [J]. 轻金属，2002 (8)：28-32.

第三篇

现代铝电解槽仿真与设计

8 现代铝电解槽的总体结构与设计

霍尔-埃鲁特冰晶石-氧化铝熔盐电解法发明至今已有 130 年的历史，电解法炼铝主体设备铝电解槽的结构也发生了很大的变化。电解槽的电流容量由最初的几千安培增加到了现在的 600kA 以上，电解槽的结构形式也发生了很大的变化，经历了由预焙槽到自焙槽再到现代大型预焙槽的发展过程，电能效率不断提高，电解铝生产的直流电能消耗由初期的 40000kW·h/t 不断降低，达到了目前的 12800kW·h/t 以下[1]。

电解槽型的不断进步，尤其是 20 世纪 80 年代以来大型预焙铝电解槽的开发与快速推广应用，为今天世界电解铝工业的发展奠定了技术基础，其中铝电解槽设计理论与技术的进步发挥了关键作用。

8.1 现代铝电解槽结构简介

现代铝电解槽全称为现代中心下料预焙阳极铝电解槽，其主要结构可分为上部结构、阴极结构和母线装置三大部分[2]，如图 8-1 所示。其中：

（1）上部结构：包括阳极、上部大梁（承重结构）、阳极提升装置和打壳下料系统等。

（2）阴极结构：包括阴极炭块组、阴极内衬和阴极槽壳。

（3）母线装置：包括电解槽周围母线及短路母线装置等。

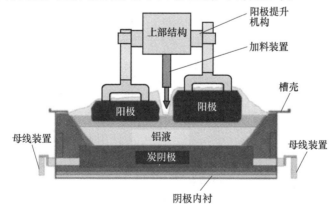

图 8-1 现代铝电解槽结构简图

铝电解电化学反应是在铝电解槽阴极构成的熔池内进行的，熔池温度一般为920~970℃。所用的原料为氧化铝，熔融的冰晶石等为电解质，阴极采用炭素材料制成。由于熔融铝的密度大于电解质（冰晶石熔体），因而沉在电解质下部的炭素阴极上。熔融铝液定期用真空抬包从槽中抽吸出来，装有金属铝的抬包运往铸造车间。槽内排出的气体通过槽上集气系统送往干法净化系统处理后排入大气。

从整流所供给的直流电流通过槽上的阳极流入电解槽，经过熔融电解质进入铝液层熔池，再进入炭阴极，铝液层熔池同炭块阴极联合组成了阴极。阴极炭块内的电流汇集至阴极钢棒，再由槽周围阴极母线装置导向下一台电解槽的阳极母线。操作良好的电解槽处于热平衡之中，此时在槽的炭素（或碳氮化硅）侧壁上形成了凝固的电解质，即所谓的"炉帮"。

氧化铝由浓相输送系统供应到槽上料箱，按计算机控制的速率通过点式下料器经打壳下料加入电解质中。已消耗的炭阳极定时用新组装好的阳极更换，更换周期为30天左右。残极送往阳极准备车间处理。

8.2 阳极结构设计及阳极组数的选择

8.2.1 阳极组

阳极组在铝电解生产中承担着向电解槽导入直流电的任务，并且炭阳极在电解槽中与电解质中的 Al_2O_3 发生电化学反应，构成了现行铝电解电化学过程的基本要素。因而，阳极在电解槽运行过程中发挥着非常重要的作用，有电解槽"心脏"之称。

8.2.1.1 阳极组的结构

预焙阳极炭块组由阳极炭块、铝导杆及钢爪三部分组成，如图 8-2 所示。铝导杆一般用铝合金（95%Al + 5%Si）制作，用小盒夹具将其夹紧固定在电解槽上部两侧的阳极母线上。导杆与钢爪之间由铝-钢过渡块（一般用爆炸焊接制成，也称爆炸焊块）分别与钢和铝焊接。阳极炭块顶部设置有炭碗，钢爪用磷生铁浇铸在炭碗中，与炭块粘接在一起[2]。

阳极炭块组一般为单块组，部分

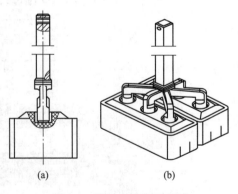

图 8-2 阳极炭块组示意图
(a) 单阳极组；(b) 双阳极组

槽使用双块组，如图 8-2 所示。预焙阳极工作制度为间断式的，每组阳极可使用 25~30 天。当阳极炭块被电解反应消耗到原有高度 20%~25% 时，为了避免钢爪熔化，必须将残阳极炭块吊出，更换上新的炭块组。采用双块组阳极的好处是提高了阳极更换作业的效率，但缺点是更换阳极对电解槽造成的热、电、磁干扰程度增大了。

阳极质量和工作状况的好坏，直接影响着铝电解生产的主要工艺技术指标，诸如能量效率和电流效率，同时也直接影响着铝电解的生产成本。此外，炭阳极质量优劣与铝电解生产过程的稳定性和工人的劳动强度紧密相关。

8.2.1.2 阳极炭块尺寸对电解槽的影响

阳极炭块的长、宽尺寸影响到电解槽的电场、热场及其分布（即影响电压平衡与热平衡），从而影响到电解槽的能耗指标、电流效率及阳极炭消耗等指标，因此优化阳极长、宽尺寸具有重要意义。具体来说，阳极炭块的长度与宽度会影响到下列几个方面：

（1）阳极气体的排出。阳极炭块的截面积越大，对阳极气体的逸出便越不利，因而对提高电流效率不利。

（2）阳极更换周期。由于阳极高度受到多方面因素的限制只能选择在一定的范围，因此阳极炭块的截面积越大，换极周期便越长。但另一方面，阳极越大，阳极更换时对电解槽的干扰幅度（如对阳极电流分布的冲击）也越大。

（3）阳极电流分布变化。阳极越宽、越长（截面积越大），经钢爪流向阳极底面靠边部区域和侧面的距离便越远，因而从阳极侧面流出的电流相对于阳极底部流出的电流的比例便越小，这对电解技术经济指标是有利的。但阳极底掌过大，也容易造成阳极内部电流密度分布的不均匀。

（4）铝液中的水平电流。电解槽设计时应尽量减小铝液中的水平电流，以降低磁场与电流的作用造成的影响，而阳极的长度、宽度及阳极排布方式对铝液中水平电流的大小与分布有明显的影响，最佳的长度与宽度值显然同时与具体的槽型和结构尺寸相关。针对 160kA 预焙槽的仿真研究表明[3]，在其他条件一定的情况下，铝液中最大水平电流值首先随阳极长度的增加而减小，在阳极长为 1500mm 时达到最小值 $0.8397 A/cm^2$，长度继续增大，铝液中水平电流随阳极长度增大而增大，如图 8-3 所示。

一般来说，电解槽电流容量越大，阳极尺寸也相对大一些。

8.2.1.3 阳极炭块设计

A 阳极炭块的长度与宽度设计

阳极炭块的尺寸是电解槽的重要设计参数，根据上述的分析可以知道，电解槽设计时首先对阳极炭块的尺寸提出了严格的要求。一般认为，阳极炭块的宽度不宜过宽（如自焙电解槽过大的阳极），否则会由于阳极底部靠中心区域过热而

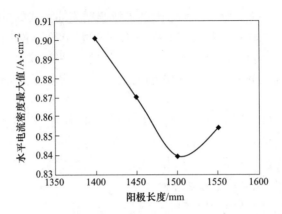

图 8-3　阳极长度与铝液中最大水平电流密度的关系

产生不利后果。随着预焙阳极电解槽的普及，这种情况得到了较大的改善。同时，人们对预焙阳极的几何尺寸（长、宽、高）对电解槽的影响的认识也更加深入：

（1）阳极过宽、过长，会导致阳极内部的热电分布不均，不仅会导致阳极本身的电压降升高，而且温度不均匀也会使内部应力过大，容易造成阳极断裂；而且阳极过宽、过长，还会造成阳极气体排放不畅，导致电压升高，电流效率降低，开槽阳极的应用正是为了改善由此造成的不利影响。

（2）阳极过长，必然会使电解槽的宽度增大。从横向配置现代预焙槽的特点而言，也会增加阴极（包括阴极钢棒）导电的距离，因此阳极长度的增加也有一定的局限性。

（3）阳极高度影响电解槽的换极周期和预焙阳极的单耗，阳极高度增加有利于降低残极率，降低阳极炭块的毛耗。但阳极炭块过高，会带来阳极电压降升高，而且阳极炭块高度增加，也意味着要求电解槽上部结构适当提高，以满足阳极在电解槽内安装空间的增高，从而带来由于电解槽乃至厂房高度的提升而使投资增加。

阳极炭块的尺寸视不同槽型的阳极结构、组数及阳极排列不同而不同。总结国内外不同类型的电解槽阳极尺寸，大致有一个适宜的范围：阳极块长度 1400~1900mm，宽度 500~800mm，高度 500~650mm。

　　B　阳极高度的设计

预焙阳极的高度对电解槽的影响是多方面的。阳极高度不仅对阳极自身的电热特性、换极操作及阳极毛耗等有明显影响，它还直接影响电解槽的结构和电解厂房的设计，包括阳极内部的电流分布、电压分布及温度特性等：

（1）阳极高度与阳极导电特性。由阳极电场仿真可知：一方面，随着阳极高度的增大阳极炭块部分压降增大。如某电解槽阳极采用 550mm 的高度时，所对应的阳极炭块的电压降为 140mV 左右；而阳极高度增加到 620mm，阳极电压降平均升高约 20mV。若电流效率为 92%，则每吨铝多耗电约 65kW·h；另一方面，阳极高度越大，阳极炭块电阻也越大，阳极内电流分布水平方向的变化梯度越小，阳极底部的电流分布越均匀。但是阳极高度越高，新极与残极的高度相差越大，由此带来的阳极之间的电阻差异也越大，会对阳极电流分布有一定影响。

（2）阳极高度与电解槽散热。阳极高度增加，会导致阳极散热增加，相邻阳极高度差变大，新极由于过高保温料不易覆盖，不利于阳极上的保温。当采用较窄的加工面时，边部覆盖料也容易滑落，因此过高的阳极不利于电解槽热平衡的稳定。

（3）阳极高度与换极周期。很显然，在同样的阳极电流密度下，阳极高度决定了阳极在电解槽上的工作时间，阳极高度直接影响电解槽的换极周期，因而影响电解槽的阳极毛耗指标；并且由于新极在最初的 24h 不能达到额定电流，换极操作本身会对电解槽正常运行电、热特性的稳定带来干扰。

（4）阳极高度与电解槽结构。内膛尺寸及上部结构的高度，影响车间设备与厂房高度的设计和造价。此外，设备的周转、工人的劳动高强度都与阳极高度有关。

阳极高度是阳极的重要结构参数，一般来说，阳极高度的增加对电解槽而言是有利有弊的，最佳的阳极高度受到多方面因素的影响。蔡祺风[4]用极值法得出了预焙阳极炭块最佳高度的数学表达式，并计算了 160kA 预焙槽阳极的最佳高度为 603mm。

$$H_{佳} = A(b/a)^{1/2} + h_{残} \tag{8-1}$$

式中，A 为阳极高度系数；a 为每千瓦时直流电单价；b 为阳极炭块每千克单价；$h_{残}$ 为残阳极高度。

显然，最佳高度的计算结果不仅与考虑的因素多少有关，而且与各因素可准确量化的程度有关。其中，一些主要因素的变化会显著影响阳极高度的最佳值。例如，当电解用电电价增高时，所计算的阳极高度的最佳值便会降低。

一定程度上，铝电解槽的阳极高度是根据长期的实践经验选择的。目前我国预焙槽的阳极高度一般在 540~600mm 的范围，个别铝厂采用的阳极高度可达 620mm。

C　阳极钢爪的设计

除了阳极的外形尺寸以外，阳极钢爪的设计和布置以及炭碗尺寸的设计也是十分重要的。设计时主要需考虑下列几个方面：

（1）钢爪与阳极导杆是重要的导电部件，一般用普通铸钢浇铸，其承载电流的能力、电压降及电阻发热造成的影响是设计上首先应当考虑的。选择钢爪横梁的截面积、钢爪的直径及钢爪的间距，一般应根据阳极电热模拟结果设计，以获得阳极内均匀的电流场分布和较低的电压降。

（2）钢爪和阳极导杆承载着阳极的重量，因此阳极钢爪和导杆组应该保证足够的强度，包括钢爪与炭碗通过磷生铁浇铸的结合强度，以确保满足生产需求；导杆与钢爪之间的铝-钢爆炸焊块的界面结合强度要求抗拉应力原则上应大于铝导杆，铝-钢爆炸焊的最高工作温度不宜超过400℃，否则容易开裂。

（3）阳极钢爪与阳极炭块上结合的炭碗匹配关系是钢爪设计时最重要的工作，要满足钢爪的良好导电性和安全性，对钢爪和炭碗的直径、磷生铁的成分做出精心的研究和选择是问题的关键。此外，还需要考察阳极与钢爪从常温到电解槽上的使用温度下的导电性能和应力的变化。已有许多关于改善钢爪与炭块间浇铸质量及其接触压降的研究成果。

文献［5］对新阳极在电解槽上的热电行为进行了研究，新阳极在运行的最初前5天内，钢-炭接触压降处于高电压状态，压降先升高，在第三天急剧降低，到第五天以后变化渐小，此后保持较低数值，如图8-4所示。因此，阳极钢爪和炭碗尺寸设计，以及磷生铁成分及其热电特性对阳极的铁-炭压降起决定性作用。在阳极的正常工作温度下取得铁-炭接触压降在较低值下保持稳定，是阳极钢爪及炭碗结构设计的最终目标。

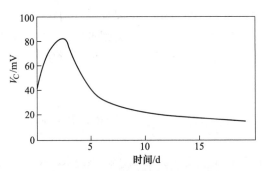

图8-4 阳极炭块铁-炭压降与工作时间关系

此外，钢爪的设计还应该考虑由于钢爪和导杆导热导致的阳极热损失。目前，我国的阳极钢爪电流密度一般约为 $0.1A/mm^2$，因此可按设计的阳极电流强度计算钢爪截面积。铝导杆截面积，按每组阳极电流负荷确定，按经济电流密度选取，一般为 $0.4A/mm^2$。对于较宽的阳极，采用双排钢爪的设计方案。

8.2.2 阳极电流密度

电流密度是电解槽重要的技术参数[2]。有三种关于电解槽电流密度（A/cm²）的描述：

（1）阳极电流密度（$d_{阳}$），$d_{阳}$＝电流强度/阳极底掌横截面面积。

（2）阴极电流密度（$d_{阴}$），$d_{阴}$＝电流强度/阴极铝液的镜面面积。

（3）电解质层的电流密度（$d_{电解质}$），$d_{电解质}$＝电流强度/电解质层的平均横截面积。

从一般定义上来说，电解槽的电流密度应该以电解质层的电流密度为基础。但是，由于电解质的断面不是均一的，实际计算电解质的电流密度比较困难。因此，常以阴极和阳极几何平均电流密度表示：

$$d_{平均} = \sqrt{d_{阳} \cdot d_{阴}} \tag{8-2}$$

但平均电流密度并不能真正代表电解质中的电流密度。因此，在设计与生产中通常取阳极电流密度作比较，并作为设计与计算的基础。

从早期生产发展的总趋势来看，随着电解槽电流强度的提高，电流密度是降低的。图 8-5 示出了这一变化的基本情况。

显然，电解槽电流密度的这种变化，主要是反映了在小容量的电解槽上，由于电流强度较低，相对散热损失较大，因此必须采取高电流密度，以维持电解槽的热平衡。而随着电解槽容量的增大，散热损失相对减小，可以在较低一些的电流密度维持适宜条件下的能量平衡，这一点反映了铝电解槽技术在一定时期内的发展路径。20 世纪 60 年代以后，随着电解槽的大型化，电流强度逐渐超过 160kA，阳极电流密度有逐渐呈增大的趋势。

当然，电流密度的这些特点，实质上与电解槽的技术和经济指标产生了某种密切的关系，因此也曾使用电解槽经济电流密度的

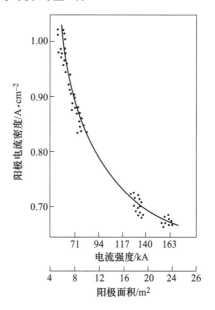

图 8-5 电解槽电流密度随电流强度的变化

概念来衡量或选择电解槽实际运行指标。然而，由于衡量电解槽实际运行技术经济指标的复杂性，经济电流密度的实际意义有限。

阳极电流密度是电解槽一个重要的设计参数，是现代铝电解槽物理特性计算与结构设计的基础，是电解槽容量确定后首先需要确定的设计参数。阳极电流密度对电解槽生产运行效果和技术经济指标产生直接影响，但每一种槽型的阳极电流密度并不是仅仅通过理论计算能够确定的，它与材料的质量、槽型结构、热电平衡设计及实际的生产运行经验密切相关，所以它的选择或改进都是一整套工艺技术和设计理论长期综合应用的结果。

一定程度上，每一种槽型阳极电流密度代表了这种槽型的技术特点。

8.2.2.1 阳极电流密度与电流效率的关系

试验研究发现，阳极电流密度对铝电解的电流效率有很大的影响。文献[6]在实验室条件下，研究铝电解中阴极电流密度（阳极电流密度与阴极电流密度存在一定的对应关系，因此有时以阴极电流密度进行考察）对于电流效率的影响。选用酸性电解质成分 $n(NaF)/n(AlF_3) = 2.2$，氧化铝浓度（质量分数）为 7%，电解温度为 925℃，石墨阳极直径为 18mm，石墨坩埚内径为 50mm、高 80mm，取得的试验结果见表 8-1 和图 8-6。

表 8-1 铝电解中阴极电流密度对电流效率的影响

电流/A	0.5	1.0	1.5	2.0	2.5	3.0	4.0	5.0	6.0	7.0	8.0	10.0
$d_{阴}/A \cdot cm^{-2}$	0.07	0.14	0.21	0.28	0.35	0.42	0.56	0.70	0.84	0.98	1.12	1.40
$d_{阳}/A \cdot cm^{-2}$	0.19	0.39	0.59	0.78	0.98	1.18	1.57	1.97	2.36	2.76	3.15	3.94
两极几何平均电流密度/$A \cdot cm^{-2}$	0.12	0.24	0.36	0.48	0.60	0.72	0.96	1.20	1.44	1.68	1.92	2.40
电流效率/%	−93	−89	−25.8	1.05	28.7	41.8	72	67.7	73.8	74.5	71	73.6
反电势/V	0.4	0.8	0.95	1.0	1.3	1.4	1.6	1.65	1.85	1.7	1.8	1.8

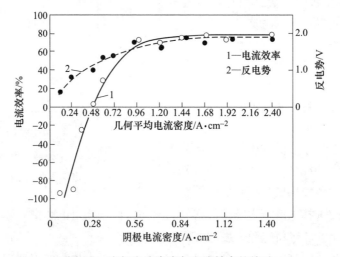

图 8-6 电极电流密度与电流效率的关系

从实验结果看出，铝电解的电流效率随电流密度增大而提高。但在 $d_{阴} = 0.56A/cm^2$ 以上，电流效率趋于恒定。此外，电流密度与电流效率关系曲线存在一个临界点（在 $d_{阴} = 0.28A/cm^2$ 处），在该点上电流效率为零，低于该点电流效率为负值，高于该点则为正值。

从反电势曲线看，在 $d_{阴} = 0.56A/cm^2$ 以上的区段内，曲线与电流效率曲线平行。在较小的电流密度下，反电势值也减小。所以，反电势值的大小可以判断电流效率高低。

根据各种研究得出的结论[7]，在给定的运行条件下，阳极上生成 CO_2 时，炭的消耗速度为析出 CO 时的一半，因此：（1）在低电流密度（$\leqslant 50mA/cm^2$）条件下，阳极气体总是纯 CO，并且炭消耗的速率也证明接近析出 CO 时的数值；（2）在正常的电流密度条件下，炭的最低消耗速率仅比析出 CO_2 时的预测值高出大约 10%，这表明生成 CO_2 的反应占据明显优势。

在工业电解槽上，阳极电流密度 $d_阳$ 为 $0.6 \sim 1.0A/cm^2$，按照铝表面积计算的阴极电流密度 $d_阴$ 一般为 $0.5 \sim 0.8A/cm^2$。另外，尽可能缩小铝液面积，增大 $d_阴$ 可以减少铝的二次溶解，提高电流效率。

8.2.2.2 阳极电流密度与阳极电压

A 阳极电压降

阳极电流密度与阳极电压及阳极内产生的焦耳热成正比。世界铝电解工业在初期预焙阳极的电流密度曾达到 $4.0 \sim 6.5A/cm^2$，现代预焙阳极的电流密度已经减小到 $0.6 \sim 0.8A/cm^2$，20 世纪 80 年代以后有逐渐增大的趋势，部分电解槽的电流密度达到 $0.9A/cm^2$ 以上。

阳极电流密度大小直接决定了电解槽的能量平衡状态，因此阳极电流密度也是影响电解槽的电热特性模拟结果和能量平衡的基本参数之一：减小阳极电流密度可使阳极电压降、阴极电压降及电解质电压降均相应减小，因而槽电压降低，有助于降低电能消耗，其缺点是使电解槽的单位面积产量降低，因而基建投资增加；而增加阳极电流密度，必然会使电解槽各部分电压降增大，槽体热损失量也相应增多。所以，选择阳极电流密度也是一个经济问题。

典型的阳极炭块组各部分电压降如图 8-7 所示。

当然，改进阳极炭块的质量能够减小阳极电压降。使用优质原料，按照适当配比，压挤成型或振动成型的阳极炭块，在环式焙烧窑内依照一定的温度-时间曲线进行焙烧后，阳极比电阻可减小到 $500\Omega \cdot cm$ 左右。

B 阳极过电压

邱竹贤等人所做的实验表明，在铝电解过程中阳极电流密度大小影响冰晶石-氧化铝溶液对炭阳极的湿润性，随着电流密度由零到 $1A/cm^2$ 过程中，湿

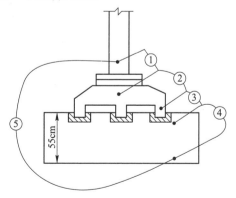

图 8-7 阳极炭块组各部分电压降
1—铝导杆-钢爪梁（41mV）；2—钢爪（27mV）；
3—钢爪-炭块（14mV）；4—炭块（230mV）；
5—阳极整体（312mV）[8]

润角变小，湿润性逐渐变好；从 1A/cm² 再逐渐增大时，湿润角又逐渐变大，湿润性逐渐变差，随着电流密度增大，恶化加剧，如图 8-8 所示（试验仅给出 1～5min 铝电解过程影响）。

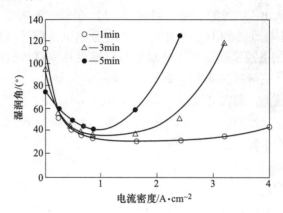

图 8-8 电流密度对于石墨（阳极）与电解质熔盐湿润角的影响

阳极过电压与阳极电流密度存在明显的关系，可用塔菲尔方程表示：

$$\eta = a + b\lg d_{阳} \tag{8-3}$$

式中，a，b 为塔菲尔常数。

杨建红、赖延清等人[9]对冰晶石-氧化铝熔体中炭阳极过电压与阳极电流密度的关系进行了测量，实验条件：970℃，10.9%AlF₃ 和 5%CaF₂，测定的结果如图 8-9 所示。阳极电流密度升高，会直接导致阳极过电压升高。

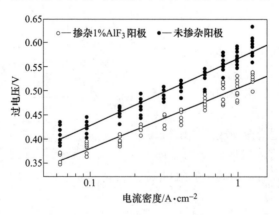

图 8-9 阳极过电压与电流密度的关系

8.2.2.3 阳极电流密度的选择

20 世纪 80 年代以前，工业电解槽的槽型主要是侧插棒式及上插棒式自焙阳极电解槽，电流强度 90kA 以下。在小容量电解槽上，电流强度较低，由于其炉腔尺寸较小，散热面相对较大，其散热损失相对较大，必须采取较高的电流密度（0.82~1.0A/cm²）来保持电解槽能量平衡[2]。国外不同槽型电解槽阳极电流密度见表8-2。

表8-2　国外几种典型槽阳极电流密度与主要指标

参数	ALMA	Duokerq	SAZ	迪拜		SLOVA	BOYNE	Portland
槽型	AP-37	AP-36	RA-300	D-20	DX	HAL230	B-32	A-817
电流强度/kA	367.3	360.1	310	250~260	365	258	271~275	322
阳极数/组（个）	20（40）	20（40）	32	—	36	30	0.89	94
阳极尺寸/cm	155×66	153×65	—		158×67	151×71	96.5	4.375
电流密度/A·cm⁻²	0.88	0.85	0.88	>0.99	0.94	0.8	4.23	13860
电流效率/%	95.9	94.8	93.5	>95	95~96	94	13080	—
平均电压/V	4.28	4.24	4.35	4.505	4.15	4.13	—	—
直流电耗/kW·h·t⁻¹	13490	13320	13792	14020	12920	13200	—	—

我国自20世纪80年代初引进160kA预焙阳极铝电解槽以后，大型预焙槽技术得到快速发展，该槽型也成为我国大型预焙槽发展的新起点。历经200kA、280~300kA、400kA、500kA，发展到今天600kA容量。尽管阳极电流密度的提高已经成为一种趋势，但基于对其重要性的认识，在当时阳极电流密度改变还是非常谨慎的工作；80年代中期有学者曾在引进的160kA槽上进行的强化电流试验没有取得预期的结果，其原因也被大多数人归结为阳极质量问题。因此在一个相当长的时期内我国设计的大型预焙槽的阳极电流密度一直保持在0.72A/cm²左右（引进技术0.718A/cm²），没有较大的提升：1987~1993年开发的186kA电解槽阳极电流密度0.697A/cm²，1988~1996年开发的280kA特大型电解槽为0.731A/cm²。

随着电解槽容量（电流强度）越来越大，电解槽的外形尺寸也越来越大。为了进一步降低单位投资，通过不断地探索已经认识到：尽管阳极质量对于选择阳极电流密度是重要的，但阳极的质量或许并不是阳极电流密度提高的制约因素，而且在合理的阳极结构设计和质量不断改善的条件下，保持电解槽的能量平衡以保证阳极良好的热特性才是阳极电流密度选择的更重要决定因素。2005年以后，大型预焙槽的阳极电流密度不断提高，350kA及400kA级以上容量的电解槽提高到了0.74~0.78A/cm²；到2010年以后500~600kA超大型槽的阳极电流密度提高到了0.78~0.81A/cm²。国内不同槽型电解槽阳极电流密度见表8-3。

表 8-3 国内典型电解槽阳极电流密度

槽型（开发时间）	电流/kA	阳极电流密度/A·cm⁻²
贵铝 160（1982 年）	160	0.718
GY180（1993 年）	186	0.697
ZGS280 试验槽（1996 年）	280	0.731
GY320（2002 年）	320	0.71
NEUI400/CSUI400（2008 年）	400	0.74
SY500/CSUI500（2010~2012 年）	500~520	0.78
NEUI600/GY600（2014 年）	600	0.81

现代预焙阳极铝电解槽阳极电流密度的选择，还要考虑我国电解铝厂阳极质量普遍较低不能承受更大的阳极电流密度的现状。

总之，电解槽设计时，阳极电流密度的选择应当遵循以下几个原则：

（1）参照以往电解槽设计的成功经验和阳极电流密度的典型值。以往认为，阳极电流密度最多可以达到 $0.8\sim0.9\mathrm{A/cm^2}$，而现在最新的研究认为可以在 $1.0\mathrm{A/cm^2}$ 条件下获得高达 96% 电流效率和小于 13000kW·h/t 的电耗成绩，这是一个重新认识的结果。

（2）根据设计电流强度和阳极结构、内衬保温结构及覆盖料的合理范围，采用热电模型进行精确的仿真，对电解槽的阳极和各部分热特性以及能量平衡做出评价。

（3）结合类似槽型的生产运行经验进行适当的改进，包括对阳极质量的评价、电解槽的能量平衡及各个部分的热分布特点的分析。阳极质量非常重要，尤其是在高电流密度时，前提是绝不能过多地积累炭渣并且阳极不能长包。

8.2.3 开槽阳极

当铝电解槽单组阳极宽度、长度（截面积）尺寸越大时，阳极底掌截面积也越大。研究表明，过大的阳极底掌面积对阳极气体的逸出极为不利，因而也会降低电流效率，造成阳极气泡电压升高。此外，阳极尺寸的变大，不但使得新阳极换极后在槽内升温过程中承受较大热应力，还会造成角部出现开裂。

铝电解过程中，阳极气体的产生量为 $0.98\sim1.20\mathrm{kg/(m^2\cdot h)}$。阳极气体产生后到排出的过程是气泡逐步长大的过程，由于阳极气体不导电，气泡在阳极底部的积聚导致槽电压的升高，阳极气体在阳极底部形成气泡到排出将导致气泡压降从最小逐渐到最大，表现的形式是频率约 1Hz 电压噪声。根据计算及实测，气泡电压的平均值约 300mV。而噪声的频率与阳极宽度存在直接的关系，这一点从现场直观观察也可得到印证：阳极越宽，气泡从产生到从阳极的垂直壁面排出所走的路程越长，因此在阳极的底部越容易形成大而厚的气泡；表现为气泡压降的频率越低（或周期越长），噪声越大[12]。

Haupin[1]采用一种扫描探针技术测量了工业阳极上气泡产生的压降。结果表明，在电极过程中，阳极底掌产生的气泡压降在150~350mV之间。

基于以上研究，开槽阳极得到了应用[12]。在阳极底部沿阳极长度方向开宽10~15cm、深度为300~350mm缝隙（槽），较窄（宽度小于500mm）的阳极块开一条，较宽的阳极块可开两条缝隙。由于阳极开槽后，底面被分割成若干块，相当于阳极的宽度变小，气泡从产生到排出的路程缩短，使阳极气体的气泡变小，相应地缩短了排出时间。通过适当的开槽形式的设计，可以使气泡的厚度及气泡覆盖的面积最小化，从而使气泡压降降低。研究发现，使用开槽阳极可降低的气泡电压值与阳极的原有宽度有关，其关系如图8-10所示。

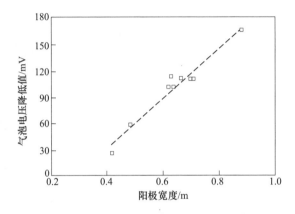

图8-10　开槽阳极宽度与可降低的气泡电压值的关系

根据气泡理论，阳极尺寸越小越有利于电解生产。但由于电解生产过程及整个电解槽的设计是一个复杂的系统工程，尤其是随着电解槽电流的不断加大，在增加阳极尺寸的同时，阳极块的数量也在不断增加。如果对大容量电解槽采用小尺寸的阳极会对生产管理及电解生产带来许多影响。因此利用开槽阳极的原理，在电解槽阳极设计时，采用大尺寸阳极开槽的方案可避免上述问题的困扰。

对预焙槽阳极采用不同排气沟时周围电解质流场进行模拟表明，阳极开槽还使电解质流速有所减小，有利于保持电解质流动场的均匀与稳定，改善槽内的传质和传热效果，从而减少铝液与阳极气体发生二次反应，提高电流效率；同时，开槽阳极有利于降低阳极效应发生。

美铝公司1998年开始试用开槽阳极，并建立评估阳极开槽的物理模型，到2006年几乎所有的预焙阳极电解槽全部采用开槽阳极，采用开槽阳极后噪声电压降低50mV、槽电压最大降幅达150mV、电流效率提高0.5%。海德鲁巴西Albras铝业公司2002年开始使用开槽阳极，到2004年超过540台槽已使用成型的横向开槽阳极，槽电阻降低0.1μΩ，槽温下降约5℃[11]。印度铝业公司在

2003 年 8 月开始采用开槽阳极后，平均槽电压由原来的 4.495V 降为 4.388V，降低 107mV，吨铝节电 348kW·h[12]。

我国伊川铝厂 2005 年在 300kA 大型预焙阳极电解槽上进行了开槽阳极工业试验。以普通阳极为参照，对开槽阳极电解槽的阳极电压降、电流效率和电能消耗等技术指标进行研究，采用开槽阳极可降低阳极炭块压降 41mV，提高电流效率 0.7% 以上，吨铝平均节电 150.8kW·h[13]。

秦晓明发明了一种在阳极块底面角部倒角的阳极，对于阳极进入槽内后在最初的几天内有较好的效果，除了降低阳极炭的消耗以外，对阳极气体的排除也有一定的好处。这项技术在林丰铝电和焦作万方等电解系列上得到应用。

8.2.4　阳极的更换与工作特性

预焙阳极的周期性工作特点及其对电解槽生产过程造成的影响，是电解槽设计时必须考虑的重要因素，也是电解槽上部结构、提升装置设计及生产操作的重要依据。

8.2.4.1　阳极更换周期

预焙电解槽阳极在生产过程中是不断消耗的，需要定期进行更换。阳极在使用达到一定天数后，需要将残极从槽内取出，用新极代替，这个过程称为阳极更换。换极是电解铝生产的一项重要操作，操作质量的好坏对电解槽运行会造成影响。因此，还要遵循一定的换极原则[5,14]。

阳极在电解槽内工作的天数，即换极的周期称为阳极更换周期，是由阳极高度和消耗速度决定的，阳极消耗速度 v_c 与阳极电流密度 $d_{阳}$、电流效率 η 及阳极体积（假）密度 d_c 有关。阳极消耗速度 v_c（cm/d）可以按下式计算：

$$v_c = 8.054 d_{阳} \eta W_c / d_c \times 10^{-3} \tag{8-4}$$

式中，W_c 为吨铝炭阳极消耗（质量）。

以 400kA 预焙槽为例：$d_{阳} = 0.784\text{A/cm}^2$，$\eta = 94\%$，$W_c = 400\text{kg/t}$，$d_c \geqslant 1.6\text{g/cm}^3$，其阳极消耗速度为：

$$\begin{aligned}
v_c &= 8.054 d_{阳} \eta W_c / d_c \times 10^{-3} \\
&= 8.054 \times 0.784 \times 94\% \times 400/1.6 \times 10^{-3} \\
&= 14.83(\text{cm/d})
\end{aligned}$$

如果使用新阳极高度为 590mm，残极高度为 140mm，其阳极使用周期为：$(590-140) \div 14.83 = 30.4 \approx 30$ 天。

虽然阳极更换周期理论上可以算出，但在实际生产中，受电流效率或强化电流等因素的影响，需要根据实际情况调整阳极更换周期。同时目前一些铝厂采用了阳极钢爪保护环技术，它是利用炭素制品（或其他材料如处理后的铝灰等）制成的套环，将钢爪约 60mm 高的部分保护起来，这样可以避免钢爪熔化，起到延长阳极使用周期的作用。

8.2.4.2 更换后阳极的工作特性与更换顺序

铝电解槽一般都安装有多组阳极，需要在其更换周期内及时进行更换。由于阳极的工作特性不可能同时更换所有的阳极，阳极更换顺序的确定必须遵循一定的原则，以确保电解槽稳定运行。

（1）新极更换后，一般在24h内工作电流不能达到正常工作的额定电流，在电解槽新极区域内电解质层几乎没有电流通过或者较少电流通过，因而会造成该区域内的铝液层水平低、电流骤然增大。同时，阳极母线电流也会因此重新分配，新极减少的这部分电流将由周围阳极分担。这种变化会导致电解槽内的局部电热特性、电磁特性发生较大变化，有时还会造成不稳定。因此，阳极的更换顺序应当考虑尽量使更换的阳极所处的区域和更换时间上留有尽可能大的间距（或时间间隔）。

（2）考虑到两条水平阳极大母线结构所承载重量的平衡，以确保上部提升机构不产生偏载，同时考虑到大母线电流分布的均匀性，应当适当分配更换顺序在A、B两侧的时间间隔，注意A、B两侧阳极和出铝端与烟道端两端阳极的交叉进行排序。

（3）应考虑阳极上覆盖料的合理保持，既要让相邻两组阳极错开更换时间间隔，又不能错开间隔过大，以避免两者之间过大的高度差导致新极上覆盖料无法保持。

阳极更换顺序根据炭块组数和槽型各有差别，生产上为了便于生产组织，还应当使工段中每天安排更换阳极的电解槽数量不超过2/3，并且更换位置要错开。以320kA电解槽单阳极组装为例，安装20组阳极（双块组），每次更换两块，阳极更换周期28天，更换阳极顺序见表8-4。

表8-4　320kA电解槽单阳极更换顺序表

更换顺序	14		10		6		2		18		16		12		8		4		20	
阳极（A侧）	1	2	3	4	5	6	7	8	9	10	11	12	13	14	15	16	17	18	19	20
阳极（B侧）	1	2	3	4	5	6	7	8	9	10	11	12	13	14	15	16	17	18	19	20
更换顺序	3		19		15		11		7		5		1		17		13		9	

8.3　阴极结构

阴极结构是电解槽槽体的主要组成部分。阴极结构的用途是为保持冰晶石-氧化铝熔盐电解过程顺利进行提供合适的熔池。由于要满足导电性、抗高温（铝电解反应是在900℃以上高温下进行）、耐腐蚀（熔融冰晶石具有强腐蚀性）的要求，目前最好的阴极材料仍然是炭素阴极；另外，阴极保温层的设计是保持电解槽能够处于满足电化学反应良好的温度条件，以及较高的槽寿命的重要保障，包括电热特性的仿真与设计、抗腐蚀材料和结构的设计等。此外，由于内衬材料的热膨胀及电化学腐蚀造成的吸钠膨胀等，电解槽阴极砌体还需要有一个足够强度的抗内衬膨胀的结构壳体，即钢结构槽壳。阴极结构的模拟仿真、设计及材料选择也是电解槽设计中最重要的组成部分。

关于阴极结构的电热仿真及设计，本书将在 10 章和 11 章专门论述。

8.3.1 阴极炭块组

阴极炭块组是电解槽阴极内衬的重要组件。阴极炭块组包括阴极炭块和导电钢棒，导电钢棒镶嵌在阴极炭块沟槽内，采用炭糊捣固或磷生铁浇铸的方式，使钢棒与阴极炭块粘接在一起，如图 8-11 所示。

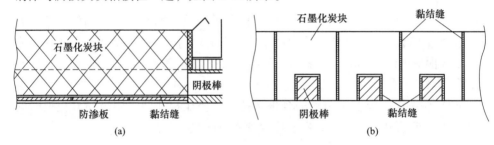

图 8-11 阴极炭块组装与砌筑

（a）阴极炭块与钢棒组；（b）阴极炭块组在槽内的砌筑

8.3.2 阴极内衬结构

铝电解槽的阴极内衬包括以阴极炭块组为主体的底部炭素与侧部内衬、阴极炭块底部以下的防渗（耐火）材料与保温材料，如图 8-12 所示。现代铝电解槽的内衬设计特点为"底部保温、侧部散热"，是目前普遍采用的大型槽热设计模式。

槽内衬位于阴极炭块下方的首先是防渗（耐火）层，主要用于抵抗电解过程产生的高温和电解质对内衬材料的化学侵蚀，防止内衬遭到破坏乃至渗漏；在防渗层的下部则为保温层，是为了保证在电解槽的底部具有良好的保温性能，以获得设计预期的热平衡。

电解槽内衬侧部的上半部分以散热为主，侧部材料为导热性能良好的普通炭块或者碳化硅，以使电解槽能够获得理想的侧部炉帮，取得良好的热平衡，避免电解槽侧部内衬被腐蚀；侧下部（阴极钢棒周围）的结构设计一般来说比较复杂，既要考虑一定的内保温，以使电解槽铝液层不会形成过长的伸腿而导致铝液

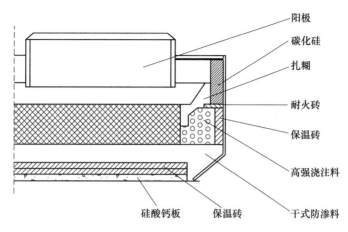

图 8-12　现代铝电解槽的内衬结构

层水平电流过大、产生电磁不稳定，还要采取适当的措施防止电解质或铝液熔体渗漏。大量实践证明，侧下部是电解槽出现渗漏甚至导致电解槽漏槽事故的高发部位。

电解槽内衬结构的设计是铝电解槽设计最重要的内容之一，需要在电解槽工艺设计参数、结构参数及保温材料选择后，采用电热解析数学模型和仿真设计软件进行精确的仿真和热平衡分析。

8.3.3　槽壳结构

铝电解槽的钢壳是指内衬砌体外部的钢壳和结构构件，不仅是盛装内衬砌体的容器、内衬结构安装的壳体，而且还起着支承电解槽全部重量，作为结构件需要克服内衬材料在高温下产生热应力和电解质渗透产生的化学侵蚀产生的膨胀力，是保证电解槽安全、稳定和长期运行的重要组成部分，是影响槽寿命的一个重要因素。因此槽壳必须具有足够的强度和刚度来防止其过大的变形以及阴极错位和破裂。铝电解槽的槽壳结构主要有框架式结构、臂撑式和摇篮架式槽壳结构等。

经过多年的发展，现代大容量预焙阳极铝电解槽几乎全部采用了刚性和强度大、结构简单、投资省和安装便利的摇篮式槽壳，如图 8-13 所示。

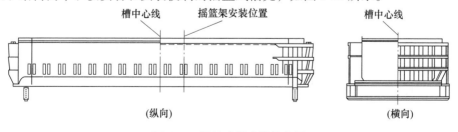

图 8-13　摇篮式槽壳结构意图

摇篮式结构是用工字钢（或 H 型钢）焊成若干组 U 形的摇篮架，每组摇篮架用螺栓与槽壳围带连接组装为一体，紧紧地卡住槽体，靠两端部的两组摇篮架与端部槽体焊接为一体，以保证槽壳角部的应力要求。全部摇篮架支承在两根纵向安装的工字钢梁上。

槽壳上部的围带有单层和双层，分别被称为单围带和双围带，上部第一层围带也称槽沿板。由于电解槽侧部散热的需要，目前较多采用单围带槽壳，同时在单围带下方的槽壳上焊接有增加散热的筋板（钢板）。

在槽壳两侧的下角部，即侧板与底板相接的角部位置，有直角和斜角两种结构，分别称之为直角摇篮式和船型摇篮式结构。由于船型摇篮式结构有利于改善摇篮架角部的应力集中，因而，目前大型电解槽较多采用船型摇篮式槽壳。

槽壳的设计一般采用有限元计算方法进行受力分析。图 8-14 所示为通过有限元分析 400kA 铝电解槽焙烧启动后槽壳变形结果。本书将在第 12 章详细介绍铝电解槽有限元结构分析模型及槽壳的设计。

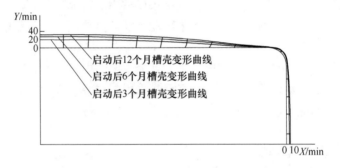

图 8-14 400kA 铝电解槽槽壳应力与变形分析

8.4 上 部 结 构

现代预焙铝电解槽的上部结构包括大梁及门形立柱、阳极提升装置、打壳下料系统、烟气集气与排烟结构四部分。

8.4.1 上部承重结构设计

门形立柱和大梁承担着电解槽上部的全部重量，包括阳极（W_{anod}）及覆盖料（W_{cover}）、大母线 W_{abus}、加料系统（$W_{feeding}$）、阳极升降传动系统（W_{lift}）等，以及阳极母线转接等临时性荷载（W_{bustr}）等。因此，铝电解槽上部结构最大荷载 W_{total} 为：

$$W_{total} = W_{anode} + W_{cover} + W_{abus} + W_{feeding} + W_{lift} + W_{bustr} + F_{crust} - F_{bath} \qquad (8-5)$$

式中，F_{crust} 为阳极提升时阳极与电解质结壳破坏时产生的粘接力；F_{bath} 为电解质对阳极产生的浮力，是一个减少荷载的因素。

大梁是电解槽重要的结构部件，设计时一般需首先按式（8-5）确定上部结构的最大荷载，建立结构计算模型，然后根据各种负荷的作用位置和负荷分布进行加载，建立结构计算数学模型进行严格的计算分析。按照设计要求，大梁最大变形挠度控制在 15mm（或 1/800）以内，各个部位的应力分析满足材料应力要求。

大梁由型钢及钢板焊接制成，门形立柱由钢板或型钢制成门字形，其下部与槽壳的连接采用铰接的方式。这种连接方式既可以消除由于高温造成的大梁伸长形成的变形，又便于大修时拆卸。为保证正常生产，门形立柱与槽壳须做绝缘处理。

现代铝电解槽使用的大梁有桁架梁与实腹板梁两种形式：

（1）桁架梁是由型钢焊接而成桁架式结构，其优点是节省钢材、刚度好，电解槽上部通风散热好，便于上部结构的维修，我国大容量电解槽一般都是用桁架梁，如图 8-15（a）所示。但随着电解槽的增大，设计时为了满足刚度和强度要求，桁架梁的高度需增高较多，会带来电解槽总高度的增加和电解厂房高度增加。NEUI 设计了一种管桁架梁，主要构件采用了强度更好的矩形钢管作为主要构件代替角钢，有效地克服了桁架梁的缺点，并在 400kA 以上电解槽上得到成功应用，如图 8-15（b）所示。

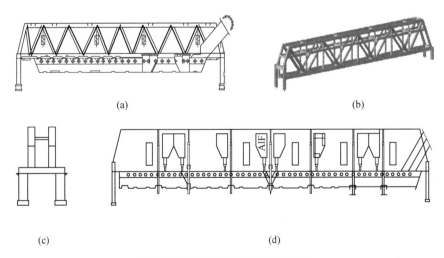

（a）　　　　　　　　　　　　　　（b）

（c）　　　　　　　　　　　（d）

图 8-15　门形立柱及大梁示意图

（a）桁架梁；（b）管桁架梁；（c）门形立柱；（d）实腹板梁

（2）实腹板梁的特点是整个大梁的腹板由完整的钢板焊接而成（除了为横母线穿越而开的孔洞），料箱与大梁焊接在一起，既省钢材，又加强了板梁结构稳定性，实腹板梁结构如图 8-15（d）所示。但从钢材用量的角度看，实腹板梁还是高于桁架梁。

8.4.2　阳极提升机构

电解槽的阳极是不断消耗的，随着阳极的消耗，为保证电解槽内阴阳极间的距离（极距 ACD）的稳定，整个阳极体需要不断下降，因此需要设计可精确调整阳极位置的升降机构。当机构达到下降过程的极限位置（最低位）时，用母线转接框架（专用设备）配合固定阳极体，将提升机构调整到极限（最高位），再进入新的下降周期。阳极提升机构就是为了满足阳极的这种工作机制而设计的。

现行的预焙槽阳极提升机构主要有两种形式，一种是螺旋（蜗轮蜗杆结构）式提升机构；另一种是三角板（滚珠丝杠+三角板结构）式提升机构。

300kA 级以下预焙阳极铝电解槽的阳极提升机构大多采用 4 吊点设计；300kA 级以上容量槽型，阳极提升机构一般多采用双电机 8 吊点或单电机 8 吊点设计，单电机设计分为电机在端头和在中间两种结构。

8.4.2.1　螺旋式提升机构

螺旋式提升机构由螺旋起重机（蜗轮蜗杆）、减速机、传动机构和电动机组成，其原理如图 8-16 所示。以电机作为动力，带动减速箱、联轴器，再通过换向器带动传动轴，将扭矩传递给螺旋起重机上，4 个或 8 个螺旋起重机与阳极大母线相连，通过螺旋起重机升降带动阳极大母线，固定在大母线上的阳极随之升降，并达到调整极距的目的。提升装置安装在上部结构的大梁上，减速机可安装脉冲计数器精确计量起重器的行程变化，同时在门形架上装有与电机转动有关的回转计，可以精确显示阳极母线的位置（行程值）。螺旋式提升机构应用较为普遍，除我国大部分电解槽以外，美铝、加铝、海德鲁以及日本的一些铝厂广泛采用。

以 400kA 电解槽为例：提升电机功率为 11kW，提升质量为 120t，减速箱内配置摩擦离合器打滑以防过载。螺旋起重机的行程为 400mm，提升速度为 75～100mm/min，回转计安装在端部的门式支架上。

螺旋式提升机构具有运行稳定可靠、提升位置计量精确、安全性好等优点，而且由于每个螺旋起重器具有自锁功能，提升机构系统中的某个部件需要维修、更换时，各个螺旋起重器和母线吊点无需特殊处理。

8.4.2.2　三角板式阳极提升机构

三角板式阳极提升机构由带电磁制动的电机及减速机、两套蜗杆、滚珠丝杆、三角板起重器等组成，其原理如图 8-17 所示。电机及减速机带动滚珠丝杠向前（推）或向后（拉）时，拉杆就会推拉 4 个或 8 个三角板起重器；三角板

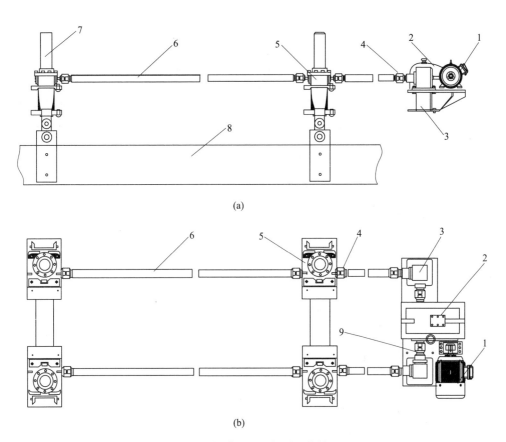

(a)

(b)

图 8-16　螺旋式阳极提升机构简图

（a）主视图；（b）俯视图

1—电机；2—减速机；3—换向器；4—联轴器；5—螺旋起重机；6—传动轴；

7—丝杠；8—阳极母线；9—联轴器

的三个角中，上部的一个角与拉杆轴连接，一个角与固定在大梁上的轴连接，另一个角就会随着拉杆的推拉，带动阳极母线下降或上升。推或拉过程由电机的正反转来控制。母线升降位置的计量由设置在母线上的位置指针和设置在大梁上的标尺确定。

图 8-17　三角板式阳极提升机构简图

1—减速机；2—滚珠丝杠；3—拉杆；4—三角板

同样以 400kA 铝电解槽为例，采用三角板式阳极提升机构的主要参数为：升降行程 400mm，升降速度 75~100mm/min，提升质量为 120t。

三角板式提升机构与螺旋式提升机构相比，优点是结构简单、造价低、传动效率高，还有一个好处就是三角板结构隐藏在大梁的侧面，避免了螺旋起重器凸出的蜗杆升降管造成的电解槽高度增加；缺点是提升计量精度及自锁性能等不如螺旋式提升机构。另外，由于三角板提升固有的运动原理，提升吊点的行程轨迹为弧线形，因而会使提升吊点和阳极大母线产生水平方向的位移，因此一般需要增加限位装置。

三角板式提升机构主要在我国沈阳院（SAMI）设计的 300kA 以上电解槽上使用，国际上法国铝业公司（Pechiney）的电解槽基本上都采用了这种提升机构。

8.4.3 阳极大母线

8.4.3.1 阳极大母线结构

阳极大母线（也称阳极横母线）一般采用铝母线制作，承担电解槽两侧所有阳极组的重量，阳极被等距离地固定在阳极大母线上，并将立柱母线输入的电流分配给各个阳极组，再流入电解槽。当前我国大型预焙阳极铝电解槽阳极母线，280kA 以下电解槽在 A、B 两侧各设置 1 根阳极母线，一般设计 4 个吊点；容量超过 280kA 的铝电解槽，在 A、B 两侧各设置 2 根阳极母线（即大母线在中心位置断开），一般为 8 个吊点。A、B 两侧阳极母线由平衡母线连接在一起。400kA 铝电解槽阳极母线结构示意图如图 8-18 所示。

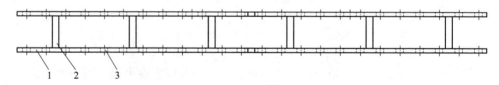

图 8-18　400kA 铝电解槽阳极大母线结构示意图
1—阳极母线；2—平衡母线；3—阳极导杆固定位置

阳极母线设置有吊耳，通过吊耳与提升机构的吊点连接。阳极母线上设置有小盒卡具，将阳极导杆固定在小盒卡具上，旋紧小盒卡具的螺杆，可使阳极导杆与阳极母线良好接触，保证电流顺利通入电解槽；当大母线行程至最低位置时，松开小盒卡具，利用阳极母线转接框架（装置）固定阳极，提升机构进行提升操作以完成阳极大母线的抬升作业。

8.4.3.2 阳极大母线的截面

阳极大母线截面的选择，要考虑大母线作为阳极体供电的导电性能和承担阳极重量的结构力学要求。

A　阳极大母线的确定

承担阳极电流分布的作用，从兼顾结构力学的角度分析，一般都采用等截面的设计。大母线的电流密度原则上遵循最大电流密度接近铝母线的经济电流密度，大致在 $0.33 \sim 0.40 \mathrm{A/mm^2}$。如采用两端进电，160kA电解槽的阳极母线最大电流处为40000A，大母线截面为 $550\mathrm{mm} \times 200\mathrm{mm}$，阳极电流密度 $0.36\mathrm{A/mm^2}$。

随着电解槽母线配置采用大面进电，基本所有的立母线电流进入阳极大母线后，都向左右或跨过横母线从A侧流到B侧，最大电流密度大大降低了。以我国沁阳280kA大型试验槽（命名为ZGS-280）为例：大面进电的中间立母线电流走向如图8-19（a）所示，中间立母线电流59230.6A，进入阳极大母线后，一半的电流（29615.3A）去往电解槽的B侧大母线，向左右分流量分别为14807.7A。

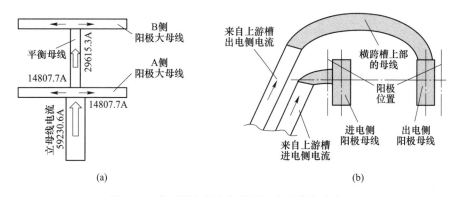

图 8-19　大面进电铝电解槽阳极大母线电流分配

(a) 280kA试验槽（ZGS-280）立母线电流分配；(b) A、B侧分别进电的立母线结构

从图8-19可以看出，阳极大母线上的最大电流（14807.7A）大大降低了，因此就不能用电流密度来确定大母线的截面积了。此时，大母线的截面积就应当由结构力学分析结果来决定。

B　中间横母线（平衡母线）的设计

反过来看，中间横母线的电流值是电流密度最高（假定同截面）的母线段。此时，按照大母线电流密度设计原则，中间横母线的电流密度取 $0.36\mathrm{A/mm^2}$，则中间横母线截面为：$14807.7 \times 0.36 = 41130\mathrm{mm^2}$，也就是说中间横母线的截面积不应当小于 $420\mathrm{cm^2}$。但实际上，用这种方法确定中间横母线截面积是不够的，由于在母线配置的电路图中，电解槽A、B两侧的大母线存在天然的缺陷，就是B侧大母线无论如何都要比A侧大母线导电距离远，也就是说，增加了中间横母线电阻。因此，实际设计中，为了使A、B两侧电流分布尽可能均匀，在不影响电解槽上部其他部件安装的前提下，希望中间横母线的电流密度越低越好，也就是说要使中间横母线的截面尽可能地大。

关于 A、B 两侧阳极大母线造成的阳极电流分布的偏差是否在可接受的范围内，这是最初大型电解槽设计时重点关注的问题。为了克服大面进电这种特点可能对电解槽阳极电流分布的影响，前联邦德国提出了一种立母线结构，如图 8-19（b）所示，将 A、B 两侧的立母线进电方式设计成两个相分离的立母线分别供电，以减小两侧电位的差。这种设计在理论上来说是合理的，然而实际工程实施的难度很大，因为 B 侧立母线单独跨越电解槽上部，在电解槽空间结构上带来的难度非常大。在我国 280kA 试验槽的开发过程中曾对此进行反复的论证，现行的设计模式最终通过母线截面网络优化模型（LBUS）计算，发现 A、B 两侧的阳极电流分布误差在可接受的范围内，并且会通过电解过程极距的变化自适应调整，最终采取了中间横母线的设计，并通过试验槽的工业运行得到检验。铝电解槽母线截面的优化计算本书将在 15 章中详细讨论。

C 大母线的力学结构

阳极大母线上力学结构分析，主要考虑大母线所承载的阳极、阳极覆盖料的重力、母线自身重力及阳极升降时结壳对阳极的黏结力 F_{crust}，电解质的浮力同样被考虑在内。对这些荷载综合作用下的阳极大母线进行应力和变形分析，并据此确定其截面积。阳极大母线所承载的力（F_{abus}）是上部结构受力的一部分，它等于大母线通过吊点传递给阳极提升机构的力：

$$F_{abus} = W_{anode} + W_{cover} + W_{abus} + F_{crust} - F_{bath} \tag{8-6}$$

由于大母线的导电功能和机械承载功能，我国大型铝电解槽的阳极大母线截面的选择变化并不是很大，引进 160kA 电解槽采用的截面积为 550mm×200mm，无论从电路计算还是结构分析的角度，这个截面积都是保守的。从 180kA 到 280kA 大型槽设计，以及后来的 500kA、600kA 电解槽，除了结构上的处理，比如大母线分段，增加提升吊点数量（4 点到 8 点）之外，阳极大母线的高度和宽度仅有小幅度的调整（高度 500~600mm，宽度 180~220mm）。

阳极大母线截面保持一定范围的另一个原因是实际的工业电解槽结构不宜过于复杂。因此从结构设计和操作的角度，排除了各种可能的复杂设计方案，比如变截面方案，或者减小大母线截面同时采用加强的钢结构等，尽管这些设计可以节省投资。

8.4.4 烟气集气装置

预焙槽的集气装置是电解槽上部结构的一个组成部分，其作用是收集电解过程中释放出来的烟气，然后将烟气送入净化系统。预焙阳极电解槽烟气集气装置一般设置在大梁的底部，电解槽的槽罩搭接在焊接与大梁底部的水平罩板上，与大梁底部的密封罩板形成密闭的空间，大梁底部锥形钢板围合成一个通道形成集烟的箱体（排烟道），烟气通过锥形钢板上的圆孔（集烟孔），将烟气聚集在排烟道内，并引向电解槽一端（相对于电解槽的出铝端，称为排烟端或烟道端）的排烟管，汇入电解车间排烟总管，再进入厂房外总烟管最终到干法净化系统。为保持电解槽不同区域烟气的压力平衡，从烟道端到出铝端集烟孔的直径逐渐增大，以减少出铝端的排烟阻力。由于预焙槽实现了全自动打壳下料，密闭效果好，烟气更能全面符合环保和劳动保护的要求。

为了保证换阳极和出铝打开部分槽罩板作业时烟气不大量外逸，槽排烟管上装有可调节烟气流量的控制阀。当电解槽打开槽罩板作业时，将可调节阀开到最大位置，设计排烟量应达到正常状态的 2 倍左右，烟气捕集率达到98%以上。400kA 铝电解槽排烟结构如图 8-20 所示。

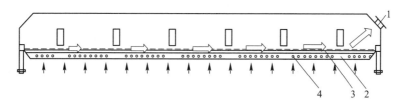

图 8-20　400kA 铝电解槽排烟结构示意图
1—排烟管；2—集烟箱（排烟道）；3—水平罩板；4—集烟孔

另外，还有一种将排烟道设置在大梁上部的集气方式（高位集气），有利于烟气排放，提高集气效率。

8.4.5　打壳加料系统

自焙阳极铝电解槽的氧化铝加料系统设计在电解槽两侧，配置专用的打壳机，定期使用人工开动打壳机，把电解槽阳极四周的面壳打碎后，使用加料机进行氧化铝下料。随着自焙电解槽逐渐被预焙槽取代，传统的加料方式被中心自动加料方式取代。我国大型预焙槽最初的打壳下料系统是在引进的 160kA 中心下料预焙槽的基础上演化而来的。

所谓打壳加（下）料系统包括打壳机构、定容下料器和槽上气控管路（见图 8-21）。

（1）打壳机构。打壳机构是为电解槽添加

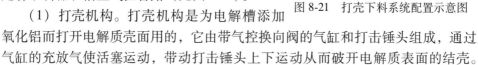

图 8-21　打壳下料系统配置示意图

氧化铝而打开电解质壳面用的，它由带气控换向阀的气缸和打击锤头组成，通过气缸的充放气使活塞运动，带动打击锤头上下运动从而破开电解质表面的结壳。

打壳装置设在桁架或腹板梁上，每个下料点配备一套机构。打壳头由普通气缸驱动，使用 0.4~0.6MPa 的压缩空气为动力。此外，为方便出铝作业，在出铝端的小面中心位置还设有专门手动打壳装置，以打开出铝孔，便于出铝台包吸出铝液。

（2）加料系统由槽上料箱和加（下）料器组成。电解生产所用原料（载氟氧化铝、氟化盐等）通过浓相、超浓相输送系统或电解多功能天车直接送到电解槽上部的料箱中，然后经过定容下料器按设定时间间隔加入电解槽中。计算机（槽控机）根据设定的加料工艺，自动控制氧化铝和氟化铝的下料量，即控制电解质中氧化铝含量和电解质摩尔比，实现"按需下料"，使氧化铝含量和电解质温度保持在需要的范围内。

加（下）料器是加料系统的关键装置。我国在 20 世纪 80 年代引进日本技术初期，采用了引进的风动式加料技术，如图 8-22（a）所示。料箱内的氧化铝进入专门设计的风动溜槽（定容作用），氧化铝在风动溜槽中靠安息角自锁完成定容过程，定时启动风动溜槽下部设置的气阀，使风动溜槽中的氧化铝流入电解槽中完成加料过程，料箱中的氧化铝再次进入溜槽定容，为下一次加料做准备。这种加料器的优点是成本低、控制简单、无运动部件，但定容量大（15kg），溜槽可控性差，使定容误差大，也是造成引进工程电解槽初期槽况不良、沉淀多、温度波动大和炉帮形成不好，导致电流效率低、能耗高的主要原因之一，之后逐步遭淘汰。90 年代以后，在引进欧洲技术的基础上开发了筒式定容加料器，如图 8-22（b）所示。此后，定容量从 4.5kg 逐步减小，目前常用的筒式定容加料器容量从 0.9kg 至 1.8kg 不等，定容精确度高（误差小于 1%），而且运行可靠、寿命长。筒式定容加料器的开发应用，为实现电解槽的"勤加工，少下料"的工艺制度和电解槽的稳定运行奠定了基础。

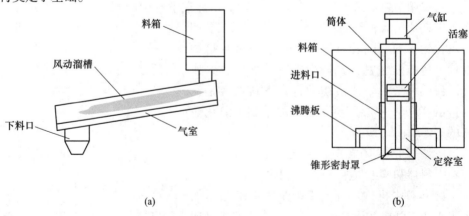

(a)

(b)

图 8-22 铝电解槽专用的定容下料器结构

(a) 风动定容加料器；(b) 筒式定容加料器

此外，国内外曾经使用过的加料器形式还有箕斗式、插板式等，但目前普遍采用的是筒式加料器。

（3）根据打壳加料系统的配置，设计的压缩空气管路系统，由槽控机控制电磁阀，驱动打壳机构和加料装置完成电解槽的加料过程。

氧化铝加料点的选择根据槽内磁流体动力学（MHD）仿真获得的电解质流动图像，一般选择在沿阳极中缝靠近电解质流动的旋涡边缘的切线位置，中缝与阳极间缝的交叉处，以便于氧化铝加入之后快速扩散、溶解。现代电解槽一般设有 4~7 个下料点，根据槽型结构、MHD 仿真结果和电解槽加料工艺决定。采用计算机多模式智能控制每次下料的间隔时间，保持槽内电解质中氧化铝含量的恒定，以获得较高的电流效率。当前国内大型预焙阳极铝电解槽打壳下料装置的下料点数：200~240kA 槽大都采用 4 点加料，280~350kA 槽为 5 点加料，400~500kA 槽为 6 点加料，600kA 槽为 7 点加料。

参 考 文 献

[1] 冯乃祥. 铝电解 [M]. 北京：化学工业出版社，2006：5-6.

[2] 邱竹贤，等. 铝电解 [M]. 2 版. 北京：冶金工业出版社，1995.

[3] 程迎军. 铝电解槽阳极-熔体电热场及惰性阳极热应力的计算机仿真与优化 [D]. 长沙：中南大学，2003.

[4] 蔡祺风. 预焙槽阳极炭块最佳高度的研究 [J]. 中南矿冶学院学报，1987，18（2）：151-157.

[5] 梁学民，张松江. 现代铝电解生产技术与管理 [M]. 长沙：中南大学出版社，2011.

[6] 邱竹贤. 预焙槽炼铝 [M]. 北京：冶金工业出版社，1980.

[7] 格罗泰姆 K，威尔奇. 铝电解厂技术 [M]. 邱竹贤，王家庆，刘海石，等译. 轻金属编辑部，1997.

[8] 殷恩生. 160kA 中心下料预焙铝电解槽生产工艺与管理 [M]. 长沙：中南工业大学出版社，1997.

[9] LAI Y Q, YANG J H, et al. Determination of Ohmic voltage drop and factors influencing anodic overvoltage of carbon anodes in cyrolite-alumina melts [C]//Nianyi Chen. Proc. of the Sixth International Conference on Molten Sal Chemistry & Technology. Shanghai：Shanghai University Press，2001，204-209.

[10] 谢斌兰. 开槽阳极的使用及制造 [J]. 中国有色冶金，2008（5）：79-84.

[11] TANDON S C. Energy saving in Hindalco's aluminium smelter [J]. Light Metals，2005：568-573.

[12] DIAS H P, DE MOURA R R. The use of transversal slot anodes at Albrzs smelter [J]. Light

Metals, 2005: 632-637.

[13] 任必军，王兆文，等. 大型铝电解槽阳极开槽试验的研究 [J]. 矿冶工程，2007，27 (3): 61-63.

[14] 周丹. 阳极结构设计探析 [J]. 上海有色金属，1999，20 (4): 174.

9 大型铝电解槽设计"模数"

现代铝电解槽的大型化，是始终围绕优化改善其磁流体动力学特性，提高电流效率、降低电耗为目的，并最终提高生产率、降低投资及生产成本而不断进步、不断发展起来的，与阳极技术、阴极技术、槽结构设计、内衬结构以及母线配置技术的研究成果密切相关。各种技术相互制约，各领域的研究成果相互推动，使电解槽大型化取得了空前的进步。在这一过程中，电解槽大型化的核心技术及内在规律逐步显现出来。

（1）纵向配置与横向配置电解槽。20世纪60年代以前，预焙槽与自焙槽一样，采用纵向（end to end）排列方式，采用边部加工工艺，由地面设备辅助人工进行电解槽的打壳加料作业。由于电解采用直流电，因此一个电解系列必须配置两排电解槽，以形成回路。采用纵向配置的两排电解槽一般配置在同一栋电解厂房内。随着电解槽大型化，纵向配置电解槽逐渐暴露了一些问题：首先是磁场的问题，研究发现随着电解槽增大造成两排槽的电磁场相互影响也越来越大，尽管可以采用非对称的母线加以补偿，但效果有限。唯一的办法，就是加大相互之间的距离以减小这种影响，槽排之间距离的加大使得一个车间安装两排槽变得困难，占地也越来越大，也意味着更低的生产效率。世界上最大的纵向配置的电解槽容量在160~175kA，如加拿大铝业公司（Alcan）的KK-3型预焙电解槽，电流强度175kA；挪威海德鲁（Hydro）铝业的HAL-15-EE-M型电解槽，运行电流也达到了160~175kA。

横向配置电解槽是电解槽走向大型化的重要一步。欧美国家在20世纪70年代首先采用电解槽横向配置（side by side）的设计方案。由于槽与槽的大面紧靠在一起，大大节省了占地面积，每栋厂房只配置一排电解槽，两排电解槽之间可以保持30~60m以上的距离。距离越大，磁场越容易补偿，反过来槽容量（系列电流）越大，补偿难度越大，两排槽之间的距离也更大。更为重要的是，横向配置的电解槽为通过电解槽结构的设计和母线配置补偿电磁场提供了更加灵活的空间，这是大型化发展过程中迈出的重要一步。

（2）从端部进电到大面进电。随着电解槽容量的进一步增大，电解槽朝着不断加长的方向发展，这是由电解槽的阴极结构所决定的，电解槽加宽必然带来阴极炭块长度增加，阴极钢棒加长，从而导致阴极压降升高，因此电解槽的这一发展特点是其先天结构决定的。与此同时，由于电流的增大，电解槽的加长，两端进电必然导致母线用量增加、母线电压降升高。选择分散电流，设置多点进电母线就成为必然。

研究表明，大面进电的情况下，各个相邻的立母线对电解槽内熔体产生的磁场是相互抵消的。更为有趣的是，在电解槽横向排列，母线为大面进电的情况下相邻电解槽（上下游槽）立母线产生的磁场也是相互抵消的。大面进电能够有效降低电磁力对电解槽产生的影响，尤其是通过合理设计补偿母线能够获得较低的垂直磁场 B_z 和横向水平磁场 B_y。可以说，横向排列、大面进电母线配置成为现代铝电解槽一个非常有利的设计组合。

（3）从边部加料到中心加料。由于电解槽横向排列，而且从减小占地的考虑，槽与槽之间的距离（简称槽间距）越来越小，这样不利于边部加料设备的操作；另外，电解槽加料技术和控制技术的进步，也促使电解槽加料方式逐渐发展为沿纵向中心线布置的中间自动加料方式，这同时为改善电解槽的密闭性提供了条件。

对于大型铝电解槽发展的"模数"问题，目前并未形成统一认识，本章在总结国内外不同类型大容量铝电解槽设计特点的基础上，首次系统明确和论述"模数"概念。

9.1　铝电解槽主体结构特征

阳极体与阴极体之间区域是铝电解电化学反应的中心，铝电解槽的主体结构设计是根据阳极与阴极结构对电化学过程影响的机理和长期的生产实践确定的。电解槽的其他相应的重要组成部分如内衬结构、槽壳结构、上部结构（包括大梁、提升机构、下料结构、排烟系统等）和母线结构都是在电解槽的阴极、阳极结构的基础上完成的；反过来，这些部分的设计会影响阴极、阳极结构的选择。

作为电解铝生产的核心设备，铝电解槽结构设计每一点进步都与电解铝工业发展和技术的进步息息相关。

9.1.1　铝电解槽的长宽比

从现代预焙铝电解槽的阴极和阳极基本结构看（见图 8-1），有两个特点：

（1）阳极配置特点为阳极炭块组双排配置，中间加料，这种多组预焙阳极组组成的阳极体避免了自焙槽过大的阳极体造成的不利影响，如温度分布不均、阳极气体不易排出及操作困难等。

（2）阴极两侧出电，将电解槽的电流分两侧流出，可缩短阴极电流的路径，有效减小阴极压降。

预焙槽的这种特点注定了电解槽放大的模式就是增加阳极和阴极的组数，也就是电解槽的宽度变化不大，而长度不断加长。但实际上，随着阳极尺寸的加长，电解槽的宽度也有一定的加大。

推动加长阳极的动力主要来自两个方面：一是在同样的阳极电流密度下，可以使新设计的电解槽的电流强度尽可能增加，减少阴极和阳极的组数增加过多；二是对在产的老电解槽系列的升级改造，大部分由边部加料改为中间加料，增大阳极减小加工面，从而通过改造尽可能提升系列的电流强度，以增加产能，提高经济效益。这两种模式几乎成为全世界所有电解槽的通行模式。

不论增加电极组数的新电解槽设计还是加长阳极的改造模式，几乎都涉及一个问题，电解槽的长宽比（aspect ratio，AR）的改变对电解过程的影响究竟是怎样的？有没有一个最优的长宽比，又该如何定义长宽比？

姚世焕先生是我国较早关注电解槽长宽比的学者之一，他定义的电解槽的长宽比以电解槽壳内壁的长和宽作为特征参数[1]，以400kA和500kA电解槽为例，推荐的长宽比分别为4.23和4.21。张红亮、李劼等人[2]对长宽比与电解槽物理场特性之间的关系进行了系统的仿真分析。

电解质反应区（极间区）作为铝电解反应的核心区域，最能够反映其物理化学过程特性的特征值应该是两极间反应区的面积，与定义电流密度的原理一致，作者认为以阳极底部投影面积的长与宽来计算长宽比更为合理。因此，电解槽的长宽比AR可由下式计算：

$$AR = L_a/W_a \tag{9-1}$$

式中，L_a为电解槽阳极体底掌的总长度；W_a为电解槽阳极体底掌的总宽度。

$$L_a = w_a n_a + w_{aa}(n_a - 1) \tag{9-2}$$

$$W_a = 2l_a + l_{ac} \tag{9-3}$$

式中，w_a为单块阳极的宽度；w_{aa}为两块相邻阳极之间缝隙；n_a为阳极数量；l_a为单块阳极的长度；l_{ac}阳极中缝宽度，即电解槽纵向两排阳极之间的缝隙宽度。

电解槽的长宽比的影响尽管还没有能够给出严格的结论，但至少已形成以下共识：

（1）电解槽的长宽比AR对电解槽的电磁（MHD）稳定性有一定影响。一般认为，长宽比增大，铝液中的垂直磁场减小，电解槽稳定性趋好。AR值的适宜范围应该在4.2~4.5之间。

（2）长宽比AR与电解槽的电场分布有密切的关系。根据预焙槽目前的模式，电解槽的宽度增加受到严格限制，过宽的电解槽不但阴极和钢棒的导电距离加长，阴极电压会升高，而且宽度的增加还意味着横向配置的相邻槽的槽间距会增大，也意味着母线长度增加，母线压降也会随之增加。

（3）长宽比AR变化的阳极也意味着电解槽的散热面积会发生改变，长宽比较大有利于电解槽散热。从这一点来说，增加阳极数量，增加电解槽长度，符合越来越大型化的需要。

电解槽的长宽比 AR 是反映电解槽结构特点的基本设计参数，但从电解槽大型化的趋势来说，长宽比 AR 在实际设计过程中，可调整的范围有限。容量越大的电解槽，长宽比也必然越大；而且长宽比也不是绝对的概念，一种电解槽能否取得良好的运行指标，还决定于电解槽的电热设计、电磁场及磁流体力学等多方面的设计结果。通过数学模型和计算机仿真已经可以做出全面的分析评价。国内外各种典型电解槽的电极特点及长宽比 AR 见表 9-1。

表 9-1 国内外 300kA 槽型的阴极、阳极结构与长宽比

参数	A-817	AP-30	VAW-300	SY-350	GY-320	GP-320	QY-300
电流/kA	320	320	300	350	320	320	300
电流密度/A·cm^{-2}	0.843	0.821	0.732	0.707	0.714	0.697	0.733
阴极数/个	32	40	32	24	40	48	40
阳极长/m	1.625	1.500	1.600	1.550	1.600	1.450	1.550
阳极宽/m	0.730	0.650	0.800	1.330	0.700	0.660	0.660
间缝/m	28	40	40	40	40	40	40
中缝/m	150	80	180	180	180	180	180
L_a/m	12.100	13.760	13.400	16.400	14.760	16.760	13.960
W_a/m	3.400	3.080	3.380	3.280	3.380	3.080	3.280
AR	3.56	4.46	3.96	5	4.36	5.44	4.256

9.1.2 阳极和阴极尺寸的选择与匹配关系

选择确定电极（阴极、阳极）的尺寸是电解槽设计的第一步。在一种新的电解槽设计之初，阳极的选择首当其冲，在初步确定了电解槽的电流强度，也明了电解槽电极结构的基本设计思路之后，接下来就要确定阳极的尺寸。

9.1.2.1 阳极炭块尺寸与组数选择计算

一种新型的电解槽都是从试验槽的开发开始的，由于不可能为了几台试验槽建设单独的阳极系统，因此阳极、阴极炭块的尺寸不得不受到现实的电极规格生产能力的限制，也不可能按照理想的阳极电流密度和长宽比选择阴阳极炭块的尺寸。下面以我国大型铝电解槽槽型的开发为例，来说明阳（阴）极尺寸的选择和发展路径。

A 引进的 160kA 预焙电解槽

20 世纪 80 年代初引进电解槽的阳极块尺寸为：l_a（长）×w_a（宽）×h_a（高）为

1400mm×660mm×550mm，单极、单排钢爪数 3 个，每槽 24 组，阳极间缝 w_{aa} = 40mm，中缝 l_{ac} = 250mm；阳极体长 L_a、宽 W_a 及阳极块各部分尺寸如图 9-1 所示。

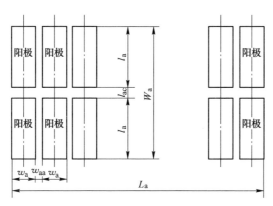

图 9-1 阳极体各部分尺寸标注

这是我国第一个具有现代意义的大型铝电解槽，其阴极和阳极的尺寸成为此后大型槽设计的基础，影响至今。

B 180kA 级铝电解试验槽阴极和阳极设计选择

根据试验目标，电解槽阳极和阴极的尺寸选择的基本前提条件为：

（1）试验槽电流强度目标值为 180kA。

（2）可供选择的阳极尺寸同 160kA 预焙槽，为 1400mm×660mm；鉴于当时 160kA 预焙槽的加工面比较大（大面 525mm，小面 595mm，中缝 250mm），而 180kA 试验槽适当缩小了加工面尺寸（大面 375mm，小面 450mm，中缝 200mm），为电解槽增加阳极尺寸创造了条件。但由于当时可供选择的阳极只有与 160kA 槽配套的阳极厂，受到阳极焙烧炉条件的限制，仅仅将阳极的长度增加了 50mm，即阳极的长宽确定为：1450mm×660mm。

（3）阳极电流密度 D_{a0} 参照 160kA 槽为 0.7215A/cm²（72.15A/mm²）。在当时的认识，这个值是不可超越的。因而，所需要的阳极数 n_a 为：

$$n_a = \frac{I_p}{D_{a0}(l_a \times w_a)} = \frac{180000}{0.7215 \times (1450 \times 660)} \approx 26 \qquad (9\text{-}4)$$

因此，阳极数为 26 块，即 A、B 两侧各配置 13 组阳极，显然这个数不利于母线的配置，而且阳极电流密度取最大值也是一个偏冒险的方案，所以决定选择 28 组阳极。由此可算得实际阳极电流密度为 0.6717A/cm²，显然，这一电流密度是偏保守的。

经过反复的论证和计算，试验槽最后选择阳极数为 28 组，电流强度增加到 186kA，阳极电流密度为 0.6914A/cm²。

C　280kA 试验槽阴极和阳极设计选择

280kA 试验槽是在 180kA 电解槽基础上设计的，根据当时的条件，阳极尺寸仍采用 1450mm×660mm，据此计算的阳极数为：

$$n_a = \frac{280000}{0.7215 \times (1450 \times 660)} = 40.5 \qquad (9\text{-}5)$$

即计算的阳极数量为 40.5 组，根据阳极电流密度保守设计的原则，应当选择 42 组阳极或者加大阳极的尺寸；但 42 组阳极意味着 A、B 两侧各 21 组阳极，在电解槽结构上显然不是一个合理的选择。因此，选择了 40 组阳极的方案，阳极电流密度 0.7315A/cm^2，虽稍有突破，但整体的合理性使这个方案得到了最终的实施。

9.1.2.2　阴极炭块组数选择计算

阴极的设计与选择仍以引进 160kA 电解槽为基础。

A　160kA 槽阴极参数

阴极：$l_c \times w_c \times h_c$ 为 3250mm×515mm×450mm，阴极钢棒 2 个/块，阴极间缝 $w_{cc} = 35$mm，每槽 16 组。

阴极炭块采用通长阴极块的情况下，阴极总体宽度大约等于单块阴极的长度 $W_c \approx l_c$。如果按导电结构算，阴极炭块端头的阳极糊扎固缝也应算作阴极体外边缘，为了表达简单，以阴极炭块端头计算（见图 9-2）。阴极整体的长度 L_c 为：

$$L_c = w_c \times n_c + w_{cc} \times (n_c - 1) = 515 \times 16 + 35 \times (16 - 1) = 8765 (\text{mm})$$

$$(9\text{-}6)$$

同样，L_c 未包括阴极整体在两端部的扎糊缝。

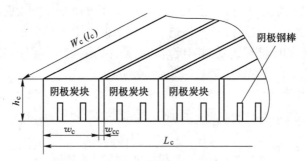

图 9-2　阴极体各部分尺寸标注

w_c—阴极块宽度；w_{cc}—阴极块之间的扎缝宽度；h_c—炭块高度

B　180kA 试验槽的阴极尺寸与组数

在当时的条件下，适用于大型铝电解槽的阴极炭块只有 160kA 使用的这一种规格，尤其是阴极炭块采用挤压机成型，其横截面尺寸几乎是不可能改变的。因此，按照阴、阳极之间的关系，阴极组数 n_c 按下式计算：

$$n_c = \frac{\frac{1}{2}n_a \times w_a + l_{aa} \times \left(\frac{1}{2}n_a - 1\right)}{w_c + w_{cc}} \tag{9-7}$$

因此得：

$$n_c = \frac{14 \times 660 + 40 \times (14 - 1)}{515 + 35} = 17.8$$

阴极组的组数取 18 组。

C 280kA 试验槽的阴极尺寸与组数

采用的阴极结构和断面尺寸与 160kA 和 180kA 相同，按式（9-7）计算阴极组数 n_c 为：

$$n_c = \frac{20 \times 660 + 40 \times (20 - 1)}{515 + 35} = 25.38$$

因此阴极组的组数取 26 组。

9.1.2.3 阴极和阳极匹配关系

正如本章前面所叙述的，铝电解槽阴极和阳极之间的区域是电化学反应的核心区域，也是电解槽的优化设计的核心目标。相互对应而又密切联系的阴阳极之间，形成最优化的匹配关系，并获得最优化的电、热、磁及磁流体力学特性设计，才能为电解槽获得优良的运行效果创造条件，这是非常重要的。

通过以上计算选择确定的阴极、阳极尺寸和组数，阴极和阳极之间大致上是相互匹配的，能够满足电解槽结构设计基本要求。然而，电解槽的结构在不同的阴极和阳极结构和尺寸下，相互匹配的结果是不尽相同的。抛开对阴极和阳极炭块尺寸和结构的客观条件限制，不但阳极和阴极结构尺寸需要优化，同时需要获得两者之间优化匹配关系。借助于数学模型和仿真技术，已经对电解槽的物理特性有了比较清晰的认识，因此现代电解槽设计对选择阴极和阳极结构尺寸、组数及相互的匹配关系形成了更为精细和优化的设计目标。

A 关于炉帮的定义

现代铝电解槽阴极和阳极结构关系，利用电解槽横截面和纵截面来描述，如图 9-3 所示。

炉帮形状是电解槽运行中的一个有标志性意义的重要技术特性，良好的炉帮不但能够对槽内衬结构形成良好的保护，而且对电解槽的电、热及磁流体特性都有一系列的影响。电解槽长度、宽度方向的阴极和阳极结构关系，以及炉帮的结构和表征参数如图 9-3 所定义，其中炉帮厚度 FB 为炉帮最薄处到侧壁的距离；炉帮伸腿长度 FL 为电解质凝固物伸入阳极下的距离；炉帮高度 FH 为阳极端部位置伸腿的高度；MB 为边缝糊的宽度。图 9-3 中还标明了铝液/电解质镜面长 ML 及宽 MW[3]。

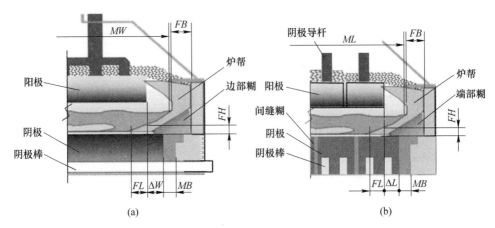

图 9-3　现代铝电解槽的阴极和阳极结构关系图

（a）电解槽横截面；（b）电解槽纵截面

B　阴极和阳极匹配关系

铝电解槽的阴极和阳极之间的匹配，首先应当以形成有效的电化学反应区来设计，从这个角度来讲，阴极和阳极整体的截面积原则上是相互对应的。总结我国大型铝电解槽的设计经验，实际的工业电解槽设计，应坚持如下设计标准。

（1）阴极和阳极整体面积（即指长度和宽度方向的几何位置）。阴极体应当大于阳极体的面积，以形成一定的熔池空间，便于阳极的更换等操作。同时，阴极略大于阳极有利于熔池底部形成伸腿能有效覆盖阴极与边部扎糊之间的缝隙，减少熔体侵蚀。

（2）炉帮的形状。阴极和阳极的几何关系，应有利于形成合适的炉帮，炉帮厚度 *FB* 不宜过厚或过薄，伸腿长度 *FL* 处于适当位置，以尽可能减小铝液层水平电流分量。

（3）减少铝液镜面（*ML* 和 *MW*）。阴极和阳极的几何关系，应能提供合适的空间，尽可能减少阳极以外的铝液-电解质界面，以减少铝的溶解反应。

因此，实际设计中需要控制阴极和阳极的几何位置，即阴极和阳极整体的投影轮廓尺寸长和宽的差值。这是一个非常重要的参数，作者予以明确并定义为阴阳极错位值。

宽度方向的阴阳极错位值：

$$\Delta W = \frac{1}{2}(W_\mathrm{c} - W_\mathrm{a}) \tag{9-8}$$

长度方向的阴阳极错位值：

$$\Delta L = \frac{1}{2}(L_\mathrm{c} - L_\mathrm{a}) \tag{9-9}$$

根据以上设计原则，结合我国大型槽的实际设计经验，ΔW、ΔL 适宜的选择范围为 50~120mm 之间。

另外，根据电解槽电热仿真与电磁仿真的研究，对槽内形成的伸腿覆盖阴极炭块边部缝的长度定义为 FCL，$FCL = FL + \Delta W$，如图 9-3 中所注，FCL 的值一般应大于 100mm，根据经验和热特性仿真实现。

根据上述设计原则，可以得出阴阳极错位值的计算式为：

$$\Delta W = \frac{1}{2} \left[l_c - (2l_a + l_{ac}) \right] \tag{9-10}$$

$$\Delta L = \frac{1}{2} \left[w_c \times n_c + w_{cc} \times (n_c - 1) \right] - \left[w_a \times n_a + w_{aa} \times (n_{aa} - 1) \right] \tag{9-11}$$

以 180kA 槽和 280kA 槽为例进行计算，来验证其阴阳极匹配关系。

1）180kA 电解槽设计：

$$\Delta W = \frac{1}{2} \times \left[3250 - (2 \times 1450 + 200) \right] = 75(\text{mm})$$

$$\Delta L = \frac{1}{2} \times \left[515 \times 18 + 35 \times (18 - 1) \right] - \left[660 \times 14 + 40 \times (14 - 1) \right]$$

$$= \frac{1}{2} \times (9865 - 9760) = 52.5(\text{mm})$$

从计算结果可见，180kA 槽的宽度方向的阴阳极错位值 ΔW 为 75mm，长度方向的错位值 ΔL 为 52.5mm，均处于合理范围。

2）280kA 试验槽设计：

$$\Delta W = \frac{1}{2} \times \left[3290 - (2 \times 1450 + 250) \right] = 70(\text{mm})$$

$$\Delta L = \frac{1}{2} \times \left[515 \times 26 + 35 \times (26 - 1) \right] - \left[660 \times 20 + 40 \times (20 - 1) \right]$$

$$= \frac{1}{2} \times (14265 - 13960) = 152.5(\text{mm})$$

计算结果 280kA 槽的宽度方向的阴阳极错位值 ΔW 为 70mm，长度方向的错位值 ΔL 为 152.5mm，均处于合理范围。

9.1.3 铝电解槽熔池尺寸的选择

铝电解槽的熔池尺寸即指电解槽槽膛尺寸的大小，包括加工面、加料中缝和槽膛的深度尺寸等。

加工面是指电解槽阳极的最外侧与电解槽侧部内壁之间的距离（纵向加工面称为大面，横向加工面称为小面）。之所以称为"加工面"，是由于传统的纵向排列的自焙槽或预焙槽阳极大面侧部是主要的操作面，用于向槽内添加氧化铝等原料。加工面之所以重要，是由于它对电解槽的运行有多方面的影响：（1）加工面与侧部炉帮形成有密切的关系，炉帮影响槽内熔体对侧壁冲刷和腐蚀，从而影响侧壁的寿命；（2）影响铝液镜面大小，因此影响电解槽的电流效率；（3）加工面的大小决定电解槽的外形尺寸，从而影响电解槽结构的材料消耗和单位面积产能，影响建设投资；（4）加工面影响侧壁及侧部结壳向上的散热。

对电解槽而言，槽腔深度也是一个重要的参数，它与阳极尺寸、加工面，以及电解槽的操作参数如铝水平、电解质水平等密切相关。

9.1.3.1 加工面对电解槽的影响

研究表明，槽腔内形与电流效率的关系极为密切[3]。适宜的槽腔内形（见图9-3）是：侧部熔体与侧壁之间形成一定的炉帮厚度（FB），延伸到阳极底下的伸腿 FL 较短（<10cm，由槽内电流场仿真结果确定），结壳陡直，结壳高度（FH）适宜，有一定厚度但不影响阳极升降，让铝液聚集在几乎固定的区域内，铝液镜面（MW）尽可能小。由于加工面与电解槽炉腔内形关系密切，因此设计电解槽时，选择合理的加工面是非常重要的。

由于技术发展的历史原因，加工面在它还是名副其实作为加料操作面的时期，尺寸是比较大的（纵向排列槽，大面加工面 500~650mm，小面 450~550mm），甚至有些铝厂的加工面超过 700mm 以上（如澳大利亚波因铝厂 1979年采用日本住友横向配置的 175kA 槽），以满足侧部加料需要，侧部有较大的熔池空间溶解氧化铝。由于加工面较大，铝液镜面也较大，因此电流效率一般都比较低（<86%）。预焙槽广泛采用横向排列和中间加料技术以后，加工面已经不再是主要操作面，从理论上来说，在不影响阳极动作和更换的前提下，加工面越小越好。因此，现代大型铝电解槽从 20 世纪 70 年代以后，有逐渐减小的趋势。然而，适宜的加工面并非越小越好。综合加工面对铝电解槽的影响机理分析如下。

A 加工面与炉帮形成的关系

电解槽的加工面越大，显然阳极侧部向上的散热面积越大，该部分的散热也越大，容易形成炉帮。因此边部加工的电解槽侧部结构一般都采取了保温型的设计；加工面越小，侧部向上的散热面积越小，炉帮不易形成。

根据流体力学原理，电解质与侧部槽帮的给热系数可用实验公式[4]：

$$Nu = 0.0365Re^{0.3}Pr^{0.03} \tag{9-12}$$

式中，Nu 为努塞尔准数；Pr 为普朗特准数；Re 为雷诺数，$Re = \dfrac{v_B L}{v_B}$；v_B 为电解质流速；L 为电解液深度（h_B）与阳极至侧部槽帮的距离（L_{as}）之和，即：$L = h_B + L_{as}$。

从式（9-12）可以看出，加工面越小，无疑 L_{as} 也越小，Nu 将越大，意味着电解槽内熔体流速相应越大，熔体对侧部的冲刷也越严重。

熔体与侧部帮的对流边界条件的另一种表达式，即熔体流速 v_v 与加工面的关系为[4]：

$$v_v = 1.94 \times 10^{-2} \times GF^{0.458} \times AI^{0.707} \times ALD^{-0.508} \times \gamma^{0.044} \times \left(\frac{\sigma}{P}\right)^{-0.165} \tag{9-13}$$

式中，γ 为动力黏度系数；σ/P 为动表面张力；ALD 为加工面宽度；GF 为相似原理试验所取得流动参数。

根据上述原理，可以得出如下结论：加工面越大，电解槽上部散热越大，槽内熔体流速越低，越容易形成炉帮；反过来，加工面越小，上部散热也越小，而熔体流速越大，越不易形成炉帮。王志刚[5]对175kA中间下料预焙槽进行热解析模拟计算，在阳极电流密度等电解槽技术条件相同时，仅改变加工面宽度，得到的槽膛内形参数见表9-2。

表 9-2　175kA 电解槽采用不同加工面（大面）时模拟的槽膛内形参数（mm）

加工面宽度	350	400	450	500	525
伸腿长度	419	343	249	156	143
槽帮厚度	185	205	215	205	210

从表9-2可见，加工面宽度增加，伸腿长度变小，这是因为槽帮厚度增加，槽侧部及侧下部保温层增厚，电解质初晶点等温线向阳极外侧偏移。加工面为350mm时，伸腿深入阳极正投影内侧，熔体中产生流向槽中心的水平电流。当加工面宽度为400mm及以上时，伸腿远离阳极正投影，熔体中产生流向槽外侧的水平电流。文献［5］认为选择350~400mm范围内，比如370mm或380mm加工面尺寸便能得到较好的槽膛内形。作者认为这个结果可能偏于保守，尤其是加工面350mm时伸腿的长度419mm的模拟结果可能偏大了，实际情况可能不会产生，也可能采用的边界条件与该槽电流密度以及侧下部的保温有一定关系。但表9-2的结果表明：加工面越大，炉帮越厚，伸腿越短；反过来，加工面越小，炉帮越薄，伸腿越长。

因此，由于已经不再是电解槽的加料操作面，加工面减小成为必然趋势。但减小加工面显然给炉帮的形成，尤其是炉帮厚度（FB）带来一定的困难，因此在减小加工面的同时，增加侧部散热和保持良好的热平衡成为至关重要的因素。随着电解槽大型化，加工面不断减小，侧部散热也越来越受到重视，加工面由原来的600mm以上逐渐减小到300mm左右，侧部结构设计也由原来的"侧部炭块（单层或双层）+耐火层+保温层"的结构，逐渐到采用"侧部炭块（单层约120mm）"或"侧部炭块+碳化硅（单层复合约100mm）"，到目前特大型电解槽普遍采用全"碳化硅（单层约100mm）"材料。电解槽"侧部散热"特点越来越突出。

B 加工面与电流效率

加工面对槽膛内形的影响是明显的，由于阴极电流的分布是不均匀的，在阳极底掌投影下面的阴极区域内电流密度 $d_{阴(底掌)}$ 比较大，在单位时间内和单位面积上析出的铝量也比较多；而在阳极投影四周边的阴极区域内电流密度 $d_{阴(周边)}$ 比较小，析出的铝量也比较少。假设由于各种原因而造成的铝损失速度 K 在阴极表面上各处均等[3]，则阳极底掌下的电流效率 $\gamma_{(底掌)}$ 为：

$$\gamma_{(底掌)} = 1 - \frac{K}{0.3356 \, d_{阴(底掌)}} \tag{9-14}$$

而阳极周边电流效率 $\gamma_{(周边)}$ 为：

$$\gamma_{(周边)} = 1 - \frac{K}{0.3356 \, d_{阴(周边)}} \tag{9-15}$$

很显然，由于 $d_{阴(底掌)} > d_{阴(周边)}$，阳极底掌下的电流效率也明显大于阳极周边区域的电流效率。换言之，减小加工面，可以减小阳极周边区域的阴极面积，即减小铝液镜面，有利于提高电解槽内的电流效率。

Knapp[6]和 Bearne[7]等人认同这种说法，即减小电解槽侧部和端部加工面的尺寸，电流效率会不成比例地增加。他们在 Boyne 铝厂 200kA 电解槽上的实践结果：当加工面由 450mm 减小到 250mm 时，电流效率至少可提高 1%。J. Thonstad 等人[8]对此做出两种解释：一是铝液界面表面积的减小，即前面所述的阳极周边铝液镜面的缩小；二是界面稳定性的增加，即槽内铝液层水平电流减小，使磁流体稳定性得到改善，加工面减小电解质熔体的流速增大，电解质与铝液两者速度差值减小，有助于电解质-铝液界面相对稳定，铝的溶解损失减小。此外，阴极电流密度增加也给提高电流效率带来好处。

Haarberg 等人[9]研究阳极气体排气过程和其导致的电解质流动对电流效率的影响时，发现大面加工面宽度是一个重要的参数，并且通过建立模型得出电流效率与加工面宽度之间存在一个非线性关系。当加工面宽度从 100mm 增加到 300mm 时，电流效率可提高约 3%；但如果加工面宽度继续增大，对电流效率的影响减弱，这表明加工面过小也会对电流效率产生不利的影响。

9.1.3.2 不同电解槽的加工面选择

国外自 20 世纪 70 年代开始应用横向排列、中间下料预焙槽技术以后，迅速淘汰了横向排列的自焙槽和小型预焙阳极电解槽，并快速大型化。由于采用了中间点式下料方式，电解槽大面除了换极操作基本不加工，而小面用于出铝操作，因此大、小加工面均呈不断减小趋势，并且取得了很好的效果。例如瑞士铝业 183kA 槽为大面 350mm，小面 400mm；法国 Pechiney 铝业公司 AP-18 槽为大面 260mm，AP-30 槽为大面 350mm；美国铝业公司 187kA 槽大面仅 230mm。与此同时，小型预焙电解槽也逐步进行技术改造，除了提高自动化水平外，主要措施就是采取了中间加料方式,加大阳极缩小加工面,同时也强化电流,增加产量。

我国20世纪80年代初引进的160kA中间下料预焙槽技术,加工面是由原来日本轻金属的边部加料技术发展而来,加工面相对比较保守,仍保留了比较大的加工面:大面525mm,小面595mm。随着我国大型预焙阳极电解槽技术开发工作的进展,形成了基于电、热解析仿真理论,以及以炉帮形成为设计依据的内衬结构设计方法,通过合理的选择内衬结构和材料,加工面不断减小:大面280~350mm,小面390~450mm,阳极中缝的尺寸也由于点式下料技术的采用进一步减小,由250mm减小到180~200mm。并成功开发了180kA、280kA、320kA以及400~600kA一系列大型特大型铝电解槽[10]。我国代表性的预焙阳极铝电解槽加工面及中缝尺寸变化见表9-3。

表9-3 我国预焙阳极铝电解槽加工面及中缝尺寸

槽　　型	电流强度/kA	大面/mm	小面/mm	中缝/mm
160kA槽(引进)	160	525	595	250
平果铝165kA槽	165	475	595	200
贵铝180kA槽	186	375	450	200
贵铝200kA槽	200	325	450	180
沁阳280kA槽	280	375	450	250
GY320kA槽	320	280	390	180
NEUI400kA槽	400	300	420	180
CSUI500kA槽	500	300	420	200
NEUI600/SY600	600	300	390	200

9.1.4 电解槽主体方案设计流程

每个国家的铝业公司都有自己的技术体系,现代铝电解槽的主体结构的设计,都是从各自的技术体系循序渐进发展和演进而来的。在确定了电解槽容量(电流强度 I_p)后,一种槽型的设计方案的形成大致经过如下设计流程(见图9-4)[3]:

(1)要确定阴极和阳极的结构尺寸,包括阳极块和阳极组,以及阴极块和阴极组。一般情况下,有不同形式的阳极和阴极方案可供选择,这是电解槽设计的基本条件。

(2)根据不同的阴极和阳极结构,根据设定的阳极电流密度 $D_阳$ 确定整个阴极体和阳极体的匹配关系,并根据匹配结果调整提出合理的选择。必要时,对阳极电流密度和电解槽容量进行必要的修正,直到几个方面的因素都能兼顾到。

(3)选择必要的结构参数如槽腔深度、加工面等,并设计初步电解槽内衬方案（包括各种内衬材料及其热电参数等）进行热电模型分析，然后进行优化设计直到达到理想的热电平衡。本书有第 10 章专门论述。

（4）根据结构设计和热电模拟的结果，确定电解槽结构受力各种边界条件，建立模型进行结构力学模拟分析，设计确定电解槽槽壳等结构部件。

（5）在电解槽热电特性及内衬和结构设计方案的基础上，进行电解槽磁流体力学（MHD）仿真模拟：根据槽膛内形优化的模拟结果进行熔体层内的电流场模拟；根据不同的母线配置，进行电磁场仿真，按照电磁场设计标准确定合理的母线设计方案。最终对电解槽 MHD 特性做出评价，计算母线系统的截面优化设计，考察设计方案的工程实施可行性。

（6）根据数学模型和仿真的结果，调整各种设计方案，直到热、电、磁、力及磁流体动力学特性等分析取得满意的结果，以及预测电流效率、直流电耗等经济指标。

（7）输出各项性能分析和指标参数结果，形成完整设计方案，并完成以上方案的工程设计（见图 9-4）。

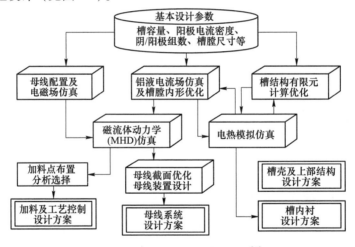

图 9-4　现代铝电解槽设计流程[3]

9.2　铝电解槽的"模数"概念

现代铝电解槽技术的发展，使霍尔-埃鲁特熔盐电解法工业生产技术提高到了相当高的水平，以至于目前还没有任何一种工业炼铝的方法能够替代。今天的铝电解槽技术是多学科研究、多领域应用技术的不断进步所取得的。在此过程中，有无数的探索和成功，也有无数的汗水和曲折。经过自 20 世纪 60 年代以来 60 年的发展，形成了较为完善的体系和成熟的技术。在这个过程中不断总结探索，形成了今天电解法炼铝的巨大成功。

在各项复杂而又深邃的不同学科交互影响的铝电解电化学领域，电解槽的"模数"是一个一般性规律的总结。特殊性与复杂性中往往隐藏着一般性的普遍规律。是否存在这样的"模数"，我国行业专家也曾有过各种意见分歧和争议，"模数"的理解和解释也有所不同，这也是反复探索反复实践过程中的一个总结，今天回头来看，似乎更清晰。

什么是电解槽的"模数"？铝电解槽是否存在规律性放大的"模数"关系？这个模数是以铝电解槽的哪一种特性的优化关系为基础？什么是阳极电流密度、电流强度或者阳极组数？本节试图对此做一个初步的探讨。

根据对不同时期不同槽型设计特点的总结，以电解槽横向配置、中心加料、大面进电母线配置为基础，作者提出电解槽的"模数"概念：（1）电解槽的模数与阳极的组数有很强的相关关系，即电解槽的容量的放大和减小，是按照一定阳极"模数"放大或缩小的；（2）阳极"模数"的优化关系，依次以磁流体动力学（MHD）特性、电解槽的氧化铝溶解特性即下料布置和结构力学特性为目标确定，其中磁流体力学特性和稳定性是最重要的因素。

9.2.1 早期预焙槽的阳极组数

现代预焙槽的前身——小型预焙槽最早应用始于 20 世纪 40 年代，到六七十年代逐步开始向大型化发展，并且由纵向排列、边部加工逐步发展到横向排列中心加料模式发展。

9.2.1.1 纵向排列阳极组数——简单的双数标准

纵向排列预焙槽脱胎于自焙槽的配置方式，最初的预焙槽也与自焙槽一样是采用边部加工的操作方式，电解槽的容量一般不超过 150kA（见图 9-5）。由于电解槽容量比较小，而且选择较高的电流密度，几何尺寸也比较小。这一阶段电磁场对电解槽运行的影响尚未被重视，也没有考虑磁场补偿。因此阳极组数的选择，基本上是按照如下原则确定的：

（1）依据阳极电流密度经验值来计算阳极的组数。在电解槽的阳极长度、宽度确定的条件下，兼顾槽内腔的合理尺寸，当然，加工面尤其是大面都是比较大的。

（2）采用双排预焙阳极配置改善了自焙阳极尺寸过大造成的问题，是预焙槽不同于自焙槽的优点之一。双排配置是为了预焙阳极可以从两侧更换，这也意味着阳极组数必须是双数。

（3）电解槽阴极和阳极的电流分配是一个重要的因素，由于槽型比较小，母线结构从原理上与自焙槽没有差别，如图 9-5 所示。通过合理设计阴极母线和阳极大母线，这一问题能够得到解决。

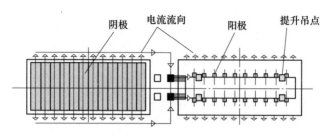

图 9-5   纵向配置预焙槽的阳极组配置

基于上述原则，这一时期预焙电解槽（纵向配置）的阳极组数量基本上没有规律可循。除了考虑上部提升机构设计的受力平衡以外，提升吊点一般以槽中线对称布置，即使采用中间加料，空间布置上也很灵活，没有更多的限制。世界各国代表性的纵向配置预焙槽型的阳极数量见表 9-4。

表 9-4   典型纵向配置预焙槽型的阳极组数

公司（国家）	槽型	电流/kA	电解槽配置	母线配置	阳极组数/组	加料方式
郑州铝厂（中国）	GY-80	75	纵向配置	端头进电	10	大面、点式
VAW（德国）	CA-120	120	纵向配置	端头进电	14	点式加料
	CA-120	120	纵向配置	端头进电	20	点式加料
Pechiney（法国）	AP-LN	90	纵向配置	端头+大面	20	大面加工
	AP-13	130	纵向配置	端头进电	18	大面加工
	AP-14	140	纵向配置	端头进电	30	大面加工
Hadro（挪威）	HAL-150	160~175	纵向配置	端头进电	32	点式加料
瑞铝（瑞士）	EPT-10	80~130	纵向配置	端头进电	24	点式加料
	EPT-14	140~170	纵向配置	端头进电	26	点式加料
Alcan（加拿大）	AC-7EE	70	纵向配置	端头进电	18	大面加工
	KK-1，KK-3	160~175	纵向配置	端头进电	22	大面加工
Kaiser（美国）	P-93	60	纵向配置	端头进电	16	点式加料
	P-57	93	纵向配置	端头进电	20	点式加料
Alcoa（美国）	N-40	40~80	纵向配置	端头+大面	24/26	点式加料
	P-88	100	纵向配置	端头进电	24	点式加料

从表 9-4 中可以看出，纵向配置的电解槽由于其配置特点基本上都是端头进电，部分铝厂后来进行了磁场改造，也有在大面加进电母线。从世界各大铝业公司此类电解槽的阳极组数来看，从 10 组到 32 组各不相同，并无规律可言。

9.2.1.2   横向排列——端部进电电解槽的阳极组数

随着槽容量增加，当电流强度超过 150kA 以后，磁场的影响越来越强烈。而对纵向排列的电解槽而言，进行磁补偿的方法和效果有限（当然也有部分电解槽采用了一侧电流绕行至另一侧的非对称补偿的母线配置，这里不做详述），拉大相邻槽排与槽排之间的距离是解决其相互磁影响的必然选择，此时电解系列的占地面积显然大幅度增加了。采用横向排列方式既能满足此补偿的需要，又能够使电解槽布置得更加紧凑，增加电解系列的单位面积产能。

横向排列的电解槽最初多以两端部进电的母线配置形式设计，A侧（进电侧）母线从电解槽侧部引出至端部，再直接进入下一台电解槽的立母线，总体上呈对称布置，这种电解槽的容量一般不超过180kA，如图9-6所示。

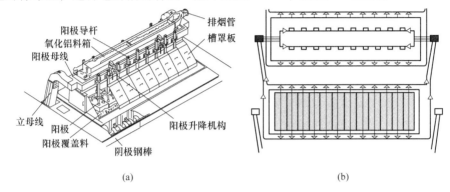

阳极导杆
氧化铝料箱
阳极母线
排烟管
槽罩板

立母线
阳极
阳极覆盖料
阴极钢棒
阳极升降机构

(a) (b)

图9-6　横向配置两端进电铝电解槽
（a）横向排列两端进电的电解槽；（b）横向排列两端进电母线配置

国内外横向配置、两端进电的预焙槽槽型不是很多，这种槽型大多开发于20世纪六七十年代。最初的横向排列槽大都经历了这种简单设计模式：（1）母线结构呈对称配置，而且立母线置于端部便于大面操作；（2）阳极组数跟上部结构受力的平衡并没有太大的关系，而且即便采用中间点式加料，在加料系统配置上也没有太多的限制；（3）随着电流强度的加大，阴极、阳极电流分布及母线的电流和截面积的加大受到了限制。国内外横向配置、两端进电典型槽型见表9-5，从表可以看出，这种槽型的阳极组数也没有规律性可循。

表9-5　典型横向配置两端进电预焙槽的阳极组数

公司（国家）	槽型	电流/kA	电解槽配置	母线配置	阳极组数/组	加料方式
抚顺铝厂（中国）	SY-135	135	横向配置	端头进电	20	点式加料
贵州铝厂（中国）	P-160	160	横向配置	端头进电	24	中间加料
白银铝厂（中国）	千叶155	155	横向配置	端头进电	26	点式加料
住友（日本）	S170	170	横向配置	端头进电	18	大面加工
Pechiney（法国）	AP-7	70	横向配置	端头进电	12	点式加料
	AP-9	90	横向配置	端头进电	16	大面加工
Kaiser（美国）	P-69	140~175	横向配置	端头进电	18	中间点式

由于这种槽型一开始也延续纵向排列电解槽的边部加料方式，因此加工面一般都比较大，后来均采用中间点式加料的工艺，也有一些槽型进行了技术改造。

9.2.2　阳极组数与电磁场的关系

9.2.2.1　横向排列双端进电电解槽的磁场特点

横向排列双端进电电解槽由于电解槽的排列更加紧凑，一个系列的两排电解槽的磁场影响相对减弱，但其磁场的影响仍然没有能够很好地解决。由于进电立母线位于电解槽的端部，并且电流相对较大，每个立柱电流为槽电流的一半（$I_p/2$），而且全部通过阳极大母线由端部流向中心，对电解槽内熔体层产生的磁场具有如图 9-7 所示的特征[11]。

从图 9-7（a）看出，两端进电电解槽的立母线水平电流 I_y（$I_y=I_p/2$）与阳极横母线电流 I_x（$I_x=I_p/2$）在电解槽进电侧（US 侧）靠两端部的区域（见图 9-7（a）中的椭圆形区域）产生较大的垂直磁场 B_z，下游侧对应的区域 B_z 也较大，这是造成两端进电电解槽磁流体稳定性变差的主要原因。为了削弱这种磁场的影响，一种典型的补偿方式被采用，即进电侧（上游 US 侧，A 侧）的阴极电流（$I_p/4$）全部引入槽底部（槽壳以下位置）至槽中心，再向槽两端部引出，然后与出电侧（下游 DS 侧，B 侧）的阴极电流一起进入下一台槽的立母线，如图 9-8 所示。槽底部的阴极母线在槽内形成的垂直磁场恰好与立母线、阳极母线电流方向相反，因而使垂直磁场得到一定程度的抵消。典型的槽型如我国贵州铝厂引进的 160kA 预焙电解槽母线配置就采用了这种补偿方案。

另外，立母线垂直电流（$I_p/2$）在槽内也形成较大的水平磁场，如图 9-7（b）所示。尽管相邻电解槽的水平磁场 B_x 可以较好地互相抵消，两端立母线产生的水平磁场 B_y 在槽中心相互完全抵消，但在靠近立母线的端部区域，将会产生很大的水平磁场 B_y 值，而这也是端部进电电解槽难以克服的先天缺陷，造成槽内熔体的隆起和波动。通过采用图 9-8 的母线补偿方式，垂直磁场 B_z 虽有一定的改善，但很显然横向的水平磁场 B_y 不但不会削弱，而且相互叠加，使端部的 B_y 值大大增加。

图 9-7（c）是端部进电电解槽的磁场模拟结果[12]，可以看出，在电解槽两个端头靠 A 侧的垂直磁场 B_z 绝对值最大，方向相反，正是端部进电立母线导致的结果；水平磁场 B_y 的模拟结果同样的特征也十分明显。

通过以上讨论可以得出这样的结论，两端进电电解槽不太可能获得理想的磁场和磁流体动力学稳定性。实际上，这种进电方式的实质性就是进电立母线位于端部、流向槽中心方向的阳极大母线电流偏大，造成了明显的局部磁场增大，作者将此归纳为端部进电特征。本节讨论磁场问题仅为了说明电解槽模数与电磁场的关系，对电解槽的电磁及磁流体力学问题，将在本书第 12 章做详细讨论。

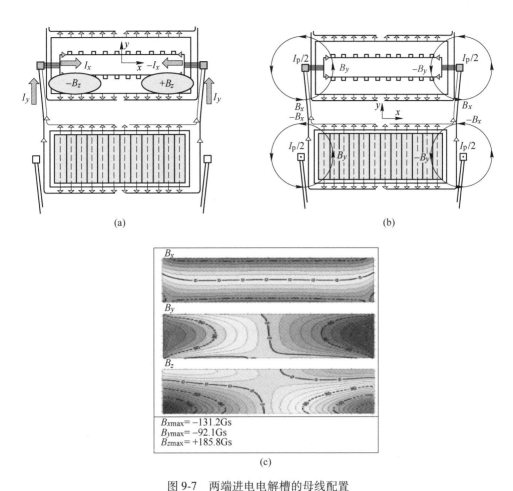

图 9-7 两端进电电解槽的母线配置
（a）立母线与阳极母线产生的垂直磁场；（b）两端进电立母线产生的水平磁场
（c）端部进电槽的磁场仿真结果

　　由于端部进电电解槽的这种先天不足，在现代预焙槽的发展过程中，作为一种过渡槽型很快被淘汰，仅有很少数的电解铝厂采用。

9.2.2.2 大面多点进电电解槽的磁场特点

　　大面多点进电不仅能够使母线电流的路径大大缩短，而且由于设立多个立母线，使单个立母线过于集中的电流大大减小，更为重要的是，这种母线配置可以获得非常好的磁场。在电解槽的所有产生磁场的电流源导体中，立母线与阳极横母线是最重要的，两者决定了铝电解槽磁场最终的补偿效果[11]，典型六点进电电解槽立母线、阳极大母线布置如图 9-9（a）所示。从图 9-9（a）中看出，每根立母线电流进入阳极大母线后，一半的电流通过阳极横母线从 A 侧流向 B 侧大母线，在 A 侧母线和 B 侧大母线上分别流向左右两侧。假定电解槽的立母线

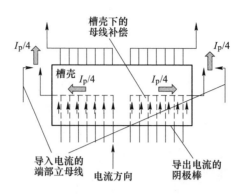

图 9-8　带槽底补偿的两端进电电解槽母线配置

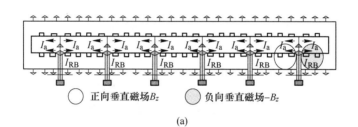

(a)

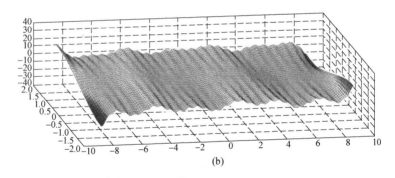

(b)

图 9-9　多点进电立母线与阳极大母线电流及垂直磁场

（a）立母线与阳极大母线电流及垂直磁场影响示意；（b）大面多点进电垂直磁场设计效果

电流分配均匀，则大母线流向左右两侧的电流 I_a 为：

$$I_a = I_{RB}/4 = I_p/6/4 = 1/24 I_p \tag{9-16}$$

也就是说，按照理想情况下，假定忽略阳极电流分布偏差，通过阳极大母线上流动的电流最大值为电解槽总槽电流的 1/24，而且这些电流两两相对，在阳极大母线上均匀地分配。这样在电解槽内位于每根立母线两侧的区域，会产生正负垂直磁场。一方面，相邻立母线产生的垂直磁场能够很好地互相抵消，而且由于立母线和阳极大母线电流分解后形成的磁感应强度降低且为正负交错，符合理想的磁场设计目标（将在第 14 章讨论）。通过恰当地设计槽周围母线加以补偿，能够获得非常好的垂直磁场分布[12]，如图 9-9（b）所示。可以看出，在电解槽 A 侧，垂直磁场 B_z 呈均匀的连续正弦波起伏变化，显然，这种特征与电解槽的 6 个立母线存在明显的对应关系。

多点进电立母线产生的水平磁场 B_x、B_y 如图 9-10 所示。可以看出，多点进电立母线电流均匀分配，相邻立柱母线产生的水平磁场 B_y 相互能够较好地抵消，而相邻的上下游电解槽的立母线之间的 B_x 也可以相互削弱。图 9-9（a）中的阳极大母线电流产生的水平磁场 B_y 也被很好地分散，而且两两相对，磁场方向相反。

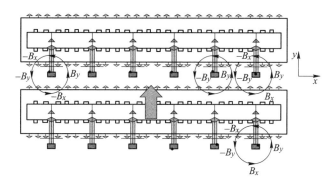

图 9-10　大面多点进电立母线及产生的水平磁场 B_x/B_y 示意图

9.2.3　铝电解槽的阳极"模数"

9.2.3.1　阳极"模数"概念

通过以上的分析可以认为，横向排列、大面进电的现代预焙电解槽的结构和进电母线配置应该能够使立母线和大母线电流均衡分配，而且空间配置布置上尽可能均匀、对称。也就是说，存在一个标准的单元，即以每组立母线结构设计成的一种均衡的结构单元，电解槽的设计应该以这个单元的阳极组数（M_a）为模数。

显然，由于大面进电的每个立母线电流都被均衡地分成 4 份（$I_a = I_{RB}/4$），因此对应阳极组数应该是 4 组或者 8 组，即立母线与相应的阳极组可以设计成如图 9-11 所示的标准单元。结合当前应用普遍的阳极宽度尺寸，推荐对应的电解槽阳极模数 M_a 为"8"（双阳极为"4"）。

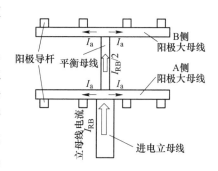

图 9-11　电解槽模数标准单元

当阳极组数符合这个模数的时候，阳极和阳极大母线上的横母线布置非常规律、对称，保持上部阳极提升机构的布置均衡对称也很容易做到。

当然，电解槽的"阳极模数"概念是一种理想的设计，全世界不同国家和公司实际开发的铝电解槽的阳极数量不一定都符合这个模数，但所有的电解槽最终都需要磁流体动力学仿真技术来评价，即使不符合这个模数，也不意味着不能够取得较好的磁流体稳定性；而且对于模数之说或许还有不同看法和意见分歧。

在大型铝电解槽的发展过程中，有一些电解槽的大面进电立母线设计与以上模数存在差异，但这种设计方式同样也取得了比较好的生产效果。这种母线设计的大面立母线在两端部的大面设置有立母线，而且有时候立母线的布置也非等间距、等电流配置，这种典型配置模式如图 9-12 所示。那么这种差异的影响有多大呢，又如何认识模数和模数化配置的必要性呢？结合以上的认识，可做如下分析：（1）这种结构配置在大的方向上具备大面多点进电的主要特征，因此通过模拟和补偿母线的设计，应该能够获得比较好的磁场和磁流体稳定性。（2）从表 9-5 提供的国内外槽型资料看，这种类型的槽子容量一般还不是很大（电流强度不大于 250kA），如图 9-12（a）所示；而当电解槽容量继续增大时（见图 9-12（b）），在中间的立母线上这种模数重现，即模数 $M_a = 6$，这与阳极尺寸大小有关，关键在于满足电流均分（即 $I_a = I_{RB}/4$）的特点。（3）由于端部立母线仍然带有局部的端部进电特征，因而在端部立母线附近的局部磁场或许不会十分理想，主要表现在 B_y 平均值及变化梯度增大，进电侧角部 B_z 值较大，但总体来说，通过磁场补偿这种设计方案也是理想的。

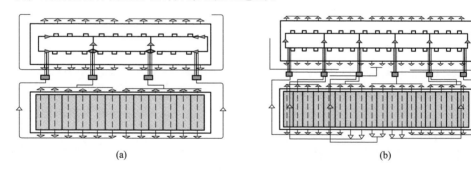

(a)　　　　　　　　　　　　　　　　(b)

图 9-12　大面多点进电母线电解槽"模数"差异化设计

9.2.3.2　国内外多点进电铝电解槽的"模数"分析

世界各国典型多点进电现代大型预焙槽的阳极组数及母线配置见表 9-6。从表中的资料看，符合电解槽"模数"的槽型占据绝大多数，如我国 240kA 以上槽型（除 GP-320 采用 44 组阳极未系列化应用外）全部符合阳极组数"8"这个模数；法国 Pechiney 公司 AP 系列电解槽 AP-28 至 AP-60 也全部遵循了这个模数；美铝、加铝、瑞铝、VAW 以及俄铝的电解槽全部符合这个模数。

表 9-6 世界各国典型多点进电现代大型预焙槽的阳极组数及母线配置

公司（国家）	槽型	电流/kA	电解槽配置	母线配置	阳极组数/组	加料方式
贵铝（中国）	GY-180[①]	186~200	横向配置	四点进电	28	点式4点
	GY-240/SY-240	230~250	横向配置	四点进电	32	点式4点
中铝（中国）	ZGS-280	280~300	横向配置	五点进电	40	点式4点
平果铝（中国）	GP-320[①]	320	横向配置	六点进电	44	点式加料
中孚（中国）	GY-320	320	横向配置	五点进电	40	点式加料
神火（中国）	SY-350	350	横向配置	六点进电	40	点式加料
中孚（中国）	NEUI-400	400	横向配置	六点进电	48	点式加料
连城（中国）	GY-500	500	横向配置	七点进电	56	点式加料
其亚（中国）	CSUI-520	520	横向配置	七点进电	56	6点加料
连城（中国）	SY-600	600	横向配置	七点进电	56	7点加料
魏桥（中国）	NEUI-600	600	横向配置	七点进电	56	8点加料
Pechiney（法国）	AP-18[①]	180	横向配置	大面四点	16	点式加料
	AP-30	300	横向配置	大面五点	40	点式6点
	AP-50	500	横向配置	大面六点	48	点式加料
	AP-60	600	横向配置	大面六点	48	点式加料
迪拜（阿联酋）	CD-200[①]	190~200	横向配置	大面四点	20	点式加料
	DX+[①]	440~460	横向配置	大面四点	36	点式加料
Hadro（挪威）	HAL-230[①]	230	横向配置	大面进电	26，36	点式加料
	HAL-250[①]	250	横向配置	大面进电	30	点式加料
Kaiser（美国）	P-86	150-155	横向配置	大面进电	16	中间点式
	P-80[①]	180~190	横向配置	大面进电	16	中间点式
VAW（德国）	CA-300	300	横向配置	大面四点	32	点式加料
瑞铝（瑞士）	EPT-18	180~190	横向配置	大面四点	32	点式加料
Alcan（加拿大）	A-275/310	275~310	横向配置	大面四点	24	点式加料
Alcoa（美国）	A-697	180	横向配置	大面四点	32	点式加料
	A-817	275~300	横向配置	大面五点	40	点式加料
俄铝（俄罗斯）	RA-300	310	横向配置	大面四点	32	点式加料
	RA-400	425	横向配置	大面四点	24	点式加料

① 阳极组数不符合模数"8"的槽型。

　　从表 9-6 中所列槽型看，不满足模数的槽型有 8 种。其中小于 250kA 电流强度的有 6 种，分别是：我国的 GY-180 槽型 28 组阳极；法铝 AP-18 槽型和 Kaiser 的 P-80 槽型都是 16 组阳极，虽然是 8 的倍数，但与母线配置不匹配；CD-200 槽型 20 组、HAL-230 槽型 26 组、HAL-250 槽型 30 组。

300kA 以上唯一例外的是迪拜铝业的槽型 Dx+，运行电流 440~460kA，36 组阳极，大面四点进电，到目前 DX+取得的指标令人瞩目[13]：电流效率 96%，槽电压 4.22V，直流电耗 13000kW·h/t；其阳极组数和母线配置虽不满足"模数"，但获得了理想的磁流体稳定性，说明补偿母线的设计相当成功。但从另一个角度看，由于这种配置带有的端部进电特征，水平磁场 B_y 必然增大，这是否也可以分析为 B_y 对稳定性的影响有限，或许是采取了较高的极距（槽电压高），值得研究探讨。

参 考 文 献

［1］ 姚世焕. 中国铝电解技术 50 年演变与展望 ［J］. 中国有色金属学报，2008（18）：s1-s12.

［2］ 张红亮，李劼. 现代大型铝电解槽仿真优化与实践 ［M］. 长沙：中南大学出版社，2020.

［3］ 梁学民，武威. 280kA 超大型铝电解槽开发设计 ［C］// 全国第十次铝电解技术信息交流会，河南焦作，1996.

［4］ SOLHEIM A, et al. A publication of the metallurgical society of AIME ［J］. Light Metals, 1983：425-435.

［5］ 王志刚. 电解槽加工面的选择与热损失的关系 ［J］. 轻金属，1990（5）：28-30.

［6］ KNAPP L L. Prediction of pot performance at new operating conditions ［J］. Light Metals, 1992：537-539.

［7］ BEARNE G, JENKIN A, KNAPP L, et al. The impact of cell geometry on cell performance ［J］. Light Metals, 1995, 375-380.

［8］ JOMAR T, PAVEL F, et al. 铝电解理论与新技术 ［M］. 邱竹贤，刘海石，等译. 北京：冶金工业出版社，2010.

［9］ HAARBERG T, SOLHEIM A, JOHANSEN S T, et al. Effect of anodic gas release on current efficiency in Hall-Héroult cells ［J］. Light Metals, 1998：475-481.

［10］ 梁学民，于家谋，等. 九十年代我国铝电解技术新进展 ［J］. 轻金属，2000（2）：33-38.

［11］ 梁学民. 论现代铝电解槽的母线设计 ［J］. 轻金属，1990（1）：20-26.

［12］ 梁学民. 大型预焙铝电解槽节能与提高槽寿命关键技术研究 ［D］. 长沙：中南大学，2012.

［13］ ZAROUNI A, ZAROUNI A, AHLI N, et al. DUBAL high amperage cell technology：From DX to DX+ ［C］// Proceedings of the loth Australasian Aluminium Smelting Technology Conference. Launceston, 2011.

10 铝电解槽阴极结构与电热仿真计算

10.1 铝电解槽的阴极结构

10.1.1 阴极结构及其特点

铝电解槽的阴极结构，通常是指铝电解槽的阴极基本结构装置，实际上是用于维持电化学反应的一种槽形的炭素容器（见图 10-1）[1]。对于电解槽的整体结构而言，阳极部分主要是由炭素材料构成，对电解槽阳极部分的解析除了其本身的电热问题（具有一定的独立性）以外，更多考虑的是覆盖料对电解槽能量平衡的影响。因此，就电解槽的电热特性的影响而言，主要集中在对阴极的结构和材料的设计与研究，这也是本章侧重论述阴极部分的主要原因。

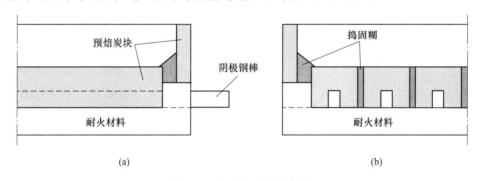

图 10-1 铝电解槽阴极结构
（a）阴极横断面；（b）阴极纵断面

从铝电解过程的原理上讲，作为工作阴极的是电解槽中熔融的铝液层。但通常工业上所说阴极是指电解液和铝液熔体而言，包括炭素内衬、阴极导电棒、耐火材料（防渗材料）和保温材料等[2]，整个阴极结构被砌筑在坚固的钢壳内。

实际上，铝电解槽的基本阴极结构是 100 多年前研制出来的，一直沿用至今，并没有太大的改变。但随着电解槽容量不断增长，电解槽内衬结构设计、材料的选择和砌筑方法等方面的研究不断深入，经过不断地改进和优化，在一些工业电解槽上内衬已经达到了 10 年以上的运行寿命。

工业电解槽的阴极砌筑有三种形式：第一种是炭素内衬全部由塑性的炭糊整

体捣固而成的"整体阴极";第二种是完全由预焙炭块粘接而成的"半整体阴极",炭块在进行精细地加工后,采用黏结剂(树脂糊或炭胶)将炭块与炭块黏结在一起,并形成良好的接触;第三种是采用预焙阳极炭块,并直接用炭糊捣入炭块的接缝及炭块周围的边缝形成的阴极结构(见图10-1)。虽然捣固糊被认为是一个薄弱环节,但第三种方式仍然是工业上最常用的一种设计方案,也是我国目前大型铝电解槽普遍采用的结构方案。

一般情况下,在阴极炭块的下层,紧挨着阴极炭块的是耐火材料;往下是为了抵抗电解质腐蚀设置的化学(物理)阻挡层,目前普遍采用防渗料直接代替普通耐火材料,同时起到耐火和防渗作用;再往下是保温层。在电解槽的侧部一般采用导热比较好的材料,主要是炭素侧块或者碳氮化硅,现代特大型电解槽(300kA以上)较多采用碳氮化硅侧块,它的好处是导热性能更好、抗腐蚀,而且电阻率很大,不易形成侧部漏电。

近年来,电解槽内衬材料的进步为电解技术的发展作出了重要贡献,使电解槽电流密度提高,槽寿命延长,也为铝电解槽电流不断强化创造了条件。

10.1.2　阴极材料

10.1.2.1　阴极炭块

阴极炭块是铝电解槽阴极结构最主要的部分,一方面它承担着阴极导电作用,另一方面其抗电解质熔体和液态铝腐蚀、耐高温性能使之成为迄今为止不可替代的最主要的阴极材料。预焙阴极炭块传统上采用回转窑或煤气煅烧的无烟煤骨料,但是20世纪80年代以后大多数工厂也开始供应电煅烧无烟煤制成的炭块、用碳掺入石墨制造的炭块,以及石墨化炭块或者半石墨化炭块。

市场上占主要地位的是无烟煤基炭块。原料选择的重要参数是无烟煤原料的质量、煅烧的程度和黏结剂的质量。此外,成型过程(振动或挤压成型)的操作参数,包括混合和搅拌温度、焙烧速度和焙烧温度等都是重要的参数,对于最终产品的质量都有非常重要的影响。

国际炭素表征和术语委员会给出了下列定义[1]:

(1)石墨。元素碳的同素异形体,含有按六方形排列的碳原子层,配置在平面凝聚环形系统中,碳原子层相互平行地上下堆积着,其关键在于这种结构的完整性。

(2)石墨质炭。包括各种以石墨同素异形体形式存在而不论其是否存在结构缺陷的碳元素物质。

(3)石墨化炭。这是一种石墨质炭,具有或多或少完整的三向量结晶排列,它是由于可石墨化的炭经热处理而制成,其温度范围为2500~3000K。

(4)无定型炭。这种炭素材料没有长程结晶排列,在其结构中C—C原子间距离相对于石墨的偏差（包括在基面上的）大于5%。

阴极炭块不仅影响铝电解槽的寿命，而且对电解槽运行过程中的电热行为影响也十分明显。因此，阴极炭块的质量问题，越来越受到人们的关注。使用优质阴极炭块已成为铝电解槽获得良好性能的前提之一，所谓优质炭块，国际上比较一致的观点是：应具有低钠膨胀率（Rapoport 效应）、低电阻率、高强度和低灰分含量。按照以上定义，目前国内外应用于电解槽上的阴极炭块有如下几种：

（1）普通无烟煤炭块。高温电煅烧无烟煤为骨料制成的阴极炭块（可含有小于10%的石墨）。

（2）半石墨质炭块。高温电煅烧无烟煤为主要原料，另加部分石墨（20%~50%，一般30%）为骨料制成的阴极炭块，称为半石墨质的无烟煤炭块。

（3）半石墨化炭块。以煅烧石油焦为主要原料制成熟坯，炭块（包括骨料炭和黏结剂）内含有可石墨化的材料，经2300℃左右高温处理后制成的炭块。

（4）石墨化炭块。以煅烧石油焦为主要原料制成熟坯，炭块（包括骨料炭和黏结剂）内含有可石墨化的材料，在石墨化炉内经2500℃以上高温处理后制成的炭块。

不同阴极炭块产品的典型性能见表 10-1[1]。

表 10-1 几种典型阴极炭块的物理性能

物理性能	无烟煤阴极炭块（半石墨质）	石墨质阴极炭块（<1200℃）	石墨化阴极炭块（>2500℃）
显气孔率/%	1.53~1.57	1.60~1.63	1.58~1.63
表观密度/g·cm⁻³	15~20	18~20	20~29
抗弯强度/MPa	6~12	7~12	6~12
电阻率/μΩ·m	25~50	16~20	10~13
热导率(30℃)/W·(m·K)⁻¹	7~18	25~35	110~130
热膨胀系数/℃⁻¹	(2~3)×10⁻⁶	(2.8~3.3)×10⁻⁶	(2.5~4.5)×10⁻⁶
Rapoport 膨胀率/%	0.3~1.0	0.1~0.3	<0.05

普通的煤气或窑炉煅烧的无烟煤制成的无定型阴极炭块（GCA），由于电阻率明显偏高，已经被电煅烧的无烟煤制成的无定型炭块（ECA）取代。早在1976年 W. E. Haupin 研究发现，普通阴极炭块（GCA）在工业电解槽长时间运行后会逐渐石墨化，在一年多以后，其内大部分会转化成石墨。其导电性能跟同龄的石墨化炭块差别不大，热导率因此会增加4倍，电导率趋向于跟随热导率变化，但不是成比例的增加[1]。例如，石墨质材料电导率通常会达到高值区间，而无定型碳质的普通炭块一般处于低值范围。值得注意的是，在电解进行一段时间之后，普通炭块的钢-炭接触电阻会增大，抵消了石墨化使电导率增大所带来

的好处，而且会更高。因此，无定型炭块与石墨化炭块相比，在电解槽运行一段时间后阴极电压降值更高，并没有因石墨含量增多带来阴极电压的改善。此外，含有石墨骨料的阴极炭块，钢-炭接触电阻增大的程度要低。

以高温电煅烧无烟煤添加部分石墨制成的阴极炭块（半石墨质），由于其较好的抗磨性能、较低的钠膨胀率和电阻率，在国际上得到广泛应用。不同石墨含量的炭块在电解槽运行期间获得的阴极电压降的变化是不同的，图 10-2 所示为 Pechiney 测量的不同石墨含量的炭块在 AP-18 槽运行期间的电压降变化曲线[3]。

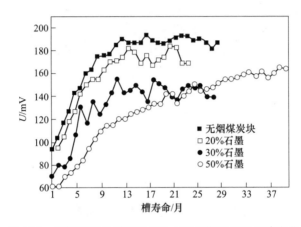

图 10-2　不同石墨含量阴极炭块在运行期间的电压降变化

石墨质炭块可以通过选择焦炭填充料、黏结剂和石墨化条件而改善性能。最后，阴极炭块的各项质量性能是由石墨和无烟煤按各种比例，以覆盖整个的混合范围而获得，有时还需要添加冶金焦和其他煅后焦。完全石墨化的炭块价格昂贵，一般铝厂似乎还难以接受。另外，半石墨质的炭块可以替代无烟煤炭块，这种炭块的性质几乎达到了石墨化炭块同样的水平，但价格优势很大。Welch 等提出了阴极炭块的选择标准，见表 10-2。

表 10-2　阴极炭块的选择标准

选择条件	性质（及预期的趋势）
物理性质	电导率（高）、相对膨胀率（低）、抗张强度（高）、抗磨损力（高）、热导率（高）
抗腐蚀性	与冰晶石、铝和钠不起反应，不溶于铝和冰晶石，不渗透/低孔度，不被电解质和铝液湿润
经济性	费用高低，便于加工与否，便于黏结与否

对于电解槽的热特性而言，阴极炭块的导热性能也是很重要的，特别是在中间下料预焙槽上。底部炭块的热导率虽然对于垂直通过整个的槽底部保温层的热

损失来说无关紧要，但重要的是从水平方向通过边部保温层的热损失量，为了取得适宜的伸腿和结壳形状，对于主要用于调节伸腿和结壳的槽侧下部来说，底部炭块的热导率是十分重要的。

一般来说，炭素材料的导电和导热性能随温度变化会降低，这与大部分导电材料电阻率、热导率随温度变化的规律是一致的。这一点在实际设计中对电解槽热模拟及热平衡设计非常重要。

当然，石墨化炭块的导电性、导热性及抗电解质渗透能力都明显优于普通炭块，但也不是没有缺点，它的主要缺点表现在抗液态金属腐蚀方面的性能较差。当然，有研究表明，这种情况并不是很明显。

10.1.2.2 侧部材料

铝电解槽内的炉帮形状对槽寿命及槽内水平电流的产生有很大的影响。由于槽内熔体的冲刷，加上内衬结构的不合理，使电解槽侧部炉帮形成不好，这是在20世纪80年代初期以后很长一段时间我国大型槽普遍存在的问题。使边部加工频繁，增加劳动强度和多功能天车负荷，槽热平衡被破坏，平均槽寿命曾长期停留在1500天以下，直到最近15年来有了很大的进步。国外同类槽型槽寿命已达2500天以上。

近年来，经过对电解槽侧部结构及传热机理的研究，提出了一种改进侧部炭素材料和保温层的设计，利用电解质结壳体本身的自调节隔热性能，有效地改善侧部散热，促进炉帮形成，防止侧部渗漏，目前已在系列生产上应用。同时，一种应用于电解槽侧部新型的侧部材料——碳氮化硅逐步在大型槽上推广应用，与普通侧部炭块相比具有更好的导热性能（导热系数低），可以有效改善侧部散热和炉帮的形成。由于这种材料不导电，不易形成侧部漏电，而且与普通的炭块相比，有更好的抗氧化性能。

A 侧部预焙炭块

电解槽阴极内衬的侧壁通常是由预焙炭块、捣固糊砌成，或两者结合。心部预焙炭块通常是由底部炭块加工而成，有时甚至还可以用废弃的（不合格的新块）底部炭块切割而成，因此其性质也与预焙阴极炭块相似。然而，侧部炭块的功能决定了其所需的性质有别于底部炭块，而且碳质的侧部炭块并不是最佳的选择。

由于并不希望电流通过槽的侧部，因此不要求侧部炭块具有好的导电能力，但侧部炭块与底部炭块相比，为了形成理想的炉腔内形，导热性能显得更为重要。侧壁材料的另一重要性质是抗空气氧化和抗熔融电解质和金属的侵蚀。因此需要采用能够更好地抗空气氧化性能的炭素材料或陶瓷材料，当然也可以把暴露出来的侧部表面更好地进行覆盖。碳质侧壁之所以至今还在使用，主要原因还是因为价格相对低廉。

B　侧部碳化硅及碳氮化硅材料

侧部炭块的替代结构材料，由于与侧部炭块相比具有更好的导热性能与抗空气氧化性，目前已被广泛采用。这种材料通常是以预制成砖的形式应用，也以含 SiC 的固糊形式应用。虽然在电解槽上以沥青粘接 SiC 侧壁材料已有应用，但是要制成抗腐蚀而又耐久的侧壁，最好是采用陶瓷粘接材料。

由于碳化硅本身并不具有像其他的陶瓷原料那样的烧结性能，只有在不含硅酸盐的、非氧化物粘接的碳化硅材料开发出来之后，碳化硅的耐火性能才能被充分利用。以 Si_2ON_2、Si_3N_4、β-SiC、再结晶的 α-SiC，还有氮化铝-氧化铝-氧化硅陶瓷材料（西雅隆）为基础的黏结体系，可制造一种 SiC 耐火材料。据报道，它具有优异的抗电解液和铝液侵蚀及抗磨损性能，高的导热系数和极高的抗氧化能力[1]。表 10-3 列出了 SiC 侧壁材料选择标准。

表 10-3　SiC 侧壁材料选择标准

黏结剂品种及性能	碳化硅基块				预焙炭块	
	硅酸盐 $SiO_2 \cdot Al_2O_3$	氮化硅 Si_3N_4	西雅隆 Si-Al-O-N	β-SiC	无定型	石墨的
SiC/%	85	7585	75	95	—	—
SiO_2/%	9	1	1	1	3	—
Al_2O_3/%	5	—	—	—	—	—
Si_3N_4/%	—	1323	1323	5	—	—
西雅隆/%	—	—	—	—	—	—
容积密度/g·cm^{-3}	2.5	2.6	2.6	2.5	1.5	1.7
孔隙度/%	20	16	16	17	18	22
电阻率/Ω·cm	1000	800	800	1	0.003	7×10^{-4}
热导率/W·(m·℃)$^{-1}$	20	18	18	25	7	80
断裂模数/MPa	—	35	35	35	6	10

现代铝电解槽的早期破损是造成槽寿命低的重要原因，而早期破损以侧部最为常见，在电解槽设计时以侧部能够形成理想的炉帮结壳是工程师追求的重要目标。同时，底部保温、侧部散热已成为现代大型电解槽热设计的基本要求。近年来，铝工业科技工作者一直在寻求具有良好导热性能的材料用于电解槽侧部。碳化硅正是这样一种材料，由于其良好的导热性、耐电解质侵蚀与抗氧化性，越来越受到重视[4]。

随着电解槽容量的增大，其相对单位散热面积减小，要求电解槽侧部有更好的散热特性。同时，电解槽强化电流已成为一种必然，在现有电解槽基础上增加电流，将使电解槽能量收入增大，要使电解槽保持能量平衡，合理地增加散热是必须解决的问题。因而，碳化硅的采用是目前较理想的选择。挪威的 Soral 铝厂在将其电解槽由 115kA 提高到 125kA 的改造时，除了增大阳极、阴极尺寸以外，重要的措施之一就是采用了石墨化阴极炭块和碳化硅侧衬，改造结果：产能由87000t/a 提高到 109000t/a，电流效率由 92% 提高到 93%。

我国早在 20 世纪 80 年代就开始在电解槽上进行使用碳化硅的试验，但当时是在容量较小的 60kA 自焙电解槽上进行的，未取得理想效果。90 年代末在平果铝 320kA 试验槽上全面采用，自 1999 年 7 月投产近一年的运行表明，电解槽能够形成较好的炉帮形状，为该槽的试验成功起到了一定的作用。

最初使用碳化硅侧衬出现的问题是：由于侧部散热增加，使电解槽侧部槽壳钢板的温度由 300℃ 以下增加到接近 400℃，启动初期有时可达 600℃。这有可能使槽的受力状况恶化，但通过多年的实践证明，碳化硅的应用是成功的。

10.1.2.3 耐火材料与保温材料

耐火材料和保温材料在铝电解槽内衬结构中是十分重要的，对于获得良好的电解槽槽内熔体的热特性和良好的电化学反应过程，即电解槽的稳定高效运行起着决定性的作用，主要有以下几个方面：

（1）保持电解槽热需求，减少电解槽往周围环境中的散热损失。节省能量，减少为维持热平衡所需要升高的电压，从而减少单位金属产量的电能消耗。

（2）保持必要的热平衡，以便获得足够的炉帮结壳和电解质保护层，同时避免电解槽过冷而造成操作困难。

（3）选择适当的耐火保温材料可以有效延长电解槽内衬寿命。

（4）保持电解槽的槽壳温度处于较低范围，维持其机械强度和减少变形，保护钢壳免受高温损坏，可降低铝液和电解质液体漏出风险，从而减少事故发生。

根据在阴极结构中所起的作用和所处的位置，槽内衬中的耐火材料和保温材料（非炭素部分）可分为以下三种。

（1）铺垫材料。主要起找平作用，作为支撑阴极炭块的软质水平垫层，有耐火颗粒和氧化铝等。使用氧化铝的出发点是考虑到可以回收利用，其本身还具有较好的保温性能。

（2）致密的耐火材料。作为阴极炭块的坚固的底座，是抵御氟化物和钠侵蚀的主要防护层，可承受较高的温度，并且有效降低下层保温材料的温度。曾经使用的耐火材料有耐火砖、高铝砖等，或者不定型的浇注料等，有些电解槽上使用这些材料组成复合结构。浇注料（逐渐开发的浇注料具有抗电解质渗透能力）常被用于电解槽阴极炭块短部位置。

（3）低热导率材料。在电解槽内衬的最下层，有时也用于侧下部的阶梯式保温结构设计，起保温作用，用以减少电解槽底部热损失。

尽管耐火材料和保温材料都是由无机氧化物制成，而且都起着耐热、保温和阻止化学及物理侵蚀的作用，但从性能要求有必要加以区分。耐火材料通常具有 $1000kg/m^3$ 以上的容积密度，而且抵御液体电解质和铝液侵蚀的能力较强，但其保温性能比密度小的保温材料差些。保温材料抵御化学和物理侵蚀的能力要差，因此在槽内衬设计时会尽量考虑避免其受到直接侵蚀，已经成为一种设计理念。用作电解槽阴极内衬的耐火材料和保温材料的部分特性参数列于表 10-4 和表 10-5。

表 10-4　用作电解槽阴极内衬的耐火材料性能指标[1]

指　标		耐火黏土砖			高铝砖	
物理性能	容积密度/kg·m⁻³	2100	2200	2100	2600	3000
	开口气孔率/%	19	23	20	20	14
	冷抗压强度/MPa	30	25	28	55	120
	负荷剪切温度/℃	1400	1460	1410	1530	1700
	线膨胀系数（20~1000℃）/K⁻¹		$0.5×10^{-6}$			$0.5×10^{-6}$	
	热导率/W·(m·K)⁻¹		1.5	1	1.4	2.3
化学分析（质量分数）/%	SiO₂	56	52	64	23	9
	Al₂O₃	36	44	32	73	90
	Fe₂O₃	1.9	1.5	1.5	1	0.3
	TiO₂	1.7				0.1
	CaO+MgO		0.6	0.6		0.2
	Na₂O+K₂O		1.2	2	0.7	0.3

表 10-5　用作电解槽阴极内衬的保温材料性能指标[3]

指　标		硅藻土砖	蛭石砖		
物理性能	最高温度/℃	1400	900	950	1100
	容积密度/g·cm⁻³	0.8	0.75	0.65	0.35
	断裂模数/MPa	2	1	1.4	0.5
	热导率/W·(m·K)⁻¹	0.4	0.18	0.17	0.15
	线膨胀系数（0~1000℃）/K⁻¹	$1.5×10^{-6}$	$2.1×10^{-6}$	$2.1×10^{-6}$	$11×10^{-6}$
化学分析（质量分数）/%	SiO₂	39	75	79	51
	Al₂O₃	54	12	12	10
	Fe$_x$O$_y$	1	6	4	5
	碱金属氧化物	3	0.6	0.3	12

保温材料的性能近年来也在不断改进，为了增加材料的强度和力学性能，一种保温效果与硅藻土保温砖接近，而抗压强度、热膨胀率及耐热温度等物理性能明显优于硅藻土砖的耐热保温材料——轻质耐火砖，也被开发并广泛使用。

一个非常重要的因素就是所有的耐火材料与保温材料通常都与其工作温度有密切的关系。一般来说随温度的升高，其热导率会增大，意味着保温性能会降低，这一点在对电解槽进行热分析和模拟时必须加以考虑。

另外，随着电解槽的设计和材料不断改进，在电解槽底部，采用一种可替代耐火材料的具有耐高温和化学阻挡作用的材料和设计方案，即防渗材料和防渗层设计，不但生产和使用成本低，而且有很好的防渗效果，同时部分地代替了耐火砖。

10.1.2.4 防渗材料

铝电解槽电解质组分和铝液的渗透和腐蚀是导致底部内衬早期破损的主要原因，所以各种形式的阻挡材料已经在实践中广泛应用，以阻止其渗透或者减缓其渗透速度，近年来也取得了很大的成效。渗入保温层中的氟化物和铝都是有害的，将会导致电解槽热特性改变、造成过量的热损失，并缩短槽寿命。实践中常采用精心设计的物理挡板和化学阻挡层。

A 物理挡板

通常采用电解质组分和铝液不能渗透或者渗透少的材料来设计物理挡板，其中包括：全部用捣实的氧化铝（也起到了找平作用），可减缓渗透速度；采用成型的耐火砖精细地砌筑，也可以起物理阻挡作用。这些方法可以减小渗透速度，但不能长期地阻止电解质组分渗透入内衬中。另一种是金属挡板，包括几层薄钢板，也已经被采用。但实践证明，如果所用单层钢板并且钢板过薄，如作者在我国 280kA 电解槽内衬设计中曾经使用了一层 2mm 厚的钢板，效果并不理想[5]。

J. C. Chapman 等人早在 1978 年设计了另一种挡板，是用一层柔性石墨薄片结合在钢板底垫上[2]。石墨的作用是依靠其高导热特点把局部的热量传导出去，避免形成局部高温而受到渗入内衬中物料的化学侵蚀。而石墨下面钢板的作用是防止钠的侵蚀，并且用作铺平石墨的基板。还有人曾建议用玻璃质的防渗挡板，是一种普通的苏打型玻璃或者是一种硅酸硼型玻璃，可利用后者的高软化温度和高流化温度的特点[1]。完整的玻璃挡板还有一个优点，就是在正常的槽操作温度下，它在槽内呈液态而且可以部分地自行修补。

B 化学挡板（干式防渗料）

研究发现有一些特殊的材料，其本身不会被渗透，而且能够同时与渗入的电解质组分发生化学反应，形成可阻止内衬材料继续被腐蚀的阻挡层，即在同氟化物反应之后生成不可渗透的固体层或玻璃状层。早期研究发现，具有此种特性的材料是含有硅酸钙或钙硅酸铝的一组矿物。当其中某些矿物同氟化钠在900℃下发生反应时，所有的反应产物都是固体化合物，结果使熔盐相"干涸"。

在电解槽底部化学防渗漏材料的研究方面近30年来取得了很大的进展。20世纪80年代专家们也曾建议采用莫来石砖、陶瓷砖及镁砂等化学方法作为阻挡层，防止电解质向保温层渗透，但实践结果表明效果均不十分理想。80年代以后，一种新型的保温防渗材料——干式防渗料是国外开发的一种新型耐火材料，从90年代中期开始引入我国，后已在我国生产，并逐步得到普及[4]。这是一种由不同粒级的不同耐火材料混合而成的散料，在电解槽中可直接铺在保温砖上，压实后上面可直接放置阴极炭块，取代传统的氧化铝（或耐火颗粒）和耐火砖层。这种耐火材料在电解槽中能与渗透电解质反应生成致密的玻璃体状霞石层，减少阴极隆起和侧部渗漏，阻止电解质的继续渗透，其主要化学反应为：

$$2Na_3AlF_6 + 2Al_2O_3 + 9SiO_2 \longrightarrow 6NaAlSiO_4 + 3SiF_4 \qquad (10\text{-}1)$$

1985年在挪威试用了钙长石（SiO_2 30%、Al_2O_3 45%、CaO_2 23%）为主要成分的防渗材料，第一次试用的防渗材料密度只有1.6g/cm^3，其后为降低空隙度，又将密度提高到1.9g/cm^3。1995年长城铝业公司引进的防渗材料主要成分是SiO_2 60%~65%、Al_2O_3 30%~37%、Fe_2O_3 3%~7%，其A/S比在0.5左右，这种成分的干粉防渗料就是国产防渗料的最初版本。其后，加拿大克莱勃公司在郑州合资建厂开始生产防渗料，其产品的主要成分是SiO_2 50%~55%、Al_2O_3 38%~45%，其A/S比在0.8左右。根据文献对六种商品防渗料（A/S比为0.5~2.7）的实验评价结果：以A/S比为0.8左右的防渗料对电解质的反应率最低[4]。

电解槽底部内衬干式防渗料由于生产成本低、施工方便、使用效果好，已为大多数电解铝厂接受。在铝电解槽设计中也作为首先推荐的筑炉材料，干式防渗料在一定程度上取代了传统的耐火砖。此外，目前在一部分电解槽上也有采用在低温烘烧（400℃左右）后预制的防渗砖的趋势。

10.2　铝电解槽阴极和阳极电热解析与仿真研究

铝电解槽阴极和阳极的热特性，在以往的文献中，通常是以铝电解槽的电场、热场（或者电压平衡、温度场、能量平衡等）等名词来表述的，本章将着重从电解槽热特性的角度来描述。之所以强调"热特性"是因为电或者热的平衡关注的仅仅是电和热的收入与支出本身，没有更紧密地关注到电热特性与铝电解运行过程及它们之间的联系。在实际的工业电解槽上，"平衡"是必然的，任何一种设计或者操作条件下，平衡仅仅是电解槽一种自然的趋势。但无论如何，"平衡"并不意味着"适宜"，更不意味着"优化"；电场、热场描述的也只是电和热本身。作者想要强调的是，对热特性应该围绕铝电解过程和电化学反应的影响来评价，包括对铝电解过程的反应过程、反应效率、材料消耗电解槽的寿命及其与环境之间的联系。电流的通过产生了热，因而电与热是不可分割的，热的产生是因为电，而热反过来也会影响到电。撇开传统电化学过程本身和最近几十年（1960年以后）对磁流体动力学（MHD）研究而言，"热特性"则是铝电解槽性能对铝电解过程影响的一个最重要的基础。事实上，热的影响是伴随铝电解工艺的产生就一直存在的，因而在电化学理论和电磁特性的研究逐渐成熟以后，"热特性"才真正重新成为影响铝电解过程质量的最核心的因素，或者说这才是铝电解槽热问题的本质。

本章试图从新的视角，关注和分析电解槽的热问题。为此，在分析了现代铝电解槽的基本结构和材料特性的基础上，解析铝电解槽热特性及热的计算方法、阴极结构设计原则和如何设计高效率、低能耗和长寿命的电解槽，使之满足获得最优化的电化学过程特性的要求。在分析和总结现行技术成果的基础上，将电解槽体系范围按照热特性划分为四个区域，提出了以满足"电化学反应区"热特性为核心的"区域热特性"的设计准则。

在霍尔-埃鲁特铝电解槽运行过程中，热的产生和传递方式是十分复杂的。但是在早期对电解槽热计算和分析中，研究人员已经关注到电解槽热传递现象区别于一般热工设备的一个显著特点，那就是通常在电解槽内会生成一定的电解质凝固物，被称为槽帮结壳，这层结壳不但可以防止内衬材料不受槽内电解质和铝液熔体腐蚀，而且具有调节电解温度的作用。是否能形成比较合理、稳定的槽帮结壳，对电解槽内熔体与结壳之间的热量交换具有重要的作用。

从某种意义上来说，电解槽的能量是自给自足的[6]。根据电解槽的能量平衡，输入电解槽的电能 $W_电$ 等于电解槽分解氧化铝所需要的化学能 $W_化$ 与补偿电解槽热损失所需要的热能 $W_损$ 之和，即：

$$W_电 = W_化 + W_损 \tag{10-2}$$

在稳定的电流效率下，分解氧化铝的化学能是一个常数，即：

$$W_电 = 常数 + W_损 \tag{10-3}$$

然而，由于种种原因，$W_电$ 和 $W_损$ 总是随着时间的变化而经常地发生一些变化。电解槽的热损失由几部分组成，但是只有电解槽边部槽壳的热损失受 $W_电$ 波动的影响最大。

10.2.1 一维稳态传热模型

10.2.1.1 基本模型

对铝电解槽电热解析数值的研究，最初是从一维的静态热模型开始的。Haupin[7]率先于1971年提出了计算槽膛内形的一维纯导热模型，为了简便起见，可将槽内衬炭砖、耐火材料和钢制槽壳当成一个整体，基本传热过程原理可简化如图10-3所示。

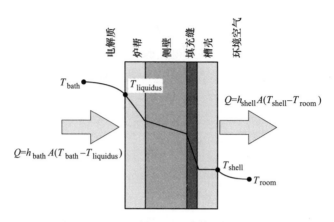

图 10-3　Haupin 提出的一维传热模型示意图

当电解槽处于热平衡状态时，电解槽的传热可以作为稳态传热过程来处理。在一维稳态情况下，若已知电解温度（或铝液温度）、槽侧壁温度、炉墙厚度，以及炉帮和炉壁材料导热性能情况下，并考虑到侧壁与槽壳钢板之间以及槽帮与侧壁之间的接触热阻，按照简化的传热模型考虑，热量从内向外水平传递，不考虑其他方向的传热，即从熔体传给炉帮的热量 q_b 与从侧壁散失的热量 q_s 相等。可以推导出槽帮厚度 X_f 为：

$$X_f = \left[\frac{T_f - T_s}{(T_b - T_f)h_b} - \frac{X_w}{\lambda_w} - R_1 - R_2 \right] \lambda_f \qquad (10\text{-}4)$$

式中，T_b 为电解质熔体的温度（计算铝液层时用铝液温度 T_m 代替 T_b）；T_f 为电解质初晶点温度；T_s 为槽壳外壁钢板温度；h_b 为电解质与炉帮之间的对流换热系数；X_w 为炉墙厚度；λ_w 为炉墙侧壁导热系数；λ_f 为炉帮导热系数；R_1，R_2 分别为钢板与侧壁内衬、侧壁内衬与炉帮之间的接触热阻。

这个模型对估计电解槽内各区的散热损失和槽帮最薄处的厚度是有效的，建立了对电解槽传热的基本概念。

10.2.1.2　电解质与侧部炉帮传热

从铝电解生产上的意义来说，作为铝电解槽槽膛内的槽帮结壳，一方面具有保护槽内衬材料免受电解质熔体和铝液腐蚀的作用，另一方面还具有隔热（导热系数接近于黏土砖）和电绝缘的性质。研究表明，炉帮的主要成分是冰晶石[6]。在铝电解生产过程中通过炉帮的凝固和熔化还起到温度自动调节器的作用，当电解槽输入的电能增加或减少的时候，电解槽的槽帮结壳的厚度会相应地减少或增加，从而在理论上使电解槽的温度比较稳定。如果输入的热量增大，T_b 和 T_m 就会升高（根据实测经验，T_m 一般比 T_b 低 2℃ 左右），部分炉帮就会被熔化，直到建立一个新的稳定状态，即较薄的炉帮厚度 X_f 和较高的散热量 q_s 条件下的平衡状态。在这种情况下，炉帮的稳定性取决于侧部散热量 q_s 和侧壁温度 T_s，当然还取决于电解质初晶点温度 T_f。如果熔体边界温度 $T_w > T_f$，就不会生成炉帮。当炉帮的凝固和熔化平衡时达到稳定状态，熔体给炉帮的热量 q_b 与从侧壁散失的热量 q_s 相等。

此外，从传热理论也可以知道，电解质熔体和铝液对炉帮结壳的换热系数与电解质熔体沿炉帮结壳的流动速度有关。然而电解质熔体和铝液在沿不同的槽帮结壳表面位置上的流速是不一样的，因此在同一台电解槽上，不同的槽膛结壳处的换热系数 h_b 是不同的。在电解质温度、环境温度、电解质初晶温度和电解槽侧壁厚度不变时，不同槽帮结壳处的炉帮厚度 X_f 基本上是 h_b 的函数。

由式（10-4）可以看出，当 h_b 增加时，槽帮结壳的厚度变薄；当 h_b 减小时，槽帮结壳会变厚，槽帮结壳的厚度 X_f 与 h_b 之间的关系可以用图 10-4 所示的曲线形式表示。

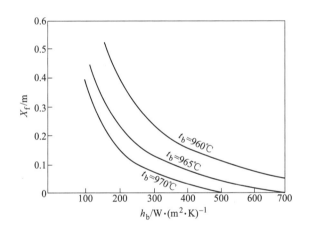

图 10-4 槽帮结壳的厚度与对流换热系数之间的关系

10.2.1.3 一维传热模型的基本假设

电解槽一维传热计算模型基于以下两个基本假设进行处理：

（1）电解质-炉帮界面的温度等于电解质的液相线温度。

（2）炉帮的凝固和熔化是可逆的。

在界面处的这两个相互联系的热平衡和化学平衡条件具有某些重要含义：如果电解质行为类似一个简单的共晶体系，凝固的槽帮就由一个纯固体化合物（或固熔体）组成；由电解质成分的变化引起液相线温度的变化时，由于传热量 q_b 不变的情况下，电解质温度（由于 $q_b = h_b(T_b - T_f)$）将会产生一个等量的变化。就是说，电解质温度随初晶温度变化而变化。

10.2.2 二维（准三维）稳态模型

铝电解槽在运行过程中的电热特性，特别是阴极部分的温度分布、电压分布和热平衡状况，对铝电解过程和能耗指标有重要影响。以往采用的经验方法，或者前述的一维分析模型，使人们对铝电解槽的热特性建立了基本的认识。但由于受模型方法精确度所限，很难对槽体内各个位置的温度与电压分布及其变化规律进行详细的了解和分析，这就很难从根本上对电解槽的电热特性作出精确的评价，也就很难对槽内衬结构提出改进并探索最优设计方案。

20 世纪 60 年代末至 70 年代初以来，国外开始借助于研究使用数学模拟法和电子计算机仿真（又称数值仿真）技术来指导大型电解槽的设计和操作，使吨铝能耗有较大降低，电流效率可提高到 93% 以上。我国从 1983 年开始进行研究，在消化国外资料的基础上，建立和完成了自己的铝电解槽二维（准三维）电热特性仿真模型和计算机程序；结合不同类型电解槽的特点，建立了一整套边界条件数据库，为我国 80 年代以后成功开发现代大型铝电解槽发挥了重要作用。

10.2.2.1 二维（准三维）物理模型

由于受到人工工作量或计算机容量的限制，计算机仿真模型通常都需要进行合理的简化。随着电解槽容量的增大，电解槽宽度基本保持不变，而在长度方向越来越长（500kA 以上电解槽超过 20m），成为电解槽的基本结构特点。电解槽的平面视图如图 10-5 所示，可以看出，每块阳极是阳极部分的基本组成单元，而阴极部分在纵轴方向除了阴极钢棒部分（主要影响电流分布）以外，基本上保持了相同的结构特点。这也就是为什么二维模型精确度虽然还不能与三维模型相比，但与一维模型相比有了本质的进步，已经能够反映电解槽的电热特性，从而成为电解槽设计和研究的有力工具。

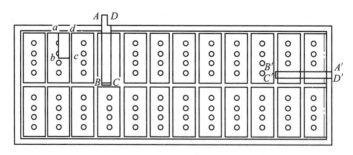

图 10-5　160kA 预焙电解槽俯视（平面）简图

A　阳极模型

由于阳极的结构是中心对称的，因此阳极模型一般采用 1/4 或 1/2 三维模型（见图 10-5 中 *abcd* 截取的范围）进行分析，沿导电棒的中心呈对称形截开，形成三维解析对象，如图 10-6 所示（含覆盖料）。同时将圆形导电棒折合成等效截面积的正方形处理，并假定对称面无电、热流通过[8]。

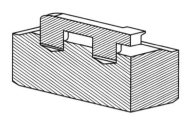

图 10-6 阳极 1/4 模型

B 阴极模型

从电解槽整个阴极结构来说，其电热特性可以认为以纵轴（X 轴）为对称分布。因此，在阴极沿长度方向某一位置（从中心 X 轴垂直面至槽外壳）截取一定厚度的"切片"（一般以 1/4 块阴极炭块厚度，见图 10-5 中 ABCD），即阴极部分的最小组成单元，作为阴极解析模型（大面"切片"）；电解槽端头一般除了加工面不同，槽底及侧下部的保温结构也有所不同，因而端部另外截取一定厚度"切片"（无严格界定，一般与大面切片相同厚度，见图 10-5 中 A'B'C'D' 截取的部分）作为阴极解析模型的补充（小面"切片"）。大面与小面"切片"的组合应用，构成阴极部分二维热电解析的基本模型。因此在这里，需作如下假定[9]：

（1）沿电解槽纵轴垂直面两侧的电、热分布对称。

（2）沿大面（两侧）及小面（两端）槽体温度分布与熔体流动情况分别相同，因而可用两个"切片"模型（见图 10-7）分别代表两个区域的热、电分布特性。

（3）"切片"间无电、热传递现象发生。

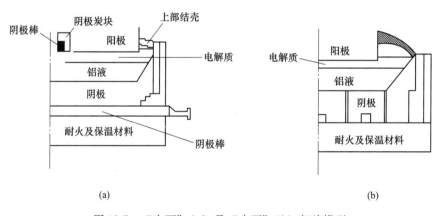

图 10-7 "大面"（a）及"小面"（b）切片模型

ABCD 包含的阴极"大面"切片模型，是电热解析的主要结构模型，可以看出，其中包括了半根阴极棒，这一部分准确说属于三维结构，并非二维模型能够代表。对于阴极钢棒区域的处理有两种方法：一种是将阴极钢棒部分按照等效面积，平铺于阴极底部，故可以按照全二维的模型处理，可使模型进一步简化；另一种是将该区域在厚度方向按两种材料（钢棒与炭块）进行三维处理，其余区域仍按二维处理，即构成阴极的二维与三维的混合模型。显然，后一种处理方法更合理。

C　模型的离散化

物理模型经过离散化处理，划分为若干矩形或三角形网格，图 10-8（a）是阳极整体解析有限元解析模型网格划分示意图（阳极覆盖料没有显示在图中），图 10-8（b）是阴极热解析有限差分网格划分，在 x 和 y 方向分别作网格划分，为了控制程序计算机容量的需求，x 方向网格最多设定 35 格，y 方向设定为 25 格，而且导热和导电率高、电位和温度变化梯度较小的区域，网格划分相对稀疏一些，同样在导热率低、温度梯度较大的区域网格化分密一些。每个格子同时定义其材料属性，每种材料由事先给定的编号确定，并对应其相应的热、电特性参数。

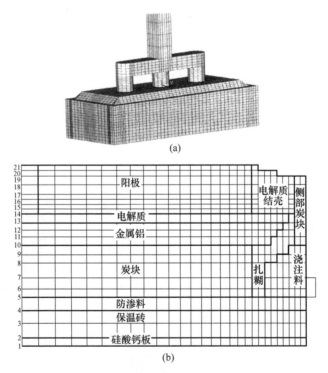

图 10-8　电解槽热解析模型网格划分

（a）阳极整体解析有限元解析模型网格划分；（b）阴极极热解析有限差分网格划分

D　阴阳极整体模型

在国外某些电解槽上，阳极与阴极炭块采用了相同的宽度，当选择半块阳极厚度的阴阳极整体"切片"模型时，可以使模型进一步简化，如图 10-9 所示，这里考虑了槽壳外的钢围带（槽沿板）散热和阴极钢棒与母线的连接部分。所不同的是，阳极钢爪区域可以单独按照局部三维处理，也可以按照等效截面积直接处理成二维模型[10]。但从模型的适用性和准确性角度看，在计算机处理难度允许的情况下，采用阴、阳极分别建模，三维和二维模型耦合建立准三维的模型方法更为可靠。

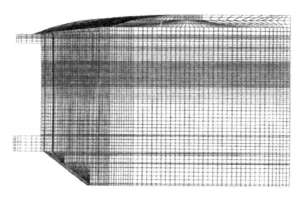

图 10-9 阴阳极整体"切片"模型网格化分

E 物理模型的处理

在电解槽的阳极模型中，除了阳极上的覆盖料，电流从阳极导杆与钢爪连接处流入，流经阳极钢爪、阳极与钢爪之间连接的磷铁环和阳极炭块，再进入电解质层，从钢爪到炭块均属于导电材料，也是电流流经的区域，需要同时进行电、热特性解析；阴极模型部分电流从铝液进入阴极，流经阴极炭块、炭块与阴极钢棒之间的扎固糊、炭块周围的扎固糊和阴极钢棒，流出电解槽，属于导电区域。其余部分如耐火材料、保温材料、防渗料、浇注料以及炉帮和侧上部覆盖料等均属于不导电的区域，侧部内衬无论是采用导电的炭块还是不导电的陶瓷材料（碳氮化硅），均属于工艺上不允许导电的区域，这些区域属于热解析区域。

在静态模型的阶段，电解槽内的熔体区域作为边界条件来考虑。即不考虑化学反应热、电解质发热以及熔体区域的电和热分布，而是设定熔体区域的温度为定值，最终依据解析结果和热平衡结果进行评价，通过调整阴极保温结构和阳极覆盖料使电解槽槽体达到热平衡，并获得预设的熔体温度。

10.2.2.2 数学模型

A 微分方程

将电解槽的电、热场视为均稳态或准稳态。稳态下，阴、阳极内电、热传递服从拉普拉斯方程与泊松方程描述，即：

$$\frac{\partial}{\partial x}\left(\sigma_x \frac{\partial V}{\partial x}\right) + \frac{\partial}{\partial y}\left(\sigma_y \frac{\partial V}{\partial y}\right) + \frac{\partial}{\partial z}\left(\sigma_x \frac{\partial V}{\partial z}\right) = 0 \tag{10-5}$$

$$\frac{\partial}{\partial x}\left(\lambda_x \frac{\partial T}{\partial x}\right) + \frac{\partial}{\partial y}\left(\lambda_y \frac{\partial T}{\partial y}\right) + \frac{\partial}{\partial z}\left(\lambda_x \frac{\partial T}{\partial z}\right) + q' = 0 \tag{10-6}$$

式中，λ，σ 分别为槽体材料在不同方向的导热与导电系数，是温度和材料特性 m 的函数，即：

$$\lambda = \lambda(m, T) \qquad \sigma = \sigma(m, T) \tag{10-7}$$

由于是三维模型且在各点的 λ、σ 值均与该点材料的各向导性和温度有关；q' 为单位体积内的焦耳热，对不导电材料，式（10-5）无意义，且 q' 为零。

由于电解槽的电热特性的复杂性，上述方程只能用数值法求解，使用的方法有"有限元法"和"有限差分法"等。

B 数值计算

这里仅以有限差分法为例：将解析区域划分成若干微元立方体（阳极内及阴极的导电棒区域三维部分）或矩形网格（阴极的二维解析部分），然后列出每一单元的差分方程，构成线性方程组，即：

$$AT = S \qquad BV = 0 \tag{10-8}$$

式中，A，B 分别为温度 T 与电压 V 的系数矩阵；S 为常数项（焦耳热）矩阵。

坐标为 (i, j, k) 的格子（若有电流通过）内产生的焦耳热可按叠加法求出：

$$q(i,j,k) = q_{i,j,k}^{i-1,j,k} + q_{i,j,k}^{i+1,j,k} + q_{i,j,k}^{i,j-1,k} + q_{i,j,k}^{i,j+1,k} + q_{i,j,k}^{i,j,k-1} + q_{i,j,k}^{i,j,k+1} \tag{10-9}$$

式中，$q_{i,j,k}^{i-1,j,k}$ 为 (i, j, k) 水平左侧格子流向 (i, j, k) 的电流所产生的焦耳热，且：

$$q_{i,j,k}^{i-1,j,k} = 2\sigma_x \frac{(V_{i-1,j,k} - V_{i,j,k})^2}{\Delta x} \Delta y \Delta z \tag{10-10}$$

通过对物理模型的离散化，建立网络导热与导电方程组进行求解，即可对选定的物理模型电热特性进行精确求解，编制计算机程序可对铝电解槽电热特性进行模拟仿真。

10.2.2.3 边界条件

完整的数学模型包括必要的边界条件，而且边界条件的可靠性决定模型的可靠性。解决不同领域问题的边界条件的研究是建立在对该领域特有的本质规律研究的基础上的，也是建立数学模型的难点。上述选定的物理模型和数学模型建立以后，还必须在确定边界条件的情况下，可对方程组求解。

求解导电方程的边界条件为：

（1）以铝液表面或阴极炭块表面为基准电位。

（2）槽帮不导电，电流全部通过阴极炭块。

（3）阳极和阴极"切片"模型的输入电流为恒定，通过阳极导杆或阴极棒的电流按总电流的平均分摊值计算。

（4）阳极钢爪与阴极出钢棒出口为解析边界。

（5）熔体与炭块，炭块与糊，炭块与钢棒（钢爪）接触电阻为已知（根据测定值或经验选定）。

求解导热方程的边界条件为：

（1）电解质与铝液层为等温区，其温度为设定值，根据经验和测试数据选定。铝液温度一般取电解质温度 $-2\,^{\circ}\mathrm{C}$。

（2）上部结壳与阳极间的接触面为绝热面，即接触面没有热流通过。

（3）槽体周围的环境温度按车间平均气温给定。

（4）槽体外表面向环境散热是由自然对流与辐射两项组成，外表综合散热系数 α_{WA} 为：

$$\alpha_{\mathrm{WA}} = c(T_{\mathrm{w}} - T_{\mathrm{a}})^{0.25} + \frac{\sigma_0 \varepsilon_{\mathrm{w}}}{T_{\mathrm{w}} - T_{\mathrm{a}}}(T_{\mathrm{w}}^4 - T_{\mathrm{a}}^4) \qquad (10\text{-}11)$$

式中，c 为实验系数，垂直侧壁为 2.6，槽底板为 2.0，槽沿板（向上的顶板）为 3.3；T_{w}，T_{a} 分别为钢壳表面温度与环境温度；σ_0 为斯忒藩-玻耳兹曼常数，取 5.57×10^{-8}；ε_{w} 为槽钢壳黑度系数。

（5）槽内熔体与槽内表面（包括底部炭块与侧部炭块及炉帮）的给热系数：

1）电解质与侧部槽帮的给热系数用实验公式[11]：

$$Nu = 0.0365 Re^{0.3} Pr^{0.3} \qquad (10\text{-}12)$$

式中，Re 为常数，$Re = \dfrac{v_{\mathrm{B}} L}{\mu}$；$v_{\mathrm{B}}$ 为电解质流速；L 为电解液深度及阳极至槽帮距离之和。

2）铝液与阴极炭块表面的换热系数 W. E. Haupin 的实验式：

$$Nu = 5/(0.025 R_{\mathrm{a}}^{0.3}) \qquad (10\text{-}13)$$

式中，R_{a} 为铝液沿长轴方向的水平流速，$R_{\mathrm{a}} = Re Pr$，与电解质层一样，这里 Re 与速度 v_{m} 有关。从理论上来讲，电解质与铝液流速是通过电磁和磁流体动力学模拟或者工业电解槽测试的。这里使用经验数据，取为 $5 \sim 10\mathrm{cm/s}$。

用式（10-11）计算的电解质和铝液与槽帮间的给热系数与实测值有较大差异，由于槽结构和操作条件不同，熔体循环流动速度也有较大差别，所以不同研究者得出的熔体给热系数往往差异较大，缺乏准确的表达式。因此，通常用经验数据[8]。

电解质与槽帮间的给热系数 α_{Bf} 根据作者经验取 $200 \sim 400\mathrm{W/(m^2 \cdot K)}$[9]。

按照式（10-12）计算铝液与槽帮间的给热系数，随电解槽类型及加料方式不同而变化很大，一般预焙槽铝液与阴极炭块间的给热系数为 $1000 \sim 1500\mathrm{W/}$$(\mathrm{m^2 \cdot K})$，铝液与炉帮之间实际范围在 $200 \sim 450\mathrm{W/(m^2 \cdot K)}$。铝液与炉帮跟铝液与炭块之间换热系数存在巨大差异，W. E. Haupin 认为铝液与槽帮间存在一层电

解质薄膜（界面层，也称"薄膜"理论），这种观点也被普遍接受。因而铝液-炉帮间实际的传热系数成为：

$$\alpha'_{mt} = \cfrac{1}{\cfrac{1}{\alpha_{mt}} + \cfrac{\delta_B}{\lambda_B}} \tag{10-14}$$

式中，λ_B 为电解质的导热系数；δ_B 为薄膜厚度，一般在 0.5~2.0mm 之间。

选择合适的薄膜厚度对提高仿真的精确度有很大的影响。作者研究发现，当 δ_B 为 1.5mm 时，仿真结果更接近于实际。

10.2.2.4 侧部槽帮厚度的计算

将槽内熔体向侧壁传热近似视为一维问题，则槽帮在 j 点水平方向的厚度为：

$$L_{f,j} = \frac{\lambda_f(T_f - T_{\varepsilon,j})}{\alpha_{m,f}(T_m - T_f)} \tag{10-15}$$

式中，T_f 为电解质初晶点温度；$T_{\varepsilon,j}$ 为格子水平上紧靠槽帮的槽衬材料温度；T_m 为熔体温度。

$\alpha_{m,f}$、$L_{f,j}$ 随 T_f 而变，由于 T_f 的计算精度不高，带来误差较大，因而可用下式验算槽帮最薄处的水平厚度：

$$L_f = \lambda_f \left[\frac{T_f - T_a}{\alpha_{m,f}(T_m - T_f)} - \frac{A_f L_\varepsilon}{A_\varepsilon \lambda_\varepsilon} - \frac{RA_t}{A_w} - \frac{A_t}{A_w \alpha_{WA}} \right] \tag{10-16}$$

式中，A_f、A_ε、A_w 分别为槽帮表面、侧部槽衬与钢壳导热面积，m^2；λ_f、λ_ε 分别为槽帮与槽衬材料的导热系数，$W/(m \cdot K)$；R 为耐火材料与钢壳间的接触热阻，取经验数值 $0.043m^2 \cdot K/W$；α_{WA} 为槽壳对空气的对流模热系数。

计算出不同高度水平的槽帮厚度即得出槽帮形状。

10.2.3 二维（准三维）计算机仿真程序

这里以作者参与开发的"铝电解槽热（电）解析数学模型及计算机程序（HACC）"为例，图 10-10 是阴极部分计算机电热仿真程序的简要流程图。

具体流程步骤和功能简要介绍如下：

（1）输入原始数据。初始数据是计算机程序运行的基础条件，铝电解槽电热解析的原始数据包括"切片"模型离散化后的基本网络数据，即：1）定义电解槽计算范围（切片模型）内几何尺寸、对应位置的网格坐标、网格间的连接关系、材料分类编号；2）各类导电、导热边界条件数据、参数，如电压、电流、接触电阻、热阻，边界对流换热系数等；3）不同材料的导电及导热物性参数（考虑材料的各向异性以及 0~1000℃ 随温度变化）。

（2）设定电解槽的初始温度。在输入原始数据和边界条件的基础上，模型

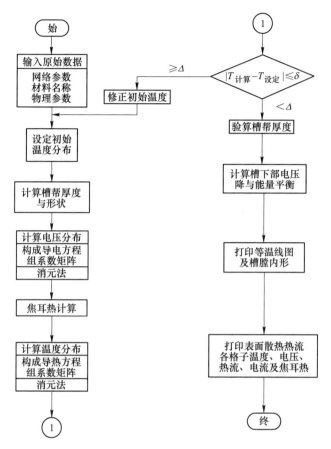

图 10-10　铝电解槽电热仿真计算机程序流程图

Δ—温度计算值规定误差范围，本程序为 25℃；

$T_{计算}$，$T_{设定}$—后一次计算与前一次计算或设定的温度

求解还需要进一步补充两个数据：一是物性参数的确定值，这与相应节点处的材料和温度有关，在建立了材料基本数据库后，需要根据温度值来确定采用相应的数据；二是构建计算模型需要知道炉帮所处的初始位置，也就是物理模型的几何边界，这是边界条件的重要部分。因此，必须要知道模型中各个节点（网格）的温度，而这正是我们需要求解的目标。为此，需要根据经验和已知的研究成果设定一个初始的温度分布，以估算确定炉帮的初始位置，以及依据温度结合材料物性参数的温度变化确定各处的物性参数值，方可求解差分方程组。

（3）计算炉帮的初始位置。根据初始温度分布，计算初始的炉帮形状，确定槽内熔体与炉帮（液相与固相）的传热边界。

（4）组建导电方程组并求解。组建网络节点的导电方程组并求解（消元法），得出槽体内的电压（电位）分布、电流分布。

（5）计算焦耳热。根据槽体内的各个格子的电压与电流计算出各格子内的焦耳热。

（6）组建导热方程组并求解。组建网络节点的导热方程组并求解，得出槽体内各点的温度、热流值。至此，完成一次求解过程。

（7）计算结果的判定。将上述过程求解的结果，得出的各个格子点的温度与初始的设定温度进行比较，如果差值大于 Δ（取 25℃），且差值大于 Δ 的节点数超过 5，则程序重新设定（取前后平均值修正）各节点的初始温度。然后返回重新构建方程组求解。重复以上过程，直到所有节点的前后温度误差满足要求。循环次数设定最大值不超过 15 次，超过 15 次被判定为方程组解不收敛，程序会自动终止。出现不收敛的情况，一般来说，可能是由于数据输入错误、某些边界条件异常，或者模型的处理出现逻辑错误导致的。

（8）验算炉帮形状。依据最终的温度分布计算结果，验算确定精确的炉帮形状。

（9）计算槽内各部分电压降和各部分散热量。

（10）打印输出计算结果。

按照上述流程编制的程序（HACC）的运行计算结果，可输出解析范围（物理模型）内的以下分析数据：（1）电压与温度分布，各节点的电流、热流及焦耳热、电压降等；（2）槽腔内形及等温线图；（3）槽体及槽外壳表面散热热流分布图形；（4）分析输出下部槽的热平衡（设定电流效率）。

10.2.4 模型的检验

为了检验数学模型与计算机程序的准确程度和实用性，首先需要对仿真计算结果与工业生产槽实测结果进行验证。另外，将采用 HACC 与"日轻"模型及三菱模型的结果进行对比，直接或间接地证实了 HACC 程序用作各种电解槽设计的仿真试验是可靠的（见图 10-11 和图 10-12）。

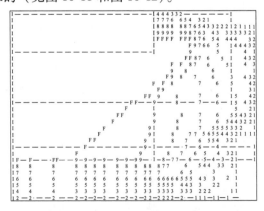

图 10-11 "日轻"程序 160kA 槽模拟结果

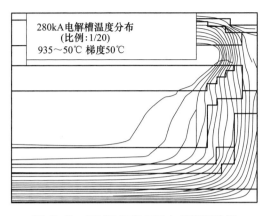

图 10-12 HACC 程序 280kA 槽模拟结果

HACC-Ⅰ程序在当时的小型计算机上运行（阴极程序用 ACOS-400 机，阳极程序用 M-150 机）。1984 年 8 月开发了 HACC-Ⅱ程序，在 IBM-5550 微型计算机上移植成功，每次运行分析时间不超过 15min。

对贵州铝厂 160kA 预焙槽的实际参数进行了一系列的测定，测定参数包括槽膛内形、槽内熔体温度、槽外壳表面（底板、侧壁）温度。将计算结果与实测值进行对比发现，槽壳外表温度（包括底板与侧壁）分布与计算值基本相符（见图 10-13）。根据研究选择了槽内熔体与侧壁间给热系数的经验值，仿真结果与测量值基本吻合（见图 10-14）。

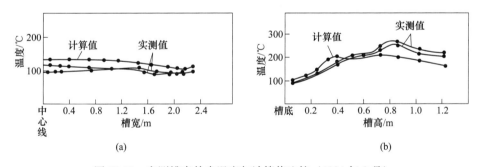

图 10-13 实测槽壳外表温度与计算值比较（1984 年 8 月）
(a) 槽壳底板温度；(b) 侧壁外表温度

10.2.5 工程应用

HACC-Ⅱ可以预报不同槽内衬结构方案及各种操作条件下的槽电压、槽膛内形及电能消耗等指标，这就是通常所称的电子计算机数值仿真试验，也可以设定某一理想指标为目标函数（如槽膛内形、电能消耗或某一部分的电压降等）进行设计方案探索——优化设计,改变结构参数、设计参数及操作条件后,电解槽的电、热参数及相应的技术经济指标的变化情况可从仿真试验中很快获得。这种仿真试验与物理模拟法或生产性试验相比,花钱少、速度快,完成一次方案设计、数据准备及运行计算工作仅需 1~2 天,以此作为辅助设计手段,可以大大提高铝电解槽设计的可靠性和预见性。

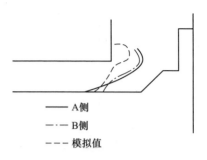

—— A 侧
—·—· B 侧
———— 模拟值

图 10-14 计算值与实测槽膛内形比较

作者利用 HACC-Ⅱ 对 160kA 预焙阳极、中间下料的槽子进行了多种槽内衬结构方案的仿真试验[9]。表 10-6 是改变下部保温层结构,不同方案所对应的炉帮形状和阴极散热量。在原设计基础上,槽底增加了一层硅钙保温板,同时用 Al_2O_3 粉代替耐火砖,并将槽侧下部的石棉板与保温砖加高至底部炭块以上后,阴极电压降由原方案的 0.432V 降为 0.396V(方案 Ⅴ),炉帮厚度由原来的 33cm 增至 34cm。而伸腿长度由 33cm 缩短为 13cm,伸腿高度由 19cm 变为 13cm,阴极部分总散热由 159.83kW 降为 135.64kW。可见,这种新的槽内衬结构,不仅可使炉帮形状获得较大的改善,而且可使槽下部散热减少 15.13%。

表 10-6 不同方案槽下部结构仿真试验结果(一)

| 槽型 | 研究对象 | 结构特点 | 槽膛特点/cm① | | | 阴极散热/kW | | | | | | |
			炉帮厚	伸腿高	伸腿长	上部结壳	上部顶板	槽壳上部	槽壳下部	阴极钢棒	炉底	总计
160kA 预焙槽	实验方案 Ⅰ	原设计	33	19	23	19.92	2.88	46.05	41.27	29.88	19.82	159.83
		Al_2O_3 代替耐火砖	36	20	28	18.75	2.82	44.48	39.29	29.80	15.44	150.58
	实验方案 Ⅱ	一层高铝砖 $+Al_2O_3$ 粉	36	21	33	18.66	2.79	44.0	40.36	30.31	17.59	153.71
	试验方案 Ⅲ	炉底增加一层硅钙板、Al_2O_3 代替耐火砖,侧下部加保温层	36	16	23	18.75	2.81	42.48	36.49	29.85	13.68	145.06

槽型	研究对象	结构特点	槽膛特点/cm①			阴极散热/kW						
			炉帮厚	伸腿高	伸腿长	上部结壳	上部顶板	槽壳上部	槽壳下部	阴极钢棒	炉底	总计
160kA 预焙槽	试验方案Ⅳ	炉底增加一层硅钙板、Al_2O_3代替耐火砖，侧下部石棉层加高	35	17	18	19.13	3.01	42.70	33.91	29.04	13.41	141.20
	试验方案Ⅴ	炉底增加一层硅钙板、Al_2O_3代替耐火砖，侧下部保温层加高至底部炭块以上	34	13	13	19.30	2.99	39.17	31.70	29.0	13.47	135.64
106kA 上插自焙槽	日本直江津	侧上部保温	32	1	20	23.13	21.52	13.29	23.19	16.27	24.20	121.6
	青铜峡	仿直江津Ⅲ型，但减少侧壁中部与底部保温层	41	4	20	23.87	6.70	19.33	18.95	15.85	13.91	93.62

① 炉帮厚为侧部炉帮最薄处厚度，伸腿高指阳极投影下炉帮高度，伸腿长指炉帮伸进阳极投影内的长度。

表 10-7 是改变槽内衬结构及操作温度条件下，阴极部分电压降的构成与分布情况。方案Ⅴ改进后的阴极电压降比原方案减少 8.39%，其中阴极炭块内压降减少比较明显，相应地每吨铝的直流电耗即可减少 123.15kW·h；进一步的分析发现，主要原因在于保温结构的变化使得炉帮伸腿缩短，从而导致铝液与阴极炭块接触面的改变以及炭块内电流分布的改变，使得电压降得到明显降低。此外，青铜峡 106kA 槽方案阴极压降较原型槽（日本直江津方案）减少了 9.1%。

另外，从仿真试验中可获知，若槽结构不变，仅通过改变电解质成分和操作条件等措施将电解温度由原来的 970℃ 降至 955℃，这时阴极电压降从 0.4324V 降低到 0.3941V，相应地每吨铝可以减少电耗 130kW·h。从仿真试验中，还可获得整个电解槽系统电压降的分配及各种热散失情况的分布信息，从而可以挖掘出多方面的节能潜力。

以上所述的各种方案的仿真实验，只是为了说明 HACC 程序模拟电解槽电、

表 10-7 不同方案槽下部结构仿真实验结果（二）

部位	原设计		实验方案 V		方案 V（电解温度 955℃）		日本直江津		青铜峡	
	压降/V	能耗① /kW· h·t⁻¹	压降/V	能耗① /kW· h·t⁻¹	压降/V	能耗① /kW· h·t⁻¹	压降/V	能耗① /kW· h·t⁻¹	压降/V	能耗① /kW· h·t⁻¹
铝液与炭块接触压降	0.0813	275.88	0.0701	237.28	0.0700	237.04	0.1302	441.16	0.0809	273.86
阴极炭块内的电压降	0.1193	404.04	0.1031	349.18	0.1033	349.97	0.1606	544.01	0.1205	408.08
炭块与阴极棒接触压降	0.0242	81.82	0.0255	86.26	0.0254	86.12	0.0435	147.2	0.0285	96.62
炭糊压降	0.0006	2.14	0.0008	2.73	0.0008	2.75	0.0008	2.79	0.0013	4.47
炭糊与阴极棒接触压降	0.0002	0.7	0.0003	0.92	0.0003	0.88	0.0006	2.03	0.0006	1.97
炭块与炭糊接触压降	0.0021	7.02	0.0028	9.32	0.0027	8.89	0.0034	11.4	0.0028	9.4
阴极棒压降（炭块内）	0.1147	388.38	0.1029	348.4	0.1025	347.34	0.0907	307.25	0.0895	303.17
阴极棒压降（炭块外）	0.0876	296.77	0.0905	306.56	0.0884	299.46	0.0865	292.86	0.1096	371.12
阴极棒与软母线连接部分	0.0289	97.83	0.0287	97.29	0.029	98.2	0.0125	42.37	0.0359	121.58
总计②	0.4324	1464.59	0.3961	1341.44	0.3941	1334.72	0.4814	1650.44	0.4376	1485.28

① 本表计算时采用电流效率 $\eta = 88\%$，能耗指标未包含全部，仅作为阴极部分的对比；

② 各部位接触电阻产生的电压降已分摊到相邻材料中，不计入总电压降。

热特性的方法及其应用实际设计工作的实例，具体方案的可实施性还需要结合材料的物理化学性能及电解槽寿命等方面的因素加以分析。

10.2.6 · 三维热电模型

一个完全的三维模型在早期受到计算机技术发展水平限制，计算工作显得太过于复杂；而且由于网格太多，占用计算机内存太大，计算机运行时间过长或甚至无法计算，使模型的适用性降低。由于当时的二维解析或二维与三维混合（准三维）解析对铝电解槽数值仿真的结果已达到一定的精度，因此在一定长的时间内完全的三维模型研究并不是很多，事实上，二维（准三维）模型在 20 世纪 60~90 年代大型铝电解槽的开发设计中发挥了非常重要的作用[12]。

通过应用二维模型或二维与三维混合模型分析铝电解槽内的热分布来计算槽膛内形，其计算值与测量值之间仍存在一定的误差，主要表现在：

对熔体流动对换热的影响考虑较少，电解质和金属铝液与槽帮之间的对流传热系数难以准确确定，与实际过程比较尚有一定的距离，无法做出预测；由于受磁场和熔池内电流分布的影响，熔体在电解槽内的流动情况也并不一致，不同区域内铝液流速不同，方向也各异，有时在预焙铝电解槽内铝液流动呈"8"字形或多个不同的环形分布，因而不同区域内的传热情况也不完全相同，造成在电解槽纵向不同位置的换热和炉帮形状不同。因此，进一步研究开发三维模型十分必要。

随着计算机技术的发展，基于国际通用数值计算软件 ANSYS 的电解槽三维模型得到了开发应用[13]。Marc Dupuis 等人于 1984 年用 ANSYS 开发了三维的 1/2 阳极的电热解析模型，随后 1985 年开发了三维的阴极切片电热模型，紧接着在随后的十多年内相继开发了三维阴阳极耦合的切片电热模型、阴极端部拐角三维电热模型、1/4 槽三维电热模型（不含阳极）、1/4 槽阴阳极耦合的三维电热模型。由于三维模型计算耗时较长，Marc Dupuis 采用不同层次的三维模型来解决此问题[14]。可以采用半个炭块的切片模型，分为 1199 个网格，也可以采用两个炭块带拐角的模型，分 6999 个网格，最后可以用拐角加 12 个切片组成 1/4 槽的模型，分为 21387 个网格。

采用 ANSYS 的电解槽三维热电模型计算流程及三维模型如图 10-15 和图 10-16 所示。

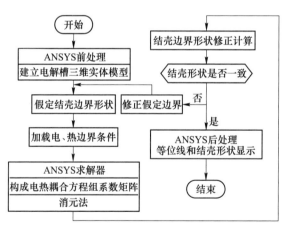

图 10-15 ANSYS 进行电解槽电热仿真流程图

三维模型描述电解槽的电热特性相对来说更为准确、全面，它能够描述电解槽边部、端部及角部区域不同的炉帮及热分布的差异，在实践中也更为适用。但由于槽内熔体流动的复杂性，本质上来说是与二维模型一样的方法，精确度也相差不大。

ANSYS 的应用，给铝电解槽的仿真计算提供了强大的工具，使计算工作变得更为便捷，计算结果的表达也更为形象和直观。采用 ANSYS 软件平台可对电解槽的阴极和内衬结构进行改造方案的仿真，探索优化设计方案。作者曾在文献

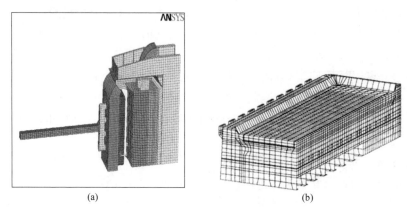

图 10-16　ANSYS 电解槽三维模型示意图

（a）电解槽三维切片模型；（b）电解槽 1/4 模型

［15］中用 ANSYS 探讨了不同阴极结构的优化仿真结果，而在文献［16］中针对采用可压缩结构内衬的 400kA 铝电解槽进行了电热仿真如图 10-17（a）所示，三维仿真结果如图 10-17（b）所示。

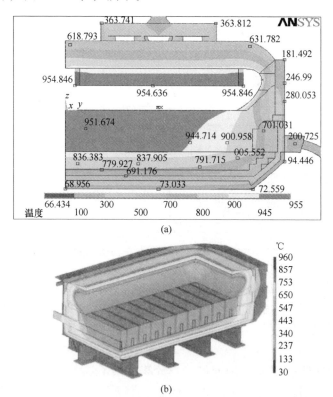

图 10-17　ANSYS 仿真的 400kA 电解槽温度切片云图（a）和三维等温线图（b）

10.3　能量平衡计算

所谓的能量平衡就是在稳定状态下供给体系的能量等于电解过程中需要的能量和从电解槽体系损失的热能之和。能量平衡研究的目的在于分析电解槽能量输入与输出的各部分组成，系统地了解各个区域散热量和散热分布。通过分析改进电解槽的设计，优化电解槽的热特性，以尽可能地减少系统的能量输入，降低热损失，从而达到提高铝电解槽的电流效率、降低电耗，最终获得较高的能量效率的目的。

10.3.1　能量平衡的概念

简单地说，电解槽的能量平衡就是指"输入电解槽体系的能量等于从电解槽体系输出（消耗）的能量"，即：$Q_入 = Q_出$，也可表达为[17]：

$$A_1 = E_p + Q_L \tag{10-17}$$

即体系中输入的电能 A_1 等于反应过程消耗的能量 E_p 加上从该体系中损失的能量 Q_L，可进一步转化为：

$$IE_体 t = 0.3356 I\gamma tf + Q_{热损} \tag{10-18}$$

式中，I 为电流强度，kA；$E_体$ 为体系中的电压降，电解槽能量收入来源，V；γ 为电流效率，%；f 为产出单位质量的铝所需要的能量，kW·h/kg；t 为时间，h。

消去电流 I、时间 t 转化为电压平衡式：

$$E_体 = 0.3356\gamma f + \alpha_{热损} \tag{10-19}$$

式中，$\alpha_{热损}$ 为电解槽的热损失系数，是按单位电量计算的热损失量，也就是补充电解槽热损失量所需要的电压，V。

因此

$$\alpha_{热损} = E_体 - 0.3356\gamma f \tag{10-20}$$

10.3.2　能量平衡计算方法

在进行能量平衡计算之前，首先要考虑确定以下计算条件（以现代大型预焙槽为例）[18]：

（1）温度基础。选择温度基础是确定电解槽能量收入与支出的基础条件，通常取电解温度作为计算基础，或者取0℃和常温（25℃）作为计算基础。

（2）时间条件。通常取1h，或者取1天（24h）。

（3）计算体系。计算体系就是能量平衡计算对象的边界范围，应该包括整个电解槽槽体。对于现代大型预焙电解槽（有槽罩板的密闭槽），可取"槽底-槽壁-槽罩-槽壁"为边界范围的体系。

（4）体系电压。体系电压就是计算对象边界范围以内的电压降。对于带槽罩的预焙槽来说，体系电压是从铝导杆与阳极钢爪连接处开始至阴极钢棒出口线路上所有的电压降之和。一般不包括母线电压降。

（5）气体的热量交换。对于带罩的预焙槽来说，要计算加热漏进槽罩内冷空气所需热量，阳极气体在槽罩内燃烧生成 CO_2 放出的热量，以及阳极气体离开槽罩前由于温度降低而放出的热量。

当选择某一温度作为计算基础时，其意义就是假设电解反应在该温度下进行，此时电解槽计算体系与周围环境之间进行稳定的物质交换与能量交换，达到供给的能量与消耗的能量之间的平衡。图 10-18 是选择 0℃为计算温度基础时的能量平衡示意图。

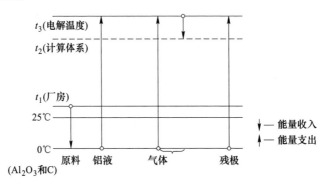

图 10-18 铝电解槽的能量平衡示意图（以 0℃为计算温度基础）

电解槽的能量平衡以 0℃为计算的温度基础时，能量反应式左右两边的项目最为醒目，这可从能量平衡示意图（见图 10-18）看出。铝电解的总反应式是：

$$Al_2O_3 + xC = 2Al + yCO_2 + zCO \qquad (10-21)$$

以 0℃为基础时，能量平衡涉及的项目分别如下（以 1h 为计算基础）：

（1）能量收入：

1）电力供给计算体系的能量，$Q_{电能} = IU_{体系}$。

2）原料带入计算体系的热量 $Q_{原料}^{t_1 \sim 0}$，从厂房温度 t_1 到 0℃。

3）阳极气体在离开计算体系之前放出的热量（其中包括因气体温度降低和燃烧而放出的热量）$Q_{气体}^{t_3 \sim t_2}$。

（2）能量支出：

1）电解反应消耗的能量 $Q_{反应}^0$，按 0℃计算。

2）铝液带走的热量 $Q_{铝}^{0 \sim t_3}$，t_3 温度下取出的铝液所带走的热量应计算到 0℃。

3）气体带走的热量 $Q_{气体}^{0 \sim t_3}$，t_2 温度下带走的热量应计算到 0℃。

4）阳极残极带走的热量 $Q_{残极}^{0 \sim t_3}$，t_3 温度下带走的热量应计算到 0℃。

5）电解槽计算体系向周围环境通过对流、辐射和传导而损失的热量，即 $Q_{损失}$。

对于不同温度基础上的能量平衡式，沈时英[19]深入研究了如下计算公式：

（1）以0℃为基础，可写成：

$$Q_{电能} - Q_{原料}^{t_1\sim 0} + Q_{气体}^{t_3\sim t_2} = Q_{反应}^0 + Q_{铝液}^{0\sim t_3} + Q_{气体}^{0\sim t_3} + Q_{残极}^{0\sim t_3} + Q_{损失} \qquad (10\text{-}22)$$

其中，$Q_{电能}$ 与 $Q_{损失}$ 两项不随温度基础而改变。

（2）以25℃为基础，则可写成：

$$Q_{电能} + Q_{原料}^{t_1\sim 25} + Q_{气体}^{t_3\sim t_2} = Q_{反应}^{25} + Q_{铝液}^{25\sim t_3} + Q_{气体}^{25\sim t_3} + Q_{残极}^{25\sim t_3} + Q_{损失} \qquad (10\text{-}23)$$

（3）以电解温度为基础，则 $Q_{原料}$ 一项由于 $t_3 > t_1$，故应算作能量支出而改列在平衡式的右侧，$Q_{铝液}$、$Q_{气体}$ 和 $Q_{残极}$ 三项由于温差为零而消失。此时能量平衡式可写为：

$$Q_{电能} + Q_{气体}^{t_3\sim t_2} = Q_{反应}^{t_3} + Q_{原料}^{t_1\sim t_3} + Q_{损失} \qquad (10\text{-}24)$$

根据前面的计算，求得：

$$Q_{反应}^{t_3} = \left(99.8 + \frac{30.5}{\gamma}\right) \times \frac{1000}{27 \times 860} = 4.31 + \frac{1.31}{\gamma} (kW \cdot h/kg) \qquad (10\text{-}25)$$

$$Q_{原料}^{t_1\sim t_3} = \left(\frac{1}{2} \times 26.2 + \frac{3}{4\gamma} \times 4.16\right) \times \frac{1000}{27 \times 860} = 0.56 + \frac{0.14}{\gamma}(kW \cdot h/kg) \qquad (10\text{-}26)$$

又 $$Q_{电能} = IU_{体系} = I(E_{极化} + \Delta U_{效应} + IR_{体系})$$

如果忽略 $Q_{气体}$ 一项，则得下式：

$$I^2 R_{体系} + I\left[E_{极化} + \Delta U_{效应} - 0.3356\gamma\left(4.87 + \frac{1.45}{\gamma}\right)\right] - Q_{损失} = 0 \qquad (10\text{-}27)$$

$$I^2 R_{体系} + I(E_{极化} + \Delta U_{效应} - 0.49 - 1.64\gamma) - Q_{损失} = 0 \qquad (10\text{-}28)$$

当 $E_{极化} = 1.60V$，$\Delta U_{效应} = 0.05V$ 时，式（10-27）可简化成：

$$I^2 R_{体系} + I(1.16 - 1.64\gamma) - Q_{损失} = 0 \qquad (10\text{-}29)$$

式（10-29）是铝电解槽能量平衡的一个简式。该式也表示了电流（I）与体系电阻（$R_{体系}$）、电流效率（γ）和热损失量（$Q_{损失}$）之间的关系，即：

$$I = \frac{-(1.16 - 1.64\gamma) + \sqrt{(1.16 - 1.64\gamma)^2 + 4R_{体系}Q_{损失}}}{2R_{体系}} \qquad (10\text{-}30)$$

所以，当为了强化生产（增加铝产量）而要加大电流时，则可从式（10-30）表达的关系进行考虑。提高电流效率，增加热损失量或者减小体系电压，通常有助于加大电流。

10.3.3 基于电热仿真模型的铝电解槽能量平衡设计

20世纪80年代以前，我国在铝电解槽的热电计算与槽内衬设计时主要是依靠经验和简单的计算，由于不能对槽体内部温度、电压分布及其变化规律做详细定量的分析，因此无论在进行旧槽改造还是在新槽设计中都有较大的盲目性。自

20世纪70年代引进"日轻"160kA电解槽技术并消化、开发电热场解析程序以来[9]，这种情况有了较大的改观，从而为电解槽的设计提供了重要的理论依据。基于能量平衡的电热场解析计算在内衬设计方案的应用即是典型的例证。

根据能量平衡的基本概念：供入体系的能量（A_1）等于反应过程消耗的能量（E_p）和体系的热损失（Q），即式（10-17）：$A_1 = E_p + Q_L$。基于铝电解槽的电热解析程序，能够计算出电解槽槽体内的电位分布、温度分布、槽膛内形、电流/热流分布等，同时可以得到电解槽的阴/阳极散热量、阴/阳极压降，然后编制出能量平衡表。

10.3.3.1 应用于电解槽设计的能量平衡计算方法

铝电解槽能量平衡设计是非常重要的，合理优化的能量平衡不仅是判断内衬结构设计的依据，而且对于电解槽未来的热特性保持有着重要的作用。一般来说，它应该能够保证电解槽运行后，能量平衡维持在合理的范围内。也就是说，必须在电解槽受到各种实际生产波动影响时，可以通过操作调整使之在得到优化的热特性区间运行。一个非常重要的调节因素常常在设计时被用作调整措施，就是阳极覆盖料厚度的设计与调整。因此，采用电热模拟方法计算能量平衡的程序是：

（1）确定初步的电解槽内衬结构设计方案，设定阳极上的覆盖料厚度（氧化铝或电解质破碎料），进行阳极/阴极部分电热解析。

（2）选择的计算基础温度为电解温度，根据阴极/阳极解析计算结果：阴极压降/阳极压降和阴/阳极散热建立热平衡表。其中：阴极部分的散热基于解析模型的划分，包括了阳极至电解槽边部的结壳、槽边部顶板（槽沿板）部分的散热、阴极钢棒散热；极间电压降为设定极距的条件下电流通过电解质层产生的欧姆电压。

（3）其他能量收入项：效应分摊电压根据阳极效应系数、效应持续时间及效应时的平均电压计算得到；阳极氧化放热以经验数字选取；系外母线压降也是可知的。

（4）其他能量支出项：反应消耗能是根据电解槽电流效率获得的；最后一项是加工散热，可以理解为电解槽操作时散失的热量，比如换极、处理边部及加热氧化铝原料和阳极所消耗的能量，相对来说计算比较粗略，实际设计时也常做微小调整，以保证收入与支出的平衡。当然，其误差根据经验被控制在一定范围内。

上述电热解析模型的基本计算条件是在设定的电解温度和过热度前提下进行的，当初步的能量平衡表编制后，收入与支出项总会出现某种差异。在阴极部分的温度分布及炉帮形状被认为符合设计要求的情况下，为了达到能量平衡，需要对阳极上的覆盖料厚度进行调整，然后重新进行解析，直到阳极部分的散热量调整能使电解槽达到整体的能量平衡为止。

10.3.3.2 能量平衡计算实例

以 160kA 预焙槽能量平衡计算为例，计算条件：电流强度 160kA；阳极尺寸 1400mm×660mm；阳极电流密度 0.722A/cm²；阳极上覆盖料高度 7.5cm，经调整厚度后，适宜值为 7.8cm；电解温度取 950℃，过热度 15℃；电流效率为设定值。

采用 HACC 进行阴极/阳极电热仿真计算，经计算，极间电压 1.334V（极距按 4.2cm 计算）；效应分摊电压 0.104V（设定效应系数 $AE=1$ 次/（槽·日）持续时间 5min，效应电压 30V）；系外电压指母线分摊电压约 200mV。加工散热根据经验取 0.081V（折算为电压）。

将以上结果与电热解析仿真结果汇总，编制出 160kA 铝电解槽能量平衡表（见表10-8）。

表 10-8　160kA 铝电解槽能量平衡表

能量收入项/V		能量支出项/V	
阳极电压降	0.348	阳极散热	0.785
阴极电压降	0.354	阴极散热	0.972
分解电压	1.65	加工散热	0.081
极间电压降	1.334	反应消耗热	1.978
阳极氧化	0.130①		
收入合计	3.816	支出合计	3.816
效应分摊电压	0.104		
系外电压	0.2		
槽电压		3.99	
直流电消耗/kW·h·t⁻¹		13666（电流效率87%） 13588（电流效率87.5%）	

注：全部折算为电压。

① 阳极氧化热收入不计入槽电压。

10.3.3.3 建立在能量平衡基础上的热电模型和仿真程序

按照上述介绍的电热解析模拟及能量平衡计算方法，在设定的参数条件下，从不同的设计方案的解析结果和能量平衡分析，可以得到阳极结构、槽内衬结构、保温材料等对电热分布、槽膛内形、电能消耗的影响，能够比较精确地预测电解槽的电热特性和能量平衡的状态，从而可以通过选择不同的方案进行解析计算，最终得到较为合理、经济的可行性方案。这一程序的解析计算和能量平衡分析方法（HACC-B）已成功地应用到电解槽的内衬设计中。

但是，我们注意到，在应用这一方法设计电解槽时计算过程十分繁琐，而且对于槽热特性及内衬结构设计评价，与能量平衡的分析很难做到统筹兼顾。这是因为电解温度与过热度是设定的，这种方法在设计上存在以下缺陷：

（1）电热解析和能量平衡计算时电解温度和过热度不做调整，在确定电解质摩尔比的条件下，电解温度（过热度）的些许变化，都会导致计算结果产生较大误差。

（2）为使电解槽能量收入与支出达到平衡，调整电解槽阳极覆盖料厚度时，由于电解温度与过热度保持不变，这种调整对阴极部分温度变化及炉帮的影响无法得到反映。

（3）过热度在实际的过程中是在一定范围内变化的，而不是一个固定值。

现代的研究认为，过热度的变化范围应该在 5~15℃ 之间（6~10℃ 为宜，本书以后还会讨论），即使在一个小的范围内变化，过热度对电解槽热特性乃至热平衡的影响也是非常显著的。另外，过热度在一定范围内的变化是允许的，而设定过热度就会导致对设计方案做不必要的调整。相反，我们需要了解的是在不同的电解槽和内衬结构设计以及阳极保温条件下，由热平衡决定的电解温度和过热度。

HACC-B 就是基于这一思想而开发的。在这个模型和计算程序中，所有的电热解析和能量平衡计算都统一在一个系统中完成，如图 10-19 所示。

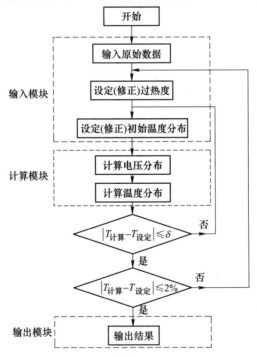

图 10-19　考虑能量平衡的电热仿真程序流程图

给定阳极结构和槽内衬设计方案后，起始设定的电解温度（过热度）下，通过求解电热方程组，电解槽的各部分电热分布很快可以模拟出来，然后通过计算结果给出的各部分能量收入与支出进行能量平衡的计算。如果热收入大于热支出，说明电解槽散热不足，这也意味着电解温度和过热度在给定的条件下，将高于设定值；如果热收入小于热支出，说明散热过大，意味着电解温度和过热度将低于设定值。然后，程序自动修正电解温度（过热度），重新进行解析和能量平衡计算分析，指导收入与支出基本平衡（$|Q_{收} - Q_{支}| \leqslant 2\%$）。这时候，程序完成了一次完整的解析和计算，所得到的结果即为该设计方案的电热特性和能量平衡的分析结果。

经设计者对计算结果进行全面分析，包括电热特性、炉帮形状、温度分布，以及电解温度和过热度等，根据设计准则进行必要的方案调整，然后重新交给HACC-B 进行计算分析，直到所有结果满意为止。

10.3.4 能量平衡的扩展

铝电解槽的能量支出可以初步理解为氧化铝在电解质中的分解反应以及在反应温度下对氧化铝和炭阳极的加热所消耗的能量。能量平衡的扩展则是进一步考虑了第二种反应过程，例如阳极的燃烧、γ- 与 α-氧化铝之间的转换，氧化铝中杂质的反应及炭阳极和其周围构件的加热等。W. E. Haupin 是第一个发展有关槽电压组成及它们之间相互关系示意图的人，他用这些示意图研究了铝电解槽惰性阳极替代消耗的炭阳极带来的影响[20]，关于 Haupin 的电压组成图（见 10-20），本书将在第 22 章详述。

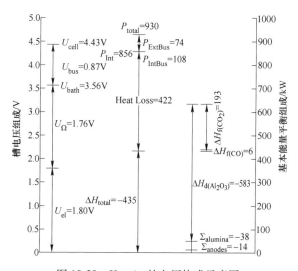

图 10-20 Haupin 的电压构成示意图

上面提到的基本能量平衡，仅仅包括电化学反应式（10-31）中氧化铝和阳极的加热以及铝电解槽内原铝生产过程产生的焦耳热：

$$\frac{1}{2}Al_2O_3 + \frac{3}{4\eta}C = \frac{3}{4}\left(2 - \frac{1}{\eta}\right)CO_2 + \frac{3}{2}\left(\frac{1}{\eta} - 1\right)CO \qquad (10\text{-}31)$$

式中，η 为电流效率百分数。

能量平衡的扩展则是除了基本能量平衡以外，还考虑到了发生在铝电解槽内更多的化学反应和状况。这些过程要么产生能量（放热反应——热源），要么就消耗能量（吸热反应——散热等）。在有关文献和网络上，可以找到几种出版物报道霍尔-埃鲁特铝电解槽的特性，其中有些研究了铝电解槽能量平衡的扩展。

化学反应及其相关情况与能量平衡有关的有：氧化铝、阳极、炭及其他工艺过程。对于能量平衡来说，一般很少考虑阴极上发生的过程的影响，例如：炭化铝的形成或者钠与底部炭块的反应。文献［20］作者开发的 HHCellVolt 程序显示了各种反应，以及它们是怎样对能量平衡产生的影响。程序将这些工艺过程的说明定义在电解工艺数据中，例如：全部炭阳极燃烧需要多少空气以及在能量平衡中贡献的热量是多少。图 10-21 显示了所有吸热和放热工艺过程的一个完整示意图，其中 HHCellVolt 程序考虑了能量平衡的扩展，它指出了除去基本能量平衡外扩展的不同内容。这些影响因素对能量平衡既能起到有益的作用，也能起到负面影响，主要取决于设计者的考虑。

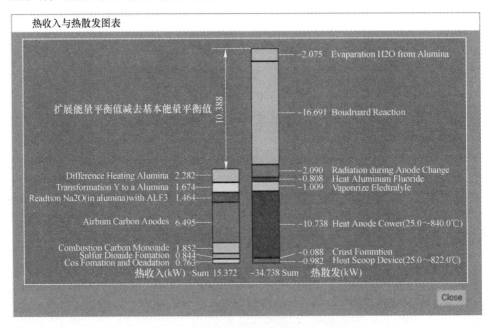

图 10-21　能量产生和输出的对应示意图

　　类似于 Haupin 示意图，HHCellVolt 程序同样也给出了一个扩展后的能量平衡示意图（见图 10-22），除表述了能量平衡的扩展外，还指出了两种能量平衡之间的不同内容。

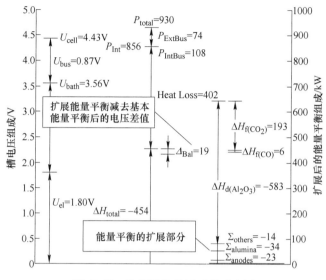

图 10-22　能量平衡扩展后的示意图

　　能量平衡的扩展使得对铝电解过程的热力学计算有了更为精确的定量描述，特别是对实际存在的复杂反应热焓计算能够很方便地完成。通过采用线性内插法或 Shomate 关系式，依靠热力学数值来精确计算出能量平衡和电解温度。

参 考 文 献

[1] 索列 M，尔耶 H A. 铝电解槽阴极 [M]. 邱竹贤，王家庆，等译.《轻金属》编辑部，1991.

[2] 冯乃祥. 铝电解 [M]. 北京：化学工业出版社，2006.

[3] JOLAS J M，BOS J. Cathode drop comparisons on aluminium Pechiney mordern cells [J]. Light Metals，1994：403-410.

[4] 梁学民. 现代铝电解槽技术问题的探讨 [J]. 中国有色金属 2000，10（增2）：39.

[5] 梁学民，我国 280kA 超大型铝电解槽（ZGS-280）开发工业试验 [J]. 轻金属，1998（增）：54-58.

[6] THONSTAD J，ROLSETH S. Balance between profile and electrolyte on the side of aluminium reduction cell—Basic principle [J]. Light Metals，1983：425-435.

[7] HAUPIN W E. Calculating Thickness of Containing Walls Frozen From Melt [R]. TMS-AIME

Annual Meeting Pager, New York, 1971 (2): 305.

[8] 梅炽, 武威, 梁学民, 等. 铝电解槽电热解析数学模型及仿真研究 [J]. 中南矿冶学院学报, 1986 (6): 10-14.

[9] 梅炽, 梁学民, 等. 160kA 铝电解槽电、热解析及仿真试验 [J]. 华中工学院学报, 1987 (2): 1-7.

[10] PEACY J G, MEDLIN G W. Cell sidewall studies at Noranda Aluminium [J]. Light Metals, 1979: 475-492.

[11] SOLHEIM A, et al. A publication of the metallurgical society of AIME [J]. Light Metals, 1983: 425-435.

[12] 梁学民, 等. 铝电解槽数学模型及计算机仿真 [J]. 轻金属, 1998 (增): 145-150.

[13] DUPUIS M, SIM G. Computation of aluminum reduction cell energy balance using ANSYS finite element model [J]. Light Metals, 1998: 409-417.

[14] DUPUIS M. Thermo-electric analysis of the GRANDE-BAIE aluminum reduction cell [J]. Light Metals, 1994: 339-342.

[15] 梁学民, 陈喜平, 冯冰, 等. 铝电解槽阴极结构分析与仿真计算 [J]. 轻金属, 2015 (5): 38-42.

[16] 梁学民. 大型预焙铝电解槽节能与提高槽寿命关键技术研究 [D]. 长沙: 中南大学, 2011.

[17] 邱竹贤. 铝电解原理与应用 [M]. 徐州: 中国矿业大学出版社, 1997.

[18] 邱竹贤. 预焙槽炼铝 [M]. 北京: 冶金工业出版社, 1980.

[19] 邱竹贤, 沈时英, 蔡祺风. 铝电解 [M]. 2 版. 北京: 冶金工业出版社, 1995.

[20] ENTNER P M, DUPUIS M. Expansion of energy balance in Hau-henult aluminum electrolyzer [C] // Proceedings of the 12th Australian Conference on Electrolytic Aluminium Technology.

11 铝电解槽热特性与阴极内衬设计

11.1 区域能量自耗

在较早探讨铝电解热设计准则和进一步降低铝电解电耗的可能性问题时，对铝电解槽的各部分热量分布和收支平衡进行了分析。沈时英先生最早提出了电解槽"区域能量自耗"的观点[1]。按照这种观点，可以把铝电解槽各部位按能量自耗的状况分为几个独立的区域：阳极区、阴极区（槽底）与极间区。在每个区内，能量自耗的状况各有不同。

为了说明各区内的能量自耗状况，提出以各区内的实际电压 v 与其本身的热耗电压（或能耗电压）a 差：$v-a$ 记为 Δv 作为量度的标志。这样做可以排除电解槽电流的因素，因而可以直接互相比较。

11.1.1 阴极区

铝电解槽的阴极区（槽底，包括阴极棒）能量基本上是自耗的，即它主要是负担散发其自身所发出的热量，这里应该不包括侧上部的散热，比如文献[1]给出的实例：

（1）意大利 Montecatini 铝厂，其电解槽槽底（包括阴极棒）散热为：$34.4+10.8=45.2$kW，而电解槽的电流强度为 108kA。这样，其槽底的热耗电压 $a_{槽底}$ 为：

$$a_{槽底} = 45.2/108 = 0.418 \ （V）$$

而它的槽底电压降为 0.4V，即：

$$v_{槽底} \approx a_{槽底}$$

（2）日本轻金属苫小牧铝厂，其槽底（包括阴极棒）的总热损失为：$32+25=57$kW，电解槽的电流强度为 160kA。这样，该槽的槽底热耗电压 $a_{槽底}$ 为：

$$a_{槽底} = 57/160 = 0.356 \ （V）$$

而该槽的槽底电压降 $v_{槽底}$ 为 0.36V。因此，也是 $v_{槽底} \approx a_{槽底}$。

由此可见，槽底部分属于"自耗型"的说法是可信的。沈时英先生认为，在当时电解铝技术条件下，不能超越"自耗"这个界限，即不能使槽底电压降大于其热耗电压，而使它反过来向两极间供热，并认为：$v_{槽底} \approx a_{槽底}$ 是槽底保温设计的"警界线"。"能量自耗"这一概念，给出了电解槽槽底保温结构的基本设计思路。

11.1.2 极间区

两极间的能量收入电压 $v_{极间}$ 即 $v_{质} + v_{反}$。$v_{质}$ 为电解质自身的电压降：

$$v_{质} = k\rho D_{阳}L \tag{11-1}$$

式中，k 为当量系数，常数；ρ 为电解质的电阻系数，$\Omega \cdot cm$；$D_{阳}$ 为阳极电流密度，A/cm^2；L 为极间距离，cm；$v_{反}$ 为电解槽的反电动势，V。

这样，$v_{极间} = k\rho D_{阳}L + v_{反}$，而两极间的能耗电压 $a_{极间}$ 为：

$$a_{极间} = (a_1 + a_2 + b)\gamma \tag{11-2}$$

式中，a_1 为用于补偿 Al_2O_3 分解的自由能变化（$\Delta G_T^{\ominus}$）所耗电压，V；a_2 为用于补偿 Al_2O_3 分解的束缚能变化（$T\Delta S_T^{\ominus}$）所耗电压，V；b 为用于加热与熔化反应物料的所耗电压，V；γ 为电流效率，小数。

经计算，电解温度 950℃，电流效率 $\gamma = 0.88$ 的条件下，两极间的总能耗（折算为电压）为：1.923V。

而在电解温度 950℃ 下，$v_{反} = 1.65V$，$v_{质} = 1.35 \sim 1.45V$，因此：

$$v_{极间} = 1.65 + (1.35 \sim 1.45) = 3.0 \sim 3.1 \ (V)$$

这样，两极间的能量自耗状况是：

$$\Delta v_{极间} = v_{极间} - a_{极间} = (3.0 \sim 3.1) - 1.923 = 1.077 \sim 1.177(V)$$

这表明，在此区域内电压有 1.1V 左右的剩余，能量不能自耗。这些多余的能量将转化为热，要求创造条件向外输出。这正是目前铝电解槽电能无谓损耗的主要根源，也是降低铝电解电耗的最大"潜力"所在。

11.1.3 阳极区

由于两极间的能量不能自耗，因此要求阳极具有适当的散热能力，以便使两极间的一部分多余热量由它向外散出。所以，阳极区应是"散热型"的。从能量自耗的角度来说，也就是阳极本身的电压降 $v_{阳极}$ 应小于它的热耗电压 $a_{阳极}$，即：

$$\Delta v_{阳极} = v_{阳极} - a_{阳极} < 0$$

按照预焙槽计算，$\Delta v_{阳极} = -0.4 \sim 0.5V$。

沈时英先生认为，阳极区能量不能自耗，不是由它本身决定的，而是由于两极间能量不能自耗，其剩余热量很大一部分要由阳极散出。因此，$\Delta v_{阳极} < 0$ 是被动产生的。由此可见，极间区能量自耗，是其他各部分"区域能量自耗"的基础。只有在这个基础上才有可能实现阳极区的能量自耗与大力加强电解槽侧部与上部的保温。因此，以极间区能量自耗为基础的"区域能量自耗"，应是进一步大幅度降低电耗的努力方向。

在铝电解电热解析数学模型和计算机仿真技术还没有开发以前，"区域能量自耗"对于指导铝电解槽的设计有很大的影响，尽管今天看来，"区域能量自耗"还只是一种理想化的目标，而且文献［1］对阴极部分的炭块以上部分没有提到，如果阴极部分仅指阴极炭块以下部分，那么阴极炭块以上部分应该还需要增加散热约 0.5V，因为正好是铝液、电解质熔体对应的散热区域，这部分散热应该划分给极间区散热；如果划分给阴极区域，也就意味着极间区多余的热量也有约 0.5V 通过阴极区散失了。当然，这部分热量也是被迫散失的。

虽然我们现在能够通过建立电热解析数学模型进行计算机仿真[2-3]对电解槽各个区域的热量收支进行比较精确地计算，但从沈先生的"区域能量自耗"理论概念中至少可以总结出以下几个重要的思想：（1）从铝电解的总体能量平衡而言，所需的能量是可以自给的；（2）在电解槽的极间区域存在较大的能量富余，减少能量的输入是铝电解节能的关键；（3）"区域能量自给"是电解槽重要的节能概念和方向，仍然是今天铝电解槽电热平衡设计的理想目标。今天看来，这些思想对我们仍然有着重要的影响，这也是本书再次引用"区域能量自耗"概念的一个重要原因。

11.2　铝电解槽的热特性

在传统的设计理念中，对电解槽的能量平衡、热平衡或电压平衡都有较为系统地论述，尤其在计算机仿真技术发展起来以后，我们能够比较清楚地描述电解槽体内热场的分布（温度分布、热流分布）。然而，要确切描述电解槽内各个部分的热问题，包括热能的需求、热分布特征、热平衡状态以及与区域内的物理化学变化之间的联系，尤其是区域热状态的最优化条件和稳定性，是十分复杂的。孤立地分析电解槽的温度场或者计算电解槽的电压平衡（热平衡）并不能全面地反映和评价电解槽的上述热（能量）状态。在同样的电解温度下不同的电解质组分其热特性是不同的，对于反应过程的影响也不同；而不同的物理性质的材料在不同的温度条件下物理变化和产生化学反应的动力学条件也是不同的，反映在电解槽的设计上就会带来电解槽运行过程的差异和电解槽材料寿命的改变。

"热特性"是本书强调的一个重要概念，我们试图从"热特性"角度对电解槽各个区域不同的物理化学反应特征与"热"（能量）之间的动力学、热力学联系进行描述，即"四区热特性"分析，以对电解槽的热设计进行全面评价。

11.2.1　熔融电解质区域的热特性

熔融电解质区域是指位于电解槽阴阳极之间的区域，也是铝电解槽的主要电化学反应区，维持这一区域适当的能量平衡和热特性，对于铝电解过程的稳定和优化运行是十分重要的。描述电解质热特性的最重要的参数是电解温度、电解质初晶温度和过热度，过热度是指电解温度与电解质凝固温度（液相温度）之间的差值。众多的研究成果表明，过热度是这一区域中最能代表"热特性"的参数，在电解质成分相同的情况下，其各种物理化学特性与过热度的关系与电解温度相比更为明显[4]。

11.2.1.1　电解质反应区的能量需求

在电解铝生产过程中，能量的消耗是评估电解技术经济性的重要指标，而电解过程中有效的能量支出主要在电解槽阴阳极之间的电解质反应区内，用于补充电化学反应耗能。在霍尔-埃鲁特电解槽中发生的半反应和总反应主要有[5]：

阴极反应：
$$Al^{3+} + 3e === Al(1) \tag{11-3}$$

阳极反应：
$$\frac{3}{2}O^{2-} + \frac{3}{4}C === \frac{3}{4}CO_2(g) + 3e \tag{11-4}$$

总反应：
$$\frac{1}{2}Al_2O_3 + \frac{3}{4}C === Al(1) + \frac{3}{4}CO_2(g) \tag{11-5}$$

表观的能量消耗 W_{el}（kW·h/kg）通常用下列方程定义：

$$W_{el} = \frac{UF|v_e|}{3600 M_{Al} x_{Al} v_{Al}} = 2.98\frac{U}{x_{Al}} \tag{11-6}$$

式中，U 为槽电压；F 为法拉第常数（96485C/mol）；$|v_e|$ 为得失电子和生成物的计量数，$|v_e|=3$ 和 $|v_e|=1$；M_{Al} 为铝的摩尔质量；x_{Al} 为铝的电流效率。

不考虑电解槽结构因素的情况下，式（11-6）可以用两个参数来描述总电能消耗，即能量消耗的降低既可以通过降低槽电压来实现，也可以通过增加电流效率来实现。

在1000℃下，式（11-5）的标准焓变大约是550kJ/mol。该温度下生产1kg铝的最小理论能耗为5.64kW·h/kg，不用碳做还原剂（即惰性阳极），分解氧化铝的最小理论能耗为8.69kW·h/kg。在霍尔-埃鲁特电解槽中，由于参与反应的碳的消耗可以节约电能消耗。

所以，真实的能量需求与电流效率有关。考虑到计算式（11-5）和电流空耗，可以得到下列物质平衡方程[6]：

$$\frac{1}{2}Al_2O_3(s,T) + \frac{3}{4x_{Al}}C(s,T) === Al(1,T) + \frac{3}{4}\left(2 - \frac{1}{x_{Al}}\right)CO_2(g,T) +$$
$$\frac{3}{2}\left(\frac{1}{x_{Al}} - 1\right)CO(g,T) \tag{11-7}$$

与式（11-7）相对应的电荷转移数为 $3F/x_{Al}$。

考虑到将氧化铝和炭阳极从室温加热到电解工作温度 T 需要的能量。因此，ΔH_{tot}，即每生产1kg铝所要求的焓表达如下：

$$\Delta H = \frac{1000}{27} \left[\Delta H_T^{\ominus}(3.77) + \frac{1}{2}(H_T^{\ominus} - H_{298K}^{\ominus})_{Al_2O_3} + \frac{3}{4x_{Al}}(H_T^{\ominus} - H_{298K}^{\ominus})_C \right]$$

$$(11-8)$$

在 977℃ （1250K） 下，将各有关能量计算项与电流效率的关系计算如下：

$$\Delta H_{1250K}^{\ominus}(3.77) = \frac{1}{x_{Al}}(126.000 + 422.280x_{Al}) \, kJ/mol \qquad (11-9)$$

$$(H_{1250K}^{\ominus} - H_{298K}^{\ominus})_{Al_2O_3} = 109.730 \, kJ/mol \qquad (11-10)$$

$$(H_{1250K}^{\ominus} - H_{298K}^{\ominus})_C = 17.410 \, kJ/mol \qquad (11-11)$$

将式 （11~9） ~式 （11-11） 代入式 （11-8），可求出最小电耗与电流效率的函数关系：

$$\Delta H_{tot}^{\ominus} = \frac{139.180}{x_{Al}} + 477.240 \, kJ/mol = \frac{1.43}{x_{Al}} + 4.91 \, kW \cdot h/kg \qquad (11-12)$$

当电流效率为 100% 时 （$x_{Al} = 1$），$\Delta H_{tot}^{\ominus} = 6.34 \, kW \cdot h/kg$。对应上述提到的能量需求 $5.64 \, kW \cdot h/kg$，该值没有将反应物从室温加热到 977℃ 的能量计算进去。

当谈到霍尔-埃鲁特电解槽的热平衡时，也要考虑其他因素，比如电流产生的欧姆热和布达尔副反应产生的反应热。

$$C + CO_2 \Longrightarrow 2CO \qquad (11-13)$$

这个反应在使用自焙阳极电解槽中可能特别重要。因为 CO_2 在阳极界面中产生，它们中的一部分根据式 （11-13） 有选择性地与黏结剂沥青在孔隙和裂缝表面直接起反应。

正如简单方块图 （见图 11-1） 的基本概念 （由 Alcoa Technical Center 提出），在电解槽处于稳定状态的整个时间内，所有输入和输出的质量和能量是处于稳定的平衡状态的。生产 1kg 金属铝，电解槽约需使用 1.92kg 氧化铝和大约 0.4kg 预焙阳极。按化学当量计算，全部生成 CO_2 所需要的阳极炭是 0.33kg，这是因为过程中有 CO 生成和在阳极中含有微量其他元素，氧化铝也不是按化学计量 1.89kg/kg 计算的，因为含有水分和杂质。

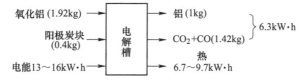

图 11-1　预焙槽质量和能量平衡简图

在霍尔-埃鲁特电解槽中热的产生和散失不是均匀分布的。电极反应和相应的过电压将会在铝阴极表面和炭阳极表面引起局部的温度梯度。这意味着电解槽中详细的温度分布不能从简单的计算中获得，但可以通过电热数值仿真和模拟技术得到。

电解质反应区内的能量需求是这一区域内能量平衡和热特性保持的基础，也是电解槽热设计的基础。因此，合理设计电解槽内衬结构使之满足电化学反应过程所需的能量平衡，以获得适宜的电解温度和过热度，同时尽可能降低单位铝产量所需的能量消耗。

11.2.1.2 温度（过热度）对电解质物理性质的影响

适宜的电解温度是维持电化学反应的基本条件，这一点无可置疑，从霍尔-埃鲁特电解工艺诞生起就已经为人们所深知。但从铝电解技术的发展来说，对温度的关注侧重点有所不同。首先对热的问题是从能量平衡的角度考虑的，一般来说，实际电解温度是在较大的范围内变化的，比如过热度在一定范围内是被认可的（以往通常可能是 5~25℃）；从减少能量的损失角度来说，低温电解是一个长期的目标，这是温度宏观概念上的意义，也是伴随电解质成分和添加剂的研究开展的；大约从 20 世纪 60~70 年起，更多的是从对电解槽热分布与磁流体动力学相互作用的角度，研究其对电化学反应的影响。而温度对电解质物理特性的影响也明显地影响着电解反应的质量和进程，这是本节要阐述的重点。

A 温度与电解质密度

熔融冰晶石和含冰晶石混合物的密度从理论和技术的观点来讲都是重要的，实验测定的单一氟化物及其混合物的密度在对这些熔体许多性质研究方面也是重要的。

在 1000℃时，各种添加剂对熔融冰晶石密度的影响示于图 11-2[4]，虽然1000℃低于纯冰晶石的熔点，但它更接近于电解槽的运行温度。另外，对于纯冰晶石的密度，不同的研究报道了不同的数值，所以需要进行校正。必要时，为了一个共同的原点，以给密度增加一个常量的方法来变换密度-组成曲线。

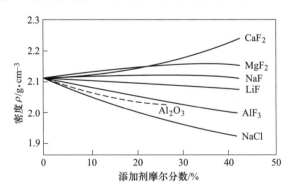

图 11-2 添加剂对熔融冰晶石密度的影响

在铝的电解生产过程中，电解质密度影响金属铝从电解质中的分离。对目前的电解槽设计，电解质的密度必须低于液态铝的密度，以便于熔炼铝的产生和沉积。液态铝的密度 $\rho_{Al(1)}$（g/cm^3）按下式求得：

$$\rho_{Al(1)} = 2.561 - 2.72 \times 10^{-4}t \tag{11-14}$$

式中，t 为温度，℃。

因为希望有一个最大密度差，显然严格地限制了钡盐的应用，因此钡盐必然地被认为是不实用的添加剂。另外，除非同时添加氟化铝用来抵消密度增大的影响，添加的氟化钙量也是有限的。添加氟化铝时形成较低密度带来的有利影响，成为有过量氟化铝的电解质性能良好的原因之一。

假设电解质熔盐混合物的密度取决于粒子数目，则研究者提出了如下电解质密度（$\rho_{电解质}$，g/cm^3）、电解质温度（t,℃）和组成（质量分数,%）之间的经验式：

$$\rho_{电解} = 2.64 - 0.0008t + 0.16BR - 0.008w(Al_2O_3) + 0.005w(CaF_2) +$$
$$0.008w(MgF_2) - 0.004w(LiF) \tag{11-15}$$

式中，BR 为 NaF/AlF$_3$ 的质量比。

在大多数情况下，该式在工业条件下是精确的。经验式（11-15）表明，在等温条件下电解质密度由于添加 Al_2O_3、AlF_3 和 LiF 而降低，而添加 CaF$_2$ 和 MgF$_2$ 则起相反的作用。但提高电解质密度的添加剂都可降低电解质温度。

添加 LiF 时，由于电解质温度降低，使其密度增加的作用比等温条件下密度降低的作用要大，因此添加 LiF（质量分数）应当考虑到电解质温度降低的因素时，电解质密度实际上仅产生微小增高。AlF$_3$ 和 Al_2O_3 对温度作用不大，即使考虑温度降低因素，电解质密度仍是降低的。添加 CaF$_2$ 和 MgF$_2$ 对电解质密度的不利影响是由于电解质温度相应降低而增大。

有几个经验和半经验公式可用于描述熔盐的密度和摩尔体积与成分和温度的关系。

文献［7］采用阿基米德法研究了熔融氟化物和含有冰晶石的氟盐混合物的密度。测量的碱金属氟化物（LiF、NaF、KF）的密度精确度高于±0.5%。密度大体上要比从前报道的数据高出 1%。对于纯熔融氟化物，其密度 d(g/cm^3) 与温度呈线性函数关系：

$$d = a - bt \tag{11-16}$$

式中，a，b 为系数，根据相应表格对 Na$_3$AlF$_6$ 查得：a=3.097±0.018，b=98.2±1.7。

显然随温度的增加，电解质密度成线性降低趋势。

文献［7］所做的二元系密度与摩尔体积的关系如下：

$$V_m = x_1V_1^0 + x_2V_2^0 + V^E \tag{11-17}$$

式中，V_m 为混合物的摩尔体积；V_1^0，x_1 为组元 i 的摩尔体积和摩尔分数；V^E 为二元的过剩摩尔体积。V^E 用如下公式表达：

$$V^E = x_2(1 - x_2)(A + Bx_2) \tag{11-18}$$

$$A = A_1 + A_2(t - 1000)$$

$$B = B_1 + B_2(t - 1000) \tag{11-19}$$

式中，x_2 为添加剂的摩尔分数；A_1，A_2，B_1，B_2 为常数，在文献中由表列出。对 Na_3AlF_6-Al_2O_3 二元系，查得 $A_1 = 34.13$，$A_2 = -5.012$，$B_1 = 10.871$，$B_2 = 45.22$，误差 0.13%。

文献［8］给出 Na_3AlF_6-AlF_3-LiF-Al_2O_3 熔融体系密度（g/cm³）的经验方程式：

$$d = 2.938 - 8.446 \times 10^{-4}t - 3.373 \times 10^{-4}w^2(AlF_3) - 3.201 \times 10^{-3}w(LiF) -$$

$$4.762 \times 10^{-3}w(Al_2O_3) + 2.78 \times 10^{-4}w(AlF_3)w(LiF) \tag{11-20}$$

文献［9］使用熔液的摩尔体积来估算熔融体系 Na_3AlF_6-AlF_3-LiF-CaF_2-MgF_2-Al_2O_3 的密度，这种方法确实可以计算出密度。在随后的文献［10］中提出 KF 对于溶液密度的影响模型基于下列的假设：LiF 与 AlF_3 作用产生 Li_3AlF_6。如果加入 KF，则与 AlF_3 作用产生 K_3AlF_6。剩余的 AlF_3 与 Na_3AlF_6 作用产生 $NaAlF_4$。那么，以冰晶石为基的熔液的摩尔体积（cm³/mol）可以根据式（11-21）来计算：

$$V = \left[1 + 4.3754 \times 10^{-4}(t - 900)\right] \times \left[95.693x(Na_3AlF_6) + 73.0x(Li_3AlF_3) + \right.$$

$$74.303x(NaAlF_4) - 20.0x(Na_3AlF_6)x(NaAlF_4) + 25.4x(CaF_2) +$$

$$\left. 21.1x(MgF_2) + 130.8x(K_3AlF_6) + 57.5x(Al_2O_3)\right] \tag{11-21}$$

式中，$x(i)$ 为混合物成分的摩尔分数；t 为温度，℃。

式（11-21）中的参数由文献中的数据决定。适用范围是：0~28% AlF_3，0~10% Al_2O_3，0~8% CaF_2，0~8% MgF_2，0~5% LiF，0~5% KF。该式可用来估算温度在 850~1050℃之间、含有过量 AlF_3 的电解质的密度，其与试验数据的误差为±1%。由式（11-21）计算的结果绘制成图 11-3，显示了所示电解质组成下，不同温度下的电解质密度，并给出了电解质和熔融铝液之间的密度差。

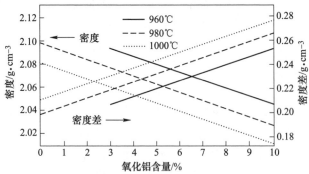

图 11-3 Na_3AlF_6-11% AlF_3-5% CaF_2-（0~10%）Al_2O_3

体系的密度和铝液与电解质之间的密度差

Soheim 发布的关于熔融体系 NaF-LiF-AlF$_3$-CaF$_2$-MgF$_2$-Al$_2$O$_3$ 的密度经验公式为：

$$\rho_t = \rho_{1000} - b(t - 1000) \tag{11-22}$$

$$\rho_{1000} = \frac{x_{(NaF)}}{x_{(NaF)} + x_{(LiF)}} \left[(1946 + 1113x_{(AlF_3)})^{-3.6} + \left(\frac{x_{(AlF_3)}}{859}\right)^{3.6} \right]^{-1/3.6} + \frac{x_{(LiF)}}{x_{(NaF)} + x_{(LiF)}}$$

$$\left[(1730 + 1655x_{(AlF_3)})^{-2.6} + \left(\frac{x_{(AlF_3)}}{940}\right)^{2.6} \right]^{-1/2.6} + x_{(NaF)}x_{(LiF)}(27 - 490x_{(AlF_3)}) +$$

$$\frac{780x_{(CaF_2)}}{1 + 0.06x_{(CaF_2)}} - \frac{9000x_{(Al_2O_3)}x_{(AlF_3)}}{1 + 12x_{(Al_2O_3)}} + 1200x_{(LiF)}x_{(Al_2O_3)} + 5000x_{(LiF)}x_{(CaF_2)}$$

$$\tag{11-23}$$

$$b = 0.64x_{(NaF)} + 0.49x_{(LiF)} + 0.39x_{(CaF_2)} - 1.8x_{(Al_2O_3)} +$$

$$\frac{1.7x_{(AlF_3)} + 1.5x_{(AlF_3)}^2}{1 + 140x_{(NaF)}x_{(AlF_3)}^5 + 290x_{(LiF)}x_{(AlF_3)}^7} \tag{11-24}$$

式中，ρ 为密度，g/cm^3；t 为温度，℃；x 为摩尔分数。

式（11-22）得出的密度和根据式（11-21）由摩尔分数计算出的密度很相近，这两种方法的适用范围相差小于 1%。

根据不同研究者的研究结果可以看出，从一元系、二元系到多元系熔融电解质体系，其密度特性与温度的关系（850~1050℃）呈现相同的变化趋势，即随温度的增高电解质密度减小，同时电解质和熔融铝液之间的密度差相应增大。从这一角度来看，温度的升高有利于电解质熔体与金属铝液的分离。

B　温度与电解质黏度[4]

为了优化电解质中的流体力学特性和传质过程，例如电解质中的对流、熔体表面的阳极气泡逸出和 Al$_2$O$_3$ 在电解质中的扩散速度等，都需要了解电解质的黏度。有时候要求低黏度，反之另一种情况下需要高黏度，因此确定最佳黏度或最佳黏度趋向是很困难的。对于每种电解槽结构和运行工艺（特别是氧化铝加料系统）可能都存在一个最佳值，因此了解其变化趋向也是重要的。

图 11-4 示出的黏度变化趋向更为可靠，图中数据表明趋向的复杂性，它阐明了温度系数和氧化铝浓度的重要性。有研究提出了适用于工业电解质中的实际氧化铝浓度范围内的简化方程式：

$$\eta = 11.557 - 0.009158t - 0.001587w(过量\ AlF_3) + [-0.002049 + 0.1853 \times$$

$$10^{-4}(t - 1000)]w^2(过量\ AlF_3) - 0.002168w(Al_2O_3) + [0.005925 -$$

$$0.1938 \times 10^{-4}(t - 1000)]w^2(Al_2O_3) \tag{11-25}$$

式中，w 为质量分数。

该式给出了相对精度为 1.0%~1.5% 间的黏度 η（mPa·s），适用于有过量

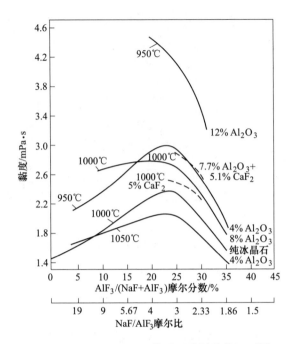

图 11-4 NaF-AlF₃-LiF-CaF₂-Al₂O₃ 体系（质量分数）不同 AlF₃ 含量

等温条件下黏度函数曲线

AlF₃、Al₂O₃ 的浓度达到 12%（质量分数）和温度范围在 950 ~ 1050℃ 之间的情况。

显然当电解温度升高时，电解质的黏度明显是降低的。氟化锂使黏度按一定比例显著降低，影响的程度没有更充分的资料，但是比氟化钠的影响更显著。

C　温度与电解质表（界）面张力

电解质表面张力影响两相界面的张力，因而影响电解质特性和电化学过程。电解质与阳极之间的表面张力影响气泡的大小和电解质对炭阳极气孔的渗透力，它直接影响炭渣与电解质的分离。电解质的表面张力也影响着铝/电解质界面和铝珠的沉降分离。电解质和熔融铝液的密度差异较小。由表面钠（或其他表面活性物质）的不均匀分布而造成的表面张力局部分布不均匀，能够促进传热、传质和流体流动模式的改变。当界面张力形成表面梯度时，流体将会发生从低表面张力到高表面张力的运动，这种效应称为 Marangoni（马兰戈尼）效应。研究者在实验室中证实了这种效应的存在，论述了马兰戈尼效应、电解质界面情况和电流效率之间的关系[11-12]。

a　表面张力

采用拉环法研究了二元系：Na₃AlF₆-Al₂O₃（Al₂O₃ 质量分数为 0.4% ~ 12%）和 Na₃AlF₆-CaF₂（CaF₂ 质量分数为 0 ~ 15%）在 1000 ~ 1100℃ 的表面张力。其结

果用下列公式来表示：

$$\sigma = 264.3 - 0.1318t - 4.6\lg w(\mathrm{Al_2O_3}) - (3.29 - 0.00329t)w(\mathrm{Al_2O_3}) \quad (11\text{-}26)$$

$$\sigma = 274.8 - 0.1392t - (0.19 - 0.00056t)w(\mathrm{CaF_2}) \quad (11\text{-}27)$$

式中，σ 为表面张力；t 为温度，℃；w 为添加剂的浓度，%。

式（11-27）对应的标准偏差为 0.2%。

熔融冰晶石 $\mathrm{Na_3AlF_6}$ 的表面张力与温度的函数关系用下式表示：

$$\sigma = 273.74 - 0.138t \quad (11\text{-}28)$$

式中，t 为温度，℃。

式（11-28）中表面张力的标准误差为 0.5%；表面张力测试法的精确度估计为 ±1.5%。

熔融 $\mathrm{K_3AlF_6}$ 的表面张力与温度之间的函数关系用下式表示：

$$\sigma = 208.63 - 0.108t \quad (11\text{-}29)$$

式中，t 为温度，℃。

图 11-5 绘制出 $\mathrm{NaF\text{-}AlF_3}$ 混合物不同温度下的表面张力曲线，温度降低时表面张力曲线明显上移，表明表面张力随温度变化呈现较强的相关性。此外，混合物体系的组成对电解质的表面张力具有决定性的影响作用，即冰晶石基熔盐的表面张力随摩尔比的降低而降低。

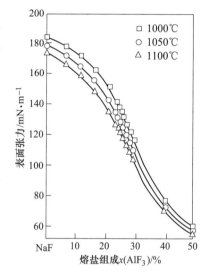

图 11-5　$\mathrm{NaF\text{-}AlF_3}$ 混合物的
表面张力等温曲线

用于三元、四元体系的表面张力数据与温度的函数关系可用下式表示：

$$\sigma = c - dt \quad (11\text{-}30)$$

用于多元体系研究的系数 c 和 d 可在相关文章中查到[7]。从以上能够看出，不同组成电解质的表面张力随温度上升均呈降低趋势。

b　电解质-铝界面张力

通过毛细下降法在氧化铝管中研究铝和饱和氧化铝冰晶石熔盐的界面张力[13]，界面张力与熔盐组成和温度之间的关系如下：

$$\gamma = 705.4 - 348.6BR + 61.9BR_2 + 0.140t + 9.8w(\mathrm{MgF_2}) \quad (11\text{-}31)$$

式中，BR 为 $\mathrm{NaF/AlF_3}$ 的质量比；t 为温度，℃；w 为质量分数，%。式（11-31）中界面张力的标准偏差是 27mN/m。同时还发现 $\mathrm{CaF_2}$ 的添加对界面张力影响不是很显著，随温度升高对界面张力略有增加。Fan 等人采用拉环法研究了铝液和熔融 $\mathrm{NaF\text{-}AlF_3\text{-}Al_2O_3}$ 体系之间的界面张力。研究的 $n(\mathrm{NaF})/n(\mathrm{AlF_3})$ 摩尔比在 2~5 之间，氧化铝含量从零到饱和不等，温度范围在 1000~1100℃。在 1000℃时，

纯 $NaAlF_6$-Al 体系的界面张力是（508±1）mN/m。在碱性条件下（CR>3），随着温度的增加界面张力增加，但是在酸性体系中（CR<3），变化的趋势正好相反。

D 温度与电解质电导率

提高电解质的电导率，有利于电解质电阻压降的降低。正如本书之前所述，从能量需求角度看，电解质层的电能收入是有富余的，因而降低电解质电阻有利于降低能耗，比如增加工业电解槽的电流密度、提高产量或增加极距以提高电流效率，从而优化电解槽的设计。图 11-6 表明了温度在 1000℃ 时添加剂对冰晶石电导率的影响。

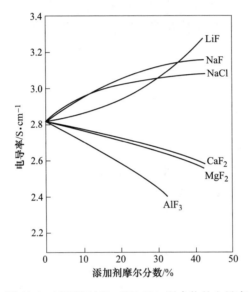

图 11-6 1000℃ 时 Na_3AlF_6-MA_x 混合物的电导率

由图 11-6 可见，碱金属卤化物使电导率提高，而其余添加剂会使电导率降低，但降低的程度很小。由于使用氟化钠或氯化钠受到严格的限制，因此锂电解质的优点十分明显。

实际上电导率的变化与电解槽运行有关，所以许多公司确定了电导率 χ（S/cm）随电解质组成和温度变化的经验关系式。由已发表数据的多元回归分析得出的关系式如下：

$$\ln\chi = 2.0156 - 0.0207w(Al_2O_3) - 0.005w(CaF_2) - 0.0166w(MgF_2) +$$
$$0.0178w(LiF) + 0.0077w(Li_3AlF_6) + 0.0063w(NaCl) +$$
$$0.4349BR - 2068.4T^{-4} \tag{11-32}$$

式中，BR 为 NaF 与 AlF_3 质量比；w 为质量分数，%；T 为绝对温度。

多组分的冰晶石电解质的电导率，根据理论模型推荐的方程式为：

$$\chi = (0.08325T - 12.47)\frac{X}{Y} \tag{11-33}$$

$X = 1.430w(\text{Na}_3\text{AlF}_6) + 1.854w(\text{Li}_3\text{AlF}_6) + 3.856w(\text{LiF}) + 0.005w(\text{CaF}_2) +$
$\quad 0.595w(\text{AlF}_3) + 0.490w(\text{Al}_2\text{O}_3)$

$Y = 47.61w(\text{Na}_3\text{AlF}_6) + 50.56w(\text{Li}_3\text{AlF}_6) + 55.9w(\text{LiF}) + 33.94w(\text{CaF}_2) +$
$\quad 59.54w(\text{AlF}_3) + 58.85w(\text{Al}_2\text{O}_3) + 35.31w(\text{MgF}_2)$

式中，T 为绝对温度；w 为质量分数，%。

从以上研究结果给出的方程式可以看出，无论单组分还是多组分冰晶石电解质的电导率，随温度的增加电导率是增加的。

11.2.1.3 温度（过热度）对电化学过程的影响

A 动力学分析

通常认为工业电解槽中主要的阴极反应受到传质扩散过程的控制，反应速率的控制性步骤发生在存在浓度梯度的阴极边界层上。阴极反应需要促进速率的驱动力，这就是铝电解浓差过电压，它精确地描述了阴极边界层上反应物离子的浓度差异，这一概念对电极过程动力学的理解至关重要。控制阴极反应速率的主要参数是电解质成分、温度、传质系数和浓差过电压。这样，研究电流效率的损失就可以通过研究工业铝电解槽阴极边界层的传质过程来完成。反应的驱动力来自边界层两侧的溶解物质的活度的差异，这样对于描述电流效率损失 i_{loss} 的公式描述为[5]：

$$i_{\text{loss}} = f(\text{电解质成分，温度，传质系数，过电压}) \tag{11-34}$$

从式（11-34）可以看出，除了电解质成分、传质系数、过电压等因素以外，温度是影响电化学过程和电流效率的主要因素，同时也是其中最基础的因素，它对过电压和传质过程都有明显的影响。

B 金属的溶解

金属在电解质中的溶解趋势是电解槽电流效率降低的主要原因，电流效率损失的概念早在 50 多年前就已经被认识。可用下列的反应式来描述[5]：

$$2\text{Al}_2\text{O}_3(\text{熔融}) + 3\text{C}(\text{s,阳极}) \Longrightarrow 4\text{Al}(\text{l}) + 3\text{CO}_2(\text{g}) \tag{11-35}$$

而导致铝损失的化学逆反应通常写成：

$$2\text{Al}(\text{溶解态}) + 3\text{CO}_2(\text{g}) \Longrightarrow \text{Al}_2\text{O}_3(\text{溶解态}) + 3\text{CO}(\text{g}) \tag{11-36}$$

那么，传统的电流效率损失的概念可以这样给出：

（1）在铝-电解质界面上的溶解态的铝转移到电解质中。

（2）熔融态的铝穿过电解质到达阳极气体界面。

（3）CO_2（g）氧化溶解态的铝形成 CO（g）。

正如上面讨论的，逆反应的动力由电解质的化学性质决定。而电解质成分和温度决定熔融态铝的溶解度。虽然熔融态铝的溶解性质仍未完全掌握，但是在工业电解槽的电解质成分中还原态钠的含量很高。有证据表明，电解质中溶解有还原态铝，很有可能是以单价的 AlF_2^- 形式存在。虽然总反应控制速率的步骤可随传质条件而变化，但在工业电解槽中，它主要被来自阴极的溶解金属的传质所限制，而且与电解质中的金属饱和溶解度直接相关。金属溶解度越低，总电流效率越高[4]。因此，电解质成分及添加剂的选择受到确保要求金属溶解度最小的影响，也间接地受要求电解质低熔点的影响，因为金属的溶解度强烈地依赖温度的变化。

对于给定电解质中的金属的绝对溶解度存在相当大的分歧，这是因为在升温条件下难以做精确的测量。因此，采用电解质中各种变化条件相一致进行分析，而不是采用不同研究者的结果作对比。一组相对可接受的金属溶解度 $DM(\%)$ 数据，可由下式表示：

$$DM = -0.288 + 0.0003t + 0.027BR - 0.0019w(CaF_2) -$$
$$0.0036w(LiF) - 0.0029w(NaCl) \tag{11-37}$$

式中，t 为温度，℃；w 为添加剂的质量分数。

另有一个测量数据得出的关系式：

$$\lg DM = 1.8251 - \frac{0.2959}{BR} - \frac{3429}{T} - \frac{0.0339w(Al_2O_3)}{w(Al_2O_3,饱和)} - 0.0249w(LiF) -$$
$$0.0241w(MgF_2) - 0.0381w(CaF_2) \tag{11-38}$$

式中，w 为质量分数；T 为绝对温度。

尽管式（11-38）对于扩大我们关于氟化镁作用的知识是有用的，但这个形式有其局限性。特别是它需要掌握关于氧化铝饱和溶解度随温度和电解质组成变化而变化的规律，而假定饱和溶解度不是常量，它在工业条件下变化范围约可达2倍。

尽管上述关系式都有一定的限制，但它们证明了氟化铝和氟化锂是两个最重要的实用的添加剂。也证明了降低温度对降低金属溶解度的效果非常明显，而且由于降低电解质的凝固温度（初晶点），使金属的溶解度进一步降低。

C　CO_2 的溶解及其与溶解铝之间的反应

导致溶解金属产生二次反应的另一个反应物是电解质熔体中 CO_2。在高温下测量电解质流体的气体溶解度实际上是特别困难的，因此数据有限，见表11-1。因其与以上讨论的金属再氧化作用的机理有关，所以它对研究铝冶炼过程有理论意义。

表 11-1 　NaF-AlF$_3$-Al$_2$O$_3$ 溶液中 CO$_2$ 的溶解度数据（$p_{CO_2}=1bar=100kPa$）

溶剂成分		温度/℃	CO$_2$ 溶解度	
冰晶石比（CR）	Al$_2$O$_3$（质量分数）/%		摩尔体积/m^3	质量分数/%
2.0	1.5	1000	1.04	0.0022
3.0	1.5	1012	0.77	0.0016
3.0	1.5	1053	0.59	0.0013
3.0	—	—	1.17	0.0025
3.0	10.0	980	3.55	—
3.0	10.0	1012	3.16	—
2.3	4.1	980	4.54	0.0097
2.3	4.1	1012	3.98	0.0085
2.3	4.1	1092	2.84	0.0061

　　表 11-1 中所列数据给出了一些趋势。证明在等同的条件下，CO$_2$ 的溶解度明显小于金属的溶解度。也证明当温度增加时溶解度显著降低，而氧化铝大大提高了 CO$_2$ 的溶解度，但是溶解的 CO$_2$ 的存在不大可能影响电解质的物理化学性质。

　　以上研究结果表明：金属的溶解度随温度的降低而降低，CO$_2$ 的溶解度则随温度的降低而升高，两者温度的关系呈现相反的规律。

　　解决二次氧化反应更直接的方法就是研究 CO$_2$ 与溶解的铝之间的反应。在 1980 年以前，该研究领域做了很多工作，但是近年来的研究较少。在 20 世纪 80 年代早期，Rolseth 和 Thonstad[14-15]研究了铝的二次氧化反应的机理，他们将 CO$_2$ 穿过熔融的冰晶石熔液与液态铝接触时，测量生成 CO 的比率，研究发现 CO 的生成率随着电解质搅拌程度增加、温度升高及 AlF$_3$ 含量的降低而增大，而电解质的高度、CO$_2$ 的流速及 CO$_2$ 的分压对 CO 的生成率没有影响。

　　这一结果表明，存在两个缓慢的阶段，电解质-金属的边界层和电解质-气体的界面边界层的传质是反应的控制过程，而电解质-金属界面的传质行为在工业电解槽中更加重要，也可以说明电解质金属的溶解及其二次氧化反应与电解质温度有紧密的关系。

　　D　温度与氧化铝的溶解和扩散的关系

　　氧化铝在电解质熔体中的溶解速度与电解质温度有一定的关系，根据 Arrhenius 公式：

$$\ln K = \frac{B}{T} + 常数 \tag{11-39}$$

可以求得氧化铝溶解速度与电解质温度的关系，从而对 α-Al$_2$O$_3$ 与 γ-Al$_2$O$_3$ 分别可推算出下列两式：

α-Al_2O_3: $\qquad\qquad \ln K = -\dfrac{0.71 \times 10^4}{T} + 2.59$ $\qquad\qquad$ (11-40)

γ-Al_2O_3: $\qquad\qquad \ln K = -\dfrac{0.88 \times 10^4}{T} + 4.12$ $\qquad\qquad$ (11-41)

据此可绘制成 Arrhenius 图，如图 11-7 所示。图中的直线表明，α-Al_2O_3 与 γ-Al_2O_3 的溶解速度常数均随温度升高而增大。

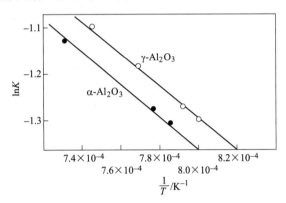

图 11-7　氧化铝在冰晶石溶液中溶解的 Arrhenius 图

工业电解槽中，氧化铝的溶解和扩散与电解温度有密切的关系。

E　温度及过热度与电流效率的关系

温度与过热度对电解过程而言是不同概念，但研究表明两者对电解过程和电流效率均有明显的影响。

a　温度与电流效率

Solli 等人给出温度对电流效率的影响如图 11-8 所示[16]。在 970~955℃ 之间，每升高 1℃ 对应的电流效率变化了 -0.06%，随着温度的降低，曲线斜率变得不是很陡。Kvande 综述了 1989 年以前工业电解槽的数据，从测量 10 个不同系列的平均值中得出[17]：温度每降低 1℃，电流效率平均升高 0.19%。换句话说，温度降低 5~6℃，电流效率升高 1%，这与实验槽的结果相一致。但无论如何，随着温度的降低，电流效率不断增大与溶解铝在电解质中的溶解度变化趋势是一致的。

温度与电解质的成分有关，根据 Tarry 和 Sorensen[18] 的测量得出的结论：温度是影响电流效率的最重要参数，因此需要仔细研究温度的作用。

Grjotheim 等人[13] 根据大量数据综述表明，所有实验槽研究的结果电流效率都是随着温度的降低而升高的。这一点很容易解释，在恒定的电流下基本铝电解反应速度不发生改变，由于电解质黏度和界面张力的增高，其二次反应速度随着温度的降低而降低。而温度升高会加速铝的溶解及与二氧化碳之间的反应。

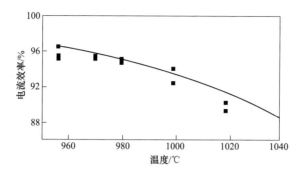

图 11-8 电流效率与电解温度的关系

（阴极电流密度 0.85A／cm², 电解质含 15%AlF₃、4%Al₂O₃ 及 5%CaF₂）

Tarry 在 1995 年给出工业槽的典型数据，数据表明电解质温度变化和电流效率的改变具有密切相关性[19]，如图 11-9 所示。因此，认为可以通过严格控制电解温度以便获得更高的电流效率。

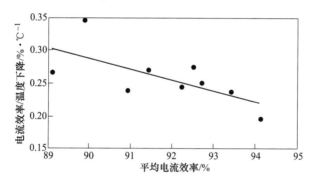

图 11-9 电解质温度与电流效率的关系

大多数的现代电解槽目前都以低摩尔比电解质运行，铝溶解度的降低和电流效率的升高似乎与运行温度的降低并没有相关性。因此，这就给人造成铝溶解度的降低不是由温度，而是由电解质成分变化引起的假象。

Utigard[20]认为最佳的电解槽一般都运行在 950~970℃ 之间。这个优化的温度范围是由电解质的基本物理和化学特性，特别是电解质成分、密度、界面张力和电导率确定的。对于含 LiF 的电解质，最优的运行温度能够降低 10℃ 以上。

综上所述，温度对于电流效率的影响是：温度升高则电流效率降低，起主要作用的是由于金属在熔盐中的溶解度随温度升高而增大所致；反之，温度降低则铝的溶解损失量减少，电流效率随之提高。文献上已有许多实验室研究的报道，结论是一致的。

根据工业电解槽测定，在其他条件相同的情形下，电解温度每降低 10℃，平均提高电流效率 1%~1.5%，如图 11-10 所示。

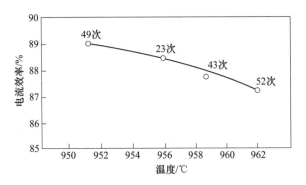

图 11-10　工业槽电解温度对电流效率的影响

　　适宜的电解温度通常是在电解质熔点以上 5~15℃ 范围内，保持较小过热度是提高电流效率的一个重要条件，过热度与电解温度两者对于电解过程来说是密不可分的。尽管大多数的研究都是以温度为条件进行的，但一定的电解质成分下，电解温度与过热度变化是一致的。

　　b　过热度与电流效率

　　电解质温度是影响电流效率的重要参数，但降低电解质的初晶温度就可以在较低温度下进行电解槽操作，因为电解质温度每降低 1℃，就能够提高电流效率 0.2%，这也是我们所期望的。

　　然而，正如前面讨论的，如果温度的降低是因为改变了电解质的成分，那么降低电解温度与电流效率增大的这种关系就不能成立。事实上，在一定的电解质成分下，电流效率与过热度密切相关。

　　所谓过热度，是指电解质温度和给定的电解质初晶温度之差。过热度决定侧部结壳和伸腿的形成，并且也部分地影响氧化铝在电解质中的溶解率。过热度对电解槽而言，是仅次于电解质成分的重要参数，它由电解槽的热平衡来确定，过热度降低能够增加侧部炉帮的厚度，因而减少了铝液镜面的表面积，这反过来又提高了电流效率。关于侧部散热、炉帮形成与过热度的关系，在后文还会讨论。

　　Tabereaux 等人的试验得出电流效率与过热度的关系[21]，如图 11-11 所示。可以看出，测量值表明降低过热度会提高电流效率，尽管关系不太明显（可能由于样本数据过少），但总之这种趋势是符合的。图中虚线是按照 Dewing 的公式绘制的[22]，在开始过热度为 2℃ 时，该公式与实验数据很吻合；过热度每增加 10℃，电流效率减少 1.2%~1.5%。

　　Alcoa 公司的 Tarcy[19] 报道了温度与电流效率的关系。他以每 1℃ 温度的改变来计算电流效率改变值。其结果是每降低温度 1℃ 会提高电流效率 0.2%（平均值），如图 11-12 所示。这说明了降低并严格控制电解温度是非常重要的。显然 Tarcy 试验的过程表明所用的温度是指过热度。

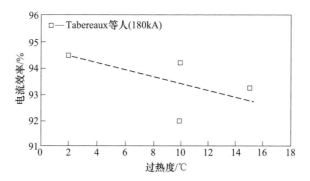

图 11-11　电流效率与电解质过热度的关系

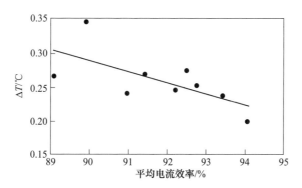

图 11-12　温度（ΔT）与平均电流效率的关系（Tarcy）[19]

　　显然，从不同电解质成分和不同研究者所得到的实验结果来看，电流效率与过热度的变化规律强于电流效率与温度的关系。

　　F　温度（过热度）对过电压的影响

　　a　阴极过电压

　　Thonstad 和 Rolseth 的研究[23]认为，阴极过电压受传质过程控制，是由浓差过电压引起的。钠离子是电流的承载者，而铝被沉积在阴极上。这会导致阴极界面层中 NaF 富集，而 AlF$_3$ 贫乏。就是说界面层中的摩尔比比电解质本体区域要高。很显然，由于电解质的物理性质明显受到温度及过热度影响，因而温度对阴极过电压有明显的影响。过电压的大小取决于槽设计与槽内的对流形式，因此搅动熔融的电解质可大大减小过电压。更具体地说，过电压大小的决定性因素为反应物的传质系数，而反应物的传质系数又取决于扩散系数与界面层厚度的比率。

　　邱竹贤[24]测定了不同 CR 和温度下的阴极过电压，如图 11-13 所示。与以往研究者得到的结果一样为直线形 Tafel 线形图。阴极过电压随着 CR 和温度的降低而增大，尽管还不清楚究竟哪一个是主要影响因素。

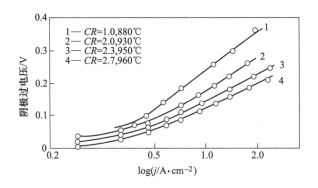

图 11-13 阴极过电压的 Tafel 曲线图

  b 阳极过电压

  随温度变化阳极过电压也会产生一定的变化，其中构成阳极过电压的浓差过电压，由于受到氧化铝溶解、扩散和浓度变化的影响，与温度的变化关系明显。这是由于阳极近层铝液中氧离子浓度减小，氟化铝浓度增大，从而与电解质本体中的浓度差异而造成的；另外，温度过高也会引起较高的阳极气泡，使阳极气泡过电压增大。

  Dorward[25]研究了温度范围为 800~1000℃ 之间的等摩尔 Na_3AlF_6-Li_3AlF_6 熔盐中阳极过电压与温度的关系。在高电流密度下，电流对电压的线性图为直线。"似在的分解电压"可从外推到零电流处得到。在电压 1.6~2.05V 范围内似在的分解电压为一条直线；在氧化铝饱和的熔盐中，温度系数为 -2.4V/℃；而在未饱和的熔盐中，温度系数为 -1.9V/℃。相比之下，可逆电流的温度系数为 -0.56V/℃，显然，阳极过电压随温度降低而明显升高。据估计，在温度 850℃ 的电能消耗量比在 970℃ 时将会增加 1kWh/kg。尽管实验条件与实际工业电解槽存在很大不同，但足以说明温度对于电解槽阳极过电压的影响是非常明显的。

11.2.2 铝电解槽侧部的热特性

  铝电解槽的侧部结构在对其热电、电磁特性的影响方面具有重要的意义，"侧部散热+底部保温"热设计成为现代铝电解槽的主要特点和共识。侧部结构以导电或导热炭素材料和陶瓷内衬（碳氮化硅）材料为主，但从功能上讲不承担导电的任务，同时与电解槽底部相比，侧部也是抗熔融电解质及铝液侵蚀和冲刷的薄弱环节。侧部结构、材料及换热条件对热特性乃至通过热特性对电解槽内电解质特性、电磁特性及电解槽寿命产生的影响是十分显著的，因此也注定了侧部结构设计在电解槽设计中所起的重要作用。

11.2.2.1 侧部炉帮及侧部热特性

电解槽侧部由于电解质的凝结所形成的侧部凝固物称为槽（炉）帮，其在炉腔内构成的几何形状称为槽（炉）腔内形，如图 11-14 所示。由于槽帮的绝缘作用，槽帮的厚度和槽腔内形会对侧部散热和槽内熔体中的电流场产生很大的影响。

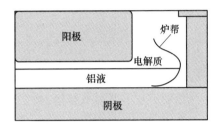

图 11-14　槽帮形状与电解槽铝液-电解质界面位置测量图

A　侧部热流分布

电解槽侧部的热流分部特征在图 11-15 中可以清楚地显示出来，在热流束中最大或最突出的位置，通常对应在接近电解质-金属界面处或略往下的位置。这一区域不仅具有最高的热流束，而且热流束变化幅度极大，可从 6kW/m² 到 20kW/m²。槽帮或伸腿的轮廓（槽帮形状）显示在电解质-金属界面处，槽帮变得非常薄。电解槽侧壁和端头的槽帮形状及其热流束对电解槽运行条件和内衬结构设计极端敏感。

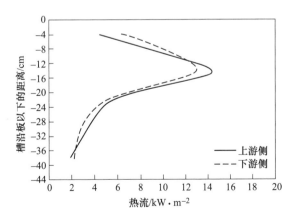

图 11-15　电解槽侧部热流分布测量值

B　炉帮改变对铝二次溶解的影响

受到侧部传热条件包括电解质过热度、熔体流动与电解槽的侧部结构散热、材料的影响，炉帮形状会发生改变。而炉帮形状特别是在电解质-金属界面处炉帮的厚度直接影响电解槽内铝液与电解质熔体的接触面积，尽管炉帮厚度变化范围有时仅仅为几厘米，但由于围绕电解槽熔体四周发生的这种改变，对这一面积带来的变化是不容忽视的。

研究表明，在电解质-金属界面的这一区域（阳极外侧至炉帮）通过的电流很少，几乎不发生正向电解反应，反而对金属铝二次熔解有非常敏感的影响。因此，通过电解槽的侧部热设计和运行操作控制炉帮形状和电解质-金属界面处的炉帮厚度，对提高铝电解电流效率有重要的意义。

C　炉帮对侧部破损的影响

炉帮作为电解质凝固物，这种在电解槽内自然形成的固体屏障，是抗电解质腐蚀最好的材料。因此，理想的炉帮形状对电解槽的侧部会形成良好的保护。极端情况下，在电解槽热状况发生严重改变的情况下，如热平衡被破坏、电解质过热度过高，会造成电解槽侧部炉帮大量熔化，甚至局部被穿透（见图11-16）。一旦没有了炉帮的保护，侧部炭块很容易由于受到熔融电解质或铝液的冲刷被破坏，这也是造成侧部破损和漏炉的常见原因之一。

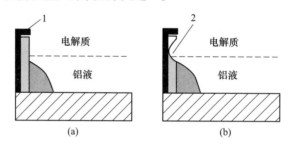

图 11-16　电解槽侧部破损前后情况对比
（a）破损前；（b）破损后
1—钢板；2—炭块

D　侧部材料对炉帮及等温线的影响[26]

在其他条件都相同的情况下，侧部材料的材质对槽帮厚度也会有很大影响。图11-17显示了改变侧部块材质从100℃到900℃（每隔200℃）的等温线，其变化反映了侧部材料与散热量和炉帮之间的变化趋势，这里侧块厚度和其他操作条件都相同。从无烟煤炭块到石墨块，最明显的是槽帮结壳变厚，底部伸腿（箭头所指）移动到阳极投影区。由于环境温度并没有改变，侧块的温度相互差异也就不大。如果使用石墨块，电解槽侧面的上部热流非常大。这也意味着电解槽其他部分的热流会降低。SiC侧部块的热导率介于无烟煤和石墨块之间，使用SiC砖可以获得理想厚度的槽帮。

侧部热特性不但影响侧部本身，一定程度上还会造成电解质温度和过热度的改变，反过来进一步影响侧部热特性。

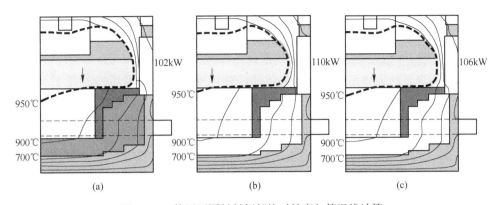

图 11-17 使用不同材料侧部块时结壳与等温线计算

（a）无烟煤侧部炭块；（b）石墨块；（c）碳化硅砖

（虚线为凝固等温线，箭头所指点为凝固线在底部炭块上表面位置）

11.2.2.2 侧部炉帮厚度与电解质的过热度

炉帮形状和热流束受制于电解质过热度、侧部对应区域的空气流动条件和侧壁内衬整体的复合热阻。虽然这是个极为复杂的课题，但是可以使用一个简化模型去提供有关炉帮、操作条件和内衬设计相互关系的基本条件。

在具有稳定的炉膛内形的电解槽侧部（见图 11-18），可以由一个简化了的一维稳态热传导表达如下[4]：

Q =由电解质传导到凝固的结壳-电解质界面的热流=通过槽帮传导的热流

=在空气-钢壳界面所测得的整个表面的热流 (11-42)

基于这一热传导模型，图 11-18 中划线区段部分表达了温度与距离的关系。

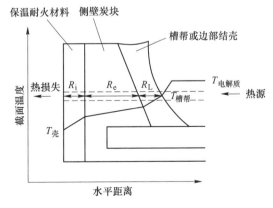

图 11-18 侧部槽帮部分的稳态传热示意图

（温度-距离曲线仅适用于虚线指出的范围内）

以对流传热的方式传至电解槽侧部边界层的能量，以下式表示：

$$Q = h_B A_B (T_B - T_L) \tag{11-43}$$

式中，h_B 为熔体与边界层的对流传热系数；A_B 为槽截面积；T_B 为熔体温度；T_L 为熔池/槽帮边界的边界温度，T_L 与熔体的液相温度相等（电解质初晶点 T_F），如不相等，意味着边界将是不稳定的，槽帮会生长或消失，边部结壳边界层成分也会发生一些变化。

通过槽帮传导而散失的热量受侧部每种材料热阻总和的影响，即包括槽帮结壳、边部炭块（或碳氮化硅）、绝热保温层（有时没有）和钢壳。电解质凝固物质的热阻 R_i 是由这种物质的厚度 t_L、传热系数 K_i 和截面积 A_i 决定的，可由下式表达：

$$R_i = \frac{t_i}{K_i A_i} \tag{11-44}$$

以单位截面计算，由槽帮传导的热可以表示为：

$$Q = \frac{T_L - T_S}{R_S + R_L + R_C + \dfrac{t_L}{k_L}} \tag{11-45}$$

式中，T_S 为壳外温度；R_S、R_L、R_C 分别为钢、保温层和碳的热阻；t_L 为炉帮边界层的厚度（其传热系数为 k_L）。

式（11-45）中的参数均可由实验测定，热量可直接测量得到（一般情况下，Q 值范围在 $6\sim10kW/(m^2 \cdot h)$）。稳态情况下式（11-43）和式（11-45）相等，因而可得：

$$(T_B - T_L) = \frac{T_L - T_S}{h_B \left(R_S + R_L' + R_C + \dfrac{t_L}{K_L} \right)} \tag{11-46}$$

式（11-46）左边表示的是电解质"过热"温度，也就是超过由实际电解质成分决定的熔点（初晶点）的最小可能的操作温度（过热度，℃）。电解质的传热系数 h_B 经测量和计算在 $350\sim1000W/m$ 之间，其大小与槽的设计、操作条件和槽不同区域的电解质流动速度有关。在稳定的槽电压条件下，由电解质层散失的热量也是一个常数，因而过热度也应该是常数。

稳定操作的电解槽的过热度是由槽帮的热阻或由式（11-45）或式（11-46）给定的传热系数确定的。因而稳态的"过热"改变一定伴随着以下一种或多种情况的改变：

（1）钢壳的温度（或由电解槽外壁的空气对流、环境温度的改变引起），T_S。

（2）熔体/炉帮边界的温度，T_L。

（3）熔体与边部凝固电解质的传热系数，h_B。

（4）槽帮结壳的温度，T_L。

前三个因素的变化一般只局限于很小的范围，"过热"状态由稳态转向暂态主要是由于边缘结壳的熔化。当然，在讨论炉帮传热的动力学问题之前，应该考虑到上述公式在能量守恒方面的含义。影响电解槽过热度的因素还有电解槽槽底保温设计、各种操作条件，以及上部覆盖料厚度对能量平衡造成的影响，这里假定这些条件是在稳定的情况下，由此可以对侧部热特性设计目标及其对电解质过热度的影响得到清晰的了解。

11.2.2.3　侧部炉帮对电解槽磁流体动力学的影响

由于铝电解槽的炉帮由凝固电解质组成，因而炉帮基本不导电。因此侧部炉帮形状对熔体中的电流分布有明显的影响，尤其是在伸入铝液层中的部分，通常也将伸入阳极投影以下的部分称为"炉帮伸腿"。

由于铝液具有良好的导电性（其电阻率与电解质层、炭素层均不在一个数量级），在电流场仿真时通常需要进行单独处理。图 11-19[27] 是使用 ANSYS 对典型 400kA 电解槽内铝液层中电流场的仿真结果。可以看出，电流分布图像受到右侧炉帮的影响发生了明显改变。我们知道，铝液层中电流分布与磁场的作用，是引起电解槽磁流体力学特性影响的重要因素。

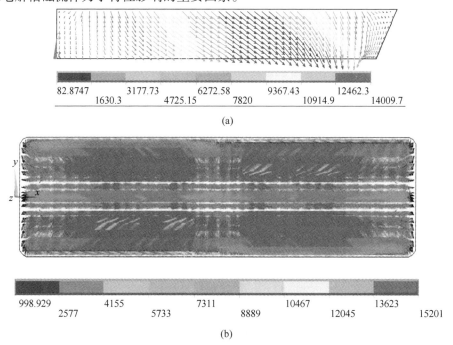

图 11-19　采用 ANSYS 对 400kA 电解槽内电流场的仿真结果（单位：A/m²）

（a）铝液层电流密度矢量分布（半槽立面图）；（b）铝液层电流密度矢量分布（整槽平面图）

磁流体动力学研究表明，铝电解槽铝液层中的水平电流分量与垂直磁场的作用，造成铝电解槽内熔体流动、波动，是影响铝电解槽运行稳定性、侧部流体冲刷和散热及电流效率降低的主要原因。本书将在 14 章详细论述。

总之，可以认为，侧部热特性影响炉帮形状，而炉帮形状对电解槽的磁流体动力学效果有重要的影响。

11.2.3 铝电解槽底部的热特性

正如本书之前提到的，"底部保温、侧部散热"已成为现代铝电解槽内衬和热设计的主要特征。这一底部热设计当然首先是以满足保持电解槽极间区热特性的需要为目标，在此前提下，形成了人们对底部结构设计的基本要求及其基本的热特性。除此之外，研究底部热特性的另一个重要目的，则是需要考虑内衬结构的寿命。

铝电解槽在高温、强磁场、强腐蚀下运行，槽内持续发生着各种物理变化、化学反应。经过长时间的运行，阴极虽然不消耗，但在化学腐蚀和热应力的作用下，电解槽内衬会遭到严重破坏而迫使停槽大修。目前我国工业铝电解槽中的阴极炭块使用周期一般在 4~5 年，但有些阴极炭块使用一两年就出现破损，较好的可达到 6~8 年及以上。停槽大修消耗大量的人力、物力，产量下降，经济损失较大，而且废旧阴极内衬回收利用技术还不成熟，存在环境污染治理等问题。因此，充分了解电解槽破损形式及原因，尽可能地延长电解槽寿命有着重要的意义，而底部热特性的设计和保持是重要的影响因素。

11.2.3.1 电解槽阴极底部破损机理

铝电解槽的阴极内衬随着槽龄的增长会产生破损，这一过程取决于一系列的化学反应，与反应区域的温度也不无关系，其主要机理表现在以下几个方面[26,28]。

（1）电解质及铝液熔体在阴极内的渗透。电解槽在进入正常生产后，钠的渗透由开始的快速渗透逐渐变得缓慢。但是在钠渗透的基础上，槽内液体电解质和铝液会继续向阴极内衬中渗入。这是由于阴极炭素材料有一定的孔隙度，并且局部会出现阴极裂缝，电解质熔体渗入并最终可达到防渗料（耐火砖层）部位，发生化学反应破坏内衬组织；铝液的渗入多沿着阴极裂缝，到达阴极钢棒位置会快速熔化阴极钢棒。

渗透到炭块底部甚至到达耐火材料层电解质熔体为摩尔比大于 3 的碱性电解质，研究认为，电解质与其他物质发生化学反应，如果温度低于结晶温度一部分还会结晶下来。从电解槽解剖可以看出在阴极炭块底部形成灰白层，产生破坏作用，造成阴极上拱。

铝液的下渗是内衬被快速破坏的形式，在 24h 之内能熔化阴极钢棒可达 1m 以上，严重时可导致阴极钢棒口发红，引起漏炉。炉底表面电解质中混有铝的存在，在有冰晶石的情况下，铝与阴极炭块发生电化学反应，生成碳化铝。碳化铝可溶解于铝液之中，进一步使阴极炭块被腐蚀，尤其是在阴极裂缝处腐蚀会更加强烈，增加裂缝的宽度和深度。

铝电解之所以选择熔融氟化物体系作为电解质是因为它能溶解 Al_2O_3，但是该电解质组分也可以溶解所有常见氧化物耐火材料和保温材料的矿物组分。因为在电解质中，氧化物溶解度一般在10%左右或更少（这取决于矿物组成），因此渗透的电解质很容易达到饱和。如果在耐火材料和保温材料中的温度比未饱和熔体的固相线温度高，那么渗透过程在一定程度上就取决于溶解机理、孔隙度和熔体黏度。

加强隔热（材料孔隙率提高）通常会导致材料的抗电解质渗透能力下降。由于高保温材料的孔隙率较高，孔隙壁通常较薄，孔隙壁在饱和之前，很容易被渗透的电解质溶解，并进而破坏。当然，保温层的作用仅仅是为了保温而不是去阻止电解质，因此必须让渗透的电解质在耐火材料层中停止渗透。

（2）钠的渗透。钠的渗透还将产生一系列的反应，如：钠-碳之间的反应形成一种嵌合物，将会增大碳晶格间的距离，从而引起膨胀和分裂，可导致局部应力集中或破裂的延伸，这个问题发生的趋势取决于钠吸收量和吸钠的分布，吸钠不均会造成炉底上抬和局部炭块剥离。电解槽在启动后期管理中，会发现阴极炭块层状剥落漂浮于电解质表面。这种情况使阴极剥落深度不会超过10cm，但是导致阴极表面坑洼不平，阴极电流密度不均匀，诱发冲蚀坑的产生，最终导致漏炉。

在有液态金属铝存在时，内衬材料中也发生氧化硅被还原成 Si(s) 的反应。显然，还原剂是钠蒸气，而观察到的固态 Si 分散在受腐蚀的耐火材料基体中。Al_2O_3 会被钠还原成 Al(l)，而 SiO_2、硅酸铝和铝硅酸钠会被还原成 Si(s)。在电解槽解剖时，也发现有分散的硅颗粒。钠也能把微量杂质氧化钛与氧化铁分别还原成 Ti 与 Fe。

底部内衬的腐蚀通常由钠引起。除了夹层钠以外，钠蒸气也会通过阴极炭扩散，并增强炭与电解质之间的润湿性。因此除了与耐火材料反应外，钠的另一个重要角色是为电解质向阴极内衬渗透"开路"。因此，Solheim 教授认为"如果不是因为钠，耐火材料内衬将能永久使用"[26]。

在整个电解槽服役期，钠在阴极包括耐火材料的渗透始终都比氟化物熔体快。通过对一定槽龄电解槽中处于反应前沿，但尚未转变的铝硅酸耐火材料的研究发现，钠蒸气是最早的腐蚀剂。

（3）阴极材料的膨胀与收缩。在阴极内衬中，各种材料的膨胀和收缩都会引起电解槽内衬破损及槽壳变形。在正常生产情况下，阴极炭块和阴极钢棒的膨胀及收缩率都与温度有重要的关系。温度越高其阴极阻止膨胀产生的应力越大，接近阴极炭块区域的温度高是造成内衬中等温线破坏的重要原因，所以联系到技术条件管理，较高的槽温是不利的。阴极钢棒会脱离阴极炭块，而阴极炭块内部也会产生层状分离，最终使阴极表面沿中心轴长度方向上抬，阴极钢棒上拱。槽壳也会在这种应力的作用下变形，向外伸展。

有效控制上述物理变化和化学反应的进行，减少生产过程中内衬结构被破坏，达到延长槽寿命的目的。除了需要精心设计电解槽的阴极结构和研究阴极材料的选择以外，这些变化无一不与温度有着密切的关系，槽底部内衬各区域（部位）的热特性和温度分布的影响是非常重要的设计依据。

11.2.3.2　阴极底部温度与化学反应

在铝电解槽中，为了使渗入炭内衬中的电解质、铝及钠的渗透对内衬结构的破坏减少到最低，需要对阴极底部的结构和热特性做精心的设计和研究，以达到最佳的电解槽运行和槽运行寿命。

（1）控制电解质的渗透与凝固层温度。进入炭素阴极内的电解质会随着材料裂缝和孔隙不断往下渗入，为了使凝固不发生在阴极炭块与钢棒之间，就要使炭素阴极材料层的温度处于电解质凝固点以上。普遍认同的观点是，阴极必须在电解液的初晶温度以上的温度条件下工作，由于碱性电解质与周围杂质形成的共晶温度大约比 888℃ 略低一些，因此现代化的电解槽要求保持阴极炭块底部最低温度达到 880℃ 以上，这样使电解质凝固层下移，进入耐火材料（防渗层），以使其在这一区域参与有利于阻止进一步腐蚀渗透的反应。当然，由于这一温度在钠的沸点附近，钠在阴极中的渗透浓度增加了其副作用。这表明，与钠的影响相比，保持熔融电解质对延缓阴极炭块分解更加重要。

（2）维持电解质与硅酸铝反应的温度。进入硅酸铝耐火材料中的熔融电解质含有差不多相同量的 NaF 与 Na_3AlF_6。NaF 会与耐火材料反应，而 Na_3AlF_6 仅仅起溶剂作用。研究表明，在 SiO_2/Al_2O_3 比较低时，化学反应主要产物是霞石：

$$6NaF(l) + 3SiO_2(s) + 2Al_2O_3(s) = 3NaAlSiO_4(s) + Na_3AlF_6(s)$$

$$(11-47)$$

而在 SiO_2/Al_2O_3 比较高时，化学反应主要生成钠长石：

$$6NaF(l) + 9SiO_2(s) + 2Al_2O_3(s) = 3NaAlSi_3O_8(s) + Na_3AlF_6(s)$$

$$(11-48)$$

霞石将以结晶态存在，而钠长石会在反应区形成一个黏性玻璃层。

当硅含量非常高时（$SiO_2 > 72\%$），由于氧化铝不足，产物中只有钠长石。当有电解质渗透时，在电解质含量较低反应区中的耐火材料相对于 NaF 过量，此时在从界面到未反应耐火材料之间将形成钠长石。在 NaF-Na_3AlF_6-SiO_2-Al_2O_3 体系中，固相线温度为 856℃±7℃。带有少量氧化铝与霞石的 NaF-Na_3AlF_6 熔体的黏度会比较低。而与霞石相反，钠长石是一种优良的玻璃体，它不会结晶，能与冰晶石一起形成高黏性熔体[29]。

目前，人们也认为高黏性钠长石的形成是阻止电解质渗透的主要机理。长寿命电解槽通常有这样的特征，即在阴极渗透的地方有玻璃相阻碍层形成。因此，应当尽量使电解槽底部耐火材料层（防渗层）温度维持在 800℃ 上下，这样一方面使电解质凝固层下移，另一方面使反应维持在耐火材料层（防渗层）以促进生成玻璃层。

（3）阻止钠对保温材料侵蚀的热特性。为了不使钠侵入保温材料层，尽量阻止钠及电解质继续向下侵蚀保温层，需要将耐火材料层（防渗料层）在到达保温层边界前的温度控制在 800℃ 以下，以完成钠蒸气的析出和结晶，但要使液态钠完全凝固，则需要将温度控制在 600℃ 以下。因此，电解槽底部要有适当的隔热，以保证电解质初晶点温度曲线处于阴极炭块以上，但又不能过度保温，以避免保温层温度升高，反而会加速钠和电解质的渗透与破坏。

11.2.3.3　阴极底部结构与热特性

电解槽阴极部分散热以 150kA 电解槽为例，其中大约有 10kW·h 的热通过阴极包括阴极钢棒损失掉了。底部内衬的主要传热方式是传导传热，与材料的热阻（材料厚度与导热率）有关。一般来说，通常的阴极结构中，传热能力强的材料是预焙炭块和阴极钢棒，而阴极底部的耐火砖、防渗料和保温砖热阻较大，可以减少阴极的热损失[4]。

图 11-20 是采用不同阴极材料和不同比例的隔热材料的电解槽典型温度分布图。很明显，可以采用导热好的石墨阴极，采用绝热性更好的保温砖和耐火砖（防渗料）来调整等温线位置向下移动，并可保证总的热损失不变。只要进行精心的选择和设计，通过电热仿真模拟，就可以达到优化底部热特性的目标。

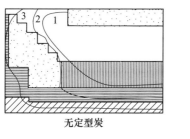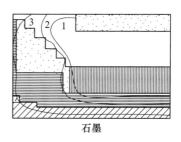

无定型炭　　　　　　　　　　　　石墨

□ 槽帮　　▨ 炭　　▤ 耐火砖　　▥ 阴极　　▧ 保温砖

图 11-20　电解槽中不同阴极炭块和保温层的等温线

等温线：1—950℃；2—850℃；3—550℃

11.2.4　铝电解槽上部的热特性

11.2.4.1　阳极内部热电特性

A　阳极内的电场分布

通过铝电解槽阳极内部的电热特性模拟，可以得出阳极内部的电流场分布如

图 11-21 所示，从图中可以看出，电流从阳极钢爪进入阳极内部时，在钢爪的周围电流密度较高，然后迅速分散开，在阳极底部，电流进入电解质层之前，电位等值线基本处于阳极与电解质界面处，电流呈均匀分布（电流线间距均匀），在阳极侧部电流密度极低，这一特点有利于电解过程顺利进行。

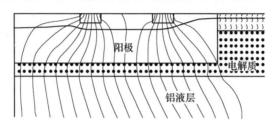

图 11-21 阳极电流场分布模拟图

因此，缩小加工面和阳极加料中缝，增大阳极底掌投影面积对电解质表面的覆盖面积，以提高槽内电化学反应区的有效面积，有利于改善电解过程。

另一方面，阳极电压降在阳极钢爪、钢爪-炭块接触和阳极炭块各部分分布见表 11-2。可以看出，阳极体内的电压降占阳极总电压降的 2/3，由阳极导电性能决定的，受到阳极质量和阳极电导率影响。在生产过程中，随阳极的消耗变化下降明显；阳极钢爪与钢爪梁电压降占了 72.7mV，约占阳极总电压降 20% 以上。这里钢爪-炭块接触电压降是按照磷生铁浇铸质量比较理想的方式来考虑的，通常情况下，阳极个体的差异是明显的，实际的接触电压降有可能要大得多。在阳极结构设计确定以后，钢-炭电压降是影响阳极电压降的主要因素之一。

表 11-2 320kA 电解槽内各部分电压降计算结果

部位	铝导杆	钢爪梁	钢爪	阳极体	钢爪-炭块接触	合计
电压降/mV	31.1	47.6	25.1	226.8	7.6	338.4

B 阳极内的温度分布与热特性

阳极内的等温线模拟结果如图 11-22 所示。随着阳极的消耗，阳极内部的等温线分布不断上移，图中 A、B、C 分别表示从新极到更换前的三个状态：A 状态时，阳极高度较高，阳极表面温度相对较低（400～500℃），钢爪下方温度 600～700℃；B 状态时，阳极高度居中，钢爪下方温度升至接近 800℃；C 状态时，阳极接近换极前的高度，阳极钢爪底部温度可高达 900℃以上。

由于钢爪和阳极导杆的良好导热性，导致通过阳极钢爪到铝导杆的散热较大。阳极钢爪结构的设计是阳极设计一个重要内容，就是如何在较低的阳极散热条件下，获得尽可能低的阳极电压降。

由于实际生产中，电解槽上部阳极更换、捞渣及加料等操作频繁，造成阳极热特性的波动较大，在设计和生产管理中应当充分考虑。

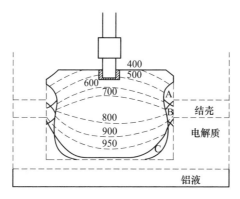

图 11-22　阳极内部等温线变化特征

11.2.4.2　阳极散热

顶部的热损失（包括阳极和边部电解质）主要是由于热传导造成的，因此它的数值与保温和温度梯度成比例。因为电解质结壳和氧化铝覆盖层顶部之间的平均温度差为 $400 \sim 500\,^{\circ}\!C$，所以传热动力将保持相对的常数。虽然由挥发造成的热损失会发生变化（一般来说，温度每降低 $10\,^{\circ}\!C$ 热损失减少 10%），但其造成的热损失不超过顶部热量损失的 10%。因此，保温隔热是控制槽顶部热量损失的首要因素。

图 11-23 显示了 160kA 预焙槽上通过模拟所做的氧化铝保温层厚度 L_a 与上部单块阳极散热量 Q_1 之间的关系

$$Q_1 = f_1(35L_a) \times (0.0106I + 3.53)/5.226 \tag{11-49}$$

可以看出，上部覆盖料的厚度对上部散热量的影响是非常显著的。

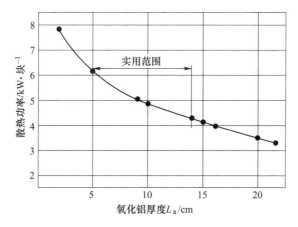

图 11-23　覆盖料厚度与阳极上部散热量的关系（电流 160kA，阳极高度 35cm）

值得一提的是，由于电解槽上部总的散热量很大（约占总散热量的 50%），上部覆盖料厚度和散热量对槽内的能量平衡影响明显，因此对过热度及边部槽帮形状影响也是非常重要的。所不同的是，由于覆盖料的厚度主要是通过生产过程的操作来调节的，因此上部热特性从指导电解槽内衬设计的角度而言，作为一种后天因素有较大选择空间。

减少阳极覆盖料的厚度，将增加阳极上部的热损失。在电解槽输入热量和其他条件不变的情况下，电解质温度 T_b 和过热度将会降低，当新的热平衡建立起来以后，炉帮形状将有所改变，炉帮厚度增加，如图 11-24 所示[26]。

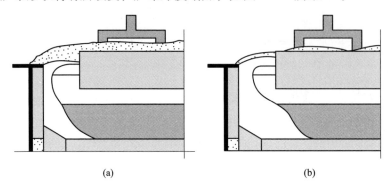

(a)   (b)

图 11-24 阳极覆盖料对炉帮结壳的影响

(a) 覆盖料厚度 15~20cm；(b) 覆盖料厚度 10~14cm

11.3 电解槽阴极内衬的设计准则

综合以上研究成果，在电解槽不同区域根据电解过程的需要，具有不同的热特性要求。建立在能量平衡和"区域能量自耗"概念的基础上，提出了一种能够反映真实铝电解热过程特性的描述，作为电解槽内衬结构和热设计的目标和设计方法——"区域热特性"法则。对铝电解槽而言，要维持电化学过程的正常进行，能量平衡是必然的。但保持电解槽各个区域和部位实现怎样的热特性条件下的能量平衡，才是我们应该关注的更为重要的目标，也就是说要知道"何种条件下的平衡才是最优的"。

11.3.1 电解质区（极间）热特性——过热度

铝电解槽的极间区是铝电解电化学反应区，围绕保持极间区的热特性优化，毫无疑问是铝电解槽内衬结构和热设计的核心任务。前述的讨论中，我们已经清楚地了解了热特性对电化学过程的影响特征，而极间区最重要热特性指标可用温度（更准确地说是过热度）来表达，总结讨论如下：

（1）在电解质组分（这里不予讨论）一定的情况下，温度（过热度）是影响铝电解电流效率的最重要的因素。

（2）过热度通过影响电解质的黏度、密度和表（界）面张力，对电解槽极间区的电化学反应产生影响，特别是铝在电解质中产生的溶解反应。实验证明，过热度每增加1℃，电流效率下降0.02%。

（3）温度（过热度）对电解质传质过程影响，对电解槽阴极过电压（浓差过电压）和阳极电压有明显影响。

（4）维持合理的过热度范围有利于电解槽获得较高的电流效率和较低的槽电压，从而获得较低的能耗。一般来讲，维持现代电解槽正常运行的适宜电解质的过热度在5~15℃。维持过热度在较低的区间6~10℃，则是目前认为最佳的操作范围。

极间电解质区的热特性也是"区域热特性"法则的核心，是电解槽设计的根本目标。本章主要探讨从设计角度如何控制过热度范围，而要实现使电解槽实际运行处于较理想的过热度区间，仍然需要有效的过程控制手段（将在第23章详述）。无论如何，相对于能量平衡作为设计目标，采用过热度即电解槽极间电解质的热特性来描述电化学反应对能量（热）的需求更为可靠。可以说，"区域热特性"是"区域能量自耗"理论的发展。

11.3.2 侧部热特性——炉膛内形

铝电解槽的侧部，在电解槽的热设计中具有重要的作用，其中侧上部的散热，对于电解槽炉帮的形成、能量平衡及过热度的变化有非常敏感的影响。其中最为明显的标志是炉帮形状（槽膛内形），合适的炉膛内形有利于减小铝的二次熔解和改善磁流体动力学稳定性效果。

（1）由电解质凝固形成的炉帮可有效覆盖侧部炭块（或陶瓷内衬），是有效防止侧部内衬材料被腐蚀、冲刷的重要因素，也是炉帮形成的基本需求。

（2）电解质-铝液界面处的炉帮厚度，直接影响槽内电解质-铝液面积（也称铝液镜面），而阳极投影以外的界面是造成铝的熔解与二次反应的主要区域。因此，适当的炉帮厚度（其厚度以不影响阳极操作为前提，越厚越好），有利于减少铝的二次反应，提高电流效率。

（3）电解槽内炉帮"伸腿"（阳极投影以下渗入铝液层的部分）不宜过长，以遮盖阴极端部与端部糊之间的缝隙为宜，既可以保护阴极端部缝隙不被冲刷、渗透，又可以保持比较低的铝液层水平电流密度。当然，最佳的"伸腿"长度，应当以铝液层电流场仿真结果为准。

（4）电解槽的侧下部（侧部炭块以下，阴极炭块端部及以下的部分）的保温和防渗设计对于炉帮的形成，特别是"伸腿"的长度影响明显。在一定的热平衡条件下，调整侧下部的保温设计是调节伸腿长度的重要方法。

需要指出的是，尽管侧部的散热特性对炉帮形状影响很大，但侧部的热设计在底部保温相对不变的情况下，更多地受到由热平衡决定的过热度大小的影响。除此之外，局部的炉帮还会受到由电磁场引起的铝液流动冲刷而改变。

对于现代铝电解槽而言，随着电解槽容量的不断增加，电解槽在侧部散热方面采取了许多措施，已经使用了最好的既能够抗电解质腐蚀又具有良好导热性的材料（如碳氮化硅）。因此，热平衡和过热度反过来又成为影响炉帮的重要因素，应用侧部散热调节技术，可以通过改变侧部散热量来调节炉帮和过热度。

11.3.3 底部热特性——特征等温线

"保温"是电解槽底部内衬热特性的首要特点，也是现代电解槽发展的一种普遍趋势。底部保温的好处是能够使电解槽内的反应区形成比较均匀的等温区域，即满足极间反应区的热特性要求，以维持电化学反应所需的条件；更重要的是考虑内衬设计满足抗腐蚀和渗漏的要求，延长槽内衬的寿命。具体而言，一个好的电解槽内衬设计，底部热特性还应满足以下几个特征等温线分布要求：

（1）电解质共晶温度900℃等温线应当位于阴极炭块以下，以避免电解质结晶对炭块造成的破坏。

（2）800℃等温线处于耐火材料层（防渗料），以确保钠蒸气析出，减少钠的渗透破坏保温层。

（3）600℃温度尽量处于保温层以上，以确保液态钠的凝固，防止其破坏保温层。由于这一原因，我国已经将底部往上两层保温材料由硅藻土砖改为强度好、相对致密和耐腐蚀的轻质耐火砖。

底部内衬基本结构设计多年来变化不大。但在以槽寿命影响为设计理念上，确立了更加明确的目标，包括对底部热特性的认识，使用了防渗料，并且更加保温。

11.3.4 上部热特性——热平衡调控

正如前面讨论的，上部热特性主要是考虑阳极覆盖料对能量平衡的影响。在设计上要考虑的就是上部散热应该结合电解槽的总体热平衡和覆盖料厚度的合理调节范围，这对于电解槽极间区的热特性（过热度）及侧部炉帮都有较大的影响。

11.3.5 过热度与电解质动态热特性

尽管我们已经分别讨论了电解槽内四个区域的热特性，但应当指出，它们是互为条件并且互相影响的。在此，需要再次强调的是过热度是电解槽热特性的核心。

M. P. Taylor对电解质温度及过热度的研究结论总结于图11-25中[29]，按照电解质特性与过热度的关系，划分为A、B、C、D、E五个区域，分析其相互转化的条件：

（1）目标区——A区。A区的电解质摩尔比为2.1~2.2，电解温度为955~965℃，过热为5~15℃。在这一区域内，电解槽运行稳定，炉帮厚度适宜，氧化铝溶解性较好，电流效率较高。

（2）非目标区——B、C、D、E等区域。当电解温度处于C区和D区时，过热度均大于15℃，虽然摩尔比不同，电解温度不同，但在这两个区域内侧部炉帮会熔化；而B区和E区，电解质的过热度不超过15℃，可以保持炉帮稳定，但B区摩尔比过低，而E区摩尔比过高。

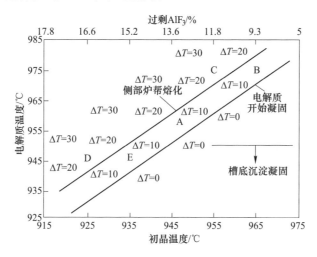

图11-25　电解质的过热度对生产过程的影响

因此，可以看出过热度对电解槽操作的影响，它在一定程度上决定了电解槽运行结果。

11.4　"可压缩内衬"及防渗漏结构

电解槽容量的增大使槽内衬体积随之增大，主要表现在水平方向尺寸的增加，特别是纵向尺寸增加更为明显。以上改变使电解槽内衬在从冷态到热态的过程中，水平方向的热应力及启动初期吸钠膨胀应力随着槽容量的增加而明显增大，并在阴极侧下部集中，造成电解槽阴极隆起，出现开裂，严重影响电解槽的寿命[30]。

我国电解铝企业及设计研究单位在铝电解槽内衬结构及内衬材料选用等方面进行了不断的创新，如槽壳侧部由以往的双围带改为单围带并加装了散热片；减薄侧部炭砖的厚度，减小槽加工面；采用小船形的槽壳结构等。这些均有利于电解槽侧部散热和电解槽热特性的保持。在新材料应用方面，侧部普遍采用了碳氮化硅砖，提高了导热性和抗侵蚀性能，增强了侧部散热性能；底部阴极炭块普遍采用了半石墨质炭块，并试验应用了全石墨化炭块。虽然综合应用了以上技术，但阴极侧部结构仍然一直沿用传统的硬结构（浇注料），使在生产过程中不断增大的侧部应力无法得以释放，这被认为是造成在电解槽生产技术及原材料质量不断提高的前提下，槽寿命仍徘徊在 1800 天左右的原因之一。我国与国际先进水平相比，槽寿命存在 500~800 天的差距[31]。

经过对大型铝电解槽内衬材料物性参数的分析和铝电解槽内衬应力场的研究，通过仿真计算，设计并建造了配备阴极侧部可压缩结构（也称柔性结构）的 320kA 试验电解槽。试验槽经过近 2 年时间的运行，其优势表现明显，在一定程度上提高电解槽的寿命。

11.4.1 电解槽内衬热应力及钠膨胀应力分析

采用无烟煤阴极炭块的 320kA 电解槽，在焙烧结束后，发生热膨胀而产生位移的仿真如图 11-26 所示[32]。图 11-26（a）表示 x 方向的位移，最大位移量为 8.84mm，位于电解槽大面两侧；图 11-26（b）表示电解槽 y 方向的位移，最大

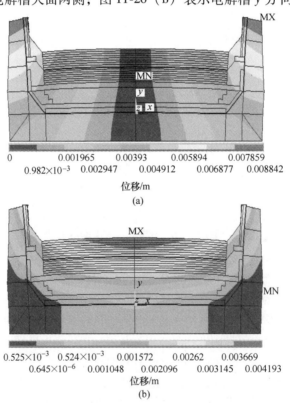

图 11-26　焙烧结束后电解槽位移分布情况

（a）x 方向位移；（b）y 方向位移

位移量为 4.19mm，位于电解槽中心，阴极炭块表现出上拱形状；最大位移量为 8.99mm，位于槽的两侧。z 方向的位移量为 7.35mm。

电解槽启动初期是钠渗透的主要阶段，钠含量的增加导致炭块膨胀的增加。根据伍玉云等人[32]的仿真计算，启动一个月后的电解槽无论是 x 方向的位移、y 方向的位移还是电解槽的最大位移都有所增大，x 方向的最大位移量为 11.64mm，比启动前增加了 31.6%，y 方向的最大位移量为 7.78mm，比启动前增加了 81.7%，最大位移量为 11.65mm，比启动前增加了 29.6%。其中 y 方向的位移增加幅度最大，表明电解槽运行一个月后由于钠的渗透，产生的膨胀应力增大，使得中心阴极炭块上抬趋势加大。阴极炭块的上抬是造成阴极炭块开裂和剥皮分层的重要原因。

尽管电解槽内衬实际因温度和吸钠膨胀产生的引力是比较复杂的，但以上分析无疑反映了真实的规律。随着电解槽容量的不断增大，减少阴极内衬热膨胀及钠膨胀应力问题，对槽寿命的提高具有十分重要的意义。

11.4.2　电解槽侧部"可压缩结构"原理及仿真

11.4.2.1　结构及原理

现代电解槽设计中采用了坚固的摇篮架槽壳结构，只允许内衬有少量有限的位移。被放置在坚固的支撑钢质槽壳和侧部内衬中的底部炭块必须有特定的质量标准。比较重要的标准是较低的热膨胀系数、较低的钠膨胀指数、较低的杨氏模量和足够高的强度。另外，需要注意的是焙烧炭颗粒的抗拉强度只有其抗压强度的 10%。如果铝电解厂将这些参数作为底部炭块质量要求就会获得较好的槽寿命。为了减少钠渗透带来的炭块膨胀产生的隆起作用，在大电流电解槽中应用石墨材料阴极效果会更好。

由于碳质内衬的膨胀比四周的钢质槽壳和支撑允许的膨胀要大，槽壳和支撑对这种运动的限制可能增加阴极隆起，损害底部炭块的整体结构。在槽壳和阴极之间留有一定的空间是非常有利的。在处理刚性结构工程实践中，留有压缩缝或膨胀缝是很普遍的做法，在道桥梁和水泥人行道铺设时也是常见的做法。在高温和阴极内衬的化学反应消除之前，这些膨胀缝和可压缩或可破碎的材料保持的时间越长越好。

在理论上有两种减弱阴极内衬材料膨胀和降低槽侧部受力的方法，一种是在槽壳内设立"膨胀缝"（可压缩材料，或柔性材料），另一种是在外部设立膨胀缝。在第一种方法中，"膨胀缝"作为内衬的一部分，最好是紧贴槽壳填充一些易碎的（或者疏松的）隔热材料，如图 11-27（a）所示。这种材料的强度可根据所受的反压力进行调整，在接近底部炭块表面同一水平面的滑移面处添加材料，以便将底部炭块破损的风险降至最小；在坚固的现代电解槽槽壳中，第二种方法就是将槽壳约束在一个较宽松的、结实的摇篮架内；在这种情况下，摇篮架和槽壳之间的缝隙可以作为膨胀缝，经过一段时间后随着内衬和槽壳的膨胀这种缝隙将闭合，也可以在摇篮架和槽壳之间填充一种比钢软的金属垫片，如图11-27（b）所示。这种金属必须具有足够的延展性用于变形，同时产生足够大的压力并在边缝处保持边缝的连接部分（避免渗透）不张开，但这种压力不能超过底块的抗压强度。

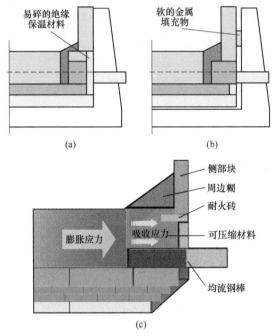

图 11-27　"可压缩内衬" 和外部 "膨胀缝" 原理

（a）易碎的绝缘材料，紧靠在与阴极炭块表面同一水平的槽壳和潜移面上；
（b）在不受约束的槽壳和摇篮架之间垫入一种柔软的金属；（c）膨胀应力与吸收示意图

图 11-28 所示为 320kA 试验电解槽内衬设计方案图（横剖面），与传统的侧下部硬结构相比，主要改进点在于，在阴极炭块与槽壳之间设置了采用可压缩耐火材料构成的侧部可压缩结构[30]。具体的结构设计为：槽壳与炭块侧部之间分别设置可压缩材料4、耐火砖3及侧部炭糊2。此外，在阴极钢棒周边设置一层钢棒浇注料5，以阻止钢棒周围可能产生的渗漏。

当阴极炭块受到热膨胀及钠膨胀时，其产生的力推动可压缩材料，使其压缩（或破碎），从而使应力得以释放，减缓阴极隆起的速度，减小隆起量。电解槽底部按照 "区域热特性" 设计了保温和防渗漏结构，以满足等温线特征要求。

11.4.2.2　可压缩结构热场仿真

侧下部结构及材料的改变会影响到电解槽的热场。对图 11-28 所示的设计方案进行热场仿真模拟计算的结果如图 11-29 所示。

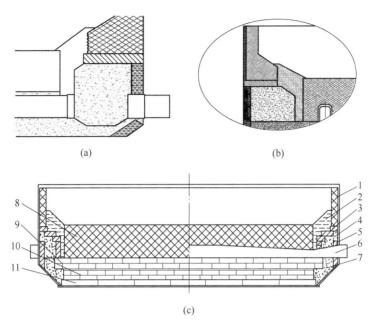

(a)　　　　　　　　　　(b)

(c)

图 11-28　电解槽可压缩内衬结构图

(a) 大面结构示意图；(b) 小面结构示意图；(c) 试验槽设计方案

1—侧部炭砖；2—侧部炭糊；3—耐火砖；4—可压缩材料；5—钢棒浇注料；6—异型均流钢棒；
7—底层填充料；8—阴极炭块；9—高效抗渗砖；10—轻质保温砖；11—硅酸钙板

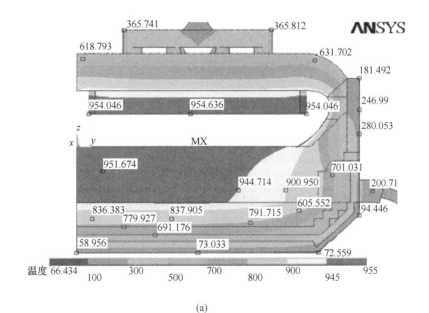

(a)

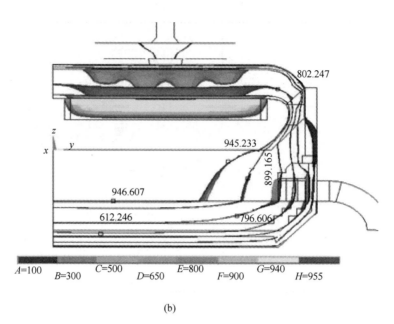

(b)

图 11-29 320kA 可压缩结构电解槽热场仿真图
（a）试验电解槽温度切片云图；（b）试验电解槽热场温度等值线图

仿真结果表明，在阴极炭块与高效抗渗砖界面上的温度为 947℃ 左右，在高效抗渗砖和轻质保温砖界面上的温度为 758℃ 左右，电解质的初晶温度等温线在阴极炭块以下；800℃ 等温线在保温砖以上，温度分布合理。槽帮部分温度下降梯度较大，有利于伸腿的形成和保持；在槽底，温度差主要集中在阴极下面的保温材料中，达到了加强底部和侧下部保温、侧上部散热的目的。

11.4.2.3 可压缩结构试验及效果

Rolf 和 Peterson 研究发现[33]，在底块与钢壳之间填充可压缩的材料后，其槽壳隆起程度比没有可压缩材料的槽壳隆起程度要小。这表明，这种可破碎（压缩）材料确实可吸收很多因钠渗透和热力学引起的阴极膨胀（见图 11-30）。更进一步的研究发现：电解槽纵向的力比横向的更大，为了减小隆起，阴极炭块上部的约束力应比底部的约束力大；导致隆起的力随温度升高而减小，随着渗透深度的变化，钠的浓度梯度变小；在槽壳和摇篮架之间安装垫片可减小槽壳的水平弯曲，对提高摇篮架的承受力非常有益。

阴极内衬的水平运动若在电解槽四面都受限制将导致中部向上隆起变形，如果只在两个相反的方向减小或消除这种运动约束，阴极表面的向上弯曲程度将降低，但由于在这两个方向运动自由，因此在这两个方向会向外弯曲。如果两侧是端部炭块，则端部炭块的弯曲力可能超过它们的抗弯强度而导致炭块的横向断裂（见图 11-31）。相似的断裂在过度焙烧后的阴极中间部分也存在。

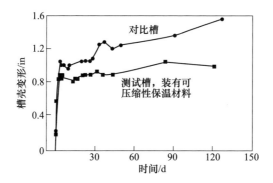

图 11-30 可压缩性内衬与没有可压缩性材料的对比

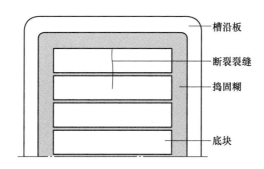

图 11-31 端部炭块与槽壳之间的压力导致的隆起断裂

为了检验侧部可压缩结构的方案，在 320kA 电解铝系列中建了 2 台采用侧下部可压缩结构的试验电解槽，槽号为 4069 号和 4070 号，并设同期启动的 4059号和 4060 号为对比槽。试验电解槽 2006 年 12 月启动，其启动方案及生产管理与正常槽相同[30]。

2008 年 5 月，对 2 台试验槽及对比槽进行了综合测试。测试结果见表 11-3。

表 11-3　试验槽与对比槽炉底电压降及炉底隆起量测量数据

槽　号	炉底电压降/mV	炉底隆起平均值/mm	炉帮厚度平均值/mm
试验槽 4069 号	318.4	28	58.4
试验槽 4070 号	398.9	28.5	62.8
对比槽 4059 号	361.2	34	85.7
对比槽 4060 号	355.3	49.4	101.5

从以上数据分析可以看出，试验槽炉底隆起量比对比槽小 13.5mm，且炉帮

较好，说明侧部可压缩结构在吸收内衬膨胀应力方面取得了较为明显的效果；与对比槽相比，电流效率提高了 1.6%，吨铝直流电耗下降了 231kW·h，能耗指标达到了世界先进水平，说明侧部可压缩结构方案是成功的。

铝电解槽阴极在 x 方向和 y 方向存在热应力及钠膨胀应力随槽容量的增加而大幅增大，并在阴极侧部集中，这是造成阴极炭块上拱、开裂的重要原因。

采用阴极侧部可压缩结构，选取合适的可压缩材料，在一定程度上吸收了阴极的膨胀应力，从而减缓了阴极的上抬速度，减小上抬的量，延长了电解槽寿命。

参 考 文 献

［1］沈时英. 铝电解槽的区域能量自耗［J］. 有色金属（季刊），1980：66-72.

［2］梁学民，等. 铝电解槽物理场数学模型及计算机仿真研究［J］. 轻金属，1998（增）：145-150.

［3］HAUPIN W，KVANDE H. Thermodynamics of electrochemical reduction of alumina［J］. Light Metals 2000：379-384.

［4］GRJOTHEIM K，WELCH B. Aluiminum Smelter Technology［M］. 北京：冶金工业出版社，1988.

［5］THONSHTAD J，FILLNER P，et al. Aluminium Electrolysis［M］. 3 版. 北京：冶金工业出版社，2010.

［6］STERTEN A，SOLLI P A. Cathodic process and cyclic redox reactions in aluminium electrolysis cells［J］. Journal of Applied Electrochemistry，1995，25（9）：809-816.

［7］BRATLAND D，FERRO C M，STVOLD T，et al. The surface tension of molten mixtures containing cryolite. Ⅰ. The binary systems cryolite-alumina and cryolite-calcium fluoride［J］. Acta Chemica Scandinavica，1983（37a）:487-491.

［8］PATARAK O，DANEK V，CHRENKOVA M，et al. ChemInform abstract：thermodynamic analysis of the molten system KF-K_2MoO_4-B_2O_3［J］. ChemInform，1998.

［9］FELLNER P，SILNY A. Viscosity of sodium cryolite-aluminium fluoride-lithium fluoride melt mixtures［J］. Berichte der Bunsengesellschaft für Physikalische Chemie，1994，98（7）：935-937.

［10］FELLNER P，SILNY A. Viscosity of sodium cryolite + aluminum fluoride + potassium fluoride melts［J］. Journal of Chemical & Engineering Data，1995，40（5）：1076-1078.

［11］UTIGARD T，ROLSETHT S，THONSTAD J，et al. Interfacial phenomena in aluminum electrolysis［J］. Production & Electrolysis of Light Metals，1989：189-199.

［12］THONSTAD J. Specific electrical conductivities of electrolytes used in three layer refining of aluminum［C］// Proceedings of the International Symposium on Quality and Process Control in the Reduction and Casting of Aluminum and Other Light Metals，Winnipeg，Canada，1987：

219-228.

［13］ GRJOTHEIM K. Aluminium Electrolysis：Fundamentals of the Hall-Héroult Process ［M］. Aluminium-Verlag, 1982.

［14］ ROLSETH S, THONSTAD J. On the mechanism of the reoxidation reaction in aluminum electrolysis ［J］. Light Metals 1981：289-301.

［15］ ROLSETH S, THONSTAD J. The reoxidation reaction in aluminium electrolysis-non-stationary phenomena ［C］//Proceedings of the IV Yugoslav Intenational Symposium on Aluminium, Titograd, 1982：293-302.

［16］ SOLLI P A, EGGEN T, SKYBAKMOEN E, et al. Current efficiency in the Hall-Héroult process for aluminium electrolysis：Experimental and modelling studies ［J］. Journal of Applied Electrochemistry, 1997, 27（8）：939-946.

［17］ KVANDE H. Current efficiency of alumina reduction cells ［J］. Light Metals 1989：261-268.

［18］ TARCY G P, SORENSEN J. Determination of factors affecting current efficiency in commercial hall cells using controlled potential coulometry and statistical experiments ［J］. Light Metals 1991：453-459.

［19］ TARCY G P. Strategies for maximizing current efficiency in commercial Hall-Héroult cells ［C］// Proceedings from the 5th Australasian Aluminium Smelting Technology Conference and Workshop, Sydney, 1995：139-160.

［20］ UTIGARD T. Why best pots operate between 955℃ and 970℃ ［J］. Light Metals, 1998：319-326.

［21］ TABEREAUX A T, ALCORN T R, TREMBLEY L. Lithium-modified low ratio electrolyte chemistry for improved performance in modern reduction cells ［J］. Light Metals 2016：83-88.

［22］ DEWING E W. Loss of current efficiency in aluminum electrolysis cells ［J］. Metallurgical and Materials Transactions B, 1991, 22（2）：177-182.

［23］ THONSTAD J, ROLSETH S. On the cathodic overvoltage on aluminium in cryolite-alumina melts-Ⅰ ［J］. Cheminform, 1978, 23（3）：223-231.

［24］ 邱竹贤. 铝电解原理与应用 ［M］. 徐州：中国矿业大学出版社, 1997.

［25］ DORWARD R C. Decomposition voltage for the electrolysis of alumina at low temperatures ［J］. Journal of Applied Electrochemistry, 1982, 12（5）：545-548.

［26］ 莫顿·索列, 哈拉德·欧耶, 等. 铝电解槽阴极 ［M］. 北京：化学工业出版社, 2015.

［27］ 梁学民, 陈喜平, 冯冰, 等. 铝电解槽阴极结构分析与仿真计算 ［J］. 轻金属, 2015（5）：38-42.

［28］ 梁学民, 张松江, 等. 现代铝电解生产技术与管理 ［M］. 长沙：中南大学出版社, 2012.

［29］ TAYLOR M P, WELCH B J. Achieving high performance smelter cell design ［C］. 中新丹铝电解技术和应用研讨会, 2003：28-31.

［30］ 梁学民. 铝电解槽阴极侧部可压缩结构研究 ［J］. 轻金属, 2010（6）：30-32.

［31］ 冯乃祥, 彭建平, 戚喜全. 高效长寿电解槽的技术问题 ［C］. 中国有色金属学会, 2004.

[32] 伍玉云. 300kA 铝电解槽电热应力场及钠膨胀应力的仿真优化研究 [D]. 长沙：中南大学，2007.

[33] ROLF R L, PETERSON R W. Compressible insulation to reduce potlining heaving in Hall-Héroult cells [J]. Light Metals，1987：209.

12 铝电解槽的机械系统及结构力学设计

12.1 铝电解槽的机械系统及结构力学设计原则

电解槽的机械系统包括阴极槽壳、上部大梁和阳极提升机构（机械传动系统）。随着电解槽容量的加大，机械结构和传动系统对电解槽的影响也越来越大，设计的复杂性和难度也越来越大。一般来说，电解槽机械及结构装置的设计应该坚持以下几个原则：

（1）满足工艺和铝电解槽结构要求。机械结构的设计应满足电解槽在实际生产条件下的各种工况条件，对电解槽其他部分的设计及工艺操作不会带来妨碍。

（2）安全、可靠。满足结构设计的强度、刚度要求，在电解车间强磁场、高温环境下能够长期稳定运行。

（3）经济性要求。由于一个电解系列一般都由 300 台以上的电解槽组成，机械系统和机构装置的材料消耗和施工费用约占电解槽总投资的 15% 以上。因此，机械系统和结构装置的优化设计非常重要。

在第 8 章已经对电解槽的结构系统基本概念做了介绍，本章主要介绍机械系统和结构装置的设计方法。

12.2 铝电解槽的槽壳结构设计与数值计算

铝电解槽的槽壳是电解槽最重要的组成部分，槽壳结构设计的发展和进步在电解槽技术发展的历史中发挥了重要的作用。随着对槽壳的功能和作用认识的不断深入，对其结构力学特性、计算分析方法及结构设计的研究不断完善，为现代铝电解槽向大型化发展奠定了牢固的基础。

槽壳（即阴极钢壳）为内衬砌体外部的钢壳和加固结构，它是盛装内衬砌体的容器，同时也起着支承电解槽重量，克服内衬材料在高温下产生热应力和化学应力迫使槽壳变形的作用，所以槽壳必须具有较大的刚度和强度[1]。槽壳结构的设计受到电解槽温度场的影响，它与电解槽寿命、工程投资及生产成本有着密切的联系[2]。

12.2.1　槽壳的基本机构

电解槽的槽壳伴随电解槽技术发展的演变，先后经历了三代结构类型，即框架式槽壳、臂撑式槽壳和摇篮式槽壳。

12.2.1.1　第一代槽壳——框架式槽壳结构

框架式槽壳是较早采用的一种电解槽的槽壳结构。20 世纪 50 年代初，我国铝工业从东北抚顺铝厂建设开始，当时使用的 24kA 自焙槽，采用的槽壳结构如图 12-1 所示，为"型钢+钢板"结构，称为有底框架式结构[3]。之后，我国从苏联引进 60kA 无底自焙电解槽，这种电解槽的底部直接坐落在水泥基础上，其主要优点是用钢量少（60kA 槽的槽壳仅 6~8t），槽底保温好、沉淀少、槽底压降低。由于电解槽大修复杂，工作量大，因此于 60 年代初开始将这种无底槽改为有底槽（在原结构上加底）。框架式槽壳结构在自焙槽和早期预焙槽中得到了普遍应用，其主要结构形式采用垂直和水平围带组成的钢框架作为主要受力构件来制成槽壳大小面壁板。该槽壳的结构强度适中，但刚度较小，不能有效限制阴极炭块的膨胀，电解槽大修时槽壳的残余变形大、结构修整困难，难以满足预焙槽的需求。

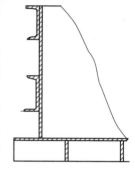

图 12-1　有底框架式槽壳（24kA）[4]

12.2.1.2　第二代——臂撑式槽壳结构

由于电解槽容量的不断扩大，框架式结构逐渐不能满足要求，外部框架使用的型钢的型号越来越大。20 世纪 70 年代，100kA 试验槽槽壳型钢号已用到 45 号槽钢，由于槽壳太重导致组装困难。所以后来在开发 135kA 预焙阳极电解槽槽壳时采用了臂撑式结构（见图 12-2（a）），在槽壳上部设有大型槽钢，我国抚顺铝厂四期与包头铝厂二期均采用这种结构的槽壳。到 80 年代初，从日本引进的 106kA 上插自焙阳极电解槽（原为法国 Pechiney 技术）应用在了青铜峡铝厂，其槽壳为另一种臂撑式结构（见图 12-2（b））。槽壳上下两部分用螺栓连结，臂撑为直线式。槽壳侧部无加强型钢，槽底型钢用压板与槽底连接，这种分上下两部分可装卸结构形式，适用于槽内衬炭块整体砌筑结构。

臂撑式槽壳结构在早期的小容量自焙槽中曾得到了短期应用，其主要结构形式采用刚性连接在底面上的钢筋混凝土垂直臂撑或钢柱作为主要受力构件来支撑槽壳大小面壁板，这种结构垂直臂撑强度大，对防止电解槽结构变形有明显的作用。但由于刚度过强，在当时内衬刚性结构设计条件下，内衬材料的热膨胀和化学膨胀等应力难以得到有效释放，造成内衬结构早期破损，槽寿命难以达到设计要求。

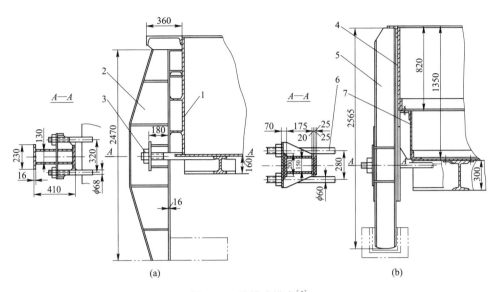

图 12-2　臂撑式槽壳[4]

（a）臂撑式槽壳Ⅰ（135kA）；（b）臂撑式槽壳Ⅱ（100kA）

1—槽壳；2—臂撑；3—拉杆；4—上部槽壳；5—臂撑；6—拉杆；7—下部槽壳

此外，由于臂撑式槽壳结构复杂、用钢量大，而且槽底部槽壳需要占用较大的高度空间，也会导致整体投资的增大。所以，这种槽壳结构也很快被淘汰。

12.2.1.3　第三代——摇篮式槽壳结构

摇篮式槽壳是目前国际上普遍采用的一种大型电解槽结构形式。1982 年我国贵州铝厂引进日本轻金属公司 160kA 中间下料预焙槽，采用了双围带直角摇篮式槽壳，在我国青海铝 160kA 和平果铝 165kA 电解系列均采用了这种双围带直角摇篮式槽壳。之后这种摇篮式槽壳结构在我国不断开发完善，应用于不同类型的大型、特大型电解槽。在贵铝 180kA 试验槽上，由于加工面进一步缩小，为了便于侧上部通风、促进电解槽炉帮的形成，设计了单围带直角形摇篮式槽壳，如图 12-3 所示。

由于直角形的摇篮架角部应力集中较突出，在使用过程中对角部焊接质量要求高，为改善角部受力状态，20 世纪 90 年代初在国家大型铝电解试验基地280kA 特大型试验槽 4 号上设计使用了船形摇篮架，获得了较好的效果。280kA电解槽最初采用的船形摇篮式槽壳为大船形，阴极组的间距 550mm，每两组阴极对应一个摇篮架，相邻摇篮架间距为 1100mm。

典型电解槽槽壳摇篮架结构模型如图 12-4 所示。

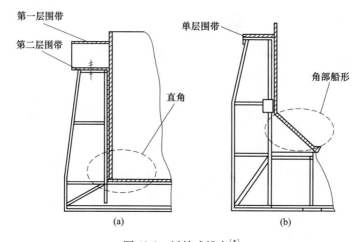

图 12-3 摇篮式槽壳[5]

（a）直角形摇篮式槽壳；（b）船形摇篮式槽壳

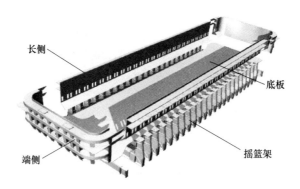

图 12-4 典型电解槽槽壳摇篮架装配图

两种 280kA 电解槽槽壳设计结果性能对比见表 12-1。

表 12-1 280kA 预焙槽船形槽壳与直角形槽壳性能比较

槽 壳	直角形摇篮式	船形摇篮式
电流强度/kA	280	280
阳极电流密度/A·cm^{-2}	0.7315	0.7315
阳极断面/cm^2	382800	382800
进电方式/端	5	5
槽壳结构形式	密集直角摇篮	
摇篮架个数/个	27	14
每台电解槽壳用钢量/t	37.7	34.1

槽　壳		直角形摇篮式	船形摇篮式
槽壳长边中心顶部挠度/mm	设计值	16.15	11
	实测值	14，13，18	5
槽壳短边中心顶部挠度/mm	实测值	15	12
槽壳底板中心顶部挠度/mm	设计值	9，19	7
	实测值	12，10，14	6

注：实测值是电解槽启动后 3 个月的实际测量值。

上述比较说明，采用宽间距船形摇篮槽壳具有强度大、刚性强、造价低等特点，有利于自然通风，易形成侧部结壳，有助于提高电流效率，利于施工，对延长槽寿命均有益处。在设计电解槽槽壳时，应避免使用槽沿板，这样可以有效地释放内衬的垂直膨胀力，大大减少槽壳侧壁向外的膨胀。同时，取消槽壳的腰带板，采用到顶的摇篮架结构。由于通风条件好可以形成良好槽帮结壳，阻止电解质渗透，进一步减少槽壳的膨胀。

由于大船形摇篮架在槽壳角部的斜角比较大，摇篮架的尺寸大，刚度和强度大，因此可以拉大摇篮架的距离，减少摇篮架的数量，但长侧板的厚度较厚，容易产生局部波浪形变形，而且大斜角占用了槽壳角部较大的空间，对侧下部内衬保温有较大的削弱，因而这种槽壳结构在我国工程设计中不常采用。到 2000 年以后，随着大型槽的逐步推广应用，为了加强特大型电解槽散热与节省槽壳的钢材用量，产生了焊接式小船形摇篮式槽壳。到目前为止，单围带小船形槽壳结构一直普遍采用[2]。

船形摇篮式槽壳与直角形摇篮式（见图 12-3）相比，它的槽壳底呈船形，摇篮架角部应力集中得到很大改善，具有强度大、刚性强、造价低等诸多优点[6]。由于采用了单围带结构，摇篮架直接顶到槽沿板位置的单层围带上，使整个槽体侧部受力均匀，应力变形小，而且有利于槽壳侧壁的空气对流，在侧部外壁焊接若干散热筋片，加强侧部的散热能力，有助于炉帮的自然形成和炉膛形状的规整。

槽壳上部内侧周边焊有槽沿板，以保护侧部炭块不受损伤并可有效阻止侧部炭块在使用过程中受热膨胀而引起的上长。摇篮架和槽体之间以钢垫板隔开，槽底与摇篮架之间和槽体侧部与摇篮架之间设有石棉板，使槽体与摇篮支架结合面平稳，摇篮架受力均匀，并使其处于 300℃ 以下工作。整个槽壳支撑在数根工字钢梁上。

12.2.2　槽壳受力特点

槽壳与槽内衬构成电解槽的阴极结构，槽壳承受着电解槽整体的载荷，担负着庞大的内衬热膨胀力，使槽壳四边向外绕曲，槽底和底部炭块也会受力而向下或向上突起。电解槽槽壳结构、强度及变形与电解槽寿命和生产成本密切相关。阴极结构是电解槽电化学反应的容器，槽壳需要具有足够的强度来约束内衬的变形及膨胀，同时为阴极底部的保温创造必要条件；否则，内衬的寿命将大大缩短。因此对槽壳设计总的要求是：足够的强度和刚度、用钢量省，且便于制造和维修[3]。

近年来，大型预焙槽的槽壳均采用了摇篮式槽壳。其空间钢结构复杂，由矩形槽壳和一系列托架（摇篮架）组成，其短边主要依靠方格状加筋承受载荷，而长边主要依靠托架承载。除了自身槽壳体内的温度应力载荷外，槽壳力的来源主要分为两个部分：荷重和内衬的膨胀力[6]。

12.2.2.1　重力荷载

槽壳承受的重量载荷包括：槽壳自身重量、槽内衬（阴极炭素材料、阴极钢棒与耐热保温材料等）、槽内铝液重量、电解质重量、阳极和覆盖料以及上部结构（包括大梁、阳极横母线、提升机构、加料系统等）的重量。此外，还要考虑电解槽阳极母线转接时阳极母线转接框架等临时性加载的重量。

以 280kA 试验槽为例，电解槽各个部分重量负荷大致分布为：（1）上部结构中包括大梁约 8t，阳极（40 组）约 40t，大母线约 10t，提升机构约 2t，加料系统（含管网和氧化铝料）2t。（2）下部槽壳内包括铝水约 25t，电解质及结壳约 15t，阳极覆盖料约 12t，内衬结构总重约 130t，槽壳约 30t。由于电解质的浮力作用，会适当降低上部结构的重力由下部槽壳承担。（3）临时性加载如阳极母线转接框架重约 16t。

所有这些重量都以力的形式施加在槽壳上。上部结构的所有重量均由位于电解槽端部的门形立柱支撑，作用在电解槽的第一层围带上。内衬结构、铝液和电解质的重量直接均匀地作用于槽壳地板上。

12.2.2.2　内衬的膨胀力

当电解槽温度变化时，全部阴极结构材料都要发生改变，即膨胀或收缩，尤其是电解槽焙烧启动过程，温度逐渐升高，阴极内衬将产生较大的温度应力，而且电解生产过程液态电解质的渗透，引起内衬持续的体积膨胀。

不同质量的阴极炭块膨胀率有所不同。贵州铝厂生产的 BSL-1 阴极炭块电解膨胀率 1%~1.2%，半石墨质或半石墨化炭块电解膨胀率为 0.4%，石墨化炭块在同样电解的温度下膨胀率约为 0.25%。

预焙槽一般常采用无烟煤基炭块，如 160kA 电解槽阴极炭块在电解槽焙烧阶段膨胀量约为 3cm。当焙烧到一定温度时，有煤沥青黏结剂的炭块间糊及边部糊将保持独有的塑性，使炭块膨胀能够被有效吸收，这种特性有助于缓冲，减轻对槽壳的水平作用力。糊料膨胀一直进行到 500℃ 左右，而后由于黏结剂焦化而收缩。

由于钠渗透引起的内衬膨胀比温度变化引起的热膨胀要大得多。一般而言，槽壳侧壁承受内衬吸收电解质后产生的膨胀力，伴随电解过程，且差异较大。长边受力 0.35~1.25MPa，短边受力 0.5~2.5MPa，多数情况下，长边承受水平推力约为短边的一半。实际上，要精确计算或者测量槽内衬施加给槽壳的膨胀力几乎是不可能的。因此，从引进日本技术开始，最初设计采用测量电解槽实际变形，反推电解槽内衬对槽壳压力的经验数值，并估算槽壳长边为 50t/m，短边为 100t/m，大约折合长边 0.5MPa，短边为 1.0MPa。我国 180kA、280kA 试验槽的开发设计均采用这一估值进行设计计算，实践证明是可靠的。

在进行槽壳结构计算时，力的作用点假设在底部炭块高度的中部。Sayed 等人[7]研究电解槽内衬膨胀力，电解槽投产 90 天以后，槽壳长边侧壁顶部中间挠度实测值为 20mm，其压力恰为 0.5MPa 的 1.4 倍，即 $1.4 \times 0.5 = 0.7$MPa；生产 615 天以后，长边侧壁顶部中间挠度为 52mm，其压力为 0.5MPa 的 2 倍，即 $2 \times 0.5 = 1.0$MPa；生产 6 个月槽壳小面顶部中间挠度为 6mm，对端面压力为 $1.1 \times 1 = 1.1$MPa；生产 18 个月为 $1.17 \times 1 = 1.17$MPa。

表 12-2 为工业电解槽槽壳平均弯曲变形增长速度。在电解铝生产过程中，液态电解质不断向阴极炭块渗透，以 160kA 电解槽为例，电解槽内衬寿命 4 年，内衬将渗透电解质 8~10t。当炭块内的熔融盐类渗透至熔体的凝固等温线时，将生成凝固物或结晶，或生成某种化合物（如 Al_4C_3）。这些都会促使炭块继续膨胀，因而继续对槽壳施加压力，直到内衬破损为止。

表 12-2　工业电解槽槽壳平均弯曲增长速度[4]

电解槽工作周期	平均弯曲速度（槽长边中心）/mm·h⁻¹	平均弯曲挠度（槽长边中心）/mm
焙烧	0.0125	2.1
点解开始后 60h	0.13	7.8
电解开始后 4 天	0.095	9.12
工作 6 个月	0.0035	15.12
工作满 1 年	0.0025	22
工作 2 年	0.002	17.52
工作 3 年	0.001	8.76
合　计		82.42

12.2.3　槽壳结构力学模型与分析

20 世纪 70 年代以来，随着计算机技术的应用，采用数值分析方法已成为解决结构力学问题的一种主要手段，大型铝电解槽热力耦合场的计算方法和手段越来越成熟。在我国铝电解槽技术的开发过程中，数值计算对电解槽的结构力学设计发挥了重要的作用，其中有限元分析模型成为最常见的一种方法。

12.2.3.1　有限元分析模型概述

早期的电解槽结构分析都采用了自主开发的有限元分析软件，刘烈全等人[8]开发了包括计算空间梁单元和板单元的通用程序 HG001，其中梁单元壳蜕化为杆单元。而槽壳内的温度分布则是由单独的电热解析模型获得后，作为已知条件加载，由于槽壳内外温差很小，因此只考虑了板单元的平面温度应力。而内衬结构的膨胀力，即内衬对槽壳的水平推力则取经验值。之后，吴有威[9]采用美国通用程序 SAP-5，SAP-6 对铝电解槽的槽壳结构进行了更为精确的解析，尤其是对槽壳与摇篮架、槽壳与门形立柱支撑点的荷载特性进行了合理的处理。这一时期，由于受到计算机内存的限制，有限元网格划分不可能太细，但在一些特殊的部位采取了特殊的处理，以满足结构分析的需要，又不会对内存要求过高。

近年来，随着软件技术的不断完善，在铝电解槽结构设计中普遍采用国际通用有限元分析软件 ANSYS[10]，通过建立模型能够很方便地对电解槽的热、力模型进行耦合求解。

ANSYS 提供了广泛的工程仿真解决方案，这些方案可以对设计过程要求的任何场进行工程模拟仿真。ANSYS 软件是融结构、流体、电场、磁场、声场分析于一体的大型通用有限元分析软件。由世界上最大的有限元分析软件公司之一——美国 ANSYS 公司开发，它能与多数 CAD 软件接口，实现数据的共享和交换。软件主要包括 3 个部分：前处理模块、分析计算模块和后处理模块。

有限元原理和基本概念是用较简单的问题代替复杂问题后再求解。它将求解域看成是由许多称为有限元的互联子域组成，对每一单元假定一个合适的近似解，然后推导求解其域总的满足条件，从而得到问题的解。这个解是近似解，将实际问题变为较简单的问题。随着计算机技术的快速发展和普及，有限元方法迅速从结构工程强度分析计算扩展到几乎所有的科学技术领域，成为一种丰富多彩、应用广泛并且实用高效的数值分析方法。

对于不同物理性质和数学模型的问题，有限元求解法的基本步骤是相同的，只是具体公式推导和运算求解不同。有限元思想求解问题的基本步骤通常为：

（1）问题及求解域定义。根据实际问题近似确定求解域的物理性质和几何区域。

（2）求解域离散化。将求解域近似为具有不同有限大小和形状且彼此相连的有限个单元组成的离散域，习惯上称为有限元网络划分。显然单元越小则离散域的近似程度越好，计算结果也越精确，但计算量及误差都将增大，因此求解域的离散化是有限元法的核心技术之一。

（3）确定状态变量及控制方法。一个具体的物理问题通常可以用一组包含问题状态变量边界条件的微分方程表示，为适合有限元求解，通常将微分方程化为等价的泛函形式。

（4）单元推导。对单元构造一个适合的近似解，即推导有限单元的列式，其中包括选择合理的单元坐标系、建立单元试函数，以某种方法给出单元各状态变量的离散关系，从而形成单元矩阵。

（5）总装求解。将单元总装形成离散域的总矩阵方程，反映对近似求解域的离散域的要求，即单元函数的连续性要满足一定的连续条件。总装是在相邻单元结点进行，状态变量及其导数连续性建立在结点处。

（6）联立方程组求解和结果解释。有限元法最终导致联立方程组。联立方程组的求解可用直接法、迭代法和随机法。求解结果是单元结点处状态变量的近似值。对于计算结果的质量，将通过与设计准则提供的允许值比较来评价并确定是否需要重复计算。

简单来说，采用 ANSYS 解决机械力学仿真问题通常可以分为五步：模型建立、参数条件设定、网格划分、边界条件设定、运行计算与结果处理。

12.2.3.2 电解槽槽壳有限元基本模型

早在 20 世纪 80 年代，槽壳结构有限元模型已经经过大量研究，并在 180kA、280kA 大型电解槽开发中得到实际应用[8-9]。

A 槽壳与摇篮架有限元模型

根据电解槽结构和载荷的对称性，取 1/4 槽壳结构进行分析[8]。将电解槽离散成杆、板、梁三种单元的组合体，其中有 181 个板单元、89 个梁单元、节点总数为 268，有限元网格如图 12-5 所示。有限元模型的合理性不仅关系到计算工作量的大小，而且直接影响到分析结果的可靠性和准确度。对此进行了以下几个方面的处理：

（1）摇篮架与槽壳的关系。实际结构中，摇篮架与槽壳在左右两边仅通过数块垫铁接触并由此传递载荷；槽壳底与摇篮架之间通过一些隔热板接触，有时有的地方甚至是松动的，即槽壳仅仅是"放"在摇篮架上，而不是一个整体。为了简化处理，将摇篮架与槽壳作为一个整体，这样可以方便地使用梁节点的主从关系。尽管这样会带来较大的误差，但可用组合截面梁的惯性矩与它们实际对自身中性轴的惯性矩之比值来修正。

（2）摇篮架角部处理。摇篮架呈 U 字形，有较大的刚度，是防止槽壳产生过大水平位移的主要构件，转角部的处理对计算结果影响很大。刘烈全等人用 HG001 程序计算了多种方案（见图 12-6）。图 12-6（a）将底部横梁上的节点 182 与立柱上的节点 261 均作为板上节点 5 的从属节点，而且 6 个自由度均是从属关系，这实际上是将转角部分认为是与节点 5 在一起的刚性块。这样处理比实际结构的刚度更大，用 HG001 计算的结果也表明位移过小；图 12-6（b）和（c）都

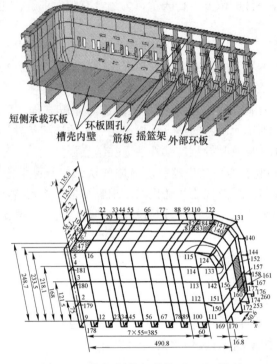

图 12-5　槽壳-摇篮架整体（1/4）模型

将节点 261 和 182 作为节点 5 的从属节点，但节点坐标的处理不相同，使刚性区域减小。计算结果表明，位移都变大。经综合评定认为，图 12-6（c）的计算结果更接近实测值。

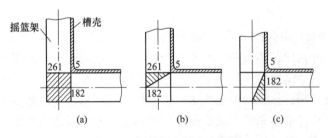

图 12-6　摇篮架角部节点处理

（3）小面加筋板翼缘的处理。小面的加筋板外侧均有翼缘（见图 12-5），在节点 176 和节点 260 之间的部分。这样的单元共有 18 个，按两种方式处理这 18 个单元，先利用 HG001 的放松功能，将它们简化成杆单元计算，后又按梁单元计算。这两种处理方式直接影响了大面与小面的刚度比。经计算，认为梁单元的处理方式较为可取。

B 电解槽载荷的处理

槽壳载荷情况极其复杂，根据前述分析，电解槽三类荷载分别考虑：

（1）不均匀的温度场及槽内衬产生的槽壳温度变化引起的荷载必须考虑。

（2）重力荷载，包括阳极、槽内衬砌体和槽内熔体（假定均匀作用在槽底板上），以及槽壳自身重量，如图 12-7 所示。槽壳通过槽沿板搁置于摇篮上，可简化为 2×17 个铰支点。

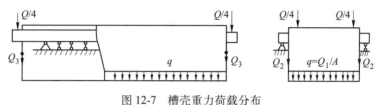

图 12-7　槽壳重力荷载分布

Q—阳极系统总重量；Q_1—砌体、产生熔体与槽底板重量之和；

Q_2—侧面板的重量；Q_3—端面板的重量；A—底板面积

（3）电解质渗透使槽内衬产生的膨胀造成的水平推力，作用于槽壳侧壁。可取经验数值，即大面 50t/m，小面 100t/m。

C 变形及应力计算结果

以 160kA 预焙槽为例，运用有限元模型和程序 HG001 获得了接近实际的计算结果。

a 槽壳变形

计算的水平推力与重力引起的变形结果如图 12-8 所示。槽壳总变形曲线（图 12-8（a））中虚线代表变形前的结构曲线，实线代表变形后的结构曲线。典型节点位移计算值：槽壳大面节点 1，$\delta_y = 0.812674$cm；槽壳小面节点 159，$\delta_x = 0.981401$cm；槽底板节点 12，$\delta_z = 0.477856$cm。

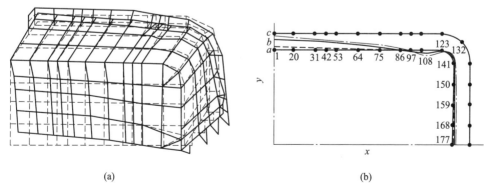

(a)　　　　　　　　　　　　　(b)

图 12-8　计算的槽壳变形图

温度引起的变形，大面中点 $\delta_y = 0.899\text{cm}$；小面中点 $\delta_x = 0.334\text{cm}$；底板中心 $\delta_z = 0.388\text{cm}$。

分析认为，温度引起的变形与槽内衬推力引起的变形在同一数量级，因而应该得到重视。从模拟结果看，大面最大变形达到 $6\sim8\text{cm}$，小面约 2cm，槽底板 1.4cm，证明该槽型设计的槽壳结构刚度尚显不足。

b　槽壳应力

模拟结果槽壳存在 3 个高应力区（$>100\times10^6\text{Pa}$，见图 12-5 中的阴影区），这也是实际生产中容易出现破损的部位。从数值上看，摇篮架强度和大面角部的应力偏大。

根据以上结果，认为 160kA 电解槽槽壳有必要进一步优化，这也是后来 180kA 以上大型槽逐渐由直角形摇篮架结构向船形摇篮架发展的原因。因此，这种计算分析模型在当时大型槽的开发中发挥了较大作用。

12.2.3.3　ANSYS 有限元模型

A　模型建立

ANSYS 有限元模型按照热、力耦合模型联合求解建模，由于电解槽的槽壳结构十分复杂，如图 12-4 所示。因此，首先对电解槽的槽壳模型进行合理的简化[10]：

（1）内衬体拐角部分各材料在几何上没有连续性，建模时应把空隙部分补足为连续体。

（2）尖锐的棱角容易形成应力集中，建模时避免有尖锐棱角产生。

（3）内衬体为实体模型，槽壳、摇篮架等钢壳作为壳体处理，建模时只建面。

（4）在建接触的两个面时要确定它们之间预留了一半壳厚度的距离。

（5）考虑到电解槽结构、载荷和约束的对称性，取电解槽槽体 1/4 结构和摇篮架 1/2 结构建立有限元模型。

（6）内衬、铝液、电解质的总重量均匀分布到内衬体材料中；阳极的重量一部分浸没在电解质中，另一部分（去除浮力）由上部结构承担一同加载在电解槽的端头槽壳上。

（7）在建模时，电解槽槽壳和摇篮架等壳体结构采用自下而上的方法。首先生成各个结构的关键点，然后按照尺寸由点生成线，最后拖曳线生成面。

（8）内衬各部分则采用自上而下的方式，直接生成体模型。

（9）小面承载环板承受电解槽上部结构的重量。

侧部外面是摇篮架和环板，摇篮结构如图 12-9 所示。摇篮架上部钢板与侧部围带连接，底部是工字梁，工字梁上部加了补强板，起支撑槽壳和内衬体的作用。

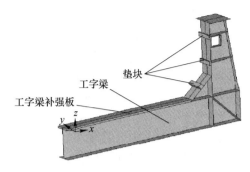

图 12-9 摇篮架

槽壳底板下面由摇篮架工字梁支撑。垫块焊接在槽壳外壁上，作为侧部槽壳与摇篮架力的传递体。摇篮架坐落于两根钢梁基座上。电解槽 1/4 结构模型如图 12-10 所示。

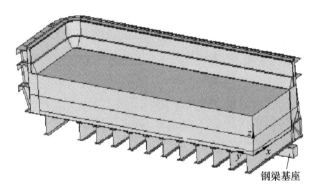

图 12-10 电解槽 1/4 结构模型

B 计算参数设定

槽壳和摇篮架等外围壳体结构及底部钢梁基座均采用 Q235 钢，钢材密度取 7850kg/m³，重力加速度取 9.82m/s²，壳板厚度按照实际板厚的 1/2 给定，热传导系数取为 43.5W/(m·K)，温度区间范围 40~950℃，定义双线性随动强化选项；内衬的平均密度设为 2634.22kg/m³，其弹性模量取 170MPa，泊松比取 0.25。忽略碳氮化硅和浇注材料等因素对于内衬性质的影响。内衬层中材料包含三种：阴极炭块、内部材料和外部保温耐火材料。空气对流系数取 102W/(m²·K)。

在热分析时，内衬各材料使用 8 节点三维热单元 SOLID70，槽壳和摇篮架等外围壳体使用 4 节点壳单元 SHELL63；在结构分析时，把热单元转变成结构单元，体单元使用 8 节点三维结构单元 SOLID45，壳单元使用 4 节点有限应变壳单元 SHELL181。在进行槽壳的蠕变模拟时，体单元使用 8 节点三维结构单元 SOLID45，壳单元使用 4 节点有限应变壳单元 SHELL181；采用隐式蠕变方程中的时间硬化本构方程，设定模拟时间和合理的子步数。

　　根据各部分之间的关系，定义以下 5 个接触对（见图 12-11）：（1）内衬体侧部外表面与槽壳内表面；（2）内衬体底部下表面及斜面与槽壳底部上表面，以及斜面；（3）垫块与摇篮架支撑板；（4）工字梁上部补强板的上表面与槽壳底板下表面；（5）工字梁底板下表面与钢梁基座上表面。为了便于拾取，每个接触对的两个面分别定义为不同的组件。由于所选接触对所用材料的刚度相差不大，故选择接触类型为柔体-柔体的接触，接触方式选择面-面接触。选用 TAR-GR170 作为目标单元，CONTA174 作为接触单元。在"Option Setting"选项分别设定各接触对热分析的接触热传导系数和结构分析的摩擦系数。选取足够大的接触刚度以保证接触穿透小到可以接受，但同时又应该让接触刚度足够小以不致引起总刚度矩阵产生异常，而保证收敛性。

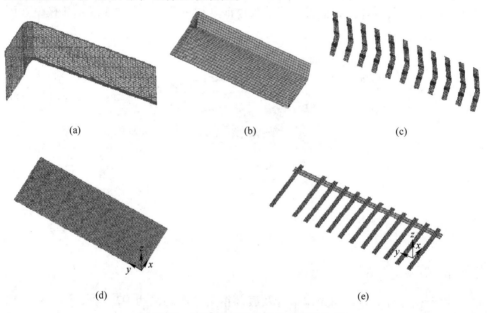

(a)　　　　　　　　　　　(b)　　　　　　　　　　　(c)

(d)　　　　　　　　　　　　　　　　　　(e)

图 12-11　槽壳各部分之间相互接触处理
（a）内衬与侧部槽壳；（b）内衬与底部槽壳；（c）侧部垫块与摇篮架；
（d）槽壳底部与摇篮架工字梁；（e）摇篮架工字梁与钢梁基座

C　网格划分

　　对模型中的体块（包括内衬、垫块、补强板、钢梁基座）采用体映射网格划分，生成质量高、形状较规则的六面体单元，通过体扫描（VSWEEP）生成网格，并人为将槽壳和内衬的大面与小面联结部分的网格细化。槽壳、摇篮架等壳面使用自由网格划分。内衬体材料众多、几何形状复杂，特别是拐角部分包含多种材料的边界，其外表面与槽壳接触，对拐角部分的网格划分要控制单元的大小。280kA 槽壳生成的有限元网格模型如图 12-12 所示。

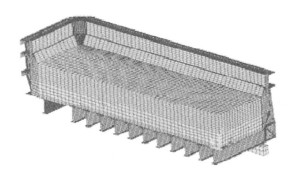

图 12-12 280kA 电解槽 1/4 槽壳整体网格模型

D 边界条件

对槽体稳态温度场，热应力场和蠕变变形分析分别进行边界条件设定。

（1）稳态温度场分析。1/4 模型的两个对称面采用绝热边界条件，在对称面内的节点施加热流量为零的对称边界条件；槽壳及摇篮架与空气接触部分，采用对流边界条件，空气对流系数取 10W/($m^2 \cdot K$)，环境温度取 40℃，直接施加在与空气接触的壳单元的面上。

（2）结构的热应力分析。计算结构的热应力时应施加对称边界条件和固定边界条件。由于模型的对称性，位于有限元模型对称面（坐标 $x=0$ 及 $y=0$ 处）上的节点应该施加对称约束，选取坐标 $x=0$ 处的节点，固定其在 UX、Rot Y、Rot Z 项上的自由度（U 和 Rot 分别代表平移自由度和转动自由度）；同样方法处理 $y=0$ 处节点自由度。在钢梁基座的底部面作为固定约束处理。

（3）内衬化学膨胀力。槽内衬吸钠膨胀产生的膨胀力在电解槽投入运行后逐渐增大，该水平推力无法通过计算得到，仍以假定经验值给定。

（4）蠕变变形计算。在进行槽壳的蠕变计算时，是在结构的热应力分析的基础上加入材料的蠕变本构方程，载荷条件和边界条件与结构的热应力分析时相同。

E 计算与结果处理

通过上述对 280kA 电解槽建模完成前期准备后，启动后运行 100h ANSYS 相关仿真结果及分析如下。

a 稳态温度场

槽壳温度分布云图如图 12-13 所示，摇篮架温度分布云图如图 12-14 所示。

由图 12-13 可知，槽壳底部温度范围在 50℃左右，是整个槽壳最低的部分。槽壳大面与底板之间的侧板和连接大面与小面的过渡环部，温度都是随着等效高度的增大而升高，其范围在 40~150℃之间。这说明与槽壳底板和过渡部分相接触的内衬部分的隔热性能很好，温度传导效果不是十分明显。

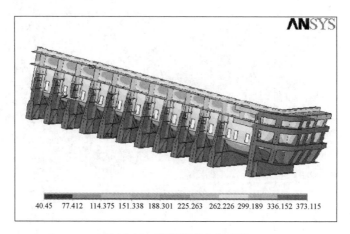

40.45　77.412　114.375　151.338　188.301　225.263　262.226　299.189　336.152　373.115

图 12-13　槽壳温度分布云图

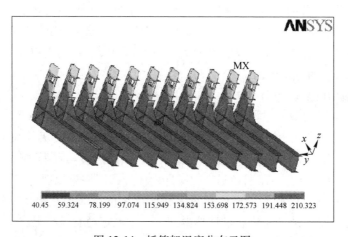

40.45　59.324　78.199　97.074　115.949　134.824　153.698　172.573　191.448　210.323

图 12-14　摇篮架温度分布云图

b　结构力场

通过热-力耦合场分析可以计算出在稳定工作状态时的应力、应变和变形的分布情况。整体计算结果表明，工作状态下电解槽槽壳、摇篮架在内衬热膨胀压力作用下产生明显的向外扩张变形，槽壳和摇篮架发生上拱变形。

（1）槽壳的应力和应变。槽体的 z 方向变形云图如图 12-15 所示。结果表明，在槽壳上存在较大的位移，在槽壳大面的上沿部分达到最大值 5.166mm，且在槽体和内衬靠近中心对称轴区域存在一极大值（4.5mm）；分析云图可知，槽壳和内衬在中心对称轴区域有比较明显的上拱，大约为 4.5mm。

槽壳的 Mises 等效应力、等效塑性应变云图分别如图 12-16 和图 12-17 所示。从槽壳的 Mises 等效应力分布云图可以看出：1）等效应力的变化范围在 0.68~264MPa 之间，在槽壳的应力最大的部位，局部区域的应力已进入塑性范围，而

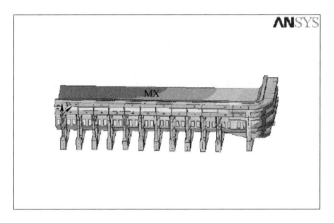

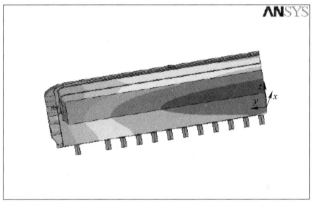

图 12-15 1/4 槽体的位移云图

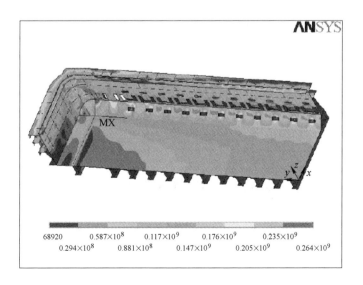

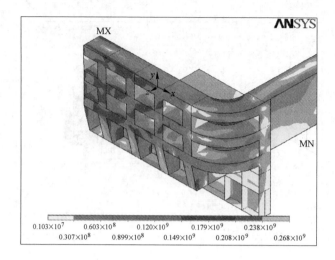

图 12-16　1/4 槽壳的 Mises 等效应力分布云图

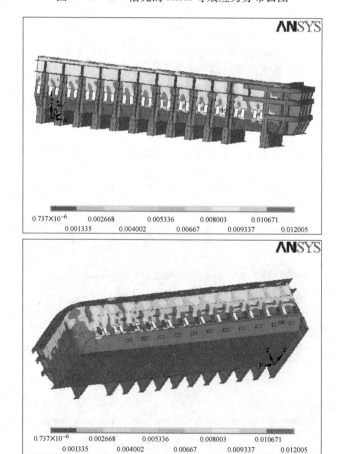

图 12-17　1/4 槽壳的等效塑性应变分布云图

结构的应力主要分布集中在 200MPa 左右；2）在槽壳壳壁的大面与小面的几何过渡部位和槽壳壁上的方孔处，由于有几何边界效应存在，槽壳的等效应力呈现较明显的应力集中现象，这与一般的力学原理相符合；3）在槽底板与大面的几何过渡部位，由于槽壳外部与摇篮架间有垫块相隔，在这里垫块阻碍了槽壳壁向外的变形，因而在与垫块相接触的部位也存在较明显的应力集中；4）壳壁上部由于有环板、围带和筋板的散热作用，使得在两个筋板和环板间温度变化较大，从而产生了较大的热应力。

（2）槽壳的位移。槽壳壁直线段的水平方向的热弹性位移是较为重要的参数之一，是判断槽壳是否需要检修的一个重要依据。槽壳 x 方向的位移分布如图 12-18（a）所示，槽壳在 x 方向（大面法线方向）的位移是随着几何模型中槽壳

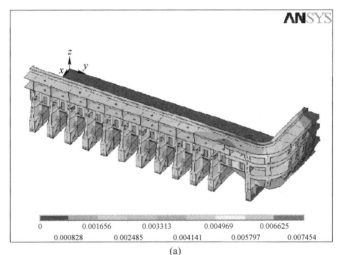

(a)

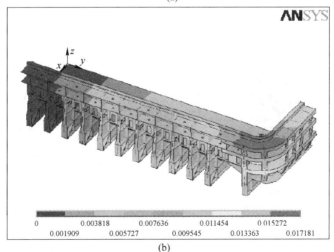

(b)

图 12-18 1/4 槽壳的 x 方向（a）和 y 方向（b）位移云图

所处位置与 y 轴距离的增加而逐渐变大的。在大面最上沿靠近环部（即大面与小面的连接部）的区域出现了槽壳 x 方向的最大位移值 7.4mm。

槽壳 y 方向的位移分布如图 12-18（b）所示，槽壳在 y 方向（小面法线方向）的位移是随着几何模型中槽壳所处位置与 x 轴距离的增加而逐渐变大的。而槽壳 y 方向的位移最大值出现在环部的最上沿，其值为 17.2mm。

图 12-19（a）为槽壳 z 方向云图，从图中可知，槽壳的 z 方向位移最大值出现在大面对称中心处，并且随着与这个中心处距离的增加，在槽壳大面的变形先是逐渐减小，然后再逐渐增大，最后在与小面连接区域慢慢回落；而在槽壳小面，位移场的分布随着距离小面中心处的距离减小而逐步减小，最后达到最小值

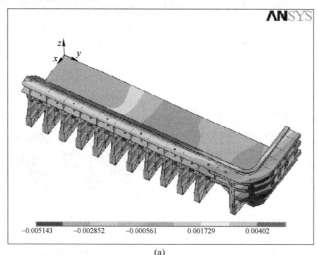

(a)

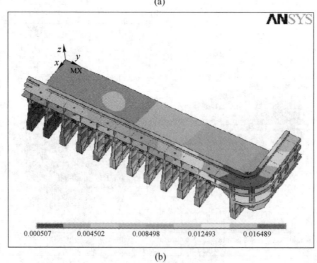

(b)

图 12-19　1/4 槽壳的 z 方向（a）和总位移（b）云图

1.625mm；在槽壳底板，位移分布有十分明显的层次性，以槽底板的对称中心为区域中心，随着与中心的等效距离的增加而逐渐增大，最后与槽壳壳壁和底板联结的边缘处的位移相同。

图 12-19（b）为槽壳的总位移云图。单就槽体来说，其整体位移水平较大，范围在 0.5~18.4mm 之间，小面的位移值比大面的位移值略大，这是由于小面处于槽壳底板上拱的最边缘，根据变形协调原理其位移应该较大。最大值出现在大面与小面连接的环形部位，主要是由于此处存在较大的 x 方向和 y 方向的位移，因此总位移最大。

（3）槽壳蠕变变形计算。采用 ANSYS 软件蠕变模块进行计算，取蠕变变形时间为 500 天。选取的载荷步为 1，子步数是 50 步，步长为 10，而最大步长为 25，最小步长为 2.5 进行求解[11]。计算结果表明，500 天后槽壳的局部区域发生了较大的变形，此时槽壳的位移是热弹塑性变形和蠕变变形的累积。

槽壳在高温下产生了蠕变变形，槽壳所承受的热应力水平和温度的高低对其蠕变有较大的影响。热应力越大，温度越高，相应的蠕变率也就越大，槽壳的蠕变变形越严重。对于包括槽壳在内的大多数金属材料，它们都符合这样的蠕变规律。为此，控制槽壳的蠕变变形通常采用三种方式：1）提高材料的抗蠕变性能；2）控制槽表面的温度；3）控制内衬与槽壳间的间隙。其中，控制间隙是为了控制槽壳内表面受到的正压力，通过控制槽壳的应力水平来降低槽壳的蠕变变形，而合理的间隙选取应该结合现场情况来进行研究。

目前相当多的槽壳主要是由于槽壳的蠕变变形而影响其使用寿命，因此在槽壳的设计中，要建立槽壳蠕变计算的标准并采用相应的措施，使在槽壳使用寿命中，将其变形控制在一定的范围之内。另外，槽壳体内应力及最大应力值应控制在允许范围。

12.3　铝电解槽上部结构设计与计算

铝电解槽上部结构是指铝电解槽槽体之上的金属结构部分。上部结构包括承重桁架、阳极提升装置、打壳下料装置、阳极母线和阳极组、集气和排烟装置，其中属于机械和力学构件的结构主要为阳极提升机构和承重大梁。

12.3.1　阳极提升机构设计

阳极提升机构是用于电解槽上部阳极升降的机械传动机构，是电解槽上部结构的重要组成部分。目前大型铝电解槽使用的阳极提升机构可以分为两种：一种是采用蜗轮蜗杆式起重器阳极提升机构，另一种采用滚珠丝杠三角板式阳极提升机构。

12.3.1.1　两种阳极提升机构简介

A　蜗轮蜗杆式起重器阳极提升装置

蜗轮蜗杆式起重器阳极提升装置由螺旋起重机、减速机、传动机构和电动机组成[11]。整个装置由数个螺旋起重机与阳极大母线相连，由传动轴带动起重机，传动轴与减速箱齿轮通过联轴节相连，减速箱由电动机带动。当电动机转动时便通过传动机构带动螺旋起重机升降阳极大母线，同时使固定在大母线上的阳极随之升降。变速机一般安装在阳极端部或中部。为了使阳极提升机构提升载荷增大，克服由于电解槽槽膛尺寸增加导致诸如提升机构传动轴加长而出现的传动不平稳，解决扭矩累积损耗大、安装对中困难、极距不能保持平稳等问题。经过不断改进，这种提升机构不断完善，能够满足生产需要，如图 12-20 所示。

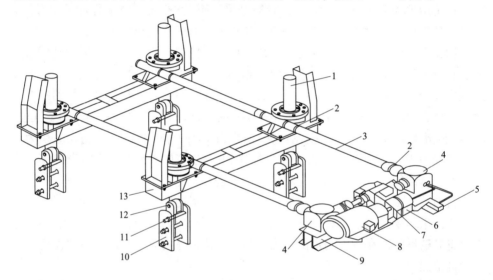

图 12-20　螺旋式阳极提升机构

1—螺旋起重器；2—联轴器；3—传动轴；4—换向齿轮箱；5—计数器；6—主减速机；7—绝缘联轴器；
8—电动机；9—主减速机机座；10—夹板；11—销轴；12—吊环；13—螺旋起重器机座

中间单台电机驱动、两侧共 8 个吊点的阳极提升机构的提升质量可达 100t。这种提升机由一台电机通过一台双出轴减速机从两侧传递扭矩至双出轴换向器，换向器通过两侧的双出轴带动螺旋起重器，进而带动丝杠上下移动，完成阳极的升降。

B　三角板式阳极提升机构

三角板式阳极提升机构不使用换向器、螺旋起重器和升降丝杠，而采用一种电机双出轴通过连轴器直接连接两台减速器，经过蜗轮、蜗杆换向后，将扭矩传递至滚珠丝杠，丝杠转动通过螺母副转化为水平直线运动，并带动连接的长拉杆，长拉杆与其下方的三角形拉板的第一角铰接，三角形拉板的第二角为固定端，拉动三角板围绕固定端转动，这样三角形拉板第一角的水平运动即转换为第三角的垂直运动，第三角通过吊挂与阳极母线连接，最终实现阳极母线的上下移动。三角板式阳极提升结构较螺旋式阳极提升机构更加简单，安装定位更加便捷，维护容易。其结构简图如图 12-21 所示。

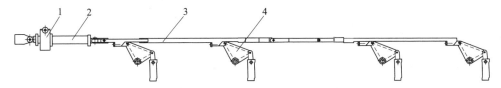

图 12-21 滚珠丝杠三角板式的阳极升降机构

1—减速机；2—滚珠丝杠；3—拉杆；4—三角板

12.3.1.2 阳极提升机构设计与计算

阳极提升机构是铝电解槽的重要构件之一，需要在高温、强磁场的环境下长期使用，并保证阳极的稳定升降[12-13]。因此，阳极提升机构的设计选型非常重要。

A 载荷计算

a 电解槽启动时的提升载荷

启动时载荷包括阳极母线、阳极炭块（含导杆和钢爪）、阳极夹具和阳极覆盖料。计算时应以最大载荷作为计算基础，因此考虑所提升各个部件的制作公差选取一定的载荷系数。

（1）阳极母线。阳极母线设计长度公差 0~10mm，截面高度公差 0~6mm，厚度公差 0~6mm，最大载荷系数取 1.1。

（2）阳极炭块。阳极炭块尺寸 1550mm×660mm×620mm，生阳极焙烧后，按国标规定的尺寸公差，最大载荷系数取 1.15。

（3）阳极导杆和钢爪。最大载荷系数取 1.05。

（4）阳极夹具。最大载荷系数取 1.2。

（5）阳极覆盖料。焙烧期间使用的覆盖料为高分子冰晶石粉料，覆盖高度 150mm，粉料堆密度为 1g/cm³，考虑高度不均和粉料结块，块料密度 2.79g/cm³，因此阳极覆盖料最大载荷系数取 1.6。

以 280kA 槽为例，电解槽启动时的提升载荷见表 12-3。

b 电解槽正常生产期间提升装置最大载荷

电解槽启动转入正常生产以后，主要有以下荷载变化：

（1）阳极重量。电解槽正常生产期间，阳极一部分被消耗，因此阳极炭块总重量会减少，以新极和残极的平均重量计算。

表 12-3　280kA 电解槽启动时的提升载荷

序号	项目	单个质量/kg	数量/个	总质量/t	总受力/N	载荷系数	提升载荷总重/N
1	阳极母线	8973	1	8.973	88025	1.1	96828
2	阳极炭块	88	40	35.24	345704	1.15	397560
3	阳极导杆和钢爪	991	20	19.82	194434	1.05	204156
4	阳极卡具	72	20	1.44	14126	1.2	16951
5	阳极覆盖料	154	40	6.14	60430	1.6	96688
	合计						812183

　　（2）电解质浮力。阳极没入电解质液体中会产生浮力，假定电解质液体水平高 20~22cm，极距 4.5cm，即阳极没入深度 15.5~17.5cm，电解质液体密度 2.29g/cm³。浮力对提升机构而言，起到减轻提升重力的作用。因此，为增大安全系数，阳极浮力最大载荷系数取 0.9。

　　电解槽正常生产期间的提升载荷见表 12-4。

表 12-4　电解槽正常生产期间的提升载荷

序号	项目	单个质量/kg	数量	总质量/t	总受力/N	载荷系数	提升载荷总重/N
1	阳极母线	8973	1	8.973	88025	1.1	96828
2	阳极炭块(平均值)	598	40	23.92	234655	1.15	269853
3	阳极导杆和钢爪	991	20	19.82	194434	1.05	204156
4	阳极卡具	72	20	1.44	14126	1.2	16951
5	阳极覆盖料	154	40	6.14	60430	1.6	96688
6	阳极浮力	-393.86	40	-15.75	-154547	0.9	-139092
	合计						545284

　　B　螺旋式阳极提升机构计算

　　一般来说，螺旋式起重机总体布置方式按起吊点数分，常见的提升机有 4 吊点（见图 12-20）和 8 吊点（见图 12-22）两种方式，超过 500kA 以上的槽子也有采用 12 吊点的。按主减速机布置位置分主要有主减速机端头布置（见图 12-20）和中间布置（见图 12-22）两种方式，采用哪种布置方式是根据电解槽的总体结构要求来确定的。下面以 280kA 电解槽为例，说明 8 吊点螺旋式提升机的设计选型。

　　a　总功率计算

　　总功率包括提升重力、提升速度和各级传动的总机械效率，可由下式计算：

$$W_{\mathrm{L}} = \frac{FV}{\sum \eta} \tag{12-1}$$

式中，W_L 为总功率，W，F 为提升重力，N；V 为提升速度，m/s；$\sum\eta$ 为总机械效率，$\sum\eta = \eta_1\times\eta_2\times\eta_3\times\eta_4$；$\eta_1$ 为主减速机综合机械效率，一般取 $0.72\sim0.95$，蜗轮蜗杆式减速机取低值，其他的齿轮减速机取高值；η_2 为换向齿轮箱综合机械效率，一般取 $0.92\sim0.95$；η_3 为螺旋起重器综合机械效率，一般取 $0.2\sim0.22$；η_4 为联轴器综合机械效率，一般取 $0.95\sim0.97$。

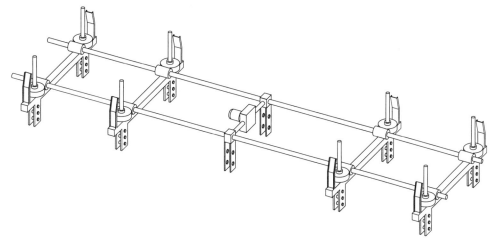

图 12-22　电机中间布置的 280kA 槽 8 吊点螺旋式提升机构

设定已知 280kA 槽相关参数 $F = 812183$N，$V = 88$mm/min $= 1.467\times10^{-3}$m/s，蜗轮蜗杆式减速机效率 η_1 取最低值 0.72，其余取中间值，即 η_2 取 0.93，η_3 取 0.21，η_4 取 0.96。则：

$$\sum\eta = 0.72\times0.93\times0.21\times0.96 = 0.135$$

则根据式（12-1）得：

$$W_L = 812183\times1.467\times10^{-3}/0.135 = 8826（\text{W}）$$

因此，电机功率可选 11kW。由总功率即可选定电动机型号，确定额定转速，除特别指定外，一般电动机类型为 Y 系列四级异步电动机，防护等级 IP54，绝缘等级 F。电动机选型时，应注意电动机接线盒方向应与总体布置相符。

b　总传动比的计算及各级传动比分配

根据螺旋式提升机结构组成，提升机的总传动比 I_0 由主减速机传动比 i_1、换向齿轮箱传动比 i_2、螺旋式起重器传动比 i_3 构成，即 $I_0 = i_1\times i_2\times i_3$。为计算总传动比 I_0，应根据要求得出提升重力 F 和提升速度 V，按式（12-2）初步确定螺旋式起重器丝杆中径 d_2 和螺距 P。

$$d_2 \geqslant 0.8\sqrt{\frac{F}{\psi N P_{\mathrm{p}}}} \tag{12-2}$$

式中，d_2 为丝杆中径，mm；F 为提升重力，N；N 为起吊点数；ψ 为螺母形式系数，一般整体式螺母 $\psi=1.2\sim2.5$；P_p 为螺纹副许用压强（N/mm^2），一般取 $18\sim25N/mm^2$。

由计算结果可根据梯形螺纹国家标准 GB/T 5796.3，同时参照同类产品，初步确定螺旋式起重器丝杆中径 d_2 和螺距 P，由此确定梯形螺纹的公称直径，螺距 P 取值一般为 16mm、14mm、12mm。则总传动比：

$$I_0 = 0.1667 \times 10^{-4} \times \frac{n_0 P}{V} \qquad (12\text{-}3)$$

式中，n_0 为电动机转速，r/min；P 为螺距，mm；V 为提升速度，m/s。

根据提升机在电解槽上的布置空间和各级传动方式将总传动比 I_0 初步分配到各级传动中。一般换向齿轮箱减速比 $i_2=1$。螺旋起重器蜗轮蜗杆传动比 i_3 可根据提升重力参照同类产品初步取值，一般取值为 32、28、24。由此可初步确定，主减速机传动比 $i_1=I_0/(i_2 i_3)$。

C 三角板式阳极提升机构计算

由于电解槽启动时提升载荷总重 $F_1=812183N$，大于正常生产期间提升载荷总重 $F_2=545284N$，因此提升载荷总重计算取 F_1 为计算基础。下面以三角板式提升机构为例进行分析计算。

a 受力分析

300kA 槽阳极提升机构有两根拉杆，每根拉杆 4 个吊点，总吊点数 $N_{lift}=4\times2=8$ 个，平均每点载荷为：

$$P_1 = F_1/N_{lift} \qquad (12\text{-}4)$$

因而有： $P_1=812183/(4\times2)=101523$ （N）

拉杆及三角板式机构受力分析如图 12-23 所示。

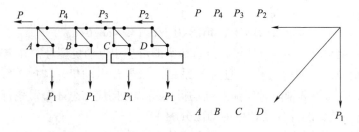

图 12-23 三角板传动机构受力分析

b 各节点受力计算

图 12-23 中该机构中三角板的作用是改变力的方向与大小的杠杆装置，三角板长边为 L_1（500mm），短边长为 L_2（400mm），各节点受力为：

（1）D 点支撑力。显然，P_1，P_2 与三角板支点 D 的力矩相等，即有：

$$P_2 \times L_1 = P_1 \times L_2 \qquad (12\text{-}5)$$

因此，$\qquad P_2 = P_1 \times L_2/L_1 = 101523 \times 400/500 = 81218$（N）

据此计算 D 点支撑力为：

$$F_D = \sqrt{P_2^2 + P_1^2} = \sqrt{81218^2 + 101523^2} = 130013 \text{（N）}$$

（2）C 点支撑力。同样，C 吊点提升力为 P_1，支点传导至拉杆的力也等于 P_2，因而：

$$P_3 = P_2 + P_2 \qquad\qquad (12\text{-}6)$$

即：$\qquad P_3 = 81218 + 81218 = 162436$（N）

因而，$\qquad F_C = \sqrt{P_3^2 + P_1^2} = 191553$（N）

（3）B 点支撑力。同样：

$$P_4 = P_3 + P_2 = 3 \times P_2 \qquad\qquad (12\text{-}7)$$

从而得：$\qquad P_4 = 243654$（N）

$$F_B = \sqrt{P_4^2 + P_1^2} = 263959 \text{（N）}$$

（4）A 点支撑力：

$$P = P_4 + P_2 = 4 \times P_2 \qquad\qquad (12\text{-}8)$$
$$P = 324872 \text{（N）}$$

得：$\qquad F_A = \sqrt{P^2 + P_1^2} = 340366$（N）

c　电机功率选择

电机功率选择包括以下几个方面：

（1）滚珠丝杆水平载荷计算。阳极提升机构主要由一台双出轴电机、两台蜗轮蜗杆式减速机、两根滚珠丝杆及拉杆组成，由式（12-8）计算的每根拉杆拉力 $P = 324872$N，即为每组滚珠丝杆应承受的水平拉力。

（2）阳极提升机构水平拉力计算最大值。根据以上计算，两组拉杆水平拉力 Q 为：

$$Q = P \times 2 = 324872 \times 2 = 649744 \text{（N）}$$

据此可按下式计算电机功率 W_L：

$$W_L = Q \times V/1000 \times \eta \qquad\qquad (12\text{-}9)$$

式中，V 为阳极提升机构拉杆水平运行速度，$V = V_a \times L_1/L_2$，V_a 为阳极提升机构吊点的垂直提升速度，即阳极大母线升降速度，根据工艺设计要求确定 $V_a = 88$mm/min $= 1.467$mm/s，据此计算得出 $V = 1.467 \times 500/400 = 1.834$mm/s；$\eta$ 为传动系统包括自锁蜗杆、滚动丝杆、联轴节、球轴承、滚子轴承等的综合传动系数。

取 $V = 1.834$mm/s，$\eta = 0.304$，按式（12-9）计算电机总功率为：

$$W_L = 649744 \times 1.834/0.04/1000 = 3920(\text{W}) = 3.92(\text{kW})$$

W_L 为理想状态下电机的静态功率值，实际生产中存在载荷不均偏载可能。另外，也需要考虑槽内电解质结壳对阳极的黏结力，黏结力大小目前尚无测算依据。根据经验，综合考虑取安全系数 1.5：

$$W_L = 1.5 \times 3.92 = 5.88(kW)$$

据此，选择 YEJ160M2-8 自制动电机（双出轴），功率 $N = 7.5kW$，转速为 720r/min，提升速度 $V = (720 \times 16/105) \times (400/500) = 87.77(mm/min)$，完全满足要求。

12.3.2 铝电解槽大梁设计

大梁即电解槽上部的横梁，是电解槽上部的主要承重结构。大梁是涉及电解槽安全运行的基础装置，随着电解槽的容量增大和长度的加长，大梁的设计难度也越来越大，对电解槽的设计和总体造价的影响越来越大。国内外铝电解槽常见的几种大梁结构包括桁架梁、加中间支承的桁架梁和实腹板梁。

12.3.2.1 几种常见的电解槽大梁简介

我国大型预焙槽的大梁最早都采用桁架梁结构，到 20 世纪 80 年代初期贵铝引进的 160kA 电解槽也采用这种结构，后来在 280kA 槽上首先开发了实腹板梁，再后来又不断改进和优化，开发出适合 600kA 以上电解槽的大梁结构。大致分为以下几种：

（1）桁架梁。桁架梁结构由上横梁、下横梁、斜撑杆及横梁连接杆等型材杆件交叉连接而成，氧化铝料箱和氟化盐料箱与集气排烟系统设计为一体，置于四根横梁之间[14]，如图 12-24 所示。此结构形式交叉的节点很多，交叉节点焊接施工空间较小，不能采用机械自动化制作，施工质量不易保证，斜撑杆非等距布置易造成桁架梁受力不均；同时，梁上设备如料箱、打壳下料装置、下料器和集气烟道等零部件的布置易受其空间结构的限制，结构设计较为复杂；在同等设计条件下，一般桁架梁的主梁截面较高。贵州铝厂、青海铝厂的 160kA 电解槽，包头铝厂、抚顺铝厂的 135kA 电解槽以及我国 200kA 以下的电解槽均采用这种桁架梁作为电解槽的支承梁。贵州铝厂 160kA 电解槽的桁架梁跨度是 10.2m，高度是 1.3m[15]。

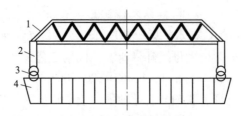

图 12-24 承重桁架示意图

1—桁架；2—门形立柱；3—铰接点；4—槽壳

（2）加中间支承的桁架梁。带中间支承梁结构是在原有桁架梁或箱形梁结构的中间再增加一支承横梁，此结构形式具有挠度小、重量较轻、梁高较低等优点，但中间支承横梁会影响更换阳极和打壳工序的操作，且外形不够简洁美观。法国 Pechiney 铝业公司 20 世纪 80 年代公开了一项专利[16]，是关于大型电解槽支承梁的，这种加中间支承的桁架梁结构如图 12-25 所示，这种结构在我国超大型电解槽上得到应用。

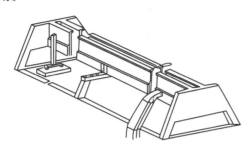

图 12-25　带中间支承的电解槽桁架梁

（3）板梁。板梁（也叫实腹板梁）结构是采用两根工型钢对称布置作为主梁，两根工型钢下翼板采用钢板连接为一体，两工型钢之间设有氧化铝料箱和氟化盐料箱，料箱的封板两端与两工型钢连接。此结构形式具有截面规整、截面系数大、抗变形能力强、承载能力强、结构简单的优点，便于机械自动化制作，制作效率较高，且容易保证施工质量。同时，此板梁结构容易设计，梁内部便于布置料箱、打壳下料装置、下料器和集气烟道等复杂的零部件，梁上阳极大母线的连接母线方形窗口的布置位置也不受其结构限制，但一般板梁比桁架梁偏重。大部分重载天车或 $Q>50t$ 的桥式起重机的大梁都是板梁结构。两个平行板梁构成一箱形梁，承载能力很大。

例如，我国最早在 280kA 电解槽使用的实腹板梁，支承梁的集中荷载达到 92.8t，全部荷载达 105t，跨度长达 15.5m，用板梁是比较合适的。国外的 180kA 电解槽、280kA 电解槽基本都是用板梁。在我国的大型预焙槽中，白银铝厂的 155kA 预焙槽采用板梁设计，跨度 9.57m，用 450mm 高的工字钢作支承梁。

12.3.2.2　电解槽大梁的结构力学计算及分析

支承梁是电解槽整个上部结构的承重梁，必须保证在电解槽的工作环境下，承担梁上各部件的重量，应力和挠度变形都不能超过允许值，以保证电解生产的正常进行。支承梁是基本支承构件，对电解槽的正常使用关系重大。支承梁的设计必须稳妥可靠，符合电解槽的配置要求，满足电解生产的各项需要。在对铝电解槽支撑梁进行设计时，既要保证支承梁稳妥可靠，同时又要经济合理。以 280kA 电解槽为例介绍支承大梁的选型和设计[1]。

A　大梁设计基本条件

280kA 电解槽两排阳极共 40 块，阳极尺寸为 1450mm×660mm×540mm。支承梁的跨度为 15.5m，是贵铝引进的 160kA 电解槽桁架梁跨度 10.2m 的 1.52 倍。280kA 电解槽阳极母线采用大面 5 点进电，槽侧面上有 5 根大立柱母线，以此降低电解槽槽膛内磁场强度。电解槽多功能天车的活动驾驶室要从电解槽上面越过，并且电解槽最高点距车间二层楼面的高差要小于 4m，因此支承梁的高度不能大于 1.4m。

B　支承梁荷重计算

支承梁上受到的载荷来源于 40 块阳极挂在两根阳极母线上、阳极母线吊在阳极升降机构的 8 个螺旋起重器的螺杆上、螺旋起重器再放在支承梁上。母线吊点处的集中荷重依次如下：

（1）阳极质量 W_1。电解槽焙烧启动时全部挂新阳极，每块阳极重 1.07t，40 块阳极重；$W_1 = 1.07 \times 40 = 42.8 (t)$。

（2）阳极母线质量 W_2。$W_2 = 9.3t$。

（3）阳极导杆卡具 W_3。$W_3 = 41 \times 40 = 1640 (kg) = 1.64 (t)$。

（4）阳极升降装置 W_4。$W_4 = 3t$。

（5）覆盖保温料 W_5。电解槽生产时，为减少槽膛内的散热，阳极上要覆盖氧化铝保温料。根据规范，覆盖氧化铝厚度 150mm。氧化铝堆密度取 $1t/m^3$，覆盖阳极面积为 14m×3m。阳极覆盖料重 $W_5 = 14 \times 3 \times 0.15 \times 1 = 6.3 (t)$。

（6）抬母线框架 W_6。电解过程中阳极逐渐消耗，阳极母线同阳极一起逐渐下降。阳极升降机构的设计行程是 400mm，从安全考虑，在生产中使用行程为 300mm，即上下端点各留有 50mm 的安全余量。阳极每天消耗 16mm，抬母线周期为 300/16 = 18 天。抬母线时，天车把抬母线框架吊到电解槽上，支承在螺旋起重器机座旁的 8 个专用支座上。抬母线框架上的 40 个夹具夹住 40 根阳极导杆，作为 40 个阳极的临时承重。所以抬母线时，电解槽上需增加抬母线框架的质量 $W_6 = 14t$。

C　不同工况下受力计算

按照上述荷载分析，分两种工况考虑，工况 1 为正常电解生产时、工况 2 为抬母线时。

（1）工况 1。在电解过程中，由于阳极四周的电解质在表面凝固，阳极与侧部炭块之间将形成坚硬的电解质结壳。提升阳极时，必须克服电解质结壳的黏结力。黏结力的大小很难测定。参考贵州铝厂 160kA 电解槽支承桁架梁的设计，将正常电解时的荷重乘以 1.25，作为正常电解时支承梁的计算荷载。也就是考虑 25% 的富余量，作为结壳力和其他超载因素的过载系数。贵铝 160kA 电解槽经过多年生产，支承梁安然无恙，证明其计算方法是可取的。280kA 电解槽的支承荷载也增加 25% 的余量作为结壳力。

工况 1 的计算功 Q_1 为：

$$Q_1 = (W_1 + W_2 + W_3 + W_4 + W_5) \times 1.25 \tag{12-10}$$

因此计算得：$Q_1 = (42.8+9.3+1.64+3+6.3) \times 1.25 = 78.8$（t）。

（2）工况 2。正常抬母线期间，槽控箱处于手动状态，不进行阳极升降，可不考虑结壳力。然而，抬母线框架吊上槽后，如果发生阳极效应，必须立即停止抬母线操作，处理阳极效应。阳极效应熄灭过程中，可能会升降阳极。这时，槽上既有结壳力，又有抬母线框架重量。工况 2 的计算荷载 Q_2 为：

$$Q_2 = Q_1 + W_6 = 78.8 + 14 = 92.8（t）$$

取荷载最大的工况 2 的计算荷载 Q_2 作为支承梁集中力的计算荷载。这些集中荷载作用在 8 个吊点上，每个吊点的集中荷载为：$92.8/8 = 11.6$（t）。

其他荷载还有支承梁的自重，打壳下料机构及料箱质量等，合计约为 12t。整个支承梁的最大荷载即为：$92.8+12 = 104.8$（t）。

D　大梁计算与选型

通过上述最大荷载计算和受力分析，对 280kA 电解槽的大梁强度和刚度进行了计算分析，设计出三种不同类型的支承梁方案，主要结构参数及优缺点见表12-5。

表 12-5　280kA 试验电解槽上部结构主梁方案比较

项　目	方案一 角钢桁架梁	方案二 角钢桁架加中间支承	方案三 实腹板梁
跨度 L/m	15.5	15.5	15.5
梁高/mm	1400	1400	1400
上下弦或翼缘/mm	∠200×125×14+ 225×10 补强板	∠160×100×16	上翼板 270×20 腹板 10 下翼缘 400×20
最大变形，挠度	29.2mm=L/536	20mm=L/800	19.6mm=L/800
自重/kg	6000（估计值）	5000（估计值）	7600（实际值）
优点	自重较轻	自重轻、刚度大、挠度小	刚度大、挠度小、外形简洁、便于母线配置
缺点	挠度偏大，制造时需上拱 L/1000，加工麻烦，影响母线升降	中间支承影响换阳极和边部打壳，外形不够简洁	自重稍大

注：最大变形设计规范要求小于 $L \times 1/800$。

方案二加中间支承的桁架梁，由于中间支撑妨碍阳极操作，而且中间支撑容易受到槽壳变形影响；方案一桁架梁和方案三板梁两种方案相比较：从结构分析而言，两种梁都可以满足强度和刚度要求，挠度值都在允许范围。但由于 280kA 电解槽采用了大面 5 点进电，5 根立柱母线进入 A 侧阳极母线，再经过 5 根中间连接母线，穿过支承梁，连接到 B 侧阳极母线。电解槽的一半电流即 140kA 要流过这 5 根连接母线。为使槽 A、B 两侧的阳极电流尽可能相等或平衡，连接母线的截面要求比较大。连接母线焊接在阳极母线上，既是导电母线，又是把两侧母线连接成整体的结构件，同阳极母线一起升降，行程是 400mm，连接母线穿过的地方要占相当大的空间。而连接母线的位置是按母线系统设计确定的，如图 12-26 所示。

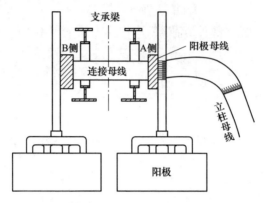

图 12-26　阳极母线穿梁示意图

在这种情况下，如果使用桁架梁，必须使桁架梁的上下弦杆与斜杆交汇的节点在连接母线的正上方或正下方，桁架梁的斜杆很难配置，势必对大梁的强度和刚度产生影响。相比之下，板梁上开孔就方便得多。在 5 根中间连接母线穿过的地方，可以按母线截面积和升降行程的需要，在板梁腹板上开方孔，孔口周围用筋板补强。板梁计算时，再复核开孔截面的抗弯强度和抗剪强度。

板梁刚性大，承载能力强，外观整齐，便于自动化切割和自动化焊接，更容易保证质量。在 280kA 电解槽施工时，按设计要求，腹板与翼缘的长焊缝用埋弧自动焊，焊缝美观。由于采用了板梁，电解槽上的 6 个氧化铝料箱就直接利用板梁作料箱，而各个料箱的另外两壁又起到板梁加强筋的作用；一板两用，简化了结构。280kA 槽板梁的变形及最大应力见表 12-6。

表 12-6　板梁的变形及最大应力[17]

项　目	计算值	允许值
最大变形即中点挠度/mm	17	<跨度/800 = 19.4
在板梁中点上表面的最大正压力/kg·cm^{-2}	$\sigma_{max} = 1122$	<1500
在腹板开孔处的最大剪应力/kg·cm^{-2}	$\tau_{max} = 381$	<1000
在立柱处的最大组合应力/kg·cm^{-2}	$\sigma_p = 1514$	<2100

板梁的缺点是质量比桁架梁多了 1t 多，但板梁的强度和刚度都还留有相当的

富余量。板梁与翼缘之间的主要焊缝强度按照《钢结构设计规范》（GBJ 1788）计算。

E 一种新型的桁架梁——管桁架梁

中孚 400kA 电解系列设计了一种特殊的管桁架梁承重梁结构，用方形钢管代替桁架梁中的角钢，大大加强了大梁的刚度和强度，且自重比板梁低很多，钢材用量降低了 30%[18]，解决了特大型电解槽大梁宽度大、用钢量多的缺点，同样的大梁设计也应用在 NEUI 600kA 电解槽上（见图 12-27）。

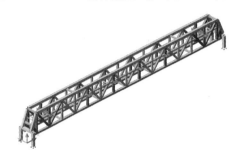

图 12-27　NEUI 600kA 电解槽管桁架梁结构图

参 考 文 献

[1] 刘业翔，等．现代铝电解 [M]．北京：冶金工业出版社，2008．

[2] 郑莆，郭海龙，陈颖．现代铝电解槽壳的结构特点及优化技术 [C]．贵阳，全国铝冶金技术研讨会，2013．

[3] 霍庆发．电解铝工业技术与装备 [M]．沈阳：辽海出版社，2002．

[4] 张永注．铝电解槽槽壳结构综述（上）[J]．轻金属，1993（8）：19-24．

[5] 李清．大型预焙槽炼铝生产工艺与操作实践 [M]．长沙：中南大学出版社，2005．

[6] 霍岱明，朱丹青．浅谈摇篮式铝电解槽槽壳的设计及结构改进 [J]．轻金属，2002（10）：46-50．

[7] SAYED H S, MEGAHED M M, OMAR H H, et al. Assessment of Cathode Swelling Pressure Using Nonlinear Finite Element Technique [R]. Minerals, Metals and Materials Society, Warrendale, PA (United States), 1996.

[8] 刘烈全，邱崇光，吴有威．大型铝电解槽的变形与应力 [J]．华中工学院学报，1987（2）：39-44．

[9] 吴有威．铝电解槽槽壳结构有限元模型与计算分析 [D]．武汉：华中工学院，1990．

[10] 张国凡．铝电解槽槽壳热弹塑性及蠕变有限元计算 [D]．武汉：华中科技大学，2007．

［11］梁学民，等. 现代铝电解生产技术与管理［M］. 长沙：中南大学出版社，2008.

［12］肖冰，张万福. 预焙阳极铝电解槽阳极提升机构的设计研究［J］. 有色设备，2008（6）：8-11.

［13］刘方波，耿玉伟，张万福. 预焙阳极铝电解槽阳极提升机构设计计算［C］. 郑州，全国第 14 次氧化铝第 15 次电解铝和第 11 次铝用碳素技术信息交流会，2009.

［14］潘昌勇. 螺旋式提升机的设计［J］. 机械工程师，2018，11：57-60.

［15］杨志强，刘应. 500kA 铝电解槽支承主梁的设计研究［J］. 有色金属（冶炼部分），2019（3）：30-34.

［16］一种铝电解槽支撑梁［P］. 法国，2505368. 1993.

［17］王愚. 280kA 铝电解槽支承大梁的选型和设计［J］. 轻金属，1997（8）：31-34.

［18］梁学民. 400kA 铝电解槽技术研究与开发［J］. 轻金属，2009（12）：26-30.

"十三五"国家重点出版物出版规划项目

现代铝电解设计与智能化

Design and Intellectualization of Modern Aluminum Reduction Cell

（下册）

梁学民 著

北 京

冶 金 工 业 出 版 社

2022

内 容 提 要

本书共24章，分为上下两册。上册1~12章，从铝电解的基本工艺原理出发，介绍了现代铝电解技术发展的历史脉络、典型铝冶金技术的研究与演变过程，以及我国现代铝电解技术基础研究与技术发展历程；系统阐述了现代大型铝电解槽设计方法及技术演进的科学逻辑，着重论述了铝电解槽的电、热和结构力学模拟仿真与槽设计。下册13~24章，围绕物理场特性对电化学过程的影响机理，从数学模型建立、电磁场、磁流体动力学（MHD）模拟、母线系统设计与工程化等方面，详细、系统地介绍了现代铝电解槽的核心技术理论与设计原理；论述了铝电解工艺控制、配套装备、辅助系统及电解铝厂的设计方法；以数字化为基础，阐述了铝电解"输入端"与"输出端"节能理论，描述了电解铝智能工厂的概念架构。

本书可供铝生产企业及相关设计院、研究院的技术和管理人员阅读参考，也可作为高等院校轻金属冶金专业本科生和研究生的教学参考书。

图书在版编目(CIP)数据

现代铝电解设计与智能化/梁学民著.—北京：冶金工业出版社，2020.12
（2022.6重印）

ISBN 978-7-5024-8648-8

Ⅰ.①现… Ⅱ.①梁… Ⅲ.①氧化铝电解—研究 Ⅳ.①TF111.52

中国版本图书馆 CIP 数据核字(2020)第 242734 号

现代铝电解设计与智能化

出版发行	冶金工业出版社	**电 话**	(010)64027926
地 址	北京市东城区嵩祝院北巷 39 号	**邮 编**	100009
网 址	www.mip1953.com	**电子信箱**	service@ mip1953.com

责任编辑 张熙莹 美术编辑 彭子赫 版式设计 孙跃红 郑小利
责任校对 李 娜 责任印制 李玉山

北京捷迅佳彩印刷有限公司印刷

2020 年 12 月第 1 版，2022 年 6 月第 2 次印刷

710mm×1000mm 1/16；51.75 印张；1005 千字；778 页

定价 339.00 元 （上、下册）

投稿电话 (010)64027932 投稿信箱 tougao@cnmip.com.cn
营销中心电话 (010)64044283
冶金工业出版社天猫旗舰店 yjgycbs.tmall.com
（本书如有印装质量问题，本社营销中心负责退换）

总　目　录

上　　册

第一篇　现代铝电解技术的发展

下　　册

第四篇　电、磁及磁流体动力学（MHD）模拟与母线系统设计

24 电解铝智能工厂

下册目录

第四篇　电、磁及磁流体动力学（MHD）模拟与母线系统设计

第五篇　工艺控制、运行装备与铝电解厂设计

第六篇　能量流、物质流优化与电解铝智能化

电、磁及磁流体动力学（MHD）模拟与母线系统设计

13 铝电解槽内的电磁场仿真计算

在铝电解槽内，熔融的电解质和金属铝液的循环流动是电化学反应中各种反应物质传递的基本驱动力，同时也是造成电流效率降低的动力学原因之一。研究表明[1-2]，导致槽内熔体流动的驱动力主要是由金属层和电解质层中的磁场与电流相互作用产生的。这一驱动力通常造成金属-电解质界面变形，并产生复杂的流动和波动。

图 13-1 描述了简化的电解槽电流流向和分布图。强大的电流垂直自下而上通过立母线到达阳极横母线，变为水平方向分布到每个阳极导杆，然后再通过阳极均匀自上而下进入电解槽内，通过炭块、铝液与电解质层，再通过阴极和阴极钢棒水平流出电解槽。离开电解槽的电流进入阴极母线分配，改变方向，再汇流到下一台电解槽的立母线。

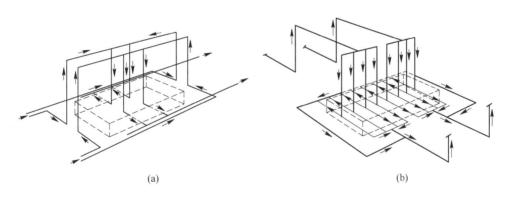

(a)   (b)

图 13-1 通过铝电解槽的电流流向示意图
(a) 纵向配置；(b) 横向配置

由于电解槽导电结构的复杂性，实际的电流分布更为复杂，精确地描述槽体内的电流分布需要建立复杂的仿真计算模型；并且所有的导体电流和电流在槽内产生的磁场的作用则要复杂得多。除此之外，理论上一台电解槽（目标电解槽）内产生的磁场，会受到其周围的电解槽，即位于其上、下游的电解槽及相邻车间槽排电解槽电流的影响。任何一台电解槽内的磁场都是其自身和周围所有电解槽电流叠加作用的结果。

13.1 电磁场基本概念

当导体内有直流线电流 $I(A)$ 通过时，在其周围环境中会产生磁场，磁力线回转方向和电流方向之间的关系可用图 13-2 来表示。把右手拇指伸直，其余四指弯曲成环形，如果拇指表示电流方向，则其余四指就指出该电流所产生的磁力线的回转方向（右手定则）。

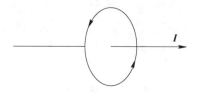

图 13-2 电流通过产生的磁场示意图（右手定则）

距离线电流 rm 远处的磁场强度 $H(A/m)$ 根据安培定律可按下式计算[1]：

$$H = \frac{I}{2\pi r^2} \tag{13-1}$$

假定导体内电流为 $i(A)$，在距离导体 r 处产生的磁场感应强度为 $B(Gs)$，安培定律可表示如下[3]：

$$\oint B\mathrm{d}r = \mu_0 i \tag{13-2}$$

式中，μ_0 为自由空间的磁导率。

对于无限长直的圆柱形导线（见图 13-2），式（13-2）可表达为[4]：

$$B = \frac{\mu_0 i}{2\pi r} \tag{13-3}$$

式（13-3）表明，磁感应强度随着与导体距离的增加而降低，如图 13-3(b) 所示。磁场方向与电流方向的关系遵守右手定则。

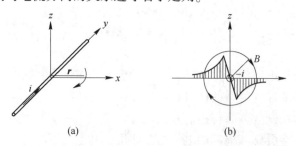

图 13-3 长直圆柱导线产生的磁场

(a) 沿 y 轴通过电流 i 产生的磁场；(b) 磁感应强度 B 与距离（距 x 轴）的函数关系

　　上述表达式对表示长直圆柱导线产生的磁场是有用的，但对于铝电解槽内实际情况（短柱导体）并不适用。这种情况下，必须应用毕奥-萨伐（Biot-Savart）定律式（13-4），长 $dl(m)$ 的载流元，其中电流为 $i(A)$ 在某点 P 产生的磁场强度 dH 为：

$$dH = \frac{i dl \sin\theta}{4\pi r^2} \tag{13-4}$$

式中，r 为载流元与点 $P(m)$ 之间的距离；θ 为 dl 方向与 r 之间的夹角。

　　利用式（13-4）可以计算整个回路中的全部载流元和 P 点的磁场强度，并且可以用下式表示 B 与 H 的关系：

$$B = \mu_0 H \tag{13-5}$$

　　但如果在磁场中有铁磁性材料（电解槽中主要是大量的钢结构材料）存在，会产生电磁感应现象。由于铁磁性物质本身也会产生磁场而使原有磁场发生改变，因此，在这种情况下，式（13-5）必须引入这种材料的较大的磁导率（μ_0）进行变换。如果铁磁性材料被磁场 H 磁化，则由式（13-6）给出合成后的磁感应强度：

$$B = \mu_0(H + M) \tag{13-6}$$

式中，M 为单位体积铁磁性材料中的磁化强度。

　　对于铝电解槽内的电磁力，以电动机原理举例说明：在磁场中的导体被作用一个力，该矢量力 F 的数值与电流强度、导体长度和磁感应强度有关，如式（13-7）所示：

$$F = li B \cdot \sin\theta \tag{13-7}$$

式中，θ 为导体 i 与磁场 B 方向的夹角。

　　当电流矢量绕磁通密度矢量旋转时，力 F 的方向垂直于 i 和 B，并按顺时针方向旋转。正是这个力在电解槽中造成金属铝液的水平搅动，这种力称为拉普拉斯力。

　　磁场的相互作用还能对两种不相溶的液体层产生电磁压力，例如在 Hall-Héroult 槽中的金属铝液和电解质，这种压力作用在任何位置都会使金属水平高度增大。因此，电磁作用对电解槽内的熔体运动特性乃至电化学反应都有很大的影响。

13.2　铝电解槽内磁场计算基本模型

　　随着现代大型铝电解槽工作电流的增大，其载流母线和熔体电流产生的磁场对其生产和稳定运行的影响愈显突出。由于磁场与熔体电流相互作用所产生的电磁力使槽内熔体循环加速，导致铝液面产生隆起、偏斜和波动，甚至可能导致铝电解槽不能正常生产。因此，在设计高效能的大型铝电解槽时，必须考虑削弱和控制槽内磁场与电流相互作用所产生的电磁力，使母线配置与槽内磁场各分量对应呈一定规律分布，而且将其绝对值降低到限定的数值范围。这样，在设计大型铝电解槽时，就必须准确计算槽内磁场。对于电解槽内的磁场而言，其分布是极不规则的，再加上电解槽上部结构、槽壳、摇篮架及钢结构厂房等铁磁物质的存在，使得很难做出精确计算，因而早期在计算电磁场时不得不进行大量的简化，有些因素（特别是铁磁物质）的影响难以全面考虑，也必然导致一定的计算误差。铝电解槽内产生磁场的主要电流源有：

（1）电解槽周围载流母线。

（2）槽内导电体，包括阳极组件、电解质/铝液熔体、阴极组件。

（3）铁磁性物质的感应。

（4）上、下游的电解槽及相邻车间槽排电解槽（也称邻排槽）电流。

由于铁在低于一定的温度（居里温度，超过这个温度产生热效应使其磁性消失）以下才具有铁磁性，而且铁的磁性还因其碳和氮含量的不同而改变。同时，在一定的磁感应强度下，铁磁性物质还存在磁饱和现象。因而，使电解槽及周围的铁磁性物质对其磁场的影响更加复杂。关于铁磁性物质影响问题，我们将在13.3 节进行详细论述。

早期的电解槽磁场计算模型大多直接运用毕奥-萨伐（Biot-Savart）定律来完成。

13.2.1　垂直或水平导体的磁场计算

按照图 13-2 中的右旋坐标系，铝电解槽及其周围的导体，除了进电的斜立母线以外，阳极导杆、阳极、铝液/电解质熔体电流流向均平行于 z 轴，而阳极母线、阴极母线及阴极钢棒电流流向均平行于 x 轴或 y 轴的。这类电流产生的磁场特点是在某一个轴向的磁感应强度分量为零，即与电流方向平行的那一个轴向的磁感应强度为零。

铝电解槽内磁场计算早期采用的方法是等效数学模型，是把矩形截面的载流母线或槽内导体用相等截面、同样长度的圆柱形导体代替，然后应用毕奥-萨伐定律计算各载流等效圆柱导体在槽内每一场点所产生的磁场的总和[4-5]。

垂直于 xy 平面（平行于 z 轴）的有限长直流载流圆柱导体如图 13-4 所示，在空间某点 P 产生的磁感应强度的计算公式[6]为：

$$\boldsymbol{B} = \frac{\mu_0}{4\pi} \int_{\Delta z_1}^{\Delta z_2} \frac{I\mathrm{d}z \times \boldsymbol{r}^0}{r^2} \tag{13-8}$$

由此可得磁感应强度的值：

$$B = \frac{\mu_0}{4\pi} \int\limits_{\Delta z_1}^{\Delta z_2} \frac{I\sin\theta}{r^2} \mathrm{d}z = \frac{\mu_0 I}{4\pi R}\left(\frac{\Delta z_2}{R_2} - \frac{\Delta z_1}{R_1}\right) \qquad (13\text{-}9)$$

若以 P 点为坐标原点，磁感应强度分量为：

$$B_x = \frac{\mu_0 \Delta y I}{4\pi R^2}\left(\frac{\Delta z_2}{R_2} - \frac{\Delta z_1}{R_1}\right); \quad B_y = \frac{-\mu_0 \Delta x I}{4\pi R^2}\left(\frac{\Delta z_2}{R_2} - \frac{\Delta z_1}{R_1}\right); \quad B_z = 0 \qquad (13\text{-}10)$$

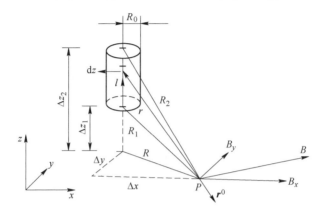

图 13-4 有限长圆柱导体在空间 P 点产生的磁场

可以看出，平行于 z 轴的电流在 P 点产生的磁感应强度在 z 方向的分量为零。但式（13-9）和式（13-10）只适用于计算圆柱导体外场点（$R \geqslant R_0$）的磁场，式中导体半径 R_0，导体中心线到场点的垂直距离为 R。如果计算场点在圆柱导体内（$R < R_0$），且位于 $z = z_0$ 的某 xy 平面上，则磁感应强度：

$$B = \frac{R}{R_0}B_0 \quad (0 \leqslant R < R_0) \qquad (13\text{-}11)$$

B_0 是 $z = z_0$，且 $R = R_0$ 上任一点的磁感应强度，根据式（13-9）有：

$$B_0 = \frac{\mu_0 I}{4\pi R_0}\left(\frac{\Delta z_2}{R_2} - \frac{\Delta z_1}{R_1}\right) \qquad (13\text{-}12)$$

根据上述分析画出某一 xy 平面上 $B\text{-}R$ 曲线，如图 13-5 中实线部分所示。

文献 [7] 对铝电解槽磁场计算采用等效线电流数学模型，把矩形母线电流用集中在母线的中心轴线上的等效线电流来代替。设 AB 有电流 I 流通，如图 13-6所示。电流按线性变化沿 S 轴流动，线电流 $I = \alpha S + \beta$（其中，α、β 为任意常数）。A、B 两点的坐标分别为 S_1、S_2。场点 P 的磁感应强度矢量为：

$$\boldsymbol{B} = \frac{\mu_0}{4\pi} \int\limits_{S_1}^{S_2} \frac{I\mathrm{d}\boldsymbol{S} \times \boldsymbol{r}^0}{r^2} \qquad (13\text{-}13)$$

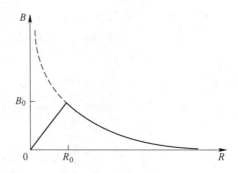

图 13-5　有限长圆柱体某一 xy 平面上 B-R 曲线

其数值为：

$$B = \frac{\mu_0}{4\pi} \int_{S_1}^{S_2} \frac{I\sin\theta}{r^2} \mathrm{d}S = \frac{\mu_0}{4\pi} \int_{S_1}^{S_2} \frac{(\alpha S + \beta)\sin\theta}{r^2} \mathrm{d}S \tag{13-14}$$

若令 $r = \alpha/\cos\varphi$，$S = \alpha\tan\varphi$，则：

$$B = \frac{\mu_0}{4\pi}\left[-\alpha a\left(\frac{1}{\sqrt{S_2^2 + a^2}} - \frac{1}{\sqrt{S_1^2 + a^2}}\right) + \frac{\beta}{\alpha}\left(\frac{S_2}{\sqrt{S_2^2 + a^2}} - \frac{S_1}{\sqrt{S_1^2 + a^2}}\right) \right]$$

$$\tag{13-15}$$

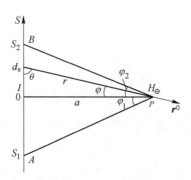

图 13-6　矩形母线中心轴等效线电流

设通过 A、B 两端点的电流分别为 I_1 和 I_2，即：

$$I|_{S=S_1} = I_1, \quad \alpha S_1 + \beta = I_1; \qquad I|_{S=S_2} = I_2, \quad \alpha S_2 + \beta = I_2$$

可解得：

$$\alpha = \frac{I_1 - I_2}{S_1 - S_2} \qquad \beta = \frac{I_1 S_2 - I_2 S_1}{S_2 - S_1}$$

将以上 α、β 值代入式（13-15），即可由 S_1、S_2、I_1、I_2 和 a 确定此线性电流在场点 P 产生的磁感应强度 B 的大小，再利用 $dS^0 \times r^0$ 的方向余弦，可求出 P 点磁感应强度的三个分量 B_x、B_y、B_z。

按照以上同样的原理，可以推导计算斜立母线的磁感应强度的等效数学模型。

13.2.2　实际的数学模型

载流圆柱导体的磁场可按式（13-9）~式（13-12）进行计算，其磁力线分布图形是以电流轴线为圆心的一系列同心圆，如图 13-7(a) 所示。而无限长载流矩形母线的磁场，其磁力线分布图形如图 13-7(b) 所示。对比这两个图形可以看出，若计算场点落在矩形母线内部或离母线不远处，用等效数学模型（用等效有限长圆柱母线代替矩形母线）计算所得结果，则与磁场实际值会存在着一定的误差。因此，当计算铝电解槽熔体电流产生的磁场时，必须考虑截面为矩形的特点。无限长载流矩形母线的磁场计算公式只能近似地用于有限长载流矩形母线的中段周围空间的磁场计算，而用于对母线两端空间的磁场进行计算时，误差相对较大。为了提高铝电解槽磁场计算的精度，应根据实际情况计算电流均匀分布的有限长矩形母线所产生的磁场。

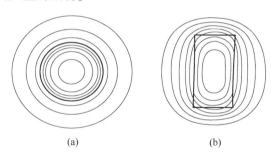

(a)　　　　　　　　　(b)

图 13-7　载流圆柱导体（a）载流矩形母线周围（b）的磁力线分布

假设矩形母线与 z 轴平行，母线截面的边长分别为 $2a$ 和 $2b$（见图 13-8），母线长度 $L = z_2 - z_1$，通过母线的电流为 I，电流沿 z 轴方向流通，讨论电流在 xy 平面上一点 $P(x, y, 0)$ 上的磁感应强度。取一截面为 dx'、dy' 的细丝形成一平行于 z 轴的线形电流，长度为 L，线形电流为 J，如图 13-9 所示。

根据毕奥-萨伐定律电流在 $P(x, y, 0)$ 点产生的磁感应强度矢量为 $d\boldsymbol{B} = \dfrac{\mu_0 J}{4\pi} \displaystyle\int_L \dfrac{d\boldsymbol{z} \times \boldsymbol{r}^0}{r^2}$。

由于 $r = \sqrt{R^2 + z^2}$，而 $R = \sqrt{(x' - x)^2 + (y' - y)^2}$，故：

$$\sin(\boldsymbol{z}, \ \boldsymbol{r}^0) = \frac{R}{r} = \frac{R}{\sqrt{R^2 + z^2}}$$

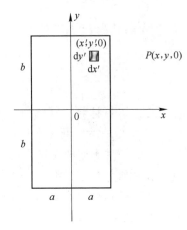

图 13-8　通过电流 I 的矩形母线

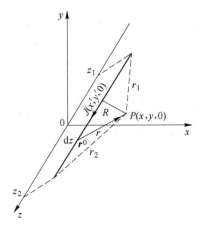

图 13-9　截取线形电流产生的磁场

因此磁感应强度：

$$\mathrm{d}B = \frac{\mu_0 J}{4\pi} \int_L \frac{\sin(\boldsymbol{z}, \ \boldsymbol{r}^0)}{R^2 + z^2} \mathrm{d}z$$

$$= \frac{\mu_0 J}{4\pi \sqrt{(x' - x)^2 + (y' - y)^2}} \left(\frac{z_2}{\sqrt{(x' - x)^2 + (y' - y)^2 + z_2^2}} - \frac{z_1}{\sqrt{(x' - x)^2 + (y' - y)^2 + z_1^2}} \right) \tag{13-16}$$

载流矩形母线可视为由有限根细丝线形电流组成，因而矩形母线产生的磁场为各线形电流产生的磁场的叠加。线形电流：

$$J = \frac{I}{4ab} \mathrm{d}x' \mathrm{d}y'$$

则 P 点的磁感应强度：

$$\mathrm{d}B = \frac{\mu_0 I}{16\pi ab \sqrt{(x' - x)^2 + (y' - y)^2}} \cdot$$

$$\left(\frac{z_2}{\sqrt{(x' - x)^2 + (y' - y)^2 + z_2^2}} - \frac{z_1}{\sqrt{(x' - x)^2 + (y' - y)^2 + z_1^2}} \right) \mathrm{d}x' \mathrm{d}y'$$

磁感应强度的各个分量为：

$$\mathrm{d}B_x = \frac{\mu_0 I}{16\pi ab} \cdot \frac{y' - y}{(x' - x)^2 + (y' - y)^2} \cdot$$

$$\left(\frac{z_2}{\sqrt{(x'-x)^2 + (y'-y)^2 + z_2^2}} - \frac{z_1}{\sqrt{(x'-x)^2 + (y'-y)^2 + z_1^2}} \right) dx'dy'$$

$$dB_y = \frac{\mu_0 I}{16\pi ab} \cdot \frac{x'-x}{(x'-x)^2 + (y'-y)^2} \cdot$$

$$\left(\frac{z_2}{\sqrt{(x'-x)^2 + (y'-y)^2 + z_2^2}} - \frac{z_1}{\sqrt{(x'-x)^2 + (y'-y)^2 + z_1^2}} \right) dx'dy'$$

$$dB_z = 0$$

磁感应强度矢量:

$$dB = dB_x i + dB_y j + dB_z k = dB_x i + dB_y j$$

式中, i、j、k 为坐标轴 x、y、z 方向的单位向量。

载流矩形母线在 P 点产生的磁感应强度各分量为:

$$B_x = \frac{\mu_0 I}{16\pi ab} \int_{-a}^{a}\int_{-b}^{b} \frac{y'-y}{(x'-x)^2 + (y'-y)^2} \cdot$$

$$\left(\frac{z_2}{\sqrt{(x'-x)^2 + (y'-y)^2 + z_2^2}} - \frac{z_1}{\sqrt{(x'-x)^2 + (y'-y)^2 + z_1^2}} \right) dx'dy'$$

$$= \frac{\mu_0 I(a-x)}{32\pi ab} \ln \frac{A_1 A_4}{A_2 A_3} + \frac{\mu_0 I(a+x)}{32\pi ab} \ln \frac{B_1 B_4}{B_2 B_3} + \frac{\mu_0 I z_2}{16\pi ab} \ln \frac{C_2}{C_1} + \frac{\mu_0 I z_1}{16\pi ab} \ln \frac{C_3}{C_4} +$$

$$\frac{\mu_0 I(b+y)}{16\pi ab} (\phi_1 + \phi_2 - \phi_3 - \phi_4) - \frac{\mu_0 I(b-y)}{16\pi ab} (\theta_1 + \theta_2 - \theta_3 - \theta_4)$$

$$(13\text{-}17)$$

$$B_y = -\frac{\mu_0 I}{16\pi ab} \int_{-a}^{a}\int_{-b}^{b} \frac{x'-x}{(x'-x)^2 + (y'-y)^2} \cdot$$

$$\left(\frac{z_2}{\sqrt{(x'-x)^2 + (y'-y)^2 + z_2^2}} - \frac{z_1}{\sqrt{(x'-x)^2 + (y'-y)^2 + z_1^2}} \right) dx'dy'$$

$$= \frac{\mu_0 I(b-y)}{32\pi ab} \ln \frac{B_1 A_3}{A_1 B_3} + \frac{\mu_0 I(b+y)}{32\pi ab} \ln \frac{B_2 A_1}{A_2 B_4} + \frac{\mu_0 I z_2}{16\pi ab} \ln \frac{C_5}{C_6} + \frac{\mu_0 I z_1}{16\pi ab} \ln \frac{C_7}{C_8} +$$

$$\frac{\mu_0 I(a-x)}{16\pi ab} (\theta_5 + \theta_6 - \theta_7 - \theta_8) - \frac{\mu_0 I(a+x)}{16\pi ab} (\phi_5 + \phi_6 - \phi_7 - \phi_8)$$

$$(13\text{-}18)$$

$$B_z = 0 \qquad\qquad (13\text{-}19)$$

式 (13-17) 和式 (13-18) 中的 $A_1 \sim A_4$、$B_1 \sim B_4$、$C_1 \sim C_8$、$\theta_1 \sim \theta_8$、$\phi_1 \sim \phi_8$ 的值取决于 Q、b、z_1、z_2 和 P 点坐标 x、y 的值[8-9]。

计算槽内任意点 $P(x, y, z)$ 上的磁感应强度时，也可采用同样的分析方法。首先进行坐标变换，将坐标原点沿 z 轴移动 z。变换坐标后 P 点坐标为 $(x, y, 0)$，与前面讨论的坐标系相同。因此可以应用式（13-17）~式（13-19）计算载流矩形母线产生的磁场。由于这种计算模型是按照母线的实际形状导出的，所以称为铝电解槽磁场计算的实际数学模型。

为了提高铝电解槽磁场计算的精度，把槽内熔体电流分割为若干载流矩形母线，则熔体电流所产生的磁场为分割后的各个熔体载流矩形母线所产生的磁场的总和。计算各熔体载流矩形母线的磁场时，采用实际的数学模型可以提高计算精度。这是由于计算场点处于槽内熔体中，因而它可能落在某一熔体载流矩形导体内或附近，应用实际数学模型可获得较高的精度，特别是对于槽内边界部分的场点。

13. 2. 3　矩形截面导体电流分割与场点的划分

采用等效数学模型计算电磁场时，由于电解槽内载流体（阳极及熔体部分）和槽周载流母线截面一般都比较大，若简单处理成一根线电流进行计算，无疑会增大计算误差。因此，实际计算时，将母线导电体适当划分为若干个矩形导电单元，根据母线截面的宽度 w 和高度 h，划分为 m 和 n 格，m 和 n 的数量以使母线宽度和高度方向划分后的单元接近正方形为宜，再以正方形等效的圆柱体的圆心作为分割后的线电流的坐标位置。假设某段母线电流为 I_{bus}，相应等效为若干线电流 i_{bus}，$i_{bus} = I_{bus}/(m \times n)$，再分别根据每个线电流的位置坐标和线电流值 i_{bus} 计算相应场点的磁感应强度，然后再将所有的线电流计算结果叠加，得到某一母线在某个场点产生的磁感应强度。母线电流划分如图 13-10(a) 所示。

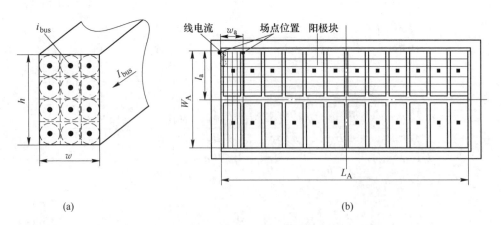

(a)　　　　　　　　　　　　　　　(b)

图 13-10　电解槽磁场计算时槽内及槽周载流体的分割与场点

（a）母线电流的分割；（b）槽内载流体的划分与场点的关系

对于电解槽内导体（包括阳极、阴极和熔体区域，主要为垂直电流）产生的磁场，因为线电流与计算场点（磁场计算的主要目标区域）在空间上处于同一区域。计算场点距离导体很近，有些甚至落在导体内部，因此，导体的形状、尺寸及电流分布对磁场计算精度的影响不能忽略。根据以上等效电流数学模型和式（13-15）编制铝电解槽的磁场计算程序，在熔体区域的计算结果与实测数据存在一定的误差。国内外研究者普遍认为，对这部分磁场，应采用毕奥–萨伐定律的体积分形式进行计算，也可以用若干线电流元来代替体积分法，但这种方法的精度与线电流元的数量及电流在各线元上的分配情况有关，要达到很高精度，必须将电流元划分得很小。这是因为当把铝电解槽熔体层分割为若干块载流矩形导体、用轴线上的线电流代替每块导体内的电流进行磁场计算时，由于会出现某些计算场点落在等效圆柱导体内的情况，此时应当用式（13-15）进行计算。场点与轴线距离越接近，磁感应强度就越大，如图 13-5 中的虚线所示。实际上，由于场点距离电流轴线有可能很小，引起的计算误差较大[8]。

为了提高磁场计算的精度，采用等效线电流数学模型时，应注意槽内导体电流分割方式，避免使计算场点落在分割出来的矩形导体区域内（见图 13-10(b)）。划分时可先确定场点位置，再将场点之间的电流源等距离划分为若干线电流，可确保场点与线电流区域不会重叠。

若计算场点落在分割的矩形熔体内的情况无法避免，则需用式（13-11）和式（13-12）计算通过该矩形熔体电流产生的磁感应强度，避免式（13-15）计算所引起的误差。

13.2.4 铝电解槽磁场计算程序（LMAG）

根据以上计算模型和原理，在以往计算程序的基础上，研究编制了"铝电解槽磁场计算通用计算程序（LMAG）"[10]，其基本计算流程如图 13-11 所示。

LMAG 的先进性体现在以下几方面的改进：

（1）母线数据的处理与输入。LMAG. DAT 通用的母线数据格式，按照统一的计算模型处理所有母线，即统一按照斜立母线一种模式输入数据，将平行于 x 轴、y 轴或 z 轴的母线电流源视为特例自动识别，大大简化了数据处理工作量。

（2）母线数据与场点划分的优化。对与场点距离较近的电流源，可自动识别并对场点与线电流中心距离进行优化，以确保场点位置不会落在线电流导体内部，从而优化了计算的精度，提高了工作效率，也避免了计算结果发生畸变导致工作失败。

（3）设计了计算模型空间变换功能。对于电解车间任何一台电解槽内的磁场能够根据所处位置，将所有的电流源对其产生的磁影响考虑在内，仅需要输入一个母线识别参数来区分母线的类型，即是属于电解槽周围母线还是系列大母

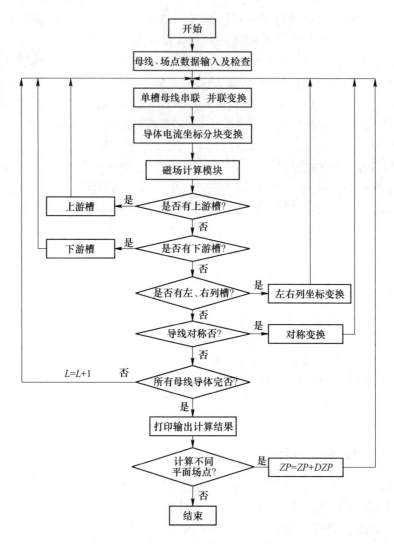

图 13-11 磁场计算通用计算程序（LMAG）流程图

ZP—场点的 Z 坐标；DZP—ZP 的增量

线，以及与之串/并联的同类母线信息及是否存在对称母线。这一功能的拓展，不仅人工效率大幅提高，提高了实际工况下磁场计算的精确度，还对于分析各类电流源对目标电解槽的磁场影响提供了依据。研究证明，对上下游电解槽和相邻电解槽对目标电解槽的影响至少应该扩展到 7 台以上。

（4）考虑了对铁磁性物质影响的处理功能和接口。根据早期的研究成果，程序设计中对不同母线类型和位置，按照屏蔽因子（详见 13.3 节）方法留有数据处理接口，可以很方便地根据实验模型和工业试验的测试结果，加载铁磁性物质的影响因子参数，有效解决了铁磁性物质影响带来的计算可靠性问题。

由于以上改进，使 LMAG 程序计算模型的可靠性和实用性大大增强。在此后设计开发大型电解槽（180kA、280kA、320kA 以及 400kA）[11-12] 的过程中得到了成功的应用。

13.3 考虑铁磁性物质影响时的铝电解槽磁场计算

13.3.1 铁磁性物质的影响

铁磁材料对磁场的分布有明显的影响，电解槽槽膛内的磁场是由槽内外的全部电流决定的。磁场分布的改变除了受到电解槽本体磁性材料（钢结构）的影响以外，在一定程度上还受建筑结构、移动的车辆和多功能天车等包含的磁性材料的影响。

对于 5 种铁磁元素（Fe、Co、Ni、Gd 和 Dy）及其与其他元素生成多种合金，与电磁场有一种特殊形式的相互作用，即交换耦合，其磁矩是平行刚性耦合。如果温度高于一定的临界值（居里温度），交换耦合就会突然消失，这种材料就变成了顺磁性材料。铁的磁性转变温度为 770℃，电解槽内大部分阴极钢棒温度会超过这个数值。由于磁性材料的非线性特性及复杂几何关系，它们的行为也很复杂。如果将一磁性材料置于一磁感应场内，它所产生的磁场改变了原来的磁场，那么在处理这种问题时，通常采用两种磁场矢量，即磁化强度 M 和磁场强度 H（两者单位均为 A/m）[13]。

磁感应强度矢量 B 与这两个新矢量的关系可由式（13-6）表达：$B = \mu_0(H + M)$，因此安培定律（式（13-2））可写成：

$$\oint H \mathrm{d}I = I \tag{13-20}$$

式（13-20）在有磁性材料存在的情况下使用，其中 I 为实际电流。也就是说，它不包括与 M 有关的磁化电流。B 值可用一个霍尔磁通计测得，H 值则依照式（13-20）计算出来。然后通过式（13-6）确定出 M 的值。在解这一问题时有两个边界条件，即已知在两介质之间的界面处与表面相切的 H 分量，且与表面正交的 B 分量在该表面两侧的值相等。

铁磁材料的非线性特性如图 13-12 的曲线 1 所示，该图表明了一种可用作槽壳的典型冷轧钢的 B 与 H 的关系。对于顺磁性和抗磁性材料，B 与 H 成正比关系：

$$B = K_\mathrm{m}\mu_0 H \tag{13-21}$$

式中，K_m 为磁性介质的相对磁导率，铁磁材料的 K_m 具有显著非线性。实验表明，K_m 不仅与 H 值有关，而且由于磁滞作用还与钢材料的热处理过程及磁经历相关，有许多原因会引起磁性改变。具体变化决定于材料的组成及其经历的过程，不过这种改变有一个大致趋势，如图 13-12 所示。其中有三个重要原因已证实与铝电解槽有关：第一，正如前面讲到的，当钢的温度接近居里温度时，有一种热效应造成其磁性消失。第二，碳含量及碳–铁相结构也可以改变钢材的磁性。在钢壳温度较高时，炭衬中的碳成分以较高扩散速率扩散到钢壳中。在 200 ~ 300℃，预计经过 10 ~ 40 年时间钢的碳含量会达到 2%，但在 400 ~ 500℃ 的温度下仅需 0.1 ~ 2 年。第三，尽管机理较为复杂，钢中的氮含量也是使磁性减弱的第三个原因。百分之零点几的氮含量与百分之一的碳含量引起的钢的磁性变化相似。

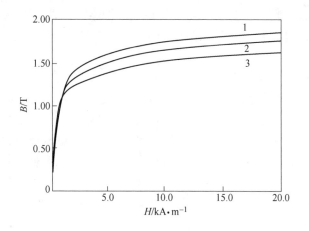

图 13-12　钢的典型磁化曲线（B–H 曲线）

1—300℃ 冷轧钢；2—含 1% 以上碳的钢（或 500℃）；3—含 2% 以上碳的钢（或 600℃）

　　一般情况下，如果在导电体和计算场点的附近或之间有磁性材料存在，计算时未予考虑，那么实际值就会比计算值要小。这不仅使准确计算磁场变得困难，而且磁性材料的存在还会对磁场产生非常不利的影响。安培定律表明，槽壳对某部分的磁场强度计算值的衰减，必然伴随着对其他部分磁场的增强。

　　图 13-13 表明了铁磁性物质对磁场的反作用。图 13-13（a）不存在铁磁材料，在与柱面电流 I 中心相距 r 处的磁场表达式为：

$$H_0 = \frac{I}{2\pi r} \qquad 和 \qquad B_0 = \mu_0 H_0 \qquad\qquad (13\text{-}22)$$

　　当电流 I 被以它为中心的铁屏蔽环绕时，如图 13-13（b）所示，磁场强度 H 与没有磁性材料存在时的一样，即 $H = H_0$；非磁性材料的磁通密度也与以前一样，即 $B = B_0$，而磁性材料的磁通密度则可在假定整个磁性材料的相对磁导率不变的情况下由式（13-21）给出。

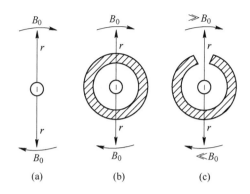

图 13-13 简单几何形状的铁磁材料对磁场的影响

（a）无铁磁材料的情况；（b）有铁环存在的情况；（c）有缺口铁环存在的情况

如果铁环上有空气缺口（见图 13-13（c）），磁场分布就会大大改变。由于磁通密度在磁性材料处要大得多并具有连续性，缺口处的磁感应矢量 B 及磁场强度 H 肯定大于不存在磁性材料时同一位置的值。假定 K_m 值约为 100，则空气缺口处的磁场强度就接近于：$H = I/d$（其中，d 为缺口尺寸）。

这比无磁性材料存在时大 $2\pi r/d$ 倍。在通过空气缺口的径线上分布的磁场强度比没有这种磁性材料的存在时大得多，而在其他方向的径线上分布的磁场强度却小得多。

在早期受到计算机技术发展水平的局限，精确的铝电解槽磁场数值计算方法还没有得到普遍应用，采用了一些有效的方法进行修正，从而使磁场的计算变为可能。

13.3.2 屏蔽因子（磁衰减系数）法

13.3.2.1 槽外电流产生的磁场受槽壳影响计算

铝电解槽周围存在大量的铁磁性物质，铁磁材料是产生磁场的二次源，它的磁化强度受外部磁场的影响，同时它产生的磁场又会影响外部磁场，尤其是它的非线性磁导率，使得铁磁材料对磁场的影响难以精确计算。因而，国内外研究者都在努力寻找解决该问题的有效方法。最初，人们在计算铝电解槽的磁场时，都将这一部分磁场忽略，但这样得到的计算结果误差较大。其中，槽壳外部电流在槽内产生的磁场受槽壳的影响受到更大的关注。

计算槽外母线系统在阴极槽壳（熔体层）内引起的磁场可采用两步近似法[13]。

第一步，考虑平行和接近于一块无限厚的磁性材料表面的电流，如图 13-14 所示。磁场可表示为假定由磁性材料中与 I 同一位置的电流 I_{MM} 所产生的磁场，

等效电流 I_{MM} 由式（13-23）给出：

$$I_{MM} = \frac{2I}{DK_m + 1}$$ （13-23）

式中，DK_m 为微分相对磁导率（假定在整个磁性材料内不变）。微分相对磁导率描述随磁场强度 H 变化的磁通密度 B 的变化如图 13-15 所示，其中三条曲线与图 13-12 含义相同。

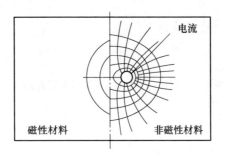

图 13-14 平行于无限厚磁性材料表面的外部电流引起的磁场

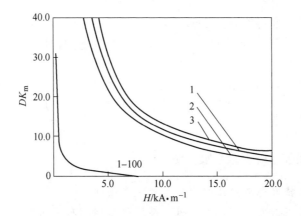

图 13-15 微分相对磁导率 DK_m 曲线图

1—300℃冷轧钢；2—含 1% 以上碳的钢（或 500℃）；3—含 2% 以上碳的钢（或 600℃）

第二步，近似考虑磁性材料内部电流 I_{MM} 并计算出它在无限厚的磁性材料表面以外所引起的磁场（见图 13-16）。磁性材料外的磁场可表示为由于 I_{MM} 相同位置的非磁材料内的电流 I_{EQ} 所产生的，等效电流的计算式为：

$$I_{EQ} = \frac{2DK_m I_{MM}}{DK_m + I}$$ （13-24）

将以上两步近似方法结合起来可得出电流 I 在槽壳的另一面所产生的磁场。

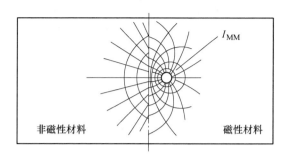

图 13-16　平行于无限厚磁性材料表面的内部电流所引起的磁场

可近似理解为它是由电流 I 引起的而被磁衰减系数 M_{AF} 减小了。

$$M_{AF} = \frac{4DK_m}{(DK_m + I)^2} \tag{13-25}$$

就上述三组代表不同衰减程度的微分相对磁导率 DK_m 来说，磁衰减系数 M_{AF} 表现为磁场强度 H 的函数，如图 13-17 所示。其典型值域为约 0.1（屏蔽良好的相对非饱和钢）到 0.4（屏蔽差的、磁退化的饱和钢）。

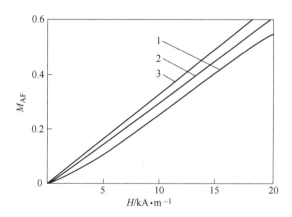

图 13-17　磁衰减系数与磁场强度的关系曲线

1—300℃冷轧钢；2—含 1% 以上碳的钢（或 500℃）；3—含 2% 以上碳的钢（或 600℃）

磁衰减系数的计算值比实际值小（假定屏蔽效果好），因为在两步近似计算中假定的钢板都是无限厚和无限长的。但是，由于非线性磁性关系、温度及成分的影响，显然期望对磁性材料的影响计算得很精确是不现实的。

13.3.2.2　屏蔽因子的试验测定法

在有关磁性材料对磁场的影响时更加复杂的计算（比如有限元法）建立之前，根据铝电解槽实际生产条件下的铁磁性物质和电磁场特性，采用模拟方法研究测定屏蔽因子对铁磁性物质影响加以处理无疑是一种简单、直接而有效的方法。

铝电解槽槽周围母线电流包括阴极母线、阳极母线、槽底母线和立柱母线，产生的磁场如图 13-18 所示。由于电解槽壳等铁磁材料的存在，会对电磁场产生不同程度的影响。文献［14］通过建立模拟电解槽的方法，研究了铁磁性物质的屏蔽效果。

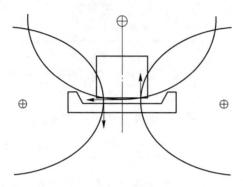

图 13-18　铝电解槽槽周围母线电流产生的磁场

试验采用了单槽模型设计，没有相邻的槽，整流装置直流电源为 30kA，电压可在 0~76V 范围内连续调整。磁场测量采用 Ball620 三维高斯计进行测定。试验过程中，由于外部电压不稳定等原因电流有所波动，波动范围控制在 500A 之内。各测点位置是根据模型槽的阳极横母线和阳极导杆位置加以确定，如图 13-19所示。由于电流是从整流大母线直接引到模型槽中，故大母线对模型槽内磁场有一定影响，在计算时必须将此考虑进去。各测点的坐标位置，坐标原点取在槽壳底面的中心点上，采用左手坐标。

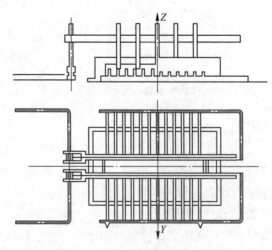

图 13-19　试验模型槽结构设计[14]

将两个高斯计探头分别固定在靠近槽壳和两块阳极之间的位置上，测定磁感应强度值，虽受电流波动影响，但试验测定结果在固定测点的测量数值是稳定的，随时间的变化不大。在有槽壳和无槽壳的情况下，对工业铝电解槽进行模拟和测量对比，探讨了在一定条件下槽壳对槽内磁感应强度分布的影响及其规律。

对两种不同厚度（1.5mm、2.5mm）有槽底和无槽底（板）的两种铁质槽壳，分别在总电流为 10kA 和 15kA 条件下进行测试。图 13-20 示出了电流为 15kA、槽壳厚度为 1.5mm 条件下部分测定数据与计算值对比。从图可见，铁质槽壳对磁感应强度的分布有较大的影响，其磁衰减因子为 0.5~0.7 之间。

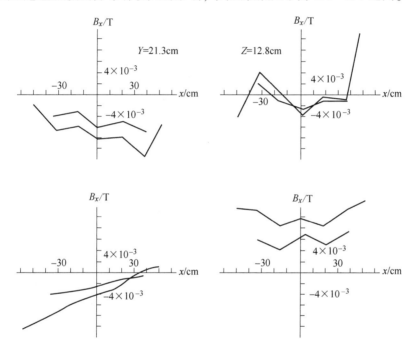

图 13-20　在电流 15kA、1.5mm 厚槽壳条件下磁场测定值与计算值

表 13-1 列出了由槽壳引起的各测点的磁感应强度变化的总的绝对平均值。可以看到，由槽壳引起的磁感应强度变化的平均值在 $10 \times 10^{-4} \sim 30 \times 10^{-4}$ T 之间。同时研究还发现，槽壳厚度增大时 ΔB_z 增大，表明其对垂直磁场影响增大；而 ΔB_x 略有减小，ΔB_y 则有增有减。

表 13-1　由槽壳引起的各测点的磁感应强度变化的总的绝对平均值

电流 /kA	槽壳厚度 2.5mm				槽壳厚度 1.5mm			
	ΔB_x	ΔB_y	ΔB_z	ΔB	ΔB_x	ΔB_y	ΔB_z	ΔB
10	9.74×10^{-4}	16.62×10^{-4}	12.28×10^{-4}	17.09×10^{-4}	11.74×10^{-4}	14.65×10^{-4}	9.23×10^{-4}	18.02×10^{-4}
15	17.24×10^{-4}	21.08×10^{-4}	19.94×10^{-4}	25.48×10^{-4}	19.90×10^{-4}	17.94×10^{-4}	12.97×10^{-4}	25.93×10^{-4}

对 70kA 工业电解槽槽内磁场的测量，其变化规律与模拟槽结果基本相似，在靠近槽壳的位置变化较大。

13. 3. 2. 3　工业铝电解槽磁屏蔽因子的测定

随着铝电解槽的大型化，母线的配置和磁场特性均发生了较大的变化。文献［15］采用 3 台横向配置四点进电母线的 18kA 模拟槽，对大型铝电解槽的磁场特性进行了试验测定，得出的结论认为槽壳等铁磁物质对磁场的影响是非常显著的。然而，尽管试验取得的磁分布特性与现代大型槽有较好的相似性，但由于试验电流偏小，其磁感应强度绝对值一般在 50~80Gs 以下，在铁磁性物质所在区域大部分磁感应强度处于低碳钢的磁饱和度以下，因而对铁磁性物质造成显著影响的结论与大型槽实际生产中反映差别明显。

研究认为，最重要的原因是当磁感应强度超过一定阈值时，铁磁性物质的磁饱和现象成为不可忽视的因素，180kA 以上电解槽磁场大多数情况下远超过磁饱和极限，但也不能说磁屏蔽现象就不再存在。由于电解槽铁磁性材料（钢结构）分布及各个不同区域磁感应强度非线性分布的复杂性，使这一问题变得更为复杂。最为直接的方法是在现场条件下进行分类测定，以确定更为适用的磁衰减因子，这样测得的屏蔽因子称为综合屏蔽因子，用于修正磁场计算的结果。

A　工业电解槽磁屏蔽试验

文献［16］在工业生产槽上进行了实心的软钢屏蔽、叠片软钢屏蔽和叠片的低碳合金钢屏蔽的有效性对比实验。将这些材料在磁感应强度为 70~150Gs 下做了实验，并估计了它们的屏蔽效果。然后，在 155kA 电解槽上建立了一套 3 个与实际尺寸一样的叠片软钢屏蔽，并计算铝液中垂直磁场，期望在垂直磁感应强度计算值较大的点由于在阴极钢棒和阴极母线之间安置了这种屏蔽而使垂直磁场减小。

实验设计了三种不同的屏蔽，一个是包括 15 块 14. 5cm×85cm×0. 5cm 的软钢板，用 2mm 厚的绝缘插板隔开；另一个与此尺寸相同，但材料是含碳量为 0. 03% 的低碳合金钢；第三个是用 84cm×23cm×11. 5cm 的实心软钢制作，这种可采用更多的钢。

磁场源是一个位于电解系列地沟中电流为 77. 5kA 的母线的直线部分。选择的测点 P 位于距离该母线中心 225cm 处，这大约是从阴极母线到铝液中垂直磁场较强位置的距离。首先在没有任何屏蔽的情况下测量 P 点的磁场，然后按图 13-21 所示，依次测出在 A、B、C 各点放置每种屏蔽材料时的磁场。

由于屏蔽材料的作用，P 点的垂直磁场分量减小了，实验结果见表 13-2。

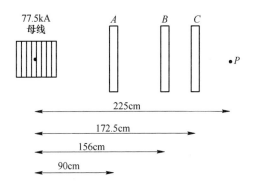

图 13-21 屏蔽试验位置示意图[16]

表 13-2 试验的垂直磁场分量减小量   （Gs）

屏蔽装置位置	A 点处	B 点处	C 点处
叠片低碳合金钢屏蔽	9~0	9~0	14.4~4.4
叠片软钢屏蔽	7~0	7~0	11.2~5.2
实心软钢屏蔽	3.5~0.5	3.5~1.5	5.6~3.6

经测试，在设置屏蔽的 A、B、C 三个位置的垂直磁场分别为 152Gs、84Gs 和 71Gs。认为在 A 点处所有三种屏蔽材料均达到了磁饱和，而实心软钢屏蔽在三个位置都达到了磁饱和（注：对原文所列数据按行列互换调整后与该结论符合）。

按照上述试验结果，按实际大小建造了一套三个叠片组成的软钢屏蔽，进一步在 155kA 电解槽上进行试验。这三组屏蔽材料的尺寸是：高 212cm、厚 24cm、宽 42cm，它们由 40 块 5mm 厚软钢板制作，中间交错插入绝缘插板。如图 13-22 所示，将它们都放置在电解槽侧部载有 77.5kA 电流的母线的直线段的前面，沿 x 轴的方向测量很多点的垂直磁场分量；同时还测量了未放置屏蔽的情况下沿着 x 轴的相同点的垂直磁场分量。

这套屏蔽测试结果将沿 x 轴的平均垂直磁场减少了 10Gs。如改用叠片低碳钢制作，可减少大约 15Gs，而如用实心钢板制作，能减少大约 6Gs。在没有屏蔽的情况下沿 x 轴产生的平均垂直磁场为 31Gs。

试验结果表明，使用叠片低碳钢、叠片软钢和实心软钢屏蔽装置将这段母线在电解槽内产生的磁场分别减少 48%、32%、19%。

B 工业槽周围母线屏蔽因子模拟测试

前面所述的屏蔽试验是采用了不同的屏蔽材料和电流与场点不同的距离进行

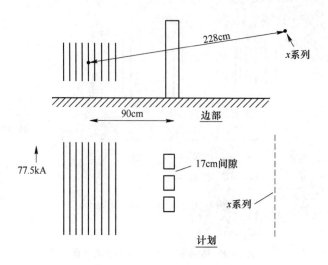

图 13-22 在 155kA 电解槽上的屏蔽试验[16]

测试，而实际的工业电解槽壳的屏蔽因子则远非上述试验能够解决，一方面槽壳相对于槽内的场点而言基本属于封闭或半封闭的屏蔽结构；另一方面，槽壳的厚度形状也是复杂的。因此，对实际工业电解槽的模拟测试对于准确估算磁场影响更具实用意义。

在 200kA 工业电解槽上，选择大修状态的电解槽为模拟试验环境，此时电解槽电流通过短路母线被短路停槽，电流分布在电解槽的槽底、槽侧和槽端部，而槽内则无电流通过。模拟测试的方法是：根据此时电流在槽周围的分布，在不考虑磁屏蔽影响的条件下计算槽内铝液区域的磁感应强度，与现场测量得到的槽内相应坐标点（铝液区）的磁感应强度值进行比较，计算得到测量值相对于计算值之间的差值，即粗略得到磁屏蔽系数。

产生槽内水平磁场 B_x（电解槽纵轴（x 轴）方向的磁场）的电流主要来自槽底母线，产生磁场 B_y（电解槽横轴（y 轴）方向的磁场）的电流则主要来自槽上下游的侧部母线，而垂直磁场 B_z 则主要是由槽端部和底部的母线电流产生。由于停槽时电解槽槽底通过电流明显大于正常生产时的电流，因而以相近的电流量级模拟条件，来获得接近于正常生产时电解槽电流（槽底母线电流值一般在 5000~20000A），如图 13-23 所示。

计算采用基于毕奥-萨伐定律开发的 LMAG 磁场软件，将模拟电解槽周围的所有电流源对场点产生的磁感应强度叠加，并对目标槽进行现场测试。通过计算和模拟测试分别获得了不同位置母线电流对 B_x、B_y、B_z 的磁屏蔽因子值的近似范围：槽底母线产生 B_x 的屏蔽因子值 0.8~0.85，槽侧母线产生 B_y 屏蔽因子值 0.85~0.9，槽端及槽底母线产生 B_z 的屏蔽因子值 0.85~0.93。

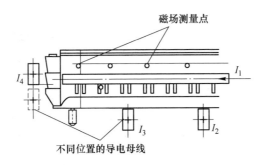

图 13-23　模拟槽周围母线磁屏蔽测试

通过这种方法测得的综合磁屏蔽因子，使采用毕奥-萨伐定律计算的槽内磁感应强度值得到了有效的修正，以此计算值为依据设计的槽周围母线补偿方案使槽内磁场得到了较好的优化。这也是我国在 180kA、280kA 等大型试验槽开发过程中，磁场与母线配置设计能够顺利取得成功的主要原因。

C　系列槽远距离磁场屏蔽测试

为了了解相邻槽排之间的磁场受铁磁性物质的相互影响程度，选择在工业生产中距电解槽排中心线一定距离（30~50m）的空旷位置，相当于系列中形成回路的两排槽的间距，对其磁衰减因子进行考察测试。由于槽排与目标电解槽安装处于同一水平面，因此产生的磁场主要是垂直磁场 B_z，其磁场的衰减主要受到槽排中所有电解槽和厂房钢结构的影响。由于测量现场属于空旷的区域，测量结果可靠性较高。

计算采用 LMAG 磁场计算软件将与测点对应位置的电解槽的所有电流源在测点产生的磁感应强度叠加，然后再逐台将该槽排中所有电解槽电流源进行叠加，计算整个电解槽槽排在选定场点所产生的磁感应强度 B_z。与相应位置的 B_z 进行现场测量，对比计算值与测量值，从而计算出邻排槽对目标电解槽的磁屏蔽因子为 0.6~0.7，如图 13-24 所示。

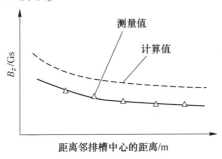

图 13-24　邻排槽产生的磁场影响

槽排产生的磁场之所以有明显衰减，主要是电解槽分散的电流源与复杂的铁磁性物质混合分布在同一空间，多次屏蔽产生了多次磁衰减的结果，这个结果尚不包括计算实际目标槽内磁场时自身铁磁性物质的影响。无论如何这个测量结果对于准确估算邻排槽的磁场非常重要。

由于受到电解槽铁磁性物质的分布、槽周围电流分布的位置和电流强度的影响，磁屏蔽因子的准确测量也是很困难的。通过上述在工业电解槽上模拟试验条件进行的测试，有效地简化了磁屏蔽因子实际应用难度，据此得出"内磁场加强、外磁场削弱，复合磁场弱化"铁磁屏蔽基本规律：内磁场加强，即槽内电流产生的磁场（场点位于槽内铝液层）受外部槽壳等钢结构影响会有所加强；外磁场削弱，即槽外电流受到电解槽钢结构的影响，产生的磁场会削弱；复合磁场弱化，是指分布复杂、距离目标电解槽较远、受到多种复杂钢结构影响的电流源，在目标槽内产生的磁场，相对来说衰减程度更大，磁场会进一步弱化。

采用以上磁屏蔽影响的工业测试数据所进行的磁场模拟结果，实践证明是可靠的。

13.3.3　磁偶极子法

铝电解槽钢结构包括大量的复杂构件，均属于铁磁性材料。一般情况下，考虑磁场的影响时，只有进入槽内的磁通量才是有意义的。为了用数学的方法模拟它们，有必要简化真实钢结构，以便把模型体积和计算工作量保证在合理限度内；并使模拟的构件单元形状能够通过合理的手段进行数学处理。

处理该问题的方法之一是用磁偶极子代替铁磁性物质。其原理是当这种偶极子放入一个已知的均匀场时，其反应场有一准确解；方法之二是用 T 形梁元件、方形界面柱及板形元件等建立铁磁模型，假定反应场是由这些元件的表面恒定电流所产生的。

铁磁性物质的磁场影响是由这种物质内的有效分子电流引起的。这些电流，或者更确切地说内在电流的取向，一部分源于导体的磁场，另一部分则源于邻近的内部电流的磁场。如果一个铁磁体的内部磁场是恒定的，其内部电流将互相抵消，仅留下表面电流。这两种情况的一个明显误差源是当这些元件互相靠近后，每个元件的磁场就远非均匀的了，这两种方法的优点是磁场研究不受空间限制。

13.3.3.1　磁偶极子法的建立

T. Sele[6]介绍了采用磁偶极子法解决铁磁性物质影响的模型方法，见图13-25和式（13-26）。将电解槽上多种形状复杂的部件组成的钢质结构进行必要的处理：

（1）实际的钢部件在模型中予以简化。

（2）模型部件的形状进行适当的处理，以便于进行数学处理。

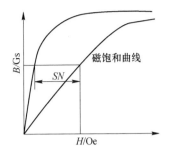
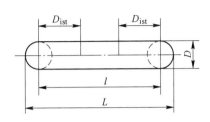

图 13-25　磁偶极子原理图

D_{ist}—极偶的当量长度

对于（1），应考虑到离开部件穿入槽膛的磁流量，而不是这种钢部件内部的磁流量。而且大多数情况下，较复杂的钢部件与槽内铝液之间存在相当的距离，这些使得模型可以大大简化。（2）的问题是对具有确定形状的钢部件定义其所谓"去磁系数 N"（见表 13-3），这个系数可用来定义旋转椭球体，在适当的精度范围内，N 也可应于端头圆滑的圆柱体部件。

$$D_{\mathrm{ist}} \approx \frac{D}{4\sqrt{N}} \tag{13-26}$$

表 13-3　去磁系数 N（对于旋转椭圆）

L/D	500	50	40	4	2	1	0
N	0.000024	0.0014	0.020	0.075	0.170	0.333	1.000

按照以上所述，模型中钢部件可由端头圆滑的圆柱组成的元件来代替，称为磁偶极子。同时，进一步限定，这些偶极子必须具有与三个主轴之一相对应的方向，同时偶极子的长度和截面积与其所表示的钢部件相同[6]。

单个杆或棒件可以用单个磁偶极子代替，原理十分简单，图 13-26 表明了阳极钢爪由三个偶极子代替。较复杂的连续钢部件用偶极子表示时，必须扩展为一个体系，该体系中偶极子在极点处互相连接在一起。

对更为复杂的钢部件如槽壳，建立模型时可有不同的办法，需要做出合理分析。可根据图 13-27(a) 所示的钢部件内部的主要磁力线分布来拟定模型。在槽壳上部从阳极流向阴极棒的槽电流产生顺时针方向的连续磁力线，从大面阴极棒孔流出的电流在棒孔下部产生反向磁力线，小面不存在这种反向磁力线，根据这一磁力线图，可设计出如图 13-27(b) 所示的偶极子模型。模型中上部偶极子环路引导上部磁力线，位于阴极棒孔下面的偶极子环路引导较低部位的磁力线，连接两环路的垂直偶极子由实际钢结构的横截面确定，不需在槽子边部插入与棒口数目相符的若干垂直偶极子，这种偶极子断面结合体所组成的近似模型是符合要求的。

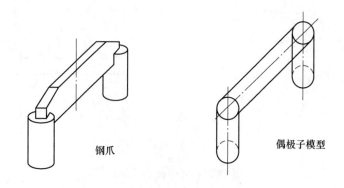

钢爪　　　　　　　　　　　　偶极子模型

图 13-26　阳极钢爪的偶极子模型

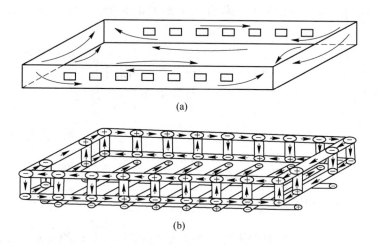

(a)

(b)

图 13-27　槽壳及摇篮架的偶极子模型
（a）槽壳中的主磁流；（b）等效偶极子模型

　　槽壳下部偶极子环中应包括部分槽底截面，以计入该部分产生的磁场影响。
图 13-27(b) 表明了由程序计算的偶极子模型的磁力线方向，值得注意的是它与
图 13-27(a) 显示的磁力线方向相符。此外，图中在每个极点上都标有"+"或
"-"符号，分别表示在这些点处磁力线流出或流入钢结构部件。对每个点的磁
场值没有给出，但是应该注意在槽壳的四个角部，"+"或"-"极点是怎样得到
的，特别是为何集中在角部的上方。后面的例子将给出这种槽壳在整个磁化曲线
中的磁化作用。

13.3.3.2　偶极子磁化原理

　　图 13-25 表明了偶极子磁化原理。由于每个单一偶极子的磁化强度取决
于：(1) 所有导电电流产生的磁场；(2) 其他偶极子产生的磁场；(3) 非线性

磁饱和特征；（4）几何形状（去磁系数 N）。因此，必须使用迭代法完成计算。

导电电流产生的磁场可由计算模型得到，其他偶极子产生的磁场由钢部件模型得到，并通过迭代法提供最终结果。一般来说，低碳钢的磁饱和度为 20.0Gs，以此作为所有钢部件的通过磁饱和特性参数。对于每个偶极子，按照其几何形状（$L-D$）计算出磁场系数 N，当得出磁场强度 H 值（Oe）后，可根据图 13-25 的磁饱和曲线和去磁系数确定偶极子磁化强度 B。

当偶极子处于不均匀磁场中时，其真实的磁场强度 H 可以使用多个偶极子的磁场强度平均值加以处理，但这种方法相当费时。这里选取距极点一定距离（即"D_{ist}"）的两个点，取其计算值的平均值，"D_{ist}"可由式（13-26）计算得到。对于一个偶极子来说，产生的磁场最不均匀且最强的部分是其相邻偶极子与该偶极子连接的极点处。"D_{ist}"数值是作为一个点来确定的，该点偶极子极点产生的去磁效应和去磁系数相符。这种近似法对于长偶极子的适用性较好，而对较短的偶极子，选取确切的位置并非十分重要。

用最终算出的每个偶极子的磁感应强度 B 描述偶极子的外部效应不太恰当，比较理想的表示形式是用"极强"，即离极点 1m 处的场强，用高斯（Gs）表示。

采用"磁偶极子法"进行电解槽电磁场分析仍然存在一定的误差。对于特殊的端部槽误差有时候会超过 30%~35%，但其精确度与不考虑铁磁物质的计算相比，有了比较大的提高，而其中一部分误差不排除是由现场测量因素造成的。

13.3.4 有限元法（ANSYS 模型）

有限元法是一种偏微分方程数值求解方法，在处理边界条件复杂、介质种类较多及包含有非线性条件的问题方面，具有积分法无法比拟的优势。随着计算机技术的发展逐渐被广泛采用，也非常适用于铝电解槽的电磁场计算[17]。

由于磁场问题可以用泊松方程（有电流源区域）和拉普拉斯方程（无电流源区域）来描述，如对于一个任意三维磁场，其磁位 U_m（可以是标量磁位，也可以是矢量磁位 A）通常应满足如下的泊松方程和边值条件：

$$\begin{cases} \nabla^2 U_m = -f(x, y, z) \\ U_m \big|_{s1} = f_0(p) \\ \dfrac{\partial U_m}{\partial n} \bigg|_{s2} = 0 \end{cases} \tag{13-27}$$

式（13-27）中第二项为第一类边界条件，第三项为第二类边界条件，当 $f(x, y, z) = 0$ 时，方程变为拉普拉斯方程。

产生铝电解对于槽内产生磁场的主要因素（电流源），可以采用变量分离的办法，即每次只考虑一个因素的影响，而将其他因素暂不考虑。将各因素在铝液内形成的磁场逐一计算，并叠加其结果，便可得到实际的磁场分布。

13.3.4.1 采用有限元法的磁场计算

A 槽周围母线电流产生的磁场

由于我们关心的是铝液内的磁场分布，对于这一位置来说，旋度源（母线电流）在区域之外。故可以用标量磁位 φ_m 作为变量来分析，其分布满足拉普拉斯方程：

$$\nabla^2 \varphi_m = 0 \tag{13-28}$$

B 槽内电流产生的磁场

由于槽内熔体（铝液、电解质）本身也是导体，从理论上说，全部槽电流应穿过熔体层，即该区域内有旋度源存在。因而，不能用标量磁位来分析，而必须改用矢量磁位 A，其分布满足泊松方程：

$$\nabla^2 A = \mu J \tag{13-29}$$

式中，μ 为磁导率；J 为电流体密度。

矢量磁位 A 在 x，y，z 方向上的分量分别满足：

$$\nabla^2 A_x = -\mu J_x, \ \nabla^2 A_y = -\mu J_y, \ \nabla^2 A_z = -\mu J_z \tag{13-30}$$

式中，J_x、J_y 和 J_z 分别为载体电流密度在 x、y 和 z 方向上的分量。

C 铁磁物质的影响

铁磁物质对铝电解槽内磁场的影响，如不考虑相邻及左右列槽，则电解槽内的磁场强度 H 可表示为：

$$H = H_0 + H_m \tag{13-31}$$

式中，H_0 为槽内外各传导电流产生的磁场；H_m 为被磁化的铁磁物质产生的磁场。

在进行有限元法计算时，不需要单独计算铁磁物质产生的磁场，而只要将其设为边界条件即可。如果在采用标量法计算外部母线电流产生的磁场时，对铁磁物质与空气的交界面上，标量磁位为定值：

$$\varphi_m = \varphi_{m0} \tag{13-32}$$

这种情形属于第一类边界条件。如果在计算槽内熔体电流磁场时，则在铁磁物质表面上的矢量磁位满足：

$$\frac{\partial A}{\partial n} = 0 \tag{13-33}$$

这种情形属于第二类边界条件。在设定好边界条件之后，采用有限元法计算传导电流产生的磁场时，即可以自动将铁磁物质的影响考虑在内。

D 相邻槽及左右列槽的影响

与计算槽周母线产生的磁场类似，也是用标量磁位作为变量进行分析。将上述各项计算结果进行矢量叠加，便可得出总的磁场分布。

13.3.4.2 磁场计算的误差分析

文献［17］以 230kA 槽为例，对有限元法计算的有铁磁物质和采用毕奥-萨伐（积分法）不考虑铁磁物质影响的计算结果分别与测试结果进行了对比，所得结果如图 13-28 所示。

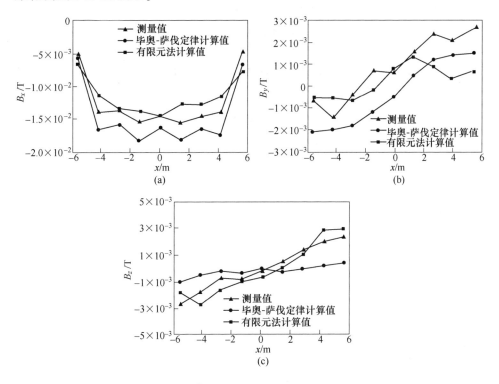

图 13-28　两种方法计算结果与实测值对比
(a) B_x 计算与测量值；(b) B_y 计算与测量值；(c) B_z 计算与测量值

从 B_x 计算与测试曲线结果（见图 13-28(a)）对比看，规律性十分明显。有限元法与测试结果更为吻合，而积分法的计算结果 B_x 值普遍偏小，可以看出，B_x 均方差值与 B_x 的平均值相比较，其均方差约大 3.3；从影响槽内水平电流 B_x 的主要电流源（图中为出电侧的 B_x 分布）分析，起主要作用的有槽内垂直电流和水平阴极钢棒、上部平衡母线、槽底母线，槽端部母线影响微弱。从铁磁物质影响因素分析，槽内垂直电流形成的 B_x 受槽壳影响是加强的，而槽底母线形成的 B_x 是削弱的，积分法计算的结果表明 B_x 值大于实测值和有限元法计算值，证明槽底母线受槽壳影响明显。两者综合作用，计算的 B_x 绝对值仍大了 20Gs 以上。相对误差超过 13.3% 以上，加上未计入槽内垂直电流受槽壳影响对 B_x 的强化作用，槽底母线电流的磁衰减量大于 15%。值得注意的是，这一点与本章前述的测量槽底电流综合屏蔽因子（约 0.85）的测试结果相吻合。

B_y 值积分法结果在整个 B_y 值所有样本点与实测值均保持明显偏小平均值约 20Gs（B_y 值主要由槽内垂直电流产生，具有强对称性分布特征，铁磁物质影响磁感应强度绝对值，但不影响对称性），而有限元法在进电侧至出电侧约 3/4 区域均比较吻合，但在另外靠出电侧 1/4 区域则发生了突变，有限元法的结果误差反增大约 1 倍（无法解释，与数据处理有关），两种算法结果与测试结果样本方差对比相差 1。

B_z 值从计算结果看，两种算法均呈对称分布，但越靠近槽壳边部积分法误差越明显。误差值列于表 13-4。

表 13-4 计算结果与测试结果样本方差对比

毕奥-萨伐定律计算结果			有限元法计算结果		
B_x	B_y	B_z	B_x	B_y	B_z
23.71	11.92	12.60	20.39	10.92	7.26

注：样本方差 $= \sqrt{\dfrac{1}{N}\sum\limits_{i=1}^{N}(x_i-x)^2}$。

13.4 铝电解槽磁场特性与母线配置

产生电解槽内磁场的电流源主要分为四类：第一类为槽内导电体，第二类为立母线和阳极母线，第三类为槽周围母线，第四类为邻排槽或系列连接母线。这四类导电体在槽内产生的磁场具有不同的特性，分析和了解各部分导电体产生的磁场及其分布特性对于电解槽母线配置和磁设计十分重要[18]。

13.4.1 槽内导体所产生的磁场特性

槽内导体包括阳极导杆、阳极炭块、电解质层、铝液层及阴极炭块和阴极棒等，在槽结构确定后，这部分导体产生的磁场分布将是不可改变的，这部分磁场也构成了电解槽熔体内磁场的基本特性。

图 13-29 是 186kA 电解槽槽内导体产生的磁感应强度计算结果的矢量图。

垂直磁场在中间区域数值较小且较均匀分布，但在四个角部形成陡峭的峰值，这部分垂直磁场主要是由槽内阴极钢棒水平电流所产生，槽容量越大角部磁场值也会有所增大，且 x 轴和 y 轴均形成反对称，如图 13-29(a) 所示。

槽内导体电流产生的水平磁场均匀分布成椭圆形，如图 13-29(b) 所示，同样也在 x 轴和 y 轴构成的四个象限形成反对称，是由垂直方向的电流为主导而产生的。x 轴中心区域以 B_x 最大，而两端部 B_y 最大，这是所有电解槽都具有的基本磁场分布特征，也是铝电解槽磁场设计与母线配置的基本出发点。

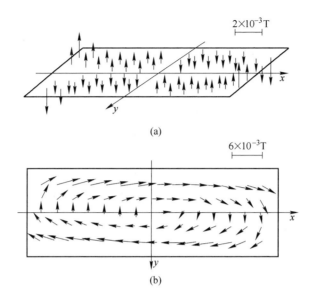

图 13-29 电解槽内导体在铝液层产生的磁场分布

13.4.2 进电方式与磁场分布特性

铝电解槽进电立母线与阳极母线的电流分配均取决于不同的进电方式，从而决定这部分磁场的特性。大型预焙电解槽一般采用横向配置，铝电解技术发展的实践证明，横向配置有利于磁场的设计和改善。母线配置主要采用端部进电或大面多点进电方式，180kA 以上大型槽则多采用多点进电，这是由于随着电流强度的增大在立母线附近区域会形成强大磁场，多点进电能使电流不会过于集中，从而避免在立母线周围产生过大的局部磁场，而且更为有利的是两个相邻的立母线之间的磁场是相互抵消的。

图 13-30 是 186kA 电解槽两端进电和大面四点进电时立母线与阳极母线位置示意图，所产生的磁场分布计算结果如图 13-31 所示。由图中可以看出，两种进电方式下磁场的分布特点是截然不同的。

两端进电配置时，进电侧垂直磁场从中心到端部逐渐增大，而在靠近电解槽两端部时快速增大，且磁感应强度峰值明显偏大，显然是受端部立母线强大电流的影响；而四点进电时，进电侧垂直磁场分布则表现为多峰曲线形式，且峰值较小，如图 13-31(a) 所示，而且可以看出两条曲线的趋势总体相反的。由此可以认为，立母线的位置起到了决定性的作用，也是两种配置方案的本质区别。

从水平磁场的分布来看，两端进电时形成的磁场主要为 y 向磁场，如图 13-31(b) 所示，分布呈 y 轴反对称；而四点进电时则主要为 x 向磁场，如图

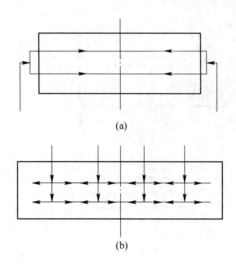

(a)

(b)

图 13-30　186kA 电解槽两端进电（a）和大面四点进电（b）位置

13-31（c）所示，两者同样区别明显。因此，进电方式与磁场分布有密切的关系。

13.4.3　不同母线配置的磁场特性

在不同的进电方式下进行母线配置，所得的磁场特性是不同的。表 13-5 是在三种不同进电方式下进行母线配置的结果，由表中可以看出：

（1）160kA 槽两端进电情况下母线配置，尽管采取了补偿措施（这种补偿可能是最好的方法），$|B_z|_{max}$ 与 $|B_z|_{ave}$ 仍然明显偏大。

（2）"两端+大面" 的四点进电方式，其垂直磁场取得了比较小的效果，然而这种配置下虽然 $|B_z|_{max}$ 比第一种方式减少了 70% 以上，其 $|B_y|_{max}$ 与 $|B_y|_{ave}$ 也减小了 50% 以上，但其磁场分布的均匀性和变化梯度与第三种配置（大面四点进电）方案相比，仍然增大了很多。

表 13-5　三种不同进电方式下进行母线配置的计算结果

项　目	进电方式		
	两端进电	两端+大面四点进电	大面四点进电
电流强度/kA	160	186	186
$|B_z|_{max}$/T	45. 93×10⁻⁴	12. 62×10⁻⁴	12. 60×10⁻⁴
$|B_z|_{ave}$/T	7. 96×10⁻⁴	2. 20×10⁻⁴	3. 83×10⁻⁴
$|B_y|_{ave}$/T	71. 42×10⁻⁴	34. 51×10⁻⁴	9. 72×10⁻⁴

（3）大面四点进电母线配置方案结果：$|B_x|_{max}$ 和 $|B_x|_{ave}$ 均明显较大，而且 $|B_z|_{max}$ 与 $|B_z|_{ave}$ 及 $|B_y|_{ave}$ 均大大降低，磁场分布均匀，变化梯度也小。尤其

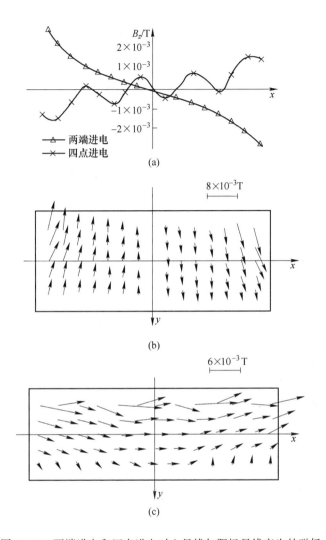

图 13-31　两端进电和四点进电时立母线与阳极母线产生的磁场

（a）两端进电与四点进电的垂直磁场；（b）两端进电的水平磁场分布；（c）四点进电的水平磁场分布

$|B_y|_{max}$ 与 $|B_y|_{ave}$ 受补偿母线配置的影响不大，这一点也体现了大面四点进电的基本特征。另外，在系列电解槽采用大面进电母线配置时，垂直磁场取得较低值和较好分布均匀性的另一个原因，使上、下游槽的立母线产生的磁场也可以很好地抵消。

由上述看出，进电方式在一定程度上决定了磁场的分布特性。而这种特性的差异对磁流体力学特性的影响是决定性的。研究表明：较低的 B_z 值和变化梯度最重要，而 B_y 次之，关于磁场对铝电解槽内熔体磁流体动力学影响的判定标准，会在 14 章详细讨论。

在电解槽磁场和母线设计中,合理地选择进电方式是获得良好磁场的前提。两端进电不可能取得较好的磁场分布;端部进电基础上的多点进电可以取得理想的垂直磁场 B_z,但其横向水平磁场 B_y 不可能太低;大面多点进电不仅能取得理想的垂直磁场 B_z,而且其横向水平磁场也是最低的,因而大容量电解槽较多采用这种进电方式。

13. 4. 4 邻排槽和系列连接母线产生的磁场

由于电解系列一般都是由两排电解槽形成的直流回路组成,因此铝电解槽除了其上下游槽组成一个槽排以外,总会有一个相邻的槽排(包括系列连接母线)存在。假定选择某一台电解槽为目标槽,另一排中的每一台电解槽中通过的每一个分散的电流源,都会在另一排电解槽中的每一台槽内产生一定的磁场。

总体上来说,由于距离较远,邻排槽与目标槽基本上在一个平面,因此邻排槽对目标槽产生的磁场主要为垂直方向的分量 B_z,其变化规律正如图 13-24 测量结果显示的一样。同样,电解系列端头的连接母线与相邻的槽排产生的磁场也在同一方向,正因为如此,这种影响增大了电解槽内垂直磁场的平均值,而且使槽内各个象限垂直磁场形成反对称分布更加困难,因此这种影响在电解槽磁场计算时是不可忽略的,也成为母线设计时重点考虑的问题,采用非对称母线配置进行补偿就是解决这种问题的常见方法。

正像本章前述的研究结论,电解槽排的电流由于其复杂的分布及与槽壳等铁磁材料之间的混合作用,对处于另一排中的目标槽产生的磁场磁衰减因子明显不同,也给精确计算磁场带来了困难。

另外,在一排电解槽中处于不同位置的电解槽受邻排槽(或系列连接母线)的影响程度也是不同的,靠近端部的电解槽由于系列回路母线产生的磁场明显增大,往往要受到更大的影响。如果这种差别大到一定的程度,在母线设计时就应采取不同的补偿措施。

参 考 文 献

[1] 邱竹贤. 铝电解 [M]. 北京:冶金工业出版社,1982.

[2] GRJOTHEIM K, et al. Aluminium Electrolysis:The Chemistry of the Hall-Héroult Process[M]. Dusseldorf:Aluminiumverlae Gmbh,1977.

[3] GRJOTHEIM K,WELCH B. 铝电解厂技术 [M]. 2 版. 邱竹贤,等译. 《轻金属》编辑部,1988.

[4] BINNS K J,LAWRENSON P J. Analysis and Computation of Electric and Magnetic Field Problems[M]. Pergramon Press,1973.

[5] EVANS J W. A mathematical model for prediction of currents, magnetic fields, meltvelocities, melt topography and current efficiency in Hall–Héroult cell [J]. Met. Trans., 1981, 12B: 353-360.

[6] SELE T. Computer model for magnetic fields in electrolytic cells including the effect of steel parts [J]. Met. Trans, 1974, 5(10): 2145-2150.

[7] 冯慈璋. 电磁场 [M]. 2版. 北京: 高等教育出版社, 1983.

[8] 陈世玉, 等. 提高铝电解槽磁场计算精度的研究 [J]. 华中工学院学报, 1987(2): 9-14.

[9] 陈世玉, 贺志辉. 铝电解槽磁场计算的数学模型与误差分析 [J]. 华中工学院学报, 1987(6): 85-92.

[10] 梁学民, 武威, 等. 铝电解槽电磁场计算通用程序的研究报告 [R]. 1988.

[11] 梁学民. 186kA铝电解槽母线系统设计与测试分析 [J]. 轻金属, 1994, (8): 25-29.

[12] 梁学民, 姚世焕. 国家大型铝电解试验基地280kA试验槽母线配置及其磁设计 [R]. 第二届全国轻金属学术会议论文集, 青海, 1990.

[13] HUGLEN R. The Influence of Magnetic field, Understanding the Hall–Héroult Process for Production of Aluminium [M]. Dusseldorf: Aluminum–Verlag, 1986: 26-61.

[14] 宋垣温, 张祖明, 等. 铁磁物质对铝电解槽磁场分布的模拟研究 [J]. 铝镁通讯, 1990(2): 18-23.

[15] 沈贤春, 干益人, 等. 大型铝电解槽磁场特性的研究 [J]. 轻金属, 1994(2): 37-41.

[16] KENT J H. A study of magnetic screens and the effect of pot room structure on current efficiency [J]. Light Metals, 1989: 215-218.

[17] 贺志辉, 杨溢. 铝电解槽磁场计算方法的比较 [J]. 中国有色金属学报, 2008, 18(z2): 52-56.

[18] 梁学民. 论现代铝电解槽的母线设计 [J]. 轻金属, 1990(1): 21-26.

14　铝电解槽磁流体动力学(MHD)特性模拟

铝电解槽内磁场的作用是熔融的电解质和金属铝液产生循环流动的基本驱动力，造成铝电解过程中各种反应物参与化学反应的传质过程特性发生显著改变，同时也是造成铝电解过程发生不稳定现象和电流效率降低的主要动力学原因之一。研究和探讨铝电解过程磁场、电场的相互作用与槽内熔体的磁流体动力学特性（MHD）及其影响规律，对优化电解槽设计并改善铝电解过程是十分重要的。

14.1　铝电解槽内的电流场

电流通过产生磁场，铝电解槽内磁场与电流的相互作用产生的电磁力（洛伦兹力），是推动电解质和铝液熔体流动、波动的主要原动力。在掌握了磁场的模拟方法以后，研究建立数学模型精确模拟电解槽内的电流场就成为铝电解磁流体动力学模拟的另一项重要基础。

14.1.1　熔体中的电流场模拟

铝电解槽电流场的计算采用一般的位场数值计算方法，如有限元法、有限差分法和网络场模型法等，应用这些方法计算时，先要确定电解槽的边界电位和熔体的电导率，而这些电参量的计算或工业实测都不可避免地存在一些误差。在数学模型处理中需要一些处理方法，采用相对电位和相对电导来计算铝电解槽的电流分布，可避免选取这些电参量所带来的误差，从而提高计算的准确度[1]。

根据电解槽的结构特点，槽内载流导体的布置是对称的，在排除各个阳极分布差异的条件下，槽内熔体的电流分布也可以认为是对称的。因此，在稳态情况下，可以近似地把电流场问题作为二维电流场来研究[2]。

沿电解槽的短边（横轴）取一横截面（见图 14-1），作为分析电流场的物理模型。由于电流是对称的，假设在电解槽的纵向中轴面上没有水平电流通过，故图中的纵轴线视为电流边界线；由于槽帮结壳不导电，可视为绝缘体，故槽壳的"伸腿"线也是电流边界线。根据这一物理模型的特点可以发现，由于铝液的电阻率比电解质的小得多，两者的电阻率完全不属于同等量级，相差超过 10^3 以上，导致电解槽内电解液层的电压为 3~4V，而铝液层的电压降仅仅以毫伏计（1~2mV）。因而，在建模时必须分别予以考虑。

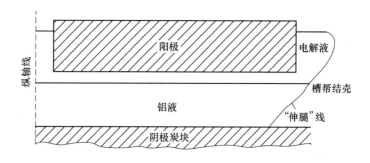

图 14-1 电流场计算物理模型

对于该已知网络的边值问题，一般可用数值计算方法求解[3]。采用网络场模型法求解电流场的导电网络公式，AB 支路的电导 G 为：

$$G = r \frac{\Delta y \Delta z}{\Delta x} \tag{14-1}$$

式中，r 为媒质的电导率；Δx、Δy、Δz 分别为场域剖分单元的边长。

通过 $A(i, j)$，$B(i-1, j)$ 支路的电流：

$$I(i, j) = [U(i, j) - U(i - 1, j)]G \tag{14-2}$$

根据网络基尔霍夫电流定律 $\sum I = 0$，对于内点 $A(i, j)$ 有：

$$U(i + 1, j) + U(i, j - 1) + U(i - 1, j) + U(i, j + 1) - 4U(i, j) = 0 \tag{14-3}$$

同理，可写出其他各节点的电位方程。对于电解质中给定总电流的第四类边值问题，将边界条件离散化处理后，用矩阵形式表示的电位线性方程组为：

$$[A]\{U\} = \{B\} \tag{14-4}$$

对于铝液中的第二类边值问题，若从边界节点 $C(i, j)$ 流出的电流为 $I_0(i, j)$，根据网络基尔霍夫电流定律可列出各节点电位方程组，用矩阵形式表示为：

$$[K]\{U\} = \{I_0\} \tag{14-5}$$

其中列向量 $\{I_0\}$ 的元素：对应于内部节点方程的 I_0 元素为零，而对应于边界节点方程的 I_0 元素为非零元素，其大小决定于 $I_0(i, j)$ 和 G 的数值。用式（14-4）、式（14-5）计算电位，进而从式（14-3）求出电流分布的方法称为用网络场模型求解边值问题的一般方法。

为了提高电流计算的精度，引用相对电位、相对电压和相对电导来求解电解质和铝液中的电流场问题。

14.1.1.1 电解质层的电流场——第四类边值问题

与上下两种介质相比较，由于电解质与铝液的电阻率相差较大，可以将铝液作为等位体，并设其电位为零；而对处于电解质上的阳极炭素材料而言，尽管阳极部分电阻率与铝液相比，与电解质电阻率差异没有那么大，整个阳极结构部分电压降一般为 $300\sim400mV$，而阳极炭块表面最大电压降差为 $30\sim38mV$，与电介质的电阻率仍然存在数量差距，约为电解质层的 1%。因此，同样可把阳极视为等位体。

由于正常情况下输入电解槽的电流是恒定的，这样电解质内的电流场可以作为给定总电流的第四类位场边值问题来研究。同理，阴极炭块中的电流场，在考虑了炭块各向异性特点的基础上，由于炭块电阻与铝液电阻同样有数量级上的差别，也可以作为同类问题来考虑。

选定电解质–铝液界面的电位为零电位，阳极电位为 1 单位，其他各节点的电位在 0~1 之间，这个无量纲的电位值称为相对电位，任意两点间的电位差值称为相对电位差或相对电压。

通过某一剖分单元（或两个节点连接支路）的电流 I 为：

$$I = G'U \tag{14-6}$$

式中，U 为相对电压；G' 为单元（支路）相对电导。

网络中某支路通过的电流 I（真值）等于支路的相对电压与相对电导的乘积。相对电导为：

$$G' = \frac{I}{U} \tag{14-7}$$

式（14-7）即可定义为：支路电流的真值（A）与相对电压（纯数）之比。故相对电导的单位为 A，它的含义与电导是不同的。

采用相对电压和相对电导计算给定总电流的第四类边值问题，上述导电网络公式式（14-2）~式（14-4）仍然有效，关键在于如何决定相对电导值。设电解槽熔体电流场剖分后获得的导电网络图如图 14-2 所示，对于电解质层的电流场，根据导电网络公式列出一组线性代数方程，应用消元法或超松弛迭代法求出各节点的相对电位。

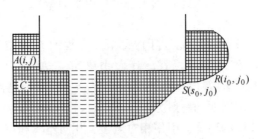

图 14-2 熔体电流场剖分网格图

设支路（或场域剖分单元）相对电导为 G'，根据基尔霍夫电流定律，可得相对电导值为：

$$G' = \frac{I_s}{\sum\limits_{1}^{i_0} U(i, j_0 + 1)} \tag{14-8}$$

式中，I_s 为二维电流场给定的总电流。

通过电流网络任一支路 pq 的电流：

$$I_{pq} = G'[U(p) - U(q)] \tag{14-9}$$

式中，$U(p)$，$U(q)$ 分别为任一支路两端节点的相对电位值。

14.1.1.2 铝液中的电流场——第二类边界条件

由于铝液中的电压降为毫伏数量级（1~2mV），计算其电流分布时，必须计入电解液-铝液界面上各点的电位差和阴极炭块与铝液接触表面上各点的电位差。因此，首先应确定铝液边界上各点的电流密度，即先求出电解液-铝液界面上和阴极炭块表面上各点的电流密度。这样，铝液内的电流场可以用位场第二类边值问题来分析计算。

流入电解质-铝液界面上的各支路电流，在求解电解质电流场时已求得。同样，铝液下边界面（阴极炭块表面）的电流也可用类似方法求得，这样铝液中电流场的边界条件（第二类边值）已给定。设场域剖分共有网络节点 N 个，按照网络公式可建立 N 个独立方程。

令电解质-铝液交界面上任一点 S 的相对电位为 1，则节点相对电位的未知数为 $N-1$，按网络公式对节点 $S(s_0, j_0)$ 列出的方程为：

$$\frac{1}{2}G'\{[U(s_0, j_0) - U(s_0 - 1, j_0)] + [U(s_0, j_0) -$$

$$U(s_0, j_0 - 1)]\} - I(s_0, j_0) = 0 \tag{14-10}$$

应用超松弛迭代法，相对电导 G' 可作为未知量求解：

$$G' = \frac{2I(s_0, j_0)}{U(s_0, j_0) - U(s_0 - 1, j_0) - U(s_0, j_0 - 1)} \tag{14-11}$$

G' 及各节点相对电位都参加迭代，解出各节点相对电位 $U(i, j)$ 和铝液电流场的相对电导 G'，代入式（14-9）便可确定各支路电流。如果选择阴极炭块表面的相对电位最低节点为电位参考点，则应重新确定各节点的相对电位，这样原 S 点的相对电位不再为 1。

早期研究者进行铝电解槽的数值分析，基本上都是采用模型简化的方法编程实现的。后来随着计算机技术的发展，数学模型也进一步完善，并普遍采用通用的数值计算软件，比较常见的如 ANSYS 等。

14.1.1.3 熔体中电流场的模拟结果

各种模型软件的模拟基本取得了一致的结果。由于电解槽内的电解质部分压降较大，在电解质层电流主要以垂直电流为主，在阳极周边区域电流密度快速降低，仅存在极少量的分散电流从阳极底掌以外的区域流过，因而形成的水平电流分量几乎可以忽略。

对于设计为宽中缝（为添加氧化铝）的电解槽，阳极下（电解质层）的电流密度几乎是一个常量，但在阳极缝处降低较大。对于有 30cm 宽中缝的电解槽，中心点位置电解质层的电流密度值大约是阳极下的 1/3[4]。

在假设的炉帮伸腿条件下，对铝液层电流分布模拟结果（见图 14-3）显示[5]，铝液层中的电流分布主要为垂直向下并向外倾斜的特点，呈现由内向外的水平电流分量为主；在阳极边部接近伸腿区域，电流流向转变为明显的由外向内的倾斜流动，表明此处产生一定量的反向水平电流分量，主要是由于伸腿的绝缘特性，使这一区域的电流不得不改变流向。

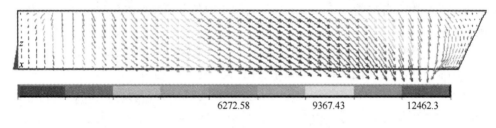

图 14-3　铝液层电流分布模拟结果

文献 [6] 采用有限差分法对电解槽电位场进行了三维模拟计算，在此基础上，计算了 190kA 电解槽在不同侧部伸腿长度、不同铝液水平时，铝液层内的电流密度分布（见图 14-4），由水平电流密度 J_y 变化曲线来看，在靠近槽中心位置，有少量负的电流密度，这表明电流有向槽中心流动的分量，这是因为阳极中缝处没有电流流入电解质层内，部分电流在穿过电解质层进入铝液层后迅速向阴极中心流动，形成局部的水平电流；在阳极底部由槽中心向外，水平电流主要呈现为先增后减的正向水平电流；但在阳极右端部位置到侧部结壳的一段距离内，水平电流密度为负值。此外，模拟结果还显示，不同高度的铝液层内，电流密度的变化趋势是非常相似的。

研究表明，侧部炉帮伸腿对铝液层中电流分布影响很大，侧部伸腿越长，逆向水平电流密度 J_y 越大；铝液层高度越低，电流密度水平分量越大，这是由于电解质与铝液层电阻率存在 10^3 数量级差，因此可以按照第二类边界条件理解为：进入铝液层各个部位的电流密度主要由电解质层决定，电流进入铝液层后快速地进行二次分配，垂直路径越短，水平分量越大。这也是为什么实际生产中铝水平越低，电解槽越不容易稳定的原因。

由于受到电解槽操作和热平衡造成的伸腿变化的影响，常常会导致铝液层内

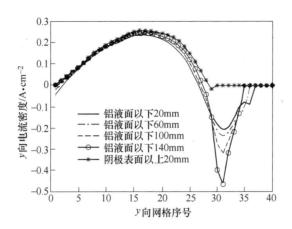

图 14-4 伸腿到达阳极底部时的铝液层电流 J_y 分布

水平电流密度的变化，使得电流与磁场的相互作用造成的槽内熔体磁流体力学特性变得更加复杂。

14.1.2 槽体内的电流场

电能是铝电解槽运行的能量基础，电场（电流场与电位分布）是其他各物理场形成的根源，因此铝电解槽的电场分布好坏对铝电解生产有重要的影响。通入铝电解槽的电流从阳极导入，通过电解质和金属铝液层到阴极炭块再由阴极钢棒导出，如图 14-5 所示。

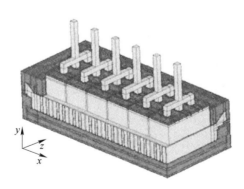

图 14-5 铝电解槽实体 1/4 模型（灰色部分为电流通过区域）[6]

14.1.2.1 阳极、阴极槽体内电流解析数学模型
对于阳极、熔体（电解质和铝液）、阴极槽体内的电流场，可采用多种数值

计算方法，如有限差分法、有限元法、电荷模拟法、表面电荷法等建立整体模型求解，其中有限差分法和有限元法是使用最为广泛的两种数值计算方法。对研究的铝电解槽导电部分阳极、熔体（电解质和铝液）和阴极炭块分别做如下假设[7-8]：

（1）假定选取在模型求解的某一时间段内，整个铝电解槽及其解析域的电、磁、流等参数场属于稳态场。

（2）槽帮结壳看作绝缘体。

（3）阳极炭块下表面处于同一水平面。

（4）铝液高度和电解质高度各处均匀。

（5）母线系统、阳极导杆、阳极钢爪等按等效电阻处理。

（6）考虑阳极、阴极材料导电性能的各向异性，其电导率参数为已知。

（7）各种导电材料之间（钢爪与阳极炭块、阳极与电解质、电解质与铝液、铝液与阴极炭块以及阴极炭块与阴极钢棒）的接触电阻为已知。

依据上述假定（1）将铝电解槽的电流场视为静态电场，场量与时间无关，因此铝电解槽内导电部分的微分方程可表示为拉普拉斯方程形式，即：

$$\sigma_x \frac{\partial^2 V}{\partial x^2} + \sigma_y \frac{\partial^2 V}{\partial y^2} + \sigma_z \frac{\partial^2 V}{\partial z^2} = 0 \tag{14-12}$$

$$\sum V = \sum I \cdot R \tag{14-13}$$

式中，V 为标量电位，V；I 为电流，A；R 为电阻，Ω；σ 为电导率，S/m。

求解铝电解槽阳极、阴极与熔体电流场的有限元基本方程可以从泛函出发经变分求得，也可从微分方程出发用加权余量法求得。以后者为例，对电位分布方程取插值函数：

$$V(x, y, z) = V(x, y, z, V_1, V_2, \cdots, V_n) \tag{14-14}$$

式中，V_1，V_2，$\cdots$，V_n 为 n 个待定系数。

根据加权余量法的定义，可得：

$$\iiint V W_l \left(\sigma_x \frac{\partial^2 \widetilde{V}}{\partial x^2} + \sigma_y \frac{\partial^2 \widetilde{V}}{\partial y^2} + \sigma_z \frac{\partial^2 \widetilde{V}}{\partial z^2} \right) dxdydz = 0 \qquad (l = 1, 2, 3, \cdots, n)$$

$$\tag{14-15}$$

式中，V 为三维电场的定义域；W_l 为权函数。

根据伽辽金法对权函数的选取方式，得：

$$W_l = \frac{\partial^2 \widetilde{V}}{\partial V_l} \qquad (I = 1, 2, \cdots, n) \tag{14-16}$$

为了引入边界条件，利用高斯公式把区域内的体积分与边界上的曲面积分联系起来，经变换可得：

$$\frac{\partial J}{\partial V_t} = \iiint V \left(\sigma_x \frac{\partial W_t}{\partial x} \frac{\partial V}{\partial x} + \sigma_y \frac{\partial W_t}{\partial y} \frac{\partial V}{\partial y} + \sigma_z \frac{\partial W_t}{\partial z} \frac{\partial V}{\partial z} \right) dxdydz -$$

$$\oiint \sum \left[W_l \left(\sigma_x \frac{\partial V}{\partial x} \cos\alpha + \sigma_y \frac{\partial V}{\partial y} \cos\beta + \sigma_z \frac{\partial V}{\partial z} \cos\gamma \right) \right] ds = 0$$

$$(l = 1, 2, \cdots, n) \tag{14-17}$$

一般在整体区域对式（14-17）进行计算，将求解区域熔体（电解质和铝液）、阳极炭块、阴极炭块进行网格剖分，先在每一个局部的网格单元中计算，最后合成为整体的线性方程组求解。如果将区域划分为 E 个单元和 n 个节点，则电场 $V(x, y, z)$ 离散为 V_1、V_2、$\cdots$、V_n 等 n 个节点的待定电位，得到合成的总体方程为：

$$\frac{\partial J}{\partial V_l} = \sum_{e=1}^{E} \frac{\partial J^e}{\partial V_l} = 0 \qquad (l = 1, 2, \cdots, n) \tag{14-18}$$

式（14-18）有 n 个节点，相应可求得 n 个节点的电位，最后得到矩阵方程式：

$$[k]^e \cdot \{V_1\}^e = [f_p]^e \tag{14-19}$$

迭代并求解，即可得求解域内各点的标量电位 V，并求解出各点的电流密度 J、电场强度 E 及电流 I 等。

随着电子计算机技术的发展，采用二维或者三维稳态模型对电解槽槽体内电场进行整体求解已变得不再困难，采用上述的模型方法进行解析可以得到槽体各个区域的电场分布特性。电解质和铝液层的解析结果与前边按照第四和第二类边界条件分别求解得到的结果有高度的一致性，这里不再复述，下面仅分析阴极与阳极内的电场解析结果。

14.1.2.2 阳极内的电压与电流场

从关于电压平衡的讨论中知道，电解槽各个阳极的电流分布可通过测量各阳极导杆上的等距压降来确定其电流分配。阳极电流分布是否均匀对电解槽的稳定性有极大的影响，因为阳极电流分布不均时，会导致槽内铝液层沿纵轴（x 轴）方向产生大量水平电流，通过引起"电-磁-流"的连环式影响变化使熔体波动剧烈，并导致电压剧烈波动。

采用现代仿真软件对阳极整体的电场分布特性计算，可以得到各个部分的电场模拟结果，对电解槽的结构设计在不同程度上具有重要的指导意义。文献 [9-11] 采用有限差分法建立阳极三维导电模型进行电压及电流分析计算，并对电解槽内的电位与电流分布进行了仿真计算。

文献 [7] 采用有限元分析软件（ANSYS）对阳极和阴极内的电场进行了模

拟，阳极模拟结果如图 14-6 所示。可以看出，阳极导杆与钢爪、钢爪与阳极炭块连接处的区域，压降的变化梯度明显增大；而在导杆、钢爪和炭块材料内部区域电压梯度虽各自不同，但却各自保持了相对的均匀性；在阳极炭块内部电压变化梯度较低，且非常均匀。这也可以证明为什么尽管阳极炭块在其使用周期内高度变化很大，但对整个阳极的电压降影响不大的原因。当然，极距的微小变化也起到了很好的稳定作用。

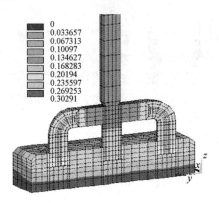

图 14-6　阳极内部的电场模拟结果

　　了解阳极内的电压与电流场电流分布特性，进而对阳极的电气性能、能耗及热特性做出评价，以寻找阳极块（组）的结构与电压分布（进而寻找与温度分布、热应力分布）的最优化关系，对于阳极的结构设计与电热性能的优化设计具有重要的意义。

14.1.2.3　阴极内的电流和电压分布

　　阴极结构中的电流分布主要受阴极结构形式、阴极材料及槽膛内的侧部炉帮和伸腿形状影响，同时阴极内的电压、电流分布反过来会影响槽内铝液层电流场。采用有限元分析软件（ANSYS）对阴极电场模拟的结果[8]如图 14-7 所示（有限元分析软件用 8 种色彩等级来区分不同部位的电位高低，颜色相同的部分表明电位相等）。

　　根据模拟结果可以对阴极内部的电压和电流分布特性进行全面分析，一方面，探讨获得阴极本身最佳电场特性，包括研究阴极棒的高度、截面积及与阴极炭块的连接方式（炭糊扎固或者磷生铁浇注）等引起的电阻变化对阴极电压降的影响，以获得合理的电压、电流分布和最低的阴极能耗，从而优化阴极结构；另一方面，观察槽内铝液层的水平电流与阴极结构、阴极棒结构尺寸及其与炉帮伸腿之间的联系，通过模拟分析进行优化设计，取得最小的槽内铝液层水平电流，以改善槽内熔体的磁流体动力学效果。

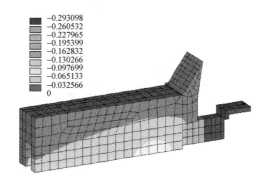

图 14-7 阴极内部的电场模拟结果

14.2 槽内熔体流动场

铝电解槽内熔体的流体力学特性不仅包括电磁场的影响，实际上涉及的介质包含槽内两种液态（电解质和铝液）介质、一种固态（氧化铝）介质和一种气态（二氧化碳等）介质组成的体系。如果考虑电解质内氧气的存在，则为两种气体。为了便于建立数学模型进行分析，可将该体系划分为如图 14-8 所示的三个区域。

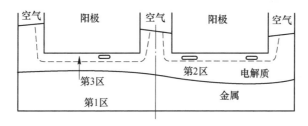

图 14-8 铝电解槽内的区域界定[4]

图 14-8 中"第 1 区"即标为"金属"的区域，实际上是一个液体和固体共存的两相流动区域，在底部因为部分氧化铝通过电解质-金属界面下沉会有部分形成氧化铝沉积，因此在金属区域主要为液体和固体。在"电解质"区域，其中一部分即下部区紧接电解质-金属界面的部分，电解质熔体中包含有一部分氧化铝，因此是一个两相流动区域；而往上的上部区在阳极周围，以气泡为主。因此，严格来说，"电解质"区域是一个三相流动区域，即气体、液体和固体（被分别划分为"第 2 区"和"第 3 区"）。

在电解质内，氧化铝颗粒作用不计，三相流动就简化为两相流，即电解质和CO气泡；在金属区内，在底部积聚的氧化铝忽略不计，两相流动简化为单相流动。

由于电解槽的反应区域是由坚固和稳定的内衬组成的，因此为了使流体流动，满足电化学反应的动力学需要，必须有内部的驱动力存在。槽内熔体动力学产生的原动力可以确定为：第一种是源于电磁场的洛仑兹（Lorentz）力；第二种是源于化学反应的气泡运动；第三种力是电解质的热梯度，不过这种力不太重要。

14.2.1　熔体层中电磁力场的计算模型

电磁力不仅作用于电解质熔体，更重要的是对槽内液态金属层（铝液）的流动、界面变形和波动产生了巨大的影响。由于电磁力的变化与电解槽的容量和电解槽的设计有着非常紧密的联系，使得这一领域的研究对工业电解槽的开发设计有着极其重要的作用。在磁场研究基础上，建立数学模型对铝电解过程的磁流体动力学特性（即 MHD）进行模拟与研究，成为铝电解电化学过程流体动力学研究的突出特点。

电解质与铝液层中的电磁力场的计算主要分为三步[8]：（1）铝电解槽电流场的计算；（2）铝电解槽磁场的计算；（3）根据铝电解槽的电流场和磁场计算结果计算出铝液电磁力场。

求出槽内各点磁感应强度及其分量后，其电磁力由所计算单元内电流密度矢量 J 与磁场矢量 B 的乘积确定，即：

$$F = \int_V J \times B \mathrm{d}V \tag{14-20}$$

用 x、y、z 方向的分量表示为：

$$F_x = \int_V (J_y B_z - J_z B_y)\mathrm{d}V \tag{14-21}$$

$$F_y = \int_V (J_z B_x - J_x B_z)\mathrm{d}V \tag{14-22}$$

$$F_z = \int_V (J_x B_y - J_y B_x)\mathrm{d}V \tag{14-23}$$

14.2.2　熔体的流动场模拟计算

流体分为牛顿流体和非牛顿流体，牛顿流体如水、空气等；而非牛顿流体则包括泥浆、石油、沥青等，电解槽内铝液一般作为牛顿流体进行研究。

实际研究过程中，由于熔体在电解槽内受电磁力、阳极气体流动所产生的力、熔体重力、温差对流等四种力的作用，这些力的作用使得熔体发生循环流动、界面波动和隆起变形。由于各部分熔体所受力不同，按照图 14-8 所示，为了研究熔体流动，对电解槽内熔体三个子区的动力源分析为：（1）第1区为铝液层，为单相流动区域，主要受电磁力的作用；（2）第2区为近铝液面的电解质薄层，没有气泡，因而也可处理为单相流动区域，这部分也主要受电磁力的作用；（3）第3区为近阳极区，即阳极周围及底掌下的电解质，这一区域气泡的运动起着主要作用，为气泡—液体两相流动区域。显然，1区和2区之间存在明确的分界面，2区和3区之间则没有明显的分界面。

熔体的三维湍流运动可用Navier-Stokes方程来描述。由于铝电解槽中铝液的运动对电解过程影响显著，因此一般主要研究铝液流动，并对研究的对象进行以下简化[7]：

（1）铝液流动视为单相流。

（2）铝液流动视为不可压缩流，并且在模型迭代求解的时间段内视为稳态流。

（3）由于密度的差别，铝液在电解槽膛的下部，电解质在其上部，可以认为两层熔体互不掺混，因此将铝液表面视为自由面。

（4）铝液的导热性好，因此铝液温度可视为等温。由于熔融铝液与电解质两种液体互不掺混，且不考虑两者之间的热交换，因此自由表面可近似作为对称面处理。在对称面和对称轴线上，速度方向平行于对称面或对称轴线，而垂直于对称面或对称轴线的速度分量为零。同时，所有变量的垂直于对称面或对称方向的导数都为零，即：

$$\frac{\partial p}{\partial n_a} = \frac{\partial k}{\partial n_a} = \frac{\partial \varepsilon}{\partial n_a} = 0 \tag{14-24}$$

式中，n_a 为对称面的法线方向。

在简化的基础上，建立铝电解槽流场的三维流动紊流数学模型。利用广义的牛顿黏性定律，相应的雷诺时均Navier-Stokes方程组可表示为（此处均略去了时均符号）：

连续性方程：

$$\frac{\partial(\rho v_x)}{\partial x} + \frac{\partial(\rho v_y)}{\partial y} + \frac{\partial(\rho v_z)}{\partial z} = 0 \tag{14-25}$$

动量方程：

$$\frac{\partial(\rho v_x v_x)}{\partial x} + \frac{\partial(\rho v_y v_x)}{\partial y} + \frac{\partial(\rho v_z v_x)}{\partial z}$$

$$= \rho g_x - \frac{\partial p}{\partial x} + \frac{\partial}{\partial x}\left(\mu_{eff}\frac{\partial v_x}{\partial x}\right) + \frac{\partial}{\partial y}\left(\mu_{eff}\frac{\partial v_x}{\partial y}\right) + \frac{\partial}{\partial z}\left(\mu_{eff}\frac{\partial v_x}{\partial z}\right) + F_x \tag{14-26}$$

$$\frac{\partial(\rho v_x v_y)}{\partial x} + \frac{\partial(\rho v_y v_y)}{\partial y} + \frac{\partial(\rho v_z v_y)}{\partial z}$$

$$= \rho g_y - \frac{\partial p}{\partial y} + \frac{\partial}{\partial x}\left(\mu_{\text{eff}}\frac{\partial v_y}{\partial x}\right) + \frac{\partial}{\partial y}\left(\mu_{\text{eff}}\frac{\partial v_y}{\partial y}\right) + \frac{\partial}{\partial z}\left(\mu_{\text{eff}}\frac{\partial v_y}{\partial z}\right) + F_y \qquad (14\text{-}27)$$

$$\frac{\partial(\rho v_x v_z)}{\partial x} + \frac{\partial(\rho v_y v_z)}{\partial y} + \frac{\partial(\rho v_z v_z)}{\partial z}$$

$$= \rho g_z - \frac{\partial p}{\partial z} + \frac{\partial}{\partial x}\left(\mu_{\text{eff}}\frac{\partial v_z}{\partial x}\right) + \frac{\partial}{\partial y}\left(\mu_{\text{eff}}\frac{\partial v_z}{\partial y}\right) + \frac{\partial}{\partial z}\left(\mu_{\text{eff}}\frac{\partial v_z}{\partial z}\right) + F_z \qquad (14\text{-}28)$$

式中，v_x、v_y、v_z 分别为 x、y、z 方向熔体的速度；x、y、z 分别为坐标方向（其中 x 方向由出铝端指向烟道端，y 方向由 A 侧指向 B 侧，z 方向由铝液下表面指向铝液上表面）；p 为压力；ρ 为熔体密度，g_x、g_y、g_z 分别为 x、y、z 的重力加速分量；F_x、F_y、F_z 分别为作用于熔体上的体积力的分量（包括电磁力以及浮力）；μ_{eff} 为有效黏度（等于分子黏度 μ 与湍流黏度 μ_T 之和），即：

$$\mu_{\text{eff}} = \mu + \mu_T \qquad (14\text{-}29)$$

用 $k\text{-}\varepsilon$ 湍流双方程模型进行封闭。湍动能（k）、湍动能耗散速率（ε）方程为：

$$\mu_T = C_\mu \rho K^2 \varepsilon \qquad (14\text{-}30)$$

$$\frac{\partial}{\partial x_i}(\rho k u_i) = \frac{\partial}{\partial x_i}\left[\left(\mu + \frac{\mu_T}{\sigma_k}\right)\frac{\partial k}{\partial x_i}\right] + \mu_T \frac{\partial u_j}{\partial x_i}\left(\frac{\partial u_i}{\partial x_j} + \frac{\partial u_j}{\partial x_i}\right) - \rho\varepsilon \qquad (14\text{-}31)$$

$$\frac{\partial}{\partial x_i}(\rho\varepsilon u_i) = \frac{\partial}{\partial x_i}\left[\left(\mu + \frac{\mu_T}{\sigma_\varepsilon}\right)\frac{\partial\varepsilon}{\partial x_i}\right] + C_1\frac{\varepsilon}{k}\mu_T\frac{\partial u_j}{\partial x_i}\left(\frac{\partial u_i}{\partial x_j} + \frac{\partial u_j}{\partial x_i}\right) - C_2\rho\frac{\varepsilon^2}{k}$$

$$(14\text{-}32)$$

式中，C_1、C_2、C_μ 均为经验常数；σ_ε 为湍动能耗散率 ε 的普朗特数；σ_k 为脉动能 k 的普朗特数。式中各项常数取值分别为：C_μ 为 0.09，C_1 为 1.44，C_2 为 1.92，σ_ε 为 1.0，σ_k 为 1.3。

14.2.3　铝液-电解质界面的隆起

由于受到各种力的作用，铝液-电解质界面会产生明显的隆起和变形，铝液-电解质界面隆起的高度可按下式[4]：

$$h = \frac{-\mu_0}{g(\rho_M - \rho_E)}\left(\int H_x i_z \mathrm{d}y + \int H_y i_z \mathrm{d}x\right) \qquad (14\text{-}33)$$

式中，g 为重力加速度；$\rho_M - \rho_E$ 为金属和电解质密度之差；i_z 为滤液中的垂直电流密度。

式（14-33）不但对稳定液体是成立的，对流体也是适用的，并且得出数值也是可靠的。金属和电解质的速度差按下式求出：

$$V_M - V_E = \sqrt{\frac{(\rho_M - \rho_E)(h_E - h_M)}{\rho_E}} \qquad (14\text{-}34)$$

式中，h_E 为电解质的平均高度；h_M 为金属的平均高度。

以铝液流场计算所得的压力分布为基础，铝液–电解质界面隆起的高度可根据简单的静力平衡以及铝液与电解质界面处压强连续的基本原理进行计算，J. W. Evans 假定界面垂直方向重力占主导地位，而忽略电磁力的影响，给出的表达式为[7]：

$$h = \frac{p_E - p_M}{g(\rho_M - \rho_E)} \quad (14\text{-}35)$$

式中，h 为相对于初始位置电解质/铝液界面的隆起高度；下标 E、M 分别为电解质和铝液；p_E，p_M 为常数，表示电解质层和铝液层压力。

根据前面对铝液流动的物理模型的简化，铝液表面为自由表面，即为等压面，p_M 为常数，则式（14-35）可表示为：

$$h = \frac{p_E - p_M}{g(\rho_M - \rho_E)} - h_0 \quad (14\text{-}36)$$

式中，h_0 为常数，该常数可根据铝液体积不变的原则来确定。

$$h_0 = \frac{1}{S_0} \iint \frac{p_E}{g(\rho_M - \rho_E)} \mathrm{d}x\mathrm{d}y \quad (14\text{-}37)$$

式中，S_0 为铝液界面的面积。

14.3　铝电解槽内熔体的磁流体力学稳定性

铝电解槽生产过程中会产生强大的磁场，该磁场与通过电解槽熔体内的电流共同作用能产生强大的电磁感应力（洛伦兹力）$F = J \times B$。在不考虑气泡的作用时，电磁力是铝电解槽内熔体产生运动的主要原因。在电磁力的作用下不仅会使槽内熔体产生旋转、流动，而且导致电解质/铝液界面变形和不稳定，严重时会产生"滚铝"、阴阳极短路等现象。铝电解槽内熔体的不稳定性对大型铝电解槽的运行和技术经济指标都会产生重要影响，甚至直接决定了电解槽技术的可靠性。

14.3.1　磁流体力学稳定性的概念

最早在 20 世纪 60 年代人们在研究铝电解槽运行特性时开始注意到磁场对槽内熔体所产生的作用和对电流效率造成的影响，并开始研究磁场的作用机理及其对槽生产稳定性的影响。许多学者认为如果铝液内垂直磁场足够小（一般 $|B_z| \leqslant 20 \times 10^{-4} \mathrm{T}$），且在铝液层平面 x 轴和 y 轴分割的 4 个象限内的绝对值的平均值基本一致，电解槽会比较稳定；Cherchi S 及 El-Demerdash 等学者[12-13]均认为磁场是决定电解槽稳定性的关键因素，提出修正垂直磁场的值使其达到均匀，以使电

解槽运行更加稳定。在此基础上，Sele[14]提出了著名的 Sele 判据：

$$(D_0 + h_b)h_M > AB_z I_p \tag{14-38}$$

式中，$D_0 + h_b$ 为假设的极距；h_M 为铝液面高度；D_0 为等效"极间"距离（预熔槽为 0.04m，自焙槽为 0.036m），m；$S = A \cdot B_z \cdot I_p$ 为稳定性数值，m^2；A 为经验常数，$A = 5 \times 10^{10} m^2/(T \cdot kA)$；$B_z$ 为阳极投影下的垂直磁场算术平均值，T；I_p 为系列电流，kA。

这一判据为电解槽的磁场设计提供了重要概念，至今仍被广泛应用，也成为磁场设计的重要判定条件。但自从铝电解槽的系列电流逐渐增大，200kA 系列电流的大容量槽型出现以来，人们发现虽然有的电解槽按照已有的标准磁场设计并不差，但是实际生产时流速偏高、铝液界面波动较大、生产不稳定、难以操作，这促使人们开始更深入地探索磁场对电解槽稳定性的影响机理。

早在 1976 年 Urata 等人[15-16]提出了用基于长波理论的界面波动方程研究不稳定性，认为这种波实际上是一种重力波，这种波可以采用经典流体力学方程来描述。在电解槽内由于受到电磁力（洛伦兹力）的干扰，随着边界面的变化，这种力也在变化。因此提出了采用一对联立方程（称为"Urata 方程式"）描述这种波动和电流变化，其中一个方程式描述熔体波动，另一个则用于描述电位分布。即：

波动方程：

$$\left(\frac{\rho_1}{h_1} + \frac{\rho_2}{h_2}\right)\frac{\partial^2 \xi}{\partial t^2} = \frac{\partial}{\partial x} \cdot \alpha \frac{\partial \xi}{\partial x} + \frac{\partial}{\partial y} \cdot \alpha \frac{\partial \xi}{\partial y} - j_y \frac{\partial B_z}{\partial x} + j_x \frac{\partial B_z}{\partial y} \tag{14-39}$$

$$\alpha \approx g(\rho_2 + \rho_1)$$

边界条件（矩形形状）：

$$\alpha \frac{\partial \xi}{\partial n} = (n_x j_y - n_y j_x)B_z$$

金属中的电位分布方程：

$$\frac{\partial^2 \phi}{\partial x^2} + \frac{\partial^2 \phi}{\partial y^2} = -\frac{j}{h_1 h_2} + \xi$$

$$j_x = -\frac{\partial \phi}{\partial x}, \quad j_y = -\frac{\partial \phi}{\partial y} \tag{14-40}$$

边界条件：

$$\frac{\partial \phi}{\partial n} = 0$$

式中，x、y、z 为电解槽长宽高三个方向；ξ 为界面离开其平衡位置的位移；h_1 为极距；h_2 为铝水平；j_x、j_y 为铝液中水平方向的电流密度；B_z 为磁感应强度的垂直分量；n 为边界上的单位法向矢量，外向为正；ϕ 为铝液中的电位；j 为电解质中的电流密度。

采用傅里叶级数展开法求解以上联立方程，可以求解出波动的本征值和本征波形；得出不稳定性是由铝液层的水平电流和垂直磁场的水平梯度相互作用而产生的，使人们开始注意到水平电流及垂直磁场的水平梯度的影响。

Sneyd[17]采用扰动理论发展了线性稳定性模式，其结论是不稳定性由扰动的水平电流和垂直磁场产生。1986 年，Moreau 等人[18]采用流体小扰动理论开展研究工作，提出水平电流和扰动磁场的交互作用是铝电解槽不稳定的原因。1994 年 Segatz 等人[19]采用二维浅水模型模拟铝电解槽内的熔体流动及两相流体界面的波动不稳定性，并提出了该界面波动的二维非齐次方程组：

熔体内：

$$\left(\frac{\rho_a}{h_a} + \frac{\rho_b}{h_b}\right)\frac{\partial^2 \zeta}{\partial t^2} - g\Delta\rho\nabla^2\zeta = \frac{\partial\varphi}{\partial y}\frac{\partial B_z}{\partial x} - \frac{\partial\varphi}{\partial x}\frac{\partial B_z}{\partial y} \tag{14-41}$$

式中，ρ_a，ρ_b 分别为两相流体的密度；h_a，h_b 为两种液体层波动值；B_z 为垂直磁场；x，y 为坐标；φ 为磁通密度；ζ 为波高。

固壁上：

$$\left(\frac{\rho_a}{h_a} + \frac{\rho_b}{h_b}\right)\frac{\partial^2 \zeta}{\partial t^2} - g\Delta\rho\nabla^2\zeta = B_z\left(\boldsymbol{n}_y\frac{\partial\varphi}{\partial x} - \boldsymbol{n}_x\frac{\partial\varphi}{\partial y}\right) \tag{14-42}$$

式中，$\boldsymbol{n}_x$，$\boldsymbol{n}_y$ 为界面矢量。

Segatz 认为在熔体内部，造成界面波动的原因是扰动的水平电流密度 j_x、j_y 及垂直磁场的水平梯度 $\dfrac{\partial B_z}{\partial x}$ 和 $\dfrac{\partial B_z}{\partial y}$；而在固壁边界影响波动的原因则是扰动的水平电流密度 j_x、j_y 及垂直磁场 B_z 本身。这一观点得到了许多专家学者的认同。同时 Bojarevics 与 Davidson 等人也采用同样的方法得出了与 Segatz 类似的二维非齐次波动方程组。在采用各自的数学方法解这一方程组后，分别提出了铝液界面稳定性的判断依据。Bojarevics 提出的判据为[20]：

$$\frac{|\omega^2 gi - \omega^2 gj|}{b_i + b_j} > \frac{JB_z}{\Delta\rho h_a h_b} \tag{14-43}$$

其中

$$b_i = \sum_P^N |K_{ip}|$$

式中，J 为电流密度；ω 为角速度；K_{ip} 为 i 方向模态相互作用矩阵系数。

而 Davidson 的稳定性判据是[21]：

$$\frac{\omega^2 gi - \omega^2 gj}{2} \geq |G_{ij}|^2 \tag{14-44}$$

式中，G_{ij} 包含了 J，B_z 积分的模态相互作用矩阵系数，与 K_{ip} 是有区别的。

这两个判断与 Sele 公式类似，系列电流、垂直磁场、极距及铝液水平仍是决定界面稳定性的关键因素。

此后仍有许多国外学者、专家对铝电解槽的稳定性进行了许多的探索，但大多离不开 Segatz、Bojarevics 和 Davidson 三种模式。

因此，较好的母线与磁场设计能够取得电解槽较好的稳定性。换言之，磁流体稳定性是检验电解槽磁场设计好坏的标准。

14.3.2 磁流体力学稳定性模拟

铝电解槽内熔体的运动主要有两种，即旋转运动（central vortex）和界面波动（metal pad roll 或 interface oscillation）。如果不考虑气泡的作用，这两种运动的主要驱动力均为电磁力。根据亥姆赫兹定理，空间三维电磁感应力矢量 F 可分解为其三维旋度分量 $\Delta \times F$ 和散度分量 $\Delta \cdot F$，而旋度分量和散度分量分别是熔体旋转和波动（包括翘曲）的驱动源。根据 Panaitescu 等人[22]和 Shcherbenin 等人[23]的观察和论证认为，波动是造成铝液–电解质界面不稳定的主要原因。

图 14-9 是铝电解槽内熔体波动的示意图。电解质和铝液的运动分别取经典的流体力学方程组（即 Navier–Stokes 方程组）进行描述[23]。

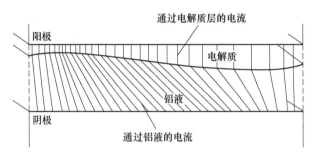

图 14-9 铝电解槽内层熔体的界面波动示意图

铝液层的波动方程为：

$$\rho_a \frac{\partial v_a}{\partial t} + \rho_a g \Delta \xi = -\nabla p + f_a \tag{14-45}$$

$$H_a(\nabla \cdot v_a) = -\frac{\partial \xi}{\partial t} \tag{14-46}$$

式中，ρ_a 为铝液层的密度；v_a 为铝液层的流动速率；g 为重力加速度；ξ 为波高；∇p 为压力梯度；f_a 为铝液层扰动电磁力；H_a 为铝液层的高度。

电解质层的波动方程为：

$$\rho_b \frac{\partial v_b}{\partial t} + \rho_a g \Delta \xi = -\nabla p + f_b \tag{14-47}$$

$$H_b(\nabla \cdot v_b) = -\frac{\partial \xi}{\partial t} \tag{14-48}$$

界面两侧压力相等，而波动高度数值相反，即：

$$p_a = p_b = p \tag{14-49}$$

$$h_a = - h_b = \xi \tag{14-50}$$

对式（14-45）和式（14-47）两侧求散度，将式（14-46）和式（14-48）代入可得：

$$-\frac{\rho_a}{H_a}\frac{\partial^2 \xi}{\partial t^2} + \rho_a g \nabla^2 \xi = - \nabla^2 p + \nabla \cdot f_a \tag{14-51}$$

$$\frac{\rho_b}{H_b}\frac{\partial^2 \xi}{\partial t^2} + \rho_b g \nabla^2 \xi = - \nabla^2 p + \nabla \cdot f_b \tag{14-52}$$

两式相减可得，区域内的三维波动方程：

$$\left(\frac{\rho_a}{H_a} + \frac{\rho_b}{H_b}\right)\frac{\partial^2 \xi}{\partial t^2} - g\Delta\rho\nabla^2\xi = - \nabla \cdot (f_a - f_b) \tag{14-53}$$

在固壁边界上，流速为零，将式（14-45）和式（14-47）相减可得：

$$[- (\rho_a - \rho_b)g \nabla \xi + (f_a - f_b)]n = 0 \tag{14-54}$$

由于 $f_a \gg f_b$，故：

$$f_a - f_b \cong f_a = (j_a \times B + j \times b) \approx j_a \times B = e_x(j_y B_z) + e_y(j_x B_z) \tag{14-55}$$

$$\nabla(f_a - f_b) \cong \frac{\partial(j_y B_z)}{\partial x} - \frac{\partial(j_x B_z)}{\partial y} \cong j_y \frac{\partial B_z}{\partial x} - j_x \frac{\partial B_z}{\partial y} \tag{14-56}$$

将式（14-55）代入式（14-53）得：

$$\left(\frac{\rho_a}{h_a} + \frac{\rho_b}{h_b}\right)\frac{\partial^2 \xi}{\partial t^2} - g\Delta\rho\nabla^2\xi = \left(j_x \frac{\partial B_z}{\partial y} - j_y \frac{\partial B_z}{\partial x}\right) = \sigma\left(\frac{\partial\varphi}{\partial x}\frac{\partial B_z}{\partial y} - \frac{\partial\varphi}{\partial y}\frac{\partial B_z}{\partial x}\right)$$

$$\tag{14-57}$$

而在固壁边界上

$$\left(\frac{\rho_a}{h_a} + \frac{\rho_b}{h_b}\right)\frac{\partial^2 \xi}{\partial t^2} - g\Delta\rho\nabla^2\xi = \sigma B_z\left(n_y \frac{\partial\varphi}{\partial x} - n_x \frac{\partial\varphi}{\partial y}\right) \tag{14-58}$$

式（14-56）即为三维浅水模型条件下的波动方程式。可以看出，它与 Segatz 的波动方程完全一致。虽然不是线性关系，但可以确定 B_z 在水平方向上的梯度将决定界面波动的大小，而在固壁边界上，波动的高度由垂直磁场 B_z 的值决定。

上述方程为典型的二维非齐次波动方程，用有限元法或快速傅里叶分析都可以解出此方程，并得到任意时刻、任意位置的振动频率。稳定状态下的波高值并没有实际的意义，人们所关心的是在特定铝液水平下能稳定产生的最小极距。因此直接选择式（14-43）（Bojarevics 判据）或式（14-44）（Davidson 判据）进行判定。需要说明的是，这里 J_z、B_z、b_i、b_j、G_{ij} 都是离散矩阵。

对于式（14-57），可将其展开为：

$$(\rho_a - \rho_b)^2 g^2 h_a^2 h_b^2 \pi^4 \left(\frac{m'^2}{L_x^2} + \frac{n'^2}{L_y^2}\right)\left(\frac{m^2}{L_x^2} + \frac{n^2}{L_y^2}\right) \cdot \left(\frac{m'^2 - m^2}{L_x^2} + \frac{n'^2 - n^2}{L_y^2}\right) \geqslant$$

$$\frac{J_z^2}{4}\varepsilon_k^2\varepsilon_{\bar{k}}^2 \left[\frac{n'm - nm'}{L_x L_y}\left(\widehat{B}_{k_x+k_x,\ \bar{k}_y+k_y} - \widehat{B}_{k_x-k_x,\ \bar{k}_y-k_y}\right) + \frac{n'm + nm'}{L_x L_y}\left(\widehat{B}_{k_x+k_x,\ \bar{k}_y-k_y} - \widehat{B}_{k_x-k_x,\ \bar{k}_y+k_y}\right)\right]^2$$

$$(14\text{-}59)$$

式中，m、m'、n、n'为 x 及 y 向的波数；L_x 为槽膛长方向的尺寸；L_y 为槽宽方向的尺寸；J_z 为垂直电流；$\widehat{B}$ 为各个方向的磁场；且：

$$\widehat{B}_{kx,\ ky} = \frac{4}{L_x L_y}\int_\Gamma B_z^{(0)}\sin k_x x\sin k_y y\mathrm{d}x\mathrm{d}y \tag{14-60}$$

式中，$\widehat{B}_{kx,ky}$ 为最或是值。

$$\varepsilon_k = \begin{cases} 1 & (k_x,\ k_y \neq 0) \\ 1/\sqrt{2} & (k_x,\ k_y = 0,\ k_x \neq k_y) \\ 1/2 & (k_x = k_y = 0) \end{cases} \tag{14-61}$$

值得注意的是，式（14-59）的结构与 Sele 判据类似，即铝液界面的稳定性是由垂直电流、垂直磁场、铝液水平、极距、槽膛的长宽比决定的。其中长宽比的影响较为复杂，但在一般条件下，由于 x 方向的波数 m 及 m' 都大于 y 方向的波数 n 及 n'，一般长方向（x 方向）较短，也就是长宽比较小的较稳定。另外，式中的垂直电流项在过去的计算中，一般将其视为近似均匀分布，甚至直接等同于系列电流的大小。实际上，从计算结果来看这样近似存在很大误差，需要根据电流场模拟得到精确分布。而在更换阳极时引起的垂直电流分布变化使之更加不均匀，磁流体稳定性的计算结果变得更差。

应用上述方程，某大型电解槽的稳定性计算结果见表 14-1。

表 14-1　某大型电解槽稳定性模拟结果[24]　　　　　　　　（cm）

极距	铝液水平			
	17	18	19	20
3.7	0.094	0.044	0.0196	7.97×10^{-4}
3.8	0.057	0.027	0.032	4.95×10^{-4}
3.9	0.033	0.018	3.37×10^{-4}	1.10×10^{-4}
4.0	0.019	0.014	2.76×10^{-6}	7.63×10^{-5}
4.1	0.017	2.63×10^{-4}	9.77×10^{-5}	1.30×10^{-5}

表 14-1 中灰色部分是在极距及铝液水平确定的情况下，可稳定运行的稳定性值。具体的值可能不大，但划出的界限则表明了在各个铝液水平条件下该大型铝电解槽的稳定运行最小极距的波动范围，在生产中这是最为关键的。

14.4　铝电解槽磁场及磁流体动力学（MHD）设计判定目标

铝电解槽设计的目标之一是获得最优的磁流体动力学特性，它最终是通过对槽内电流场、磁场和磁流体动力学模拟结果来评价的。但是，在实际的设计工作中，大部分情况下，由于电流场最优化目标是清楚的，它主要取决于电解槽热特性的设计，在满足一定的炉帮形状的条件下可以获得铝液层最小水平电流密度和分布。因而，实际的磁流体动力学特性与电解槽的磁场分布呈现出一种强对应关系。通过磁流体动力学特性分析，对磁场设计的判定目标及其与母线配置方式之间的相关性获得了清晰的认识。

14.4.1　熔体流动场的判定

铝液金属水平的偏移和流速不同是由电解槽的电流方向和电流密度及槽内各特定点磁场的方向和磁感应强度造成的。在较早时期，研究者根据各种模型分析的结果可以总结电解槽内磁流体力学设计的设定目标和基本规律，对于指导铝电解槽磁场设计非常有效[4]。

14.4.1.1　垂直磁场 (B_z) 的作用

为了全面了解电解槽电磁力平衡的重要性，大多数模型的第一个步骤是将熔体平面划分为四个象限（区域），计算各个象限的磁感应强度 (B_i)。一般设定电解槽中心为坐标原点，垂直方向是 z 轴，x 轴为电解槽系列的方向，y 轴与 x 轴垂直并位于同一个平面内，如图 14-10 所示。在某些模型中，磁感应强度 (B_z, B_x, B_y) 是计算出来的，而在另一些模型中其数值是测定出来的。

图 14-10　电解槽熔体平面坐标系及四个象限

但所有的模型都必须通过对槽内和槽间的电流方向的详细分析计算得出磁感应强度，同时用阴极中的电流密度 (i_x, i_y, i_z) 来计算出作用于铝液层和电解质层上的电磁力（拉普拉斯力），进而求出沿 oy 和 ox 轴方向的力的分量，以及这些力在该方向上优先诱发产生的位移。可用下式计算：

$$F(y) = i_z B_x - i_x B_z \tag{14-62}$$

$$F(x) = i_y B_z - i_z B_y \tag{14-63}$$

当使用磁模型来控制铝液层的形状和流速时，首先要计算作用于电解槽每个象限内的合力，然后尽量保持各个区域力的平衡，如图 14-11 所示。为计算合力，一般假定电流密度 i_x、i_y、i_z 在给定区域为常量，但磁感应强度 B_i 随位置不同而变化，这样就能计算出平行于每个轴上的力的和[25]。

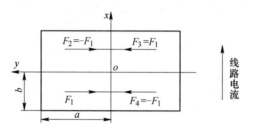

图 14-11　电解槽内各区域的平衡

例如，在第一象限（第 1 区域）中的横坐标点（x）处平行于 oy 轴的一条线上的拉普拉斯力的总和为：

$$F_1(y) = \int_a^0 F_1(y)\,\mathrm{d}y \tag{14-64}$$

从而由式（14-62）得到：

$$F_1(y) = i_z\int_a^0 B_x\mathrm{d}y - i_x\int_a^0 B_z\mathrm{d}y \tag{14-65}$$

由于阴极棒规则排列，阴极结构相同，在阴极电流正常均匀分布的情况下 $i_y = 0$，可假定平行于 oy 轴的每一条轴线上，i_z 和 i_x 保持不变，因而在第 4 区平行于 oy 轴同样的 y 轴上有：

$$F_4(y) = i_z\int_0^{-a} B_x\mathrm{d}y - i_x\int_0^{-a} B_z\mathrm{d}y \tag{14-66}$$

如果 $F_1(y) = -F_4(y)$，在 y 方向上电解槽内熔体将获得稳定的条件，此时在每条平行于 oy 的直线上的力相等且方向相反。这样，需要满足下述条件，即：

$$\int_a^0 B_z\mathrm{d}y = -\int_0^{-a} B_z\mathrm{d}y \tag{14-67}$$

并且

$$\int_a^0 B_x\mathrm{d}y = -\int_0^{-a} B_x\mathrm{d}y \tag{14-68}$$

也就是说，如果 B_x 和 B_z 在 y 轴上的实际值相对于 xoz 平面呈反对称，则上述式（14-67）和式（14-68）就能够成立。也就是说，相对于 xoz 平面对称的每一点上 B_x、B_z 值大小相等、符号（方向）相反，即对应于每一个 y 处 $F_1(y) = -F_4(y)$。

根据以上分析原则，Huglen[25]逐一分析了 4 个区的拉普拉斯力的计算及其相互平衡关系。显然，电解槽在平衡磁场的模拟中，每个象限平均力相等、方向相反，能够获得平稳的流动和界面变形，即：

$$F_1(y) = -F_2(y) = F_3(y) = -F_4(y) \tag{14-69}$$

如图 14-11 所示，由于产生电磁力的电流 i_z 为恒定的电解电流，i_x 主要受炉帮伸腿影响；磁场（B_x，B_y）主要取决于 i_z，有一定的固定规律和分布模式（对称且变化较小），因而满足该式的必要条件主要取决垂直磁场 B_z 应满足：

$$\int_a^0 B_z \mathrm{d}y = 0 \tag{14-70}$$

式（14-70）为具有平衡磁场的电解槽基本条件。在这种情况下，金属-电解质界面将呈对称的拱形形状，降低磁感应强度 B_z 可以降低界面上拱的高度；当 B_z 满足式（14-70）时，界面的上拱度最小；实际观测到铝液-电解质界面是平坦的，且即使槽电阻增大，铝液运动也不会加剧。

任一象限（区域）中的铝液运动状况取决于 B_z 的平均值。因此，调整母线的配置来最大限度地降低电磁作用力是取得熔体稳定运动状态的关键。

一个象限中 B_z 平均值的全积分由下式求出（如第一区域）：

$$B_{1z} = \frac{1}{A} \int_{-b}^{0} \int_a^0 B_z \mathrm{d}y \mathrm{d}x \tag{14-71}$$

式中，A 为各区域面积。

20 世纪 80 年代以后开发的大容量槽 B_z 值均较低，国际上 1970 年前建设的 175~220kA 槽其 B_z 值一般为 0.002T，130~150kA 槽为 0.025T。当 B_z 值降低后，铝液的流动速率也降低。

14.4.1.2　熔体流动模式判定

为得出任何位置的电磁力水平分量 F_x、F_y，解式（14-62）和式（14-63），可得到一个方程式，并由此方程式求出造成铝液循环流动的力，当然通常可用 Navier-Stokes 方程描述这种液态流动。尽管该方程式的解是复杂的，但判断可知电解槽内的主要漩涡形式是围绕垂直轴（z 轴）的，文献［25］从压力场和流动力场推导出这种运动的解析表达式由 Curlz $\boldsymbol{F}$ 给出：

$$\text{Curlz } \boldsymbol{F} = \text{Rot } \boldsymbol{F}_z = \frac{\mathrm{d}F_y}{\mathrm{d}x} - \frac{\mathrm{d}F_x}{\mathrm{d}y} \tag{14-72}$$

式中，F_x、F_y 由式（14-62）和式（14-63）给出。因此，Curlz $\boldsymbol{F}$ 的完整表达式：

$$\text{Curlz } \boldsymbol{F} = \frac{\mathrm{d}i_z}{\mathrm{d}x}B_x + \frac{\mathrm{d}B_x}{\mathrm{d}x}i_z - \frac{\mathrm{d}i_x}{\mathrm{d}x}B_z - \frac{\mathrm{d}B_z}{\mathrm{d}x}i_x - \frac{\mathrm{d}i_y}{\mathrm{d}y}B_z - \frac{\mathrm{d}B_z}{\mathrm{d}y}i_y + \frac{\mathrm{d}i_z}{\mathrm{d}y}B_y + \frac{\mathrm{d}B_y}{\mathrm{d}y}i_z$$

$$\tag{14-73}$$

式（14-73）清楚地反映出形成槽内熔体流动的各个电磁力的组成。因此，对电解槽内各区（4个区）中的这8个组分的分析将清楚地指出槽内漩涡的分布形式，由此计算出 Curlz F 的正负将确定出流动方向，如图 14-12 所示。图 14-12中同时表示典型的 Curlz F 正负计算结果与对应的同类型电解槽中观察到的铝液循环涡流分布情况，可以看出其明显的相关性。

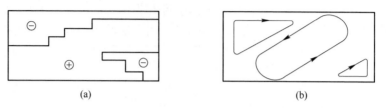

图 14-12 电磁力旋度正负与铝液环流图像之间的关系

（a）各区计算的电磁力旋度正负的比较；（b）对应电解槽测量的铝液层旋流图

这一结果表明，四种基本运动为 Navier-Stokes 方程、连续性方程和边界条件的主征函数。这四种基本运动形式如图 14-13 所示，任何运动分布都是这四种形式的线性结合构成的。

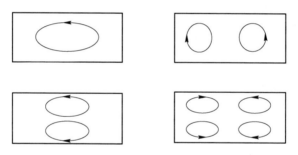

图 14-13 熔体四种基本运动形式示意图

图 14-14 则表示出了图 14-12（b）中观测到的铝液层运动分布图是如何由这其中三种运动形式线性结合而成的。

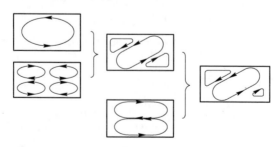

图 14-14 三种基本运动形式叠加形成图 14-12(b) 中的铝液流动图

电解质所受的力总是由磁场与垂直电流单独引起的，正像已经讨论过的由于电解质层有较大的电阻，其电流基本以垂直电流为主。由于中缝区电流密度明显降低，因此在阳极缝区域，阳极析出气体的搅动力占优势，由于阳极缝对 i_z 的影响，将改变电解质的运动形式。这样式（14-62）和式（14-63）简化为：

$$F(x) = -i_z B_y \tag{14-74}$$

$$F(y) = -i_z B_x \tag{14-75}$$

上式可用于计算电解质层所受的力。因此，电解质层的流动主要受到水平磁场的影响，相对而言，也不像铝液层那样复杂多变。

文献［26］将电解槽按照电流场的分布特点，将其槽内熔体区平面划分为 A、B、C 三个区域，如图 14-15 所示（坐标系与图 14-10 一致）。

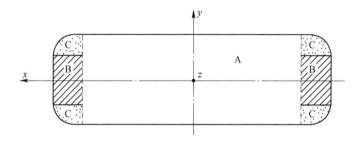

图 14-15　电解槽内按电流分布特性分区图[26]

A 区占据电解槽的大部分，在该区内炉帮伸腿会导致铝液内产生 i_x，此时沿电解槽长轴方向流动的水平电流 i_y 与其他两个方向流动的电流 i_x、i_z 相比可以忽略不计；B 区，亦即槽的两个端部，在该区内炉帮伸腿会导致铝液内产生 i_y，此时平行于短轴方向流动的电流 i_x 与其他两个方向流动的电流 i_y、i_z 相比也可以忽略不计；而在区域 C，由于结构原因，伸腿会同时产生 i_x、i_y，三个方向电流同时存在。因此，就 A 区而言，式（14-73）可以改写成下面的形式：

$$\mathrm{Curlz}\boldsymbol{F} = \frac{\mathrm{d}i_z}{\mathrm{d}x}B_x + \frac{\mathrm{d}B_x}{\mathrm{d}x}i_z - \frac{\mathrm{d}i_x}{\mathrm{d}x}B_z - \frac{\mathrm{d}B_z}{\mathrm{d}x}i_x + \frac{\mathrm{d}i_z}{\mathrm{d}y}B_y + \frac{\mathrm{d}B_y}{\mathrm{d}y}i_z \tag{14-76}$$

而对于 B 区，则式（14-73）又可以改写为：

$$\mathrm{Curlz}\boldsymbol{F} = \frac{\mathrm{d}i_z}{\mathrm{d}x}B_x + \frac{\mathrm{d}B_x}{\mathrm{d}x}i_z - \frac{\mathrm{d}i_y}{\mathrm{d}y}B_z - \frac{\mathrm{d}B_z}{\mathrm{d}y}i_y + \frac{\mathrm{d}i_z}{\mathrm{d}y}B_y + \frac{\mathrm{d}B_y}{\mathrm{d}y}i_z \tag{14-77}$$

在式（14-76）中，由于 $\dfrac{\mathrm{d}B_y}{\mathrm{d}y}$、$\dfrac{\mathrm{d}B_z}{\mathrm{d}x}$ 及 $\dfrac{\mathrm{d}i_x}{\mathrm{d}x}$、$\dfrac{\mathrm{d}i_z}{\mathrm{d}x}$ 是不可能为零的，而 i_z 是电解过程所必需的电流且量值比较大，若使本式的值比较小的话，从量值上讲，B_z、B_x 和 i_x 这几个系数必须减小。

同理，对于式（14-77）而言，B_z、B_y 和 i_y 这几个系数也应该小，才有可能使电磁力对这个区域的扰动降低。

14.4.2　铝电解槽磁流体稳定性（波动场）判定

14.4.2.1　磁流体稳定性判定原则

观察电解槽的运行可知，在金属表面会发生一种周期约 1min 的振荡现象（旋转波峰）。这种振荡依赖于极间距和铝液的高度。用流体动力学分析，这是一种发生在密度不同的两种不相混液体之间的内重力波，当相对运动的动能大于这些液体的势能差时就会发生这种现象。若密度差较小，振荡周期就长，并且一旦满足下列不等式条件，它就会发生：

$$(v_M - v_E)^2 < \frac{\rho_M - \rho_E}{\rho_E}(h_E + h_M)g \qquad (14-78)$$

式中，$v_M - v_E$ 为金属与电解质的速度差；ρ_E，ρ_M 分别为电解质和铝液的密度；h_E 为极间距；h_M 为铝液高度。

当 $h_E = 0.05\text{m}$，$h_M = 0.4\text{m}$ 时，如果电解质和金属的速度差约为 50cm/s 时就会产生这种波。当 $h_E = 0.15\text{m}$ 时，发生这种波的速度差就应小于 34cm/s。

依照 Navier-Stokes 方程，可以估算出这种内重力波的周期（s）：

$$T = 2\pi\sqrt{\frac{\rho_M \cdot \coth(kh_M) + \rho_E \cdot \coth(kh_E)}{kg(\rho_M - \rho_E)}} \qquad (14-79)$$

式中，k 为振荡和槽尺寸决定，$k = \pi\sqrt{\dfrac{m^2}{a^2} + \dfrac{n^2}{b^2}}$；$a$ 为槽长，m；b 为槽宽，m；m，n 分别为纵向和横向振荡的波节数。

对于自焙槽 $m = 1$，$n = 0$。对于预焙槽 $m = 2$，$n = 0$。

振荡松弛时间可表示为：

$$\frac{1}{t} = \frac{h_E \sigma_M}{2h_M \rho_E}B_z^2 \qquad (14-80)$$

式中，σ_M 为金属电导率。

该式表明，在具有很强垂直磁场的区域，如电解槽各个角部，这种振波周期会剧烈衰减。当波动发生时，阳极下方电解质内产生一种不均匀的电流分布，并在金属内产生对应的水平补偿电流。这些水平电流与垂直磁场耦合产生电磁力，迫使这种振荡波环绕槽膛旋转。视磁场情况而异，这种波要么缓慢、要么很快停止，或者幅度加大造成"振槽"。显然，存在一种电解槽的稳定极限，它包括引起这种反应的各种操作参数。Sele[14] 提出的判据式（14-38）即为其中之一：

$(D_0 + h_b)h_M > AB_zI_p$。该式左边表示电解槽的操作参数,右边是稳定数。要使电解槽运行稳定,即获得较低的稳定值,在设计时应尽可能使垂直磁场的平均值接近于零。图 14-16 所示是一组 150kA 预焙槽的稳定性曲线。如果存在 30Gs 的未补偿垂直磁场,并且极间距离为 5cm,那么为使电解槽处于稳定区内,金属铝液高度就决不应低于 25cm。如果电解槽进入振荡状态,通常采用临时加大极距来使其恢复。此外,增大金属铝液高度也可收到同样的效果。

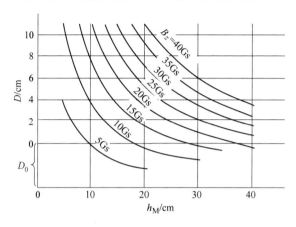

图 14-16 150kA 预焙电解槽的稳定极限

14.4.2.2 磁流体稳定性判定标准

根据以上对电磁特性影响的研究得知,铝电解槽内的垂直磁场(B_z)、横向水平磁场分量(横向配置电解槽的短轴,即系列电流方向),以及电解槽内横向水平电流分量是决定电解槽磁流体力学特性及稳定性的主要因素。

A 磁流体特性

为了获得良好的运行稳定性和电化学反应效果,取得较高的电流效率和更低的能耗,应调整电磁力对熔体的作用,铝电解槽磁流体力学特性应满足下列目标:

(1)阴极和电解质界面处有较低的金属和电解质流速。

(2)金属表面尽可能平整。

(3)金属铝液水平和极距必须保持稳定。

B 磁场设计目标

磁场设计是影响电解槽磁流体力学特性关键因素,也是电解槽磁流体设计的主要目标:

(1)首先铝液层垂直磁场平均值尽量低,比较理想的指标是:磁场垂直分量 B_z 设计最大值小于 10Gs,平均值小于 4Gs。

（2）垂直磁场变化梯度尽可能小，并且垂直磁场在电解槽四个象限内形成反对称分布，从而保证在每个象限内的旋转力是反对称的，即大小相等、符号（正负）相反；对于特大型铝电解槽，沿长轴方向形成多区域，以长轴为反对称的涡扇型分布，则是一种更为理想的分布模式。

（3）横向水平磁场分量 B_x 平均值越小越好，同时 B_x 相对于短轴（横向轴）应该是反对称的；纵向水平磁场分量 B_y，相对于长轴（纵向轴）应该尽可能地接近反对称。

综合众多研究者的结论认为：从磁感应强度的量值上来说，垂直磁场分量的影响是最重要的因素，而横向水平磁场次之，纵向水平磁场更次之；采用横向配置、大面多点进电的母线配置能够使电解槽横向水平磁场明显降低；而大面多点进电结合适当的槽底与槽端部的补偿（含非对称补偿），是获得较低垂直磁场的有效方法。

C　电流场优化目标

除了使垂直磁场 B_z 最大限度地降低之外，一个设计良好的电解槽也应使槽内水平电流分量最小。影响铝液层内水平电流分量的因素有：

（1）金属铝液水平的高度。一般来说，铝液水平越高，水平电流分量越小。

（2）阳极炭块的尺寸和位置。

（3）槽大面的伸腿结壳及槽膛内形。

（4）阴极炭块电阻以及阴极炭块与阴极棒的接触电阻。

D　磁流体最优化设计的基本方法

为确保电解槽在高电流效率下稳定运行，遵循这些目标，已开发的评价电解槽设计方案的计算机模型，包括下列基本步骤：

（1）计算电解槽各个区域的磁感应强度（B）和各个方向的分量（B_x，B_y，B_z）。

（2）槽内（铝液层）电流分布的计算。

（3）在按照上述两个步骤计算出两个矢量大小之后，计算熔体中产生的电磁力。

（4）根据电磁力分布确定流动模型，计算流动速度和铝液表面形状。

（5）进行磁流体稳定性分析。

在上述过程中，槽内磁场的精确模拟是进行磁流体力学分析的基础和前提。由于电流导体分布复杂，几何形状和方向各异，特别是铁磁性材料的影响更使得对磁场分析计算常常失真，因为磁场模拟预测的偏差，导致电解槽开发失败的例子不在少数。通过理论与实验及实际工业电解槽的反复研究和验证，完善磁分析模型，并通过母线系统的设计以实现优良的磁流体力学稳定性就成为电解槽开发设计最重要的工作。

参 考 文 献

[1] DANIEL K A. Review on hydrodynamic characteristics of Hall-Héroult cell[J]. Light Metals, 1985：593-607.

[2] 陈世玉，等. 采用相对电参量计算铝电解槽的电流场 [J]. 华中工学院学报，1987(2)：21-26.

[3] 盛建倪，等. 电磁场的数值分析 [M]. 北京：科学出版社，1984.

[4] GRJOTHEIM K，WELCH B. 铝电解厂技术 [M]. 2 版. 邱竹贤，等译.《轻金属》编辑部，1988.

[5] 梁学民，陈喜平，冯冰. 铝电解槽阴极结构分析与仿真计算 [J]. 轻金属，2015(5)：38-42.

[6] 戚喜全，等. 铝电解槽熔体中电流分布的数值计算 [J]. 材料与冶金学报，2003(12)：266-270.

[7] 梁学民. 大型预焙铝电解槽节能与提高槽寿命关键技术研究 [D]. 长沙：中南大学，2011.

[8] 刘业翔，李劼. 现代铝电解 [M]. 北京：冶金工业出版社，2008.

[9] 梅炽，武威，梁学民，等. 铝电解槽电热解析数学模型及仿真研究 [J]. 中南矿冶学院学报，1986(6)：10-14.

[10] 戚喜全. 铝电解槽阳极三维电场数值计算与分析 [J]. 轻金属，2003(12)：35-39.

[11] 梁学民. 铝电解槽物理场数学模型及计算机仿真研究 [J]. 轻金属，1998(增)：145-150.

[12] CHERCHI S，DOGAN G. Oscillation of liquid aluminium in industrial reduction cells：An experiments study[J]. Light Metals. 1983：457-467.

[13] EL-DEMERDASH M F，ADLY A A，ABU-SHADY S E，et al. Estimation of aluminum cell stability for given bus design[J]. Light Metal，1995：289-294.

[14] SELE T. Instabilities of the metal surface in electrolyte aluminum reduction cells [J]. Metallurgical Transactions B，1977(8B)：7-23.

[15] URATA N，MORI K，IKEUCHI H. Behavior of bath and molten metal in aluminum electrolytic cell[J]. Light Metal，1976(26)：573-583.

[16] URATA N. 磁场和金属熔池的不稳定性 [C]. 王利明，柯淑琴，译. 现代大型铝电解槽文集，1991：101-107.

[17] SNEYD A D. Stability of fluid layers carrying a normal electric current[J]. J Fluid Mech. 1985，156：223-236.

[18] MOREAU R J，ZIEGLER D. Stability of aluminium cells：A new approach[J]. Light Metals，1986：359-364.

[19] SEGATZ M，DROSTE C. Analysis of magnetohydrodynamics instabilities in aluminum reduction cells[J]. Light Metal，1994：314-322.

[20] BOJAREVICS R A，ROMERIO M V. Long waves instability of liquid metal-clectrolye interface in aluminum electrolysis cells：A generalization of Sele's criteria [J]. European J. Mech. B，

1994, 13: 33-56.

[21] DAVIDSON P A, LINDSAY R I. A new model of interfacial waves in aluminum reduction cells
[J]. Light Metal, 1997: 437-442.

[22] PANAITESCU A, MORARU A. Research on the instabilities in the aluminum electrolysis cell
[J]. Light Metals, 2003: 359-366.

[23] SHCHERBENIN S A, ROZIN A V, LUKASHCHUK S Y. The 3D modeling of MHD stability of
aluminum cells[J]. Light Metals, 2003: 373-377.

[24] 杨溢，姚世焕. 铝电解槽磁流体的稳定性及其影响因素 [J]. 中国有色金属学报, 2008,
18(2): 74-78.

[25] HUGLEN R. The Influence of Magnetic Field, Understanding the Hall-Héroult Process for Pro-
duction of Aluminium[M]. Dusseldorf: Aluminum-Verlag, 1986: 26-61.

[26] 贺志辉. 大容量铝电解槽磁场参数的选择 [J]. 中国有色金属学报, 2000, 10(2):
27-30.

15 大型铝电解槽母线系统设计计算

15.1 铝电解槽母线系统的设计原则

母线系统的作用首先是将来自上游槽阴极的电流连接到下游槽的阳极。现代铝电解技术在大型化过程中，磁场对铝电解过程的影响随着槽容量的增大而日益显著，母线的优化设计和磁场的改善起了极重要的作用。为了取得理想的槽内磁场，大型槽多采用多点进电及补偿母线等措施，优化磁场的同时也使母线配置复杂化[1-2]。事实上，通过磁场的模拟总可以找到较为满意的母线配置方案，然而这种方案在下一步的母线设计（如母线断面与电流分配计算，考虑施工安装、生产操作等）时很有可能是行不通的，或者是很不经济的。因此，一个好的母线设计方案应该是上述各因素综合考虑的结果，要使母线设计具有一定的先进性，并非轻而易举的事。

预焙阳极铝电解槽采用横向配置是改善其磁场影响的最重要的措施之一，以此为前提，母线设计的先进性体现在以下几个方面：

（1）先进的磁场设计。磁场对铝电解过程影响机理方面研究的进展，为母线配置及磁场的设计提供了理论依据。铝液中的垂直磁场 B 与水平电流 J_x 相互作用形成水平方向的电磁力 $F_x(J_{xy} \times B_z)$，称为平行力场[3]。它使铝液流动、倾斜和波动，这种运动直接影响铝电解的电流效率。研究表明，铝液表面的振荡也与垂直磁场的平均值（$|B_z|_{ave}$）有关，其值越小，电解槽越容易保持稳定[4-5]，另外过大的横向水平磁场还会使铝液面隆起。垂直磁场对电解过程影响较大，横向水平磁场的影响次之。因此，先进的磁场设计首先应该控制垂直磁场 B_z 与横向水平磁场 B_y。

（2）合理的母线断面。铝电解槽阴极、阳极与母线系统中各段母线的电流分配，能否达到设计要求值，对于能否获得预期的磁场分布是非常重要的。而电流的分配实现主要受到各段母线电阻影响，即取决于母线断面的选择。另外，由于电解槽的母线系统投资巨大，占电解槽投资的 35%～40%，所占铝电解系列总投资的 10%～15%；而且电流通过母线还会消耗电能，约占电解铝能耗的 5%，因而合理地选择母线断面以获得最省的母线费用（母线电耗费用与母线本身费用）就变得十分特殊和重要了。

在实际设计中，母线断面的选择还应当考虑母线的制造、安装及其对生产过程中的各种操作的影响。因此，母线的规格品种不宜太多，母线的尺寸应当足以在其所处的位置上易于安装，并且不影响出铝、换阳极、打壳等操作，母线的电流密度不宜过高以确保安全。当然，母线系统的电气绝缘也是需要考虑的安全因素。

（3）简单经济的短路方法。由于现代铝电解母线配置的复杂化，为了满足电解槽大修停槽的需要，短路相应地也成为一个复杂的问题。一种好的短路方法首先要满足电解槽短路时（停槽）不会造成上下游电解槽的电流分布发生变化带来不利影响，同时还应当是经济合理的，而且操作简单方便。

为了使电解槽实现最重要的目标——良好的磁流体动力学（MHD）稳定性，并获得最优的母线系统设计和工程效果，铝电解槽母线系统的设计、计算方法成为电磁及磁流体力学理论工程化领域的关键技术难题。

15.2　母线系统的优化设计与计算

15.2.1　母线断面选择计算

母线断面选择是铝电解槽母线设计的重要内容，一个优化的母线配置方案完成后，在真正完成工程化实施前，必须进行计算合理选择母线的断面。一般来说，应达到以下两个目的：

（1）母线断面选择应当保证电解槽阴极、阳极及各部分母线电流的合理分配，以满足电解工艺要求和实现预期的槽内磁场。

（2）母线断面选择应当保证获得经济的母线费用（母线投资费用和电耗费用之和）。

15.2.1.1　导电母线的经济电流密度

铝电解槽的母线系统对铝的用量很大，而且母线电耗也很大。显然，母线电流密度低，则母线用量大，在母线上的电耗损失就小；反之，母线电流密度高，母线的用量减少，但母线的电耗损失增加。因此，在一定的条件下，总可找到一个电流密度，在此电流密度下，母线用量（表现为母线的投资费用）和母线上的电耗费用两者配合适当，以此选择母线断面设计，使得生产运行总费用为最低。此时的电流密度即为母线的经济电流密度。

除与母线本身的物理性能和经济参数有关外，母线的经济电流密度还因母线的断面形状及其配置方式不同而有所差别。在最简单的等断面、等电流情况下，单一母线的断面不受其他母线的影响，这种情况在电解系列中也是常见的，例如系列连接母线、配流母线与输电母线等，其经济电流密度的计算也是比较容易的。此外，这种情况下的经济电流密度也是其他情况下经济电流密度的计算基础，故称为基础经济电流密度。

文献［6］给出的单一母线经济电流密度的计算方法如下：假定通过母线的电流为 $I(\mathrm{A})$，母线长度为 $L(\mathrm{m})$，母线断面为 $S(\mathrm{mm}^2)$，因而母线投资费用 $C(\text{元})$ 为：

$$C = LSdq \times 10^{-3}$$

式中，d 为铝母线的密度，$\mathrm{g/cm}^3$；q 为铝母线的单价，元/kg。

母线电耗费用 $P(\text{元})$ 为：

$$P = I^2\rho \frac{L}{S} NTk \times 10^{-3}$$

式中，ρ 为铝的电阻系数，$\Omega \cdot \mathrm{mm}^2/\mathrm{m}$；$N$ 为母线使用年限，年；T 为每年使用时间，h；k 为直流电价格，元/$(\mathrm{kW} \cdot \mathrm{h})$。

将母线投资费用与电耗费用之和求最小值，母线经济电流密度 $D_{\text{经}}^0$ 为：

$$D_{\text{经}}^0 = \sqrt{\frac{dq}{\rho NTk}} \tag{15-1}$$

对于单一母线，可根据式（15-1）计算的母线基础经济电流密度，再按照母线的额定电流，确定母线的截面积。

但是，对于铝电解槽的母线系统而言，大多数母线的断面无法由基础经济电流密度来计算，以下将根据不同的母线设计方案来论述。

15.2.1.2 双端进电母线断面的选择

早期的纵向配置自焙阳极电解槽，其母线配置基本是对称的，相当于单一母线，相对来说其母线截面计算也较简单，可以用上面所述的方法直接进行计算，本书不再赘述。随着电解槽容量增大，横向配置双端进电成为预焙电解槽母线配置的常见配置形式，相较而言，母线断面的选择计算也相对复杂。图 15-1 所示为横向排列电解槽双端进电电路示意图。假定经阴极母线传导到下一台槽阳极母线的电流为 I（即系列电流），则 A、B 两侧（A 为出电侧、B 为进电侧，需要注意这里以 B 侧为进电侧，与习惯不同）各为 $I/2$，因 A、B 两侧线路长短不一，经 B 侧阴极母线到下游槽阳极母线长度 L_B 明显大于 A 侧的 L_A。如果两侧母线断面积相等，则 4 根母线断面各为 $I/4 \times D$（D 为母线电流密度）。但根据欧姆定律，线路较短的 A 侧明显会承担更大的电流，会造成两侧导入电流不均。若使两侧承担的电流相等，必须另行设计计算，确定恰当的截面积，即分别确定适当的两侧母线电流密度。

文献［7-8］从母线总费用最低角度出发，推导出双端进电母线 A、B 两侧的电流密度计算式为：

A 侧：
$$D_A = D_0 \sqrt{\frac{1 + K^2}{2}} \tag{15-2}$$

B 侧：
$$D_B = \frac{D_0}{K} \sqrt{\frac{1 + K^2}{2}} \tag{15-3}$$

式中，D_0 为基础经济电流密度，可取 $0.25 A/mm^2$；K 为 A 侧线路（长线路）与 B 侧线路（短线路）的长度比。

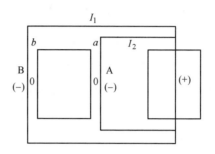

图 15-1 横向排列电解槽双端进电母线示意图

式（15-2）和式（15-3）是在假设 A、B 两侧母线为等电流（$I/4$），两侧为等断面条件下，设定 $n = \sqrt{\frac{1 + K^2}{2}}$，则 A 侧断面积为 $\frac{kl}{4nD_0}$，B 侧为 $\frac{l}{4nD_0}$。在这种情况下，使用两式分别计算 A、B 两侧母线的经济电流密度，无疑是正确的。

但是，在实际电解槽设计中，双端进电母线系统包括阴极母线、槽间连接母线和立柱母线，其中阴极母线部分由于汇集阴极钢棒电流，在阴极母线部分实际上电流是逐步变化的，因而会采用梯形母线、楔形母线或矩形母线（等断面）等不同设计，这种情况下的母线经济电流密度，不能直接用上述两式计算。

文献 ［9］ 分别研究了两种情况下双端进电母线的计算方法：

（1）变断面、变电流的阴极母线计算。阴极母线配置如图 15-2 所示，断面计算的各参数设置见表 15-1。

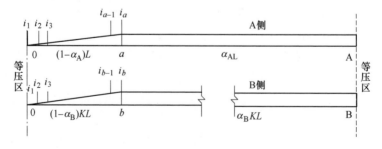

图 15-2 双端进电母线为变断面、变电流的阴极母线设计

表 15-1　阴极母线中的变量参数保护[9]

项　目	A 侧母线	B 侧母线	备　注
电流/A	$I_A = I/4$	$I_B = I/4$	要求两侧母线流经电流相等
长度/m	L	KL	K 为两侧母线的长度比，这里 $K>1$
等断面部分长度/m	$\alpha_A L$	$\alpha_B KL$	α_A、α_B 分别为 A、B 两侧母线等断
变断面部分长度/m	$1 - \alpha_A L$	$(1 - \alpha_B L)KL$	面部分长占全长的百分数，以小数表示
电流密度/A·mm^{-2}	D_A	D_B	
等断面部分截面积/mm^2	$S_A = I/4D_A$	$S_B = I/4D_B$	
线路电阻/Ω	R_A	R_B	
线路电压降/V	V_A	V_B	

因 $V_A = V_B$（A、B 两侧起止均为相同的等压区），根据欧姆定律，欲使 $I_A = I_B (=I/4)$，必使 $R_A = R_B$，由图 15-2 可知：

$$V_A = V_{oa等效} + V_{aA} = \frac{1 + \alpha_A}{2}\rho \frac{L}{S_A} \cdot \frac{I}{4} \tag{15-4}$$

$$V_B = V_{ob等效} + V_{bB} = \frac{1 + \alpha_B}{2}\rho \frac{KL}{S_B} \cdot \frac{I}{4} \tag{15-5}$$

由于 $V_A = V_B$，因此有：$\dfrac{1+\alpha_A}{2}\rho \dfrac{L}{S_A} \cdot \dfrac{I}{4} = \dfrac{1+\alpha_B}{2}\rho \dfrac{KL}{S_B} \cdot \dfrac{I}{4}$，从而可得：

$$S_B = \frac{1 + \alpha_B}{1 + \alpha_A}KS_A \tag{15-6}$$

式（15-6）表述了 A、B 两侧母线在通过的电流相等时截面积之间的关系。需要指出的是，式（15-4）和式（15-5）中的变断面部分的电压降，须用"等效电压"来表述，即表述为 $V_{oa等效}$、$V_{ob等效}$。

下面根据母线运行时的总费用（电耗费用和母线本身费用之和）最小，来推导双端进电母线的经济电流密度。表 15-2 中是需补充的参数符号和单位。

表 15-2　母线基本参数

项　目	符　号	单　位
母线电阻系数	ρ	$\Omega \cdot \text{mm}^2/\text{m}$
母线密度	d	g/cm^3
直流电单价	k	元/（kW·h）
母线一年内使用的时间	T	h
母线使用年限（折旧年限）	N	年
母线的使用单价	q	元/kg

按图 15-2 所示，母线本身的投资费用：

$$C = \left[\frac{1}{2}(1 - \alpha_A)LS_A + \alpha_A LS_A + \frac{1}{2}(1 - \alpha_B)KLS_B + \alpha_B KLS_B\right] \times dq \times 10^{-3}$$

$$(15\text{-}7)$$

将式（15-6）代入式（15-7），令 $A = dq \times 10^{-3}$ 得：

$$C = \left[\frac{1}{2}(1 - \alpha_A)LS_A + \alpha_A LS_A + \frac{1}{2}(1 - \alpha_B)KL\frac{1 + \alpha_B}{1 + \alpha_A}KS_A + \alpha_B KL\frac{1 + \alpha_B}{1 + \alpha_A}KS_A\right]A$$

$$= \left[\frac{1 + \alpha_A}{2} + \frac{K^2(1 + \alpha_B)^2}{2(1 + \alpha_A)}\right]LS_A A \tag{15-8}$$

又由式（15-4）和式（15-5）知，母线消耗的电能费用 $P(元)$ 为：

$$P = \left[\frac{1 + \alpha_A}{2}\rho\frac{L}{S_A}\left(\frac{I}{4}\right)^2 + \frac{1 + \alpha_B}{2}\rho\frac{KL}{S_B}\left(\frac{I}{4}\right)^2\right]NTk \times 10^{-3} \tag{15-9}$$

同样将式（15-6）代入式（15-9），并令 $\rho NTk \times 10^{-3} = B$，整理后得：

$$P = BL\left(\frac{I}{4}\right)^2 \cdot \frac{1 + \alpha_A}{S_A} \tag{15-10}$$

则总费用：

$$C + P = \left[\frac{1 + \alpha_A}{2} + \frac{K^2(1 + \alpha_B)^2}{2(1 + \alpha_A)}\right] \cdot LS_A A + BL\left(\frac{I}{4}\right)^2 \cdot \frac{1 + \alpha_A}{S_A} \tag{15-11}$$

为求 A 侧母线的经济电流密度，将式（15-11）对 A 侧母线断面积 S_A 进行偏微分：

$$\frac{\partial(C + P)}{\partial S_A} = \left[\frac{(1 + \alpha_A)^2 + K^2(1 + \alpha_B)^2}{2(1 + \alpha_A)}\right] \cdot LA - BL\left(\frac{I}{4}\right)^2 \cdot \frac{1 + \alpha_A}{S_A^2}$$

令：$\dfrac{\partial(C + P)}{\partial S_A} = 0$，则：

$$BL\left(\frac{I}{4}\right)^2 \cdot \frac{1 + \alpha_A}{S_A^2} = \frac{(1 + \alpha_A)^2 + K^2(1 + \alpha_B)^2}{2(1 + \alpha_A)} \cdot LA$$

又：$\left(\dfrac{I}{4}\right)^2\bigg/S_A^2 = \dfrac{(1 + \alpha_A)^2 + K^2(1 + \alpha_B)^2}{2(1 + \alpha_A)} \cdot \dfrac{A}{B} = \dfrac{1}{2}\left[1 + K^2\left(\dfrac{1 + \alpha_B}{1 + \alpha_A}\right)^2\right] \cdot \dfrac{A}{B}$

令 $H = \dfrac{1 + \alpha_B}{1 + \alpha_A}$，得：

$$D_{经}^A = \sqrt{\left(\frac{I}{4}\right)^2\bigg/S_A^2} = \sqrt{\frac{1 + K^2 H^2}{2}} \cdot \sqrt{\frac{A}{B}} \tag{15-12}$$

由式（15-1）基础经济电流密度[6]：$D_{经}^0 = \sqrt{\dfrac{A}{B}} = \sqrt{\dfrac{dq}{\rho NTk}}$

故：

$$D_{经}^{A} = \sqrt{\frac{1 + K^2H^2}{2}} \cdot D_{经}^{0} \tag{15-13}$$

变换式（15-6）得 $S_A = \dfrac{(1+\alpha_A)S_B}{(1+\alpha_B)K}$，代入式（15-8）和式（15-10），按上述方法处理并整理后可得：

$$D_{经}^{B} = \sqrt{\frac{(I/4)^2}{S_B^2}} = \sqrt{\frac{1}{2}\left(1 + \frac{1}{K^2H^2}\right) \cdot \frac{A}{B}} = \frac{1}{KH}\sqrt{\frac{1 + K^2H^2}{2}} \cdot D_{经}^{0} \tag{15-14}$$

将式（15-12）分别代入式（15-8）和式（15-10）两式得：

$$C_{经} = \left[\frac{1 + \alpha_A}{2} + \frac{K^2(1 + \alpha_B)^2}{2(1 + \alpha_A)}\right]LS_{A经}A = \frac{1 + \alpha_A}{8}LI\sqrt{2AB}\sqrt{1 + K^2H^2} \tag{15-15}$$

$$P_{经} = BL\left(\frac{I}{4}\right)^2\frac{1 + \alpha_A}{S_{A经}} = \frac{1 + \alpha_A}{8}LI\sqrt{2}AB \cdot \sqrt{1 + K^2H^2} \tag{15-16}$$

Kelvin 定律指出"最佳经济电流密度应在使导体的使用费用与电耗费用相等的那一点"。显然，式（15-15）和式（15-16）两式相等，$C_{经} = P_{经}$，故求得的 $D_{经}^{A}$ 即为 A 侧母线的经济电流密度。

同样可证式（15-14）的 $D_{经}^{B}$ 为 B 侧母线的经济电流密度。

为了简便，令 $Z = KH$，则式（15-13）和式（15-14）分别为：

$$D_{经}^{A} = \sqrt{\frac{1 + Z^2}{2}} \cdot D_{经}^{0} \tag{15-17}$$

$$D_{经}^{B} = \frac{1}{Z}\sqrt{\frac{1 + Z^2}{2}} \cdot D_{经}^{0} \tag{15-18}$$

式（15-17）和式（15-18）与文献［6，8］所得计算式相同，但在这里 Z 不是简单的两侧母线的长度比，而是：

$$Z = KH = \frac{L_{0B}}{L_{0A}} \cdot \frac{1 + \alpha_B}{1 + \alpha_A} = \frac{L_{B0}}{L_{A0}} \cdot \frac{1 + L_{bB}/L_{0B}}{1 + L_{aA}/L_{0A}} = \frac{L_{B0} + L_{bB}}{L_{A0} + L_{aA}} = \frac{L_{0b} + 2L_{bB}}{L_{0a} + 2L_{aA}} \tag{15-19}$$

即：Z 为 B 侧母线（长线路）变断面部分长度（L_{0b}）和等断面部分长度（L_{bB}）的两倍之和与 A 侧母线（短线路）变断面部分之长（L_{0a}）和等断面部分之长（L_{aA}）的 2 倍之和的比。

（2）等断面、变电流阴极母线的计算。如图 15-3 所示，其中 L_{0a}、L_{0b} 为等断面变电流段，两侧母线全长之比 $L_{0B}/L_{0A} = K$，其余有关项目的符号与单位同上。

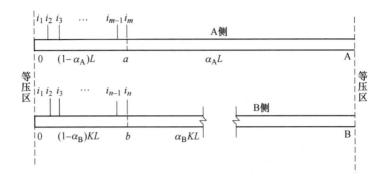

图 15-3 双端进电母线为等断面、变电流的阴极母线设计

根据文献 [6-7] 可知：

$$V_A = \frac{\alpha_A(4n+1) + (2n-1)}{6n} \rho \frac{L}{S_A} \cdot \frac{I}{4} \qquad (15-20)$$

$$V_B = \frac{\alpha_B(4n+1) + (2n-1)}{6n} \rho \frac{KL}{S_B} \cdot \frac{I}{4} \qquad (15-21)$$

式中，n 为变电流部分的电流股数，设定 $H_B = \alpha_B(4n+1) + (2n-1)$，$H_A = \alpha_A(4n+1) + (2n-1)$。

采用上述同样变换过程求解原理，可以求得等断面、变电流阴极母线 A、B 两侧的经济电流密度：

$$D_经^A = \frac{1}{H_A}\sqrt{(H_A + K^2 H_B)3n}\, D_经^0 \qquad (15-22)$$

$$D_经^B = \frac{1}{KH_B}\sqrt{3n(H_A + K^2 H_B)}\, D_经^0 \qquad (15-23)$$

以上两种情况（即变断面、变电流和等断面、变电流）母线在实际工程应用中都比较常用。有了对两端进电母线断面计算方法的认识，将进一步讨论更为复杂的多点进电母线系统的母线断面计算。

15.2.2 "多点进电" 母线的经济电流密度

对于 180~200kA 级以上的大型铝电解槽，母线设计多采用多点进电方式，同时为了改善磁场的影响，在槽底和槽端增加了适当的补偿母线（槽周围阴极母线），母线系统结构变得更为复杂。在磁场优化基础上获得的母线配置方案，需要对系统各个母线的经济断面进行选择，同时要做母线系统的电流分布、工程施工和生产操作等工程方面的最优化。

以母线经济电流密度和双端进电母线电流密度计算为基础,本节继续讨论多点进电母线的经济电流密度。

15.2.2.1　经济电流密度的计算

200kA 电解槽典型四点进电母线配置如图 15-4(a) 所示。这种配置的特点在于,每根阴极母线的电流由于所连接阴极钢棒的根数不同而不同,同样每根进电立母线的电流也不完全相同;每根阴极母线、每根进电立母线各自的长度也可能不同,为形象起见,将其简化成图 15-4(b) 所示的形式[10]。

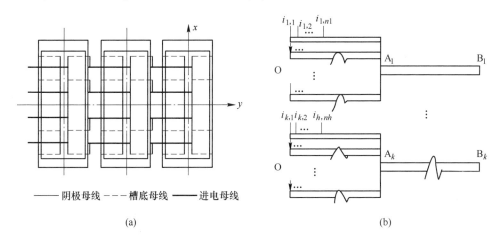

图 15-4　200kA 电解槽典型四点进电母线配置示意图
(a) 四点进电母线配置简图;(b) 按立母线分组简化后

对于这种情形下等位面的选择,按照电解槽各个阴极、阳极电流分布要求,各组母线的电压降应相等,即:

$$V_{B1,0} = V_{B2,0} = \cdots = V_{Bk,0}$$

做如下两种假定,分别计算阴极母线和立母线的经济电流密度。

第一种假定,也就是所有阴极母线和所有进电立母线压降分别相等:

$$V_{A1,0} = V_{A2,0} = \cdots = V_{Ak,0}$$

$$V_{B1,A1} = V_{B2,A2} = \cdots = V_{Bk,Ak}$$

第二种假定,亦即每组阴极母线之间,各段进电立母线之间的压降不相等,但每组阴极母线的压降与其对应的进电立母线压降之和相等。

$$V_{A1,0} \neq V_{A2,0} \neq \cdots \neq V_{Ak,0}$$

$$V_{B1,A1} \neq V_{B2,A2} \neq \cdots \neq V_{Bk,Ak}$$

文献 [10] 针对这两种假定分别讨论母线经济截面 (或经济电流密度) 的选择或计算方法,所用参数的定义同表 15-2。

（1）阴极母线之间、进电立母线之间分别为等电位情况。先假定总共有 n 根阴极母线，其长度分别为 L_1、L_2、$\cdots$、L_n，不变电流部分占全长的百分比为 a_1、a_2、$\cdots$、a_n，$i_{1,1} = i_{k,nk} = I$，每根阴极钢棒电流相等，如图 15-5 所示，$I_i = n_i I$。

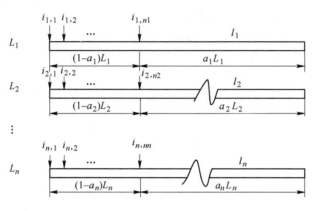

图 15-5　阴极母线各变量示意图

按以上设定，根据前述的计算方法，分别求母线的投资费用与电耗费用之和，再求其最小值，可以求得阴极母线的经济电流密度：

$$D_{经}^i = \frac{n_i}{H_i K_i} \sqrt{\frac{6 \sum_{i=1}^{n} K_{i1}^2 H_i}{\sum_{i=1}^{n} \dfrac{n_i [a_i(4n_i + 1) + (2n_i - 1)]}{H_i}}} \cdot D_{经}^0 \qquad (15-24)$$

式中，$L_i / L_1 = K_i$，即阴极母线（注：应为当量长度）与立母线长度之比，$H_i = a_i(4n_1 + 1) + (2n_i - 1)$。式（15-24）适用于从阴极钢棒出口至阴极母线与立母线的接合处，该处至立母线与阳极母线的接合处也假定为一等位面，如图 15-6 所示。为避免混淆起见，将所用变量符号的下标冠以 A，如 L_{Ai}、S_{Ai}、I_{Ai} 等，同样 $L_{Ai} / L_{A1} = K_{i1}$，$I_{Ai} / I_{A1} = C_{i1}$。

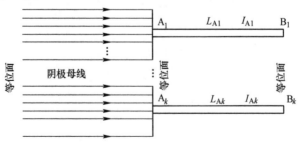

图 15-6　阴极母线、立母线等位面

立母线的经济电流密度：

$$D_{经}^{i} = \frac{1}{K_{i1}} D_{经}^{1} \qquad (15\text{-}25)$$

其中

$$D_{经}^{1} = \sqrt{\frac{\sum\limits_{i=1}^{n} K_{i1}^{2} C_{i1}}{\sum\limits_{i=1}^{n} C_{i1}}} D_{经}^{0} \qquad (15\text{-}26)$$

（2）每组阴极母线之间、进电立母线之间电位不等情况。在电解槽实际的母线计算时，阴极母线段之间长度常常差别较大，为了实现电压平衡，阴极母线断面及相应的电流密度差别很大。文献[10]将阴极母线入口处（阴极棒出口）和进电立母线与阳极母线的接合处视为两个不同的等位面。如图 15-7 所示。

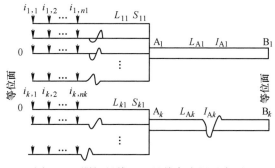

图 15-7　阴极母线、立母线各变量示意图

一般情形下，阴极母线上的电流都是以每根阴极钢棒电流（I）作为增量的，假定每根进电立母线相对应的一组阴极母线上所接的钢棒数分别为 N_1、N_2、$\cdots$、N_k，则相应的电流 I_{A1}、I_{A2}、$\cdots$、I_{Ak} 分别为 $N_1 I$、$N_2 I$、$\cdots$、$N_k I$。每根进电立母线下面所对应的阴极母线电流密度可按式（15-24）计算，而对于各进电立母线，首先需要寻找母线截面之间的关系。

已知各立母线组总电压相等，利用关系式：$V_{A1,0} + V_{B1,A1} = V_{Ai,0} + V_{Bi,Ai}$，计算母线总投资费用和电耗费用，同样可以推导出，立母线的经济电流密度：

$$D_{经}^{Ai} = (L_{i1} L_{A1} N_1 D_{经}^{A1} + T_{1i} N_i I)/(L_i N_i) \qquad (15\text{-}27)$$

式中，$D_{经}^{A1}$ 可由下式求出：

$$\sqrt{\sum_{i=1}^{k} \frac{K_{i1}^{2} N_1}{(D_{经}^{A1} L_{A1} N_1 + T_{1i} N_i I)^2}} = \frac{\sqrt{\sum\limits_{i=1}^{k} \dfrac{C_{i1}^{2}}{N_i}}}{L_{A1} D_{经}^{0}} \qquad (15\text{-}28)$$

通过以上分析可以看出，该计算方法是比较复杂的，但能够反映出经济电流密度与母线系统各部分特征参数的基本关系。

15.2.2.2 经济电流密度与母线断面

在讨论了多点进电母线系统的经济电流密度的基础上，下面对母线系统中各部分母线的断面的选择进行讨论。

A 经济电流密度与母线断面选择

现代铝电解槽典型的母线配置（见图15-4(a)）可以简化成图15-8所示的形式，这里阴极钢棒电阻（取为定值）及各支路电流（按均匀分布）都是已知的。由于还不知道每条支路的电压降，实际上要求出支路的电阻（母线截面）是不可能的。在大型槽母线设计中，有时以设定全部母线系统电压降不超过200mV来进行计算。

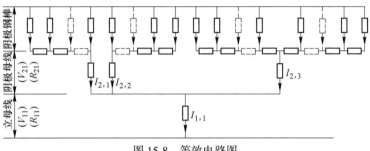

图 15-8 等效电路图

设立母线和阴极母线电压降之和为 V，如图15-8所示，在此要先求出 R_{0i}、R_{1i}（分别表示阴极母线、立母线电阻），才能反算出母线截面积。为此需引入参数 K_i，即阴极母线与立母线的电压比，且令：$\dfrac{V_{2i}}{V_{1i}} = K_i$，与前述式（15-24）中引入的当量长度比一致。再加上给定条件 $V_{1i} + V_{2i} = V_0$，可得出[10]：

$$\begin{cases} V_{1i} = \dfrac{K_i V_0}{1 + K_i} \\[2mm] V_{2i} = \dfrac{V_0}{1 + K_i} \end{cases} \tag{15-29}$$

从而有：

$$\begin{cases} R_{1i} = V_{1i}/I_{1i} \\[2mm] R_{2i} = V_{2i}/I_{2i} \end{cases} \tag{15-30}$$

一般工程中假设 $1 > K_i > 0$，另外对于每根立母线及相应的阴极母线而言，都存在无限多个可供选择的 K_i，这样就使得母线参数的选择是多种的。正因为如此，从最佳经济电流密度出发，求母线参数来确定母线断面是比较合适的。但对于多点进电方式而言，按照式（15-24）和式（15-27）分别计算阴极母线、立母线的经济电流密度，电压平衡能自然满足，母线参数唯一，经济上也是最合适的。但这种方法在利用式（15-27）计算 $D_{经}^{Ai}$ 时是非常困难的。

用设定立母线电流密度 δ_i 及母线电压降 V_0 两者来确定母线参数，可以简化上述计算。已知某段立母线进电电流 I_i、电流密度 δ_i、长度 L_i，可求出该立母线截面积 $S_i = I_i/\delta_i$，进一步求出立母线电压降：

$$V_{1i} = \rho \frac{L_i}{S_i} I_i \tag{15-31}$$

与该立母线相连的阴极部分电压降 $V_{2i} = V_0 - V_{1i}$，此时阴极母线的截面积可由式（15-32）进行计算。

$$S_{2i} = \frac{\alpha_i(4n_i + 1) + (2n_i - 1)}{6n_i V_{2i}} \rho L_{2i} I_{2i} \tag{15-32}$$

因此，通过首先确定一系列既满足工艺要求又比较合适的电流密度，进行比选总可以找到适合的母线参数和断面积。

B　母线用量、电压降及立母线电流密度的关系

针对图15-4(a) 所示母线配置，利用上述计算公式，给定母线电压降，选择不同的立母线电流密度计算母线的质量。给定一个立母线电流密度 （V_{1i}），就会对应一个不同的阴极母线电流密度 （V_{2i}），即取不同的 K_i 值，可求得立母线电流密度 （A/mm²） 与母线消耗之间 （t/槽） 的关系，如图15-9所示。同样，给定立母线电流密度，选择不同母线压降，即用不同的阴极母线压降 （不同的 K_i） 可求母线电压降 （mV） 与母线消耗 （t/槽） 之间的变化规律，如图15-10所示。

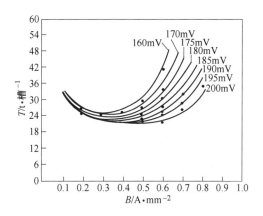

图 15-9　立母线电流密度与母线消耗之间的关系

实际上母线压降的大小就代表了某种容量电解槽的母线能耗。上述研究可以看出，对于同一母线压降，当立母线电流密度取不同数值时，母线消耗量有很大差别，特别是当立母线电流密度较高或较低时，无论母线电压降给定多少，总存

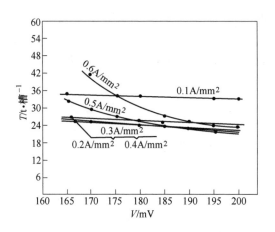

图 15-10 母线电压降与母线消耗之间的关系

在一个使母线消耗量最小的阴极母线电流密度，它与母线电压降的大小无关。当立母线电流密度为 $0.2 \sim 0.4 A/mm^2$、在不同的母线电压降（$160 \sim 200mV$）时，母线的用量与母线电压降呈线性的反比关系，但变化比较平缓。这是因为在这一范围立母线电流密度及母线整体的电流密度更接近于经济电流密度。

从上述的分析得知，按照经济电流密度的经典计算方法确定多点进电母线断面，其 K_i 值（阴极母线与立母线电压降之比，实际上是母线网络中呈串联关系时的 K_i 值）是不确定的。尽管实际设计时可以选择不同的 K_i 值进行计算，再从中选优，但受人为影响极大。对于复杂网络而言，实现真正的优化是困难的。

而实际应用表明，根据不同的母线配置选择不同的 K_i 值对母线系统的投资和电耗（总费用）影响十分明显，造成的偏差在 15% 以上。

15.3 多点进电母线系统优化——当量优化法

由磁场计算确定的铝电解槽母线配置方案，只有在完成其母线断面选择和设计方案系统优化后才能成为工程上可行的母线设计方案。从前面的分析已经了解了母线投资、电耗与立母线电流密度之间的关系。但从理论上，还需要进一步找到使母线系统获得最经济效果的母线断面计算方法，即首先要解决母线网络串联的最优 K_i 值计算问题。

实际的多点进电母线系统的设计与优化问题，可考虑的因素更为复杂。作者提出铝电解母线系统综合优化的概念[11]，并研究开发了"当量优化法"模型和计算方法。

15.3.1 母线系统综合优化的概念

一个经济、可行的多点进电电解槽母线系统的优化设计方案至少应解决包括以下理论与工程化方面的问题[11-12]：

（1）使电解槽阴极、阳极电流分配及母线系统电流分配达到要求。按照工程经验，阴极母线、阴极电流分布最大偏差一般应小于5%。立母线、阳极母线电流偏差一般不大于2%。Tred等人认为，一个有效的电平衡，其阴极电流的偏差系数应小于10%（实际工程设计中常按5%控制），上下游（进电侧与出电侧）母线系统的电流分配应在48%~52%的范围内。

（2）获得经济的母线费用，即母线本身投资费用与最低母线电耗之和最低。从前述可知，多点进电母线系统的经济性与立母线和阴极母线的电压、电流密度等不无关系。对每根立母线及相应的阴极母线而言，可能会存在多个层级的串并联关系，会存在无限多个可供选择的 K_i 值，因而利用式（15-27）计算 $D_{经}^{Al}$ 时是非常困难的[10]。

（3）保证母线电流密度在安全范围内。铝母线受到电阻发热的影响，有一定的安全要求，并且铝母线电阻率 ρ 随温度 t 变化而变化，$\rho = 2.85 \times [1 + 0.04 \times (t - 20)] \times 10^{-8}(\Omega \cdot m)$，母线温度每变化10℃，电阻率变化达4%。

电工学计算中，铝的极限安全电流密度常考虑为1000A/cm²（10A/mm²），实际电解槽设计时电流密度不超过90A/cm²，分片焊接的母线束（软母线束）可略大于100A/cm²，母线温度一般不超过120~130℃。文献［12］提出的母线设计电流密度极限值为100A/cm²，母线极限温度最高200℃（与环境温度和母线形状、位置有关）。

（4）母线规格与施工成本。母线断面应符合一定规格要求，并且品种不宜太多。母线详细设计中要尽量减少相对昂贵的伸缩节点（材料与焊接成本高）数量，即尽量减少软母线的使用；还要减少焊接口的数量和改善焊接方式。由于母线与电解槽一样是批量化制作的，因此这些设计方面的改进对降低母线投资非常有用。

（5）母线断面应考虑在其所处的空间位置易于安装、检修，并且不影响各种生产操作。母线的形状、断面及安装与槽间距有密切的关系，由于大型槽的槽间距对电解系列的占地面积、厂房建筑都有明显的影响，因此母线必须能够在有限的空间内得到良好的配置；而且立母线所在的位置、尺寸和形状不能影响电解槽的操作（阳极的更换）；再者，铝电解槽停槽时的短路操作，以及大修时的立母线与阳极大母线之间连接部分的临时拆卸必须十分便利。

综上所述，现代铝电解槽多点进电母线系统的设计必须能够实现上述几个方面的综合优化。建立系统、科学合理的综合优化模型和优化方法是非常重要的。显然，采用求经济电流密度传统计算方法无法满足这一要求。

15.3.2 多点进电母线系统优化的物理模型

通过电解槽的电流从阴极棒流出，经阴极软母线与阴极母线，再经斜立母线流入下游槽的阳极母线，通过阳极母线使电流均匀地分配到每根阳极导杆进入下游槽内。因此，铝电解槽的母线系统应包括上述两台槽之间的所有导电母线，母线系统中所有的母线单元即为我们所要研究的对象和范围，它包括：阴极软母线、阴极母线、立母线、阳极母线等，如图15-11所示。它们都是影响铝电解槽阴极、阳极及母线系统中的电流分布、电耗及母线用量的重要因素。

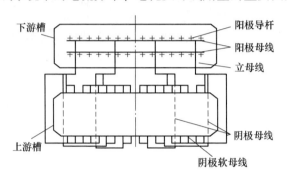

图15-11　典型的多点进电母线系统

经典的计算方法在求经济电流密度时仅选择了阴极母线及立母线为研究对象[6-7,10]，有时也通过欧姆定律计算考虑阴极软带的断面。这样虽可使问题得到简化，但所计算的母线断面就母线系统经济性整体而言未必是最优的，而且其电工计算的结果偏差非常大。

从理论上，要求电解槽阴极棒流出及阳极导杆流入的电流是均匀分布的。然而，由于受电解槽工艺条件及母线本身的影响，实际上阴极和阳极电流不可能完全均匀分布，尽管这种偏差对阴极和阳极电流而言并不大（工程允许范围2%~5%）。

按照实际要求，假定阴极电流分布最大相对误差为5%，阴极电压降为350mV。此时，由于电流误差带来的从铝液至阴极钢棒出口的电压降偏差为350×5%=16.2mV。这个电压降的误差代表了阴极钢棒出口位置的电位差，表明电解槽各个阴极出口的电位是不等的。一般来说，阴极软母线的电压降为5~40mV，而16.2mV电压降造成的电位偏差对于阴极软母线计算而言其误差甚至超过30%，相应会导致不可接受的母线系统计算误差。

当然，上述考虑是在假设每个阴极的电阻是相等的前提下的。事实上，由于所有的阴极炭块组是互相连接在一起的，严格来说内部的电流场分布应根据精确的电场数值模拟来确定。但无论如何，仅选择导电母线为计算范围是不可取的，也就是说，以等电位作为阴极出口边界条件造成的误差是不可忽视的，甚至是错误的。

尽管阳极母线与阳极导杆的断面计算通常不一定是由电路计算决定的（由于阳极母线同时承担了阳极的重量，通常需要优先考虑其结构强度和变形的需要），多点进电（使阳极母线电流分布分散）母线配置的情况下，对于每一段的电流来说阳极母线断面足够大，电流密度普遍较低，使阳极大母线各处电压降足够小。但同样的道理，虽然阳极立母线电流偏差一般不大于 2%，所造成的电压降偏差在 3~5mV，但在立母线与阳极大母线结合点处这个电位差有不确定性，也是不能接受的，这种偏差对于计算母线系统同样是不可忽视的。也就是说，将立母线与阳极大母线结合点处视为等电位的边界条件是不恰当的。

由于阳极大母线的电阻很小，一方面其内部电流分布变化很敏感，另一方面大母线对电解槽阳极电流的分布不起决定性作用，要精确计算阳极部分的电流分布，就必须考虑将电阻远大于阳极母线的阳极组和电解质层的电阻考虑在内，换言之，需将等位点选择在铝液层。

根据以上的讨论，合理的物理模型选择应当为两台相邻电解槽铝液层之间所有导体（包括阴极组、阳极组和电解质层）组成的电阻网络，称为"铝液-铝液"模型[11-13]。模型选取范围如图 15-12 所示。

图 15-12 中所表达的完整计算模型范围应该是从上游槽的铝液层，经过该槽阴极部分流出，进入母线系统到下游槽的阳极横母线，再进入下游槽阳极，通过电解质层到达下游槽的铝液层为止；即两台槽铝液层之间电流流经的范围。简化后的电路网络模型如图 15-13 所示。

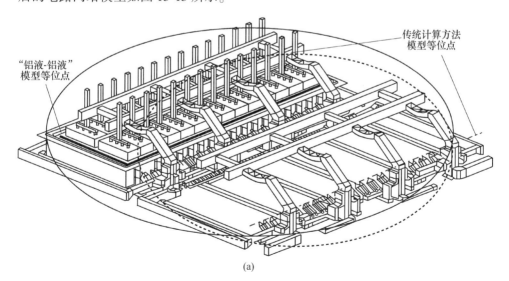

(a)

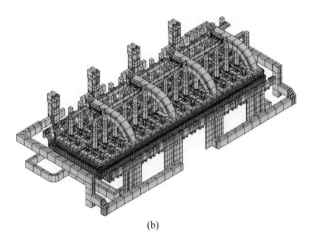

(b)

图 15-12　多点进电母线系统"铝液-铝液"模型

（a）"铝液-铝液"物理模型；（b）"铝液-铝液"模型所包括的导电体

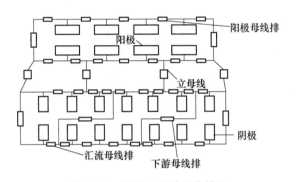

图 15-13　简化的电路网络模型

图 15-13 中每一个电阻代表一段母线或者导体的等效电阻，阴极电阻包含阴极组件和阴极软母线部分的电阻，阳极电阻包含阳极导杆和全部阳极组件以及对应的区域内电解质电阻，设定上游槽铝液面和下游槽铝液面为等位面，这个电阻网络模型比较全面代表了整个母线系统计算的电路网络。

15.3.3　母线网络的节点电位方程

对上述选择确定的网络模型（见图 15-13）而言，其节点电位可用基尔霍夫定律来描述。设定每个电阻编号为 $n(n=1, \cdots, N)$，节点号为 $m(1, \cdots, M)$，因此可建立如下节点电位方程组：

$$[A] \cdot [V] = 0 \tag{15-33}$$

式中，$[V]$ 为电位矩阵；$[A]$ 为其系数矩阵，是由各段母线电阻决定的。

因此，如果已知各段母线的长度及断面，方程组可求解，从而可求得各段母线上的压降和电流。求解该方程组的边界条件假定为：

（1）电解槽铝液层为等电位。上游槽铝液层（节点号 $M+1$）电位为 $V_\text{总}$，下游槽铝液层（节点号 $M+2$）为"0"电位。

（2）电解槽阴极炭块组电阻为已知，并且阴极炭块组电阻：

$$R_{c0} = V_{c0}/I_{c0} \tag{15-34}$$

式中，V_{c0} 为阴极电压降，取定值（一般取 350mV），可根据实际测量值修正；I_{c0} 为每个阴极组的平均电流值，$I_c = \dfrac{I}{N_{c0}}$；N_{c0} 为阴极块组数，即电解槽进电侧与出电侧阴极组与软连接总数。

实际的阴极电阻：

$$R_{ci} = R_{c0} + R_i \tag{15-35}$$

式中，R_{ci} 为包含阴极软母线的阴极总电阻；R_i 为阴极软母线电阻，$i = 1, \cdots, N_c$；N_c 为电路计算时网络中包含的阴极软连接组数。

（3）同样，阳极电阻为已知：

$$R_a = V_a/I_a \tag{15-36}$$

式中，V_a 为阳极平均电压，$V_a = V_E + V_{a0}$；V_E 为极间电压，包括反电动势分解电压、阳极过电压和电解质电阻压降，可取定值（3000~3300mV）；I_a 为每个阳极上的电流值，$I_a = I/N_a$；N_a 为阳极组数。

（4）为了取得可靠的母线电阻（温度的函数），还需提供必要的参数，采用式（15-37）对每个导体做热平衡计算，以确定各段母线的温度[12]：

$$I_i^2 \cdot R_i = W_{cvi} + W_{Rai} + W_{coi} \tag{15-37}$$

式中，W_{cvi} 为对流数热；W_{Rai} 为辐射散热；W_{coi} 为接触导热散失的热。

实际工程中，上述计算方法相对复杂，作者提出了采用实际测量值归纳的母线计算经验公式[11]：

$$T = a \times I_i/S_i + b \tag{15-38}$$

式中，a、b 为常数，$a = 0.8 \sim 1$，$b \approx 30$；I_i/S 为每段母线的实际电流密度值，A/cm^2。

按照以上网络模型建立的母线系统计算数学模型，在给定母线系统各个母线段的截面积后，已经能够对铝电解槽的母线系统的电压平衡和电流分布做出比较精确的计算，这也是母线系统计算的电工学基础。T. Tvedt 等人研究开发的母线断面计算程序 NEWBUS 和 J. I. Bulza 开发的母线计算程序 BUSCAL[12]，以及作者开发的 LBUS 程序，能够在给定各母线断面条件下模拟母线系统的电流分布，大大提高了计算的精确度。尤其是对母线的温度计算提出了精确的热平衡计算模型[12]或者经验模型[11]，因而可对实际母线的电阻做出精确估算。由于可以很方便地对设定断面的母线系统进行电流分配检验计算，通过不断调整进行验证，进行多方案的比选，可以大大减少计算工作量，并获得较为满意的设计结果。

然而，由上述求解网络节点方程组建立的数学模型，虽然与传统的从求经济电流密度出发的算法[6-10]在物理模型上有了很大的进步，但是由上百个母线段组成的（超大型槽可达 200 个以上）如此复杂的母线系统，如果由人工根据经验来选择各个母线的断面，除了要消耗很大的人工工作量以外，一个明显的突出问题就是很难保证设计的母线系统的投资和电耗费用是经济的，即均没有解决母线的经济性问题。

15.3.4 "当量优化法"数学模型

铝电解槽母线网络中，各母线之间相互连接。对于相互并联的母线之间，由于各个母线的电压降相等，对于已知的母线电流分配要求而言，母线的截面积是由电流大小和母线的长度决定的。但对于相互串联的母线而言，确切地说是一个（组）母线与一组母线串联（见图 15-8）的情况下，相互之间的电压比 $V_{2i}/V_{1i}=K_i$，正像前面讨论过的那样，K_i 值是不确定的；不同的 K_i 会得到不同的结果，如何找到使母线系统总费用最低的 K_i 理论值便是取得母线经济性的关键问题。而铝电解槽多点进电母线网络中相互串联的母线组有可能是多级的（见图 15-8）。以串联母线来分，阴极部分可以继续往下分为几个层级。也就是说，需要确定多个 K_i 值，才能最终取得整个系统的最优化，问题也更加复杂。

不仅如此，正如本节前面所述，铝电解槽的母线系统除了在理论上找到最佳的经济截面积，还需要考虑实际生产中工程化对母线截面的各种要求，实现母线系统的综合优化。建立一个全新的综合优化数学模型，就成了母线系统优化的核心问题。

作者提出了一种适用于复杂母线网络的优化方法——"当量优化法"（EL 法），建立了完整的优化理论和方法[11]。

15.3.4.1 目标函数

通过电流的母线，当其截面增大时，母线中消耗的电能减少，电耗费用降低；但母线的铝用量会增加，即母线投资随之增加。

若以铝电解槽母线系统的总费用 D 为目标函数，系统中各段母线截面 S_i 为设计变量（$i=1, 2, \cdots, N$），N 为母线段的总数量，则：

$$D = f(S_1, S_2, \cdots, S_N) \tag{15-39}$$

即母线总费用是各母线段截面积的函数。由于总费用 D 为电耗费用与母线投资费用之和，因此目标函数 D 可表示为：

$$D = A \sum_{i=1}^{N} L_i S_i + B \sum_{i=1}^{N} \frac{I_i^2 L_i}{S_i} \tag{15-40}$$

式中，A 为与母线投资费用有关的综合系数，$A = dq \times 10^{-3}$；B 为与母线电耗费用有关的综合系数，$B = \rho N T k \times 10^{-3[8]}$；$L_i$，$I_i$ 为各段母线的长度和通过的电流，在母线配置确定后 L_i、I_i 为已知。

母线系统的截面优化即对目标函数 D 求极小值。对于等断面且通过等电流的一根母线，式（15-40）可表示为：

$$D = A L_0 S_0 + B \frac{I_0 L_0}{S_0} \qquad (15\text{-}41)$$

通过取 D 对 S_0 的偏导数，并使之为零，得：

$$\Delta = \frac{I}{S_0} = \sqrt{\frac{A}{B}} \qquad (15\text{-}42)$$

当母线电流密度为 Δ 时母线总费用最低，该电流密度也就是母线的经济电流密度。式（15-42）即为式（15-2）的另一种表现形式。

现代铝电解槽的母线系统十分复杂（见图15-11），其母线系统中多达上百根母线，各母线段电流、长度不同，截面也各不相同。因而母线系统的优化问题属于多变量工程优化问题，直接对式（15-40）求解是相当困难的。因此，必须考虑适当的约束条件给以简化。在母线网络中，相互并联的母线之间由于电压相等，电流和母线长度已知，在电压降确定后，各母线段的截面积也是确定的；母线系统优化的核心问题是建立串联母线之间的最优约束关系，实际上也就是求出前面所述的最优 K_i 值。

15.3.4.2 树形标准网络及其约束条件

电解槽的母线系统，从阴极棒引出后，经过阴极汇流母线、槽底补偿母线至立母线，由多个分支逐渐汇集到一根立母线上。由于阳极大母线、阳极导杆的截面积都是由其他因素决定（结构因素等），因而一般可视为已知。

这样母线优化的范围就可以缩小为立母线、阴极母线（或补偿母线）、阴极槽侧母线和阴极软母线等，以每根立母线为一组，每台电解槽的母线系统都可分解成若干组这样的网络，如图15-14所示。这个网络为树形结构，称之为树形标准网络。在现代铝电解槽母线系统中的确存在一个这样的标准网络，它是组成母线系统的基本网络，如果找到这个网络中的最优约束关系也就找到了母线系统断面约束的基本关系。

铝电解槽母线系统中的树形标准网络具有以下基本特征：一是流入电流为多个入口，即有多组阴极钢棒与软母线（数量为 M）流入电流；二是出口只有一个母线流出（编号 N），而且从入口到出口，电流是不断汇合的，一般不考虑汇合后再分开的情况，从下往上如同分开的树枝不会再合在一起。事实上，一个简洁合理的设计，也不应该设计为汇合后再分开，这会导致电流分配的不确定性，造成电流偏离设计意图。这种单出口多入口或者单入口多出口的网络系统特点，在其他领域也很常见，比如供电、供气（汽）、供水（油）管网或特定的公路网的设计。以下针对这个网络进行详细分析。

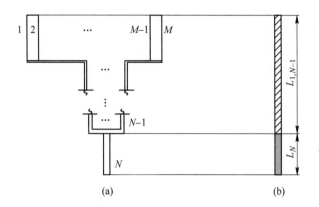

图 15-14 树形标准网络即当量母线

（a）标准网络；（b）标准网络当量母线

A 简单串并联电路

图 15-14 所示的母线树形标准网络实际上是由若干简单的串联和并联电路组成的，如图 15-15 所示。即 $n-1$ 个并联母线（第 1 个至 $n-1$ 个）与 1 个母线（第 n 个）串联。在电解槽母线系统中，从最末端的阴极钢棒和软母线开始，总可以将母线网络拆解成类似的简单串并联电路。

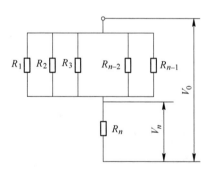

图 15-15 简单串并联电路

找到第 n 个母线的截面与其余 $n-1$ 个母线之间的最优化关系，也就可以使树形标准网络得到简化。

假设该简单电路总压降为 V_0，总电流 $I_0(I_n = I_0 > 0)$，则该电路中的电耗费用是一定的。此时，其母线投资费用为：

$$D_A = A \sum_{i=1}^{n} L_i S_i \qquad (15\text{-}43)$$

由 $R_i = \dfrac{V_i}{I_i} = \dfrac{\rho L_i}{S_i}$ 可得：

$$D_A = \rho A \sum_{i=1}^{n} \frac{L_i^2 I_i}{V_i} \qquad (15\text{-}44)$$

由于第 1 段至第 $n-1$ 段母线为并联关系，因而有：$V_1 = V_2 = \cdots = V_{n-1} = V_0 - V_n$。因此，式（15-44）可写成：

$$D_A = \rho A \frac{L_n^2 I_n}{V_i} + \rho A \sum_{i=1}^{n-1} \frac{L_i^2 I_i}{V_0 - V_n} \qquad (15\text{-}45)$$

为求该母线组投资最小值，求 D_A 对 V_n 的偏导数，并令 $\dfrac{\partial D_A}{\partial V_n} = 0$，可得：

$$\frac{V_0 - V_n}{V_n} = \frac{\sqrt{\sum_{i=1}^{n-1} I_i L_i^2}\,\Big/\, I_n}{L_n} \qquad (15\text{-}46)$$

从式（15-46）可以得出一个重要的结论：在给定的总电压条件下，相串联的两部分母线投资费用最低时的电压降之比仅与各母线段的长度和电流有关。

B　当量母线的概念

在工程学中，常把一组相互连接的母线当量为一根母线，这根母线称为这组母线的"当量母线"，其长度 $\overline{L}$ 称为这组母线的当量长度。

根据上述推导的结果，如果把并联部分当量地看作截面与第 n 段母线相等的一根母线，那么其当量长度 $\overline{L}_{1,n-1}$ 与第 n 段母线长度 L_n 之比就等于其压降之比，即：

$$\frac{\overline{L}_{1,\,n-1}}{L_n} = \frac{\sqrt{\sum_{i=1}^{n-1} L_i^2 I_i}\,\Big/\, I_n}{L_n} \qquad (15\text{-}47)$$

从而可得出，并联母线组的当量长度：

$$\overline{L}_{1,\,n-1} = \sqrt{\sum_{i=1}^{n-1} L_i^2 I_i}\,\Big/\, I_n \qquad (15\text{-}48)$$

并联母线组的当量母线的电流、电压与并联母线组的总电流和总电压相等，因而当量母线的总功率与并联母线组的总功率相等，所以这种当量方法也遵循能量守恒的原则。

对于第 n 段母线而言，其当量长度等于其本身的长度：

$$\overline{L}_n = L_n \qquad (15\text{-}49)$$

因此，图 15-15 所示的网络也可以当量为一根母线，其当量长度为：

$$\overline{L}_{1,\,n} = \overline{L}_{1,\,n-1} + L_n \qquad (15\text{-}50)$$

由于此时当量长度包含了一组并联母线与串联母线之间的当量关系，因此把上述求得的当量长度 $\bar{L}_{1,n}$ 称为这组母线网络的最优当量长度。通过计算母线的当量长度，即可确定相互串联的母线之间的最优化关系。即：

$$\frac{V_{1,\,n-1}}{V_n} = \frac{\bar{L}_{1,\,n-1}}{L_n} \qquad (15-51)$$

这个最优化的电压比，也就是母线优化的核心问题——K_i 值问题的理论解。

C　母线截面的确定

按照上述方法在图 15-14 所示的标准网络中，找出如图 15-15 那样的简单串并联电路，并使之当量为一根母线，从而可使该标准网络得以简化；再按此法可将简化后的网络进一步简化，以此类推，图 15-14(a) 所示的母线网络最终将简化为如图 15-14(b) 所示一根母线。

在将树形标准网络当量为一根母线的情况下，即可通过以下过程逐个确定每段母线的截面积[13]：

(1) 设定标准网络总电压 V_0，计算其当量长度 $\bar{L}_{1,N}$，很容易求得该当量母线的截面，也就是第 N 段母线的截面，并可按照欧姆定律求得 V_N。

(2) 剔除已确定的母线 N，其余 $N-1$ 个母线网络的总电压降为 V_0-V_N，这 $N-1$ 个母线组成的网络又可分解为若干个支网络。

(3) 对分解后的支网络同样属于树形标准网络，也总有一根母线的电流等于该支网络总电流，用同样的方法可确定每个支网络中电流为该网络总电流的那根母线的截面和电压降。

(4) 重复上述过程，直到确定所有母线的截面。

上述计算过程表明，如果已知总压降 V_0，树形标准网络中所有母线的断面都可由各段母线的长度和电流来确定，即：

$$S_i = K_i/V_0 \qquad (15-52)$$

式中，K_i 与之前不同，它被重新定义为代表每段母线与网络总电压关系的参数，仅与各段母线的长度与电流有关，可以通过上述过程求得。也就是说，通过上述方法，能够确定网络中各个母线段的最优截面积，而且仅仅与各个母线的长度、电流和设定的网络电压有关，即确定了给定电压条件下的最优约束关系。

15.3.4.3　工程附加约束条件

正如前边讨论过的，在实际工程中，施工安装、生产工艺、槽结构及安全性等因素对母线截面都有一定的限制，如母线断面应保证各母线段及电解槽阴极、阳极电流分配达到所要求的目标值（误差不大于 5%）；所有母线的电流密度应处于安全电流密度 (d_0) 以下；为制作安装方便，要求某些母线等断面；生产操作、工艺及结构要求某些母线断面为一定值。以最优约束条件为基础，再进一步把上述限制条件作为附加约束条件加以考虑。即：

区间约束条件：　　　　　　　$0.95I_{i0} \leqslant I_i \leqslant 1.05I_{i0}$

$$I_i/S_i \leqslant d_0$$

函数约束条件：
$$S_j = S_k(j \neq k)$$
$$S_m = S_{m0}(m_1 \leqslant m \leqslant m_2)$$

15.3.5 目标函数的求解

15.3.5.1 目标函数的简化

根据当量母线的概念已建立了母线网络中各母线断面与总压降之间的关系，即式（15-52）。将该约束条件引入目标函数，则式（15-40）可简化为：

$$D = \frac{A}{V_0} \sum_{i=1}^{N} L_i K_i + B V_0 \sum_{i=1}^{N} \frac{I_i^2 L_i}{K_i} \tag{15-53}$$

则：
$$D = A \sum_{i=1}^{N} L_i S_i + B \sum_{i=1}^{N} \frac{i_i^2 L_i}{S_i} \tag{15-54}$$

令：
$$K_A = A \sum_{i=1}^{N} L_i K_i; \quad K_B = B \sum_{i=1}^{N} \frac{I_i^2 L_i}{K_i}$$

因此，目标函数可表示为：
$$D = K_A/V_0 + K_B V_0 \tag{15-55}$$

式中，K_A、K_B 为与各段母线长度、电流及母线投资和电耗费用系数有关的系数，对于一个给定的母线网络而言，K_A、K_B 是可知的。也就是说，母线系统的总费用（目标函数）仅与母线网络的总压降 V_0（唯一变量）有关，从而设计变量 S_i 减少为1个。

15.3.5.2 目标函数的求解

由于目标函数得到简化，因此母线断面优化问题转化为对简化后的目标函数式（15-55）求极小值：

$$\min D = K_A/V_0 + K_B V_0 \tag{15-56}$$

求 D 对 V_0 的偏导数，并令 $\frac{\partial D}{\partial V_0} = 0$，可得：

$$K_A/V_0 = K_B V_0 \tag{15-57}$$

从而得：

$$V_0 = \sqrt{\frac{K_A}{K_B}} \tag{15-58}$$

该式表明，对于一个已知的母线网络，求得 K_A、K_B，其母线系统总费用最低时的总压降 V_0 即可求得。至此，目标函数可求解。

根据以上方法，可以求得按照给定母线网络各母线段长度、电流值条件之下，符合母线总费用最低的各段母线截面的理论最优值。

当量优化法的优化原理也适合于其他领域如供电、供气（汽）、供水（油）

管网或特定的物流（公路）网设计时，具有类似的树形网络特点的优化计算。

至此，建立了完整的多点进电铝电解槽母线系统的优化理论问题和优化方法。

15.3.5.3 实际的求解过程

A Kelvin 定律

从理论上而言，K_A、K_B 与母线断面无关，上述求解过程成立，理论上可以保证取得各段母线电流 100% 的精确值（模型误差除外）。然而，以上过程求得的母线截面是各不相同的，还必须考虑各种工程要求，即实际的附加约束条件（加载）的限制，从而会导致某些截面发生改变，母线电流分配发生一定偏差（允许范围），这样 K_A、K_B 与母线截面有一定的关系。因此式（15-58）是非线性的，无法直接求解 V_0 的精确值。

观察式（15-57）可以看出，等式两边分别为母线系统的投资费用（$P = K_A / V_0$）和电耗费用（$W = K_B V_0$），因此该式可改写成：

$$P = W \tag{15-59}$$

式（15-59）表明，当母线系统的投资费用等于其电耗费用时，母线的总费用最低，这实际上就是 Kelvin 定律[9]，如图 15-16 所示。

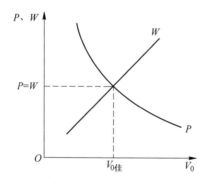

图 15-16 P、W 曲线及目标函数的解

B LBUS 模型与软件

设定母线系统总电压 $V_{0初}$，对母线网络进行分解，按照当量原理求出各个母线段的理论截面积；求解母线总投资费用与电耗费用，采用"两分法"修正设定的母线系统总电压值 V_0'，直到使投资费用（D_A）和电耗费用（D_B）相等（设定误差不大于 2%），从而求出母线系统最优电压降 $V_{0佳}$；然后，加载附加约束条件，对母线截面进行调整，建立节点电位方程（式（15-33））求解，计算各母线段的电流分布，对调整后的母线截面进行验证；进行适当的修正后重复上述电流分布计算，直到使各母线电流分配满足工程要求。最终，可确定每段母线的截面积。

上述方法的基本出发点是建立在当量母线概念的基础上，因此称为"当量优化法"（EL 法）[11]。根据以上方法编制的计算机程序（LBUS）流程如图 15-17 所示。

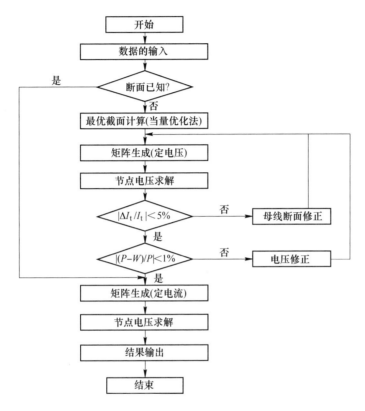

图 15-17 "当量优化法"母线优化程序（LBUS）流程图[13]

15.3.5.4 LBUS 应用实例

"当量优化法"母线优化模型和程序的开发提供了一个强有力的母线优化设计工具，它不仅能够获得复杂的铝电解槽母线系统的最优截面设计，而且满足工业电解槽的各种工程要求，同时大大降低了计算工作量。

A LBUS 的功能和应用

对于一个已经确定的母线配置方案，使用 LBUS 程序进行母线截面计算和设计的一般步骤为：

（1）根据母线配置方案确定的母线网络图绘制简化的等效电路图。按照两台电解槽铝液层之间的所有导体构成的计算网络，它包括母线系统、阴极、阳极及电解质层。每一根母线作为一个等效电阻，每块阳极与电解质层作为已知的电阻，阴极与阴极软母线按一个等效电阻考虑，即阴极电阻（已知）+阴极软母线。

（2）对各母线（等效电阻）与节点（电阻之间的连接点称为节点）按顺序编号。节点及母线的编号一般来说是任意的。为便于使用和绘制电流分布图，母线（或电阻）编号从阴极软母线开始，然后是阴极母线、立母线、阳极母线，最后是阳极和电解质层。除上游和下游槽的铝液层需要特殊指定外，节点的编号可以任意。但设定了以下限制条件：节点数 NP 为等效电路图中不包括铝液层在内的所有节点总和，上游槽铝液层（网络入口）节点编号一定为 $NP+1$，下游槽铝液层（网络出口）节点编号一定为 $NP+2$。

（3）按照等效电路图完成计算数据的准备工作，并填写数据文件 LBUS. DAT。该数据文件中，设置有两个格式数据。

第一种是程序计算的控制参数，包括计算功能选择、母线电阻数（NB）、节点数（NP）等网络参数，网络总电流、压降设定值、母线（及软带）电流密度最大与最小值、阳极与电解质压降、阴极压降等边值参数，以及电价、母线价格、母线残值等经济性基础数据。

在计算功能选择参数（LKEY）的设值是为了能够方便地进行以下计算：

1）LKEY=0，此时程序可在不加载任何限制的条件下，按照"当量优化法"计算母线截面的最优值，此时求得的每根母线截面都是不同的，但电流的分布（不包括阳极）值 100% 满足目标值要求。显然，这并不是一个可实施的结果，但对最优化设计有很大意义。

2）LKEY=1，此时加载各种工程约束条件，可求得满足各种工程要求的优化设计结果，此时得到的母线截面已经接近最终的设计结果。

3）LKEY=2，此时将每根母线截面视为已知值，进行电流分布和电压等验证，可在以上计算（LKEY=1 的计算结果）基础上对母线截面稍加修正。比如为了将母线截面修正为已有母线规格，或以特殊原因对某些母线截面做调整后进行必要验算，以得到最终的分析结果。

第二种数据格式主要输入母线（电阻）信息，包括每根母线电阻的编号及其两端相连的节点号，母线的长度、通过的电流（目标值）、温度（测算初值），以及母线的分类号（MAT）。

母线（电阻）的分类号（MAT）是区别母线类型的参数，它告诉计算程序每一个电阻的性质，以准确对应其母线电阻的相关数据，并选择确定母线截面（电阻）的计算方法：

1）MAT=0，指截面不加限制的一般母线。

2）MAT=1~10 的整数，是指截面需要限制的一般母线，一般不超过 10 种，相同分类号的母线其截面要求相等。

3）MAT<0，取−1~−10 的整数，是指包含阴极的阴极软母线电阻，相同分类号的母线其截面要求相等。

4）MAT>10 的整数，是指阳极母线，包括中间横母线，此时截面为给定值，同样相同分类号的母线其截面要求相等。

5）MAT=1000，特指阳极与电解质电阻，电阻（电压降）为给定值。

（4）在完成数据准备和 LBUS.DAT 文件的输入以后，运行 LBUS 程序即可得到所需的母线优化计算结果，主要包括两部分：母线系统的总压降、总电阻、总质量，母线系统的总当量长度、当量截面积和当量电流密度值；每段母线的截面积、电压降、实际电流及偏差值、电流密度、温度以及质量等，并可据此绘制阳极、阴极电流分布图。

B　多点进电铝电解槽母线截面优化实例

以我国 280kA 大型铝电解试验槽（ZGS-280）五点进电母线系统的优化设计为例，该槽代表了我国最典型的现代大型预焙槽型[14]。其母线配置为五点进电，由于考虑了电磁补偿的需要，A 侧阴极母线分别从槽底部和端部绕至 B 侧与 B 侧母线汇合后进入立母线进入下一台槽（见图 15-18）。

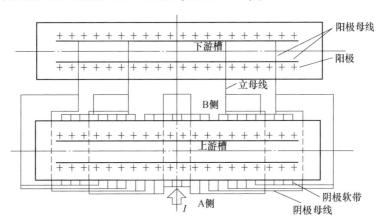

图 15-18　280kA 试验槽多点进电母线配置图

采用 LBUS 程序在该母线配置形式下，对母线截面进行计算设计。由于该槽母线以横轴对称布置，因而取半槽母线系统作为计算范围，母线系统电阻网络如图 15-19 所示。

输入相应的参数和网络连接数据，完成数据文件（LBUS.DAT）后，启动运行文件 LBUS.EXE，即可得到计算结果，并生成两个输出文件 LBUS.OUT 和BUSC.DAT，前者包含了母线系统总体参数的计算结果，列于表 15-3[1]，它同时还包含了每一段母线的详细计算数据，尤其是每一段母线的截面积和电流值，以及实际电流与目标电流的相对偏差；后者是专门存储阴极和阳极电流分布的文件，程序可以很方便地由此文件绘制出阴、阳极的电流分布图（见图 15-20）。

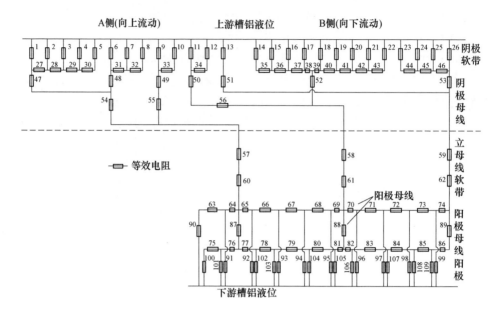

图 15-19 280kA 电解槽母线系统优化计算电阻网络图

表 15-3 LBUS 计算结果母线系统参数

母线系统参数	数值
母线总电压降/mV	171. 551
母线总电阻/μΩ	0. 613
当量长度/m	14. 559
当量截面积/cm²	7522. 748
当量电流密度/A·cm⁻²	37. 22
总质量/kg	43461. 36
平均温度/℃	50. 0

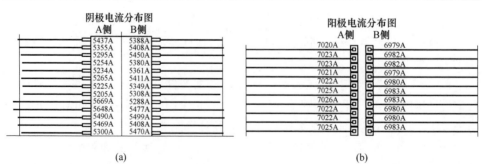

图 15-20 280kA 电解槽阴极（a）和阳极（b）电流分布计算结果

根据计算实例可以看出由 LBUS 计算的母线截面优化设计结果，并人为改变控制参数，可以发现如下几点规律：

（1）如果不加载任何限制条件，可以做到使各母线段电流分布 100% 满足设计目标要求，母线总的用量与系统的总电压降成明显的反比关系，增加母线总压降，母线用量减少。此时，母线截面的选择结果在一定的电压条件下是唯一的，但每段母线的截面积各不相同。

（2）在限定的母线电流密度范围内，如果不加载对各部分母线规格化的要求，LBUS 进行母线截面积设计的结果，除了电流密度达到限定的极限值的母线段（距离最近或最远）以外，母线段的截面积一般也是各不相同的；但可以看出母线实际电流的平均误差很小，可以保证取得更均匀的电流分配。

（3）人为指定一部分母线（截面积相近的）的截面积相同，即增大或较少某些母线的截面积，使之与已有的母线规格一致，通过对应减小和增大其上下游相连接的母线截面积，可以取得较好的规格化的效果，同时满足电流偏差要求。

（4）在可接受的范围内，如果允许某些母线电流最大偏差适当增大（工程允许的范围内，如由 1% 调整到 3%），母线的用量和电压都会有所降低，这是因为此时电流自然选择走近路的结果。实际上，相当于母线网络总的当量长度减小了。当然，一般来说，设计目标首先是使母线电流分布与目标值偏差越小越好。

参 考 文 献

[1] 梁学民. 论现代大型铝电解槽的母线设计 [J]. 轻金属，1990：20-26.
[2] POTOCNIK V. A-275 MHD design[J]. Light Metals，1987：203-208.
[3] 狄鸿利. 铝电解中铝液的凸起与循环 [J]. 东北工学院学报，1981(1)：63-74.
[4] SELE T. Instabilities of the metal surface in electrolytic alumina reduction cells[J]. Metallurgical Transactions B，1977，8(4)：613-618.
[5] MORI K，SHIOTA K，URATA N，et al. Surface Oscillation of Liguial metal in alumiuum reduction cells[J]. Light Metals，1976：478-486.
[6] 邱竹贤. 铝电解 [M]. 北京：冶金工业出版社，1995.
[7] 沈时英. 论直流大母线的合理断面（下）——关于铝母线加宽问题的讨论 [J]. 轻金属，1977(3)：37-41.
[8] 邱竹贤. 预焙槽炼铝 [M]. 北京：冶金工业出版社，2005.
[9] 蔡祺风，何成发. 铝电解槽双端进电母线的经济电流密度 [J]. 轻金属，1983(12)：27-31.
[10] 贺志辉，姚世焕. 现代大型铝电解槽母线经济截面的选择（下）[J]. 轻金属，1989(4)：30-35.

［11］梁学民. 多点进电铝电解槽的母线断面优化［J］. 有色金属（冶炼部分），1995(2)：23-27.

［12］IMERYBULZA J，朱志林. V-350 电解槽的最优电磁特性的确定［J］. 轻金属，1990(3)：39-41.

［13］梁学民. 铝电解槽母线断面及电流分布计算通用程序的研究［J］. 贵州有色金属，1988(3)：54-59.

［14］梁学民，于家谋. 我国 280kA 超大型铝电解槽（ZGS-280）开发工业试验［J］. 轻金属，1998(增)：54-58.

16 "底部出电" 电解槽原理及应用

16.1 概 述

现行 Hall-Héroult 铝电解槽使用炭素阳极和表面水平的炭素内衬作为阴极，电解过程中析出的金属铝液蓄积在炭素阴极上面，形成一个铝液熔池，并作为实际的阴极。炭素阳极下端浸入电解质中，底部接近槽底的铝液表面。电解过程中电流由槽外立母线进入软带母线，并由软带母线进入阳极横梁，经阳极到电解质和铝液，再由阴极经阴极内部设置水平钢棒流到与下一个槽的立母线相连的阴极母线中，形成一个完整的电流通道。

经过长期的生产实践和发展，Hall-Héroult 铝电解槽结构不断更新，电解技术工艺水平也不断发展，电解槽更加大型化，槽容量和生产能力不断增大。与此同时，现代大型预焙槽的电能消耗量也由初期的吨铝 42000kW·h 降至 13000kW·h。然而与理论电耗量 6320kW·h 相比，电解槽的电能利用率依然偏低，仅 48.6% 左右[1]，除了理论上将氧化铝还原成铝所需的能量外，其余能量均以热量的形式向外散失。造成理论与实际能耗如此大的差异的主要原因就在于现行 Hall-Héroult 铝电解槽采用水平式结构，并且在高极距下作业，这就使得电解槽产能低、槽电压高，造成了巨大的能源浪费。

为实现电解铝生产的节能降耗，人们围绕节能铝电解槽技术开展了大量的研究工作。目前，铝电解槽节能降耗手段主要有两种，一种是提高电流效率，另一种是降低阴阳极极距，降低槽电压。当前，大型预焙阳极铝电解槽年平均电流效率最高已经超过了 96%，槽况一般的电流效率也能达到 92% 以上，继续通过提高电流效率方法减少槽能耗收效也许不会太大。而在实际生产中，铝电解槽内的铝液存在波动，可引起金属铝的溶解，并加速了铝的二次氧化，并且正是由于铝液界面存在的波动，导致铝电解槽需要在较高极距（一般为 4~5cm）下运行。阳极和阴极之间的电解质电阻率较大，在高极距下，极间电解质电压降通常在 2V 左右，是槽电压分配比最高的部分。通过减小极距以降低电解质电压降，减少铝电解槽能耗具有较大的可行性。

但是需要注意的是，电解槽的热平衡和电流效率与极距密切相关，在现行槽上调节极距需要注意保持电解槽的热平衡，同时还应考虑铝液在磁场作用下产生波动导致铝溶解损失增大，且在短极距下铝液可能接触阳极引发短路。再者，极距过低还可能造成阳极气泡与阴极铝液接触，使金属铝发生再氧化反应，降低电解槽的电流效率。因此，现行铝电解槽生产运行中不能贸然采取降低极距的操作。为了能够有效降低铝电解槽极距，降低能耗，就需要对现有电解槽结构进行改进，开发新型电解槽结构。

16.2　基于稳流设计的新型铝电解槽

在铝电解的电化学过程中，实际起到阴极作用的是铝液表面而不是阴极炭块表面。在铝电解槽熔池内，电解质熔体和铝液在无电磁力作用时，液体界面发生的波动能够在重力和黏性阻力的作用下逐渐恢复稳定，铝液表面是平整的。而在运行的电解槽上由于电磁力的存在，驱使熔体在熔池内流动，造成电解质-铝液界面发生变形与波动，从而引起铝液阴极与阳极极距变化，甚至引发短路，影响电解槽电流效率，增大电能消耗，同时变化的电磁力又反过来作用于熔体流动和波动，进一步引起电流、磁场和电磁力的扰动，造成铝电解生产过程不稳定。铝电解槽内上述电磁场和流场耦合的动力体系即为磁流体动力学（MHD）[2]。实际上，铝电解槽是四周封闭的流动区域，边界反射形成的驻波代表了真实的流动现象。MHD 稳定性问题与技术经济指标如电能消耗和电流效率直接相关，一直是铝电解槽研究设计的难点问题和技术关键。基于对铝电解槽内多物理场（电场、流场、磁场）的研究，为实现铝电解槽节能的目标，近十几年有研究者提出了几种新型铝电解槽，部分已经有工业应用的报道，本节对其中几种典型的电解槽进行介绍。

2007 年东北大学冯乃祥等人开发了异型阴极结构电解槽，这种新型电解槽的阴极炭块表面分布有纵向间隔凸起或横向与纵向交错凸起结构（见图16-1）[3]，能够阻滞槽底铝液流动，降低铝液流速，减小波动，提高铝液稳定性，进而采用低铝水平工艺条件，可以在不影响电流效率的前提下，提高电解槽有效极距，达到降低槽电压的目的。2008 年，重庆天泰铝业采用该新型阴极结构电解槽技术在 168kA 系列铝电解槽上进行了工业试验。结果表明，新型电解槽能够在 3.70 ~ 3.75V 的槽压下稳定运行，与同系列常规电解槽相比，试验槽的槽电压下降约 300mV，吨铝直流电耗降低至 12280kW · h，电解槽电耗明显减少[4]。截至目前，异型阴极技术已在我国多家铝厂进行了试验或小规模应用，浙江华东铝业于 2009 年在 94 台 200kA 级大修槽上应用了异型阴极技术，其中运行时间最长的电解槽槽龄已经超过 3 年，获得了良好的技术指标；槽电压为 3.72V，电流效率约 93%，直流电耗降低至 12043kW · h/t。

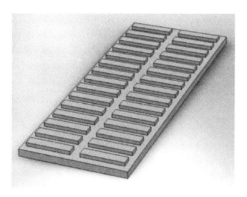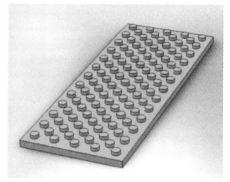

图 16-1　异型阴极电解槽阴极结构示意图

在异型阴极结构电解槽的启发下，沈阳铝镁设计研究院开发了适用于传统平面阴极电解槽的铝液流态（阻流）优化节能技术[5]。通过在现行铝电解槽的槽底铝液中放置一定数量、一定规格的阻流块，实现电解槽内部流动场优化，降低铝液流速，减小铝液界面波动，获得减少铝液损失、降低槽电压的效果。该项技术先后在包头铝业、兰州铝业等进行了工业应用试验，取得了良好的生产指标。据报道，与常规槽相比，应用铝液流态（阻流）优化节能技术的 240kA 系列试验槽平均电压下降了 156mV，电流效率提高 0.41%，吨铝电耗能够降低594 kW·h。

中铝郑州轻金属研究院开发了一种导流型阴极结构电解槽，结构如图 16-2所示[4]。导流槽的阴极和阳极表面均呈斜坡状，其中阴极上端面开有导流沟槽，阴极整体由导流沟、中缝汇铝沟和端部蓄铝池构成。电解过程中，阴极表面产生的铝液沿着导流沟汇入端部的蓄铝池，被定期抽出。与常规铝电解槽相比，导流槽的阴极表面仅保留 3~5mm 的铝液薄膜，因此阳极底掌下基本不存在铝液波动，进而允许将极距大幅缩短，可有效降低电解电压。2009 年中铝郑州研究院和中铝国际首次开展了 160kA 级新型导流型电解槽工业应用试验，取得了显著的节能效果。经中国有色金属工业协会鉴定，新型导流型电解槽可降低槽电压 300~400mV，电流效率达 94.1%，吨铝直流电耗可节省 1200kW·h 以上。导流型铝电解槽相对于普通 Hall-Héroult 铝电解槽在结构上有较大的改进，可望大幅减小极距，降低能耗。但是由于需要配合使用可润湿性阴极，在阴极材料没有突破的情况下，该型电解槽难以实现长期的低电压稳定运行。

现代铝电解理论表明[6]，铝电解槽内引起磁流体波动的电磁力是由于铝液中水平电流和垂直磁场相互作用引起的，而水平电流和垂直磁感应强度的大小与分布主要取决于电解槽及母线结构设计，母线结构的合理设计是实现槽内电磁场优化的关键。基于母线优化的角度，中南大学研究者提出了有别于传统结构的"底

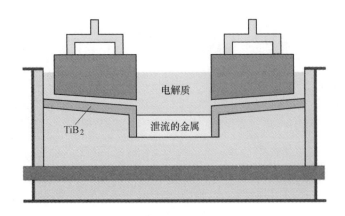

图 16-2 导流型铝电解槽的结构示意图

部出电"型铝电解槽$^{[7-8]}$，将传统水平钢棒改变为水平-垂直组合的形式，使电流经垂直钢棒从电解槽底部导出，并通过对电解槽母线配置进行系统优化，进而大幅降低铝液层中的水平电流和垂直磁场强度，使熔体界面达到静流效果，实现降低槽电压、减小铝电解直流电耗的目的。

16.3 "底部出电"电解槽结构

16.3.1 电解槽主体结构简介

"底部出电"电解槽除阴极炭块、钢棒和槽周围母线结构外，其主体结构与现行 400kA 预焙铝电解槽结构基本一致，表 16-1 为 400kA "底部出电"电解槽的主要结构参数，图 16-3 所示为"底部出电"电解槽的阴极钢棒和母线结构示意图。

表 16-1 400kA 预焙铝电解槽主要结构参数

名　称	数　值	名　称	数　值
电流强度/kA	400	钢壳厚度/mm	16
电解槽尺寸/mm	19480×4120×1377	阳极个数/个	24×2
槽膛尺寸/mm	19130×3880×500	阴极钢棒个数/个	34×2
阴极钢棒尺寸/mm	180×65×2215	大面加工距离/mm	300
阳极尺寸/mm	1550×740×560	小面加工距离/mm	430

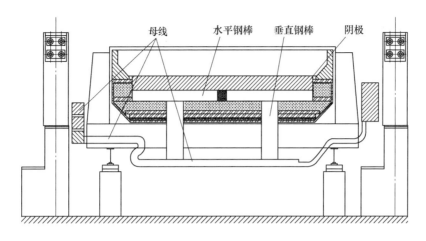

图 16-3 "底部出电"电解槽阴极钢棒和母线结构示意图

16.3.2 阴极结构

为了减弱槽内磁场的影响,新型"底部出电"电解槽阴极的出电方式由传统的侧部出电改变为底部出电的全新技术方案;同时为了减小铝液中水平电流分量,在结构设计上将电解槽阴极宽度设定为与阳极同宽(即同为700mm),使阴极、阳极上下一一对应,同时在阴极炭块底部沿长度方向开两个沟槽以放置水平阴极钢棒,优化后阴极方案见表16-2。

表 16-2 优化前后阴极方案对比

槽型	现行 400kA 电解槽	新型 400kA 静流槽
阴极尺寸/mm	3600×600×450	3600×700×510
出电形式	水平	垂直

图 16-4 所示为新型电解槽阴极钢棒组合结构示意图,每个阴极钢棒组由两根水平钢棒和一根垂直钢棒焊接而成。其中,两侧水平钢棒尺寸均为 180mm×90mm×1470mm,呈平行布置,垂直钢棒尺寸为 180mm×180mm×420mm,与两侧的钢棒焊接成一个整体。

槽内每个阴极炭块内部垂直安装两组阴极钢棒。每组阴极钢棒垂直安放在阴极炭块中,并用钢棒糊捣固连接,钢棒组整体垂直安置在槽底,其中垂直钢棒穿过槽底保温防渗层和槽壳底板直达槽底。图 16-5 所示为"底部出电"电解槽阴极内衬部分的结构简图。

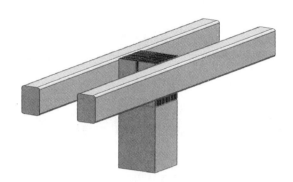

图 16-4　新型组合式阴极钢棒

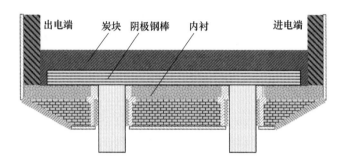

图 16-5　阴极内衬结构简图

16.3.3　槽底保温及防渗结构设计

"底部出电"电解槽采用新型的底部出电结构，阴极钢棒需垂直穿过槽底保温层和槽壳底板直至槽底。相对于现行传统预焙电解槽，上述阴极结构使得槽底散热增加。因此，在槽底整体加强保温的基础上，必须再对垂直钢棒周围区域进一步加强保温，以避免等温线的上移，保证电解槽处于合理的热平衡状态。

然而，底部出电最令人担心的一点是，由于钢棒穿过内衬防渗层和保温层，并且从槽壳底部穿出，电解槽底部结构在一定程度上变得不完整。为防止钢棒周围有可能出现的熔体渗漏，在阴极钢棒周围需要采取必要的密闭措施；但同时又要考虑在电解槽焙烧启动期间由于炭块和内衬热变形造成的阴极钢棒与内衬及槽壳结构之间发生相对位移时，能够使这种位移有效释放，以确保阴极结构不被破坏。这一点在林丰铝业 400kA 电解槽工业试验中已经得到很好的解决[7-8]。

图 16-6 所示为"底部出电"电解槽槽底保温和防渗结构的改进结构简图，首先在原有保温层中增加一层 50mm 厚的陶瓷纤维板，然后在钢棒孔周围砌筑一层 65mm 厚的高强黏土质隔热耐火异型砖和一层 65mm 厚的高强高铝质隔热耐火

异型砖。两种异型砖具有较好的保温功能和较强的耐火性能，可满足垂直钢棒周围区域的保温要求。最后在保温砖上部砌筑一层 65mm 厚的高效防渗异型砖，其他区域捣实 198mm 厚的干式防渗料。

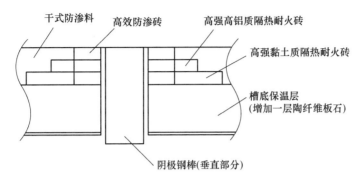

图 16-6　槽底内衬结构简图

16.3.4　母线初步配置方案

为了实现降低水平电流、改善槽内磁场分布的目的，"底部出电"电解槽采用区别于传统铝电解槽的母线配置结构，通过电解槽物理场仿真优化技术，确定最佳的母线配置结构，使槽内垂直磁场的最大值和平均值最小，达到提高磁流体稳定性的效果。图 16-7 所示为适用于新型电解槽的 4 种典型的母线初步配置方案，分别命名为 BUS1、BUS2、BUS3、BUS4。16.4 节将介绍以该 4 种母线方案为基础通过仿真技术建立的新型电解槽物理场模型。

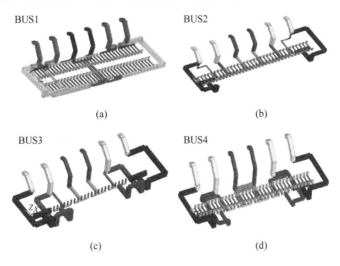

图 16-7　"底部出电"电解槽的母线配置初步设计方案

16.4 "底部出电"电解槽电磁流物理场仿真优化

铝电解槽的物理场是指存在于电解槽内及其周围的电、磁、流、热、力等物理现象，这些物理场可以是独立的，也可以是其他场派生出来的，它们包括电流场、磁场、热场、熔体流动场和应力场等。随着铝电解槽容量的不断扩大，电解槽物理场对电解过程的影响越来越大，以物理场的计算仿真为核心的物理场技术自 20 世纪 20 年代后期开始逐步建立和完善起来。随着计算机技术的广泛应用和计算能力的不断增强，利用现代计算机仿真方法对电解槽物理场分布及其变化规律的模拟分析技术，在大容量预焙槽的设计、开发和优化工作中发挥着越来越重要的作用[9]。

16.4.1 多物理场仿真计算模型与方法

铝电解槽物理场的仿真计算是采用数学模拟和数值解析的方法，运用计算机运算求解各物理场的方程组，最后利用计算机仿真技术以图形的方式呈现计算结果。本节将着重讨论电解槽电场、磁场、流场的计算原理与模型[10]，并分析"底部出电"电解槽多物理场（电场、磁场、流场）的仿真计算结果。

16.4.1.1 电场计算模型

铝电解槽的电场指槽中电流与电压的分布，它是电解槽运行的能量基础，电流产生磁场；电流的热效应（焦耳热）产生热场；电解槽磁场分布的不平衡是电解质与铝液运动的主要原因，即形成流场（即熔体流动场）；流场影响电解质中 Al_2O_3 和金属的扩散与溶解，即形成浓度场；槽内温度分布形成槽帮结壳，并产生热应力使槽体结构发生变形，从而形成应力场。因此，电解槽电场是其他各物理场形成的根源。

铝电解槽内的导电部分（阳极、电解质、铝液、阴极和钢棒）电场的计算有多种方法，分别是有限差分法、有限元法、电荷模拟法和表面电荷法等。其中应用最为广泛且最具备工程价值的是有限差分法和有限元法。尽管电解槽的电流处于一个波动过程，但在求解的有限时间段内，仍然可以将铝电解槽的电场视为一个稳态问题，对于该问题可用拉普拉斯方程来描述其导电方程：

$$\sigma_x \frac{\partial^2 V}{\partial x^2} + \sigma_y \frac{\partial^2 V}{\partial y^2} + \sigma_z \frac{\partial^2 V}{\partial z^2} = 0 \qquad (16\text{-}1)$$

$$\sum V = \sum I \cdot R \qquad (16\text{-}2)$$

式中，V 为标量电位，V；I 为电流，A；R 为电阻，Ω；σ 为电导率，S/m。

对上述分布方程取插值函数，得：

$$\widetilde{V}(x, y, z) = \widetilde{V}(x, y, z, V_1, V_2, \cdots, V_n) \tag{16-3}$$

式中，V_1，V_2，$\cdots$，V_n 为 n 个待定系数。

由加权余量法可得：

$$\iiint_V W_l \left(\sigma_x \frac{\partial^2 \widetilde{V}}{\partial x^2} + \sigma_y \frac{\partial^2 \widetilde{V}}{\partial y^2} + \sigma_z \frac{\partial^2 \widetilde{V}}{\partial z^2} \right) \mathrm{d}x\mathrm{d}y\mathrm{d}z = 0 \quad (l = 1, 2, \cdots, n) \tag{16-4}$$

式中，V 为三维电场的定义域；W_l 为权函数。

根据伽辽金法对权函数的选取方式，得：

$$W_l = \frac{\partial^2 \widetilde{V}}{\partial V_1} \quad (l = 1, 2, \cdots, n) \tag{16-5}$$

再根据高斯公式把区域内的体积分与边界上的曲面积分联系起来，可得：

$$\frac{\partial J}{\partial V_l} = \iiint_V \left(\sigma_x \frac{\partial W_l}{\partial x} \frac{\partial V}{\partial x} + \sigma_y \frac{\partial W_l}{\partial y} \frac{\partial V}{\partial y} + \sigma_z \frac{\partial W_l}{\partial z} \frac{\partial V}{\partial z} \right) \mathrm{d}x\mathrm{d}y\mathrm{d}z -$$

$$\oiint_{\Sigma} \left[W_l \left(\sigma_x \frac{\partial V}{\partial x} \cos\alpha + \sigma_y \frac{\partial V}{\partial y} \cos\beta + \sigma_z \frac{\partial V}{\partial z} \cos\gamma \right) \right] \mathrm{d}S = 0 \quad (l = 1, 2, \cdots, n)$$

$$\tag{16-6}$$

对于铝电解槽来说，将其导电部分进行网格划分（假定其包含 E 个单元和 n 个节点），并最后合成为整体的线性方程组求解，则电场 $V(x, y, z)$ 离散为 V_1，V_2，$\cdots$，V_n 等 n 个节点的待定电位，可得到总方程为：

$$\frac{\partial J}{\partial V_l} = \sum_{e=1}^{E} \frac{\partial J^e}{\partial V_l} = 0 \quad (l = 1, 2, \cdots, n) \tag{16-7}$$

对于 n 个节点来说，则有 n 个电位总方程，求解可得到 n 个节点的电场结果。

最后以一种矩阵方程式表示为：

$$[k]^e \cdot \{V_1\}^e = [f_p]^e \tag{16-8}$$

通过迭代并求解，可以得到各点的电流密度 J、电场强度 E 及电流 I 等量。

铝电解槽导电系统不但包括阳极、阴极与熔体电流有限元计算模型，还包括母线电流等效电阻网络模型（由于母线系统过于复杂，采用体单元进行建模耗时费力，其效果与等效电阻网络结果相近），两者一起构成铝电解槽整槽电流场的整体计算。

在 ANSYS 商业有限元平台上，采用 APDL 语言自定义建立几何模型，赋予材料属性，采用六面体单元划分实体结构，计算模型如图 16-8 所示，由于各方案的模型比较类似，本节只列出了前文母线结构 BUS4 的电场计算模型。

图 16-8　3 台实体槽及槽周母线电场计算模型图（BUS4）

对于电场边界条件如下：在电源正极方向上的横梁母线进电位置上施加电流；在电源负极方向上 6 个阳极立柱上施加零电势。

16.4.1.2　磁场的计算原理与模型

上文已指出，电解槽中的磁场是由通过导体的电流（电场）而产生的。磁场和电流相互作用，在熔体介质中产生一种电磁力，称为拉普拉斯力。拉普拉斯力可引起电解质和铝液的运动，同时使两者间的界面发生形变（形成流场）。因此，磁场对电解过程的影响是通过对电解质和铝液流动（流场）的影响，对两者界面的形变和波动而起作用的，具体体现在它影响到极距（槽电压）的稳定性，从而影响到电解槽运行的稳定性和电流效率。

采用计算机仿真技术对电解槽内磁场分布进行计算，首先可将铝电解槽磁场计算场域划分为四部分：母线系统区域，阳极、电解质、铝液和阴极炭块区域，有源电流的磁性材料阴极钢棒区，铝电解槽槽壳钢板区。对于这四个区域，分别采用不同的计算方法进行计算。

最后，磁场计算的有限元模型如图 16-9 所示。

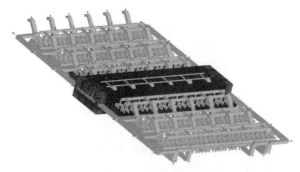

图 16-9　电解槽磁场计算有限元模型（包含 7 台槽）

16.4.1.3　稳态流场的计算原理与模型

电解槽内熔体的流动为电解质中加入 Al_2O_3 的迅速分散和溶解创造了条件；但另一方面，若流速过大又促使铝的二次反应增加，降低电解槽的电流效率。铝液面的上下波动能够对电解槽的稳定性和电流效率造成很大的影响，波动过大时可造成阴阳极短路，甚至造成滚铝等恶性事故。

决定铝液面的波动和铝液的流动速度大小的因素较多，不仅只有电磁力，在电解槽腔内流体受到外力和内力的作用，其中外力包括磁力和重力，内力包括流动过程中产生的流动阻力和流动加速度产生的作用力。内力和外力共同作用引起电解质和铝液中各处的压力不等，形成了压力场；熔体在压力场的作用下运动形成流动场，流动状态一般呈旋涡状。

采用计算机仿真技术可以对电解槽铝液流场进行仿真计算。国内外的研究表明，铝电解槽内熔体属于不可压缩黏性湍流，遵循 $N\text{-}S$ 方程和 $k\text{-}\varepsilon$ 方程湍流模型。为了计算铝液-电解质界面的分布情况，采用体积跟踪法（VOF）计算。由于 $N\text{-}S$ 方程、$k\text{-}\varepsilon$ 湍流模型及 VOF 法的基本原理已有多种报道，在此不再赘述。流场计算的网格模型如图 16-10 所示。

图 16-10　铝电解槽流体解析区域网格划分图

流场边界条件如下：电磁力作为一种源项加载到熔体中，其大小由 15 章所述的方法来计算；其所有的外表面都定义为无滑移壁面边界条件。

16.4.2　多物理场（电场、磁场、流场）计算结果

16.4.2.1　电场计算结果

"底部出电"电解槽的电场计算结果表明，各母线配置下电场计算结果相似，因此本章以 BUS4 的电场计算结果来论述"底部出电"电解槽电场分布。图16-11（彩图请扫二维码）所示为使用 ANSYS 软件对 3 台槽导电部分欧姆压降分布进行仿真解析的结果，图中用从蓝色到红色 9 种色彩等级来区分不同部位的电

位高低，颜色相同的部位表示电位处于同一等级。图中的数字表明，3 台槽的总压降为 6.232V，平均每槽 2.077V。

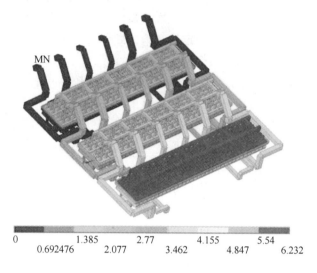

图 16-11　3 台实体电解槽及其槽周母线欧姆压降分布　　彩图

中间目标槽铝液层电压分布，铝液电压降为 7mV，整体分布相对较均匀，且铝液层电压大幅降低，可以较明显地抑制铝液部分水平电流。图 16-12 为阴极部分电压分布，可以看出阴极部分的总压降为 0.077V。图 16-13 为铝液层电流密度矢量分布。

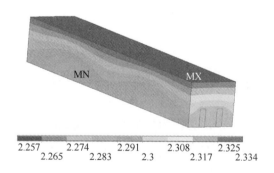

图 16-12　阴极炭块与钢棒电压分布

从图 16-11~图 16-13 可以看出，阴极炭块和阴极钢棒中的电压分布和预期基本相一致，且钢棒中的电流走向也和理想状况相符。上述计算结果在一定程度上体现了槽底出电方案的优点。

从图 16-13 可以看出，"底部出电"电解槽中铝液层的电流密度分布均匀，

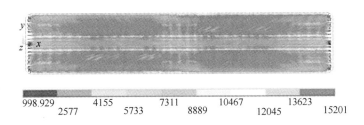

998.929　2577　4155　5733　7311　8889　10467　12045　13623　15201

图 16-13　铝液层电流密度矢量分布

无过分的电流集中情况出现，可见槽底出电方式可以非常好地解决铝液中水平电流过大的问题。此外，铝液层电流密度的最大值为 15201A/m²，相比传统电解槽的 39906A/m² 要小得多，可见槽底出电方式的铝液电流密度分布更加均匀。

16.4.2.2　磁场仿真结果

"底部出电"电解槽采用对称母线配置，在进行磁场计算时考虑了铁磁物质和相邻电解槽的影响，使用 Newton-Raphson 求解器，设置磁通量收敛残差为 $1.0×10^{-3}$，计算槽内三维磁感应强度。不同母线配置方案下铝液层的三维磁感应强度分布的计算结果表明，各方案铝液中部磁场的磁感应强度在 B_x 和 B_y 方向分布相似，因此本章只列出 BUS4 的水平磁场分布，如图 16-14 所示。各母线配置的垂直磁场分布结果如图 16-15 所示。

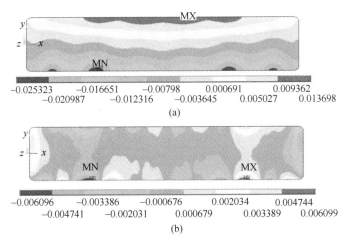

-0.025323　-0.016651　-0.00798　0.000691　0.009362
　　-0.020987　　-0.012316　　-0.003645　　0.005027　　0.013698

(a)

-0.006096　-0.003386　-0.000676　0.002034　0.004744
　　-0.004741　　-0.002031　　0.000679　　0.003389　　0.006099

(b)

图 16-14　BUS4 的 B_x(a) 和 B_y(b) 的磁场分布

表 16-3 为四种母线配置方案下磁场的最大值和平均值的计算结果，表中数据表明：四种方案的 B_x 和 B_y 磁场分布基本类似；原始方案 BUS1 的 B_z 磁场最大值为 36.36Gs，基本在合理范围之内；BUS2 的最大值为 53.09Gs，平均值为

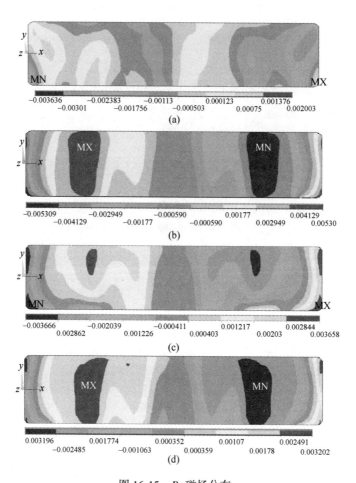

图 16-15　B_z 磁场分布

（a）BUS1；（b）BUS2；（c）BUS3；（d）BUS4

15.43Gs，磁场分布基本呈左右对称的分布；BUS3、BUS4 的磁场分布及其 B_z 最大值都在理想范围之内（$B_z < 40$Gs），其中 BUS3 的 B_z 绝对值的最大值为 36.66Gs，平均值为 13.72Gs，BUS4 的 B_z 绝对值的最大值为 32.02Gs，平均值为 16.57Gs。

表 16-3　不同母线配置下的磁场分量比较　　　　　（Gs）

母线配置方案	$\lvert B_x \rvert_{max}$	$\lvert B_x \rvert_{ave}$	$\lvert B_y \rvert_{max}$	$\lvert B_y \rvert_{ave}$	$\lvert B_z \rvert_{max}$	$\lvert B_z \rvert_{ave}$
BUS1	202.59	81.881	39.3	8.065	36.36	7.633
BUS2	245.00	82.87	52.47	10.95	53.09	15.43
BUS3	253.23	82.49	60.99	11.50	36.66	13.72
BUS4	247.96	82.74	46.25	10.94	32.02	16.57

总体来说，这几种方案都具备了一定的可行性。但需要指出的是，这几种母线配置方案（BUS1~BUS4）下磁场计算结果与设计理想值仍然有一定的差距。因此，需要对母线结构进行进一步的优化，这部分内容将在16.4.3节进行详细介绍。

16.4.2.3 流场仿真结果

通过提取电磁模型中电流密度与磁感应强度，将两者相乘后获得电磁力。将电磁力及相应的流场计算网格导入 ANSYS-CFX 中进行计算。收敛后，得到铝液的流速及铝液波动的数据。图16-16 为铝液中截面水平速度矢量图。

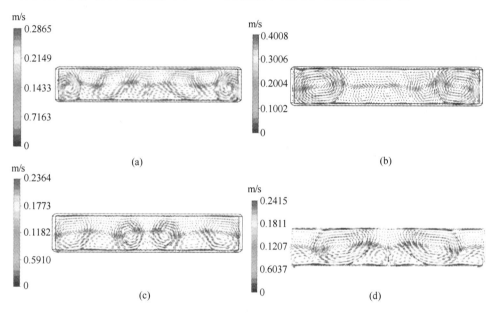

图16-16 铝液中截面流速的矢量图

（a）BUS1；（b）BUS2；（c）BUS3；（d）BUS4

从图16-16 可以看出：BUS2 的水平流速最大，最大值达到40.08cm/s，这个值已超出正常合理的范围，故该方案为四种方案中最差的一种；原始方案流速的最大值是28.65cm/s，该值在理想范围之内，流场分布为若干明显小漩涡的相连的分布，这样有利于氧化铝在电解槽中的分布和溶解；BUS3 和 BUS4 的流速较小，其中 BUS3 的最大流速为23.64cm/s，且呈现4个较大的涡流运动，BUS4 的最大流速为24.15cm/s。

16.4.3 母线优化设计与磁场补偿

从前述物理场计算结果可以看出，尽管"底部出电"电解槽的电场结果比较优秀，但磁场和流场的结果还没有达到要求。通过调整电解槽的导电母线系统（槽上及周边母线）的配置改变槽内电场分布，进而调整导电母线系统在电解槽中产生的磁场，改变磁场对铝液流速和波动的影响。这种以减小铝液流速和波动为目标，设计最佳的母线配置来实现最佳的磁场分布的技术称为磁场补偿（又称磁场平衡）技术。采用"当量优化法"软件（LBUS）对母线系统进行优化设计。由于该方案在工业铝电解系列中实施，母线配置受到很大局限性，通过调整电解槽母线配置，以最简单的连接方式为基础，逐步引入底部母线补偿和端部母线补偿，并利用计算机仿真技术对电解槽内磁场分布进行重新核算，通过对比分析优化出最佳的母线设计方案，如图 16-17 所示。

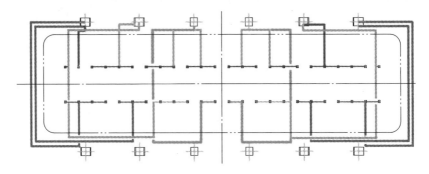

图 16-17　母线配置优化方案

在调整母线配置方式时需要同时考虑母线的空间布局及母线投资成本，过于复杂的配置增加建设投资，因此在优化母线方案时需要衡量磁场、流场优化带来的收益与增加母线投资的关系。优化后的电解槽母线配置方案的母线结构比较复杂，整体用铝量也偏多，但能够明显改善电解槽内的磁场分布，母线系统优化后槽内磁场的计算结果见表 16-4 和图 16-18。

表 16-4　母线配置优化方案的磁场计算结果

特性参数名称	参数值
$\lvert B_x \rvert$ 最大值/Gs	196.265
$\lvert B_x \rvert$ 平均值/Gs	84.895
$\lvert B_y \rvert$ 最大值/Gs	−48.879
$\lvert B_y \rvert$ 平均值/Gs	11.858
$\lvert B_z \rvert$ 最大值/Gs	8.963
$\lvert B_z \rvert$ 平均值/Gs	3.602
母线总用量/kg	58700（不含阳极母线）
母线总压降/mV	234

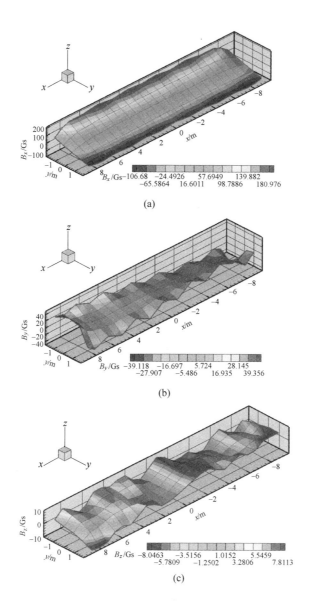

图 16-18 母线配置优化方案的磁场分布

（a）B_x；（b）B_y；（c）B_z

　　从上述结果可以看出，母线配置优化方案的槽内磁场计算结果非常理想，其中铝液垂直磁场平均值为 3.602Gs，垂直磁场最大值为 8.963Gs。磁场平均值与传统母线配置方案比较接近，磁场最大值远低于传统母线配置方案，可以看出，通过改变母线配置来进行磁场补偿具有较大的可行性，经过磁场补偿后，底部出电方式可以保证较小的垂直磁场梯度和水平电流强度，保证了铝电解槽磁流体的超稳定性。但由于采用底部出电方式在电解槽底部需要增设铝母线，因此新型槽的母线用量相对于原400kA电解槽有较大增加。

16.5 电解槽母线安装与热应力场优化

16.5.1 电解槽母线安装

由于新型铝电解槽阴极采用底部出电方式，阴极钢棒与槽底母线的连接方式不同于传统电解槽，具体连接方式为阴极钢棒伸出电解槽底部槽壳100mm左右，采用焊接方式连接阴极钢棒、爆炸焊片和铝软带。这种母线连接方案阴极钢棒伸出距离短，各部件之间连接可靠，且可最大限度降低母线和阴极组的压降和材料用量。图16-19所示为"底部出电"电解槽母线系统安装方案图及现场施工图。

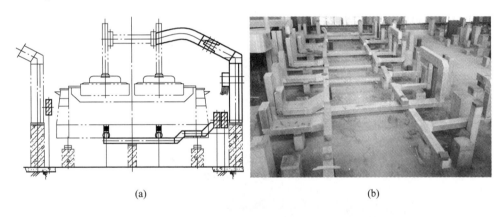

(a)   (b)

图16-19   "底部出电"铝电解槽母线安装方案及现场施工图
（a）母线系统安装方案图；（b）现场施工图

16.5.2 电解槽应力场及槽壳结构优化

铝电解槽启动后，在运行过程中槽内部高温能够引起阴极内衬材料和槽壳热膨胀，电解质渗透也可导致内衬膨胀，这些膨胀行为在电解槽内部形成很大的热应力。槽壳中应力过大或者分布不均匀会导致槽壳严重变形，影响电解槽寿命。尤其是针对"底部出电"新型阴极结构电解槽，需要针对阴极内衬结构进行热应力模拟分析，以确定槽壳结构。

从电解槽结构来看，底部出电的新型阴极结构与传统的阴极结构相比，主要存在以下两点不同：（1）阴极钢棒出电方式的不同，造成钢棒形式、尺寸及布置方式的差异；（2）新型阴极炭块尺寸较传统阴极炭块有所增大，宽度由原来的 600mm 增加到 700mm。

上述阴极炭块结构的变化，给新型电解槽阴极结构带来了以下问题：

（1）传统侧部出电电解槽中每块阴极炭块有两根独立的阴极钢棒，出电端有接近自由伸缩的条件，阴极钢棒的热应变几乎是被完全释放的，对阴极和内衬结构产生的热应力可以忽略不计。而新型阴极炭块的两根阴极钢棒中间相连，且两根水平钢棒周围均被钢棒糊包围，由于钢材热膨胀系数较大，阴极钢棒的热应变无法完全释放，将对阴极炭块结构的应力场产生影响，这种影响是否会对阴极炭块和内衬结构造成破坏，是热应力分析需要关注的主要问题。

（2）异型阴极炭块宽度尺寸增大后，摇篮架间距增加、总体数量减少，槽壳结构的性能有所变化，该性能的变化对阴极结构的影响也是电解槽热应力分析需要关注的问题之一。

针对上述问题，可通过数学模型和数值计算对铝电解槽中应力场进行仿真研究[11]，对两种铝电解槽结构进行热力场耦合有限元分析，通过对计算结果的分析及对比，得出采用新型阴极结构铝电解槽的力学性能，以对新型铝电解槽结构的力学性能做出评估，并在此基础上为新型铝电解槽的内衬材质选择与优化、槽内衬结构的设计提供科学依据。

16.5.2.1 槽壳应力有限元模型

根据需要分析的问题及结构的对称性，通过建立半块阴极的切片模型，根据槽壳和摇篮架结构的力学性能对模型施加力学边界条件，热-应力耦合采用间接耦合方式，即先进行热场分析模拟得到温度场，作为结构的温度荷载施加到槽结构上进行应力场分析。

侧部出电的传统阴极炭块结构（以下简称传统阴极）的几何模型及有限元模型如图 16-20 所示，底部出电的异型阴极炭块结构（以下简称静流式阴极）的几何模型及有限元模型如图 16-21 所示。

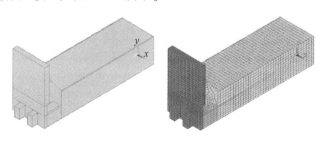

图 16-20 传统阴极的物理模型和有限元模型

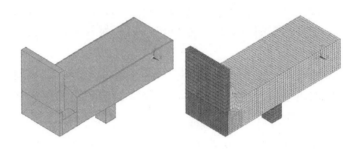

图 16-21 静流式阴极的物理模型和有限元模型

16.5.2.2 应力计算结果

传统阴极的位移变形结果如图 16-22 和图 16-23 所示，其等效应力场如图 16-24所示。

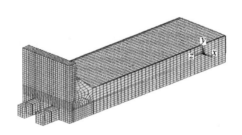

图 16-22 传统阴极位移图一

图 16-23 传统阴极位移图二

静流式阴极的位移变形结果如图 16-25 所示，阴极钢棒变形切片位移图如图 16-26 所示，等效应力场如图 16-27 所示。

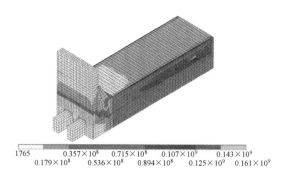

图 16-24 传统阴极等效应力场

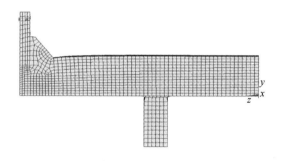

图 16-25 静流式阴极位移图

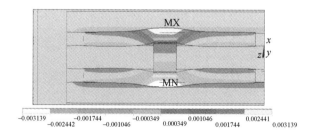

图 16-26 静流式阴极钢棒切片位移图

16.5.2.3 两种结构计算结果对比

综合以上计算和分析，两种阴极结构的主要力学性能差别列于表 16-5。

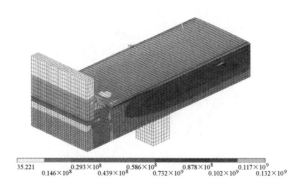

图 16-27　静流式阴极等效应力场

表 16-5　传统阴极和静流式阴极结构分析结果对比

序号	参　数	传统阴极结构	静流式阴极结构
1	炭块中心上拱值/mm	2.05	2.03
2	钢棒中心偏移/mm	9.87	0.27
3	钢棒端部位移/mm	21	7.7
4	钢棒横向变形/mm	0.70	3.0
5	阴极等效应力/MPa	16.1	13.2
6	摇篮架最大反力/kN	5864	6492

从以上分析结果对比可见：

（1）虽然传统阴极结构位移大于静流式阴极结构，但是最大位移出现在阴极钢棒端部的受热膨胀外伸处，其他方面的变形两者比较接近。

（2）静流式阴极结构的阴极钢棒中心偏移值比传统阴极结构的小很多。

（3）传统阴极结构阴极钢棒几乎无横向变形，静流式阴极结构阴极钢棒的横向变形为 3mm，对阴极结构将产生不利影响。

（4）传统阴极结构和静流式阴极结构阴极炭块的等效应力很接近，均小于其 24MPa 的强度值。

（5）静流式阴极结构的摇篮架最大反力比传统阴极结构的略大 9.5%。

16.5.2.4　应力优化方案

传统阴极结构和静流式阴极结构的力学性能总体上差别不大，均在安全的范围内。从变形和应力场看，静流式阴极结构略优于传统阴极结构。静流式阴极结构的垂直阴极钢棒偏移值仅为 0.27mm，对内衬结构无不利影响；静流式阴极结构阴极钢棒的横向变形将影响阴极钢棒与钢棒糊的导电接触性能，另外增加了阴极炭块的横向应力,对阴极炭块产生不利影响,应采取措施避免;静流式阴极结构的摇篮架受力增加不多,对传统摇篮架略加补强即可。

针对上述分析,可通过优化阴极钢棒的结构形式,以释放横向热应力,减小横向热应变,避免阴极钢棒的横向变形。图 16-28 所示为改进的静流式阴极结构钢棒结构形式,在满足底部单点出电的要求下,较好地解决了上述问题。

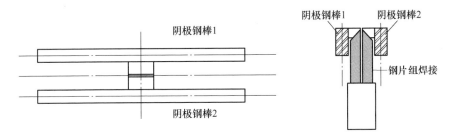

图 16-28 改进的钢棒结构形式示意图

16.6 "底部出电"电解槽的优化前景

"底部出电"作为一种新型的阴极结构,其阴极与阳极的结构近似呈上下对称的形式,最大优点是能够大幅度减小铝电解槽铝液层内的横向（y 轴）水平电流,从而大大削弱电磁场造成的铝液流动和波动,实现"静流"的效果,为一种颇具前途的可优化电解槽磁流体力学特性结构形式。然而,到目前为止,这种结构在实际工业化过程中进展并不顺利。

16.6.1 "底部出电"电解槽的设计难点

在林丰铝电公司 400kA 系列进行的工业化试验中,作者和项目组按照上述方法设计了 4 台电解槽,投产后实际运行结果是磁流体动力学稳定性并未取得明显改善。由于是在工业化的系列中选取电解槽进行试验,设计时母线配置和磁场补偿受到很大的局限,导致设计的母线配置方案（见图 16-17）与其他正常槽的母线系统配置相比没有显示出优越性。

分析认为,主要存在以下几个方面的不足:

（1）由于磁场补偿的需要,部分母线从槽底又绕回到电解槽的进电侧,此部分母线比正常槽更为复杂,磁场补偿的效果不理想;

（2）由于母线系统中各母线的长度、截面复杂,会造成阴极电流分布产生偏差,从而带来槽内熔体中沿纵轴（x 轴）方向水平电流增大;

（3）由于试验槽处于系列电解槽中间,无法采取特殊的补偿措施。

16.6.2　全新概念的"底部出电"电解槽设计

根据上述分析，在考虑外部条件允许的情况下，作者设计了一种全新概念的"底部出电"电解槽，如图16-29所示。该电解槽结构及母线设计有以下特点：

（1）阴阳极上下呈一对一的对称布置，从阴极汇流钢棒流出的电流经阴极母线直接进入下游槽的立母线，如图16-29(a) 所示。

（2）多组立母线设计，立母线数量比以往增多近一倍以减少单根立母线电流，每根立母线对应4组阳极和2组阴极（每组阴极两个阴极棒出电）。这样做的好处是可使立母线产生的垂直磁场分布更均匀，即如第13章中图13-31(a) 所示，多点进电立母线产生的垂直磁场曲线的峰值减小，使曲线尽可能变得平缓。

（3）立母线、阳极横母线及阴极母线均呈一对一对应配置，形成标准的单元设计，从而使槽周围母线配置简单化，也保障了每组阴极及母线电流分布的均匀性。

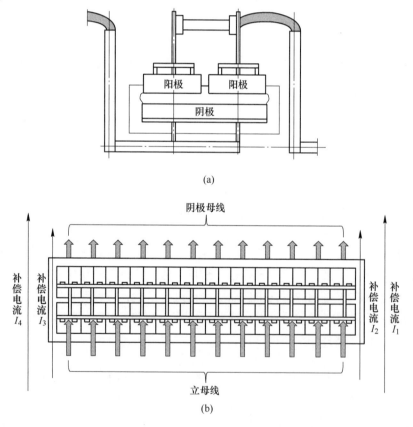

(a)

(b)

图16-29　全新概念"底部出电"电解槽及母线设计
(a) 理想的"底部出电"阴、阳极结构；(b)"底部出电"母线配置及磁场补偿

（4）依靠独立设置的外部直流供电系统，设置专门的补偿母线用于电解槽磁场的补偿。可以设置多条补偿母线，布置在电解槽排的两端，补偿母线到电解槽的距离、每根补偿母线通过的电流大小及母线相对于电解槽的高度，根据磁场仿真计算确定。对此，可以对称布置，也可以非对称布置。

由于电解槽阴阳极结构的改变使槽内的电流场得到优化，槽周围母线设计变得简单化、模块化。上述改变也消除了各个阴阳极单元受槽周母线变化的影响；同时增加立母线数量，使立母线产生的较大的垂直磁场变化峰谷得到平抑；尤其是磁场的补偿通过独立的外部电流实现，使设计方案选择具有较大的灵活性，可以取得最优化的设计结果。

尽管到目前为止，"底部出电"电解槽还停留在研究试验阶段，但相信这种全新概念的电解槽结构和母线配置值得期待。

参 考 文 献

[1] 张亚楠，刘秀，于强，等. 铝电解槽侧部余热回收利用技术研究现状及进展 [J]. 轻金属，2019(11)：25-28.

[2] 吴其芬，李桦. 磁流体力学 [M]. 长沙：国防科技大学出版社，2007：135-233.

[3] FENG N X，TIAN Y F，PENG J P，et al. New cathodes in aluminum reduction cells[J]. Light Metal，2010：523-526.

[4] YURKOV A. Refractories and Carbon Cathode Materials for Aluminum Reduction Cells [M]. Springer，2015.

[5] 周东方，杨晓东，刘伟，等. 铝液流态（阻流）优化节能技术的开发与应用 [J]. 轻金属，2011(3)：27-42.

[6] 邱竹贤. 预焙槽炼铝 [M]. 3 版. 北京：冶金工业出版社，2005.

[7] 刘业翔，梁学民，李劼，等. 底部出电型铝电解槽母线结构与电磁流场仿真优化 [J]. 中国有色金属学报，2011(7)：1688-1695.

[8] 梁学民，李劼，张红亮，等. 静流式铝电解槽磁场仿真及设计 [J]. 中国有色金属学报，2011，21(9)：2251-2257.

[9] 刘业翔，李劼. 现代铝电解 [M]. 北京：冶金工业出版社，2015.

[10] 姜昌伟. 预焙阳极铝电解槽电场、磁场、流场的耦合仿真方法及应用研究 [D]. 长沙：中南大学，2003.

[11] 邓星球. 160kA 预焙阳极铝电解槽阴极内衬电-热-应力计算机仿真研究 [D]. 长沙：中南大学，2004.

>>> 第五篇

工艺控制、运行装备与铝电解厂设计

17 铝电解工艺过程控制技术

铝电解槽控制系统的目的，是将电解槽运行状态控制在最佳的条件下，与电解槽设计因素密切相关。控制技术不仅是实现铝电解槽设计的结果，更是在生产运行过程中实现铝电解槽特定工艺技术的关键，对于铝电解槽生产过程而言是十分重要的。

铝电解工艺控制技术是伴随着对铝电解工艺过程研究的不断深入和自动控制理论、计算机技术的进步不断发展的。自 20 世纪 60 年代起，铝电解生产便开始采用计算机控制，70 年代后大多数发达国家在铝电解生产中已普遍使用了计算机控制与管理。计算机控制管理功能的不断加强，不仅逐步把操作工人从高温、强磁场和高粉尘环境下繁重的体力劳动中解放出来，而且能够对电解槽进行准确、及时、稳定和精细的控制，也使采用大容量（180kA 以上）预焙槽和低温、低摩尔比、低 Al_2O_3 浓度等先进工艺，实现大幅度提高电流效率和降低能耗成为可能。80 年代以后，铝电解槽计算机控制系统在现代大型点式加料预焙槽技术开发成功的基础上，已经与铝电解配套工艺及辅助系统（包括氧化铝的输送、烟气净化、点式加料等）逐步融为一体，使电解铝的技术发展在大型化的基础上，取得了技术指标、生产成本和环保效果的重大飞跃，以至于到目前还没有任何一种生产铝的技术能够与霍尔-埃鲁特工艺相媲美。

17.1 铝电解槽控制技术的基本描述

17.1.1 铝电解工艺控制问题的复杂性

就铝电解的主要控制变量和所采集的信息而言，要实现其基本的控制功能是比较简单的，最初所有电解槽的操作和控制都是由人工完成的，操作人员从安装在每台电解槽上的电压表读出槽电压数，并使用拽拉链条，通过一个机械连杆机构驱动传动装置，带动阳极母线梁和固定在母线梁上的阳极上下运动，调节阳极的位置，以此调整电解槽的极距（ACD）和槽电压。逐渐地，这种机械装置不断进化改进为气动马达驱动，再到电机驱动的提升机构。氧化铝的加料则是根据产铝量计算 Al_2O_3 的消耗，在机械的辅助下由人工定时定量添加。

一开始，自动控制系统的控制目标仅为槽电压（通过控制阳极的升降调整极距 ACD 控制）和氧化铝的加料（按照 Al_2O_3 的消耗定时定量添加）操作，而控制的依据仅仅是电压和电流信号的采集。应当说,仅仅按照满足这样的控制功能是非常简单的,无论是电压与电流信号的采集,还是控制阳极升降和下料器动作,甚至可以说其复杂性与一般的工业过程控制相比也是非常容易的。然而,铝电解槽乃至铝电解系列首先因为它在铝电解厂的核心地位——电解槽是铝冶炼厂的核心设备,其运行效果对铝生产企业的生产效率影响巨大;其次,电解槽是批量化的,单系列槽数超过 300 台以上,电解槽的投资占到总投资的 60%以上。毫无疑问,控制系统的水平与铝电解厂的生产效率、经济效益密切相关。按照这样的目标要求,控制系统的开发不再是一项简单的工作,与铝电解工艺过程机理研究相结合,从提高电解槽生产效率和能量利用率的角度出发,不断研制适应于工业化生产的自动化控制系统,使得这项工作逐步变得越来越复杂。

铝电解槽自动控制系统的基本功能是控制短时期内改变的变量,对缓慢变化的变量留出变化余量,当发生不正常运行时采取预防措施。在短时间内,需要控制温度、氧化铝浓度及极距,而缓慢改变的条件包括铝水平、电解质成分和电解质量[1]。非正常运行的判定条件是沉淀的多少、阳极效应发生及其频率、阳极短路现象、电解质里积聚的炭渣的影响,对反常情况还应该有一种特定情况的处理程序。在自动控制技术的发展过程中,这些控制系统的功能是经过逐渐研究开发实现的。

17.1.2 铝电解工艺控制参数及相互影响

17.1.2.1 工艺控制变量之间的相互关系

铝电解槽的各种控制变量之间互相影响,这一点可以由各变量间的相互关系来说明。

(1)槽电压和电流强度。它们是电解槽的基本工艺参数,两者相互独立,又相互影响,电流的改变会影响电解槽的运行状态,影响电流密度、槽电压,从而影响电流效率;槽电压变化同样关系到电解槽的电流效率、能耗,两者都是影响电解槽能量平衡的主要因素。

(2)打壳加料周期。加料周期对电解过程影响也是明显的,它是工艺制度的重要参数。实际过程中与电解槽运行状况和多种因素密切相关。

(3)氧化铝实际浓度。槽内电解质中的实际氧化铝浓度对电解槽的运行状况有明显的影响,实际的影响因素、氧化铝浓度测量和控制同样是十分复杂的。

(4)铝液/电解质水平。它们是电解槽的重要工艺条件,它们的改变将影响电解槽的运行条件,如电磁稳定性、能量平衡和氧化铝添加量的动态变化。

(5)结壳伸腿的状态。同样是受到多因素的影响,并且会带来其他因素的改变。

（6）阳极效应的频率和持续时间。虽然是短时间的突发状态，但带来的槽状况的变化却是多方面的，包括能量平衡和各种因素的变化。

（7）阳极上覆盖料量。虽是一个中长期调整的因素，却是影响能量平衡的一个基础因素，也需要根据各因素的综合分析进行调整。

（8）电解槽的工作状况受出铝、更换阳极等影响。这种临时性的操作因素引起的变化，同样需要控制系统有相应的对策。

17.1.2.2　氧化铝浓度的影响因素

氧化铝浓度控制直接影响电解槽的运行效率，也是先进的控制系统可以带来的最大收益，但除了精确地获得实际氧化铝浓度数据外，优化的控制必须考虑下列因素：一个打壳和加料周期内的氧化铝添加量、加料耗费的时间，槽内液态电解质的总量，以及加料过程中形成的沉淀量。

17.1.2.3　极距的影响因素

决定极距的因素有电压调整时的槽电压和槽电阻、氧化铝的浓度、温度、阳极的氧化程度等。

17.1.2.4　槽电压（电阻）的影响因素

影响槽电压的因素包括氧化铝浓度、槽温、槽内沉淀的量、铝水平和实际极距等。

尽管以上的分析并不完全，但可以说明不能因一个参数的变化，而直接进行简单的调整；而且更重要的是受到电解槽操作人员专业水平的影响，控制系统的效果也会有很大差异。即使使用先进的自动化控制系统，这种情况仍然存在。因此，铝电解生产要求按更高标准训练操作人员和实行更加精细化的电解槽管理。如果在铝液流速低、铝水平稳定的情况下，一旦电解槽偏离正常条件（诸如产生沉淀或发生阳极效应），就很难恢复之前稳定的控制状态。

17.2　铝电解工艺控制系统发展的几个阶段

在经过最初仅仅控制槽电压的简单模型基础上，控制技术的发展伴随计算机和铝电解工艺控制模型研究的进展不断取得进步，为电解铝技术的提高发挥了重要作用。我国预焙铝电解槽工艺控制技术在贵州铝厂引进日本技术以后向前迈进了一大步，此后，伴随我国大型槽的开发，控制技术也取得了同步进展。控制系统结构从最初以小型机为主的单机群控系统发展到集中式控制、集散式控制和网络集散型控制系统[2]；控制模型从简单的电压电流控制到定时定量（大加料量）加料控制、以效应为依据的氧化铝浓度控制，再到以最优氧化铝浓度为目标的加料工艺控制，逐步发展到目前的多参数优化临界稳定控制。

17. 2. 1　集中控制系统与效应控制模型

铝电解槽最初的自动控制技术主要是为解决电解槽的加料问题，依靠人工加料是不可能做到精确而频繁的定时定量，而且劳动强度非常大。进入 20 世纪 70 年代以后，在自动下料装置研发出来以后，依靠控制功能实现自动加料逐步得以实现。与此同时，计算机技术的发展使得开发应用更为先进的控制系统成为可能。例如，Z80 等单板机曾被应用于槽控箱（此时槽控箱也被称为槽控机），使槽控箱除了简单地执行功能外，还具有定时下料和简单的故障诊断等功能，同时某些槽控箱还具有独立完成槽电压采样的功能。

17. 2. 1. 1　集中控制系统

在大型预焙槽发展的初期槽控箱一般没有独立的控制功能，整个计算机控制系统是一种集中式的控制系统，即采用一台小型机作为上位机（主机），与每台电解槽（或数台电解槽）配备的一台槽控机构成两级集中式控制系统，由上位机集中控制、集中监测。

我国贵州铝厂 20 世纪 80 年代初期从日本引进的计算机控制系统，应用程序在主机（PDP-11 小型机）内运行，槽控箱（以 Z80 单板机为核心）的存储器只存有若干条按固定逻辑驱动执行机构的固定程序。两级的分工是：主机进行系列全部电解槽的信号采集和解析（槽电阻计算、槽电阻稳定性分析、槽电阻调节、AE（阳极效应）预报、定时下料安排等），根据解析结果向槽控箱发布控制命令和监视其对命令的执行情况，以及累计数据、编制报表；槽控箱则接收由输出接口设备传来的主机命令，按其内部固定逻辑驱动执行机构（马达、风机、各电磁阀）进行有序动作，从而完成阳极升/降、定时加料和阳极效应处理，通过接口设备向主机反馈及在操作面板上以信号灯显示各种状态信号（如手动或自动、料箱高/低料位，以及阳极升降时由脉冲计数器产生的代表阳极移动量的脉冲数等。备注：料箱是指该槽在电解槽烟道端的厂房柱间设置的 5t 槽壁料箱）。此外，在槽控箱上可以实现自动/手动切换和手动操作，并在脱离主机时自动完成定时下料作业。

集中式控制系统的缺点，一是作为下级的槽控箱无独立控制能力，主机负荷重，因此当电解槽数目多、引入较多的控制信号，或采用（准）连续按需下料等较复杂且实时性要求较高的控制模型时，主机的采样和解析速度就难以满足要求。二是主机一旦发生故障便会造成全系列槽的失控。虽然可采取一些措施来弥补这些不足，例如选用速度更高的采样设备，选用内存更大、运算速度更快的小型或微型机作主机，或改进应用软件的编制等来提高主机的解析与控制速度，再或者采用双台主机互为备用的方式来提高系统的可靠性，以及在电解槽数较多时于两级间增加一级区域通信微机或区域控制机来分担主机的部分任务（具有区域分散式控制系统的特征），但无疑增加了系统的复杂性。进入 20 世纪 80 年代后，随着造价低、性能好的微型计算机的出现，集中式控制系统逐渐被集散式控制系统所取代。

17.2.1.2　以阳极效应为判据的定时定量的加料系统

20 世纪 80 年代初期引进的日本 160kA 预焙槽技术采用了定时定量的加料控制模型，对氧化铝浓度的判定基本上还处于黑箱模型的阶段。由于无法获得电解槽内电解质中的氧化铝浓度精确值，加料模型利用了当氧化铝浓度低于极端值（1.5%）时，电解槽由于缺料会发生阳极效应的特点。阳极效应发生时，槽电压出现明显的大幅度升高，因而将阳极效应的发生作为电解反应体系对氧化铝浓度反馈的明确信号。

第一代的氧化铝加料控制模型，正是基于对阳极效应时对应的氧化铝浓度作为控制系统的依据而建立的：设定以每日为一个周期，在按照规定进行若干次正常加料（NB），停止加料，进入效应等待，直到阳极效应（AE）发生（见图 17-1）[3]。利用停止加料一直到 AE 来临这段时间，以及 AE 时电压升高产生的热量，消耗和溶解由于电解槽对氧化铝消耗能力和人为确定的加料间隔之间不匹配（过量加料）而导致的 Al_2O_3 积存；用熄灭 AE 投入的过量 Al_2O_3 来控制进入新的周期后重新开始正常加料后的 Al_2O_3 浓度。

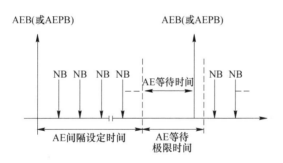

图 17-1　定时下料控制的典型模式

NB—正常加料；AEB—AE 加料；AEPB—AE 预报加料

AE 的发生标志着积存的 Al_2O_3 已经得到清理，Al_2O_3 浓度值被重新校正到已知值（1.5%左右）。AE 等待极限时间的基值是由现场管理者设定的，但当 AE 等待时间内发生了停电或有人工额外下料时，或电解槽已进入了由控制系统做出的 AE 预报状态时，控制系统将等待的极限时间相应延长。当 AE 在 AE 等待极限时间之内发生时，控制系统进行（或由人工进行）效应加料，或者在 AE 等待极限时间内控制系统的 AE 预报程序做出了 AE 预报（说明 AE 等待已达到了清洁槽底、维持物料平衡的作用），若控制系统通过槽况解析确认当前槽况正常无必要让 AE 发生，便不等待 AE 发生就进行加料（即 AE 预报加料）。从 AE 加料或 AE 预报加料后，控制系统又按固定模式开始下一周期的加料。

定时下料控制的方法没有对铝电解过程进行任何的检查、分析和处理，而是直接定时定量地往槽内加料，不含什么算法。对 Al_2O_3 浓度的控制，则是等阳极效应后，先过量添加几个小时，然后再正常加料一段时间，最后再欠量加料一段时间，也就是说属于开环控制方法。这种纯粹的开环控制存在一定的弊端：AE 系数高，电流效率低，电耗高，加上每次的料量大，使电解槽每天都处于温度较大波动的不平衡状态；不能及时掌握电解槽内 Al_2O_3 浓度，而 AE 间隔的时间不可能太短，操作者凭借 AE 信息确定加料是否合适，必须等待十几个小时或更长时间才能得知，必然导致槽内 Al_2O_3 浓度波动较大；人为分析判断的工作量太大，要掌握分析判断槽况或需要更长时间才能得知。

由以上分析可以看出，该控制技术是简单和粗糙的，难以满足铝电解控制的需求，需要进一步改进和提高。

17.2.2 集散式控制系统与最优浓度控制模型

20 世纪 80 年代以后，集散式（或分布式）控制系统应用于氧化铝浓度最优化控制模型的开发，使铝电解的工艺控制水平发生了实质性的改变。

17.2.2.1 集散式控制系统

集散式控制系统采用"集中管理，分散控制"方式，每台槽配备一台槽控箱（或称槽控机）作为直接控制级，内含一个独立的以微控制器为核心的控制系统，能独立地完成对所辖电解槽进行信号（电流、电压）采样、分析运算和实施控制的功能；所有槽控机通过通信线连接到计算机站的上位机（过程监控级），由上位机对槽控机进行集中监控。最初上位机一般采用小型机，20 世纪 90 年代以后普遍采用工控微机代替小型机作为上位机。

在工业控制网络技术成熟之前，国外一些系列槽数较多的铝厂采用了三级以上的集散式控制系统。如美国 Kaiser 铝业公司曾采用"铝厂主机—车间通信机—槽系列中心服务机—槽控机"四级集散式控制系统[4]。传统的集散式控制系统采用"主—从"式的通信方式，槽控机仅在主机要求时才会与主机联系，接收主机的命令，并定期将记录的数据转移至主机；在 Pechiney 圣·让·德·莫里因铝厂的 G 系列上，基于车间和电解槽操作功能分离的概念，开发了集散式的控制系统，这种系统结构的重要特点是可确保系统的某个部件失效或者误动作不会影响整个系列的总体指标，电解车间数据管理是一个二级系统，G 系列控制系统结构简图如图 17-2 所示[5]。

集散式控制系统保留了集中式控制系统的集中操作特点，但拥有集中式控制系统无法比拟的优越性，主要体现在显著增强了系统的安全可靠性和硬件配置灵

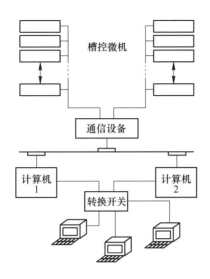

图 17-2　G 系列控制系统结构

活性，同时强大的数据运算及快速处理与存储能力更好地满足了应用软件日益扩充的需要。受通信方式与通信技术的制约，传统集散式控制系统中的上位机与槽控机的数据交换速度不能满足铝电解工业对过程实时监控越来越高的要求。

　　在集散式控制系统硬件功能与操作系统（软件平台）的强大支持下，铝电解控制模型与应用软件也快速发展，在多方面都有了较大的改进。

17.2.2.2　氧化铝浓度控制

　　氧化铝浓度控制的改进是最引人注目的进步。由于氧化铝浓度的在线检测问题始终无法解决，人们便通过应用一些先进的控制理论与技术来建立氧化铝浓度的"辨识"（估计）与控制算法，从而使铝电解槽的下料控制方式从过去的定时下料过渡到按需下料。最有代表性的是法国 Pechiney 率先成功应用的基于槽电阻跟踪的氧化铝浓度控制方法[6]。这种基于槽电阻跟踪的方法历经多年的发展，形成了各式各样的氧化铝浓度控制方法：基于现代控制理论的自适应控制技术、基于智能控制方法的智能模糊控制技术与模糊专家控制技术，以及神经网络控制技术等。

17.2.2.3　槽电阻（极距）、热平衡及电解质成分控制

　　由于槽温、极距和电解质成分的连续在线检测问题始终无法解决，人们便应用一些先进的控制理论与技术来改进极距、热平衡及电解质成分控制算法。在氧化铝浓度控制中使用的一些自适应与智能控制技术同样也用于极距与热平衡控制方面，例如电解质动态平衡温度的自适应预报估计模型与控制模型、基于模糊控制与神经网络的极距与热平衡方法等。

由于人们越来越意识到电解质成分（摩尔比）的自动控制对热平衡稳定控制的重要性，这导致氟化铝自动添加装置（如用于氟化铝添加的下料器）在铝电解槽上的广泛使用，以及各类与热平衡（槽温）控制密切相关的摩尔比判断与控制模型（方法）的开发应用，例如基于槽温（或过热度）、摩尔比（初晶温度）实测值的查表控制法、回归方程控制法、模糊逻辑模型的摩尔比控制方法及槽况综合分析的控制法等。

17.2.2.4 槽况综合分析

对不断改进控制功能与控制效果的不懈追求，使铝工业对控制系统的要求不再满足于只有简单的槽况分析功能，如电阻波动解析、效应预报等。开发槽况分析（尤其是槽况综合分析）功能成为20世纪90年代以来铝电解控制技术开发的一个热点，并且"直接过程级+过程监控级"的两级集散式控制方式使槽况分析功能也采用两级配置方式。一级设置在直接控制级（槽控机）中，利用该级获得的实时动态信息实现对槽况的快速实时分析。例如槽电压（或槽电阻）波动特性的快速实时解析、电阻控制与下料控制过程的各类异常现象的快速实时分析等，从而直接服务于实时控制级的下料控制与电阻控制；另一级设置在过程监控级，利用该级存储的历史数据（信息）实现对槽况中期、长期变化趋势的综合分析（包括对病槽的诊断），从而可定期（或不定期地）对槽控机中的相关设定参数进行优化（调整），或者为人工维护槽况提供决策支持。当然，也包括上述的各类热平衡与摩尔比控制方法，并且大多设置在过程控制级，用于为槽控机（或操作者）确定相关控制（或设定）参数，例如设定电压、氟化铝基准添加速率及出铝量等。此外，对槽况综合分析的要求已经从过去的单槽分析发展到多槽分析，即把一个区域（大组、段、车间乃至全系列）的电解槽作为一个整体来进行综合分析。

为了实现槽况的综合分析，首先必须获得用于槽况分析的足够信息。为此，人们从两个方面进行努力：一方面是增加参数的自动检测项，即开发新的传感器，增加在线信号及人工检测的数据；另一方面是对可测数据（参数）进行深加工，这种数据的深加工技术又被称为软测量技术，通过对已有的检测信息进行深度挖掘分析，找出某种有价值的规律，从而获得更多的决策依据。由于铝电解在经济实用的传感器方面尚无突破，因此软测量技术是增加槽况综合分析信息量的重要方法。事实上，下料控制中的氧化铝浓度估计算法、热平衡控制中的热平衡状态分析算法及摩尔比控制中的摩尔比分析算法也都可以视为"软测量技术"的应用结果。

17.2.3 先进的网络型集散式控制系统

进入20世纪90年代后，随着网络技术的发展，可构造网络型控制系统的各类现场总线技术也得到了发展，因而先进的集散式（分布式）控制系统开始采用"现场控制级（槽控机）+过程监控级"两级网络结构形式。例如李劼等人于90年代中期推出的网络型智能控制系统中，现场控制网络采用一种先进的现场总线——CAN 总线来完成现场实时控制设备（槽控机）及其他现场监控设备的互联[2]；过程监控级则使用以太网实现本级中各设备（工控微机及服务器等）的互联，并实现与全企业局域网的无缝连接。控制系统结构的网络化及与企业计算机局域网的无缝连接，使"人、机交互"和"管、控一体"变得更为方便。因此，这不仅推动了各类需要人机交互的槽况分析系统的发展与实用化，而且使大型铝电解企业实现综合自动化与信息化的目标变得更加容易。

17.3 电解槽主要工艺参数控制

铝电解槽要取得较高的电流效率和较低的能耗，除了在设计阶段对电解槽的电、热、磁特性进行优化以外，生产运行过程中电解槽良好特性的实现很大程度上依赖于电解槽控制系统。将工艺技术参数（例如电流、电压、电阻、电解质温度、过热度、电解质成分、电解质水平、铝水平、槽稳定性和其他一些与工艺有关的参数）保持在一个稳定而高效的运行范围内，由此实现电解槽过程控制的优化和最佳的运行效果。正像本章一开始所述，控制这些变量存在的最大难题就是它们不是完全独立的，对一个变量进行调整会影响到其他变量，如果一个控制算法未考虑变量之间的交互作用，就会导致控制过程出现过度控制或产生相反的作用，甚至造成误操作；铝电解槽过程控制的另一个问题就是控制执行动作与结果之间的时滞很长。一般来说，过程控制需要对控制对象进行测量、分析整理和修正这几个执行过程，每一步都会造成时间延迟，使得在控制循环中增加了很多不准确因素，从而导致控制效果不理想。

随着对铝电解电化学反应过程特性认识的不断加深，对电解槽的新进的最优运行工艺条件也逐渐形成了比较清晰的认识，从而为控制模型的开发明确了方向。

17.3.1 电解质成分的控制

电解质成分的控制准确地说是电解质质量比或摩尔比（NaF/AlF_3）的控制，它是一个涉及各种操作的相当复杂的控制电解槽循环的典型参数[7]。它也与电解槽的其他变量有高度的交互作用。

冰晶石是 $NaF-AlF_3$ 二元系的稳定化合物，熔点为 1009℃，正像本书第 3 章所讨论的，电解质的成分对电解质的特性有很大的影响，添加 AlF_3 可使电解质的熔点降低至 950℃以下。电解质摩尔比是指冰晶石中氟化钠与氟化铝的摩尔比（CR），纯的冰晶石体为 Na_3AlF_6，它的摩尔比为 3mol NaF/1mol AlF_3，即 $CR = 3.0$。另外，也可以用质量比 R 来表示：$R = 3m(NaF)/m(AlF_3) = 1.5$。质量比刚好是摩尔比的一半，因为氟化钠的相对分子质量（42）刚好是氟化铝相对分子质量（84）的一半。天然冰晶石摩尔比等于 3，也称为中性电解质，大于 3 的为碱性电解质，小于 3 的为酸性电解质。

表达冰晶石成分的另一种方式是：假设所有的氟化钠均是以质量比为 1.5(摩尔比 3) 的天然冰晶石 $3NaF-AlF_3$ 存在，而超过组成冰晶石比率的氟化铝就被简单地称为过量氟化铝，这种表达形式在国外非常普遍。过量氟化铝与质量比之间的关系可用下式表示：

$$w(AlF_3) = \frac{2[100 - w(CaF_2) - w(Al_2O_3)](1.5 - R)}{3(1 + R)} \tag{17-1}$$

17.3.1.1 氟化铝消耗的计算

由于氟化铝在铝电解过程中不断消耗，因此需要定期添加氟化铝以控制质量比（或摩尔比）。而电解质摩尔比主要由电解槽内衬吸钠速度、氧化铝中的 Na_2O 含氟化铝的挥发速度及净化系统对氟的回收效果等因素决定。

因此除了槽龄变化、电解槽的密闭和净化效果等因素以外，还需补偿由氧化铝中连续带入电解质中的 Na_2O 所消耗的 AlF_3。Na_2O 与氟化铝之间的反应可用下面的反应来描述[8]：

$$RNa_2O + (1 + 2R/3)AlF_3 \Longrightarrow 2RNaF \cdot AlF_3 + R/3Al_2O_3 \tag{17-2}$$

类似的氧化钙与氟化铝之间的反应可用以下反应式表达：

$$3CaO + 2AlF_3 \Longrightarrow 3CaF_2 + Al_2O_3 \tag{17-3}$$

从上式可以算出，与氧化铝中的 Na_2O 和 CaO 反应的氟化铝量（一周内）W_{AlF_3}：

$$W_{AlF_3} = 7 \times W_{Al} \times K_{Al_2O_3} \times \{[w(Na_2O)/100 \times 1.355] \times (1 + 2R/3)/R\} + [0.9983/100 \times w(CaO)] \tag{17-4}$$

式中，W_{Al} 为日产铝量，kg/(槽·日)；$K_{Al_2O_3}$ 为氧化铝系数。

氧化铝系数 $K_{Al_2O_3}$ 即氧化铝质量/铝的质量，可根据化学反应式由氧化铝的化学分析计算出来。

$$K_{Al_2O_3} = 100/\{[0.5293 \times (100 - w(SiO_2) - w(Fe_2O_3) - w(ZnO) - w_t - (0.4516 \times w(Na_2O)) - 0.3940 \times w(CaO)] + 0.4674 \times w(SiO_2) + 0.6994 \times w(Fe_2O_3) + 0.8034 \times w(ZnO)\} \tag{17-5}$$

式中，w_t 为加热到 1000℃ 的损失的质量分数；Na_2O 为氧化铝当量 $= 0.5484 \times w(Na_2O)$；CaO 为氧化铝当量 $= 0.6060 \times w(CaO)$。

根据氧化铝的分析、金属产出率及电解质质量比，将上述两式联立计算，就能计算出与氧化铝中的 Na_2O 和 CaO 反应所需的氟化铝量。通过对与每批新加入氧化铝中的钠和钙反应所需的氟化铝量的计算，就有可能仅仅根据槽龄、电解槽型和下料形式调整氟化铝的添加量。

17.3.1.2 氟化铝的添加

为了获得较好的电解槽运行结果，正常生产中摩尔比一般都低于3，即电解生产采用酸性电解质是适宜的。实践证明，在较低的摩尔比区间内（也称为低摩尔比工艺，即 $CR = 2.1 \sim 2.4$），可以使电解槽获得高的电流效率和运行效果，目前公认为是一个较佳的区间。

通常铝电解槽中电解质成分的控制以电解质的定期取样分析为基础。通过电解质成分目标值和分析结果的差值，建立了计算电解槽 AlF_3 添加量的计算式[9]：

$$A_i = A_0 + 500(R_i - R_t) + 200(R_i - R_{i-1}) \tag{17-6}$$

式中，A_i 为计算的当日 AlF_3 添加量；A_0 为每日基本的 AlF_3 添加量，与槽龄有关；R_i 为分析得出的实际电解质质量比；R_t 为目标电解质质量比；R_{i-1} 为前一天的实际电解质质量比。

当电解质的质量比稳定（$R_i = R_{i-1}$）且与目标值吻合（$R_i = R_t$）时，则每日的添加量就等于与式（17-6）相一致的基本添加量。设定电解质质量比为 1.15，槽温955℃，实验证明，良好的操作结果使电解质质量比和槽温与目标值几乎完全吻合，偏差分别控制在 0.06 和±6℃。

Paul Desclx 提出了一种以温度变化调节 AlF_3 的方法[8]。由于电解质质量比 R 和温度之间存在高度的相关性，这是因为 R 的变化使电解质的初晶点发生了变化，从而可以用添加 AlF_3 的方法来控制电解质温度，并且把电解质质量比稳定在相应的水平上。同样也可以通过测量电解质温度确定 AlF_3 的矫正添加量。通过回归分析，得出如下线性方程（相关系数 $r = 0.86$）：

$$T = 173R + 757 \tag{17-7}$$

式中，T 为电解质温度；R 为电解质质量比。

根据式（17-7），按实际的电解质温度及其与目标值的差值就可计算出每日 AlF_3 的添加量，从而调整对电解槽的控制。

$$A_i = A_0 + 5(T_i - T_t) + 2(T_i - T_{i-1}) \tag{17-8}$$

式中，A_0 为每日 AlF_3 的基础添加量，它仅与电解槽的槽龄有关；T_i 为实际的电解质温度；T_t 为目标电解质温度；T_{i-1} 为前一天的实际电解质温度。

事实上，现代铝电解技术研究认为电解质的质量比 R 或摩尔比 CR 应当保持在适宜的范围，因此按温度作为添加 AlF_3 的依据显然是不够精确的。当温度发生改变时，极有可能是电解槽的能量平衡发生了改变，此时应当调节的是电解槽的能量收入或者散热量，而添加 AlF_3 的依据应该是对电解质成分（CR、R 或者过剩 $w(AlF_3)$）的分析结果。由于电解质的初晶温度与电解质成分是相对应的，在这种情况下温度对应的参考标准应当是过热度，其值的高低与电解槽的能量平衡密切相关。

17.3.2 电解质温度的控制

电解质的温度（也称为电解温度）对铝电解电化学反应的影响是非常重要的。除了电解槽的能量平衡的影响，如作为能量输入的槽电压和系列电流，影响电解槽散热的阳极覆盖料厚度、铝水平高低及外部散热条件以外，电解槽温度的变化还会受到一些因素的影响，这些因素在设计控制系统模型时也要加以考虑。

电解质的初晶温度随着过量氟化铝的增加即比值的减小而降低。同时，增加氧化铝量也可降低电解质的初晶温度。假设氟化铝含量是固定不变的，而质量比 R 在 0.90~1.30 范围内，氧化铝含量为 2.0%（典型最小值）和 3.5%（典型最大值）的情况下，如本书第 6 章所述，可以用经验表达式计算出初晶温度，如图 17-3 所示[8]。

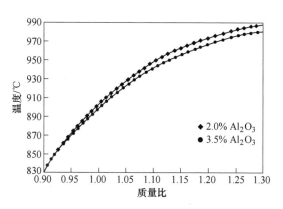

图 17-3 初晶温度与 NaF/AlF$_3$ 质量比的关系

一般情况下，认为典型的实际电解质温度比初晶温度高（即过热度）8~12℃。由于部分电解质结晶，电解槽中的液体电解质总是比平衡状态下的固体电解质（槽帮）的 NaF/AlF$_3$ 比值（CR 或 R）低。

因此，提高电解质温度就可熔化一些槽帮，从而提高液体电解质 NaF/AlF$_3$ 的质量比 R；相反，降低电解质温度，就会降低液体电解质中的 NaF/AlF$_3$ 质量比 R。因此，即使没有氟化铝和碳酸钠等化学添加剂的存在，改变电解质温度也可使电解质液体的摩尔比发生改变。在任何电解质化学性质控制系统中，尤其是 NaF 与 AlF$_3$ 的比，在取电解质样时搞清楚电解质温度是最主要的。当确定电解质 NaF/AlF$_3$ 的比值时，也必须指明电解质温度。例如某铝业公司的电解槽中，

NaF/AlF$_3$ 的质量比在温度为 948~968℃之间时，该比值是 1.18±0.07。

当要求将 NaF/AlF$_3$ 的比值调到指标规定值、计算加入氟化铝的质量时，要考虑到电解质温度。当电解质温度低于规定值 10℃以上时，电解槽被认为是冷槽；当电解质温度在规定值的 ±10℃以内时，电解槽为正常；当电解质温度高于规定值 10℃以上时，电解槽就是热槽。

17.3.3　槽电压的控制

槽电压是电解槽工艺控制的最重要的参数之一，槽电压的变化在一定程度上代表了电解槽电阻的改变。槽电压包含了电解槽的各种信息，电解槽的各种设计因素、操作因素、物理特性都会在槽电压的变化中反映出来。在实际的电解槽控制中槽电压是维持电解槽能量输入的基础，在电流强度稳定的条件下，槽电压是调整热平衡最主要的因素之一，可以说槽电压管理也就是电解槽热平衡的管理[10]。

某一种电解槽的槽工作电压的设定值是由电解槽的磁流体动力学稳定性和母线系统的设计决定的，合适的槽电压是由电解槽稳定性和能耗之间的平衡决定的。在生产过程中槽电压的改变主要通过改变极距来实现，但是在一个电磁稳定性已经由先天设计条件决定的电解槽上，总有一个适宜的电压范围。根据电解槽能耗计算公式，电压越低意味着能耗越低，但极距越低意味着电解槽越不容易保持稳定，而且也会带来电流效率降低的风险。在生产中保持低电压和高电流效率两者是相互矛盾的。因此，需要通过技术条件的优化使两者能够兼顾达到一个平衡，以获得最好的经济效果。

电压的调整在现代铝电解生产中主要应用于稳定运行中的电解槽，特别是当电压波动和冷槽严重时，须及时提高设定电压以维持电解槽热平衡；电压的调整在一定程度上还决定着炉膛的变化，特别是炉帮的消长。如果电压调整频繁，炉膛也会过快变化，电解槽始终处于一个频繁调整的状态，就很难使电解槽正常运行，各种技术指标也不会太好。从降低直流电耗的角度出发，应尽量挖掘低电压生产的潜力，但是不能简单地采取降低设定电压的做法，要通过对工艺条件的综合优化来实现。

电解槽生产运行过程中，降低摩尔比或添加氟化镁、氟化钙会导致电解质的电导率降低，电解质电导率的降低会使相同极距条件下的槽电压升高；此时如果降低极距来维持电压稳定，可能会导致电解槽电压出现摆动，处于一种不稳定的状态，抵消了降低槽温带来的好处。

17.3.4　氧化铝浓度的控制

在铝的电解过程中，氧化铝浓度的控制是相当重要的，氧化铝的浓度过高会造成槽底沉淀、降低电流效率、增加电阻和阴极压降，同时可能影响铝液层的稳定；而当氧化铝浓度过低时，容易发生阳极效应，使电解槽电压快速升高，破坏电解槽的能量平衡。为了获取高的电流效率，必须维持槽内氧化铝浓度处于较低且又要避免阳极效应发生这样一个较窄的范围。

如本书第 7 章所述，氧化铝浓度对电流效率有明显的影响。一般认为，氧化铝浓度越低越有利于提高电流效率，但过低或过高都不利于电流效率的提高，应该保持在一个适中的范围内。一般认为，氧化铝浓度应当维持在 1.5%~6% 的范围内，高于 6% 电解质中的氧化铝达到饱和，过剩的氧化铝会下沉到阴极产生沉淀；氧化铝浓度在 5% 时，电流效率会达到最低值；当氧化铝浓度从 5% 降低到 1% 时，电流效率会持续上升。但氧化铝浓度低于 1.5% 时，容易发生阳极效应。为了适应低摩尔比和低电解温度时氧化铝饱和溶解度低的情况，氧化铝浓度工作区应尽可能控制在较低的范围内，既可减少炉底沉淀的形成，又可获得较高的电流效率。其中氧化铝浓度控制在 2.0%~3.0% 被认为是运行的最佳点，同时维持电流效率的稳定。

氧化铝浓度对电解质电阻率有明显的影响，图 17-4 显示了槽电压与氧化铝浓度的曲线。在氧化铝浓度为 3.5%~4.5% 时，对应有一个槽电压的最低区间。氧化铝浓度增加，槽电压上升，氧化铝浓度降低，槽电压同样也上升，并且上升更加显著，直到发生阳极效应。根据这一关系，如果能够测定出氧化铝浓度，图 17-4 将能够提供一个理想的运行曲线。但问题在于取样分析在实际中是不准确的，而且无法及时在线获得。另一方面，槽电压数据非常容易获得，并且是最基本的和可靠的参数。实际上，槽电压与氧化铝浓度的关系曲线恰恰给电解槽氧化铝浓度的控制提供了依据。

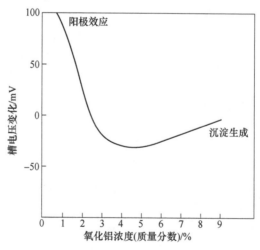

图 17-4 槽电压与氧化铝浓度关系曲线

17.3.5　铝液面高度（铝水平）的控制

铝液面高度（铝水平）是一个重要的管理参数，对电解槽操作和运行效果有明显的影响。现代预焙槽的铝水平一般在 15~22cm 之间。电解槽内保持合适高度的铝水平对于电解槽的正常运行具有重要意义[10]：

（1）电解槽内必须有一层铝液作为电解槽的阴极。因为在电解槽内，电解质中铝离子放电成为金属铝的反应是在铝液镜面上进行的，而不是在阴极炭块的表面进行的。也就是说，实际电解过程中真正的阴极是铝而不是阴极炭块，这便是为什么电解槽启动的时候要向电解槽中灌铝的原因。

（2）为了不使炭阴极表面暴露于电解质中，电解槽内需要一定高度的铝液保护阴极炭块和均匀槽底电流，铝液能填平槽底坑洼不平之处，使电流比较均匀地通过槽底；由于电解质液体与炭阴极材料表面的润湿性很差，电解槽中不得不保持一定高度的铝液。此外，还需考虑到电解槽随槽龄增长而出现槽底变形，电解槽内需要有足够高度的铝液才能保持电解槽中铝液面的稳定（进而保持槽电压稳定）。若单从保护阴极炭块和均匀槽底电流的目的考虑，就没有必要保持 20cm左右的铝水平，保持如此高的铝水平的更重要原因是，铝液在电磁力的作用下发生运动并导致铝液与电解质界面的变形，并且铝液高度越低，铝液运动越强烈。电磁场设计较好的铝电解槽，能将铝水平降低到 15cm 左右，但随着槽容量的增大，获得稳定的电磁场越来越难，600kA 超大型铝电解槽实际的铝水平有些达到30~33cm，正是为了平衡磁场而不得不提高铝水平。

（3）槽内保持适量的铝液是保持良好热平衡的重要基础。由于铝液是热的良好导体，因此能起到均衡槽内温度的作用，特别是阳极中央部位多余的热量可通过这层良好导体输送到阳极四周，起到热疏散的作用，从而使槽内各部分温度趋于均匀，这一点对于霍尔-埃鲁特电解工艺的成功具有非常重要的作用。因此，调整槽内铝量可起到调节热平衡的作用，提高铝液高度可增大电解槽的散热量，有利于降低槽温；相反，降低铝液高度可减小电解槽的散热量，有利于提高槽温。铝厂操作中常利用这一特性来调整电解槽的热平衡，但铝水平作为重要的工艺技术条件，正常情况下应该尽量保持稳定。

铝水平过低或过高都会对电解槽运行带来问题。铝水平过低带来的主要问题是：槽电压波动，电解槽不稳定，不利于槽内热量的均匀与及时疏散，槽温升高，槽膛熔化，容易形成热槽（一种病槽）；铝水平过高带来的问题是：传导槽内热量多，槽温下降，槽底变冷而有沉淀，槽底状况恶化等系列问题。

17.3.6　电解质水平的控制

现代预焙槽的电解质高度一般在 18~23cm 之间，电解槽内保持合适高度的电解质熔体对于电解槽的正常运行具有重要意义：

（1）电解槽需要足量的液体电解质来保持电化学反应过程的进行，获得电解质成分（包括氧化铝浓度）稳定性。由于电解质熔体起着溶解氧化铝的作用，只有足量的电解质熔体才能对加入的氧化铝原料有足量的"容纳"能力，电解槽适应下料速率变化的能力才强，氧化铝浓度的稳定性才好。

对于现代中间点式下料电解槽，原料几乎全由中间点式下料器完成，这一点不同于边部加工的自焙槽（原料从边部加入后很大部分先沉积在槽帮，其后慢慢溶解），需要维持一定的电解质量。如果电解质量不足则加入的原料沉淀到槽底的比例迅速增大，并且氧化铝浓度波动大，发生阳极效应的概率增加，容易使加料控制进入恶性循环。此外，由于电解槽中的液体电解质与凝固的电解质处于一种动态平衡之中，当槽温等参数变化时，动态平衡会被打破，例如槽温升高会引起固相熔化成液相，反之液相凝固成固相。若液体电解质量过少，则固相与液相之间的转化会引起电解质成分较大的波动，不利于生产过程的稳定。

（2）电解质熔体是电解槽中主要的热量载体，只有足量的电解质熔体才能使电解槽保持足够好的热稳定性，即电解槽适应热量输入或输出变化的能力强。

电解质水平过低与过高都会带来一些问题：电解质水平高则阳极与电解质接触面积大，有利于降低槽电压，但电解质过高也会使阳极没入电解质过深，阳极气体不易排出，使铝与阳极气体发生二次反应加剧，造成电流效率降低；电解质水平过低槽内的电解质液体组成（包括氧化铝浓度）稳定性和热稳定性差，容易造成技术条件波动，产生沉淀和引发阳极效应，并且不利于降低槽电压，容易造成阳极长包、槽膛上口空等。

此外，电解质水平太高，还意味着电解槽的能量收入可能偏高，散热不足，能量平衡保持不理想。

17.4　槽电阻（极距）的控制

17.4.1　槽电阻控制原理

槽电阻控制常分为正常电阻控制（称常态极距调节）和非正常电阻控制两类。正常电阻控制的目的就是通过使槽电阻接近于一个目标值，维持电解槽的极距，当槽电阻处于允许自动调节的正常范围内时，控制系统用阳极移动的手段将（正常态的）槽电阻控制在目标控制区域内，从而达到维持正常极距和能量平衡的目的；非正常电阻控制是指电解槽发生的各种作业所对应的控制操作，不言而喻，当槽电阻异常（例如 AE 发生、电阻越限等）或者有进行正常电阻控制的限制条件（如出铝、换极等人工操作工序的预定）时，计算机仅记录和输出有关警告信息，或者只进行本项中的解析而不进行本项中的调节，或者跳转到专门的控制程序。

17.4.1.1　槽电阻控制的一般原理

到目前为止，铝电解的过程控制系统的输入信息是非常有限的，主要是依靠测定槽电压。作为能量平衡的重要控制目标，电解质温度无法进行在线连续测量，也还没有研制出精确度高且可长期就地测量氧化铝浓度的专用传感器。尽管如此，由于变量之间互有关联，仍可根据槽电压建立氧化铝浓度分析模型，制定出有用的过程控制方案。通过把槽电压的改变速率加以解析，建立起槽电压与氧化铝浓度的关系，氧化铝浓度的控制问题就能得到进一步改进。然而，槽电压的异常改变也能来自其他因素的触发，诸如极距调整、打壳下料或阳极的移动等，需要在分析模型中加以甄别。

通过槽电压可以简单地计算电解槽的电阻 R：

$$R = (V - E)/I \tag{17-9}$$

式中，V 为测量的槽电压；E 为反电动势；I 为测量电压同一时刻的系列电流值。

考虑到系列电流波动，还可以用下式的方法计算：

$$V_n = \left[(V - E)/I \right] I_n + E \tag{17-10}$$

式中，V_n，I_n 为实际的槽电压和系列电流。

对于控制的目的而言，使用式（17-10）与使用槽电阻实现的结果是相同的，在讨论控制原理时，槽电压指标准值。而反电动势 E 与电解温度、电流密度及氧化铝浓度有关，通常可视为常数（1.6~1.8V）。

以槽电压为基础的过程控制方案，是把实际电压与预先设定的电压做比较，而设定的槽电压是在考虑了每台电解槽的不同情况而设定的。尽管同一系列的电解槽有同样的设计和结构，但是由于接触点电阻不同，阴极的老化和铝液层的不规整，也使槽电压稍有差异。由于阴极的老化情况各有不同，因此在确定预先设定的控制电压时要考虑到槽电阻随时间的增加因素。

槽电压的波动可分成三种情况：（1）槽电压缓慢变化或微小变化；（2）电槽压发生急剧波动；（3）短时间内槽电压出现明显升高。

第二和第三种电压变化会严重干扰电解槽正常运行，尤其是在发生阳极效应时，发生的第三种电压变化可能引起电解槽况的严重紊乱。当检测到槽电压发生波动时，控制系统必须做出分析，对其特性做出正确的判断。从理论上来说，必须分析出波动的频率及波幅的大小，以使控制系统快速做出正确的操作。

而对于槽电压缓慢变化或变化微小的情况，一般控制系统不宜过快反应，可用巡回检测装置周期性地检测槽电压，并与该槽的设定电压做比较，然后触发执行机构进行调整。巡回检测电解槽的频率由所用的设备性能和氧化铝加料频率来决定，理论上讲，间隔越小越好，但过于频繁无疑对检测设备要求会很高，也没有必要。因此根据实际情况，如果加料间隔很长（较早的槽达到60min）的电解槽至少每10min检测一次，一般至少每3min检测一次。

电压调节方案的原理可用图17-5表示。需要指出的是，当只用槽电压一个参数作为调节的依据时，必须假定在温度、氧化铝浓度都是不变的条件下。这些操作参数的微小改变控制系统都不做具体的反应，即都被设置为不做调整的范围。显然，系统储存的有关电解槽以往运行过程和操作信息越多，过程控制系统做出的判定就越可靠，决策也越合理。控制系统同时记录电解温度、最近的阳极效应发生次数及上次阳极效应后添加氧化铝总量等。这些信息可以用来计算新设定的电压，或用于更新的不做调整的范围。

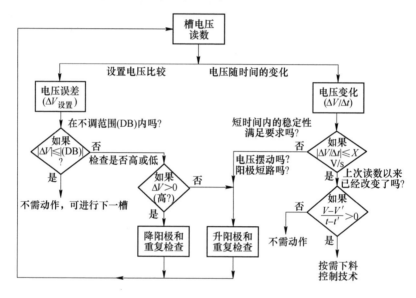

图 17-5　铝电解槽电压控制基本流程

图17-5还清楚地表明，过程控制的基本作用是调节极距。虽然调节极距有助于维护热平衡和防止两极短路，但是偶尔也可能做出错误的判断，尤其是凑巧发生阳极效应或打壳下料前发生动作时。因而，通常在给定的调整周期内会限定所有参数变化的范围，以避免误动作。对于加料间隔比较频繁的电解槽（指加料间隔小于20min，缩短加料间隔成为发展趋势，甚至接近于准连续加料），控制方案会有比较大的差别。

17.4.1.2　一般电阻控制

电解槽电阻可通过式（17-9）用槽电压和槽系列电流计算得到。当计算机采集到电流、电压后，首先进行解析，计算出槽目标电阻值 R_k，然后分成阳极效应电阻、坏电阻与正常电阻三类，并针对不同的情况采用不同的方法处理。若槽电阻不属于上述三种情况，便继续作为平滑处理，消除数据上的干扰部分，反映出电阻变化趋势。

计算几分钟之内的槽电阻的平均值 R 与目标电阻 R_k 进行比较，并在这个目标电阻附近设置一个"非调节区"。对位于"非调节区"的任何值，槽控系统不会给出阳极极距调整的指令；若电阻值处于调节区（$R < R_k - R_0$ 或者 $R > R_k + R_0$），则槽控系统会给出升、降阳极的指令，以确保槽电阻值处于设定的运行区间，如图 17-6 所示。

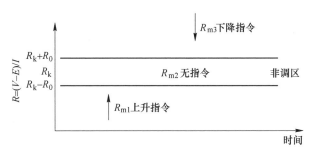

图 17-6　电阻控制示意图

当电解槽遇到下列情况时，计算机程序不进行槽电阻调整的控制：

（1）AE 发生时。

（2）现场将进行可能引起槽电阻变化的操作，如换极、出铝、抬母线，只要与计算机站事先联系的，计算机则默认不进行槽电阻调整控制处理。槽电阻偏离设定电压较多成为异常电阻时，计算机不明确现场发生的情况，将打出异常电阻的警告，并进行播报处理。

（3）槽电阻值离散度大时，采集到的 4 个槽电阻的极差（最大值−最小值）如果超过某一定数值，常认为是电解槽出现异常或者在手动升降阳极，不进行槽电阻调整控制处理。

（4）电解电流大幅偏离设定值时，此时测量得到的数据可靠性不高。

电阻控制程序执行期间，为防止电阻调整过于频繁，导致电解槽进入不稳定状态，控制程序设定了电阻调整的控制周期，即两次电阻调整期间必须要间隔一定的时间。但在阳极效应熄灭后第一次电解分析中若发现电压下降时，即使此时距上次电阻调整的控制周期没到，也要立即进行电阻控制，以避免出现长时间槽电压过低而导致槽况进入不稳定状态。

17.4.1.3　槽不稳定性控制

在生产过程中，槽电阻控制的目标是以设定目标槽电压来体现的，生产上称为设定电压[10]。每台电解槽的设定电压基本上是通过计算机站的操机员来给定，当然这个值也可能通过智能控制系统进行修正。对于目标电压，控制系统一般需设定 3 个参数，即设定电压、电压上限和电压下限。电压的上限与下限根据槽型不同而略有差异，一般的取值是：设定电压±(20~30)mV。对于电压波动较大的电解槽，这个范围值就会大一些。

A 槽电阻数据处理

控制系统控制用槽电阻不是原始的采样电阻，而是经过数字滤波去除了采样电阻中的电阻针振与摆动后得到的滤波电阻，或称平滑电阻，正常电阻控制是以平滑槽电阻作为判断和控制依据的。槽电阻滤波的基本原理是对槽电阻进行低通数字滤波，去除其中频率较高（即快时变）的组分，以避免其对极距和氧化铝浓度这两个相对而言为慢时变状态参数的判断和控制产生干扰。为达到这一目的，一般采用具有惯性滤波性能的一阶递归式低通数字滤波器[2]，其结构形式是：

$$y(k) = (1 - \varphi) \times y(k - 1) + \varphi \times x(k) \qquad (17\text{-}11)$$

式中，$y(k)$ 为滤波器输出（即滤波值）；$x(k)$ 为输入（即原始采样值）；k 为采样点的时序；φ 为滤波系数（$0 < \varphi < 1$）。

该式的直观含义是：本次（k 时刻）的滤波值是上次（$k-1$ 时刻）的滤波值与本次采样值的加权平均值。用这种类型的滤波公式进行信号处理，又称为平滑处理。为了达到加强滤波效果的目的，常采用多个这样的数字滤波器级联的方式。滤波系数及滤波器的级联个数一般用试验或经验确定。显然，滤波系数越大，或滤波器级联的个数越多，则滤波（平滑）的程度便越高，但因之而引起的滤波值与实际值之间的滞后程度也越大。上述的惯性滤波器虽然直观易懂，但并非最好的滤波器。一个先进的控制系统会根据解析的需要进行不同程度和不同类型的滤波。例如，通过分别设计使用高通、带通和低通数字滤波器对槽电阻采样系列进行处理，可以实现高频噪声（电阻针振）、低频噪声（电阻摆动）和低频信号的分离[11]。

槽电阻采样序列经过一个高通数字滤波器处理，得到的输出序列就是高频噪声曲线（该曲线可用于计算高频噪声强度）；槽电阻采样序列经过一个带通数字滤波器处理，得到的输出序列就是低频噪声曲线（该曲线可用于计算低频噪声强度，低频噪声曲线呈现较明显的波动周期）；而槽电阻采样序列经过一个低通数字滤波器处理后，所得到的输出序列就是低频信号曲线，该曲线提供给下料控制模块（即氧化铝浓度控制模块）和槽电阻控制模块（即极距控制模块），用于进一步解析槽内氧化铝浓度和极距的变化情况。

B 槽不稳定性的处理

电解槽运行过程中，由于铝液波动，会造成电压出现高频波动（超过设定范围），此种波动也叫针振，它是电解槽是否稳定的最敏感标志。针振的诊断机制是控制系统连续 8 次分析槽电阻，计算 8 个电阻间的极差值，若大于设定极差值的数据数量超过规定值，且最近一次计算出的极差超过设定的极差值，则判定产生了针振。电解槽若产生针振，控制上一般都按增加槽电阻的策略进行控制（$R = R_k + R_w$），消除电压波动，如图 17-7 所示。

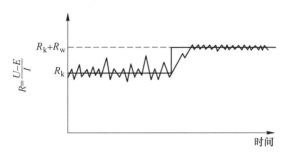

图 17-7　不稳定性的处理

　　该操作执行后，槽电阻值很可能会超出电阻不调区的上限值，这与电阻控制就会产生冲突，此时需将不调区的上限范围扩大，对针振槽执行大不调区的控制策略，只要针振没有结束，此种控制策略就一直执行。当然，有可能也存在增大电阻后也不能抑制针振，或产生针振的时候，控制条件不允许执行电阻调整策略，计算机则要及时发出针振发生消息，监控人员要及时告知现场操作人员，对电解槽进行检查和处理。当控制系统确认针振已消失时，电阻控制的不调区恢复到正常范围。

17.4.2　优化电解槽电阻控制的策略

17.4.2.1　槽电阻数据优化处理

　　一个电解槽电阻的正确确定开始于当时状况和该领域槽电压及系列电流等有关信号的获取，图 17-8 给出了与获取一次电压信号和电流信号有关的基本功能。

　　虽然这个步骤看上去简单明了，但用于处理和获取这些信号的方法却严重地影响了电解槽电阻的确定。如果对信号的处理很少，电气噪声就会造成电解槽电阻的波动。如果该信号被过多地滤掉，那么正确的信息就会失去。信号处理把随机的电气噪声从该实例的特殊信号中除掉，使计算电阻的波动降低约 1/3，只保留了实际的变化量用于其后的分析。

　　对一套特殊领域信号恰当的处理方法的确定包括一个简单的电压电流信号的相关分析。考虑到在短时间（1~2s）内的电解槽的电压与电流有很大的相关关系，所以期望采样周期要短是合理的，因为至少有 90% 的电压变化量可归因于电流的变化。在统计项中，这种情况意味着严格处理的信号的分析将得出一个比

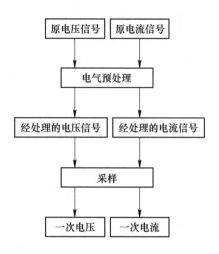

图 17-8　电压和电流信号的采集

0.9 大得多的 R^2 相关系数。各种信号的处理和获取方案因此就可通过比较它们的电压-电流的相关关系进行判断。对于一个工厂的特定区域环境可选择一种最佳方法。

　　为了确定这个最佳方法，必须首先收集未经处理的电压-电流方面数据。因此为了限定信号质量，电解槽电压和系列电流信号是以每秒 300 对的速率进行扫描的。为了分析，选择了数据之间的短间隔，并标明了系列电流变化的间隔。

　　弄清楚一个合理的数据获取方案的第一步是确定滤波的合理程度。为了减少随机噪声，Blackman 得出了最佳离散加权序列。

$$V_k = \frac{1}{n+1} \sum_{k=0}^{n} U_k \tag{17-12}$$

式中，V_k 为第 k 个平滑的数据；U_k 为第 k 个原数据。

　　该方程不过是最后第 $n+1$ 个项读数的滚动平均值，或者就 300Hz 的扫描速率来说，就是最后一项的平均值 3.3 乘以 n ms 后的那个值。

　　A　一次电阻的计算

　　一旦获得的是一列可靠的电压-电流对，那么下一步就是计算电解槽的电阻。这种计算应用很广泛的是式（17-9）。该计算虽然简单明了，但它引入一个不确定的假定，使得在计算电阻时产生了不真实的波动。在应用式（17-9）计算电阻前，应弄清楚该假定的实质。

　　式（17-9）假定电解槽的反电势是个常数。典型情况下该值取 1.6~1.7V 之间，它是由分解电压和阳极、阴极过电压组成的。恰当地说，分解电压是一个常数且阴极过电压相对较小，阳极过电压是电解质中氧化铝含量的函数。当电解槽将要发生阳极效应时，阳极过电压增加零点几伏，但它相对地不受系列电流短期变化的影响。每当电解槽的实际反电势与假设的反电势不同时，式（17-9）就会产生两类难题：电阻"漂移"及假噪声。

为了弄清第一个问题，要考虑当电解槽的电解质用尽了氧化铝之后，阳极过电压将不断地增加，直至反电势达到 1.9V 为止。对于电解槽的操作，式（17-9）将把这个增加了 0.2V 的反电势转变成明显增加的电解槽电阻。这个增加可以看成是当氧化铝消耗完时电阻的缓慢增长。在没有附加校正逻辑的情况下，这个电阻的缓慢增加会触发一个极间距离的调节，而不是提高加料速度和形成一个稳定的电解槽环境。

反电势看作常数的假设引起的第二个问题是系列电流变化时，假电阻发生波动。当实际反电势是 1.9V 时，假定的反电势只是 1.6V，系列电流将变化 10kA。电流变化的同时，式（17-9）将引起一个额外的噪声电阻。

作为对式（17-9）的一次过渡性的改进，可以将电解槽状态信号合并，它保留初始计算时，其结果就处于对电解槽现有氧化铝含量的辨别及系列电流变化量之间。

B 二次电阻的计算

当精确度和总适用性是获取信号和初始计算方法的主要因素的同时，用特殊方法建立二次计算以修改初始计算。二次指示参数与电解槽操作的某些具体方式有关。

二次计算方法基本上接收了一次电阻和电解槽状态数据作为它的输入量，然后产生一个对某些具体工艺监视和（或）控制任务有用的输出统计量（或指示参数）。

就输出信号而论，这种步骤的特点在于定义初始值、响应和复位行为。将具体经验和生产知识并入这三个功能中，以便指示参数以所期望的方式对生产过程进行跟踪。例如，电阻的平滑计算用于监视电解槽金属的运动可能非常简单，其方法是：对具体的电解槽设计来说，金属的滚动集中到已知的频率上。

过程控制统计值常常保持在使用总和及平均值除以规定时间周期的周期方式，在一周期开始时发生的初始值，程序以总和的形式响应；在周期最后时，计算统计值，程序开始复位；然后就保持不变直至在下一周期末修正为止。虽然这些指示参数易于计算，但它们的周期性的本质限制着并使过程控制复杂化。进一步说，分段的本质是难以表现连续过程的。

二次计算不按照固定周期性计算技术，并且它提供了对过程控制一直有效可用的指示参数。图 17-9 给出了原理上的计算流程。

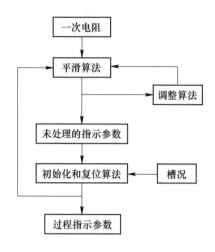

图 17-9 二次指示参数计算

该程序产生了一个连续有效的对工艺条件可靠的过程指示参数,它对其自身的工艺条件敏感,但对其他方面不敏感。它由两个基本部分组成:一个是自调整滤波器,一个是校正算法。一般地,平滑算法是单一的或多部分组成的滤波器,该滤波器的参数可以动态修正,以便对电流状况保持正确的灵敏度。校正算法执行初始化和复位,一般对不正确的指示参数是通过逐步调整进行的。这几种形式的计算已得到了发展,并已被证实适用于氧化铝含量的多种监视和控制、阳极效应预测和稳定性分析。

平滑滤波器不应对周期性的电解槽噪声敏感,但应该对极间距离或电阻的变化有所反映。当电阻趋于稳定时,虽然有噪声,指示参数仍应产生一个平滑的轨迹,但是当电解槽临近阳极效应时,指示参数就应该很好地跟踪。为了满足这些条件,选择下式:

$$Z_K = Z_{K-1} + \frac{1}{n+1}(R_K - Z_{K-1}) \qquad (17\text{-}13)$$

式中,Z_K 为 K 点的指示参数值;R_K 为 K 点的槽电阻。

式(17-13)由 Blackman 提供,作为一个便于计算的最佳加权序列的形式。灵敏度的调节可由动态修改,取决于电解槽状况和近期历史的平滑常数 n 所达到。

既然该过滤器是自调整的,计算程序也必须适用于对中断或者其他必须响应的事件的处理。一个复位算法监视着槽状态以确定何时逐步调节恰当。当极距改变以处理对初始电阻的影响时,对未校正的指示参数进行修正,该校正过的指示参数反馈给滤波器。用这种方法,电阻调节指示参数不会滞后于电阻调节产生的变化,并且能保持连续和有效地进行评估和控制。

17.4.2.2 控制系统对槽电阻控制目标的自校正

槽电阻控制的目标是：一方面维持正常的极距，另一方面维持理想的热平衡。但是槽电阻与电解质成分、氧化铝浓度等很多不能实时在线检测的参数有关，所以它与极距和电解质温度并无确定的对应关系，将电阻控制在目标控制区域内并不意味着能维持最佳的极距和热平衡。因此，在传统的控制方法下，当电解槽状态或运行条件发生变化时，往往需要手动辅助调节或人工调整设定电压及上下限（即调整目标控制区域）[2]。

通用的控制系统一般都考虑了在某些情况下对目标控制电阻进行适当调整，例如采用与电阻针振/摆动、出铝及换极相关的附加电阻，但这属于电解槽控制系统的基本功能。对于一个生产系列，所有电解槽的槽电阻越是稳定和一致，则说明该生产系列越是稳定和一致。因此最理想的情况是，正常槽况下的电阻目标控制区域（尤其是设定电压）几乎不需要控制系统来经常调整。然而，由于生产条件的波动及不稳定和异常槽况的出现是无法避免的，因此若控制系统具备在一定范围内自动调整目标控制区域的能力，对于及时恢复正常槽况是非常有益且效果也是十分明显的。

从槽电阻控制的目的可知，用于调整电阻目标控制区域的槽况信息主要是与槽稳定性（反映极距）及热平衡相关的信息。利用槽稳定性（即电阻波动）信息来自动调整电阻目标控制区域的常见做法是：由控制系统按一定周期（如24h）计算周期内的电阻平均波动幅度，然后根据平均波动幅度（并结合当前波动幅度）来调整下一周期内的设定电压。调整原则是：电阻波动幅度大于某一设定上限，则升高设定电压；波动幅度小于某一设定下限，则降低设定电压。生产实践表明，电阻波动幅度的升高与降低不仅反映极距是否合适，而且能反映热平衡的变化。

例如，电解槽向冷槽发展时，电阻波动往往会加剧；而向热槽发展的初期，电阻波动往往减小，甚至可能变得异常稳定。因此通常情况下，根据电阻波动调整设定电压的原则与根据热平衡来调整设定电压的原则是相容的。

同样，控制系统可按一定的周期（如24h）分析过去的一个周期中电解槽的热平衡状态，若电解槽呈冷槽状态或向冷槽发展，则升高设定电压；反之，若电解槽呈热槽状态或向热槽发展，则降低设定电压。

设定电压调整的周期不能太短，也不能仅根据个别测量数据来进行调整。调整周期过短带来的问题是，过于频繁的调整可能导致振荡式的调整，反而导致槽况波动；加之信息统计的时间段太短会使统计信息的可信度降低（尤其是对电解槽冷热趋势判断的可信度会降低），从而使设定电压调整的正确程度下降。更不能根据个别的人工测量数据进行调整，例如不能以人工定期测量的电解质温度（尤其是过热度）数据来作为控制系统调整设定电压的主要依据，因为无论测定值多么准确，它都不能准确反映热平衡状况，这一方面是测定周期长（几小时甚至24h）；另一方面是温度（或过热度）测定时的氧化铝浓度情况未知，而电解质温度（尤其是电解质初晶温度与过热度）受氧化铝浓度变化的影响较大。理论计算表明，在我国目前常用的电解质成分范围内（摩尔比2.1~2.5），氧化铝浓度变化2%（质量分数，这是正常变化范围），可使电解质初晶温度（或过热度）相差10~12℃。因此，在氧化铝浓度不能准确测量的情况下，即使相邻两次的过热度测定值产生了10℃的变化，也无法确定是否需要调整设定电压（因为氧化铝浓度在3.5%时的过热度比氧化铝浓度在1.5%时的过热度高出10℃是正常的）。可见即使未来解决了电解质温度或过热度的在线连续检测问题，也不应该过于频繁地跟随电解质温度或过热度的变化而调整槽电阻的目标控制区域，除非电解质温度、过热度、氧化铝浓度和极距都可以在线准确地测量并能建立起电阻目标控制区域与这些参数间的完整且准确的数学模型。

确定合理的槽电阻调节频率。槽电阻调节过于迟钝会使电阻的调节不及时，影响槽况稳定；而过于敏感（调节过于频繁）也会影响槽况的稳定性，更重要的是会严重干扰氧化铝浓度的控制。众所周知，现代铝电解控制系统分析判断氧化铝浓度的主要依据是低通滤波电阻（或称平滑电阻）的变化速率（即电阻斜率）或变化范围，而电阻调节会打断正常的槽电阻低通滤波（平滑）过程。因此，从氧化铝浓度控制的角度而言，电阻调节越少越好。有两个设定参数对电阻调节频率产生重要影响，一个是电阻目标控制区域的宽度（即"死区"宽度），另一个是电阻调节的最小间隔时间（即最小RC周期）。为了取得理想的调节频率，一种常见的设定死区宽度的做法是给控制系统定两个或两个以上的死区宽度。例如，无电阻针振或摆动（即正常槽况）时，使用"窄死区"；而有电阻针振或摆动时，使用"宽死区"。"宽死区"还可以应用到其他情况，例如人工作业（出铝、换极等）后的一定时间内，氧化铝浓度控制正处于浓度校验的关键阶段、近期电阻调节的效果不好等。更细致的调整死区的做法是，预先建立一种算法，使控制系统能根据近期电阻波动、人工作业、氧化铝浓度控制及近期电阻调节频率等情况自动修正死区宽度，使电阻调节频率趋于最佳。例如，当电阻波动加剧或近期电阻调节过于频繁时，控制系统自动加大死区宽度，反之则缩小死区宽度；若电阻调节效果不好（调节后电阻实际变化量与计算的调节量偏差太大，甚至变化方向与预定方向相反），则可能是极距过低（压槽）或阳极效应来临的征兆，因而应自动加大死区宽度，同时禁止下降阳极。

对于最小RC周期这一设定参数，也可使控制系统以"原则性与灵活性相结合的方式"来使用。例如，当电阻严重偏离目标控制区域时，可以不受最小RC周期的限制（可立即启动新一轮电阻调节）。更灵活的做法是，建立一种算法使控制系统能够根据低通滤波电阻偏离死区的程度来修正最小RC周期。基本原理是，如果低通滤波电阻偏离死区达到一定程度，那么随着其偏离程度的进一步增大而逐渐缩小最小 RC 周期，以便尽早消除这种偏离死区过大的情形；如果低通滤波电阻偏离死区的程度不大，则不缩小最小 RC 周期。采取这种措施既可防止电阻不稳定时调节过于频繁，又可尽量避免电阻偏离死区过大的情形不会维持很长的时间。

除了采用上述的与设定参数相关的措施外，还可以在电阻调节的限制条件中增加一些避免调节过于频繁的策略。例如，如果本次解析周期中发现低通滤波槽电阻或系列电流有下降趋势（下降速率超过对应的设定值），那么本周期中不进行降低电阻的调节；反之，如果本次解析周期中发现低通滤波槽电阻或系列电流有上升趋势（上升速率超过对应的设定值），那么本周期中不进行升高电阻的调节。采用这样的限制条件的目的很明显，就是控制系统先"观察"一下电阻（或电流）的变化是否可以使电阻自动进入目标控制区域，否则有可能现在降了电阻，过一会儿还得升电阻；或者现在升了电阻过一会儿又得降电阻，导致调节频繁。

另外，随着智能化程度越来越高的新型控制技术的采用，人与机的智能能否和谐统一是至关重要的，因此应该重视现场操作管理人员的技术培训，使他们充分理解和接受新的控制思想，这样才能避免"人机冲突"。从人工操作维护方面来考虑，首先要求操作管理人员理解槽电压与摩尔比等工艺参数间的关系，能根据电解槽整体技术条件正确地给定设定电压。其次，操作管理人员要能很好地理解控制系统的电阻控制的基本原理与相关的调节策略，保证人-机默契配合，避免人工的随意干预，更要避免人工调节与自动调节的冲突。最可怕的情况是，操作人员与控制系统"对着干"，操作人员下降电阻，控制系统却提升电阻。这在稳定性差的电解槽上容易出现，原因是控制系统可能自动升高了不稳定槽的电阻目标控制区域（目的是为了消除电阻针振或摆动），因而电阻保持较高；而现场操作人员可能觉得电阻超出了原设定范围，结果导致电解槽在"你升它降"中被来回调整，达不到预期的控制效果，而且会产生较大的波动。

还有一种可能引起生产现场对控制系统产生疑虑的情况是，操作人员明明发现某些电解槽的槽电阻超出了目标控制区域，可控制系统就是不及时进行调节，这有可能是控制系统正采用一些限制电阻调节频率的措施。生产现场的操作与管理人员可能对一些限制措施不掌握，或者未观察出来。例如，假如控制系统中使用了诸如"如果本次解析周期中发现低通滤波槽电阻的下降速率超过设定值，那么本周期中不进行降低电阻的调节"这样的限制条件，现场操作人员是不容易从槽电压表上观察出当前电阻变化是否符合这样的限制条件的。人机配合还有很重要的一个方面，那就是现场操作人员必须严格执行作业标准，提高操作与管理质量，减少对电解槽的干扰，维持正确的工艺技术条件，从而为控制系统创造一个良好的控制环境与条件。

17.4.3　出铝、换极过程中的槽电阻控制

出铝与换极过程的电阻监控属于非正常电阻控制类。出铝前，需由操作人员以手动输入通知控制系统（槽控机）。槽控机便运行专门的出铝监控程序，通过跟踪槽电阻曲线来监控出铝的全过程。出铝、换极、抬母线过程中槽电阻都会升高，这个电阻变化的特性要与正常的电阻控制进行区分，属于非正常电阻控制。操作前，需要操作人员手动操作电解槽旁槽控箱上的相关"出铝""换极""抬母线"按钮，通知电解槽控制系统开始进行此项操作，电解槽控制系统会根据不同的操作执行相应的控制程序。如操作人通知控制系统出铝后，控制系统会停止加料和正常槽电阻控制，并通过槽电阻的变化趋势判断出铝完成后，经过一定时间的延迟，控制系统将电解槽的运行电压逐步恢复到出铝前的控制范围并重新启动加料和正常槽电阻控制。出铝过程若出现槽电阻异常、阳极效应产生或其他异常情况时，电解槽控制系统会自行中断出铝监控并向操作人员给出相关报警信息。

17.4.3.1　出铝过程电阻监控

出铝过程中典型的槽电阻变化曲线如图 17-10 所示。

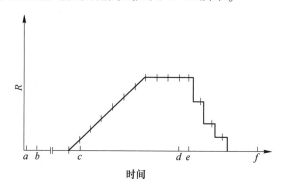

图 17-10　典型的出铝过程的槽电阻变化曲线

如图 17-10 所示，可将出铝监控的全过程分为下列六个阶段：

（1）出铝初始。计算机接收到出铝预定信号，在有关程序中置定必要的标识符。

（2）出铝准备。程序完成必要的初始化工作（如暂停下料控制和正常电阻控制），进入监控出铝过程的状态。

（3）出铝开始。程序在检出槽电阻增加超过了某一限值时，确认出铝开始。

（4）出铝结束。程序检出（确认）槽电阻已停止增加，基本稳定。

（5）出铝控制。程序在连续数次（如 3 次）的解析周期里都做出了"出铝

结束"的判断后进行槽电阻的调节。先用向下粗调,必要时再用向下或向上微调,共分数次将槽电阻调至规定的范围内。

(6) 控制完成。当槽电阻调节达到要求后,槽控机确认控制程序完成,恢复对出铝槽的正常控制。

计算机在下列情况之一出现时,自行中断出铝监控并输出相应信息:

(1) 槽电阻异常。

(2) 发出阳极移动命令,但没有回转计的脉冲信号返回(适于装有回转计的电解槽)。

(3) 出铝结束时,槽电阻比设定值(或出铝前的电阻)高出太多,超过限定值。

(4) 出铝结束后进行槽电阻调节时,阳极总的下降时间超过限值,但槽电阻尚未调至要求的范围。

(5) 指示阳极下降但出现槽电阻上升。

(6) 出铝过程中发生了阳极效应。

(7) 等待出铝开始的时间或出铝过程持续时间超过限值(如0.5h)。

出铝监控完成后,或中途退出监控后,计算机还要存储相关信息。例如,出铝引起的槽电阻(槽电压)上升量、阳极移动总持续时间和移动量、收到的回转计脉冲数、完成或中断时刻及中断监控的理由等。

17.4.3.2 换极时槽电阻控制

电解槽阳极更换过程的电阻监控在换阳极操作前,由操作者按下"阳极更换"按钮通知槽控机,槽控机便取消下料控制和正常电阻控制,并监视该槽槽电阻的变化。当发现槽电阻明显上升一个值(旧阳极取出引起)、之后又下降一个值(新阳极置入引起)时,便断定新极安装已完成。于是在一定时间后恢复常态控制。如果其电阻变化值不明显而不能确认时,计算机在更长的时间(如1h)后恢复常态控制。

由于上述的利用槽电阻变化判断旧阳极取出与新阳极加入的程序成功率不高,加之即使判断出新阳极插入也可能因槽上操作未完全结束而不能移动阳极,因此,现今都以严格的作业标准要求操作人员在阳极更换结束后再次操作"阳极更换"按钮通知槽控机,使槽控机恢复常态控制[12-14]。

17.5 氧化铝浓度控制

在氧化铝浓度的控制技术发展过程中,以效应控制为基础的氧化铝浓度控制,即定时定量的加料控制方法,是一种粗放的控制模式,存在很多弊端,因而很快被淘汰。由于氧化铝浓度控制与铝电解槽高效运行的密切关系越来越为人们所认识，控制氧化铝的浓度并以此为目标实现按需加料是电解槽工艺一个主要的控制思想。最初的控制方法是依据解析得到的氧化铝浓度与槽电阻之间的关系，再选取一个控制目标值作为基本工作点，把氧化铝的浓度变化设置在 1.5% ~ 2.5%的理想目标范围进行控制。采取随时改变加料时间，即将加料模式以欠量加料和过量加料方式交替进行。通过这两种加料模式的交替，确保氧化铝的浓度稳定在基准点，以保证达到预期的控制效果。但这种控制方式也存在弊端，如容易造成氧化铝的浓度在大范围内波动及阳极效应频繁发生，很难达到理想的控制效果。实际采用的氧化铝浓度控制的方法有自适应控制方法、模糊控制与专家系统、智能跟踪控制方法和遗传算法等。

（1）自适应控制系统。通过解析得到的氧化铝浓度与槽电阻关系而得到的一种智能控制方法，槽内氧化铝的浓度变化范围是根据槽电阻的变化规律来辨识的，然后通过改变氧化铝的下料间隔来改变氧化铝的浓度，使槽内氧化铝的浓度保持在一定的范围内，使电解槽中的氧化铝保持在最佳的状态下，来达到控制氧化铝浓度的目的，这种控制系统也称为闭环最优控制系统。

（2）模糊控制与专家系统。采用解析得到的氧化铝浓度与设定好的值的偏差作为该控制器的输入，选取下料间隔时间作为该专家模糊控制系统的输出。模糊控制规则是根据现场的控制经验和专家的实验总结出来的，设计的氧化铝浓度模糊控制器采用模糊推理方法，该控制器控制精度较高，并且已在某些铝厂得到应用。

（3）智能跟踪控制。对氧化铝的浓度进行定时的跟踪，当发现氧化铝浓度过低时，缩短加料时间；相反，当氧化铝浓度过高时，延长氧化铝的加料时间，在跟踪氧化铝的浓度大小期间，应停止向槽内添加氧化铝。氧化铝浓度智能控制预测精度较高是因为跟踪期间槽电阻曲线能很好地反映氧化铝浓度的变化，所以这种方法已在许多铝厂得到应用。

（4）遗传算法。遗传算法是一种新发展起来的优化算法，是基于自然选择和基因遗传学原理的搜索算法。它将适者生存这一基本的达尔文进化理论引入串结构，并且在串之间进行有组织但又随机的信息交换。遗传算法在自动控制中的应用主要是进行优化和学习，特别是与其他控制策略相结合，能够获得较好的控制效果。

多种方法的综合应用可以取长补短，以至于能让系统的控制精度更高和能使系统的稳定性更好，包括模糊控制与神经网络的结合还有大滞后特性的自适应控制和自适应控制的结合。

17.5.1 基于槽电阻斜率跟踪的氧化铝浓度控制

在槽况正常稳定而且极距的变化基本不改变阳极底掌形状的情况下，槽电阻、氧化铝浓度、极距这三者之间相互关系如图 17-11 所示，这是当前各种氧化铝浓度控制技术的基本理论依据。在极距一定的条件下，氧化铝浓度与槽电阻的对应关系呈现为一凹型曲线，在中等氧化铝浓度区存在一个极值点。极值点的位置随电解质成分与温度等工艺条件的不同，在3%～4%的范围内波动。一般情况下，氧化铝浓度工作区均设置在图中浓度曲线极值点的左侧的低氧化铝浓度区[15-16]。

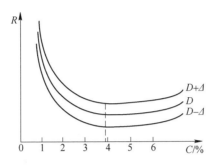

图 17-11　槽电阻 R、氧化铝浓度 C、设定极距 D 间的关系

可以看出，曲线极点左侧的斜率较大，槽电阻对氧化铝浓度的变化敏感，因此有利于实现对氧化铝浓度的辨识。当前基于槽电阻跟踪的氧化铝浓度控制技术可以分为如下三类：基于槽电阻变化区域跟踪的浓度控制；基于槽电阻变化速率（即斜率）跟踪的浓度控制及基于氧化铝浓度估计模型的自适应浓度控制。

17.5.1.1　基于槽电阻变化区域跟踪的浓度控制

基于槽电阻变化区域跟踪的浓度控制类似于正常电阻控制，该控制方式设定一个槽电阻目标控制区域（即非调节区）。但不同的是，该方法不仅利用极距调节，而且还利用氧化铝下料速率进行调节，从而将槽电阻维持在目标控制区域内。如图 17-12 所示，该程序用欠量下料（下料速率低于正常值）和过量下料（下料速率高于正常值）交替进行，根据槽电阻的变化情况，跟踪氧化铝浓度的变化，从而确保氧化铝浓度在最佳浓度点附近波动。如果氧化铝浓度变化区间位于图 17-12 所示的极低点的左侧，此时若执行欠量下料程序，槽电阻会因氧化铝浓度减小而增大。当增大的数值没有超 R_k+R_0 时，控制系统不执行极距调节的程序；若增大值数超过了 R_k+R_0，则进行极距减小的微调。这种调整执行几次之后，若槽电阻仍没有小于 R_k+R_0，控制系统则执行过量下料程序。过量下料会使氧化铝浓度逐步升高，槽电阻则根据曲线逐步降低。随着氧化铝浓度的升高，槽电阻对氧化铝浓度变化的敏感程度降低，此时若有干扰信号存在，控制系统对槽电阻的解析极有可能存在误判，因此一般过量下料一定时间后，控制系统会自动转入欠量下料程序。若过量下料程序执行期间，槽电阻出现了小于 R_k-R_0 的情况，此控制程序会进行正常电阻控制，执行加大极距的调节。

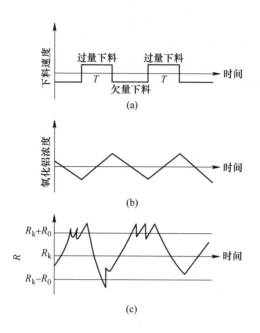

图 17-12 法国 Pechiney 的一种加料控制方案

17.5.1.2 基于槽电阻变化速率跟踪的浓度控制

从槽电阻与氧化铝浓度的关系曲线（见图 17-11）可以看出，极距的变化基本不影响关系曲线的形状，即槽电阻 R 对应氧化浓度 C 的变化率（dR/dC，即电阻斜率）与极距无关，dR/dC 与 C 之间存在着密切的联系（见图 17-13）。

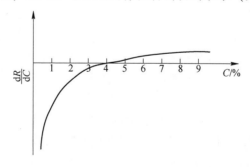

图 17-13 槽电阻对氧化铝浓度的斜率与氧化铝浓度的关系

槽电阻 R 对时间 t 的变化率存在着下列关系式：

$$\frac{dR}{dt} = \frac{dR}{dC} \times \frac{dC}{dt} \tag{17-14}$$

控制系统以一定的速率进行欠量下料与过量下料且基本不变时，槽电阻斜率便可以看成与 dR/dC 成正比。从图 17-13 可以看出，从电阻斜率值可以分析氧化铝浓度所在范围，斜率判断浓度的前提是电解槽处于稳定运行状态。若电解槽运行不稳定，则电阻斜率的数据包含的随机干扰噪声比例较大，会降低氧化铝浓度跟踪的精度。在欠量下料周期内，重复计算阳极不移动期间的电阻斜率，当其达到设定的上限值（或在一定时间内的电阻累积斜率达到设定的上限值）时，则表明氧化铝浓度达到了低限，从而进入过量下料周期。若在欠量下料周期中电阻斜率未达限值而槽电阻不在死区，即超出了目标控制区域，则通过移动阳极来调节槽电阻。图 17-14 是 Pechiney 开发应用的基于电阻斜率跟踪的浓度控制法的控制流程图。

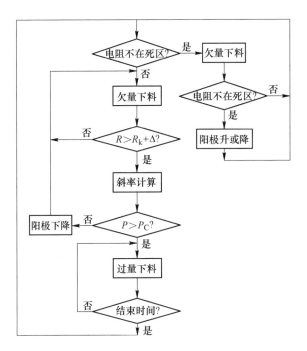

图 17-14　Pechiney 基于电阻斜率跟踪的氧化铝浓度控制流程图
P—电阻斜率计算值；P_C—电阻斜率限定值；R—槽电阻计算值；R_k—槽电阻控制目标值

该程序在控制起始点首先采用欠量下料，并检查电阻是否在死区（即在目标控制区域）；如果电阻不在死区，则跟踪检查欠量下料能否使电阻回归到死区；若欠量下料不能使电阻回归到死区，则使用阳极升或降使电阻进入死区；电阻进入死区后，继续使用欠量下料，同时判断电阻是否高出目标值一定程度（即 $R > R_k + \Delta$）；若电阻高出目标值一定程度，则进行电阻斜率计算，并跟踪直到斜率达到预定上限（即 $P > P_C$）后转入过量下料；过量下料状态的持续时间达到设定值后进行新一轮的控制循环。

从图 17-14 来看，斜率计算与跟踪仅仅在欠量下料进行到一定程度（使槽电阻大于目标值一定程度）后才启用，欠量下料开始阶段及过量下料状态中不进行斜率跟踪计算，且过量下料的结束时间是人为设定值，这是因为考虑到在较高氧化铝浓度下，槽电阻对氧化铝浓度的变化敏感度降低，电阻斜率中干扰噪声所占比例较大，进行氧化铝浓度跟踪可能很不准确。

槽电阻斜率的计算方法为最近 2min 内滤波电压的平均变化速率（mV/min），电阻累积斜率为近期（最近约 8min 内）滤波电阻的累积增量。以 30s 为周期对低通滤波电阻进行抽样，并按下列两式分别计算电阻斜率 S 和累积斜率 T[17]：

$$S_{(k)} = \{R_{w(k-1)} - R_{w(k-3)} + 2[R_{w(k)} - R_{w(k-4)}]\}/5 \tag{17-15}$$

$$T_{(k)} = (15/16) \times T_{(k-1)} + S_{(k)}/2 \tag{17-16}$$

$$T_{(0)} = S_{(0)}$$

式中，R_w 为平滑处理后的滤波电阻值；k 为以 30s 为周期的采样时刻。

17.5.2 氧化铝浓度自适应控制

自适应控制是在槽电阻的直接跟踪或者对槽电阻变化速率的跟踪来判断和控制氧化铝浓度控制模型基础上，开发的一种更为可靠的控制模型。挪威 Hydro 公司开发的自适应控制技术采用的是一种槽电阻对氧化铝浓度的参数估计模型来实现氧化铝浓度的控制[18]，它在控制原理上与槽电阻斜率跟踪法基本相似，主要区别是它不直接使用槽电阻或槽电阻斜率来跟踪氧化铝浓度，而是对下料速率进行分析，通过一个参数估计模型（ARMAX 模型，即时间序列分析中用的一种自回归滑动平均模型）来实现对槽电阻-浓度曲线的斜率的在线估计，并通过对这一参数进行监控实现对浓度的监控。氧化铝浓度自适应控制的结构如图 17-15 所示。

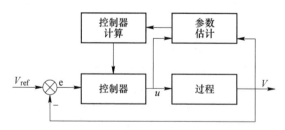

图 17-15 挪威 Hydro 公司氧化铝浓度自适应控制系统结构图

从图 17-15 中可以看出，自适应控制系统由两个部分构成：即控制模型和参数估计模型。这两个模型的分开通常遵循所谓的确定性等价原理，即控制器的计算假定所估计的过程参数是真实的，因此控制器的计算就像由常数或明确的过程参数进行的浓度控制一样，同时根据实际情况可能采用不同的控制器。

根据式（17-14）的槽电阻斜率关系式，把 dR/dC 和 dC/dt 分别称为 b_1 和 u，那么式（17-15）可写成：

$$R_{(k)} - R_{(k-1)} = Tb_1u_{(k-1)} \qquad (17\text{-}17)$$

式中，T 为采样周期，如果引入阳极移动导致的电阻变化量 u_2，那么式（17-17）就可以写成：

$$R_{(k)} - R_{(k-1)} = b_1u_{1(k-1)} - b_2u_{2(k-1)} \qquad (17\text{-}18)$$

将电阻差设定为 y，并引入一阶噪声的影响，能得到：

$$y_{(k)} = b_1u_{1(k-1)} - b_2u_{2(k-1)} + v_{(k)} \qquad (17\text{-}19)$$

其中 v 是一个独立的白噪声序列，可以看出式（17-19）是一个由一阶 u_1、u_2 和 v 构成的二输入一输出的模型，同时 y 是零阶的，从而 ARMAX 过程估计算法可以用数据向量和参数向量来表示。

$$\psi_{(k)} = (u_{1(k-1)}, \ u_{2(k-1)}, \ v_{(k-1)})^T \qquad (17\text{-}20)$$

$$\theta_{(k)} = (b_1, \ b_2, \ C_1)_k^T \qquad (17\text{-}21)$$

如上所述，参数 b_1 是对应氧化铝浓度曲线的电阻斜率，因此提供了有关氧化铝浓度的有价值信息。由于该浓度因 u_1 的变化而变化，估计模型将相应地调整 b_1 的值。输入信号 u_1 必须根据从 $k{-}1$ 到 k 的时间间隔内氧化铝进料和同一时间间隔内估计的氧化铝消耗之和进行计算。u_1 计算中的所有数量都受到不确定性的影响。电解槽氧化铝的给料次数可以确定，但不知道氧化铝的确切供应量。消耗率取决于电流和电流效率，后者是不可测变量，电解质的质量也会随时间而变化，当然是不可测的，所有这些因素都有利于用估计模型来测量氧化铝的浓度，而不只是记录氧化铝的供给和消耗。参数 b_2 取决于电解质中的特定电阻，因此会随电解质的成分和温度而变化。但是 b_2 的变化通常为零，导致对 b_2 的估计有点偏差，为数据可靠起见，b_2 只允许在相对较窄的范围内变化。

控制模型必须采用间断性输入来给过程提供可靠的估计。这个问题的解决方法如下：在正常模式下，氧化铝给料的输出有两种形式：一种以一定的百分比过量给料，另一种以相同的百分比欠量给料，这两种形式氧化铝的实际量并不是固定的，而是根据电解槽的物料平衡进行调整。从过量给料到欠量给料，是基于 b_1 参数的估计值。氧化铝浓度的斜率会像图 17-11 中曲线那样变化，即 b_1 会在正值和负值之间变化。欠量和过量下料的时间间隔不是固定的，而是取决于 b_1 的值。通过以这种方式控制氧化铝的供给，过程控制的调节足以获得可靠的参数估计，确保氧化铝浓度保持在有利的范围内。

氧化铝浓度的变化会引起槽电阻的变化，这些变化是控制程序执行的结果，控制器不应引起频繁的阳极移动。为了避免阳极频繁移动，阳极控制也附加到 b_1 参数上，以使阳极移动的次数最小化，同时保持平均电阻接近目标值。

17.5.3　氧化铝浓度模糊控制

模糊控制是将操作人员或专家经验编成模糊规则，然后把采集到的实时信号模糊化，最后把模糊化的信号作为输入，完成模糊推理后进行输出，执行相关操作。氧化铝浓度的模糊控制将过量/欠量加料控制方式改为连续调节加料时间间隔的方式，减小了氧化铝浓度的波动范围，使电解槽工作更加稳定[19]。为了减少氧化铝浓度的波动范围，模糊控制系统选择低浓度区的一个经济控制点作为控制目标，如图 17-16 所示，控制氧化铝浓度在控制目标左右波动，波动范围设定为 1.5%~2.5%。对氧化铝浓度进行控制时，通常控制在设定的浓度波动范围内，采用正常加料的方式；但如果由于某种原因浓度小于 1.5% 时（规定为低浓度），采用过加料的加料方式；浓度大于 2.5% 时（规定为高浓度），采用欠加料的加料方式；这三种加料方式与基准加料周期的在线校正相结合，使在目标控制点附近氧化铝的下料速率等于电解槽的消耗速率，并使加料控制点趋于这个目标控制点。此外，在应用中一般在过加料和欠加料时不进行阳极调整操作，这样系统可较敏感地检测和判断氧化铝浓度及其变化，以提高浓度预估的准确度和控制的精度。

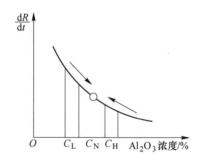

图 17-16　Al_2O_3 浓度区域切换控制

C_L—低浓度区域；C_N—中浓度区域；C_H—高浓度区域

氧化铝浓度控制分为三种基本模式，即浓度工作区校验、常态下料控制和非正常下料控制。其中前两种为模糊控制模式，第三种为专家规则控制模式。槽控机根据槽况综合分析的结果来选取适宜的控制模式。同时槽控机为不同的控制模式给定不同的设定值，并且当通过槽况分析获得浓度工作点偏低或偏高的结论时，修正模糊控制的设定值[16]。

当不能确认氧化铝浓度在设定的工作区时，选用浓度工作区校验模式。在校验期内使下料过程产生类似于系统辨识中的"激励信号"的作用，于是，便可以通过综合分析滤波槽电阻的变化速率（即斜率）及其他能反映浓度变化情况的统计参数和特征参数，来判断槽内氧化铝浓度的状况，然后调整下料间隔（即下料速率）使氧化铝浓度进入理想的工作区。衡量氧化铝浓度是否进入理想工作区的一个重要标准是：在欠量、正常和过量三种交替实施的下料状态下槽电阻分别满足了"上升""平稳"和"下降"的要求。

由于在浓度校验期内下料速率的强制性振荡会影响电解槽运行的稳定性，因此浓度校验不应过于频繁，在浓度校验期确认氧化铝浓度达到了理想的工作点附近后，应进行一个常态下料控制期。在该控制期内，控制器在一个较小的范围内调节下料速率，主要控制目标是维持槽电阻处于"平稳"状态（即槽电阻斜率为零）。当出现下列情况之一时，应选择浓度工作区校验模式：

（1）控制器首次起动时。

（2）非正常下料模式结束后。

（3）上一校验周期完成后未达到预定目标时。

（4）常态下料控制期内槽电阻无法维持"平稳"状态时。

当浓度工作区校验期达到预定目标且不出现上述情况时，选择常态下料控制模式，以使电解槽尽可能稳定运行。在系统设计中，浓度工作区校验及常态下料控制模式采用的控制变量和输入、输出变量是相同的。控制变量（记为 s）是数据处理模块计算的本周期内的电阻累计斜率。控制变量与设定值的误差（记为 e_2），以及误差的变化率（记为 e_{c2}）为下料模糊控制的输入变量。下料速率（记为 v）为下料模糊控制的输出变量。

此两种控制模式采用的控制变量设定值（记为 s_0）是不同的，由推理机按下列基本原则给定：

（1）当进入浓度工作区校验模式时：

$$s_0 = -\operatorname{sgn}(V) \times k \tag{17-22}$$

式中，k 为可由推理机修正的正值，函数 $\operatorname{sgn}(V)$ 得到下料速率的语言量值（V）的符号值，$V>0$ 时（即过量下料时）取值 1，$V=0$（即正常下料时）取值为 0，$V<0$ 时（即欠量下料时）取值为 -1。

当进入常态下料控制模式时，$s_0=0$。下料控制的这两种模式的输出和输入变量均量化为 9 个等级，也就是使它们的语言变量对应如下 9 个模糊子集：负大（-4），负中（-3），负小（-2），负零（-1），零（0），正零（$+1$），正小（$+2$），正中（$+3$），正大（$+4$）。但是实际中为两种模式分别设计了不同的量化因子和比例因子。其中，为浓度工作区校验设计的量化因子和比例因子要小些，这是因为进入浓度工作区校验模式时，为了达到利用电阻变化趋势分析氧化铝浓度状态和迅速使浓度进入预定工作区的目的，必须允许采用较大程度的欠量、过量下料并允许槽电阻在较大范围内变化，因此输入、输出变量的模糊语言值所对应的数值范围应该较大。

在正常操作的情况下，系统通过控制加料周期来控制加料量。以目标控制点所对应基准加料周期为中心，由规则自校正的模糊控制算法计算，每个解析周期都更新加料周期，控制加料周期在基准加料周期上下微小范围内摆动。

控制的基准加料周期 $\tau(s)$ 由式（17-23）确定：

$$\tau_0 = 60\frac{G_1}{G_2} \tag{17-23}$$

式中，G_1 为每次加料量设计值，kg；G_2 为每分钟加料量设计值，kg。

由于初始定义的基准加料周期不一定准确，因此基准加料周期不是一个不变的控制量，它是推理机随着对效应的管理在线修正的，修正的目的是令基准加料周期逐渐逼近控制中的目标控制点所真正对应的加料周期。利用式（17-24）在线修正基准加料周期：

$$\tau_0 = \left[1 - \frac{\tau_3(n) - \tau_{3d}}{\tau_{3d}}\right]\tau_{0d} \tag{17-24}$$

式中，τ_{3d} 为效应间隔设计值（72h）；$\tau_3(n)$ 为效应间隔实际值；τ_{0d} 为基准加料周期设计值。

确定了基准加料周期，就可以用槽电阻累积斜率的偏差及其偏差的变化率作为输入，利用自修正的模糊控制规则进行计算，得出控制量 $u(n)$ 后进行周期的更新。由式（17-25）便可以得出加料周期的更新值：

$$\tau(n) = [1 - \hat{u}(n)]\tau_0 \tag{17-25}$$

其中
$$\hat{u}(n) = u(n)/|u_{max}|$$

式中，$u(n)$ 为由模糊控制算法得出的控制量；$|u_{max}|$ 为一个设定量，在计算中保证 $u(n) \leqslant 0.5|u_{max}|$。

17.6 阳极效应控制

阳极效应是电解生产过程中一种特殊现象，它是由于电解质中氧化铝浓度低，阳极底掌与电解质湿润性差，使电解产生的阳极气泡停留在阳极底掌，阻碍电流通过，从而使槽电压不断升高[21]。阳极效应对铝电解生产有利也有弊，有利的方面是产生的高热量能够消除炉底沉淀，分离炭渣，洁净电解质，降低电解质电阻，并且能及时检查电解槽运行状态信息，作为氧化铝投入量的校正依据；它还能有效地清理阳极底掌，起到规整炉膛和调整热平衡的作用。但是其弊端在于恶化工作环境，效应过程电压过高，造成能量消耗大，浪费电能和物料，增加工人劳动强度。电解系列中发生重叠效应时影响电解电流的稳定，长时间或电压不受控的效应会造成烧空侧部炉帮，引发电压波动或电流效率降低。

随着预焙阳极电解槽生产技术日益成熟和不断革新，以及节能减排的需要，阳极效应的优点已逐渐从电解管理者思想中抹去，更加注重的是技术条件的控制及热平衡的稳定，不利用效应一样可以达到规整炉膛和氧化铝浓度控制，"零效应"已经成为生产者的管理目标。零效应管理并不是完全不发生阳极效应，而是将效应系数降到最低，它需要通过技术条件的调整和氧化铝浓度控制才能实现。目前阳极效应系数一般控制在 0.003 次/(槽·日)，基本实现了零效应的目标。阳极效应系数作为生产中的一个考核指标，它的高低影响吨铝生产能耗的高低，同时也是检测电解槽运行情况的一个判据，在一定程度上能够表明电解槽热平衡管理是否到位。

17.6.1　阳极效应预报

跟踪槽电阻是当今普遍采用的阳极效应预报方法。但由于引起槽电阻变化的因素很多，因此单纯依据槽电阻的变化和简单的判别条件很难获得很高的预报成功率。此外，槽电阻滤波及斜率计算算法的优劣对预报成功率也有很大的影响。为此，在开发铝电解槽智能控制技术的过程中，是以槽电阻斜率和累积斜率为主要判据、以物料平衡估算值和电阻针振强度为辅助判据的阳极效应智能预报方法。

槽电阻斜率和累积斜率的计算前面已有描述，由于阳极效应发生前会出现电阻针振明显增大的现象，因此进行电阻针振强度计算对阳极效应预报具有重要的参考价值。电阻针振强度 H 是以 30s 为周期，按下式进行计算[18]：

$$H(k) = R_{max} - R_{min} - |R_w(k) - R_w(k-1)| \tag{17-26}$$

$$H_m(k) = 0.8H_m(k-1) + 0.2H(k) \tag{17-27}$$

式中，R_{max}、R_{min} 分别为当前解析周期内原始电阻曲线的最大值班和最小值；R_w 为平滑计算后的低通滤波电阻值。

通常阳极效应的发生是氧化铝浓度过低所致，因此基于物料平衡估算计算出的近期（约 2h 内）累计加入槽中的氧化铝量与该时间内理论消耗量之差（简称为物料累计偏差）这一信息对阳极效应预报有一定的价值，以阳极效应预报周期（即 1min）计算该参数。其计算公式采用递推计算。

$$W(k) = (119/120) \times W(k-1) + F(k) - c \times I(k) \tag{17-28}$$

式中，$W(k)$、$W(k-1)$ 分别为本解析周期、上一个解析周期的物料累计偏差，kg；$F(k)$ 为本解析周期内的下料量，kg；$I(k)$ 为本解析周期内的平均电流，kA；c 为氧化铝消耗量与电流的换算系数，它与电流效率的设定值有关，kg/kA。

17.6.1.1　阳极效应预报的算法

根据上述信息进行阳极效应预报的基本思路是：首先，利用当前解析周期内的电阻斜率和累积斜率推理确定当前预报阳极效应的可信度有多大；其次，依据近期电阻针振强度的变化趋势和物料累计偏差的取值情况对可信度进行调整；最后，根据可信度值对阳极效应预报做出处理。

17.6.1.2 阳极效应预报可信度的确定

为了便于利用电阻斜率和累积斜率来确定阳极效应预报的可信度，先将 2 个变量的取值均映射到区间 [0，5] 上，这种映射处理类似于模糊控制中的变量"模糊化"（或称"量化"）的处理。以电阻斜率 S 为例，映射后的取值在零附近则表示电阻斜率很小，取值在 5 附近则代表电阻斜率很大，映射算法为[2]：

$$S' = \begin{cases} 0 & S < S_{\min} \\ \dfrac{S - S_{\min}}{S_{\max} - S_{\min}} \times 5 & S_{\min} \leqslant S \leqslant S_{\max} \\ 5 & S > S_{\max} \end{cases} \qquad (17\text{-}29)$$

式中，S' 为 S 映射到 [0，5] 区间后的取值。

采用同样的方式处理累积斜率（T），得到映射后的取值，记为 T'。然后，按下式计算出 1 个在 [0，1] 之间取值的数值，并将其视为可信度：

$$A = (S' + T')/10 \qquad (17\text{-}30)$$

17.6.1.3 阳极效应预报可信度的调整

借鉴模糊控制中变量模糊化的思想，将物料累计偏差 W、电阻针振强度 H 和低通滤波电阻 R_w 均量化（模糊化）为具有 5 个档级值的模糊语言变量来描述，5 个档级值定义为："负大""负小""零""正小""正大"。然后，采用下列原则建立一组用于可信度调整的推理规则：

（1）如果 W 为"负大"，则增大 A 值；反之，如果 W 为"正大"，则缩小 A 值。

（2）如果近期 H 在增大，且当前为"正大"，则增大 A 值；反之，如果近期 H 在减小，且当前为"负大"，则缩小 A 值。

（3）如果 R_w 为"正大"，则增大 A 值；反之，如果 R_w 为"负大"，则缩小 A 值。

17.6.1.4 阳极效应预报的给出

以 1min 为预报周期，若当前周期内的可信度值大于设定值（如 0.5），则认为当前有阳极效应趋势，否则为没有。据此再对阳极效应预报的进程标志进行处理，即做出阳极效应预报"起始""维持""暂消失""重现""无"等结论。

17.6.2 阳极效应的检测

阳极效应是通过槽控机检查槽电阻取样值是否达到了阳极效应（阳极效应）判别值（一般以正常槽电压达到了 8V 以上为判别标准）；若是，则将该电阻标识为阳极效应标志电阻；若本次解析周期中阳极效应电阻个数超过了规定个数，则可初步判断该槽处于阳极效应状态（即"阳极效应起始"状态）；但为了证实，计算机还需经过连续两个以上解析周期的检查，若发现阳极效应电阻累计个数达到了设定值，则可确认阳极效应的发生（即"阳极效应确认"状态）。确认阳极效应后，槽控机及上位机通过多种方式（屏幕显示、声音报警、语音报警等）输出阳极效应发生的信息，并转入阳极效应处理程序。如果阳极效应电阻的累计个数未达设定值，阳极效应电阻又自行消失，而且在其后的若干个解析周期中未见复发，则这种情况称为"电压（或电阻）闪烁"。

17.6.3　阳极效应处理

17.6.3.1　阳极效应自动处理

槽控机的阳极效应处理程序先停止正常的下料控制和电阻控制，对阳极效应过程的槽电阻进行跟踪，并在阳极效应持续一定的时间后启动"阳极效应加工"，即启动槽上的全部下料器连续打壳下料若干次，使规定的料量进入电解槽（操作人员也可通过槽控机的手动按钮来进行阳极效应加工），然后等待氧化铝溶解，改善电解质对炭素阳极的润湿性，接着下压阳极，熄灭阳极效应。若阳极效应处理程序在连续若干个解析周期内未发现阳极效应电阻，则确认"阳极效应结束"，在阳极效应结束后计算并储存阳极效应平均电阻、阳极效应峰值电阻、阳极效应持续时间等信息，同时恢复到正常的控制过程。

自动熄灭阳极效应的机理：电解质中氧化铝浓度增加后，随着阳极的下降，阳极侧部浸润面积增大，此时通过阳极侧部传导的电流继续增大，所以阳极底部电流密度迅速降低；另外，由于阳极下降的运动过程引起磁场分布变化，从而引起铝液波动，波动的铝液与越来越接近的阳极短路；阳极下降过程中对阳极底掌产生静压，将部分阳极气泡挤出或挤裂，从而实现阳极效应的熄灭。

阳极效应自动熄灭的步骤为：

（1）检出阳极效应后对电解槽进行快速加料。由于大部分阳极效应都是电解质中氧化铝浓度过低引起的，因此阳极效应后快速加入足够量的氧化铝就显得非常重要，如规定阳极效应时连续快速下料8次。

（2）等待氧化铝的溶解。这段等待时间主要用于等待快速加料所下的氧化铝的溶解，如果快速加料所下的氧化铝未被充分溶解，则电解质与炭素阳极之间的润湿性不会被改善到足够的程度，自动熄灭难以成功。通常设定的等待时间为90s。

（3）下压阳极。阳极分1~3个循环下压处理，每个循环分1~2步进行，每步下压时间1~20s。下压阳极的幅度越大，所产生的静压力就越大，自动熄灭的成功率就越高。但该幅度并不是越大越好，太大容易将电解质压出槽外，阳极也容易坐在侧部伸腿上，粘上沉淀，最后形成边部长牙。

（4）阳极效应后的电压调整。熄灭阳极效应后电压一般较规定值低，为了不影响电解槽的热平衡，要分阶段将槽电压逐渐恢复到设定值。

采用以上的自动处理程序若未熄灭阳极效应，则报警提示进行人工熄灭。

采用下降阳极的方法熄灭阳极效应简单易行，因此预焙槽的自控系统常采用此法。Pechiney 为其现代化预焙槽开发的阳极效应熄灭程序即采用此法，如图17-17 所示。

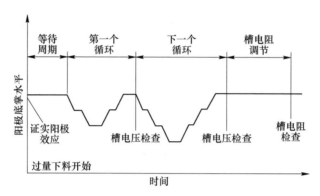

图 17-17　Pechiney 铝业公司阳极效应熄灭步骤

图 17-17 的控制思路为：先给出一系列使阳极平面下降的命令，随后又给出一系列使之上升的命令，此过程被称为一个循环。阳极效应熄灭程序容许使用有限个循环，并跟随一个槽电阻调节周期，以达到成功熄灭阳极效应的目的。在进行上述步骤的同时，对电解槽采取过量下料。

但是上述方法也存在一些问题，在有些铝厂使用该法成功率并不高，且有造成电解质外溢的风险。特别是当伸腿不规整时，阳极下降的幅度受到限制，导致效果不理想。

17.6.3.2　阳极效应人工处理

大型中心下料预焙槽阳极效应人工熄灭一般采用插入木棒的方法。其原理是：木棒插入高温电解质中产生气泡，赶走阳极底面上的滞气层，使阳极重新净化恢复正常工作，前提是电解质中氧化铝浓度应先提高到正常范围内。

熄灭阳极效应的基本操作步骤如下[10]：

（1）确认阳极效应发生。操作人员根据阳极效应指示灯及通信广播，确认发生效应槽号；取数根效应木棒放在出铝端处的大面上。

（2）设备情况检查：

1）烟道端观察。操作人员迅速赶到发生阳极效应的电解槽槽控机处，观察效应指示灯是否亮、槽控箱是否处于自动状态及电压是否正常；观察效应处于何种状态；检查有无关闭阀门，观察打壳、下料电磁阀是否工作正常，并把排风量阀切换到高位（增大电解槽抽风量）。

2）出铝端观察。操作人员到出铝端，将端盖板揭开，操作出铝打壳气阀，将出铝口打开；查看有无堵料及阳极情况是否正常，待槽控机效应处理时，观察该槽下料及打壳是否正常。

（3）效应熄灭作业。阳极效应持续一段时间后，槽控机自动启动效应处理程序进行阳极效应加工。槽上所有下料器同时打壳下料。此时若发生故障，如不打壳或不下料等，熄灭效应后要及时处理。

待效应加工结束，且效应时间持续 3~4min 后，进行熄灭效应操作。操作人员手持效应棒，从出铝端打开的洞口快速插入到 A1 阳极或 B1 阳极底部，使铝液、电解液剧烈搅动，赶走附着在阳极底掌的气泡，熄灭阳极效应。当效应指示灯熄灭后，迅速到槽控机旁，观看电压是否正常。当电压过低或过高时，都要调整至设定电压，并跟踪 0.5h。

（4）清理与记录。回到出铝端，取出效应木棒放入废效应木棒堆放处；必要时用预热好的炭渣瓢将炭渣捞出倒入炭渣箱内；盖上端盖板，把排风量阀切换到小风量位置，用扫把清理卫生，将工具放回工具架，并做好记录。

（5）异常处置。如果电压低于 4.00V 可按几次"升阳极"键，把电压提到设定电压值即可。如有电压摆，汇报相关负责人处理并做好记录。每 20min 巡视一次槽电压，低于设定电压的及时调整。

（6）记录和报告。将效应熄灭不良的槽号和所进行的处置记录到作业日志，并向相关人员报告。

人工熄灭阳极效应应有效控制阳极效应持续时间。从效应发生到熄灭的时间称为阳极效应持续时间，它等于计算机检出时间、效应加工时间和熄灭操作最少时间之和。计算机检出和快速加料程序执行时间一般为 2~3min，加上熄灭效应操作时间，效应持续时间在 5min 左右，不超过 8min，超过则视为阳极效应时间过长。

及时熄灭阳极效应对铝电解生产十分重要。首先，效应期间的碳氟化合物气体排放量与效应持续时间成正比，降低效应持续时间对环境保护的意义重大；其次，效应期间输入功率为平常的数倍，同时电解过程基本停止进行，过长的效应可能烧坏侧部炉帮，烧穿槽壳，导致电解质过热，降低效率等，并使电耗增加。

参 考 文 献

[1] 格罗泰姆 K，威尔奇 B. 铝电解厂技术 [M]. 邱竹贤，王家庆，刘海石，等译. 沈阳：
《轻金属》编辑部：1997.

[2] 刘业翔，李劼，等. 现代铝电解 [M]. 北京：冶金工业出版社，2008.

［3］殷恩生 . 160kA 中心下料预焙槽生产工艺与管理［M］. 长沙：中南工业大学出版社，1997.

［4］MOHR R A. Aluminum reduction plant distributive control system［J］. Light Metals，1982：595-608.

［5］BONNY P，GERPHAGNON J L，LABOURE G，et al. Process and Apparatus for Accurately Controlling the Rate of Introduction and the Content of Alumina in an Igneous Electrolysis Tank in the Production of Aluminium［P］. US4431491. 1984-2-14.

［6］吴举 . 低温铝电解、铝电解工艺与控制技术的研究［D］. 沈阳：东北大学，2007.

［7］SALR D J. The control system of the chemical properties of the electrolyte［J］. Light Metals，1987，299-304.

［8］DESCLX P. Adding AlF_3 according to the electrolyte temperature measurement results［J］. Light Metals，1987：309-313.

［9］LEE STEVEN S，Lei K S，Xu P，et al. Determination of melting temperature and Al_2O_3 solubilities for Hall cell electrolyte compositions［C］//Light Metals 1984，Los Angeles，USA：TMS，1984：841-855.

［10］梁学民，张松江 . 现代铝电解生产技术与管理［M］. 长沙：中南大学出版社，2011.

［11］李劼，李民军，肖劲，等 . 铝电槽槽电阻的智能控制方法［J］. 中国有色金属学报，1998(8)：510-514.

［12］邵勇，李俊，曹继明，等 . 230kA 铝电解槽的"最佳"操作与实践［J］. 轻金属，2010(5)：34-38.

［13］肖伟峰，魏世湖 . 浅谈 YFC-99 型槽控机控制技术在 200kA 预焙铝电解槽生产中的应用［J］. 轻金属，2006(7)：29-33.

［14］王永必，王红霞 . PLC 可编程序在铝电解生产过程的应用［J］. 有色冶金节能，2000(1)：34-41.

［15］梁加山 . 预焙铝电解槽智能模糊控制系统的研究与开发［D］. 长沙：中南大学，2004.

［16］沈宁 . 我国铝电解氧化铝浓度控制的进展［J］. 轻金属，1998(6)：25-31.

［17］李劼，丁凤其，李民军 . 预焙铝电解槽阳极效应的智能预报方法［J］. 中南工业大学学报，2001，32(1)：29-32.

［18］MOEN T，AALBU A，BORG P . Adaptive Control of Alumina reduction cells with point feeders［C］//Light Metals 1985，Warrendale，PA：USA，TMS，1985：458-469.

［19］曾水平，张秋萍，赵国鑫，等 . 铝电解槽氧化铝浓度的模糊控制［J］. 冶金自动化，2001(5)：9-11.

18 铝电解系列连续运行工艺与装备

电解铝是典型的流程工业，维持生产过程的连续性对于铝厂的生产效率、成本控制乃至生产的安全性是至关重要的。然而，随着铝电解槽容量的增大，单系列规模越来越大，多达 300 台以上电解槽组成的系列中任何一台电解槽故障或检修停槽，都会使生产的连续性受到极大威胁。但由于受到强大直流电的影响，实现连续运行是非常困难的。因而，频繁的停电成为现代铝电解生产长期难以解决的难题，也成为制约电解铝工业大型化发展的瓶颈。

18.1 铝电解系列不停电停、开槽技术与装备（赛尔开关）

随着大型、特大型铝电解槽技术的开发和推广应用，铝电解系列的规模越来越大。为了降低生产成本和保证可靠供电，铝厂投资电厂或电厂投资铝厂逐渐成为电解铝工业发展的突出特点，出现了一大批"铝电直供"或"铝电合一"的电解铝企业，使其形成了大系列、小电网的运行模式，有些企业甚至是孤网运行。电解铝生产单系列用电负荷有的超过 50 万千瓦，其用电负荷出现大幅度的波动（最大的波动是系列停电）将会给电网或自备电厂造成巨大的影响，直接威胁供电安全。即使是大电网供电，其影响也是不容忽视的。

在 2006 年以前，受现有工艺技术条件制约，当铝电解系列中某一台电解槽需要大修时，一般需停电 20~30min，先接通短路母线，断开检修槽进行检修；检修完毕后又需停电至少 20min，将电流从并联短路母线切换到该台电解槽。每完成一次操作需要 40~60min，这期间整个系列处于停产保温状态，不仅使电解生产效率降低、能耗增加，而且这种影响会持续一至两天，并在很大程度上减少了铝电解槽的寿命；系列停电还会造成铝电解槽工艺技术条件受到严重破坏，造成槽温降低，由此大大增加了电解槽发生阳极效应的概率，不但使能耗增加，阳极效应时排放的大量温室气体还会造成对环境的影响。更为严重的是，这种大负荷的波动极易对电网安全运行造成危害。对于铝电合一的电解铝企业，不仅发电量降低、能耗大幅度增加，而且极易损害发电设备。因此，开发应用大型铝电解槽专用不停电短路装置，实现电解槽的不停电短路操作成为世界电解铝工业亟待解决的一项重大技术难题[1]，严重制约了铝电解工业大型化发展。

长期以来，国际铝电解巨头美铝、法铝和许多专业开关制造商（如德国

Ritter 公司、法国菲拉斯公司）都曾致力于开发能够实现不停电停、开电解槽的方法和装置。我国铝电解行业的技术人员也进行了不懈的努力和尝试，并在小型电解槽上应用了"坐槽法停槽短路"技术和"降负荷短路操作"停槽技术，但这些都是在小型槽上降低电流后实施的，在大、中型槽成为主流槽型的当今铝电解行业不具有应用价值；国外如 Pechiney 等采用了插入式的楔形母线和短路口设计，安全性差、操作复杂，而且常常需要降电流操作。

2006 年我国开发成功具有自主知识产权的"铝电解槽专用不停电停、开槽技术及相关装置"（赛尔开关，CELL Switch®），实现了电解槽的全电流不停电短路操作[2]。

18.1.1　铝电解槽停、开槽过程计算与分析

铝电解系列由几十台到 300 台以上电解槽串联而成。对单台电解槽来说，具有大电流（直流达 300kA 以上）、低电压（直流 4V 左右）的特点；而对整个系列来说，具有大电流、高电压（达 1300V 以上）的特点。当系列中的一台电解槽需要停运时，需要把该电解槽的短路块与立柱压接在一起，即把预停电解槽短路口接通，开槽时反之。无论停槽或开槽都将涉及系列主回路，并承受巨大的电流转移。

图 18-1 是 320kA 电解槽母线与短路口示意图。可以看出，无论是停槽还是开槽过程，其实质都是电流从一个回路转移到另一个回路的过程，如何安全地完成电流的转移是问题的关键。从理论上讲，无论是闭合短路块还是断开短路块，只要短路块接触面之间有电位差，在闭合或断开短路块时，都会产生气体放电现象，即所谓的"打火"或"放炮"现象。打火的程度取决于火花的能量，而火花的能量取决于火花电流、电压（槽电压）和维持时间。根据计算结果，闭合第一块短路块和断开最后一块短路块产生的火花能量最大，足以烧伤短路块（铝材）。以 320kA 电解槽为例，电流转移过程槽电压与电流变化曲线如图 18-2 所示。

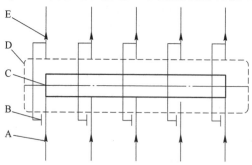

图 18-1　320kA 电解槽短路母线及短路口示意图

A—进电母线（立柱母线）；B—短路块；C—阳极；D—阴极；E—与阴极连接的出电母线

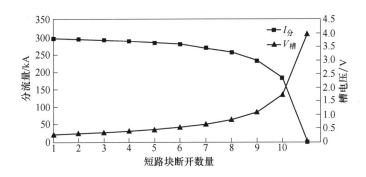

图 18-2　停、开槽过程逐个断开段路口时的电流、电压曲线[1]

解决以上问题需要研究的关键技术有两方面，分别如下：

（1）电流转移动态过程的监测与控制。无论停槽还是开槽，闭合或打开每一块短路块，电流转移量和电压变化量都是不同的，即处于动态变化过程。对过程中的每一个步骤都要有相应的控制措施，方能保证强大电流的平稳过渡，避免形成比较强烈的电弧烧蚀铝母线或造成人身设备事故。

（2）回路电阻的控制与平衡。因为电流转移过程中，所有电接触部位及导体的电阻都必须限制到很低的数值，否则由电发热引起的温升可能造成接触部位金属熔融，形成熔焊。

18.1.2　铝电解不停电停、开槽原理与解决方案

由图 18-1 所示的短路原理分析，要实现短路口的安全打开或闭合，关键是要降低短路口两端即 A 与 B 之间的电压和电流，即降低电流转移的能量，把可能产生电弧和火花的能量降低到短路口操作的安全许可范围。可采用以下分流原理：在短路口两端各并联一个电流通路，且这个通路的电阻远小于电解槽的电阻，并能承受足够大的电流，这时电解槽与并联回路的总电阻将很小，即短路口两端的电压将降低到较小的值，同时闭合或打开短路口时电流转移量也会很小。如果并联回路设置合理，通过一定的措施，将能够安全打开或闭合短路口。这样问题的关键就集中在如何实现在短路块处于开路状态时连接上并联回路（停槽时），或者短路块处于闭合状态时打开短路块以后断开并联回路（开槽时），因为此时并联回路所承受的电流较大，与直接操作短路块的电流转换过程一样，同样是不安全的。

针对以上问题，采用以下思路来实现电流转移和切换：

（1）采用一种电阻足够小并带有开、合装置的电路。在停槽时，把处于断开状态的装置接入电路，然后让装置闭合，在该电路分流保护下，闭合短路口，再断开并联回路，即实现停槽；开槽时，先把短路口并联回路接通，断开所有的

短路块，再断开并联回路，即实现电解槽的开槽，如图 18-3(a) 所示。实际应用时，把一组（台数与短路口数量相同）装置通过导电排分别连接到每一个短路口的两侧，形成短路口的并联通路，此方法简称为"大电流有载短路分流法"。

（2）电解槽开槽前，由于所有的短路口均处于闭合状态，可先在短路口两端并联上一组电阻足够小的分流电阻，然后在此分流电阻的分流保护下，断开所有的短路块，使约80%以上的电流转移到该分流电阻上，约20%的电流在断开短路块的过程中转移到了电解槽上。分流电阻在电流的作用下，温度不断上升，随之电阻阻值迅速增大，使分流量逐渐减少，通过电解槽的电流逐渐增大，并最终全部转移到电解槽上，实现电解槽的开动，如图 18-3(b) 所示，此方法简称为"可变电阻分流法"。

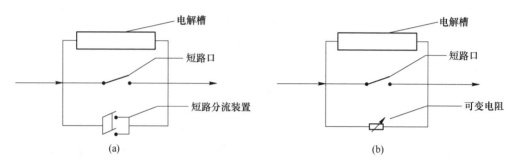

图 18-3　短路分流原理图
(a) 短路装置分流；(b) 可变电阻分流

通过试验上述两种方法都得到了验证，其中可变电阻分流采用了金属合金可变电阻分流，在高电流密度下，可变电阻在电流作用下放热使温度不断上升，直到彻底熔断。由于该过程是不可逆的，因而只适用于开槽过程，而且由于现场操作技术难度大，因此仅作为试验原理的验证。而经反复试验开发的"短路分流装置"，成为真正的成熟技术和装备得以大规模工业化应用。

18.1.3　铝电解不停电停、开槽开关装置（赛尔开关）开发

大型铝电解系列全电流条件下停、开槽装置研制涉及电、磁、热、材料及机械结构等多领域的问题。针对大电流转换过程中电流、电压波形曲线变化进行动态分析，在"大电流转移"原理性试验取得技术数据的基础上，确定了大型铝电解槽系列全电流条件下停、开槽装置研制思路。该装置应具备的基本功能有三个：一是具备大电流（数十万安培）有载接通和分断能力；二是具有较大的通流能力；三是体积小、质量轻、无磁性，能够符合现场的使用要求，其中大电流有载安全通/断是其中的关键。

18.1.3.1 大电流开关（通/断）原理

根据铝电解槽短路停、开槽的技术特点，为了方便安装及与原电解槽母线配套，采用五组（320kA 槽）"分置同步短路分流机构"及相应的控制机构构成一整套不停电停、开槽装置。其主要技术难点有以下三点：

（1）大电流切换过程中熄灭电弧及大电流发热问题。

（2）多点操动机构的同步问题。

（3）现场空间及装置与槽母线的连接问题。

根据电接触理论，开关装置的接触面在通断过程中的能量释放遵循下列关系式：

$$Q = \int_0^{T_0} UI\mathrm{d}t \tag{18-1}$$

式中，Q 为开关装置接触面通断过程中释放的总能量；U 为接触面两端的电位差，I 为接触面通过的电流，界面电流电压有关的动态电弧功率：$W = UI$，为时间 t 的函数；T_0 为开关装置完成通断过程的时间周期，能量变化曲线及总能释放如图 18-4 所示，总能量 Q 等于电弧功率 W 变化曲线在 $[0, T_0]$ 时间区间内的积分，即图中所示的阴影部分。

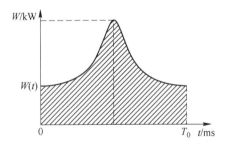

图 18-4 能量变化曲线及总能释放

式（18-1）及图 18-4 表明，开关接触面通断前后的电压变化梯度越小，释放的总能量越小，发生拉弧的强度也越小；而开关接触面通断过程的时间周期（T_0）越短，释放的总能量越小。因此，分流短路装置的设计以端口（开关接触面）快速闭合/打开为基本原理，时间越短发生拉弧的能量越小，安全性也越高。

18.1.3.2 "赛尔开关"结构与成套装备试验

A "可变电阻"试验与装置设计

由于承载电流过大，必须采用多点接触来完成操作，一般来说不可能做到多点完全同步。停槽（接触面闭合）过程中，电压快速降低，电流由小到大快速上升，一旦多数接触面闭合，电压迅速降至低值，即使多点存在不同步现象，也能保证足够的分流量；开槽（接触面打开）过程中，电流由大到小，电压快速上升，由于接触面初始状态存在电流通过，断开时容易起弧。由于电弧导电会延迟完全截断通过接触面电流的时间，容易产生较大的弧光，当电弧功率过大时甚至会爆炸。再加上多点操作存在不同步现象，最后分离的触点产生电弧的情况会更严重。

显然，可变电阻的分流方案可以平稳调节分流过程，避免以上的安全性风险。但是，目前还没有找到可用于铝电解槽的理想的可变电阻材料和结构。因此，根据熔断原理设计了一种铝合金材料制成的可变电阻装置（熔断器），利用电流转移过程中释放的能量使可变电阻的温度不断升高，随着电压和分流量的变化，熔断器发生熔断，在电压骤然升高的瞬间切断分流回路，完成开槽过程。通过120余次开槽熔断试验，完成了一系列试验参数测试和操作安全规范，如图18-5所示。

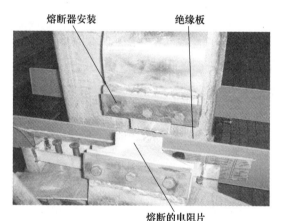

图 18-5 "可变电阻"熔断开槽试验

基于上述试验与分析，由于停槽时安全性较高，可采取降电流后使用楔形母线进行短接母线完成停槽，使用可变电阻（熔断器）完成开槽过程的解决方案，即"楔形母线+熔断器"停/开电解槽装置，如图18-6所示。

B "赛尔开关"设计方案与初步试验

根据上述原理设计的赛尔开关装置结构，由电流通断机构、分流系统、驱动机构、传动机构和框架等组成。电流通、断机构及分流回路系统通过导电排分别与立柱母线及短路块连接，如图18-7所示。

试验样机在70kA小型预焙槽系列进行首次试验，设计的技术条件如下：额定断口电压：DC 10V；额定工作电流：DC 70kA；带电部位对地最高耐压：DC

图 18-6 "楔形母线+熔断器"停/开装置

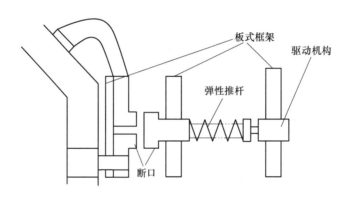

图 18-7 "赛尔开关"装置结构原理[2]

1400V；额定通流情况下，装置本体压降：≤150mV；环境温度：≤80℃；外观尺寸：控制在 500mm×700mm×1000mm 内。

　　a 电气设计

　　电气部分主要由电流有载通、断的断口机构和分流系统组成，采用了三级灭弧原理，设计通、断机构主要由灭弧触头、预触头和耐烧蚀的主触头组成；分流系统主要由内部导电排及引出导电排组成；断口接触方式采用超大平面接触，依靠增加端口结合平面度和主触头接触压力降低接触电阻。

　　样机设计有 7 个断口：预触头设计直径 20mm，采用耐电弧烧蚀的特殊材料，依靠弹簧增压，调整弹簧使预触头接触压力为 3.5kgf(34.N)，预触头接触电阻约为 6μΩ，加上预触头自身电阻约 9.5μΩ，满足 18μΩ 的要求。

b 机械设计

机械部分包括框架、驱动机构和传动机构。框架采用独立的板式框架，框架由非磁性材料构成，其他机构安装固定在框架上；驱动机构采用直推式强磁力驱动器，为了使断口闭合时能达到足够大的压力，每台设备使用 3 台驱动器；传动机构由 1 组联臂升力杠杆和 7 组弹性推杆组成，弹性推杆上加有绝缘和弹簧。

各机构动作过程是：电流接通时，3 台强磁力驱动器通电动作，带动联臂杠杆，杠杆把力放大后，传递给弹性推杆，弹性推杆通过强力弹簧给断口施加一个弹性压力，使断口闭合并保持。电流断开过程动作与接通过程相反。

c 控制与绝缘

电气控制部分设置各路电流监测装置和保护装置，确保合、断时每台强磁力驱动机构均能可靠动作，保证联动的同步性达到毫秒级。采用三级绝缘。

2005 年 11 月，试验样机在 70kA 电解槽上完成了首次试验，如图 18-8 所示。

图 18-8　70kA 电解槽的赛尔开关样机首次试验[2]

试验样机闭合过程十分顺利，闭合后槽电压由原来的 4.2V 降到了 1V 以下，装置通流量达 58kA 左右，稳定通流 20min，测量装置内部导电体温升较小，均能不高于 80℃，总电阻不大于 10μΩ，达到了试验样机的性能要求。但在断开断口时，产生较强的弧光和噼啪声，观察到触头有明显烧蚀，多次试验结果一样。该试验为赛尔开关工业样机开发提供了经验和基础数据。

C "赛尔开关"首台 320kA 电解槽工业样机

在前期实验基础上，设计了首台 320kA 电解槽工业样机。样机共有 5 台开关装置，与电气智能控制部分共同组成一整套装置，为保持全部触头的同步性，开发了"多路磁力机构智能控制系统"。其相关技术要求如下：额定断口电压：DC 10V；额定工作电流：DC 350kA；带电部位对地最高耐压：DC 1400V；额定通流情况下，本体压降：≤150mV；5台装置不同步时间：≤0.02s；环境温度：
≤60℃。

2006年9月，320kA电解槽工业样机试验在河南中孚实业试验成功，并命名
为"赛尔开关"[2]，如图18-9所示。

(a)　　　　　　　　　　　　　　　　(b)

图18-9　320kA电解槽赛尔开关工业样机[3]
(a) 开关试验；(b) 开关工业样机鉴定

相比于试验样机，工业样机主要进行了以下几点改进：（1）把试验样机上
裸露的灭弧触头改进为封闭式灭弧触头，增加了可拆卸式二次灭弧装置；（2）
增加了断口压合自动找平结构，改进了断口平面度微调机构，使多断口保持同一
平面度的误差降低；（3）增加了导电部件的电流密度，改进了导电部件的几何
形状，增大了散热面积；（4）进一步简化了装置结构，总质量比实验室样机降
低了60%。

"赛尔开关"的开发成功，解决了电解槽大修造成的系列频繁停电的难题，
实现了大型铝电解系列的连续运行。2010年"赛尔开关"获得了中国专利金
奖，入选2006年"中国十大工程技术进展"，以赛尔开关和铝电解槽电磁稳定
性技术为主要创新的"大型铝电解连续稳定运行与成套装备开发"项目，获得
了新中国成立以来我国在铝电解技术领域的唯一一项国家技术发明奖。自该技
术和装备开发以后迅速成为电解铝生产必备的安全、环保和节能设备，列入
2008年国家发改委首批《国家重点节能技术推广目录》，在国内外广泛推广
应用。

赛尔开关为铝电解系列安全连续稳定运行发挥了重要的作用，随着未来在线
的、全自动的赛尔开关的开发应用，将为铝电解生产向智能化发展提供可靠的
保障。

18.2 应急短路装置

随着电解铝生产规模的增大，各种生产事故也频繁发生。实际生产中由于电解槽侧部漏铝、电解质熔体溢出等事故冲断短路母线，或者短路口发生打弧、放炮等事故使短路口受损，都会导致整个系列停产，这种情况约占电解铝厂停电原因的35%[4]，如图18-10所示，由于短路口或母线损毁恢复比较困难、修复时间长，势必导致整个系列断电时间过长而停产的局面。

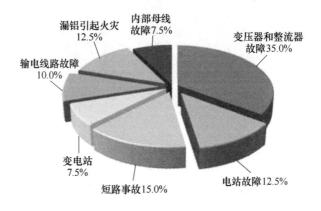

漏铝引起火灾 12.5%
内部母线故障 7.5%
变压器和整流器故障 35.0%
输电线路故障 10.0%
变电站 7.5%
短路事故 15.0%
电站故障 12.5%

图 18-10　铝电解系列停电原因构成

采用临时的应急短路装置保证系列正常运行，就成为安全生产的必要措施，也是近年来开发的一种重要的电解铝安全装备。

18.2.1 应急短路装置原理

应急短路装置是在电解槽发生事故导致事故槽无法通过正常停槽以确保系列正常运行时，专门设计的安装在事故电解槽与相邻电解槽之间的一套短路（母线）装置，以代替短路母线完成事故槽的正常短路，确保系列快速恢复通电[5]。其原理如图18-11所示。

18.2.2 应急短路装置

应急短路装置由导流母线、母线保护架、夹具及托架等组成，一般为多台并联运行。根据铝电解槽结构特点、阳极结构、母线配置及使用位置的不同，分为A型、C型、E型和F型四种型号，其工作原理相同，安装形式有所不同。

A型：（1）短路方式：阳极母线与立柱母线；配置数量：按立柱母线数量设计。（2）适用工况：用于槽周围母线、槽底母线冲断时应急（快速恢复系列电

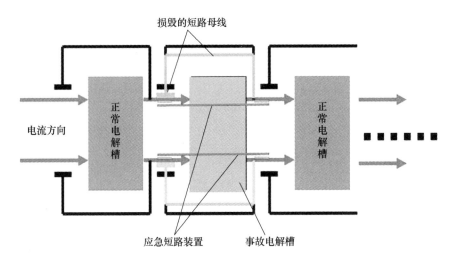

图 18-11 应急短路装置原理图

解槽通电）及大修，或短路口损坏时系列应急通电。（3）安装方式：安装在事故槽阳极母线与下游槽立柱母线上，如图 18-12 所示。

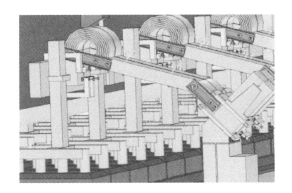

图 18-12 应急短路装置（A 型）

B 型：除安装在事故槽阳极母线与下游槽阳极母线之间，其余同 A 型，如图 18-13 所示。

C 型：工区末台槽，安装方式为阳极母线-过道母线，其余要求类似（略）。

D 型：工区首台槽，安装方式为过道母线-阳极母线，其余要求类似（略）。

应急短路装置安装简单快捷，不受特殊环境影响；可减少或避免大型电解铝系列一台槽出现恶性事故导致全系列停运给企业造成的重大经济损失，为电解铝企业生产提供了安全保障。

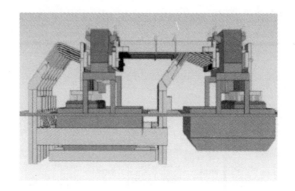

图 18-13 应急短路装置（B 型）

参 考 文 献

［1］梁学民. 大型预焙铝电解槽节能与提高槽寿命关键技术研究［D］. 长沙：中南大学，2011.

［2］LIANG Xuemin. Investigation and application of stopping or starting aluminium cells full current［J］. Aluminium，2009(3)：77-81.

［3］LIANG Xuemin. China-world leader in primary aluminum technology［J］. Light Metal Age，2009(3)：28-33.

［4］TABEREAUX A，LINDSAY S. Lengthy power interruptions and pot line shutdowns［J］. Light Metals，2019：887-895.

［5］梁学民，冯冰，等. 铝电解槽应急短路装置. 中国，201310152064.9［P］. 2015-7-29.

19 现代铝电解槽配套装备的开发设计

19.1 铝电解配套装备的发展阶段

铝电解槽是电解铝生产的核心设备，一个现代铝电解系列一般由约 300 台电解槽组成，与电解槽配套的操作设备关系到整个生产系统的正常运行，而且严重影响或者制约着铝电解新技术的发展。伴随着现代铝电解槽技术发展的过程，相应的操作设备也被不断开发并得到应用，成为现代铝电解技术的重要组成部分，也是未来铝电解生产智能化的关键。

铝电解配套设备的开发大致经历了以下阶段。

第一阶段——自焙槽配套设备。20 世纪 50～60 年代，当时电解铝生产以自焙槽为主，先后开发了服务于自焙槽的设备，包括悬臂打壳机、拔棒天车（机）、阳极糊混捏机，与电解槽一起统称为"三机一槽"。

第二阶段——横向配置预焙槽配套设备。20 世纪 80 年代以后，大型中间加料预焙槽技术逐渐成为电解铝生产的主流技术，在贵铝引进日本预焙槽技术的同时，与之配套引进了一整套的装备，包括：多功能天车、阳极母线转接框架（阳极母线框架提升器）、大型出铝抬包、阳极搬运车、氟化盐运输车等辅助配套设备。由于电解槽采用横向配置，代替地面打壳机的是与横向配置对应的多功能天车，该设备负责完成电解槽打壳、边部加料、换极和出铝等操作，除电解槽的正常加料（中间自动加料）以外，几乎所有的电解槽操作均依靠多功能天车完成。在相当长的一段时间内，多功能天车都是除电解槽以外最重要的电解设备。

第三阶段——大型铝电解槽规模化生产配套设备。进入 21 世纪以来，随着大型、特大型铝电解槽（300kA 以上）的开发和推广应用，铝电解单系列规模（超过 20 万吨/年以上）也越来越大，由此对工业规模化生产的安全、节能和环保技术要求也越来越高，设计开发了现代大型预焙铝电解系列配套的"四大节能安全装备"。

（1）解决单台电解槽大修必须系列停电的世界性难题，开发成功"铝电解系列不停电停、开槽技术和成套装备"（简称赛尔开关），如本书第 18 章所述。

（2）为了解决大型系列事故造成的短路母线损毁等导致系列无法恢复的难题，开发了"铝电解系列应急短路装置"，如本书第 18 章所述。

（3）随着对电解槽槽寿命问题研究的深入，电解槽焙烧启动技术也得到了不断的改进和完善。在经历了 20 世纪 80 年代"铝液焙烧"技术和 90 年代开发的"焦粒焙烧"技术的基础上，开发成功了采用外热源加热的"铝电解槽燃气焙烧启动技术和装备"，使用成本低、节能效果好，且大大减少了启动过程中对电解槽内衬结构的损害，可大大延长槽寿命。

（4）为提高劳动生产率，减少工人劳动强度，解决生产过程对环境的影响，进一步提高铝电解厂机械化、自动化水平，开发了"铝电解专用抬包清理机"。

结合当前铝工业技术的发展，本章着重介绍多功能天车、赛尔开关、应急短路装置、燃气焙烧、阳极提升框架和铝电解专用抬包清理机等几种特殊的节能和安全操作设备。

19.2 多功能天车

电解多功能天车（PTM）是预焙阳极电解槽工艺操作的专用设备，它将电解槽换极、捞渣、添加氧化铝、添加覆盖料、出铝、抬母线、吊运电解槽及车间内零星吊运功能集于一身。一直以来，多功能天车被业界视为与现代铝电解技术配套的重要操作装备之一[1]，伴随铝电解槽工艺配置特点和生产操作需要，多功能天车技术不断进步，大大地提高了铝电解工作的效率，减少了操作人员的劳动强度，降低了作业成本，提升了我国铝电解技术的竞争力[2]。

随着电解铝工业的快速发展，国内外新建铝厂大多选用电流强度 400~600kA 之间的电解槽型，而槽型结构随着电流强度不断增大而增大，相应的起吊质量也要求在 32t 以上。

19.2.1 多功能天车发展概述

多功能天车早在 20 世纪 80 年代初期与日本引进的中间加料预焙槽同时引进我国，当时采用的形式为法国 ECL 生产的低位天车。之后，沈阳院与沈阳冶金机械修造厂（简称沈冶修）合作，研发了我国第一代多功能天车，即国产低位多功能天车。随着电解铝工艺的改进，为适应铝电解大面进电母线配置的需要，90 年代初，由贵阳院和大连起重机厂研制了首台高位多功能天车，应用于我国 180kA、280kA 大型电解槽的开发中，并开始取代低位多功能天车；也正在此时，我国电解铝工艺及设备研发创新取得突飞猛进的发展，自行开发的地面遥控的高位多功能天车在广西平果铝厂获得成功。目前国内外多功能天车的生产企业包括法国 ECL、德国 NOEEL 以及我国沈冶修和株洲天桥等。

19.2.1.1 第一代电解多功能天车

A 国产（低位）多功能天车的开发

20 世纪 80 年代初期，沈冶修与沈阳院合作，根据我国 135kA 预焙槽开发的需要，吸收国外低位多功能天车的技术优点，开始研制铝电解多功能天车。1984年研制成功我国第一台电解多功能天车，首批用于包头铝厂135kA预焙槽和青海铝厂160kA预焙槽系列，为中国铝电解工业装备国产化、现代化迈出了第一步。首台电解多功能天车如图19-1所示[3]。

图 19-1　首台国产多功能天车（PTM）

第一台国产电解多功能天车研制成功，标志着我国电解铝工业装备现代化的开始。该机组的主要功能包括：（1）主小车设有专用扭拔机构更换阳极，打壳、加料机构完成向料箱充料和向阳极表面加覆盖料；（2）调运抬包出铝；（3）由两个副钩完成阳极母线框架提升器的吊运；（4）吊运电解槽，一般需两台天车联合；（5）车间零星吊运。

该设备的开发基本满足了当时大型预焙槽的生产操作需要。其主要特点，一是驾驶室为低位操作，驾驶室位于电解槽之间的操作空间，因而只能适用于当时的135kA、160kA端部进电的电解槽；二是打壳机为悬臂式结构。

由于该装备全部零部件国产化，受历史条件和制造能力所限，机械、液压、气动及电气等配套部件的质量差、档次低，因而装备可靠性差、故障率高，导致生产效率低、安全性差，对电解铝的正常生产有一定影响。

B　改进型的国产（低位）多功能天车

针对国产多功能天车存在的问题，20世纪80年代末期在总结了各铝厂电解多功能天车使用中存在问题的基础下，沈冶修与贵阳院合作，对多功能天车的设计和制造进行了改进，为贵铝三电解铝厂（采用引进的两端进电的160kA预焙槽型，产能为8万吨/年）制造了12台改进型的（低位）多功能天车。除结构上与第一代相比有所改进以外，主要是在机、电、液、气配套件上采取了国内选优，部分关键部件（打壳击头、空压机和液压系统，俗称三大件）国外引进的方案。改进后的电解多功能天车如图19-2所示。

第一代电解多功能天车的主要设计参数为：天车跨度：19.5m；主小车行走

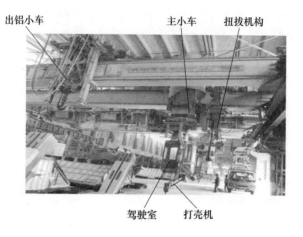

图 19-2　改进后的电解多功能天车

速度：2~30m/min；主小车旋转角度：180°；驾驶室旋转角度：190°；出铝小车运行速度：2~40m/min；出铝小车起重量：12t；固定电葫芦额定载荷：2×8t；打壳机构冲击功：7.9kN，连打功 0.25kN；换极扭拔机构扭转力矩：250~300N·m。

该设备仍然是针对当时引进的两端进电电解槽国产化的翻版需要而开发研制的，驾驶室为低位操作，打壳机为悬臂式结构，因而也仅适用于端部进电的电解槽。

由于关键部件从国外进口，减少了故障率，运行效率明显提高，形成了第一代多功能天车的代表产品。

19.2.1.2　第二代电解多功能天车

20 世纪 80 年代末期，随着我国大型铝电解槽技术的开发，横向配置、大面多点进电成为大型铝电解槽技术发展的主要特点，研制与之相适应的第二代国产多功能天车，即高位多功能天车成为一项紧迫的任务。广西平果铝业公司是我国第一个采用四点进电母线配置设计的 165kA 系列，共安装 258 台电解槽，年产能 10 万吨，由于我国还没有相应的装备制造经验，引进了 10 台法国 ECL 公司高位多功能天车。与此同时，贵阳院与大连起重机厂联合，在贵州铝厂实施的国家重点开发项目"180kA 级大型铝电解槽开发试验"中，开发了我国第一台高位多功能天车，1992 年安装调试投入使用，如图 19-3 所示。1995 年，第二台高位多功能天车在国家大型铝电解试验基地 280kA 铝电解试验车间投入使用。

第二代电解多功能天车的主要特点为：

（1）主要功能与低位多功能天车基本相同，包括打壳、更换阳极、加料、出铝、阳极母线提升和电解槽及零星吊运。

（2）驾驶室位于电解槽的最高点（一般为阳极提升机构上的螺旋最高点或

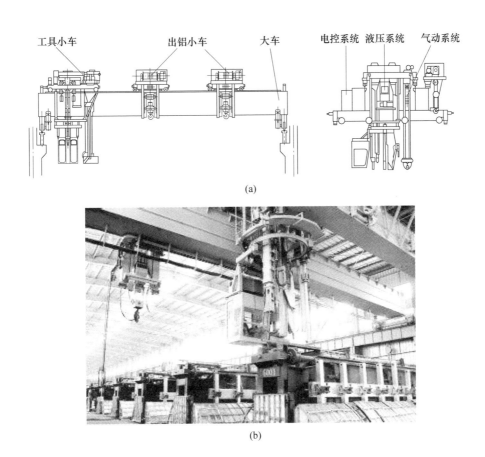

图 19-3　第二代电解（高位）多功能天车

（a）结构图[13]；（b）照片

支撑阳极母线提升框架的底座滑槽最高点）以上，打壳机为直立式结构且设计为可升降式，完成作业后打壳加料机构可提升至电解槽最高点以上。因此，天车整体可在电解槽上任意通行。

（3）同时驾驶室与工具回转机构相分离，可单独围绕工具回转便于观察。

（4）变频和 PLC 控制技术逐渐成熟，开始广泛应用。

19.2.1.3 第三代电解多功能天车

随着现代大型铝电解槽技术的快速推广，第二代多功能天车也得到了大规模的应用，并在大量生产实践中，针对用户使用中发现的一些问题，在结合国外一些新技术基础上逐渐完善和改进，使多功能天车的功能更加强大，操作更加人性化，结构布局也更合理。到 21 世纪初的几年，基本形成了新的第三代电解多功能天车，主小车结构如图 19-4 所示。

图 19-4 第三代新型铝电解多功能天车主小车

第三代电解多功能天车的主要特征：

（1）打壳机为直立的连杆式，增加了换极后的捞渣、清渣装置。

（2）工具小车采用了三面大走台 U 形式，便于维护及检修。

（3）超大操作室视窗，任意回转控制操作台，部分天车采用地面遥控操作。

（4）操作室供电装置采用可回转电缆拖链，悬垂油管、气管、电缆等都采用拖链安装形式。

（5）设计应用了整体电控柜，大小车行走无级调速。

（6）液压系统采用电液比例控制，实现液压油缸升降速度可调功能。

（7）部分天车增加了氟化盐加料系统，在原有单料箱下料功能的基础上，增设了氟化盐加料功能，可通过机组的下料系统，定量向电解槽内添加氟化盐，满足了铝电解新工艺需求。

通过上述的改进完善，第三代国产多功能天车使用更加成熟，性能也更趋稳定，为我国电解铝工业的发展壮大发挥了重要作用。

第三代电解多功能天车主要性能参数（以厂房跨度 25m 的 320~400kA 槽机组为例）：设备质量：105t；总功率：200kW；大车运行速度：0~70m/min；主小车运行速度：0~30m/min；主小车旋转角度：180°；主小车机构旋转速度：约 2r/min；操作室旋转角度：190°；操作室旋转速度：约 2r/min；扭拔机构最大拔出力：75kN；扭拔机构扭矩：250~350N·m；加料箱容积：41.5m³（Al_2O_3）+ 2m³（AlF_3）；清理铲起重量：3t；出铝小车运行速度：0~25m/min；出铝小车提升质量：20t。

随着第三代多功能天车在操作功能、结构设计和制造质量等方面的不断完善，在我国大型铝电解技术大规模发展的过程中，也得到了广泛应用，发挥了重要作用。

19.2.2　铝电解多功能天车关键技术及分析

尽管现行的多功能天车技术已经取得了很大的进步，但随着铝工业现代化发展的需要，其技术性能仍需要不断地提升和创新，因此，分析铝电解多功能天车的关键技术的作用和未来改进的方向仍然是十分重要的。

19.2.2.1　现行多功能天车关键技术应用

在现行铝电解多功能天车技术中，采用了一系列新技术成果。这些新技术、新材料的应用，使铝电解多功能天车性能得到了有效保障，其中包括[4]：

（1）整车防磁技术。根据铝电解槽的运行参数、电解槽周围及车间磁场分布情况等，设计采用了防漏磁技术、粉末冶金喷涂阻磁技术、无磁钢材料等；对运行机构确定加装防磁阻磁的机械及位置，对操作工具、主要电气元件的屏蔽和防护技术，有效减少磁场对设备运行的干扰，保证天车正常运行，提高设备运行效率。

（2）机械结构优化设计。采用有限元分析计算方法，对铝电解多功能天车整体和局部的刚度、强度进行动态和静态分析，如对大车和小车主梁、操作室回转部分、工具回转部分刚度和强度分析，对大车端梁极端工况下强度分析，通过模拟磁场、合理确定磁阻断部位的结构尺寸及各个机构运行情况，对整机结构进行动态分析，优化设备各机构设计，在满足使用条件和保证使用寿命的前提下，减轻设备重量，从而降低设备的轮压、降低厂房的基建成本。

（3）静电监测释放技术。为了保护设备和操作维修人员的安全，铝电解多功能天车上设有绝缘装置，设备在运行时与车间磁场作用，不可避免要产生电荷积累，设备不同绝缘层之间产生电势差，当维修人员接触到绝缘层时势必会发生静电伤人情况。每个机组绝缘部位均设置了监测点，实时监测各绝缘点静电压变化，适时进行静电释放，在确保设备安全性的同时减轻了维修工人的工作强度，保障人身和设备安全。

（4）通廊报警系统。克服外界因素对报警系统信号传输通信的影响，建立信号发射装置和接收装置之间的数据通道，实现报警系统运行的稳定性和安全生产。在车间的任何一个通廊位置，只要有抬包车或者起重机通过时，系统都发出声光报警，提示操作和现场相关人员注意。

（5）自动对位装置。此技术是智能化铝电解多功能天车关键技术之一，能在高温、强磁场、强导电性粉尘、多腐蚀性气体的恶劣环境中长期稳定运行的测距技术或位置检测技术，并通过控制器的运算和控制，完成铝电解多功能起重机的槽号识别和极号识别，完成出铝和换极的自动对位。

19.2.2.2　多功能天车发展与智能化方向

多功能天车是铝电解槽的主要操作设备，它完成了电解槽正常生产的大部分操作。随着其发展和演变，功能越来越强大，自动化水平不断提高，作业效率也越来越高，为未来铝电解生产智能化奠定了基础。未来多功能天车的操作将变为远程遥控操作，并且还将增加自动开闭槽罩、吸取散状阳极覆盖料、抬母线操作等功能。这也就要求多功能天车的机械结构更可靠，控制系统的自动化程度和可靠性更高，监视手段多元化，控制系统可能存在的故障点更少，具有自诊断和实现工厂信息化与智能化功能。

然而，即使是目前最先进的多功能天车（如遥控操作）也离不开工人的现场操作，距离未来电解铝智能工厂（或者电解铝厂无人作业）的目标仍然有很大差距，因此对多功能天车技术的未来发展需要进行持续的综合研究和开发。

A　多功能天车控制技术的提升

多功能天车控制技术的提升包括以下几方面：

（1）冗余功能的选择。冗余有 CPU、网络、I/O 及电源几种冗余方式，从多功能天车的使用特点和成本上考虑，CPU 的冗余就可以保证多功能天车的可靠运行。为了降低因为网络介质故障而产生的影响，可以各增加一根控制网和设备网的通信电缆，这样做的好处是成本不高，但排除故障的时间可以大大缩短。以太网因为是所有数据通向监控系统的通道，如果出现了故障，会导致多功能天车整体瘫痪，所以也需要做双网冗余。

（2）更快和更稳定的网络支持。目前使用的高速工业通信网络主要是 Rockwell 的 ControlNet、Siemens 公司的 PROFIBUS、施耐德的 ModBus 等专用网络。PTM 的工作环境决定了它对通信网络的要求，超强磁场、高温、振动和粉尘对网络的稳定性是巨大的考验，现有工业通信网络在采用 500kA 以上电解槽的电解厂房内无法完美地使用，而随着视频信号的加入，下一代多功能天车还有无线视频信号传输的需求，如果没有相应的网络被开发出来，那只能在现有的工业网络系统中选取。根据国产的 500 多台 PTM 使用的情况来看，ControlNet、Ethernet、DeviceNet 性能较为稳定，而且速度也基本能够满足使用需求。

（3）多功能天车联动时的时钟同步和功能模块的使用。在吊运电解槽上部结构或槽壳时，要由 2 台多功能天车联动，此时需要时钟同步，通常的时钟同步的做法是加 GPS，2 台多功能天车分别接收卫星同步频率信号，然后通过 PLC 处理同步频率信号，从而保证时钟同步。北斗系统投入运营为我国工业自动化技术提供了更强大的支撑。

通过使用各 PLC 厂商自有的位置模块或称重模块，取代选用第三方厂家的成套产品来实现阳极测高和出铝称重功能，不仅可以节约成本，而且也方便地实现了多功能天车上数据的统一，从而使多功能天车完全数字化。

（4）变频器与位置编码技术应用。多功能天车由变频器控制的运动只有两种：一是直线运动，如大车行走、出铝车行走和出铝钩升降；另一种是旋转运动，如工具车旋转。实现精确定位的方法是采用位置编码系统。通过在大车行走和出铝车行走轨道旁安装绝对值编码尺，就可以在整个电解车间平面上确定一个横坐标和一个纵坐标，这样任何一台电解槽的不同工作位都有唯一的平面坐标。再通过安装在工具车旋转电机上的旋转编码器，完全可以把想要使用的工具定位在想要的工作位置上，如图19-5所示。

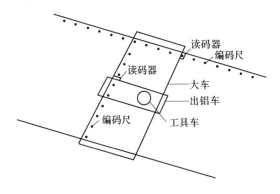

图 19-5　多功能天车的大车行走和出铝车行走定位

（5）现场总线。现场总线技术（field bus）是在20世纪80年代末至90年代初国际上发展形成的，是用于过程自动化、制造自动化等领域的现场智能设备互联通信的网络技术。它作为工厂数字通信网络的基础，沟通了生产过程现场及控制设备之间及其与更高控制管理层次之间的联系。它不仅是一个基层网络，而且还是一种开放式、新型全分布控制系统。这项以智能传感、控制、计算机、数字通信等技术为主要内容的综合技术，成为自动化技术发展的热点，并将导致自动化系统结构与设备的深刻变革。在现有的现场总线技术中，适合过程自动化系统的用于多功能天车的主要有 ControlNet 和 Ethernet/IP 现场总线（见图19-6）、PROFIBUS 现场总线、DeviceNet 现场总线和 ModBus 现场总线。

（6）工业视频监视系统。下一代多功能天车将工作在无人值守的电解车间内，所以必须配置工业视频监视系统。现有工业视频监视系统产品很多，技术也比较成熟，铝电解车间的环境对工业视频监视系统主要有以下要求：1）在设备选型上要充分考虑到防尘、耐高温、耐腐蚀、抗干扰等特性；2）视频图像可以高清晰回放，图像质量达到 VCD 画质；3）配置带有旋转功能的云台和云台解码器；4）抗干扰的远距离无线高效率传输；5）带有至少一周的录像功能和录像查询回放软件。

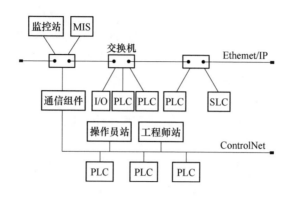

图 19-6　典型的 ControlNet 和 Ethernet/IP 网络总线结构

带微波无线电传输技术的工业视频监视系统配置如图 19-7 所示。微波无线电传输技术的优点是：发射图像、伴音调制采用了锁相环技术，频率稳定程度高，受环境温度影响小，而且传输距离可以非常远，在无遮挡情况下通常可以传输 60km 以上。FM 调制方式工作，低噪声设计，图像效果更加清晰，还具有强抗干扰性能，所以非常适合在电解车间内使用。

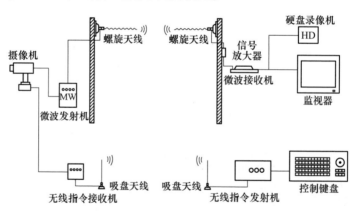

图 19-7　带微波无线电传输技术的工业视频监视系统配置

（7）工业无线通信。工业无线通信技术的应用将是下一代多功能天车的特色，也是下一代多功能天车能否高效可靠运行的关键。近年来工业无线通信技术发展迅速，无论是短距离（0~100m）、低带宽（小于2Mb/s）的 ZigBee、蓝牙技术，还是远距离（0~5000m）、高带宽（大于10Mb/s）的无线以太网技术，或是超远距离（0~全球覆盖）、低带宽或中等带宽的 GPRS，工业串口或以太网无线数据传输电台技术都得到较快的发展，并且还不断有新的技术产生。上述工业无线通信技术中，适合应用在多功能天车上的技术是远距离、高带宽的无线以太网通信技术。电解厂房的长度一般超过 1000m，从理论上来说，无线以太网通信技术基于 IEEE802.11 系列的几个标准，通信距离最大只能有 100m。但通过增加定向天线等技术，可以使可靠通信距离达到 4000m 以上，从而可满足多功能天车的使用要求。多功能天车无线通信方案如图 19-8 所示。

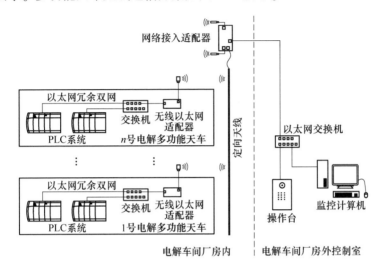

图 19-8　多功能天车无线通信方案

B　面向智能化的电解槽结构和多功能天车操作

多功能天车的智能化操作首先必须满足电解槽的各种生产操作，因此其自动化与智能化的技术进步离不开电解槽本体的结构特点和工艺操作方式的改进。包括以下几个方面：

（1）阳极更换过程中，如何改进阳极更换时无须人工辅助满足槽罩板的自动开闭，且有利于减少更换过程中烟气的溢出，以改善环境的影响。阳极卡具的结构改进以满足自动更换阳极后阳极与母线连接的质量，自动控制加料过程以保证阳极上覆盖料的均匀；阳极更换前的新极运输和更换后的残极运出过程与多功能天车之间的操作衔接。

（2）出铝过程中，如何保证出铝过程能够顺利进行，如抬包抽取铝液的操作难点在于抬包进入电解槽前打壳机打开出铝孔、吸铝嘴伸进槽内和对位的过程。尤其是打壳质量要能够保证在没有人工辅助的情况下，打壳机的打壳动作能满足对吸铝口的要求。当然，电解槽槽罩的自动开闭也是必要的，而且抬包在吸铝过程所需要的压缩空气气源要能够自动与压缩空气管网对接。

（3）阳极母线提升机构完成阳极母线提升的操作，其中电源、气源的自动转接技术及全自动框架提升器的应用，也是非常重要的。

目前铝电解多功能天车正朝着高可靠性、高运转率、多功能、智能化方向发展，主要表现在：使用结构优化技术和最先进的科学成果，减轻设备重量、减小设备外形尺寸、降低土建投资等；功能扩大化方面，要求铝电解多功能天车在不断完善现有设备功能的基础上，研发智能化无人操作铝电解多功能天车，完成电解铝各个生产过程，取代人工操作[3]。

19.3 抬包清理机

出铝抬包经过一段时间的使用后，包内壁及吸铝管会附积一定厚度的铝渣和电解质等，造成抬包的有效容积减少，从而影响电解的正常操作，因此需要定期进行清理，以除去附积在真空抬包内衬和底部以及虹吸管与出铝管内的电解质和金属铝，从而恢复真空抬包的初始容量、自重及虹吸管/出铝管的初始内径，确保出铝、铝液运送和转注工序的顺利完成。

我国自 20 世纪 80 年代引进国外技术至 21 世纪初这一阶段，铝电解的抬包清理一直是由人工操作完成的，工人工作环境恶劣、劳动和生产率低、车间内粉尘污染严重。

抬包清理机的主要任务是对出铝抬包自动清理，完成将抬包内壁附着的铝渣及电解质清理的工作。21 世纪初，我国个别铝厂开始引进国外生产的卧式抬包清理机，从此这一领域的状况开始有所改善。但由于进口设备价格昂贵，我国逐渐有制造厂开始生产，由于占地面积大，需要专门的清理料输送设备和收尘设备，目前普及率仍然不是很高；2013 年开始，我国开始研制"钟罩式抬包清理机"，经过 5 年的研制和试生产，这种抬包清理机已于 2018 年正式通过鉴定推向市场。

19.3.1 卧式抬包清理机

卧式抬包清理机主要由以下部分构成：清理机底座、运输模块和清理钻孔机、钻孔机液压回转系统、电气系统、自动操作系统、可编程逻辑控制器（PLC）、带吸尘罩的倾斜平台等，如图 19-9 所示。

（1）清理机底座。清理机的底座是抬包运输并确保清理机稳定性的部件。

（2）运输模块和清理钻孔机。框架是一个保持溜板箱在导轨上移动的坚固结构，在支撑溜板箱的框架两侧，有一个上导轨和一个下导轨，轮子可精确移动以提供最好的可行清理位置。需要时，可以很容易地更换导轨。根据必须要清理的特定抬包，运输模块由一个装备有两个工厂规模螺旋钻的主马达组成。在每个螺旋钻的后面安装了偏转板，目的是从抬包中除去清理下来的物料并直接将它们送入一个溜槽。

图 19-9 加拿大 STAS 卧式抬包清理机

（3）螺旋钻液压回转系统。螺旋钻（或清理头）旋转是通过一个重型斜齿轮装置激活的，并由一个高速低扭矩工业液压马达驱动，最终的旋转速度大约为 7r/min。

（4）电气系统。为了确保安全操作并便于维护，子系统安装在清理机的周围。出于同样的原因，还需要附件如检测器、制动器、接线盒、按钮站和电缆托盘。

（5）自动操作系统。抬包在倾斜台上检测和抬包返回水平位置之间的抬包清理过程操作均由自动化系统实现，因而可提供完全自动化和最佳化的抬包清理。清理头的水平速度取决于闭环控制，随时确保最佳的清理效率，输入变量是施加于清理头上的反应扭矩。过程变量是溜板箱的速度，根据清理头在抬包中的位置，设定清理点需要的载体速度。

（6）可编程逻辑控制器（PLC）。自动化系统需要一个必须遵循所有顺序和组合逻辑的工业控制器，控制器通过一个带安装设备的工厂两级工业网络通信系统，以控制一个抬包的整个清理周期。在监控控制系统的控制器储存器中，包含主要操作变量和程序化的报警器的交换平台。

（7）带吸尘罩的倾斜台。倾斜台用于把抬包倾斜到位，一旦脏抬包（指含有较大量铝残留的抬包）的清理过程发生，在清理头的前方适当倾斜抬包。这种方式，通过螺丝钻的旋转仅把残留物和灰尘吸出抬包至位于清理机下方的残留物容器中。

加拿大 STAS 公司生产的清理机端部有一个允许清理两种不同类型抬包的倾斜台，通常一个倾斜台专门用于清理金属抬包，而另一个则专用于电解质抬包（见图 19-10）。还有一种可清理冷包和热包的冷热抬包清理机，目的是为了清理 15t 以上的大包。

　　进口冷热抬包清理机在设计上强调坚固性、质量和部件的可靠性及易于维护的特性。设备的功能与特点包括：一是在市场上可用的设备中，其清理速度是最快的，每个抬包的清理时间少于 20min；二是设备非常灵活，能够清理任何温度下所有类型的抬包；三是能处理新工厂的所有抬包；四是清理头的精确控制和结构刚性增加了真空抬包耐火材料的寿命；五是避免了操作者对粉尘、炽热颗粒和噪声的直接暴露；六是计算机控制，先进的旋转刀头；七是全自动操作，在清理操作过程中不需要操作者。但是由于价格昂贵，我国只有极个别铝厂采用。

　　目前，我国部分铝厂使用国产卧式清理机，如图 19-10 所示。虽然该设备性能和可靠性与国外尚有差距，但价格相对较低。

图 19-10　国产卧式抬包清理机

19.3.2　立式（钟罩式）抬包清理机

　　由于进口卧式抬包清理机价格昂贵，而我国大部分铝厂仍采用人工清理，劳动效率低、工人操作环境恶劣，企业迫切需要先进的新型清理装备，钟罩式抬包清理机就是为改变这一现状而开发的。该设备采用了钟罩式结构，清理机外筒像钟罩状倒扣在真空抬包上，形成一个严密的清理作业空间；采用盾构机掘进的工作原理设计的刀盘结构，效率高、可靠性好，机械传动、掘进、升降动力系统结构紧凑，坚固耐用；清理过程中，刀盘竖直向下进刀，内舱和进料、收料一体化设计，清理过程无粉尘飞扬，不需要配备除尘装置，系统简单、安装方便、占地面积小；清理作业实现了全过程机械化和自动化，大大提高了出铝抬包清理作业的劳动效率和清理质量，改善了工人的劳动环境[5]。

钟罩式抬包清理机主要由壳体结构、机械传动系统、刀盘及升降机构、液压系统及电气自动化控制系统等组成，可用于清理 5~15t 真空抬包或更大型号的抬包。

（1）清理机主机部分主要由清理机外壳、清理机吊臂、刀盘机构、主轴、动力总成等部分组成。动力总成机构及清理机吊臂安装在清理机外壳上部，动力总成机构上设置有液压马达、液压油缸，通过主轴对刀盘输出动力，下部设置有防粉尘装置。

（2）刀盘机构上设有刀具固定座，刀盘安装在桶形容料器上，桶形容料器外部的外壳上端连接动力总成。桶形容料器上端设置 4 个可调整的导向机构，保证刀盘在抬包内的转动精度和稳定性。

（3）刀盘采用特殊材质钢板加工，底部两个进料口，配备两个合金齿座，分别安装了盾构机用的两种刀齿各若干组，可保证刀具轨迹覆盖整个工作面无盲区。

（4）料箱采用与清理机主体相同直径，确保卸料过程全密闭无粉尘。若料箱积满可把料箱直接运输至抬包料清理车间，或打开料箱两侧溜槽进行人工装包。

（5）液压系统的配置先进可靠，它的主要元件有油泵、油缸、油箱等。油箱上有油位显示器、回油过滤器、油温控制器、加热器、冷却管和压力阀、流量阀、换向阀等集成块。

（6）电气系统的电气开关和指示仪表的操作台安装在工作台上，从工作台可以观察到固定台式铝包清理机的整个工作过程。电控系统采用 PLC 编程，可实现手动控制和自动控制，手动控制可进行单个动作，自动控制可完成一个工作循环。

钟罩式抬包清理机采用立式结构，通过底部固定到抬包上，其结构如图19-11所示。

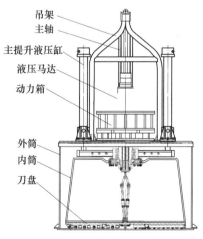

图 19-11　钟罩式抬包清理机结构图

　　实际应用中清理机被固定在支撑架上，以便于提升和下降，水平设置的移动平台往复运动，以在清理时将抬包移动至清理机下方，清理完毕移出抬包，并将收料筒对准清理机底部，以接收清理机熔料器内的物料。图 19-12 和图 19-13 所示为钟罩式抬包清理机工作原理图和现场应用照片。

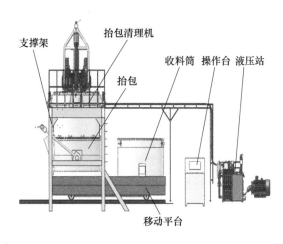

图 19-12　钟罩式抬包清理机工作原理图

图 19-13　钟罩式抬包清理机应用现场

　　钟罩式抬包清理机由郑州轻冶科技股份有限公司与知名科研院校联合开发，具有投资省、占地面积小、操作方便、自动化水平高和环保效果好等特点，极大地提高了出铝抬包清理作业的劳动效率和安全性。目前已在我国电解铝企业大量使用，是我国具有自主知识产权的技术和成套装备，为电解铝企业生态化、智能化和高质量发展提供了关键设备。

19.4 铝电解槽燃气焙烧（预热）技术和装置

铝电解槽是铝电解生产的关键设备，槽寿命是电解铝的主要技术经济指标，槽内衬的破损是导致电解槽寿命缩短的主要原因，关系到铝生产的经济性和安全性。槽内衬设计、材料、施工、焙烧启动和生产操作管理是影响铝电解槽寿命的五大因素，其中焙烧启动虽然是在短短几天时间内完成的，但如果方法不当，会导致前功尽弃，甚至造成早期破损。

因此，研究开发适合现代大型预焙电解槽的焙烧技术及成套装备，以实现均匀、快速、低耗地完成电解槽的预热焙烧，为铝电解槽的长周期安全稳定运行提供技术支撑非常必要。

19.4.1 铝电解槽焙烧（预热）技术概述

铝液焙烧与焦粒焙烧通常被统称为电阻焙烧。20 世纪 80 年代初引进日本技术的 160kA 预焙槽采用了铝液焙烧技术。此后相当长的一段时间，我国大型预焙槽都基本采用了这种技术[6-7]。在这种方法焙烧过程中，烟气排放较少，不存在阴极表面的氧化，阴极表面初始温度分布比较均匀，因此是一种操作方便、过程平稳的铝电解槽焙烧方式。

由于铝液焙烧是在电解槽处于冷态（常温）时，将温度 800℃ 以上的铝液直接灌入电解槽，灌铝液时的热振对低品质的底部炭块很不利，而且阳极与铝液接触的面积有限（为了产生足够的热），可能会导致初期阴极电流分布严重不均匀，极易造成阴极炭块的破坏；在焙烧初期电解槽内就有铝液存在，由于铝液黏度低，在凝固前它能渗透入内衬材料的极小裂缝和缝隙，很容易造成电解槽漏炉和内衬的破损，有时铝液渗透太多会改变电解槽的热平衡，加剧内衬材料的化学腐蚀，给生产安全带来隐患；随着电解槽容量的不断增大，电解槽的长度越来越长，向电解槽内灌铝液的难度越来越大，灌入槽内的铝液发生凝固，加剧了通电后电流分布不均匀。因此，铝液焙烧启动的电解槽无法获得较长的电解槽寿命。20 世纪 90 年代以后，随着焦粒焙烧启动技术的开发和应用，铝液焙烧逐渐被淘汰。

焦粒焙烧技术自从在我国 280kA 铝电解试验槽项目率先试验成功后，很快在我国新建铝厂大型预焙槽生产中广泛应用，至今仍是各个铝厂普遍采用的技术之一。近年来，燃气焙烧技术逐渐兴起，由于温升控制好、温度分布均匀、燃料消耗省、操作简单，成为现代铝电解槽一种颇具技术优势的焙烧启动方法。

19.4.1.1 焦粒焙烧技术

焦粒焙烧是利用焦粒的电阻特性，将其铺设在阳极与阴极之间，使阴阳极相连接，电解槽通电后，依靠焦粒发热使电解槽得到预热焙烧的方法，如图 19-14 所示。常用的焦粒粒径为 1~3mm，也有认为 4.75~0.15mm（4~100 目）的更宽范围的焦粒更合适[8]，焦粒层厚度一般为 15~20mm。为了控制升温速度，使用粒度范围大，会加大焦粒床电阻的不均匀性，细粉焦粒太多，也会引起电流不均匀问题。而电流不均匀将导致电解槽中有过热区，增加炭块破裂和阳极氧化的概率。由电流分布不均导致的极端情况下，所有电流都由小部分阴极承载，造成槽中的阴极钢棒熔化。

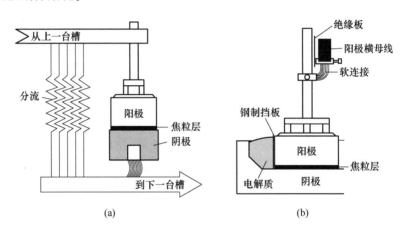

图 19-14 预焙槽焦粒焙烧技术示意图
（a）焦粒焙烧分流原理图；（b）焦粒焙烧装炉及软连接

焦粒床设计，如尺寸、厚度或者是应该铺设在整个阳极投影区下，还是仅仅以带状或块状铺设在阳极下方，这些都取决于预焙烧时间，同时也将经过反复试验和计算才能确定。为了控制升温速度，防止升温过快，一般设计有电阻分流器如图 19-14（a）所示。此外，焦粒层的电阻也取决于焦粒床受到的压力，对于一个没有固定的单个阳极而言，其压力由接触面积、阳极和导杆的重量确定，一般来说，阳极下的压力分布差异是很大的。

在预焙阳极电解槽中一般需使用阳极软连接，这样阳极先自由地放在焦粒床上，可以使焦粒受到的压力在整个焙烧期间都保持均匀，如图 19-14（b）所示。同时，使用软连接还有利于使焙烧期间由于内衬及阳极热膨胀带来的上拱压力得到释放，避免上部结构受到损坏。

焦粒床焙烧的严重问题是形成过热区，如图 19-15 所示。过热区的温度有可能超过焦粒的最高热处理温度即煅烧温度时，碳原子结构开始重新排序，导致电导和热导的不可逆增加。在极高的温度下，焦粒可以石墨化，因此很难维持均匀的电流分布。如果一个过热区使部分底部炭块的温度升高到其先前焙烧的温度以上，或升高到其骨料煅烧温度以上，这些炭块的性质将发生改变且不可逆，随后可能影响电解槽的运行。因此，认为无论焦粒床铺设得多么完美，在其与阴极界面处总有可能出现过热区。当然，在铺设焦粒床时，增加过热区数量可以减少局部过热的强度[8]。

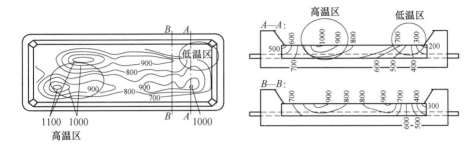

图 19-15　使用焦粒焙烧后的电解槽阴极等温线（单位:℃）

焦粒焙烧技术的主要优点为：（1）与铝液焙烧相比，避免了高温熔体直接接触内衬造成的热冲击；　（2）操作方便，采用分流技术，升温速度可控；（3）启动时，电解质熔体首先接触阴极，减少了铝液侵入对电解槽内衬造成的风险。其缺点为：（1）虽然相对成本较低，但高于燃气焙烧；（2）焙烧需要消耗电能（高级能源），且由于需使用分流器，一部分电能被消耗在体系外，能量利用率较低；（3）由于焦粒床铺设技术难以掌握，实际应用中很难保证焙烧完成后的槽内衬温度均匀分布，不利于延长电解槽寿命。

焦粒焙烧技术具有铝液焙烧技术所不可比拟的优点，在我国大型预焙电解槽技术的发展中发挥了重要的作用，为延长槽寿命发挥了很大的作用，目前仍为众多电解铝厂广泛使用。但近年来，其在焙烧效果和成本方面的缺点，尤其是对进一步提高槽寿命的不利影响越来越受到重视。

19.4.1.2　燃气（油）焙烧技术

与铝液焙烧和焦粒焙烧技术不同的是一种不依靠电阻焙烧的焙烧方法——火焰焙烧，即燃气（油）焙烧，是依靠外热源对电解槽进行预热焙烧的方法，如图 19-16 所示。由于使用燃气（或油）替代电能作为热源，显然有利于提高能源的利用效率。用火焰燃烧进行焙烧可以获得最好的电解槽温度分布，焙烧过程容易控制。最普遍的方式是使用两个或两个以上的燃气（油）燃烧器，直接向阴极表面上喷射火焰，横向（见图 19-16(a)）或纵向（见图 19-16(b)）布置。为了避免阳极和阴极内衬的过度氧化，阳极和阴极之间的空间应该与外界空气隔绝，并适当减弱火焰强度。

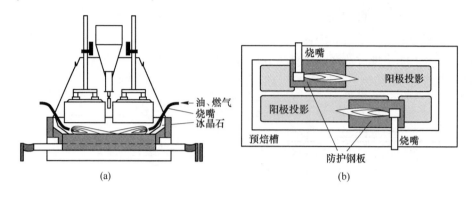

(a)　　　　　　　　　　　　(b)

图 19-16　用燃气（油）焙烧电解槽的方法
(a) 燃烧器横向布置；(b) 燃烧器纵向布置

用火焰燃烧器焙烧时，内衬升温速度也比较均匀，因而可改善阴极中的温度分布，如图 19-17 所示，同时也减小了内部的热应力。对使用火焰焙烧和电阻焙烧试验比较发现，火焰焙烧的早期破损概率较低。

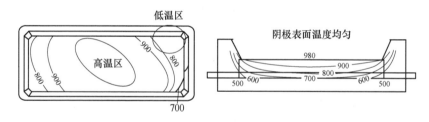

图 19-17　用燃气（油）焙烧后电解槽内典型等温线（单位：℃）

我国使用火焰焙烧是从 2008 年冯乃祥教授开发异型阴极技术开始的，由于使用异型阴极使阴极炭块表面凹凸不平，给使用焦粒焙烧带来了很大的困难，焦粒的用量增加、焦粒床铺设的难度也更大。随着异型阴极的使用，"赛尔燃气焙烧技术和装置"率先开发应用，并在 2009 年通过科技成果鉴定。之后，随着我国电解铝工业规模不断增大，一些铝厂由于各种原因（限电、环保减产或事故），出现了整系列或区电解槽批量停产的局面。这些铝厂在恢复生产重新启动电解槽时，为了熔化槽内残存的铝液，火焰焙烧成为最好的选择。由于这些原因，火焰焙烧为行业所了解并逐渐扩大了应用。

近年来，人们逐渐认识到火焰焙烧在延长槽寿命、降低焙烧成本方面带来的好处，而不是仅仅局限适用于异型阴极和二次启动这样的特殊条件，即使对于新建的电解槽，采用这种焙烧启动技术也能带来很大的效益。燃气（油）焙烧技术和成套装备的开发也取得了很大的进步并逐渐成熟。

19.4.2　非线性燃气焙烧（预热）技术与装备

由于近年来天然气的广泛使用，燃气焙烧就成为火焰焙烧的首选。基于对铝电解槽焙烧过程的研究，以延长槽寿命、降低焙烧成本为目标，制定最佳的焙烧控制策略，建立电解槽最优焙烧模型并开发燃气焙烧技术和成套装置成为一个重要的任务。

19.4.2.1　非线性焙烧技术

评价铝电解槽焙烧技术的实施效果，应根据电解槽阴极内衬的升温过程的不同区域、不同时间的温度梯度（以阴极垂直方向的温差表示）最小的原则，研究铝电解槽的焙烧启动过程的机理，焙烧过程中内衬结构的应力变化规律、内衬氧化特性及温度变化对糊料焦结固化的影响。基于它们之间的非线性关系建立数学模型，制定焙烧升温曲线和控制策略，开发相应的焙烧技术和装备。

　A　合理的焙烧周期

火焰焙烧的最大优点在于可以通过对燃烧器的精确调节使整个焙烧升温的过程得到很好的控制，因此采用什么样的升温曲线对电解槽内衬结构最有利，即选择什么样的焙烧曲线是焙烧系统设计的关键，首先是选择合理的焙烧周期（决定了升温的速度）。

电解槽焙烧期间的温度场变化符合动态传热方程，炉膛温度、炭块上表面和下表面温度按照传热方程呈非线性对应关系。选择焙烧模型的基本原则应该是能够使焙烧升温过程内衬材料温度梯度控制在某限定范围（阴极炭块表面与炭块底面温差小于50℃）内，以保证内衬材料在内部热应力作用下处于安全范围。D. Richard 等人[9]对不同焙烧周期的模拟研究表明，焙烧周期越短即焙烧速度越快，阴极炭块中的温度梯度就越大，如图19-18 所示。模拟还显示，缩短焙烧时间，还会导致阴极炭块中出现水平拉伸应力带。

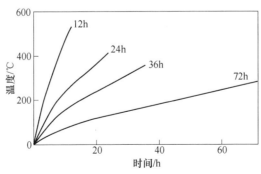

图 19-18　不同焙烧周期焙烧至 955℃时的温度梯度

Rye 等人采用 48h 焙烧周期在电解槽焙烧结束至启动时典型温度梯度为 200℃/m，而当选择 72h 焙烧周期时的温度梯度则可降低至 100℃/m。当然，即使采用 72h 焙烧周期仍超过设定的目标约 50℃，这与燃烧系统的设计和控制方法有一定关系。但也说明，要使火焰焙烧取得理想的焙烧效果，72h 的焙烧周期是必要的。

B　非线性焙烧曲线

电解槽的焙烧过程就是将处在常温状态的新修好的电解槽内衬预热到满足电解槽启动的温度约 950℃，梁学民、曹志成等人开发的赛尔燃气焙烧技术"非线性焙烧曲线"将整个过程分为三个阶段：

（1）初始阶段（常温~400℃）：由于炭块快速吸热，阴极表面温度开始上升，而阴极炭块底部温度基本不上升，这一阶段初期加大火焰强度、快速加热，然后逐渐降低火焰强度平稳升温。这一阶段加热曲线（即炉膛内检测温度曲线）呈非线性曲线特征，如图 19-19 所示。这与 Kharchenko 推荐使用的幂指数曲线接近[8]。阴极炭块上表面与下表面温度差以 100℃ 以下为控制目标。

（2）阴极缝糊的结焦温度约为 500℃，缝糊结焦前随温度增加不断膨胀，结焦过程中缝糊会收缩，之后待结焦完成后随温度升高继续膨胀。为了避免升温过程中由于温度不均造成膨胀与收缩同时发生，导致炭块内的局部应力增大，在第二阶段（400~600℃）选择缓慢均匀升温，这一阶段焙烧曲线呈线性特点。

当焙烧温度超过 600℃ 时，内衬中的糊料绝大部分结焦完成后，逐渐加大火焰强度，快速升温，直到焙烧温度达到电解槽启动目标约 950℃（根据工艺需要）。加热曲线再次呈非线性特征，接近指数曲线增大火焰强度，接近目标值时逐渐平缓保温，等待启动。

图 19-19 是经过模拟试验确定的 96h 焙烧曲线及与阴极炭块表面及底面温度变化曲线区，整个焙烧过程中温差控制在 100℃ 以内。工业试验表明，在采取系统合理设计、优化火焰分布的措施后，72h 的焙烧周期也能满足这一目标要求。

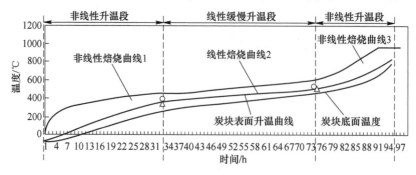

图 19-19　非线性焙烧曲线试验模拟（96h）

19.4.2.2 非线性焙烧技术和成套装备

A 燃烧器与火焰布置

根据电解槽炉膛结构特点，开发了适用于扁平空间的专用换向旋流式燃烧器，燃烧器设计有混合区、转向区和稳焰区，确保燃烧高效、稳定，如图 19-20 所示。燃烧器前端采用了特殊的耐高温（内置耐 1600℃）耐火层、抗腐蚀设计，大大提高了燃烧器寿命。此外，设计的燃烧器为密封钢板结构，燃烧器在电解槽上安装方便、密封效果好。

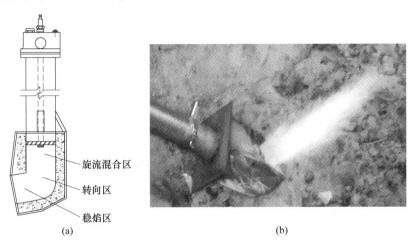

旋流混合区
转向区
稳焰区
(a)

(b)

图 19-20 换向旋流式燃烧器
(a) 燃烧器结构；(b) 燃烧器点火

早期开发的大火焰燃烧技术（见图 19-16），燃烧器数量较少，由于大火焰在火焰附近高温区对阴极和阳极的烧损，需要在阴极炭块表面铺设钢板，对阴极炭块加以保护，但这样会带来电解槽启动以后铝液中铁含量的升高，炉膛内的温度也很难保证均匀分布，因此近年来小火焰燃烧成为趋势。最新开发的换向旋流式小火焰燃烧器，燃气和空气在燃烧器内混合燃烧，高温烟气由此进入电解槽炉膛，有利于电解槽槽膛内热烟气温度的均匀分布。燃烧器布置在电解槽两大面逆向对流布置，如图 19-21 所示，目的在于使热烟气在炉膛内形成逆向对流流场分布特性，使烟气与槽衬充分接触，进一步均化炉膛温度，并且减少火焰直接冲向排气口降低排烟温度，提高热利用率。

燃烧器既可以单独调节，也可以根据区域温度检测结果，按区域总能量供给进行调节。

B 燃烧架

根据电解槽结构特点，开发了适合在电解槽上快速移动带导向装置的燃烧架

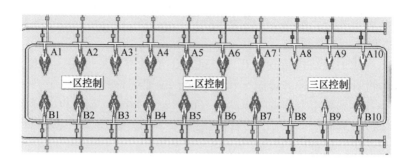

图 19-21　根据逆向对流原理设计的燃烧器布置图

结构，使燃烧系统和装备实现了在不同电解槽上的使用和快速安装；并且使成套装备能够同时适用于新电解槽焙烧启动和旧电解槽的熔池凝固物的快速熔化和二次启动，如图 19-22 所示。

图 19-22　可快速移动带导向装置的燃烧架结构

C　非线性焙烧系统与装备

通过建立的非线性控制模型，开发全自动非线性焙烧温控系统。在焙烧过程中依据现场采集的相关数据进行综合分析，包括焙烧过程中的温度、压力、流量、燃烧器运行状态等信号，采用自修正及空燃比分段控制方式，能够根据焙烧曲线对电解槽进行稳定焙烧。采用"跟踪目标温度控制燃气流量、跟踪燃气流量控制空气流量，波动情况下燃气流量反向跟踪空气流量的燃烧控制策略"，使焙烧曲线在实际应用中得到了完美的实现，同时空燃比达到了稳定控制，有效避免了焙烧过程中出现氧气过剩系数过大、造成炭块氧化的现象。燃烧系统及成套装备应用如图 19-23 所示。

非线性焙烧技术及成套装备经过多个电解铝企业的实际应用，从应用的效果来看，整个焙烧过程升温控制精确，炉膛受热均匀，控制目标温度与实际温度偏差不大于±6℃，炉膛最终平均温度达到 960℃，达到了电解槽启动对焙烧的要求。

图 19-23 成套系统及装备现场应用

烟气氧含量控制良好，在炉膛温度 700℃ 以下，空气过剩系数控制在 1.03~
1.05 之间；在 700℃ 及以上时，空气过剩系数控制在 0.95~0.98 之间。这样有效
减轻了电解槽炭素材料的氧化，同时使天然气得到了充分利用，提高了燃料的利
用率。

D 应用的经济效果评估

以 300kA 铝电解槽焙烧为例，平均单台电解槽从开始焙烧到灌电解质启动天
然气总用量约 5877/m³(天然气为标态；天然气价格按 2.07 元/m³ 计算，折合费
用约 1.2165 万元)，与采用常规焦粒焙烧（焙烧用电量约 80640kW·h，电价按
0.37 元/(kW·h)，折合费用约 2.9836 万元）相比，单槽可节省费用 1.7671 万
元。如按某厂年产能 50 万吨计算，仅启动成本可节约 662.5 万元。另外，还可
节省焦粒启动本身所需的材料费用和电解槽启动后清理焦粒的成本。同时，焙烧
及启动过程中氟化物的排放大大降低。

目前全国电解铝产能达到约 4080 万吨，按各种因素造成的年大、小修电解
槽和二次启动占总生产槽数的 16% 计算，那么年启动容量将达到 652.8 万吨，采
用燃气焙烧启动技术和成套装备，每年仅节约成本费用即达 8650 万元。此外，
由于大大改善了槽寿命和电解槽长期生产稳定运行效果，经济效益巨大。

19.5 阳极母线提升框架

抬母线作业是大型预焙阳极铝电解槽生产的重要工艺操作之一，完成这一操
作必须借助阳极母线提升框架（阳极母线框架提升器），它是实现这一工艺过程
必不可少的关键装备。

预焙铝电解槽阳极母线梁由上部机构的提升机完成升降，预焙阳极通过小盒

卡具固定在阳极母线上。在铝电解生产过程中，要求阳极炭块的下表面与阴极上表面（铝液面）的间距（极距 *ACD*）保持在一定范围。由于阳极炭块在生产过程中不断地消耗，因此要求提升机带动阳极母线和阳极以一定的速度匀速下降。当阳极母线连同阳极炭块下降到提升机行程（一般设计行程 400mm）下限时，必须将阳极母线重新提升到上限位置，以进入新的下降周期。此时需要松开小盒卡具，将阳极固定在原有位置，并将阳极导杆紧靠在大母线上，保持电流通过，然后由提升机构将大母线提升至上限位置，这一过程主要通过母线提升框架来实现。

19.5.1 阳极母线提升框架结构

阳极母线提升框架主要由大梁、阳极夹具、起吊架和支腿等部分组成，母线提升框架上装有与电解槽上阳极导杆相同数量的阳极夹具，每个夹具上装有上架抱紧气缸和下架夹紧气缸，完成对阳极导杆的抱紧和夹紧动作，如图 19-24 所示。

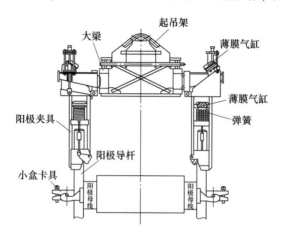

图 19-24　阳极母线提升框架结构

抬母线作业时：（1）通过电解车间多功能天车将母线提升框架吊运至电解槽上部，将车间压缩空气气源连接到提升框架，给下架夹紧气缸通气；（2）打开夹具，使各个夹具对准电解槽上的每根阳极导杆，缓慢下降直至将提升框架平稳放置于电解槽上；（3）操作气动控制箱，切断夹紧汽缸的气源，靠夹紧弹簧的作用使夹具夹紧阳极导杆，同时给上架的薄膜气缸通气，产生夹紧力使阳极导杆紧贴阳极母线；（4）由多名操作人员用扳手依次松开多个小盒卡具，再操作槽上的阳极提升机提升阳极母线到上限位置；（5）由人工操作拧紧小盒卡具，上架气缸断气，下架气缸通气；（6）由多功能天车将提升框架吊运至下一台电解槽进行相同的作业。

传统母线提升框架只是起了一个转接的作用，而抬母线作业的关键操作——小盒卡具的松开和拧紧则由多名操作者手动操作专用扳手来完成。为了减少抬母线作业对电解槽正常运行的影响，要求小盒卡具的松紧尽可能快，因此通常需要多名操作者来完成，不仅人工成本高，而且操作者高度紧张，劳动强度大。

19.5.2　半自动和全自动阳极母线提升框架

19.5.2.1　半自动阳极母线提升框架

在提升框架的大梁两侧安装由气动马达驱动可以往复运动的滑动架，滑动架上安装用于驱动套筒扳手旋转的气动马达和升降套筒扳手的气缸，在进行抬母线作业时，操作者通过操作气动马达驱动套筒扳手打开或拧紧阳极卡具，在一定程度上提高了作业效率，如图 19-25(a) 所示。半自动母线提升框架上的气动马达多采用进口产品，价格昂贵，维护成本高，因此出现了用气动扳手（俗称风炮）代替气动马达的母线提升框架。

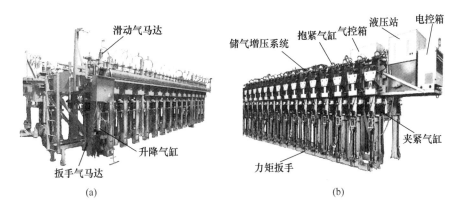

图 19-25　半自动（a）和全自动（b）阳极母线提升框架

19.5.2.2　全自动阳极母线提升框架

作为传统母线提升框架的升级换代产品，全自动母线提升框架实现小盒卡具松紧的全自动化操作，彻底解决现有母线提升框架的种种缺陷，安全、高效、易用是全自动母线提升框架设计的出发点，如图 19-25(b) 所示。全自动母线提升框架有如下优势：

（1）在母线提升框架的每一夹具上安装动力驱动的力矩扳手代替人工，实现对小盒卡具的松紧操作；力矩扳手能准确地对上每一个小盒卡具的螺杆，并且能够随母线位置自主升降。

（2）由 PLC 编程将母线提升框架的全部动作进行系统控制，通过遥控发射器进行全遥控操作，减少操作者数量，降低操作者劳动强度。

（3）采用多功能电磁阀、气控阀，气动、电动一体控制，适应电解车间的强磁环境。

（4）设计采用磁场屏蔽结构，采用特殊材料和结构有效减弱磁场影响，以保证各种操作阀门不受干扰。

参 考 文 献

［1］ 倪春鹏. 浅谈铝工业电解多功能天车控制技术发展趋势［J］. 中国制造业信息化，2009，17(38)：57-64.

［2］ 杨灏. 国产、进口铝电解多功能天车间的差距和改进措施［J］. 中国新技术新产品，2019(7(下))：120-121.

［3］ 张云伟. 新型铝电解多功能天车的改进设计［J］. 有色设备，2009(5)：11-16.

［4］ 刘红枫. 铝电解多功能天车技术发展浅析［J］. 有色设备，2015(1)：1-3.

［5］ 李龙龙，邹亮，梁学民. 钟罩式抬包清理机［P］. 中国，201710382645. X.

［6］ 田应甫. 大型预焙铝电解槽生产实践［M］. 长沙：中南大学出版社，2000.

［7］ 殷恩生. 160kA 中心下料预焙铝电解槽生产工艺与管理［M］. 长沙：中南工业大学出版社，1997.

［8］ SØRLIE M，ØYE H A. 铝电解槽阴极［M］. 彭建平，王耀武，狄跃忠，等译. 北京：冶金工业出版社，1991.

［9］ RICHARD D，GOULET P，DUPUIS M，et al. Thermo-chemo-mechanical modeling of a Hall-Héroult cell thermal bake-out［J］. Light Metals，2006：669-674.

20　烟气处理与氧化铝输送系统

　　铝电解槽生产过程中排放的烟气是电解铝工业的主要污染源，除了阳极气体（CO_2、CO）以外，还会释放出有害的固态氟化物和氟化氢（HF）及 SO_2 等有害气体，对人的身体健康、周围环境都会造成危害[1]。随着预焙阳极电解槽技术的应用与干法净化技术的发展，使现代铝电解在环境治理方面取得了非常大的进步，由于消除了自焙电解槽阳极焙烧产生的沥青烟的影响，预焙槽的净化技术充分利用了铝电解生产的主要原材料（Al_2O_3）与烟气中的主要污染物氟化氢（HF）良好的吸附反应性，形成了现代电解铝工艺与环境治理的完美结合。

　　此外，还有一种危害极大的污染物质，即过氟化物（PHC）——一种强烈的温室气体。在电解生产过程中会直接产生两种过氟化碳（PFC），即四氟化碳（CF_4）和六氟化二碳（C_2F_6）。铝电解槽在发生阳极效应时，电压突然升高，不仅会大大降低电能效率，而且还会产生大量温室气体 PFC。通过提高电解过程控制水平，加强生产管理，使阳极效应发生的概率与 20 世纪 80 年代相比下降了大约 95%，也使 PFC 的排放水平达到了极大的抑制[2]。

20.1　铝电解烟气与主要污染物

　　铝电解槽散发出来的污染物含有气态和固态物质。气态物质的主要污染物是氟化氢和二氧化硫。固态物质分两类，一类是大颗粒物质（直径大于 $5\mu m$），主要是氧化铝、炭和固态氟化物，由于氧化铝吸附了一部分气态氟化物，一般大颗粒物质中的总氟量约为 15%；另一类是细颗粒物质（亚微米级颗粒），由电解质蒸气凝结而成，其中氟含量高达 45%。上述几种污染物对人体和动植物有害，必须加以治理。采用干法净化可回收上述污染物，返回后应用于电解生产，因此能够达到环境治理与综合利用兼顾，一举两得。

　　电解烟气中气态氟化物与固态氟化物的比例，视槽型不同而异。自焙槽的污染物中，气态氟占 60%~90%；预焙槽的污染物中，气态氟占 50% 左右[3]。电解烟气成分见表 20-1。

表 20-1　铝电解烟气组分　　　　　　　（kg/t）

槽型	固体氟	氟化氢	二氧化硫	一氧化碳	烟尘	碳氢化合物
预焙槽	8	8	15	200	30~100	无
侧插自焙槽	2	18	15	200	20~40	6~10

20.1.1　污染物的产生

20.1.1.1　电解烟气与粉尘的产生

铝电解槽的烟气来自炭阳极和高温电解质液体。炭阳极上产生的气体主要为 CO_2（体积分数为 75%~80%）和 CO（20%~25%），这些气体对环境是有害的，但就目前的铝电解工艺而言，这是不可避免的。同时，在电解烟气中还有多种其他污染物，它们对环境有更大的危害，也是电解铝的主要污染物，包括[3]：

（1）蒸发的熔融电解质组分。其主要成分是 $NaAlF_4$、$(NaAlF_4)_2$ 和 AlF_3。$NaAlF_4$ 在温度 920℃ 以上分解成 NaF 和 AlF_3，在 680℃ 以下分解成亚冰晶石和 AlF_3。

（2）含 F 烟尘。因电解质水解而产生的 HF 气体；往电解槽中加入氟化盐时，由于飞扬产生的粉尘进入烟气中，造成含氟粉尘的污染；另外，还有少量阳极炭渣从电解槽火眼中喷出，也以粉尘形式烟气排出。F 的污染会使人产生氟骨病，并使植物枯萎和农作物减产。

（3）温室气体 PFC。发生阳极效应时产生大量的 CH_4 和 C_2F_6 气体，是极其有害的温室气体。

（4）因阳极氧化而产生的 SO_2 气体。制造炭阳极的主要原料是石油焦，石油焦产自石油，通常含有约 3% 的硫。由于炭阳极中含有硫，因而在电解生产中会产生 SO_2 气体，SO_2 气体对环境的污染程度并不亚于 HF，目前电解铝生产排放 SO_2 的危害性已经受到了重视，电解铝厂普通已实施了烟气脱硫。

颗粒物质离开电解槽时的成分包括：含碳烟尘、氧化铝、冰晶石、亚冰晶石、氟化铝、氟化钙和碳氢化合物等；气体的组成是二氧化碳、一氧化碳、二氧化硫、氟化氢及少量四氟化碳、六氟二碳、四氟化硅、硫化氢、二硫化碳、水和气态碳氢化合物。从控制排放物的角度看，细粒氟化物和气态氟化氢影响最大，它们将影响排放物和净化技术的选择。

20.1.1.2　电解质的蒸发

对液态冰晶石和冰晶石-氧化铝熔体蒸发物的种类和蒸气压的研究确定，$NaAlF_4$ 是最容易挥发的。在电解槽温度下，不含水分并且在金属元素的电解质组成范围内，蒸发物中超过 95% 的是 $NaF-AlF_3$。如果按重要性排列，其他的蒸发物质依次是 Na_2AlF_5、NaF 和 $Na_2Al_2F_8$。

NaAlF$_4$ 不是稳定的固体物质，蒸发物质冷却时产生亚稳态的固相。正常情况下冷却时有以下分解反应：

$$5NaAlF_4(g) = Na_5Al_3F_{14}(s) + 2AlF_3(s) \qquad (20-1)$$

这一反应能生成非常细小的颗粒物质，因为它同时包括了两种不同的快速结晶固体，使颗粒尺寸变小。当蒸发过程将物质带入气相时，应考虑气相中其他物质的存在，因为在离开电解槽之后，它在冷凝时会产生颗粒物质。

由于蒸发作用是一个重要影响因素，要使电解质不断蒸发，必须有一个使电解质蒸气从电解槽溢出的驱动力。对于运行中的电解槽，这个驱动力是由阳极上产生的相当稳定速率的一氧化碳和二氧化碳气体提供的。由于在收集烟气的槽罩内存在微负压，因此也补充吸入一部分空气。蒸气损失的速率（和氟化物颗粒形成的速率）取决于饱和蒸气压和排出气体的物质的量（假设仅有一氧化碳和二氧化碳）有以下公式[4]：

$$n_F = 4p \cdot n_{(CO+CO_2)} \qquad (20-2)$$

式中，n_F 为离开电解槽的氟化物的物质的量；p 为电解质全部蒸气压力的数值；$n_{(CO+CO_2)}$ 为排出 CO 和 CO$_2$ 气体的物质的量。

20.1.1.3 水解反应产生的 HF 气体

HF 气体是电解槽在正常生产中产生的主要有害物质，主要来源于一些化学反应。氢来源于阳极炭块中的碳氢化合物（与阳极焙烧温度有关，最大含量0.1%），以及氧化铝或空气中的水分。在电解槽运行时的阳极电位下，吸附或截留在阳极基体上的氢，被电化学氧化成为水或者氟化氢。如电解质与 H$_2$ 反应：

$$2Na_3AlF_6(l) + H_2(g) = 2Al(l) + 6NaF(l) + 6HF(g) \qquad (20-3)$$

大量的反应表明，水可以和电解质组分 AlF$_3$ 反应为：

$$2AlF_3(s) + 3H_2O(g) = Al_2O_3(s) + 6HF(g) \qquad (20-4)$$

水与冰晶石熔体发生反应，生成 HF 气体：

$$2Na_3AlF_6(l) + 3H_2O(g) = Al_2O_3(s) + 6NaF(l) + 6HF(g) \qquad (20-5)$$

20.1.2 氟平衡与烟气中的氟排放量

氟是铝电解中最特别的一种物质，在整个生产过程中扮演着重要的角色。了解氟的各部分来源、消耗比例，是解决氟化物的回收、处理及综合利用的基础。

20.1.2.1 氟化物的排放量计算

A 总排放量关系式

研究表明，当电解温度增加，氟的排放量会增大。虽然水的加入可以降低电解质挥发约30%的排放量，但来自氧化铝中的水分，由于在电解质中有足够的停留时间，这将导致大量的 HF 排放，使用高摩尔比和高氧化铝浓度，可以使生成HF 大大减少。

全部的氟化物排放来自电解质蒸发和氟化氢，它们无疑也是一些被阳极气体带走的冷凝相，氟化物的损失量作为槽温函数的经验公式是[4]：

$$W = \frac{279}{CR^2} + 0.047t - 61 \tag{20-6}$$

式中，W 为每吨铝产量损失的氟化物的 F 量，kg；CR 为 NaF 和 AlF 的摩尔比；t 为槽温，℃。

式（20-6）中这两个最主要的变量指示出变化趋势很明显，但从定量的角度这个计算式应当慎重使用，因为冶炼厂大多数情况下更倾向于在超过平衡条件极限以外运行。同时，在增加槽罩密封、不同的通风条件，包括局部天气的影响（如湿度）等都会产生一定的偏差，而式（20-2）和式（20-4）计算则更可靠。

B 氟化物的排放量

在铝电解槽的物料平衡体系中，按照 Haupin 等人提出的计算方法，氟的支出包括：铝电解槽内衬吸收的氟，残极吸收和带走的氟，电解质水解、挥发和飞扬而进入烟气的氟，以及机械损失的氟[5-6]。

（1）电解槽内衬吸收的氟。槽内衬长期受高温熔融电解质腐蚀，吸收了大量电解质，其量随内衬寿命而变，一般难以准确定量，只能取经验或近似值。以中型电解槽生产 4~5 年后各部位含氟量分析结果为例分析废炭块中的含氟量，由此估算出槽内废内衬的含氟量，见表 20-2。

表 20-2 槽龄为 5 年的电解槽内衬解剖的含氟量分析

材 料	氟化物形式	渗入氟量/%	吨铝消耗的氟量/kg
底部炭块	NaF	22.01	1.85
	Na_3AlF_6	1.76	0.148
耐火材料	NaF	9.2	0.832
	Na_3AlF_6	20.1	1.81
炭糊	NaF	22.0	0.418
	Na_3AlF_6	10.1	0.20
合计			5.258

（2）残极吸收带走的氟。预焙阳极的残极将带走一定量的电解质，按照实测阳极焙烧炉烟气含氟量 0.0235kg/t 计算，取每生产 1t 原铝产生的残极带走的电解质以氟计为 $F_h = 0.94$kg/t。

（3）电解质水解、挥发和飞扬而进入烟气的氟。进入烟气的氟主要由气态氟化物和固态氟组成的含氟粉尘。对于现代点式加料预焙槽，E. Dernedde 等人[5]使用 AP18 槽技术参数估算出其排放总量为：电解质挥发：F_{VP} 为 10.61kg/t，电解质带走：F_{EP} 为 0.63kg/t，水解生成 HF：F_{GB} 为 15.96kg/t，烟气被水解：F_{GP} 为 3.24kg/t，总量为 27.2kg/t。其中：

$$气氟 = F_{GB} + F_{GP} = 19.20kg/t，固氟 = F_{VP} + F_{EP} - F_{GP} = 8.0kg/t$$

总体上来看，固氟占 30% 左右。对于 27.2kg/t 的总 F 排放量，不同文献提出的数据相差较大，可能因槽型、容量、操作参数不同有所不同。

（4）氟的机械损失。机械损失是指物料储运及操作中造成氟的损失，据一般统计约为 3kg/t。

20.1.2.2 氟化物的收入计算

氟化物收入计算有不同的计算方法，与国内外不同的生产工艺和计算方法有关。

A 考虑阳极焙烧炉回收氟的计算方法

预焙阳极铝电解槽的氟收入主要有以下三项：铝电解烟气净化回收的氟，阳极焙烧炉烟气净化回收的氟，通过加入原材料新补充的氟。这种算法一般为国外铝厂的计算办法。

（1）铝电解烟气净化回收的氟。铝电解含氟烟气干法净化回收技术是对铝电解氟污染治理回收的简单、有效的理想方法，在预焙阳极铝电解槽生产系列中被广泛采用。当前较为通用的预焙阳极电解槽的烟气集气效率 98%，全氟净化效率可达 99%。其中：

1）天窗排氟：27.2×（1-98%）= 0.544kg/t。

2）净化后烟囱排放氟：27.2×98%×（1-99%）= 0.266kg/t。

3）烟气干法净化系统回收氟：27.2-0.544-0.266 = 26.39kg/t。

（2）阳极焙烧炉烟气干法净化回收的氟。对于采取国外阳极焙烧炉并用氟化物干法净化的铝厂，按照随阳极残极带入的氟为 0.94kg/t、在残极掺配过程中造成的机械损失按 10% 计算，则机械损失为 0.94×10% = 0.094kg/t，焙烧炉烟气干法净化系统的氟净化效率取 97%，则：

1）阳极焙烧炉烟气干法净化烟囱排放氟：（0.94-0.094）×（1-97%）= 0.25kg/t。

2）阳极焙烧炉烟气干法净化回收氟：（0.94-0.094）×97% = 0.821kg/t。

B 结合我国铝厂实际的氟收入计算法

实际生产中，氟的收入还包括电解槽启动过程中加入的部分冰晶石（Na_3AlF_6）5kg/t（折合氟为 2.65kg/t）；经抬包清理、残极覆盖料清理、电解质炭块破碎等带走并回收的氟为：0.87+1.2+4.17 = 6.34kg/t。

20.1.2.3 氟平衡

按照上述 A 种算法，理论的新补充氟量即电解过程的氟损失量减去回收量为 5.258+0.94+27.2+3-26.39-0.821＝9.178kg/t，折合纯氟化铝 13.53kg/t，一般市售氟化铝含氟量约为 60%，所以生产中氟化铝补充量应为 9.178/0.6＝15.3kg/t。氟平衡表见表 20-3，据此作出的氟平衡图如图 20-1 所示。

表 20-3 电解槽氟平衡表

项　目	分项内容	数量/kg·t⁻¹	质量分数/%
电解槽氟的支出	铝电解槽内衬吸收的氟	5.258	14.45
	残极吸收和带走的氟	0.94	2.58
	水解等进入烟气的氟	27.2	74.73
	机械损失的氟	3	8.24
	合　计	36.368	100.00
电解槽氟的收入	铝电解烟气净化回收的氟	26.39	72.50
	焙烧炉烟气净化回收的氟	0.821	2.26
	新补充氟的氟	9.187	25.24
	合　计	36.398	100.0

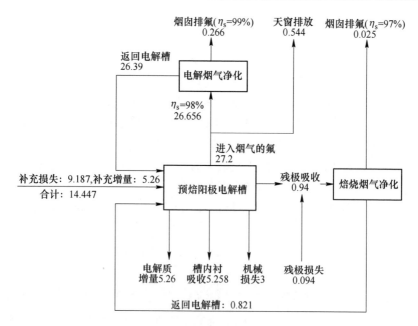

图 20-1 铝电解槽氟平衡图一（单位：kg/t）

　　文献［7］根据我国铝厂实际生产工艺，如上述 B 种计算方式，制定了中间下料预焙槽的氟平衡图，如图 20-2 所示。在这个平衡图中，考虑将阳极上覆盖料和阳极生产工序回收电解质作为氟的收入项返回电解槽，而残极吸附的电解质中的氟作为支出项，未考虑回收。无论哪一种氟平衡计算方法，都不可能是十分精确的。近年来，随着电解槽密闭效率和干法净化技术与装备水平的提高，通过烟气损失的氟还在进一步减少。

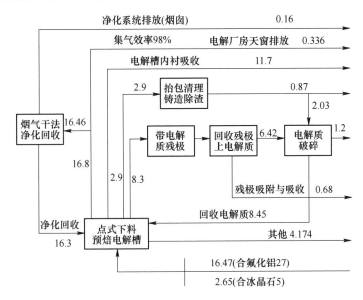

图 20-2　铝电解槽氟平衡图二（单位：kg/t）

20.2　铝电解烟气干法净化技术

　　铝电解烟气净化技术简单描述就是从气相中去除氟化氢，主要分为湿法净化和干法净化。湿法净化使用水雾除去固态或可溶的氟化物，而干法净化是由氧化铝吸附气体氟化物。由于湿法净化存在的问题，包括：不良的净化效率、过程中较高的压力损失造成较高的能量消耗；来自排放物质的成分和洗涤液对系统设备的严重腐蚀，并且可循环返回电解槽的氟化物回收率较低及排出液和废液的处理等问题[4]。因此，本书重点论述大多数铝厂都使用的干法净化技术。

　　大型预焙槽烟气干法进化处理技术是 20 世纪 80 年代初随贵州铝厂引进日本成套技术进入我国，之后迅速国产化，并被我国新建电解铝工程广泛采用。图20-3 为当时引进的贵州铝厂第二电解铝厂干法烟气净化系统。近年来，干法净化技术不断发展，但基本原理并没有改变。

图 20-3 贵州铝厂引进日本电解烟气干法净化系统

20.2.1 干法净化原理

干法净化系统自 1960 年开始在工业上使用。尽管这种方法并不能满足成为一个理想系统的所有条件，但基于氧化铝化学吸附气态氟化氢的干法净化技术当前仍为绝大多数铝厂普遍采用。干法净化的主要缺点是杂质的循环，在一定程度上将降低电流效率和金属产品纯度，其显著的优越性是能保持较高的氟化物回收率。

20.2.1.1 干法净化的化学反应

干法净化使用新鲜的砂状氧化铝作吸氟剂，新鲜氧化铝对 HF 有较强的吸附能力，从而达到回收电解生产过程中释放的有害气体 HF 的目的。烟气中的固体粉尘和氟化物固体颗粒，连同载氟的 Al_2O_3 由布袋收尘器截留收集，再通过物料输送系统返回到电解槽中。Al_2O_3 吸收 HF 的反应可用以下方程式表示：

$$nHF(g) + Al_2O_3(s) \Longrightarrow Al_2O_3 \cdot nHF_{(吸附)} \tag{20-7}$$

$$\frac{6}{n}Al_2O_3 \cdot nHF \xrightarrow{\text{加热至 300℃}} 2AlF_3 + 3H_2O + \frac{6-n}{n}Al_2O_3 \tag{20-8}$$

实际上，人们已经认识到，这一过程并非如上述反应描述的这么简单，关于 Al_2O_3 吸收 HF 的机理和吸附的能力，人们也有不同的看法。原料中水蒸气在反应过程中起到很大的作用。Al_2O_3 吸附 HF 结构形式如图 20-4 所示。

这一过程进行到所有水分子联结在氧化铝醇基基团上，并结合两个 HF 分子，这种结构 $1nm^3$ 吸附 16 个 HF 分子，需要 4 个水分子，这表明水能增加吸附能力。因此在干法净化中，使用水分含量较高的砂状氧化铝对提高 HF 的净化效率是有益的。试验研究证明，在较低的温度下，有利于上述化学反应的进行。

氧化铝对氟化氢的吸附反应几乎是在瞬间完成的。根据研究，完成这一过程仅需 0.25~1.5s，而氧化铝对氟化氢的吸附效率可以高达 98%~99%。铝工业

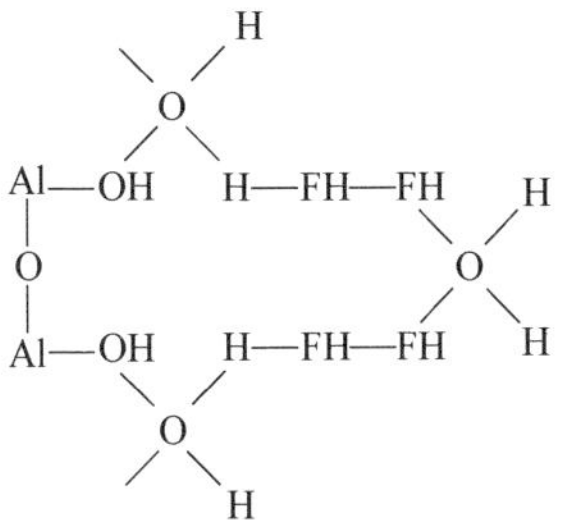

图 20-4　Al_2O_3 与 HF 吸附反应的结构式

用的氧化铝，可因焙烧温度不同而使其比表面积和表面活性有所差异，从而对 HF 的吸附性能不同，其饱和含氟量通常为 1.5% ~ 1.8%。上述这些基本特点，给应用氧化铝净化含氟烟气提供了必要的条件。

从物理化学的观点来看，氧化铝对氟化氢的化学吸附过程包括以下几个步骤：(1) HF 在气相中扩散；(2) 扩散的 HF 通过 Al_2O_3 表面气膜达到 Al_2O_3 的表面；(3) HF 受 Al_2O_3 表面原子的剩余价力的作用而被吸附；(4) 被吸附的 HF 与 Al_2O_3 发生化学反应生成表面化合物 AlF_3，如式 (20-7) 和式 (20-8) 所示。

20.2.1.2　干法净化过程的特点

干法净化系统通常是在烟气通过袋式过滤器进行收尘之前，使烟气在流化床或输送床中与氧化铝直接接触。流化床或输送床是一种强化手段，可改善气固两相的接触状况，使接触表面不断更新，这对于减小气膜内的扩散阻力无疑是有益的。此外，烟气中的 HF 浓度越高，则气相传质的推动力越大，越有利于吸附过程进行。换言之，提高电解槽的密闭程度，避免空气漏入集气装置，对于提高吸收效率是有益的。

氧化铝的吸附能力与 Al_2O_3 的比表面积成正比，因此比表面积是 Al_2O_3 作为吸附剂的一个重要参数，Al_2O_3 对 HF 的吸附大都为单层吸附，但也存在着少量的多层吸附。在干法净化中 Al_2O_3 对 HF 的吸附效率 η 与干法净化设备的设计参数 K、烟气中 HF 的浓度 C 以及 Al_2O_3 吸附剂的性质与量的大小 A 三个因素有关[8]，可用以下公式表示：

$$\eta_{(HF)} = f(K,\ C,\ A) \tag{20-9}$$

其中干法净化反应器的设计参数 K 可由 Al_2O_3 与烟气的混合强度 M、Al_2O_3 吸附剂与烟气的接触时间 t、载氟 Al_2O_3 的返回比率 R 加以确定：

$$K = f(M,\ t,\ R) \tag{20-10}$$

A 包含如下几个方面的影响因子：参与吸附的 Al_2O_3 量的大小（流速）q、Al_2O_3 的比表面积 B、钠的含量 Na、水分的含量 $w(H_2O)$。公式可表示为：

$$A = f(q, B, w(Na), w(H_2O)) \tag{20-11}$$

在实际的干法净化过程中，Al_2O_3 对 HF 的吸附是达不到饱和的。因此在干法净化的设计上，可在氧化铝单位比表面积上吸附 0.02% ~ 0.03%（质量分数）氟烟气浓度的范围内进行选择，其大小取决于气/固接触性质、出口浓度和水分的多少。

SO_2 也能在干法净化系统中被 Al_2O_3 部分吸附。当载有 SO_2 的 Al_2O_3 被加热或加入电解槽时，SO_2 会重新释放。氧化铝的湿度不影响 SO_2 的吸附，但其饱和质量大大低于 HF。如使用比表面积为 $41m^2/g$ 的 Al_2O_3 吸附，当气体中的 SO_2 含量为 0.05%，平衡时大约有 0.5%（质量分数）的 SO_2 吸附量；而采用同样的 Al_2O_3，当气体中 HF 含量为 0.05%，HF 的平衡吸附量则为 4%（质量分数）。也就是说，气体中存在 HF，它将替换吸附的 SO_2。如图 20-5 给出的模式，如果反应过程达到平衡，将出现完全的替换，但是如果反应进行到中间，吸附物质的组分将由替换的值给出[4]。

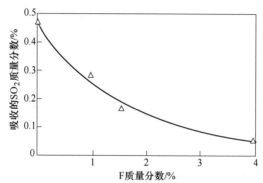

图 20-5   给定的 Al_2O_3 上 $SO_2(s)$ 吸附量和 F 吸附量的关系

当 HF 存在和使用冶炼级 Al_2O_3 时，净化系统低的 SO_2 吸附平衡值限制了在干法净化除去气体中 SO_2 的能力，但 SO_2 的存在不影响 HF 气体的吸附效率。因此，现有的干法净化系统不具备完全去除 SO_2 的能力。

干法净化系统的缺点是：随烟气带出的 Fe 和 Si 等气态化合物和呈高度分散状态的 C（或碳氢化合物）富集在氧化铝里而重新加入槽内，最终会使铝产品的质量和电流效率受到些许影响，但这不足以影响干法净化系统的工业应用价值。

20.2.2　干法净化工艺与设备

20.2.2.1　干法净化工艺流程

铝电解干法净化工艺由以下部分组成：

（1）电解槽集气。由电解过程排出的烟气经电解槽的集气系统汇集于槽排烟支管，通过排烟支管进入电解厂房外侧的排烟总管，汇集了一个区域所有电解槽烟气的排烟总管进入烟气处理中心（GTC）布袋除尘器后，向上通过文丘里反应器。

（2）吸附反应。由新氧化铝储槽在经风动溜槽输送来的新鲜氧化铝定量加入反应器中，新鲜氧化铝与烟气充分混合发生吸附反应，吸附烟气中的氟化物等污染物。

（3）气固分离。经吸附反应后的载氟氧化铝，与粉尘等固体物和烟气一道进入布袋除尘器进行气固分离。

（4）载氟氧化铝输送。经布袋除尘器收集下来的载氟氧化铝，一部分根据需要继续用作循环吸附剂，回送至反应器进一步吸附烟气中的氟，另一部分从除尘器下部沸腾床溢流到风动溜槽，并经风动溜槽送至气力提升机提升到载氟氧化铝储槽，由超浓相输送系统送到电解槽供电解生产使用。

（5）机械排烟。净化后的烟气由主排烟风机（离心风机）送至烟囱排入大气，干法净化工艺流程及主要组成如图 20-6 所示。

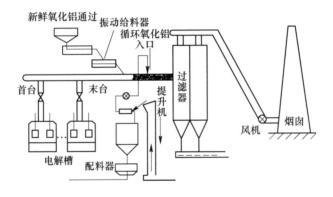

图 20-6　干法净化工艺流程及主要组成部分

20.2.2.2　干法净化系统设计计算

A　干法净化系统设计参数的确定

在进行铝电解烟气净化系统的设计时，首先需根据干法净化的工艺特点，在选定槽型和系列生产规模的基础上，确定如下设计参数：

（1）单槽排烟量。单槽排烟量是干法净化系统设计的重要参数。按理论计算，生产 1t 电解铝的烟气量约为 $1000m^3$，但由于电解槽密闭不严、更换阳极、出铝等操作原因，烟气中会混入大量的空气，因此实际排烟量远远超过理论值。同时，排烟系统的压力（负压）设计也会改变电解槽排烟量。一般情况下，密闭电解槽排烟量增大，烟气中的有害物浓度降低，散发的有害物捕集效率增大；但当排烟量增到某一数值后，集气效率不再明显增加，反而会使氧化铝飞扬损失明显增加。因此，合理的排烟量选择需通过实验确定。

在实际工程设计中，单槽排烟量多采用经验数据，并根据槽型放大确定，最初的数据同样来自贵州铝厂引进的 160kA 预焙槽。随着电解槽容量和规模的不断增大，烟气量也在通过实践不断修正。比如：我国设计 160kA 电解槽的单槽排烟量（标态）分别为：闭槽为 6000~7000m³/h，开槽为 9000~10500m³/h；320kA 电解槽闭槽为 12000~13000m³/h，开槽为 15000~18000m³/h；400kA 槽闭槽取不小于 15000m³/h，开槽取不小于 21000m³/h。为了提高集气效率确保达到环保要求，设计排烟量有放大的趋势。

（2）电解槽内负压。维持集气槽罩密闭，保持槽内一定负压对电解槽集气是十分必要的。在工程设计中，槽内负压设计要求满足距离烟气处理中心（GTC）系统最远处电解槽罩内负压达到 100Pa 的要求。这是由排烟机选型和烟气管道系统设计来保证的。根据电解槽生产工艺的实际操作情况，电解槽集气负压可以通过系统主风机和调节阀调节。

（3）固气比。根据 Al_2O_3 吸附 HF 的机理，Al_2O_3 比表面积大小决定了吸附能力的大小，按表面吸附状态假说计算，一个 HF 分子新遮盖的面积为 $(0.2×0.133)^2 = 0.07076nm^2$。每平方米表面积可吸附 HF 的质量为：

$$20.006/7.076×10^{-20}×6.032×10^{23} = 4.69×10^{-4}g/m^2$$

式中，$6.032×10^{23}$ 为阿伏加德罗常数；20.006 为氟化氢的相对分子质量。

氧化铝对氟化氢的吸附能力 G 与表面积 S 成正比：

$$G = 0.0469 × S × 100\% \tag{20-12}$$

实验研究表明，氧化铝实验吸附能力只有：

$$G = 0.033 × S × 100\% \tag{20-13}$$

以上只是理论上的推算，在实际生产中由于温度、压力和烟气量的变化，要达到最佳吸附状态所需要的固气比，一般是通过布袋收尘进口含尘浓度测定后调整而得到的。在工程设计中如固气比确定过大，则会使 Al_2O_3 添加量过多。

实际生产中，绝大部分新鲜氧化铝都需加进净化系统参与反应，早期的引进技术 160kA 电解槽85% Al_2O_3 加入净化系统，另外15%加进多功能天车作为阳极覆盖料。目前基本上是将生产消耗的 Al_2O_3 的100%加入净化系统，为了达到更好的净化效果，仍然需要一定量的载氟氧化铝循环加入烟气中再次参与吸附反应。但若计算的固气比过大，实际上使载氟氧化铝循环次数增加，造成 Al_2O_3 储运量增加，还会导致添加到电解槽的 Al_2O_3 粒度过细，以及使烟囱出口含尘浓度增加的问题。因此，在确定固气比时同样需要根据试验结果结合经验值选择确定，实际氧化铝循环次数为 2 次左右。

B 烟气净化系统排烟风机的选型与计算

排烟风机的选型计算包括排烟风机的风量和排烟净化系统压力损失计算。实际设计中，经常一个系列设计多套（组）净化系统，排烟风量是根据电解槽单

槽排烟量 q 和单组净化系统的槽数，依据之前确定的闭槽风量和开槽风量，加上物料输送系统（超浓相或溜槽）排入的风量，计算的单组净化系统的总风量 $Q_总$；在完成净化工艺系统的配置方案后（包括布袋收尘器、反应器、管路布置）的基础上，计算净化系统的总压力损失 $\Delta P_总$。

a 单组净化系统的排烟风量 $Q_总$

通常按下式计算：

$$Q_总 = q_1 \times (n_1 - n_2) + q_2 \times n_2 + q_3 \tag{20-14}$$

式中，q_1 为单槽闭槽排烟量（标态），m^3/h；q_2 为单槽开槽排烟量（标态），m^3/h；q_3 为超浓相输送系统或净化系统的溜槽的排风量（标态），m^3/h；n_1 为安装电解槽的数量；n_2 为开槽作业的电解槽数量。

b 压力损失的计算

由于排烟净化系统压力分布比较复杂，净化系统的压力损失 $\Delta p_总$ 计算有不同的计算方法，根据测量的经验，实际设计常按下式计算：

$$\Delta p_总 = \Delta p_{管道} + \Delta p_{过滤器} + \Delta p_{主风机管} + \Delta p_{烟囱} + \Delta p_{负压} \tag{20-15}$$

式中，$\Delta p_{管道}$ 为管道烟管沿程摩擦压力损失；$\Delta p_{过滤器}$ 为袋式收尘过滤器阻力损失；$\Delta p_{主风机管}$ 为主风机前后的管道阻力损失；$\Delta p_{烟囱}$ 为烟囱阻力损失；$\Delta p_{负压}$ 为设计的电解槽内负压值，一般取 100Pa。

c 排烟风机选型

以某公司 320kA 电解槽系列净化系统设计为例，该系列共配置电解槽 150 台，年产原铝量为 131196t；设两个净化系统，每个系统 75 台电解槽（2 台备用），因此，一组净化系统排烟风机选型主要参数为：闭槽风量（标态）为 12000m^3/h；开槽风量（标态）为 15000m^3/h；排烟温度（夏季）：主管道 100℃，支管道 130℃；风机周围温度：80℃（夏季），60℃（冬季）。因此，取 q_3 为 40000m^3/h，按式（20-14）计算净化系统总排烟量（标态）：

$$Q_总 = 12000 \times (75 - 2) + 15000 \times 2 + 40000 = 946000(m^3/h)$$

再计入漏风系数（取 1.15）计算：

$$Q'_总 = 946000 \times 1.15 = 1087900(m^3/h)$$

净化排烟系统的压力损失，按式（20-15）计算：

$$1300 + 1600 + 300 + 300 + 100 = 3600(Pa)$$

根据上述计算，选用 Y4-73-11No20F（改）型风机 4 台，改风机铭牌参数如下：额定风量（标态）：$Q = 276000m^3/h$；额定风压：$H = 3700Pa$；额定转速：$n = 960r/min$；轴功率：

$$N = \frac{276000 \times 3700}{3600 \times 1000 \times 0.98 \times 0.827} = 350 \text{（kW）}$$

考虑夏季最不利工况，再乘以电动机容量储备系数 1.15，计算电机功率为

402.5kW，选用电机型号为 YKK5004-6，$N = 500\text{kW}$，电压等级 $U = 10\text{kV}$（4 台），防护等级 IP44。

d 袋式净化过滤器的计算

袋式净化过滤器主要特点如下：清灰采用 0.45 ~ 0.6MPa 无油无水压缩空气，逆向喷吹，在不停风的状况下进行布袋清灰，不需要在系统中增加反吹风量；单位面积滤袋负荷高，节省滤布，更换滤袋方便，劳动条件好，省时省力。

袋式净化过滤器规格：n-PLN-6 型 2 台；单台过滤面积：$1131×6 = 6786\text{m}^2$；过滤风速：1.22m/min；额定阻力：1600Pa；喷吹压力：0.45 ~ 0.6MPa；滤料材质：550g/m^2 涤纶针刺毡。

当一组除尘器检修时，2 台过滤器中有 11 组工作，因此短期除尘器过滤风速 v 为：

$$v = \frac{1.22×12}{11} = 1.33(\text{m/min})$$

e 氟化物吸附的计算

取 Al_2O_3 比表面积不小于 40mm^2/g，1mm^2/g 比表面积的 Al_2O_3 吸附 HF 的质量比为 0.033% 作为计算条件。因此：

（1）Al_2O_3 的理论吸附量 G 按式（20-12）计算：$G = 40×0.033 = 1.32\%$；

（2）干法净化所需新鲜 Al_2O_3 用量 $W_{Al_2O_3}$：

$$W_{Al_2O_3} = 0.5×W_F/G \tag{20-16}$$

式中，0.5 为烟气中气态氟和固态氟各占一半；W_F 为进入净化系统的总氟量。

（3）按照生产消耗的全部新鲜 Al_2O_3 全部加入净化系统计算，则从烟气总管加入单组净化系统的新鲜 Al_2O_3 量 $W'_{Al_2O_3}$ 为：

$$W'_{Al_2O_3} = 1.93 × W_{Al}/(24 × 365) \tag{20-17}$$

式中，1.93 为吨铝 Al_2O_3 消耗量，t/t；W_{Al} 为单组净化系统对应的铝产量。

（4）生产消耗的全部新鲜 Al_2O_3 全部加入净化系统，计算的烟气中 Al_2O_3 固气比 μ：

$$\mu = \frac{W'_{Al_2O_3}}{Q_{总}} \tag{20-18}$$

以前面 320kA 槽系列 150 台电解槽为例，根据式（20-16）~式（20-18）计算可得，该系列单组净化系统的吸附结果：

（1）干法净化吸附所需 Al_2O_3 量：$W_{Al_2O_3} = 0.5×130.6/1.32\% = 4947\text{kg/h} = 4.947\text{t/h}$；

（2）生产消耗的全部新鲜 Al_2O_3 量：$W'_{Al_2O_3} = 131196×1.93/(24×365×2) = 14.45\text{t/h}$；

（3）烟气中加入全部新鲜 Al_2O_3 量计算的新鲜 Al_2O_3 固气比：$\mu = 14.45 \times 10^6/94600 = 15.3 g/m^3$。

从计算实例来看，吸附过程中，生产所耗的全部新鲜 Al_2O_3 通过量为 14.45t/h，显然大于干法净化所需 Al_2O_3 量 4.947t/h，采用新鲜 Al_2O_3 一次通过即可完全满足要求。但在实际设计中，考虑到 Al_2O_3 比表面积波动、添加的不均匀性及电解槽生产过程中氟化物的散发量波动等因素，为保证净化效率始终能在98.5%以上，常常大幅增大接触面积。为此，建议设计提高固气比至 $30g/m^3$，即实际设计循环 Al_2O_3 的需求量为：

$$(30 - 15.3) \times 946000 \times 10^{-6} = 13.9(t/h)$$

因此，Al_2O_3 在净化系统中的循环系数：

$$n = (14.45 + 13.9)/14.45 = 1.96(次)$$

f 反应器类型及选择

干法净化系统 Al_2O_3 加入主烟管的方式有多种，净化效果与加入方式有密切的关系[9]。对吸附反应器的总要求是，加入的 Al_2O_3 能迅速与烟气均匀混合、阻力低、氧化铝破损率低。

（1）管道化反应器。将氧化铝粉直接加入主烟管，如图 20-7 所示。图 20-7(a) 中用三根管子作为布料器将氧化铝加入管道内；图 20-7(b) 为在主烟管加一个"梯子"式的物料分配器，"梯子"上安装有筛板，"梯子"更大的作用在于扰动气流，使之达到与 Al_2O_3 混匀的目的。

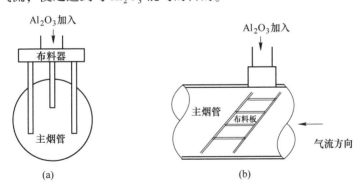

图 20-7 管道化反应器

（2）文丘里反应器。在文丘里喉口处喷射氧化铝，利用文丘里喉口收缩后气流变化，达到与氧化铝混匀的目的。

（3）VRI(vertical radial injector) 反应器。这是美国 GE 公司的技术，Al_2O_3 经流态化元件沸腾流态化后，通过空心锥体多孔眼中喷射溢流而出，呈一个均匀的圆截面，此时含氟烟气在此与 Al_2O_3 充分混合，如图 20-8 所示。该技术曾在青铜峡铝厂应用，进口气体中含氟 94.63mg/m²，出口气体中含氟 1.65mg/m²，净化效率达到 98.26%。

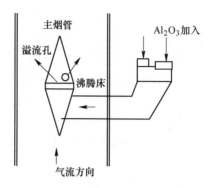

图 20-8　VRI 反应器

（4）流化床反应器。烟气气流通过流化床使氧化铝流态化，从而达到使 Al_2O_3 与 HF 充分反应的目的。典型技术为美国 Alcoa 技术（又称 A398 法）。

从以上几种反应器在实际工程中的应用效果来看，管道反应器造成的氧化铝破损率最高，VRI 反应器破损率最低；而流化床反应器氧化铝破损率虽然不算高，但其带来的烟道沿程阻力增加最为明显。因而 VRI 反应器优势明显，见表 20-4。

表 20-4　几种反应器参数对比[9]

反应器	阻力/Pa	氧化铝破损率/%
管道化反应器	150~200	20
文丘里反应器	400	10~12
VRI 反应器	250	5
流化床反应器	3500~4000	10~15

20.2.3　铝电解烟气处理新技术

从电解槽抽出烟气中的 HF 气体，通常在原发型废气中的 HF 含量（标态）为 200~400mg/m³，而经过 GTC 清理后的废气含 F（标态）约 0.5mg/m³，这表明 HF 的去除效率超过 99.7%。高的清除效率（含有微量有害物的废气）保护了工厂周围的环境，而且由于载氟 Al_2O_3 又返回到了电解槽，从而显著地减少了 AlF_3 消耗[10]。

图 20-9 是 Abart 首次应用的一种新概念净化系统配置，安装在中东一个铝厂的电解系列中，图中显示一个大型 GTC 的主要组成部分（具有 2×17Abart 模块集

合体）。每个电解槽的上部结构的烟气通过绝缘的套管连接到分支管道中，进入电解车间的总管网，最后进入 GTC 的入口。

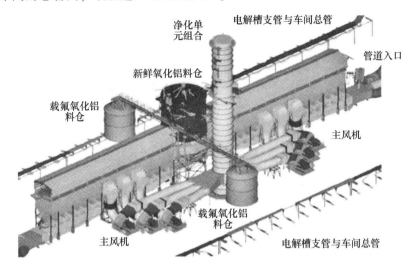

图 20-9　Abart 在中东的大型集中式烟气处理中心（GTC）

新概念净化系统增加了烟气冷却，系统的设计采用模块化集成，电解槽氧化铝自动供料能够减少粉尘进入净化系统，同时将干法净化与 SO_2 洗涤净化达到协同处理等。

20.2.3.1　气体冷却和余热回收

干法净化系统的净化器有一个主要难题，就是热天和潮湿的天气，随温度升高 HF 排放量增加。一种解释是因为颗粒物含有氟化物，如电解质中的 NaF 与空气中的湿气反应，生成的 HF 进入干式净化器的滤袋时，造成 HF 的排放量增多。

近年来开发了不少种气体冷却方法，但每种冷却方法都有其优点和缺点，主要问题是或多或少地增加了成本。Abart 的气体冷却净化系统（见图 20-10）使用的热交换器（HEX）技术已经成熟，如图 20-11 所示。HEX 技术的主要好处是在夏天不需要以稀释的方式将空气冷却至可接受的温度。相比之下，稀释空气则需要额外增加干法净化器的单元数，此外稀释的气流会降低 HF 的吸附效率。但采用 HEX 技术的好处是可实现从烟气中回收大量的废热。这种回收的热量可用于建筑物供暖，进入区域供暖网络或补给电力生产，在炎热的天气，余热可用于海水除盐或制冷。Abart 安装的换热器能将电解槽排出的高温气体冷却到大约 30℃，从而改善 HF 的回收效果。此外，GE 建议 Abart 的新装置与换热器（HEX）整合，比如 HEX 在某个位置直接与过滤器整合，由于减少了所需要的基础、旁路管道和阻尼器，从而可减少安装费用。

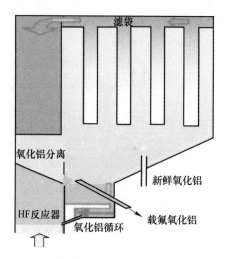

图 20-10　Abart 净化器

图 20-11　用于烟气冷却换热器（HEX）

20.2.3.2　Abart-C 模块设计

在传统的配置中，GTC 位于铝电解系列的中心位置，如图 20-9 所示，由许多模块组装在一起。Abart-C 的设计属于一个完全标准化和模块化的概念，采用了集约式的净化装置（见图 20-12），氧化铝储运与净化系统所用的单个筒仓、排气机、换热器和 SO_2 洗涤器的尺寸都适应于标准的干法净化器模块，如图20-13所示。这个概念特别适用于小型电解系列扩充产能的需要。一般来说，Abart-C 概念具有高度的自由度，只要有合适的空间布置，适当隔离就可以；这样可以减少管道长度和压降，或在每 30 台或 50 台电解槽为一个区先投入 3~4 个模块，就能提前启动新系列的部分电解槽，然后再逐步启动后续添加 Abart 的模块。

Abart-C 概念的其他主要优点是：

（1）将大型风机、管道、SO_2 洗涤器和烟囱等装置集成到一起。

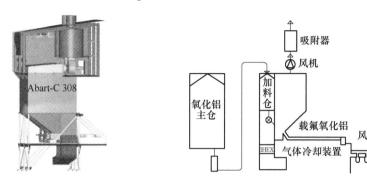

图 20-12　Abart 集约式净化装置　　　　图 20-13　Abart 氧化铝储运系统图

（2）传统的主风机常常效率较低，采用 $N-1$ 的运行解决方案提高了效率。

（3）风机高度标准化，从而降低了采购费用和备品备件成本。

（4）安装工作量小。

Abart-C 模块集成的 Al_2O_3 料仓高度位于电解槽之上，Al_2O_3 以重力输送方式直接进入电解槽（见图 20-13），因此就无需另加风动溜槽或中间筒仓等，设备少，系统更为安全可靠。但 Abart-C 标准化概念设计的 Al_2O_3 储存量，仍可保证 24h 以上的用量。

20.2.3.3　电解槽自动输送氧化铝的技术（Alfeed）

GE 新技术的组成部分之一是往电解槽输送氧化铝的系统——Alfeed。基于可靠的传统风动溜槽形成的独特技术，可以有效地与 Abart-C 模块整合在一起。通过 Alfeed 系统将载氟 Al_2O_3 以重力输送方式直接进入电解槽，无需单设 Al_2O_3 料仓和输送设备；另一种方案是通过载氟 Al_2O_3 料仓经 Alfeed 系统供给电解槽，如图 20-14 和图 20-15 所示。

图 20-14　水平分配式溜槽向电解槽供料

水平式溜槽

图 20-15　水平式溜槽沿电解厂房敷设

Alfeed 供料系统由两种不同的风动溜槽组成：水平分配式风动溜槽；往电解槽供料的风动溜槽。

一种完全流态化的水平分配式风动溜槽，是用于将 Al_2O_3 分配到电解系列的各个电解槽大区的（一般由 30~50 台电解槽组成）；另一种分配式风动溜槽是由上游的载氟 Al_2O_3 料仓向电解槽大区送料的，载氟 Al_2O_3 料仓可以直接连接到 GTC，该分配风动溜槽是基于流化床原理以很低的流速运行的。在流化床上 Al_2O_3 的运动是均匀的，它的速度保证了大颗粒 Al_2O_3 处于沸腾和移动状态。实际上，该分配风动溜槽是起着氧化铝"水库"或储存库的作用。Al_2O_3 在流化床上悬浮的厚度为 30~40cm，在旋转式供料器给料时，依然能使流化床中的 Al_2O_3 保持恒定的水平面。

每台电解槽里的 Al_2O_3，是从分配溜槽向下流到电解槽溜槽后进入槽上料箱的，流态化后的空气通过旋风分离器进入排烟管。细颗粒被旋风分离器分离后，返回到电解槽风动溜槽与那里的 Al_2O_3 混合。这个系统使从电解槽供料系统进入 GTC 管道的粉尘达到最小化，避免大量粉尘进入电解烟气中，过多的粉尘进入会严重影响 GTC 运行效率。

从旋风分离器到电解槽溜槽间有一根软管连接，类似的软管将配送空气输送到溜槽的气室，与电解槽溜槽的气室连通。电解槽溜槽与指定电解槽的充满点恰好衔接，而充满点正是电解槽需要的。电解槽溜槽是一个具有潜势能的流态化系统，其主要作用是保证电解槽的料箱始终是充满的，当电解槽料箱料位下降时，溜槽会自动向料箱填充氧化铝。

20.2.3.4　SO_2 排放和集成式洗涤装置

SO_2 也是铝冶炼厂最重要的污染物之一，有些国家已要求铝冶炼厂必须安装

SO₂ 气体处理装置，GE 公司为解决铝电解厂的脱硫问题开发了多种解决方案。然而，由于电解槽废气中的 SO₂ 浓度或排放量远远低于发电厂，因此发电厂的所有解决方案对铝厂均不适用。目前有两种技术，即碱法和海水洗涤净化，或以石灰为基础的系统，已经在全球 10 多家铝厂安装了 SO₂ 洗涤装置。

清除 SO₂ 的传统方法是在干法净化之后，装设 SO₂ 洗涤装置，其独立的标配单元如图 20-16 所示，需要一个相对较大的占地空间和几个大的混凝土建筑。Abart-C 的模块基于一种新的概念，开发了一种分离式湿式洗涤装置，可安装在风机之前的布袋过滤器上，如图 20-17 所示。这种 SO₂ 洗涤装置也被设计成一种标准安装模块，很容易改装在风机上，2013 年 5 月首次安装并投入使用。

图 20-16 集中式海水洗涤器（独立式）

图 20-17 组合净化器/SO₂ 洗涤器集成在袋式过滤器上

每个洗涤装置的尺寸正好适合安装一个过滤室。洗涤器是用轻质 GRP（玻璃纤维增强塑料）制成的，并直接安装在风机上方和悬挂在屋顶结构上。与传统的洗涤器相比，新型湿式洗涤器有如下优点：

（1）无需额外空间或特殊的混凝土结构。

（2）可采用任何一种溶液作为洗涤剂，如 NaOH 或海水。

（3）便于运输和安装。

（4）基于模块化设计，洗涤器能与留有安装空间的过滤器组装为一个整体。

（5）与传统的湿式洗涤器相比成本较低。

（6）使用的风机功率更低。

（7）无需增加额外的管道。

（8）无腐蚀问题，因为它是由玻璃纤维材料制成。

20.3　氧化铝（Al$_2$O$_3$）物料输送系统

在现代铝电解生产中，Al$_2$O$_3$作为电解铝的主要原料，其储存、运输的技术和设备选择是非常重要的。基于Al$_2$O$_3$物料特性，在现代铝生产工艺中，Al$_2$O$_3$的运输与烟气处理（干法净化）工艺已经深度融合在一起。除了斗式提升机、皮带输送机等工业常见输送方式和装备以外，针对Al$_2$O$_3$物料运输特点的典型技术主要是几种气力输送方式，主要包括稀相输送、斜槽输送、浓相输送、超浓相输送等。其中稀相输送与浓相输送属于管道式高压气力输送，溜槽输送与超浓相输送属于溜槽式（流化床流态化）低压气力输送。

工程实际中，Al$_2$O$_3$供料运输的方案常常是其中1种或2种方案与常规运输设备的组合设计方案。到目前为止，唯一例外的就是在贵州铝厂引进日本的电动轨道小车自动输送方式，被设计应用在从载氟Al$_2$O$_3$料仓到电解槽壁料箱的主要运输环节上。

20.3.1　稀相输送与风动溜槽输送

稀相输送与溜槽输送是两种传统的粉状物料的运输方式，在水泥、粮食工业等领域都有较广泛的应用，我国早期的氧化铝运输主要采用这两种技术。风动溜槽在电解铝生产中的大量应用是在贵州铝厂的引进工程以后，也是后期我国自行开发超浓相输送的技术来源和基础。

按"相"划分物料输送的界限其实是个很模糊的概念，稀相输送原理上属于悬浮输送，这是因为输送料–气混合比 m 随物料种类、输送距离的不同相差很大。对于氧化铝物料在工程输送距离范围内，稀相输送一般 $m<20$，若按力的作用方式分类，它属于气动力驱动类型；而流态化输送相对于稀相而言，也就称为浓相输送；对于氧化铝物料在工程距离范围的输送，浓相输送一般 $m>20$，若按力的作用方式分类，属于压差驱动类型。

20.3.1.1　稀相输送

20世纪90年代以前，稀相输送（dilute phase transport）是我国铝厂传统输送 Al$_2$O$_3$ 物料的主要方法，大部分铝厂尤其是小铝厂多采用这种方式输送 Al$_2$O$_3$。该系统主要由压力泵和输送管道组成，输送距离一般在 400m 左右。稀相输送是采用 0.6~0.8MPa 的压缩空气作为动力源，通过仓式泵直接从储仓将氧化铝物料压送到下一个系统的高位储仓内。压缩空气作为动压力直接驱动作用于氧化铝原料的单一颗粒上，即压缩空气的动能直接传递给被输送的物料，使物料以悬浮或团状悬浮的状态向前流动。这种输送方式配置灵活，不受输送空间限制，可满足水平输送，也可满足垂直输送需要，系统组成如图 20-18 所示。

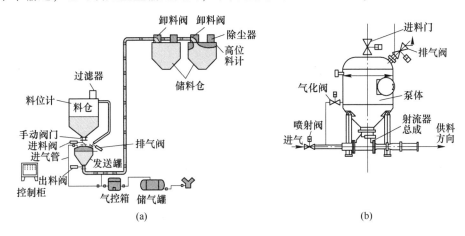

图 20-18 典型稀相输送系统组成

(a) 稀相输送系统结构；(b) 发送罐（打料罐）结构原理

在稀相输送系统的垂直输送管和水平输送管中，物料流动分别呈现下列特征：

（1）在垂直输送管内。气流阻力和与物料颗粒的重力处于同一直线上，两者只在输送流方向上对物料发生作用。但实际垂直输送管中颗粒群运动较为复杂，还会受到垂直方向力的作用，因此，物料就会形成不规则的相互交错的蛇形运动，使物料在输送管内的运动状态形成均匀分布的定常流。

（2）在水平输送管内。一般输送气流速度越大，物料就更接近于均匀分布。但根据不同条件，输送气流不足时流动状态会有显著变化。在输送管的起始段是按管底流大致均匀地输送，物料接近管底，分布较密，但没有出现停滞，物料一边做不规则的滚动、碰撞，一边被输送。越到后段越接近疏密流，物料在水平管中呈疏密不均的流动状态，部分颗粒在管底滑动，但没有停滞。最终形成脉动流或停滞流，水平管越长，这一现象越明显。

由于稀相输送靠动能转换传递能量和悬浮态输送，要求风速较高（物料在输送管中流速很快，可达 30m/s 左右），在能量传递过程中也会损失部分能量，加上悬浮颗粒间及颗粒与管壁间的摩擦损失，因此能耗高（一个产能约 10t/h 的压力泵，消耗压缩空气的气量达到 40m³/min），固气比很低（质量比一般为 5~10），同时对管道的磨损严重，物料粉化严重，对电解生产是极为不利的。

稀相输送的运行方式是间断运行的，即 Al_2O_3 是通过发送罐（也称打料罐）一罐一罐发送的，在加料口打开时加入 Al_2O_3，加料完毕，打开压缩空气进气管阀门和出料阀，开始发送物料；发送完成，关闭阀门，打开进料口，重复加料打料过程。由于稀相输送耗气量大，输送目的地接受物料的料仓必须有足够大的容积，以保证物料流能够在到达料仓后流速迅速降低，使物料快速沉降，达到固气有效分离的目的；同时，在受料仓上部需设收尘器，以保证空气排出和减少粉尘产生。

鉴于稀相输送的上述特点，在早期的电解生产中稀相输送常被用于从卸料站或储仓到净化仓（或日耗仓）等点对点的输送，有时通过阀门的切换也可以完成多个加料点（发送罐）向多个卸料站分别供料。由于槽上料箱一般容积较小，因此稀相输送无法完成向电解槽供料的任务。

虽然稀相输送设备简单，占地面积小，密闭性好，配置灵活，但由于上述各种缺陷，因此逐渐被浓相输送和超浓相输送取代。

20.3.1.2 风动溜槽输送

风动溜槽输送技术是一种传统的粉状物料输送技术。由气室和料室组成空气斜槽，空气斜槽的气室与料室由上下层薄钢制成 U 形槽相对连接而成，上下壳体之间夹有透气性隔层，上下室之间用法兰连接。通过风机提供低压空气进入气室，通过透气隔层使 Al_2O_3 物料流态化，利用安装成具有一定的倾斜度（6%～10%）溜槽和溜槽内的正负压力来稳定物料，并通过形成的流动状态使流态化的物料沿自然斜度下滑，把物料向前推进，达到物料输送的目的，如图 20-19 所示。

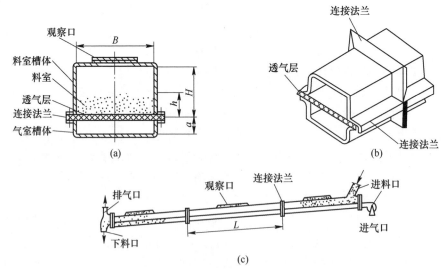

图 20-19　Al_2O_3 风动溜槽输送结构与原理

（a）溜槽断面；（b）溜槽三维结构图；（c）主视图

具体到每一个氧化铝输送结构设计时，根据输送能力对溜槽的选型设计有一定的标准，风动溜槽输送常见于水泥工业，并且已形成成熟的工业应用设计标准。图 20-19 中的溜槽宽度 B、上下层的高度 H 和 a、料层高度 h、每节溜槽的长度 L，以及系统的输送能力、风机压力与风量选择等，在实际工程设计中都可以依据相关标准计算。

风动溜槽输送是常见的一种物料输送技术，在工业生产许多行业都有广泛的应用，具有输送效率高、能耗低的优点，尤其是输送过程中对氧化铝颗粒的机械破损率低，而且可以实现单点给料、多点卸料的输送要求，适合应用于电解铝厂 Al_2O_3 从料仓到料仓、从料仓到电解槽槽上料箱的输送。溜槽输送的缺点是由于溜槽需要借助一定的角度使物料流动，因此实际工程中会导致从给料点到卸料点有一定的高度差，尤其是长距离向电解槽供料时，需要抬高给料仓的出料口标高，而且输送溜槽的标高也比较高，增加了工程的费用。

20.3.2 浓相输送

浓相输送（dense phase conveying system）是现代铝工业发展中开发的一种栓流式浓相管道化输送技术，该技术最早由瑞士 ALESA 等率先开发应用。20 世纪 90 年代初期，我国贵州铝厂、青海铝厂等在其新建电解铝工程中率先引进使用。该技术用于氧化铝物料输送最明显的特点是物料破损小（<5%）、输送能耗低（0.0221kW·h/(t·m)），输送距离长、输送能力大和不受空间高度限制等优点。如云南铝厂总运距长达 1700m，输送能力要求达 36t/h。显然，它是传统的稀相输送和溜槽输送技术所不能比拟的。

20.3.2.1 浓相输送中的物料流动状态

物料颗粒在气力输送管道中运动是一个较复杂的过程，浓相输送的动力源仍然为压缩空气，系统由压力容器、输送管道和控制系统组成。一般来说，在输送管道中，物料颗粒的运动状态，除了与其被输送的物料性质、几何形状、流动性质有关外，主要是随气流速度的大小和物料浓度而变化。在设计物料输送工程中，除了以水平输送管为主外，还存在垂直输送。下面将对被输送的物料颗粒在水平和垂直管中输送状态进行描述。

A 水平管道中的物料流动

在输料管中，物料颗粒的运动状态，随管径及物料粒度和形状的不同而改变。物料不同，运动状态所引起的气流压力损失也不同。输料管中物料颗粒的运动状态，还随气流速度和混合比的变化而显著变化。气流速度越大，物料颗粒越接近均匀悬浮分布；气流速度越小物料越容易出现流态化团聚，直至产生沉降静止，堵塞管道。在速度可以调节的一段水平试验管道中，当速度改变时，对于任何给定物料浓度的流量，都可以测出单位管长的压降。实验观察水平管中物料颗粒运动状态与气流速度的关系，如图 20-20 所示[11-12]。

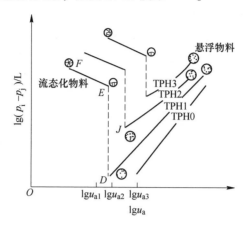

图 20-20　水平管中物料物流状态转化及特征[12]

TPH0 线—管道中只有气体时，气流速度与管道摩擦的压降关系；

TPH1—输入一标准质量的物料时，气流速度与管道摩擦的压降关系；

TPH2，TPH3—被输送物料质量为 TPH1 的 2 倍和 3 倍时，气流速度与管道摩擦的压降关系

图 20-20 中横坐标为气体速度 u 的对数，纵坐标为单位管长压降 p 的对数。当管道内只有气体时，关系式如下：

$$\Delta p_a / L = K u^2 \qquad (20\text{-}19)$$

式中，K 为常数。

从图 20-20 中的左侧可看出，在低速区即输送气流速度降到某一值时，即图中 D 点，压降沿着 DE 线陡然增加，流动的阻力陡然增大，这是因为被输送物料大部分颗粒失去悬浮能力，停滞在管底形成流态化的物料，则局部区段因物料积聚而使管内有效断面变小，气流速度在该区段增大，此时又将停滞的物料吹走。物料颗粒就是这样停滞、积聚、吹走，相互交替，形象地可用图 20-21(a) 描述。若继续减少气流速度，物料颗粒在管底沉积，沉积层渐渐变厚。压降将继续沿图 20-20 中 EF 线段增大，气流将在堆积物料颗粒的上部流动，物料层上部物料颗粒在气流的作用下，将做不规则的移动。堆积层将随时被推动，像沙丘移动似的向前流动，这就是所谓的浓相流动，如图 20-21(b) 所示。

B　垂直管道中的物料流动

在垂直输送管中，物料颗粒主要受到气流向上的推力作用，当气流速度大于悬浮速度时，物料颗粒向上运动。由于物料颗粒之间和物料管壁之间的摩擦、碰撞和黏着，以及管道断面上气流速度分布不均和边界层的存在，实际物料悬浮所

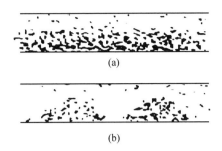

图 20-21 水平物料浓相流动状态示意图

需的速度，比理论计算的悬浮速度要大。从上述气力输送机理的描述可以得出，气流速度是控制物料输送浓度的关键参数。

20.3.2.2 浓相输送技术原理

A 流态化连续料流的压降特性

对于短距离水平管道，气流与物料混合就足以形成流态化的、充满管道的连续料流。料流长度 L 与压降 Δp 的关系如图 20-22 所示[11]。

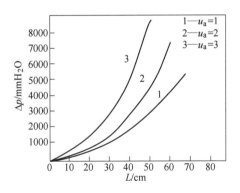

图 20-22 流态化水平料流长度与压降的关系（$1mmH_2O=9.8Pa$）

流态化水平料流的压降除与料流长度有关外，还与管径、气速、混合比、料气速比、摩擦阻力系数等有关。图 20-22 中可看出，随着料流长度增加，压降以越来越快的速率增加，快速消耗掉输送气流所能提供的压力。因此，这种流态化的连续料流不可能保持在较长的水平输送管段中；图中还可看出每条 $\Delta p\text{-}L$ 曲线均具有开口上凹的形状特征。正是由于这个特征，奠定了栓流式浓相输送十分重要的技术基础。

B 栓流输送技术原理

为了保持持续的流态化物料流，且不堵塞输送管道，就必须采用特殊的输送装置。为此，在整个输送管道中设置了特殊的内管结构。该内管由管架和多段等长的小旁通管组成，气流通过内管上的小孔导入输送管中，使流态化的物料转变为栓状，浓相输送管道构造如图 20-23 所示。

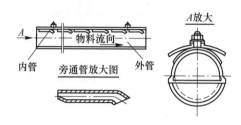

图 20-23 浓相输送管道构造

由于在一条输送管道中，所有内管小孔的距离相等，因此在管内形成的料栓长度也近似相等，管道中料栓运动所需的空气压力，随料栓长度的增加而逐渐增加。从图 20-23 中可以看出，浓相输送管道由内外管组成，内管道架用螺栓固定（或点焊）在外管的内壁上。内管由若干等长的、具有一定几何形状的小旁通管组成，小旁通管气流进口端被压扁，气流出口端向下弯曲一个角度，外管输送物料，内管通入含少量粉尘的压缩空气，图 20-24 中（a）~（e）为理想条件下输送物料从开始至正常运行时全过程分解示意图。即物料经开始启动至被分割成一节一节的料柱，最终以料柱流的形式被输送到指定的地方。

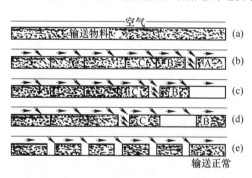

图 20-24 输送物料从开始至正常过程分解示意图

考察输送管中的连续料流的最末端长度为 L_1 的料流段。设与其对应的内管段中的气流速度不变，且不考虑气流的可压缩性，则内管中的压力 $\Delta p_{内管线}$ 近乎线性的变化；推动长度为 L_1 料流段所需的压力以 $\Delta p_{料栓}$ 曲线变化（见

图20-25）。设料流段 L_1 两端的内管压差小于推动料流段所需的压力，亦即 $\Delta p_{12} \leqslant \Delta p_{02}$，显然该段料流不能继续移动。此时，管中大部分气流将通过内管，小部分透过料流段。

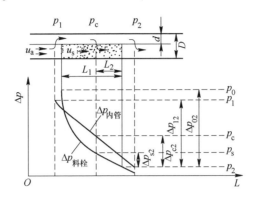

图 20-25　栓流式浓相输送原理图

再来看仍处于最末端但长度为 L_2，并且 $L_2<L_1$ 的料流段情形，由图 20-25 中可见，由于此处的内管压降与输送管内料流压降间存在压差 Δp_c，使得 $\Delta p_{c2} = \Delta p_{s2}+\Delta p_c>\Delta p_{s2}$，亦即料流段 L_2 两端的内管压差大于推动料流段 L_2 所需的压力，因此该段料流可产生移动。

由于这一事实，原输送管中流态化的连续料流被内管小孔进入的气流分开，形成并分离出一段移动的流态化料栓。继续上述过程，对剩余的连续流态化料不断分割，则可在输送管中得到气栓、料栓相间的栓流输送状态，从而实现了长距离管道中物料的流态化（浓相）输送。

20.3.2.3　浓相输送技术的优点

栓流式浓相输送技术具有可在长距离管道中流态化输送粉状物料的特点。栓流式浓相输送气速小（2.10m/s），料速低（0.8~1.5m/s），混合比高（>30）。与传统的管道稀相输送技术相比，它有以下优点：

（1）管道中物料以低速的状态化料栓形式运动，破碎程度小（仅为管道稀相输送的 1/10~1/4），对管壁的磨损也可以减少到最低程度。这一优点对铝电解生产中的氧化铝粉料输送尤为重要，一方面，氧化铝物料颗粒破碎，将对铝电解生产的电流效率带来不利影响，物料飞扬损耗也增加，同时也使电解烟气净化系统的净化效率下降；另一方面，氧化铝粉料本身就是一种工业用磨料，降低料速可以大幅降低对管壁的磨损速度，大大提高设备和管道的使用寿命。

（2）物料在管道内气流速度小（仅为管道稀相输送的 1/8~1/3），混合比高（比管道稀相输送高出 5~30 倍），故输送单位质量物料所需的压缩空气耗量小，因而输送能耗很低。对于输送氧化铝物料而言，相同条件下的输送能耗仅为管道稀相输送的 1/3 左右。

（3）由于输送管内采用了内管结构，使得系统有较强的排队管道物料堵塞的能力，因而系统自动化运行率较高，运动可靠，操作管理简便，维护工作量较小。

（4）料气混合比对输送量的影响比较显著，故设备输送能力较强，相对配置输送系统的投资费用也有较大降低。

（5）气流速度小，且输送物料所需的压缩空气耗量小，因而系统产生的粉尘量较小，使用少量除尘设备即可达到环保要求，有利于生产厂区的环境治理。

20.3.3 超浓相输送

超浓相输送（hyper dense phase conveying system）是基于"潜在流化"（也称为"蓄能流态化"）原理研制的一种 Al_2O_3 物料输送技术，它的主要优点是实现物料连续、全自动、低能耗、低压、低速的超浓相输送，而且维修工作量很小，设有运动的机械部件，系统的运行控制也非常简单[13]。

20.3.3.1 超浓相输送原理

流态化是一种使固体颗粒通过与气体或流体接触转变成类似流体状态的过程，目前输送粉末物料的流态化是通过一个多孔透气层来完成的。前述的风动溜槽也是流态化的一种。超浓相输送技术是由法国 Pechniey 公司率先开发的一种 Al_2O_3 流态化气力输送技术，这种技术是在风动溜槽输送基础上发展起来的，基于物料具有的"蓄能流态化"特性原理完成输送。

以下面的试验装置来说明粉状物料在空气压力作用下的"蓄能流态化"特性。如图 20-26 所示，一个装满 Al_2O_3 物料的容器有两个接口阀门，一个接空气源，压力为 p_f，另一个接敞开大气，压力为环境大气压 p_a，进行如下试验。

图 20-26(a) 中，当容器局部充满时，在大气压 p_a 及重力作用下，粉料物体将形成其自然堆积角。

图 20-26(b) 中，当容器与大气相连的阀门关死、与空气源相连的阀门打开时，容器中的压力上升到 p_f，物料形态保持不变。

图 20-26(c) 中，将空气源的阀门关死，此时容器内的物料同时都在压力 p_f 的作用下，粉状物料此时无法改变其状态，而保持与图 20-26(a) 和(b) 状态一致的形状。

图 20-26(d) 中，此时将排空阀打开，能注意到在粒子之间的气胀使粉状物料就像流体一样发生流动，使物料的堆积形状发生改变，这种现象被称为"蓄能流态化"（潜在流化）。潜在流化同样具有前述流化的一些特性，使粉状物料粒

子之间内摩擦角及器壁摩擦角接近零、假密度减小等。因此，这一原理可以用来达到输送物料的目的。

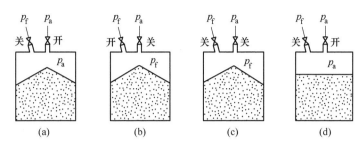

图 20-26 蓄能流态化模拟试验

以利用粉状物料的这一"蓄能流态化"特性进行输送，称为超浓相输送，其基本原理如图 20-27 所示，水平输送风动溜槽连接着储槽和一个料斗 T，此料斗带有一个阀门 V。风动溜槽分为上下两部分，下部为空气槽，上部为输送的物料槽，其中有一压力平衡管与输送溜槽相连。图 20-27(a) 中的 A 状态时，如料斗阀门 V 关死，在料斗阀门 V 打开前，料仓及料斗中的物料处于静止状态，这时 p_f 分配在每个粒子之间，物料处于平衡状态，但已具备了潜在流化的条件。物料的平衡柱处于高位 h 的位置，可按下式计算：

$$h = p_f/d \qquad (20-20)$$

式中，p_f 为进入料室内的空气压力；d 为粉状物料的显密度。

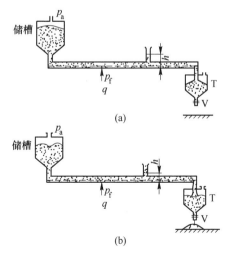

图 20-27 超浓相输送基本原理
(a) A 状态；(b) B 状态

当料斗阀门 V 被打开时，如图 20-27（b）中 B 状态，物料周围的压力发生了变化，压力平衡被破坏，存在于粉状物料粒子之间的压力使物料膨胀。为了使压力达到平衡，这样局部的物料将会流态化，物料开始不断进入料斗 T 中，料斗中物料水平逐渐下降。这时可以观察到，平衡管中的平衡料柱高度由 h 降至 h_1，这种过程会不断传递，一直到储槽。一旦阀门再次关死，平衡料柱的粒位又恢复到 h。

试验证明，风动溜槽越接近水平位置，输送时所需的压力越大，而且在每小时输送能力相同时，水平配置超浓相溜槽的尺寸远远大于有角度的超浓相溜槽。因此可以看出，根据情况在不同的条件下，设计选择不同角度的超浓相输送是很有必要的。只要在厂房条件配置许可的情况下，适当地采取一定的角度在相同的输送能力前提下，可以减少风动溜槽的规格尺寸，从而降低投资成本。

超浓相输送的溜槽一般按水平（0°）或小角度的斜度配置，超浓相输送与一般风动溜槽输送主要区别并不在于水平还是倾斜，或者倾斜角度大小，而在于其蓄能特点和输送物料的固气比。正如稀相与浓相全是管道式输送，输送容器都是压力容器，但它们的固气比明显不同。由于固气比不同，导致了输送速度不同和技术上的本质区别，一般来说，固气比 60~80 及以上则称为超浓相[14]。

20.3.3.2　超浓相输送技术特点

超浓相输送不需要压缩空气作为输送动力，只需较低压力的空气使物料浮动，输送过程中固气比可达 500∶1，输送效率高。输送压力低，空气压力只需 0.005MPa 左右，故采用一般的离心风机即可达到目的，完全可以实现自动化操作。超浓相输送系统的主要设备就是风动溜槽和离心风机，风动溜槽没有运动的机械部件，维修工作量小；输送物料流速低，管件磨损小，气体对物料粒子的破损小；控制元件少，控制操作过程也较为简单。但与浓相输送相比，在配置上有较大的制约，不像浓相输送那样能够做到因地制宜。因此，从上述可以看出，在电解铝厂沿电解厂房两侧的日耗仓对各电解槽返回的载氟氧化铝输送系统采用该技术尤为适合。

综上所述，超浓相输送具有以下几方面的优点：

（1）超浓相输送是一种新技术，所使用的空气压力低，技术先进，系统本身自动化程度高，操作简单。

（2）投资省，耗能小，结构简单，维修量小，适用于现代大型预焙槽，不会造成环境污染。

（3）与风动溜槽输送相比，超浓相输送主要表现在固气比大大提高，效率高，能耗低。

（4）超浓相输送可用于点对点的输送，也可以用于一点对多点的输送，因而可适用于从电解车间日耗仓向电解槽槽上料箱的输送。

20.3.4　电解铝厂氧化铝储运系统设计

氧化铝储运系统设计，首先要考虑满足电解铝厂生产的氧化铝需求，包括每日 Al_2O_3 的消耗及铝电解生产中必要的氧化铝储存量；其次，在此基础上结合各个企业的具体情况选择主要的技术方案。

20.3.4.1　氧化铝需求量计算

A　氧化铝日需求量

电解铝厂的氧化铝日需求量 $w'_{Al_2O_3}$，等于每日产铝量乘以氧化铝的消耗系数，即：

$$w'_{Al_2O_3} = w_{Al} \times N \times 1.93 \tag{20-21}$$

式中，w_{Al} 为单槽日产铝量；N 为系列安装槽数；1.93 为 Al_2O_3 消耗系数。

B　氧化铝的储存量

按照铝电解设计规范，一般情况下，没有配套氧化铝厂的电解铝厂，氧化铝原料的总存储量不得低于 30 天，包括氧化铝储运仓库和大容量储藏（6000~8000t），以及电解净化用的双层料仓的总储存量不得小于 30 天的储量，即：$30 \times w'_{Al_2O_3} = 30 \times w_{Al} \times N \times 1.93$。

而有配套氧化铝厂的电解铝厂储量不得低于 7 天，即：$7 \times w'_{Al_2O_3}$。

由于近年来我国氧化铝市场交易活跃，大部分铝厂的 Al_2O_3 存量一般都不足，通过各种灵活的方式可以得到解决，但一般没有氧化铝厂的企业也不应低于 20 天。

C　主要设备和系统的输送能力

一般来说，主要系统设备是指从氧化铝仓库到日耗仓之间的输送能力。按照系统每天总氧化铝消耗量计算，系统设备按照两班制运转，设备有效运行时间不大于 16h 设计，以留有设备检修和与其他系统错峰运行的时间。因此，设备输送能力 q 为：

$$q \geqslant w'_{Al_2O_3}/16 \tag{20-22}$$

20.3.4.2　氧化铝输送系统方案设计

现代大型电解铝厂一般采用大容量的预焙槽技术，电解槽采用横向配置方式，电解厂一般设计有两栋长度超过 1km 厂房，干法净化系统一般配置在两栋厂房之间。根据电解工艺与电解车间配置特点，不同工段输送的要求不同，物料输送任务也应当采取与之相适宜的技术方案。

A　不同输送方式选择

根据生产工艺要求，各个工段的输送特点和适宜选择的输送方式为：

（1）从新鲜 Al_2O_3 仓库到净化新鲜料仓（日耗仓）。Al_2O_3 仓库是电解铝厂从厂外购买的袋装新鲜 Al_2O_3 的卸料站和主要的储存场地，主要运往净化系统的日耗仓。日耗仓也叫净化仓，一般为双层设计，下层为新鲜 Al_2O_3 仓，上层为载氟 Al_2O_3 仓；有时也设计为两个并列的料仓。除非同时设计有散装 Al_2O_3 的大型储仓，几乎电解生产所需的 Al_2O_3 全部从此仓库运出。因此，该工段要求输送系统能力大、连续运行效率高。由于该段输送距离长、受料仓较高，因此管道输送以浓相输送为首选方案。从目前来说，尽管每个系列一般都有三四个日耗仓，但通过阀门切换基本上属于点对点的输送，我国类似的技术已经成熟。

（2）从大型储槽到净化新鲜 Al_2O_3 料仓（日耗仓）。对于场地面积受限的企业，为了保证有足够的 Al_2O_3 存储量，有时需考虑建大型的储仓（≥8000t），既可以接受袋装 Al_2O_3（仓旁加卸料站）也可以接受散装 Al_2O_3。由于这种料仓一般出料口比较低，要求输送系统有提升能力，因此可以采用的输送方式比较多，可以是浓相输送，也可以是大倾角皮带输送，此外采用"超浓相+斗提"或"超浓相+气力提升"也可以满足输送要求。

（3）从净化系统到载氟 Al_2O_3 仓。从净化系统回收回来的载氟 Al_2O_3 多采用风动溜槽（超浓相）运送到载氟仓（日耗仓的载氟 Al_2O_3 仓），再用斗提或气力提升至载氟仓、部分送至反应器加入主烟道。"超浓相+斗提"，或"超浓相+气力提升"，由于净化系统回收的载氟 Al_2O_3 流量大，且为多点受料、单点卸料（或多点）一般连续工作，采用普通风动溜槽较为常见。此外，还可以采用浓相输送，但采用浓相输送时在加入主烟道反应器前，需要设缓冲料仓卸料，以使气固有效分离。

（4）从载氟 Al_2O_3 料仓到电解槽。从载氟仓（日耗仓的载氟 Al_2O_3 仓）到电解槽上的输送，是电解铝厂最重要的输送环节，也是铝电解原料输送系统技术水平的标志。最典型的两种输送方式就是浓相输送和超浓相输送。这两种输送方式都是针对电解铝生产特点而开发的，目前我国最常用的是超浓相输送技术；浓相输送用于向电解槽供料，仅在我国部分铝厂应用，但一般需引进。

（5）从料仓到多功能天车。以往电解槽换极时，常常由多功能天车向新极上加 150~200mm 的新鲜 Al_2O_3 覆盖料（约占全部 Al_2O_3 消耗的15%），但目前许多铝厂多加盖电解质破碎料取代。多功能天车一般设有专门的加料仓（10~20t），加料方式多采用风动溜槽，也可以采用螺旋输送等机械输送方式。

B　氧化铝输送典型方案设计

结合各种输送方式的优缺点，现代大型铝电解厂氧化铝输送方式是各种输送方案的优化组合。其基本原则是满足输送能力、现场条件及减少氧化铝物料的破损，并且投资成本和运行成本较低。

方案1：浓相+超浓相输送方案。从储仓或仓库至日耗仓采用管道式浓相输送方式，从日耗仓至电解槽采用超浓相输送方式。这种组合输送方式，充分利用了这两种输送方式的优点，从储仓或仓库至日耗仓一般距离较远，而且一般都要跨越道路和建筑物；风动溜槽结构的超浓相输送用于日耗仓至各电解槽，在超浓相输送装置（风动溜槽）上无任何阀门，控制简单。因此，输送装置大为简化，几乎没有维修量，从而保证物料在输送过程中几乎不发生故障。电解铝厂采用浓相+超浓相输送氧化铝系统的典型应用示例，如图20-28所示。

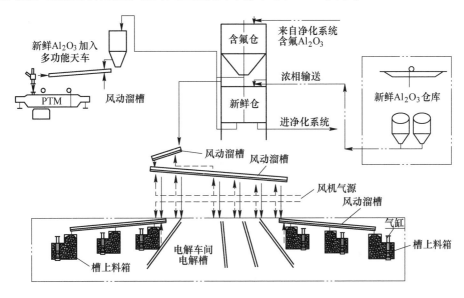

图20-28 电解铝厂 Al_2O_3 输送的典型方案示例

由于 Al_2O_3 输送与干法净化系统是融为一体的，Al_2O_3 物料需要从远离电解厂房的卸料站或仓库（或大型储仓），通过浓相输送到净化系统的日耗仓。由于输送距离远，一般要跨越道路和建筑物，而采用浓相输送管道具有明显优势，配置灵活、投资省；从净化系统的含氟 Al_2O_3 仓到电解车间的电解槽，采用了超浓相输送，这正是利用了其配置紧凑、物料不易破碎、本身自动化程度高、维修量小、易于管理操作等优点。

方案2：全部采用管道式的浓相输送方案。即在方案1的基础上，从日耗仓到电解槽上料箱全部为浓相输送。该系统配置简单灵活、控制先进，故障率低。由于浓相输送技术不受空间限制，相对于超浓相输送而言，可以减少为提升 Al_2O_3 到高位料仓的气力提升或斗式提升机，减少了运输转换环节。其主要问题是技术还没有完全掌握，引进技术投资较大，目前只在少数铝厂应用。

参 考 文 献

［1］刘业翔，李劼，等. 现代铝电解［M］. 北京：冶金工业出版社，2008.

［2］梁学民，张松江. 现代铝电解生产技术与管理［M］. 长沙：中南大学出版社，2011.

［3］邱竹贤. 预焙槽炼铝［M］. 北京：冶金工业出版社，1980.

［4］格罗泰姆 K，韦尔奇 B. 铝电解厂技术［M］. 邱竹贤，王家庆，刘海石，译. 《轻金属》编辑部，1997.

［5］DERNEDDE E. Estimation of fluoride emmissions to the atmosphere［C］//Light Metals1998 Warrendale，PA：USA，TMS，1998：317－321.

［6］曹成山，杨瑞祥. 预焙阳极铝电解槽氟平衡［J］. 轻金属，2003(11)：42－44.

［7］霍庆发. 铝电解［M］. 沈阳：辽海出版社，2002.

［8］冯乃祥. 铝电解［M］. 北京：化学工业出版社，2006.

［9］李超南. 电解铝预焙槽烟气治理［C］//第四届全国轻金属冶金学术会议论文集，2001：759－766.

［10］SØRHUUS A，OSE S，WEDDE G. 姚世焕译. 铝电解厂烟气处理新概念——Abart-C 集成净化器［J］. 中国铝业，2019，7：1－8.

［11］刘长利，丁吉林. 栓流式浓相输送氧化铝新技术开发［J］. 云南冶金，2004(6)：25－29.

［12］李琏，郭海龙. 关于电解铝厂应用浓相输送技术的研讨［J］. 轻金属，2006(6)：38－41.

［13］马成贵，肖飙. 氧化铝超浓相输送技术［J］. 轻金属，1994(10)：28－31.

［14］林文帅，周丹. 氧化铝超浓相输送技术［J］. 轻金属，1998(增刊)：210－213.

21 铝电解厂设计

现代铝电解厂普遍采用大型预焙槽技术。多年来，随着铝电解的工艺、技术和装备水平的不断提高，铝冶炼工厂的配置设计和建设方案也不断优化完善，使电解铝厂的建设投资不断降低，生产更加高效。图 21-1 描述了现代电解铝工业化生产的工艺流程，由此决定了整个电解铝厂的基本生产设施和辅助系统的构成[1]。本章着重论述铝电解厂工艺设计的基本内容，而随着智能化技术的应用，未来铝电解厂的设计或将发生更大的变化。

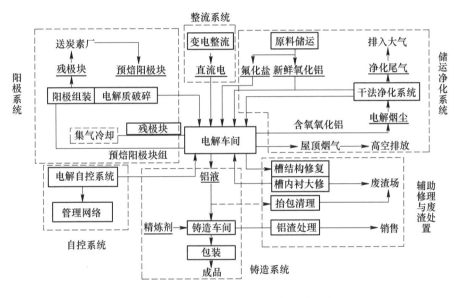

图 21-1 现代电解铝工业化生产系统组成

一座铝冶炼厂是否满足建设条件，有以下几个原则：

（1）由于铝电解具有高耗能的特点，因此铝厂的规划首先要考虑建设地区是否具备充足的电力资源，且价格低廉，并且以可再生能源为最佳。

（2）主要原材料如氧化铝、炭素阳极（或配套炭素厂所需石油焦、沥青等）等有明确来源和用量保障，并且运输距离不能太远。

（3）除建设规模应当与电力的供应能力匹配以外，交通运输条件应满足铝厂未来运营的原材料运进和产品运出能力要求。一般来说，一个电解铝厂的运输量是其设计产能规模的 4 倍左右。

（4）厂址选择、建设当地的环境容量等应满足铝厂建设的相关要求。采用现代大型预焙槽，并且达到满足经济规模的铝厂，一般占地面积 1.3~1.5m²/t（不含炭素阳极工厂）。铝厂的厂址应选择在远离居民区的相对空旷的区域，有利于减少对环境的影响，以非耕地或者荒地为最佳，尽量不占用可耕地资源。

（5）应满足铝厂相应的供水需要。电解铝厂的用水主要是工业设备冷却水，循环利用率 90% 以上，平均耗水量约 1.3t/t。

（6）结合企业的投资能力和长远发展规划，选择适当容量的电解槽和相应的建设规模，一般选择电解槽容量在 300kA 以上，单系列规模不小于 250 kt/a。

（7）建设厂址的地质、气象、水文应满足建设条件要求。良好的地质条件有利于减少厂房基础处理所花费的投资；建设厂址应避免处于地震带且不宜选择在河道行洪区或 50 年一遇的淹没区范围内；根据地区主导风向数据，电解厂房应与主导风向成 45°角配置，以保持电解车间良好通风条件；厂区选择应尽量避免位于居民区的上风向。

（8）地区的配套机械能力也需要加以考虑，以确定项目配套的机加工能力。

铝电解厂的主要生产系统包括：电解车间、供电整流车间、产品铸造车间、净化车间、氧化铝储运系统及阳极组装和检修车间等。

21.1　电解车间设计

21.1.1　电解槽与多功能天车数量选择

电解车间是电解铝厂的主要生产车间，在整个铝厂的生产系统中占据着核心地位，对整个铝厂的建设投资、生产成本及企业未来的生产经营效益起着决定性的作用。其中，电解槽型的选择与电解工艺配置方案是重中之重。

21.1.1.1　电解槽数量及安装台数

电解槽型的选择是根据所确定的电解铝厂的建设规模来确定的。根据目前电解铝生产的基本特点，一个电解系列由串联在一个直流回路中的若干台电解槽组成，因此一个系列的安装槽数是由供电系统的电压等级来决定的。目前直流供电设备（整流器）的最高电压等级的最大可靠范围为 1450~1550V，因此单系列配置槽数最大为 320~330 台，这也是每一种槽型获得其最佳经济效益的电解槽台数，对应的生产规模称为经济规模。实际应用中，一个系列的电解槽数量不应该少于其最佳经济规模的 80%，即安装槽数不应少于 （320~330）×80% = 256~264 台。比如，采用 400kA 电解槽的单系列最佳经济规模为 345~355kt/a，最低建设规模单系列不应低于 280kt/a，如图 21-2 所示。当然，这个概念并不是绝对的，根据实际情况有时也会低于这个范围，并不会造成明显的成本增加。一般情况下，设计院会根据经验结合建设规模和每种槽型的技术先进性推荐适宜的槽型。

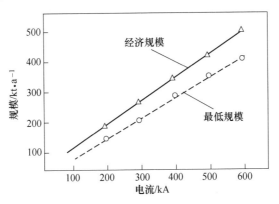

图 21-2　不同电解槽槽型对应的系列建设规模

在确定建设规模 W，且电解槽型选定以后，系列的安装槽数 N 按以下计算确定：

（1）单槽年产量 w_P：

$$w_P = I_P \times \gamma \times 0.3356 \times 24 \times 365 \times 10^{-3} \tag{21-1}$$

式中，I_P 为电解槽容量（即系列电流），kA；γ 为电流效率,%。

（2）系列生产槽数 N：

$$N = W/w_P \tag{21-2}$$

（3）系列安装槽数 N_0。由于电解槽的内衬结构有一定的使用寿命 T_P（我国目前平均值为 1800~3000 天），槽内衬检修周期 T_R 一般为 40~50 天。每个系列需要考虑一定的备用槽数 N_R：

$$N_R = N \times T_R/T_P \tag{21-3}$$

因此，系列安装槽数：

$$N_0 = N + N_R \tag{21-4}$$

以 400kA 槽型、年产 300kt/a（$W = 300000t/a$）为例，取电流效率 $\gamma = 94\%$，槽寿命 $T_P = 2000$ 天，根据式（21-1）~式（21-4）计算可得：

（1）单槽年产量：$w_P = 400 \times 0.94 \times 0.3356 \times 24 \times 365 = 1105.06(t/a)$。

（2）系列生产槽数：$N = 300000/1105.06 = 271.48$，取 280 台。

（3）系列大修备用槽数：$N_R = 280 \times 50/2000 = 7$，即备用槽数为 7 台。

（4）系列安装槽数为：$N_0 = 280 + 7 = 287$，取双数为 288 台。

即采用 400kA 槽、年产 30 万吨的铝电解系列安装槽数为 288 台。

21.1.1.2　多功能天车台数

电解多功能天车（pot tending machine，PTM，本书第 19 章已有详细介绍）

是电解铝生产的主要操作设备，负责完成或协助完成的整个车间电解槽的操作，主要功能包括：

（1）阳极更换。打开残极周围的电解质结壳，换下残极组，并且记录残极底掌高度的位置；清理残极移出后，空位上电解质中的沉淀及浮渣块；安装新阳极，并且保证新阳极底掌高度与换下残极底掌高度相同；装运阳极保温料（破碎电解质或新鲜氧化铝），并且为更换好的新阳极组添加保温料。

（2）氟化铝加料。装运氟化铝，并向电解槽上的氟化铝料箱中添加氟化铝（有时候由专用氟化盐车完成）。

（3）出铝。协助完成电解槽出铝作业，显示、记录和累计出铝量。

（4）协助完成阳极母线转接。负责从车间通道吊运阳极母线转接框架提升器至电解槽上，协助完成阳极母线转接作业。

（5）协助完成电解槽大修。完成电解车间内电解槽安装和电解槽大修时上部结构及槽壳吊运（必要时两台联合作业）工作。

作为电解槽的主要操作设备，多功能天车的台数关系到电解车间的各项操作能否得到有效的保障。一般来说，需根据完成上述操作的时间要求和作业制度，兼顾天车的实际运转率进行计算选择。文献［2］给出了电解槽完成各项操作所占用的详细时间数据参考值，生产中实际情况差异很大，主要考虑如下几个项目来进行计算：

（1）更换阳极作业时间。设系列安装槽数为 N_0，每台电解槽阳极数为 N_a，阳极使用天数（更换周期）为 D_a，每更换一组阳极所需时间约为 t_a（单阳极组取 15min），则每天阳极更换所需时间 T_a 为：

$$T_a = N_0 \frac{N_a}{D_a} \times t_a \tag{21-5}$$

（2）出铝作业时间。每台电解槽每天需出铝一次，每次出铝时间为 t_c（一般为 10~15min），则每天出铝所需时间 T_c 为：

$$T_c = N_0 \times t_c \tag{21-6}$$

（3）抬母线作业时间。电解槽抬母线作业是由阳极大母线上提升机构的行程来决定的，假定抬母线周期为 D_L 天（行程 400mm，抬母线周期 18 天），每次抬母线作业需占用天车时间为 t_L（25~30mm），则每天抬母线作业所需时间 T_L 为：

$$T_L = \frac{N_0}{D_L} \times t_L \tag{21-7}$$

（4）氟化铝加料作业时间。根据电解槽上氟化铝料箱的容量设置，假定每 D_F 天（一般为 7 天）向电解槽添加氟化铝一次，每次加料需占用天车时间为 t_F（约 10min），则每天作业所需时间 T_F 为：

$$T_F = \frac{N_0}{D_F} \times t_F \tag{21-8}$$

（5）其他作业。其他作业包括抬包准备、天车装料、病槽处理等，按照一天 3 班，每班其他作业考虑占用时间为 100~120min，则每天需时间 T_r 为 300~340min。

因此，根据以上多功能天车总作业时间，电解车间需安装多功能天车台数 n_{PTM} 计算：

$$n_{PTM} = \frac{T_a + T_c + T_L + T_F + T_r}{1440 \times \gamma_{PTM}}$$ (21-9)

式中，γ_{PTM} 为多功能天车作业效率（一般取 50%~60%，进口天车 75%）。

以 400kA 槽型年产 300kt/a（$W = 300000t/a$）为例。安装电解槽总数 288 台，电解槽阳极组数为 40 组，则：

（1）假定每次同时更换两组阳极，每次换极时间取 20min，每天阳极更换时间：$T_a = 288\frac{40/2}{30} \times 20 = 3840min$。

（2）出铝每次时间取 15min，每天出铝时间：$T_c = 288 \times 15 = 4320min$。

（3）抬母线作业每次时间取 30min，每天抬母线时间：$T_L = \frac{288}{18} \times 30 = 480min$。

（4）氟化铝加料时间：$T_F = \frac{288}{7} \times 10 = 411min$。

因此，取多功能天车作业效率 60%，则多功能天车台数为：

$$n_{PTM} = \frac{3840 + 4320 + 480 + 411 + 360}{1440 \times 0.6} = 10.89（台）$$

取 11 台。考虑电解车间配置一般为双数，故设计多功能天车台数应取 12 台。

21.1.2 电解车间配置

电解车间是电解铝厂最主要的生产车间。由于电解槽由直流回路串联而成，因此电解车间布置一般都按双数排电解槽排列。早期的自焙槽或小型预焙槽多采用纵向排列（end to end），通常一个系列两排槽为一个回路配置在同一厂房内（有时 4 排布置在两栋厂房），电解槽槽沿板以下部分位于操作面以下的地坑内，成为"地坑式"结构；现代大型槽一般采用横向排列（side by side），厂房多为两层楼结构，一楼安装电解槽阴极装置和阴极母线，二楼为操作地坪，操作地坪为混凝土楼板、槽间地坪设有通风格子板。我国自贵铝引进工程以后，基本都采用了"二层楼"的厂房结构。本书主要讨论横向排列的大型预焙槽生产车间的配置设计。

大型预焙槽车间每栋厂房内安装有一排电解槽，每台电解槽配有槽控机，并有集中的控制室。车间内设有氧化铝和氟化盐输送向电解槽供应原料。为完成车间内打壳、加料、更换阳极和出铝等工作，每栋厂房均安装一定数量的多功能天车。车间内设有压缩空气管道，为槽上气控设备和出铝提供压缩空气作为动力。

横向配置的大型预焙槽车间，为了尽可能减少占地面积，在平面配置上应尽可能紧凑，电解车间配置设计的主要条件应满足：

(1) 电解槽槽排为双数，并形成回路。一般每栋厂房内配置一排电解槽，两排电解槽之间的距离（列间距），即电解厂房之间的距离越小越好。

(2) 整流供电系统位于电解厂房的端头。

(3) 氧化铝输送和连接净化系统烟气管道尽可能短。

(4) 为满足车间运输机操作要求，电解厂房内应分区设计。

21.1.2.1　车间配置形式

根据上述的基本设计条件，电解车间的基本配置有两种形式。

A　方案 A

预焙槽发展的初期（电流强度 120~180kA），由于当时系列的规模还不是很大，一般在 80~100kt/a 范围内，电解槽列间距较小（20~25m），因此可以将电解厂房设计为多栋配置的形式，如图 21-3 所示。整流车间与净化系统分别配置在电解厂房的两端，由于电解槽多排配置，一个系列的厂房长度相对较短，可以保障从电解槽到净化系统的排烟管道和从净化系统到电解槽的氧化铝运输距离不会太长。

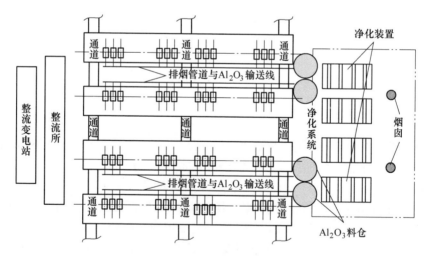

图 21-3　电解车间配置（A 方案）

方案 A 的配置方案在我国最早由贵铝 160kA 日本引进工程采用，系列产能 80kt/a，共安装 208 台电解槽，车间厂房采用全钢结构，跨度为 20.5m，多功能机组轨距 19.5m，厂房之间的距离为 25m，由端部两个通道与中间通道将整个车间分为 8 个区，每个区 26 台电解槽；氧化铝输送采用电动小车方案，专门设计的轨道小车自动从设置在厂房端部的含氟 Al_2O_3 接料，并逐次送入设置在厂房侧壁上每台电解槽端部的壁料箱（容积为 5t）内；AlF_3 的加料方案采用了集中配料的方式，即在厂房端部设置专门加料点，用斗式提升机直接将 AlF_3 打入载氟 Al_2O_3 料仓内，与载氟 Al_2O_3 混合后由电动轨道小车送至电解槽。这种配置在后来的翻版电解铝工程青海铝厂 200kt/a 与贵州铝厂第二个 80kt/a 工程中采用，所不同的是电动小车的 Al_2O_3 输送方案再也没有使用过。

方案 A 配置除了满足基本设计要求以外，主要优点是厂房设计紧凑，便于管理。

B 方案 B

随着电解槽容量和工业电解铝系列规模的增大，一是磁场的影响越来越受到关注。研究表明，相邻电解槽由于巨大的电流对邻排电解槽造成的磁场影响越来越显著，由于产生的这种磁场主要为垂直磁场分量，并且呈非对称分布，成为影响电解槽的磁流体力学特性和稳定性的重要因素。为了削弱这种影响，在配置上就必须拉大电解槽槽排之间的距离。二是由于系列槽数不断增加，厂房长度继续延长，必然使烟气净化管道和氧化铝输送的运输距离加长，不再具有经济性方面的优势。如果增加厂房的数量（比如增加到 6 栋厂房），虽可以缩短厂房距离，但更多的厂房意味着与整流所的相应宽度方向拉得更大了，这样整流母线的长度会大大增加，也会造成投资和电耗的增加。

因此，继续采用方案 A 显然会大幅度增大电解车间的占地面积，必然影响铝厂的土地使用效率和整个铝厂经济性。因此，一种新的设计模式成为全世界铝厂的必然选择，即拉大厂房间距，采用两栋厂房组成一个系列的模式，将氧化铝储运设施、烟气净化系统（GTC）配置在电解厂房之间，使该部分空间得到有效利用，即方案 B，如图 21-4 所示。

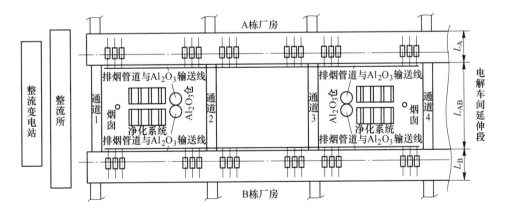

图 21-4 电解车间配置（方案 B）

方案 B 至今已成为电解车间的典型设计，一般情况下，两栋厂房（A、B 栋）之间的间距 L_{AB} 在 40m 以上，随槽型容量增加有所增加。厂房跨度 L_A/L_B 一般在 21~33m，具体跨度与电解槽的槽型有关。如 160kA 槽为 21m，320kA 槽一般为 27m，400kA 槽一般为 30m，500kA 槽一般为 33m；车间通道一般考虑为两跨厂房，跨度为 12~13m；净化系统设计最好按电解槽的槽数分区设计，但有时也跨区布置，即净化系统的设置不一定与每个区对应。电解厂房可以按照一定分区模数延伸，一个标准的电解系列（按照经济规模）电解厂房总长度可达到 1000~1200m。

21.1.2.2 电解车间的分区（段）设计

电解车间一般都是分区（段）设计的，从最早的自焙槽到现代大型预焙槽，分区设计是铝电解车间配置的基本特点。它主要基于如下几个原因：

（1）便于设计管理。一般情况下，每个区按照电解槽的数量，配备一定的设备、人员，安排生产调度计划，烟气净化与物料供给系统也相应独立配置，有利于生产管理。

（2）便于车间运输和检修。按区设计的车间通道，便于在通道位置安排设备检修区，如多功能天车检修、装料，上部结构临时检修等，阳极母线提升框架一般放置在车间的中间通道位置，以便于每个区使用时有多功能天车吊运；区与区之间的通道为车间运输通道，便于车间运输。

（3）从系列启动和停槽安全、经济角度考虑。电解车间中间过道下，一般设计有中间过道临时母线，方便电解槽启动时分区短路，即由整流所端逐步启动，先启动两栋厂房最靠近整流所端的两个区的电解槽，此时，设置在第二个通道下的临时短路母线短路，电流将不通过其区的电解槽，这样对电解车间的管理带来了极大的便利。除了减少电流通过其他区电解槽增加的电能消耗以外，在个别槽出现事故的情况下，尤其是远离整流所端的电解槽事故时，可以分区短路，尽可能维持其他电解槽的正常运行，从而减少停槽损失。

电解车间分区（段）设计主要包括以下主要内容：

（1）电解槽的数量应与净化系统匹配。按照每个区电解槽数量考虑，设置满足净化系统的处理能力的净化装置应在电解厂房之间的空间内合理布置，当然根据槽型不同尽可能一个区配置一套净化系统，便于简化设计、有利管理，但也可以两个区配置一套，有时三个区配置两套，取决于净化系统的合理规模与电解槽数的匹配关系。目前，一个系列大多采用三套或四套净化系统。

（2）应考虑超浓相输送的距离。每个区电解槽数的选择要考虑到氧化铝输送的距离，应当在超浓相输送的有效输送长度范围内。一般来说，每个区的电解槽数最多不超过 40~45 台。

（3）满足多功能天车的操作需要。为电解车间操作需要的多功能天车，能够均匀分配在各个区内。有时为了减少设备投资，设计上会选用普通双钩天车完成出铝、抬母线等作业，以减少多功能天车的工作量，这时需要考虑在一个区内设置多台（两台或两台以上）天车运行时相互干扰的问题，而且在一台天车检修时还能够保障车间电解槽的作业不受影响。

合理分区和设置通道还能够避免天车在轨道上相互阻挡（俗称"赶鸭子"）的情况出现，当一台天车出铝时，另一台天车正在更换阳极，出铝天车可以往另一个通道运输抬包，保证作业不受影响。

（4）临时短路母线的设计。中间过道设置的临时短路母线，虽称为"临时"母线，但也不应随意取消，正确的理解为"临时使用、永久设置"，有个别铝厂取消了该临时母线，给生产造成了很大的被动。临时母线的电流密度可以高于经济电流密度，取铝母线经济电流密度的2倍左右（不大于0.7A/mm²）。

中间过道临时短路母线的短路口设计是十分重要的，其安全性应当引起足够的重视。由于该短路口两端的电压较高，一般第一个中间过道（靠近整流所端）母线短路口两端电位差要大于300V以上，此后的第二个、第三个过道母线按该值成倍数增加。因此，这个电压等级需要区别于电解槽周围母线短路口（约4V），设计为双压接口，而且中间连接组件的长度应大于1m，如图21-5所示。

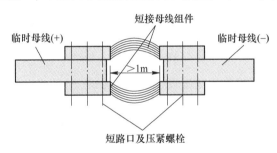

图 21-5　临时母线短路口设计

临时短路母线在短接操作时，应按照如下要求进行：1）应在确认系列停电的情况下，无负荷操作；2）短接母线组件在断开状态时，应借助工具移开端接口位置一定距离（2m以上），妥善放置，不应放在原位以绝缘板隔离的方式断路，这是十分危险的；3）在系列带电的情况下任何时候在短路口周围操作都应该格外谨慎，避免操作工具、测量工具等导电物品同时碰触临时母线的两端。实际生产中，中间过道临时母线短接口设置或操作不当发生事故的情况并不罕见。

（5）电解车间运输与厂房宽度分区设计。电解车间需要各种车辆通过，以便于完成车间主要运输任务。根据规范要求，电解车间属于高温车间，运输车辆不允许使用易燃的汽油作为燃料，因此电解车间的主要运输车辆一般均采用柴油燃料。

1）车间运输通道设计与地坪负荷。不同车辆通过区域需要考虑设计合适的宽度尺寸和地坪负荷，车间端头与中间过道通廊，通廊宽度一般选择两个柱距的宽度，车间内通道处通常还会预留两台电解槽（两个柱间距意味着车间通廊位置一般有 4 台槽距离）的位置，用作多功能天车运行及加料、维修区域、阳极框架提升器摆放区，同时也是各种车辆经过的区域。其中最大对地荷载为铝抬包搬运车，5t 抬包车设计地坪负荷按 $4.5t/m^2$，土建设计还需考虑最大轮压、轮距及前后轴的轴距。

电解槽出铝端沿车间长度方向为车间内的运输通道，主要运输车辆为阳极搬运车，设计地坪负荷 $2.8t/m^2$，根据不同阳极托盘和阳极质量决定车辆轮压荷载。电解车间车辆通过区域如图 21-6 所示。

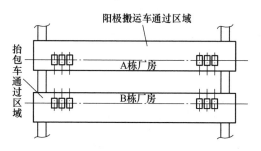

图 21-6　电解车间车辆通过区域

2）电解槽出铝端通道的宽度设计。如图 21-7 所示，出铝端（TE 端）通道宽度 W_{TE} 主要为阳极搬运车的行走区域，该通道靠近厂房柱子的区域，一般设置为阳极托盘的摆放区 W_{TE1}，因此在有阳极托盘放置并且托盘上为新阳极时，要保证阳极拖车能够正常通行；同时该通道还是多功能天车出铝时需要占用的操作空间 W_{TE2}，应使出铝抬包能够顺利完成出铝作业。由于此时抬包作业占用的空间大于拖车通过的宽度，因此 W_{TE2} 是由出铝作业决定的。出铝端通道宽度为：

$$W_{TE} = W_{TE1} + W_{TE2} \tag{21-10}$$

托盘存放区的宽度一般考虑为：

$$W_{TE1} = W_{AB} + A \tag{21-11}$$

式中，W_{AB} 为阳极托盘的宽度，m；A 为阳极托盘与厂房柱之间的距离，与阳极拖车结构设计有关，一般应大于 0.5m，应考虑阳极拖车能够顺利取放托盘的安全距离。

有时在出铝端通道上不设置阳极托盘摆放区，而是采用阳极/残极随用随运的操作流程，如法国 AP 的 G 系列，这样做的好处是可以减少电解厂房的跨度（2.5m 以上）。

3）电解槽烟道端通道距离设计。在电解槽烟道端（GE 端）通常设置有操

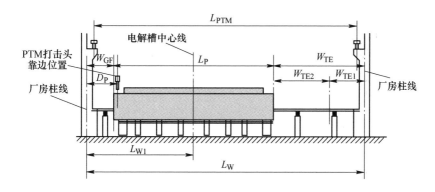

图 21-7　铝电解槽两端通道宽度设计

控箱和槽上压缩空气控制系统的气控箱等，槽端部至厂房柱子的距离 W_{GE}，除了考虑操控箱、气控箱的合理设置和人员通过以外，主要由多功能打壳机头靠边位置决定，也就是说多功能天车打壳机头在端部的极限位置 D_P，要能够达到电解槽腔最端部的位置（小面加工面），以满足完成位于烟道端最端部的阳极更换时的打壳操作，如图 21-7 所示。因此：

$$W_{GE} = D_P - B \tag{21-12}$$

式中，B 为多功能天车打击头处于极限位置时，且对应端部加工面中点（粗略定位）至电解槽端部外缘的距离。

4）电解厂房跨度与电解槽的安装位置确定。根据上述电解槽两端沿电解厂房纵向通道的设计要求，分别计算出 TE 端和 GE 端通道的宽度后，电解厂房的跨度 L_W 即可计算为：

$$L_W = W_{TE} + W_{GE} + L_P \tag{21-13}$$

式中，L_P 为所选电解槽的长度。

因而，电解槽横向中心线至 GE 端厂房柱中心线的距离 L_{W1} 为：

$$L_{W1} = W_{GE} + L_P/2 \tag{21-14}$$

根据 L_{W1} 即可确定电解槽横向的安装位置。

21.1.2.3　槽间距的选择

槽间距的概念为相邻两台电解槽中心线之间的距离（D_{CP}），是电解车间设计的重要参数，由于电解槽成排串联配置，一个系列的电解槽数量又较多，因此槽间距对电解厂房的长度、母线用量、占地面积及系列的投资影响很大，因此从理论上讲槽间距越小越好。但是，槽间距并不是可以随意减少的，为了设计规范化，并且使电解槽方便地与辅助系统连接和安装，在设计中应尽量使槽间距与电解厂房纵向柱距与槽间距保持一致，模块化的设计大有好处。

槽间距的大小首先与电解槽宽度关系密切，电解槽的宽度由以下因素决定：

电解槽阳极块的长度；加工面、阳极中缝尺寸；电解槽侧部内衬厚度（碳化硅或普通炭块）；槽壳钢结构件，即电解槽上部围带的宽度或摇篮架尺寸，一般摇篮架最大尺寸与上部外缘的尺寸相等。

当电解槽的槽型选择确定以后，影响槽间距的因素有以下几方面：

（1）母线的配置与磁场补偿。一般情况下，现代铝电解槽由于磁场补偿的原因，采用了大面进电母线配置，母线结构十分复杂，在有限的空间内，立柱母线及槽周的阴极母线被十分紧凑地布置在两台槽之间，合理布置母线常常能够决定电解槽之间的空间要求。许多人通常会认为，磁场是决定槽间距的主要因素，但这只是母线配置和磁场补偿概念的笼统概括。事实上，大量的磁流体动力学仿真实践证明，只要按照磁补偿要求设计的母线能够合理设计，缩短槽间距并不会影响磁场补偿的效果，反而是母线的几何尺寸更为重要。

（2）电解槽正常操作要求。电解槽的操作，主要体现在满足阳极更换作业所要求的操作空间。贵铝引进的160kA电解槽采用两端进电母线配置，相邻电解槽之间的母线结构相对来说是简单的，但该槽的槽间距设计为6.575m，就是由当时的第一代多功能天车（PTM）决定的，由于驾驶室为低位，连同悬臂式打壳机，根据更换阳极使得最小操作空间计算确定得到该槽槽间距为6.575m；在第二代PTM开发以后，由于驾驶室抬高，阳极更换对槽间距影响大大减小。

（3）短路口操作。实际上，对于大面进电而言，电解槽短路口一般设计在立母线的下方位置，为了满足短路操作要寻求，在一定程度上要影响槽间距。当然，一般在母线设计时需统一考虑设计。

（4）施工及修理。除此之外，电解槽施工、内衬大修、特殊情况下的检修，如侧部漏槽修补、母线修复等也需要适当考虑，要留有合适的操作空间。

我国电解槽槽间距的发展过程随着电解槽的发展、母线设计和多功能天车（PTM）设计的改进。我国大型槽槽间距变化与国外的对比见表21-1[3]。

表21-1 我国大型槽槽间距变化与国外对比

槽型	160kA槽"日轻"	180kA试验槽	280kA试验槽	186kA云铝电解槽	280kA焦作万方电解槽	400kA中孚实业电解槽	AP-30 G系列电解槽	155kA Kaiser电解槽
槽间距/m	6.575	6.575	6.575	6.0	6.0	6.4	6.0	5.5

从表21-1可以看出，在我国大型槽开发早期，由于对槽间距理解不透，对日本引进的先进技术设计的关键参数不敢轻易改变。在20世纪80~90年代开发180kA和280kA大型铝试验槽时，仍然保留了6.575m的槽间距。

此后随着大型槽技术的推广应用，在20世纪90年代末设计的云南铝厂技术改造项目180kA和焦作万方280kA电解槽示范项目时，针对项目利用原有自焙槽厂房进行改造的特点，作者在设计时，结合采用第二代高位驾驶多功能天车和老厂房 6m 柱距的实际情况，大胆对母线结构进行了优化，将槽间距压缩到 6m，这使得整个电解车间改造的工艺配置，如电解槽排烟管道、氧化铝输送及车间管网、槽控机配置大大简化，使老电解厂房得到了有效的利用，也使我国电解槽的槽间距设计达到了国际水平。此后随着电解槽容量的继续增大，建成的 500~600kA 超大型电解槽采用了更长的阳极长度（由 1450mm 增大到 1800mm 以上），槽间距在此后也继续有所增大（为 6.4~6.6m）。

21.1.2.4 电解厂房结构

电解车间是典型的热车间，电解槽内温度高达 900~1000℃，电解槽输入的电能约 50% 都以热的形式散发在厂房内的环境中。如 200~350kA 的电解槽，其散热量为 1.1~2.0GJ/h。每个电解厂房布置的电解槽多达百余台，散热强度达到约 200W/m^2。车间内的大量余热会恶化作业环境，必须通过有效的通风措施。

A 车间通风

现代大型槽的生产厂房普遍采用自然通风的二层楼结构，电解槽的上口炉膛操作面安装于二层楼的操作面以上，电解槽槽体安装在二层楼以下的地坪以上的混凝土基础上（地坪经过绝缘处理）。槽体位于操作面以下，所散发的热量靠电解槽之间自然通风带走；操作面以上电解槽内的热量一部分随烟气排出，另一部分通过密闭罩板或操作时辐射热的方式散发到电解车间内。自然通风主要以电解槽散热所产生的热气流压差为动力，使工作区的余热和有害气体快速扩散。目前电解厂房自然通风形式有排风天窗和自然通风器两种形式，如图 21-8 所示，这种厂房结构可满足电解厂房换气次数大于 40 次/h 的要求。

根据设计要求，电解槽集气效率需达到 98% 以上，此时车间内空气中的 HF 浓度增加值即工作场所空气中的 HF 浓度减去车间以外环境空气中的 HF 浓度，一般可控制在 0.3mg/m^3 以下。通常车间外氟化物浓度小于 0.2mg/m^3，车间内氟化氢浓度可低于 0.5mg/m$^{3[2]}$。

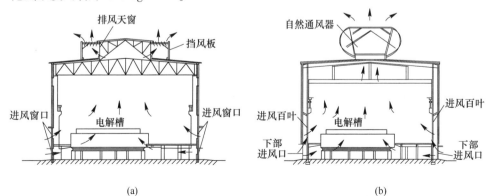

图 21-8 电解厂房结构

（a）排风天窗通风；（b）自然通风器通风

B 二层楼标高

电解厂房二层楼标高的选择依据主要是电解槽槽体的高度尺寸和电解车间生产对通风换气的要求。二层楼结构的优点除了有利于改善车间通风条件以外，保持操作面以下一定的高度空间还有利于进行电解槽下物料的清理、操作工人巡检行走及便于对电解槽进行必要的观测和检测等。车间通风设计可通过流体力学模型进行计算机仿真，以确保达到通风要求。为了适应不同地区和不同季节的通风特点，二层楼操作面以下设计为可调节的通风窗。

显然适当抬高二层楼标高是有好处的，但会增加厂房的投资。160kA 预焙槽的二层楼标高为 2.4m，此后，由于电解槽容量与电解槽槽体不断增大，二层楼的标高也相应有所增加，如 320kA 槽以 2.6~2.8m 为宜，500~600kA 槽二层楼标高达到 3.2m 以上。

C 多功能天车（PTM）安装

电解车间多功能天车（PTM）安装的高度是由电解槽最高点标高（即提升机构螺旋、阳极母线框架提升器底座或打壳气缸顶部三者中最高点），加上车间所需吊运物的最大高度尺寸（上部结构、母线框架提升器和槽壳三者最高者），再加上考虑 PTM 吊运通过时与上部厂房土建梁之间和吊运物与电解槽最高点之间留有规范允许的安全距离，一般为 150mm。

L_{PTM}多功能天车（PTM）轨道中心线距离，根据工业建筑规范，一般为厂房跨度 L_W 减去 1.5m。

21.1.2.5 电解槽大修方式设计

电解槽大修一般有两种方式：一种为我国常用的就地大修方式，主要是采取电解槽停槽后在原位就地大修，自 20 世纪 80 年代贵铝引进技术以来，大部分采用这种大修方式；另一种是 21 世纪初借鉴国外模式发展起来的一种大修方式，即异地大修方式，电解槽被运输到专门的大修车间内完成大修工作。

A 电解槽就地大修方式

电解槽停槽时，通过短路停槽后，经过冷却、移除上部结构、刨炉和槽结构修复，然后就地备料、就地筑炉，再恢复安装上部结构，从而完成槽内衬的大修。电解槽就地大修的优点是大修成本低、作业方便。其缺点是：（1）大修周期 30~40 天，大修槽在系列中长时间占用生产槽位，降低了铝厂的产能，增加了短路母线电能消耗；（2）车间大修作业环境差，不利于处理施工过程烟尘污染；（3）施工过程受车间环境的影响，由于磁场作用和作业空间限制，焊接困难，不利于机械化作业，劳动强度高。

就地大修工艺一般制定的开槽和停槽作业时序见表 21-2。

表 21-2　电解槽就地大修作业周计划安排

时间周期	第一周	第二周	第三周	第四周	第五周	第六周
作业	停槽、冷却	拆槽、清槽	刨炉、内衬拆除	槽壳修复	筑炉施工	装炉、开槽

我国就地大修普遍采用人工刨炉、修槽和筑炉作业，使用的主要机械工具一般为风镐和分裂机等，因此导致电解槽停槽时间长；国外一些电解铝厂采用就地大修方式配合槽内衬刨炉和筑炉的机械化作业，电解槽从停槽到开槽时间可缩短至 28 天左右。

B　电解槽及 PTM 易地大修工艺设计

电解槽的易地大修技术是近年发展起来的一种槽大修工艺，这种大修方式被称为易地大修或离线筑炉（pot relining out-of-line）技术，在国外最初采用该技术是基于环保原因。从 21 世纪初开始我国部分铝厂（如四川启明星、山西华泽等铝厂）开始采用这种大修工艺方案（见图 21-9）。

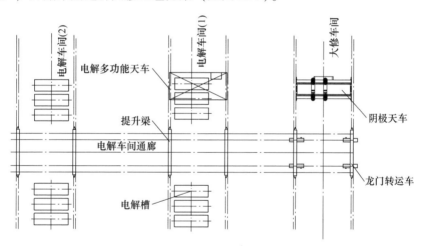

图 21-9　电解槽异地大修工艺示意图

由于阴极装置整体重量（包括阴极内衬及吸收物、槽壳及槽内电解质、铝液残留）远超过 PTM 多功能天车的吊运能力，因此需设计专用的阴极装置搬运天车来完成搬运作业，同时电解厂房的轨道荷载也需要做相应的加强。专门设计的集中修理的起吊及运输系统可以满足电解槽大修和电解多功能机组大修的转运任务，系统包括阴极搬运天车、龙门转运车、天车轨道提升梁和专用吊具。龙门转运车停放在电解车间大修运输通廊，阴极搬运天车和专用吊具安放在电解槽集中修车间，具有升降功能的天车轨道提升梁安装在电解车间，如图 21-10～图 21-12 所示。

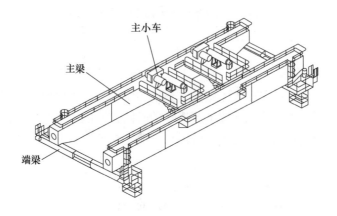

图 21-10 专用阴极组搬运天车

当有需要大修或大修完毕的阴极装置需要吊运时，天车轨道提升梁升起，龙门转运车进入车间代替天车轨道提升梁，阴极搬运天车的吊钩通过专用吊具将需要大修的阴极装置吊起并运至中间过道的龙门转运车上，龙门转运车将阴极搬运天车、专用吊具、阴极装置整体转运到电解车间或电解槽集中大修车间炉修工段。

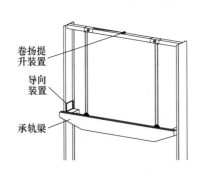

图 21-11 可提升的天车轨道梁

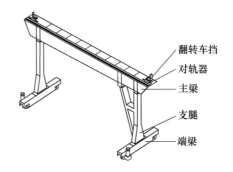

图 21-12 龙门式转运天车结构（1/2）

需要维修或维修完毕的电解多功能机组也可由龙门转运车转运到电解车间或电解槽集中修车间机修工段。

电解槽易地大修主要包括大修槽的移位过程与大修过程两个独立工序，由此可实现电解系大修槽和新槽的快速周转，并缩短大修周期，较适合于大型电解铝厂达到增产、提高机械化作业水平及满足严格环保政策的需求。另外，易地大修车间内一般还同时设置有电解多功能天车及槽上部结构修理多种功能，缺点是增加了转运设备和电解厂房的一部分土建投资。

21.2 其他生产车间设计

21.2.1 供电整流车间

铝厂的供电整流车间是整个铝厂主要能量的来源，是铝厂的"心脏"，因而供电整流对电解铝厂而言是非常重要的。供电整流车间的设计、设备选型涉及供电负荷的安全、稳定和高质量的运行。

21.2.1.1 供电等级及供电质量要求

A 电源负荷等级

电解铝生产电能消耗较大，而且对供电负荷的连续性和稳定性要求极高。生产过程中，一旦发生电解槽断电将造成电解液/铝液在槽中冷却凝固，将会给企业造成重大经济损失和严重的设备损坏。根据《供配电系统设计规范》有关电力规范规定，根据企业电力负荷在国民经济中的地位，对供电可靠性的要求和中断供电所造成的损失或影响及危害程度分为三级：

(1) 一级负荷。中断供电将造成人身伤亡；导致生产中断将造成重大经济损失和重要设备的严重损坏；将影响有重大社会、经济意义的用电单位的正常工作。

(2) 二级负荷。中断供电将在社会和经济上造成较大损失，如主要设备损坏、大量产品报废、重要企业大量减产等；中断供电将影响重要用电单位的正常工作。

(3) 三级负荷。不属于一级和二级的电力负荷。

因此，电解铝厂全厂95%以上的负荷属于一级负荷。为保证不间断连续供电，一般要求设计两个独立的供电电源，即任一电源的容量负荷都应保证除全部一级负荷或部分二级负荷的用电需求。

当地区电源条件困难或采用由两个独立电源供电在技术经济上不易满足时，也可采用两个电源引自同一个供电站的不同母线段，且该供电站为重要的枢纽变电站。

B 外部供电电压选择

电解铝厂外部供电电源的电压等级，应根据铝厂系列负荷大小（即系列建设的规模）和供电电源到铝厂整流所的距离等条件确定。一般铝厂常用主接线110kV、220kV电压供电，对特大型电解铝厂，在外部电网允许的情况下可采用330kV电压供电。

对于建设规模在100kt/a及以下电解铝厂的供电系统，当企业无未来扩建需求、且与电源点（发电厂或地区变电站）距离较近时（3~5km或以内），可优先选择 110kV 电压供电；对于建设规模 100kt/a 及以上电解铝厂的供电系统，用电负荷大或有负荷发展需求，且距离发电厂或地区变电站较远时，经技术经济比较，应优先选择 220kV 或 330kV 电压供电。具体情况还要考虑当地电网的电压，并参照有关规定或规范进行选择。

为了降低用电成本，我国有部分电解铝企业拥有自备电厂，特别是结合煤资源或水电资源的优势，实现了铝电一体化或煤电铝一体化。自备电站的装机规模和建设规划应与电解铝厂的总体规划协调一致，自备电厂选址应尽量靠近电解铝厂并需与当地电网联网，以满足自备电厂机组检修时所需的备用容量。通常采用的供电方式为：工作电源引自自备电厂，一般引两路电源，另外从当地电网引一路电源作为铝厂的备用电源。

21.2.1.2 供电整流车间配置设计

A 供电整流车间配置原则

供电整流车间的配置设计应遵循以下原则[2]：

（1）变（配）电系统与整流机组配置设计应一体化考虑，整流变压器与整流机组一般呈一一对应的配置，采用电解系列（直流）用电与全厂动力用电一并解决的方案。

（2）铝电解厂整流所应紧靠电解车间布置，以节省占地和铝母线用量，降低母线电能损耗，一般距离以 10~12m 为宜。

（3）电解铝厂应结合电解工艺经济规模（建设规模和槽型选择）和场地条件，尽量增加单系列槽数，提高系列整流机组输出侧的额定输出电压，以提高整流效率。

（4）为了保证铝电解生产的稳定性，整流机组设计应具有较高的稳流精度（单机组±0.4%，系列±0.2%）。机组在一定时间内（1min）应能承受 150% 的电流过载能力。

（5）整流机组的组数一般采用"$n+1$"（即 n 台工作，1 台备用），以便于机组检修时保证正常供电，实际运行时也常采用热备用方式（即全部机组）。单机组输出电流一般不宜过大或过小，以 4+1、5+1 和 6+1 最为常见，超大电流电解槽（500kA 以上）应选择尽可能大的单机组电流，以减少机组安装数量。

（6）供电系统中，为了保证整流机组构成完整的脉波数，电解系列的所有整流机组应运行于同一段母线上。

（7）全厂动力用电包括整流所自用电系统，正常运行时应单独接于另一段母线上，以便当整流机组故障引起电解系列停电时，仍能保证全厂动力和整流所自用电系统的运行。

（8）整流所应配置在电解铝厂的厂区上风向，以减少电解车间有害烟尘对电气设备绝缘及环境的影响。

（9）考虑到铝电解槽的反电动势作用（为 1.35~1.75V），整流装置的安装接地应防止在直流回路有较大泄流情况时，发生严重接地故障引起反电动势向故障点提供较大电流。

（10）供电整流车间直流母线的绝缘设计一般取系列电压的 10 倍。

B　整流机组额定直流电压的选择

整流机组额定电压的选择对于满足电解生产需要非常重要，同时系列整流供电电压的高低与整流效率有密切的关系，一般来说，额定电压与整流效率的关系可用表 21-3 表示。电解铝生产中，整流机组的实际运行电压与额定电压之间应尽可能保持一定的比例关系，额定电压富余过高大或过小都不好，过大会增加机组的投资，过小则不能满足最大负荷需求。

表 21-3　整流机组直流输出额定电压与整流效率的关系

额定输出电压/V	200~400	400~600	600~800	800~1500
整流效率/%	94~96	96~97.5	97.5~98.5	98.5~99

系列直流电压（机组额定电压）选择需要根据电解系列的安装槽数、电解槽工作电压、电解槽阳极效应参数、电解车间及其与整流机组之间的母线设计参数进行计算：

$$U_{额定} \geq U_{系列} + n_i \times U_{AE} + \Delta U_{bus} \tag{21-15}$$

式中，$U_{额定}$ 为整流机组额定电压，V；$U_{系列}$ 为无阳极效应时的电解总压降，为平均槽电压乘以系列安装槽数，V；n_i 为预定的调压制度所确定的阳极效应同时发生的个数，可通过阳极效应发生概率计算，一般系列总槽数 $N>100$ 台时，$n_i = 2$，当 $N>200$ 台时，$n_i = 3$；U_{AE} 为阳极效应槽电压升高值，一般取 35V；ΔU_{bus} 为电解车间及整流所母线电压降，一般取 5V。

对于整流机组设计选型来说，直流额定电压应满足：$U_{额定} \geq$ 系列最大电压>系列平均电压。因此，根据系列设计条件可得系列最大电压 U_{max}：

$$U_{max} = n_1 U_c + n_i U_{AE} + \Delta U_{bus} \tag{21-16}$$

系列平均电压 U_{ave}：

$$U_{ave} = n_2 U_c + (n_1 - n_2) U_{cr} + n_i U_{AE} + \Delta U_{bus} \tag{21-17}$$

式中，U_c 为电解槽平均工作电压（系列槽电压表平均电压值），V；n_1 为电解系列安装电解槽数；n_2 为电解系列正常生产的电解槽数（扣除大修槽）；U_{cr} 为电解槽停槽电压降。

根据式（21-15），整流机组的直流输出额定电压通常根据 U_{max} 计算结果，然后参考机组电压等级选择最接近的额定电压值。

C 供电整流负荷计算

依据电解车间工艺设计参数和上述计算结果，电解系列的用电负荷可按下式计算。

系列平均有功功率 P_{ave}:

$$P_{ave} = \frac{I \times U_{ave}}{\eta}$$ (21-18)

系列最大有功功率 P_{max}:

$$P_{max} = \frac{I \times U_{max}}{\eta}$$ (21-19)

式中，I 为系列电流，A；η 为整流效率。

D 供电整流车间配置

供电整流系统配置设计不仅仅是电力专业的工作，而且需要结合土建、通风、水道、热工等各专业领域的最优化，同时也与设备制造和安装水平密切相关[4]。良好通风冷却直接关系到整流设备的出力，土建结构的合理设计关系到整流所的运行与检修。一个好的供电整流系统设计方案不仅可以减少投资和占地面积、便于施工，而且对提高供电安全性、减少电耗、延长检修周期有着重要的作用。

目前我国大型铝厂的电解系列向高电压、大电流方向发展，因而对电解铝的主要供电设备（如整流机组等）提出了高可靠性、高节能、高智能化控制的新要求。由于当前整流设备制造技术水准的提高，110~330kV 直降式分箱合体式整流变压器结构形式的出现，整流机组单机容量也越来越大，加上对同相逆并联连接方案的重视和采用，使得国产化整流变压器成套装置得以逐渐推广。另外，大型整流装置不断采用新的技术和新的结构形式，如大功率二极管的普遍采用，高电压、大电流可控硅组件的迅速发展，整流装置冷却方式和介质种类的不断革新等。这一切都给整流所配置设计带来了新的模式和新的改进，因而整流所的配置方案也在不断变化和完善之中。

供电整流车间设计包括开关站、整流变压器和整流机组三个部分。

（1）开关站设计。开关站的设计有露天开关站、室外 GIS（封闭式组合电器）、户内式的开关站三种方案。大型铝厂的 110~330kV 开关站配电装置，在总体配置中应与整流所分开，一般设计有一定的隔离空间。但在布置紧凑合理和方便整流变压器检修及运输的条件下，与整流变压器之间的距离应尽可能缩短。

对于 110~330kV 开关站沿整流所长度方向的布置，一般主结线为双母线系统，馈线间隔中心线与整流机组中心线基本一致，以最短距离采用组合导线等方式向整流变压器网侧供电，并且各机组单元从交流侧到直流侧都自成独立系统。系统配置清晰整齐，便于维护检修。目前我国铝厂也有 110~330kV 开关站采用六氟化硫封闭式组合电器（GIS）直接向整流机组网侧送电的方案。

通常在整流所设置两台动力变压器，由开关站供电，并在整流所设置一座10kV总配电所供全厂动力供电。考虑负荷的重要性，10kV总配电所采用单母线分段系统，以不同段两回馈线向整流所自用电和全厂车间供电（三级负荷除外）。

（2）调压及整流变压器配置。整流变压器组设计要求网侧和阀侧连接方便，且各相阻抗平衡，线路短。大型直降式整流变压器组一般为由调压变压器、整流变压器及饱和电抗器组成的分箱合体式结构，通常配置在整流所建筑物的外墙侧。110kV（或220kV、330kV）露天开关站至整流变压器组的网侧线路，一般采用悬垂（组合导线）吊线。

户内配置的GIS开关站至整流变压器组的网侧线路宜采用单芯110kV或220kV电缆连接。整流变压器的阀侧至整流器的线路采用硬母线连接。由于阀侧电压较低，电流较大，应尽可能缩短线路距离，使各相阻抗平衡，减少损耗，避免负荷电流分配不均和出现非正常次数的谐波电流现象。阀侧系统采用同相逆并联方案具有减少电抗、消除局部过热、改善功率因数等显著优点，因而应用十分广泛。但须注意两逆并系统在交流侧的绝缘问题，两系统在交流侧有电磁的联系，将使整流臂因反电压升高及短路而导致事故。同时也应尽可能缩短阀侧线路长度。

此外，在配置调压、整流变压器组时，从运行安全可靠、维护方便的角度出发，要考虑下列因素：

1）因整流变压器组较多，持续大负荷运行，并配置在整流室外墙的间隔中，给通风散热造成不利影响。对于室内配置的整流变压器组，即使采用强制循环风冷的方式，也要严格根据全部热量或余热考虑足够的自然或机械通风。对于户外装置，为改善通风散热，结合厂区总平面布置，要适当考虑夏季主导风向以利于通风，并避免阳光直晒。

2）为防止由于整流所屋面排水流落在整流变压器顶盖和阀侧母线上造成事故，通常屋面雨水不允许向变压器侧排泄，同时必须合理地考虑地面排水。

3）不同整流变压器组间隔之间应设防爆耐火隔墙，其高度应高于变压器的防爆筒高度。整流变压器组两侧到间隔墙的净距离不应小于1.5m。整流变压器组网侧或阀侧处母线要有足够的安全距离。

整流变压器组的事故排油，一般考虑为在整流变压器组下部距离变压器四周1m的范围内设置混凝土储油坑，内铺250mm厚的卵石层，并有2%坡度，以便在事故时排油，兼排雨水。储油坑底部的排油管管径不应小于变压器安全阀的直径，但在任何情况下最小不应小于100mm。

在整流所附近设置专用的事故油池。将各整流变压器组油坑排油管连接汇总到总管再敷设到事故油池。当露天配置时，油池内雨水也将流入，故还应设有及时排出油池内雨水的设施。事故油池液位线下的体积应该等于一组整流变压器组的设备油量的120%，从而保证整流变压器组重大事故时油不致流失。

（3）整流机组的配置。整流柜及直流配电装置的配置是整流所配置的核心部分，应综合考虑如下问题：

1）大型铝电解系列的整流所中，由于整流机组数多，且每一个机组单元包括整流柜、控制柜、过电压吸收装置、直流隔离刀闸及直流测量装置等诸多设备，在配置设计时，横向要尽量使各机组单元与主系统机组顺序相一致，纵向要尽量使各机组单元的断面相同。各设备的平面和空间位置与系统中的连接顺序相协调，使运行和维护时有一个完整清晰的概念，有利于迅速排除故障和使事故局限在一定范围内，同时可减少误操作。

2）设备配置时要尽可能紧凑，减少交直流母线长度，以减少投资和电能消耗。

3）随着电解系列电流的加大，选择设备时应适当加大单机容量，且尽可能采用成套设备，如成套整流变压器组及配套强油循环风冷式装置、成套整流器组及配套冷却装置、成套母线式隔离开关等，有利于合理设计配置方案。

4）所有电缆线路、直流母线、通风管道及整流器的冷却水管要综合平衡，尽量减少交叉，避免安装空间相冲突。

5）供冷却用的热交换器及通风机应配置在专用的房间内，防止溅水、漏水，并降低噪声。

6）设置宽敞的通道，便于巡视及检修。大型整流所中，一般硅整流柜需双面维护，应设置两条维护通道。由于缩短整流变压器阀侧母线比缩短直流侧母线意义更大，因此要求阀侧母线尽可能短，有利于减少损耗和改善功率因数。主维护通道应位于与电解车间相邻近整流柜的一侧，其宽度不应小于2.5m，柜后通道不应小于1.0m。

7）整流所母线室主要配置有直流配电装置、母线、电缆风道及水管等各种管路，所有主管路应尽可能明敷，有利于维护检修。直流配电装置前的维护通道，一般宽度在2m以上。维护通道应尽可能自然采光，而以人工敷设电源照明为辅。

8）配置设计要便于施工安装。由于主母线截面大、重量重，单片母线较长，因此配置还要考虑主母线的安装及搬运；应尽可能利用整流所的维护通道，当作母线的运输通道及吊装场地。

此外，配置还要考虑设备的搬运及吊装。对于安装在二楼及以上的设备，要考虑搬运吊装孔，孔的大小要按所需吊装的最大设备外形尺寸并双向留有0.5m以上宽裕度来考虑。整流所一楼的设备也要考虑施工搬运方便。

整流臂间及同一机组的整流柜间，电流分配虽力求均匀，但实际上总有差异，减少臂间和柜间电流差异的有效措施是采取整流变压器阀侧同相逆并联的方法。在既定的连接形式下，应尽可能使得阀侧母线长度缩短并使相母线布置对称均衡。

几种典型的供电整流车间配置：

（1）方案1：250kt/a电解铝厂220kV变电整流所（露天开关站）配置方案。220kV露天开关站，主结线为双母线系统，共分11个间隔：2回进线、6回整流机组馈线、2回动力变压器馈线及1个母联兼PT间隔。整流所6台整流变压器组及两台动力变压器露天配置。馈线间隔中心线与整流变压器组中心线基本一致，采用组合导线架空向整流变压器组网侧供电，距离最短。各整流机组的滤波补偿装置分别配置在整流机组进线的下方。6台整流变压器组及两台动力变压器均设置防火隔离墙。

方案1的立面布置如图21-13所示，整流变压器组由调压变压器、整流变压器（包括饱和电抗器）组成，采用分箱合体式结构，露天配置。硅整流柜及监控设备为室内安装，整流柜的交流母线上进，直流母线下出，配置在二楼。每机组由两台整流柜组成，两两相靠，横向排列，双面维护，主维护通道位于毗邻铝电解厂房一侧。一楼配置直流配电装置：桥式大电流直流刀型隔离器、整流机组直流测量保护用传感器、总测量直流传感器及配套的控制装置等。直流正负母线室内敷设。

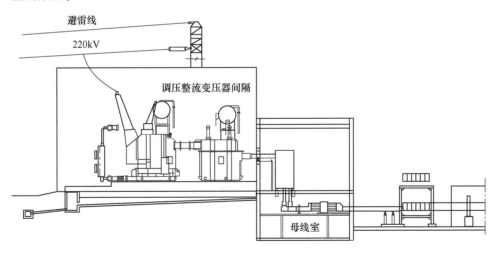

图 21-13　220kV 变电整流所（露天开关站）立面图

中央控制室靠10kV配电站侧。三层建筑中一楼为所用电变压器及配电装置配置等，二楼为电缆夹层，三楼为中央控制室，其中配置有自动化微机监控、保护、测量及直流电源系统的屏组等。

（2）方案2：150kt/a 电解铝厂 330kV 变电整流所（GIS 露天开关站）配置方案。330kV GIS 露天配置，开关站以四回 330kV 架空线向整流变压器组网侧供电，两台动力变压器由 110kV GIS 开关站架空线供电。

4 台整流变压器组及两台动力变压器露天配置。馈线间隔中心线与整流变压器组中心线一致，距离最短。各整流机组的滤波补偿装置分别配置在整流机组进线的下方。方案 2 的立面配置图如图 21-14 所示。

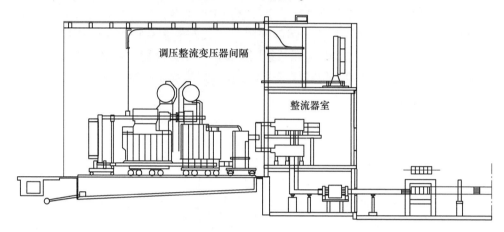

图 21-14　330kV 变电整流所（GIS 露天开关站）立面图（单位：mm）

整流机组配置的特点是整流柜的交流母线为下方进入（下进）方式，直流母线上方引出（上出）方式，配置在一楼。桥式大电流直流刀型隔离器、整流机组直流测量保护用传感器及直流正负母线等配置在二楼，室内敷设。

连接电解车间的总直流正、负母线为室外布置，总测量直流传感器及配套的控制装置配置在电解车间端头。

（3）方案3：200kt/a 电解铝厂 220kV 变电整流所（GIS 开关站室内布置）配置方案。图 21-15 为大型铝厂 220kV 变电整流所全部整流设备室内立面图，其中 220kV GIS 组合电器及滤波补偿为室内配置图（从略）。

整流变压器组由调压变压器、整流变压器、自饱和电抗器组成，采用分箱合体式结构。网侧为 220kV 单箱电缆进线，由 220kV GIS 配电装置的电缆夹层通过电缆隧道及走廊引进。

21.2.2　铸造车间

铸造车间是电解铝厂的最终产品车间，主要是将电解车间生产的原铝铸造成市场所需的各种商品铝锭，以满足后续的铝加工生产需要。经过近四十年的发展，当前的原铝熔铸技术不再是生产单一的铝锭产品，不仅在原铝熔炼、铸造生

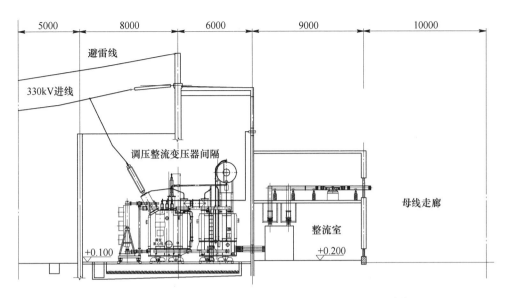

图 21-15　220kV 变电整流所（GIS 户内开关站）配置立面图（单位：mm）

产工艺上有所改变，使单一的原铝熔铸工艺改造为产品多样化的熔铸工艺，原铝直接铸造生产的合金化产品转化率已经超过 85％，而且铸造设备也不断改进，现代化的自动控制连续铸造机已广泛采用。典型电解铝液熔铸生产工艺流程如图 21-16 所示。

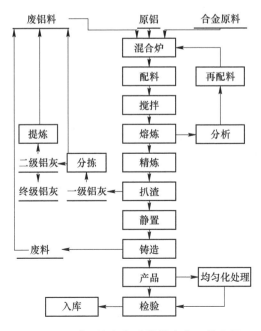

图 21-16　典型电解铝液熔铸生产工艺流程

21.2.2.1 铸造车间主要产品

电解铝厂铸造产品可分为各种重熔用铝锭、铸造铝合金锭、铝中间合金锭，以及不需要重熔的变形铝及铝合金圆铸锭、变形铝及铝合金扁铸锭或铝及铝合金铸轧带材、电工圆铝杆（盘圆）等[2]。各种重熔用铝锭是指重熔用铝锭、重熔用精铝锭、重熔用电工铝锭、重熔用稀土合金锭、T形锭等。电解槽提供符合要求的电解铝液，在混合炉内调质、澄清、扒渣后铸成各种铝锭，其化学成分、锭形（外形及其尺寸）、锭重、外观质量应符合技术标准要求。用电解铝液配料，在熔铝炉（或混合炉）内加入合金化元素，熔炼成化学成分符合要求的铝熔体，然后应用不同铸造方法和工艺制度，生产出化学成分、内外质量、尺寸及其公差符合技术标准（国家、行业、企业）规定，并可以直接供下道工序使用的产品，如铸造铝合金锭、铝中间合金锭、变形铝及铝合金圆铸锭和扁铸锭、铝及铝合金铸轧带材、电工圆铝杆。

电解铝厂产出的铸造铝合金液还可以用低压铸造等方法获得所需的铸件，如铝轮毂。

在20世纪80年代初，我国电解铝厂的铸造产品主要为重熔用普通铝锭，后来逐渐开始多品种化，比如纯铝线杆、A356合金锭等。为了推广短流程工艺，减少铝加工重熔成本，许多电解铝厂都开始向下游延伸，发展铝加工产业，一部分铝厂也开始生产合金产品直接销售。目前，电解铝厂的铸造产品已趋于多样化。

铸造铝产品按成分不同分为重熔用铝锭、高纯铝和铝合金产品等三类，按产品的形状和规格又可分为线坯、圆锭、扁锭（板锭）、T形锭等，下面是几种常见的铸造铝产品：

(1) 重熔用铝锭：15kg，20kg，700kg($\geqslant$99.70%Al)。

(2) T形铝锭：500kg，1000kg($\geqslant$99.70%Al)。

(3) 高纯铝锭：10kg，15kg(99.90%~99.999%Al)。

(4) 铝合金锭：10kg，15kg(Al-Si，Al-Ca，Al-Mg等)。

(5) 铝线杆：ϕ8~14mm($\geqslant$99.70%Al，或Al-Si合金等)。

(6) 扁锭（大板锭，热轧工艺生产板带）。

(7) 圆锭（管、棒、型材用）。

21.2.2.2 铸造工艺与主要设备

A 铝锭连续铸造工艺

铝锭连续铸造可分为混合炉浇铸和外铸两种方式，均使用链式铸锭机也称为铝锭连续铸造机，主要用于生产重熔用铝锭和铸造合金锭。

混合炉浇铸首先要经过配料，搅拌均匀，澄清后扒渣即可浇铸。铝液经流槽流入铸模中，用铁铲将铝液表面的氧化膜除去，称为扒渣。铝液流满一个模后，将流槽移向下一个铸模，铸锭机是连续向前运行，铸模依次向前，铝液逐渐冷却，到达铸造机中部时铝液已经凝固成铝锭，由打印机打上熔炼号。当铝锭到达铸锭机顶端时，铸模翻转，铝锭脱模而出，落在自动接锭小车上，由堆垛机自动堆垛、打捆即成为成品铝锭。铸锭机喷水冷却，每吨铝液需冷却水 8～10t。铝锭属于平模浇铸，铝液的凝固方向是自下而上的，上部中间最后凝固，留下一条沟形缩陷。

外铸是由抬包直接向链式铸锭机浇铸，主要是在铸造设备不能满足生产，或来料质量太差不能直接入炉的情况下使用。外铸由于无外加热源，因此要求抬包具有一定的温度，一般夏季在 690～740℃，冬季在 700～760℃，以保证铝锭获得较好的外观。

普通重熔铝锭一般为 15kg 或 20kg 锭。我国早期电解铝厂的规模较小，铝锭铸造常采用外铸形式，铸造机产能较低。一些铝厂没有专门的铸造车间，铸造机常常设置在电解厂房端部位置，铝锭主要依靠自然冷却，主要依靠人工辅助铝锭脱模和打捆包装。到 20 世纪 80 年代初从日本引进的半自动连续铸造机成为主流设备，该设备中间带有冷却水槽，使铝锭冷却速度加快，并且配备了半自动（人工辅助）打捆机，使铸造机产能达到 16kg/h，如图 21-17 所示。此后，随着电解铝产能规模的不断增大，22t/h、26t/h 及 32t/h 大型连续铸造机相继开发成功，并且自动化水平不断提高，机器人打捆的新的全自动连续铸造机已实现工业化应用。

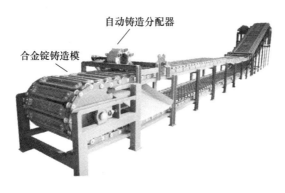

图 21-17　混合炉浇铸的铝锭连续铸造机组

B　圆锭、大板锭半连续铸造工艺

圆锭、大板锭等各种变形合金的生产主要采用竖式半连续铸造工艺。铝液经配料后倒入混合炉，根据产品品质的需要加入合金。竖式半连续铸造是顺序结晶，铝液进入铸孔后，开始在底盘上及结晶器内壁上结晶，由于中心与边部冷却条件不同，因此结晶形成中间低、周边高的形式。底盘以不变速度下降，同时上部不断注入铝液，这样在固体铝与液体铝之间有一个半凝固区。由于铝液在冷凝时要收缩，加上结晶器内壁有一层润滑油，随着底盘的下降，凝固的铝退出结晶器。顺序结晶可以建立比较满意的凝固条件，对于结晶的粒度、力学性能和电导率都较有利。此种铸锭其高度方向上没有力学性能上的差别，偏析也较小，冷却速度较快，可以获得很细的结晶组织，如图 21-18 和图 21-19 所示。

图 21-18 美国 Wagstaff 大板锭垂直铸造机

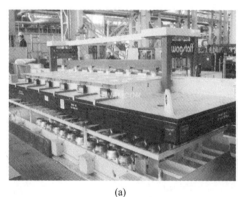 

| (a) | (b) |

图 21-19 圆锭垂直铸造机

（a）Wagstaff 圆锭垂直铸造机；（b）国产圆锭铸造机

C 铝线杆连铸连轧工艺

从 20 世纪 40 年代初意大利 Continuus-Properzi 连铸连轧技术发明以来，经过几十年的发展，目前世界各国铝杆生产几乎全部采用了连铸连轧工艺，并广泛应用于生产纯铝和铝合金杆。我国在 20 世纪 70 年代初自主设计制造了第一条用于铝杆连铸连轧的生产线，并迅速发展遍及全国各地，先后已有几十条生产线投入生产。

连铸连轧生产电工圆铝杆的典型工艺流程是：原料配料（加入合金）→熔（精）炼保温→除气过滤→连续铸造→矫直→感应加热（生产合金铝杆时）→连续轧制→冷却淬火→自动打捆（卷取）→检查→捆扎→包装→称重入库。

连铸连轧生产电工圆铝杆具有如下特点：

（1）产量大、效率高、能耗成本低，连铸连轧生产单线规模可达到年产铝杆 80kt/a 以上。

（2）采用在线淬火生产合金铝杆，生产效率高。在线淬火生产合金圆铝杆，节约能耗及工时，可节约30%的生产费用，且产品性能稳定，优于常规生产工艺制造的产品。

（3）自动化程度高，操作人员少，工人劳动强度低。

（4）产品质量好，力学性能优异，可满足高速拉丝机的要求。

生产电工圆杆的主要连铸连轧设备制造商典型代表为美国南线（Southwire Company）的 SCR 生产线，主要特点为轧机采用平立辊交替布置；意大利 Continuus-Properzi 生产线，主要特点采用三辊 Y 形轧机，结合了两辊轧机变形量大和三辊轧机变形均匀的优点。我国一些制造企业也能够生产平立辊轧机和 Y 形轧机，如图 21-20～图 21-22 所示。

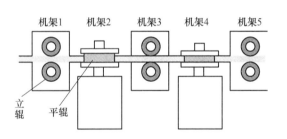

图 21-20　连铸连轧机（平立辊结构）

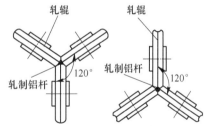

图 21-21　120°三辊轧机（Y 形结构）

图 21-22　三辊连铸连轧生产线

21.2.2.3 铸造车间配置

铝产品铸造车间的主要设备除了铸造机以外，还包括熔炼炉、保持炉（混合炉）、均质炉等炉窑，板锭和圆锭锯切机，铝抬包、产品吊运天车和地面运输设备等。普通重熔铝锭一般使用固定式混合炉，大板锭和圆锭生产由于对浇铸过程铝液液位控制要求较高，一般采用倾动式炉。目前，铝铸造车间工业炉窑主要能源一般使用燃气或电能加热。

从车间内的配置上划分，主要包括装炉扒渣操作区域、熔炼炉窑配置区域、铸造机区、产品热处理、产品锯切包装和产品存储区等。

铸造车间配置设计主要遵循以下原则：

（1）按生产流程配置，按功能区域划分，功能区之间保持合理的通道和检修空间。

（2）电解铝液运入与铝产品运出通道分别设置，避免相互交叉。铝液抬包车运输尽可能考虑运输车辆尽量直进直出，减少在车间内的转弯、掉头。

（3）按照区域运输负荷要求选择设备，分别设计厂房结构，提高设备效率、减少土建投资。

（4）各铸造生产线设计中，应充分考虑各个流程中装备能力的匹配，各工序生产运行的联动与衔接，以及控制系统的一体化设计，确保生产线设备运行的高效率和实现系统的高度自动化。

典型圆锭、板锭及合金圆杆生产车间配置如图21-23所示。

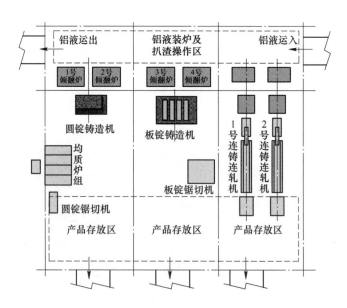

图21-23 典型圆锭、板锭及合金圆杆生产车间配置

21.2.3　烟气净化与氧化铝储运车间设计

现代铝电解的烟气干法净化系统与主要原料（氧化铝）储运系统已高度融合在一起，从氧化铝仓库（或储仓）来的新鲜氧化铝首先送入烟气干法净化系统的新鲜氧化铝日耗仓，之后进入烟气净化系统循环吸收烟气中的氟，然后以载氟氧化铝的形式被净化系统（布袋收尘）回收，再送回载氟氧化铝仓，最后通过输送系统送至电解槽上供电解生产使用。对于电解槽烟气的干法净化技术与氧化铝的输送技术，本书已在第 20 章中做了详细介绍。

基于对铝电解厂具体情况选择的输送方案，烟气净化与氧化铝储运车间应遵循以下原则：

（1）氧化铝仓库或大型的储仓应尽可能布置在距离电解厂房较近，且位于电解厂房中段的位置，以减少氧化铝由仓库（或储仓）到净化系统日耗仓氧化铝输送（多采用浓相或皮带输送）的距离，从而减少投资和运行能耗。

（2）净化系统一般根据电解槽槽数和电解车间各工段的配置情况分区设置，氧化铝输送和烟气净化配套设计，组成一个净化、储运单元（工段）。

（3）净化系统一般布置在两栋电解厂房之间，以有效利用电解厂房之间的空间，减少烟气管道和氧化铝输送的距离。

（4）由于国家对环保要求越来越严格，要求烟气净化和氧化铝输送系统全天候稳定运行，否则会造成严重的环保事件，因此要求对氧化铝输送与净化系统配备先进的监控系统和一体化的自动化控制系统。

21.2.4　阳极组装车间设计

铝电解槽的阳极是不断消耗的，在生产过程中要不断取出旧阳极、装入新阳极，更换下来的旧阳极（残极）要进行处理，将阳极导杆（钢爪）组上的残留炭块清理掉，并重新组装新的焙烧好的阳极炭块。阳极组装车间一般设在厂区内距离电解车间较近的位置，当铝厂同时建设有炭素阳极生产线时，阳极组装车间通常会与炭素生产线相衔接，同时兼顾与电解车间之间的距离，以减少运输环节。

21.2.4.1　简易组装与阳极组装生产线

阳极组装生产工序复杂、设备数量多，我国 20 世纪 80 年代以前大部分采用自焙槽生产，个别铝厂采用预焙槽，如郑州铝厂 80kA 预焙槽和抚顺、包头铝厂采用我国开发的 135kA 预焙槽。由于预焙槽较少，阳极组装技术落后，主要采用简易设备由大量人工操作完成。

简易组装主要由人工来完成电解质的清理，配置简单的必要设备如中频炉，早期也使用冲天炉（污染环境），人工用大锤砸下残阳极块，后来逐渐开发了简易的残极压脱机、磷铁环压脱机等，而阳极组的吊运由电动葫芦或双梁天车完成，设置简单的地面固定装置，由人工操作电动葫芦完成浇铸工作。设备简单、投资小、用地少，但操作环境差、电解质和残极处理产生粉尘多、人工清理劳动强度大，组装浇铸过程高温环境恶劣，浇铸质量也不稳定，仅适合小规模铝厂短期使用。

由于阳极组装工序复杂，人工操作工作量大，因而阳极组装设备的开发和生产线的自动化水平的提高也最早受到重视。20 世纪 80 年代初贵州铝厂引进工程建设了第一条自动化水平较高的阳极组装生产线，主要设备由法国 ECL 制造，组装线由轨道安装于厂房屋架上的几条悬链式输送设备将整个工序中的各个工作站串接成一个连续的、流水式的生产线。悬链式输送增加了屋架荷载，有时也采用地面支撑的方案。由于配置灵活、自动控制水平高、视野开阔，因此悬链式输送在国内外被广泛采用。

由于阳极组装车间设备复杂，在相当一段时期内主要设备依靠引进，设备制造周期长，通常会滞后于电解铝厂的建设，有时不得不暂时建设简易的组装工序。

21.2.4.2　阳极组装车间工艺流程

阳极组装线主要由阳极装卸站、残极（电解质覆盖料）清理、残极压脱、磷铁环压脱和浇铸站五个主要工作站和一些小的工作站（或工序）组成，包括导杆矫直、钢爪矫直、钢爪蘸石墨等。根据设备制造厂的技术和设备形式不同，也有的设备将残极压脱与磷铁环压脱两个工序合二为一。典型阳极组装生产工艺流程如图 21-24 所示。

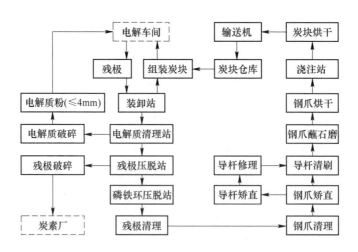

图 21-24　阳极组装生产工艺流程

此外，与阳极组装流水线相配套的线外设备主要有：中频炉、磷铁环清理及运输设备，颚式破碎机及残极运输设备、反击式破碎机、锤式破碎机；双层振动筛及电解质运输设备，以及氩弧焊机、牛头刨床等导杆修理设备，还配备有炭块辊道运输机、叉车、桥式起重机等运输设备。

21.2.4.3 阳极组装车间配置设计

阳极组装车间配置设计主要遵循以下原则：

（1）生产线布置合理，各个工作站之间保持合理的衔接，尽可能减少占地，避免流水线出现交叉。

（2）车间和生产线要考虑留有足够的空间以满足检修、临时性运输和人工通道要求。

（3）各工作站设备能力应匹配，并且能够满足铝厂生产能力要求。由于组装生产线的输送能力一般比较富余，各主要工作站的能力往往成为整条生产线能力的制约因素，因此在铝厂有扩建规划时，应考虑在主要工作站留有扩展的余地（增加设备的工位），以满足铝厂未来的发展需要。

（4）车间内要考虑足够的未组装炭块和组装好的炭块的储存空间，有炭素阳极生产系统时未组装的炭块库统一考虑，没有配套炭素厂时，一般应考虑有一周以上的存量；组装好的阳极一般考虑储存三天的用量。

（5）由于阳极组装线布置一般为较复杂曲线，车间厂房一般设计为连跨结构，因此车间内的自然采光和通风设计要尤其注意。

21.3 铝电解厂的总体设计

21.3.1 厂址选择

电解铝厂的建设厂址选择除满足一般建厂条件外，还应重点考虑如下因素：

（1）电解铝厂是用电大户，在选择厂址时，首先应考虑电力供应条件好的区域，并具备两个单独供电电源，以保证生产的连续性。有条件的地区，应尽量采用氧化铝—煤—电—铝—加工上下游配套的联合建厂模式。

（2）原材料及燃料的来源及供应。大、中型铝厂一般应靠近铁路，并便于铁路专用线接轨。

（3）电解铝厂厂址应考虑尽量远离居民区、风景自然保护区、文物保护区、机场、电视广播、雷达导航和军事设施等有影响的地区。

（4）电解铝厂厂址应尽量少占耕地、林地，多用荒地。

（5）电解厂房的布置一般长度大于 800m 以上，并且位于同一平面，选择厂址应能保证电解厂房不跨越地震断裂带或较大深度的回填区上方。

（6）厂址的防洪标准应符合《防洪标准》（GB 50201—2014）规定。

（7）厂址地基承载力，除冲积平原和沿海滩地外，不宜小于0.15MPa，地下水水位应在建筑物基础底面0.5m以下，地下水水质不得对建筑物基础具有腐蚀性。

（8）厂址不得选在地震断层和设防烈度高于9度的地震区。

21.3.2　厂区竖向（标高）设计

电解铝厂厂区理论上可以采用整体处于同一平面的竖向设计方案，以满足电解车间主厂房配置的需要，但实际上根据厂址自然地形实际情况，设计上应考虑以下因素：

（1）厂区标高（竖向）选择应尽可能利用自然地形，为了自然排水考虑，当厂区自然地形坡度小于4%时，厂区可以考虑为平坡式设计；当自然地形高差较大（地形坡度大于4%）时，为了减少厂区平整的土石方量，降低投资，也可以采用台阶式设计，即设计为有一定高差的台地，但应适当兼顾厂区交通运输对道路坡度和台地之间的道路连接。

（2）厂区标高应考虑总排水点的位置和方向，应以排水点位置的标高为最低点，使厂区整体平面形成一定的坡度，满足排水需要。

（3）电解厂房二层楼设计有两种方案：一种是以电解厂房二楼操作面为±0，与厂区道路（有一定缓坡）直接连接，一楼地坪位于±0以下；另一种是以电解厂房一楼地坪为±0，此时电解厂房的二层操作面高于厂区道路，在道路设计时需要修建引桥，以使操作面地坪与厂区道路衔接。

21.3.3　铝电解厂的总平面布置设计

电解铝厂的总平面布置对于其设计是非常重要的，对铝厂今后的生产调度、运行管理、生产效率及安全环保等方面都有重要的影响。一般来说，电解铝厂总平面布置设计基本思路需要从以下几方面考虑：

（1）外部交通与供电条件决定厂区方位。电解铝厂总平面布置应充分考虑厂址的自然条件和环境条件进行合理的空间布置。按交通干道、铁路接轨点方位考虑物流、人流的进出口布置，按照电力线路进线方向考虑供电整流所的位置，同时确定与之密切相关的电解厂房的布局。应尽量使电解车间的长轴与常年主导风向呈30°~45°夹角，最小不得低15°，以利车间通风散热。

（2）各辅助生产车间与电解车间的关系决定厂内布局。以主体电解车间为核心，按功能分区全面规划、合理选择其他生产车间位置、厂区交通道路和管线布置方案。除整流所与电解车间有比较固定的配置关系外，其他生产车间尽量做到与电解车间距离短、分布均匀、少交叉、少干扰，使生产流程顺畅，运输效率高、成本低。阳极组装车间（炭块库）和铸造车间宜靠近电解车间配置，以利于新阳极、残极和铝液的运输，铝液运输车通过的道路纵坡不宜大于2%。此外，应尽量避免阳极运输通道和铝液运输路线的相互交叉；氧化铝仓库与每组净化系统的距离都尽量短。

（3）厂区交通围绕铁路线和主干道布置。厂区内布置应考虑厂区内的运输便捷，铸造车间（铝产品仓库）、氧化铝仓库、阴（阳）极炭块及耐火材料库应尽可能布置在主干道旁，以便于货物的运进和运出；有铁路专用线进场时，应可能使这些车间沿铁路线布置，为便于装卸，专用铁路线可以直接进入仓库厂房内，直接装卸货物。

典型电解铝厂总平面布置方案一如图21-25所示，该方案主要厂外运输方式为铁路运输，包含炭素阳极工厂；方案二如图21-26所示，包括3个电解系列，主要货物运输为水运方式，包含货物码头。为了增大氧化铝储量，一般都建有大型的氧化铝储仓。

图 21-25　典型电解铝厂配置（铁路运输、预留位置）

图 21-26　典型多系列电解铝厂配置（码头运输）

　　我国近年来建设的一些铝厂，由于不具备铁路和海运条件，常用公路运输解决厂外运输需求。这种情况下，电解铝厂厂区内的车间布置相对灵活一些，但对于规模较大的铝厂，需要考虑两个以上的运输车辆进出通道。

参 考 文 献

[1] 梁学民，张松江. 现代铝电解生产技术与管理 [M]. 长沙：中南大学出版社，2011.
[2] 厉衡隆，顾松青，等. 铝冶炼生产技术手册 [M]. 北京：冶金工业出版社，2011.
[3] 梁学民，于家谋，冯绍忠，等. 九十年代以来我国铝电解技术新进展 [J]. 轻金属，2002(2)：33-38.
[4] 刘业翔，李劼. 现代铝电解 [M]. 北京：冶金工业出版社，2008.

第六篇

能量流、物质流优化与电解铝智能化

22 智能化基础——物质流、能量流与信息流

为了探讨铝电解生产过程的智能化问题，首先要研究铝电解物质流、能量流与信息流和铝电解电化学反应过程（"三流一反"或称"三流一化"），这也是铝电解工业智能化的基础。物质流、能量流的概念与传统物料平衡、能量平衡概念的不同之处在于：物料平衡、能量平衡主要用于分析研究封闭体系，而物质流、能量流是建立在研究分析开放体系的基础上的，因而很适合应用于分析全流程的物质与能量的变化与耗散[1]。

铝电解是典型的流程工业，研究铝电解生产过程的物质流、能量流，追踪整个过程中物质和能量的流向，识别生产过程中降低资源和能源消耗的制约因素，将有利于提高资源、能源利用效率，降低环境负荷，并进一步促进电解铝工业实现生态化转型和可持续发展。

同时从整个铝电解生产流程而言，所有的生产系统全部是围绕以电解车间为核心布局进行和匹配的，其核心流程在于铝电解槽及其内部的化学反应过程，物质流、能量流和信息流高度集中于核心装备——电解槽（或者说电解车间），"三流"通过电化学反应（"一反"）过程发生了本质的飞跃，因而电解槽（电解车间）是铝电解工业生产系统"三流一反"的核心。

除此之外，"三流一反"同样适用于分析供电整流、氧化铝输送、烟气净化、阳极组装、产品铸造车间及检修等生产过程，最终形成整个铝电解工业生产系统。

22.1 铝电解过程物料平衡与物质流

物料平衡指的是单位时间内物料投入量与电化学反应消耗量之间的平衡，也是保证电解槽平稳高效低耗运行的必要条件。单位时间所需的物料量除了与电解槽的容量相关以外，还会受到电解质的温度、过热度和电解质组成等因素影响。以氧化铝为例，当单位时间内投料量不能完全消耗时，会使电解质中的氧化铝浓度升高，多余物料会沉入槽底形成沉淀。在冷行程中，炉膛会发生结壳硬化，造成底部压降升高，甚至可能导致电解槽发生波动，电流效率降低，能耗增加。当单位时间投料量不能满足电化学反应需要时，则会由于缺料产生阳极效应，同时电解质中氧化铝缺乏还会造成炉帮熔化、炉膛形状改变，导致电解槽的电磁不稳

定，同样会造成电流效率降低和电耗上升[2]。添加氧化铝原料的控制（称为下料控制或氧化铝浓度控制）是铝电解槽物料平衡控制的中心内容，如果电解质中的氧化铝浓度能被控制在一个理想的范围，便达到了维持氧化铝物料平衡的目的。

22.1.1 铝电解过程物质流分析

铝电解过程的物质流问题的研究是铝电解电化学反应的理论基础，从最初霍尔-埃鲁特法诞生之日起，对电化学反应的物质转化过程（包括动力学及热力学）的研究就一刻也没有停止。近几十年来，人们对铝电解的电化学反应过程与生产工艺已经有了比较系统和完整的认识，包括摩尔比、氧化铝浓度及与反应过程密切相关的电流效率等。受到检测方法的限制，摩尔比信息的采集和控制在实际生产中已经得到应用，但目前仍有一定的局限，包括摩尔比控制与能量流相互作用影响；比较重要的研究进展是氧化铝浓度的影响方面，氧化铝浓度与电阻关系曲线的发现和应用，对于电解质中氧化铝浓度的控制起到了关键性作用，它巧妙化解了氧化铝浓度检测困难造成的问题，使"黑箱模型"转化为"灰箱模型"，获得了需要的信息流。

22.1.1.1 物质流

工业电解铝生产采用氧化铝-冰晶石熔盐电解法，主要生产工艺包括整流供电工序、氧化铝和氟化铝储运工序、电解工序、烟气净化工序、熔铸工序、阳极组装工序等，如图 22-1 所示。

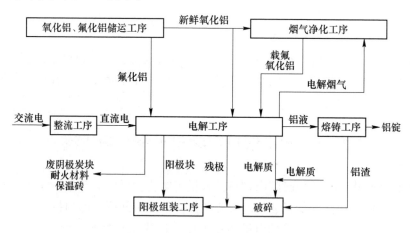

图 22-1 铝电解生产系统流程图

李春丽等人[3]以 350kA 电解槽（27 万吨/年）系列为例进行了物质流计算，以每小时所需物质消耗为计算基准，通过理论计算得到总物质流图如图 22-2 所示。可以看出，电解铝生产中资源利用的关键环节包括以下几方面：

（1）原料储运过程损失。生产中消耗氧化铝 60286.7532kg/h、氟化铝577.46kg/h、阳极 13017.171kg/h，换算成吨铝单耗为氧化铝为 1922kg、氟化铝18.41kg、阳极 415kg，这一结果与目前大多数铝厂的实际情况是相近的，有一定的代表性。与国家电解铝资源消耗标准相比，氧化铝消耗略偏高、氟化铝消耗较低、阳极消耗较低。造成氧化铝消耗偏高的主要原因是储运工序有 130.9245kg/h的损失。

（2）生产过程无组织排放和其他损失。烟气排放量为 40604.5778kg/h，无组织排放 641.6085kg/h，其他损失 1147.5964kg/h，熔铸损失 181.163kg/h。电解槽内烟气的损失主要是由于电解槽不完全气密造成粉尘的无组织排放。降低烟气的无组织排放就是要提高电解槽的集气效率。企业电解槽的集气效率为98.5%，即有 1.5%的烟气通过无组织排放，使其中的氟化物及部分物料逸散在环境中而增大了消耗。

（3）氟损失。通过分析计算可得，电解槽内衬、残极吸收和电解质等带走约 468.66kg/h，随烟气进入净化系统为 995.68kg/h。通过干法净化技术用氧化铝吸收的氟有 986.72kg/h 全部返回到电解槽，电解质和残极吸收量中 127.86kg/h返回电解槽循环利用，企业生产补充量 349.76kg/h。

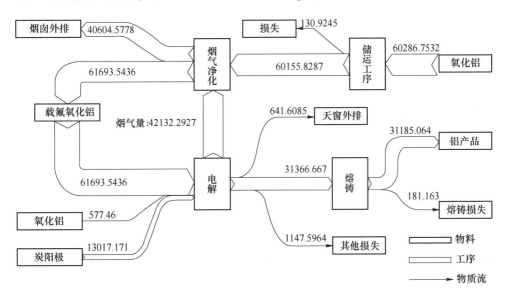

图 22-2　某企业 350kA 电解槽系列物质流图（单位：kg/h）

从物质流数据分析结果可以看出，电解铝生产中减少储运工序氧化铝损失、电解工序、净化工序氟损失及无组织排放，提高电解槽集气率、氟的净化率、粉尘回收等是提高资源利用的关键。

22.1.1.2　物料平衡

根据 Al_2O_3 的组成可知，吨铝氧化铝理论耗量为 1889kg。考虑到氧化铝（一级品）中 1.4% 的总杂质大部分不会转入金属铝中，且考虑运输和下料过程中的飞扬损失，按照 0.5%~1.0% 计算，通常工业重熔用铝锭铝含量为 99.7% 时，每生产 1000kg 铝锭，吨铝氧化铝消耗一般在 1920~1930kg。电解铝过程中炭阳极和 CO_2、CO 量的平衡是基于冰晶石-氧化铝熔盐电解的总反应确定的。当阳极气体中 CO_2 占 80%（体积分数）时，吨铝炭的理论耗量为 370kg。由于工业电解槽上使用的原材料非纯物质，且还有挥发、吸收和机械等损失，实际吨铝炭阳极净耗量超过理论耗量的 10%~15%，为 410~430kg。

吨铝氟盐的消耗量一般为 25~30kg，有一定的变化（参照氟平衡计算），以上消耗指标符合《铝行业准入条件》[4]。预焙阳极铝电解槽物料平衡表（按生产 1t 铝计算）见表 22-1。

表 22-1　预焙阳极铝电解槽物料平衡表　　　　　（kg）

物料收入		物料支出	
项　目	数　量	项　目	数　量
氧化铝	1925	原铝	1000
冰晶石	5	冰晶石	5
氟化铝	25	氟化铝	25
氟化镁	0	氟化镁	0
阳极炭块	410	碳损失量	40
		CO_2 生成量	1086
		CO 生成量	173
		氧化铝损失量	36
合　计	2365	合　计	2365

注：反应生成的气体 CO_2 占 80%，CO 占 20%。

对电解生产过程而言，电解质中的氧化铝浓度与控制从物质流的优化角度看，对生产过程的电能效率和资源效率影响显得更为重要。

22.1.2　电解质中的氧化铝浓度

电解质中的氧化铝浓度是铝电解过程中一个很重要的工艺参数，也是影响物质流与物料平衡的一个重要指标，决定了在材料、设备、管理等同等条件下铝电解过程的物质流在理论上是否得到实质性的优化。同时，氧化铝浓度是铝电解工艺控制系统中的核心参数，为制定电解槽下料间隔提供重要依据，关于此部分内容，在本书第 17 章已经做过详细分析。但随着铝电解槽逐渐由 200kA 槽型向

500~600kA 大型槽发展，电解质中溶解的氧化铝消耗速度加快，对氧化铝在冰晶石熔盐中的溶解及扩散速度提出了更高的要求。

22.1.2.1　氧化铝浓度对生产过程的影响

现代预焙阳极电解槽中氧化铝的添加，是按照一定的时间间隔，以点式下料的方式将氧化铝加入电解质中。由于氧化铝的溶解受下料量、氧化铝性质、电解质温度和电解质流场等因素限制，冷的氧化铝加入电解质中，只有一部分立即溶解在电解质槽中，另一部分与电解质形成一层凝固层覆盖在电解质表面[5]。加入电解槽内的氧化铝随着电解质的运动输运到电解槽的其他部位，在这个过程中，发生氧化铝的溶解、扩散及传质过程，同时伴有能量传递。由于温度与浓度梯度、电磁力和气泡都会使得电解质流场发生改变，而氧化铝随着电解质流场输运到电解槽中各个部位，因此温度与浓度梯度、电磁力和阳极气泡同样影响着电解槽中氧化铝浓度的分布。

目前对于氧化铝浓度分布的研究主要集中在工业测试和数值模拟。当氧化铝加入电解槽中时，会与电解质发生传质与传热现象，从而在电解质中可能存在较大的浓度梯度和温度梯度，某些区域的温度在下料之后可能下降很大，并且需要数百秒时间才能恢复到原来的温度，因此可以通过测量温度变化来间接获得氧化铝的溶解与输运情况。同时，对于工业电解槽的测试还可以改变原有氧化铝的下料周期、下料量及下料位置，研究在不同下料周期、下料量及下料位置的情况下，氧化铝的溶解与迁移情况，更加直观地优化电解槽的各项参数。

保持氧化铝在铝电解质中的浓度稳定主要有两种方法，一种是通过改良电解槽控制系统，加强氧化铝加料控制管理，对加料过程进行精细化操作；另一种是改善氧化铝溶解性能，选用在铝电解质中溶解速度较快的氧化铝作为电解原料，或者改良铝电解成分，选用适合氧化铝溶解的电解质体系。另外，设计优良的加料器和氧化铝良好的流动性有助于下料时氧化铝在电解质熔盐表面迅速铺开形成薄而扩散良好的氧化铝层，使氧化铝能够迅速溶解且不易形成槽底沉淀，同时电解质具有适宜且稳定的过热度有利于氧化铝溶解过程的热交换。在工业生产中，如果氧化铝浓度控制不佳，会导致电解槽运行不稳，从而对温度、电导率及能耗方面等造成较大影响。

A　对铝电解温度的影响

氧化铝在冰晶石电解质中的溶解反应为吸热反应，溶解越快，熔盐温度降低越明显，并且冷物料加入后传热过程会暂时抑制其溶解。也可以说，氧化铝的溶解过程与其加料后电解质温度波动情况密切相关。图 22-3 中当 2g 新鲜氧化铝冷物料被添加进 200g 铝电解质中后，根据之前观察的溶解现象，在电解质表面形成一大片由氧化铝颗粒和冷凝电解质组成的硬结壳，对应于熔盐温度瞬间下降 5℃。随着氧化铝硬结壳被液态电解质逐渐浸透，熔盐温度也逐渐缓慢上升。

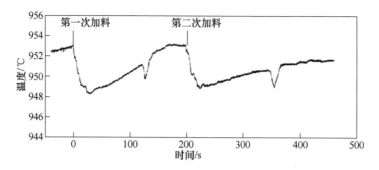

图 22-3　新鲜氧化铝溶解时电解质熔盐温度变化曲线

（每次 2g 氧化铝添加进 200g 电解质中）

B　对电解质电导率的影响

冰晶石–氧化铝是铝电解最基本的组成，因此冰晶石–氧化铝熔体的导电性能对铝电解能耗的影响非常大。从目前的研究结果来看，氧化铝溶解到冰晶石熔体中后，发生了复杂的化学反应并生成体积较大的离子如 $[Al_2OF_6]^{2-}$、$[Al_2OF_8]^{2-}$ 和 $[Al_2O_2F_4]^{2-}$ 等，导致离子的迁移速率下降，从而使熔体的电导率急剧下降（见图 22-4）。从图 22-4 中来看，多数研究者对冰晶石的电导率测定结果基本一致，Grjotheim 通过研究获得了冰晶石–氧化铝电导率 k 与氧化铝浓度之间的关系：

$$k = 2.76 - 5.002 \times 10^{-2} \times a + 1.321 \times 10^{-4} \times a^2 \tag{22-1}$$

式中，a 为电解质中的氧化铝含量（质量分数）,%。

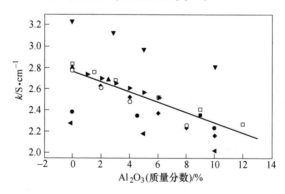

图 22-4　冰晶石–氧化铝体系在 1000℃时电导率和氧化铝浓度的关系

值得注意的是，氧化铝的加入使冰晶石熔体的初晶温度下降。所以，如果扣除了温度的影响后，在过热度为 15℃时，每添加 1%（质量分数）的氧化铝，能使电导率降低 0.06S/cm。

C 对能量消耗量的影响

加热、分解氧化铝需要的能量以及加热炭所需要的能量共同组成了炭阳极电解的理论电能消耗。随着我国铝电解技术的提升，电解槽容量越来越大，电解槽设计、制造工艺不断完善，且单位铝生产所要消耗的能量也大大减少，但尽量降低各部分的能量消耗仍然是未来一个重点研究方向。

以往的研究多以 $\alpha-Al_2O_3$ 为原料、电解温度 950℃ 及室温 25℃ 的条件下进行计算，得出吨铝理论能耗 6320kW·h。而近年来我国企业多用砂状氧化铝或中间状氧化铝，它们由 $\alpha-Al_2O_3$、$\gamma-Al_2O_3$ 组成。李德祥教授[6]根据实际生产情况，对氧化铝的能耗进行重新计算，砂状氧化铝中 $\alpha-Al_2O_3$ 含量取值 30%，中间氧化铝中 $\alpha-Al_2O_3$ 含量取值 45% 为代表，经计算，使用各种氧化铝、室温为 25℃、电解温度 950℃、电流效率为 100% 时的理论能耗 W_1 计算数据如下：

（1）使用砂状氧化铝：$W_1 = 6248$ kW·h；

（2）使用中间状氧化铝：$W_1 = 6263$ kW·h；

（3）使用 $\alpha-Al_2O_3$：$W_1 = 6320$ kW·h；

（4）使用 $\gamma-Al_2O_3$：$W_1 = 6217$ kW·h。

氧化铝中含不同比率 $\alpha-Al_2O_3$ 的理论能耗 W_1（kW·h）可用以下通式算得：

$$W_1 = 6320 \times \alpha + 6217 \times (1 - \alpha) \tag{22-2}$$

式中，α 为氧化铝中 $\alpha-Al_2O_3$ 质量分数，其余认为都为 $\gamma-Al_2O_3$。

从计算结果看到，使用砂状氧化铝（$\gamma-Al_2O_3$ 为主）的理论能耗比使用 $\alpha-Al_2O_3$ 的理论能耗低 72kW·h，这是一个不可忽视的数量。

关于 Al_2O_3 在冰晶石熔体中的溶解热，Holm[7]与 Xuan 等人进行了仔细的研究，如图 22-5 所示。结果表明，Al_2O_3 在冰晶石熔体中的溶解热很大，在无限稀释的情况下，按 Holm 的数据，Al_2O_3 的最大溶解热为 67kcal/mol，而按 Xuan 的研究，为 61.4kcal/mol；Al_2O_3 的溶解热随 Al_2O_3 含量的增加而下降，所不同的是，按照 Xuan 的研究，在 Al_2O_3 含量大于 5%（质量分数）之后溶解热不变，为 35kcal/mol。

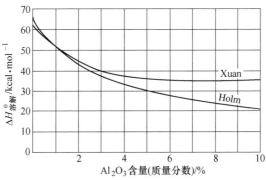

图 22-5 Al_2O_3 在冰晶石熔体中的溶解热与浓度的关系（1cal = 4.186J）

22.1.2.2 氧化铝浓度与槽电阻的关系

冰晶石-氧化铝熔体体系是铝电解质的主体，对它们进行过大量研究。在铝电解过程中，由于氧化铝浓度经常发生变化，该体系的性质也随之变化。因此，把握该体系的组成与性质关系十分重要。

以 $Na_3AlF_6 - Al_2O_3$ 二元系为例，其相图是一个共晶系相图，共晶点在 Al_2O_3 10%处，参照第 6 章图 6-2 所示。由图 6-2 可见，随着温度升高，该系熔体可以溶解更多的 Al_2O_3。

工业生产时，电解实际温度比熔度图的熔化温度（或初晶温度）要高出 15~25℃，这高出的部分就是所谓的过热温度，此温度下 Al_2O_3 的最大饱和溶解度要比相图值高一些。文献 [8] 指出，不同 Al_2O_3 浓度时 $Na_3AlF_6 - Al_2O_3$ 系的初晶温度 t，可由以下经验公式计算：

$$t = 1011 - 7.93w(Al_2O_3)/[1 + 0.0936w(Al_2O_3) - 0.0017w(Al_2O_3)^2]$$

$$(22-3)$$

式中，$w(Al_2O_3)$ 为电解质中 Al_2O_3 浓度，适用范围为 Al_2O_3：0 ~ 11.5%；此式的相对标准偏差为 0.34℃。

现代预焙槽电解质中 Al_2O_3 含量在 2%~5%，点式下料有良好的计算机控制，其 Al_2O_3 含量在 1.5%~3%，处于相图的亚共晶区部分。随着下料—电解—下料过程的进行，熔度图上的该部分液相线（即温度）也随之下降—上升—下降。这将引起电解质性质和电解槽槽况的变化，显然这种变化的幅度不宜太大，越小越好。由于是周期性地加入 Al_2O_3，采用点式下料时，因每次下料量小，时间间隔短，引起电解质的变化较小；而大加工（如打壳机、侧部或中间铡刀式打壳下料）则相反，每次下料量大，时间间隔长，引起电解质性质的变化呈大起大落之势，从根本上说，不能保证电解生产的平稳。

在电解铝工业生产中，电解槽内的反应是极其复杂的，其非线性、多变量、大耦合的特性，以及生产中出现的各种各样无法预测的干扰因素，导致我们无法得到一个准确的电解槽生产数学模型。在对氧化铝浓度进行控制时，由于氧化铝浓度和温度都很难在线测量，因此也就无法确定一种最佳的控制方法[9]。

在电解铝生产过程中，能够在线测量的数据通常是槽电压、槽电阻和电流，从槽电阻的数据变化中不仅可以得到电解槽极距的变化，而且能够得到氧化铝浓度的相关数据。在一小段时间内阳极炭素体位置不变，阳极消耗速度基本与铝水平增加速度持平，则槽极距保持不变，在此前提下槽电阻的数据就可以体现出氧化铝浓度的数据[10]，如图 22-6 所示。

由图 22-6 可以看出，当氧化铝浓度处于 3.5%附近时槽电阻达到最小值，而在关系曲线上很显然 4%浓度左侧的斜率较右侧的斜率要大很多，也就是说自 3.5%起减小氧化铝浓度比增大氧化铝浓度对槽电阻的影响更大。而在实际生产

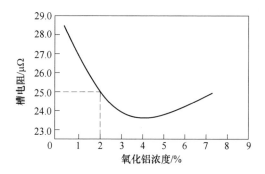

图 22-6　槽电阻与氧化铝浓度关系曲线

中，一般都选择 1.5%~3.5% 这一段浓度区作为控制区域。这样选择的原因在于：电解槽中氧化铝沉淀少，曲线斜率大，槽电阻变化明显，便于观测。在电解槽正常工作并在槽况正常稳定而且极距变化基本不改变阳极底掌形状时，槽电阻、氧化铝浓度和极距间的关系如图 22-7 所示。

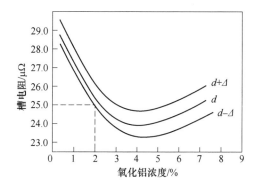

图 22-7　槽电阻、氧化铝浓度和极间距的关系

从图 22-7 中可以观察到，极间距 d 的大小会使槽电阻 R 与氧化铝浓度关系曲线发生高度变化，但基本不会改变曲线形状，也就是说槽电阻对氧化铝浓度的斜率 $dR/dw(Al_2O_3)$ 基本与槽极距无关，只受氧化铝浓度的影响，与氧化铝浓度 $w(Al_2O_3)$ 之间的关系如图 22-8 所示，其与槽电阻 R 对时间 t 的变化率 dR/dt 的关系式为[11]：

$$\frac{dR}{dt} = \frac{dR}{dw(Al_2O_3)} \times \frac{dw(Al_2O_3)}{dt} \tag{22-4}$$

控制系统按照设定好的速度进行欠量下料与过量下料，使 $\dfrac{dw(Al_2O_3)}{dt} = 0$ 时，

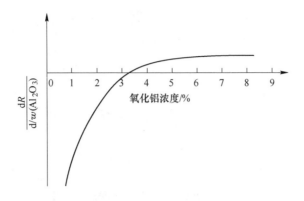

图 22-8 $dR/dw(Al_2O_3)$ 与氧化铝浓度的关系

则槽电阻 R 对时间 t 的变化率 dR/dt 与 $dR/dw(Al_2O_3)$ 基本成正比，并且 "欠量" 与 "过量" 的程度越大，变化率 dR/dt 就越大，体现出的氧化铝浓度 w (Al_2O_3) 变化就越显著。所以，我们就可以利用对变化率 dR/dt 的观测和控制达到对氧化铝浓度的预估和控制。

综上所述，通常将槽电阻与氧化铝含量的对应关系分为四个区，如图 22-9 所示。

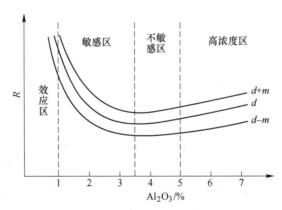

图 22-9 氧化铝含量特征电阻曲线

d—设定极距；m—极距增量

（1）高浓度区。电阻对含量的变化敏感，电流效率高，但含量饱和，造成槽况恶化。

（2）不敏感区。电阻对含量的变化不敏感，电流效率低。

（3）敏感区。氧化铝含量较低，电阻对浓度变化敏感，电流效率高。

（4）效应区。氧化铝含量很低，电阻随浓度降低而急剧升高，电流效率较高，但很容易引发阳极效应。

从图 22-9 可以看出，在实际铝电解过程中，应尽量把浓度控制在可控制区，即氧化铝浓度控制为 1.5%～3.5%。氧化铝浓度过低会导致阳极效应，氧化铝浓度过高会导致槽底沉淀，使槽况恶化。

22.1.3 氟物质流及氟平衡

铝电解生产金属铝的过程中主要使用氟化盐作为电解质，即冰晶石和氟化铝等。一方面氟化物的消耗关系到铝生产的成本；另一方面在工业生产过程中，对有毒有害的含氟颗粒或者气体排放，如果不对此加以治理，会给周围环境带来不利影响，还会影响周围居民的身体健康，因此必须对铝电解生产过程中各环节的氟含量进行研究与控制。

22.1.3.1 氟物质流

文献［3］以国内某企业 350kA 电解槽为例进行了氟平衡研究，通过分析计算可得（以小时物质量计算），槽内衬吸收 164.926kg/h、无组织排放损失 15.1626kg/h、机械损失 94.1kg/h、电解质吸收 164.9887kg/h、残极吸收为 29.4847kg/h。其余氟含量随烟气进入净化系统（995.6796kg/h），通过干法净化技术用氧化铝吸收的氟有 986.7185kg/h 全部返回到电解槽，只有 8.96kg/h 随烟气排放到大气中，氟净化回收效率达到 99.1%。电解质和残极吸收总量为 194.4734kg/h，其中 127.8556kg/h 返回电解槽循环利用，损失 66.6178kg/h，如图 22-10 所示。

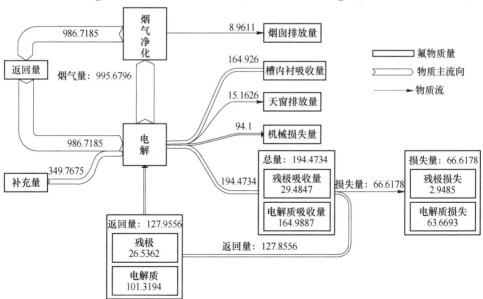

图 22-10　铝电解过程氟的物质流（单位（以氟计）：kg/h）

22.1.3.2 氟平衡

铝电解过程氟平衡即包括氟收入和氟支出两部分（以下按生产每吨铝计算）。铝电解生产金属铝的过程中的氟平衡并不是一成不变的，而是一个动态平衡。不同的铝电解槽型、操作的差异及其槽寿命变化都会使各项氟平衡数据出现较大的变化[12]。

预焙阳极电解槽集气效率一般可达98%左右，而干法净化系统的氟净化效率一般可高达98%~99%，甚至更高。因此，电解槽烟气中97%以上的氟可在烟气净化系统回收并返回电解槽，实现电解槽氟化物的循环利用。

铝电解使用的氟盐主要包括氟化铝（AlF_3）和冰晶石（Na_3AlF_6）。为了铝电解过程的平衡和生产持续、平稳地进行，必须不断地补充电解过程损失的氟盐，以调整电解质的摩尔比。由于运行状况、电解质中氟化铝过剩量、电解槽操作等原因，经电解槽烟气带出的氟波动也很大。文献 [4] 针对启动运行 300 天内电解槽，以吨铝烟气含氟量分别为 16.8kg 或 27.2kg 的两种状态，进行电解铝生产过程氟平衡计算（括号表示烟气含氟量 27.2kg 时），均以吨铝产品为基数，如图22-11 所示。

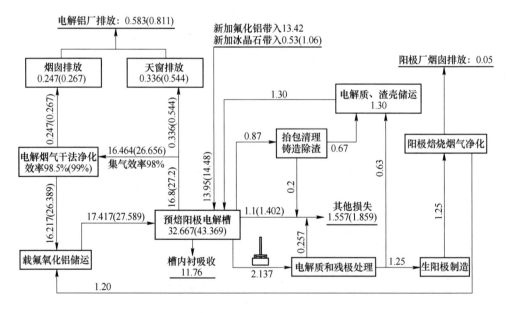

图 22-11 氟平衡图（单位：kg）

A 氟收入

预焙阳极电解槽在铝电解过程中的吨铝氟收入总计 32.667kg（43.369kg），主要包括以下四项：

（1）铝电解过程中新加入的氟。铝电解过程中新加入的氟主要作用是电解质改性剂，主要包括氟化铝、氟化镁、氟化钙、氟化锂及发挥调整剂作用的氟化钠，正常以加入氟化铝为主。新补充加入的氟盐为 13.95kg（14.48kg）。其中加入 22kg 氟化铝带入 13.42kg，1.0kg（2.0kg）冰晶石带入 0.53kg（1.06kg）。

（2）电解烟气净化回收。在给定的集气效率、净化效率条件下，对铝电解烟气均由烟气干法净化系统进行处理，并通过载氟氧化铝回收进入电解槽，回收氟 16.217kg（26.389kg）。

（3）焙烧炉烟气净化回收。由残极回收系统带入炭素阳极生产的氟，通过焙烧烟气净化系统回收（效率达 97%），回收氟为 1.25kg，通过烟气排放至大气 0.05kg。

（4）电解质、抬包清理及铸造除渣回收。可回收氟 1.3kg。

B　氟支出

在铝电解过程中的氟支出主要包括五项：

（1）铝电解槽内衬吸收。铝电解槽内衬作为铝电解槽的重要组成部分，并且将其置于高温熔融电解质中，受到浸泡及腐蚀，吸收了大量的电解质，内衬材料对氟的吸收量在整个寿命期间是变化的，导致其无法确定准确值。因此，铝电解槽内衬对于氟的吸收根据相关文献取值 11.76kg。

（2）铝电解过程中的水解、挥发及进入烟气中的氟。支出为 16.8kg（27.2kg）。

（3）阳极残极产生的氟支出。更换下来的残极包含残留在电解质与炭块中的氟 2.137kg。

（4）铝电解过程中的出铝抬包清理及铸造渣带走的氟。主要支出约为 0.87kg。

（5）铝电解过程中的机械损失。约为 1.1kg（1.402kg）。

电解烟气带走的氟，在集气效率为 98% 时，经电解厂房天窗排放的氟为 0.336kg（0.544kg）。用干法净化回收氟后，经烟囱排放大气中的氟为 0.247kg（0.267kg）。新加入的氟盐补充 13.95kg（14.48kg），消耗的总分布为：电解铝厂排放 0.583kg（0.811kg），阳极厂烟囱排放 0.05kg，槽内衬吸收 11.76kg，其他损失 1.557kg（1.859kg）。在氟消耗中最为突出的是铝电解槽内衬吸收，应该注意到，在电解槽运行的初期，槽内衬中积累的氟量的增速较快，到电解槽内衬寿命后期增速趋慢。

以生产 1t 电解铝消耗氟化铝 22kg、消耗冰晶石 3.5kg（或 4kg）计算，补充到电解系统的纯氟量约 15.54kg（氟化铝带入 13.41kg，冰晶石带入 1.855kg（或 2.12kg））。加上烟气净化回收的氟，进入电解槽的总氟量为 32.667kg（或 43.369kg）。

由于内衬吸收氟占氟补充总量的 82.95%~84.3%，因而从铝电解槽废内衬中回收氟对降低电解槽的氟消耗具有重要意义。从铝电解槽废内衬中回收氟的技术近年来受到重视，并正逐步被电解铝企业接受，这也是铝电解过程物质流研究的一个重要方面。

22.1.3.3 含氟烟气净化处理

铝电解生产过程中产生的烟气主要成分为氟化物、二氧化硫和烟尘，为了减少这些有害物质逸散造成环境污染，设置铝电解烟气净化设施，对氟化物回收处理后返回电解生产系统使用，减少物料损失，对烟气中的烟尘进行净化处理，达到国家排放要求。

干法净化是目前工业上十分成熟的烟气处理技术，关于氟化物的干法净化处理技术和设备已在本书第 20 章叙述过，在此不再赘述。

22.1.4 富锂氧化铝的电解工艺

富锂氧化铝的铝电解生产，是我国近年来在铝电解生产工艺方面遇到的新问题，主要是由于我国北方地区的铝土矿生产的氧化铝中，富含的锂、钾等元素，长期在电解槽内电解质中富集造成电解质成分复杂化，使电解过程物质流特性发生了较大改变，造成槽况恶化、操作困难，电解槽工艺技术指标降低。黄海波等人[13]进行了工业试验，如图 22-12 所示，研究揭示了锂含量、摩尔比与电流效率的规律。

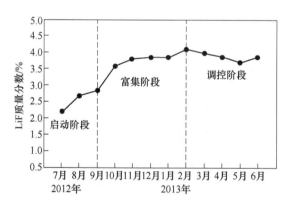

图 22-12　某企业 12 台试验槽锂盐含量调控

当电解温度过低时，氧化铝在电解质中的溶解能力成为制约电解铝生产的主导因素，将出现炉底沉淀增加、槽况恶化的现象；当调整成分无法将电解温度保持在正常运行范围的时候，电解质中锂盐浓度就是极限浓度。根据电解质成分的不同，其浓度范围在 5.6%~7.0%。采用富锂氧化铝的调控技术，解决了电解铝企业合理匹配富锂氧化铝使用的技术难题。建立富锂氧化铝中锂含量与电解质中氟化锂平衡浓度的关系模型，推荐的富锂氧化铝中氧化锂含量控制在 0.05% 比较适宜，对应的电解质中的 LiF 含量在 3.5%~5%。将几种不同锂含量的氧化铝混配使用，可以达到既节能又降低采购成本的目的。通过使用电导率大于 2.5S/cm 的高导电电解质体系，可以降低电解质电阻实现电解铝节能。

虽然电解质中锂盐含量的增加，会导致电流效率降低，但该电解质体系仍有 300~600kW·h/t 的节能空间，不同锂盐含量下富锂氧化铝宜采取相匹配的铝电解工艺技术。

工业应用表明，高锂低温状态下富锂氧化铝的铝电解节能技术应用取得了电流效率提高 0.7%~1.3%、直流电耗降低 150~300kW·h/t、氟化铝单耗降低 2~3kg 的效果。较低锂盐状态下，采用了电导率大于 2.5S/cm 的富锂氧化铝铝电解节能技术，实现直流电耗降低 400kW·h/t，传统电解槽铝锭综合能耗达到 13350kW·h/t。

目前，针对复杂电解质问题，除了不同氧化铝的调配工艺以外，一些研究者正在开发从电解槽内的电解质中提取碳酸锂的技术，一方面可以使改善成分的电解质返回电解槽使用，另一方面提取的锂盐是市场上附加值较高的新型电池材料，可谓一举两得。当然，这一问题目前仍处于不断探索研究中。

22.2　铝电解过程能量平衡与能量流

能量平衡是分析过程体系的常用概念，但对于现代铝电解过程而言，仅仅从能量平衡的角度分析铝电解的能耗已不能满足要求，更进一步分析铝电解过程的能量流特点，有助于研究铝电解的节能途径。

22.2.1　能量平衡

22.2.1.1　能量平衡的相关概念

能量平衡是指稳定状态下供给电解槽体系的能量等于电解过程所需能量与从电解槽体系损失的能量之和，即能量收入等于能量支出。良好的能量平衡状态是铝电解槽设计者和生产技术管理者的追求目标，是实现铝电解槽高产低耗的重要技术保证。铝电解过程中，当电解槽处于能量平衡状态时，存在如下关系式：

$$W_{输入} - \Delta H_0 - Q_{热损失} = 0 \tag{22-5}$$

式中，$W_{输入}$ 为单位时间内输入电解槽热平衡体系内的能量；ΔH_0 为单位时间内电解铝生产所需的能量；$Q_{热损失}$ 为单位时间内电解槽热平衡体系的热损失量。

式（22-5）即为铝电解槽能量平衡方程式。式中，单位时间内输入电解槽内的能量可以用体系内的电压降 V 乘以系列电流的强度 I 来表示，即：$W_{输入} = IV$。

电解槽对周围环境的热损失 $Q_{热损失}$ 是通过测量电解槽能量平衡体系表面温度和临界环境温度，并使用相关的散热数学公式计算而来，也可以借助热流计进行直接测量。但无论采用哪一种方法，第一步都要确定所测量与计算的铝电解槽能量平衡体系的边界范围。

Hauping 等人通过研究得到了典型预焙阳极电解槽电能分配（折合成电压）及热损失分布，如图 22-13 所示[14]。该图是迄今为止对电解槽电压构成最为全面的解读，尤其是对阳极反应过电压、阳极浓差过电压、阴极过电压及气泡过电压做了细分。

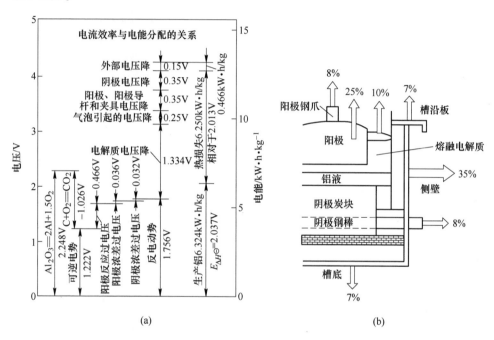

图 22-13　典型预焙阳极电解槽电能（电压）分配及热损失分布
（a）电解槽各部分能量分配；（b）电解槽各部分散热

同时由图 22-13 可得，铝电解槽能量损失主要分为两类：（1）电阻型能量损失，主要消耗于母线、阳极、阴极和极距间的能量；（2）化学型能量损失，主要用于预热反应物质所需的能量和分解氧化铝所需的能量。在铝电解生产过程中，能够进行人为控制和调整的能量损失主要是电阻型能量损失，它主要经电解槽上部、侧部和底部以传导热损失、对流热损失和辐射热损失的形式散失。

刘业翔等人[8]以电解槽整体作为计算体系，并以电解温度作为计算基础，得到电解槽能量平衡方程：

$$W_{供} = W_{理} + W_{导} + W_{损} \tag{22-6}$$

式中，$W_{供}$取决于槽电压V和系列电流I，当电压的单位为V，电流的单位为kA时：$W_{供} = VI(kW \cdot h)$。

$W_{理}$为理论能耗，$kW \cdot h$，可分为两个部分：反应所需的能量$W_{反}$和加热物料所需的能量$W_{料}$。

$$W_{理} = W_{反} + W_{料} = (0.48 + 1.644\eta)I \tag{22-7}$$

$W_{导}$取决于导电母线的电阻R_e和系列电流I。如果，电阻的单位为$\mu\Omega$，电流的单位为kA，则导电母线上的电能损失（$kW \cdot h$）为：

$$W_{导} = I^2 \cdot R_e/1000 \tag{22-8}$$

$W_{损}$包括通过电解槽的槽底、侧壁、槽面（炉面）及导线的散热损失。热损失有传导、对流和辐射三种主要形式，计算很复杂，因此常常根据能量平衡式来反推电解槽达到平衡时的热损失量，即：

$$W_{损} = W_{供} - (W_{理} + W_{导}) \tag{22-9}$$

考虑到$W_{导}$也是一种热损失，因此若将$W_{导}$归入$W_{损}$中一并考虑，可得：

$$W_{损} = W_{供} - W_{理} = VI - (0.48 + 1.644\eta)I = [V - (0.48 + 1.644\eta)]I \tag{22-10}$$

电解槽的能量平衡是一种动态的平衡，电解槽具有自我调节保持一种动态平衡的能力。由于电解槽炉膛和炉面结壳厚度可随温度变化而改变，且槽内熔体处于较强烈的对流状态，当电解槽能量收入或支出某一条件发生改变时，将带来其他收支项发生改变，从而达到新的平衡。一般来说，电解槽具有较强的能量自平衡能力。但若电解槽的能量平衡遭受严重破坏，要回复到新的平衡也需要较长的时间。

然而，能量平衡并不意味着电解槽的电化学过程是在优化或者合适的状态，这就需要在能量平衡基础上，进一步建立电解槽优化的热特性。

22.2.1.2 能量流分析

物质流、能量流分析现已广泛应用于许多领域[15]。如张风云[16]进行了氯碱化工能量流分析研究；殷瑞钰[17]研究了钢铁企业物质流、能量流及其相互作用；于庆波等人[18]提出了钢铁生产流程的"基准物流图"，讨论了钢铁企业的物质流、能量流及其相互关系；胡长庆、张玉柱等人[19-20]也对钢铁生产的物质流、能量流进行了深入分析，给出了各生产工序的物质流，并对钢铁制造流程进行能量流分析；刘丽孺[21]采用基准物流图法定量分析了拜耳法氧化铝厂各工序的工序能耗变化和折合比变化对氧化铝综合能耗的影响。

李春丽[3]对某企业350kA和400kA电解槽两个系列的总能量进行计算，并以年产55万吨电解铝每小时耗能为计算基准，得到的电解生产过程能流变化与平衡数据，如图22-14所示。

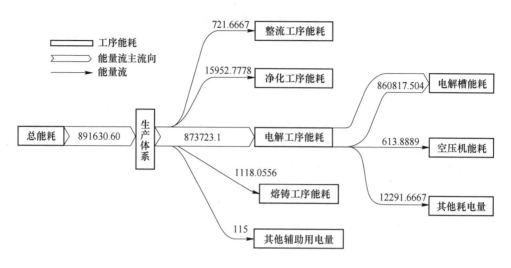

图 22-14　电解铝生产过程能流图（单位：kW·h）

从图 22-14 中可以看出电解铝生产过程的能源利用情况。整流工序的能耗为 721.6667kW·h，约占总能耗的 0.08%，主要是交流电整流为直流电时的电能损耗；电解工序的能耗为 873723.1kW·h，约占总能耗的 97.99%，主要是电解槽、空压机、车间照明等其他电耗；净化工序的能耗为 15952.7778kW·h，约占总能耗的 1.79%，主要用于风机动力消耗；熔铸工序的能耗为 1180.556kW·h，约占总能耗的 0.13%，主要用于加热和保温铝液；其他辅助用电为 115kW·h，约占总能耗的 0.01%。可见，电解工序能耗最大，电解槽是节能的关键点。减少整流过程能耗和风机等动力设备能耗也是提高能源利用率的有效途径。

通过对 1 台 350kA 电解槽每小时用电量计算，从图 22-15 可以看出，电解槽输入电能为 1515kW，其中反应能耗占 642.68kW、烟气带走热量占 365.45kW、铝液带走热占 42.83kW、槽体散热占 457.90kW（槽壳侧部散热为 345.59kW）、残极带走热占 1.63kW、换热块带走热 2.80kW、钢爪带走热占 1.71kW。由此可知，电解槽的能耗中反应能耗较大，优化电解质成分、降低电解质压降和阴极压降可以减少能耗；槽体对流及辐射热损失大，采取保温措施、调整覆盖层厚度以减少散热量，重点是加强槽壳侧部的保温措施；烟气带走热量较大，应回收利用；减少铝液运输热损失，充分利用铝液热量进行铸造，可大幅减少熔铸工序能耗。

22.2.2　能量流分布的影响因素

影响铝电解槽热损失状况和能量流分布的因素较多，主要受内衬设计和工艺管理影响。调整上部覆盖料的高度，大修时改变电解槽侧部炭块的材质、厚度或

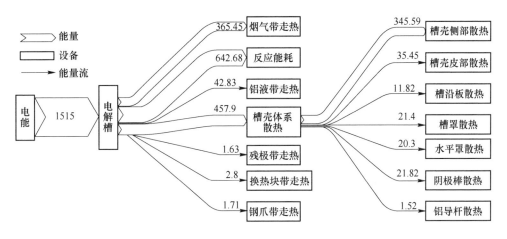

图 22-15 某企业 350kA 电解槽能流图 (单位: kW)

结构，改变槽底保温内衬材料的设计，采用材质不一的阴极材料等，都会改变电解槽热生成和损失的分布，影响电解槽的热平衡。此外，工艺技术管理的设定也会影响铝电解槽的热平衡。例如，调整电解槽的设定电压或调整电解质的成分，都会使电解温度发生变化，从而改变电解质的凝固行为，达到改变槽帮厚度和槽底沉淀的结果，影响侧部和底部的散热量。调整槽中铝水平和电解质水平，也会因为两者导热性能及与内衬材料的不同对流换热特性而对散热产生影响。

22.2.2.1 仿真设计的主要影响因素

仿真设计的主要影响因素有：

（1）槽电压和电流。铝电解槽的热收入功率取决于槽电压和电流。当电解槽处于热平衡状态时，调整槽电压或者电流都会影响热收入，从而改变铝电解槽的热平衡和能量流状态。因此，一般来说希望电解槽具有较为稳定的技术条件和电流供给。

（2）槽内衬设计。本书第 10 章、第 11 章已经详细讨论了电解槽热场仿真与内衬结构的设计，电解槽的先天设计是电解槽保持能量平衡和获得较好热特性的基础。在槽内衬设计上应选择在槽底部、阴极区和角部采用导热系数低、质量轻、经济并且容易砌筑的保温材料替代原有保温材料，如应用导热系数小的陶瓷纤维板代替传统的硅酸钙板，保温型浇注料代替高强浇注料，侧部采用节能异型块。

（3）外部结构的散热。主要是外部母线和阴极钢棒。钢的导热性和黑度都较为有利于其自身通过外部母线的散热，其散热与截面积成正比。然而钢棒的结构主要取决于设计方案，具有较小的调整空间，可以通过调整表面涂层的方式进行调节。

(4) 对电解温度的影响。由传热的理论可以知道，发生传热的环境温度差越大，其传热驱动力越大，热损失就越大。电解槽内的电解质温度可以高达950℃以上，与环境间的温度相差巨大，可以想象这种传热驱动力的巨大作用。因此，若可以降低电解温度，则可以有效减小热损。研究表明电解温度降低10℃，可减少电耗 0.06kW·h/kg。此外，由于降低电解温度还有利于电流效率的提高，因此低温电解也是铝电解工艺技术中极为重要的一点，通过各种手段降低电解槽的电解温度并且保证电解槽的稳定运行已经成为了一种业界共识。

(5) 周围环境状况。在铝电解槽的运行过程中，槽周围环境处于不断变化的过程，电解槽处于时刻变化的热平衡状态。例如在不同的季节，环境空气的温度有所差别，会导致不同的槽外表传热动力；车间上下部通风窗的开合状况会影响厂房内的空气流动状况，进而影响铝电解槽周围槽体与环境的换热系数；烟气抽风系统的负压值的不同可能导致上部覆盖料与烟气的换热系数的不同，也可能造成烟气温度的差异。

22.2.2.2 生产运行中的主要影响因素

实际铝电解生产中，能量流主要受以下几个因素影响：

(1) 氧化铝添加的影响。在槽正常运行过程中，Al_2O_3 的加热和溶解的吸热是物料能耗的主要部分，添加 Al_2O_3（简称下料）是影响能量流变化（从而影响槽温）的一个较显著的因素。下料对槽温的影响表现在两个方面：

1) 能量平衡被暂时打破，即由加入的冷料在被加热和溶解过程中吸收大量热能而导致电解质温度短时的急骤变化。在 160kA 预焙槽定时下料制度下，于每次下料（90kg）后，在出铝孔处测得的电解质温度急骤降落的极小值为 7~9℃，在槽大面（边长的 1/4 和 3/4 处）的阳极边缘附近测得极小值为 4~5℃，由此推测在下料器下方局部电解质温度可降落 15~20℃。这便是在定时下料制下为保证 Al_2O_3 的溶解速率，避免难溶性沉淀生成而不得不保持 15℃ 以上电解质过热度的主要原因。在准连续下料制下，测得每次下料（9kg）后，电解质温度降落极值在出铝孔处为 1~2℃，在槽大面阳极边缘附近一般不足 1℃，由此推算在下料器下方局部电解质的温度降落极值为 4℃。可见，采用准连续下料方式对能量平衡（热平衡）的破坏较小，为维持与定时下料制下相同的原料溶解速率所需的电解质温度与过热度可以大大降低。

2) 能量平衡（能量流）状态跟随物料平衡（物质流）状态的变化而变化，即下料速率增大（"过量下料"）或减小（"欠量下料"）引起物料平衡状态变化，能量支出项中的物料相应地增大或减小，导致电解质温度（动态平衡温度）相对缓慢地降低或升高（槽膛也跟随着变厚或变薄），这便导致能量支出项中的物料相应地减小或增大，从而弥补物料的变化，使电解槽的能量支出依然等于收入（即能量依然保持平衡），然而能量平衡的状态发生了变化，表现形式是电解槽的温度发生了变化。显然，这是能量平衡（能量流）状态跟随物料平衡（物质流）状态的变化而变化的原因。

（2）出铝和阳极更换的影响。出铝和阳极更换这两个周期性人工作业能显著地改变电解槽散热状态，并因引起额外下料而改变加热原料消耗的能量。这两种作业对槽能量平衡（热平衡）的影响是难以估计的。阳极更换对热平衡的影响可分两方面考虑，一方面是该作业引起的（一次性）额外下料（对于大型槽为 70~120kg）；另一方面是该作业引起的散热和新阳极换入后的吸热，该方面引起的槽热平衡状态变化在换极后的前 4h 最为明显，其后的变化虽然减弱，但变化的持续时间长达 20 多个小时。出铝对热平衡的直接影响没有阳极更换显著，在大型槽上出铝引起的额外下料在 30~50kg。出铝改变了槽底的散热状态，对热平衡的间接影响作用还是较大的。因此，出铝时间和出铝量的调整常常用作调整热平衡状态的一种手段。

（3）槽面保温料的影响。电解槽上部的散热损失占全部热损失有时高达60%。而槽面保温料的厚度对电解槽上部的热损失有决定性的影响。可见，维持一个稳定的、均匀的保温料层对维持电解槽的能量平衡至关重要。目前，我国许多预焙槽生产中的一个常见问题是槽面保温料管理不到位。显然，保温料越薄，槽上部散热损失占全部热损失的比例越大，料面变化便越容易引起能量平衡（热平衡）的变化，电解槽的稳定性也就越差。

（4）技术参数匹配的影响。采用合理的技术条件参数匹配是保证电解槽稳定运行的基础，而技术条件中影响能量平衡的主要有铝水平和过热度。在日常生产管理中，铝水平是调整能量平衡最常用的措施。据测算，铝水平每降低 1cm，可减少相当于槽电压 16mV 左右的热损失。因此，实施低电压技术的电解槽，铝水平不宜过高，建议保持在 20~22cm 之间为宜。保持适当的电解质过热度有利于维持槽能量平衡及形成规整的炉膛内形，保护槽内衬，减少侧衬破损，延长槽寿命；另外，良好的炉膛内形可防止侧部漏电，减少电流空耗和水平电流、保持铝液面稳定，从而提高电流效率。一般来说，电解质过热度增加，势必造成炭耗增大、槽帮减薄、伸腿缩短；电解质过热度减小，槽帮增厚、伸腿变长。关于过热度的保持关系到电解质的热特性已在本书第 10 章和第 11 章阐述。目前我国较好的过热度控制一般在 8~12℃ 之间，但实际操作上保持合适的过热度存在较大的困难。

（5）阳极效应的影响。生产过程中阳极效应控制是一个重点，除了因缺少氧化铝而发生的阳极效应外，由于能量收入不足，电解槽容易走向冷行程，造成电解质对阳极的湿润性变差，从而引起突发阳极效应。一旦发生突发阳极效应，要及时分析效应原因。通常情况下，可以由突发阳极效应的效应电压高低判断能量失衡方向，效应电压高于正常值时为冷行程，需增加热收入；效应电压低于正常值时为热行程，需减少热收入。

（6）烟气调控的影响。电解槽正常运行过程中，散热的比例基本固定，生产 1t 铝大约可产生 1.5t 高温烟气，电解烟气散热所占比例较大。铝电解过程一般在 920～960℃ 高温下进行，从烟管中排出时其温度一般在 130～150℃，带走的热量约占总输入能量的 20%～35%。铝电解烟气一般通过槽罩板及槽上部集气罩集气后通入支烟管，因此烟气的温度及流量受到槽中上部结构的密闭性、罩板开启频率及内部阳极覆盖料或者壳面料等因素的影响。改变烟气的流量是一项重要的能量平衡调整措施。通常情况下，需根据电解槽距离净化风机的远近，调整烟气管道的阀门开度，保证不同电解槽排烟管阻力均衡，使烟气流量带走的热量一致，也使排烟因素对不同位置电解槽的能量平衡影响一致。

22.2.3　工业电解槽能量平衡的测试与分析

通过铝电解槽能量平衡测试、计算和分析，可以对铝电解槽电能利用率、区域能量分布特征、工艺技术条件和加工操作制度合理性进行定量分析和科学评估，为提高铝电解生产主要技术经济指标而采取有针对性的技改措施提供科学依据。能量平衡测试和计算体系选取铝电解槽和环境之间形成的封闭物理界面，即槽顶-槽罩-槽壳-槽底，包括界面上参与传热的筋板或摇篮架。铝电解槽体系的能量收入或支出计算以千瓦为单位，电解温度选为能量平衡计算的基础温度。

在铝电解槽能量平衡测试和计算过程中，封闭物理界面向周围环境散热损失测试和烟气带走的热损失，在整个能量平衡测算中占有重要的位置。某企业 500kA 铝电解槽在开展能量平衡测试过程中，利用日本生产的 HFM-215 型热流计测量槽体向周围环境散热损失，利用 TH-990 型智能烟气分析仪测试烟气流量和烟气带走的热损失[22]。

22.2.3.1　槽体系散热损失测试

为了准确测试铝电解槽体系散热损失，需要在槽体系表面上，按照经-纬线划分区域，布置测点。测试过程中，测试人员在纬度方向将阴极槽壳侧部表面划分成熔体区（电解质+铝液）、阴极炭块区和耐火保温区，以摇篮架为经线形成测点区域。对于槽罩、槽底和槽顶采用同样的方法进行区域划分和布点测试。此外，测点还包括凸出或露出体系表面的摇篮架、阳极导杆、阴极钢棒及槽沿板等散热部件。

根据测得的热流密度和测点区域面积，可以计算槽体系表面散热损失；根据测得的烟气流量和温度，可以计算烟气通过烟道带走的热量。某企业500kA铝电解槽各测试槽热损失平均测算结果见表22-2。

表 22-2 500kA 测试槽平均热损失测算结果

区域	散热面		散热量/kW	散热折合电压/V	占比/%
阳极区	槽罩	大面罩板	159.9	0.319	18.2
		槽沿板	34.0	0.068	3.9
		端面罩板	12.8	0.025	1.5
		小计	206.7	0.412	23.6
	上部结构	槽顶	65.5	0.131	7.5
		阳极导杆	20.3	0.041	2.3
		烟气	195.6	0.384	21.9
		小计	278.4	0.556	31.7
	合　计		485.1	0.968	55.3
阴极区	阴极区侧部	熔体区	150.9	0.301	17.2
		阴极区	91.4	0.182	10.4
		耐火保温区	18.1	0.036	2.1
		阴极钢棒	30.9	0.062	3.5
		侧部摇篮架	10.7	0.021	1.2
		小计	301.9	0.602	34.4
	阴极区底部	槽底	76.6	0.153	8.6
		槽底摇篮架	15.5	0.031	1.7
		小计	92.1	0.184	10.3
	合　计		394.0	0.786	44.7
总　计			879.1	1.754	100.0

由表22-2可知，500kA测试槽平均总散热损失为1.754V。其中，阳极区平均散热为0.968V，占总散热损失的55.3%，阴极区平均散热为0.786V，占总散热的44.7%。

22.2.3.2　槽体区域能量分布

根据表 22-2 中 500kA 铝电解槽体系平均散热损失测算数据，可以绘制铝电解槽体系热流分布图，如图 22-16 所示。

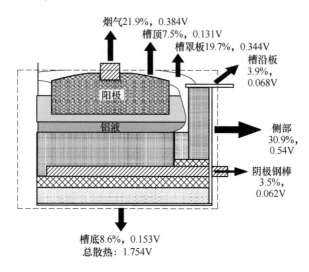

图 22-16　500kA 铝电解槽平均热损失区域分布图

从 500kA 铝电解槽区域热损失分布图可知，某公司 500kA 电解槽测算出的槽热损失分布比较合理。

22.2.3.3　能效计算与分析

通过能量平衡测试和计算，可以全面掌握槽体系能量收入和支出各项的数值及它们在能量平衡中的影响程度，检验能量平衡测试和计算工作的可靠性和准确度，计算电能利用率。电解槽的能量利用率 γ 公式如下：

$$\gamma = (W_{理}/W_{实际}) \times 100\% \tag{22-11}$$

式中，$W_{理}$ 为理论能耗，$W_{理}$ = 电解反应能耗 + 加热阳极炭块能耗 + 理论加热氧化铝能耗；$W_{实际}$ 为实际能耗，$W_{实际}$ = 2980 × 电压/电流效率。

理论能耗中，电解反应能耗主要与电解温度和电流效率有关，其他两项能耗主要与阳极毛耗、氧化铝单耗和电解温度有关。在计算电解槽电能利用率时，实际能耗中的电压为电解槽平均电压；如果计算的为体系压降电能利用率，则实际能耗中的电压为体系压降。

500kA 测试槽的体系压降为现场测试数据，其他相关数据均采用近期一个月内的统计数据，所得能量平衡误差分析见表 22-3，测试的能量平衡误差绝对值均在 5% 以内。

表 22-3 某企业 500kA 测试槽误差分析结果

项 目		平均值
输入能量/kW	输入电能	1838.6
	阳极额外消耗	4.3
	合计	1842.9
输出能量/kW	理论能耗	反应能	883.6
		加热阳极	29
		加热氧化铝	85.5
		小计	998.2
	散热损失	烟气	188.2
		体系热损失	686.6
		小计	874.8
合 计		1873.0
误差/%		±5

计算得到 500kA 测试槽的电能利用率见表 22-4。从总热损失计算结果来看，测试槽的总散热损失较低，平均总散热损失为 1.754V。综合分析，某企业 500kA 测试槽电能利用率较高，平均达到 50.51%，应该说这是一个非常先进的结果。根据研究，目前大部分铝厂实际铝电解生产中电解槽的电能利用率不到 50%。

表 22-4 500kA 测试槽电能利用率测算表

项 目	平均值
电解反应热/kW	883.6
加热炭耗热/kW	29.0
理论加热氧化铝/kW	84.4
日出铝量/kg	3730.2
理论能耗/kW·h·kg^{-1}	6.4
槽电压/V	3.9
体系压降/V	3.7
电流效率/%	92.5
电解槽实际能耗/kW·h·kg^{-1}	12.7
槽电压电能利用率/%	50.51

22.3 铝电解过程控制与信息流

为了实现电解槽运行过程的稳定操作，以取得最佳的物质流和能量流分布，达到最少的原料消耗和能量利用率，一方面电解槽数学模型和仿真设计水平不断得到提高，另一方面不断提高电解槽的自动控制水平。对于一个已建成的生产系列，提高过程控制水平对取得好的运行效果更具有现实意义，而信息流的建立和有效利用是其中的核心。

随着铝电解电化学工艺的成熟和完善，铝电解过程的物质流研究已经有比较坚实的基础，更进一步的研究则侧重于铝电解过程中的最优化实现；以及对于铝电解过程中产生的各种固态废弃物（当前被列为危险废物）的无害化处理和资源化回收利用，但这一领域的研究不是本书阐述的重点。另外，我们注意到，电解铝的能耗过高和能量利用率较低仍然是铝电解工艺过程的一个突出问题，如何结合信息流和物质流的开发利用改善铝电解能量流分布，以进一步提高电解槽的能量利用率是本书讨论的重点。

22.3.1 传统能量平衡控制模型

由于常规控制方法难以满足以低摩尔比为主要特征的新型工艺技术条件下对电解槽热平衡自动控制系统性能的要求，因此 20 世纪 80 年代以来国内外针对铝电解槽是一个多变量、非线性、时变、具有模型不确定性的复杂被控对象这种特点而逐步引入了智能控制技术，如法国的基于推理规则的下料控制方法、挪威的自适应控制技术、加拿大的铝电解专家系统、我国的智能模糊控制技术[23]。

已有的控制技术着重于解决低氧化铝浓度的稳定控制问题，因为这是低摩尔比条件下，热平衡稳定运行的基本保障。虽然国内外也研究开发了以人工定期检测的摩尔比和电解质温度等参数为输入变量的热平衡控制模型，但模型较为粗糙，对热平衡与其影响因素之间的非线性关系考虑不足。这一问题在设计水平先进且装备有氟化铝自动添加装置的电解槽上不太突出，但对于目前我国众多的生产系列，因电解槽设计水平及自动化装备条件相对落后，电解槽运行的稳定性和自平衡能力相对较差，维持电解槽在低摩尔比下的热平衡稳定运行难度相对较大，因此要实现热平衡的自动控制（或对热平衡的调整提供决策支持），便对热平衡控制（或决策）模型有着更高的要求。

目前更多电解铝领域的专家认为，电解槽的热平衡不应该片面地控制温度，而应该去控制电解质的过热度。这更符合电解工艺理论，但难度也更大，它除了需要仿真电解质的温度之外，还需要仿真电解质的成分或摩尔比。目前有一种做法是利用电解槽普遍存在的电解温度和摩尔比之间的相关关系，利用已经仿真得出的槽温来求得摩尔比，这样就可以获得电解质的过热度。从总体上说这一部分的工作难度是相当大的，因而很难具体实施。

同时，工业生产中极距调整对能量平衡影响较大。极距控制有两个目的，一是维持正常的极距，二是通过调节极距改变铝电解槽的能量输入，实现对槽热平衡状态的控制。长期以来，极距控制是通过将（平均）槽电阻控制在目标控制区域（即非调节区）内间接实现的，此即所谓的目标电阻控制法。因为极距的轻微变化可导致槽电阻的显著变化，所以若单纯从维持正常极距这一角度考虑，则无需对目标控制区域的设定提出严格的要求。基于这一理由，极距控制（包括槽电阻目标控制区域的设定）主要是针对热平衡控制的需要进行的。然而，遗憾的是，至今国内外尚无好的方法解决热平衡状态的在线检测或估计问题，故无法实现对热平衡的精确控制。众所周知，保持铝电解槽最佳的热平衡状态是获得最佳技术和经济指标的关键之一，因此实现对热平衡的适时监控是长期以来铝电解研究人员急待解决的问题。

除了采用下料控制模型使电解槽稳定运行在一个比较狭窄的低氧化铝浓度区域和采用极距调节使槽电阻进入以设定目标电阻为中心的目标控制区域之外，维持稳定的电解槽热平衡状态是获得高电流效率的关键。为此，不同研究者都开发了各自的热平衡控制模型和技术，以获得使影响热平衡状态的摩尔比和温度等参数的波动范围减小，使其稳定在设定值附近。当前文献报道的热平衡控制技术可以归纳为三种类型：（1）回归方程控制法；（2）槽温、摩尔比实测值查表法；（3）槽温实测值计算法[23]。但是随着槽温自动测量有望实现，热平衡控制有更加基于槽温而不是摩尔比分析值的趋势。挪威 Hydro 开发的基于常规专家系统的槽况诊断与状态调整决策支持系统，其中也包含热平衡控制的内容[24]。

22.3.1.1 回归方程控制法

根据电解槽在一段时期内的电解质温度测量值 T_B、过剩 AlF_3 浓度分析值 C_{AlF_3}、AlF_3 添加速度值 F_{AlF_3} 和平均槽电压值 U_B，用线性回归方法得到槽状态方程：

$$T_B = a_0 + a_1 \cdot C_{AlF_3} + a_2 \cdot U_B \qquad (22\text{-}12)$$

式中，C_{AlF_3}、U_B 为考虑了时间滞后几天内的平均值；a_0、a_1、a_2 为回归系数。

槽过程方程：

$$C_{AlF_3} = b_0 + b_1 \cdot F_{AlF_3} + b_2 \cdot T_B \qquad (22\text{-}13)$$

式中，F_{AlF_3}，T_B 为考虑了时间滞后的几天内的平均值；b_0、b_1、b_2 为回归系数。

根据设定的目标槽温和过剩 AlF_3 浓度，由式（22-12）和式（22-13）迭代计算最后一次取样分析过剩 AlF_3 浓度及测量槽温之后的几天内最佳的 AlF_3 添加速度和最佳的槽电压设定值。该回归模型的参数每隔一定时间重新计算以跟踪电解槽的当前状态和适应槽龄的逐渐变化。当回归模型的回归参数超出设定界限时，视为惰性（不灵敏）的槽状态，此时回归参数选用一套标准参数来计算 AlF_3 添加速度和槽电压设定值。槽状态变化也可从电解质水平、铝水平和出铝比（阳极下料量与出铝质量比）的变化中判断，用以调整 AlF_3 添加速度和槽设定电压，从而维持稳定的热平衡状态。

22.3.1.2 槽温、摩尔比实测值查表法

首先根据试验与统计分析得出的槽龄与 AlF_3 的添加速率的定量关系，计算或从统计表检查得电解槽在当前槽龄下 AlF_3 的基准添加速率，然后由槽温与目标槽温的差别、摩尔比与目标摩尔比的差别，查表求出 AlF_3 的添加速率的修正量。此外，计算机还根据电解槽使用的在氧化铝中氟化物含量和 Na_2O 含量的变化、电解工艺技术人员的现场指令调整 AlF_3 的添加速率。在换阳极和添加固体电解质时还能减少 AlF_3 添加速率，阳极效应后加大 AlF_3 添加速率以使摩尔比维持在以设定值为中心的很小范围内。与 AlF_3 添加速率的调整相配合，为了控制好电解槽的热平衡，以获得理想的摩尔比控制效果，电解槽目标电阻根据摩尔比和阴极压降而调整。

22.3.1.3 槽温实测值计算法

Paul Desclaux[25] 提出了一种无需摩尔比分析值，只采用电解槽温度测量值来计算 AlF_3 添加速率的热平衡控制方法。他认为电解质成分与槽温之间能快速达到平衡，在热平衡达到稳定状态时，电解槽的散热 q 可由以下两个方程决定：

$$q = h(T_b - T_f) \tag{22-14}$$
$$q = k/l \times (T_f - T_a) \tag{22-15}$$

式中，h 为电解质与边部结壳间的热传递系数，它由这两相的边界层附近的流体力学条件决定；k/l 为边部内衬和结壳的当量热传递系数，由槽设计决定；T_b，T_f，T_a 分别为槽温、液相线温度、环境温度。

T_f 可视为电解质成分的函数，即：

$$T_f = H(C) \tag{22-16}$$

式中，C 为描绘电解质成分的变量集合。

由以上三式联立求解可得：

$$T_b = H(C) + G(D) \cdot F(C) \tag{22-17}$$

式中，D 为描绘电解槽设计和流体力学条件的变量集合。

由式（22-17）可知，槽设计一定时，槽温度仅仅是电解质成分的函数。而一般电解质中 CaF_2 等添加剂的含量变化很小，因此槽温可视为摩尔比的函数。因此，可根据槽温与摩尔比的回归直线关系，用槽温测量值取代传统的摩尔比分析值来决定 AlF_3 添加量：

$$A_1 = A_0 + 5 \times (T_1 - T_t) + 2 \times (T_1 - T_{1-1}) \tag{22-18}$$

式中，A_1 为当天氟化铝添加量；A_0 为由槽龄确定的氟化铝基准添加量；T_1 为当天槽温；T_{1-1} 为前一天槽温；T_t 为槽温目标值。

M. J. Wilson 提出了另一种仅根据槽温计算 AlF_3 添加速率的摩尔比控制方法。首先根据槽龄和使用的氟化铝的特点（含钠量、载氟量）确定 AlF_3 基准添加速率，然后根据槽温的变化趋势对 AlF_3 添加速率进行修正。当电解槽走向热行程时，采用由回归得到的槽温变化速度和回归得到的热行程的起始温度和温度控制的下限值之差来决定 AlF_3 添加速率的减少量。最后根据槽温与槽温目标值之间的差值来修正 AlF_3 添加速率，以弥补电解槽在不同槽温条件下 AlF_3 挥发损失的差别[26]。

22.3.2 现行热平衡控制方法的缺点

以上几种热平衡控制（或者热平衡诊断）方法的缺点主要是：

（1）槽温、摩尔比等参数的值需要通过人工测量或者取样分析才能得到，因而时间滞后比较严重，诊断结果很可能失真。

（2）需要通过计算或线性回归等数学方法，工作量相当大，而且麻烦，同时也造成时间的滞后，使得诊断结果失真。

（3）由于采用数学方法和数学模型实施诊断，模型控制参数过少，而且过于粗糙，诊断过程适时性差，诊断结果可靠性低。

以上几种电解槽热平衡控制方法共同的特点是：采用有限的采集信息基础上的数学模型。由于信息采集的困难和滞后性，以致数学模型普遍比较粗糙，数学计算量大，可靠性明显不足。基于这样的热平衡控制模型，只能够在电解槽运行比较平稳、热状态比较稳定的情况下，勉强胜任电解槽热平衡控制的任务，而一旦电解槽运行不够正常，比如出现热行程、冷行程、病槽等情况时，它将无能为力，甚至对操作人员产生误导。电解槽在运行过程中将会受到槽电压、电流、氧化铝和氟化铝的添加、出铝、炉膛内形变化、阳极升降等诸多因素的影响而时常出现波动，引起热平衡的不利变化。

因此，对电解槽热平衡的变化必须要能够基于大量的采集数据及时地给予诊断，并对相应的参数进行适当的调整，以便达到对电解槽的热平衡实施有效的控制。基于铝电解槽数字化基础上的信息流的开发与完善，是电解槽进一步实现智能化控制的重要基础。

参 考 文 献

［1］殷瑞钰. 冶金流程集成理论与方法［M］. 北京：冶金工业出版社，2013.

［2］刘小珍. 铝电解槽中流场和氧化铝分布的基础研究［D］. 沈阳：东北大学，2016.

［3］李春丽，马子敬，祁卫玺，等. 铝电解生产过程物质流和能量流分析［J］. 有色金属（冶炼部分），2014(2)：21-24.

［4］厉衡隆，顾松青. 铝冶炼生产技术手册［M］. 北京：冶金工业出版社，2011.

［5］冯乃祥. 铝电解［M］. 北京：化学工业出版社，2006.

［6］李德祥. 铝电解的理论能耗和理论能耗电压［J］. 材料与冶金学报，2006，5(1)：32-39.

［7］HOLM J L. Thermochemistry of some molten cryolite mixture, 1968［J］. Sheffield Univers. Metall. Soc.，1974，13：27.

［8］刘业翔，李劼. 现代铝电解［M］. 北京：冶金工业出版社，2008.

［9］韩立伟. 铝电解生产过程控制策略研究［D］. 沈阳：沈阳建筑大学，2013.

［10］ZENG Shuiping, LI Jinhong, REN Bijun. Fuzzy determination of AlF$_3$ addition and aluminum tapping volume in aluminum electrolyzing process［J］. Metallurgical Industry Automation，2008，32(1)：18-21.

［11］狄贵华，任剑. 浅析国内外铝电解能耗状况［J］. 有色冶金节能，2004，21(4)：41-43.

［12］李川，李继涛，任莉芳，等. 铝电解氟平衡及相关的氟化盐单耗［J］. 当代化工研究，2018(11)：105-106.

［13］黄海波，邱仕麟，等. 富锂氧化铝对铝电解生产的影响［J］. 轻金属，2014，8：26-30.

［14］李清. 大型预焙槽炼铝生产工艺与操作实践［M］. 长沙：中南大学出版社，2006.

［15］郭颖，胡山鹰，陈定江. 元素流分析在生态工业规划中的应用［J］. 过程工程学报，2008，8(2)：321-326.

［16］张凤云. 氯碱化工企业能量流分析研究［D］. 天津：天津大学，2011：14-18.

［17］殷瑞钰. 钢铁制造流程的能量流行为和能量流网络问题［J］. 工程研究，2010，2(1)：1-4.

［18］于庆波，陆钟武，蔡九菊. 钢铁生产流程中物流对能耗影响的计算方法［J］. 金属学报，2000，36(4)：379-382.

［19］胡长庆，张玉柱，张春. 烧结过程物质流和能量流分析［J］. 烧结球团，2007，32(1)：16-21.

［20］胡长庆，张春霞，张旭孝，等. 钢铁联合企业炼焦过程物质与能量流分析［J］. 钢铁研究学报，2007，19(6)：16-20.

［21］刘丽孺，陆钟武，于庆波，等. 拜耳法生产氧化铝流程的物流对能耗的影响［J］. 中国有色金属学报，2003，13(1)：265-269.

［22］李振中，段中波. 500kA 铝电解槽的能量平衡分析［J］. 世界有色金属，2018(10)：8-9.

［23］蒋英刚. 中铝青海分公司大型铝电解槽效应情况分析与决策系统研究［D］. 长沙：中南大学，2004.

［24］DEL CAMPO J J, SANEHO J P. Low bath ratio in side breaking V. S. S. pots［J］. Aluminum, 1994 , 70(9-10)：587-589.

［25］DESCLAUX P. AlF$_3$ additions based on bath temperature measurements［J］. Light Metals 1987, Warrendale, PA：TMS, 1987, 309-313.

［26］李劼，王前普，肖劲. 预焙铝电解槽智能模糊控制系统［J］. 中国有色金属学报，1998，8(3)：557-562.

23 铝电解槽智能化核心——热特性优化与"输出端节能"

霍尔–埃鲁特熔盐电解法诞生以来，一直是工业生产原铝的唯一方法。电解铝工业属于典型的流程工业[1]，130多年来，铝电解技术得到了很大的发展，在电化学过程与电解槽物理特性这两个领域的研究奠定了现代铝电解技术发展的两大基石：一方面，铝电解电化学工艺与电解质体系的基础性研究逐渐趋于完善[2]；另一方面，从20世纪60年代以来，在物理特性数学模型尤其是电磁及磁流体动力学特性（MHD）领域的研究成果有效地推动了工业铝电解槽迅速向大型化发展[3]。从80年代开始，系列电流强度上升到280kA以上，近年来更是达到了500~600kA。电解槽的大型化不但使电解铝厂的单位建设投资减少了，生产电解铝的能耗也大幅度降低，吨铝直流电耗由15000kW·h下降到了13000kW·h以下[4]。

尽管如此，人们发现电解铝的生产仍然依靠大量的电能消耗为前提，同时铝电解生产的能量利用率只有50%左右，探讨未来电解铝节能的新途径仍然是科学研究的主要目标。

纵观铝电解技术发展的历史，人们对电解铝节能的认识大致经历了三个过程：

（1）早期的电解槽由于容量（电流）比较小，往往需要设计比较好的保温结构，保持电化学反应所需的温度条件，甚至需要进行外部加热来满足（实验室小容量实验也会使用）。这时候减少电解槽散热可以带来能源消耗的降低，因而低温电解也被认为是节能的重要途径。

（2）随着电解槽容量的增大，虽然电解槽的保温仍然是必要的，但电解槽的能量达到了自给自足，因此关注的重点变为能量的合理支出。因此电解铝能耗 W 为：

$$W = 2980V_{均}/\gamma \tag{23-1}$$

式中，$V_{均}$ 为电解槽平均电压；γ 为电流效率。

只有使电解过程能够在更低的电能输入条件下进行，即获得较低的电压和较高的电流效率是节能的主要途径。换言之，能量的输入决定了铝电解的能量消耗，这也是铝电解槽不同于一般热工设备的突出特点，因此作者将铝电解传统节能路径归纳并定义为"输入端节能"。

电解槽内的电解温度条件（通常称为"能量平衡"）的保持，在电磁场问题凸显以前一直是影响电化学反应过程的最重要的基础条件而受到重视，同时由于输入的能量远大于化学反应所需要的能量，因而"输入端节能"也是电解铝节能和技术研究的中心任务。

（3）随着电解槽容量的增大，电磁及磁流体动力学（MHD）影响逐渐成为决定电解槽成败和先进性的关键因素，这一领域的研究也带来了今天电解槽大型化的巨大成功。由于磁流体稳定性的改善，为降低工业电解槽的槽电压和提高电流效率起到了重要作用，也获得了"输入端节能"的最佳效果。

然而，热特性的优化问题在长期大型化过程中虽然得到了很大改善，但在实际生产过程中，要实现对热特性的有效控制从理论上来说还存在极大的困难。尽管人们建立了精确的电热仿真模型（二维或三维），能够对电解槽的电热特性进行比较精确的仿真和优化，对大型电解槽的设计发挥了重要的作用，但先天设计优化并不能保证电解槽在运行过程真正实现热特性的动态优化，良好的热特性的保持（热稳定性）仍然存在较大的困难：一是由于电解质的腐蚀性问题，无法实现热特性参数（电解温度及电解质的初晶温度）的在线检测，也就很难对电解槽的热特性做到及时准确的判断；二是在理论上还没有找到使工业电解槽获得理想热特性的调节方法，因为现行的控制方法在理论上是与电磁稳定性的优化运行目标相冲突的，两者决定了"输入端节能"的瓶颈。

要突破现有电解铝能耗瓶颈，必须进一步研究探索新的节能路径。根据殷瑞钰院士[1]关于流程工业"三流一化"的理论，突破克劳修斯封闭体系思维模式，以开放体系视角分析铝电解过程的物质流、能量流特征，改进完善信息流，通过能量流优化实现热特性优化，从而获得物质流的优化和能量效率的大幅提升，为铝电解槽智能化提供理论和技术支撑。

23.1 铝电解的能量效率与"输入端节能"

铝电解过程的物质流与能量流特征决定了生产过程的效率与成本。通过物质流分析可以看出，铝电解过程的原材料消耗除了一些生产环节如运输过程、电解槽密闭等原因以外，现行的生产工艺条件下降低物料消耗的空间是十分有限的。反过来，由于电解质热特性是电化学反应的基础，但现行铝电解的能量消耗受反应过程信息采集、过程控制等原因制约，从能量流与热特性优化及能量利用率角度来看，还有很大的节能空间。即通过能量流、电解槽热特性优化改善电化学过程，有可能大幅度降低电解槽的能耗。而降低能耗、提高工业生产的效率正是工业智能化的目标之一。

23.1.1　铝电解的能量效率

铝电解的能量消耗主要取决于电解槽的电压和电流效率，如式（23-1）所表达。可以说自从铝电解槽大型化以来"输入端节能"一直是铝电解节能的主要措施和研究内容，分析研究"输入端节能"的基本原理和主要途径，有助于我们了解"输入端节能"的潜力和未来前景。

23.1.1.1　铝电解的电压构成

Bruggemann[5]在 1998 年对 Haupin[6] 提出的电压组成进行了详细的解析，这被认为是目前对铝电解槽电压组成最全面的解释，如图 23-1 所示。图 23-1 中显示了电解槽的能量供给和热损耗结构，其中值得关注的是生产铝所需的能量 ΔH_{RXN} 完全独立于分解电压 E_e。

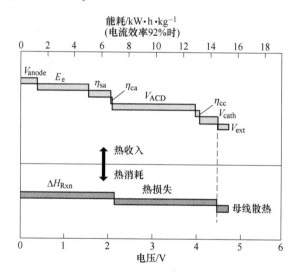

图 23-1　Bruggemann 给出的电解槽热收支分布

根据图 23-1 分析，槽电压中的欧姆电阻由 V_{anode}（欧姆压降，包括阳极材料压降和接触压降）、V_{ACD}（电解质层的欧姆压降加气泡电压 V_{bub}）、V_{cath}（铝液层、阴极块、阴极钢棒和接触压降）及 V_{ex}（槽外母线压降）组成。槽电压中最重要的是氧化铝与阳极碳反应的分解电压，1.18V 的理论分解电压是保持反应平衡所必需的，但实际上也意味着在此电压下电解反应不可能发生。因此，过电压对于推动反应的进行是重要的，阳极表面过电压 η_{sa} 是反应动力学的基础，阳极表面氧和二氧化碳浓度梯度形成阳极浓差过电压 η_{ea}，还有阴极浓差过电压 η_{cc}。

综上所述，槽电压组成为：

$$V_{pot} = V_{anode} + |E_e| + \eta_{sa} + \eta_{ea} + V_{ACD} + \eta_{cc} + V_{cath} + V_{ex} \qquad (23-2)$$

根据铝电解电化学反应的热力学计算结果，维持电化学反应的有效理论能耗 ΔH_{RXN}（以电压计）包括反电动势 $W_{反}$ 和物料加热耗能 $Q_{物}$，其中：

$$W_{反} = |E_e| + \eta_{sa} + \eta_{ea} + \eta_{cc} \approx 1.756V \tag{23-3}$$

$$Q_{物} = m \cdot c_p \cdot \Delta t_{物} \approx 0.63V \tag{23-4}$$

在图 23-1 中的上半部分及式（23-2）中显示的输入端能量（热输入，以电压表示）中，两极间的压降在电解槽电压中占比最大，减小 V_{ACD} 是有效降低能耗的主要途径，主要措施就是降低电解槽的极距和改善电解质的性能。对于现代大型槽而言，极距的降低取决于磁流体稳定性的设计；而良好的电解质特性，正像本书之前讨论的，除了电解质成分的控制之外，还与电解质的热特性关系密切。

23.1.1.2 能量效率

铝电解槽的能量效率对于整个铝电解行业意义重大。能量效率由理论能耗与实际能耗决定：

$$能量效率 = \frac{理论能耗}{实际能耗} \times 100\% \tag{23-5}$$

其中，理论能耗的数值与电流效率有关。实际能耗又可称为直流电耗，其经验公式如下：

$$实际能耗 = \frac{2.98 \times V_{cp}}{\eta} \tag{23-6}$$

式中，V_{cp} 为电解槽的平均电压；η 为电解槽的电流效率。

某电解槽槽电压为 4.2V，在电流效率 95% 的情况下，理论能耗为 6323kW·h。此时，电解质层的欧姆压降为 1.344V，系统总热损失为 6382kW·h，能量利用率为 49.8%。也就是说，50% 左右的铝电解耗能以热量的形式散发于周围环境中。

由此可知，要提高铝电解的能量效率必须降低实际能耗，即提高电流效率和降低槽平均电压。一般来说，电流效率每提高 1%，不但可以增加 1% 的铝产量，同时吨铝耗电可节约 140~150kW·h；槽电压每降低 100mV，吨铝将节约电能约 320kW·h。由此可以看出，降低槽电压和提高电流效率对电解铝节能的显著效果，这也是"输入端节能"重要意义所在。

我国大型预焙铝电解槽的电流效率从日本引进技术至今经历了近 40 年的发展，从 160kA 预焙槽电流效率 87.5%、槽电压 4.05V（设计值），到目前 400~600kA 特大型预焙槽电流效率 92%~93%、槽电压 3.95~4V，吨铝直流电耗从 13600kW·h 降至约 12600kW·h，吨铝电耗降低约 1000kW·h。

23.1.2 热特性优化与"输入端节能"

适宜的电解温度是铝电解电化学反应的基础，传统概念定义的铝电解槽的热问题是以电解槽的能量平衡概念为基础的，如沈时英教授的"区域能量自耗"

理论[7]。随着对电解过程机理更加深入的认识，可以认为，以电解温度 T_B（或过热度 $\Delta T = T_B - T_F$，T_F 为电解质初晶温度）为代表的铝电解槽温度场、热流分布及由热变化带来的相关电解槽热力学和动力学特征，才是能量平衡及铝电解过程热问题的核心。

所称"热特性"是指一定温度下的铝电解过程热特征的简称，本书第 11 章已有关于"四区热特性"的详细论述，而将保持热特性处于理想范围的能力称为"热稳定性"。铝电解槽"热特性"影响的关键，一是电解槽内电解反应区内（通常为极间区）电解质的热特性。电解温度（过热度）的变化会改变电解质本身的物理特性，从而对电化学过程产生影响，其中包括热力学与动力学变化的影响。二是电解槽在不同温度条件下呈现的温度场、炉帮形状即热流分布的变化等物理特性对电解过程的影响，主要表现在动力学（包括磁流体动力学）方面的影响。

23.1.2.1 热特性对电化学反应过程的影响

铝电解槽的热特性对电解质物理特性如黏度、密度、表（界）面张力、导电性等有明显的影响。研究认为[8-9]，随电解温度（过热度）升高铝电解槽内电解质熔体的黏度、密度降低，而熔体电导率增加；当电解温度（过热度）降低时，电解质的表（界）面张力则明显增大。因此，由于电解质热特性的改变，必然给电化学反应过程造成明显的影响。

工业电解槽中主要的阴极反应受到传质扩散过程的控制，反应速率的控制性步骤发生在存在浓度梯度的阴极边界层上。促进阴极反应的驱动力就是铝电解浓差过电压（即来自边界层两侧的溶解物质活度的差异），精确地反映了阴极边界层上反应物离子的浓度差异。通过研究工业铝电解槽阴极边界层的传质过程，发现控制阴极反应速率的主要参数是电解质成分、温度、传质系数和浓差过电压。这样，对于电流效率损失的公式描述为[8]：

$$i_{loss} = f(n_{NaF}/n_{AlF_3},\ T_b,\ K_L,\ V_{over}) \tag{23-7}$$

式中，n_{NaF}/n_{AlF_3} 为 NaF 与 AlF_3 的摩尔比；T_b 为电介质温度；K_L 为传质系数；V_{over} 为过电压。

从式（23-7）可以看出，除了电解质成分、传质系数、过电压等因素以外，温度是影响电化学过程和电流效率的主要因素，同时也是其中最基础的因素，它对过电压和传质过程都有明显的影响。

金属在电解质中的溶解趋势是电流效率降低的主要原因，导致铝损失的化学逆反应：

$$2Al(溶解态) + 3CO_2(气) \Longrightarrow Al_2O_3(溶解态) + 3CO(气) \tag{23-8}$$

当电解温度降低时，界面张力增大可明显抑制铝溶解反应，减少铝的溶解损失。

Grjotheim 等人[8]根据大量数据综述认为，所有实验研究的结果都表明电流效率是随着温度的降低而升高的。这是因为在恒定的电流下基本铝电解反应速度不发生改变，而由于电解质黏度和界面张力的增高，其二次反应速度随着温度的降低而降低；而温度升高会加速铝的溶解及与二氧化碳之间的反应。如第 11 章图 11-11 所示，不同研究者的研究结果为过热度每降低温度 10℃，提高电流效率一般在 1.2%~2% 之间。

此外，由于温度对电解质物理性质的影响，导致由浓差过电压引起的阴极过电压受到明显的影响；而阳极浓差过电压由于受到 Al_2O_3 溶解、扩散和浓度变化的影响，同样与温度的变化关系明显。阳极过电压随温度降低而明显升高，温度过高还会引起较多的阳极气泡，使阳极气泡过电压增大。

23.1.2.2 热特性对电解槽磁流体动力学特性的影响

铝电解槽的侧部炉帮由凝固电解质组成，而炉帮基本不导电。因此侧部炉帮形状对熔融铝液层中的电流分布有明显的影响，尤其是在伸入铝液层中的部分，通常也将伸入阳极投影以下的部分称为"炉帮伸腿"。根据现代大型铝电解槽磁流体动力学研究结论，铝电解槽铝液层中的水平电流分量 j_y 与垂直磁场 B_z 产生的力（洛伦兹力）的作用，造成熔体流动、波动，是影响铝电解槽运行稳定性、侧部熔体冲刷和散热及电流效率降低的主要原因。熔体对炉帮的对流传热量为：

$$Q = h_B A_B (T_B - T_F) \qquad (23-9)$$

式中，h_B 为熔体与炉帮对流传热系数；A_B 为传热界面面积；$T_B - T_F$ 为熔体过热度。

可以看出，即使过热度在正常的变化区间（5~15℃）内，对流传热量受过热度变化影响仍非常大。因此，电解槽热特性影响侧部炉帮形状，而炉帮形状对电解槽的磁流体动力学效果有重要的影响。理想的炉帮形状，可大大减小铝液层中水平电流的产生，从而削弱与电磁力的作用，改善电解槽的磁流体稳定性。

23.1.2.3 热特性控制目标

铝电解槽的极间区是铝电解电化学反应区，极间区的热特性优化毫无疑问是铝电解槽内衬结构和热设计的核心任务，电解质过热度在一定程度上反映了热特性主要表征。在电解质组分一定的情况下，温度（过热度）是影响铝电解电流效率和槽电压的最重要的因素（除大型槽磁场的影响外）。适宜的过热度有利于获得较高的电流效率和较低的槽电压，从而获得较低的能耗（见本书第 11 章）。

一般认为，维持现代铝电解槽正常运行的电解质过热度在 5~15℃，而目前最新的研究认为过热度不宜小于 5℃，而且多数认为应当在 10℃ 以下[10]，因而过热度的最佳操作范围应当维持在更低的区间，即 6~10℃。

23.1.3 传统能量平衡控制参数的"耦合"制约关系

获得良好电解质热特性主要是保持电解槽的能量平衡，传统的能量平衡控制主要依靠热设计、覆盖料管理、铝水平调节和槽电压调节来实现。

23.1.3.1 铝电解槽能量平衡控制基本方法

近年来，对铝电解槽的能量平衡控制越来越受到重视，尤其是对过热度的重要性的认识。能量平衡控制尤其是以过热度为核心的热特性的获得与保持，即良好的热特性和热稳定性是获得电解过程最优化运行效果的关键。

目前对热特性设计与运行控制的基本方法建立在能量平衡的基础上，包括：

（1）通过电热仿真对电解槽内衬和保温结构进行精确的设计，这是获得电解槽良好的热特性的基础。

（2）阳极覆盖料的优化与调整，是保持能量平衡的重要措施，也是获得基础热特性的中长期调节手段。

（3）槽内铝液水平的调整，能够使电解槽热特性得到快速调节，是实际生产过程常用的技术手段。

（4）以槽工作电压为变量调整能量输入是在线热稳定性控制的基本模型，槽电压每升高（或降低）100mV，意味着电解槽对应的散热量将增（减）约5%，降低槽电压后电解温度、过热度在7h内的变化如图23-2所示[11]。通过自动升降阳极调整极距，改变电解槽设定工作电压可以即时调整电解槽的能量平衡。

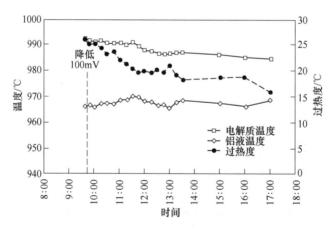

图 23-2 槽电压降低 100mV 后的热特性变化

总体来说，现行的铝电解能量平衡控制以内衬结构保温设计（先天条件）为基础，以阳极上的覆盖料（根据设计和生产实践确定）为中长期管理目标，通过对电解槽热特性（温度和摩尔比）的实验室测定分析和经验判断，调整铝水平或者通过控制系统调整电压设定值，以使电解槽能量平衡保持在合理范围内。现行能量平衡调整控制模型如图 23-3 所示。

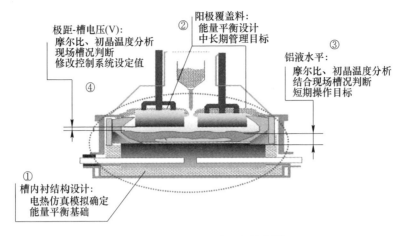

图 23-3　现行能量平衡调整控制模型

图 23-4 是我国开发的最为先进的铝电解控制系统流程图，系统的输入信息能够直接采集的只有电解系列电流和槽电压。由于测量手段和仪器所限，电解温度、电解质成分、电解质初晶点等信息是通过现场测量和实验室分析获得，通常这些参数并不直接输入给计算机控制系统，而是作为现场人员分析槽况的依据，再根据分析结果通过如图 23-3 所示的步骤对电解槽采取相应的调整，或者修改电解槽的控制参数。

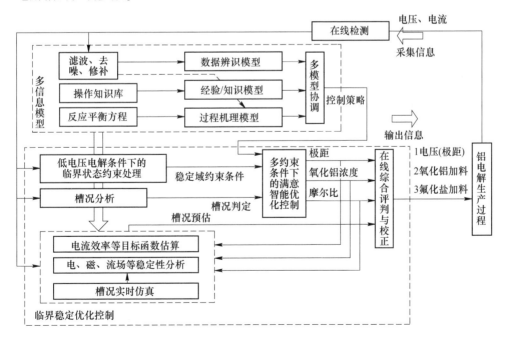

图 23-4　现行铝电解控制系统基本流程

从系统的输出信息来看，由系统直接发出的控制指令主要是：（1）槽电压控制，一般根据设定值使之保持在一定范围内；（2）打壳加料，根据槽电阻-氧化铝浓度分析实现加料控制；（3）氟化铝加料，部分铝厂配备了氟化铝加料系统，可以通过分析结果调整氟化铝加料量。

通过这个模型可以看出，能量平衡（或热特性）无法由系统在线完成。因此尽管一直以来，我们都在为电解槽的能量平衡的精确控制而努力，但建立在现有信息流基础上的控制模型，对于代表电解质热特性的摩尔比、电解温度（过热度）等参数的控制仍然无法实现。

23.1.3.2 能量平衡控制的耦合制约关系

根据图 23-3 所示的模型，能量平衡的控制看起来是合理的。然而实际的运行情况是，大部分情况下，电解槽的过热度并没有得到有效的控制，甚至没有被列为管理和控制的目标。这是因为：第一，热特性的分析判断不是即时的，而且是与现实物理系统分离的。一般来说，经过温度测试和实验室分析（摩尔比）结果由技术人员分析判断后进行相应的调整，整个过程是滞后的。第二，铝水平作为重要的控制变量并不能随时随地进行调整，而且对现代大型槽而言，以铝水平和槽电压为变量调整热特性的控制模型在理论上与磁流体动力学研究结论明显相冲突。

磁流体动力学的研究成果表明，铝电解槽内铝液层中的水平电流与垂直磁场的作用是造成电解槽内铝液流动、隆起、波动与不稳定的最主要的原因，也是现代大型铝电解槽技术的核心。铝液水平升高，槽内水平电流减小，在既有的磁场条件下，有利于降低电磁力的作用，降低铝液流速；相反，如果铝液水平降低，会加大电磁力的作用，使铝液流速增大，也会增大铝的溶解损失，造成电流效率降低。

更为重要的是铝水平及极距（槽电压）改变，是影响铝电解槽磁流体力学稳定性的决定性因素。根据 Sele[12] 提出的著名判据，电解槽的稳定性极限为：

$$(D_0 + h_b) \cdot h_M > A \cdot B_z \cdot I_p \qquad (23\text{-}10)$$

式中，$D_0 + h_b$ 为假设的极距；h_M 为铝液面高度；D_0 为等效"极间"距离（常数，预焙槽为 0.04m）；B_z 为铝液层垂直磁场平均值；I_p 为系列电流；A 为常数。

从式（23-10）可以看出，在 I_p 与 B_z 一定的情况下，电解槽的磁流体稳定性取决于铝液面的高度 h_M 和电解槽的极距 h_b，h_M 增高、h_b 增大，电解槽稳定性也增高。但是，铝水平越高电解槽散热越大，极距越大电解槽电压越高，能耗也越大；反过来，铝水平降低和极距减少，不但会使铝液流速增大，电流效率降低，而且有可能会造成电解槽不稳定。换言之，为了获得较高的电流效率和较低的能耗，每一种电解槽的铝水平和极距值，首先是由磁流体动力学特性决定的。

现行能量平衡调节模型将铝液层高度 h_M 和极距 h_b(槽电压) 作为热特性优化和调节的主要变量，但从磁流体动力学理论上，铝水平和极距（槽电压）作为重要的工艺参数却是必须要首先满足的主要优化目标。因而，能量平衡调节模型与磁流体动力学稳定性控制形成了复杂的非线性"耦合"关系，热特性的控制在实际生产中被迫降低到次要位置，使电解槽热特性和热稳定性偏离目标范围，而且当偏离过大时也会为了调节热特性而造成能耗增加和电流效率的降低（提高槽电压或者降低铝水平）。

综上所述，热特性是铝电解电化学反应重要的基础条件，电解质热特性的优化保持将使电解槽获得更高的电流效率和更低的能耗，有利于获得更好的"输入端节能"效果，就目前的电化学基础研究，或许是"输入端节能"的最大潜力所在。但从实际电解生产过程看，实现热特性的精确控制是困难的，这表现在以上控制模型的复杂"耦合"关系，实现这样的控制还需要突破理论上的障碍。

23.2 能量流优化与"输出端节能"

按照流程科学开放体系的概念，分析电解槽输出端能量流的特征，可以探索寻找输出端热流与输出端热特性之间的协同、相干耦合关系，以达到优化电解槽热特性的目的；另外，电解槽散发在环境中约50%的能量损失也受到了广泛关注，余热回收技术也成为铝工业节能的新希望。

23.2.1 铝电解槽热调节和余热回收技术

在过去近20年里，铝电解槽余热回收技术逐渐得到了业内人士的广泛关注，国内外针对铝电解槽侧部回收技术进行了大量的研究。

23.2.1.1 铝电解槽能量流特征分析

现代铝电解槽经历了多年的发展，基本结构一般为"底部保温，侧部散热"型。典型的电解槽散热结构如图23-5所示。

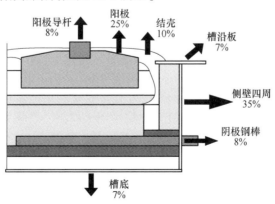

图23-5 典型电解槽散热分布

在图 22-15 所示某 350kA 大型槽的热流分布的详细测试结果中可以看出，电解槽烟气带走的热与侧部槽壳对流散热分别占到总散热量的 35%，而侧部温度较高（240~350℃），这两个部分的散热占据了电解槽散热的 70%，较高的温度代表了其热回收利用的可能性和价值也相对较高，如图 23-6 所示。而其他各部分散热占比较小，且分布在电解槽复杂的结构和操作过程中。电解槽散热的这一能量流特征，被充分考虑作为热特性调节的模型和余热回收利用的手段和途径。

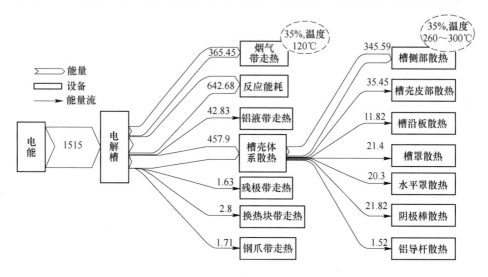

图 23-6 350kA 铝电解槽的每小时能量流图（单位：kW）

23.2.1.2 铝电解槽热调节和余热回收技术

A 国外研究进展

2001 年挪威埃尔特姆公司公开专利提出铝电解槽侧部的热能主动冷却回收技术[13]。在铝电解槽侧部安装多个蒸发冷却装置，并将耐热、绝热材料布置在蒸发冷却装置与槽体外壳之间。蒸发冷却装置中的冷却介质由于冷凝形成硬壳层，并使外侧温度低于内部熔体温度，通过回收冷却介质的热量转化为电能实现余热回收。

2007 年法国 Pechiney 公开专利提出外置多孔材料层电解槽用于回收侧部余热[14]。如图 23-7 所示，通过向多孔材料层中引入空气、金属蒸气等方式回收侧部余热。专利中给出空气为换热介质时的余热回收效果，外部空气进入进气口的温度为 20℃。当气体流量（标态）为 2.6m³/h 时，出气口温度为 555℃，单位面积热交换量为 9.1kW/m²。随着气体流量的增加，出口端气体温度逐渐降低。当气体流量（标态）为 18m³/h 时，出气口温度为 215℃，单位面积热交换量为 29.8kW/m²。

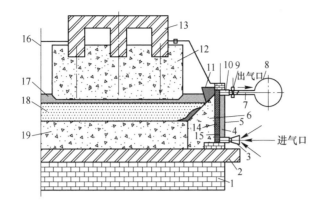

图 23-7 法国 Pechiney（AP）侧部余热回收系统

1—耐火砖；2—阴极钢棒；3—进气孔；4—多孔材料；5—槽壁；6, 19—坩埚；7—出气口；
8—换热器；9—阀门；10—接口；11—炉帮；12—阳极；13—钢爪；14—致密材料；
15—热接触界面；16—电解槽；17—溶盐；18—液态铝

2008 年挪威海德鲁铝业公司公开专利提出碳化硅成型冷却装置[15]。如图 23-8所示，冷却装置安装在电解槽槽壳内侧，对侧部散失热量进行回收。冷却介质可采用气体和液体两种，气体可选用空气、氮气或其他惰性气体，液体可采用溶盐或导热油等。专利公开了气体作为冷却介质的余热回收数据。当选用低气体流量进行换热时（小于 20L/min），气体换热效率较高，25℃气体可以被加热至 740~820℃，但换热量及单位面积换热量均较低。当采用 76.67L/min 的气流量时，气体热交换后温度可达 636.75℃，但整体换热量和单位面积换热量可大幅提升至 101.14kW 和 2.20kW/m²。同时，公开的专利还对导热管的形状进行了优化。

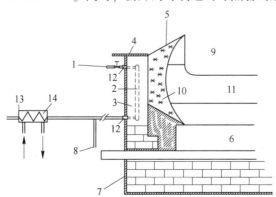

图 23-8 海德鲁铝业侧部余热回收系统

1—放气阀；2—热管；3—碳化硅；4—槽面；5—炉帮；6—阴极；7—槽壳；8—气压表
9—阳极；10—接口件；11—电解质；12—接口；13—换热器；14—换热片

　　由于电解质腐蚀及高温下材料和换热介质的选择问题，在电解槽内部安装换热器的方案安全性值得商榷。从了解的情况来看，目前试验处于停滞。

　　2010 年澳大利亚必和必拓公司公开专利提出内部冷却的侧部余热回收装置[16]。如图 23-9 所示，通过在电解槽内侧部内衬安装多个热交换管道，这些管道紧贴槽壳内表面以引导流体通过槽壳，通过泵将流体输送至整个电解槽，换热介质可采用空气和液态介质。

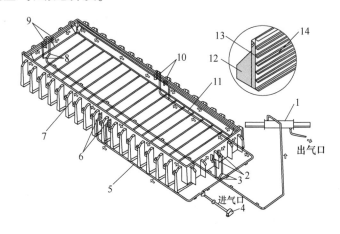

图 23-9　必和必拓公司侧部余热回收系统

1—热交换器；2，9—出口阀门；3，8—气体出口管道；4—气泵；5，11—气体入口管道；
6，10—入口阀门；7—电解槽；12—阴极；13—碳化硅砖；14—冷却液管道

　　2011 年奥克兰大学轻金属研究中心 Lavoie 等人设计出一款壳式热交换器用于铝电解槽侧部换热[17]。该换热器原理如图 23-10 所示，壳式热交换器通过气流变化和特殊的湍流促进剂，可有效地控制铝电解槽的传热系数，传热系数可控范围为 $10 \sim 180 W/(m^2 \cdot K)$。在保温模式下，槽壳外侧平均温度可达 $75℃$；在冷却模式下，侧壁温度峰值可以降低 $200℃$。这种壳式热交换器可以通过控制槽壳外侧热损失量来迅速重新调整整个电解槽的热量平衡，从而调节电解槽输入功率平衡，通过增加功率调制窗口，使电解槽可以长时间稳定运行。

　　2013 年挪威古德泰克的 Barzi 等人开发成功一种基于热管技术的铝电解槽侧部余热回收装置[18-19]。多个导热管道并联安装在槽壳外部，热交换介质采用食品级有机油，热介质的最佳温度范围为 $40 \sim 340℃$。这种热管换热技术 $2016 \sim 2020$ 年在迪拜铝业的一台电解槽上运行超过 4 年的时间。有机油经侧部吸热后温度可达 $200 \sim 250℃$，通过侧部余热回收技术可回收相当于输入能量 $10\% \sim 12\%$ 的热量。

　　目前，国外在该领域的技术真正的工业化应用还未见报道，部分技术正在实施工业性的试验和示范性应用[17-19]。

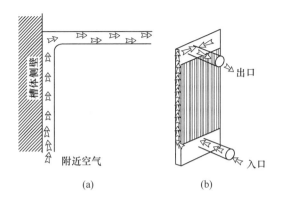

图 23-10 奥克兰大学轻金属研究中心侧部余热回收系统

(a) 侧视图；(b) 等距视图

B 我国研究进展

随着我国电解铝行业的发展，同时响应国家与企业对于节能减排的要求，很多企业及科研机构也开始了对铝电解槽侧部余热回收技术的研究。

2006 年中南大学黄谦等人提出采用热声技术的铝电解槽侧部余热回收方法[20]。通过在铝电解槽侧部的散热孔安装大量热声热机，利用相变蓄热换热器作为热声热机热端换热器，对铝电解槽侧部余热转化为电能回收，并直接与电网相连接。热声热机可以实现热能与声能的转化，主要包括热端换热器、冷端换热器、回热器、换能器和热声谐振管。热声热机的热交换介质采用氮气、氦气等惰性气体。热声技术可靠性高、结构简单，可以充分利用低品位热源，同时惰性气体介质也具有良好的环保性。通过理论模型分析，热声技术在回热器两端 300K 温差的条件下，热回收效率可达 30%[21]。

2008 年赵兴亮提出利用熔盐作为热交换介质的侧部余热回收系统，采用 $NaNO_2$-KNO_2-$NaNO_3$ 的熔盐体系作为热交换介质[22]。铝电解槽侧部余热回收系统如图 23-11 所示。在一定范围内，熔盐热交换功率随着流量的增加而增加。与此同时，在输入功率增加的情况下，增大熔盐流量可以保证回收功率不变或增加。因此，在电解条件稳定的情况下，增大熔盐流量可以得到更高的回收功率和回收效率。当熔盐流量为 135.5cm^3/s 时，余热回收功率均值为 9890W，余热回收效率为 41.9%。

2010 年王兆文等人成功应用熔盐热交换介质的技术在 200kA 铝电解槽上[23]。试验结果表明，铝电解槽可以在换热系统下正常运行，并且可以回收 80% 的侧部余热。文章中提出铝电解槽侧部余热作为氧化铝溶出过程热源的思想，将高温熔盐作为溶出工序的加热介质，合理利用铝电解槽侧部余热。

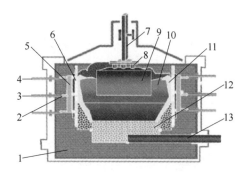

图 23-11　熔盐作为热交换介质余热回收系统

1—保温砖；2—热电偶；3—熔盐入口；4—熔盐入口管道；5—换热器；6—碳化硅砖；7—阳极导杆；
8—阳极钢爪；9—阳极炭块；10—电解质；11—炉帮；12—阴极炭块；13—阴极钢棒

但是高温熔盐作为热介质，试图获得更高的余热利用价值的方案目前只停留在实验阶段，工业化应用的安全性和对电解槽热特性的影响有待进一步评估。

2009 年梁学民等人[24]申请了侧部余热回收利用的专利，侧部换热器采用液态介质，安装在电解槽壳的外部，这种方案的目的在于回收余热和调节槽热平衡。

2010 年黄学章、张韬等人进行了铝电解槽侧部余热温差发电研究[25-27]。针对铝电解槽侧部低品位废热进行温差发电探索，研究了磁场对温差发电期间的影响，设计出基于散热孔结构的温差发电装置。在 320kA 铝电解槽上安装 9 个散热孔、18 个热电转换装置，每个装置在实验条件下输出功率为 16～25W。经推算，若将散热孔数量提升至 60 个，在布满温差发电装置的情况下，每台铝电解槽单位时间可以回收 3000W 的电能，平均侧部余热回收率约为 5.2%，吨铝可回收电能 25kW·h。

23.2.2　能量流优化与热特性调节

大量开展电解槽侧部换热技术开发的一部分目的是为了回收电解槽散失的余热，而另一部分的目的主要在于调节电解槽的热平衡（热特性）。也有一部分是试图同时实现热特性调节与热回收。然而时至今日，由于各种原因，以上系统的运行还不能尽如人意，主要原因在于一方面对热特性调节的机理和预期的效果还不能得到有效的评估；另一方面，适用于电解槽的特种换热器技术开发还存在较大的困难，并且回收后低温热源的利用途径及利用效率还有待提高。

23.2.2.1　能量流优化与热特性调节原理

电解槽在运行中为了维持连续电解生产，不可避免地存在热平衡扰动而使电解槽的热特性发生改变，如更换阳极、出铝、AlF_3 添加及 Al_2O_3 加料/溶解等多种间歇操作，甚至系列电流本身的波动。这些动态改变会使电解温度和过热度增大或减小，导致氧化铝板结和槽底沉淀产生及炉帮变化。

在现代铝电解槽设计中，热特性是基于热平衡原理决定的，由于几乎一半的能量都以热量的形式散失到周围环境中，而散热热流的分布和强度会影响电解槽内部的热特性，据此提出了通过输出端热流分布（即热耗散结构）的调控，来调节由于输入端能量供给的各种变化造成的热特性的改变，从而突破孤立系统的局限，建立铝电解输入端与输出端能量流之间的动态协同与耦合关系，以保持电解槽热稳定性，无疑可摆脱控制系统对电压、铝水平等工艺条件调整的依赖，实现最大的能量效率。

理论上，一台电解槽的热平衡可以通过以下能量守恒方程式来解释[28-29]：

$$(V_{de} + V_{IR} + \eta_a + \eta_c - V_{Re}) \times I$$
$$= \int_A h(T_b - T_i) A_{le} + \int_A h(T_b - T_i) A_{top} + \int_A h(T_b - T_i) A_m \qquad (23-11)$$

式中，V_{de} 为分解电压；V_{IR} 为电解质层的欧姆压降；η_a、η_c 为阳极和阴极过电压；V_{Re} 为整个化学反应所需的焓的电压当量，包括氧化铝溶解、铝的逆反应、阳极和钢爪组件加热及其他微反应；I 为电解槽该区域的电流；h 为熔融电解质与侧壁炉帮、上部阳极与结壳及铝界面在 i 处的传热系数（在整个区域各部位变化很大）；A 为各方向传热界面面积，分侧部周围、顶部和底部；$T_b - T_i$ 为电解质温度 T_b 与各个界面温度 T_i 之间的差。

式（23-11）左侧含义为电解质区域化学反应以外的过剩能量 Q_{GEN}，通过电解槽各个方向的对流散失出去，是电解槽中液-固界面和熔融电解质之间的可以利用的部分。即：

$$Q_{GEN} = (V_{de} + V_{IR} + \eta_a + \eta_c - V_{Re}) \times I \qquad (23-12)$$

显然，由于在阳极下电解质导电性低，产生的欧姆电压降约占 75%。式（23-11）右侧定义为 Q_{DIST}，是熔融电解质和金属通过各界面传出的热量。即：

$$Q_{DIST} = \int_A h(T_b - T_i) A_{le} + \int_A h(T_b - T_i) A_{top} + \int_A h(T_b - T_i) A_m \qquad (23-13)$$

稳态下 Q_{DIST} 等于通过电解槽外部边界向环境的热量散失量 Q_{EXT}，即：$Q_{DIST} = Q_{EXT}$，两者的平衡是保持电解槽热稳定性的关键，如图 23-12 所示。

当各种外部变化和操作原因导致能量输入发生波动时，过剩能量 Q_{GEN} 将改变，Q_{DIST} 随着 Q_{GEN} 改变增大或减小，式（23-11）表达的能量平衡将被打破，此时电解槽热特性（电解温度和过热度）将发生改变：Q_{GEN} 增大，电解温度和过热度升高，Q_{DIST} 增大，侧部炉帮熔化，通过侧部的散热量 Q_{EXT} 也逐渐增大，直到新的平衡建立；反之，Q_{GEN} 减小，电解温度和过热度降低，Q_{DIST} 减小，侧部炉帮会由于电解质凝结而增厚，通过侧部的散热量 Q_{EXT} 也减小。

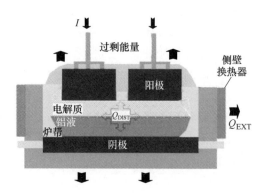

图 23-12　铝电解槽热稳定性与动态热平衡

23.2.2.2　热特性控制模型（HOR 模型）

热特性控制模型（即热输出调节，HOR 模型）是根据 Q_{DIST} 与 Q_{EXT} 的动态响应关系，提出的一种以输出端热流调节（能量流优化）代替输入端变量调节的热特性控制模型。

通过有组织地调节电解槽散热热流 Q_{EXT}，当 Q_{GEN} 增大时，同步加大 Q_{EXT} 增大散热以消化由于 Q_{DIST} 增大而造成的不平衡，从而保持电解槽良好的热稳定性，Q_{EXT} 增大幅度会超出系统自然平衡所需热量，以平衡 Q_{DIST} 在其他界面（向上和向下）散热的增加；同理，当 Q_{GEN} 减小时，同步减小 Q_{EXT}，加强保温。

如前所述能量流分析结果，电解槽侧部散热量占较大比例（35%），在熔体区域对应的外侧部散热窗安装可调控的对流换热器可以有效调控该部位的散热量，即使在供电功率发生变化、电流波动达到 ±20% 的情况下，仍保持电解槽的热稳定，如图 23-13 所示。

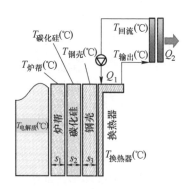

图 23-13　换热装置对侧部散热的调节

23.2.2.3 热特性控制工艺参数的"解耦"

HOR 模型的最大意义在于通过对 Q_{EXT} 的主动调节，保持 Q_{GEN}、Q_{DIST} 和 Q_{EXT} 之间的动态平衡，摆脱了以电解槽工艺参数尤其是槽电压、铝水平等磁流体动力学特性控制目标为控制变量的复杂的非线性"耦合"关系。

基于这一理论研究的认识，作者把电解槽的能量流优化与热特性控制的概念上升到一个新的高度，即 HOR 模型在理论上实现了电解槽热特性动态控制模型中工艺参数的"解耦"，如图 23-14 所示[30]。对于电解槽热特性控制的这种新的理解，将为实现电解槽热特性优化提供更为精确有效的途径，其意义显然是十分重要的。

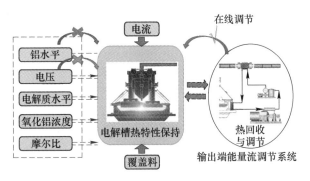

图 23-14　HOR 模型及控制变量的"解耦"

类似系统（HRS）应用的电解槽在铝液-电解质界面对应的槽壳温度变化曲线，如图 23-15 所示[14]。普通电解槽的温度范围为 340~420℃，而有 HRS 的电解槽对应的槽壳表面温度在 250~290℃ 范围内，显然温度下降明显，变化更平稳。

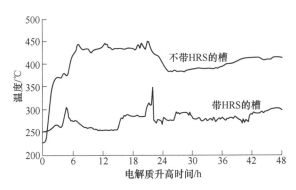

图 23-15　应用换热器的电解槽槽壳温度对比曲线

23.2.2.4　热特性优化模型收益评价

铝电解槽热特性控制模型（HOR 模型）的应用，从理论上突破了采用调节槽电压（极距）、铝水平的传统控制模式，解决了电解槽热特性控制目标与磁流体动力学特性需要的矛盾与冲突的难题。电解槽任何操作和外部干扰造成的热特性波动都可得到独立快速的响应，由此可有效降低电解槽的电压波动（约100mV）；由于热特性被控制在更窄的区间，并且因为槽电压、铝水平将保持在适宜值，可改善电解槽的磁流体动力学稳定性，提高电流效率 1% ~ 1.5%，由此带来 300~500kW·h 的节能效果[30]。

按照示范工厂单系列年产 24 万吨（中孚 216 台 400kA 槽），年总节电量9600 万千瓦时，按照电价每千瓦时 0.3 元计算，经济效益为 2880 万元。

通过能量流优化调节电解槽热特性的模型和效益评估，让我们看到了进一步挖掘铝电解"输入端节能"潜力的可能性。

此外，电解槽动态热特性的优化控制，对于电解槽在各种外部干扰因素影响的条件下，实现电解过程的稳定运行具有非同一般的意义，也对实现电解槽的智能化和电网的蓄能调控奠定了重要的技术基础。

23.3　铝电解槽"输出端节能"与蓄能调峰

23.3.1　铝电解槽"输出端节能"

经过近几十年的发展，霍尔-埃鲁特电解法炼铝技术的节能水平已经得到了很大进步，同时输入端节能的潜力显然已经越来越小。反过来，研究开发利用电解槽散失在环境中损失的 50%的能量，也必然成为越来越重要的工作。

23.3.1.1　"输出端节能"的定义

为了区别于通常所谓余热回收的概念，同时相对于"输入端节能"，作者把铝电解槽散热的聚集、回收和有效利用定义为"输出端节能"。相对而言，输出端节能是未来铝电解技术发展具有开创性意义的新的节能领域。

热特性控制模型（HOR 模型）实现的关键在于研究用于侧部的换热装置[30]。由于电解槽侧部散热温度最高（约 300℃），该装置同时也是一个热聚集装置，它能够有效聚集电解槽侧部散失的能量，并有组织地加以利用。电解槽烟气中的热量同样占较高的比例（约 35%），并且相对而言这部分热容易收集，但由于温度较低，利用的价值也低。

以 HOR 模型原理开发的"铝电解输出端热调节与回收系统（HORRS）"，将输出端能量流优化用于调节热特性与最大限度地热聚集、利用相结合，不但实现了对电解槽热特性有效控制，进一步提升了输入端节能空间，而且使实现铝电解的"输出端节能"成为可能。

23.3.1.2 电解槽散热聚集装置

根据铝电解槽的结构特点和热分布特性,侧部的散热是关注的焦点,同时研究开发能够适合于侧部热回收的换热器更是问题的关键。它要求能够高效换热,即有足够的热回收能力,以能够对电解槽散失热量进行有效收集,并对电解槽热特性进行高效调节;更为重要的是,换热器在相对应的电解槽侧部区域能够保持温度的分布均匀性,以保证达到电解槽的侧部热特性优化的要求。

HORRS 系统采用了特殊研制的热聚集器(换热器),采用热管原理,导热介质为高品质有机油,图 23-16 显示热管换热的基本原理。作者及轻冶股份与 CROUS 在近 20 年各自持续研究基础上,组建联合技术团队对基于热管结构的热聚集器进行攻关,最新一代(第三代)的热聚集器经过两年多的设计改进已经试制并实验成功[30],图 23-17 显示了热管温度与输出油温之间的关系曲线[30-31]。

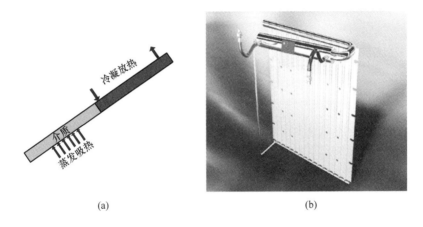

(a)   (b)

图 23-16 热管换热原理与换热器

(a) 热管工作原理;(b) 第一代热管换热器

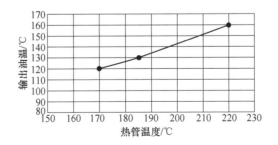

图 23-17 HORRS 系统油温与热管温度曲线

采用热管原理的 HORRS 系统热聚集器具备了电解槽侧部热交换器所需的所有要求，非常适宜作为铝电解槽侧部热调节和热聚集装置：

(1) 高效传热，可使电解槽侧部热流实现快速调节；

(2) 非常好的温度均匀性，可保证最小的循环油量和稳定的油温；

(3) 载热量高，可最大限度实现回收热源的再利用；

(4) 精巧、安全、可靠，可在槽壁 450℃ 温度下稳定运行。

23.3.1.3 "输出端节能"系统（HORRS 系统）

为了研究开发输出端节能系统，通过分析可以将铝电解槽的热量散失主要分为三个部分：顶部热量散失（包括烟气带走热和槽体上部散热）、侧部热量散失和底部热量散失。如图 23-6 分析，目前可回收的能量主要来源于两个方面：烟气余热和侧部（上侧部）余热。

霍尔–埃鲁特电解铝工艺产生的 CO_2 气体从电解槽上方排出，热量被烟气携带散失形成烟气余热，烟气带走的能量占电解槽散热损失超过 30%，甚至高达 35%。但烟气温度较低（100~140℃），故回收热源的利用效率也低。但由于烟气带走的热量巨大，而且通过回收烟气的热量可以降低进入净化系统的烟气温度，有利于延长净化系统布袋收尘器的寿命，降低净化系统的运行成本。尽管改变净化系统排烟风机的功率可以调节电解槽的烟气量，理论上对电解槽温有一定影响，但通常决定的因素不是在于对电解槽的热影响，一旦排烟系统设计确定，可以认为电解烟气余热的回收对电解过程几乎不存在影响。

虽然铝电解烟气的余热利用技术在工业上并非难题，但为了提高余热利用的效率，最佳的利用方案是设想将烟气的余热回收与电解槽侧部余热回收联合构建成一个系统，以形成梯级加热模式，提高热利用效率。

为了最大程度利用铝电解余热，HORRS 工业系统结合了烟气和槽侧壁能量流特点，设计为如图 23-18 所示的结构。采用在线多参数采集装置，能够定时采集温度、过热度等热特性参数，并通过无线传输即时上传系统。来自热调节系统的低温介质经过一次换热装置吸收烟气中的废热，介质的温度由 40~50℃ 提升至 60~80℃，然后进入侧壁集热装置，介质温度被提升至 140~220℃，然后输出至热利用系统。这种设计既能够使铝电解槽散热得到充分聚集，又能够将输出介质的温度提升到最高，以提升其利用的价值。

Solheim 评价认为[32]，基于热管的铝电解槽侧部余热回收技术是建立在良好的原理基础上的，同时也是工业上行之有效的技术，不仅可以改善电解槽侧部炉帮的形成，也符合电解铝节能的方向，其理论不需要更多的实验室证明。

23.3.1.4 低温余热资源的利用

从铝电解槽回收余热除了回收困难以外，由于热源分散、回收热介质温度低（通常小于 200℃），回收的余热资源的利用通常也是人们关心的主要问题。

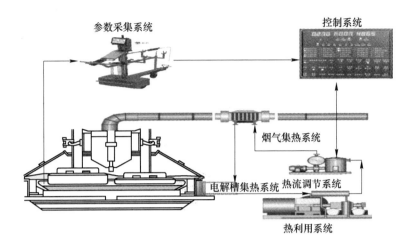

图 23-18　铝电解"输出端节能"工业系统（HORRS）

A　低温余热发电

通过回收铝电解槽的余热可以实现温差发电。温差发电技术是直接将热能转化为电能的一种能量转化技术，具有无运动部件、体积小、质量轻、移动方便和可靠性高等特点，是绿色环保的发电技术[33]。自从 1821 年塞贝克效应被发现以来，温差发电技术的发展已经历了两个世纪。但是直到 20 世纪中期，随着半导体温差电转换材料的出现，该技术才开始应用在地球卫星电力系统等尖端领域中。近年来，随着科技和制造业的进一步发展，使得温差发电模块的成本大幅降低，为温差发电技术在工业和民用产业的应用提供了可能。

梁高卫[34]根据铝电解槽散热孔的结构尺寸，建立了一个铝电解槽侧壁余热发电系统，发电系统由各温差发电装置组成，输出功率达到了 290W，可带动直流和交流负载正常工作，多余的电能供给蓄电池充电。根据测算，一台铝电解槽共有 32 个散热孔，除去四边 4 个温度较低的散热孔，若将其余 28 个散热孔布满温差发电装置，在理想状况下，总发电功率为 290×28÷9＝902W。

由于目前温差发电的热电转换效率较低，还不具有工业应用的价值。但热电转换越来越成为工业余热利用的主要途径而受到重视，温差发电也是热电转换领域热门的研究课题。

另外，近年来基于传统朗肯循环发电原理的有机朗肯循环（Organic Rankine Cycle，ORC）低温余热发电技术不断取得进展。根据报道，国外一些发电技术在载热介质 250℃条件下，热电转换效率达到 16%以上，而我国一些专业设备制造厂也可以得到 12%以上的转化效率，这无疑为电解铝回收余热就地实现热电转换提供了保障。

B 城市供热

在电解铝生产过程中回收的大量余热，最高温度可达到 180~200℃，在冬季完全可取代燃煤锅炉为城市居民提供供暖、洗浴及生活热水所需。对于北方地区采暖季 4 个月，我国内蒙古、新疆某些地区采暖季可达到半年以上，为电解铝回收与余热提供了最佳的利用途径。与热电转换不同的是，直接利用回收热源的能量利用效率可达到 90% 以上，经济效益巨大。

文献 [35] 以居民供暖数据测算为例，在铝电解系列除尘器前加设管式换热器，设备安装时与烟气管道相连接，作为热烟气管道的一部分，烟气由进气口进入设备，与设备内横向错列布置的高效强化传热元件翅片管进行热交换，将热量传给翅片管内的冷媒，热空气经过特定组数的翅片管后，达到工艺温度要求的冷却空气由出气口排出。烟气经高频焊翅片管换热器后，温度下降 10~30℃，即由入口的 110℃下降到出口的 80~100℃，这部分热量由换热器中的导热管传递给水，使水温提升 20℃，即由 70℃提升到 90℃，或由 50℃提升到 70℃，热水对外输送并加以利用。示范项目利用 76 台电解槽烟气的余热，供采暖、生活热水所需。年节约能量为 3679t 标准煤，新增设备年用电量约为 180000kW·h，折合标准煤 22t(假设电当量折算系数为 1.229×10^{-4} t/kW·h、煤折算系数为 0.7143t/t、水折算系数为 0.000257t/t)。年节约能量为 3679−22 = 3657(t)。

C 回送电厂热力系统

对于电解铝厂自建电厂或铝厂附近（距离不超过 5km）有火力发电厂时，回收余热可直接输送至电厂，经过电厂端水水换热器将热量供给汽轮机回热系统的低压加热器，加热抽凝机组凝结水，排挤部分低压抽汽进入汽轮机进一步做功。经测算，电解铝回收余热的总利用效率可以达到 15% 以上。

余热回送电厂方案的好处是整个系统除了热回收装置和换热器以外，主要是需要建设蒸汽管道，与就地直接热电转换发电相比，投资大大降低。因而，在有条件的地区可以采用。

D 工业制冷

余热制冷已在很多行业得到应用，特别是在冷热电三联供系统方面，已经成为国家政策法规鼓励推广应用的一种综合供能方式，可实现能量综合梯级应用，有利于提高能源利用效率。

余热制冷的基本原理是在回收的余热和终端之间串入吸收式制冷工作系统，并在用户端增设风机布散冷量，利用制冷工质对二元溶液中两种组分的大差别沸点，通过消耗热能实现制冷[36]，如图 23-19 所示。

吸收式制冷的工质包括低沸点的物质——制冷剂和高沸点的物质——吸收剂，因此称为制冷剂-吸收剂工质对，例如最常用的工质对有氨-水工质对和溴化锂-水工质对。氨-水工质对中，氨在 1atm(101325Pa) 下的沸点是−33.4℃，

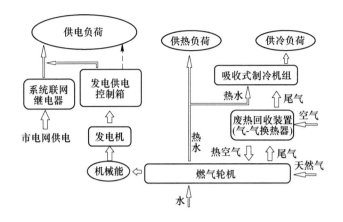

图 23-19　燃气冷热电三联供系统工艺流程示意图

为制冷剂；水在 1atm 下的沸点是 100℃，为吸收剂，氨-水工质对适用于低于水的沸点的工况，在余热中属于低温。溴化锂-水工质对中，水为制冷剂，溴化锂为吸收剂（溴化锂在 1atm 下的沸点高达 1265℃），如图 23-20 所示。

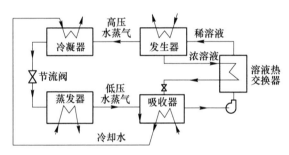

图 23-20　溴化锂吸收式制冷系统原理

从铝电解槽回收的余热经转换后温度最高在 200℃左右，因此溴化锂吸收式制冷是更好的选择。溴化锂吸收式制冷系统运行时，外部高温热源向发生器中的稀溶液提供热量，溴化锂稀溶液中的制冷剂水吸收热量后大量汽化成高压水蒸气，变浓的溴化锂溶液被导入吸收器。

高压水蒸气前往冷凝器，被带走热量变成高温高压液体水，经节流阀节流膨胀后转化为低温低压液体，然后经蒸发器吸收被制冷对象的热量变成低压水蒸气，进入吸收器被溴化锂浓溶液吸收，溴化锂浓溶液变成稀溶液被泵回发生器。吸收器在吸收低压水蒸气时温度升高，外部冷却水先后经过吸收器、冷凝器，将热量带走。

根据电解槽回收余热温度，可以采用双效型溴化锂吸收式制冷机，热力系数可达 1.1~1.2，也就是制冷量为余热量的 1.1~1.2 倍。一个年产 50 万吨电解铝的铝厂在夏季可供冷的负荷将达到：

$$\frac{50 \times 10000}{365 \times 24} \times 13000 \times \frac{1}{2} \times 0.35 \times 1.15 = 1.49 \times 10^5 (kW)$$

据此测算，能量的回收率可达铝厂总耗能的 16% 以上。因此，大规模工业制冷也是电解铝厂回收余热的有效利用途径。

E 其他应用

对铝厂所处地区有特殊热源（蒸汽）需求的工业用户，比如氧化铝厂、煤矿处理高含水煤等大量热用户，或者在具有一定规模的工业区，可以分散供给不同的工业用户使用。需要根据具体情况规划。

设想的铝电解槽侧部余热回收系统结构如图 23-21 所示。

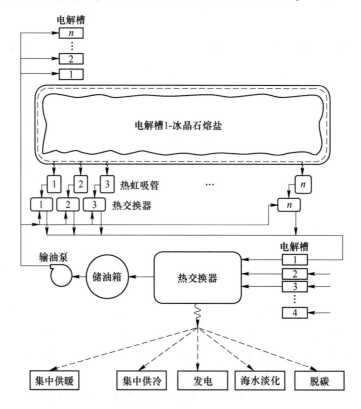

图 23-21 设想的铝电解槽侧部余热回收系统结构图

23.3.1.5 "输出端节能"系统实例

尽管 HORRS 系统已经充分考虑了提升回收热源的温度，但即使达到 200℃以上，对于热利用而言仍然属于较低的温度。在中孚实业 400kA 系列建立的工业示范项目中采用了两种利用途径组合的设计方案（见图 23-22）。在冬季采暖季节（4 个月）用于居民采暖是最理想的利用方式，而在非采暖季（8 个月），热源将送至火力发电厂的热循环系统。比较有利的是，火电厂的机组与城市换热总站均设在厂区内，距离电解车间 2km 范围内。

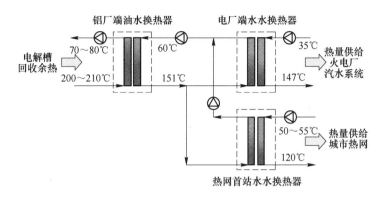

图 23-22 HORRS 系统中孚工业示范项目热利用方案

HORRS 系统节能效果根据输出热量进行计算：

（1）采暖季供热收益。回收余热应用于城市居民供暖是最有效的利用方案，总利用效率达 90% 以上。采暖季可利用铝电解槽侧部余热加热热网循环水，采暖热指标按 52W/m² 计，可为约 $6.1×10^5 m^2$ 建筑面积提供集中采暖。热网首站处设置采暖用管式水水换热器，用于交换铝厂端油水换热器输送的热量。其设计参数见表 23-1，单槽理论余热回收量 155kW，216 台电解槽理论总热回收量 31806kW。采暖期以 120 天计算，216 台铝电解槽采暖期增加供热量可达 329764.61GJ，辅助设备电耗预计 150kW，采暖供热热价取 28 元/GJ，采暖季供热收益可达 901.74 万元。

表 23-1 采暖季供暖方案设计参数

序号	项　目	数量	备　注
1	单台电解铝槽供热/kW	155	
2	电解铝槽总数/台	216	
3	电解铝槽可供热总量/kW	31806	已考虑 5% 的热量损失
4	热网循环水回水温度/℃	50	在 50~55℃ 范围波动
5	热网循环水供水温度/℃	130	

序号	项　目	数量	备　注
6	中间循环水-热水/℃	151.6	
7	中间循环水-冷水/℃	60	
8	中间循环水水量/t·h^{-1}	298.56	216 台槽
9	热网循环水水量/t·h^{-1}	364.64	

（2）非采暖季供给电厂热力系统收益。216 台电解槽总回收利用热量为31806kW（考虑5%的过程热量损失），输送至电厂端水水换热器，用于加热机组（机组为 300MW 抽凝机组）凝结水，可排挤部分低压抽汽进入汽轮机进一步做功。设计假定中间循环水热水温度取 151℃，在电厂端经水水换热后，可将凝结水温度提高到约 147.6℃。利用 Thermoflow 软件对机组改造前后进行热平衡模拟，可增加电厂汽轮机出力 5594kW，减少汽轮机能耗 142.35kJ/（kW·h），汽轮机效率增加 0.86%，汽轮机煤耗可减少 4.86g/（kW·h）。全年非采暖季可增加售电量 $2.79×10^7$kW·h，热电转换利用率不小于 15%，以 0.35 元/（kW·h）的电价计算，非采暖季余热发电收益可达 975.56 万元。非采暖季供暖方案设计参数见表 23-2。

表 23-2　非采暖季发电方案设计参数

序号	项　目	数量	备　注
1	单台电解铝槽供热/kW	155	
2	热油温度/℃	210	在 200~210℃范围波动
3	冷油温度/℃	80	在 70~80℃范围波动
4	凝结水温度/℃	35.1	轴封加热器出口
5	凝结水温度/℃	147.6	低压加热器出口
6	凝结水水量/t·h^{-1}	255.96	216 台槽

按照上述侧部余热回收利用的组合方案，216 台 400kA 铝电解槽全年可收益约 1876 万元，该工业示范项目总投资预算 8000 万元，投资回收期 5 年。加上电解槽热特性控制节能收益（2880 万元/年），全部投资回收期缩短为 2 年，可见项目经济效益非常显著。

23.3.2 铝电解"虚拟电池"与蓄能调峰

23.3.2.1 电力结构对电解铝供电的新要求

电解铝是耗电大户，按照我国电解铝总产能计算，总耗电量约达到 5000 亿千瓦时，占全社会总耗电量比例达 7% 以上。同时电解铝对供电质量要求非常高，电解铝厂 95% 以上供电负荷为一级负荷。我国电力结构中以煤炭、石油、天然气为代表的化石能源目前仍占据高达 60% 的比例，在使用过程中排放了大量的温室气体，造成全球变暖、极地冰层融化、海平面上升等环境问题，已经威胁到人类的生存。化石能源的不可再生性也使得人类可利用的能源越来越少，开发利用可再生能源成为共识和未来能源工业发展方向。

随着可再生能源在电力结构中比例的增加，由于可再生能源在实际应用中受自然条件变化的影响巨大，存在突出问题：水能发电存在丰水季和枯水季，季节差别巨大；风能发电在不同季节、不同时段差别巨大；光能发电受不同季节、昼夜时段影响明显。可再生能源发电的这些特点使电网供电负荷的峰谷波动特点呈现得越来越突出。由于电力供应侧与需求侧的错位波动越来越严重，导致弃电现象严重。2019 年我国弃电量达到 515 亿千瓦时，一些地区弃风、弃光浪费能源平均达到 80% 以上。

根据国际组织对全球气候变化和我国能源发展规划，可再生能源得到快速发展，并在我国电力结构中占有越来越高的比例，预测到 2040 年可再生能源发电能力占比将由目前的 37% 增加到 70% 以上，我国电力负荷波动将更为严重，如图 23-23(a) 所示。

铝电解热特性控制技术的发展，可使电解铝的用电负荷的适应范围达到 $\pm(20\% \sim 25\%)$，为稳定电网供电创造了条件。

23.3.2.2 铝电解蓄能调峰

由于 HOR 模型与 HORRS 系统对铝电解槽热特性灵活的调节能力，不但使电解槽正常的干扰得到有效的消除，而且可以应对大幅度的电力波动带来的严重影响。N. Depree 等人[37]试验证明，所开发的以空气为介质的热交换器（SHE）技术，可在电力波动达到 $\pm25\%$ 的情况下保持电解槽稳定运行。

铝电解的热调控技术将改变电解铝工业长期以来对电力条件的苛刻要求，为其大负荷柔性供电和蓄能调峰提供了技术基础，在电力供应高峰时强化生产储存电能，而电力供应低谷时段降低电流运行释放电能，起到类似"虚拟电池"（battery virtual）的作用[37]，如图 23-23(b) 所示。由于电解铝工业生产规模巨大，如果按照 2019 年铝冶炼用电量 4730 亿千瓦时计算，全部使用该技术后，即使按照 $\pm20\%$ 调节量计算，年可调节电量为：$4730\times20\% = 946$ 亿千瓦时，远高于当年可再生能源的弃电量。

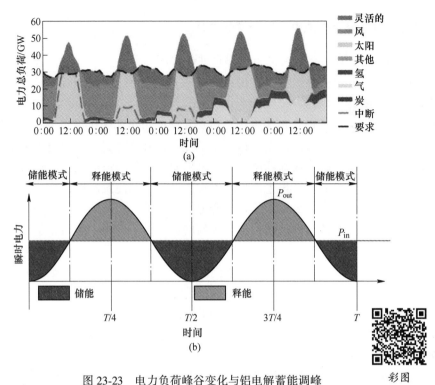

图 23-23 电力负荷峰谷变化与铝电解蓄能调峰

（a）未来我国电力系统负荷峰谷差；（b）电解铝"虚拟电池"调峰曲线

由此可见，铝电解输出端热调节与回收系统的开发与应用对于优化电力能源结构、打造电解铝智能工厂和智慧电网同样意义重大。

23.4 能量流优化与"输出端节能"技术的意义

本章从电解槽热特性定义阐释了铝电解温度与过热度对铝电解过程电化学反应的重要性，研究和探讨了通过输出端能量流优化，建立了实现电解槽热特性稳定性的基本概念，介绍了相关热特性调节控制模型（HOR 模型和 HRS 模型）。明确提出了传统电解铝节能路径属于"输入端节能"的范畴，以热特性优化为目标将是传统输入端节能技术进一步发展的重要方向；与此相对应明确提出"输出端节能"概念，将"输出端节能"作为开辟铝电解节能研究新领域，从理论上阐述了其重要性和可行性。

以此为基础开发的铝电解输出端热调节与回收系统，以及未来该领域的发展，对于现代铝电解技术而言，将可能带来如下重要变革：

（1）进一步优化铝电解槽的热特性及其稳定性，并改善磁流体动力学对电解过程的影响，降低槽电压，提高电流效率，从而使"输入端节能"达到最低的能耗水平，获得 500kW·h/t 以上的节能潜力。

（2）推动电解铝"输出端节能"，我国电解铝工业总计将可提供 1 亿平方米以上的居民采暖，年净增加余热发电总量近 50 亿千瓦时，从而将铝电解的能量利用率提高 8%~10%，实现电解铝工业的跨行并用、生态融合、绿色发展，远期发展的潜力更大。

（3）实施电解铝弹性生产，有效利用电网峰谷波动获得更高的经济效益。同时利用其"虚拟电池"蓄能调峰的重要作用，为国家智能电网建设作出积极贡献。

（4）为铝电解过程智能化开发提供了理论和技术基础，从而实现铝电解工业能源互联、跨行并用和生态融合发展，如图 23-24 所示。

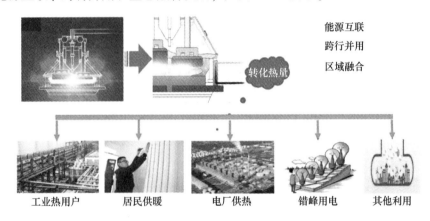

图 23-24　未来电解铝工业的能源生态

能量流优化与"输出端节能"技术作为一个新的研究领域才刚刚开始，随着能量流与热特性调节和热聚集及回收利用技术的不断进步，铝电解的能耗将进一步降低。

参 考 文 献

［1］殷瑞钰. 冶金流程集成理论与方法［M］. 北京：冶金工业出版社，2013.

［2］刘业翔，李劼. 现代铝电解［M］. 北京：冶金工业出版社，2008.

［3］梁学民. 铝电解槽物理场数学模型及计算机仿真研究［J］. 轻金属，1998（增）：145-150.

［4］TARCY G P，KVANDE H，et al. Advancing the industrial aluminum process：20th century breakthrough inventions and developments[J]. JOM, 2011, 63(8): 101-108.

[5] BRUGGEMANN J N. Pot Heat Balance Fundamentals[R]. 6th Australasian Al Smelting Conference 1998: 167.

[6] HAUPIN W. Interpreting the Components of Cell Voltage Essential Readings in Light Metals[M]. Switzerland: Springer International Publishing, 2016.

[7] 沈时英. 铝电解槽的区域能量自耗 [J]. 轻金属, 1983(4): 27-30.

[8] GRJOTHEIM K, WELCH B. Aluiminum Smelter Technology[M]. 北京: 冶金工业出版社, 1988.

[9] 邱竹贤. 铝电解原理与应用 [M]. 徐州: 中国矿业大学出版社, 1997.

[10] KVANDE H. 铝电解热平衡基础与过热度 [R]. 中国, 南山, 2016.

[11] IFFERT M. Aluminium Smelting Cell Control and Optimisation[D]. New South Wales: The University of New South Wales, 2007.

[12] SELE T. Instabilities of the metal surface in electrolytic alumina reduction cells[J]. Metallurgical Transactions B, 1977, 8(4): 613-618.

[13] AUNE J A, JOHANSEN K, NOS P O. Electrolytic Cell for Production of Aluminium and Method for Maintaining Crust on Sidewall and Recovering Electricity: CN1201034C[P]. 2005.

[14] LAMAZE A P, LAUCOURNET R, BARTHELEMY C. Electrolytic Cell with A Heat Exchanger: US 20080271996 Al[P]. 2007.

[15] SILJAN O J. Electrolysis Cell and Structural Elements to be Used Therein: US 7465379 [P]. 2008.

[16] BAYER I. Internal Cooling of Electrolytic Smelting Cell: US 7699963B2. 2010.

[17] BARZI Y M, ASSADI M, et al. A Novel Heat Recovery Technology from an Aluminum Reduction Cell Side Walls: Experimental and Theoretical Investigations[M]. John Wiley & Sons, Ltd., 2014.

[18] BARZI Y M, ASSADI M. Heat Transfer and Thermal Balance Analysis of an Aluminum Electrolysis Cell Side Lines: A Heat Recovery Capability and Feasibility Study[C]. Asme International Mechanical Engineering Congress & Exposition, 2013.

[19] LAVOIE P, NAMBOOTHIRI S, et al. Increasing the power modulation window of aluminium smelter pots with shell heat exchanger technology[J]. Light Metals, 2011: 369-374.

[20] 黄谦, 刘益才, 等. 铝电解槽余热利用现状及新方法的研究 [C]. 全国能源与热工学术年会, 2006.

[21] 黄谦, 刘益才, 等. 热声热机在铝电解槽余热利用中的研究 [C]. 绍兴: 2007 年工程热力学与能源利用学术会议, 2007.

[22] 赵兴亮. 新型铝电解槽换热系统的研究 [D]. 沈阳: 东北大学, 2008.

[23] 王兆文, 高炳亮, 等. 铝电解槽余热回收利用的基础研究 [J]. 材料与冶金学报, 2010, 09(z1): 8-10.

[24] 梁学民, 等. 液体介质铝电解槽余热回收装置及其回收方法 [P]. 中国专利 CN20081004 9293.7, 2008.

[25] 黄学章, 张承丽, 陈岗, 等. 铝电解槽侧壁余热温差发电的应用 [J]. 电源技术, 2013,

37(9)：1580-1584.

［26］徐冰．铝电解槽壁余热温差发电的实验研究［D］．长沙：中南大学，2010.

［27］张韬．铝电解槽侧壁散热温差发电装置设计与仿真优化［D］．长沙：中南大学，2010.

［28］TAYLOR M P，ETZION R，LAVOIE P，et al. Energy balance regulation and flexible produc-
tion：A new frontier for aluminum smelting［J］．Metallurgical & Materials Transactions E，
2014，1(4)：292-302.

［29］LIU J，TAYLOR M，DORREEN M. Dynamic response of cryolitic bath and influence on cell
heat and mass balance with large scale potline power shifts［J］．Light Metals，2016：601-605.

［30］梁学民，何季麟，冯冰，等．铝电解槽能量流优化与"输出端节能"技术研究［R］．郑
州大学，2020.

［31］ALJASMI A，ALZAROONI A. Findings from Operating a Pot with Heat Recovery System［C］//
Travaux 46，Proceedings of 35th International ICSOBA Conference，Hamburg，
Germany，2017.

［32］SOLHEIM A. Heat recovery from the side walls of aluminium cells-evaluation of goodtech's heat
pipe technology［J］．SINTEF Materials and Chemistry，Electrolysis，2013.

［33］黄学章，张承丽，陈岗，等．铝电解槽侧壁余热温差发电的应用［J］．电源技术，2013，
37(9)：1580-1584.

［34］梁高卫．基于热电转换的铝电解槽侧壁余热发电研究［D］．长沙：中南大学，2013.

［35］田官官，石良生，薛小军．铝电解烟气余热利用的实践应用［J］．山西冶金，2014，
37(3)：85-87.

［36］艾为学，冀兆良，等．全国勘察设计注册公用设备工程师教材（暖通空调专业）［M］．
北京：中国建筑工业出版社，2013.

［37］DEPREE N，DÜSSEL R，PATEL P，et al. The"Virtual Battery"-Operating an Aluminium
Smelter with Flexible Energy Input［M］．Switzerland：Springer International Publishing，2016.

24 电解铝智能工厂

24.1 电解铝智能工厂基础

24.1.1 智能工厂的概念

"工业4.0"，又称为"第四次工业革命"，其利用信息物理系统使产品生产遵从客户的个性化愿望，通过网络实时获取产品从开发、生产到交付的所有相关信息，并从中获得最佳价值流。工业4.0通过网络将人员、对象和系统进行信息联通，创建动态、自组织、跨组织和实时价值网络，减低中间成本，优化产品和服务，以提高劳动生产率[1]。

"工业4.0"的概念首先由德国政府于2011年提出，是德国《2020高技术战略》的一个重要组成部分，其目的是通过工业生产技术与信息和通信技术之间的高度融合提升本国制造业的国际竞争力[2]。近年来，德国正在通过加强工业系统与信息通信技术相关联的举措积极推动工业4.0的发展。与此同时，美国、法国、中国也提出了相似的智能工业发展战略，美国的"工业互联网"、法国的"未来工业"、中国的"中国制造2025"都强调工业生产的自动化、信息化和智能化，并通过现代技术手段转变生产和业务流程，以实现更高的商业价值。

工业4.0描绘了制造业的未来愿望，人类将迎来以信息物理融合系统为基础，以高度数字化、网络化、机器自组织为标志的第四次工业革命。其本质是数据，其终极目标是建立一个高度灵活的个性化和数字化的产品与服务的生产模式，使工业生产由集中式控制向分散式增强型控制的模式转变。工业4.0的四大主题是智能工厂+智能生产+智能物流+智能服务。其中，智能工厂重点研究智能化生产系统及过程，以及网络化分布式生产设施的实现；智能生产主要涉及整个企业的生产物流管理、人机互动、3D打印及增材制造等技术在工业生产过程中的应用；而智能物流则通过各种联网，充分整合物流资源，实现供给和需求的快速匹配[3]。工业4.0演进过程与主体架构如图24-1所示。

从近半个世纪的发展看，现代工厂基本沿两条路线发展：一是依靠传统制造技术的发展而发展，二是借助自动化和计算机等技术的发展而发展。20世纪80年代以来，信息技术的应用越来越广泛，在工厂生产经营管理过程中发挥的作用

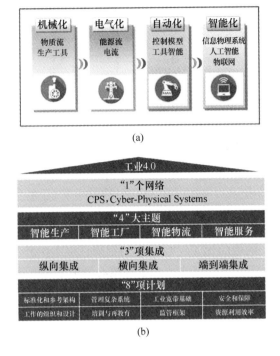

图 24-1　工业 4.0 演进过程及主体架构

（a）工业 4.0 概念；（b）工业 4.0 主体架构

越来越显著。信息技术等新兴技术与传统的制造技术相融合，产生了新型生产制造方式与信息系统，数字化工厂、智能化工厂就是新型生产方式的典型表现形式[4]。

　　"智能工厂"的概念最早是在 2009 年由美国罗克韦尔 CEO 奇思·诺斯布希提出，其核心是工业化和信息化的高度融合。智能工厂是在数字化工厂的基础上，利用物联网的技术和设备监控技术加强信息管理和服务；未来，将通过大数据与分析平台，将云计算中由大型工业机器产生的数据转化为实时信息（云端智能工厂），并加上绿色智能的手段和智能系统等新兴技术于一体，构建一个高效节能的、绿色环保的、环境舒适的人性化工厂。

　　目前智能工厂概念仍众说纷纭，莫衷一是。但毫无疑问，随着数字化、网络化技术的不断发展，推动着工业智能化不断发展，随着 5G 时代的到来，将迎来智能化工厂发展的一个新阶段，如图 24-2 所示。

24.1.2　电解铝厂的智能化方向

　　由于铝电解生产具有高耗能、重资产、短流程等特点，能源消耗占生产成本的比重很大，人工成本在总成本中比重较小，严格来讲并不属于劳动力密集型产

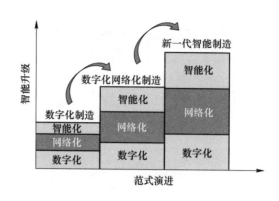

图 24-2 智能制造演进模式

业，因此一般意义上的智能化工厂对于电解铝降低成本的作用并不明显；另外，由于电解铝特殊的生产工艺，其生产系统的核心集中于电解车间和电解槽生产过程，也是整个生产系统的成本核心，因而企业对于电解铝工厂的智能化迫切性并不是那么强烈。确切地说，人们对于电解铝工厂智能化的未来方向还没有形成清晰的认识。

然而事实上，近四十年来，电解铝工业一直在数字化、自动化、信息化、智能化的方向上不断发展，在设计技术、过程控制技术、过程连续化、装备自动化技术等方面已经取得了非常突出的成绩。从整个工业发展的大趋势来看，智能化已经是现代工业发展的大势所趋，基于上述认识，我们不禁要问：什么是"电解铝智能化"的正确方向，未来的目标是什么？结合电解铝工业技术发展的现状，围绕电解铝生产的能源效率、资源效率、劳动生产率及环境效益的提高，明确电解铝厂智能化发展的方向和技术路线，并赋予一个系统的概念无疑是非常重要的。

本章结合电解铝行业智能化的初步成果，对电解铝智能化方向进行初步探索。从流程工业的生产特点出发，以优化铝电解生产过程物质流、能量流和信息流为基础，以改善铝电解电化学反应过程为重点，最终实现以电解铝厂节约能源、降低物耗、提高效率、改善环境为的目标的智能化目标。作者认为，未来电解铝厂的智能化至少应当包含以下四个方面：

（1）铝电解槽智能化。作为铝电解生产流程的核心环节，铝电解槽的智能化在电解铝厂智能化中占有绝对的核心地位，这也是铝电解生产工艺的突出特点，同时由于铝电解电化学反应过程的复杂性，使得铝电解槽的任何研究成果和技术进步都会给铝厂的进步带来重大的影响。因此，在热电磁及磁流体动力学特性研究和电解槽优化设计基础上，借助数字化技术和网络技术最新成果，研制铝电解过程优化控制及智能化技术，全面优化提升铝电解电化学反应的过程运行质量，实现电解铝核心生产过程的智能化。

（2）改善生产工艺过程的连续性。作为典型的流程工业，铝电解生产工艺过程和装备的连续化运行对于生产的高效组织、科学运行及安全运行有着极其重要的作用。流程工业动态系统应该首先站在工程科学的层次上进行概念研究、顶层设计。工程动态设计的建模就是要从动态-协同运行的总体原则和多目标优化出发，对符合时代进步需要的先进的技术单元进行判断、权衡、选择，再进行相互之间的动态整合，研究其互动、协同的关系，形成一个动态-有序、协同-连续/准连续的工程整体集成效应。

工程动态设计的建模和信息化、智能化调控的配合是防止各类"短板"效应，也是流程工业智能化的基础。在概念研究中，必须体现流程系统整体动态运行过程中的"三要素"，即"流""流程网络"和"流程运行程序"。在顶层设计中，要求要素优化、结构优化、功能优化和效率优化，甚至涌现出工程系统的功能演变（进化）。也可以说，流程的工程设计就是要把各有关的技术单元（要素的选择、优化）通过在流程网络化整合和程序化协同（结构的形成与优化），使"物质流""能量流""信息流"的流动过程在规定的时-空边界内动态-有序、协同-连续/准连续化运行，实现卓越的工程效应，达到多目标优化，并形成新价值的来源[5]。

铝电解生产过程中的不停电停/开槽技术、阳极仓储与转运技术、铝液智能调度与运输技术、氧化铝输送技术、铝锭/铝产品智能转运站等，对于整个工业生产流程的安全、连续化和高效运行无不起着重要的作用。

（3）装备智能化。大量智能化操作装备的开发使用，可以大大减少铝厂对劳动力的需求，装备智能化是铝厂智能化的重要手段，是实现无人工厂的重要基础。在机械化、自动化前提下，以数字化、可视化强化信息流的开发应用，开发研制电解铝生产流程关键环节的智能化操作装备，将进一步提高生产过程的运行质量，提升铝电解过程物质流、能量流的转化效率。

无人驾驶多功能操作机组、智能打渣机器人、铝锭码垛/打捆机器人、氟化铝自动运输车、铝锭全自动生产线及刨炉机器人、袋装氧化铝拆袋卸料机器人等，在各关键岗位取代人工作业。

（4）智能化决策与运营。智能化系统能够集成铝电解设计与施工信息、生产运行信息、市场与行业信息，借助于系统可以消除电解铝企业信息孤岛与断层，实现对电解铝生产过程、管理过程全流程关键节点的在线监控与统计、原材料价格趋势及产品市场研判，管理者可以实时掌握全厂工艺参数、设备状态、物料流动、能源消耗、产品质量和安全环保等，并对企业未来经营效益做出预测，为电解铝企业实现精准管理、科学运营提供了数据支撑和决策依据。

24.2 铝电解槽智能化

铝电解槽是电解铝厂生产的核心，这是由电解槽在铝厂的资产密集度和对铝厂生产效率影响程度决定的。如果把电解铝厂智能化与智能交通相比较，铝电解槽在电解铝厂的地位类似于汽车在交通系统中的地位，电解槽的智能化相当于汽车智能化，即无人驾驶汽车；铝电解槽的智能化与全厂智能化系统是整个电解铝厂智能化的两个重要方面，就像汽车无人驾驶与交通智能化系统一样，全厂智能化系统的作用在于电解铝厂全流程的资源调配、生产组织和供销及财务规划等智能化运营管理，而铝电解槽智能化的目的在于使电解铝厂核心流程的物质流、能量流实现最优化，以获得最低的成本和最大的生产效率，两者的对应关系如图24-3所示。智能化的结果就是如等式右侧原本由人来完成的路况（槽况）判定与汽车（电解槽）操控，将全部由智能化系统来完成。

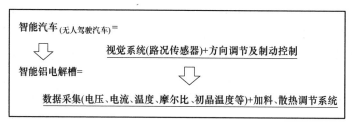

图 24-3　智能汽车与智能铝电解槽的对应关系

近40年来，我国铝电解技术取得了非常大的进步，在铝电解槽的热、电、磁、力及磁流体动力学仿真（物理场）研究领域取得了巨大成功，280kA特大型铝电解槽开发成功，奠定了我国现代大型铝电解槽技术基础；400~600kA超大型铝电解槽实现了大规模工业化生产，电解槽的主要技术指标从日本引进技术的电流效率87.5%，提高到92%~93%及以上，吨铝直流电耗从13600kW·h降低到约12600kW·h，电能消耗整整下降了1000kW·h。

在物理场研究、点式加料与氧化铝浓度控制技术等方面取得了非常大的进步，为电解槽智能化奠定了良好的基础。本章以下部分将主要从热特性调控、生产连续性、电解槽数字化等方面论述近年来电解槽智能化领域的新技术、有待研究解决的技术瓶颈和需要开展的主要工作。

24.2.1 铝电解槽热稳定性调节控制

24.2.1.1 热特性优化是铝电解槽智能化的基础

在实际生产中，铝电解槽的能量平衡一直是电解铝生产操作和管理的中心任务。铝电解槽的热特性（即传统的能量平衡概念）优化控制领域在理论上和技术上仍然存在一定的难题，使实际运行效果与仿真优化预测结果有一定差距，可以说在目前霍尔-埃鲁特电解法炼铝技术发展背景下，这是传统"输入端节能"有待攻克的最后"堡垒"。

"能量流优化与输出端节能技术"将是打破制约能量平衡控制和输入端节能瓶颈的关键，这是本书首次明确的一个新概念。同时需要强调的是，作者还认为铝电解槽热特性的优化控制的实现是铝电解槽智能化的理论基础，也是进一步实现铝电解过程能量流、物质流优化的重要手段。

铝电解槽能量流优化与"输出端节能"技术的模型原理和工业调节系统（HORRS系统），已在本书第23章详细论述。

24.2.1.2　热特性优化调节方法

铝电解槽热特性优化以热特性优化控制为目标，并将电解质过热度作为衡量电解槽热特性主要特性参数。电解槽内熔体与侧部炉帮对流传热量 Q 计算公式为：

$$Q = \alpha(T_m - T_f) \tag{24-1}$$

式中，α 为熔体与侧部炉帮的对流传热系数；$T_m - T_f$ 为过热度 ΔT。

热管换热器（集热装置）介质收集到的热量 $Q_{集}$ 为：

$$Q_{集} = c \cdot M \cdot \Delta t \tag{24-2}$$

式中，c 为换热器介质比热容；M 为单位之间的介质流量；Δt 为换热介质进出口温差（温升）。

侧部传热及集热原理如图24-4(a) 所示。集热器安装在电解槽侧部四周，由冷热管道将循环介质（有机油）通入集热器，通过控制介质的循环速度控制电解槽散热。为了最大限度利用集热器回收的热量，在集热器外设计了保温板，如图24-4(b) 所示。

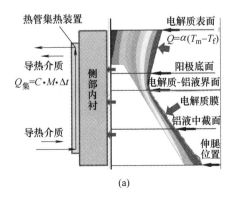
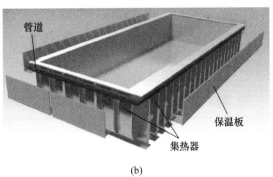

图24-4　电解槽侧部热调节原理（a）及集热器（换热装置）的安装（b）

预设标准过热度区间，采集铝电解槽内电解质的过热度测量值；将过热度测量值与标准过热度区间比较，若过热度测量值高于标准过热度区间上限，则控制槽壁集热器（换热装置）使槽壁换热量增加；若过热度测量值低于标准过热度区间下限，则控制槽壁集热器使槽壁换热量减少；若过热度测量值在标准过热度区间范围内，则不做调整；这里所述槽壁换热装置为调节槽壁散热量的换热装置。电解槽内电解质的过热度（能量平衡）调节方法可描述为如下过程（详见图 24-5）[6]：（1）预设标准过热度区间；（2）采集电解质的过热度测量值；（3）将过热度测量值与标准过热度区间比较，若过热度测量值高于标准过热度区间上限，则增加槽壁换热量；若过热度测量值低于标准过热度区间下限，则减少槽壁换热量；若过热度测量值在标准过热度区间范围内，则不做调整。

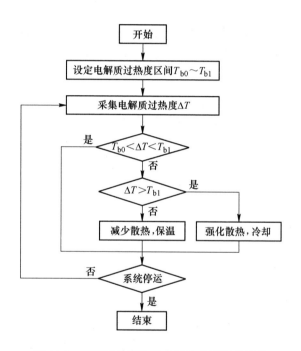

图 24-5　基于过热度的铝电解热特性调节原理

上述方法从电解槽散热侧（即热输出端）反向对电解槽的热平衡进行调节，与输入端的能量平衡及物料平衡调节参数相互独立，实现了电解槽过热度与其他工艺参数的"解耦"控制，能够实现铝电解槽性能优化和能量输入波动时的平稳运行。由于电解槽的槽电压、铝水平等能量输入端的主要电解工艺参数不再作为能量平衡的调节手段，可使槽电压、铝水平稳定在磁流体稳定性决定的最优范围内，可提高电流效率和减少因槽电压波动总成的平均电压升高，从而取得较好的节能效果。

采用该方法建立的 HORRS 系统（如本书第 23 章所述），不仅可使电解槽实现良好的热稳定性，而且开创了输出端节能新途径。HORRS 系统结构如图 23-19 所示。

24.2.2 铝电解系列连续运行技术

作为流程工业的铝电解生产过程的连续性，对于整个铝厂的运行效率、生产安全有着非常重要的影响。"铝电解系列不停电停/开槽技术和成套装置（赛尔开关）"的发明和应用，解决了电解系列中个别电解槽需要停槽大修（或开槽）时系列停电的难题。然而，赛尔开关基本原理为在电解槽每一个阳极立母线的短路口并联一组赛尔开关，成套设备为移动式的装备，每次使用时需要提前计划，并安排人员提前将设备运输到计划停（开）的电解槽旁，然后由操作工人将开关组装置逐个安装在电解槽短路口上，之后再通电操作，完成预定电解槽的停（开）以后，再拆除设备运至设备仓库，整个过程需 30~50min。整个受用过程需要多名专门操作人员完成，占用人工较多。更为重要的是当电解槽出现突发情况时，有时往往来不及安装使用，这时就需要全系列应急停电处理，也就给实际生产带来一定的隐患。

另外，在实际生产中，当电解槽出现事故时，如漏炉、短路口爆炸，时常会出现短路口被损坏甚至槽底母线被高温铝液或电解质冲断的极端情况，约占铝厂停电事故的 35%。这种情况将导致电解槽短路母线无法正常使用，这时候就需要使用"应急短路母线"将事故电解槽短路，以保障整个系列的正常运行。同样，应急短路装置的使用和安装也需要占用大量人力（有关赛尔开关和应急短路装置在本书第 18 章已有详述）。

鉴于上述原因，由于人工操作在出现重大事故情况下无法及时应对，对于电解铝生产而言生产的连续性还无法做到很好的保障，必然成为制约铝电解槽的智能化的瓶颈。因而开发铝电解系列在线自动停/开槽技术和装备，已成为铝电解槽的连续运行和智能化生产的重要课题。在线自动停开槽过程如图 24-6 所示。

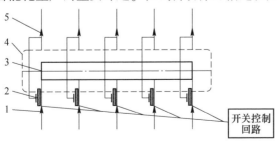

图 24-6 铝电解槽在线自动停开槽示意图
1—进电母线（立柱母线）；2—短路开关；3—阳极；4—阴极；5—与阴极连接的出电母线

　　当电解槽通过槽况检测系统（计划停槽时由操作人员）发出电解槽事故预警需要停槽时，由系统发出停槽指令启动在线短路开关闭合完成自动停槽；反过来，当需要启动电解槽时，由操作人员（或系统）下达电解槽启动命令，启动短路开关打开自动切断短路母线，完成电解槽启动。

　　尽管目前开发这样的装备还存在一定的困难，但从电解铝智能化乃至确保铝厂生产安全性的角度考虑，这项技术的研究开发势在必行。

24.2.3　智能打壳加料系统

　　铝电解在实施低温、低电压生产过程中，由于电解质较黏、氧化铝溶解性差，经常出现堵料、卡锤头、长葫芦头等下料不畅通的现象。现有的铝电解槽控制系统无法直接检测下料口状况，对上述下料不畅通导致的缺料也只能走增量下料（大下料）进程，如此反而加剧了下料口的继续积料，形成恶性循环，其他下料口的下料负荷也因此而加重。为此，电解工人必须加强巡视，但巡检劳动量大，处理困难，容易造成阳极效应多、沉淀过多、炉膛畸形，锤头更换频繁、原铝品位下降等后果，影响电解槽运行指标。经初步统计，由于堵料引发的阳极效应占效应总数的40%以上。

　　智能打壳（下料）管控系统有效地解决了上述难题，并取得了很好的效果，具有经济耐用、使用简单、维护方便的特点。打壳（下料）机构如图24-7所示[7]。

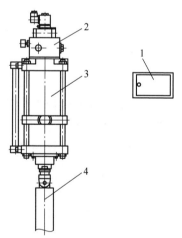

图 24-7　智能打壳（下料）系统机构简图

1—智能控制柜；2—智能组合阀；3—可控打壳气缸；4—打击锤头

　　智能打壳（下料）管控系统（以下简称智能打壳设备）在某公司的应用效果良好。2 台智能打壳设备连续运行 4 个月，实现了单点打壳，通过"轨迹趋势智能关联分析算法"快速准确判断出下料口的状态，实现了智能打壳，并具有报警功能，取得了如下基础效果：

（1）下料口状态预报准确率达到92%以上。

（2）具有卡锤头、堵料异常情况的语音报警功能，减少了工人巡检劳动量。

（3）通过附加指定打壳次数协助通孔功能，减少了堵料现象，降低了阳极效应系数。

（4）锤头粘包大大减少，降低了电解工人劳动强度。

（5）打壳深度可实现100~300mm可调，减少锤头伸入电解质的深度，降低锤头的腐蚀和变形，降低了检修工人劳动强度。

（6）减少无效打壳次数，降低了单槽压缩空气用量，提高了系统风压，降低了运行成本。

（7）减少电解质的搅动和对铝水铁含量的影响，提高了铝液的品位。

因此，应尽快扩大智能打壳技术的应用，确保电解槽下料畅通，减轻工人劳动量，取得更好的经济指标。

24.2.4 电解槽数字化技术

信息流形成和有效传送（通过网络）是智能化的基础，数字化的前提首先是要获得反映生产过程特征的信息。获得这些信息途径：一是由系统给定的原始数据，如设备和过程的设计参数、材料性能、工艺参数；二是依靠各类现场传感器直接测量得到的测量数据；三是在已经获得的数据基础上，通过科学原理建立的数学物理模型间接获得的数据信息。

在现行的铝电解槽过程控制系统中，能够直接获得的现场数据信息十分有限，在线获得的控制信息只有系列电流和槽电压，而摩尔比、氧化铝浓度、电解温度、初晶温度是通过人工现场或实验室分析得到的，这些数据信息在大多数铝厂一般适用于分析和指导电解槽的操作，而不能真正被电解槽智能化系统有效利用，缺乏有效的检测手段毫无疑问制约了电解槽智能化技术的发展。

24.2.4.1 电解质多参数测量

铝电解槽电阻-氧化铝浓度曲线分析模型的建立，虽然间接但是获得了可靠的铝电解槽在运行过程中的氧化铝浓度数据信息，使氧化铝浓度作为铝电解电化学反应的重要工艺参数实现了有效的控制。但是，电解槽的热特性（热稳定性）的控制仍然缺乏有效的手段，可以说与电解槽智能化的目标还有相当的距离。首先就是要获得足够的热特性调控的基础数据，即必须获得描述铝电解槽热特性的参数。

电解质温度与初晶温度的差值即过热度，一定程度上代表了槽内电解质的热特性，合适的过热度是保证氧化铝有效溶解，同时也是优化电化学反应过程的必要条件。然而，由于电解质对测温探头的腐蚀性，过热度目前还无法实现在线测量。除了电解温度数据可以通过人工采集完成以外，电解质成分（摩尔比）、初晶温度（过热度＝电解温度－初晶温度）等参数的获得主要靠人工定期取样，化验室分析。测试周期长、成本较高，更重要的是时间滞后，无法满足系统在线分析需要，难以应用到实际生产过程中。

通常而言，电解质的取样及其后续分析是在不同的时间由不同的人员分别实施的。电解质样本在采集后会送往实验室进行后续的化验分析。考虑到实际操作因素，该环节操作分析序列是以整条生产线或整个电解车间为一个批次单位执行的。因此，电解质的成分分析会以接收到的整个批次样品为单位进行。另外，尽管一些程序已经实现了检测自动化，但实验室的化验分析过程也需要花费一定的时间。综上因素，这会导致最终化验分析结果与采样时间存在最多可达 24h 的时间延迟。电解质取样与化验分析之间存在明显的滞后。电解槽的运行是一种高变量情况，由于能量和物料输入的改变，电解质成分和电解槽温度都在发生动态变化。在物料（化学品）和能量（电压/电阻）投入过程中，如果使用传统方法就不得不根据"过时的"信息做出控制决策，而这些过时信息很可能与实际情况大相径庭。显然，无法实时测量电解槽温度和电解质化学成分，在本质上会导致电解槽控制不良，要么低于目标控制条件，要么高于目标控制条件。因此，如何快速获得过热度信息就成为未来电解铝智能化的一项重要基础。

S. P. Zeng 和 J. H. Li 等人[8]提出了以电解温度和氟化铝为主因素的氟化铝挥发速率模型，并通过电解质成分的分析和计算，给出了过热度的软测量模型。B. Friedrich 等人[9]通过机理分析和实验测试确定了过热度测试方案，并结合实际情况验证了方案的正确性。Z. G. Chen 等人[10]基于知识模型对过热度状态进行推理分析，根据灰度变化速率确定电解槽的过热度状态，不仅融合了火眼信息还包括经验知识和机理知识等，更符合现场工艺人员判断过热度状态的方式。类似的研究成果非常多，在此不一一叙述。

然而现有的研究成果更多是采用数据驱动方法，难以囊括铝电解槽的复杂特征，从而影响对电解槽过热度状态的判断。而基于经验知识的判断方法难以避免主观上的影响，导致过热状态判断准确率下降。总之，尽管在铝电解生产控制方面取得了一系列成果，但由于铝电解生产电化学反应剧烈复杂、环境恶劣、工况变化大、影响因素多，特别是铝电解槽不断正向大容量和高效节能方向发展，大型铝电解槽的生产一直面临着关键参数检测难、建模难、自动控制难等挑战。在检测方面，现行铝电解过程能够在线检测的仅有槽电压和系列电流这两个参数，而诸如电解温度、电解质成分在线监测的工况参数一直是过程检测的研究热点，也成为智能化过程中满足对信息流需求的关键。

Wang 等人介绍了一种可用于现场测量电解质特性的测量仪器 STARprobe™ 和测量方法，如图 24-8 所示。STARprobe™ 是由美铝（Alcoa）设计研发、加拿大

STAS 生产的一种专门仪器, 它将烦琐耗时的采样流程和采用昂贵的分析仪器设施的分析过程, 变为一个简单和可便携的仪器在电解厂房内由操作人员直接测量。只需要将特制的测量探头置于电解槽内的电解质中按照一定的操作程序, 几分钟内即可得到电解质成分、温度、初晶温度 (过热度) 和氧化铝浓度等参数, 并通过无线传输传送给系统, 作为电解槽热特性判断和控制的依据。

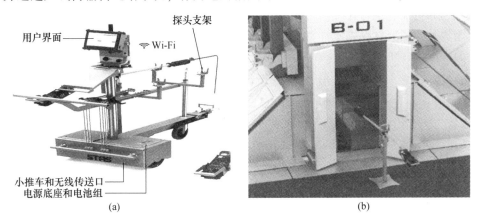

图 24-8 STARprobe™电解质多参数测量仪应用

(a) STARprobe™电解质多参数测量仪; (b) STARprobe™在测量中

很明显, 通过即时方式测定电解质化学特性的能力将有利于对电解槽进行控制操作, 由于实现了过程信息与温度测量和其他电解槽参数 (例如电流和噪声) 的同步, 新方法能够给出精确时间刻度处电解槽的实际状态数据, 新方法与传统方法的对比如图 24-9 所示。因此可以完全同步实施针对电解槽的控制策略, 并能实现进一步的优化。正是这一驱动因素推动了 STARprobe™技术的研发问世, 而且该技术目前已经成为电解铝行业中的新标准。

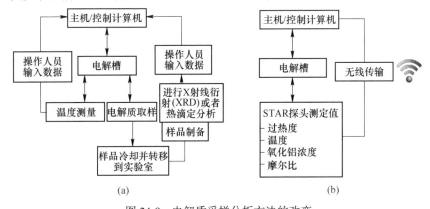

图 24-9 电解质采样分析方法的改变

(a) 传统取样分析过程; (b) 应用 STARprobe™分析过程

　　该技术在电解质样品和参考样品之间进行差热分析（DTA），即差热法。该技术的测量装置利用了冰晶石熔体从液态冷却到固态时所经历的几种相变过程。每一个相变过程都发生在特定的温度区域，而这些相变都是放热过程（ΔH_i），所释放的热量与熔体中组分的量成正比关系。图 24-10 所示为使用热电偶作为温度测量装置进行差热分析的原理。将样品置于容器（测试探头）中，并将其冷却过程的特征表现与在冷却过程中不会发生相变的基准材料物质进行参照比较。由于样品与基准材料物质同时冷却，因此相变释放的热量可以通过温差（$T_{C1} - T_{C2}$）得到准确的体现。

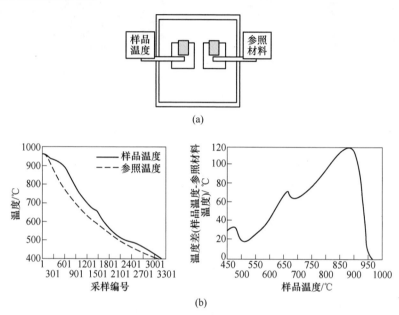

图 24-10 STARprobe™探头（a）及差热分析（DTA）的原理（b）

　　由于 STARprobe™在研制时其内置分析模型与特定的电解质成分有紧密的联系，因而对不同地区和电解质组成的分析精度需要进行修正。

　　王莹玮等人[11]研制了一种基于热电偶为传感器，通过对电解质样品的加热、熔化与降温的过程进行控制，应用 PLC 程序对温度数据进行处理分析，最终计算出电解质过热度的精确数值。曹志成等人根据电解质的凝固、溶解过程的相变规律，设计了一种特殊的传感器和温度变化曲线模型，能够通过现场精确测量初晶温度、电介质温度和过热度。

　　基于对电解质成分（摩尔比）变化敏感度相对弱于过热度的考虑，结合目前的研究进展，以化验室定期分析电解质摩尔比作为参照，采用直接获取电解温度、初晶温度和过热度的现场测量方法应用于热特性的智能控制是可行的。

电解质多参数测量仪的研制，为电解槽工艺参数的在线采集和电解槽热特性控制提供了关键信息，是铝电解槽数字化和智能化的重要一步。

24.2.4.2　铝电解阴极和阳极电流分布在线检测

随着铝电解信息控制技术和装备的发展，阳极电流采集装置得以在铝电解槽上应用[12]。S. Yang 等人[13]认为阳极电流分布及动态变化是极具价值，也是最有可能被测量的信号之一，并提出了一种阳极电流测量的新方法，认为阳极电流信号可以提供电解槽中局部阳极的信息。Y. Yao 和 C. Y. Cheung 等人[14-15]通过对阳极电流进行时频分析获得阳极的状态。C. Y. Cheung 等人[16]提出了基于阳极电流分析的铝电解槽极距变化（即电磁稳定性）模型、阳极电流分布相关联的铝电解槽能量分布及其对局部环境影响的热模型，并对阳极短路对电池热平衡的影响进行了模拟研究。L. Dion 等人[17]对电解槽氧化铝浓度分布进行详细分析，得到的每个阳极电流的分布也不尽相同，根据这一信息构建仿真模拟器指导铝电解生产，提高电流效率及稳定生产。阳极电流采集装置在一定程度上为铝电解智能化控制提供了新的重要变量数据，但目前基于阳极电流的铝电解槽研究较少，未来这种方法可以为实现分布式下料提供新思路。

赵仁涛等人[18]提出一种通过测量有限长矩形导体周围磁场来计算导体内电流的方法。该方法基于 Biot-Savart 定律，通过 MATLAB 仿真，建立了能对有限长矩形导体周围磁感应强度求精确解的三重积分模型，并拟合数据得出形状系数的简化解析式。在此基础上，提出了一种能够消除干扰磁场的方法并给出了数学表达式，推导出电流计算模型。理论验证和现场数据分析表明，该方法可以实时监测阳极电流分布。

孙建国[19]研究了阳极电流分布与换极、铝液波动的关系，认为阳极电流分布特征反映了阳极电流密度的变化规律，以及与换极有关的铝液波动规律。

曾水平等人[20]以 160kA 预焙电解槽为例，应用铝电解过程电流效率的综合模型通过正交多元回归方法对电流效率的计算，得到一个正交多元回归模型，此模型直接描述了预焙铝电解槽电流效率与电流分布间的关系。同时，应用简单的正交多元回归方程分析了电流分布对电流效率的影响，结论为：在某些限定条件下，对大多数阳极的电流分布有一个最佳电流效率值，但在不同条件下最佳电流分布值不一样，这与电解槽结构和物理场分布相关；且在电解槽投入生产后，对特定的电解槽，建立特定的电流分布对电流效率的关系方程，对于指导电解槽作业、提高生产效率有参考意义。

阳极电流分布与电解槽内在运行特性有比较复杂且紧密的联系，进一步开发阳极电流检测技术、研究阳极电流分布和电化学反应过程之间的内在联系，可以大大提升电解槽的数字化和智能化水平。

24.2.4.3　铝电解槽关键分布式状态参数

通过铝电解槽可测量关键分布式状态参数，如阳极电流、侧部槽壳温度、阴极钢棒温度和电流等，可以获得铝电解槽分布式状态；通过机器视觉等方法智能感知电解槽内的运行状态，获得反映工况变化的多时空状态参数，可进一步提高电解槽数字化水平。

关于智能化的数字化技术将在24.4.1节详述。

24.3 智能化装备

工业革命以来，生产和需求猛增。由于某些生产环境十分危险，人类相应开发了多种工具和途径，来改善工作环境，提高效率。它不仅帮助人类大大提高了工作效率，更重要的是，科技已经渗入我们生活的方方面面。随着制造、通信等技术的发展，智能车辆、语音输入、视频聊天等已经成为人们生活的一部分，人类生活已经发生了翻天覆地的变化。人们在容忍度、舒适度及自我发展方面有了更高的要求：人们不愿在危险的环境下工作，而是想更多开发自己的创造性；人们不愿在充满粉尘的工厂工作，而是想节省时间发展自己兴趣。因而，人们追求生活品质，表现在更加注重生活及工作环境。

技术水平的不断进步提高了各项工作的安全指数：系统的正常运行，工厂事故率大大减少。从几十年前开始，很多危险的工作就已经开始由机器人代劳。鉴于此，许多行业都在寻找新的技术，以期改善环境、确保安全、提高效率。对企业而言，一个残酷的现实是找那些做重复性简单工作的工人越来越难。其中安全也成为大家关注的焦点，因为只要是人参与的工作，事故是无法100%避免的。

总而言之，人们的自我意识在不断增强，希望丰富多彩的生活，而厌恶繁缛单调的工作，这也使得工厂的人工成本越来越高。因此，智能设备也将越来越受到企业的青睐。

智能设备能替代工人完成工作任务，提高安全性和工作效率，减少燃油消耗。这些设备无需进行控制，无需操作人员介入。它们对生产过程的每一个步骤自动更新，对每一个偏差（阳极炭块温度、异常现象等）进行检测，并传递数据。

除本书第18章和第19章介绍的设备外，电解铝各种设备应在原有基础上做进一步智能化改进和深度开发，包括电解车间多功能天车、赛尔开关、电解槽刨炉设备，以及铝厂各种智能工艺运输车辆。另外，对于其他车间生产环节的生产和操作设备也应该根据各个生产环节的工艺特点开发相应的智能化装备。

电解铝智能化装备的研制开发是提高电解过程作业效率、优化物质流的基础，从而达到减少操作人员数量、降低物耗成本和减少环境污染的目的，也是电解铝智能化过程中仅次于电解槽本身的重要课题。装备智能化将是一个长期的过程，利用现场传感器、作业机器人物联网技术等智能化手段，配合生产工艺过程的不断改进，研制出高效实用、运行可靠的电解铝智能化设备。

24.3.1 智能多功能天车

多功能天车（PTM）是铝电解车间的主要操作设备，担负着电解槽多种操作任务，包括换极、出铝、抬母线及电解槽修理时的结构吊运等。在本书第 19 章已经较为详细地介绍了三代多功能天车的发展过程和不断增强的操作功能。完全无人操作的多功能天车目前还没有成功，但电解铝智能化发展对多功能天车的智能化也提出了更高的要求，而未来的多功能天车智能化将必然逐步地向远程操作和无人操作方向发展。

24.3.1.1 多功能天车功能的持续改进

多功能天车功能的持续改进包括：

（1）远程控制。贾军利利用远程控制系统实现对天车的远程控制，能在天车出现故障后不需要检修人员上天车便可以将铝电解多功能天车与电解槽脱离，能有效避免安全事故的发生，也能远程查看和修改天车 PLC 程序，极大地方便了天车检修工作[21]。围绕远程控制系统在铝电解多功能天车上的应用方面进行详细分析，通过安装 POE 设备及大功率无线路由器实现了远程查看、远程控制和程序修改的目标，解决了铝电解多功能天车在电解槽上方作业时出现故障后检修作业危险性大的问题。

（2）覆盖料自动添加系统。兰州铝业等[22]研制了一种多功能天车自动添加覆盖料系统，为大幅度降低员工劳动强度，提高工作效率，以及在电解工艺智能化改造方面迈出了可喜的一步。该系统包括上料和加料两大独立部分，采用独立的 PLC 系统控制，互不干扰。系统所有设备都具有远程及就地操作功能，设备附近配置就地操作箱，便于操作。针对出现了小车轨道偏移、地面遥控器无法与大车联动、料仓对位困难、漏料严重、增加地面操作人员的诸多弊端，采用了加料系统由高位料仓通过圆盘给料机、水平密封皮带输送至上新型加料小车，通过下料机构将电解质覆盖料加到指定的阳极上表面的方式，同时将加料系统并入多功能天车原有系统进行集中控制，有效解决了存在的问题。该系统不仅简化了生产工艺流程，并且在物料输送的全程不用任何传统的阀门及给料机，能使电解质处理流水线在输送、给料、下料过程中做到畅通无阻，开关物料迅速可靠，实现了操作简单、效率高、安全可靠的目的。

唐凤敏[23]开发了天车上定位系统，并应用于某钢铁厂，大大提高了天车的安全可靠性，减少人工劳动强度，提高了天车的工作效率，并解决了无人天车智能化的关键技术难题，为实现全程无人工干预调运及智能化库区管理打下了坚实的技术基础。

（3）智能精准出铝系统。出铝（TAP）是多功能天车主要操作之一，电解铝精准出铝控制系统主要用于电解铝生产过程出铝量控制。由中控计算机设置计划出铝量，通过无线数据传输技术实现出铝现场测控装置与监控计算机的资料互传；控制手柄自动采集槽号，然后通过现场自动控制装置对单个电解槽进行实际出铝量计量、出铝精度控制、数据统计与报表等操作，完成每个出铝作业，并准确计量单槽实际出铝量，提高出铝精度，全部过程自动完成，出铝数据真实可靠；出铝作业完成后，利用中控计算机自带数据库技术实现上传数据的存储和管理，并通过应用软件实时显示、记录单槽的出铝作业资料，实现数据共享和信息化管理[24]。

许宏新等人[25]通过铝电解多功能机组控制出铝作业，完成铝电解车间出铝系统的监测与控制——出铝结束时刻、单槽净出铝量、每一抬包的总重和净重、出铝指示量等。在动态监测单槽出铝量的同时，根据出铝指导量自动控制出铝完成动作，最终达到控制并报告单槽出铝量的功能，从而在技术层面给出铝生产与管理提供技术保证，为相关部门提供准确的原始数据，也避免了人为的差错。

系统采用了计算机集中监控，通过手工 U 盘（或实时无线局域网）实现出铝现场测控装置与监控微机的资料互传，利用数据库技术实现上传数据的存储和管理，通过应用软件及时显示、记录单槽的作业资料，可以根据生产管理部门设置的计划出铝量，对单个电解槽进行实际出铝量计量、出铝精度控制、数据统计与报表等；还可以通过计算机网络，对出铝指示量等生产数据进行统计管理，接入全厂 ERP 系统，真正实现生产管理信息共享（见图 24-11）。

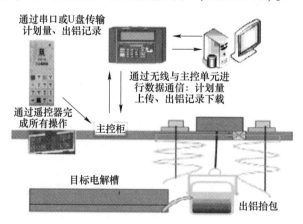

图 24-11　智能精准出铝系统结构

（4）带有集气装置的多功能天车。铝电解槽阳极更换过程中，残极烟气的挥发是铝电解生产过程中无组织排放污染的主要来源，也是目前电解铝生产中的一项重要难题。刘雅锋等人开发了一种带有残极烟气收集和净化装置的处理系统，目前已在我国某铝厂使用，取得较好效果，如图 24-12 所示。

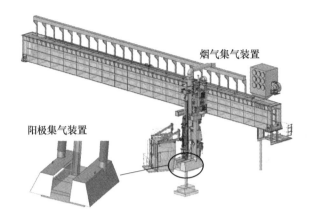

图 24-12　带有残极烟气集气处理系统的多功能天车

24.3.1.2　多功能天车软硬件升级

经过对某铝厂现有多功能天车（PTM）电气系统使用情况的现场勘查，以及与相关技术负责人充分交流后，罗克韦尔自动化公司深入了解了该企业多功能天车的控制需求和特点，为其量身定制了天车控制系统升级改造方案。

方案采用最新的 CompactLogix5370 控制器和 2711PVP6 系列触摸屏对原有 SLC 产品和 2711-T10C8 触摸屏进行升级，并创新性地将 EtherNet/IP 工业以太网作为通信网络引入多功能天车的控制通信。

CompactLogix 是基于 SLC500 之上的设备级控制系统，旨在为大、中型工厂自动化控制系统应用提供集成化的 Logix 解决方案。使用 CompactLogix 系统可以实现不同位置的分布式控制系统应用。一个简单的系统可以由具有一个 I/O 模块组以及 DeviceNet 通信的独立控制器组成。在复杂的系统中，可以增加其他网络、运动控制和安全控制功能。作为集成架构系统的一部分，CompactLogix 控制器与所有 Logix 控制器使用相同的编程软件、网络协议和信息功能，为实现所有控制策略提供一个通用的开发环境。

在网络架构方面，改造前现场主站通过 RemoteI/O 网络协议与 I/O 分站及就地触摸屏（PVP）进行通信，通信速度较慢，且易发生信号中断。为满足更安全、高效的升级改造目标，降低维护成本，改造团队将现场的 RemoteI/O 网络升级为 EtherNet/IP™工业以太网。

EtherNet/IP 是一种开放式的工业以太网网络，可以通过部署设备级环网（DLR）实现单故障容错环网网络，即在环形网络上有单一故障点的情况下，网络仍能正常通信。DLR 环网无需使用其他交换机即可进行自动化设备的互联，并且具有介质冗余、快速网络故障检测和快速恢复网络的能力。当出现网络断点时，DLR 可以在 2~3ms 内恢复网络，由于现场设备的 RPI 时间一般为 10~

100ms，因此 DLR 环网出现单一断电时可以保证网络的正常运行，进而保证控制设备的正常运行。

在硬件升级过程中，利用 IAB 工具，可直接将 SLC 产品所对应的 CompactLogix5370 硬件替换出来，并且生成 BOM 清单，该 BOM 清单符合罗克韦尔自动化公司规范要求，安全可靠。

由于原系统采用的 RSLogix500 编程软件已经不兼容新的 Logix 平台，需要同时对软件进行升级。方案采用嵌入式 RSLogix5000 代码转换工具，将现有的 RSLogix500 程序转换为 RSLogix5000 代码，这是升级的核心工作。

由于现场原有的 2711-T10C8 触摸屏已无法采购到备件，所以在此次改造中全部升级替换为最新的 2711PVP6 系列触摸屏。触摸屏通过 EtherNet/IP 网络与 CompactLogix5370 进行通信。2711PVP6 系列触摸屏采用 WindowsCE6.0 操作系统，配备 VIA1.0GHz 高速处理器和高速 USB2.0 端口。该系列触摸屏拥有丰富的软件功能，包括 FactoryTalk® ViewPoint、面板（Faceplate）、FTP、VNC、Symbol Factory 图库、PDF 查看和 SMTP 等。支持最新的基于 WinCE6.0 的逻辑模块和基于罗克韦尔自动化公司的 ActiveX 控件的扩展，扩展了操作系统和平台的支持。

最终，该项目组仅用短短一周多的时间就完成了现场全部 24 台多功能天车的升级改造工作，实现了客户提出的快速、不停产的升级改造目标。设备投产后 CompactLogix 很好地满足了现场的工艺要求和环境需要，大大提高了多功能天车运行的可靠性和安全性。通过应用 EtherNet/IP 工业以太网环网（DLR）结构与 I/O 站和 PVP6 触摸屏进行通信，并使用超六类带屏蔽层柔性电缆，之前的通信中断和"飞车"现象不再出现。

此次改造是 EtherNet / IP 工业以太网在铝电解多功能天车中的首次应用，EtherNet /IP 在信号干扰极大的强磁环境中表现出色。网络升级后，数据监控及操作间设备按钮操作响应速度更快，从而避免了由于通信延迟而导致的安全隐患，有力提升了电解车间的生产运行效率，同时大大减少了后续维护的工作量。

经历了过去十余年的快速产能扩张，电解铝产业中大量的多功能天车都已服役多年，需要升级改造。CompactLogix 控制平台结合 EtherNet/IP 工业以太网的升级改造方案为多功能天车的智能升级提供了新选择。面对电解车间高粉尘、高温度及强磁场的恶劣环境，EtherNet/IP 网络在通信的稳定性和通信速度方面均表现出色。目前，该改造方案已经获得企业认可，多功能天车的智能升级将有助于电解铝智能工厂的建设。

24.3.2 残极集气与冷却装置

在电解铝生产中，更换阳极时残极的挥发是造成无组织排放的主要原因之一。操作过程中残极对电解车间氟排放量贡献为 $0.06 \sim 0.1 \mathrm{kg/t}$。而残极的冷却过程一般要经过数个小时（约10h），由于高温残极与空气中的水分接触，使在整个冷却过程中都会伴有氟化氢的排放；而在残极从电解槽取出后的30min内排放强度较大[26]。

Y. Elaine 等人认为，大约50%的HF会在2~3h挥发掉；而W. E. Haupin 等人则认为，残极挥发一般约吨铝0.093kg F，其中30%在残极移出后的15min内释放，50%在移出后的30min内释放，并且释放量随着残极所带电解质的增加而增加[27-29]。但很显著的相关性是氟化氢的散发强度与残极气体温度有明显的关系，如图24-13所示。

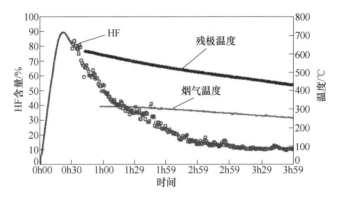

图24-13 残极气体温度与HF含量的关系

此外，残极上氟化氢的挥发量还与残极块大小和所携带电解质的覆盖料多少有明显关系，与车间空气湿度有关系，湿度大，挥发量就大。

残极上氟化氢的挥发量检测方法主要有两种：一种是在不经过特殊处理和密闭措施，残极暴露在车间环境中，直接在残极上方测量气体流量和氟化氢的密度，换算成氟化物质量，氟化氢在线监测方法如图24-14所示；另一种是将残极置于冷却箱中，测量排出气体的流量和密度，再换算成氟化物质量，检测工具可以是氟化氢在线检测也可以是手动检测。

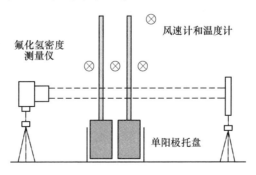

图24-14 残极氟化物挥发量在线检测方法

Stephen J. Lindsay 等人在封闭的设备内测试了残极组的排放情况（见图 24-15）。通过测试得出残极大约在 10h 内才能冷却到环境温度，但是在 5~8min 内，吨铝会散发 0.02kg 的氟，而在 10h 内会散发出 0.14kg±0.06kg，测试的挥发性变化曲线相关性为 96%[30]。

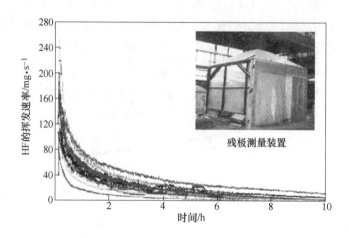

图 24-15　Stephen J. Lindsay 等人测量残极的装置及曲线

近年来，残极挥发造成的无组织排放的污染问题越来越受到重视，密闭式的残极冷却及烟气收集装置已经在一些铝厂使用。大体上分为两种形式，一种是简单的有人工操作的密闭装置[26]；另一种是带有自动移动、翻转，自动闭合的密闭装置（见图 24-16）[31]。

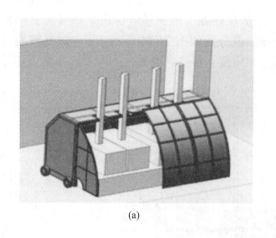
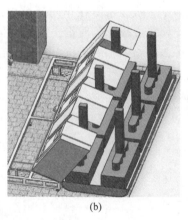

(a)　　　　　　　　　　　　　　　　(b)

图 24-16　残极密闭冷却及集气装置

（a）简单的残极冷却装置；（b）带自动反转的冷却集气装置

　　由于环保要求越来越严格，作为电解铝厂无组织排放的重要控制环节，残极密闭冷却和烟气的收集及处理技术和设备将会得到快速推广应用。

24.3.3　自动导航电解工艺车（AGV）

　　在电解铝厂智能化过程中，各车间的物流设施和技术将是智能制造的一个重要关注点和潜力所在。通过建立智能控制系统，配备智能化的移动车辆提升物流效率、生产效率，并统筹解决铝厂健康、安全问题，无疑是最佳的解决方案。

　　铝厂智能化装备的研制要从铝工业生产的实际出发，要关注企业的战略，使企业简化生产过程，提高其生产效率，并进一步提高安全性、改善工作环境。设备的低排放和工伤事故的零容忍度已经成为现代企业的现实目标。同时，装备智能化的另一个重要目标是提高企业生产率和竞争力，仅仅只是用设备取代人工是远远不够的。通过智能化装备不断取得进步，建造"智能工厂"，即信息物理生产系统已经不再是梦想。随着工业 4.0 的到来，新的构想也正在形成。

24.3.3.1　自动导航工艺车（AGV）的开发

　　开发自动导航工艺车（AGV）的挑战在于满足铝厂的一些特定环境，比如电解车间的粉尘、磁场和高温，对车辆操作的精确性都会造成影响。荷兰恒肯公司的工程师克服了各种困难，终于生产出了第一款原型机，目前已经开始提供可靠的产品和解决方案[32]。

　　恒肯公司现在已经可以建造非常复杂的设备，这些设备不仅可以替代工人工作，还可以同时完成几项复杂的工作，如运输、装载、卸载、测温及扫描检测阳极质量等。

　　另外，安全永远是第一位的。尽管 AGV 可以完全自主操作，但在工厂的道路运行中，车辆和人的行进路线总是难免有冲突的时候，完全做到客货分流也是不可能的。所以，在 AGV 设计的过程中要充分考虑这个因素。

　　对于现行铝厂进行装备智能化升级改造时，在确定总体改造框架以后，就可以针对生产中现有设备的关键点进行研究，提出改造方案。用现有设备模拟 AGV，以了解自动化带来的影响，这一过程十分重要，需要对路线、现有工厂环境的相互影响、可能存在的无法预测瓶颈及人员的反应等进行分析，确保在工厂的现实环境下，AGV 方案能够获得成功。模拟过程的主要目的是对初步设计不断进行分析、改进，确定各环节的细节；最后，要形成非常清晰和详细的实施方案，包括 AGV 的整个操作过程、路线、充电点、安全协议等，然后再完成整个装备的设计图纸。

　　铸造车间各种自动导航车辆作业运行场景设计如图 24-17 所示。

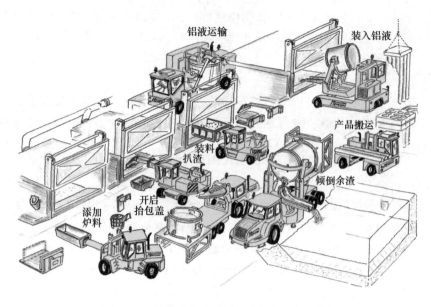

图 24-17 铸造车间自动导航车辆作业场景[32]

AGV 有助于提高整个生产过程的效率，在拥有更高的安全性同时，进一步降低成本：

（1）装载、运输和下载任何物料（氟化盐、阳极等）。

（2）执行重复性和更加复杂的工作，无需操作人员的干涉。

（3）零排放、低噪声（电动）。

（4）低成本（维护成本极低，人工成本大幅降低，产量大幅增加）。

（5）安全（没有人工参与）。

（6）设备和监督人员之间的不间断通信：

1）系统会帮助跟踪所运送货物的数量和位置。

2）对操作过程进行远程，甚至现场外监控。

3）远程 OEM 支持。

（7）生产执行系统（EMS）指示 AGV 去特定的位置。这将确保 AGV 总是在正确的时间，处于正确的位置，确保最佳的生产效率。

（8）AGV 可以全天候工作，每周 7 天，每天 24h，而不需再考虑工人换岗。

（9）车辆更加紧凑（没有驾驶室，没有发动机）。

（10）满足工业 4.0 的要求。

24.3.3.2 电解铝自动导航工艺车（AGV）示例

由于在现有企业实施技术改造的复杂性，加上技术和认识的偏差，尽管电解铝装备的智能化越来越受到重视，但总体而言，目前自动导航工艺车还停留在概念阶段，尤其是电解车间核心设备——多功能机组的开发研制目前还没有实质性进展。恒肯公司[32]开发的主要产品包括自动出铝车、高速氟化盐加料车、熔炉扒渣车、熔炉加料车、铝厂用真空清洁车、不同类型的铝液运输和倾翻车、阳极托盘运输车，以及各种自动导航工艺车辆，其中自动导航阳极搬运车、铝液抬包运输车和熔炉加料车等近年来已经开始工业化应用，如图24-18~图24-20所示。

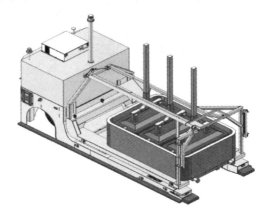

图 24-18　恒肯自动导航阳极搬运车

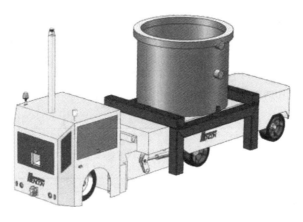

图 24-19　自动导航铝液运输车

以阳极搬运车为例，阳极搬运车频繁运行在电解车间与阳极组装车间之间，尤其在电解车间内的停靠定位要能够定位到每台电解槽的附近以便 PTM 方便放、取阳极，要求车辆能够自动完成对阳极托盘的准确放置和抱取，随着残极冷却系统的应用，对阳极运输车精确定位的要求更高。自动导航阳极搬运车主要性能参数为：总重：8t；最大载重：8.2t；最大速度：5km/h；电力驱动；40kW·h 锂离子电池组；自动寻找充电机会；经过铝厂验证的导航系统。

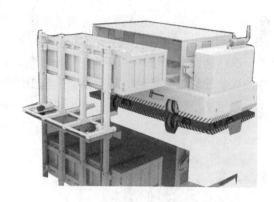

图 24-20 自动导航熔炉加料车

24.4 铝电解智能生产系统

　　未来铝电解智能化的目标是实现高效、节能和绿色发展，实现生产工艺优化和生产全流程的整体优化，摆脱或减少对知识型工作者的依赖。桂卫华等人[12]提出了铝电解智能化系统应为集铝电解槽分布式智能感知系统、智能优化过程控制系统、智能协同优化控制系统、智能优化决策系统、智能安全运行监控系统和虚拟制造系统于一体的智慧优化生产系统，具体构成如图 24-21 所示[33]。

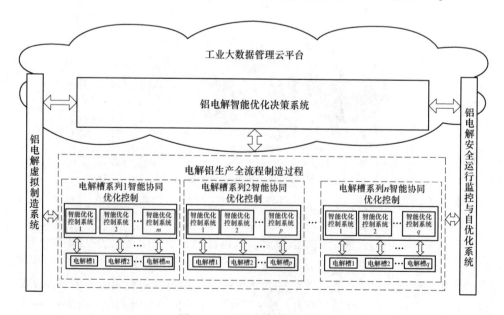

图 24-21 铝电解智能化系统

24.4.1 分布式智能感知系统

大型铝电解槽的槽内各区域状态分布的差异性明显，运行过程的异常状态一般是从槽内某个局部区域的某个因素引发，再逐步扩展到全槽。然而，现有铝电解控制技术均属于集中参数控制技术，依赖的在线实时采集信号只有槽电压和系列电流这两个集中参数信号，因此解析出的电解槽状态只是反映电解槽物料平衡、热平衡和运行稳定性的整体状态，缺乏反映电解槽不同区域不同特性的状态分布信息。

针对铝电解槽关键可测分布式状态参数（主要包括阳极电流、侧部及底部槽壳温度、阴极钢棒温度和电流等），获得铝电解槽分布式状态；通过机器视觉等方法智能感知铝电解槽内的运行状态，实现分布式多物理场建模，对反映工况变化的多时空状态参数实现智能感知信息的系统集成，主要内容主要包括：

（1）铝电解槽分布式状态参数在线检测方法与装置。针对铝电解槽关键可测分布式状态参数（主要包括槽温和过热度、阳极电流、侧部和底部槽壳温度、阴极钢棒温度和电流等），通过优化核心传感器及检测系统设计，获得高精度、快速响应的分布式参数检测方法；同时，通过研究检测参数的分布式并行计算模型，完成检测参数的初步融合，形成铝电解槽分布式关键状态参数在线检测基础理论，并研制分布在线检测分析仪样机。

（2）基于机器视觉的铝电解槽运行状态感知理论与方法。研制高质量铝电解槽槽面火眼图像视觉信号采集与比色测温系统，研究火眼图像纹理特征分析、火眼大小与形状、图像中炭渣的图像识别等算法，建立火眼图像处理与槽内运行状态的机器识别方法，开发基于火眼视觉信息的槽内状态参数的理论基础模型，智能辨识电解槽内电解质温度、过热度、流动状态及火眼等信息，实现对铝电解槽内运行状态的智能感知。

（3）基于在线仿真及实测参数的关键物理场软测量模型。研究铝电解槽多相-多场系统的在线仿真计算机模型的建立，分析多相-多场数学模型计算问题的时间和空间复杂度，研究多维参数对计算复杂性的影响，确定相关计算问题的易解性和难解性。在此基础上，基于分布式参数检测系统获得的实测参数，建立铝电解槽关键物理场（主要包括电流、温度、流速、磁场与浓度等）的在线软测量理论模型，对各物理场的在线分布进行计算，形成槽内物理场信息的计算机断层软扫描技术。

（4）铝电解智能感知系统集成方法。研究铝电解感知系统的构建方法，实现对铝电解槽的实时控制信息、在线分布式传感信息、火眼机器视觉信息、现场移动状态下的测量信息、天车状态信息等集成；开发感知终端储备多种功能的处理算法库及在线更新算法，使感知系统可适用于监测不同状态的电解槽，并针对不同工况参数检测的需求和特点，采取并行计算的模式同时实现多种在线感知任务。

24.4.2　智能优化过程控制系统

大型铝电解槽智能优化控制系统的功能是智能感知铝电解生产条件变化，自适应决策控制回路设定值，使回路控制层的输出跟踪设定值，实现运行指标的优化控制；对运行工况进行实时可视化监控，及时预测和诊断异常工况，当异常工况出现时，通过自愈、控制和排除异常工况，实现安全优化运行。铝电解生产过程积累了大量不同频率和性质的结构化数据，同时也能够实时获得图像、视频等非结构化数据，这些数据反映了生产运行规律与工艺操作之间关系的潜在信息，因此亟须研究能充分利用铝电解槽运行大数据实现铝电解操控过程智能化的综合控制方法。以生产大数据为基础，研究数据和知识融合的智能优化集成控制方法，建立铝电解槽绿色高效生产的智能优化集成操控系统。主要研究内容包括：

（1）基于铝电解工业大数据的知识发现技术。在现代流程工业生产过程中，存在大量结构化数据源，包括在线检测、离线分析和运行统计数据，但这些数据价值稀疏，活化其价值的能力受限，从中进行数据挖掘和知识分析具有重要意义，是人工智能驱动决策方法优于人类专家决策的重要方面。为此，需要研究基于深度学习等方法研究如何发现不同工况条件下生产过程的高效操作模式，基于频繁项集对结构化数据源进行大数据价值分析和标定，根据个性化数据特征敏感度设计知识发现触发策略和潜在知识处理方法，形成人工智能驱动的生产大数据价值分析方法与知识发现触发机制。

（2）数据驱动与知识引导融合的铝电解智能优化集成控制方法。在推理决策过程中，机理和经验知识更多反映对象的一般性描述和共性规律，而生产数据可以体现运行过程局部的、短期的、个性化的特征，特别是对于一些具有较多工序和系统的流程工业运行过程较为明显。运行操作优化决策要求在局部、短期、个性化数据特征的驱动下，敏感发现运行特性的动态变化，从知识库中提取引导性知识进行决策，做出就地即时的快速响应，同时将数据特征反馈到动态知识增量式关联和自学习部分。因此，需要研究如何将知识引导下的推理过程与个性化数据特征进行协同，包括数据信息对经验知识和机理知识的丰富和补充，以及对知识属性和知识关联强度的数据学习方法，使决策结果既满足一般的物理化学反应规律和工艺约束条件，又符合局部系统和一定时域内过程运行的个性行为特征。

（3）非结构化领域知识的有效获取和显性化描述。传统框架表示等知识模型表示操作决策知识时难以表达跨领域非结构化知识元之间的联系，容易出现选择难、多义性和可理解性差等问题，造成决策知识难以应用，必须结合其他后验信息进行有效性度量和显性化描述。为此，将后验有效性概率信息与传统知识网络相结合，研究建立具有后验有效性的跨域网络化领域知识库，围绕生产过程运行条件、操作参数、决策对象等信息建立现象/参数状态、工况特征、原因和操作对策等不同层级间的知识元联系，从运行数据中获取后验有效性信息，形成具有数据频繁度支撑的知识元节点。

（4）决策知识多属性的深度分析。知识自动化系统中决策知识不是静态固定不变的，而是根据决策需要、工况变化和数据信息的积累自主动态更新演化的。需要根据以下差异对各种知识进行多属性的动态智能分析。1）知识的不同来源；2）应用于管理决策、调度决策和操作决策等不同方面；3）数据支持积累的成熟度不同；4）根据其他知识源对其可靠性程度的协同判定。因此，决策知识应当是来源可分类、功能可分型、成熟度和可靠性可分级的。此外，还应当考虑知识的冗余度和相似性，以利于后续推理中的约简。所以，必须基于动态多属性智能分析方法研究分型分类知识的可靠性辨识、相似性度量和分级评价，形成知识的动态演化更新策略。

（5）具有后验关联性的分层跨域知识关系网络模型。传统知识模型表示铝电解的槽况知识时凸显出了许多不足，主要体现在：1）电解槽知识包含物理、化学、冶金和控制等多领域的知识，并且各知识元的有效范围和关联层级不同，例如氧化铝在电解质中的溶解速度有半经验公式、化学反应动力学方程、传质扩散控制模型等多种适用范围不同的知识，因此传统的语义网等知识模型难以表达分层跨域知识元之间的联系。2）槽况知识具有模糊性和不确定性，例如电解槽冷槽和热槽的判断没有明确的界线，电解槽火眼中某一种特征现象的出现既可能是冷槽特征也可能是热槽特征，采用传统的语义网等模型将出现选择难、多义性和可理解性差等问题，必须结合其他后验信息进行判断。为此，桂卫华等人将后验关联概率信息与传统知识网络相结合，提出研究具有后验关联性的分层跨域知识关系网络模型。该模型围绕铝电解生产过程工艺条件的知识关联建立分层语义网络模型，在知识元节点之间添加后验关联信息，不仅能有效解决槽况判断中模糊性、不确定性和知识表示选择多义性的问题，而且可以根据实时数据特征学习自修正后验关联权重，实现知识关系模型的智能化更新。

（6）多粒度知识关联模型的联合推理计算。知识的多粒度结构是在考虑知识领域、知识级别和时效关联的基础上提出的，能够降低大数据环境下的决策计算规模。多粒度联合计算的核心是构建以决策问题为导向的多层求解器，研究多层求解器层数的确定、层间关系的建立和逐层求解器的构造等问题，研究知识决策自动跨层学习的广播式或迁移式策略，有效跨越车间/企业/集团不同层级之间的信息壁垒，研发层次化和组件式的知识自推理学习方法。

24.4.3 铝电解系列智能协同优化控制系统

目前铝电解槽的管控基本以人工经验为主，造成了同样的工艺技术条件，不同的车间甚至不同的工区最终的技术指标均不一样的现象。由于铝电解企业的原料、能源与设备状态经常变化，人工管控智能化程度低，难以实现铝电解槽系列的智能协同优化控制。大型铝电解槽系列智能协同优化控制系统主要以系列铝电解槽生产的协同优化为目标，研究铝电解槽系列工艺条件的协同优化控制与管理，主要内容包括：

（1）能源供应波动条件下的铝电解槽工艺与控制智能优化。对铝电解过程的能耗进行系统的理论与机理分析，在现代规模化铝电解系列企业的产能、设备布局、生产节奏等条件下，揭示铝电解生产工艺约束及主体用能设备和系统的负荷运行特性；基于现代铝电解集团企业能耗的特点，例如自备电厂、孤网运行、独立电网等，研究基于能源供应的变负荷理论响应潜力评估量化模型及技术经济适应性理论模型，研究在不同的能源供应条件下，规模铝电解系列的工艺与控制优化策略。

（2）铝电解槽系统运行性能指标动态优化分解与协同控制方法。铝电解槽系统是一个物料平衡和能量平衡相互耦合的系统，在运行过程中需要保证多个目标在理想或可控范围内，即不仅要保证系统的效率，同时还应尽可能降低能耗，减少废气的产生。由于电解槽的特殊性，运行过程有许多工艺条件限制，在调节关键参数时应尽可能小地减少对电解槽的干扰等。因此，研究电解槽系统运行性能指标可进行优化分解，并进行协同控制，从而实现电解槽能够平稳高效运行。

（3）铝电解槽系列协同优化控制系统的软硬件平台实现技术。大型铝电解槽系列智能协同优化控制系统主要以系列铝电解槽生产的协同优化为目标，研究铝电解槽系列工艺条件的协同优化控制与管理，主要包括：1）大型铝电解槽系列优化运行性能指标、铝电解槽运行指标及控制变量之间特性分析；2）多电解槽运行过程智能协同优化策略；3）铝电解槽系统运行性能指标动态优化分解与协同控制方法；4）铝电解槽系列协同优化控制系统的软硬件平台实现技术。

24.4.4 铝电解生产智能优化决策系统

铝电解生产智能优化决策系统在外部市场动态需求和内部企业生产动态状况（设备能力、资源消耗、环保）等约束条件下，以尽可能提高包含产量、质量、能耗、排放、成本等指标在内的综合效益为目标，采用虚拟仿真制造实现前馈决策；通过工业大数据实现反馈智能决策，人机交互动态优化决策反映质量、效率、成本、消耗、安全环保等方面的企业全局指标、生产流程指标和工艺过程指标，进而决策出规模化铝电解生产系统在不同的原料和能源供应条件下的工艺指标、生产计划及调度，为生产制造全流程的协同控制提供优化目标。研究内容主要包括：

（1）电解铝智能优化决策系统体系架构实现技术。主要研究电解铝智能优化决策系统体系架构实现技术，基于机器学习与智能优化技术的决策算法，大数据与知识驱动的一体化智能决策实现技术，铝电解生产计划、调度及生产资源配置智能决策实现技术。

（2）面向决策的铝电解工业云计算与智能云服务平台构建技术。物联网、互联网与过程控制网络为铝电解工业生产和管理提供了海量的数据、信息和知识，高效利用这些资源进行深度开发为生产和管理服务，是铝电解工业智能工厂构建的一个核心技术。因此，需要研究铝电解工业云计算与云服务技术，为海量信息的处理和智能计算提供重要的技术支持，为铝电解工业仿真优化、生产计划、管理、决策提供高效服务，包括铝电解工业各种资源的虚拟化，云服务平台的体系架构与构建，云计算技术与应用，高性能计算算法应用，数据、信息与知识的智能处理、可视化与应用技术，基于大数据和云计算的智能工厂服务模式的标准框架，云服务安全技术。

（3）铝电解生产计划、调度及生产资源配置智能决策实现技术。如今电解槽朝着大型化方向、铝电解企业朝着集团化方向发展，生产计划、调度及生产资源配置的人工决策已经难以满足铝电解行业的发展需求。因此，需要研究在铝电解需求不确定以及资源不确定的情况下，如何根据获取的市场变化、原料供应、能源保障等，并综合考虑自身情况，对资源实现智能决策，从而达到在生产计划、调度及生产配置智能决策下的综合收益最大化的目标。

（4）原料供应波动条件下的铝电解槽工艺与控制智能优化。针对大型铝电解企业的原料来源复杂和原料性质波动频繁的特性，基于机器学习理论，建立外界原料市场数据、电化学机理知识与检测数据知识融合的工艺技术指标、效益和成本的智能过程模型；以原料的杂质含量（例如炭素阳极中硫含量，氧化铝中锂、钾含量等）、原料物性参数（例如氧化铝的安息角、粒度及晶型等）、原料价格及原料库存情况等作为条件，以经济效益最大化为目标，研究铝电解槽的工艺条件和集成控制参数的优化。

（5）多类型操作决策知识的融合与演化。在结构化关联知识库中，需要解决多属性知识相互转化利用的问题，特别是数据知识、经验知识和机理知识的融合，能够消除知识中的不确定性，提升决策价值。为此，需要研究具有不同属性的知识的融合、重组与演化方法，形成新的知识关联，甚至产生更高层次上的综合知识。对于决策中常常遇到的未知情境（例如未记录的工况），可以从相似条件中提取知识关联进行演化，完成推理演化决策，并通过反馈自学习获得校验。

（6）生产过程多操作参数精细化协同决策。现代流程工业中，随着工艺水平提升，理想工艺条件下的最优工作区域逐渐被掌握。但是由于原料波动等原因运行过程始终处在动态变化中，需要通过各个操作参数的协同优化保持或趋于最优的临界工作区域。这一精细的协同操作优化需要解决两个决策问题：1）根据知识关联模型的联合推理计算确定当前工况下的多参数最优工作区间，形成基于知识推理的优化操作模式，包含操作参数、工况条件和运行性能指标；2）操作参数的调整不是一蹴而就的，需结合具体流程的动态特性，研究从当前工况过渡到最优工作区间的多参数协同迁移操作策略及滚动优化方法。

24.4.5 铝电解运行安全监控与自优化系统

铝电解运行安全监控与自优化系统基于大数据实现铝电解的智能化控制系统、智能协同控制系统、智能优化决策系统的可视化和远程移动监控，预报异常工况进行自优化控制。主要研究内容包括：

（1）铝电解生产运行监控与自优化系统架构。主要研究：1）基于运行大数据与知识自动化驱动的铝电解生产运行监控与最优化系统架构；2）基于运行大数据的铝电解关键参数演变特征分析；3）基于多信息源趋势分析的铝电解生产运行安全智能预警；4）基于运行大数据和可视化的铝电解生产全流程一体化优化运行的监控；5）基于模型、图像、数据特征的感知提取与人工智能学习的铝电解异常工况监控；6）基于决策—控制—设备溯源机制的铝电解自愈与自优化控制技术。

（2）基于运行大数据的铝电解关键参数演变特征分析方法。在铝电解生产过程中，关键参数主要用于调节电解槽的热平衡和物料平衡，从而实现电解槽能够在较为理想的平衡状态下运行。基于运行大数据的分析方法对电解槽关键参数进行分析，了解电解槽的运行特性。同时，为电解槽关键参数的演变做出判断，从而能够为工艺人员提供一种操作参考，减少人工设定关键参数不准确情况的发生。

（3）基于多信息源趋势分析的铝电解生产运行安全智能预警。铝电解生产过程积累了大量不同频率和性质的结构化数据，同时也能够实时获得图像和视频等非结构化数据，呈现出一种多信息源的情况。通过铝电解大数据处理的方法对结构化数据和非结构化数据进行分析，对电解槽当前的安全性能做出评估，并对未来电解槽的安全性能变化趋势做出判断，为电解槽生产运行安全提供一种全面的、多方位的评估和预警。

（4）基于大数据的电解槽生命周期智能评估。根据铝电解生产需求，以铝电解系列的核心设备铝电解槽为对象，基于其运行状态的历史大数据，分析自启动日开始累计的各类电流、炉底压降、原铝铁含量、槽壳温度等数据的演变特征，研究槽内衬材料的电化学渗透机理与热应力分布模型，建立电解槽寿命智能评估模型。同时基于对多源趋势的分析，建立铝电解槽生产运行安全预警模型。通过模型的运行，实现对电解槽的寿命状态进行智能化安全监控与预警，预防重大安全事故发生。

（5）基于模型、图像、数据特征提取的铝电解异常工况监控。铝电解生产以提高电流效率和降低能耗为主要目标，稳定工况是实现此目标的重要保障。利用模型及多源异构信息融合技术，从海量复杂的历史数据和电解槽火眼图像中发现异常工况发生及演变的规律，实现铝电解生产过程表征异常工况信息的一致性描述。从信息时间空间的角度对数据、机理知识和经验知识进行获取和融合，采用递进式特征提取实现未来电解槽况的预测与评估，并结合专家经验知识对提取的特征进行定性标注。根据电解槽当前的生产数据、火眼图像、外来信息和标注特征实现电解槽工况监控的目标。

24.4.6 铝电解生产虚拟制造系统

铝电解生产虚拟制造系统采用多物理场仿真和可视化技术呈现电解过程全时空的定量信息，为解析铝电解机理、实现精细化调控创造条件；构建铝电解生产过程物质转化和能量传递的虚拟现实场景，为实现铝电解过程优化控制、协同控制、优化决策、异常工况诊断与自优化控制等各环节的仿真实验和可视化创造条件。主要研究内容包括：

（1）融合机理、数据和经验知识的铝电解槽多场多相反应体系建模方法。铝电解槽是一种多场多相的反应体系，夹带着剧烈的电化学和物理反应，同时产生大量气体。多相多场在铝电解槽内产生、演变并相互作用，影响铝电解生产的能耗、效率、槽寿命等技术经济指标。同时，由于电解槽内是一个高温、高腐蚀的环境，造成许多关键参数测量困难，导致电解槽内存在诸多测量盲区。因此仅采用机理、数据或经验知识难以捕获电解槽主要特征，在基于数据分析建模的基础上，需借助于机理分析和经验知识进行指导建模，实现构建铝电解槽多场多相的模型体系。

（2）铝电解多相多场数据的可视化理论与方法。从铝电解的具体应用出发，例如铝电解状态分析、生产工艺与控制参数的调整等，研究基于多粒度的分级挖掘算法，基于铝电解工业大数据，建立各类型各种目的的数据仓库；研究多相多场计算数据与实时采集数据的融合理论方法，构建一体化的高维数据场，结合铝电解实际生产与管理对数据精度的需要，研究面向可视化的高维数据降维理论与方法，给出铝电解过程的多维、多尺度信息表达模型；研究多相多场交互作用过程的图形映射，实现铝电解时变高维数据场的可视化。

（3）铝电解虚拟生产与可视化。采用多物理场仿真和可视化技术呈现电解过程全时空的定量信息，为解析铝电解机理、实现精细化调控创造条件，实现对铝电解生产过程物质转化和能量传递的虚拟现实场景的模拟。针对铝电解过程气–液–固多相、分子–微团–设备多尺度、速度–温度–浓度多场相互耦合的复杂体系等特点，研究多场多相反应体系下铝电解过程的物质转换与能量传递机理，以及大数据环境下融合机理、数据和经验知识的多场多相反应体系建模方法，铝电解过程多尺度耦合计算方法，多相多场数据的可视化理论与方法，可视化的实现和分析技术、全流程虚拟生产系统的构建和实现。

（4）铝电解过程运行控制、工况诊断、优化决策的仿真平台与虚拟实现。由于研究方法难以保证铝电解生产控制系统能够安全稳定运行，需研发一种集铝电解运行控制、工况诊断、优化决策的仿真平台，避免在铝电解槽系统上直接运行，并在该平台进行虚拟现实以保证铝电解槽的运行安全稳定。

24.5　电解铝厂的智能化

24.5.1　智能工厂的主要构成

如果说数字化是信息化的基本阶段，那么智能化是信息化的高级阶段。智能化的概念很早就有，我们所熟知的机器人就是智能化产品的代表。智能化是指使对象具备灵敏准确的感知功能、正确的思维与判断功能及行之有效的执行功能而进行工作。如今智能化的概念逐渐渗透到社会生活的各个方面，出现了智能电网、智能交通、智能物流、智能工厂等。

智能工厂通过"信息物理系统"（cyber-physical system，CPS）来建立一个完整的网络系统，这当中包括了相互连接的智能机械、仓储系统及高效的产品生产设备等，这些设备可以独立自主的运作，或者互相交换信息、互相控制，并且以嵌入式系统来监测生产环境。当指令经过 CPS 系统时，纵向需要经过工厂和公司的商业流程，横向则连接了可以实时管理的衍生价值体系，这两方面共同构建了嵌入式制造的系统网络。从生产几台的运动控制到整体工厂运作无不依靠智能，未来工厂的工人，将不再只是单调地操作机器，而是将自己的经验储存到系统中，更加智能地与生产机器沟通互动。由此可见，智能工厂的基本框架包括智能决策与管理系统、企业虚拟制造平台、智能制造车间等关键部分，如图 24-22 所示。

智能化在企业的应用形式是建立智能化系统，即利用现代通信技术、软件技术、计算机网络技术、智能控制技术等汇集而成的针对某一个方面应用的智能集合。智能工厂是通过智能设备和模型驱动而构造的智能制造模式，是智能系统与其他学科互相交织而在工厂的综合应用，包括智能控制、智能测量与诊断、智能设计、智能加工、智能调度等。在流程工业领域广泛应用的先进控制系统是一种基于模型，以系统辨识、最优控制、最优估计等为基础的一种智能控制系统，可

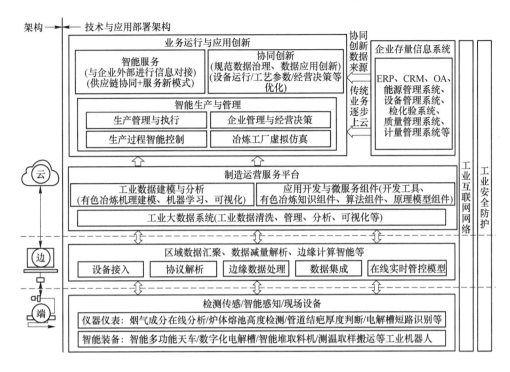

图 24-22　智能工厂基本构成

以改善过程动态控制的性能，减少过程变量的波动幅度，保证产品质量，提高生产效率和目标产品收率。如中石化燕山石化公司历时五年建成的乙烯 APC 系统是中国石化第一套乙烯全流程先进过程控制系统，该系统自动将装置总处理量实时推向最大化，每年可提高产量 2% 左右。

　　智能化工厂是采用智能技术的生产实现模式，以智能系统为载体和平台，代替人的部分活动。智能化强调整体自组织能力与个体的自主性，系统的建模需要大量的基础数据，系统的仿真需要实时数据支持，系统要具备一定的容错能力，并具有自学习能力。通过与互联网、物联网、移动通信、虚拟现实等新技术相结合，不断将智能化工厂的功能扩展。智能化工厂主要特征如下：

　　（1）自组织能力。系统具有思维能力，即具有处理和再生信息的能力，通过模型和知识库及相关规则，进行经验思维、逻辑思维或创造性思维，从而使系统具有智能的行动和反应能力，支持快速的智能管理决策，使生产操作更加智能和可控。

　　（2）自学习和调整。系统可以从专家和知识库直接获取知识，可以依据指令、状态变化和工作任务，学习和积累相关知识，完善和改进控制策略。在信息不完整或出现误差时，可以自我判断、自我调整，具有容错能力。

（3）广泛的互联互通。通过物联网实现物与物、人与物的互联，通过互联网实现企业内外信息互联互通，通过传感器与工业无线网通信技术、Wi-Fi 通信技术、RFID 通信技术，以及 4G、5G 通信技术相结合，实现信息的实时传递，保证系统运行的有效性，使各级用户得到工厂真实的信息，可以远程监视现场状态。

（4）全面实时的感知。RFID、传感器等感知设备广泛应用，即由传感器构成信息感知单元，感知了物体的信息，RFID 赋予物体电子编码，构成了完整的感知网，实现实时自动采集。智能传感器精度更高，具有判断、分析和信息处理能力，具备良好的可靠和稳定性，并能够自我管理。

（5）模拟与预测。模型是智能系统的基础之一，通过模型可以对工厂生产进行模拟，检查缺陷，完善设计和施工；在工厂运营过程中对生产计划、生产运营、能源消耗等模拟，对工厂运行状态进行描述和预测，发现瓶颈和问题，给出调整和改造建议。

（6）智能维护管理。通过对现场设备的实时监控和建模分析，可以自动生成维修计划，系统会自动提醒管理人员及时对设备进行维护，预防事故的发生。设备资产具有唯一的识别码，可以自动跟踪资产的数量和位置，合理安排采购计划和库存。

24.5.2　电解铝智能工厂架构

电解铝智能工厂由网络空间的虚拟数字工厂和物理系统中的物理工厂组成。其中，实体工厂部署了大量的车间、生产线、加工设备等，为制造过程提供硬件基础设施和制造资源，也是实际制造过程的最终载体；虚拟数字工厂是基于这些制造资源和制造过程的数字化模型，在此之前，对整个制造过程进行了全面的建模和验证。为了实现物理工厂与虚拟数字工厂的通信与集成，物理工厂的制造单元还配备了大量的智能部件，用于状态传感和制造数据采集。在虚拟制造过程中，智能决策与管理系统对制造过程进行迭代优化，从而优化制造过程。在实际制造中，智能决策管理系统实时监控和调整制造过程，使制造过程体现出自适应、自优化的智能性。

以构建生产企业数字化平台为理念（数字平台是企业数字能力共享平台，是平台的平台），以大数据、云计算、互联网、物联网为平台建立电解铝厂生产经营智能运营管理网络系统，作为企业 IT 资源的综合指挥和调度平台，它以统一的标准和流程规范，帮助企业实现业务互联互通、资源协调和信息共享。数据平台从后台及业务平台将数据汇入，进行数据的共享融合、组织处理、建模分析、管理治理和服务应用，统一数据标准口径，以 API 的方式提供服务，是综合性数据能力平台。数据平台为前台业务部门提供决策快速响应、精细化运营及应用支撑等，让数据业务化，避免"数据孤岛"的出现，提升业务效率，更好驱动业务发展和创新。

图 24-23 为电解铝智能化工厂的架构示意图[34]。

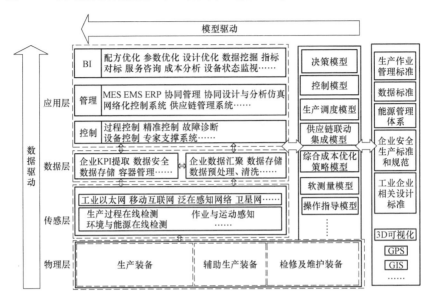

图 24-23　电解铝厂智能化系统架构

24.5.3　电解铝智能工厂展望

电解铝工业具有强烈的技术密集度、投资密集度和生产密集度的特点，其生产工艺过程的特殊性导致以电解槽为核心的工艺研究在整个工厂的智能化方面占有十分重要的位置；由于电解铝产业的快速和规模化发展，使电解铝工业在国民经济中的作用越来越重要。借助互联网+技术、智能工厂的建设，对于促进电解铝产业的健康、稳定和高质量发展具有非常重要的意义。

智能工厂利用物联网（IOT）技术和监控技术，通过加强信息管理服务，使生产过程的可控性大大提高，并合理规划和调度。同时，建设高效、节能、绿色、环保、舒适的人文化工厂，将原有的智能手段与智能系统等新技术相结合。

智能工厂已经具备了自主收集、分析、判断和计划的能力。通过整个可视化技术进行推理和预测，利用仿真和多媒体技术，将扩展现实世界中的显示设计和制造过程。系统的每个组成部分都可以自行构成最佳的系统结构，具有协同性、重组性和扩展性的特点。系统具有自学习和自维护能力。因此，智能工厂实现了人与机器的协调与协作，其本质是人机交互。

根据工业 4.0 战略的描述，智能制造的理想状态是一种高度自动化、高度信息化、高度网络化的生产模式，在这种生产模式下，工厂内的人、机、料三者相互协作、相互组织。在工厂之间，通过端到端的整合和横向的整合，价值链可以共享、协同和有效，费率、成本、质量、个性化都将有质的飞跃。

对中国制造企业来说，如何按照工业4.0或中国制造2025的发展方向，快速实现智能化，以及投资少、见效快、保证成功率，是一个非常现实和重要的问题。在这场智能制造革命中，必须"立足当前，着眼长远"，既要学习工业4.0的概念，体现工业4.0的主要特点，又要务实地实施工业4.0战略。基于创造效益的根本目的，需要统筹规划、分步实施，效率驱动，确保成功率。在自动化的基础上，实现信息化、网络化，挖掘管理潜力，充分发挥人的作用，构建数字化、网络化、高效化、个性化、适度智能化的智能化生产模式，从而达到明显的"质量改进和效率提高"。以量化为指标，循序渐进，全面提升企业竞争力，这符合工业4.0的战略思路。

在建设智能工厂过程中，必须考虑全局，构建全面系统的智能工厂管理体系，从各个方面优化和挖掘潜力，最大限度地提高企业的生产效率和管理水平。

对于电解铝行业而言，不断加强工艺过程研究与开发，以电解槽和电化学反应过程为核心，完善和优化生产过程物质流、能量流特征，提高生产过程中的能量效率，降低物质消耗；从改善生产过程连续性、智能导航无人作业等装备开发入手，不断突破影响生产效率的瓶颈，才能为实现电解铝智能化工厂的真正目标奠定牢固基础。

参 考 文 献

[1] SPÖTTL G, Daniela A. Industrie 4. 0 und Herausforderungen für die Qualifizierung von Fachkräften [M]. NomosVerlagsgeselkchaft mbH & Co, KG, 2015.

[2] GRANGEL-GONZÁLEZ I, HALILAJ L, COSKUN G, et al. Towards a semantic administrative shell for industry 4. 0 components[C]//2016 IEEE Tenth International Conference on Semantic Computing(ICSC). IEEE, 2016：230-237.

[3] 马化腾，张晓峰，杜军. 互联网+：国家战略行动路线图 [M]. 北京：中信出版集团，2015.

[4] 王华，郭梅. 从传统工厂到数字化、智能化工厂 [J]. 电子世界，2013(20)：205-206.

[5] 殷瑞钰. 冶金流程集成理论与方法 [M]. 北京：冶金工业出版社，2013.

[6] 梁学民，冯冰，曹志成. 基于过热度的铝电解能量平衡调节方法、系统、铝电解槽 [P]. 中国 202010575557. 3. 2020-10.

[7] 张久海，丁维力. "智能控制打壳系统" 的研发与应用 [J]. 中国有色金属，2019(2)：64-66.

[8] ZENG S, LI J, WEI Y, et al. Calculation and control of equivalent superheat for 300kA

prebake aluminum electrolysis[C]//2010 8th World Congress on Intelligent Control and Automation. IEEE, 2010: 4755-4760.

[9] FRIEDRICH B, ARNOLD A, ERMUSHINA E, et al. Electrolyte superheat during electrolytic production of Al[C]//Proceedings – European Metallurgical Conference, EMC 2007. 2007: 1283-1294.

[10] CHEN Z, LI Y, CHEN X, et al. Semantic network based on intuitionistic fuzzy directed hyper-graphs and application to aluminum electrolysis cell condition identification[J]. IEEE Access, 2017(5): 20145-20156.

[11] 王莹玮, 代惠民, 王殉. 基于 PLC 的铝电解初晶温度测试仪的设计[J]. 铝镁通讯, 2015(1): 41-43.

[12] 桂卫华, 岳伟超, 谢永芳, 等. 铝电解生产智能优化制造研究综述[J]. 自动化学报, 2018, 44(11): 1957-1970.

[13] YANG S, ZOU Z, LI J, et al. Online anode current signalin aluminum reduction cells: measurements and prospects[J]. Jom, 2016, 68(2): 623-634.

[14] CHEUNG C Y, MENICTAS C, BAO J, et al. Characterization of individual anode current signals in aluminum reduction cells[J]. Industrial & Engineering Chemistry Research, 2013, 52(28): 9632-9644.

[15] YAO Y, CHEUNG C Y, BAO J, et al. Detection of Local Cell Conditions Based on Individual Anode Current Measurements[M]. Light Metals, 2016: 595-600.

[16] CHEUNG C Y, MENICTAS C, BAO J, et al. Spatial temperature proflles in an aluminum reduction cell under difierent anode current distributions[J]. AIChE Journal, 2013, 59(5): 1544-1556.

[17] DION L, KISS L I, PONCSAK S, et al. Simulator of non-homogenous alumina and current distribution in an aluminum electrolysis cell to predict low-voltage anode effects[J]. Metallurgical and Materials Transactions B, 2018, 49(2): 737-755.

[18] 赵仁涛, 紫荆浩, 等. 铝电解槽阳极电流检测方法的研究[J]. 有色金属(冶炼部分), 2014(3): 14-17.

[19] 孙建国. 铝电解槽阳极电流分布特征及设计上的思考[J]. 轻金属, 2007(3): 29-31.

[20] 曾水平, 张秋萍. 预焙铝电解槽电流效率与阳极电流分布的数学模型[J]. 中国有色金属学报, 2004, 14(4): 681-685.

[21] 刘昌辉, 乌日娜, 张天宇. 远程控制系统在铝电解多功能天车上的应用实践[J]. 山东工业技术, 2019(3): 156.

[22] 兰州铝业: 多功能天车自动添加覆盖料系统试车成功[N]. 中国有色金属报, 2019-7-15.

[23] 唐凤敏. 天车定位系统的研究与应用[J]. 中国金属通报, 2018(12): 43.

[24] 电解铝精准出铝控制系统研制成功[J]. 有色设备, 2010(3): 7714.

[25] 许宏新, 郑端阳, 孟新军. 电解铝车间自动精准出铝控制系统[J]. 中国有色金属, 2010(17): 68-69.

[26] 宋海琛, 孔晔. 电解车间残极氟化物无组织排放状况的分析及措施[J]. 轻金属,

2018(4)：20-23.

［27］ SUM E Y L, CLEARY C, KHOO T T. Understanding And Controlling Hf Fugitive Emissions Through Continuous Hf Monitoring And Air Velocity Characterisation In Reduction Lines ［J］. Light Metals, 2000：357-363.

［28］ SUM E. A study of fugitive emissions in reduction lines［C］//Proc. 6th Australasian Al Smelting Workshop. 1998：677-682.

［29］ LOWE T. Fluoride evolution from spent anodes［J］. Air Pollut. Control Assoc. , 1980, 73：80-88.

［30］ GIRAULT G, FAURE M, BERTOLO J M, et al. Investigation of solutions to reduce fluoride emissions from anode butts and crust cover material ［M］. Essential Readings in Light Metals. Springer, Cham, 2016：942-947.

［31］ 梁学民, 冯冰, 文达, 等 . 铝电解残极冷却净化装置：中国, 202022043667.7［P］. 2020-9-17.

［32］ VANVUCHELEN P. Hencon AGV and the application in aluminum industry［C］//Proceedings of Iran International Aluminum Conference(IIAC2018) . Tehran, 2018.

［33］ 胡红武, 曹曦 . 大型铝电解槽技术升级改造与应用 ［J］. 轻金属, 2017(5)：18-21.

［34］ 路辉 . 贵阳铝镁设计院智能制造成果 ［R］. 第八届中国铝工业科学技术发展大会报告, 2020.